钳工基本操作技能视频演示

（手机扫描二维码看视频）

01 平面划线应用实例一	02 平面划线应用实例三	03 圆钢棒料的錾削
04 长方体锯削	05 V 形块的锯削	06 圆弧形面的锉配
07 四方块上平面的刮削	08 直角尺的研磨	09 形件弯制
10 手工铆接的操作	11 磨花钻的刃磨	12 钻孔
13 铰孔	14 在长方体上攻螺纹	15 在圆杆上套螺纹

钳工
从入门到精通

王兵 何炬 宋小标 主编

化学工业出版社
·北京·

本书针对钳工的实际工作需要，对钳工必须掌握的专业基础知识、工量具和设备的操作、钳工基本的操作技术手法、操作过程中的技巧等，进行了系统全面的介绍；并针对生产中因某些操作失误而产生的质量问题，从反向思维的角度，指出一些“不宜”“不准”“不要”“不许”做的原则和具体实例，并加以说明和表述。

本书可供一线工人阅读，也可作为岗前培训教材。

图书在版编目（CIP）数据

钳工从入门到精通 / 王兵，何炬，宋小标主编. —北京：化学工业出版社，2019.11（2025.2 重印）
ISBN 978-7-122-34991-0

Ⅰ.①钳… Ⅱ.①王…②何…③宋… Ⅲ.①钳工 Ⅳ.① TG9

中国版本图书馆 CIP 数据核字（2019）第 166293 号

责任编辑：王　烨　　文字编辑：陈　喆
责任校对：王　静　　装帧设计：刘丽华

出版发行：化学工业出版社（北京市东城区青年湖南街 13 号　邮政编码 100011）
印　　装：涿州市般润文化传播有限公司
787mm×1092mm　1/16　印张 34¾　彩插 1　字数 936 千字　2025 年 2 月北京第 1 版第 8 次印刷

购书咨询：010-64518888　　售后服务：010-64518899
网　　址：http://www.cip.com.cn
凡购买本书，如有缺损质量问题，本社销售中心负责调换。

定　　价：99.00 元

前言

钳工是一种比较复杂的、精细化的、工艺要求较高的以手工操作为主的工种，在机械制造、电子仪表、航天航空等行业中都是不可缺少的。随着现代工业技术的迅速发展，各类新型加工技术和加工设备融入机械制造行业，许多现代加工方式也正在颠覆我们传统的加工理念，然而技艺精湛的钳工却可制造出比现代机床所能加工的更为精密的复杂零件。由此看来，在新型工业化道路的进程中，技术技能型人才是时代所需，是我国从制造大国向制造强国迈进不可或缺的战略资源。

本书面向钳工的实际工作需要，从识图与基础、技能与实例、技巧与禁忌三个方面，以工艺知识为基础，以操作技能为主线，归纳典型性、通用性和可操作性强的加工工艺实例，总结技术操作中的步骤与技巧，并针对生产中因某些操作失误而产生的质量问题，从反向思维的角度，指出一些“不宜”“不准”“不要”“不许”做的原则和具体实例，加以说明和表述。本书具有内容系统完整、结构清晰明了、操作实用性强等特点。

本书由荆州技师学院王兵、何炬、宋小标主编，武汉工商学院曾洪州、荆州技师学院邱言龙、湖北工程职业学院何海明副主编，参加编写的还有荆州技师学院靳力、江成洲，湖北省工业自动化技师学院丁轶，四川省宜宾市职业技术学校刘祖培。全书由王兵统稿。本书在编写过程中还得到荆州技师学院模具设计与制造专业老师们的大力支持，在此表示感谢。

由于编者水平有限，时间仓促，书中不足在所难免，望广大读者不吝赐教，以利提高。

编者

目录

>>> 入门篇：识图与基础 <<<

第1章 01 图样的基本知识

1.1 图纸幅面和格式……2
1.1.1 图纸幅面……2
1.1.2 图框格式……3
1.1.3 标题栏……4
1.2 比例、字体、图线……5
1.2.1 比例……5
1.2.2 字体……5
1.2.3 图线……7
1.3 尺寸标注……9
1.3.1 尺寸标注的基本要求……9
1.3.2 尺寸标注的要求……9

第2章 02 图样的基本表达方法

2.1 视图……12
2.1.1 基本视图……12
2.1.2 向视图……13
2.1.3 辅助视图……14
2.2 剖视图……15
2.2.1 剖视图的形成、画法与标注……16
2.2.2 剖视图的种类……18
2.2.3 剖切面的种类……20
2.3 断面图……21
2.3.1 断面图的概念……21
2.3.2 断面图的种类……22
2.4 局部放大图和简化表示法……24
2.4.1 局部放大图……24
2.4.2 简化画法……24
2.5 机件表达方法解读……27
2.5.1 支架的表达方法……27
2.5.2 四通管剖视图的表达……28

第3章 03 图样技术要求的识读

3.1 尺寸公差……30
3.1.1 孔和轴……30
3.1.2 尺寸的术语及定义……30
3.1.3 偏差与公差的术语及定义……32
3.1.4 标准公差系列……34
3.1.5 基本偏差系列……36
3.1.6 公差带……38
3.1.7 尺寸公差的标注……40
3.2 几何公差……40
3.2.1 几何公差的特征项目及符号……41
3.2.2 几何公差的代号与基准符号……41
3.2.3 零件的几何要素……42
3.2.4 几何公差带……44
3.3 几何公差的标注……46
3.3.1 被测要素的标注……46
3.3.2 基准要素的标注……48
3.3.3 几何公差的其他标注规定……48
3.4 表面粗糙度……49
3.4.1 表面粗糙度的定义……49
3.4.2 表面粗糙度评定参数……50
3.4.3 表面粗糙度的标注……55

第4章 04 几何图形作图及典型零件的识读

4.1 基本几何作图……60
4.1.1 作图工具及其使用……60
4.1.2 常见平面图形的画法……62
4.2 识读零件图的方法……65
4.2.1 图样的特殊表示法……65
4.2.2 零件图的内容……74
4.2.3 零件图的识读方法……75
4.3 零件图识读示例……75
4.3.1 阀杆……76
4.3.2 阀盖……76
4.3.3 阀体……78

第5章 05 钳工常用基础知识

5.1 常用法定计量单位及其换算……80
5.1.1 国际单位制……80
5.1.2 常用法定计量单位与非法定计量单位的换算……82
5.1.3 长度单位……84

5.1.4 单位换算……85
5.2 常用数表及计算……89
5.2.1 函数……89
5.2.2 三角函数的计算……90
5.2.3 常用图形的计算……91
5.3 各种字母、代号及化学元素……97
5.3.1 常用字母、代号及符号……97
5.3.2 常用标准代号……99
5.3.3 常用化学元素的符号与材料特性及常用系数……99
5.4 金属材料与热处理……101
5.5 常用非金属材料……101
5.6 摩擦、润滑与清洗简介……101

06 第6章 钳工常用工具与设备

6.1 钳工用一般工具……102
6.1.1 钳类工具……102
6.1.2 扳手类工具……105
6.1.3 螺钉旋具类工具……118
6.1.4 锤类工具……121
6.2 电动与风动工具……123
6.2.1 砂轮机……123
6.2.2 角向磨光机……125
6.2.3 电磨头……125
6.2.4 电剪刀……125
6.2.5 风砂轮……125
6.2.6 风钻……126
6.2.7 风铲与风镐……126
6.3 手动压床与千斤顶……127
6.3.1 手动压床……127
6.3.2 千斤顶……128
6.4 专用修理工具……128
6.4.1 拔卸类工具……128
6.4.2 拆卸类工具……130
6.5 钳工用起重器具……130
6.5.1 捆扎用绳……130
6.5.2 滑车……133
6.5.3 手动葫芦……133
6.5.4 单梁起重机……134
6.6 钳工常用设备……135
6.6.1 钳工工作台……135
6.6.2 台虎钳……135
6.6.3 钻孔用设备……137

07 第7章 钳工常用量具和量仪

7.1 量具的分类与技术指标……145
7.1.1 量具的分类……145
7.1.2 计量量具的基本技术指标……145
7.2 钳工用长度量具……146

7.2.1 钢直尺与卷尺……146
7.2.2 游标量具……147
7.2.3 测微螺旋量具……155
7.2.4 量块……158
7.3 钳工常用量仪……161
7.3.1 机械式量仪……161
7.3.2 光学量仪……165
7.4 常用角度量具……167
7.4.1 直角尺……167
7.4.2 角度量块……168
7.4.3 万能角度尺……168
7.4.4 正弦规……171
7.5 光滑极限量规……172
7.5.1 光滑极限量规的公差带……172
7.5.2 工作量规的设计……176
7.6 其他计量器具……185
7.6.1 塞尺……185
7.6.2 平尺……185
7.6.3 样板……187
7.6.4 水平仪……188
7.7 技术测量基本知识……190

>>> 进阶篇：技能与实例 <<<

第8章 08 划线

8.1 划线用工具及其使用……192
8.1.1 划线常用工具……192
8.1.2 划线辅助工具……195
8.1.3 划线工具的使用……196
8.2 划线方法……199
8.2.1 划线的分类……199
8.2.2 划线基准的选择……199
8.2.3 划线时的找正和借料……200
8.2.4 划线的步骤……202
8.2.5 划线的基本操作……203
8.2.6 分度头划线……206
8.2.7 几种特殊曲线的划法……207
8.2.8 平面划线操作实例……212
8.3 复杂、大型和畸形工件的划线……217
8.3.1 箱体划线……217
8.3.2 大型工件划线……220
8.3.3 畸形工件的划线……223

第9章 钳工常用的加工方法

9.1 錾削……227
9.1.1 錾削用工具的认知……227
9.1.2 錾子的刃磨与热处理……229
9.1.3 錾削的基本操作……231
9.1.4 錾削操作实例……238
9.2 锯削……242
9.2.1 锯削用工具的认知……242
9.2.2 锯削用工具的使用……243
9.2.3 锯削的基本操作……244
9.2.4 各种材料的锯削方法……246
9.2.5 锯削操作实例……250
9.3 锉削……252
9.3.1 锉刀的结构与选用……252
9.3.2 锉削基本操作……257
9.3.3 常见形状的锉削操作技法……261
9.3.4 锉配操作……266
9.3.5 锉削操作实例……267
9.4 刮削与研磨……272
9.4.1 刮削工具及其加工特点……272
9.4.2 研具与研磨剂……277
9.4.3 刮削的基本操作……280
9.4.4 研磨的基本操作……285
9.4.5 刮削与研磨操作实例……289
9.5 矫正与弯形……292
9.5.1 矫正……292
9.5.2 弯曲……302
9.6 铆接、粘接与焊接……312
9.6.1 铆接……312
9.6.2 粘接……317
9.6.3 焊接……321

第10章 孔与螺纹加工

10.1 孔加工……324
10.1.1 钻孔……324
10.1.2 群钻……340
10.1.3 扩孔与锪孔……347
10.1.4 铰孔……351
10.1.5 孔加工操作实例……357
10.2 螺纹加工……359
10.2.1 认识螺纹……359
10.2.2 攻螺纹……363
10.2.3 套螺纹……370
10.2.4 螺纹加工操作实例……373

第11章

机械装配及工艺

11.1 装配工艺基础……376
11.1.1 装配工艺过程……376
11.1.2 装配工艺规程……377
11.2 装配前的准备工作……380
11.2.1 装配零件的清理和清洗……380
11.2.2 零件的密封性试验……381
11.2.3 旋转件的平衡……382
11.3 装配尺寸链和装配方法……384
11.3.1 装配精度与装配尺寸链……384
11.3.2 装配方法……386
11.3.3 装配尺寸链解法……388
11.4 固定连接的装配……390
11.4.1 螺纹连接的装配……390
11.4.2 键连接的装配……394
11.4.3 销连接的装配……398
11.4.4 过盈连接的装配……400
11.4.5 管道连接装配……403
11.5 传动机构的装配……405
11.5.1 带传动机构的装配……405
11.5.2 链传动机构的装配……411
11.5.3 齿轮传动机构的装配……415
11.5.4 蜗杆传动机构的装配……421
11.5.5 螺旋传动机构的装配……423
11.5.6 联轴器和离合器的装配……425
11.6 轴承和轴组的装配……427
11.6.1 滑动轴承的装配……427
11.6.2 滚动轴承的装配……430
11.6.3 轴组的装配……433
11.7 液压传动系统的安装与调试……436
11.7.1 液压传动的基本原理与特点……436
11.7.2 液压元件与液压系统……439
11.7.3 液压系统的安装与调试……444
11.7.4 液压设备的维护保养……448

>>> 精通篇：技巧与禁忌 <<<

第12章

钳工基本操作的技巧与禁忌

12.1 划线工作中的技巧与禁忌……452
12.1.1 划线前准备工件的技巧与禁忌‥452
12.1.2 划线操作中的技巧与禁忌……454
12.2 錾削加工中的技巧与禁忌……460
12.2.1 錾子的刃磨技巧与禁忌……460
12.2.2 錾削操作中的技巧与禁忌……460
12.3 锯削加工中的技巧与禁忌……465
12.3.1 锯削运动的技巧与禁忌……465
12.3.2 型材锯削的技巧与禁忌……466
12.4 锉削加工中的技巧与禁忌……469

12.4.1 锉刀使用的技巧与禁忌…………469
12.4.2 锉削操作中的技巧与禁忌………471
12.5 刮削加工中的技巧与禁忌……475
12.5.1 刮刀的使用技巧与禁忌…………475
12.5.2 刮削操作中的技巧与禁忌………476
12.6 研磨加工中的技巧与禁忌……481
12.6.1 研磨加工准备的技巧与禁忌……481
12.6.2 研磨操作中的技巧与禁忌………481

第13章 孔和螺纹加工中的技巧与禁忌

13.1 孔加工的技巧与禁忌…………484
13.1.1 钻孔的技巧与禁忌………………484
13.1.2 铰孔的技巧与禁忌………………488
13.2 螺纹加工中的技巧与禁忌……491
13.2.1 攻螺纹的技巧与禁忌……………491
13.2.2 套螺纹的技巧与禁忌……………494

第14章 铆接、粘接和矫正、弯曲加工的技巧与禁忌

14.1 铆接和粘接加工的技巧与禁忌…496
14.1.1 铆接的技巧与禁忌………………496
14.1.2 粘接的技巧与禁忌………………498
14.2 矫正和弯曲的加工技巧与禁忌…500
14.2.1 矫正的技巧与禁忌………………500
14.2.2 弯曲的技巧与禁忌………………501

第15章 装配工作中的技巧与禁忌

15.1 通用零（部）件检修、装配操作的技巧与禁忌…………502
15.1.1 拆卸零（部）件的技巧与禁忌··502
15.1.2 检查零（部）件的技巧与禁忌··503
15.1.3 通用零（部）件的装配技巧与禁忌…………504
15.1.4 过盈装配的技巧与禁忌…………505
15.2 常用传动机构的装配技巧与禁忌…………507
15.2.1 带传动机构的装配技巧与禁忌…………507
15.2.2 链传动机构的装配技巧与禁忌…………508
15.2.3 齿轮机构的装配技巧与禁忌……510
15.2.4 蜗杆传动机构的装配技巧与禁忌…………510
15.2.5 联轴器和离合器的装配技巧与禁忌…………511

第16章

维修钳工工作中的技巧与禁忌

16.1 钳工设备及工量具使用中的技巧与禁忌……513

16.1.1 钳工常用设备的使用技巧与禁忌……513

16.1.2 钳工常用工量具的使用技巧与禁忌……516

16.2 旧损零件修复的技巧与禁忌……519

16.2.1 判定零件旧损的技巧与禁忌……519

16.2.2 热喷漆塑料法修复旧损零件的技巧与禁忌……520

16.2.3 喷焊工艺修复旧损零件的技巧与禁忌……521

16.2.4 粘接法修复旧损零件的技巧与禁忌……523

16.2.5 镶套法修复旧损零件的技巧与禁忌……523

16.2.6 金属扣合技术修复旧损零件的技巧与禁忌……523

16.3 机床安装调试的技巧与禁忌……527

16.3.1 机床设备基础施工技术的技巧与禁忌……527

16.3.2 机床安装准备与组织配合的技巧与禁忌……529

16.3.3 卧式车床的安装调试的技巧与禁忌……530

16.3.4 车床精度检验的技巧与禁忌……538

16.3.5 车床试车和检查验收的技巧与禁忌……542

参考文献

入门篇

识图与基础

第1章 图样的基本知识
第2章 图样的基本表达方法
第3章 图样技术要求的识读
第4章 几何图形作图及典型零件的识读
第5章 钳工常用基础知识
第6章 钳工常用工具与设备
第7章 钳工常用量具和量仪

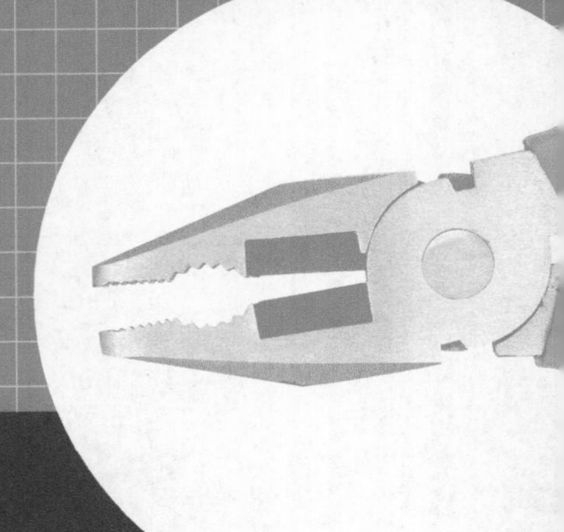

第1章 图样的基本知识

1.1 图纸幅面和格式

1.1.1 图纸幅面

图纸基本幅面有A0、A1、A2、A3、A4五种，其代号和规格见表1-1，其尺寸关系如图1-1所示。

表1-1　图纸幅面及图框格式尺寸　　mm

幅面代号	幅面尺寸	周边尺寸		
	$B \times L$	a	c	e
A0	841×1189	25	10	20
A1	594×841	25	10	20
A2	420×594	25	10	10
A3	297×420	25	5	10
A4	210×297	25	5	10

图1-1　基本幅面的尺寸关系

基本幅面在必要时可按规定加长，幅面加长的尺寸由基本幅面的短边成整数倍增加后得出。更多加长幅面及其尺寸关系如图 1-2 所示。图中细实线与虚线分别为第二选择和第三选择的加长幅面。

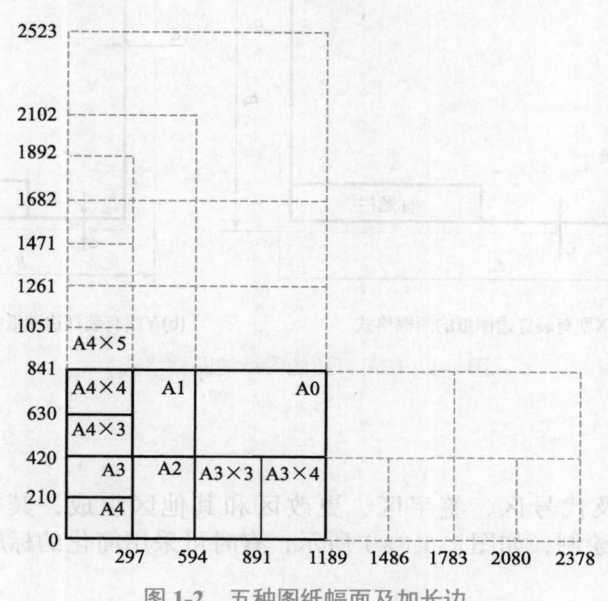

图 1-2　五种图纸幅面及加长边

1.1.2　图框格式

图框就是图纸上限定绘图区域的线框。它在图纸上必须用粗实线画出，图样绘制在图框内部。图框有两种格式：不留装订边和留装订边（同一种产品中所有图样都应采用同一种格式）。不留装订边的图纸的图框格式如图 1-3 所示；留有装订边的图纸的图框格式如图 1-4 所示。

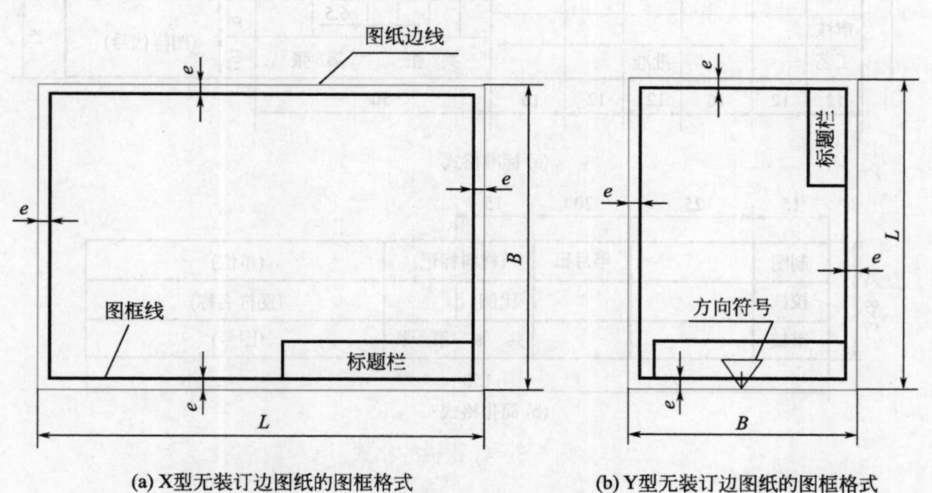

(a) X型无装订边图纸的图框格式　　(b) Y型无装订边图纸的图框格式

图 1-3　不留装订边的图纸的图框格式

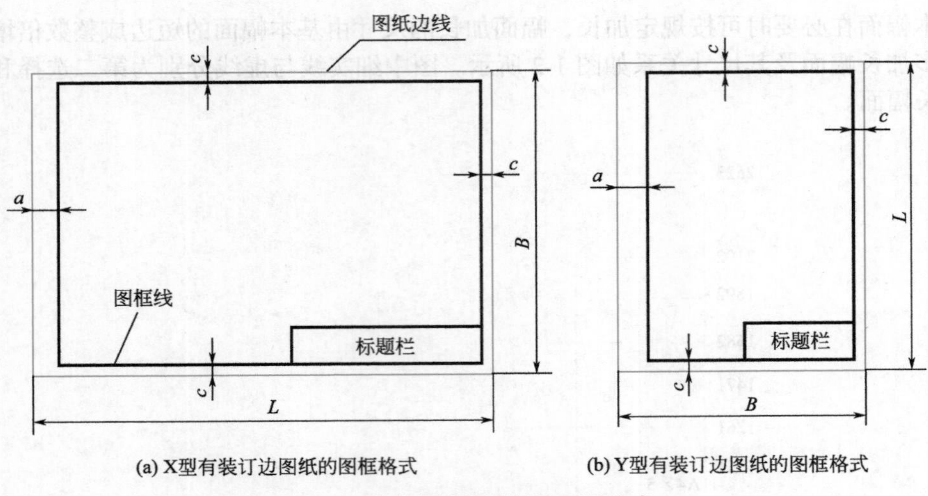

(a) X型有装订边图纸的图框格式

(b) Y型有装订边图纸的图框格式

图 1-4　留装订边的图纸的图框格式

1.1.3　标题栏

标题栏由名称及代号区、签字区、更改区和其他区组成，其格式和尺寸按 GB/T 10609.1—2008 规定绘制，如图 1-5（a）所示，有时可采用简化的标题栏，如图 1-5（b）所示。

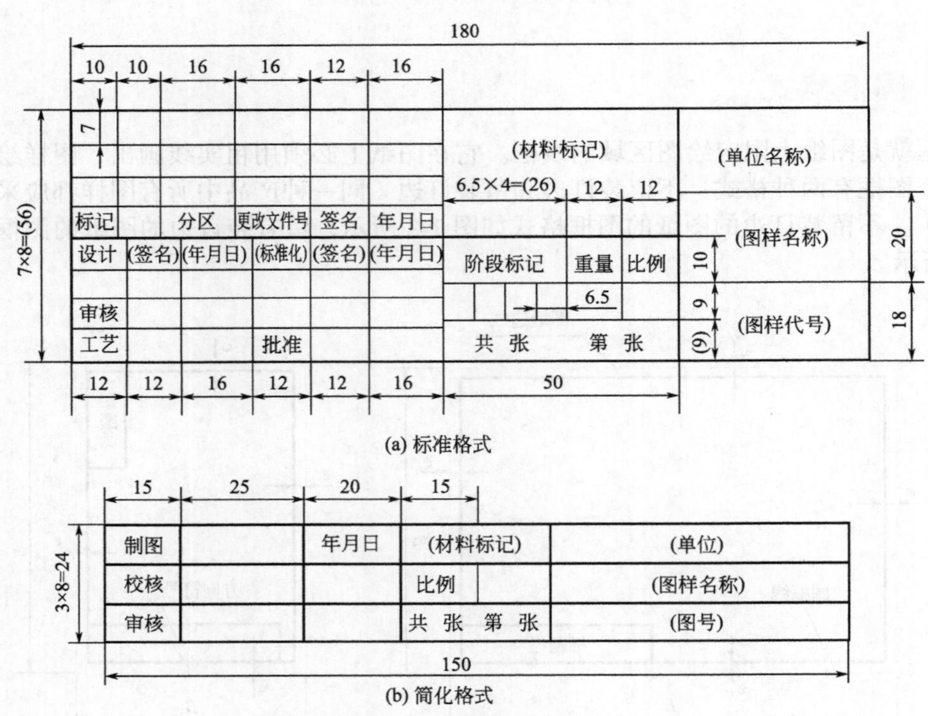

图 1-5　标题栏的格式

标题栏位于图纸右下角，标题栏中的文字方向为看图方向。如果使用预先印制的图纸，需要改变标题栏的方位时，必须将其旋转至图纸的右上角，此时为明确看图的方向，应在图纸的下边对中符号处画一个方向符号（细实线绘制的正三角形），如图 1-3（b）所示。

1.2 比例、字体、图线

1.2.1 比例

图样中图形与其实物相应要素的线性尺寸之比称为比例。图样需按比例绘制时，应按表 1-2 规定的系列选取。

表 1-2 绘图比例

原值比例	1:1					
放大比例	2:1 （2.5:1）	5:1 （4:1）	1×10^n:1 （2.5×10^n:1）	2×10^n:1 （4×10^n:1）	5×10^n:1	
缩小比例	1:2 （1:1.5） （1:1.5×10^n）	1:5 （1:2.5） （1:2.5×10^n）	1:10	1:1×10^n （1:3） （1:3×10^n）	1:2×10^n （1:4） （1:4×10^n）	1:5×10^n （1:6） （1:6×10^n）

注：*n* 为正整数，优先选用不带括号的比例。

一般正常情况下都按原值比例（即 1:1）画出图样，但如果机件太小或太大，则应采用放大或缩小比例画出图样。但不管是放大还是缩小，其尺寸数字表示还应为原设计要求的尺寸数字，如图 1-6 所示。

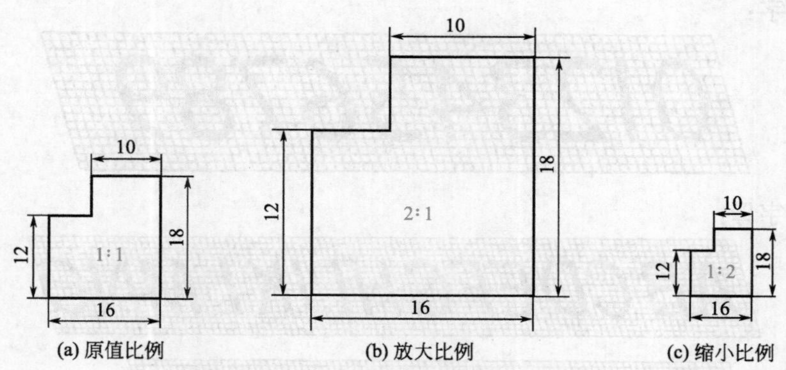

图 1-6 不同比例绘图后的图样尺寸表示

1.2.2 字体

图样中技术要求、尺寸符号等用汉字、数字和字母所列示的字体必须工整、清楚，且其间隔要均匀，排列要整齐。其号数（即字体高度 *h*，单位为 mm）有 20、14、10、7、5、3.5、2.5、1.8 八种规格。

（1）汉字

汉字要求写成长仿宋体，并采用国家正式公布的简化字。其高度不应小于 3.5mm，其宽度一般为 $h/\sqrt{2}$，示例如下：

10 号字体：

字体工整　间隔均匀　排列整齐

7 号字体：

横平竖直　结构均匀　方格填满

5 号字体：

机械制图　建筑技术　纺织服装

3.5 号字体：

螺纹加工　工艺设备　实训指导

汉字常由几个部分组成，为使字体结构匀称，书写时应恰当分配各组成部分的比例，如图 1-7 所示。

变 1/2 1/2　材 1/2 1/2　章 1/3 1/3 1/3　锻 1/3 1/3 1/3　符 1/3 2/3　塑 2/3 1/3　泵 2/5 3/5　锌 2/5 3/5

图 1-7　汉字的结构分析示例

（2）数字和字母

数字和字母可写成直体或斜体（一般常用斜体），斜体字字头向右倾斜与水平基准线约成 75°。示例如下：

阿拉伯数字：

大写拉丁字母：

小写拉丁字母：

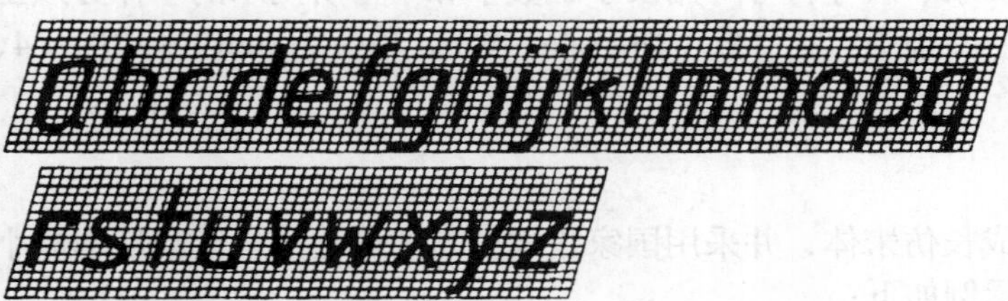

罗马数字：

1.2.3 图线

（1）图线的应用

为了便于图样可清晰地认读，绘图时应采用表 1-3 中国家标准对图线的规定。

表 1-3 图线及一般应用

图线名称	图线型式、图线宽度	一般应用
粗实线	宽度：$d\approx0.5\sim2$mm	可见轮廓线 可见过渡线
细实线	宽度：$d/4$	尺寸线 尺寸界线 剖面线 重合剖面的轮廓线 辅助线 引出线 螺纹牙底线及齿根线
波浪线	宽度：$d/4$	机件断裂处的边界线 视图与局部剖视的分界线
细双折线	宽度：$d/4$	断裂处的边界线
细虚线	2～6　1 宽度：$d/4$	不可见轮廓线 不可见过渡线
细点画线	15～20　3 宽度：$d/4$	轴线 对称中心线 节圆及节线 轨迹线
粗点画线	宽度：d	规定范围的表示线 （有特殊要求的线或表面的表示线）
粗虚线	宽度：d	允许表面处理的表示线
细双点画线	15～20　5 宽度：$d/4$	极限位置的轮廓线 相邻辅助零件的轮廓线 假想投影轮廓线中断线

(2)图线的规范画法

① 虚线　虚线的每段长度与间隔是凭眼力控制的，它与其他图纸的连接情况见表 1-4。

表 1-4　虚线与其他图线的连接情况

连接情况	图示	说明
与虚线或其他图线相交	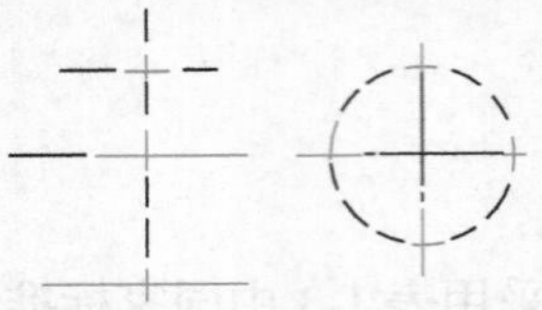	应与线相交
与虚线或与其他图线垂直相交	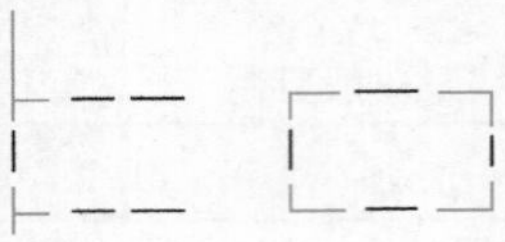	在垂足处不应留有空
为粗实线的延长	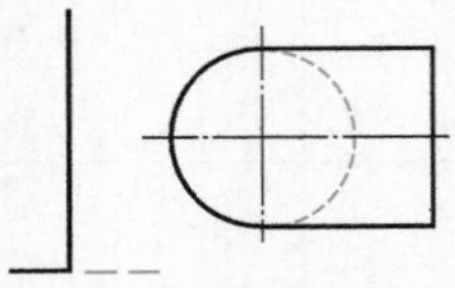	不得以短画线相接，应留有空隙，以表示两种图线的分界处

② 点画线　画点画线时，应从长画线开始，以长画线结束。相交时应画在长画线的中间，而不应相交在短画线或空白处，如图 1-8 所示。

③ 中心线与圆心的关系　圆心应以中心线的线段交点表示，中心线应超出圆周约 5mm。当圆的直径小于 12mm 时，中心线可用细实线画出，超出圆周长度也应缩短至 3mm，如图 1-9 所示。

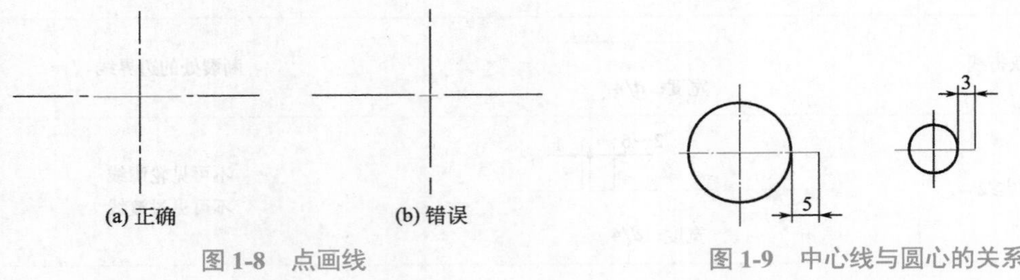

图 1-8　点画线　　图 1-9　中心线与圆心的关系

④ 圆的相切　圆与圆或与其他图线相切时，在切点处的图线要重合，在重合区域内应是单根图线宽度，如图 1-10 所示。

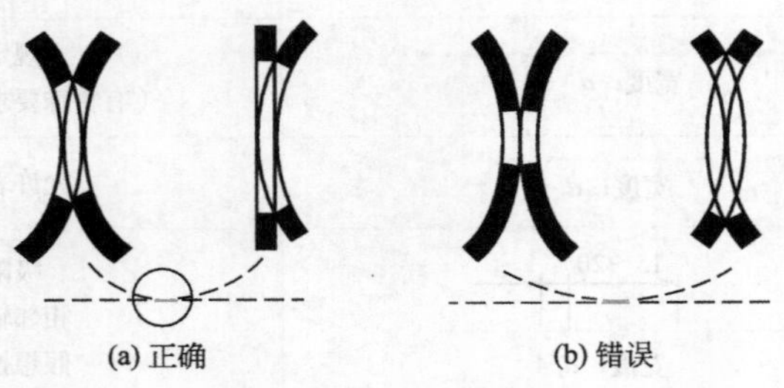

图 1-10　圆的相切

⑤ 箭头的画法　箭头的大小应尽量相同，根据粗实线的粗、细而定，画法如图 1-11 所示。

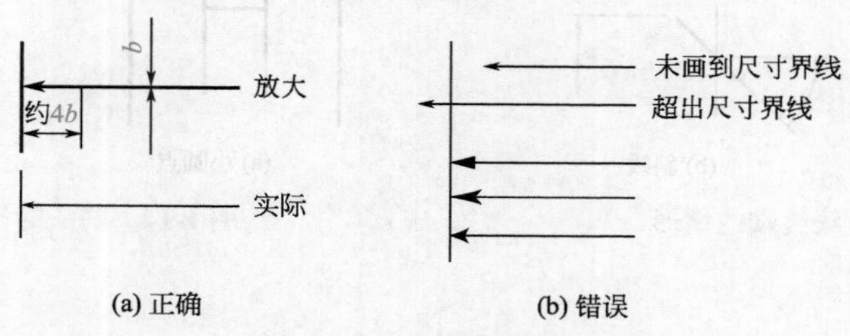

图 1-11　箭头的画法

1.3 尺寸标注

尺寸是零件加工检测的重要依据，应严格按国家标准中的有关规定做好标注。

1.3.1　尺寸标注的基本要求

① 机件真实的大小应以图样上标注的尺寸数值为依据，与图形的大小及绘图的准确度无关。

② 图样中的尺寸以 mm 为单位，不需标注计量单位的符号或名称。如需采用其他单位则应注明相应的单位符号。

③ 图样中所标注的尺寸应为该图样所示机件的最后完工尺寸，否则需另加说明。

④ 机件上的每一尺寸一般只标注一次，并应标注在表示该结构最清晰的图形上。

1.3.2　尺寸标注的要求

尺寸的标注由尺寸界线、尺寸线和尺寸数字三要素组成，如图 1-12 所示。

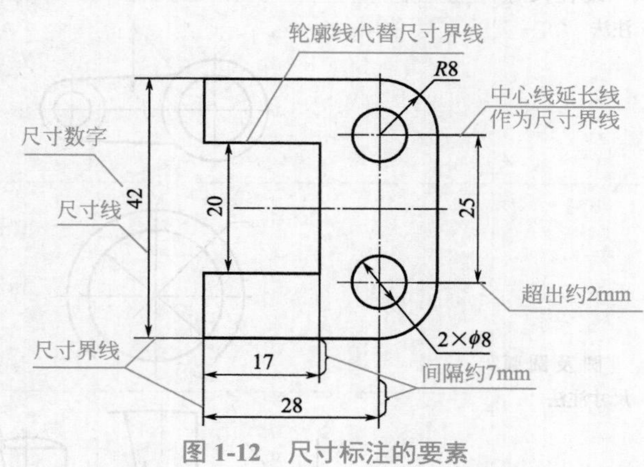

图 1-12　尺寸标注的要素

（1）尺寸界线

尺寸界线表示所注尺寸的起始和终止位置，用细实线绘制，并应从图形的轮廓线、轴线或对称中心线引出；也可直接利用轮廓线、轴线或对称中心线作为尺寸界线。尺寸界线一般应与尺寸线垂直，并超出尺寸线约 2mm。

（2）尺寸线

尺寸线用细实线绘制，且应平行于被标注的线段，相同方向的各尺寸线之间的间隔约为 7mm。尺寸线一般不能用图形上的其他图线代替，也不能与其他图线重合或画在其延长线上，并应尽量避免与其他尺寸线或尺寸界线相交。

尺寸线终端有箭头和斜线两种情形，如图 1-13 所示。一般机械图样上所用的尺寸线终端为箭头。当没有足够的位置画箭头时，可用小圆点或斜线代替，如图 1-14 所示。

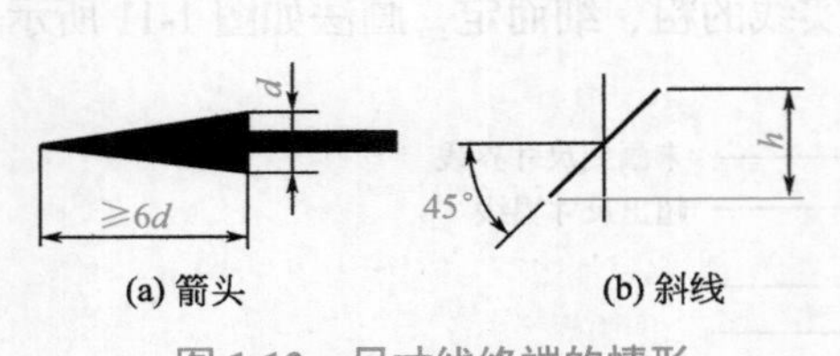

(a) 箭头　　(b) 斜线

图 1-13　尺寸线终端的情形

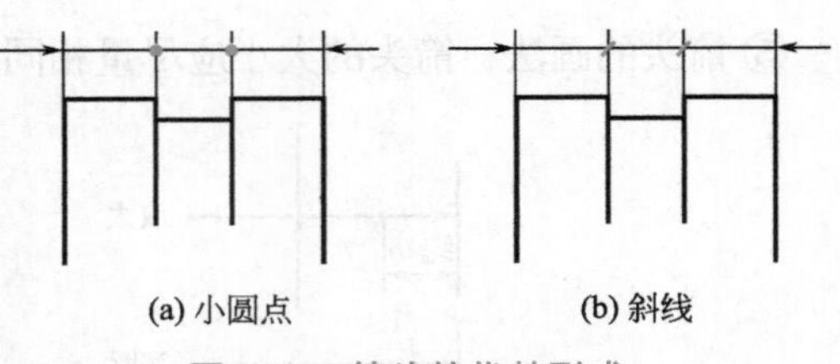

(a) 小圆点　　(b) 斜线

图 1-14　箭头的代替形式

（3）尺寸数字

线性尺寸数字一般应注写在尺寸线的上方或左方，也允许注写在尺寸线的中断处。当尺寸线为水平方向时，线性尺寸数字注写应由左向右书写，且字头向上；当尺寸线为竖直方向时，尺寸数字注写应由下向上书写，且字头向左；在倾斜的尺寸线上注写尺寸数字时，须使字头方向有向上的趋势。线性尺寸、角度尺寸、圆及圆弧尺寸、小尺寸等的注法见表 1-5。

表 1-5　尺寸注法示例

项目内容	图例	说明
线性尺寸数字方向	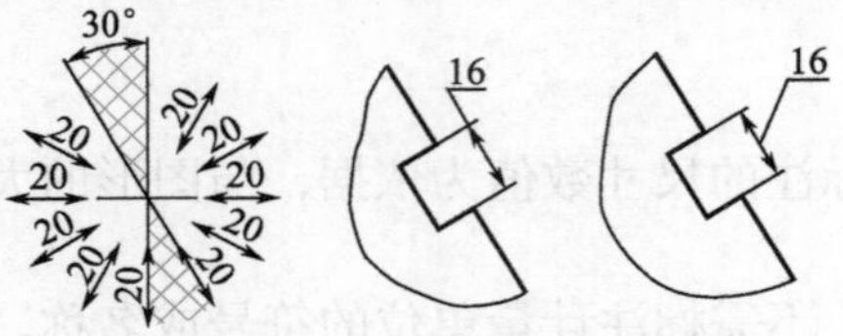	当线性尺寸在图示 30° 范围内时，可采用图例中所示右侧的两种标注形式（同一张图样中的标注形式应一致）
线性尺寸注法	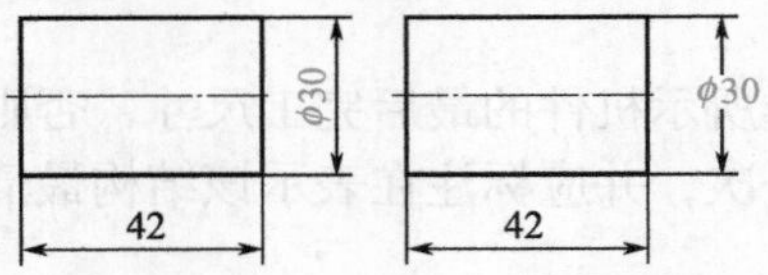	优先采用图例中所示左侧的标注方法
	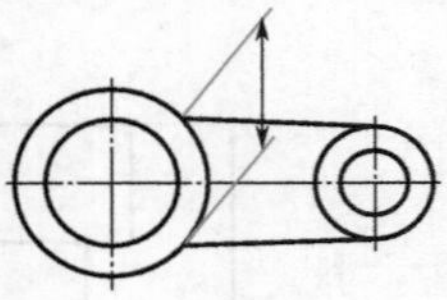	必要时尺寸界线与尺寸线允许倾斜
圆及圆弧尺寸注法	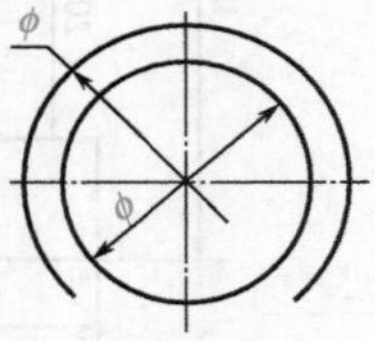	圆的直径数字前加注“ϕ”。当尺寸线的一端无法画出箭头时，尺寸线要超过圆心一段
	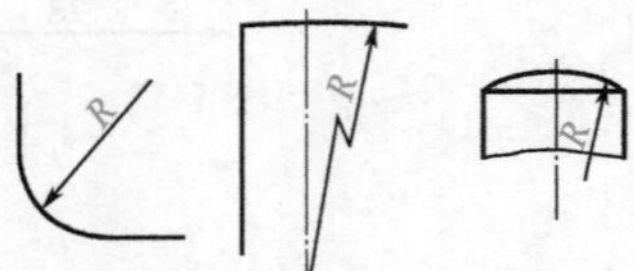	圆弧半径数字前加注“R”，半径尺寸线一般应通过圆心
小尺寸注法	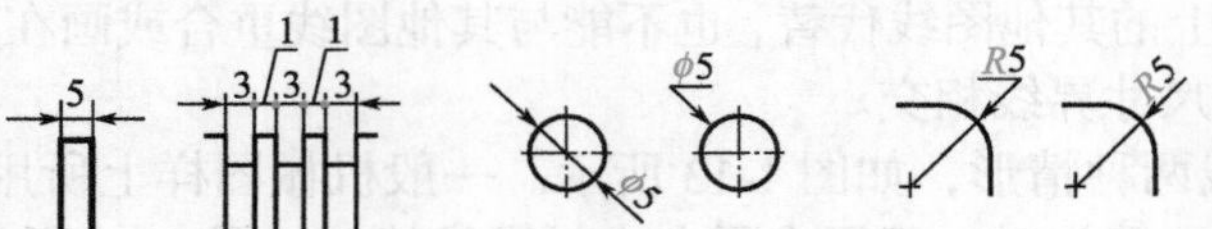	当无足够位置标注小尺寸时，箭头可外移或用小圆点代替箭头，尺寸数字也可注写在尺寸界线外或引出标注

续表

项目内容	图例	说明
避免图线通过尺寸数字		当尺寸数字无法避免被图线通过时，图线必须断开
角度和弧度尺寸注法		角度的尺寸界线应沿径向引出，尺寸线画成圆弧，其圆心是该角的顶点。角度的尺寸数字一律水平书写，一般注写在尺寸线的中断处，必要时可注写在尺寸线的上方、外侧或引出标注
		弧长的尺寸线是该圆弧的同心圆，尺寸界线平行于对应圆弦长的垂直平分线
对称机件的尺寸注法		尺寸线的一端无法注全时，其尺寸线要超过对称线一段
		对于分布在对称线两侧的相同结构，可仅标注其中一侧的结构尺寸

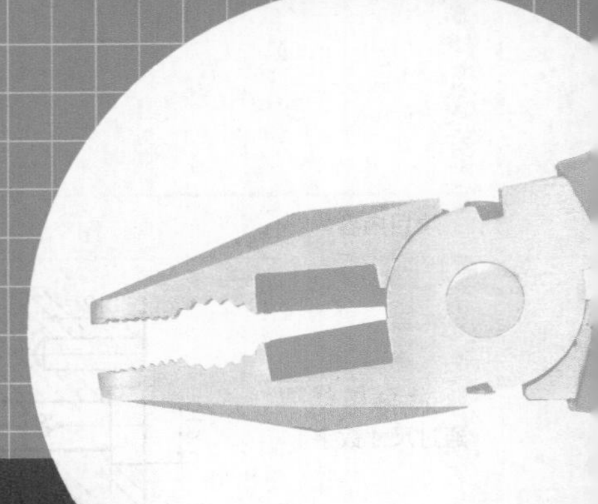

第2章 图样的基本表达方法

2.1 视图

机械零件或产品是根据机械图样加工生产的。零件图形一般均是以各种投影法生成的图样为基础。绘制出物体的多面投影图形称为视图，它分为基本视图、向视图、辅助视图等，主要用于表达机件的外部结构形状，对机件中不可见的结构形状在必要时用细虚线画出。

2.1.1 基本视图

将机件向基本投影面投射所得的视图称为基本视图。用绘图理论来总结物体与影子的几何关系，就构成了投影法这一概念。投影法分为两大类，即中心投影法和平行投影法，见表2-1。

表 2-1 投影法分类

投影法		投影图	概念
中心投影法			光源中心 S 发出的 4 条投射线，把 E 平面投影在 P 平面上，E 平面因距离 S 的远近不同，投影在 P 平面上的大小也随之不同。这种投影方法不能得到物体的真实大小，在机械工程的绘图上很少使用
平行投影法	斜投影法		投射线与投影面相倾斜的平行投影法。根据斜投影法所得到的图形，称为斜投影或斜投影图
	正投影法		投射线与投影面相垂直的平行投影法。根据正投影法所得到的图形，称为正投影或正投影图

对于一个机件可以有六个基本投射方向，如图 2-1 所示。相应地有六个与基本投影方向垂直的基本投影面。基本视图是物体向六个基本投影面投射所得的视图。空间的六个基本投影面可设想围成一个正六面体，为使其上的六个基本视图位于同一个平面内，可将六个基本视图按图 2-2 所示的方法展开。六个基本投影方向及视图名称见表 2-2。

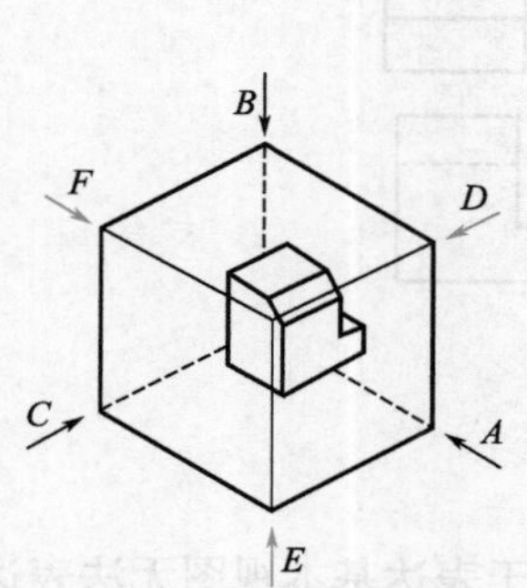

图 2-1 基本投射方向

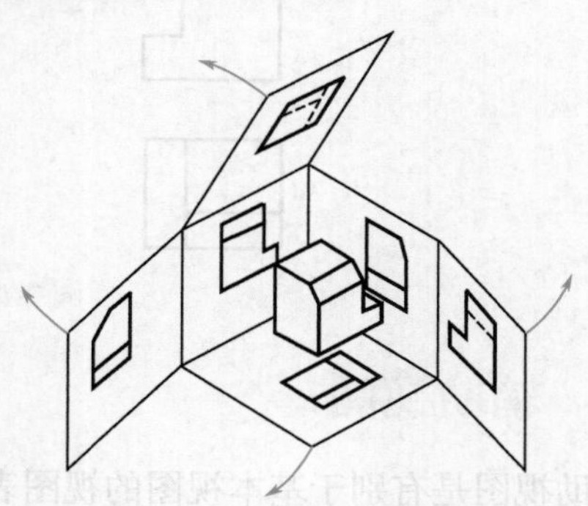

图 2-2 视图的展开

表 2-2 六个基本投影方向及视图名称

方向代号	*a*	*b*	*c*	*d*	*e*	*f*
投影方向	由前向后	由上向下	由左向右	由右向左	由下向上	由后向前
视图名称	主视图	俯视图	左视图	右视图	仰视图	后视图

六个基本视图保持“长对正、高平齐、宽相等”的三等关系，其方位对应关系如图 2-3 所示。除后视图外，在围绕主视图的俯、仰、左、右四个视图中，远离主视图的一侧表示机件的前方，靠近主视图的一侧表示机件的后方。实际画图时，无须将六个基本视图全部画出，应根据机件的复杂程度和表达需要选用其中必要的几个基本视图，若无特殊情况，优先选用主、俯、左视图。

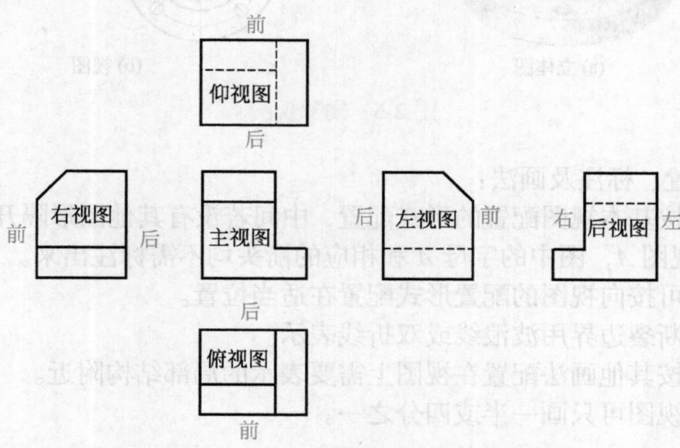

图 2-3 六个基本视图的配置和方位对应关系

2.1.2 向视图

向视图是可以移动配置的基本视图。当某视图不能按投影关系配置时，可按向视图绘制，

如图 2-4 中的向视图 D、E、F。向视图必须在图形上方中间位置处注出视图名称，并在相应的视图附近用箭头指明投射方向，注写相同的字母。

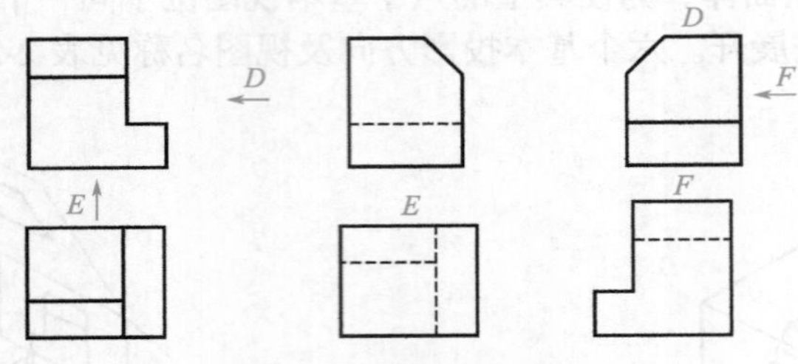

图 2-4　向视图及其标注

2.1.3　辅助视图

辅助视图是有别于基本视图的视图表达方法，主要用于表达基本视图无法表达或不便于表达的形体结构。常用的辅助视图有局部视图、斜视图和镜像视图等。

（1）局部视图

机件的某一部分向基本投影面投射所得的视图称为局部视图。如图 2-5 所示的机件，为更好地表达出左、右两边凸缘形状，采用 A、B 两个局部视图既简练又突出重点。

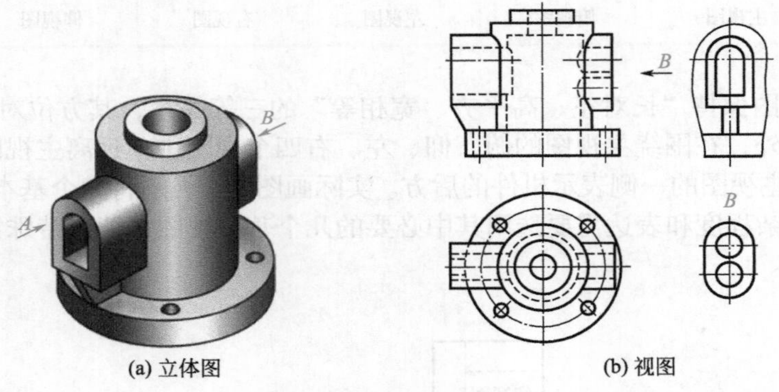

图 2-5　局部视图

局部视图的配置、标注及画法：

① 局部视图可按基本视图配置的形式配置，中间若没有其他图形隔开时，则不必标注。如图 2-5 中的局部视图 A，图中的字母 A 和相应的箭头均不需标注出来。

② 局部视图也可按向视图的配置形式配置在适当位置。

③ 局部视图的断裂边界用波浪线或双折线表示。

④ 有必要时可按其他画法配置在视图上需要表示的局部结构附近。

⑤ 对称机件的视图可只画一半或四分之一。

（2）斜视图

斜视图是物体向不平行于基本投影面的平面投射所得的视图。如图 2-6 所示，当机件上某局部结构不平行于任何基本投影面时，可增加一个新的辅助投影面，将倾斜结构向辅助投影面投射，就得到反映倾斜结构实形的视图，即斜视图。

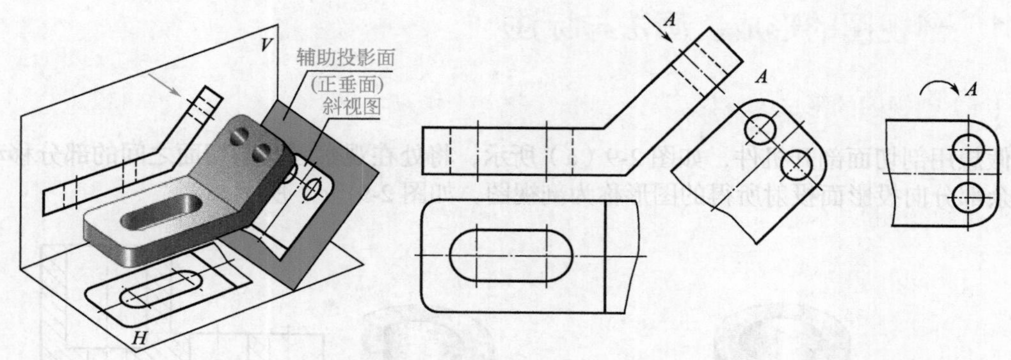

图 2-6 倾斜结构斜视图的形成

画斜视图时应注意：

① 斜视图常用于表达机件上的倾斜结构。画出倾斜结构的实形后，机件的其余部分不必画出，此时可在适当位置用波浪线或双折线断开。

② 斜视图的配置和标注一般按向视图相应的规定，必要时，允许将斜视图旋转后配置到适当的位置。此时，应按向视图那样进行标注，且加注旋转符号。

旋转符号为半径等于字体高度的半圆弧，表示斜视图名称的大写拉丁字母应靠近旋转符号的箭头端，也允许将旋转角度标在字母之后。

（3）镜像视图

当直接用正投影法绘制图样不易表达清楚某些机件构造的真实情况时，可用镜像投影法绘制。如图 2-7 所示，把镜面放在形体的下面，代替水平投影面，在镜面中反射得到的图像，称为镜像投影图。

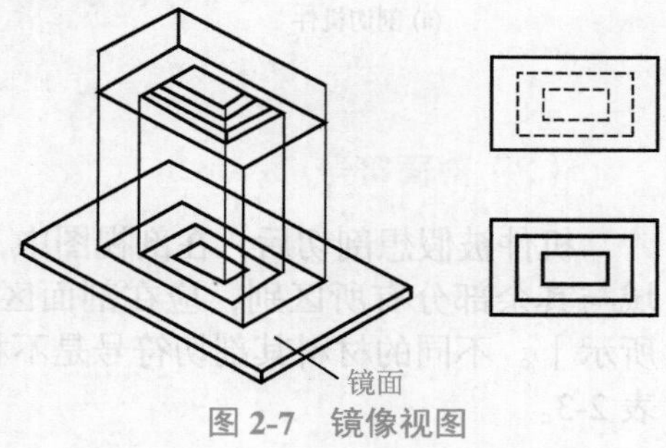

图 2-7 镜像视图

2.2 剖视图

视图主要用来表达机件的外部形状，但如图 2-8 所示的支座，其内部结构相对复杂，用视图表达时虚线较多，从而会使图样不清晰，且也不便看图和标注尺寸。因而常采用剖视图画法来解决这一问题。

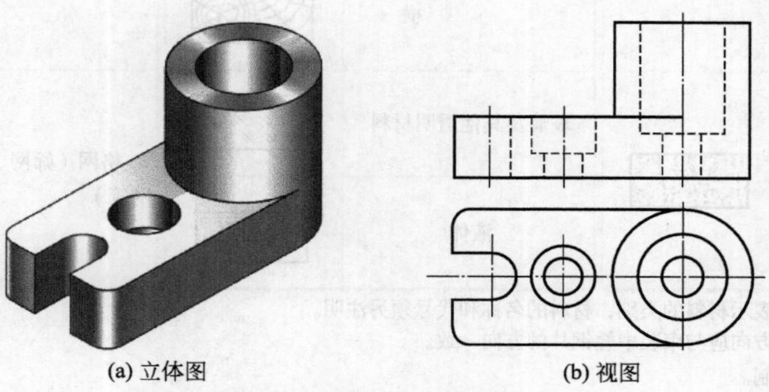

(a) 立体图　　(b) 视图

图 2-8 支座及其视图

2.2.1 剖视图的形成、画法与标注

（1）剖视图的形成

假想用剖切面剖开机件，如图 2-9（a）所示，将处在观察者与剖切面之间的部分移动，将其余部分向投影面投射所得的图形称为剖视图，如图 2-9（c）所示。

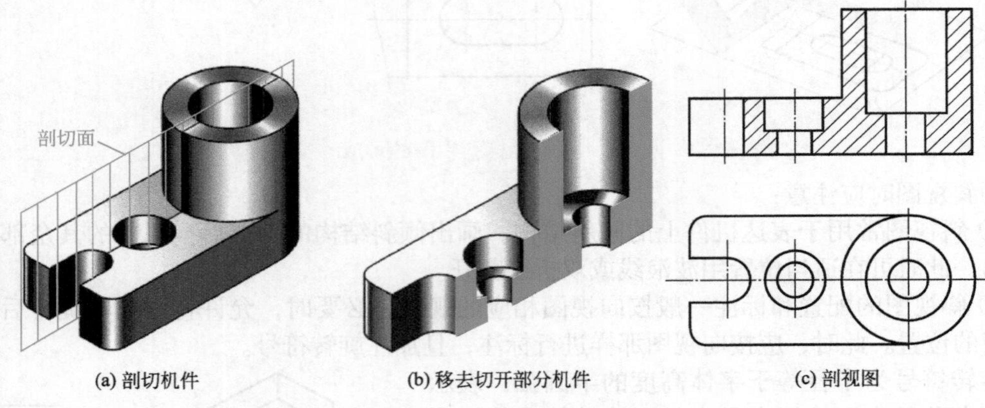

(a) 剖切机件　(b) 移去切开部分机件　(c) 剖视图

图 2-9 剖视图的形成

（2）剖面符号

机件被假想剖切后，在剖视图中，剖切面与机件接触的部分称为剖面区域。为使剖面区域与其余部分有所区别，应在剖面区域内用相应的剖面符号画出［如图 2-9（c）中主视图所示］。不同的材料其剖切符号是不相同的，国家标准规定了各种材料类别的剖面符号，见表 2-3。

表 2-3 剖面符号

材料	剖面符号	材料		剖面符号	材料	剖面符号
金属（已有规定的剖面符号除外）		木质胶合板（不分层数）			线圈绕组元件	
非金属（已有规定的剖面符号除外）		木材	纵		转子、变压器等的叠钢片	
			横			
型砂、粉末冶金、陶瓷刀片、硬质合金刀片等		玻璃及其他透明材料			格网（筛网、过滤网等）	
		液体				

注：1. 剖面符号仅表示材料的类别，材料的名称和代号须另注明。

2. 叠钢片的剖面线方向应与束装中叠钢片的方向一致。

3. 液面用细实线绘制。

在机械设计中，金属材料使用最多，因此国标规定用简明易画的平行细实线作为剖面符号，且特称为剖面线。绘制剖面线时，同一机械图样中的同一零件的剖面线应方向相同、间隔相等。剖面线的间隔应按剖面区域的大小确定。剖面线的方向一般与主要轮廓或剖面区域的对称线成 45° 角，如图 2-10 所示。

图 2-10 剖面线的方向

（3）剖视图画法的注意事项

① 剖切机件的剖切面须垂直于所剖切的投影面。

② 机件的一个视图画成剖视图后，其他视图的完整性不应受到影响，如图 2-9（c）中的主视图画成剖视图后，俯视图一般仍应完整画出。

③ 剖切面后面的可见结构一般应全部画出，如图 2-11 所示。

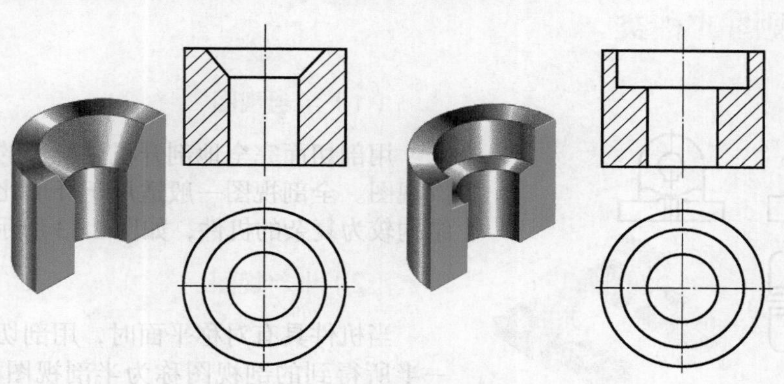

图 2-11 剖视图的画法

④ 一般情况下，尽量避免用细虚线表示机件上不可见的结构。

（4）剖视图的标注

剖视图的标注有三个要素，以标明剖切位置和指示视图间的投影关系。

① 剖切位置。用粗实线的短线段表示剖切面起讫和转折位置。

② 投射方向。将箭头画在剖切位置线外侧指明投射方向。

③ 对应关系。将大写拉丁字母注写在剖切面起讫和转折位置旁边，并在所对应的剖视图上方注写相同字母名称。

剖视图的标注方法分全标、不标和省标三种。

全标是指将剖切位置、投射方向以及其对应关系全部标出，如图 2-12 中的 *A—A* 所示。不标是指不标出标注的三要素，但是须同时满足三个条件方可不标，即单一剖切平面通过机件的对称平面或基本对称平面剖切；剖视图按投影关系配置；剖视图与相应视图间没有其他图形间隔，如图 2-9（c）同时满足了三个不标条件，因而未加任何标注。省标指仅满足不标条件中的后两个条件，则可省略表示投射方向的箭头，如图 2-12 中的 *B—B* 所示。

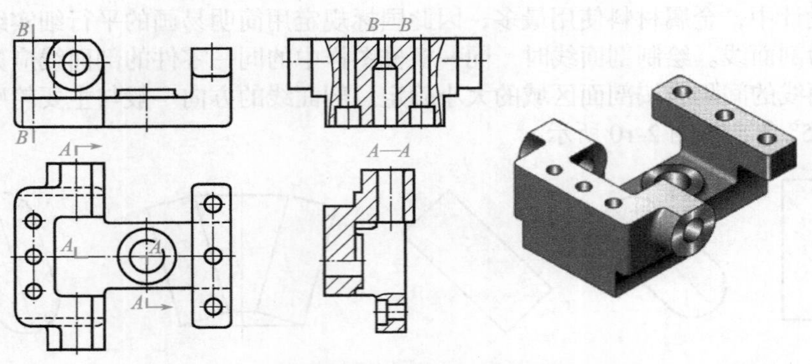

图 2-12 剖视图的配置与标注

（5）剖视图的配置

剖视图首先应考虑配置在基本视图的方位，如图 2-12 中的 *B—B* 所示；当难以按基本视图的方位配置时，也可按投影关系配置在相应位置上，如图 2-12 中的 *A—A* 所示；必要时才可考虑配置在其他适当位置。

2.2.2 剖视图的种类

（1）全剖视图

用剖切面完全地剖开机件所得的剖视图称为全剖视图。全剖视图一般适用于外形比较简单、内部结构较为复杂的机件，如图 2-13 所示。

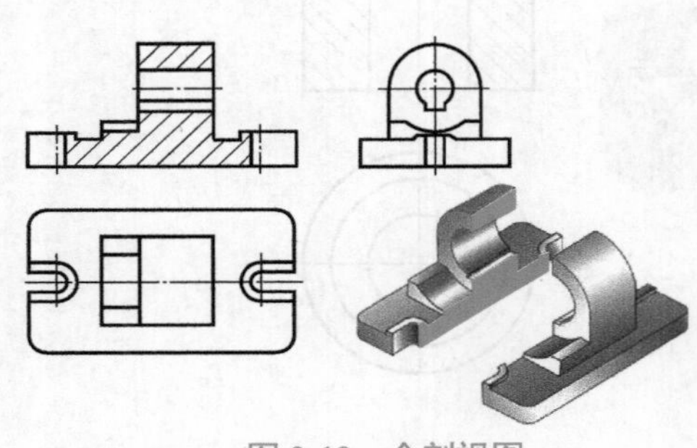

图 2-13 全剖视图

（2）半剖视图

当机件具有对称平面时，用剖切面剖开机件的一半所得到的剖视图称为半剖视图。图 2-14 所示机件左右对称，前后也对称，因而主视图和俯视图均采用剖切右半部分表达。

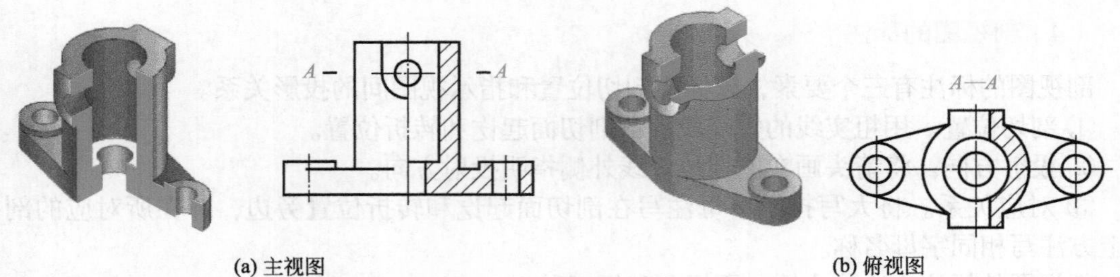

(a) 主视图　　(b) 俯视图

图 2-14 半剖视图

半剖视图既表达了机件的内部形状，又保留了外部形状，故而常用于表达内、外形状都较为复杂的对称机件。当机件的形状接近对称且不对称部分已另有图形表达清楚时，也可画成半剖视图，如图 2-15 所示。

画剖视图时应注意：

① 半个视图与半个剖视图的分界线用细点画线。

② 机件的内部形状已在半剖视图中表达清楚，在另一半表达外形的视图中一般不再画出细虚线。

（3）局部剖视图

局部剖视图是用剖切面局部地剖切机件所得的剖视图，如图 2-16 所示，虽然机件上下、前后对称，但由于主视图中的方孔轮廓对称中心重合，因而不宜采用半剖视图，应采用局部视图。这样既表达了中间方孔内部轮廓线，又保留了机件的部分外形。

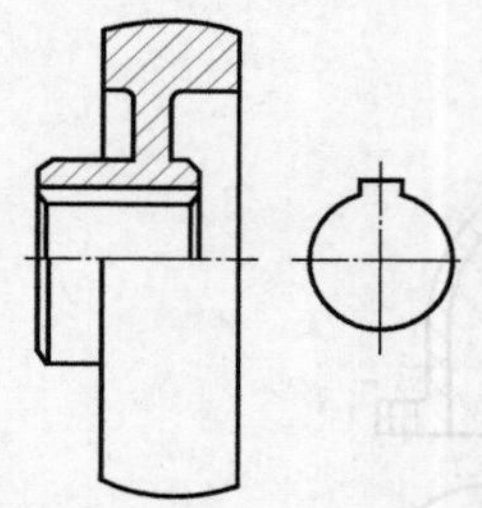

图 2-15　接近对称机件的半剖视图表达

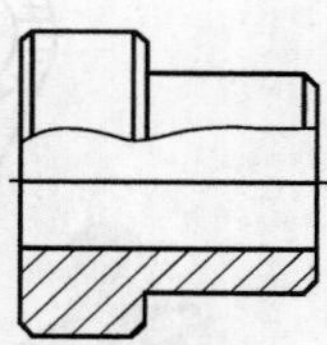

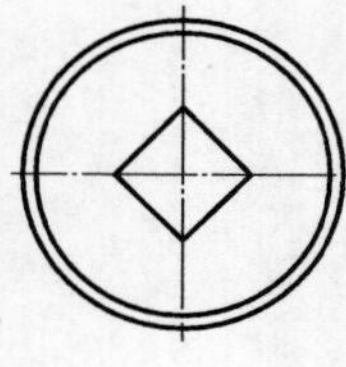

图 2-16　局部剖视图

局部剖视图在画图时应注意：

① 局部剖视图可用波浪线分界，波浪线应画在机件的实体上，不能超出实体轮廓线，也不能画在机件的中空处，如图 2-17 所示。局部剖视图也可采用双折线分界，如图 2-18 所示。

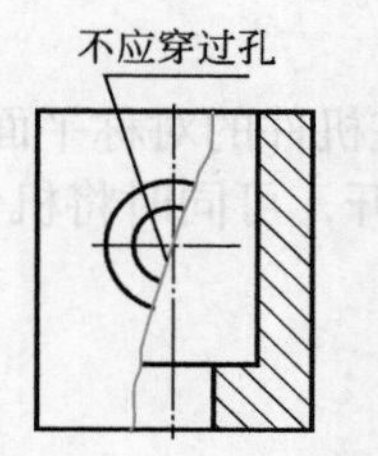

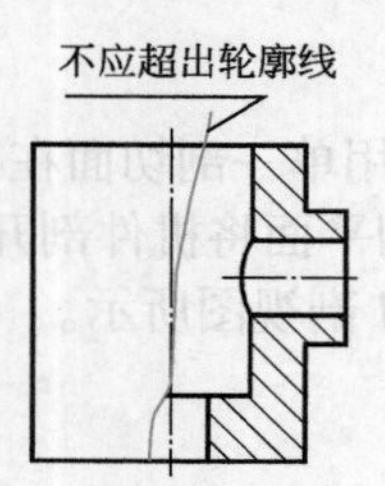

图 2-17　局部剖视图用波浪线分界

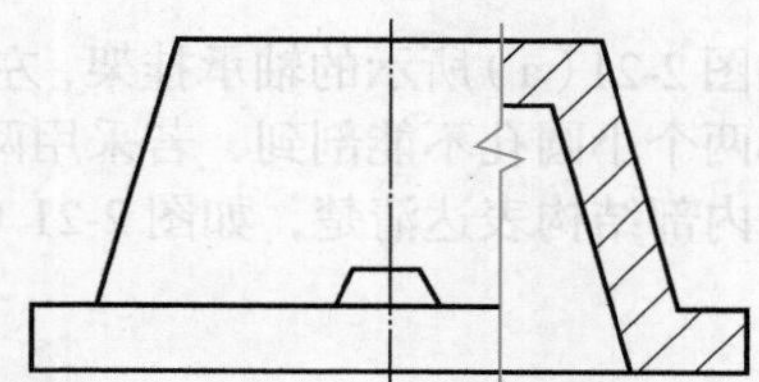

图 2-18　局部剖视图用双折线分界

② 一个视图中，局部剖视图的数量不宜过多，在不影响外形表达的情况下，可在较大范围内画成局部剖视图，以减少局部剖视图的数量，如图 2-19 所示，主、俯视图分别用两个和一个局部剖视图表达其内部结构。

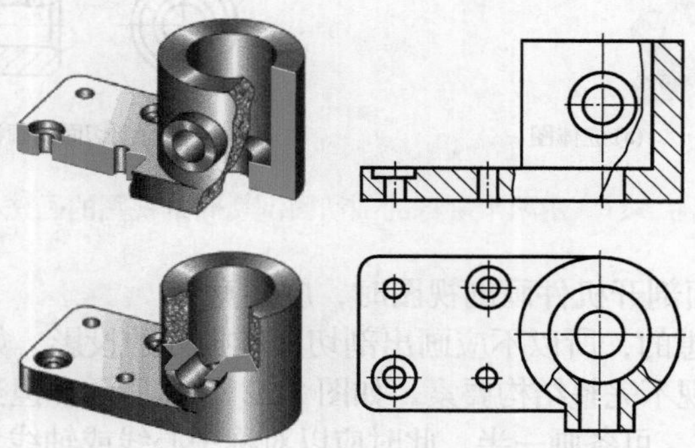

图 2-19　主、俯视图的局部剖视图配置

③ 波浪线不应画在轮廓线的延长线上，也不能用轮廓线代替，或与图样上其他的图线重合。

2.2.3 剖切面的种类

（1）单一剖切面

单一剖切面可以是平行于基本投影面的剖切平面，也可以是不平行于基本投影面的斜剖切平面，如图 2-20 中的 *B—B* 所示。

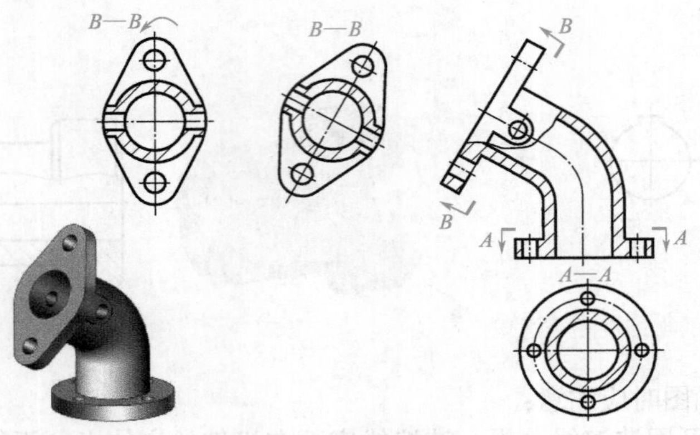

图 2-20 单一剖切面

（2）几个平行的剖切面

如图 2-21（a）所示的轴承挂架，左右对称，如果用单一剖切面在机件的对称平面处剖开，则上部两个小圆孔不能剖到，若采用两个平行的剖切平面将机件剖开，可同时将机件上、下部分的内部结构表达清楚，如图 2-21（b）中的 *A—A* 剖视图所示。

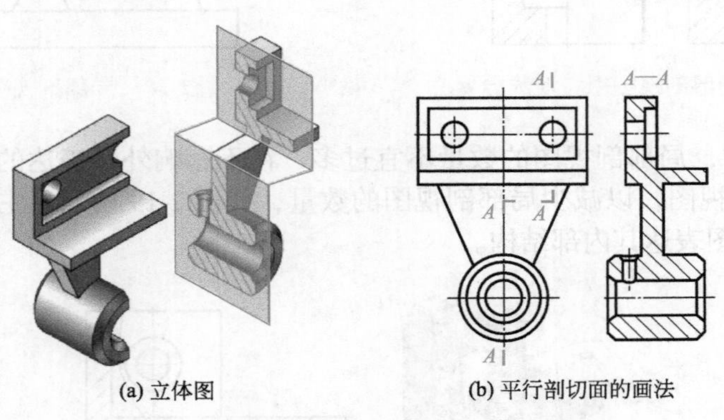

图 2-21 用两个平行的剖切面剖切时剖视图的画法

用几个平行的剖切面剖开机件画剖视图时，应注意：

① 因为剖切面是假想的，所以不应画出剖切面转折处的投影，如图 2-22（a）所示。

② 剖视图中不应出现不完整结构要素，如图 2-22（b）所示。但当两个要素在图形上具有公共对称中心线或轴线时，可各画一半，此时应以对称中心线或轴线为界，如图 2-23 所示。

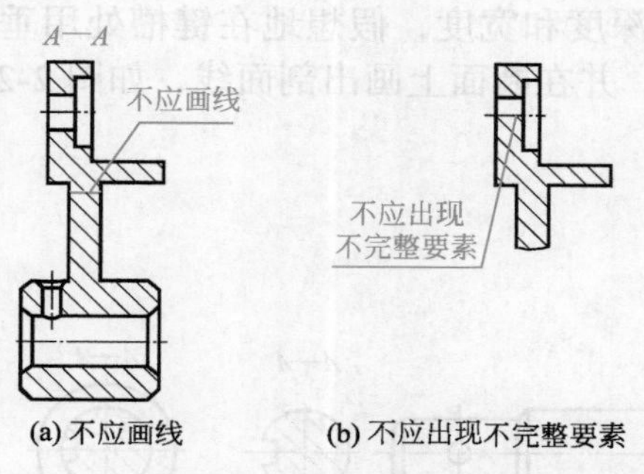

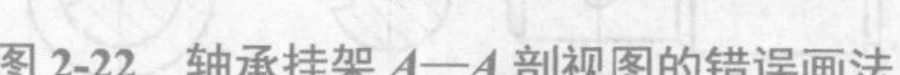

图 2-22 轴承挂架 A—A 剖视图的错误画法

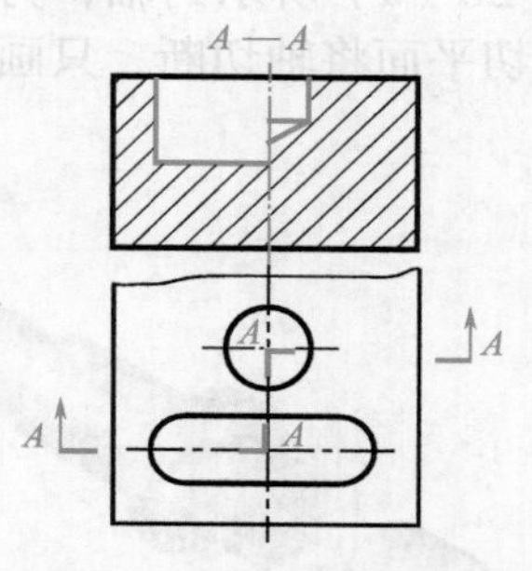

图 2-23 具有公共对称中心线要素的剖视图

③ 必须在相应视图上用剖切符号表示剖切位置，在剖切的起讫和转折处注写相同字母。

（3）几个相交的剖切面

如图 2-24 所示，为一圆盘状机件，若采用一剖切面只能表达肋板的形状，不能反映 45° 方向小孔的形状。为在主视图上同时表达机件的这些结构，应用两个相交的剖切面剖开机件。

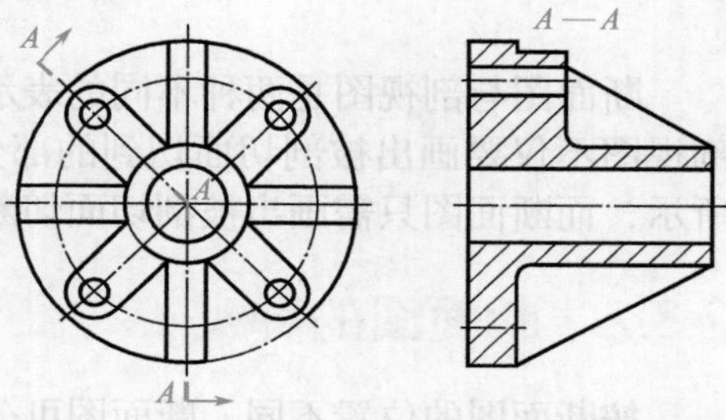

图 2-24 用两个相交的剖切面获得的剖视图

采用这种剖切面剖开机件画剖视图时应注意：

① 相邻两剖切平面的交线应垂直于某一投影面。

② 用几个相交的剖切面剖开机件绘图时，应先剖切后旋转，使剖开的结构及其有关部分旋转至与某一选定的投影面平行后再投影。此时旋转部分的某些结构与原图形不再保持投影关系，如图 2-25 所示机件中倾斜部分的剖视图。在剖切面后面的其他结构一般仍应按原来位置投影，如图 2-25 中所示剖切面后面的小圆孔。

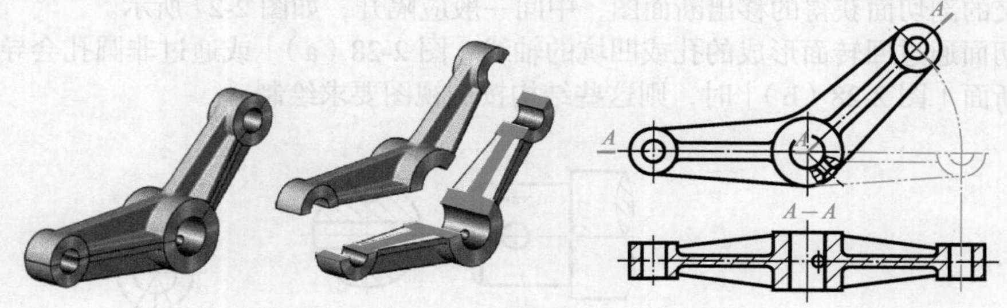

图 2-25 用相交剖切面剖切应注意的问题

③ 采用相交剖切面剖切后，应对剖视图加以标注。剖切符号的起讫及转折处用相同字母标出，但当转折处空间狭小又不致引起误解时，转折处允许省略字母。

2.3 断面图

2.3.1 断面图的概念

假想用剖切面将机件的某处切断，仅画出其断面的图形称为断面图，简称断面。

如图 2-26（a）所示的轴，为表示其上的键槽深度和宽度，假想地在键槽处用垂直于轴线的剖切平面将轴切断，只画出其断面的形状，并在断面上画出剖面线，如图 2-26（b）所示。

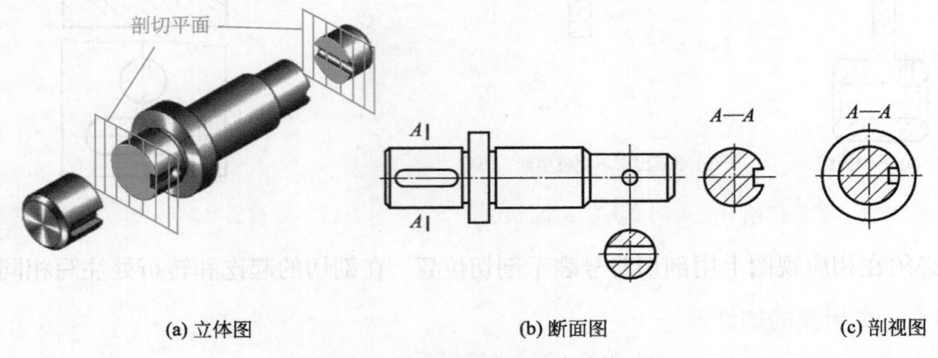

(a) 立体图　(b) 断面图　(c) 剖视图

图 2-26　轴上键的断面图与剖视图

断面图与剖视图是两种不同的表示方法，它们都是先假想用剖面剖开机件后再投影，但剖视图不仅要画出被剖切面切到的部分，还应画出剖切面后面的可见部分，如图 2-26（c）所示，而断面图只需画出被剖切面切断的断面形状。

2.3.2　断面图的种类

按断面图的位置不同，断面图可分为移出断面图和重合断面图两种。

（1）移出断面图

画在视图之外的断面图称为移出断面图，移出断面图的轮廓线用粗实线绘制。采用两个或多个相交的剖切面获得的移出断面图，中间一般应隔开，如图 2-27 所示。

当剖切面通过回转面形成的孔或凹坑的轴线［图 2-28（a）］或通过非圆孔会导致出现完全分离的断面［图 2-28（b）］时，则这些结构按剖视图要求绘制。

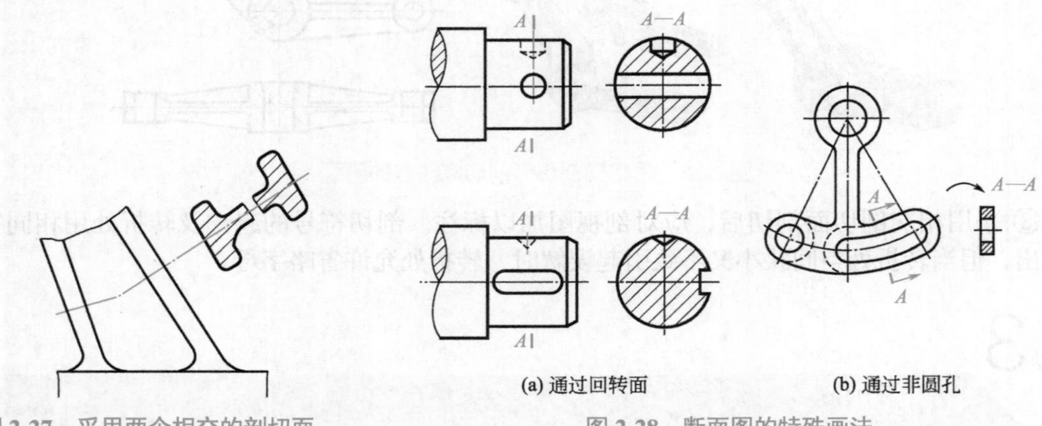

(a) 通过回转面　(b) 通过非圆孔

图 2-27　采用两个相交的剖切面获得的移出断面图

图 2-28　断面图的特殊画法

画出移出断面图后应按国标规定进行标注。剖视图标注的三要素同样适用于移出断面图。移出断面图的配置及标注方法见表 2-4。

表 2-4 移出断面图的配置及标注方法

配置	对称的移出断面		不对称的移出断面	
	图例	说明	图例	说明
在剖切线或剖切符号延长线上	剖切线	剖切线用细点画线，不需标注字母和剖切符号		不需标注字母
投影关系	A A A—A	不需标注箭头	A A A—A	不需标注箭头
其他位置	A A A—A	不需标注箭头	A A A—A	应标注剖切符号（含箭头）和字母

（2）重合断面图

将断面图形画在视图之内的断面图称为重合断面图，如图 2-29 所示。

重合断面图的轮廓线用细实线绘制，当视图中的轮廓线与重合断面图形重叠时，视图中的轮廓线仍应连续画出，不可间断，如图 2-30 所示。

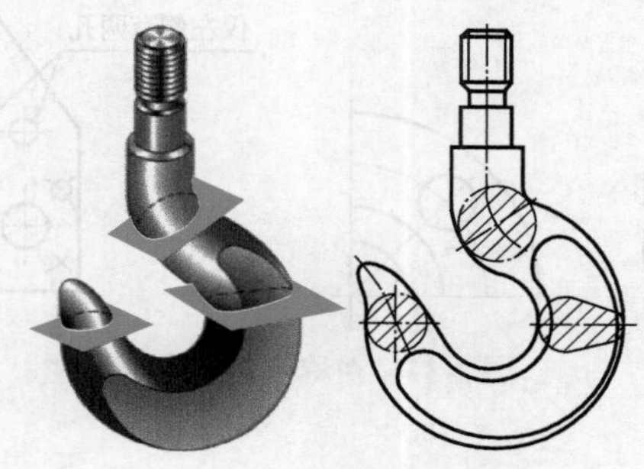

图 2-29 重合断面图

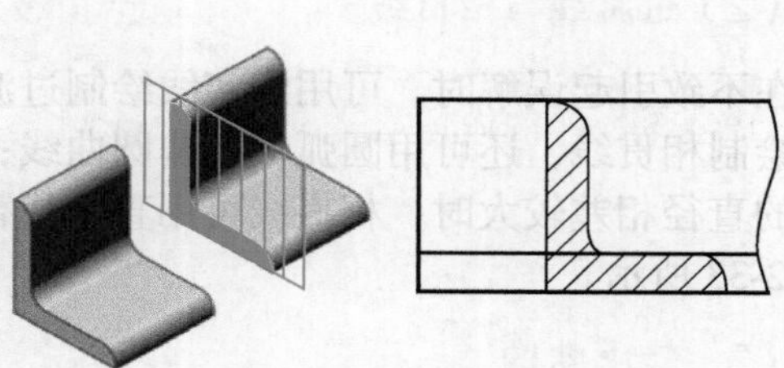

图 2-30 轮廓线与重合断面图形重叠时的画法

重合断面图的标注规定不同于移出断面图。对称的重合断面图不需标注（图 2-29）；不对称的重合断面图在不会引起误解时也可省略标注（图 2-30）。

2.4 局部放大图和简化表示法

2.4.1 局部放大图

当按一定比例画出机件的视图时，其上的细小结构有时会表达不清楚，其尺寸也难标注，此时可局部地另行画出这些结构的放大图，如图 2-31 所示。

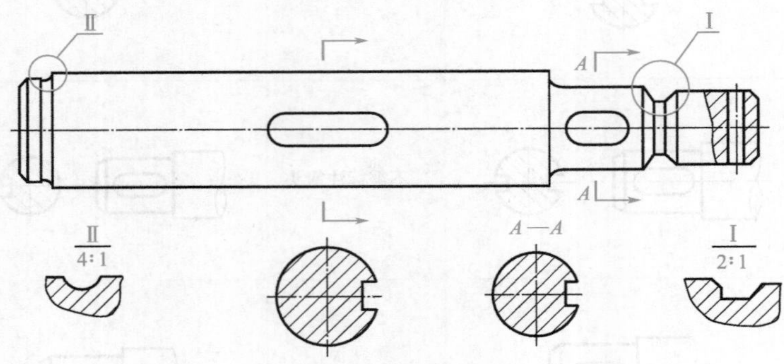

图 2-31　局部放大图

局部放大图可画成视图，也可画成剖视图或断面图，与被放大部分的表示法无关。局部放大图应尽量配置在被放大部位的附近。绘制时，除螺纹牙型、齿轮和链轮的齿形外，应用细实线圈出被放大的部位。当同一机件上的几处被放大时，应用罗马数字进行编号，并在局部放大图上方标注出相应的罗马数字和所采用的比例。

2.4.2 简化画法

（1）对称机件的局部视图

对称机件的视图可只画一半或 1/4，并在对称中心线的两端画两条与其垂直的平行细实线，如图 2-32 所示。它用细实线代替波浪线作为断裂边界线。

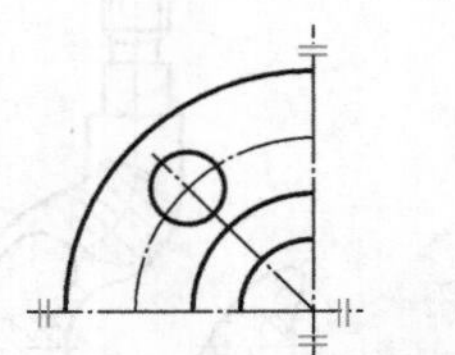

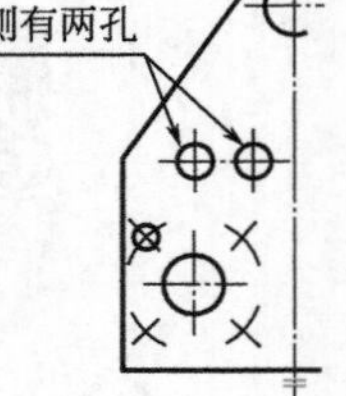

图 2-32　对称机件的局部视图

（2）过渡线与相贯线

在不致引起误解时，可用细实线绘制过渡线用粗实线绘制相贯线，还可用圆弧代替非圆曲线；当两回转体的直径相差较大时，相贯线可用直线代替曲线。如图 2-33 所示。

（3）较小结构

当机件上有较小结构及斜度等已在一个图形中表达清楚时，在其他图形中可简化表示或省略，如图 2-34（a）所示。图 2-34（a）中的主视图省略了平面斜切圆柱面后截交线的投影，图 2-34（b）中的俯视图简化了锥孔的投影。

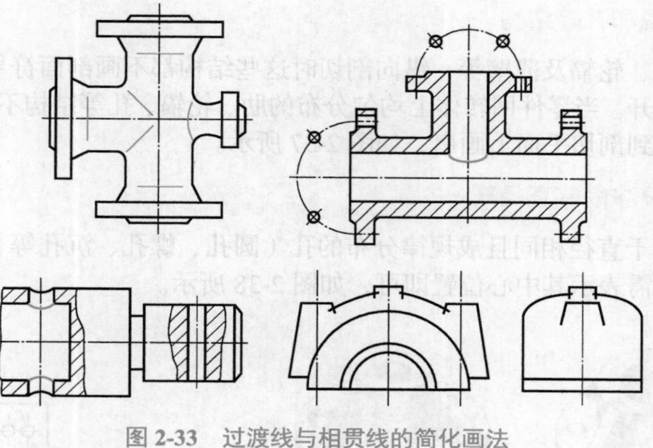

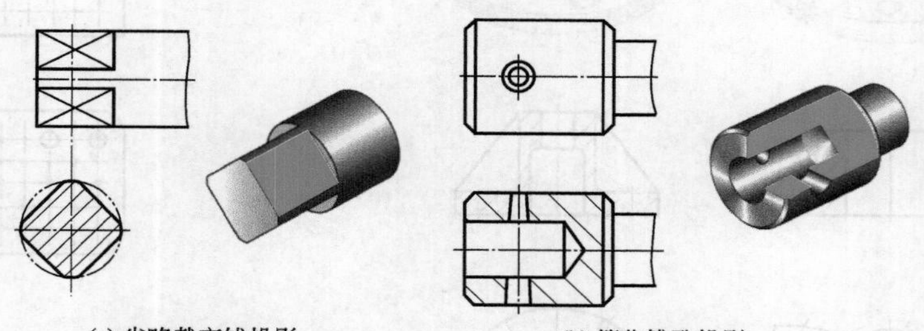

图 2-33　过渡线与相贯线的简化画法

图 2-34　机件上较小结构的简化画法

（4）圆、圆弧

机件中与投影面倾斜角度小于或等于 30° 的圆或圆弧的投影可用圆或圆弧画出，如图 2-35 所示。

（5）回转体零件上的表面

当不能充分表达回转体零件表面上的平面时，可用平面符号（相交的两条细实线）表示，如图 2-36 所示。

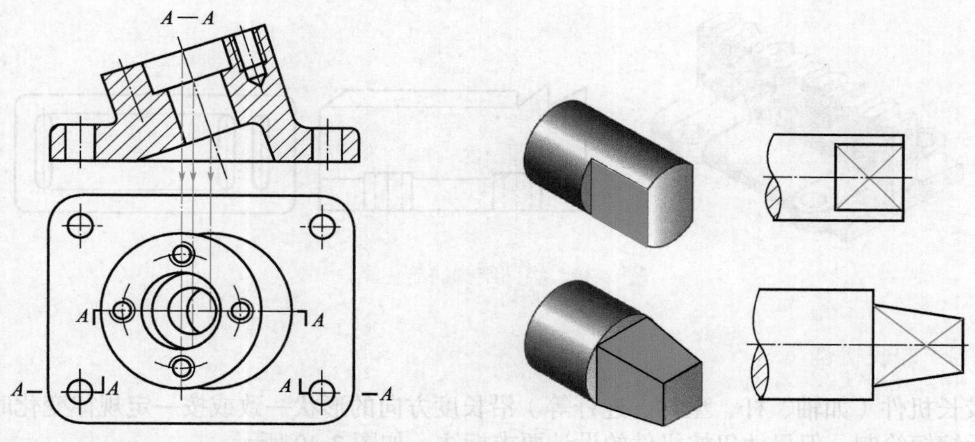

图 2-35　与投影面倾斜角度≤ 30° 的圆或圆弧画法

图 2-36　平面符号

（6）肋、轮辐和孔等结构

对于机件的肋、轮辐及薄壁等，纵向剖切时这些结构都不画剖面符号，而用粗实线将它们与其邻接部分分开。当零件回转体上均匀分布的肋、轮辐、孔等结构不处于剖切平面上时，可将这些结构旋转到剖切平面上画出，如图 2-37 所示。

（7）按规律分布的等直径孔

当机件具有若干直径相同且成规律分布的孔（圆孔、螺孔、沉孔等）时，可以仅画出一个或几个，其余只需表示其中心位置即可，如图 2-38 所示。

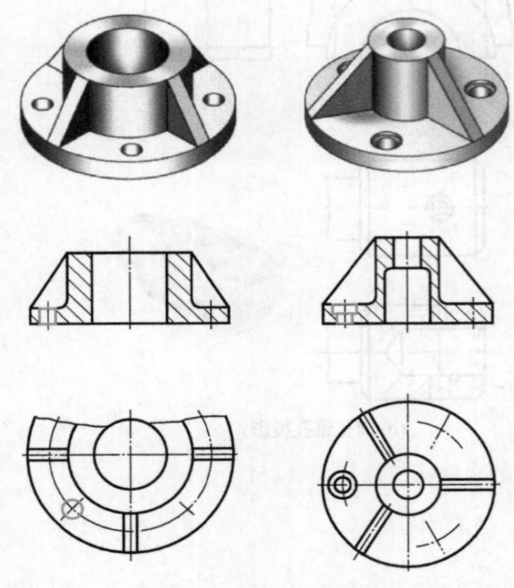

图 2-37　机件上肋、轮辐和孔等结构的画法

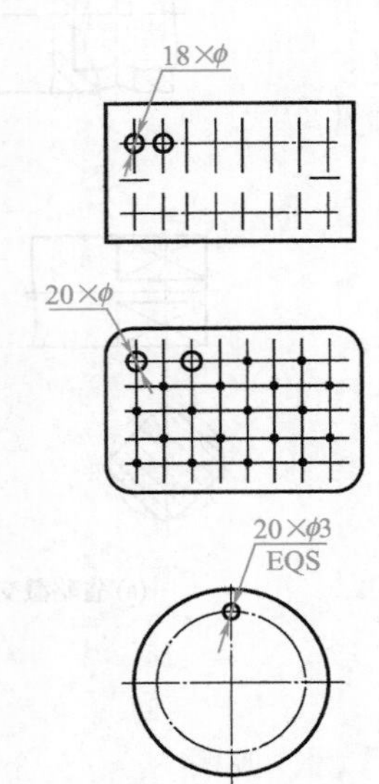

图 2-38　按规律分布的等直径孔

（8）相同结构

当机件上具有相同结构（如齿、槽等），并按一定规律分布时，应尽可能减少相同结构的重复绘制，只需画出几个完整的结构，其余可用细实线连接，如图 2-39 所示。

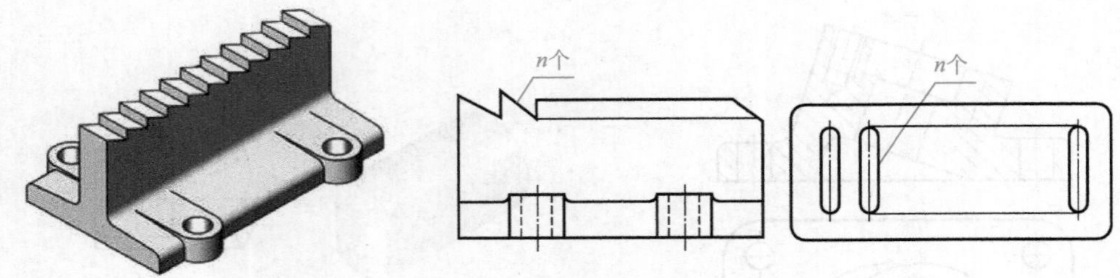

图 2-39　相同结构的简化画法

（9）较长机件

较长机件（如轴、杆、型材、连杆等）沿长度方向的形状一致或按一定规律变化时，可断开后缩短绘制，但尺寸仍按机件的设计要求标注，如图 2-40 所示。

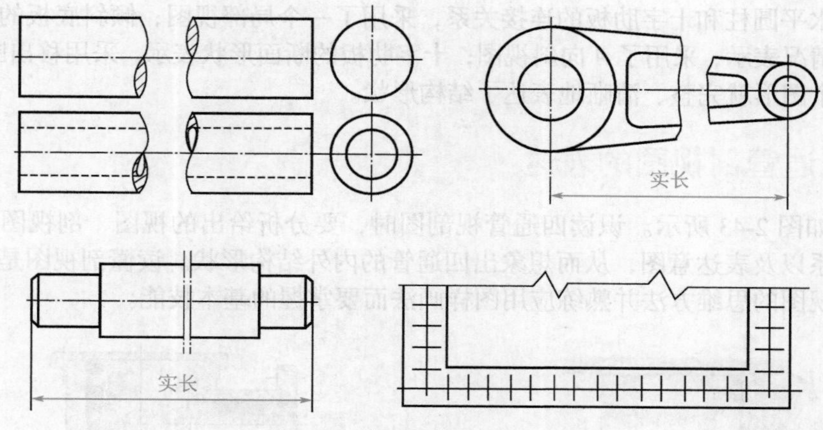

图 2-40　较长机件的简化画法

2.5 机件表达方法解读

机件的表达常常要运用视图、剖视图、断面图和简化法等各种表示法，将机件的内、外结构形状及形体间的相对位置完整、清晰地展示出来。选择机件的表达方案时，应根据机件的结构特点，先考虑看图方便，在完整、清晰地表达机件结构形状的前提下，力求作图简便。

图 2-41　支架

2.5.1　支架的表达方法

（1）形体分析

支架如图 2-41 所示，它由三部分构成：上部是圆筒，下部是矩形底板，中间部分通过十字肋板连接圆筒与底板。

（2）表达方法选择

如图 2-42 所示，支架主视图采用局部剖视，这样既表示了水平圆柱、十字肋板和倾斜底板的外部形状与相对位置，又表示了水平圆柱上的通孔和底板上小孔的内部形状。

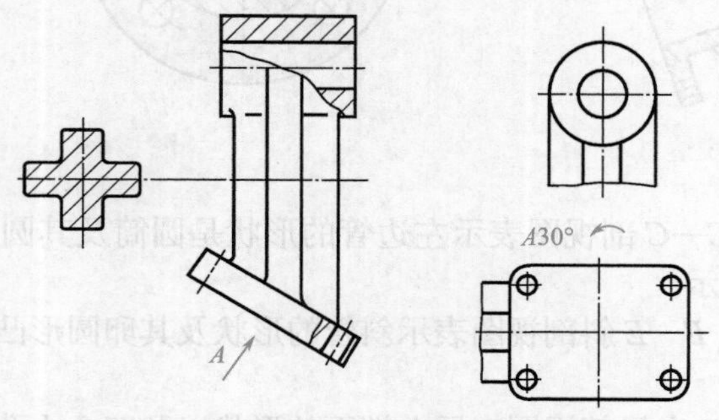

图 2-42　支架的表达方法

为表示水平圆柱和十字肋板的连接关系，采用了一个局部视图；倾斜底板的实形和四个小孔的分布情况表示，采用了 *A* 向斜视图；十字肋板的断面形状表示，采用移出断面。这样，支架用了四个图形就完整、清晰地表达了结构形状。

2.5.2 四通管剖视图的表达

四通管如图 2-43 所示。识读四通管视剖图时，要分析给出的视图、剖视图和断面图之间的对应关系以及表达意图，从而想象出四通管的内外结构形状。读懂剖视图是为进一步运用读组合体视图的思维方法并熟练应用图样画法而要掌握的基本技能。

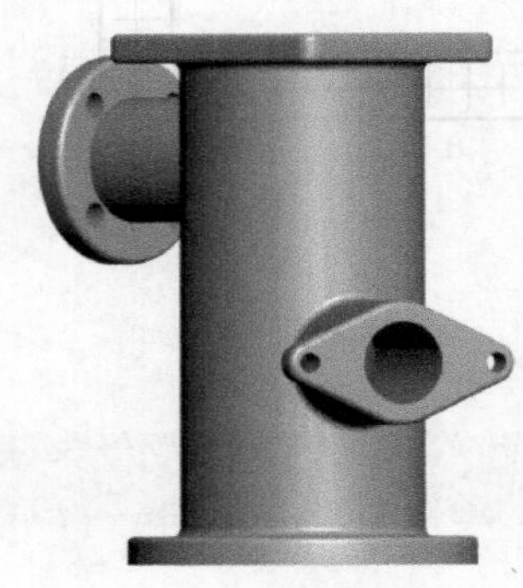

图 2-43 四通管

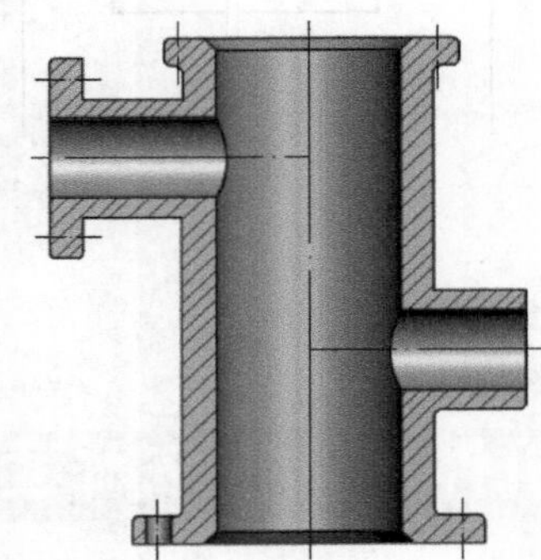

图 2-44 四通管主视图的表达（*B—B*）

（1）分析视图

① 主视图的表达。主视图（*B—B*）主要表示四通管四个方向的连通情况，如图 2-44 所示。

② 俯视图的表达。俯视图（*A—A*）主要表示左右边斜管的位置以及底板的形状，如图 2-45 所示。

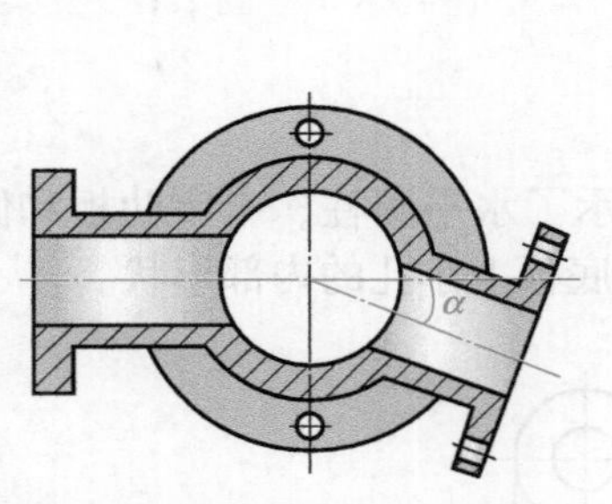

图 2-45 四通管俯视图的表达（*A—A*）

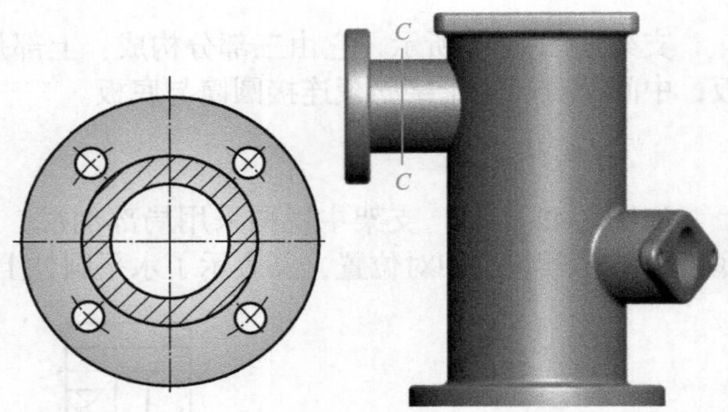

图 2-46 *C—C* 剖视图表达

③ *C—C* 剖视图。*C—C* 剖视图表示左边管的形状是圆筒及其圆盘形凸缘上四个小孔的分布位置，如图 2-46 所示。

④ *E—E* 斜剖视图。*E—E* 斜剖视图表示斜管的形状及其卵圆形凸缘上两个小孔的位置，如图 2-47 所示。

⑤ *D* 向局部视图。*D* 向局部视图表示上端面的形状以及四个小孔的布置位置，如图 2-48 所示。

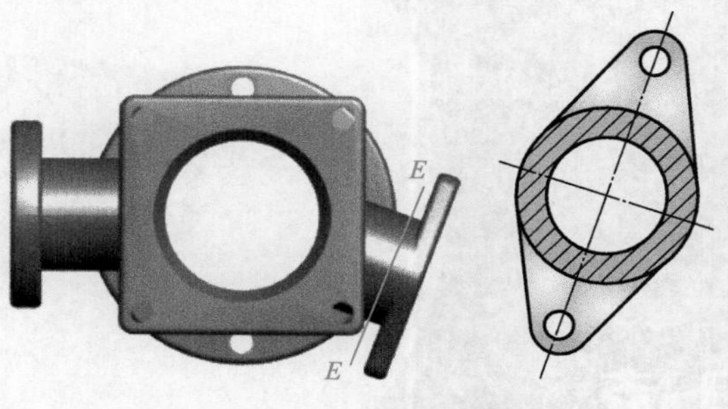

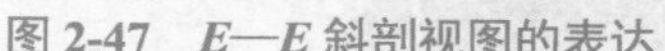

图 2-47　*E*—*E* 斜剖视图的表达

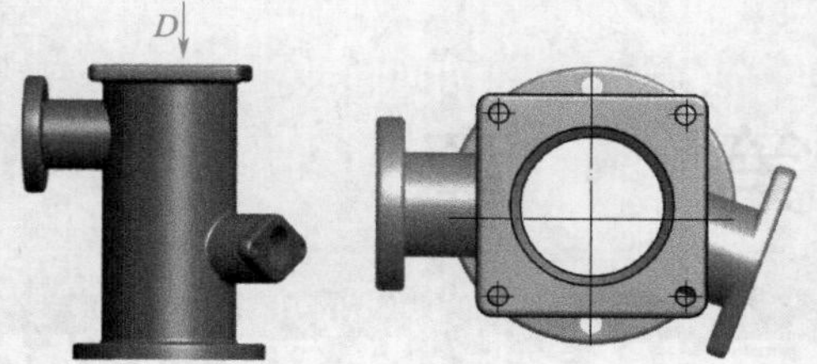

图 2-48　*D* 向局部视图的表达

（2）表达方法

综上所述，四通管剖视图的表达如图 2-49 所示。

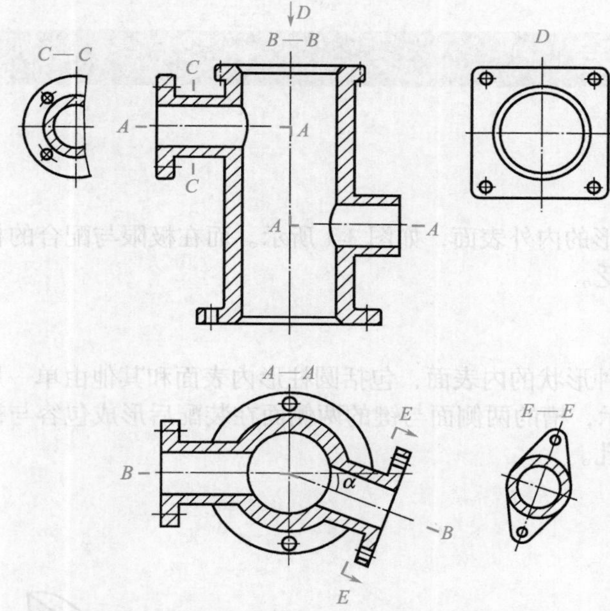

图 2-49　四通管剖视图的表达方案

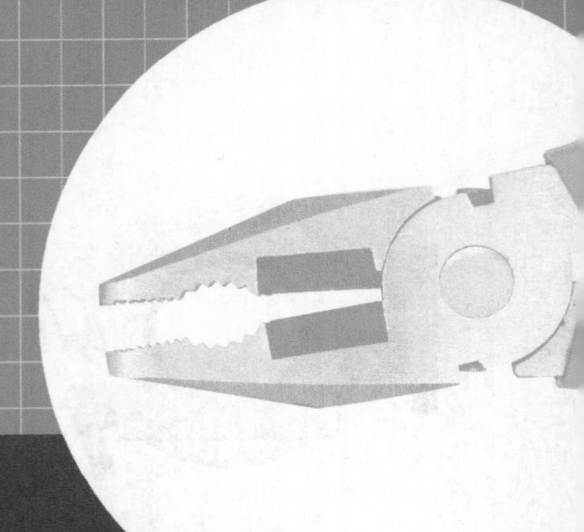

第3章 图样技术要求的识读

3.1 尺寸公差

3.1.1 孔和轴

孔和轴是指圆柱形的内外表面，如图 3-1 所示。而在极限与配合的相关标准中，孔和轴的定义更为具体和广泛。

（1）孔

孔通常指工件各种形状的内表面，包括圆柱形内表面和其他由单一尺寸形成的非圆柱形包容面。如图 3-2 所示，槽的两侧面与键的两侧面在装配后形成包容与被包容的关系，包容面为槽的两侧，即为孔。

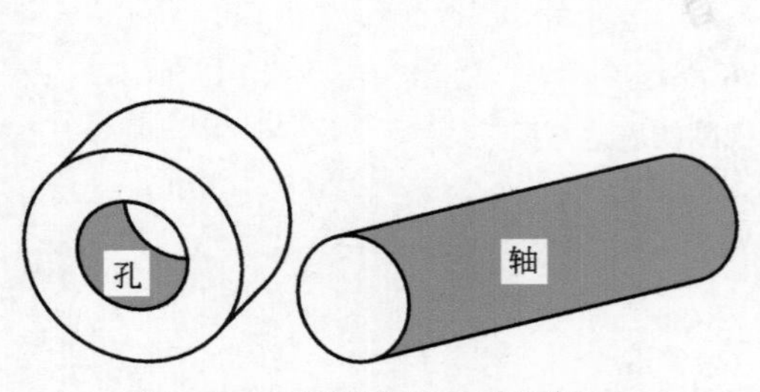

图 3-1　一般意义下的孔和轴

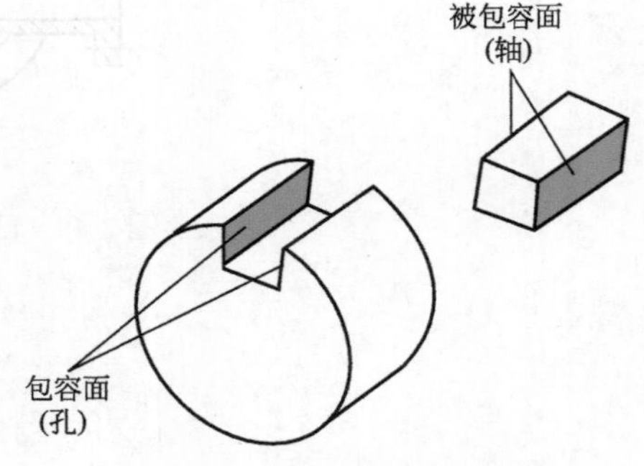

图 3-2　极限配合中的孔和轴

（2）轴

轴通常是指工件各种形状的外表面，包括圆柱形外表面和其他由单一尺寸形成的非圆柱形被包容面。图 3-2 中所示键的两侧在装配后被槽的两侧包容，则键的两侧为被包容面，即为轴。

3.1.2 尺寸的术语及定义

用特定单位表示线性大小的数值称为尺寸。它由数值和特定单位两个部分组成，包括直径、半径、宽度、深度、高度和中心距等。机械制图国家标准中规定，在机械图样上的尺寸通常以 mm 为单位，一般情况下，毫米单位的尺寸可只写数值不写 mm，但采用其他单位时，则必须在数值后注写单位。

（1）公称尺寸

公称尺寸又称基本尺寸，由设计给定，它可以是一个整数或小数，设计时可根据零件的使用要求，采用计算、试验或类比的方法，并经过标准化后确定基本尺寸。

孔的公称尺寸用符号“D”表示，轴的公称尺寸用符号“d”表示。

（2）实际（组成）要素

通过测量获得的某一孔轴的尺寸，也称为实际尺寸。孔的实际（组成）要素用符号“D_a”表示，轴的实际尺寸用符号“d_a”表示。

由于存在加工误差，零件同一表面不同位置的实际（组成）要素不一定相等，如图 3-3 所示。但其大小只有控制在一定的范围内零件才算合格。

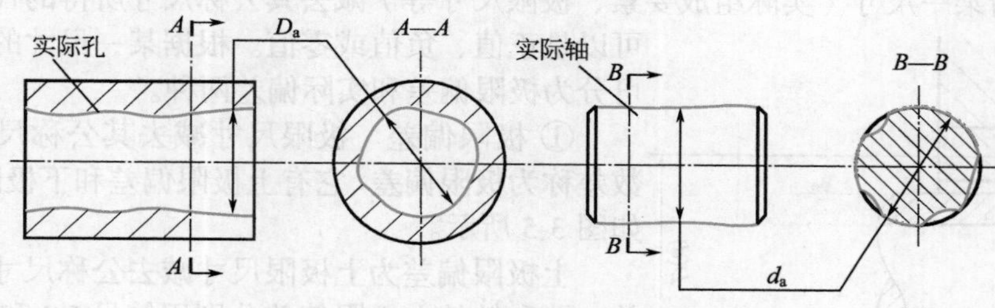

图 3-3　孔、轴的实际（组成）要素

（3）极限尺寸

一个孔或轴允许尺寸变化的两个界限（极端）值称为极限尺寸。孔或轴允许的最大尺寸为上极限尺寸，即两个极端尺寸中较大的一个；孔或轴允许的最小尺寸为下极限尺寸，即两个极端尺寸中较小的一个。孔的上极限尺寸用 D_{max} 表示，下极限尺寸用 D_{min} 表示；轴的上极限尺寸用 d_{max} 表示，下极限尺寸用 d_{min} 表示。

在机械加工中，由于存在由各种因素形成的加工误差，要把同一规格的零件加工成同一尺寸是不可能的。从使用的角度来讲，也没有必要将同一规格的零件都加工成同一尺寸，只需将零件的实际（组成）要素控制在一个具体范围内，就能满足使用要求。这个范围由上述两个极限尺寸确定。

极限尺寸是以公称尺寸为基数来确定的，零件的任一尺寸都应在极限尺寸所确定的范围内，即可以小于或等于上极限尺寸，大于或等于下极限尺寸，但如果超过了极限尺寸所确定的范围，则为不合格。

极限尺寸如图 3-4 所示。

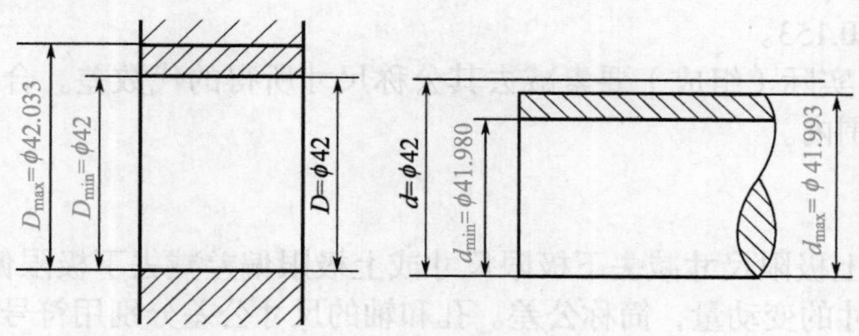

图 3-4　孔轴的尺寸和极限尺寸

由图 3-4 中可知：

孔的公称尺寸 $D=\phi42$mm；

孔的上极限尺寸 $D_{max}=\phi42.033$mm；

孔的下极限尺寸 $D_{min}=\phi42$mm；

轴的公称尺寸 $d=\phi42$mm；

轴的上极限尺寸 $d_{max}=\phi41.993$mm；

轴的下极限尺寸 $d_{min}=\phi41.980$mm。

如果孔加工出来的实际（组成）要素在 $\phi42\sim42.033$mm 之间，轴加工出来的实际（组成）要素在 $\phi41.980\sim41.993$mm 之间，则零件合格，否则零件为不合格产品或废品。

3.1.3 偏差与公差的术语及定义

（1）偏差

偏差是指某一尺寸（实际组成要素、极限尺寸等）减去其公称尺寸所得的代数差，其值可以是正值、负值或零值。根据某一尺寸的不同，偏差可分为极限偏差和实际偏差两种。

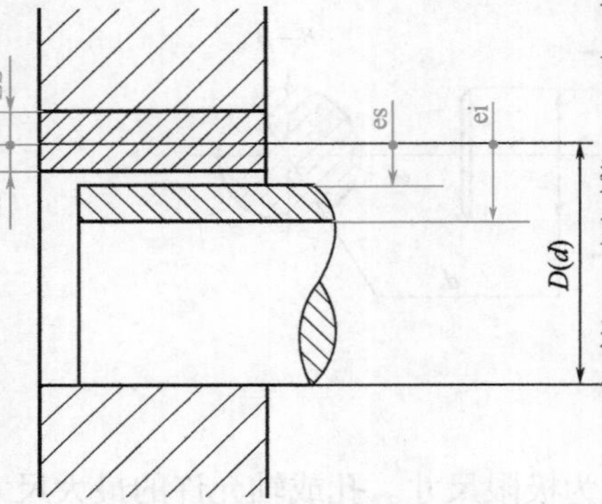

① 极限偏差　极限尺寸减去其公称尺寸所得的代数差称为极限偏差。它有上极限偏差和下极限偏差之分，如图 3-5 所示。

上极限偏差为上极限尺寸减去公称尺寸所得的代数差。孔和轴的上极限偏差分别用符号 ES 和 es 表示。用公式表示为：

$$ES=D_{max}-D$$

$$es=d_{max}-d$$

图 3-5　极限偏差

下极限偏差为下极限尺寸减去公称尺寸所得的代数差。孔和轴的下极限偏差分别用符号 EI 和 ei 表示。用公式表示为：

$$EI=D_{min}-D$$

$$ei=d_{min}-d$$

由于偏差是一个代数差，所以除零外，数字前必须标注上相应的“+”号或“−”。

国家标准规定，在图样和技术文件上标注极限偏差时，上极限偏差标注在公称尺寸的右上方，下极限偏差标注在公称尺寸的右下方，且上极限偏差必须大于下极限偏差，偏差数字的字体要比公称尺寸的数字小一号，小数点必须对齐，小数点后的位数也必须相同，如 $\phi35^{-0.033}_{-0.042}$、$\phi40^{+0.021}_{+0.010}$。当上极限偏差或下极限偏差为零时，也必须标注在相应的位置上，不可省略，并与上极限偏差或下极限偏差的小数点前的个位数对齐，如 $\phi28^{\ 0}_{-0.023}$、$\phi52^{+0.027}_{\ 0}$。当上、下极限偏差数值相同、符号相反时，需简化标注，偏差数字的字体高度与尺寸数字的字体相同，如 $\phi65\pm0.153$。

② 实际偏差　实际（组成）要素减去其公称尺寸所得的代数差。合格零件的实际偏差应在规定的偏差范围内。

（2）尺寸公差

尺寸公差是指上极限尺寸减去下极限尺寸或上极限偏差减去下极限偏差之差，如图 3-6 所示。它是允许尺寸的变动量，简称公差。孔和轴的尺寸公差分别用符号 T_h 和 T_s 表示。

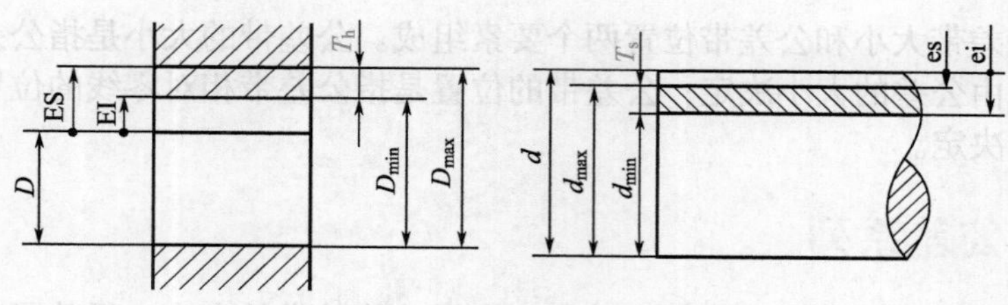

图 3-6　孔轴的尺寸公差

零件的实际（组成）要素若想合格，其尺寸只能在上极限尺寸和下极限尺寸之间的范围内变动。变动仅涉及大小，因此用绝对值定义。所以尺寸公差等于上极限尺寸与下极限尺寸代数差的绝对值，或等于上极限偏差与下极限偏差代数差的绝对值，计算方法为：

$$T_h = | D_{max} - D_{min} | = | \mathrm{ES} - \mathrm{es} |$$

$$T_s = | d_{max} - d_{min} | = | \mathrm{EI} - \mathrm{ei} |$$

应当指出，公差与偏差是两个不同的概念，公差用绝对值来定义，没有正负，所以前面不能标注“+”号或“−”号；而且零件在加工时不可避免存在着各种误差，其实际（组成）要素的大小总是变动的，所以公差不能为零。

（3）零线与尺寸公差带

如图 3-7 所示，一般采用极限与配合来说明尺寸、偏差和公差之间的关系。图 3-7 中将极限偏差和公差部分放大而尺寸不能放大画出来，很直观地表明了两个相互结合的孔和轴的公称尺寸、极限尺寸、极限偏差和公差之间的关系。

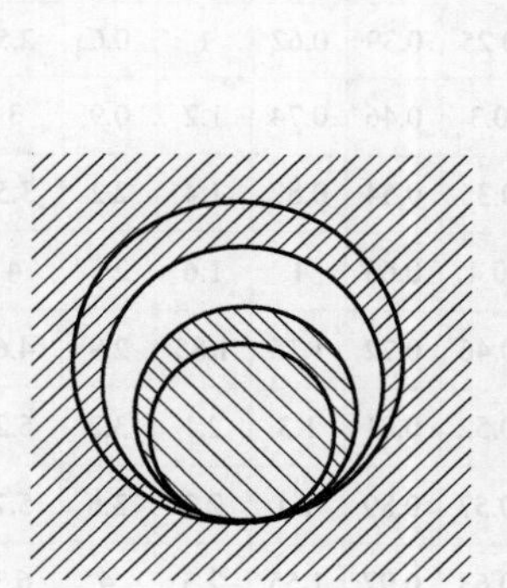

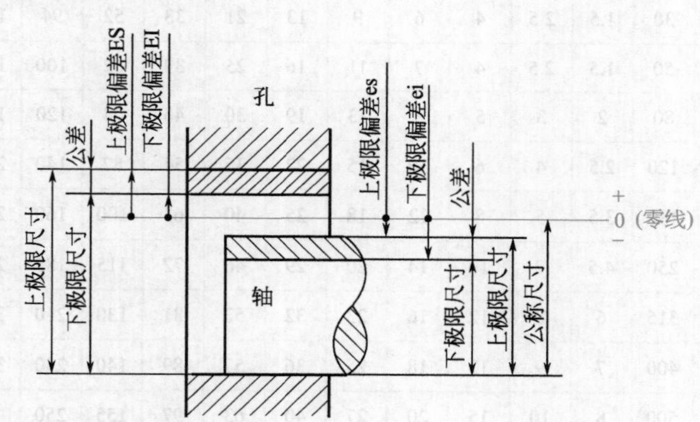

图 3-7　极限与配合示意图

由于公差与偏差的数值比公称尺寸小得多，不便于用同一比例表示，因此在实际应用时一般不画出孔和轴的全形，只将公差值按规定放大画出，这种图称为极限与配合图解，也称公差带图，如图 3-8 所示。

① 零线　在公差带图中，表示公称尺寸的一条直线称为零线。以零线为基准确定偏差和公差。通常将零线沿水平方向绘制，在其左端画出表示偏差大小的纵坐标并标上“0”和“+”“−”号，在其左下方画出带单向箭头的尺寸线，并标上公称尺寸值。正偏差位于零线上方，负偏差位于零线下方，零偏差与零线重合。

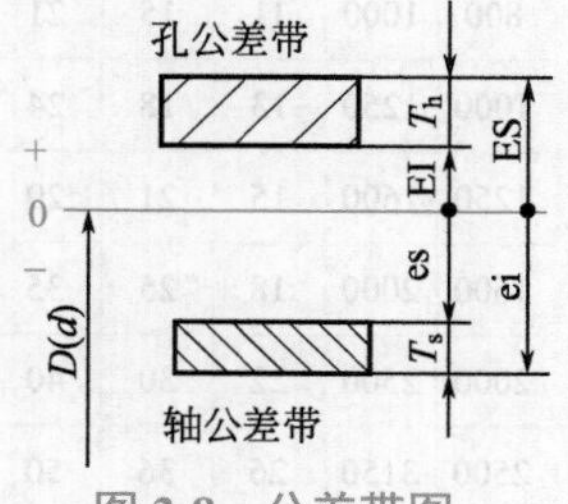

图 3-8　公差带图

② 公差带　在公差带图中，由代表上极限偏差和下极限偏差或上极限尺寸和下极限尺寸的两条直线所限定的一个区域称为公差带。

公差带由公差带大小和公差带位置两个要素组成。公差带的大小是指公差带沿垂直于零线方向的宽度，由公差的大小决定；公差带的位置是指公差带相对零线的位置，由靠近零线的那个极限偏差决定。

3.1.4 标准公差系列

公差值的大小确定了尺寸允许的变动量，即尺寸公差带的大小，反映了尺寸的精度的加工的难易程度。极限与配合方面的国家标准中所规定的任一公差称为标准公差。

标准公差数值见表 3-1。从表中可看出，标准公差的数值与两个因素有关：标准公差等级和公称尺寸分段。

表 3-1 标准公差数值

公称尺寸/mm		标准公差等级																	
		IT1	IT2	IT3	IT4	IT5	IT6	IT7	IT8	IT9	IT10	IT11	IT12	IT13	IT14	IT15	IT16	IT17	IT18
大于	至	μm											mm						
—	3	0.8	1.2	2	3	4	6	10	14	25	40	60	0.1	0.14	0.25	0.4	0.6	1	1.4
3	6	1	1.5	2.5	4	5	8	12	18	30	48	75	0.12	0.18	0.3	0.48	0.75	1.2	1.8
6	10	1	1.5	2.5	4	6	9	15	22	36	58	90	0.15	0.22	0.36	0.58	0.9	1.5	2.2
10	18	1.2	2	3	5	8	11	18	27	43	70	110	0.18	0.27	0.43	0.7	1.1	1.8	2.7
18	30	1.5	2.5	4	6	9	13	21	33	52	94	130	0.21	0.33	0.52	0.84	0.3	2.1	3.3
30	50	1.5	2.5	4	7	11	16	25	39	62	100	160	0.25	0.39	0.62	1	0.6	2.5	3.9
50	80	2	3	5	8	13	19	30	46	74	120	190	0.3	0.46	0.74	1.2	0.9	3	4.6
80	120	2.5	4	6	10	15	22	35	54	87	140	220	0.35	0.54	0.87	1.4	2.2	3.5	5.4
120	180	3.5	5	8	12	18	25	40	63	100	160	250	0.4	0.63	1	1.6	2.5	4	6.3
180	250	4.5	7	10	14	20	29	46	72	115	185	290	0.46	0.72	1.15	1.85	2.9	4.6	7.2
250	315	6	8	12	16	23	32	52	81	130	210	320	0.52	0.81	1.3	2.1	3.2	5.2	8.1
315	400	7	9	13	18	25	36	57	89	140	230	360	0.57	0.89	1.4	2.3	3.6	5.7	8.9
400	500	8	10	15	20	27	40	63	97	155	250	400	0.63	0.97	1.55	2.5	4	6.3	9.7
500	630	9	11	16	22	32	44	70	110	175	280	440	0.7	1.1	1.75	2.8	4.4	7	11
630	800	10	13	18	25	36	50	80	125	200	320	500	0.8	1.25	2	3.2	5	8	12.5
800	1000	11	15	21	28	40	56	90	140	230	360	560	0.9	1.4	2.3	3.6	5.6	9	14
1000	1250	13	18	24	33	47	66	105	165	260	420	660	1.05	1.65	2.6	4.2	6.6	10.5	16.5
1250	1600	15	21	29	39	55	78	125	195	310	500	780	1.25	1.95	3.1	5	7.8	12.5	19.5
1600	2000	18	25	35	46	65	92	150	230	370	600	920	1.5	2.3	3.7	6	9.2	15	23
2000	2500	22	30	40	55	78	110	175	280	440	700	1100	1.75	2.8	4.4	7	11	17.5	28
2500	3150	26	36	50	68	96	135	210	330	540	800	1350	2.1	3.3	5.4	8.6	13.5	21	33

注：1. 公称尺寸大于 500mm 的 IT1 ～ IT15 的标准公差数值为试行的。

2. 公称尺寸小于或等于 1mm 时，无 IT4 ～ IT8。

（1）标准公差等级

确定尺寸精确程度的等级称为公差等级。标准规定：同一公差等级对所有基本尺寸的一组公差被认为具有同等精确程度。由于不同零件和零件上不同部位的尺寸对精确程度的要求不一样，为了满足生产需要，国家标准设置了 20 个公差等级。各级标准公差的代号依次为 IT01、IT0、IT1、IT2、…、IT18。“IT”表示标准公差，其后的数字表示公差等级，其中 IT01 精度等级最高，其余依次降低，IT18 精度最低。其关系如下：

公差等级
高 ⟶ 低
IT01、IT0、IT1、IT2、···、IT18
小 ⟵ 大
同一公称尺寸的标准公差值

公差等级越高，零件的精度越高，使用性能也越高，但加工难度大，生产成本高；公差等级越低，零件的精度越低，使用性能降低，但加工难度减小，生产成本降低。因而要同时考虑零件的使用性能和加工经济性能这两个因素，合理确定公差等级。

（2）公称尺寸分段

标准公差的数值不仅与公差等级有关，还与公称尺寸有关。如表 3-1 中每一纵列所示，公差等级相同时，随着公称尺寸的增大，标准公差的数值也随之增大。这是因为在相同的加工精度条件（相同的加工设备和加工技术）下，加工误差随公称尺寸的增大而增大，因此，尽管不同的公称尺寸对应的公差值不同，但同一公差等级具有相同的精度，也就是具有相同的加工难易程度。

在实际生产应用中，使用的公称尺寸是很多的，如果每一个公称尺寸都对应一个公差值，就会形成一个庞大的公差数值表，不利于实现标准化。因此国家标准对公称尺寸进行分段。尺寸分段后，同一尺寸内所有的公称尺寸，在相同的公差等级的情况下，具有相同的标准公差值。国家标准规定对公称尺寸至 3150mm 进行了分段，见表 3-2。

表 3-2 公称尺寸分段

mm

主段落		中间段落		主段落		中间段落	
大于	至	大于	至	大于	至	大于	至
— 3	3 6	无细分段		250	315	250 280	280 315
6	10			315	400	315 355	355 400
10	18	10 14	14 18	400	500	400 450	450 500
18	30	18 24	24 30	500	630	500 560	560 630
30	50	30 40	40 50	630	800	630 710	710 800
50	80	50 65	65 80	800	1000	800 900	900 1000

续表

主段落		中间段落	
大于	至	大于	至
80	120	80	100
		100	120
120	180	120	140
		140	160
		160	180
180	250	180	200
		200	225
		225	250

主段落		中间段落	
大于	至	大于	至
1000	1250	1000	1120
		1120	1250
1250	1600	1250	1400
		1400	1600
1600	2000	1600	1800
		1800	2000
2000	2500	2000	2240
		2240	2500
2500	3150	2500	2800
		2800	3150

从表 3-2 中可看出，公称尺寸分为主段落和中间段落。将至 3150mm 的公称尺寸分为 21 个主段落，将至 500mm 的常用尺寸段分为 13 个主段落。主段落用于标准公差中的公称尺寸分段，见表 3-2。同时表中还将有的主段落又细分为二至三个中间段落。中间段落用于基本偏差中的基本尺寸分段。

3.1.5 基本偏差系列

（1）基本偏差及其代号

① 基本偏差　极限与配合方面的国家标准中规定，基本偏差是用来确定公差带相对于零线位置那两个极限偏差（上极限偏差或下极限偏差）的。

基本偏差一般指靠近零线的那个偏差，如图 3-9 所示。当公差带位于零线上方时，其基本偏差为下极限偏差，因为下极限偏差靠近零线；当公差带位于零线下方时，其基本偏差为上极限偏差，因为上极限偏差靠近零线。当公差带的某一偏差为零时，此时的偏差就是基本偏差。有的公差带相对于零线是完全对称的，则基本偏差可为上极限偏差，也可为下极限偏差。

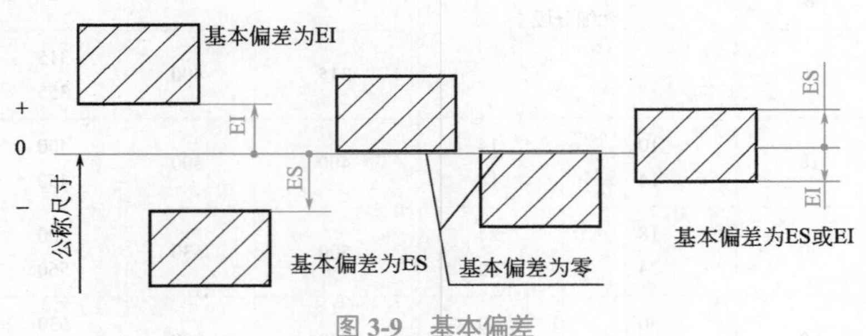

图 3-9　基本偏差

② 基本偏差代号　国家标准对孔和轴各设定了 28 个基本偏差，它们的代号用拉丁字母表示，大写表示孔的基本偏差，小写表示轴的基本偏差，见表 3-3。

表 3-3 孔和轴的基本偏差

孔	A	B	C	D	E	F	G	H	J	K	M	N	P	R	S	T	U	V	X	Y	Z			
					CD						EF			FG			JS					ZA	ZB	ZC
轴	a	b	c	d	e	f	g	h	j	k	m	n	p	r	s	t	u	v	x	y	z			
					cd						ef			fg			js					za	zb	zc

（2）基本偏差系列图及特征

图 3-10 就是基本偏差系列图，它表示尺寸相同的 28 种孔和轴的基本偏差相对于零线的位置关系，图中所画的公差带是开口公差带，这是因为基本偏差只表示公差带位置而不表示公差带大小，开口端的极限偏差由公差带的等级来决定。

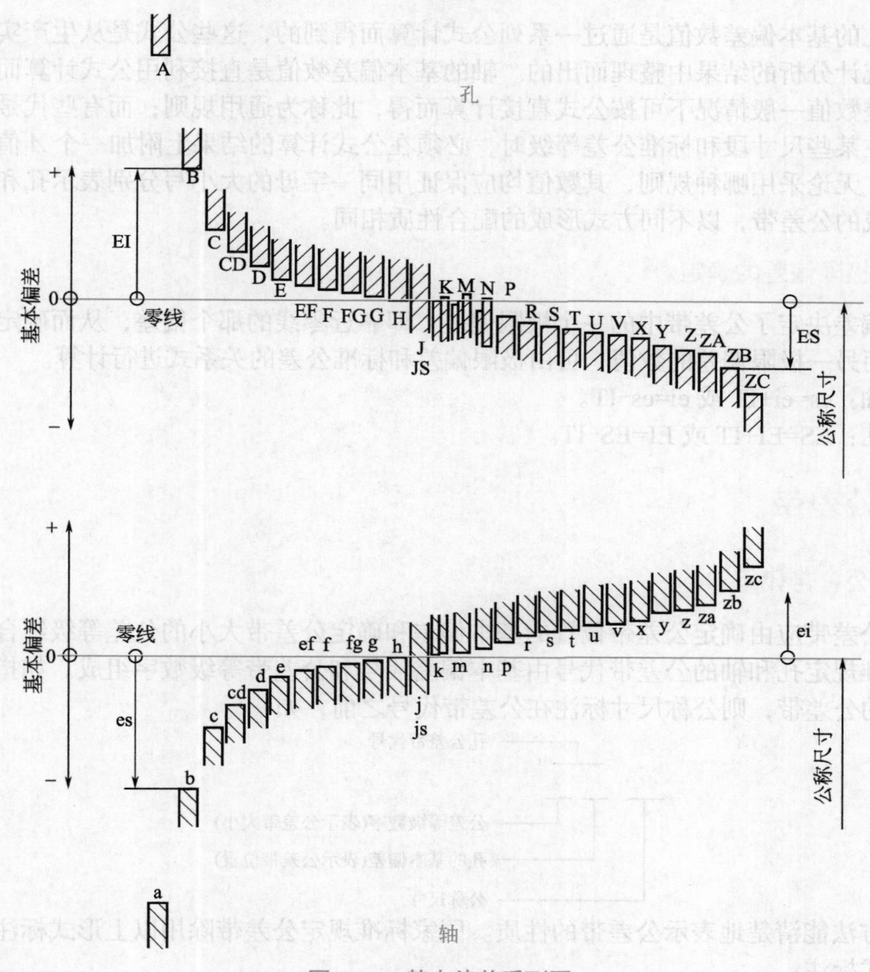

图 3-10 基本偏差系列图

从基本偏差系列图中可看出：

① 孔和轴同字母的基本偏差相对于零线基本呈对称分布。轴的基本偏差在 a ~ h 范围内为上极限偏差 es，h 的上极限偏差为零，其余均为负值，它们的绝对值依次逐渐减小。轴

的基本偏差在 j ~ zc 范围内为下极限偏差 ei，除 j 和 k 的部分外（当代号为 k，且 IT ≤ 3 或 IT > 7 时，基本偏差为零）都为正值，其绝对值依次逐渐增大。对于孔，其基本偏差在 A ~ H 范围内为下极限偏差 EI，在 J ~ ZC 范围内为上极限偏差 ES，其正负号情况与轴的基本偏差正负号情况相反。

② 基本偏差代号为 JS 和 js 的公差带，在各公差等级中完全对称于零线。按国家标准对基本偏差的定义，其基本偏差可为上极限偏差（数值为 +IT/2），也可为下极限偏差（数值为 -IT/2）。但为统一，在基本偏差数值表中将 js 划归为上极限偏差，将 JS 划归为下极限偏差。

③ 代号为 k、K 和 N 的基本偏差的数值随公差等级的不同分为两种情况（K、k 可为正值或零值，N 可为负值或零值），而代号为 M 的基本偏差数值随公差等级的不同则有三种不同情况（正值、负值和零值）。

（3）基本偏差的数值

轴和孔的基本偏差数值是通过一系列公式计算而得到的，这些公式是从生产实践的经验中和有关统计分析的结果中整理而出的。轴的基本偏差数值是直接利用公式计算而得的，孔的基本偏差数值一般情况下可按公式直接计算而得，此称为通用规则；而有些代号孔的基本偏差数值在某些尺寸段和标准公差等级时，必须在公式计算的结果上附加一个 Δ 值，此称为特征规则。无论采用哪种规则，其数值均应保证用同一字母的大小写分别表示孔和轴的基本偏差所组成的公差带，以不同方式形成的配合性质相同。

（4）极限偏差的确定

基本偏差决定了公差带中的一个极限偏差，即靠近零线的那个偏差，从而确定了公差带的位置；而另一极限偏差的数值，可由极限偏差和标准公差的关系式进行计算。

对于轴：es=ei+IT 或 ei=es-IT。

对于孔：ES=EI+IT 或 EI=ES-IT。

3.1.6 公差带

（1）公差带代号

一个公差带应由确定公差带位置的基本偏差和确定公差带大小的公差等级组合而成，因而国家标准规定孔和轴的公差带代号由基本偏差代号和公差带等级数字组成。如指某一确定公称尺寸的公差带，则公称尺寸标注在公差带代号之前，如：

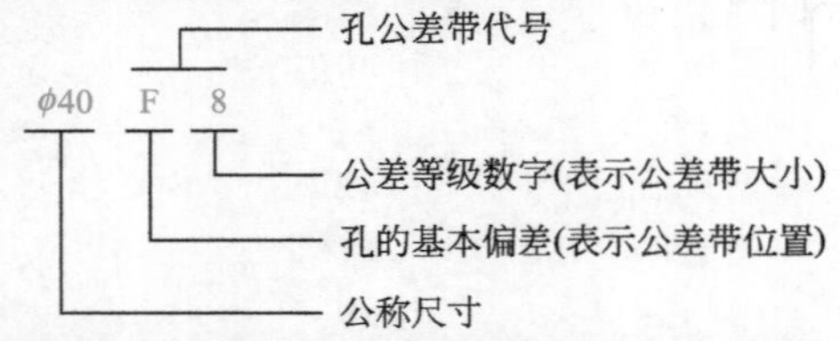

这种方法能清楚地表示公差带的性质。国家标准规定公差带除用以上形式标注外，还可用以下形式标注：

如 ϕ40F8 可用 $\phi 40^{+0.064}_{+0.025}$ 或 ϕ40F8（$^{+0.064}_{+0.025}$）表示。$\phi 40^{+0.064}_{+0.025}$ 是只标注上、下极限偏差数值的方法，对于零件加工较为方便，适用于单件或小批量生产要求；ϕ40F8（$^{+0.064}_{+0.025}$）是公差带代号与基本偏差共同标注的方法，兼有上面两种方法的优点，但标注较为麻烦，适用于批量不定的生产要求。

（2）公差带系列

根据国家标准规定，标准公差等级有20级，基本偏差代号有28个，由此可组成多种公差带。

孔的公差带有：20×37+3(J6、J7、J8)=543种。轴的公差带有：20×37+4(j5、j6、j7、j8)=544种。孔和轴的公差带又能组成更大数量的配合。但在实际生产中，若使用数量过多的公差带，既不利于生产，也发挥不了标准化应有的作用。因此，为减少零件、定值刀具、定值量具和工艺装备的品种、规格，在满足实际需要和考虑生产发展需要的前提下，国家标准对孔和轴所选用的公差带做了必要的限制。

国家标准对公称尺寸至500mm的孔和轴规定了优先、常用和一般用途三类公差带。轴的一般用途公差带有116种，如图3-11所示。其中又规定了59种常用公差带，见图中线框框住的部分；在常用公差带中又规定了13种优先公差带，见图中圆圈框住的公差带。同样，对孔公差带规定了105种一般用途的公差带，44种常用公差带和13种优先公差带，如图3-12所示。

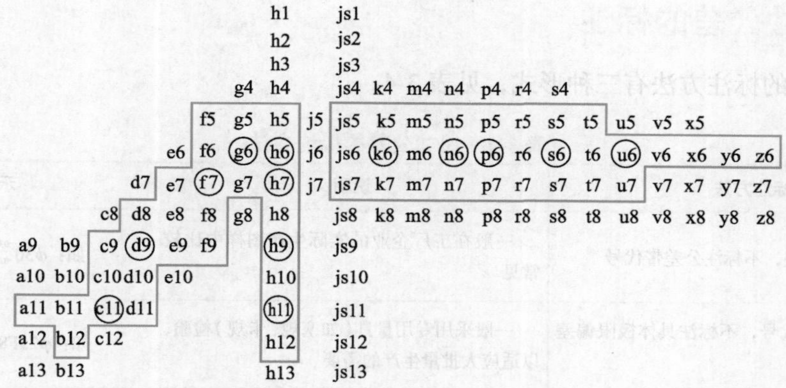

图3-11 公称尺寸至500mm的一般、常用和优先轴公差带

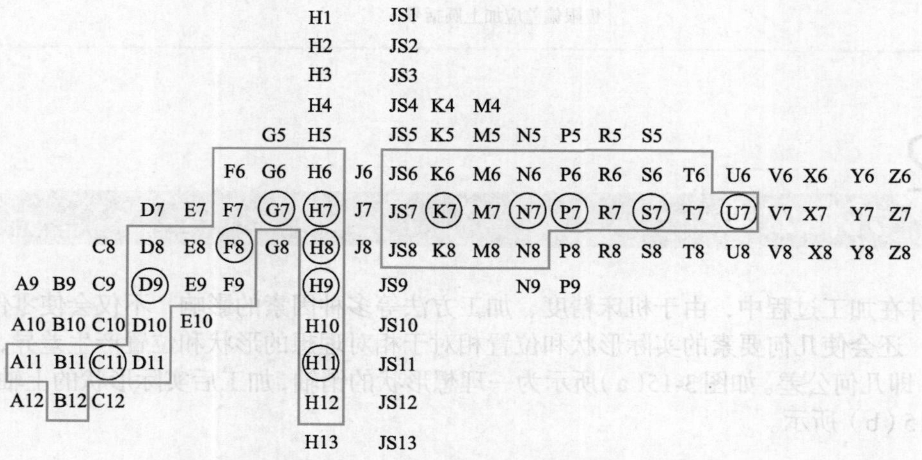

图3-12 公称尺寸至500mm的一般、常用和优先孔公差带

对于公称尺寸为＞500～3150mm的孔和轴规定了41种和31种公差带，如图3-13和图3-14所示。使用时在规定的范围内按需要选用适合的公差带。

			g6	h6	js6	k6	m6	n6	p6	r6	s6	t6	u6
		f7	g7	h7	js7	k7	m7	n7	p7	r7	s7	t7	u7
d8	e8	f8		h8	js8								
d9	e9	f9		h9	js9								
d10				h10	js10								
d11				h11	js11								
				h12	js12								

图 3-13　公称尺寸为＞ 500 ～ 3150mm 的轴选用公差带

			G6	H6	JS6	K6	M6	N6
		F7	G7	H7	JS7	K7	M7	N7
D8	E8	F8		H8	JS8			
D9	E9	F9		H9	JS9			
D10				H10	JS10			
D11				H11	JS11			
				H12	JS12			

图 3-14　公称尺寸为＞ 500 ～ 3150mm 的孔选用公差带

3.1.7　尺寸公差的标注

尺寸公差的标注方法有三种形式，见表 3-4。

表 3-4　尺寸公差的标注方法

标注方法	说明	示例
只标注极限偏差，不标注公差带代号	一般在工厂企业的实际生产图样中比较常见	如：$\phi30_{-0.025}^{-0.015}$、$\phi40_{0}^{+0.033}$ 等
只标注公差带代号，不标注具体极限偏差数值	一般采用专用量具（如塞规、卡规）检验，以适应大批量生产的需要	如：φ25F8、φ50h7 等
同时标注公差带代号和极限偏差数值	一般适用于产量不定的情况，既便于专用量具检验，又便于通用量具检验，但此时极限偏差应加上圆括号	如：$\phi50H8(_{0}^{+0.039})$、$\phi50f7(_{-0.050}^{-0.025})$

3.2 几何公差

零件在加工过程中，由于机床精度、加工方法等多种因素的影响，不仅会使零件产生尺寸误差，还会使几何要素的实际形状和位置相对于相对理想的形状和位置产生差异，从而产生误差，即几何公差。如图 3-15（a）所示为一理想形状的销轴，加工后实际形状的上轴线弯了，如图 3-15（b）所示。

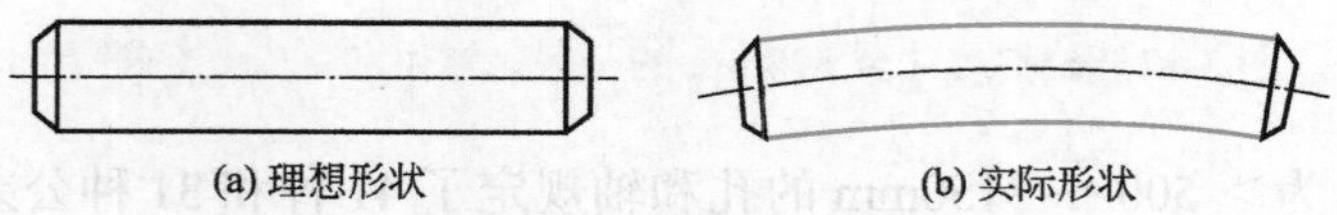

(a) 理想形状　　(b) 实际形状

图 3-15　销轴的几何公差

3.2.1 几何公差的特征项目及符号

几何公差分为形状公差、方向公差、位置公差和跳动公差四类。各项目的名称和符号见表 3-5。

表 3-5 几何公差的特征项目及符号

公差类型	几何特征	符号	有无基准要求
形状公差	直线度	—	无
	平面度	▱	无
	圆度	○	无
	圆柱度	⌭	无
	线轮廓度	⌒	无
	面轮廓度	⌓	无
方向公差	平行度	//	有
	垂直度	⊥	有
	倾斜度	∠	有
	线轮廓度	⌒	有
	面轮廓度	⌓	有
位置公差	位置度	⌖	有或无
	同心度（用于中心点）	◎	有
	同轴度（用于轴线）	◎	有
	对称度	⌯	有
	线轮廓度	⌒	有
	面轮廓度	⌓	有
跳动公差	圆跳动	↗	有
	全跳动	⌰	有

3.2.2 几何公差的代号与基准符号

（1）几何公差的代号

在技术图样上，几何公差应采用代号标注。只有在无法采用代号标注或采用代号标注过于复杂时，才允许用文字说明几何公差要求。几何公差的代号包括几何公差有关项目的符号、几何公差框格和指引线、几何公差数值和其他符号、基准符号等。

公差框格分成两格或多格，可水平放置或垂直放置，自左至右依次填写几何特征符号、公差值（以 mm 为单位）、基准字母。第 2 格及其后各格中还可能填写其他有关符号，如图 3-16 所示。

指引线可从框格的任一端引出，引出段必须垂直于框格；引向被测要素时允许弯折，但不得多于两次。

（2）基准符号

基准是确定要素之间几何关系方向或位置的依据，在几何公差标注中，与被测要素相关的基准用一个大写的字母表示。字母标注在基准方格内，与一个涂黑的或空白的三角形相连以表示基准，如图 3-17 所示。涂黑的和空白的基准三角形含义相同。

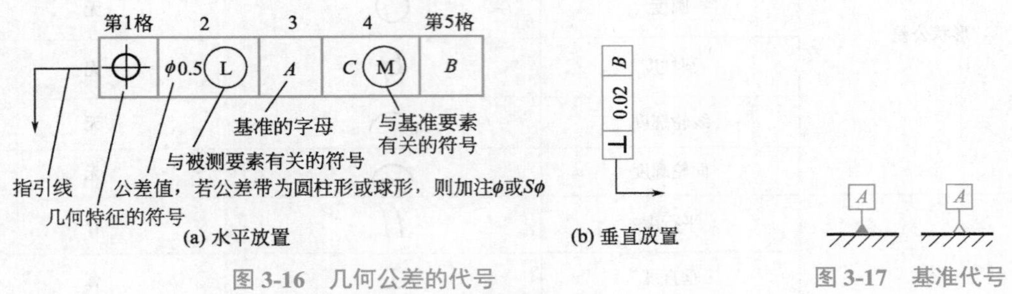

图 3-16　几何公差的代号　　　　图 3-17　基准代号

根据关联被测要素所需基准的个数与构成某基准的零件上要素的个数，图样上标出的基准可归纳为三种，见表 3-6。

表 3-6　基准种类

种类	说明	图示
单一基准	由一个要素建立的基准称为单一基准，如一个平面、中心线或轴线等	t　A
组合基准	由两个或两个以上要素（理想情况下这些要素共线或共面）构成、起单一基准作用的基准称为组合基准。在公差框格中标注时，将各个基准字母用短横线相连并写在同一格内，以表示作为单一基准使用	t　A-B　ϕ　ϕ　A　B
基准体系	若某个被测要素需由两个或三个相互具有确定关系的基准共同确定，这种基准称为基准体系。常见的形式有：相互垂直的两平面基准或三平面基准，相互垂直的一直线基准和一平面基准。按组合基准的形式标注	ϕD　ϕt　A　B　C　30　B　C　A

3.2.3　零件的几何要素

尽管零件的形状特征不同，但均可将其分解成若干个基本几何体，基本几何体都是由一些点、线、面按一定几何关系组合而成的。构成零件几何特征的点、线、面统称为几何要素，简称要素。

如图 3-18 所示的零件，可以看成是由球面、圆锥面、端面、圆柱面、轴线、球心等构成的。

零件的几何误差就是关于零件各个几何要素的自身形状、方向、位置、跳动所产生的误差，几何公差就是对这些几何要素的形状、方向、位置、跳动所提出的精度要求。

零件的几何要素可按不同角度进行分类。

（1）按存在的状态分类

① 理想要素　具有几何意义的要素称为理想要素。理想要素是没有任何误差的要素，图样是用来表达设计的理想的，如图 3-19 所示。它是评定实际要素几何误差的依据。理想要素在生产中是不可能得到的。

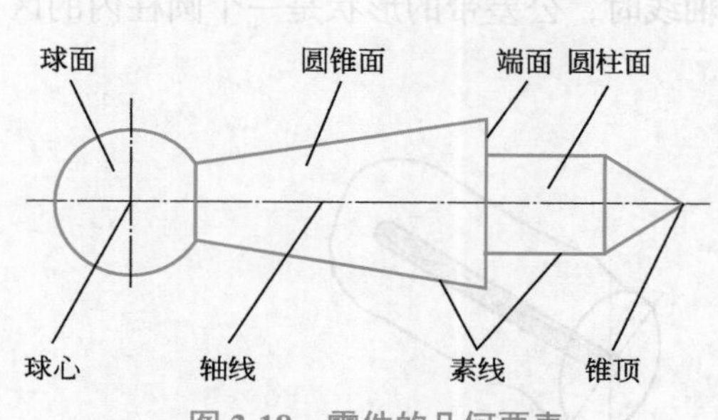

图 3-18　零件的几何要素

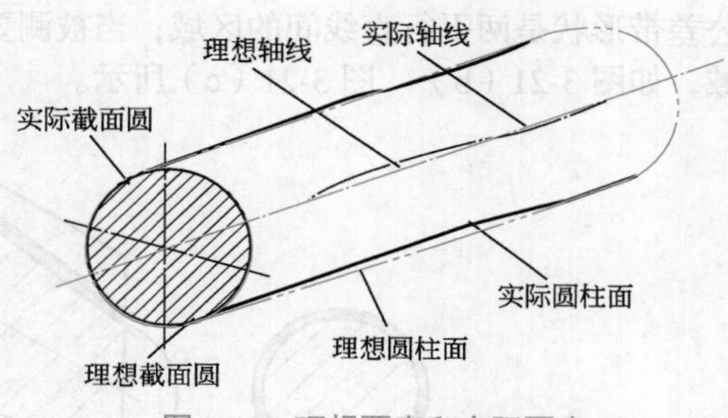

图 3-19　理想要素和实际要素

② 实际要素　实际要素是零件上实际存在的要素。由于加工误差的存在，实际要素具有几何误差。标准规定，零件的实际要素在测量时用测得要素代替。由于测量误差的不可避免，因此实际要素并非该要素的真实状况。

（2）按在几何公差中所处的地位分类

根据零件的功能要求，图样上对某些要素给出了几何公差，加工中，要对几何公差进行控制，加工后要进行检测和判断其误差是否在给定的公差范围内，这些给出了几何公差的要素称为被测要素。

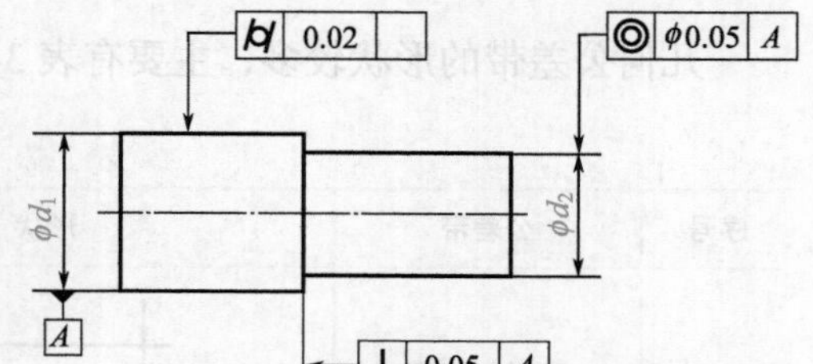

图 3-20　被测要素与基准要素

如图 3-20 所示，ϕd_1 圆柱面和台阶面、ϕd_2 圆柱的轴线等都给出了几何公差要求，因此 ϕd_1 圆柱面、ϕd_2 圆柱面的轴线和台阶面就是被测要素。

被测要素按功能关系又分为单要素和关联要素。

① 单一要素　在图样上仅对其本身给出了几何公差要求的要素称为单一要素。此要素与零件上的其他要素无功能关系。如图 3-20 中所示 ϕd_1 圆柱面，它与零件上其他要素无相对位置要求，该要素为单一要素。

② 关联要素　与零件上其他要素有功能关系的要素称为关联要素。在图样上对关联要素均给出了几何公差中的位置公差要求，如图 3-20 中所示 ϕd_2 圆柱面的轴线对 ϕd_1 圆柱的轴线有同轴度要求，ϕd_1 圆柱的台阶对 ϕd_1 圆柱的轴线有垂直度要求，因此，ϕd_2 圆柱面的轴线和 ϕd_1 圆柱的台阶面均为被测关联要素。

3.2.4 几何公差带

零件加工后，构成其形体的各实际要素其形状和位置在空间的各个方向都有可能产生误差，为限制这两种误差，可根据零件的功能要求对实际要素给出一个允许变动的区域。若实际要素位于这一区域内，便为合格，超出这一区域时则为不合格。这个限制实际要素变动的区域称为几何公差带。

图样上所给出的几何公差要求，实际上都是对实际要素规定的一个允许变动的区域，即给定一个公差带。一个确定的几何公差带由形状、大小、方向和位置四个要素确定。

（1）公差带的形状

公差带的形状是由公差项目及被测要素与基准要素的几何特征来确定的。如图 3-21（a）所示，圆度公差带是两同心圆之间的区域。而对直线度，当被测要素为给定平面内的直线时，公差带形状是两平行直线间的区域；当被测要素为轴线时，公差带的形状是一个圆柱内的区域，如图 3-21（b）、图 3-21（c）所示。

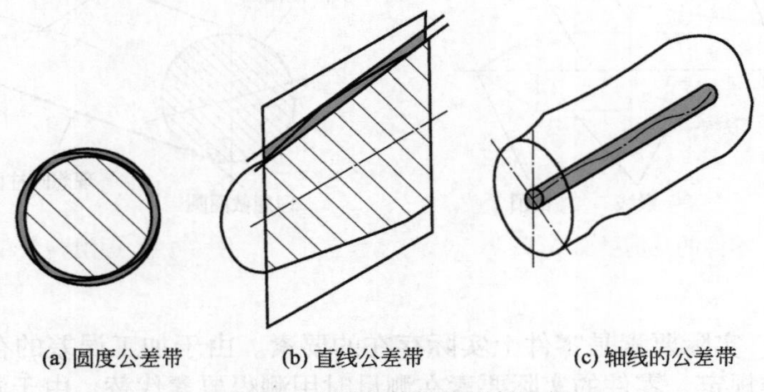

(a) 圆度公差带　(b) 直线公差带　(c) 轴线的公差带

图 3-21　几何公差带的形状示例

几何公差带的形状较多，主要有表 3-7 所列的几种。

表 3-7　几何公差带的形状

序号	公差带	形状	应用项目特征
1	两平行直线	t	给定平面内的直线度、平面内直线的位置度等
2	两等距曲线	t	线轮廓度
3	两同心圆	t	圆度、径向圆跳动
4	一个圆	ϕt	平面内点的位置度、同轴（心）度

续表

序号	公差带	形状	应用项目特征
5	一个球	$S\phi t$	空间点的位置度
6	一个圆柱	ϕt	轴线的直线度、平行度、垂直度、倾斜度、位置度、同轴度
7	两同轴圆柱	t	圆柱度、径向全跳动
8	两平行平面	t	平面度、平行度、垂直度、倾斜度、位置度、对称度、轴向全跳动等
9	两等距曲面	t	面轮廓度

(2)公差带的大小

几何公差带的大小用以体现几何精度要求的高低，是由图样给出的几何公差值确定的，一般指公差宽度、直径或半径的大小，如表3-7中的t、ϕt、$S\phi t$。

(3)公差带的方向

公差带的方向是指公差带的几何要素的延伸方向。从图样上看，公差带的方向理论上应与图样上公差代号的指引线箭头方向垂直。如图3-22(a)所示平面度公差带的方向为水平方向；图3-22(b)所示垂直度公差带的方向为铅垂方向。公差带的实际方向是就形状公差带而言的，它由最小条件决定，如图3-23(a)所示；就位置公差带而言，其实际方向就应与基准的理想要素保持正确的方向关系，如图3-23(b)所示。

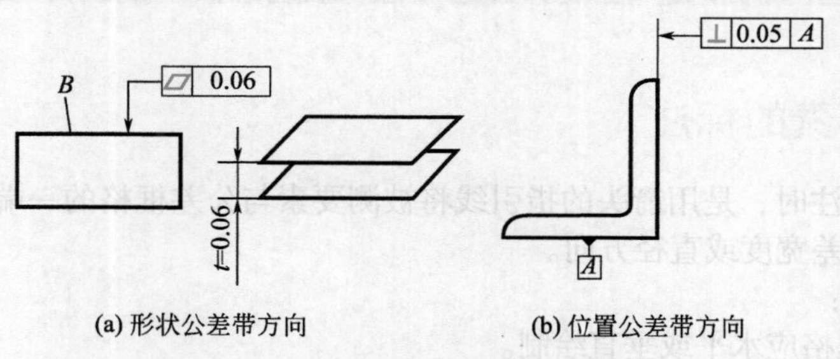

(a) 形状公差带方向　　(b) 位置公差带方向

图3-22　公差带的理论方向

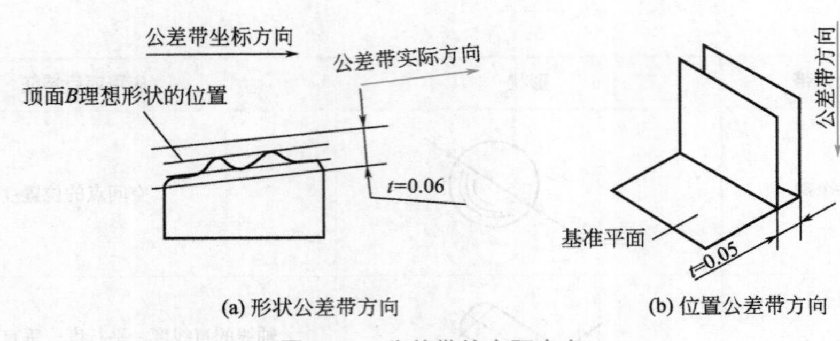

图 3-23　公差带的实际方向

（4）公差带的位置

几何公差带的位置分浮动和固定两种，见表 3-8。

表 3-8　几何公差带的位置

位置分类	含义	图示	说明
浮动	指几何公差带的尺寸公差带内随实际（组成）要素的不同而变动，其实际位置与实际（组成）要素有关	被测表面实际位置B_1　尺寸公差带　被测表面实际位置B_2 平行度公差带　平行度公差带 t　尺寸公差　t	平行度公差带的两个不同位置
固定	指几何公差带的位置由图样上给定的基准和理论正确尺寸确定	A　◎ ϕt A　$\phi 2$　$\phi 1$ 基准轴线(重合于公差带轴线)　被测轴线 ϕt	同轴度公差带为一圆柱的区域，该圆柱面的轴线应和基准在一条直线上，因而其位置由基准确定，此时的理论正确尺寸为零

3.3 几何公差的标注

3.3.1　被测要素的标注

被测要素在标注时，是用箭头的指引线将被测要素与公差框格的一端相连，指引线的箭头指向被测要素公差宽度或直径方向。

标注时应注意：

① 几何公差框格应水平或垂直绘制。

② 指引线原则上从框格一端的中间位置引出。

③ 被测要素是组成要素时，指引线的箭头应指在该要素的轮廓线或其延长线上，并应明显地与尺寸线错开，如图 3-24 所示。

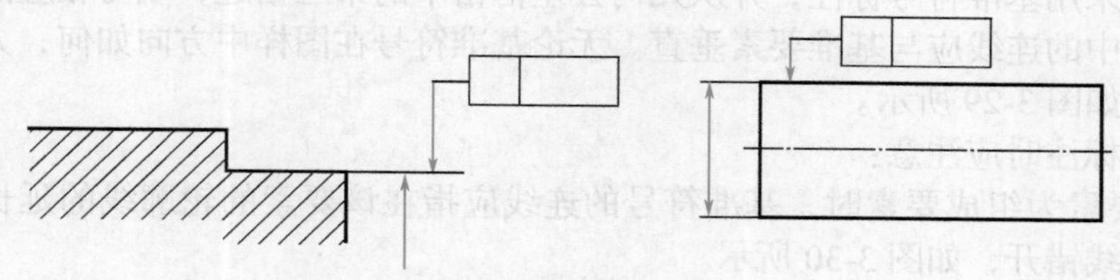

图 3-24　被测要素为组成要素时的标注

④ 被测要素是导出要素时，指引线的箭头应与确定该要素的轮廓尺寸线对齐，如图 3-25 所示。

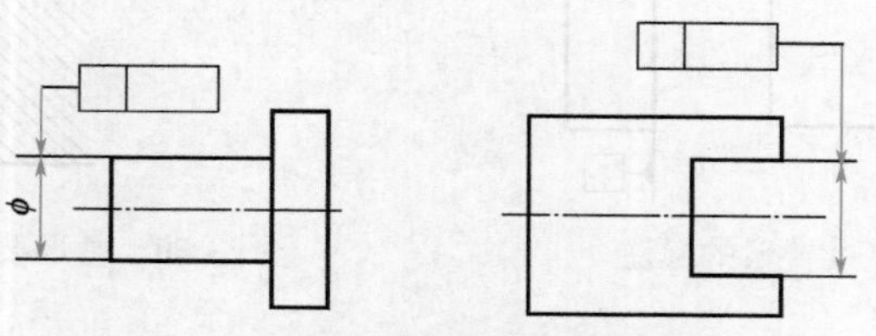

图 3-25　被测要素为导出要素时的标注

⑤ 当同一被测要素有多项几何公差要求，且测量方向相同时，可将这些框格绘制在一起，并共用一根指引线，如图 3-26 所示。

⑥ 当多个要素有相同的几何公差要求时，可从框格引出的指引线上绘制多个指示箭头并分别与各被测要素相连，如图 3-27 所示。

图 3-26　同一被测要素有多项几何公差要求时的标注　　图 3-27　被测要素有相同几何公差要求时的标注

⑦ 公差框格中所标注的几何公差有其他附加要求时，可在公差框格的上方或下方附加文字说明。

属于被测要素数量的说明，应写在公差框格的上方，如图 3-28（a）所示；属于解释性的说明，应写在公差框格的下方，如图 3-28（b）所示。

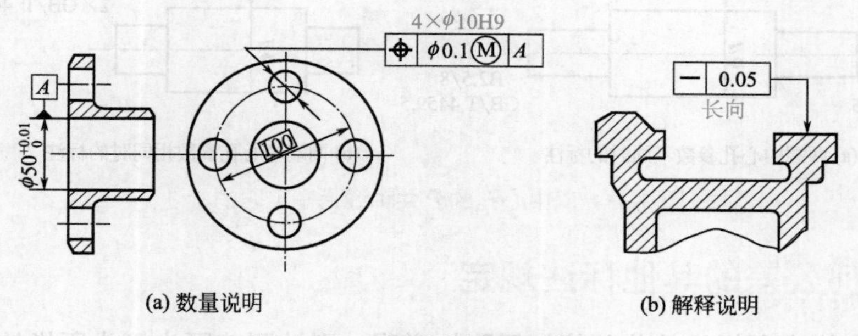

(a) 数量说明　　(b) 解释说明

图 3-28　几何公差的附加说明

3.3.2 基准要素的标注

基准要素采用基准符号标注，并从几何公差框格中的第三格起，填写相应的基准符号字母，基准符号中的连线应与基准要素垂直。无论基准符号在图样中方向如何，方框内字母均应水平书写，如图 3-29 所示。

基准要素标注时应注意：

① 基准要素为组成要素时，基准符号的连线应指在该要素的轮廓线的延长线上，并应明显地与尺寸线错开，如图 3-30 所示。

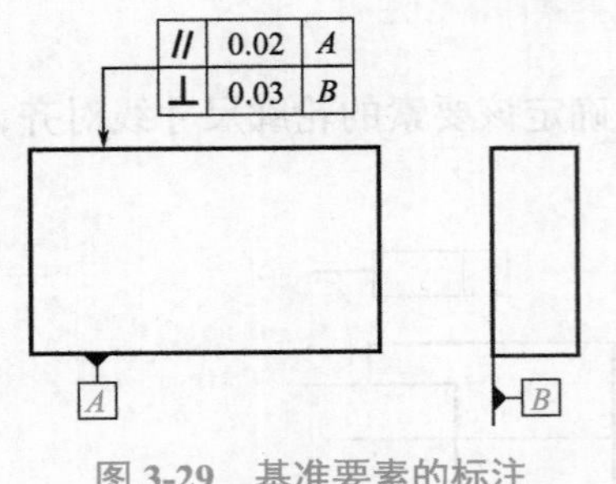

图 3-29　基准要素的标注

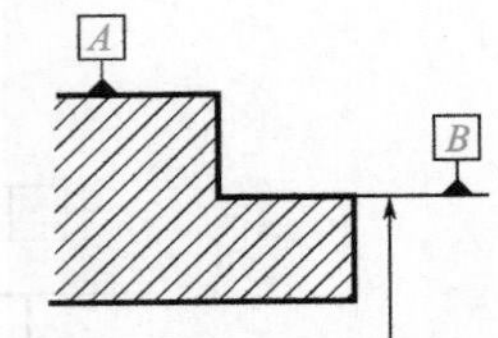

图 3-30　基准要素为组成要素时的标注

② 基准要素是导出要素时，基准符号的连线应与确定该要素轮廓的尺寸线对齐，如图 3-31 所示。

③ 基准要素为公共轴线时的标注如图 3-32 所示，基准要素为外圆 ϕd_1 的轴线 A 与外圆 ϕd_3 的轴线 B 组成的公共轴线 A-B。

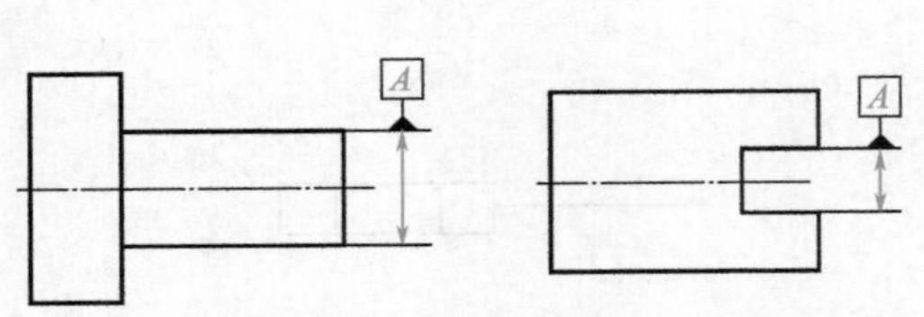

图 3-31　基准要素为导出要素时的标注

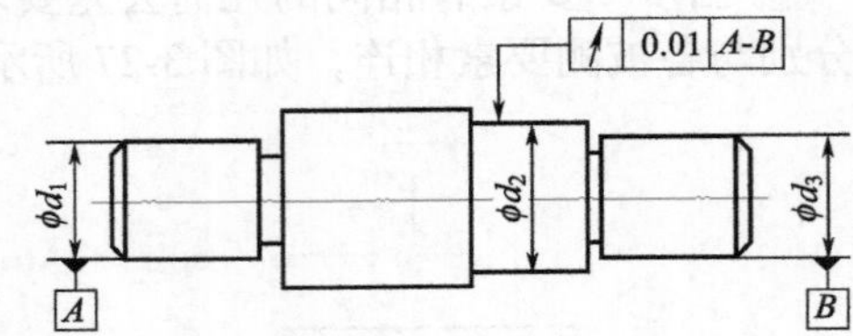

图 3-32　基准要素为公共轴线时的标注

当轴类零件以两端中心孔工作锥面的公共轴线作为基准时，可采用如图 3-33 所示的标注方法。其中图 3-33（a）所示为两端中心孔参数不同时的标注；图 3-33（b）所示为两端中心孔参数相同时的标注。

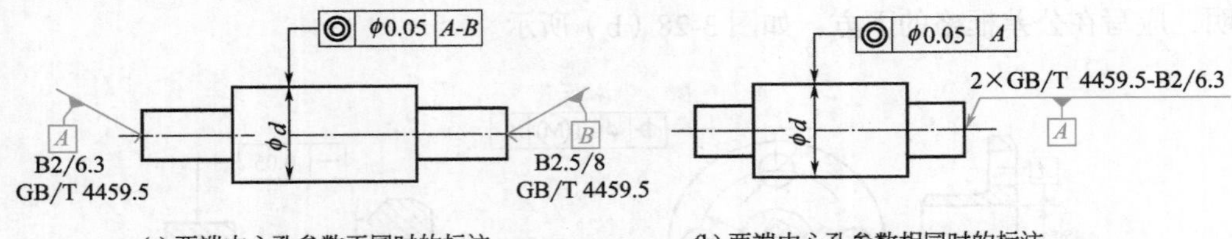

(a) 两端中心孔参数不同时的标注　(b) 两端中心孔参数相同时的标注

图 3-33　以中心孔的公共轴线为基准时的标注

3.3.3 几何公差的其他标注规定

① 公差框格中所标注的公差值如无附加说明，则被测范围为箭头所指的整个组成要素

或导出要素。

② 如果被测范围仅为被测要素的一部分时，应用粗点画线画出该范围，并标出尺寸。其标注方法如图 3-34 所示。

③ 如果需给出被测要素任一固定长度（或范围）的公差值时，其标注方法如图 3-35 所示。

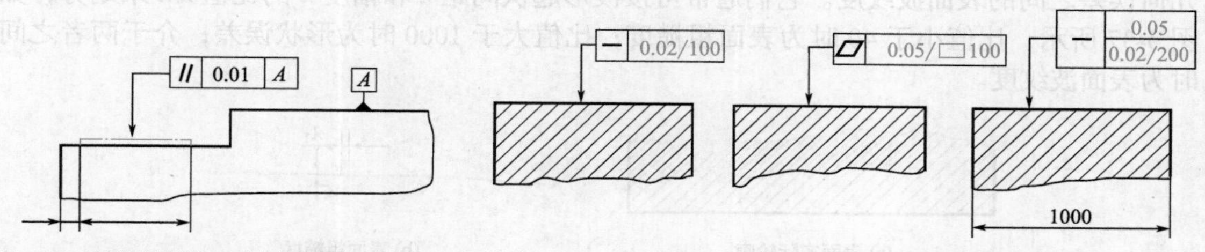

图 3-34　被测范围为部分被测要素时的标注　　图 3-35　公差值有附加说明时的标注

第一种表示在任一 100mm 长度上的直线度公差值为 0.02mm；第二种表示在任一 100mm×100mm 的正方形面积内，平面度公差数值为 0.05mm；第三种表示在 1000mm 全长上的直线度公差为 0.05mm，在任一 200mm 长度上的直线度公差数值为 0.02mm。

④ 当给定的公差带形状为圆或圆柱时，应在公差数值前加注“*φ*”，如图 3-36（a）所示；当给定的公差带形状为球时，应在公差数值前加注“*Sφ*”，如图 3-36（b）所示。

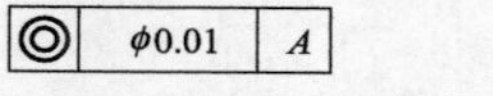

(a) 公差带为圆(或圆柱)时的标注

⌖ | *Sφ*0.1 | *A*

(b) 公差带为球时的标注

图 3-36　公差带为圆（或圆柱）或球时的标注

⑤ 几何公差有附加要求时，应在相应的公差数值后加注有关符号，见表 3-9。

表 3-9　几何公差的附加符号

符号	含义	标注示例
(+)	若被测要素有误差，则只允许中间向材料外凸起	— 0.01(+)
(−)	若被测要素有误差，则只允许中间向材料外凹下	⏥ 0.05(−)
(▷)	若被测要素有误差，则只允许按符号的小端方向逐渐缩小	⌭ 0.05(▷) // 0.05(▷) A

3.4 表面粗糙度

3.4.1 表面粗糙度的定义

表面粗糙度反映的是零件被加工表面上的微观几何形状误差。表面粗糙度主要是由加工

过程中刀具和零件表面间的摩擦、切屑分离时表面金属层的塑性变形及工艺系统的高频振动等原因形成的。

表面粗糙度不同于由机床几何精度方面的误差引起的表面宏观几何误差，也不同于在加工过程中由机床 - 刀具 - 工件系统的振动、发热和运动不平衡等因素引起的介于宏观和微观几何误差之间的表面波纹度。它们通常可按波形起伏间距 λ 和幅度 h 的比值 λ/h 来划分，如图 3-37 所示，比值小于 40 时为表面粗糙度；比值大于 1000 时为形状误差；介于两者之间时为表面波纹度。

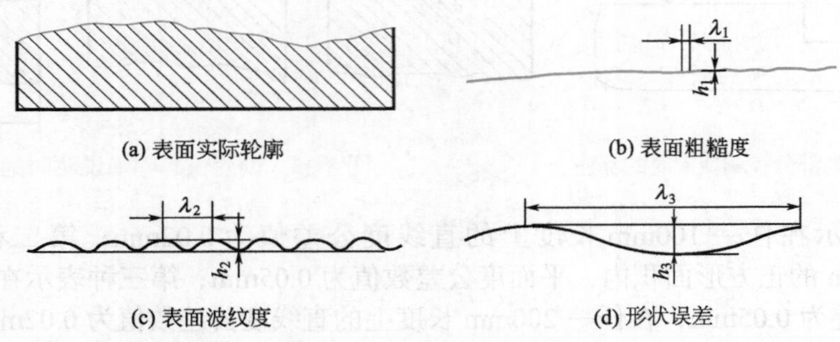

(a) 表面实际轮廓　(b) 表面粗糙度

(c) 表面波纹度　(d) 形状误差

图 3-37　加工误差示意图

3.4.2　表面粗糙度评定参数

（1）实际轮廓

实际轮廓是指平面与实际表面相交所得的轮廓线。按平面相对于加工纹理方向的位置不同，实际轮廓可分为横向轮廓和纵向轮廓，见表 3-10。

表 3-10　实际轮廓

分类	图示	说明
横向轮廓	横向轮廓	指垂直于表面加工纹理的平面与表面相交所得的轮廓线
纵向轮廓	纵向轮廓	指平行于表面加工纹理的平面与表面相交所得的轮廓线

在评定表面粗糙度时，除非特别指明，否则通常均指横向轮廓，因为在此轮廓上可得到高度参数的最大值。

（2）取样长度（l_r）

取样长度是指用于判别具有表面粗糙度特征的一段基准线长度，如图 3-38 所示。

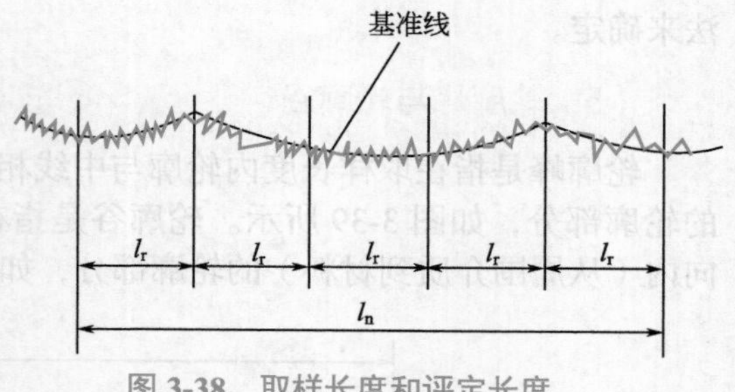

图 3-38 取样长度和评定长度

在实际轮廓上测量表面粗糙度时，必须有一个合理的取样长度，如 l_r 过长，有可能将表面波纹度的成分引入到表面粗糙度的结果中；l_r 过短，将不能反映待测表面粗糙度的实际情况。为了限制和削弱表面波纹度对表面粗糙度测量结果的影响，在测量范围内较好反映粗糙度的实际情况，国家标准规定取样长度按表面粗糙度选取相应的数值，一般不少于 5 个以上的轮廓峰和轮廓谷。

（3）评定长度（l_n）

评定长度是指评定轮廓所必需的一段长度，它可以包括一个或几个取样长度，如图 3-38 所示。

由于被测表面上表面粗糙度的不均匀性，所以只根据一个取样长度的测量结果来评定整个表面的粗糙度，显然是不够准确和合理的。为较充分和客观地反映被测表面的粗糙度，须连续取几个取样长度，测量后取其平均值作为测量结果。

一般情况下，按标准推荐取 l_n=5l_r。若被测表面均匀性好，则可选用小于 5l_r 的评定长度值，反之，均匀性差的表面应选用大于 5l_r 的评定长度。

（4）基准线

基准线是用以评定表面粗糙度参数的给定的线（图 3-38）。国家标准规定采用中线制，即以中线为基准线评定轮廓的计算制。

中线有轮廓的最小二乘中线和轮廓的算术平均中线两种，见表 3-11。

表 3-11 轮廓中线

分类	图示	说明
轮廓的最小二乘中线	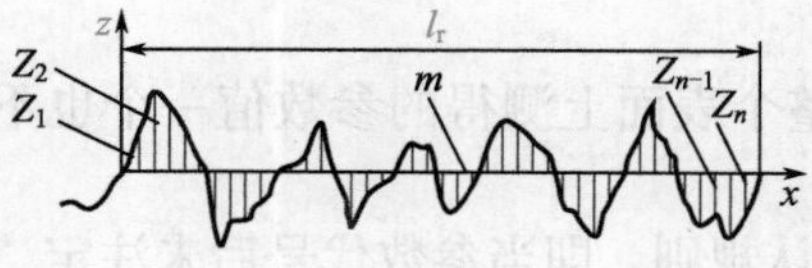	简称中线，是指具有几何轮廓形状并划分轮廓的基准线，在取样长度内使轮廓线上各点的轮廓偏距的平方和为最小。也就是说在取样长度内，使轮廓上各点至一条假想线距离的平方和为最小，即 $\sum_{i=1}^{n} Z_i^2=\min$，这条假想线就是最小二乘中线
轮廓的算术平均中线	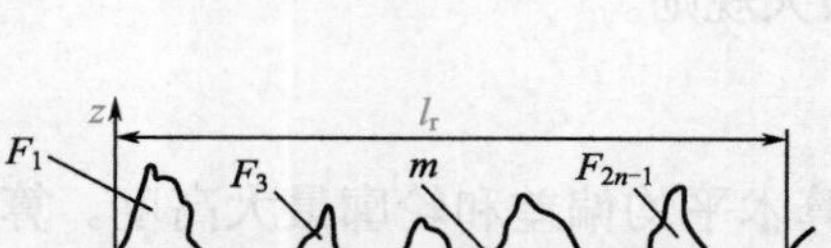	指具有几何轮廓形状在取样长度内与轮廓走向一致的基准线，在取样长度内由该线划分轮廓使上下两边的面积相等。也就是说在取样长度内，由一条假想线将实际轮廓分为上、下两部分，且上部分面积之和等于下部分面积之和，即 $\sum_{i=1}^{n} F_i = \sum_{i=1}^{n} F'_i$，这条假想线就是算术平均中线

标准规定，一般以轮廓的最小二乘中线为基准线。由于在轮廓图形上确定最小二乘中线的位置比较困难，因此标准又规定了轮廓的算术平均中线，其目的是为了用图解法近似地确定最小二乘中线，即用算术平均中线代替最小二乘中线。通常轮廓算术平均中线可以用目测

法来确定。

（5）轮廓峰与轮廓谷

轮廓峰是指在取样长度内轮廓与中线相交，连接两相邻交点向外（从材料向周围介质）的轮廓部分，如图 3-39 所示。轮廓谷是指在取样长度内轮廓与中线相交，连接两相邻交点向内（从周围介质到材料）的轮廓部分，如图 3-40 所示。

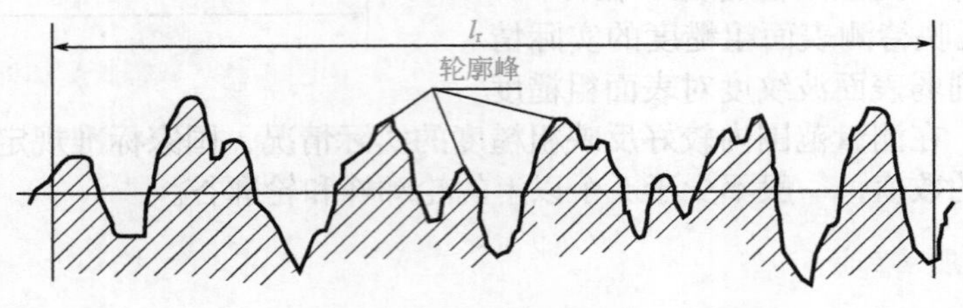

图 3-39　轮廓峰

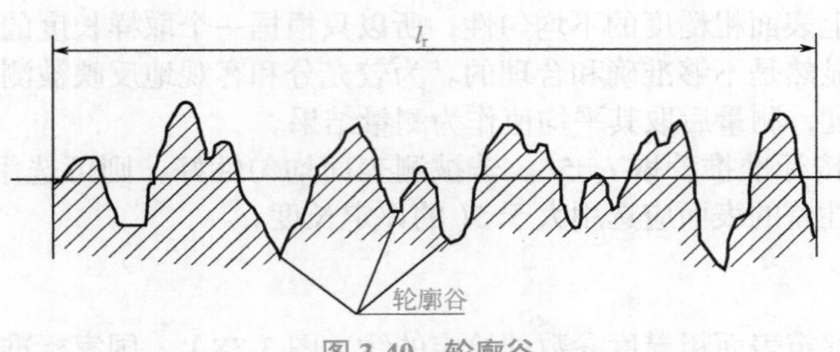

图 3-40　轮廓谷

（6）极限值判断规则

完工零件的表面按检验规范测得轮廓参数值后，需与图样上给定的极限值比较，以判断其是否合格。极限值判断规则有两种：

① 16% 规则　运用本规则时，当被检表面测得的全部参数值中超过极限值的个数不多于总个数的 16% 时，该表面是合格的。

② 最大规则　运用本规则时，被检的整个表面上测得的参数值一个也不应超过给定的极限值。

16% 规则是所有表面结构要求标注的默认规则，即当参数代号后未注定“max”字样时，均默认为应用 16% 规则。反之，则应用为最大规则。

（7）表面粗糙度评定参数

① 高度特性参数　高度特性参数包括算术平均偏差和轮廓最大高度。算术平均偏差是指在一个取样长度 l_r 范围内，纵坐标 $Z(x)$ 绝对值的算术平均值，用 Ra 表示，如图 3-40 所示。

其表达式为：$Ra=\frac{1}{l_r}\int_0^l |Z(x)|\mathrm{d}x$

或近似为：$Ra=\frac{1}{n}\sum_{i=1}^{n}|Z(x_i)|$

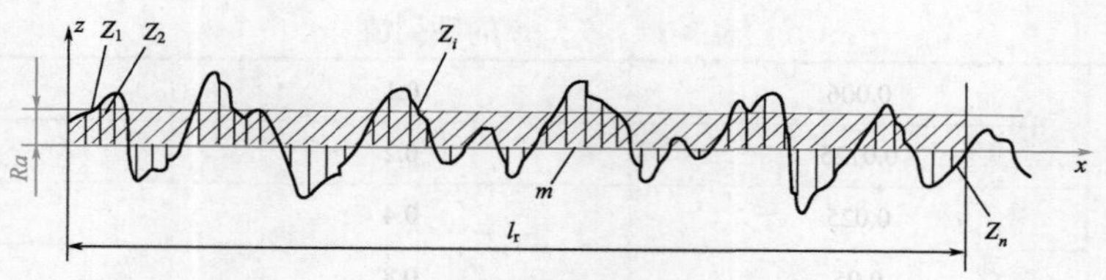

图 3-41　算术平均偏差 *Ra*

Ra 参数能充分反映表面微观几何形状高度方向的特性，且测量方便，因而标准推荐优先选用 *Ra*。

轮廓最大高度是指在一个取样长度内，轮廓最大高度是指在一个取样长度内，最大轮廓峰高与最大轮廓谷底线之间的距离，如图 3-42 所示，用 *Rz* 表示。

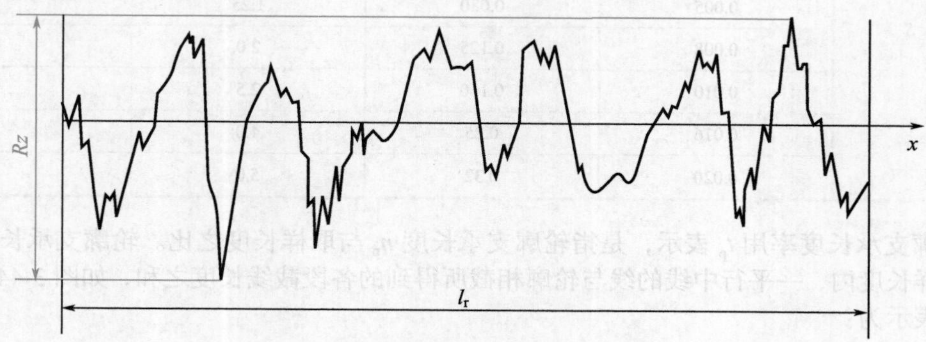

图 3-42　轮廓最大高度 *Rz* 示意图

② 间距参数　间距参数有轮廓微观不平的平均间距、轮廓的单峰平均间距和轮廓支承长度率。

轮廓微观不平的平均间距是指在取样长度内轮廓微观不平度的间距的平均值，用 S_m 表示。所谓微观不平度的间距是指含有一个轮廓峰和相邻轮廓谷的一段中线长度，如图 3-43 所示。

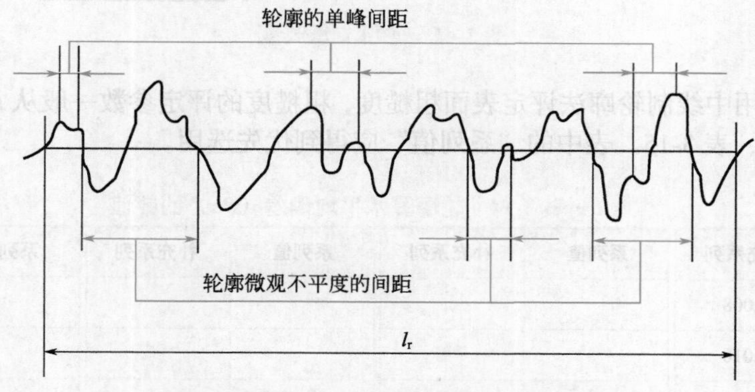

图 3-43　轮廓微观不平度的间距和轮廓的单峰间距

轮廓的单峰平均间距是指在取样长度内轮廓的单峰间距的平均值，用 *S* 表示。所谓轮廓的单峰间距是指两相邻单峰最高点之间的距离在中线上投影的长度，如图 3-42 所示。

S_m 和 *S* 的数值已标准化，表 3-12 所示为 S_m、*S* 的系列值，表 3-13 所示为 S_m、*S* 的补充系列值。国家标准规定优先选用表 3-12 中的数值。

表 3-12　S_m、S 的系列值　　mm

S_m，S	0.006	0.1	1.6
	0.0125	0.2	3.2
	0.025	0.4	6.3
	0.05	0.8	12.5

表 3-13　S_m、S 的补充系列值　　mm

S_m，S	0.002	0.032	0.50	8.0
	0.003	0.040	0.63	10.0
	0.004	0.063	1.00	
	0.005	0.080	1.25	
	0.008	0.125	2.0	
	0.010	0.160	2.5	
	0.016	0.25	4.0	
	0.020	0.32	5.0	

轮廓支承长度率用 t_p 表示，是指轮廓支承长度 η_p 与取样长度之比。轮廓支承长度 η_p 是指在取样长度内，一平行中线的线与轮廓相截所得到的各段截线长度之和，如图 3-44 所示。用算式表示为：

$$\eta_p=b_1+b_2+\cdots+b_i+\cdots+b_n$$

式中　b_i——第 i 段截线长度。

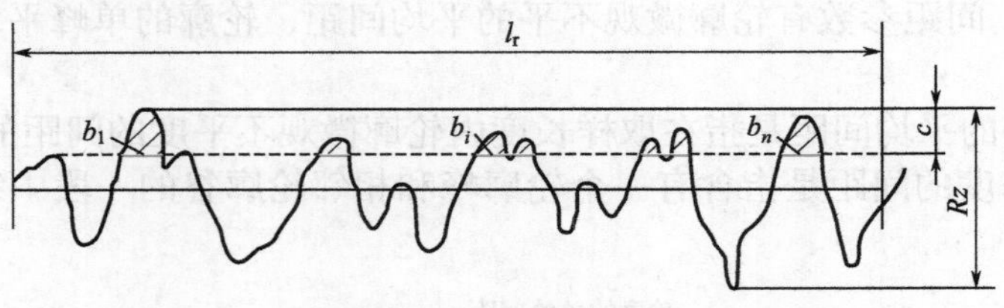

图 3-44　轮廓支承长度

国家标准采用中线制轮廓法评定表面粗糙度，粗糙度的评定参数一般从 Ra、Rz 中选取，参数值见表 3-14、表 3-15。表中的“系列值”应得到优先选用。

表 3-14　轮廓算术平均偏差（Ra）的数值　　μm

系列值	补充系列	系列值	补充系列	系列值	补充系列	系列值	补充系列
	0.008						
	0.010						
0.012			0.125		1.25	12.5	
	0.016		0.160	1.6			16.0
	0.020	0.20			2.0		20
0.025			0.25		2.5	25	

续表

系列值	补充系列	系列值	补充系列	系列值	补充系列	系列值	补充系列
	0.032		0.32	3.2			32
	0.040	0.40			4.0		40
0.050			0.50		5.0	50	
	0.063		0.63	6.3			63
	0.080	0.80			8.0		80
0.100			1.00		10.0	100	

表 3-15　轮廓最大高度（*Rz*）的数值　μm

系列值	补充系列	系列值	补充系列	系列值	补充系列	系列值	补充系列	系列值	补充系列	系列值	补充系列
			0.125		1.25	12.5			125		1250
			0.160	1.60			16.0		160	1600	
		0.20			2.0		20	200			
0.025			0.25		2.5	25			250		
	0.032		0.32	3.2			32		320		
	0.040	0.40			4.0		40	400			
0.050			0.50		5.0	50			500		
	0.063		0.63	6.3			63		630		
	0.080	0.80			8.0		80	800			
0.100			1.00		10.0	100			1000		

3.4.3　表面粗糙度的标注

（1）表面粗糙度符号

表面粗糙度的基本符号如图 3-45 所示，在图样上用粗实线画出。表面粗糙度符号的含义见表 3-16。

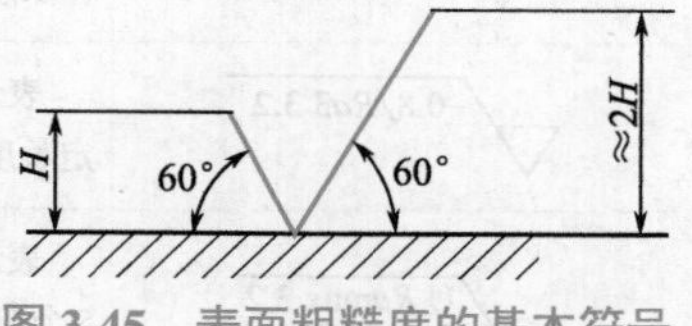

图 3-45　表面粗糙度的基本符号

表 3-16　表面粗糙度符号的含义

符号	名称	说明
	基本图形符号	仅用于简化代号标注，没有补充说明时不能单独使用
	扩展图形符号	表示用去除材料的方法获得的表面，如通过机械加工获得的表面
		表示不去除材料的表面，如铸、锻、冲压成形、热轧、冷轧、粉末冶金等；也用于保持上道工序形成的表面，不论这种状况是通过去除材料还是不去除材料形成的
	完整图形符号	当要求标注表面粗糙度的补充说明时，应在原符号上加一横线

（2）表面结构补充要求的注写位置

国家标准规定，为明确表面结构要求，除了标注表面参数和数值外，必要时还应标注补充要求，补充要求包括传送带、取样长度、加工工艺、表面纹理与方向、加工余量等。其标注内容的具体位置如图 3-46 所示。图中位置 *a* ～ *e* 分别标注的内容见表 3-17。

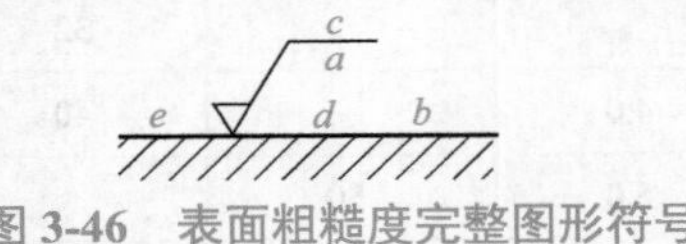

图 3-46　表面粗糙度完整图形符号

表 3-17　表面结构补充要求的注写位置和内容

位置符号	标注内容
a	注写表面结构的单一要求。当有两个以上的多个表面结构要求时，在位置 *a* 注写第一个表面结构要求
b	当有两个结构表面要求时，在位置 *b* 注写第二个表面结构要求或更多个表面结构要求
c	注写加工方法、表面处理、涂层或其他加工工艺要求等，如车、铣、磨、铰等加工表面
d	注写表面纹理和方向、标注采用符号方法
e	注写所要求的加工余量，以 mm 为单位给出数值

表面粗糙度的代号是在其完整图形符号上标注各项参数构成的，其参数标注和含义见表 3-18。

表 3-18　表面粗糙度代号的含义

代号	含义
Rz 0.4	表示不允许去材料，单向上限值，*R* 轮廓，表面粗糙度的最大高度为 0.4μm，评定长度为 5 个取样长度（默认），16% 规则（默认）
*Rz*max 0.2	表示去除材料，单向上限值，*R* 轮廓，表面粗糙度的最大高度为 0.2μm，评定长度为 5 个取样长度（默认），最大规则（默认）
−0.8/*Ra*3 3.2	表示去除材料，单向上限值，表面粗糙度的最大高度为 0.8μm，算术平均偏差为 3.2μm，评定长度包含 3 个取样长度，16% 规则（默认）
U *Ra*max 3.2 L *Ra* 0.8	表示不允许去除材料，双向极限值，*R* 轮廓，上限值：算术平均偏差为 3.2μm，评定长度为 5 个取样长度（默认），最大规则，下限值：算术平均偏差为 0.8μm，评定长度为 5 个取样长度（默认），16% 规则（默认）
车 *Rz* 3.2	零件的加工表面的表面粗糙度要求由指定的加工方法获得时，用文字标注在符号上边的横线上
Fe/Ep•Ni15pCr0.3r *Rz* 0.8	在符号的横线上面可注写镀（涂）覆或其他表面要求。镀覆后达到的参数值等要求也可在图样的技术要求中说明
铣 *Ra* 0.8 *Rz*1 3.2 ⊥	需要控制表面加工纹理方向时，可在完整符号的右下方加注加工纹理方向符号
3	在同一图样中，有多道加工工序的表面可标注加工余量。加工余量注写在完整符号的左下方，单位为 mm

需要控制表面加工纹理方向时，可在符号的右边加注加工纹理方向符号，常见的加工纹理方向符号见表3-19。

表 3-19　常见的加工纹理方向符号

符号	说明	示意图
=	纹理平行于标注符号视图的投影面	纹理方向
⊥	纹理垂直于标注符号视图的投影面	纹理方向
×	纹理呈两斜向交叉且与视图所在的投影面相交	纹理方向
M	纹理呈多方向	
C	纹理呈近似同心圆且圆心与表面中心相关	
R	纹理呈近似放射状且与表面圆心有关	
P	纹理无方向或呈凸起的细粒状	

（3）表面粗糙度在图样上的标注

国家标准中，表面粗糙度代（符）号可标注在轮廓线、尺寸界线或其延长线上，其符号应从材料外指向并接触表面，其参数的注写和读取方向与尺寸数字的注写和读取方

向一致，如图 3-47 所示。必要时，表面粗糙度代（符）号可用带黑点或箭头的指引线引出标注，如图 3-48 所示。在不致引起误解时，表面粗糙度代（符）号还可以标注在给定的尺寸线上，如图 3-49 所示。表面粗糙度代（符）号还可标注在几何公差框格上方，如图 3-50 所示。

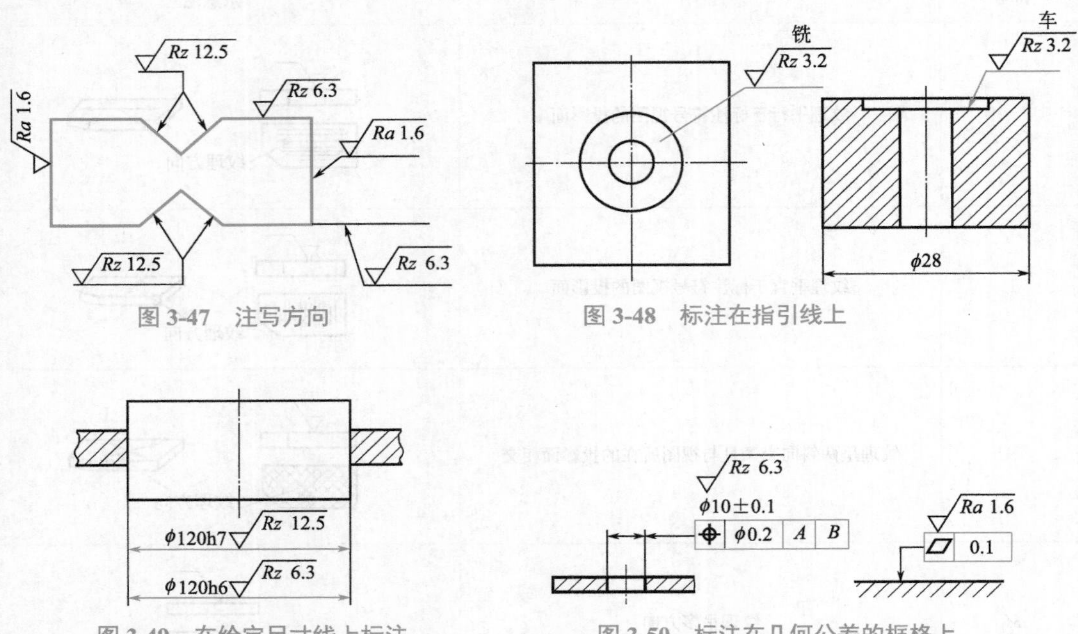

图 3-47　注写方向　　图 3-48　标注在指引线上

图 3-49　在给定尺寸线上标注　　图 3-50　标注在几何公差的框格上

如果工件的大部分（包括全部）表面有相同的表面粗糙度要求时，这个表面粗糙度可统一标注在图样的标题栏附近。此时表面粗糙度的符号后应有：在圆括号内给出无任何其他标注的基本符号，或在圆括号内给出不同的表面结构要求，如图 3-51 所示。

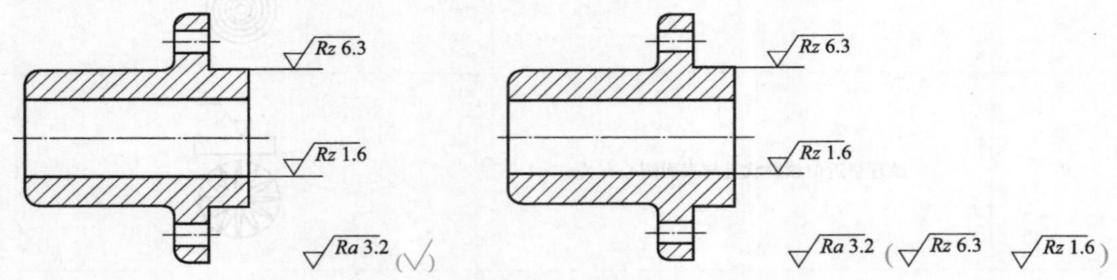

图 3-51　有相同表面结构要求的简化注法

当多个表面具有相同的表面结构要求或图样空间有限时，可以采用简化注法。可用带字母的完整符号，以等式的形式，在图形或标题栏附近，对有相同表面结构要求的表面进行简化标注，如图 3-52 所示。

由几种不同的工艺方法获得的同一表面，当需要明确每种工艺方法的表面结构要求时，可用虚线方式分开标注，如图 3-53 所示。

对于圆柱和棱柱的表面粗糙度要求只标注一次，如果每个棱柱表面有不同的表面粗糙度要求，则应分别单独标注，如图 3-54 所示。

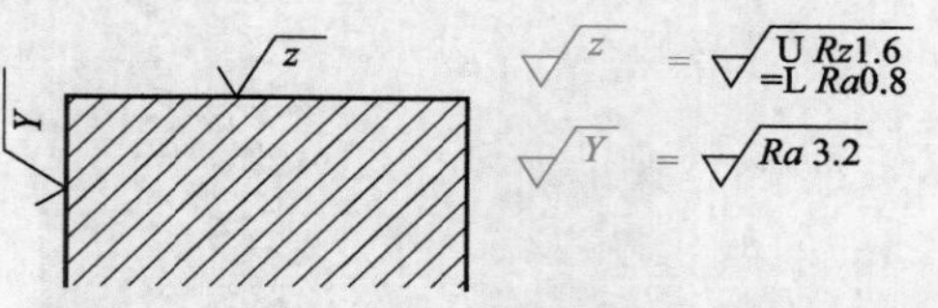

图 3-52 多个表面有共同要求的简化注法

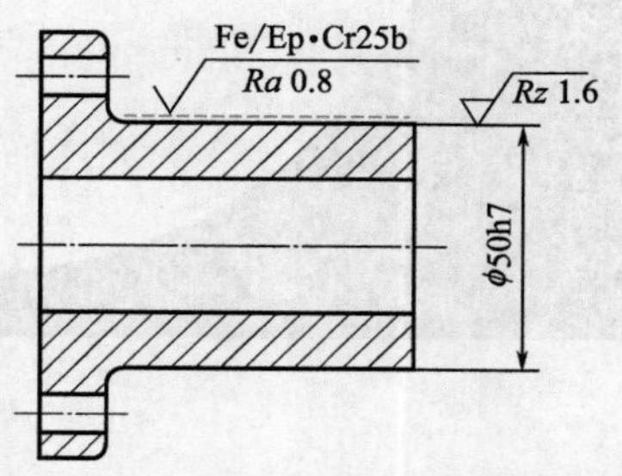

图 3-53 两种或多种工艺获得同一表面的注法

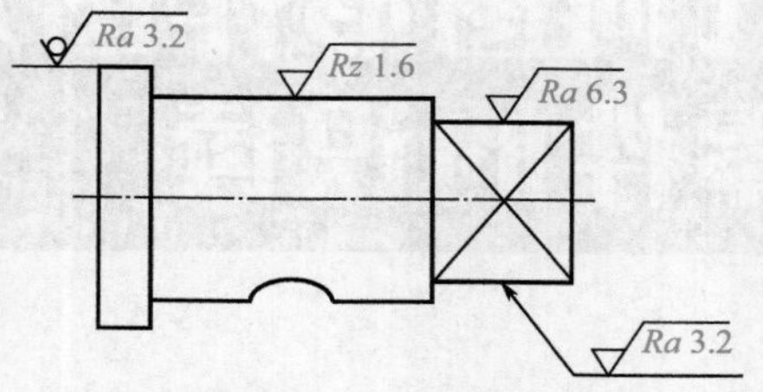

图 3-54 在圆柱和棱柱表面上的标注

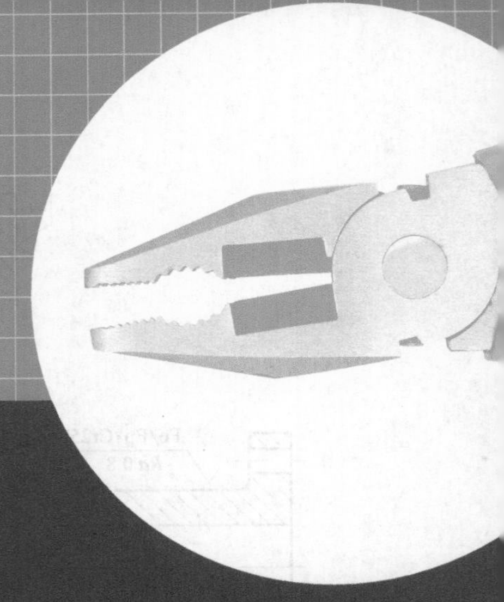

第4章 几何图形作图及典型零件的识读

4.1 基本几何作图

4.1.1 作图工具及其使用

（1）图板

图板如图4-1所示，它是用来铺放图纸的。在绘制图样时，要求图面平整光滑，没有缺陷，木质图板具有一定弹性，画图时可以具有一定的手感，使得图线容易处理。

图板的左侧为导向边，丁字尺要在此边上下滑动，故应该在使用中注意保护，使其不受损伤，确保平直。在绘图时，应将图纸放平并用胶带纸固定在图板上，确保画图时图纸不会移位，这样可以减少误差，保证图面的精度。

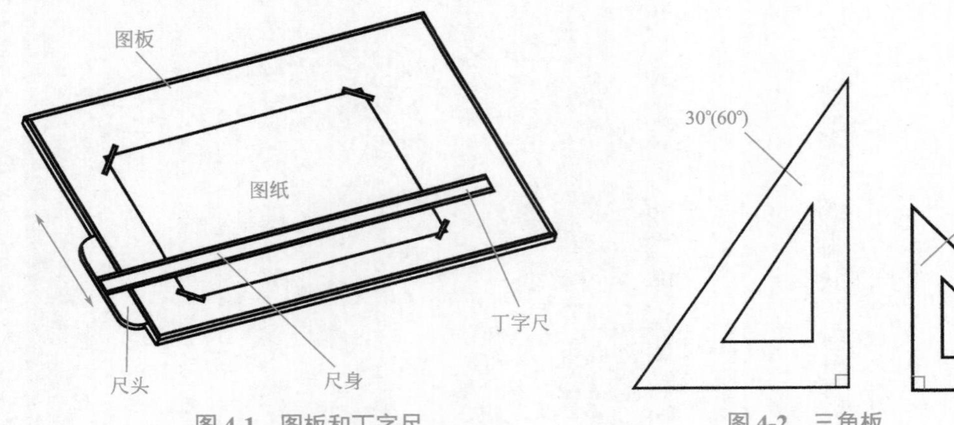

图4-1　图板和丁字尺

图4-2　三角板

（2）丁字尺

丁字尺由尺头和尺身组成，尺头的内侧边与尺身的刻线工作边必须处于平直状态，并保证相互垂直，尺头和尺身结合处应该牢固。

丁字尺经常与图板配合使用，主要用于画水平线和做三角板移动的定位边。使用时应该将尺头内侧紧靠在图板的左边，上下运动来画横线，移动丁字尺时，用左手压紧尺头，右手扶住尺身，随时注意尺头内侧与图板的左边是否贴紧，只有贴紧之后才可以画线。

（3）三角板

一副三角板由两块具有 45° 角及 30°（60°）角的直角三角形板所组成，如图 4-2 所示。

三角板与丁字尺配合使用可画垂直线，如图 4-3 所示，还可画出与水平线的夹角为 30°、45°、60° 以及 15° 的任意整倍数的倾斜线，如图 4-4 所示。两块三角板配合使用，可画出任意已知直线的垂直线或平行线，如图 4-5 所示。

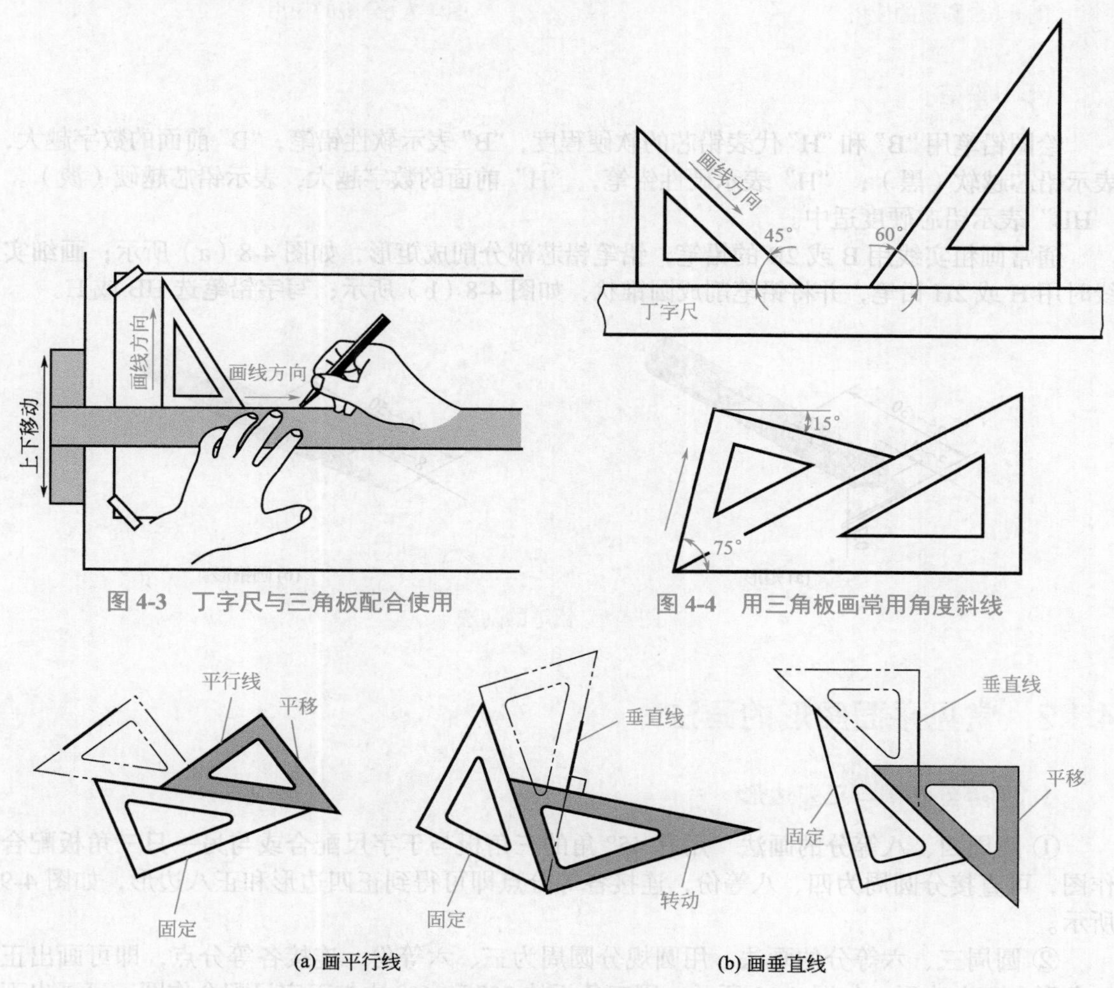

图 4-3　丁字尺与三角板配合使用

图 4-4　用三角板画常用角度斜线

图 4-5　两块三角板配合使用

（4）圆规和分规

圆规用来画圆和圆弧。画圆时，圆规的钢针应使用有台阶的一端，并使笔尖与纸面垂直。圆规的使用方法如图 4-6 所示。

分规是用来截取线段和等分线段或圆周以及量取尺寸的工具，如图 4-7 所示。分规的两个针尖并拢时应对齐。

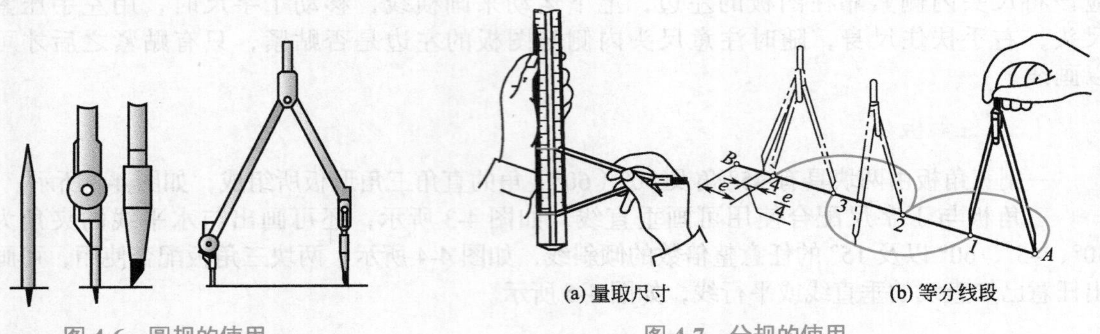

图 4-6　圆规的使用

图 4-7　分规的使用

（5）铅笔

绘图铅笔用“B”和“H”代表铅芯的软硬程度，“B”表示软性铅笔，“B”前面的数字越大，表示铅芯越软（黑）；“H”表示硬性铅笔，“H”前面的数字越大，表示铅芯越硬（淡）。“HB”表示铅芯硬度适中。

通常画粗实线用 B 或 2B 的铅笔，铅笔铅芯部分削成矩形，如图 4-8（a）所示；画细实线时用 H 或 2H 铅笔，并将铅笔削成圆锥状，如图 4-8（b）所示；写字铅笔选 HB 或 H。

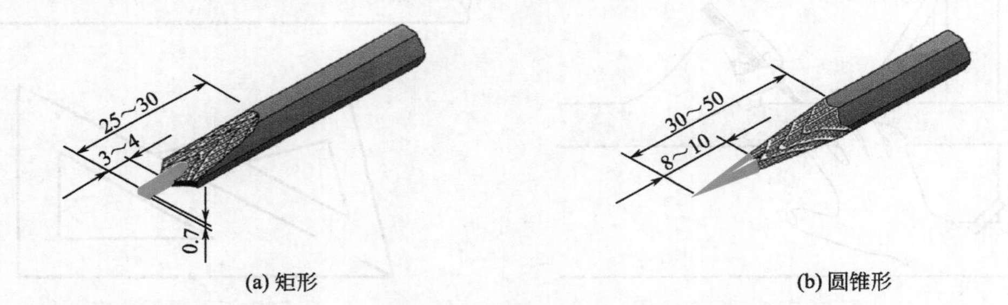

图 4-8　铅笔的削法

4.1.2　常见平面图形的画法

（1）等分圆周与正多边形

① 圆周四、八等分的画法　用有 45° 角的三角板与丁字尺配合或与另一只三角板配合作图，可直接分圆周为四、八等份，连接各等分点即可得到正四边形和正八边形，如图 4-9 所示。

② 圆周三、六等分的画法　用圆规分圆周为三、六等份，连接各等分点，即可画出正三角形和正六边形，如图 4-10 所示。用三角板的 30° 和 60° 边与丁字尺配合作图，可画出不同位置的正三角形或正六边形，如图 4-11 所示。

③ 圆周五等分的画法　如图 4-12 所示，首先作半径 OF 的中点 G，再以 G 为圆心，AG 为半径画弧，与水平直径线交于点 H，再以 AH 为半径分圆周为五等份，依次按顺序连接各等点即可得到正五边形。

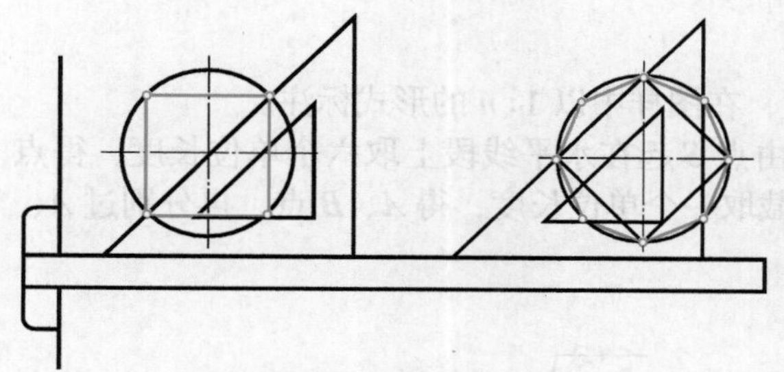

图 4-9　圆周四、八等分的画法

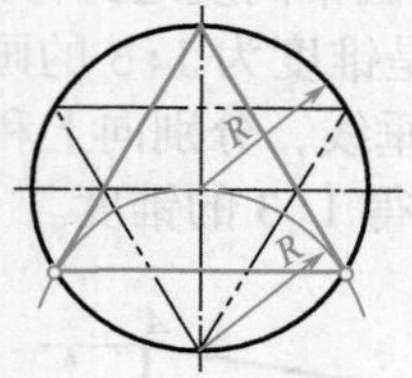

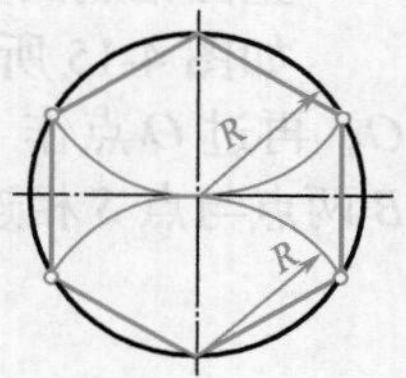

图 4-10　用圆规作圆周三、六等分

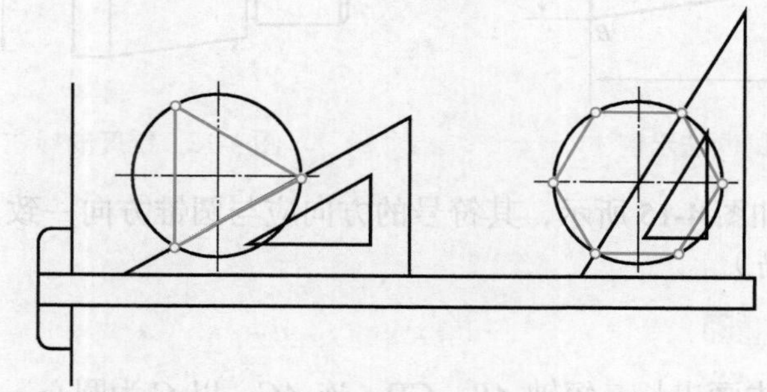

图 4-11　三角板与丁字尺配合作圆周三、六等分

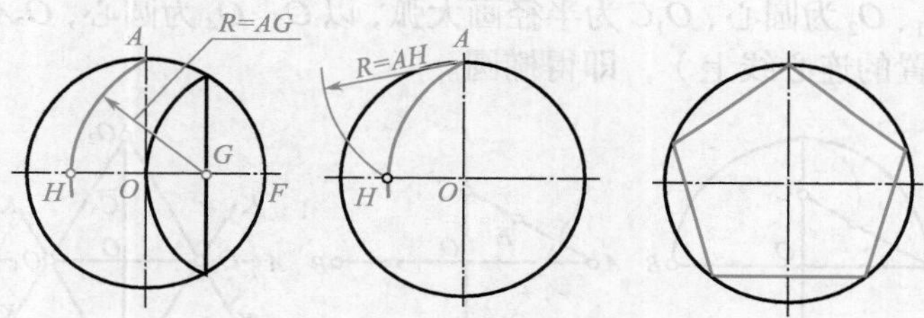

图 4-12　圆周五等分的画法

（2）斜度的画法

一直线对另一直线或一平面对另一平面的倾斜程度称为斜度，在图样中以 1∶*n* 的形式标注。

如图 4-13 所示，是斜度为 1∶6 的画法。由点 *A* 起在水平线段上取六个单位长度，得点 *D*，再过 *D* 点作 *AD* 的垂线 *DE*，取 *DE* 为一个单位长度，连接 *AE* 即得斜度为 1∶6 的直线。

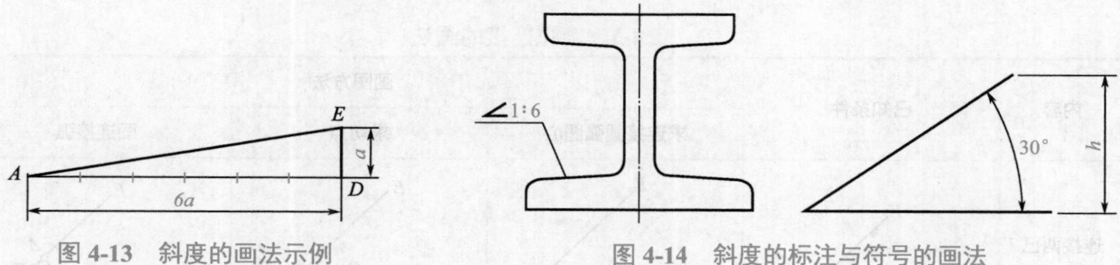

图 4-13　斜度的画法示例　　图 4-14　斜度的标注与符号的画法

斜度的标注方法如图 4-14 所示，其符号应与斜度的方向一致。斜度符号的画法如图 4-14 所示（*h* 为字高）。

（3）锥度的画法

正圆锥底圆直径与圆锥高度之比称为锥度，在图样中以 1∶*n* 的形式标注。

如图 4-15 所示，是锥度为 1∶3 的画法。由点 *S* 起在水平线段上取六个单位长度，得点 *O*，再过 *O* 点作 *SO* 的垂线，分别向上和向下截取一个单位长度，得 *A*、*B* 点，再分别过 *A*、*B* 两点与点 *S* 相连，即得 1∶3 的锥度。

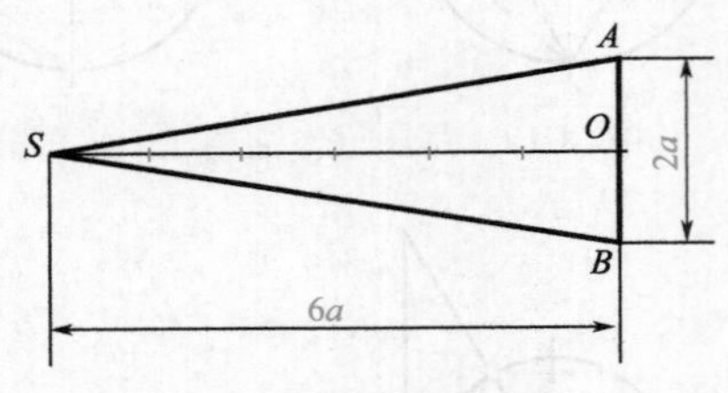

图 4-15　锥度的画法示例

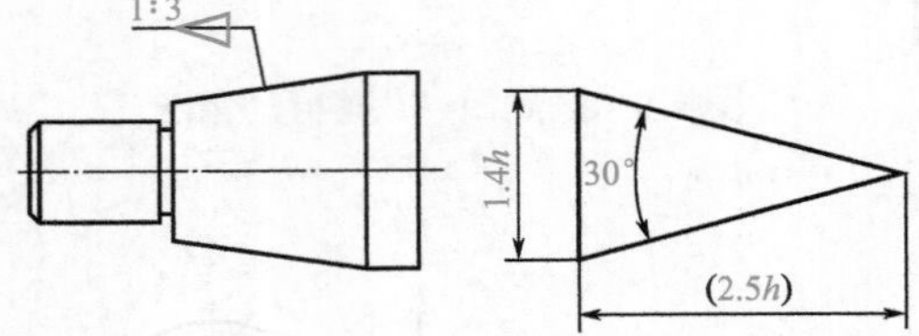

图 4-16　锥度的标注与符号的画法

锥度的标注方法如图 4-15 所示，其符号的方向应与圆锥方向一致。锥度符号的画法如图 4-16 所示（*h* 为字高）。

（4）四心圆法画椭圆

如图 4-17 所示，先画出长、短轴 *AB*、*CD*，连 *AC*，以 *C* 为圆心，长半轴与短半轴之差为半径画弧，交 *AC* 于 *E* 点；再画 *AE* 中垂线与长、短轴交于 O_3、O_1 点，再画出其对称点 O_4、O_2；再分别以 O_1、O_2 为圆心，O_1C 为半径画大弧，以 O_3、O_4 为圆心，O_3A 为半径画小弧（两弧切点 *K* 在相应位置的连心线上），即得椭圆。

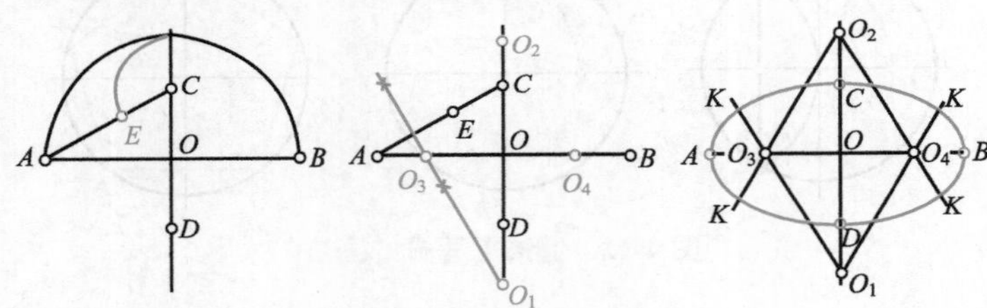

图 4-17　四心圆法画椭圆

（5）圆弧连接的画法

用一段圆弧光滑地连接另外两条已知线段（直线或圆弧）的作图方法称为圆弧连接。要保证圆弧连接光滑，就须使线段与线段在连接处相切，画图时应先求作连接圆弧的圆心及确保连接圆弧与已知线段的切点。圆弧连接的画法见表 4-1。

表 4-1　圆弧连接的画法

内容	已知条件	画图方法		
		求连接圆弧圆心	求切点	画连接弧
连接两已知线段	R E F M　N	E R F R M　N	E 切点A O F M　N 切点B	E A O R F M　N B

续表

内容	已知条件	画图方法		
		求连接圆弧圆心	求切点	画连接弧
内连接已知直线和圆弧				
外连接两已知圆弧				
内连接两已知圆弧				
内外分别连接两已知圆弧				

4.2 识读零件图的方法

零件图是制造和检验零件的依据，是反映零件结构、大小和技术要求的载体。读零件图的目的就是根据零件图想象零件的结构形状，了解零件的制造方法和技术要求。

4.2.1 图样的特殊表示法

（1）螺纹的表示法

螺纹是在圆柱（或圆锥）表面上，沿着螺旋线所形成的具有规定牙型的连续的凸起和沟槽，如图 4-18 所示。

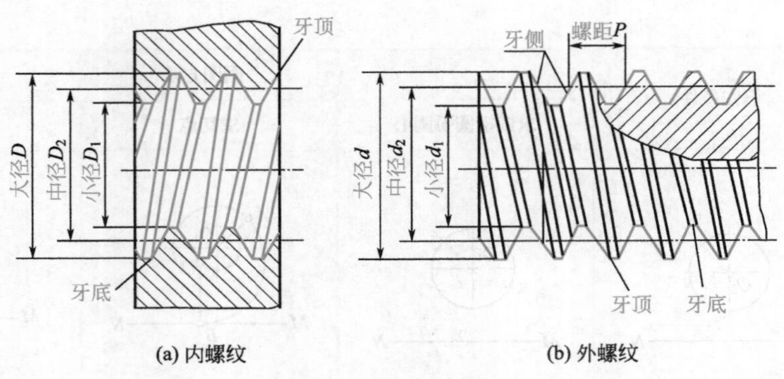

(a) 内螺纹　　(b) 外螺纹

图 4-18　螺纹

① 螺纹的分类　螺纹的应用广泛且种类繁多，可从用途、牙型、螺旋线方向、线数等方面进行分类。

a. 按牙型分类。螺纹按牙型分类的基本情况见表 4-2。

表 4-2　螺纹按牙型分类

分类	图示	牙型角度	特点说明	应用
三角形		60°	牙型为三角形，粗牙螺纹应用最广	用于各种紧固、连接、调节等
矩形		0°	牙型为矩形，其传动效率高，但牙根强度低，精加工困难	用于螺旋传动
锯齿形		33°	牙型为锯齿形，牙根强度高	用于单向螺旋传动（多用于起重机械或压力机械）
梯形		30°	牙型为梯形，牙根强度高，易加工	广泛用于机床设备的螺旋传动

b. 按螺旋线方向分类。螺纹按螺旋线方向分类可分为左旋螺纹和右旋螺纹。顺时针旋入的螺纹为右旋螺纹；逆时针旋入的螺纹为左旋螺纹，如图 4-19 所示。

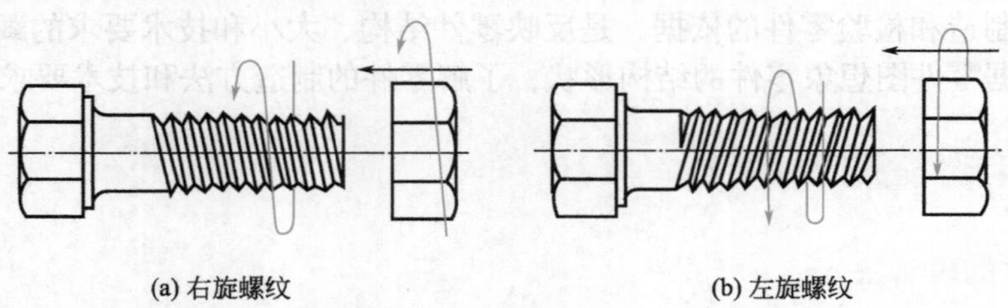

(a) 右旋螺纹　　(b) 左旋螺纹

图 4-19　螺纹的旋向

c. 按螺旋线数分类。按螺旋线数分类可分为单线和多线，如图 4-20 所示。

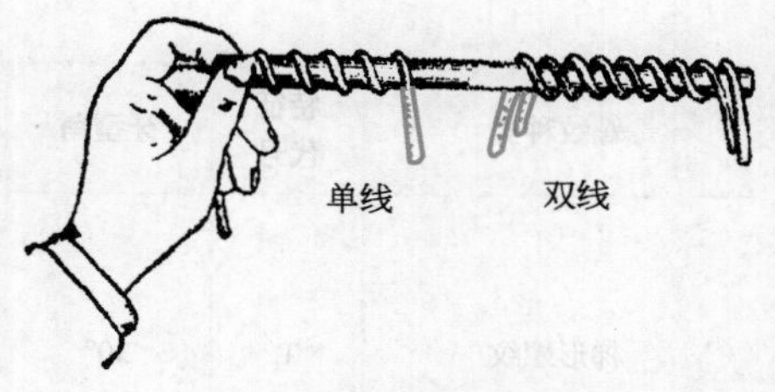

图 4-20 螺纹的线数

单线螺纹是沿一条螺旋线所形成的螺纹，多用于螺纹连接；多线螺纹是沿两条（或两条以上）在轴向等距分布的螺旋线所形成的螺纹，多用于螺旋传动。

d. 按螺旋线形成表面分类。按螺旋线形成表面分类，螺纹可分为外螺纹和内螺纹。

② 螺纹的标记 常用螺纹的标记见表 4-3。

表 4-3 螺纹的标记

螺纹种类			特征代号	牙型角	标记实例	标记方法
普通螺纹	粗牙		M	60°	M16LH-6g-L 示例说明：M—粗牙普通螺纹；16—公称直径；LH—左旋；6g—中径和顶径公差带代号；L—长旋合长度	①粗牙普通螺纹不标螺距 ②右旋不标旋向代号 ③旋合长度有长旋合长度 L、中等旋合长度 N 和短旋合长度 S，中等旋合长度不标注 ④螺纹公差带代号中，前者为中径公差带代号，后者为顶径公差带代号，两者相同时则只标一个
	细牙		M	60°	M16×1-6H7H 示例说明：M—细牙普通螺纹；16—公称直径；1—螺距；6H—中径公差带代号；7H—顶径公差带代号	
管螺纹	55° 非密封管螺纹		G	55°	G1A 示例说明：G—55° 非密封管螺纹；1—尺寸代号；A—外螺纹公差等级代号	尺寸代号：在向米制转化时，已为人熟悉的、原代表螺纹公称直径（单位为英寸）的简单数字被保留下来，没有换算成毫米，不再称作公称直径，也不是螺纹本身的任何直径尺寸，只是无单位的代号 右旋不标旋向代号
	55° 密封管螺纹	圆锥内螺纹	R_c	55°	$R_c1\frac{1}{2}$-LH 示例说明：R_c—圆锥内螺纹，属于 55° 密封管螺纹；$1\frac{1}{2}$—尺寸代号；LH—左旋	
		圆柱内螺纹	R_p			
		与圆柱内螺纹配合的圆锥外螺纹	R_1			
		与圆锥内螺纹配合的圆锥外螺纹	R_2			
	60° 密封管螺纹	圆锥管螺纹（内外）	NPT	60°	NPT3/4-LH 示例说明：NPT—圆锥管螺纹，属于 60° 密封管螺纹；3/4—尺寸代号；LH—左旋	
		与圆锥外螺纹配合的圆柱内螺纹	NPSC	60°	NPSC3/4 示例说明：NPSC—与圆锥外螺纹配合的圆柱内螺纹，属于 60° 密封管螺纹；3/4—尺寸代号	
	米制锥螺纹（管螺纹）		ZM	60°	ZM14-S 示例说明：ZM—米制锥螺纹；14—基面上螺纹公称直径；S—短基距（标准基距可省略）	右旋不标旋向代号

续表

螺纹种类	特征代号	牙型角	标记实例	标记方法
梯形螺纹	T_r	30°	T_r36×12（P6）-7H 示例说明：T_r—梯形螺纹；36—公称直径；12—导程；P6—螺距为6mm；7H—中径公差带代号；右旋，双线，中等旋合长度	①单线螺纹只标螺距，多线螺纹应同时标导程和螺距 ②右旋不标旋向代号 ③旋合长度只有长旋合长度和中等旋合长度两种，中等旋合长度不标 ④只标中径公差带代号
锯齿形螺纹	B	33°	B40×7-7A 示例说明：B—锯齿形螺纹；40—公称直径；7—螺距；7A—公差带代号	
矩形螺纹		0°	矩形 40×8 示例说明：40—公称直径；8—螺距	

③ 螺纹的规定画法　螺纹属于标准结构要素，如按其真实投影绘制很是烦琐，国家标准中规定了螺纹的画法，见表4-4。

表 4-4　螺纹的规定画法

表示对象	规定画法	说明
外螺纹	牙顶线 牙底线 螺纹终止线 大径 小径 倒角 螺纹终止线 画到牙底处	①牙顶线（大径）用粗实线表示 ②牙底线（小径）用细实线表示，螺杆的倒角或倒圆部分也应画出 ③在投影为圆的视图中，表示牙底的细实线只画约3/4圈，此时轴上的倒角省略不画 ④螺纹终止线用粗实线表示 ⑤通常小径按0.85倍大径绘制
内螺纹	螺纹终止线 大径 小径	①在剖视图中，螺纹牙顶线（小径）用粗实线表示，牙底线（大径）用细实线表示；剖面线画到牙顶线粗实线处 ②在投影为圆的视图中，牙顶线（小径）用粗实线表示，表示牙底线（大径）的细实线只画约3/4圈；孔口的倒角省略不画

续表

表示对象	规定画法	说明
螺纹牙型		当需要表示螺纹牙型时，可采用剖视或局部放大图画出几个牙型
螺纹旋合	A A—A A	①在剖视图中，内、外螺纹的旋合部分按外螺纹的画法绘制 ②未旋合部分按各自规定的画法绘制，表示大、小径的粗实线与细实线应分别对齐

④ 螺纹的图样标注　螺纹的图样标注见表4-5。

表4-5　螺纹的图样标注

内容	图示	说明
大径（公称直径）	M25　M16　M20×1.5-5g6g	以mm为单位，直接标注在大径的尺寸线上或其引出线上
管螺纹	$G_1/2A$　$Rc3/4$	在引出线上，引出线由大径处或对称中心处引出
长度		螺纹长度均指不包括螺尾在内的有效螺纹长度

（2）齿轮的表示法

齿轮在机器或部件中起传动作用，如图4-21所示。

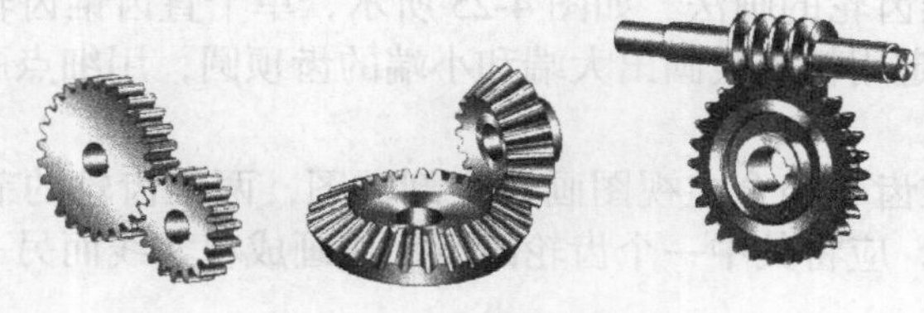

图4-21　常见的齿轮传动

① 圆柱齿轮的画法　对于单个圆柱齿轮，为简化并能清楚表示，国家标准规定：齿顶圆和齿顶线用粗实线绘制，分度圆和分度线用细点画线绘制，齿根圆和齿根线用细实线绘制（也可省略不画），如图 4-22 所示。在剖视图中，当剖切平面通过齿轮轴线时，轮齿一律按不切割处理，齿根线画成粗实线；当需要表示斜齿或人字齿轮的齿线形状时，可用三条与齿线方向一致的细实线表示，如图 4-23 所示。

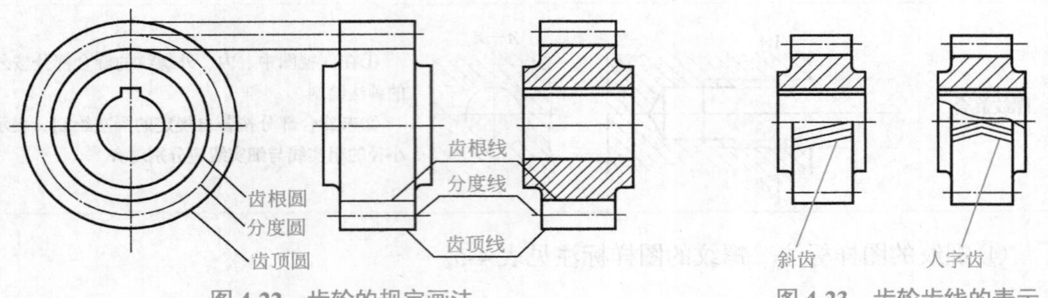

图 4-22　齿轮的规定画法　　图 4-23　齿轮齿线的表示

对于啮合圆柱齿轮，其啮合区内齿顶圆均用粗实线绘制［图 4-24（a）］，或按省略画法绘制［图 4-24（b）］所示。在剖视图中，当剖切平面通过两啮合齿轮轴线时，在啮合区内，将一个齿轮的轮齿用粗实线绘制，另一个齿轮的轮齿被遮挡部分用细虚线绘制［图 4-24（a）所示的主视图］，被遮挡部分也可以省略不画。

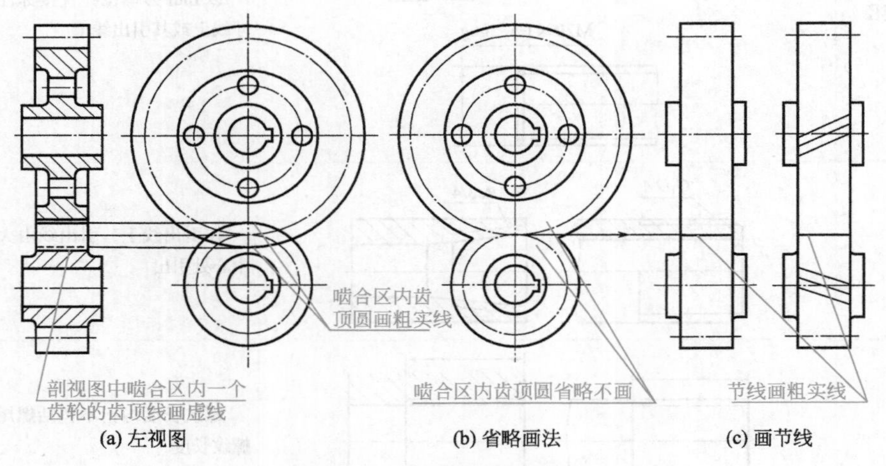

图 4-24　啮合圆柱齿轮的画法

在平行于圆柱齿轮轴线的投影面的外形视图中，啮合区不画齿顶线，只用粗实线画出节线（当一对圆柱齿轮保持标准中心距啮合时，节线是指两分度圆柱面的切线），如图 4-24（c）所示。

② 锥齿轮和啮合锥齿轮的画法　如图 4-25 所示，单个直齿锥齿轮主视图采用全剖视，在投影为圆的视图中规定用粗实线画出大端和小端的齿顶圆，用细点画线画出大端分度圆。齿根圆用小端均不画出。

如图 4-26 所示，锥齿轮啮合主视图画成全剖视图，两锥齿轮的节圆锥面相切处用细点画线画出；在啮合区内，应将其中一个齿轮的齿顶线画成粗实线而另一个齿轮的齿顶线画成细虚线（可省略不画）。

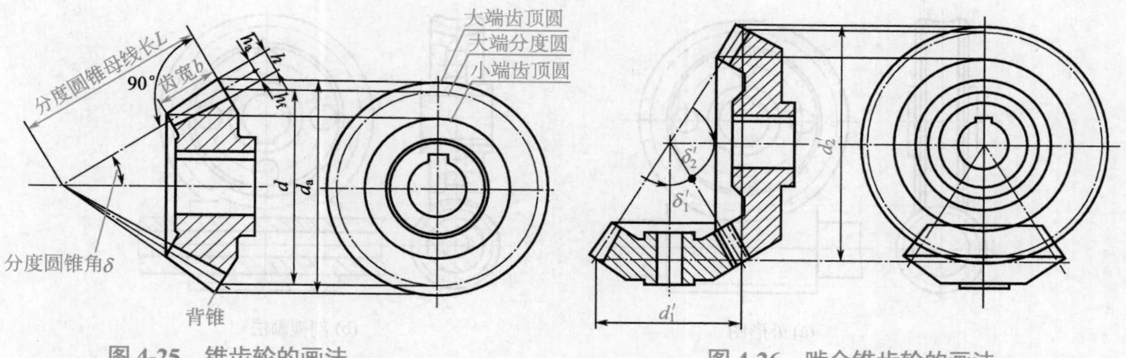

图 4-25 锥齿轮的画法　　图 4-26 啮合锥齿轮的画法

③ 蜗杆、蜗轮的画法　单个蜗杆、蜗轮的画法与圆柱齿轮的画法相同。蜗杆主视图上可用局部剖视图或局部放大图表示齿形。齿顶圆（齿顶线）用粗实线画出，分度圆（分度线）用粗实线画出。齿根圆（齿根线）用细实线画出或省略不画，如图 4-27（a）所示。

蜗轮通常用剖视图表达，在投影为圆的视图中，只画分度圆（d_2）和蜗轮外圆（d_{e2}），如图 4-27（b）所示。

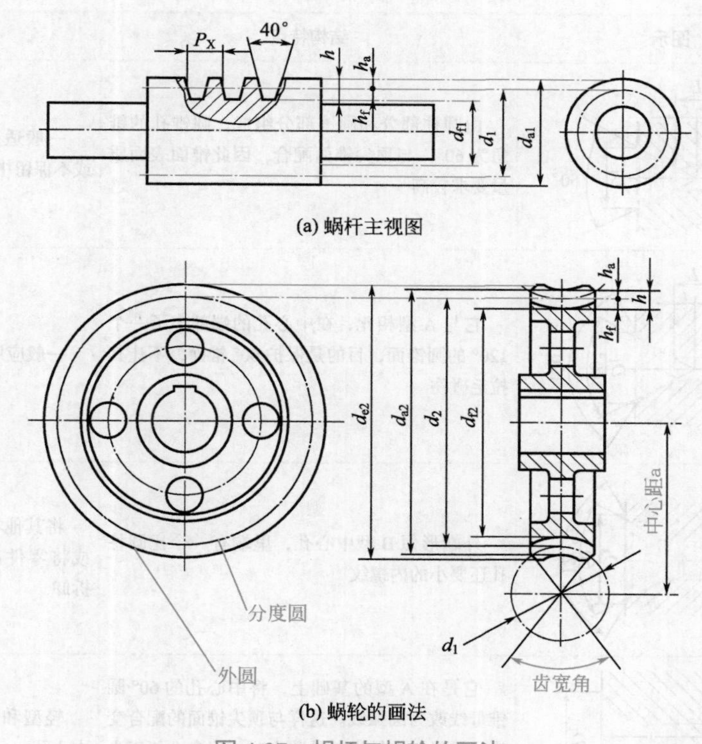

图 4-27 蜗杆与蜗轮的画法

图 4-28 所示为啮合蜗杆与蜗轮的画法，其中图 4-28（a）所示为啮合时的外形视图，画图时要保证蜗杆的分度线与蜗轮的分度圆相切。在蜗轮投影不为圆的外形视图中，蜗轮被蜗杆遮住部分不画；在蜗轮投影为圆的外形视图中，蜗杆与蜗轮啮合区的齿顶圆都用粗实线画出。图 4-28（b）所示为啮合时的剖视画法，注意啮合区域剖开处蜗杆的分度线与蜗轮的分度圆的相切画法。

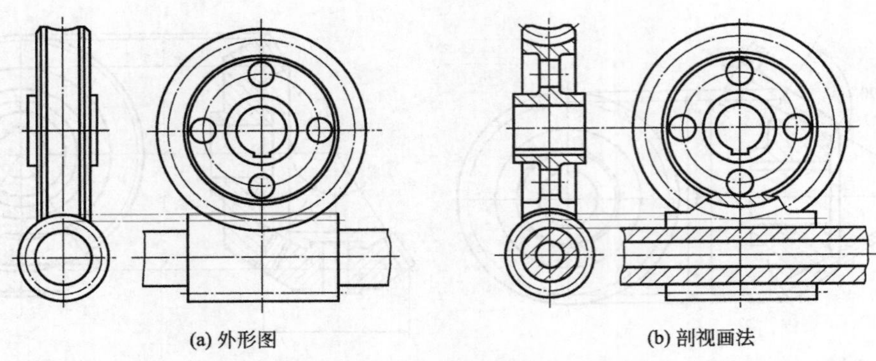

(a) 外形图　　(b) 剖视画法

图 4-28　啮合蜗杆与蜗轮的画法

（3）中心孔的表示

中心孔是轴类零件常见的结构要素，国家标准规定了中心孔有四种类型，即 A 型（不带护锥）、B 型（带护锥）、C 型（带螺纹孔）、R 型（带弧型）四种，其结构作用见表 4-6。

表 4-6　中心孔的结构和作用

类型	图示	结构特点	适用范围
A 型		由圆柱部分和圆锥部分组成，圆锥孔的锥角为 60°，与顶尖锥面配合，因此锥面表面质量要求较高	一般适用于不需要多次装夹或不保留中心孔的工件
B 型		它与 A 型相比，在中心孔的端部多了一个 120° 的圆锥面，目的是保护 60° 锥面，不让其拉毛碰伤	一般应用于多次装夹的工件
C 型		外端形似 B 型中心孔，里端有一个比圆柱孔还要小的内螺纹	将其他零件轴向固定在轴上，或将零件吊挂放置或便于轴的拆卸
R 型		它是在 A 型的基础上，将中心孔的 60° 圆锥母线改为圆弧线。这样与顶尖锥面的配合变为线接触，在轴类工件装夹时，能自动纠正少量的位置偏差	轻型和高精度轴上采用 R 型中心孔

① 中心孔的尺寸结构　中心孔的尺寸以圆柱孔直径（D）为基本尺寸，它是选取中心钻的依据。直径在 $\phi 6.3$mm 以下的中心孔常用高速钢制成的中心钻直接钻出。其尺寸规格分别见表 4-7、表 4-8。

表 4-7 A、B、R 型中心孔的结构尺寸 mm

D	A 型		B 型		R 型
	D_1	t	D_1	t（参考）	D_1
（0.50）	1.06	0.50			
（0.63）	1.32	0.60			
（0.80）	1.70	0.70			
1.00	2.12	0.90	3.15	0.90	2.12
（1.25）	2.65	1.10	4.00	1.10	2.65
1.60	3.35	1.40	5.00	1.40	3.35
2.00	4.25	1.80	6.30	1.80	4.25
2.50	5.30	2.20	8.00	2.20	5.3
3.15	6.70	2.80	10.00	2.80	6.7
4.00	8.50	3.50	12.50	3.50	8.5
（5.00）	10.60	4.40	16.00	4.40	10.6
6.30	13.20	5.50	18.00	5.50	13.2
（8.00）	17.00	7.00	22.40	7.00	17.0
10.00	21.20	8.70	28.00	8.70	21.2

注：尽量避免选用括号内的尺寸。

表 4-8 C 型中心孔的结构尺寸 mm

公称尺寸 D	M3	M4	M5	M6	M8
尺寸 D_2	5.8	7.4	8.8	10.5	13.2
公称尺寸 D	M10	M12	M16	M20	M24
尺寸 D_2	16.3	19.8	25.3	31.3	38.0

② 中心孔的符号 在完工零件上体现中心孔保留的要求如图 4-29 所示。符号画成张开 60° 的两条线段，符号的图线宽度等于相应图样上所注尺寸数字字高的 1/10。

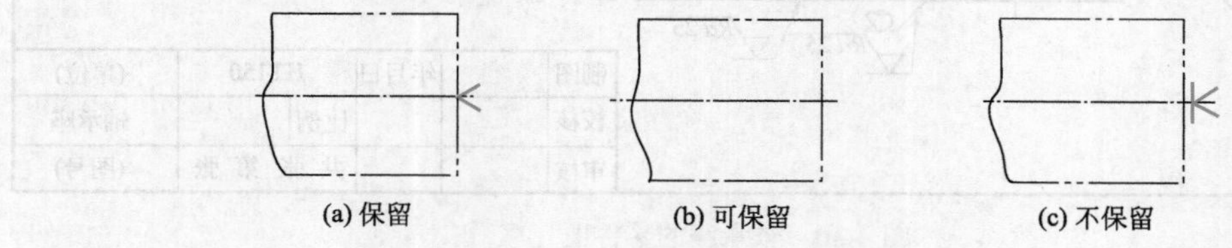

图 4-29 中心孔的符号

③ 中心孔的表示法 中心孔的表示法可分为规定表示法和简化表示法，见表 4-9。

表 4-9 中心孔的表示法

表示法	图例	说明
规定表示法	CM10L30/16.3 GB/T 4459.5；A4/8.5 GB/T 4459.5	在轴端用符号和标记给出对中心孔的要求
	2×GB/T 4459.5-B2/6.3 *Ra* 12.5 *D*；*Ra* 12.5 *D* GB/T 4459.5-B1/3.15	中心孔有表面粗糙度要求和以中心孔轴线为基准（两端中心孔相同，在其一端标出数量 2）
简化表示法	2×*R*3.15/6.7	不引起误会时可省略标准编号（两端中心孔相同，在其一端标出数量 2）

4.2.2 零件图的内容

（1）图形

选用一组适当的视图、剖视图、断面图等图形，正确、完整、清晰地表达零件的内外结构形状，如图 4-30 所示。

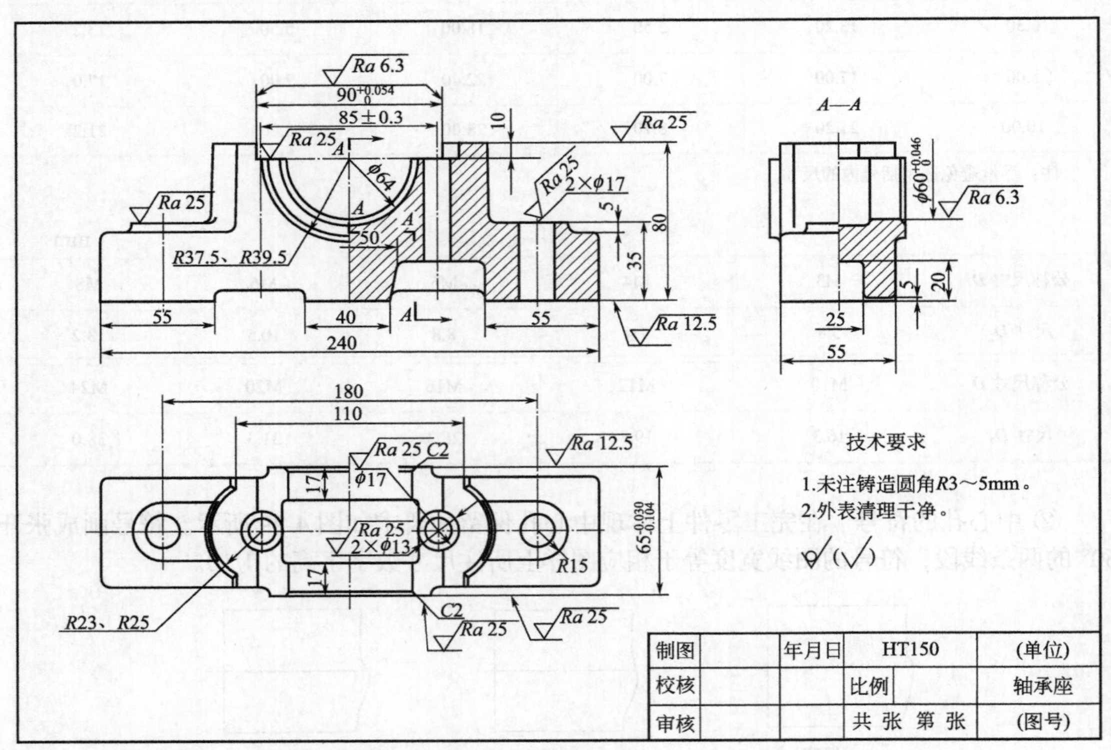

图 4-30 轴承座的零件图

（2）尺寸

零件图中应正确、齐全、清晰、合理地标注出零件在制造和检验时所需的全部尺寸。

（3）技术要求

用规定的符号、代号、标记的文字说明等简明地给出零件在制造和检验时所应达到的各项技术指标的要求，如尺寸公差、几何公差、表面结构、热处理等。

（4）标题栏

标题栏用于填写零件名称、材料、图号以及设计、审核人员的责任签字等。

4.2.3 零件图的识读方法

正确、熟练地读零件图，是工程技术人员和技术人员必须掌握的基本功，是生产合格产品的基础。识读零件图，就是要根据零件图想象出零件的结构形状，同时弄清零件在机器中的作用以及零件的自然概况、尺寸类别、尺寸基准和技术要求等，以便在制造零件时采用合理的加工方法。

（1）看标题栏

通过看标题栏了解零件的概貌。从标题栏中可以了解到零件的名称、材料、绘图比例等，结合对全图的浏览，可对零件有个初步的认识。在可能的情况下，还应搞清楚零件在机器中的作用以及与其他零件的关系。

（2）看各视图

看视图分析表达方案，想象整体形状。看图时应首先找到主视图，围绕主视图，根据投影规律再去分析其他各视图。要分析零件的类别和它的结构组成，应按“先大后小、先外后内、先粗后细”的顺序，有条不紊地识读。

（3）看尺寸标注

看尺寸标注，明确各部位结构尺寸的大小。看尺寸时，首先要找出长、宽、高三个方向的尺寸基准，然后从基准出发，按形体分析法找出各组成部位的定形、定位尺寸，深入了解基准之间、尺寸之间的相互关系。

（4）看技术要求

看技术要求，全面掌握质量指标，分析零件图上所标注的公差、极限与配合、表面结构、热处理等要求。

通过上述分析，对所分析的零件，即可获得全面的技术资料，从而就能够真正看懂所看的零件图。

4.3 零件图识读示例

结合零件在机器或部件中的位置、功能以及与其他零件的装配关系来读图，能更好地读懂零件图。下面通过球阀中的主要零件来介绍识读零件图的方法和步骤。

球阀是管路系统中的一个开关，从图 4-31 所示球阀轴测装配图中可以看出，球阀的工作原理是驱动扳手转动阀杆和阀芯，控制球阀启闭。阀杆和阀芯包容在阀体内，阀盖通过四个螺柱与阀体连接。

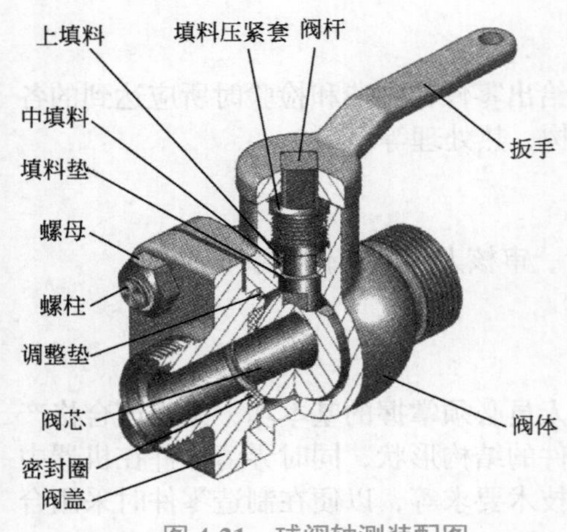

图 4-31 球阀轴测装配图

4.3.1 阀杆

（1）结构分析

由图 4-32 对照球阀轴测装配图可以看出，阀杆是轴套类零件，阀杆上部为四棱柱体，与扳手的方孔配合；阀杆下部带球面的凸榫插入阀芯上部的通槽内，以便使用扳手转动阀杆，带动阀芯旋转，控制球阀启闭以及控制流量。

（2）表达分析

阀杆零件图用一个基本视图和一个断面图表达，轴套类零件一般在车床上加工，所以阀杆主视图按加工位置将阀杆水平横放。左端的四棱柱体采用移出断面表示。

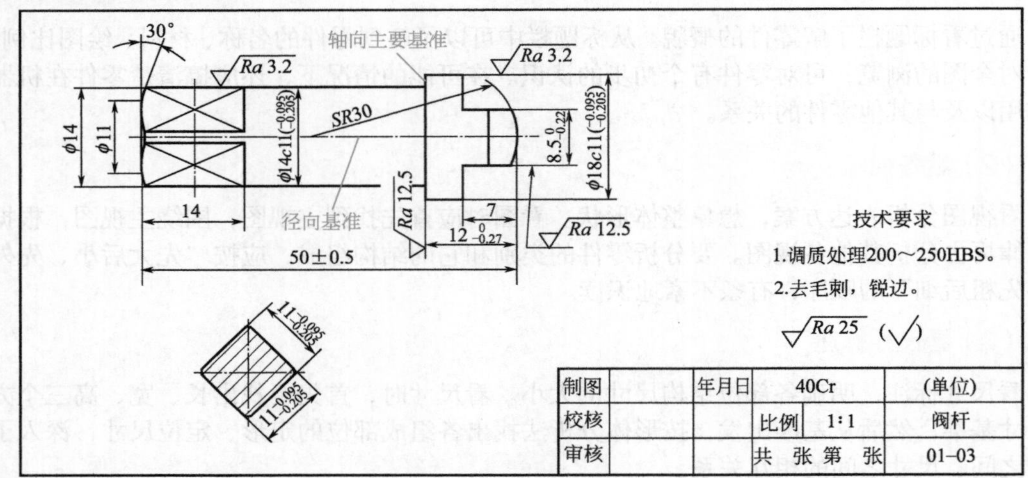

图 4-32 阀杆零件图

（3）尺寸分析

阀杆以水平轴线作为径向尺寸基准，也是高度与宽度方向的尺寸基准，由此注出径向各部分尺寸 ϕ14、ϕ11、ϕ14c11($^{-0.095}_{-0.205}$)、ϕ18c11($^{-0.095}_{-0.205}$)。凡尺寸数字后面注写公差带代号或偏差值，一般是指零件该部分与其他零件有配合关系。如 ϕ14c11($^{-0.095}_{-0.205}$) 和 ϕ18c11($^{-0.095}_{-0.205}$) 分别与球阀中的填料压紧套和阀体有配合关系，所以表面粗糙度的要求较为严格，*Ra* 值为 3.2μm。

选择表面粗糙度 *Ra* 为 12.5μm 的中间圆柱端面作为阀杆长度方向的主要尺寸基准（轴向主要基准），由此注出尺寸 12$^{0}_{-0.27}$；以右端面为轴向的第一辅助基准，注出尺寸 7、50±0.5；以左端面为轴向的第二辅助基准，注出尺寸 14。

阀杆经过调质处理后应达到 200 ～ 250HBS，以提高材料的韧性和强度。

4.3.2 阀盖

（1）结构分析

由图 4-33 对照球阀轴测装配图，阀盖的右边与阀体有相同的方形法兰盘结构。阀盖通过螺柱与阀体连接，中间的通孔与阀芯的通孔对应。阀盖的左侧有与阀体右侧相同的外管螺纹连接管道，形成流体通道。图 4-34 为阀盖轴测图。

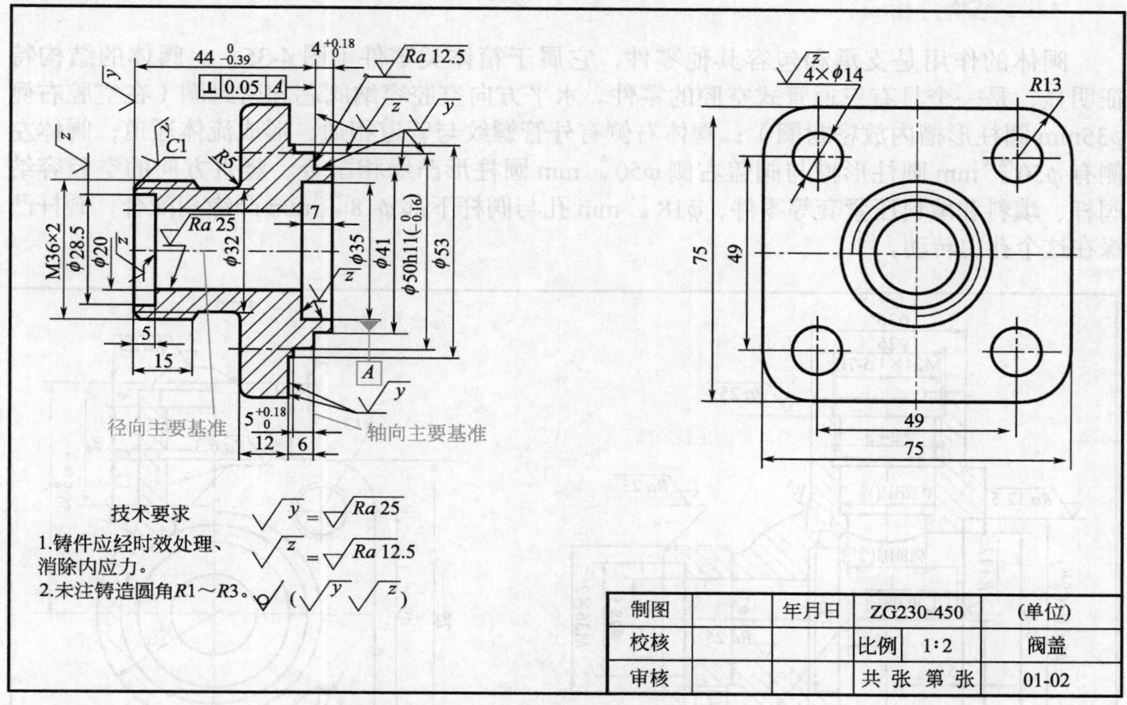

图 4-33 阀盖零件图

（2）表达分析

阀盖零件图用两个基本视图表达，主视图采用全剖视，表示零件的空腔结构以及左端的外螺纹。阀盖属于盘盖类零件。主视图的安放既符合主要加工位置，也符合阀盖在部件中的工作位置。左视图表达了带圆角的方形凸缘和四个均布的通孔。

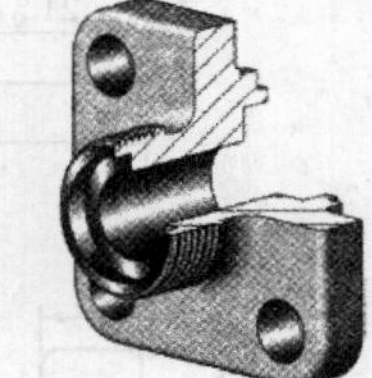

图 4-34 阀盖轴测图

（3）尺寸分析

多数盘盖类零件的主体部分是回转体，所以通常以轴孔的轴线作为径向主要基准，由此注出阀盖各部分同轴线的直径尺寸，方形凸缘也用它作为高度和宽度方向的尺寸基准。在注有公差的尺寸 $\phi50\text{h}11(^{0}_{-0.16})$ 处，表明在这里与阀体有配合要求。

以阀盖的重要端面（右端凸缘端面）作为轴向主要基准，即长度方向的主要尺寸基准，由此注出尺寸 $4^{+0.18}_{0}$、$44^{0}_{-0.39}$ 以及 $5^{+0.18}_{0}$、6 等。

（4）了解技术要求

阀盖是铸件，需要进行时效处理，以消除内应力。视图中有小圆角（铸造圆角 $R1 \sim R3$）过渡的表面是非加工表面。注有尺寸公差的 φ50mm 所对应部位，对照球阀轴测装配图可以看出，与阀体有配合关系，但由于相互之间没有相对运动，所以表面粗糙度要求不严，取 *Ra* 值为 12.5μm。作为长度方向主要尺寸基准的端面相对阀盖水平轴线的垂直度公差为 0.05mm。

4.3.3 阀体

（1）结构分析

阀体的作用是支承和包容其他零件，它属于箱体类零件（图 4-35）。阀体的结构特征明显，是一个具有三通管式空腔的零件。水平方向空腔容纳阀芯和密封圈（在空腔右侧 ϕ35mm 圆柱形槽内放密封圈）；阀体右侧有外管螺纹与管道相通，形成流体通道；阀体左侧有 $\phi 50^{+0.16}_{0}$ mm 圆柱形槽与阀盖右侧 $\phi 50^{0}_{-0.16}$ mm 圆柱形凸缘相配合。竖直方向的空腔容纳阀杆、填料和填料压紧套等零件，$\phi 18^{+0.11}_{0}$ mm 孔与阀杆下部 $\phi 18^{-0.095}_{-0.205}$ mm 凸缘相配合，阀杆凸缘在这个孔内转动。

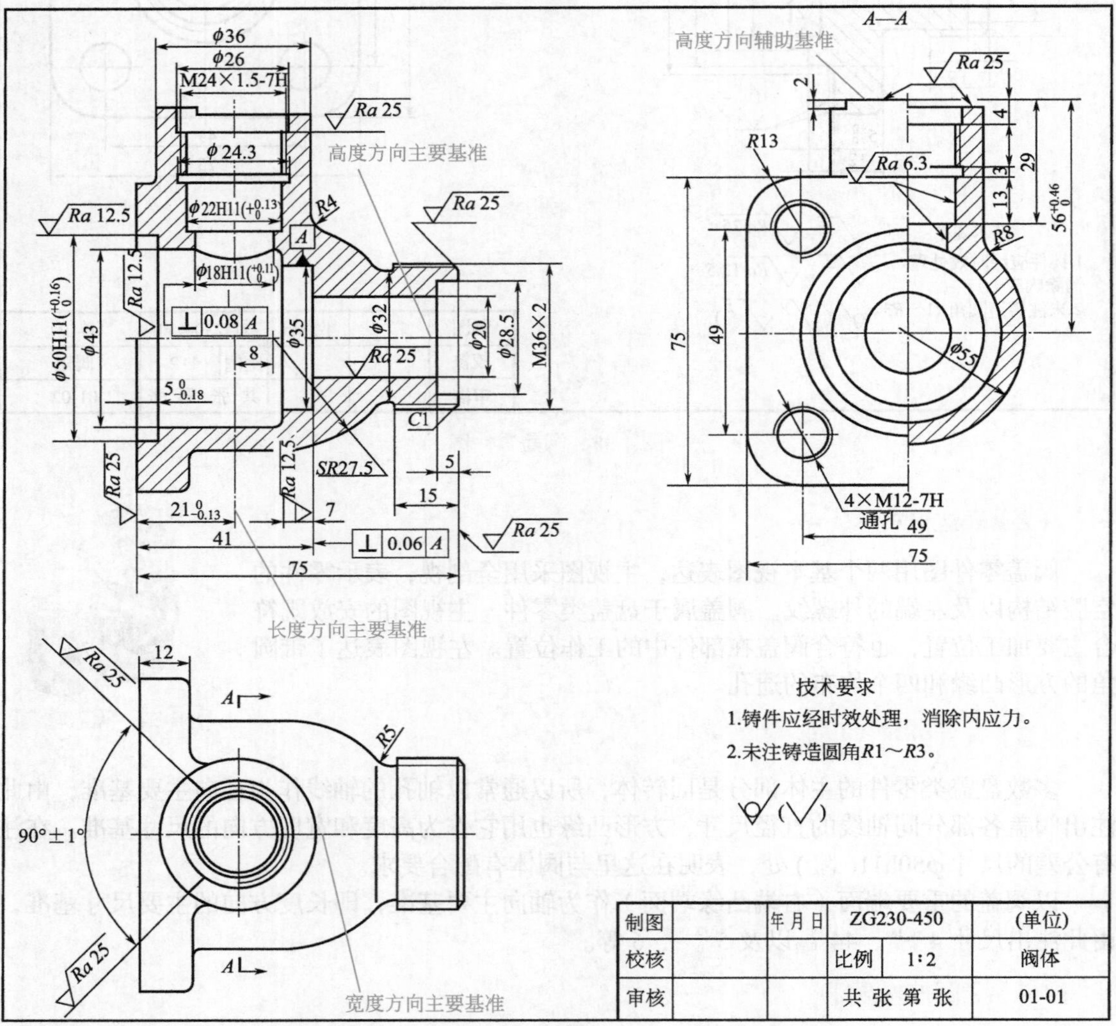

图 4-35 阀体零件图

（2）表达分析

阀体采用三个基本视图，主视图采用全剖视，表达零件的空腔结构；左视图的图形对称，采用半剖视，既表达零件的空腔结构形状，也表达零件的外部结构形状；俯视图表达阀体俯视方向的外形。将三个视图综合起来想象阀体的结构形状，并仔细看懂各部分的局部结构。如俯视图中标注 90°±1° 的两段粗短线，对照主视图和左视图看懂 90° 扇形限位块，它是用来控制扳手和阀杆的旋转角度的。图 4-36 为阀体轴测图。

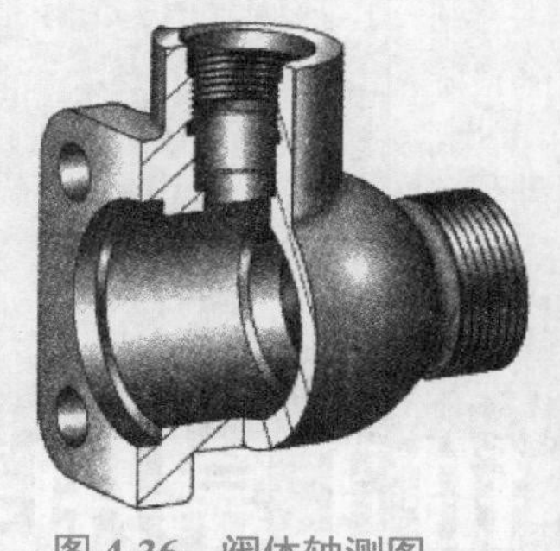

图 4-36 阀体轴测图

（3）尺寸分析

阀体的结构形状比较复杂，标注的尺寸很多，这里仅分析其中一些主要尺寸，其余尺寸请读者自行分析。

① 以阀体水平孔轴线为高度方向主要基准，注出水平方向孔的直径尺寸 $\phi 50H11(^{+0.16}_{0})$、$\phi 43$、$\phi 35$、$\phi 32$、$\phi 20$、$\phi 28.5$ 以及右端外螺纹 M36×2 等，同时注出水平轴到顶端的高度尺寸 $56^{+0.46}_{0}$（在左视图上）。

② 以阀体铅垂孔轴线为长度方向主要基准，注出 $\phi 36$、$\phi 26$、M24×1.5-7H、$\phi 22H11(^{+0.13}_{0})$、$\phi l8H11(^{+0.11}_{0})$ 等，同时注出铅垂孔轴线到左端面的距离 $21^{0}_{-0.13}$。

③ 以阀体前后对称面为宽度方向主要基准，在左视图上注出阀体的圆柱体外形尺寸 $\phi 55$、左端面方形凸缘外形尺寸 75×75，以及四个螺孔的宽度方向定位尺寸 49，同时在俯视图上注出前后对称的扇形限位块的角度尺寸 90°±1°。

（4）了解技术要求

通过上述尺寸分析可看出，阀体中比较重要的尺寸都标注了偏差数值，与此相对应的表面粗糙度要求也较严，*Ra* 值一般为 6.3μm。阀体左端和空腔右端的 $\phi 50$mm、$\phi 35$mm 阶梯孔分别与密封圈（垫）有配合关系，但因密封圈的材料为塑料，所以相应的表面粗糙度要求稍低，*Ra* 的上限值为 12.5μm。零件上不太重要的加工表面粗糙度 *Ra* 值一般为 25μm。

主视图中对于阀体的几何公差要求是：空腔右端面相对于 $\phi 35$mm 轴线的垂直度公差为 0.06 mm；$\phi 18$mm 圆柱孔轴线相对于 $\phi 35$mm 圆柱孔轴线的垂直度公差为 0.08mm。

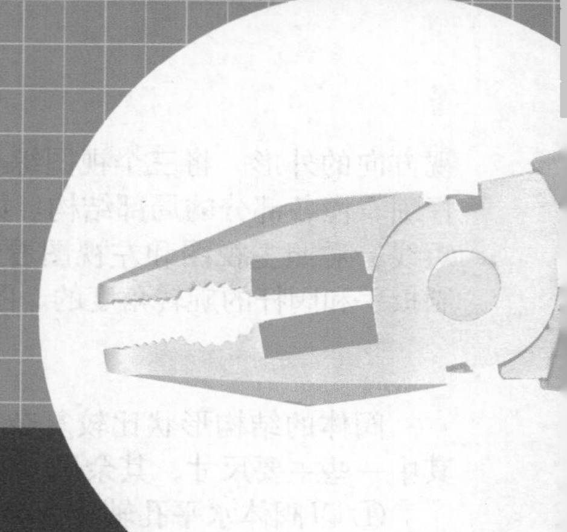

第 5 章 钳工常用基础知识

5.1 常用法定计量单位及其换算

5.1.1 国际单位制

① 国际单位制的基本单位见表 5-1。

表 5-1 国际单位制的基本单位

量的名称	单位名称	符号
长度	米	m
质量	千克（公斤）	kg
时间	秒	s
电流	安 [培]	A
热力学温度	开 [尔文]	K
物质的量	摩 [尔]	mol
发光强度	坎 [德拉]	cd

注：[ ] 内的字，在不致混淆的情况下，可省略，下同。

② 国际单位制中具有专门名称的导出单位见表 5-2。

表 5-2 国际单位制中具有专门名称的导出单位

量的名称	单位名称	符号	其他表示示例
平面角	弧度	rad	1
立体角	球面度	sr	1
频率	赫 [兹]	Hz	s^{-1}
力	牛 [顿]	N	$kg \cdot m/s^2$

续表

量的名称	单位名称	符号	其他表示示例
压力、压强、应力	帕［斯卡］	Pa	N/m^2
能［量］、功、热量	焦［耳］	J	N·m
功率、辐［射能］通量	瓦［特］	W	J/s
电荷［量］	库［仑］	C	A·s
电位［电势］、电压、电动势	伏［特］	V	W/A
电容	法［拉］	F	C/V
电阻	欧［姆］	Ω	V/A
电导	西［门子］	S	A/V、Ω^{-1}
磁通［量］	韦［伯］	Wb	V·s
磁通［量］密度、磁感应强度	特［斯拉］	T	Wb/m^2
电感	亨［利］	H	Wb/A
摄氏温度	摄氏度	℃	
光通量	流［明］	lm	cd·sr
［光］照度	勒［克斯］	lx	lm/m^2
［放射性］活度	贝可［勒尔］	Bq	s^{-1}
吸收剂量	戈［瑞］	Gy	J/kg
剂量当量	希［沃特］	Sv	J/kg

③ 国家选定的非国际单位制单位见表5-3。

表5-3 国家选定的非国际单位制单位

量的名称	单位名称	单位符号	与SI单位的关系
时间	分	min	1min=60s 1h=60min=3600s 1d=24h=86400s
	［小］时	h	
	日（天）	d	
平面角	［角］秒	″	1″ =（π/648000）rad 1′ =60″ =（π/10800）rad 1°=60′ =（π/180）rad
	［角］分	′	
	度	°	
旋转速度	转每分	r/min	1r/min=（1/60）s^{-1}
长度	海里	n mile	1n mile=1852m（只用于航行）
速度	节	kn	1kn=1n mile/h=(1852/3600)m/s（只用于航行）
质量	吨	t	$1t=10^3kg$
	原子质量单位	u	$1u\approx1.6605402\times10^{-27}kg$

续表

量的名称	单位名称	单位符号	与 SI 单位的关系
体积	升	L（l）	$1L=1dm^3=10^{-3}m^3$
能	电子伏	eV	$1eV≈1.60217733×10^{-19}J$
级差	分贝	dB	
线密度	特［克斯］	tex	$1tex=10^{-6}kg/m$
面积	公顷	hm^2	$1hm^2=10^4m^2$

5.1.2 常用法定计量单位与非法定计量单位的换算

常用法定计量单位与非法定计量单位的换算见表 5-4。

表 5-4 常用法定计量单位与非法定计量单位的换算

物理量名称	物理量符号	法定计量单位		非法定计量单位		单位换算
		单位名称	单位符号	单位名称	单位符号	
长度	*l*、*L*	米	m	费密 埃 英尺 英寸 密耳	fermi Å ft in mil	1 费密 $=1fm=10^{-15}m$ $1Å=0.1nm=10^{-10}m$ $1ft=0.3048m$ $1in=0.0254m$ $1mil=25.4×10^{-6}m$
面积	*A*（*S*）	平方米	m^2	平方英尺 平方英寸	ft^2 in^2	$1ft^2=0.0929030m^2$ $1in^2=6.4516×10^{-4}m^2$
体积	*V*	立方米	m^3	立方英尺 立方英寸	ft^3 in^3	$1ft^3=0.0283168m^3$ $1in^3=1.63871×10^{-5}m^3$
容积		升	L（l）	英加仑 美加仑	UKgal USgal	1UKgal =4.54609L 1USgal =3.78541L
质量	*m*	千克（公斤） 吨 原子质量单位	kg t u	磅 英担 英吨 短吨 盎司 格令 夸特 米制克拉	lb cwb ton sh ton oz gr，gn qr，qtr 	1lb=0.45359237kg 1cwb=50.8023kg 1ton=1016.05kg 1sh ton=907.185kg 1oz=28.3195kg 1gr=0.06479891g 1qr=12.7006kg 1 米制克拉 $=2×10^{-4}kg$
温度	*T* *t*	开［尔文］ 摄氏度	K ℃	华氏度 列氏度	°F °R	1℃=1K *t*/℃=*T*/K-273.15 1°F=1°R=5/9K
转速	*n*	转每分	r/min	转每秒	r/s	1r/s=60r/min
力	*F*	牛［顿］	N	达因 千克力 磅力 吨力	dyn kgf lbf tf	$1dyn=10^{-5}N$ 1kgf=9.80665N 1lbf=4.44822N $1tf=9.80665×10^3N$

续表

物理量名称	物理量符号	法定计量单位		非法定计量单位		单位换算
		单位名称	单位符号	单位名称	单位符号	
				巴	bar	$1bar=10^5Pa$
				千克力每平方厘米	kgf/cm^2	$1\ kgf/cm^2=98066.5Pa$
				毫米水柱	mmH_2O	$1mmH_2O=9.80665Pa$
压力、压强	p			毫米汞柱	mmHg	1mmHg =133.322Pa
正应力	σ	帕[斯卡]	Pa	托	Torr	1Torr =133.322Pa
切应力	τ			工程大气压	at	1at=98066.5Pa
				标准大气压	atm	1atm =101325Pa
				磅力每平方英尺	lbf/ft^2	$1lbf/ft^2=47.8803Pa$
				磅力每平方英寸	lbf/in^2	$1lbf/in^2=6894.76Pa$
				尔格	erg	$1erg=10^{-7}J$
				千瓦[小]时	kW・h	1kW・h=3.6MJ
				千克力米	kgf・m	1kgf・m =9.80665J
能[量]	E			英制马力[小]时	hp・h	1hp・h =2.8452J
功	W	焦[耳]	J	卡	cal	1cal =4.1868J
热量	Q	电子伏	eV	热化学卡	calth	1calth =4.1840J
				马力[小]时		1马力[小]时 =2.64779MJ
				电工马力[小]时		1电工马力[小]时 =2.68560MJ
				英热单位	Btu	1Btu = 1055.06J
				千克力米每秒	kgf・m/s	1kgf・m/s =9.80665W
				马力（米制马力）	德 PS（法 ch，V）	1PS=735.499W
				英制马力	hp	1hp =745.700W
				电工马力		1电工马力 =746W
功率	P	瓦[特]	W	卡每秒	cal/s	1cal/s =4.1868W
				千卡每[小]时	kcal/h	1kcal/h =1.163W
				热化学卡每秒	calth/s	1calth/s =4.184W
				伏安	V・A	1V・A =1W
				乏	var	1var =1W
				英热单位每[小]时	Btu/h	1Btu/h= 0.293071W
磁通[量]	Φ	韦[伯]	Wb	麦克斯韦	Mx	$1Mx=10^{-6}Wb$
磁通[量]密度，磁感应强度	B	特[斯拉]	T	高斯	Gs，G	$1Gs=10^{-8}T$
[光]照度	E	勒[克斯]	lx	英尺烛光	fc	1fc=10.764lx
		米每秒	m/s	英尺每秒	ft/s	1ft/s =0.3048m/s
速度	v			英里每[小]时	mile/h	1mile/h =0.44704m/s
		千米每小时	km/h			1km/h=0.27778m/s
		米每分	m/min			1m/min=0.0166667m/s
				标准重力加速度	gn	$1gn=9.80665m/s^2$
加速度	a	米每二次方秒	m/s^2	英尺每平方秒	ft/s^2	$1ft/s^2=0.3048\ m/s^2$
				伽	Gal	$1Gal=10^{-2}m/s^2$

续表

物理量名称	物理量符号	法定计量单位		非法定计量单位		单位换算
		单位名称	单位符号	单位名称	单位符号	
密度	ρ	千克每立方米	kg/m^3	磅每立方英尺 磅每立方英寸	lb/ft^3 lb/in^3	$1lb/ft^3=16.0185kg/m^3$ $1lb/in^3=27679.9kg/m^3$
质量流量	q_m	千克每秒	kg/s	磅每秒 磅每[小]时	lb/s lb/h	1lb/s =0.453592kg/s $1lb/h=1.25998\times10^{-4}kg/s$
体积流量	q_v	立方米每秒 升每秒	m^3/s L/s	立方英尺每秒 立方英尺每[小]时	ft3/s in3/h	$1ft^3/s=0.0283168m^3/s$ $1in^3/h=4.55196\times10^{-6}L/s$
动量	P	千克米每秒	kg · m/s	磅英尺每秒	lb · ft/s	1lb · ft/s =0.138255kg · m/s
力矩	M	牛顿米	N · m	千克力米 磅力英尺 磅力英寸	kgf · m lbf · ft lbf · in	1kgf · m=9.80655N · m 1lbf · ft=1.35582N · m 1lbf · in=0.112985N · m
[动力]黏度	η (μ)	帕斯卡秒	Pa · s	泊 厘泊 千克力秒每平方米 磅力秒每平方英尺 磅力秒每平方英寸	P cP $kgf\cdot s/m^2$ $lbf\cdot s/ft^2$ $lbf\cdot s/in^2$	$1P=10^{-1}Pa\cdot s$ $1cP=10^{-3}Pa\cdot s$ $1kgf\cdot s/m^2=9.80665Pa\cdot s$ $1lbf\cdot s/ft^2=47.8803Pa\cdot s$ $1lbf\cdot s/in^2=6894.76Pa\cdot s$
运动黏度	ν	平方米每秒	m^2/s	平方英尺每秒 平方英寸每秒	ft^2/s in^2/s	$1ft^2/s=9.29030\times10^{-2}m^2/s$ $1in^2/s=6.4516\times10^{-4}m^2/s$
传热系数	K	瓦特每平方米每开[尔文]	$W/(m^2\cdot K)$	卡每平方厘米每秒每开[尔文] 千卡每平方米每[小]时每开[尔文] 英热单位每平方英尺每[小]时每华氏度	$cal/(cm^2\cdot s\cdot K)$ $kcal/(cm^2\cdot h\cdot K)$ $Btu/(ft^2\cdot h\cdot °F)$	$1cal/(cm^2\cdot s\cdot K)=41868W/(m^2\cdot K)$ $1kcal/(cm^2\cdot h\cdot K)=1.163W/(m^2\cdot K)$ $1Btu/(ft^2\cdot h\cdot °F)=5.67826W/(m^2\cdot K)$
热导率	λ, k	瓦[特]每米每开[尔文]	$W/(m\cdot K)$	卡每厘米每秒每开[尔文] 千卡每米每[小]时每开尔文 英热单位每英尺每[小]时每华氏度	$cal/(cm\cdot s\cdot K)$ $kcal/(m\cdot h\cdot K)$ $Btu/(ft\cdot h\cdot °F)$	$1cal/(cm\cdot s\cdot K)=418.68W/(m\cdot K)$ $1kcal/(m\cdot h\cdot K)=1.163W/(m\cdot K)$ $1Btu/(ft\cdot h\cdot °F)=1.73073W/(m\cdot K)$

5.1.3 长度单位

国家标准规定，在机械工程图样中所标注的线性尺寸一般以毫米（mm）为单位，且不需要标注计量单位的代号或名称，如“500”即为500mm，“0.006”即为0.006mm。

在国际上，有些国家（如美国、加拿大等）采用英制长度单位。我国规定限制使用英制单位。机械工程图样上所标注的英制尺寸是以英寸（in）为单位的，如0.06in。此外，英制单位的数值还可以用分数的形式给出，如$^3/_4$in、$1^1/_2$in等。

毫米（mm）和英寸（in）可以相互换算，其换算关系如下：

$$1in=25.4mm$$

$$1mm=\frac{1}{25.4}in=0.03937in$$

机械工程上使用的米制或英制长度单位的名称、符号与进位换算见表 5-5。

表 5-5　米制或英制长度单位的名称、符号与进位换算

单位名称	单位符号	进位换算	单位名称	单位符号	进位换算
米	m	1000mm	英尺	′(ft)	12″
分米	dm	100mm	英寸	″(in)	1″
厘米	cm	10mm	英分	1/8″	1/8″
毫米	mm	1mm	半英分	1/16″	1/16″
丝米	dmm	0.1mm	角（1 个塔）	1/32″	1/32″
忽米	cmm	0.01mm	半角（1 个 64）	1/64″	1/64″
微米	μm	0.001mm	英丝	0.001″	0.001″

5.1.4　单位换算

① 面积单位换算见表 5-6。

表 5-6　面积单位换算

单位名称	单位符号	换算						
		m^2	cm^2	mm^2	in^2	ft^2	yd^2	市尺^2
平方米	m^2	1	10^4	10^6	1.550×10^3	10.764	1.196	9
平方厘米	cm^2	10^{-4}	1	10^2	0.155	1.076×10^{-3}	1.196×10^{-4}	9×10^{-4}
平方毫米	mm^2	10^{-6}	10^{-2}	1	1.55×10^{-3}	1.076×10^{-5}	1.196×10^{-6}	9×10^{-6}
平方英寸	in^2	6.452×10^{-4}	6.452	6.452×10^2	1	6.944×10^{-3}	7.617×10^{-4}	5.801×10^{-3}
平方英尺	ft^2	9.290×10^{-2}	9.290×10^2	9.290×10^4	1.44×10^2	1	0.111	0.836
平方码	yd^2	0.836	8361.3	0.836×10^6	1296	9	1	7.524
平方市尺	市尺^2	0.111	1.111×10^3	1.111×10^5	1.722×10^2	1.196	0.133	1

② 体积单位换算见表 5-7。

表 5-7　体积单位换算

单位名称	单位符号	换算						
		m^3	L	cm^3	in^3	ft^3	USgal	UKgal
立方米	m^3	1	10^3	10^6	6.102×10^4	35.315	2.642×10^2	2.200×10^2

续表

单位名称	单位符号	换算						
		m^3	L	cm^3	in^3	ft^3	USgal	UKgal
升	L	10^{-3}	1	10^3	61.024	3.532×10^2	0.264	0.220
立方厘米	cm^3	10^{-6}	10^{-3}	1	6.102×10^{-2}	3.532×10^{-5}	2.642×10^{-4}	2.200×10^{-4}
立方英寸	in^3	1.639×10^{-5}	1.639×10^{-2}	16.387	1	5.787×10^{-4}	4.329×10^{-3}	3.605×10^{-3}
立方英尺	ft^3	2.832×10^{-2}	28.317	2.832×10^4	1.728×10^3	1	7.481	6.229
美加仑	USgal	3.785×10^{-3}	3.785	3.785×10^3	2.310×10^2	0.134	1	0.833
英加仑	UKgal	4.546×10^{-3}	4.546	4.5461×10^3	2.775×10^2	0.161	1.201	1

③ 质量单位换算见表5-8。

表5-8 质量单位换算

单位名称	单位符号	换算						
		kg	g	mg	t	ton	sh ton	lb
千克	kg	1	10^3	10^6	10^{-3}	9.842×10^{-4}	1.1023×10^{-3}	2.2046
克	g	10^{-3}	1	10^3	10^{-6}	9.842×10^{-7}	1.1023×10^{-6}	2.2046×10^{-3}
毫克	mg	10^{-6}	10^{-3}	1	10^{-9}	9.842×10^{-10}	1.1023×10^{-9}	2.2046×10^{-6}
吨	t	10^{-3}	10^{-6}	10^{-9}	1	0.9842	1.1023	2204.6
英吨	ton	1.0161×10^3	1.0161×10^6	1.0161×10^9	1.0161	1	1.12	2240
短吨	sh ton	9.072×10^2	9.072×10^5	9.072×10^8	0.9072	0.8929	1	2000
磅	lb	0.4536	453.59	4.536×10^5	4.536×10^{-4}	4.4643×10^{-4}	5×10^{-4}	1

④ 力单位换算见表5-9。

表5-9 力单位换算

单位名称	单位符号	换算				
		N	kgf	dyn	lbf	pdl
牛[顿]	N	1	0.102	10^5	0.2248	7.233
千克力	kgf	9.80665	1	9.80665×10^5	2.2046	70.93
达因	dyn	10^{-5}	1.02×10^{-6}	1	2.248×10^{-6}	7.233×10^{-5}
磅力	lbf	4.448	0.4536	4.448×10^5	1	32.174
磅达	pdl	0.1383	1.41×10^{-2}	1.383×10^4	3.108×10^{-2}	1

⑤ 压力单位换算见表5-10。

表 5-10 压力单位换算

单位名称	单位符号	换算					
		at	atm	kgf/mm^2	mmH_2O	mmHg	Pa
工程大气压	at	1	0.9678	0.01	10^4	735.6	98067
标准大气压	atm	1.033	1	1.033×10^{-2}	10332	760	101325
千克力每平方毫米	kgf/mm^2	100	96.78	1	10^6	73556	98.07×10^5
毫米水柱	mmH_2O	0.0001	0.9678×10^{-4}	10^{-6}	1	0.0736	9.807
毫米汞柱	mmHg	0.00136	0.00132	1.36×10^{-5}	13.6	1	133.32
帕［斯卡］	Pa	1.02×10^{-5}	0.99×10^{-5}	1.02×10^{-7}	0.102	0.0075	1

⑥ 功率单位换算见表 5-11。

表 5-11 功率单位换算

单位名称	单位符号	换算						
		W	kW	PS	hp	kgf·m/s	lbf·ft/s	kcal/s
瓦	W	1	10^{-3}	1.36×10^{-3}	1.341×10^{-3}	0.102	0.7376	239×10^{-6}
千瓦	kW	1000	1	1.36	1.341	102	737.6	0.239
米制马力	PS	735.5	0.7355	1	0.9863	75	542.5	0.1757
英制马力	hp	745.7	0.7457	1.014	1	76.04	550	0.1781
千克力米每秒	kgf·m/s	9.807	9.807×10^{-3}	13.33×10^{-3}	13.15×10^{-3}	1	7.233	2.342×10^{-3}
磅力英尺每秒	lbf·ft/s	1.356	1.356×10^{-3}	1.843×10^{-3}	1.82×10^{-3}	0.1383	1	0.324×10^{-3}
千卡每秒	kcal/s	4186.8	4.187	5.692	5.614	426.935	3083	1

⑦ 温度单位换算见表 5-12。

表 5-12 温度单位换算

单位名称	单位符号	换算			
		℃	°F	°R	K
摄氏度	℃	C	$9/5C+32$	$9/5C+491.67$	$C+273.15$
华氏度	°F	$5/9(F-32)$	F	$F+459.67$	$5/9(F+459.67)$
列氏度	°R	$5/9(R-491.67)$	$R-459.67$	R	$5/9R$
开尔文	K	$K-273.15$	$9/5K-459.67$	$9/5K$	K

注：摄氏温度的标定是以水的冰点为一个参照点作为 0℃，相当于开尔文温度上的 273.15K；开尔文温度的标定是以水的三相点为一个参照点作为 273.15K，相当于 0.01℃（即水的三相点高于水的冰点 0.01℃）。

⑧ 热导率单位换算见表 5-13。

表 5-13　热导率单位换算

单位名称	单位符号	换算				
		W/(m・K)	kcal/(m・h・℃)	cal/(cm・s・℃)	J/(cm・s・℃)	Btu/(ft・h・°F)
瓦[特]每米每开[尔文]	W/(m・K)	1	0.8598	0.00239	0.01	0.8578
千卡每米每[小]时每摄氏度	kcal/(m・h・℃)	1.16	1	0.00278	0.00116	0.672
卡每厘米每秒每摄氏度	cal/(cm・s・℃)	418.68	360	1	4.1868	242
焦耳每厘米每秒每摄氏度	J/(cm・s・℃)	100	85.98	0.239	1	57.8
英热单位每英尺每[小]时每华氏度	Btu/(ft・h・°F)	1.73	1.49	0.00413	0.0173	1

⑨ 速度单位换算见表 5-14。

表 5-14　速度单位换算

单位名称	单位符号	换算		
		m/s	km/h	ft/s
米每秒	m/s	1	3.600	3.281
千米每[小]时	km/h	0.278	1	0.911
英尺每秒	ft/s	0.305	1.097	1

⑩ 角速度单位换算见表 5-15。

表 5-15　角速度单位换算

单位名称	单位符号	换算		
		rad/s	r/min	r/s
弧度每秒	rad/s	1	9.554	0.159
转每分	r/min	0.105	1	0.017
转每秒	r/s	6.283	60	1

5.2 常用数表及计算

5.2.1 函数

① π 的重要函数见表 5-16。

表 5-16 π 的重要函数

函数	值	函数	值	函数	值
π	3.141593	$\frac{1}{\pi^2}$	0.101321	$\sqrt[3]{\pi}$	1.464592
π^2	9.869604	$\sqrt{\frac{1}{\pi}}$	0.564190	$\sqrt{\frac{1}{2\pi}}$	0.398942
$\sqrt{\pi}$	1.772454	$\sqrt{2\pi}$	2.506628	$\sqrt{\frac{2}{\pi}}$	0.797885
$\frac{1}{\pi}$	0.318310	$\sqrt{\frac{\pi}{2}}$	1.253314	$\sqrt[3]{\frac{1}{\pi}}$	0.682784

② 角的函数关系见表 5-17。

表 5-17 角的函数关系

图形	函数关系值	
斜边、对边、邻边、α	正弦	sinα= 对边 / 斜边
	余弦	cosα= 邻边 / 斜边
	正切	tanα= 对边 / 邻边
	余切	cotα= 邻边 / 对边
	正割	secα= 斜边 / 邻边
	余割	cscα= 斜边 / 对边

③ 特别角的三角函数值见表 5-18。

表 5-18 特别角的三角函数值

角度	图形	函数		值
30°	2、1、$\sqrt{3}$、30°	正弦	sin30°	$\frac{1}{2}=0.5$
		余弦	cos30°	$\frac{\sqrt{3}}{2}=0.86603$
		正切	tan30°	$\frac{1}{\sqrt{3}}=0.57735$
		余切	cot30°	$\sqrt{3}=1.73205$

续表

角度	图形	函数		值
45°		正弦	sin45°	$\frac{1}{\sqrt{2}}=0.70711$
		余弦	cos45°	$\frac{1}{\sqrt{2}}=0.70711$
		正切	tan45°	1
		余切	cot45°	1
60°		正弦	sin60°	$\frac{\sqrt{3}}{2}=0.86603$
		余弦	cos60°	$\frac{1}{2}=0.5$
		正切	tan60°	$\sqrt{3}=1.73205$
		余切	cot60°	$\frac{1}{\sqrt{3}}=0.57735$

④ 角的反三角函数见表 5-19。

表 5-19 角的反三角函数

函数	角的范围	反函数	值的范围
$x=\sin\alpha$	$\alpha\in[-\pi/2，\pi/2]$	$\alpha=\arcsin x$	$x\in[-1，1]$
$x=\cos\alpha$	$\alpha\in[0，2\pi]$	$\alpha=\arccos x$	$x\in[-1，1]$
$x=\tan\alpha$	$\alpha\in[-\pi/2，\pi/2]$	$\alpha=\arctan x$	$x\in[-\infty，\infty]$
$x=\cot\alpha$	$\alpha\in[0，\pi]$	$\alpha=\mathrm{arccot}x$	$x\in[-\infty，\infty]$

5.2.2 三角函数的计算

① 常用三角函数的计算见表 5-20。

表 5-20 常用三角函数的计算

图形				
名称		直角三角形	锐角三角形	钝角三角形
对应关系		$\alpha+\beta=90°$	$a/\sin A=b/\sin B=c/\sin C$（正弦定理）	
计算	余角函数	$\sin(90°-\alpha)=\cos\alpha$；$\cos(90°-\alpha)=\sin\alpha$；$\tan(90°-\alpha)=\cot\alpha$；$\cot(90°-\alpha)=\tan\alpha$		
	边长（余弦定理）	$a^2=b^2+c^2-2bc\cos A$ 即：$\cos A=(b^2+c^2-a^2)/2bc$ $b^2=a^2+c^2-2ac\cos B$ 即：$\cos B=(a^2+c^2-b^2)/2ac$ $c^2=a^2+b^2-2ab\cos C$ 即：$\cos CA=(a^2+b^2-c^2)/2ab$		

② 三角函数诱导公式见表 5-21。

表 5-21 三角函数诱导公式

函数 角值	sin	cos	tan	cot
$-\alpha$	$-\sin\alpha$	$\cos\alpha$	$-\tan\alpha$	$-\cot\alpha$
$90°-\alpha$	$\cos\alpha$	$\sin\alpha$	$\cot\alpha$	$\tan\alpha$
$90°+\alpha$	$\cos\alpha$	$-\sin\alpha$	$-\cot\alpha$	$-\tan\alpha$
$180°-\alpha$	$\sin\alpha$	$-\cos\alpha$	$-\tan\alpha$	$-\cot\alpha$
$180°+\alpha$	$-\sin\alpha$	$-\cos\alpha$	$\tan\alpha$	$\cot\alpha$
$270°-\alpha$	$-\cos\alpha$	$-\sin\alpha$	$\cot\alpha$	$\tan\alpha$
$270°+\alpha$	$-\cos\alpha$	$\sin\alpha$	$-\cot\alpha$	$-\tan\alpha$
$360°-\alpha$	$-\sin\alpha$	$\cos\alpha$	$-\tan\alpha$	$-\cot\alpha$
$360°+\alpha$	$\sin\alpha$	$\cos\alpha$	$\tan\alpha$	$\cot\alpha$

③ 三角函数和、差、倍角公式见表 5-22。

表 5-22 三角函数和、差、倍角公式

方式	关系	函数	公式
和	$\alpha+\beta$	sin	$\sin(\alpha+\beta)=\sin\alpha\cos\beta+\cos\alpha\sin\beta$
		cos	$\cos(\alpha+\beta)=\cos\alpha\cos\beta-\sin\alpha\sin\beta$
		tan	$\tan(\alpha+\beta)=(\tan\alpha+\tan\beta)/(1-\tan\alpha\tan\beta)$
差	$\alpha-\beta$	sin	$\sin(\alpha-\beta)=\sin\alpha\cos\beta-\cos\alpha\sin\beta$
		cos	$\cos(\alpha-\beta)=\cos\alpha\cos\beta+\sin\alpha\sin\beta$
		tan	$\tan(\alpha+\beta)=(\tan\alpha-\tan\beta)/(1+\tan\alpha\tan\beta)$
倍角	2α	sin	$\sin2\alpha=2\sin\alpha\cos\alpha$
		cos	$\cos2\alpha=\cos^2\alpha-\sin^2\alpha$
		tan	$\tan2\alpha=2\tan\alpha/(1+\tan^2\alpha)$
半角	$\alpha/2$	sin	$\sin\alpha/2=\pm\sqrt{\frac{1-\cos\alpha}{2}}$

5.2.3 常用图形的计算

① 几何图形面积的计算见表 5-23。

表 5-23 几何图形面积的计算

图形名称	图形	计算公式	说明
长方形		$A=ab$	A——面积，××^{2} b——长，×× a——宽，×× （××表示长、宽等的单位，以下意义相同）
正方形		$A=a^2$	A——面积，××^{2} a——边长，××
平行四边形		$A=bh$	A——面积，××^{2} b——底边，×× h——高，××
菱形		$A=\frac{1}{2}dh$	A——面积，××^{2} d——对角长，×× h——高，××
梯形		$A=\frac{1}{2}(a+b)h$	A——面积，××^{2} a——上底，×× b——下底，×× h——高，××
三角形		$A=\frac{1}{2}ah$	A——面积，××^{2} a——底，×× h——高，××
圆		$A=\pi r^2$ 或 $A=\pi\left(\frac{D}{2}\right)^2=\pi\frac{D^2}{4}$	A——面积，××^{2} D——圆的直径，×× r——圆的半径，××
椭圆		$A=\pi ab$	A——面积，××^{2} b——1/2 椭圆的长轴长，×× a——1/2 椭圆的短轴长，××
圆环		$A=\pi R^2-\pi r^2=\pi(R^2-r^2)$	A——面积，××^{2} D——大圆的直径，×× d——小圆的直径，×× R——大圆的半径，×× r——小圆的半径，××
局部圆环		$A=\frac{\alpha}{360^\circ}\pi(R^2-r^2)$	A——面积，××^{2} D——大圆的直径，×× d——小圆的直径，×× R——大圆的半径，×× r——小圆的半径，×× α——圆环对圆心角，（°）

续表

图形名称	图形	计算公式	说明
扇形		$A=\frac{\pi R^2\alpha}{360^\circ}\approx 0.008727\alpha R^2=\frac{Rl}{2}$ $(l=\frac{\pi R\alpha}{180^\circ}\approx 0.01745\alpha R)$	A——面积，××² R——圆的半径，×× l——弧长，rad α——对应圆心角，(°)
弓形		$A=\frac{1}{2}[Rl-L(R-h)]$ $(h=R-\frac{1}{2}\sqrt{4R^2-L^2})$	A——面积，××² R——圆的半径，×× l——弧长，rad L——弦长，×× h——弓形高度，××
抛物线弓形		$A=\frac{2}{3}bh$	A——面积，××² b——抛物线幅长，×× h——抛物线高度，××
角椽		$A=r^2-\frac{\pi r^2}{4}\approx 0.2146r^2=0.1073c^2$	A——面积，××² r——圆的半径，×× c——角椽对应的弦长，××
正多边形		$A=\frac{SK}{2}n=\frac{1}{2}nSR\cos\frac{\alpha}{2}$	A——面积，××² S——正多边形边长 γ——内角，(°) α——圆心角，(°) K——边到中心的距离，×× R——顶点到中心的距离，×× n——正多边形边数

② 几何图形体积与表面积的计算见表5-24。

表5-24 几何图形体积与表面积的计算

图形名称	图形	计算公式	说明
圆柱体		$V=\pi R^2H=\frac{1}{4}\pi D^2H$ $A_0=2\pi RH$	V——体积，××³ A_0——侧表面积，××² H——圆柱体高度，×× D——圆柱体直径，×× (××表示长、宽、高等的单位，以下意义相同)
斜底圆柱体		$V=\pi R^2\frac{H+h}{2}$ $A_0=\pi R(H+h)$	V——体积，××³ A_0——侧表面积，××² H——圆柱体高度，×× h——圆柱体斜口高度，×× R——圆柱体半径，××
空心圆柱体		$V=\pi H(R^2-r^2)$ $=\frac{1}{4}\pi H(D^2-d^2)$ $A_0=2\pi H(R+r)$	V——体积，××³ A_0——侧表面积，××² H——圆柱体高度，×× D——圆柱体直径，×× d——圆孔直径，×× R——圆柱体半径，×× r——圆孔半径，××

续表

图形名称	图形	计算公式	说明
圆锥体	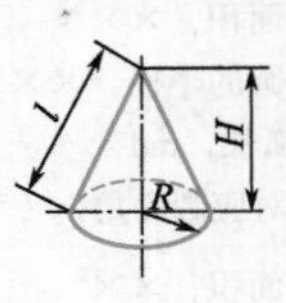	$V=\frac{1}{3}\pi HR^2$ $A_0=\pi Rl$ $(l=\sqrt{R^2-H^2})$	V——体积，××³ A_0——侧表面积，××² H——圆锥体高度，×× R——圆锥体大端半径，×× l——锥体母线长，××
截顶圆锥体	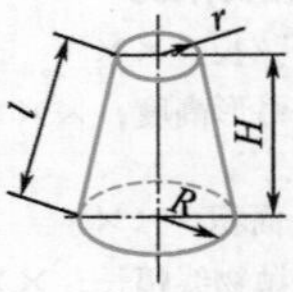	$V=\frac{1}{3}\pi H(R^2+r^2+Rr)$ $A_0=\pi l(R+r)$ $(l=\sqrt{H^2-(R-r)^2})$	V——体积，××³ A_0——侧表面积，××² H——锥体高度，×× R——圆锥体大端半径，×× r——圆锥体小端半径，×× l——锥体母线长，××
长方体	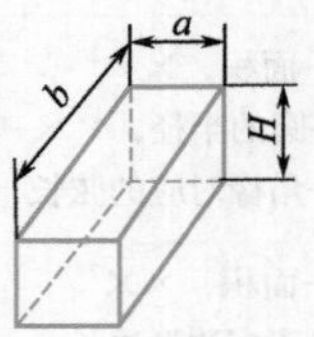	$V=abH$ $A_0=2[(a\times b)+(a\times H)+(b\times H)]$	V——体积，××³ A_0——表面积，××² b——长方体长，×× a——长方体宽，×× H——长方体高，××
正方体	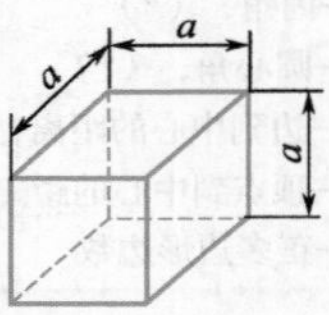	$V=a^3$ $A_0=6a^2$	V——体积，××³ A_0——表面积，××² a——正方体边长，××
角锥体	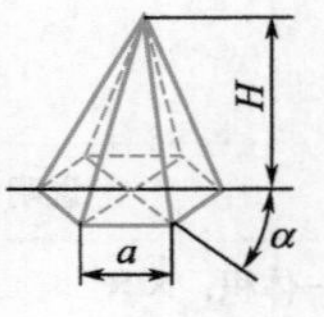	$V=\frac{1}{3}HA_1$ $A_0=\frac{1}{2}aHn$	V——体积，××³ A_0——侧表面积，××² a——角锥体边长，×× H——角锥体高，×× α——圆心角，(°) A_1——底面积，××² n——正多边形边数
截顶角锥体	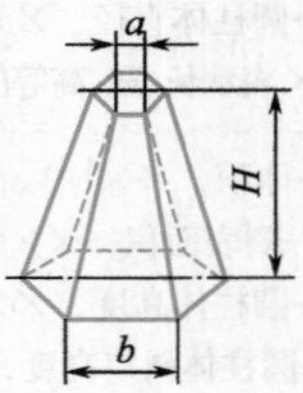	$V=\frac{1}{3}H(A_1+A_2+\sqrt{A_1A_2})$ $A_0=\frac{1}{2}(a+b)Hn$	V——体积，××³ A_0——侧表面积，××² a——截顶角锥体顶边长，×× b——截顶角锥体底边长，×× H——截顶角锥体高，×× A_1——顶面积，××² A_2——底面积，××² n——正多边形边数
正方锥体	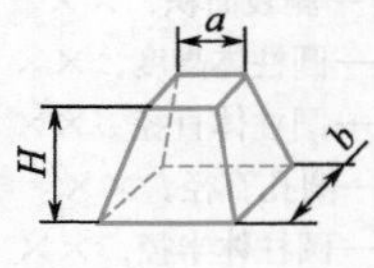	$V=\frac{1}{3}HA_1$ $A_0=\frac{1}{2}aHn$	V——体积，××³ A_0——侧表面积，××² a——正方锥体顶面边长，×× b——正方锥体底面边长，×× H——角锥体高，×× A_1——底面积，××² n——正多边形边数

续表

图形名称	图形	计算公式	说明
正六棱柱体		$V=2.598a^2H$ $A_0=6aH$	V——体积，××^{3} A_0——侧表面积，××^{2} a——正六边形边长，×× H——正六棱柱体高，××
球体		$V=\frac{4}{3}\pi R^3$ $A_0=12.57R^2$	V——体积，××^{3} A_0——表面积，××^{2} D——球体直径，×× R——球体半径，××
圆球环体		$V=2\pi Rr^2$ $A_0=4\pi^2 Rr$	V——体积，××^{3} A_0——表面积，××^{2} D——圆球直径，×× R——圆球半径，×× d——圆球环体直径，×× r——圆球环体半径，××
截球体		$V=\frac{1}{6}\pi H(3r^2+H^2)$ $A_0=2\pi RH$	V——体积，××^{3} A_0——侧表面积，××^{2} R——圆球半径，×× H——截球高度，×× r——截球体截体圆半径，××

③ 几何图形的测量计算。

a. 圆弧工件的计算见表 5-25。

表 5-25 圆弧工件的计算

图形名称	图形	计算公式	说明
内圆弧		$r=\frac{d(d+H)}{2H}$ $H=\frac{d^2}{2\left(r-\frac{d}{2}\right)}$	r——工件内圆弧半径，mm d——测量用钢球直径，mm H——量具读数值，mm
外圆弧		$r=\frac{(L-d)^2}{8d}$	r——工件外圆弧半径，mm d——测量用钢球直径，mm L——测量时两钢球外侧距离，mm

b. V 形槽工件的计算见表 5-26。

表 5-26 V 形槽工件的计算

计算内容	图形	计算公式	说明
宽度计算		$B=2\tan\alpha\left(\frac{R}{\sin\alpha}+R-h\right)$	B——V 形槽槽口宽度，mm R——样件半径，mm h——样件与 V 形槽槽口之间的距离，mm α——V 形槽槽形半角，(°)
角度计算		$\sin\alpha=\frac{R-r}{(H_2-R)-(H_1-r)}$	R——样件 1 的半径，mm r——样件 2 的半径，mm H_1——V 形槽工件底平面与样件 1 之间的距离，mm H_2——V 形槽工件底平面与样件 2 之间的距离，mm α——V 形槽槽形半角，(°)

c. 燕尾工件的计算见表 5-27。

表 5-27 燕尾工件的计算

图形名称	图形	计算公式	说明
燕尾块		$a=M_1-d\left(1+\cot\frac{\alpha}{2}\right)$ $b=M_1+2h\cot\alpha-d\left(1+\cot\frac{\alpha}{2}\right)$	a——燕尾槽最小宽度，mm b——燕尾槽最大宽度，mm M_1——两标准量棒外侧距离，mm d——标准量棒直径，mm α——燕尾槽槽角，(°) h——燕尾槽槽深，mm
燕尾槽		$A=M+d\left(1+\cot\frac{\alpha}{2}\right)-2H\cot\alpha$ $B=M+d\left(1+\cot\frac{\alpha}{2}\right)$	A——燕尾槽最小宽度，mm B——燕尾槽最大宽度，mm M——两标准量棒内侧距离，mm d——标准量棒直径，mm α——燕尾槽槽角，(°) H——燕尾槽槽深，mm

d. 锥形工件的计算见表 5-28。

表 5-28 锥形工件的计算

图形名称	图形	计算公式	说明
外锥		$\tan\alpha=(L-l)/(2H)$	L——大端处两标准量棒外侧距离，mm l——小端处两标准量棒外侧距离，mm H——量块高度，mm α——圆锥半角，(°)

续表

图形名称	图形	计算公式	说明
内锥		$\sin\alpha=(R-r)/L$	L——两标准量棒间的距离，mm R——大标准量棒的半径，mm r——小标准量棒的半径，mm H——小标准量棒至锥孔口的距离，mm h——大标准量棒至锥孔口的距离，mm α——圆锥半角，(°)
		$\sin\alpha=(R-r)/L=(R-r)/(H+h-R+r)$	L——两标准量棒间的距离，mm R——大标准量棒的半径，mm r——小标准量棒的半径，mm H——小标准量棒至锥孔口的距离，mm h——大标准量棒高出锥孔口的距离，mm α——圆锥半角，(°)

5.3 各种字母、代号及化学元素

5.3.1 常用字母、代号及符号

① 拉丁字母见表 5-29。

表 5-29 拉丁字母

印刷体		书写体		印刷体		印刷体	
大写	小写	大写	小写	大写	小写	大写	小写
A	a	𝒜	𝒶	N	n	𝒩	𝓃
B	b	ℬ	𝒷	O	o	𝒪	ℴ
C	c	𝒞	𝒸	P	p	𝒫	𝓅
D	d	𝒟	𝒹	Q	q	𝒬	𝓆
E	e	ℰ	ℯ	R	r	ℛ	𝓇
F	f	ℱ	𝒻	S	s	𝒮	𝓈
G	g	𝒢	ℊ	T	t	𝒯	𝓉
H	h	ℋ	𝒽	U	u	𝒰	𝓊
I	i	ℐ	𝒾	V	v	𝒱	𝓋
J	j	𝒥	𝒿	W	w	𝒲	𝓌
K	k	𝒦	𝓀	X	x	𝒳	𝓍
L	l	ℒ	𝓁	Y	y	𝒴	𝓎
M	m	ℳ	𝓂	Z	z	𝒵	𝓏

② 希腊字母见表 5-30。

表 5-30 希腊字母

大写	小写	近似读音	大写	小写	近似读音	大写	小写	近似读音
A	α	阿尔法	I	ι	约塔	P	ρ	洛
B	β	贝塔	K	κ	卡帕	Σ	σ	西格马
Γ	γ	伽马	Λ	λ	兰姆达	T	τ	套
Δ	δ	德尔塔	M	μ	缪	Υ	υ	宇普西龙
E	ε	艾普西龙	N	ν	纽	Φ	φ，ϕ	佛爱
Z	ζ	截塔	Ξ	ξ	克西	X	χ	西
H	η	艾塔	O	ο	奥密克戎	Ψ	ψ	普西
Θ	θ，ϑ	西塔	Π	π	派	Ω	ω	欧米伽

③ 罗马数字见表 5-31。

表 5-31 罗马数字

数母	Ⅰ	Ⅱ	Ⅲ	Ⅳ	V	Ⅵ	Ⅶ	Ⅷ	Ⅸ	X	L	C	D	M
数	1	2	3	4	5	6	7	8	9	10	50	100	500	1000
汉字	壹	贰	叁	肆	伍	陆	柒	捌	玖	拾	伍拾	佰	伍佰	仟

注：罗马数字有七种基本称号 I、V、X、L、C、D 和 M，两种符号拼列时，小数放在大数左边，表示大数和小数之差；小数放在大数右边，表示小数与大数之和。在符号上加一段横线，表示这个符号的数增加 1000 倍。

④ 电工常用字母符号见表 5-32。

表 5-32 电工常用字母符号

序号	符号	名称	序号	符号	名称
1	R	电阻（器）	24	Z	滤波器
2	L	电感（器）	25	H	指示器
3	L	电抗（器）	26	W	母线
4	RP	电位（器）	27	μA	微安
5	G	发电机	28	kA	千安
6	M	电动机	29	V	伏特
7	GE	励磁机	30	mV	毫伏
8	A	放大器（机）	31	kV	千伏
9	W	绕组或线圈	32	mA	毫安
10	T	变压器	33	C	电容（器）
11	P	测量仪表	34	W	瓦特
12	A	电桥	35	kW	千瓦
13	S	开关	36	var	乏
14	Q	断路器	37	W·h	瓦时
15	F	熔断器	38	A·h	安时
16	K	继电器	39	war·h	乏时
17	KM	接触器	40	Hz	频率
18	A	安培	41	cosφ	功率因数
19	A	调节器	42	Ω	欧姆
20	V	晶体管	43	MΩ	兆欧
21	V	电子管	44	φ	相位
22	U	整流器	45	n	转
23	B	扬声器	46	T	温度

5.3.2 常用标准代号

① 国内常用标准代号及其含义见表5-33。

表5-33 国内常用标准代号及其含义

序号	代号	含义	序号	代号	含义
1	CB	船舶	12	NY	农业
2	DL	电力	13	QB	轻工
3	FZ	纺织	14	QC	汽车
4	HB	航空	15	QJ	航天
5	HG	化工	16	SH	石油化工
6	HJ	环境保护	17	SJ	电子
7	JB	机械	18	TB	铁路运输
8	JG	建筑工业	19	YB	黑色冶金
9	JT	交通	20	YS	有色冶金
10	LY	林业	21	YZ	邮政
11	MH	民用航空	22	GB	国标

注：标准分为强制性标准和推荐性标准，表中给出的是强制性标准，推荐性标准的代号是在强制性标准的代号后面加"/T"，如JB/T 5061—2008。

② 各国及国际标准代号见表5-34。

表5-34 各国及国际标准代号

国别	标准代号	国别	标准代号	国别	标准代号	国别	标准代号
中国	GB	瑞典	SIS	罗马尼亚	STAS	匈牙利	MSZ
美国	ASA	挪威	NS	土耳其	TS	波兰	PN
英国	BS	芬兰	SFS	希腊	ENO	意大利	UNI
日本	JIS	比利时	NBN	阿尔巴尼亚	STASH	奥地利	CNORM
德国	DIN（VDE）	丹麦	DS	朝鲜	ㄋ亓	澳大利亚	AS
法国	NF	西班牙	UNE	印度	IS	墨西哥	DGN
瑞士	VSN	葡萄牙	NP	俄罗斯	ГОСТ，ОСТ	国际标准化组织（建议标准）	ISO
荷兰	NEN	加拿大	CSA				

5.3.3 常用化学元素的符号与材料特性及常用系数

① 常用化学元素的符号与相对原子质量和密度见表5-35。

表 5-35　常用化学元素的化学称号与相对原子质量和密度

元素名称	符号	相对原子质量	密度 /(g/cm³)	元素名称	符号	相对原子质量	密度 /(g/cm³)	元素名称	符号	相对原子质量	密度 /(g/cm³)
银	Ag	107.88	10.5	铁	Fe	55.85	7.87	铷	Rb	85.48	1.53
铝	Al	26.97	2.7	锗	Ge	72.60	5.36	镣	Ru	101.7	12.2
砷	As	74.91	5.73	汞	Hg	200.61	13.6	硫	S	32.06	2.07
金	Au	197.2	19.3	碘	I	126.92	4.93	锑	Sb	121.76	6.67
硼	B	10.82	2.3	铱	Ir	193.1	22.4	硒	Se	78.96	4.81
钡	Ba	137.36	3.5	钾	K	39.096	0.86	硅	Si	28.06	2.35
铍	Be	9.02	1.9	镁	Mg	24.32	1.74	锡	Sn	118.710	7.3
铋	Bi	209.00	9.8	锰	Mn	54.93	7.3	锶	Sr	87.63	2.6
溴	Br	79.916	3.12	钼	Mo	95.95	10.2	钽	Ta	180.88	16.6
碳	C	12.01	1.9 ～ 2.3	钠	Na	22.997	0.97	钍	Th	232.12	11.5
钙	Ca	40.08	1.55	铌	Nb	92.91	8.6	钛	Ti	47.90	4.54
镉	Cd	112.41	8.65	镍	Ni	58.69	8.9	铀	U	238.07	18.7
钴	Co	58.94	8.8	磷	P	30.98	1.82	钒	V	50.95	5.6
铬	Cr	52.01	7.19	铅	Pb	207.21	11.34	钨	W	183.92	19.15
铜	Cu	63.54	8.93	铂	Pt	195.23	21.45	锌	Zn	65.38	7.17
氟	F	19.00	1.11	镭	Ra	226.05	5				

② 镀层金属特性见表 5-36。

表 5-36　镀层金属特性

种类	密度 ρ/(g/cm³)	熔点 /℃	抗拉强度 σ_b/MPa	伸长率 δ/%	硬度（HV）
锌	7.133	419.5	100 ～ 130	65 ～ 50	35
铝	2.696	660	50 ～ 90	45 ～ 35	17 ～ 23
铅	11.36	372.4	11 ～ 20	50 ～ 30	3 ～ 5
锡	7.298	231.9	10 ～ 20	96 ～ 55	7 ～ 8
铬	7.19	1875	470 ～ 620	24	120 ～ 140

③ 常用材料的线胀系数见表 5-37。

表 5-37　常用材料的线胀系数　K^{-1}

材料	温度范围 /℃					
	20 ～ 100	20 ～ 200	20 ～ 300	20 ～ 400	20 ～ 600	20 ～ 700
工程用铜	(16.6～17.1)×10^{-6}	(17.1～17.2)×10^{-6}	17.6×10^{-6}	(18 ～ 18.1)×10^{-6}	18.6×10^{-6}	
纯铜	17.2×10^{-6}	17.5×10^{-6}	17.9×10^{-6}			

续表

材料	温度范围 /℃					
	20 ～ 100	20 ～ 200	20 ～ 300	20 ～ 400	20 ～ 600	20 ～ 700
黄铜	17.8×10^{-6}	18.8×10^{-6}	20.9×10^{-6}			
锡青铜	17.6×10^{-6}	17.9×10^{-6}	18.2×10^{-6}			
铝青铜	17.6×10^{-6}	17.9×10^{-6}	19.2×10^{-6}			
碳钢	$(10.6\sim12.2)\times10^{-6}$	$(11.3\sim13)\times10^{-6}$	$(12.1\sim13.5)\times10^{-6}$	$(12.9\sim13.9)\times10^{-6}$	$(13.5\sim14.3)\times10^{-6}$	$(14.7\sim15)\times10^{-6}$
铬钢	11.2×10^{-6}	11.8×10^{-6}	12.4×10^{-6}	13×10^{-6}	13.6×10^{-6}	
40CrSi	11.7×10^{-6}					
30CrMnSiA	11×10^{-6}					
4Cr13	10.2×10^{-6}	11.1×10^{-6}	11.6×10^{-6}	11.9×10^{-6}	12.3×10^{-6}	12.8×10^{-6}
1Cr18Ni9Ti	16.6×10^{-6}	17.0×10^{-6}	17.2×10^{-6}	17.5×10^{-6}	17.9×10^{-6}	18.6×10^{-6}
铸铁	$(8.7\sim11.1)\times10^{-6}$	$(8.5\sim11.6)\times10^{-6}$	$(10.1\sim12.2)\times10^{-6}$	$(11.5\sim12.7)\times10^{-6}$	$(12.9\sim13.2)\times10^{-6}$	

5.4 金属材料与热处理

5.5 常用非金属材料

5.6 摩擦、润滑与清洗简介

扫二维码阅读 5.4 ～ 5.6

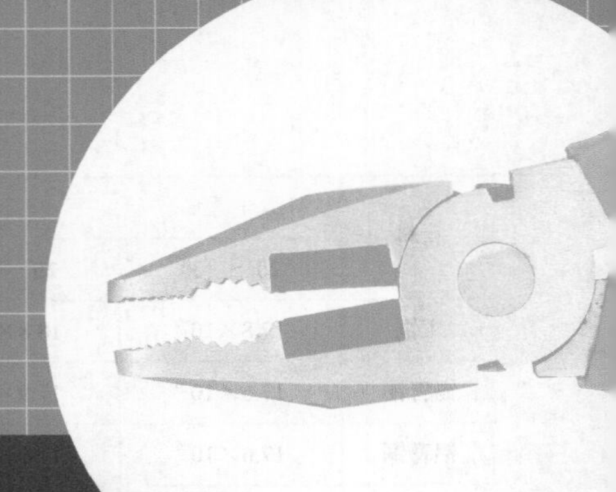

第6章 钳工常用工具与设备

6.1 钳工用一般工具

6.1.1 钳类工具

（1）钢丝钳

钢丝钳又称老虎钳，由钳头和钳柄组成，钳头包括钳口、齿口、刀口和铡口。钳口用来夹持或弯折薄片形、圆柱形金属零件；齿口用来紧固或拧松螺母；刀口用来剪切电线、铁丝，也可用来剖切软电线的橡皮或塑料绝缘层；铡口用来切断电线、钢丝等较硬的金属线；钢丝钳钳柄上套有额定电压500V的绝缘套管。钢丝钳的外形如图6-1所示。

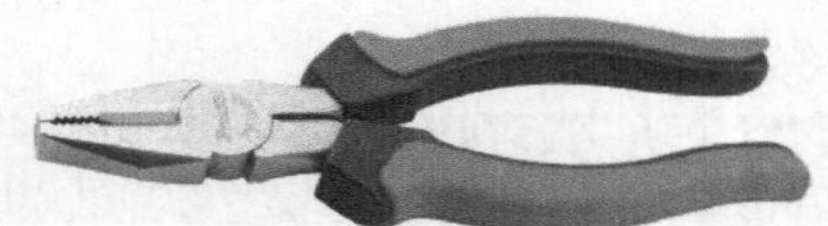

图6-1 钢丝钳

钢丝钳长度有160mm、180mm、200mm三种，使用时不可超负荷使用。为避免崩牙与损坏，切不可在切不断的情况下扭动钳子。常用钢丝钳的基本尺寸见表6-1。

表6-1 常用钢丝钳的基本尺寸 mm

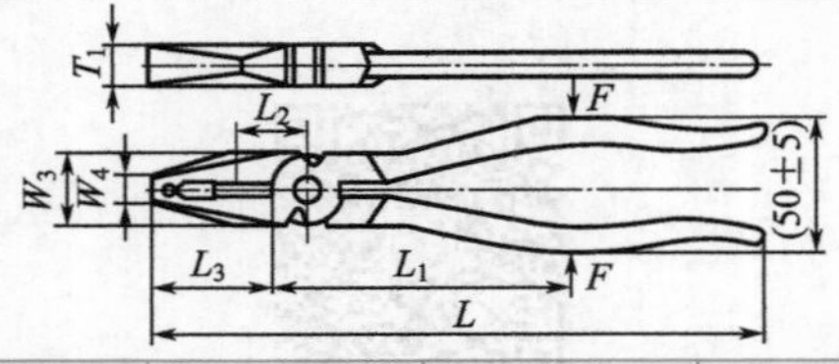

L	L_{3max}	W_{3max}	W_{4max}	T_{1max}	L_1	L_2	载荷 F/N
160	32	25	7	12	80	16	1120
180	36	28	8	13	90	18	1260
200	40	32	9	14	100	20	1400

(2)尖嘴钳

尖嘴钳又称修口钳、尖头钳等。它是由尖头、刀口和钳柄组成的，其外形如图6-2所示。

尖嘴钳用于在比较狭小的工作空间中夹持零件，带刃尖嘴钳还可用于切断细金属。在使用时要注意刃口不能对向自己，使用完应放回原处，同时可在表面涂上润滑防锈油，以免生锈，或使支点发涩。常用尖嘴钳的基本尺寸见表6-2。

表6-2 常用尖嘴钳的基本尺寸 mm

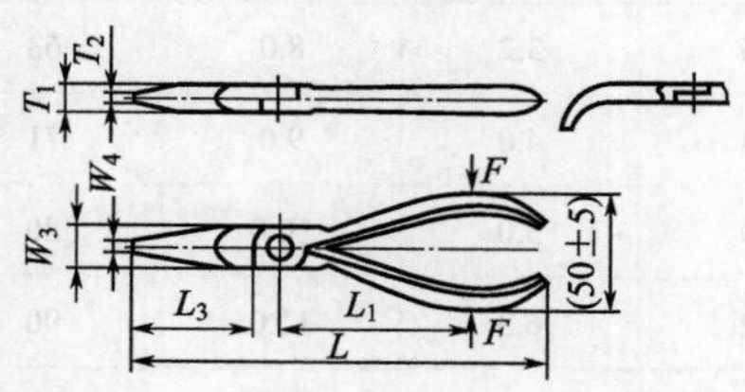

L	L_3	W_{3max}	W_{4max}	T_{1max}	T_{2max}	L_1	载荷 F/N
125	32	15	2.5	8.0	2.0	56	560
140	40	16	2.5	8.0	2.0	63	630
160	50	18	3.2	9.0	2.5	71	710
180	63	20	4.0	10.0	3.2	80	800
200	80	22	5.0	11.0	4.0	90	900

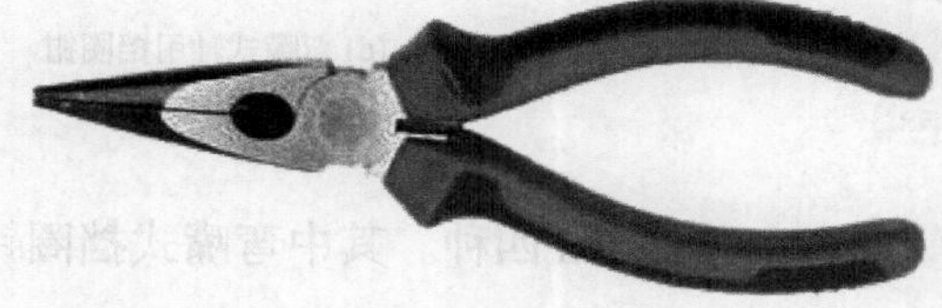

图6-2 尖嘴钳

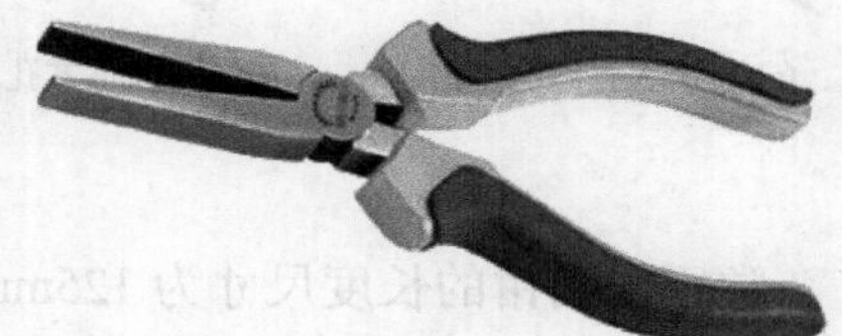

图6-3 扁嘴钳

(3)扁嘴钳

扁嘴钳适用于在狭窄或凹下的工作空间中使用，主要用于装拔销子、弹簧等小件及弯曲金属薄片与细金属丝。其外形如图6-3所示，钳的外形呈V形，通常包括手柄、钳腮和钳嘴3个部分。它由两片结构和造型互相对称的钳体，在钳腮部分重叠并经铆合固定而成。常用扁嘴钳的基本尺寸见表6-3。

表6-3 常用扁嘴钳的基本尺寸 mm

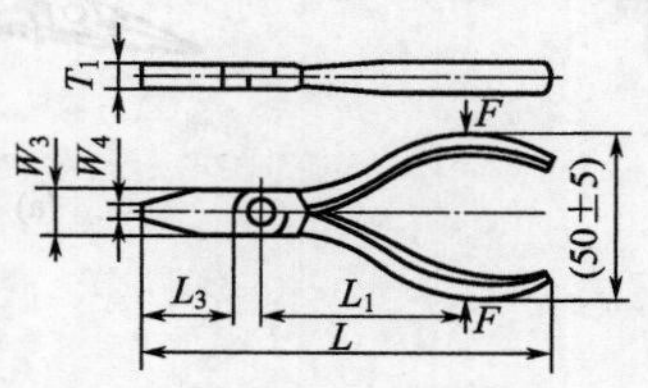

续表

种类	L	L_3	W_{3max}	W_{4max}	T_{1max}	L_1	载荷 F/N	转矩 T/N·m
短嘴	125	25	16	3.2	8.0	63	630	5.0
	140	32	18	4.0	8.0	71	710	5.5
	160	40	20	5.0	10.0	80	800	6.5
长嘴	125	32	14.5	2.5	7.5	56	560	—
	140	40	16	3.2	8.0	63	640	—
	160	50	18	4.0	9.0	71	710	—
	180	63	20	5.0	10.0	80	800	—
	200	80	22	6.3	11.0	90	900	—

（4）挡圈钳

挡圈钳又称卡簧钳，专供装拆弹性挡圈用。由于挡圈有孔用、轴用之分以及安装部位的不同，又分为直嘴式或弯嘴式、孔用或轴用挡圈钳，其外形如图 6-4 所示。

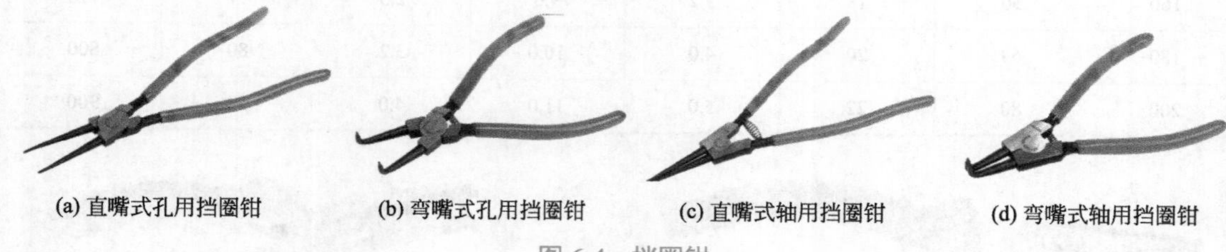

(a) 直嘴式孔用挡圈钳　(b) 弯嘴式孔用挡圈钳　(c) 直嘴式轴用挡圈钳　(d) 弯嘴式轴用挡圈钳

图 6-4　挡圈钳

常用挡圈钳的长度尺寸为 125mm、150mm、175mm、225mm 四种。其中弯嘴式挡圈钳一般是 90° 角，也有 45° 和 30° 的。

（5）钳子的使用

钳子在使用时应用右手操作，将钳口朝内侧，便于控制钳切部位，用小指伸在两钳柄中间来抵住钳柄，张开钳头，这样分开钳柄灵活，如图 6-5 所示。

对于尖嘴钳，可根据工作情况的需要采用平握法和立握法，如图 6-6 所示。

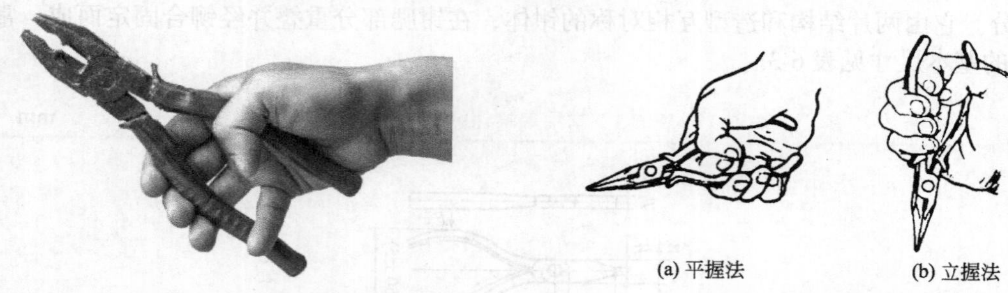

(a) 平握法　(b) 立握法

图 6-5　钢丝钳的正确握法　图 6-6　尖嘴钳的其他握法

切断钢丝时，先将钢丝置于刀口中，用力握拢钳柄，则可切断钢丝，如图 6-7 所示。在力量不能使其切断时，切不可借助外力（如使用锤子等工具敲击）将其切断，如图 6-8 所示。

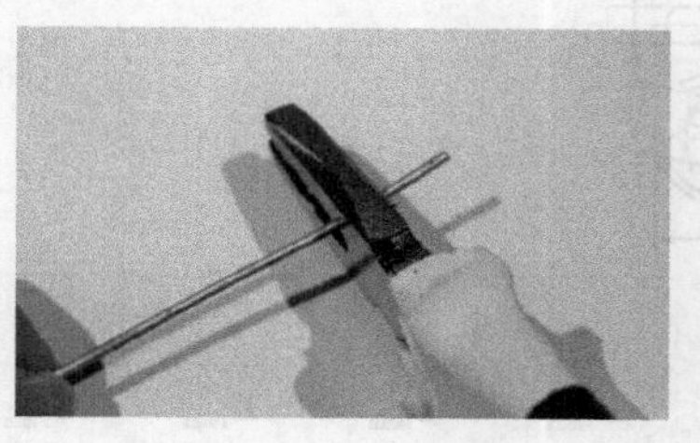

图 6-7 钢丝的切断方法

图 6-8 错误的做法

6.1.2 扳手类工具

（1）呆扳手

呆扳手有单头扳手和双头扳手之分。其外形如图 6-9 所示。

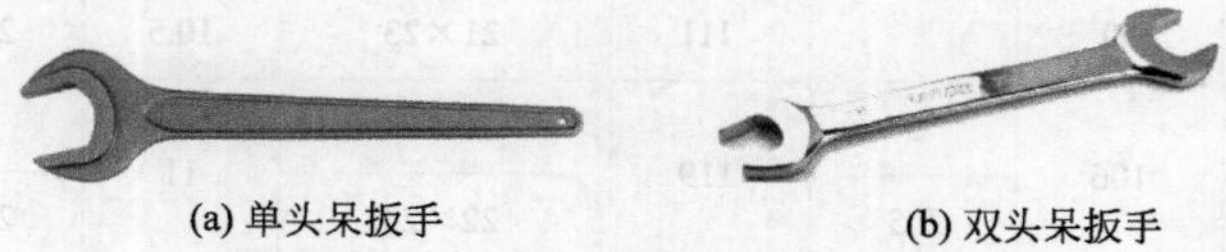

(a) 单头呆扳手　　(b) 双头呆扳手

图 6-9 呆扳手

单头呆扳手用于紧固或拆卸一种规格的六角头或方头螺栓、螺母、螺钉，其尺寸规格见表 6-4；双头呆扳手常用于紧固或拆卸具有两种规格的六角头或方头螺栓、螺母，其尺寸规格见表 6-5。

表 6-4 单头呆扳手的尺寸规格　　mm

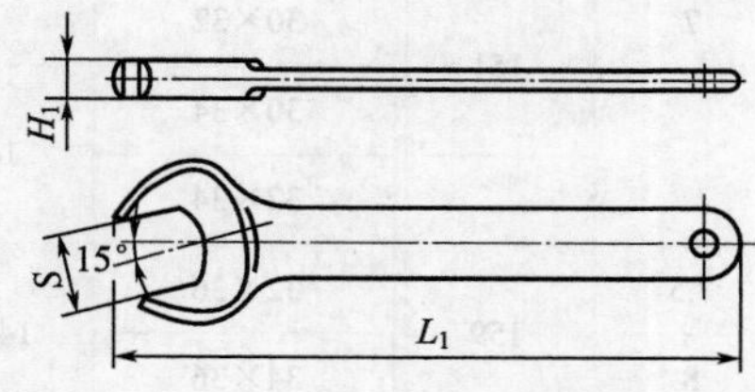

规格 S	5.5	6	7	8	9	10	11	12	13	14	15	16	17
H_{1max}	4.5	4.5	5	5	5.5	6	6.5	7	7	7.5	8	8	8.5
L_{1min}	80	85	90	95	100	105	110	115	120	125	130	135	140
规格 S	18	19	20	21	22	23	24	25	26	27	28	29	30
H_{1max}	9	9	9.5	10	10.5	10.5	11	11.5	12	12.5	12.5	13	13.5
L_{1min}	150	155	160	170	180	190	200	205	215	225	235	245	255
规格 S	31	32	34	36	41	46	50	55	60	65	70	75	80
H_{1max}	14	14.5	15	15.5	17.5	19.5	21	22	24	26	28	30	32
L_{1min}	265	275	285	300	330	350	370	390	420	450	480	510	540

表 6-5 双头呆扳手的尺寸规格 mm

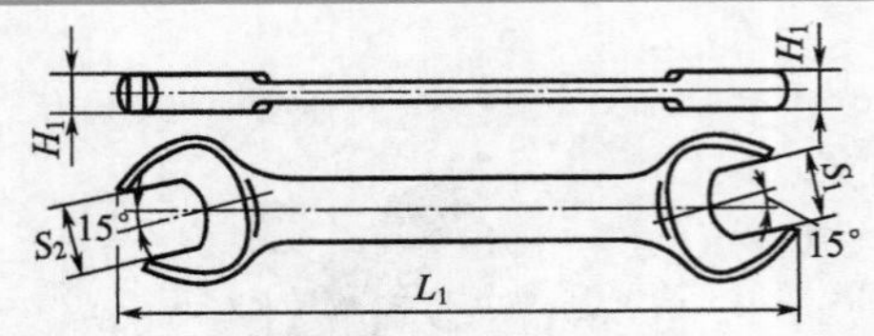

规格 $S_1 \times S_2$	短型		长型		规格 $S_1 \times S_2$	短型		长型	
	H_{1max}	L_{1min}	H_{1max}	L_{1min}		H_{1max}	L_{1min}	H_{1max}	L_{1min}
3.2×4	3.5	72	3	81	18×19	9	176	9	199
4×5	4	78	3.5	87	18×21	10		10	
5×5.5		85		95	19×22		183		207
5.5×7	5	89	4.5	99	20×22		190		215
6×7		92		103	21×22				
7×8		99		111	21×23	10.5	202	10.5	223
8×9	5.5	106	5	119	21×24	11		11	
8×10			5.5		22×24		209		231
9×11		113	6	127	24×27	12	223	12	247
10×11		120			24×30	13		13	
10×12	6		6.5	135	25×28	12	230	12	255
10×13	6.5	127	7		27×30	13	244	13	271
11×13		134		143	27×32	13.5		13.5	
12×13				151	30×32		265		295
12×14					30×34	14		14	
13×14	7	141		159	32×34		284		311
13×15	7.5		7.5		32×36	14.5		14.5	
13×16	8		8		34×36		298		327
13×17	8.5		8.5		36×41	16	312	16	343
14×15	7.5		7.5		41×46	17.5	357	17.5	383
14×16	8	148	8	167	46×50	19	392	19	423
14×17	8.5		8.5		50×55	20.5	420	20.5	455
15×16	8	155	8	175	55×60	22	455	22	495
15×18	8.5		8.5		60×65	23	490		
16×17		162		183	65×70	24	525	—	—
16×18					70×75	25.5	560		
17×19	9	169	9	191	75×80	27	600		

呆扳手在使用时，应按螺母的对边间距尺寸选择相适应的扳手。紧固螺母时，手握扳手的一端，使扳手另一端的钳口全部伸入螺母的对边，扳手与螺母的端面基本处于平行，用力向副钳口的方向将螺母旋紧，如图 6-10 所示。

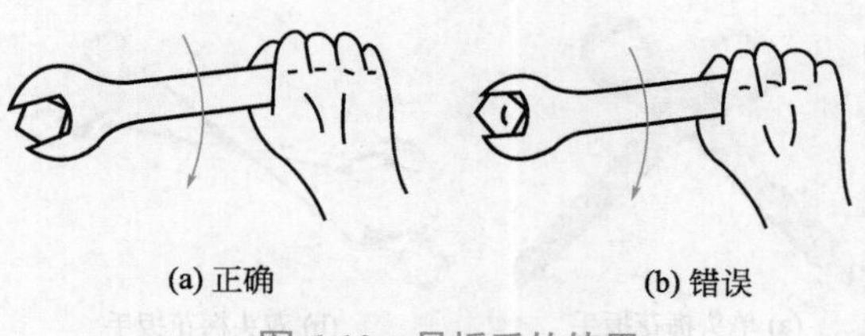

图 6-10　呆扳手的使用

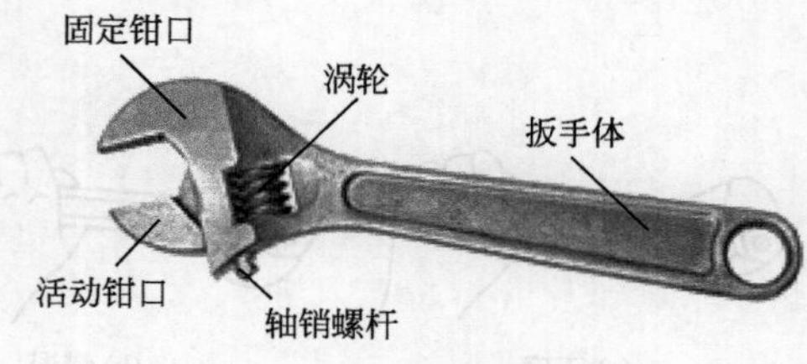

图 6-11　活动扳手

（2）活动扳手

活动扳手简称活扳手，如图 6-11 所示，它由活动钳口、固定钳口、轴销螺杆、涡轮和扳手体组成。旋转涡轮可调节钳口的大小。它是用来紧固和拆卸不同规格的螺母和螺栓的一种工具，其尺寸规格见表 6-6。

表 6-6　活动扳手的尺寸规格　mm

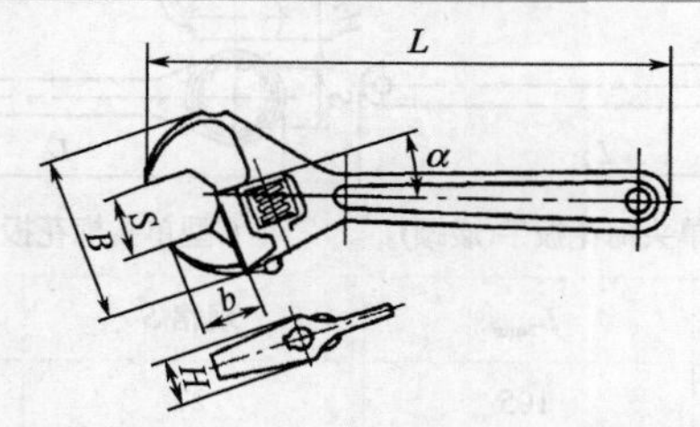

L	S_{min}	B_{max}	b_{min}	H_{max}
100	13	35	12	9
150	19	47	17.5	11.5
200	24	60	22	14
250	28	74	26	16.5
300	34	88	31	20
375	45	112	41	25
450	55	134	50	30
600	60	158	55	36
650	65	166	59	38

活动扳手在使用时转动轴销螺杆来调整活动钳口张开尺寸的大小，使其与所紧固的螺母对边尺寸相适应。紧固螺母时，手握扳手柄部，使扳手体与螺母端部处于平行状态，用力向活动钳口的方向将螺母旋紧，如图 6-12 所示。使用时一般不准将其手柄用加套管等方式接长，以免力臂增大过大损坏扳手。

（3）梅花扳手

梅花扳手内孔呈花环状，是由 2 个正六边形相互同心错开 30° 而成的。它有单头和双头之分，其外形结构如图 6-13 所示。

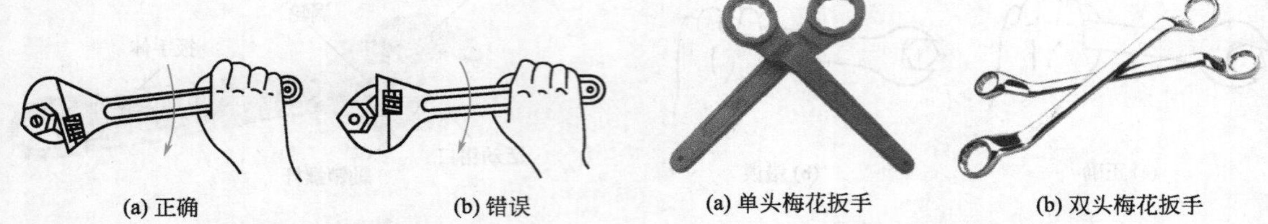

(a) 正确　(b) 错误

图 6-12　活动扳手的使用

(a) 单头梅花扳手　(b) 双头梅花扳手

图 6-13　梅花扳手

单头梅花扳手只适用于紧固或拆卸一种规格的六角螺栓、螺母，其尺寸规格见表 6-7；双头梅花扳手只适用于六角螺栓、螺母，其尺寸规格见表 6-8。

表 6-7　单头梅花扳手的尺寸规格　mm

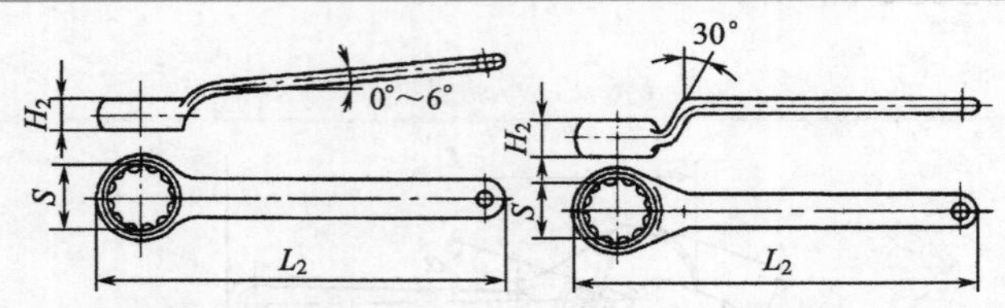

A型单头梅花扳手(矮颈)　G型单头梅花扳手(高颈)

规格 S	H_{2max}	L_{2min}	规格 S	H_{2max}	L_{2min}
10	9	105	27	19	225
11	9.5	110	28	19.5	235
12	10.5	115	29	20	245
13	11	120	30		255
14	11.5	125	31	20.5	265
15	12	130	34	21	275
16	12.5	135	35	22.5	285
17	13	140	36	23.5	300
18	14	150	41	26.5	330
19	14.5	155	46	28.5	350
20	15	160	50	32	370
21	15.5	170	55	33.5	390
22	16	180	60	36.5	420
23	16.5	190	65	39.5	450
24	17.5	200	70	42.5	480
25	18	205	75	46	510
26	18.5	215	80	49	540

表 6-8　双头梅花扳手的尺寸规格　mm

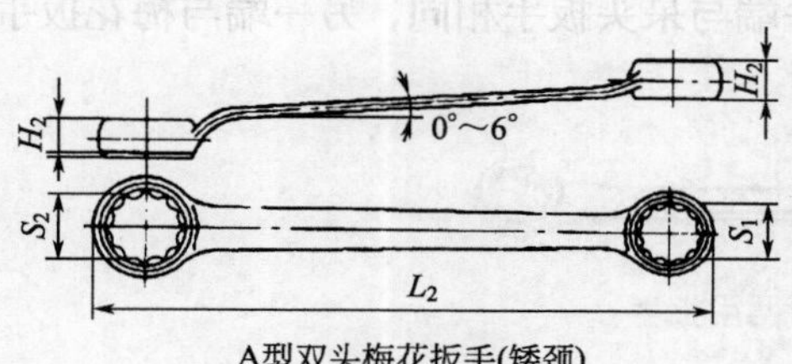

A型双头梅花扳手(矮颈)

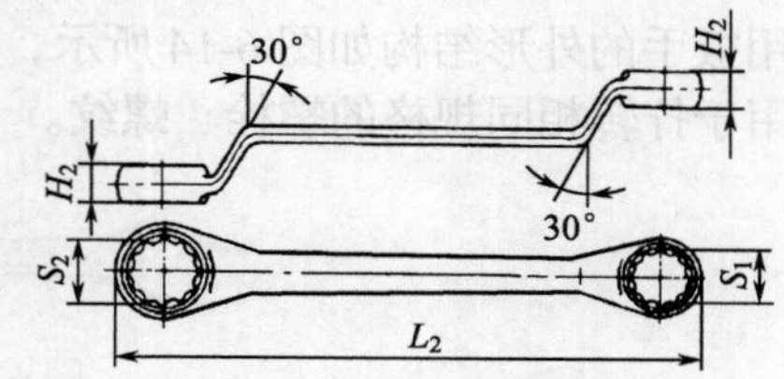

G型双头梅花扳手(高颈)

Z型双头梅花扳手(直颈)

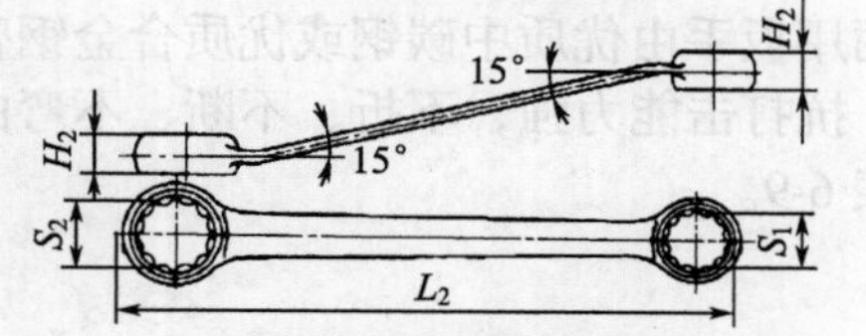

W型15°　双头梅花扳手(弯颈)

规格 $S_1 \times S_2$	直颈、弯颈		矮颈、高颈		规格 $S_1 \times S_2$	直颈、弯颈		矮颈、高颈	
	H_{2max}	L_{2min}	H_{2max}	L_{2min}		H_{2max}	L_{2min}	H_{2max}	L_{2min}
6×7	6.5	73	7	(134)	18×19	11.5	174	14	242
7×8	7	81	7.5	143	18×21	12.5			
8×9	7.5	89	8.5	(152)	19×22		182		251
8×10	8		9		20×22	13	190	15	260
9×11	8.5	97	9.5	161	21×22				
10×11					21×23		198		269
10×12	9	105	10	(170)	21×24	13.5		16	
10×13					22×24		206		278
11×13		113		179	24×27	14.5	222	17	296
12×13	9.5		11		24×30	15.5		18	
12×14		121		188	25×28	15	230	17.5	305
13×14					27×30	15.5	246	18	323
13×15	10	129	12	197	27×32	16		19	
13×16	10.5				30×32		275		330
13×17	11		13		30×34	16.5		20	
14×15	10		12		32×34		291		348
14×16	10.5	137		206	32×36	17		21	
14×17	11		13		34×36		307		366
15×16	10.5	145	12	215	36×41	18.5	323	22	384
15×18	11.5				41×46	20	363	24	429
16×17	11	153	13	224	46×50	21	403	25	474
16×18					50×55	22	435	27	510
17×19	11.5	166	14	233	55×60	23.5	475	28.5	555

注：带括号的尺寸仅供设计时参考。

(4) 两用扳手

两用扳手的外形结构如图 6-14 所示，其一端与呆头扳手相同，另一端与梅花扳手相同，两端适用于拧转相同规格的螺栓、螺纹。

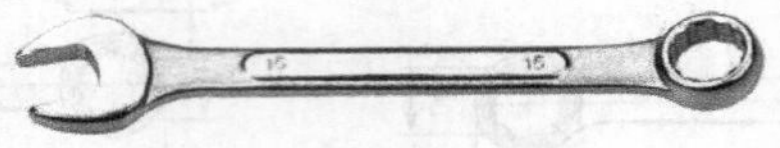

图 6-14　两用扳手

两用扳手由优质中碳钢或优质合金钢整体锻造而成，具有设计合理、结构稳定、材质密度高、抗打击能力强，不折、不断、不弯曲，产品尺寸精度高、经久耐用等特点。其尺寸规格见表 6-9。

表 6-9　两用扳手的尺寸规格　mm

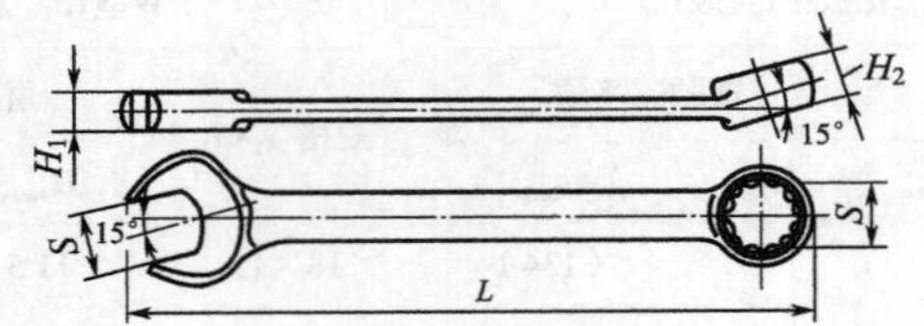

规格 *S*	5.5	6	7	8	9	10	11	12	13	14	15
H_{1max}	4.5		5		5.5	6	6.5	7		7.5	8
H_{2max}	6.5		7	8	8.5	9	9.5	10	11	11.5	12
L_{min}	70	75	85	90	100	110	120	125	135	145	150
规格 *S*	16	17	18	19	20	21	22	23	24	25	26
H_{1max}	8	8.5	9		9.5	10	10.5		11	11.5	12
H_{2max}	12.5	13	14	14.5	15	15.5	16	16.5	17.5	18	18.5
L_{min}	160	165	180	190	205	215	230	240	250	260	265
规格 *S*	27	28	29	30	31	32	34	36	41	46	50
H_{1max}	12.5		13	13.5	14	14.5	15	15.5	17.5	19.5	21
H_{2max}	19	19.5	20		20.5	21	22.5	23.5	26.5	28.5	32
L_{min}	275	280	290	300	305	315	330	345	385	425	455

(5) 手动套筒扳手

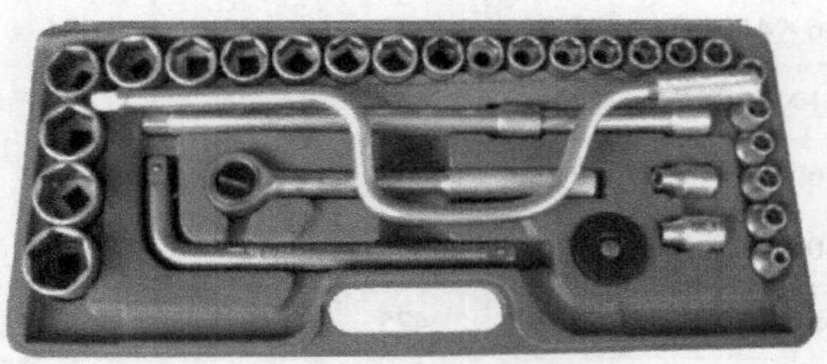

图 6-15　手动套筒扳手

手动套筒扳手如图 6-15 所示，它由套筒、传动附件和连接件组成，除具有一般扳手紧固或拆卸六角头螺栓、螺母的功能外，还特别适用于工作空间狭小或深凹的场合。一般以成套形式供应，也可单件供应。

① 套筒　套筒为扳手的工作附件，带方孔的一端与传动附件的方榫连接，带六角孔（或十二

角孔）的一端套在六角头螺栓、螺母上，用于紧固或拆卸螺栓、螺母，其基本尺寸见表 6-10。

表 6-10 套筒的尺寸规格 mm

系列	基本尺寸 S	t min	d_1 max	d_2 max	L max	试验转矩 / N·m a 级	b 级	c 级
6.3	3.2	1.6	55	12	25	7.08	6.38	5.67
	4	2	6.9			10.4	9.32	8.28
	5	2.5	8.2			15.1	13.6	12.1
	5.5	3	8.8			17.8	16.0	14.2
	6	3.5	9.6			20.6	18.6	16.5
	7	4	11.0			26.8	24.1	21.4
	8	5	12.2			33.6	30.3	26.9
	9	5.5	13.6	14		41.1	37.0	32.9
	10	6	14.7	15		49.2	44.2	39.3
	11	7	16.0	16		57.8	52.0	46.2
	12	8	17.2	17		67.0	60.3	53.6
	13		18.5	19		68.6	61.7	54.9
	14	10	19.7			68.8		
10	6	3.5	9.6	20	32	23.2	20.9	18.6
	7	4	11.0			33.3	30.0	26.6
	8	5	12.2			45.5	41.0	36.4
	9	5.5	13.6			60.0	54.0	48.0
	10	6	14.7			76.6	69.1	61.4
	11	7	16.0			95.9	86.3	76.7
	12	8	17.2			118	106	94.0
	13		18.5			142	128	113
	14		19.7			169	152	135
	15	10	21.0	24	35	198	178	159
	16		22.2			225	203	180
	17		23.5					
	18	12	24.7					
	19		26.0					
	20	14	27.2		38			
	21		28.4					
	22		29.7					

续表

系列	基本尺寸 S	t min	d_1 max	d_2 max	L max	试验转矩 / N·m a 级	试验转矩 / N·m b 级	试验转矩 / N·m c 级
12.5	8	5	13.0	24	40	94.1	84.7	75.3
	9	5.5	14.4			119	107	95.3
	10	6	15.5			147	132	118
	11	7	16.7			178	160	142
	12	8	18.0			212	191	169
	13		19.2			249	224	199
	14	10	20.5	25		288	259	231
	15		21.7			331	298	265
	16		23.0			377	339	301
	17		24.2			425	383	340
	18	12	25.5		42	477	429	381
	19		26.7	27		531	478	425
	20	14	28.0	29	44	569	512	455
	21		29.2	30				
	22		30.5					
	23	16	31.8	31	46			
	24		33.0					
	25		34.2	32				
	26	18	35.4	33	48			
	27		36.7	34				
	28	19	38.0	36				
	29		39.2	38	50			
	30	20	40.5					
	31	21	41.7	41				
	32	22	43.0					
20	19	12	30.0	38		531	478	425
	20	14	31.0	40	55	569	512	455
	21		32.0					
	22		33.3					
	23	16	34.0					
	24		35.8					
	25		37.0		60			
	26	18	38.3					
	27		39.6					
	28	19	40.8	43				
	29		42.0					
	30	20	43.3					

续表

系列	基本尺寸 S	t min	d_1 max	d_2 max	L max	试验转矩 / N·m		
						a 级	b 级	c 级
20	31	21	44.6	45	60	569	512	455
	32	22	45.3					
	34	23	45.8		65			
	36	24	50.8	48				
	38	25	53.3		70			
	41	27	57.1					
	46	30	63.3	50	75			
	50	33	68.3		80			
25	27	18	42.7	50	65	569	512	455
	28	19	44.2					
	29		45.6					
	30	20	47.0	52				
	31	21	48.2					
	32	22	49.4					
	34	23	51.9		70			
	36	24	54.2					
	38	25	56.7					
	41	27	60.3		75			
	46	30	66.4	55	80			
	50	33	71.4		85			
	55	36	77.6	57	90			
	60	39	83.9	61	95			
	65	40	90.3	65	100			
	70	42	96.9	68	105			
	78		104.0	72	110			
	80	48	114.4	75	115			

② 传动附件　传动附件包括滑行头手柄、快速摇柄、棘轮扳手、旋柄、转向手柄和弯柄等，其形式与应用见表 6-11。

表 6-11　传动附件的形式与应用

名称	形式	图示	方榫系列 /mm	特点与应用
滑行头手柄	H		6.3	滑行头的位置可移动，并能根据不同需要来调整旋动时力臂的大小，另外还特别适用于只能在 180° 范围内的操作
			10	
			12.5	
			20	
			25	

续表

名称	形式	图示	方榫系列 /mm	特点与应用
快速摇柄	K		6.3	操作时利用弓形柄部可快速、连续旋转
			10	
			12.5	
棘轮扳手	J1（普通式）		6.3	利用棘轮机构可在旋转角度较小的工作场合进行操作，普通式需要与方榫尺寸相对应的直接头配合使用
			10	
			12.5	
			20	
			25	
	J2（可逆式）		6.3	
			10	
			12.5	
			20	
			25	
旋柄	X		6.3	适用于旋动位于深凹部位的螺栓、螺母
			10	
转向手柄	Z		6.3	手柄可围绕方榫轴线旋转，以便在不同角度范围内旋动螺栓、螺母
			10	
			12.5	
			20	
			25	
弯柄	WB		6.3	主要配用于件数较少的套筒扳手中
			10	
			12.5	
			20	
			25	

③ 连接附件　连接附件包括接头、接杆和万向接头等，其形式与用途见表 6-12。

表 6-12　连接附件的形式与应用

名称	形式	图示	方榫系列 /mm		应用
			方榫	方孔	
接头	JT		6.3	10	用作不同传动尺寸的带方孔与带方榫的传动附件、接杆、套筒之间的一种连接附件
			10	12.5	
			12.5	20	
			20	25	
			10	6.3	
			12.5	10	
			20	12.5	
			25	20	

续表

名称	形式	图示	方榫系列 /mm		应用
			方榫	方孔	
接杆	JG		6.3		用作各种传动附件与套筒之间的一种连接附件，以便旋动位于深凹部位的螺栓、螺母
			10		
			12.5		
			20		
			25		
万向接头	W		6.3		用作各种传动附件与套筒之间的一种连接附件，其作用与转向手柄相似
			10		
			12.5		
			20		
			25		

（6）内六角扳手

内六角扳手如图 6-16 所示，用来紧固、松开内六角螺钉，通常用碳素结构钢或合金结构钢制造，适用于工作空间狭小、不能使用普通扳手的场合。内六角扳手的尺寸规格见表 6-13。

表 6-13　内六角扳手的尺寸规格

mm

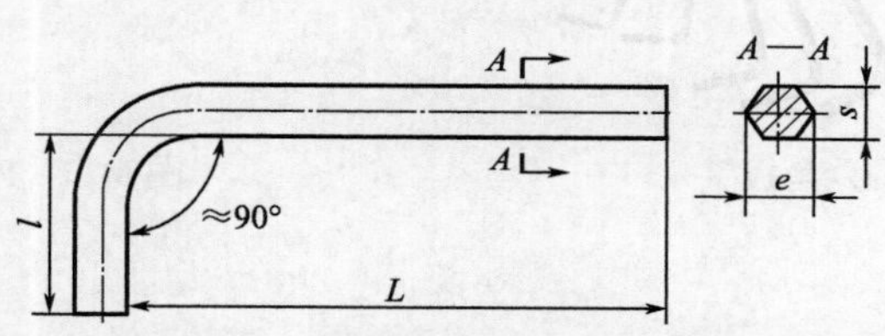

规格	s_{max}	s_{min}	e_{max}	e_{min}	L	l
2	2.00	1.96	2.25	2.18	50	16
2.5	2.50	2.46	2.82	2.75	56	18
3	3.00	2.96	3.39	3.31	63	20
4	4.00	3.95	4.53	4.44	70	25
5	5.00	4.95	5.67	5.58	80	28
6	6.00	5.95	6.81	6.71	90	32
7	7.00	6.94	7.95	7.84	95	34
8	8.00	7.94	9.09	8.97	100	36
10	10.00	9.94	11.37	11.23	112	40
12	12.00	11.89	13.65	13.44	125	45
14	14.00	13.89	15.93	15.70	140	56

续表

规格	s_{max}	s_{min}	e_{max}	e_{min}	L	l
17	17.00	16.89	19.35	19.09	160	63
19	19.00	18.87	21.63	21.32	180	70
22	22.00	21.87	25.05	24.71	200	80
24	24.00	23.87	27.33	26.97	224	90
27	27.00	26.87	30.75	30.36	250	100
32	32.00	31.84	36.45	35.98	315	125
36	36.00	35.84	41.01	40.50	355	140

内六角扳手在使用时应选用与螺钉相对应的内六角扳手，手握扳手一端，将扳手另一端头部插入螺钉头内六角孔中，然后用力扳转，如图 6-17 所示。旋转螺钉时，应避免扳手从螺钉孔中滑脱，以免损坏扳手和螺钉六方孔。

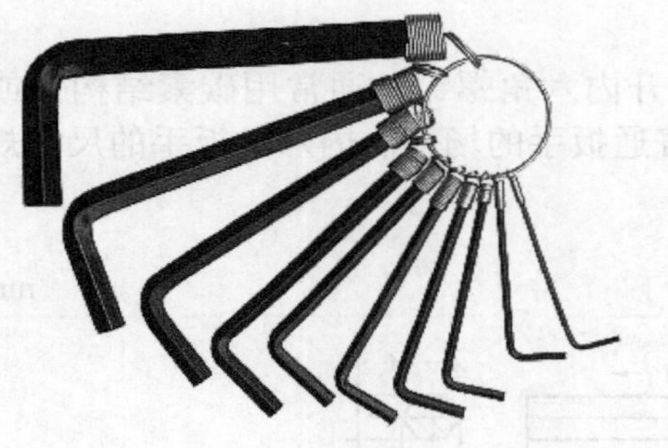

图 6-16 内六角扳手

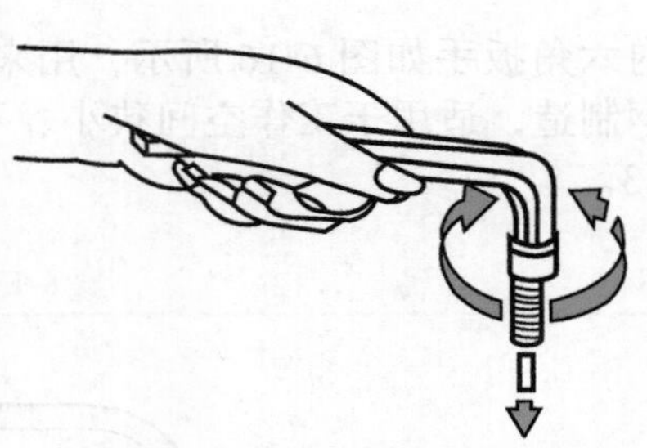

图 6-17 内六角扳手的使用

（7）钩形扳手

钩形扳手又称月牙形扳手，俗称钩扳子，用来紧固或松开带槽螺母，分为固定式和可调式两种，如图 6-18 所示。固定式钩形扳手的尺寸规格见表 6-14。

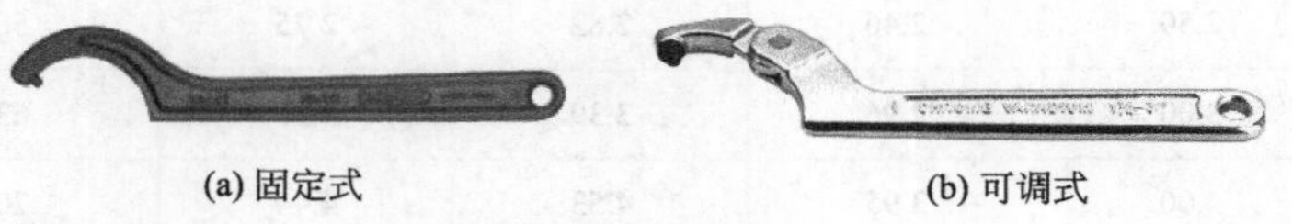

(a) 固定式　(b) 可调式

图 6-18 钩形扳手

表 6-14 固定式钩形扳手的尺寸规格　mm

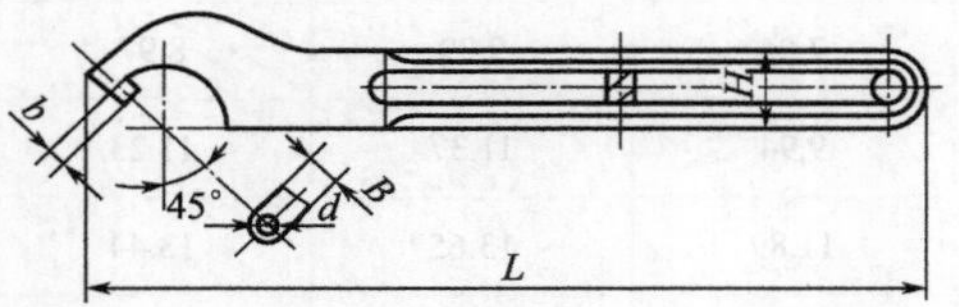

续表

d	L	H	B	b	螺母外径
2.5	140	12	5	2	14 ～ 30
3.0	160	15	6	3	22 ～ 25
5.0	180	18	8	4	35 ～ 60

钩形扳手在使用时，先按螺母外径尺寸选择相应的扳手，然后手握扳手柄部，让扳手的舌部伸入螺母槽中，扳手的内圆弧卡在圆螺母的外圆上，用力将螺母旋紧，如图 6-19 所示。不准选用与螺母外径尺寸不相适应的扳手，如图 6-20 所示，以免损坏螺母或紧固时扳手滑脱伤手。

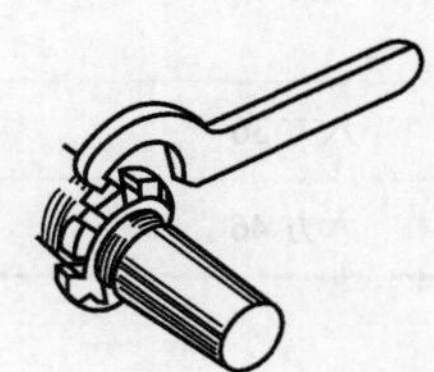
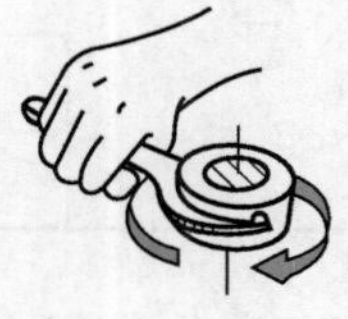

图 6-19 钩形扳手的正确使用

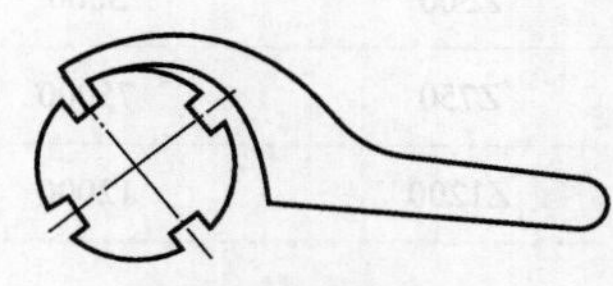

(a) 扳手圆板半径小 (b) 扳手圆板半径大

图 6-20 钩形扳手的错误使用

（8）力矩扳手

力矩扳手又叫扭矩扳手、扭力扳手、扭矩可调扳手，它配合套筒扳手，供紧固六角头螺栓、螺母用，在扭紧时可表示出转矩大小的数值。按动力源的形式力矩扳手可分为：电动力矩扳手、气动力矩扳手、液压力矩扳手及手动力矩扳手。手动力矩扳手如图 6-21 所示，分为指示式和预置式。其形式与转矩大小范围见表 6-15。

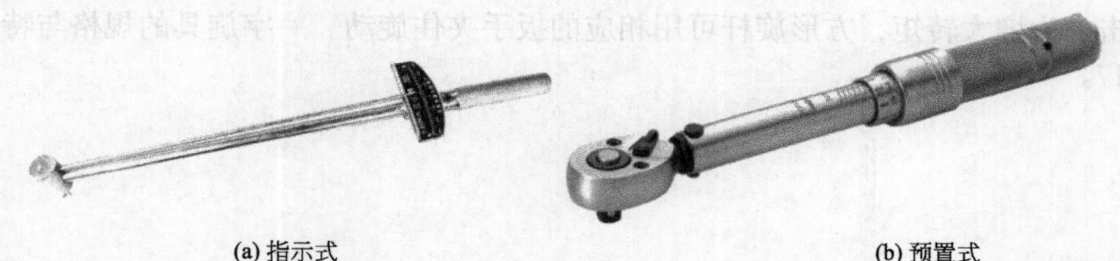

(a) 指示式 (b) 预置式

图 6-21 手动力矩扳手

表 6-15 手动力矩扳手的形式与转矩大小范围

形式	转矩 /N・m				方榫边长 /mm				
指示式	100	200	300	500	0 ～ 10	20 ～ 100	80 ～ 300	280 ～ 760	750 ～ 2000
预置式	12.5	12.5	12.5	20	6.3	12.5	12.5	20	25

凡对螺栓、螺母的转矩有明确规定的装配工作，都得使用扳手，预置式可预先设定转矩值，操作时如施加的转矩超过设定值，扳手即产生打滑现象，以确保螺栓（母）上承受的转矩不超过设定值。

（9）增力扳手

增力扳手如图 6-22 所示，用以配合力矩扳手、棘轮扳手或套筒扳手，紧固或拆卸六角头螺栓、螺母用。其型号、输出转矩等见表 6-16。

表 6-16　增力扳手的型号与特性参数

型号	输出转矩 / N·m ≤	减速比	输入端方孔边长 /mm	输入端方榫边长 /mm
Z120	1200	5.1	12.5	12
Z180	1800	6.0		25
Z300	3000	12.4		
Z400	4000	16.0		六方 32
Z500	5000	18.4		
Z750	75000	68.6		六方 36
Z1200	12000	82.3		六方 46

6.1.3　螺钉旋具类工具

螺钉旋具又称起子、改锥或解刀等，用来紧固或拆卸螺钉。它的种类很多，有一字旋具、十字旋具和多用旋具等。

（1）一字旋具

一字旋具如图 6-23 所示，其柄部常用的有木柄和塑料柄两种形式，其旋杆有方形和圆形之分。旋杆与柄部的连接分普通式和穿心式，穿心式能承受较大的转矩，并可在尾部用手锤敲击。为增大转矩，方形旋杆可用相应的扳手夹住旋动。一字旋具的规格与特性尺寸见表 6-17。

图 6-22　增力扳手

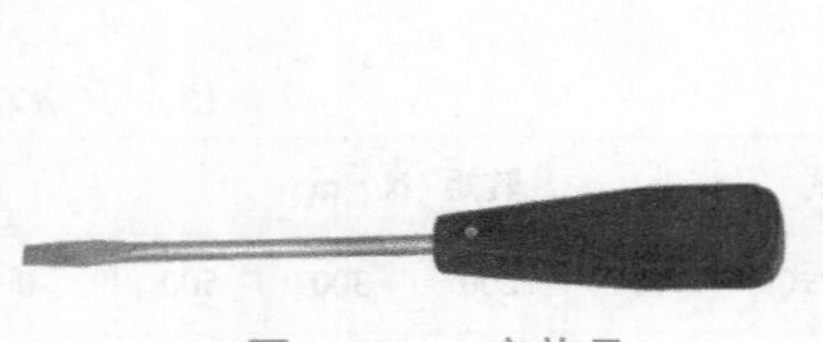

图 6-23　一字旋具

一字旋具主要用来紧固或拆卸一字槽形的螺钉、木螺钉和自攻螺钉等。使用时按螺钉槽形的宽度选择相适应的一字旋具，右手握住旋具的柄部，左手扶住刀体的前端，使刀体伸入螺钉沟槽内，刀口顶部顶在螺钉沟槽的底部，右手用力转动手柄，将螺钉旋紧或拆卸，如图 6-24 所示。

表 6-17　一字槽螺钉旋具的规格与尺寸　　mm

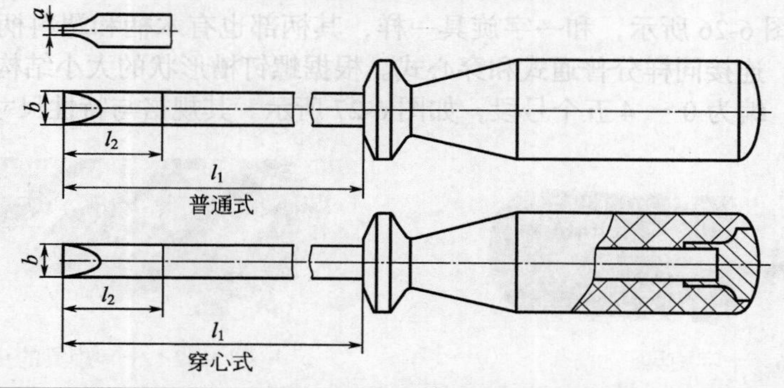

规格[①] $a\times b$	旋杆长度 l_{10}^{+5}			
	A 系列[②]	B 系列	C 系列	D 系列
0.4×2		40		
0.4×2.5		50	75	100
0.5×3		50	75	100
0.6×3		75	100	125
0.6×3.5	25（35）	75	100	125
0.8×4	25（35）	75	100	125
1×4.5	25（35）	100	125	150
1×5.5	25（35）	100	125	150
1.2×6.5	25（35）	100	125	150
1.2×8	25（35）	125	150	175
1.6×8		125	150	175
1.6×10		150	175	200
2×12		150	200	250
2.5×14		200	250	300

① 规格 $a\times b$ 按 QB/T 2564.2 的规定。

② 括号内的尺寸为非推荐尺寸。

通常一字旋具的头部成斜面，为避免装拆时易松脱的毛病，可将其头部磨成平面状，使其头部适合螺钉槽，如图 6-25 所示。

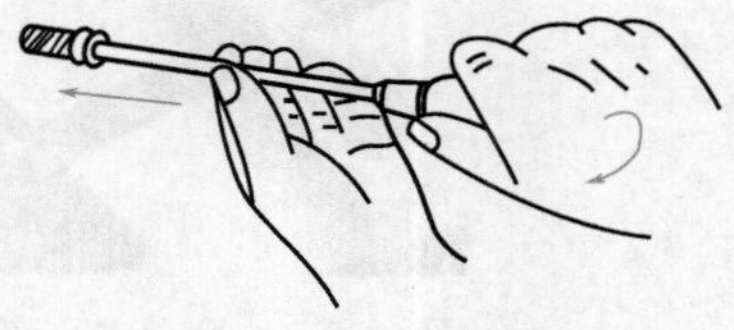

图 6-24　一字旋具的使用

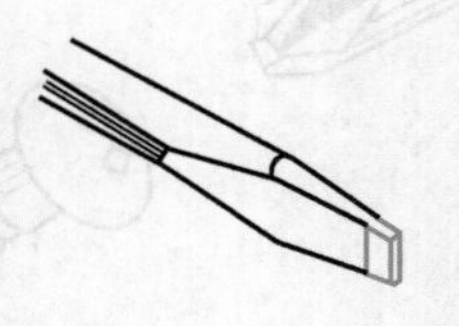
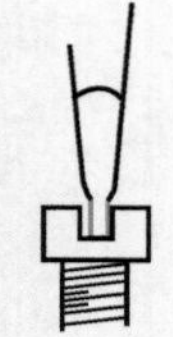

图 6-25　一字旋具头部的改进

（2）十字旋具

十字旋具如图 6-26 所示，和一字旋具一样，其柄部也有木柄和塑料柄两种形式，旋杆也分方形和圆形，连接同样分普通式和穿心式。根据螺钉槽形状的大小结构，十字旋具头部有多种结构形式，编为 0 ～ 4 五个号段，如图 6-27 所示。其规格与特性尺寸见表 6-18。

图 6-26　十字旋具

图 6-27　十字旋具的头部形式

表 6-18　十字槽螺钉旋具规格尺寸　mm

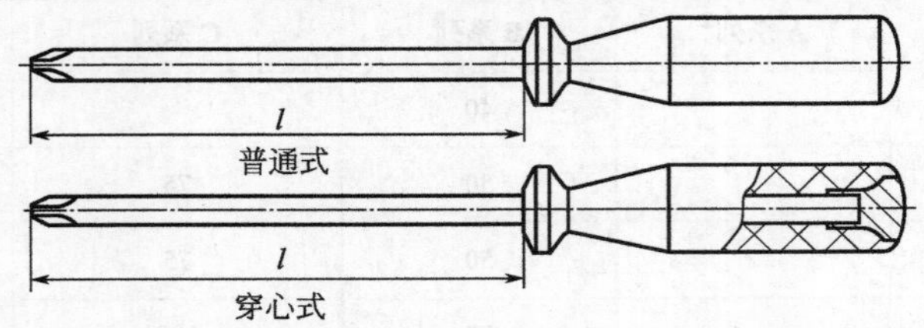

工作端部槽号 PH 和 PZ	旋杆长度 l_0^{+5}	
	A 系列	B 系列
0	25（35）	60
1	25（35）	75（80）
2	25（35）	100
3	—	150
4	—	200

注：括号内的尺寸为非推荐尺寸。

十字旋具适用于紧力较大的十字槽形螺钉、木螺钉和自攻螺钉等的紧固和拆卸，选用时其头部尺寸应与螺钉十字槽形尺寸相适合，如图 6-28 所示。根据工件情况需要，有时也对十字旋具头部进行改进，使其头部更好地适合螺钉槽形结构，如图 6-29 所示。

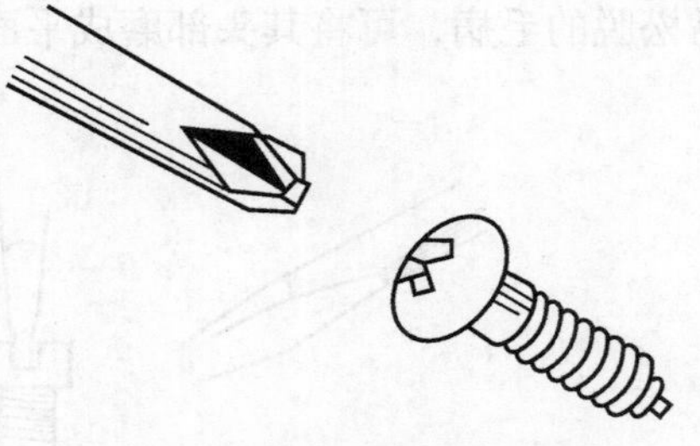
图 6-28　十字旋具的选用

图 6-29　十字旋具头部的改进

（3）其他旋具

① 开槽旋具　开槽旋具如图 6-30 所示，它适用于开槽圆螺母的装拆。使用时将其头部的两凸端插入圆螺母的两侧槽中，从而避免螺杆的阻碍而实现圆螺母的旋紧或拆卸。

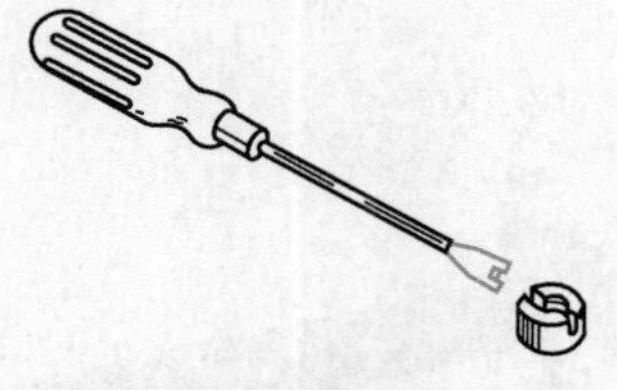

图 6-30　开槽旋具

图 6-31　偏头旋具

② 偏头旋具　偏头旋具如图 6-31 所示，其头部呈偏斜状，常用于一字旋具在装拆部位受到局限的工作场合。

③ 多用组合旋具　就是将不同规格旋具的旋杆与柄部做成活动连接（以开口螺母锁紧连接）而组成的套装，如图 6-32 所示，以满足在一个工作环境下不同情况的处理。

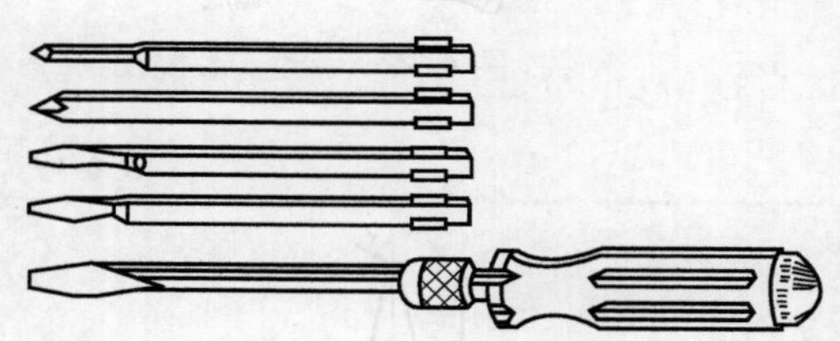

图 6-32　多用组合旋具

6.1.4　锤类工具

锤子是钳工装拆零件时的重要工具，有着各种各样的形式。

（1）圆头锤

圆头锤如图 6-33 所示，由锤头和锤柄组成。其锤顶是圆球形的，锤底是圆柱平面。锤头一般用碳素钢（T7 或 T8）制成，并经淬火硬化处理。锤柄用坚韧的木料制成（一般选檀木的较多）。锤子用重量大小来表示其规格，常用的有 0.22kg、0.44kg、0.66kg、0.88kg、1.1kg 等几种。

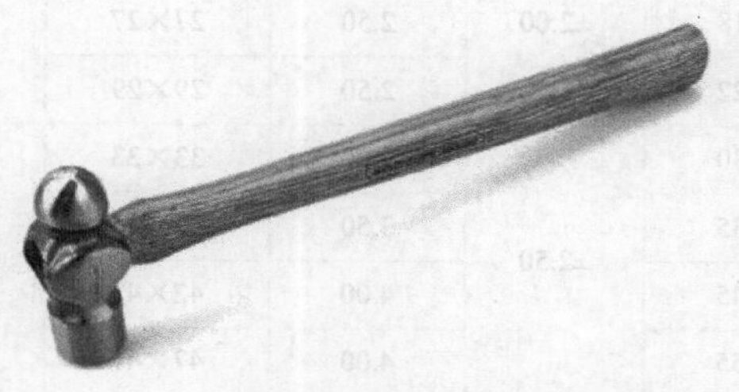

图 6-33　圆头锤

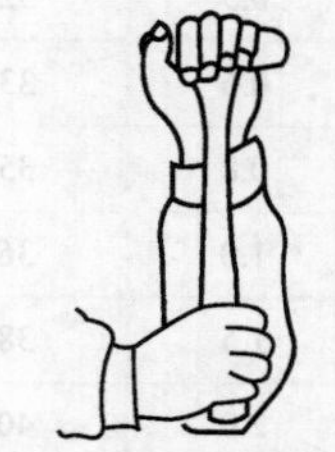

图 6-34　锤柄长度的确定

锤子的锤柄长度为 300 ～ 350mm，锤头越重，安装的手柄越长，如 1.1kg 锤头应安装 350mm 长锤柄。但也可根据人的小臂长度来确定，如图 6-34 所示。

如图 6-35 所示，圆头锤在安装时，要使锤柄中线与锤头中线垂直；锤柄安装在锤头中须稳固可靠，以防止脱落而造成事故。因此，装锤柄的孔应做成椭圆形的。锤柄敲紧在孔中后，端部再打入楔子，让其不能松动。锤柄也应是椭圆形的，这样用手握持时，手锤便不会转动，锤击点更为准确。

（2）钳工锤

钳工锤如图 6-36 所示。与圆头锤不同，钳工锤的锤顶是方头的。它主要用于敲击工件和整形。根据锤底结构的变化，钳工锤分为 A 型和 B 型两种，其规格见表 6-19。

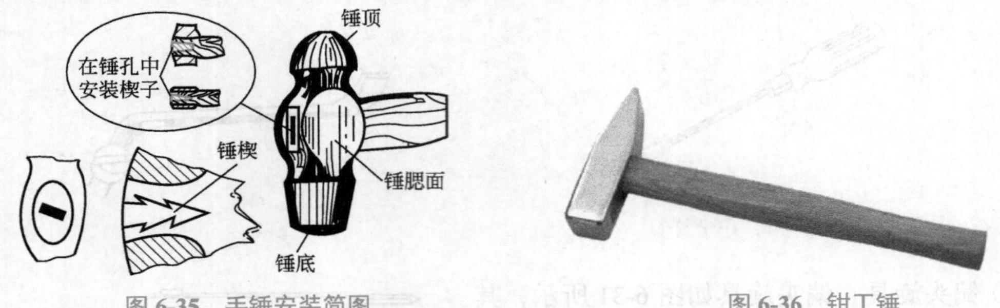

图 6-35　手锤安装简图　　图 6-36　钳工锤

表 6-19　钳工锤的类型和规格

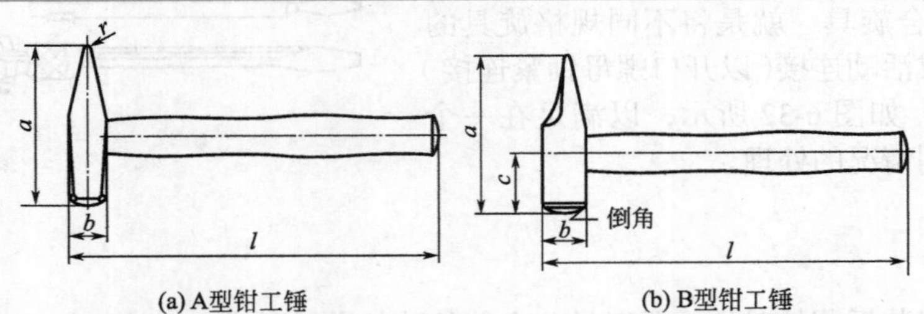

(a) A型钳工锤　(b) B型钳工锤

	规格 /kg	l/mm		a/mm		r min/mm	b×b/(mm×mm)	
		基本尺寸	公差	基本尺寸	公差		基本尺寸	公差
A 型	0.1	260		82		1.25	15×15	
	0.2	280		95	±1.50	1.75	19×19	±0.40
	0.3	300	±4.00	105		2.00	23×23	
	0.4	310		112		2.00	25×25	
	0.5	320		118	±2.00	2.50	27×27	±0.50
	0.6	330		122		2.50	29×29	
	0.8	350		130		3.00	33×33	
	1.0	360		135		3.50	36×36	
	1.5	380	±5.00	145	±2.50	4.00	42×42	±0.60
	2.0	400		155		4.00	47×47	

	规格 /kg	l/mm		a/mm		b/mm		c/mm	
		基本尺寸	公差	基本尺寸	公差	基本尺寸	公差	基本尺寸	公差
B 型	0.28	290		85		25		34	
	0.40	310	±6.0	98	±2.0	30	±0.5	40	±0.8
	0.67	310		105		35		42	
	1.50	350		131		45		53	

注：1. 本表不包括特殊型式的钳工锤。

2. 锤孔的尺寸参照 GB/T 13473 的附录。

（3）羊角锤

羊角锤如图 6-37 所示，它的一端是圆的，一端扁平向下弯曲并且开 V 形口，目的是为了起钉子用。羊角锤的柄部有木柄、钢管柄、包塑柄等。

（4）八角锤

八角锤如图 6-38 所示，主要用于装配和维修，其柄部有木柄和纤维柄两种。八角锤的锤面按使用目的的不同有方形和圆形之分，方形锤面用于敲击平坦的部位，圆形锤面用于敲击圆形部位。

图 6-37 羊角锤　　图 6-38 八角锤

（5）木锤

木锤如图 6-39 所示，指的是木制锤子，主要用于通风管道的安装或薄板的延伸以及板料弯形时的敲击，敲击时能对零件表面起到保护的作用。根据操作时工作情况的需要，木锤还可做成如图 6-40 所示的不同结构形式。

图 6-39 木锤　　图 6-40 木锤的其他结构形式

6.2 电动与风动工具

6.2.1 砂轮机

砂轮机是钳工装配和修理用的重要工具设备，如图 6-41 所示，主要由电动机、砂轮机座、托架和防护罩等组成。它主要用于刃磨錾子、钻头、刮刀、样冲和划针等钳工工具，也可用于打磨铸、锻工件的毛边或用于材料与零件的表面磨光、磨平、去余量及焊缝磨平。

砂轮机的种类很多，常用的有立式砂轮机（也称落地式砂轮机）、台式砂轮机、手提式砂轮机、软轴式砂轮机和悬挂式砂轮机等。表 6-20 列出了台式砂轮机和手提式砂轮机的主要型号和技术参数。

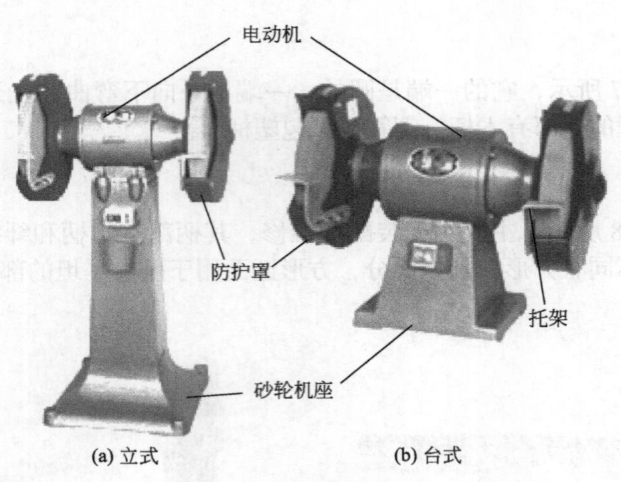

图 6-41　砂轮机

表 6-20　台式砂轮机和提式砂轮机的主要型号和技术参数

名称	型号	砂轮尺寸（外径 × 宽 × 内孔直径）/mm×mm×mm	转速 /(r/min)	电动机容量 /kW
台式砂轮机	S_1ST-150	$\phi150\times20\times\phi32$	2800	0.25
	S_1ST-200	$\phi200\times25\times\phi32$		0.5
	S_3ST-150	$\phi150\times20\times\phi32$		0.25
	S_3ST-200	$\phi200\times25\times\phi32$		0.5
	S_3ST-250	$\phi250\times25\times\phi32$		0.75
手提式砂轮机	S_3S-100	$\phi100\times20\times\phi20$	2750	0.5
	S_3S-150	$\phi150\times20\times\phi32$		0.68

砂轮机在使用时应注意：

① 使用前应检查砂轮是否完好（不应有裂痕、裂纹或伤残），砂轮轴是否安装牢固、可靠，砂轮机与防护罩之间有无杂物，是否符合安全要求。确认无问题时，再开动砂轮机。

② 操作者必须戴上防护眼镜，任何时候，操作人员都不得戴手套或用衬布等夹持待磨的工件。

③ 砂轮机严禁磨削铝、铜、锡、铅及非金属。

④ 砂轮机开动后，要空转 2 ～ 3min，待砂轮机运转正常时，才能使用。

⑤ 使用砂轮机时，人不得直对砂轮运转方向。

⑥ 磨刀件或刀具时，不能用力过猛，要慢慢上料，不准撞击砂轮；听到有异响时必须马上停机。

⑦ 在同一块砂轮上，禁止两人同时使用，更不准在砂轮的侧面磨削。磨削时，操作者应站在砂轮机的侧面，不要站在砂轮机的正面，而应站在侧面 35° 角以外，以防砂轮崩裂而发生事故。

⑧ 对于细小的、大的和不好拿的工件，不能在砂轮机上磨，特别是小工件要拿牢，以防挤入砂轮机内，将砂轮机挤碎。

⑨ 砂轮不准沾水，要经常保持干燥，以防沾水后失去平衡，发生事故。

⑩ 砂轮磨薄、磨小、有裂纹、使用磨损严重时，不准使用，应及时更换，以保证安全。

⑪ 砂轮机用完后，应立即关闭电源，不要让砂轮机空转。

6.2.2 角向磨光机

角向磨光机如图 6-42 所示，它利用高速旋转的薄片砂轮以及橡胶砂轮、钢丝轮等对金属构件表面进行修磨、切割、清理飞边毛刺等加工。

6.2.3 电磨头

电磨头属于高速磨削工具，如图 6-43 所示，它适用于在大型工、夹、模具的装配调整中，对各种复杂的工件进行修磨和抛光。

图 6-42 角向磨光机

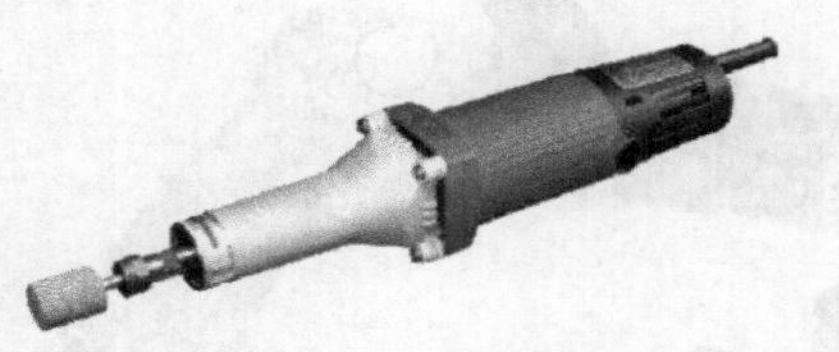

图 6-43 电磨头

电磨头前端的砂轮可根据工作情况进行更换，装上不同形状的小砂轮（如图 6-44 所示），还可以修磨各种凹、凸模的成形面。当用布轮代替砂轮使用时，则可进行抛光作业。

图 6-44 各种形状的小砂轮

6.2.4 电剪刀

电剪刀如图 6-45 所示，用来剪切各种形状的金属板材，它使用灵活，携带方便。用电剪刀剪切后的板材具有板面平整、变形小、质量好的优点。

电剪刀在使用前应根据材料的厚度来调整两切削刃之间的距离，当剪切厚度大的材料时，两切削刃之间的间距为 0.2 ～ 0.3mm；当剪切较薄的材料时，刃口间距按 S=0.2× 材料厚度计算。

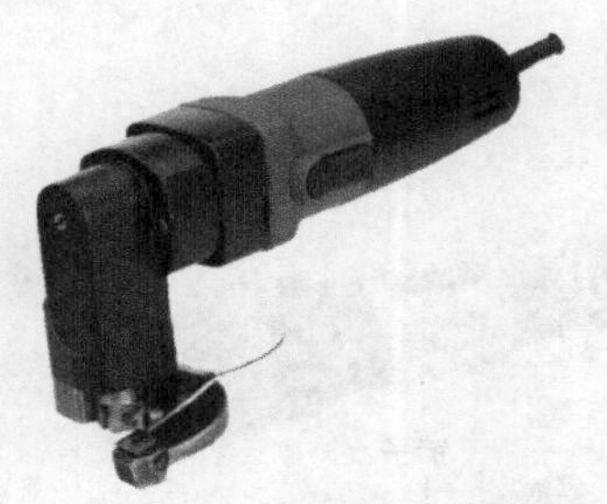

图 6-45 电剪刀

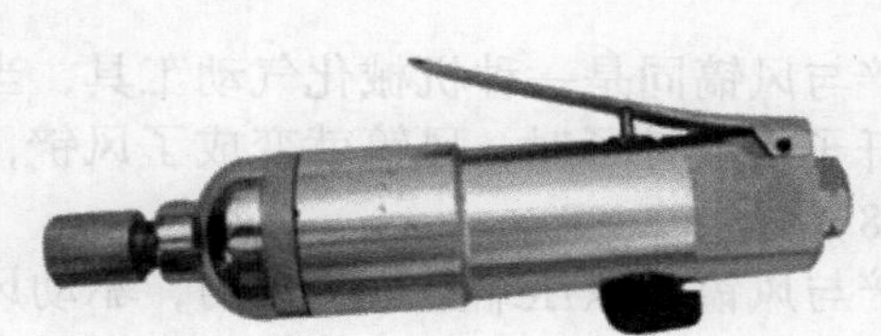

图 6-46 风砂轮

6.2.5 风砂轮

风砂轮常用来清理工件飞边、毛刺，去除材料多余余量，修光工件表面，修磨焊缝和齿

轮倒角等。使用时按工件的大小和修磨的部位来选择具体的风砂轮型号。风砂轮的外形结构如图 6-46 所示。

风砂轮是由压缩空气驱动较高转速的风机直接带动砂轮旋转的，其型号与主要技术参数见表 6-21。

表 6-21　风砂轮机的型号与主要技术参数

型号	质量 /kg	砂轮直径 /mm	使用气压 /MPa	转速 /(r/min)	最大外形长度 /mm
S40A	0.7	$\phi40$	0.5	17000 ～ 20000	150
A60	1.2	$\phi60$		14000 ～ 16000	340
A150	6	$\phi50$		5500 ～ 6500	470

图 6-47　风钻

6.2.6　风钻

风钻如图 6-47 所示，常用于来钻削工件上不便于在机床上加工的小孔。

风钻质量轻、操作简便灵活、使用安全。其类型与技术参数见表 6-22。

表 6-22　风钻的类型与技术参数

型号	最大钻孔直径 /mm	使用气压 /MPa	转速 /(r/min)		质量 /kg
			空载	负载	
ZW5	4	0.5	2800	1250	1.2
Z6	6				0.7
Z8	8			900	1.6
05-22	22		—	300	9
05-32-1	32	0.5	380	225	11
ZS32					13.5

6.2.7　风铲与风镐

风铲与风镐同是一种机械化气动工具，当风镐的钎子换成铲子时，风镐就变成了风铲，如图 6-48 所示。

风铲与风镐是以压缩空气为动力，驱动风铲与风镐气缸内的冲击部件，使铲子和钎子产生冲击作用的。机修钳工使用风铲来破碎坚硬的土层、起吊水泥层和安装机械设备，有时也用风铲铲切工件的焊缝和毛刺等。

部分风铲与风镐的技术规格见表 6-23。

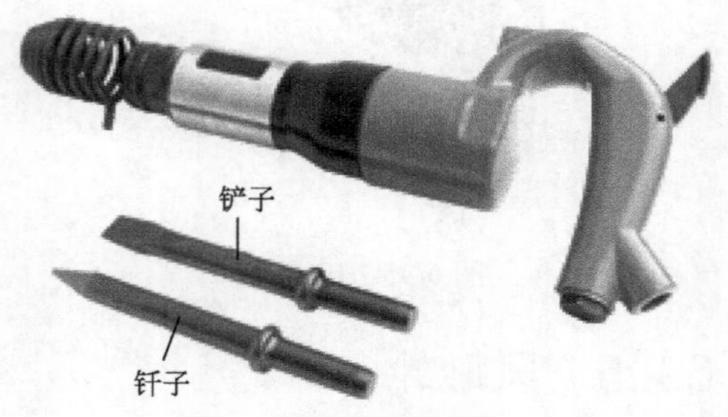

图 6-48　风铲与风镐

表 6-23　风铲与风镐的技术规格

型号	G-5	G-8	G-2	G-7
质量 /kg	10.5	8.0	9	7.5
全长（不带铲子）	600	500	500	560
冲击数 /(次 /min)	950	1400	1000	1200
活塞上能力 /W	735	680		—
一次做功 /kg · m	3.5	2.5	3	1.55
空气流量 /(m^3/min)	4	1	1	0.74
压强 /kPa	434	434	434	434
活塞直径 /mm	38	38	38	35
活塞行程 /mm	155	—	—	90
活塞质量 /kg	0.9	0.7	—	—
胶皮风管直径 /mm	16	16	16	16

6.3 手动压床与千斤顶

6.3.1 手动压床

手动压床是一种以手动为动力、吨位较小的机修钳工常用的辅助设备。它用于在过盈连接中零件的拆卸压出和装配压入，有时也用来矫正、调直弯曲变形的零件。

手动压床的形式很多，按结构特点的不同分为螺旋式、液压式、杠杆式、齿条式和气动式等，如图 6-49 所示。

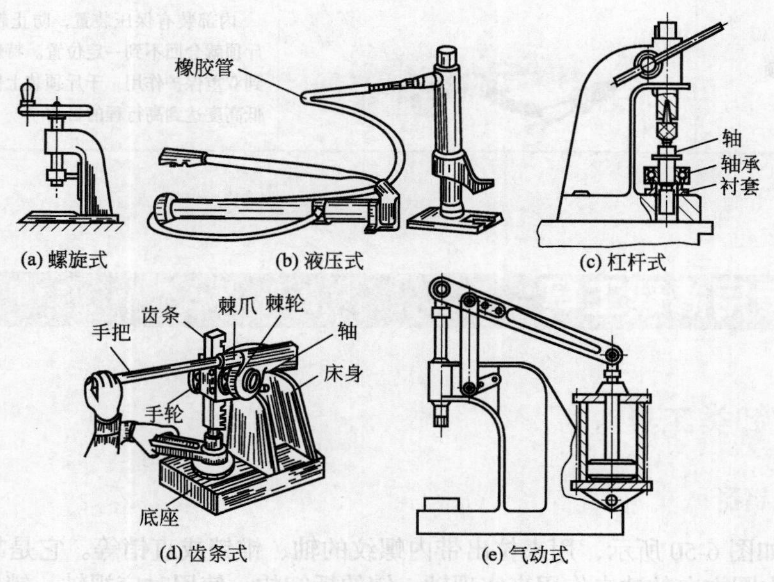

图 6-49　手动压床

6.3.2 千斤顶

千斤顶是利用刚性顶举件作为工作装置，通过顶部托座或底部托爪的小行程顶开重物的轻小起重设备。

千斤顶按结构特征可分为齿条千斤顶、螺旋千斤顶和液压（油压）千斤顶三种。按其他方式可分为分离式千斤顶、卧式千斤顶、爪式千斤顶、同步千斤顶、油压千斤顶、电动千斤顶等。其中常用的千斤顶有螺旋千斤顶、液压千斤顶、电动千斤顶，见表 6-24。

表 6-24 常用千斤顶

<table>
<tr><th colspan="2">类型</th><th>图示</th><th>特点与应用</th></tr>
<tr><td colspan="2">螺旋千斤顶</td><td></td><td>螺纹无自锁作用，装有制动器。放松制动器，重物即可自行快速下降，缩短返程时间，构造较复杂，能长期支持重物，最大起重量已达 100t，应用较广。下部装上水平螺杆后，还能使重物做小距离横移</td></tr>
<tr><td rowspan="2">液压千斤顶</td><td>立式</td><td></td><td rowspan="2">用于液压传动系统中做中间介质，起传递和转换能量作用，用时还起着液压系统内各部件间的润滑、防腐、冷却、冲洗等作用</td></tr>
<tr><td>卧式</td><td></td></tr>
<tr><td colspan="2">电动千斤顶</td><td></td><td>内部装有保压装置，防止超压，如果超压，千斤顶就会回不到一定位置。特殊结构对千斤顶能起到双重保护作用，千斤顶装上俯冲装置后，可实现低高度达到高行程的目的</td></tr>
</table>

6.4 专用修理工具

6.4.1 拔卸类工具

（1）拔销器

拔销器如图 6-50 所示，用来拉出带内螺纹的轴、锥销或直销等。它是靠手握作用力圈后产生向受力圈方向的冲击作用来实现轴、销的拆卸的，使用时应视轴、销内螺纹大小选择

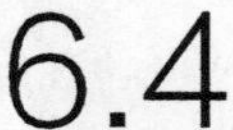

合适的双头螺钉，为避免双头螺钉的外螺纹和轴、销的内螺纹产生打滑而烂牙，配合时应将双头螺钉多拧进几个螺牙进入轴、销内螺纹中。另外，也应该注意防止作用力圈与受力圈接触时发生夹手事故。

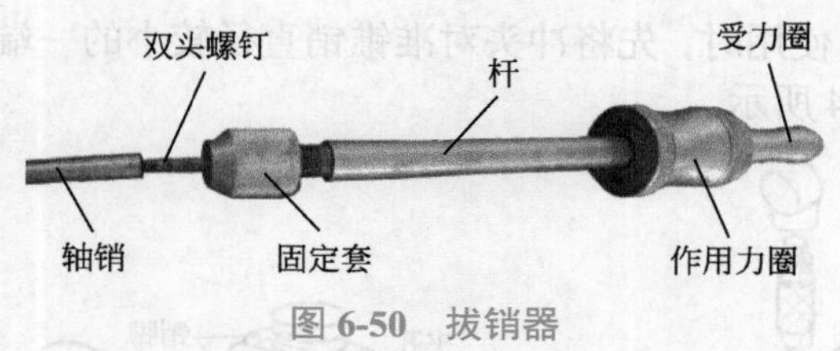

图 6-50　拔销器

（2）拔键器

拔键器主要用于拆卸带钩头的斜度平销，它分为冲击式和抵拉式两种，如图 6-51 所示。

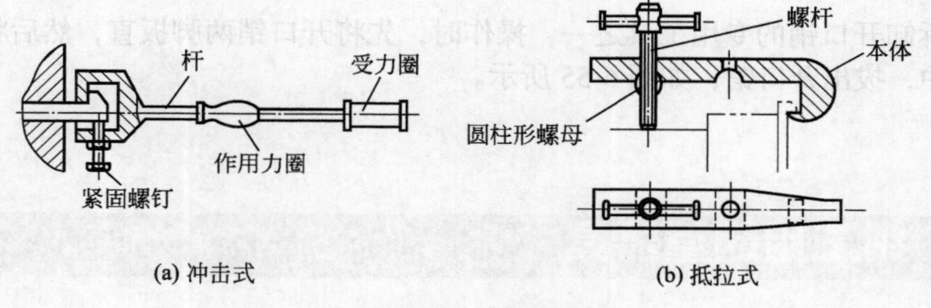

图 6-51　拔键器

对于抵拉式拔键器，使用前应先将工具钩端放入钩头楔键与连接件的空间内，使其圆弧钩端抵在连接杆端面，当有空隙时，可用铁片垫实后，旋紧螺杆本体向外顶，即可将钩头楔键拉出。

（3）顶拔器

顶拔器又称拉爪，用来拆卸机械中的轮、盘或轴承类零件，它分为两爪式和三爪式两种，如图 6-52 所示。

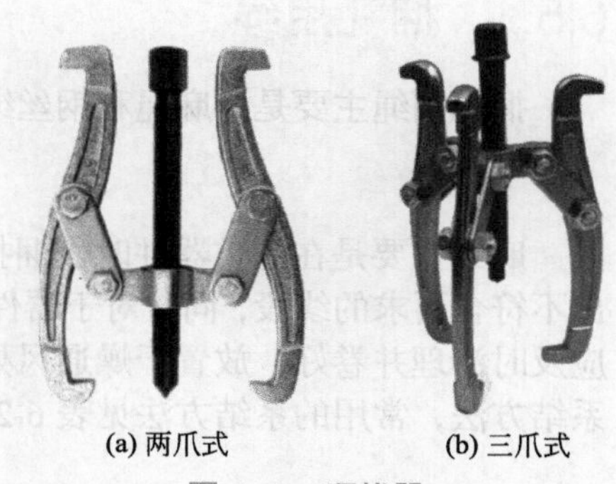

图 6-52　顶拔器

两爪式用于拉卸较小的滚动轴承；三爪式用于拉卸较大的带轮、齿轮、联轴器等。此外，三爪顶拔器还有液压式的，如图 6-53 所示。

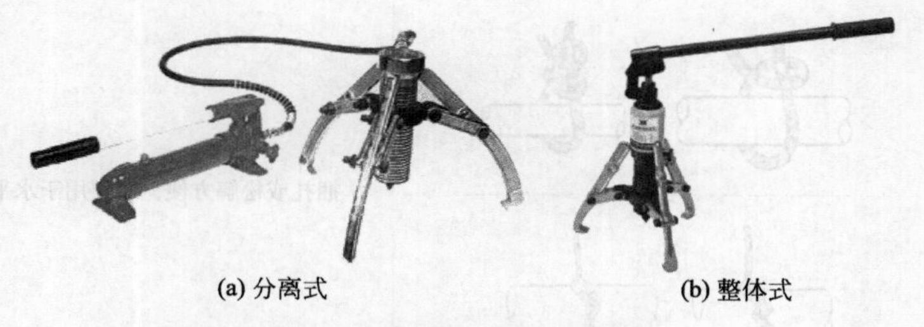

图 6-53　液压式三爪顶拔器

6.4.2 拆卸类工具

（1）冲头

冲头用于击卸销子。使用时，先将冲头对准锥销直径较小的一端，然后用锤子敲击冲头，从而冲出锥销，如图 6-54 所示。

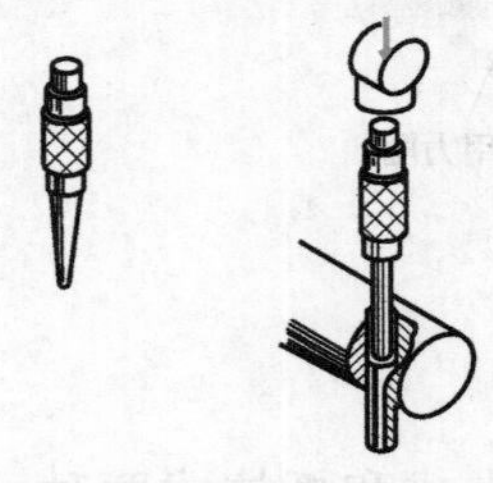

图 6-54　冲头及其使用

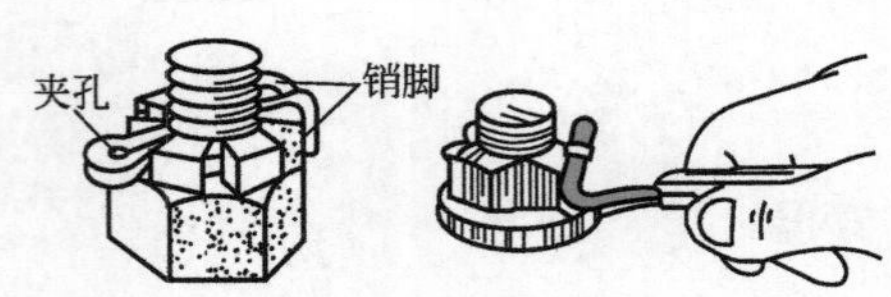

图 6-55　拔钩的使用

（2）拔钩

拔钩是拆卸开口销的专用工具之一，操作时，先将开口销两脚扳直，然后将拔钩插入开口销的夹孔中，拔出开口销，如图 6-55 所示。

6.5 钳工用起重器具

6.5.1　捆扎用绳

捆扎用绳主要是指麻绳和钢丝绳。

（1）麻绳

麻绳主要是在起重器件时作捆扎之用。为保证操作安全，使用前必须认真检查，并清查出不符合要求的线段，同时对于器件上尖锐边缘的接触处应垫以木纸板或麻袋等。使用完后，应及时清理并卷好，放置干燥通风处保存。麻绳在捆扎时应根据不同的工作场景采用不同的系结方法，常用的系结方法见表 6-25。

表 6-25　麻绳捆扎时常用的系结方法

系结方法	图示	应用场合
十字结		捆扎或松解方便，主要用于水平提升细而长的器件

续表

系结方法	图示	应用场合
叠结		用于垂直提升细而长的器件
猪蹄结		用于易抱住的器件，并需要随时拉紧、松开、增长或缩短的场合
海员结		用于提升或拖拉器件，绳索末端可收紧，但松解不便
溜松绳结		用于在受力时慢慢放松的情况，但卷绳须排列整齐，不得重压，松端应在下方
琵琶结		常用于绳头的一端固定或起吊、溜绳时对器件的拴结等

（2）钢丝绳

钢丝绳由钢丝、绳芯及润滑脂组成。钢丝绳是先由多层钢丝捻成股，再以绳芯为中心，由一定数量股捻绕成螺旋状的绳。在物料搬运机械中，供提升、牵引、拉紧和承载之用。钢丝绳的强度高、自重轻、工作平稳、不易骤然整根折断，工作可靠。

钢丝绳捆扎时常用的系结方法见表6-26。其结头的紧固方法见表6-27。

表6-26　钢丝绳捆扎时常用的系结方法

系结方法	图示	应用场合
平结	短圆木	适于连接钢丝绳的两端
兜捆结		适于吊装块状器件
套捆结		适于块状、轴状、板状、盘状等形状的重物起吊

续表

系结方法	图示	应用场合
八字拴结		适于平吊条形重物
孔拴结		利用器件上的孔、吊环螺栓等，采用轴卡限位，吊装重器件
吊环结		
螺栓结		
吊钩结		用于吊钩上拴结钢丝绳起吊器件

表 6-27　钢丝绳结头的紧固方法

紧固方法	图示	紧固方法	图示
手插软索		手插套环	
铝合金压接软索		铝合金压套环	
铝合金压接锥型软索		闭口端子	
开口索节		闭口索节	

6.5.2 滑车

（1）通用起重滑车

通用起重滑车用于吊升笨重器件，是一种使用简单、携带方便、起重能力较大的起重工具，一般与绞车配套使用。它有单轮、双轮、三轮、四轮等多种形式，分为开口吊钩型、开口链环型和闭口吊环型等，如图 6-56 所示。

(a) 开口吊钩型

(b) 开口链环型

(c) 闭口吊环型

图 6-56 通用起重滑车

(a) 单轮

(b) 双轮

图 6-57 吊滑车

（2）吊滑车

用于吊放或牵引较重的器件，它有单轮和双轮之分，滑轮的直径为 19mm、25mm、38mm、50mm、63mm 和 75mm 等多种，其结构形式如图 6-57 所示。

6.5.3 手动葫芦

手动葫芦分为手拉葫芦和手扳葫芦两种，其中环链手拉葫芦、钢丝绳手拉葫芦和环链手扳葫芦使用最为普遍。

（1）手拉葫芦

手拉葫芦如图 6-58 所示，是一种以手拉为动力的起重设备，广泛用于小型设备的拆、装和零部件的短距离吊装作业。

手拉葫芦的起吊高度一般不超过 3mm，起重量一般不超过 10t，最大可达 20t。它可垂直起吊，也可倾斜使用，具有体积小、重量轻、效率高、操作简易及携带方便等特点。其规格与技术参数见表 6-28。

表 6-28 手拉葫芦的规格与技术参数

规格	0.5	1	1.6	2	2.5	3.2	5	8	10	16	20
额定起重量 /t	0.5	1	1.6	2	2.5	3.2	5	8	10	16	20
吊升高度 /m	2.5					3					
两钩间距 /mm	350	400	460	530	600	700	850	1000	1200	1300	1400

（2）手扳葫芦

手扳葫芦如图 6-59 所示，是一款使用简单、携带方便的手动起重工具。手扳葫芦可以进行提升、牵引、下降、校准等作业，起重量一般不超过 50t。手扳葫芦的类型与技术参数见表 6-29。

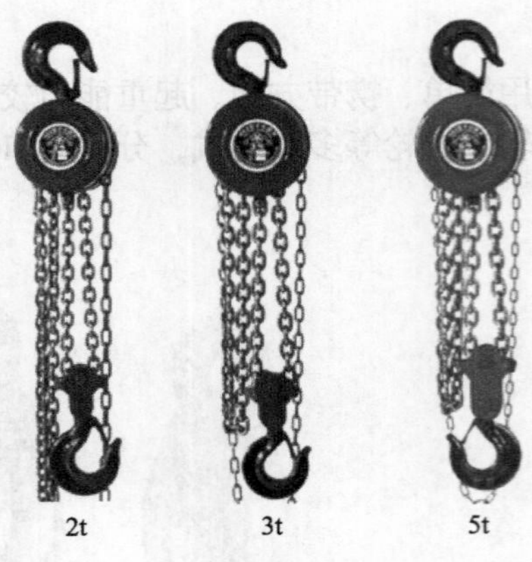
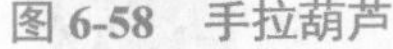

图 6-58　手拉葫芦

图 6-59　手扳葫芦（环链式）

表 6-29　手扳葫芦的类型与技术参数

类型	型号	额定起重量 /t	吊升高度 /m	机体最大质量 /kg
钢丝绳手扳葫芦	HSS0.8	0.8	—	5.5
	HSS1.5	1.5		10
	HSS3	3.0		16
环链式手扳葫芦	HSH0.8	0.8	1.5	—
	HSH1.6	1.6		
	HSH3.2	3.2		
	HSH6.3	6.3		

6.5.4 单梁起重机

单梁起重机的外形如图 6-60 所示，它由吊架、葫芦组成，用于拆卸或装配零部件。

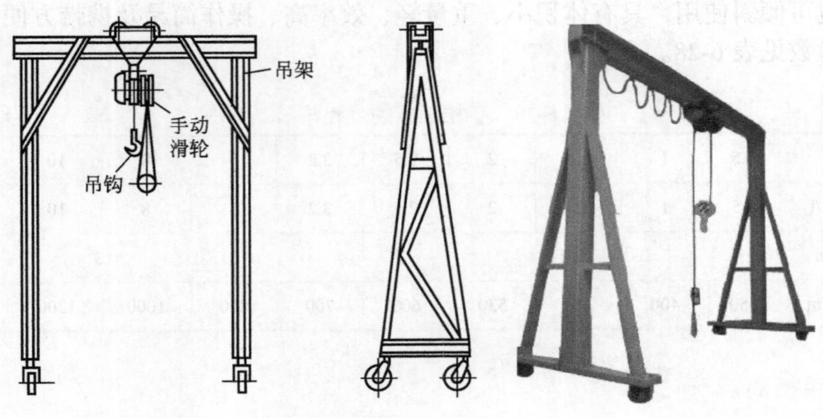

图 6-60　单梁起重机

6.6 钳工常用设备

6.6.1 钳工工作台

钳工工作台如图 6-61 所示，它又称为钳桌，是钳工专用的工作台，用于安装台虎钳并放置工件、工具。工作台离地面的高度为 800 ～ 900mm，台面厚度以 60mm 为宜。

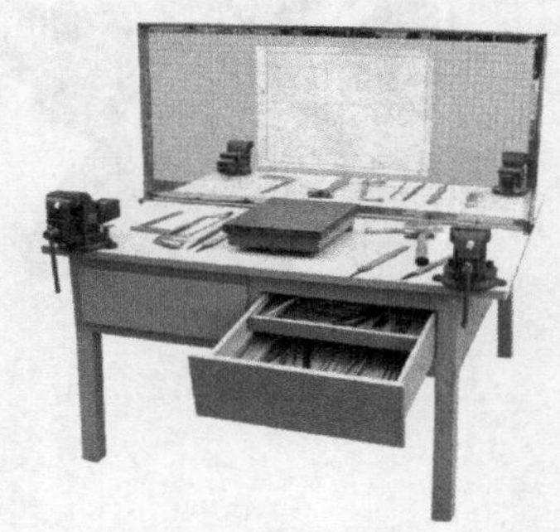

图 6-61 钳工工作台

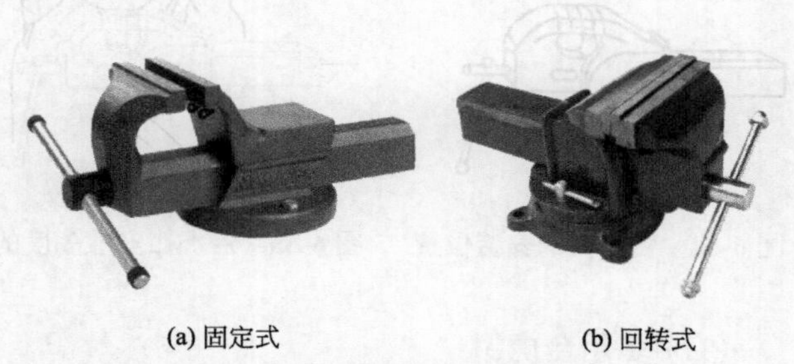

(a) 固定式　(b) 回转式

图 6-62 台虎钳

6.6.2 台虎钳

（1）普通台虎钳

普通台虎钳是用来夹持工件的通用夹具，它有固定式和回转式两种，如图 6-62 所示。其规格用钳口宽度表示，常用的规格有 100mm、125mm 和 150mm 等。

台虎钳的主体由铸铁制成，并用螺栓紧固在钳台上。回转式台虎钳比固定式台虎钳多了一个底座，工作时钳身可在底座上回转，其结构如图 6-63 所示。

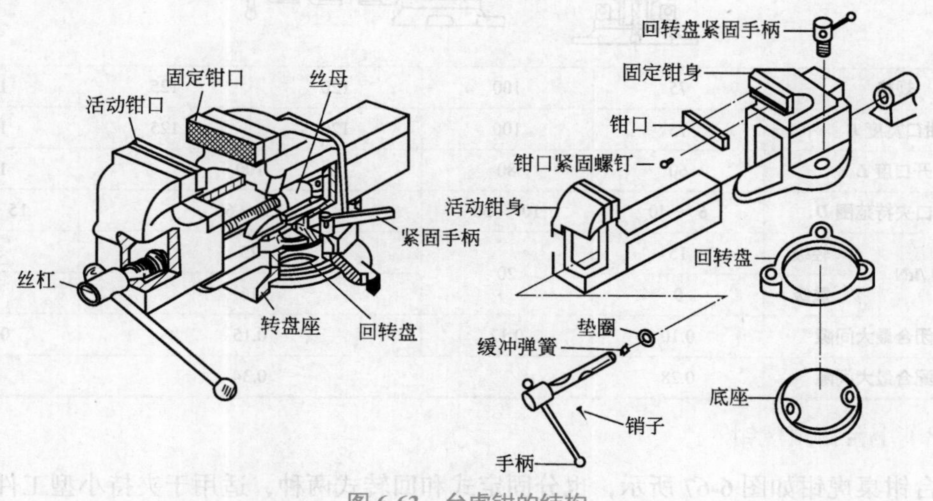

图 6-63 台虎钳的结构

台虎钳安装在钳台上时，为保证夹持长条形工件时工件的下端不受钳台边缘的阻碍，就须使固定钳身的钳口工件面处于钳台边缘之外，如图 6-64 所示。另外，台虎钳也须牢固地固定在钳台上，两个紧固螺栓必须拧紧，以保证工作时钳身不松动。同时，台虎钳安放在工作台上面的高度应恰好齐操作者的手肘，如图 6-65 所示。

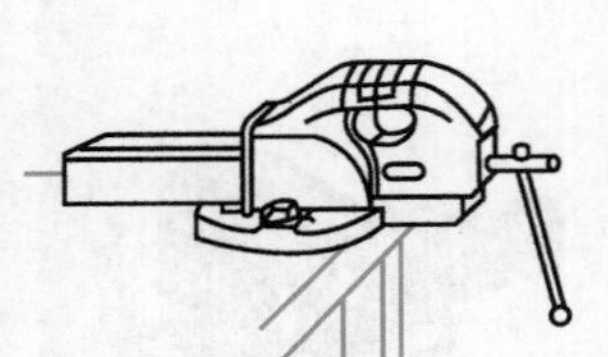
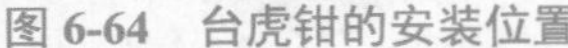

图 6-64　台虎钳的安装位置

图 6-65　台虎钳安放高度的确定

图 6-66　多用台虎钳

（2）多用台虎钳

多用台虎钳与普通台虎钳相同，但在钳口下部设有一对带圆弧的管钳口及 V 形钳口，专用来夹持小直径的钢管、水管等圆柱形零件，以使加工时工件不转动，并在固定钳体上端铸有铁砧面，便于对小工件进行锤击加工，如图 6-66 所示。

多用台虎钳的规格与技术特性参数见表 6-30。

表 6-30　多用台虎钳的规格与技术特性参数　　mm

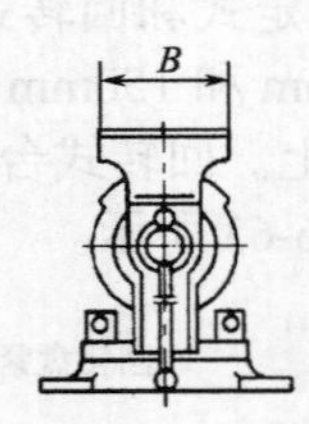

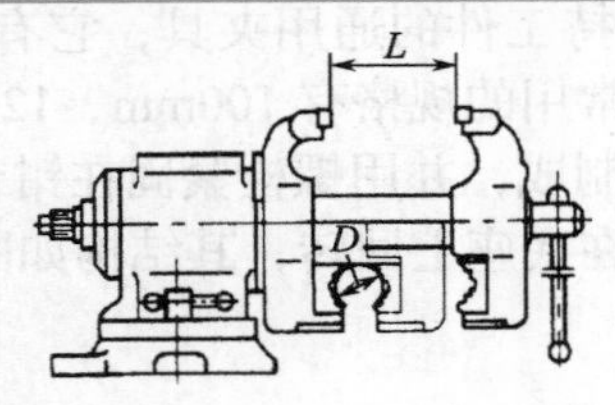

<table>
<tr><td colspan="2">规格</td><td>75</td><td>100</td><td>120</td><td>125</td><td>150</td></tr>
<tr><td colspan="2">钳口宽度 B</td><td>75</td><td>100</td><td>120</td><td>125</td><td>150</td></tr>
<tr><td colspan="2">开口度 L</td><td>60</td><td>80</td><td colspan="2">100</td><td>120</td></tr>
<tr><td colspan="2">管钳口夹持范围 D</td><td>6 ～ 40</td><td>10 ～ 50</td><td colspan="2">15 ～ 60</td><td>15 ～ 65</td></tr>
<tr><td rowspan="2">夹紧力 /kN</td><td>轻级</td><td>15</td><td rowspan="2">20</td><td colspan="2">25</td><td>30</td></tr>
<tr><td>重级</td><td>9</td><td colspan="2">16</td><td>18</td></tr>
<tr><td colspan="2">钳口闭合最大间隙</td><td>0.10</td><td>0.12</td><td colspan="2">0.15</td><td>0.18</td></tr>
<tr><td colspan="2">导轨配合最大间隙</td><td>0.28</td><td colspan="4">0.34</td></tr>
</table>

（3）小台钳桌虎钳

小台钳桌虎钳如图 6-67 所示，也分固定式和回转式两种，适用于夹持小型工件，钳体安装与拆卸方便。其技术特性参数见表 6-31。

表 6-31　小台钳桌虎钳的技术特性参数　　mm

规格	40	50	60	65
钳口宽度	40	50	60	65
开口度	35	45	55	
紧固范围	15～45			
夹紧力 /kN	4.0	5.0	6.0	
闭合最大间隙	0.10		0.12	
导轨配合最大间隙	0.20		0.25	

（4）手虎钳

手虎钳是用来夹持轻巧工件以便进行加工的一种手持工具，如图 6-68 所示。

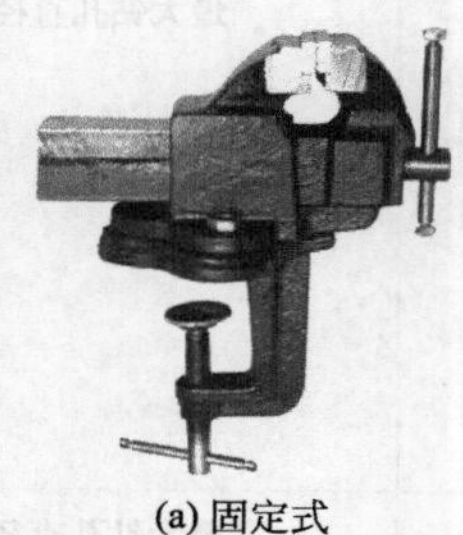

(a) 固定式

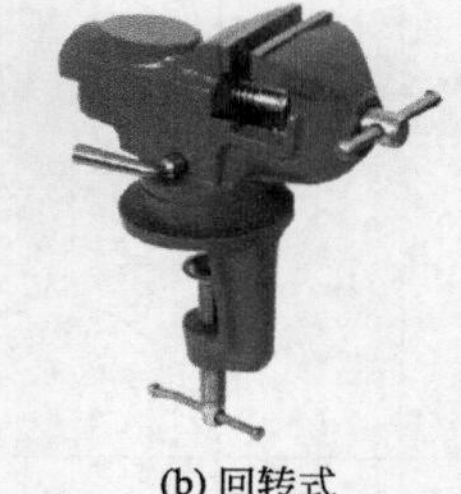

(b) 回转式

图 6-67　小台钳桌虎钳

图 6-68　手虎钳

手虎钳钳口宽度有 25mm、30mm、40mm、50mm 等几种规格，其钳口张开间隙分别为 15mm、20mm、30mm、60mm。

6.6.3　钻孔用设备

（1）钻床

钻床是用来对工件进行孔加工的设备，有台式钻床、立式钻床和摇臂钻床等。随着数控技术的发展，数控钻床的应用也越来越广泛。钻床类、组、系划分见表 6-32。

表 6-32　钻床类、组、系划分

组		系		主参数	
代号	名称	代号	名称	折算系数	名称
0	—	0 1 2 3 4 5 6 7 8 9	—	—	—

续表

组		系		主参数	
代号	名称	代号	名称	折算系数	名称
1	坐标镗钻床	0	台式坐标镗钻床	1/10	工作台面宽度
		1			
		2			
		3	立式坐标镗钻床	1/10	工作台面宽度
		4	转塔坐标镗钻床	1/10	工作台面宽度
		5			
		6	定臂坐标镗钻床	1/10	工作台面宽度
		7			
		8			
		9			
2	深孔钻床	0			
		1	深孔钻床	1/10	最大钻孔直径
		2			
		3			
		4			
		5			
		6			
		7			
		8			
		9			
3	摇臂钻床	0	摇臂钻床	1	最大钻孔直径
		1	万向摇臂钻床	1	最大钻孔直径
		2	车式摇臂钻床	1	最大钻孔直径
		3	滑座摇臂钻床	1	最大钻孔直径
		4	坐标摇臂钻床	1	最大钻孔直径
		5	滑座万向摇臂钻床	1	最大钻孔直径
		6	无底座万向摇臂钻床	1	最大钻孔直径
		7	移动万向摇臂钻床	1	最大钻孔直径
		8			
		9			
4	台式钻床	0	台式钻床	1	最大钻孔直径
		1	工作台台式钻床	1	最大钻孔直径
		2	可调多轴台式钻床	1	最大钻孔直径
		3	转塔台式钻床	1	最大钻孔直径
		4	台式攻钻床	1	最大钻孔直径
		5			
		6	台式排钻床	1	最大钻孔直径
		7			
		8			
		9			
5	立式钻床	0	圆柱立式钻床	1	最大钻孔直径
		1	方柱立式钻床	1	最大钻孔直径
		2	可调多轴立式钻床	1	最大钻孔直径
		3	转塔立式钻床	1	最大钻孔直径
		4	圆方柱立式钻床	1	最大钻孔直径
		5			
		6	立式排钻床	1	最大钻孔直径
		7	十字工作台立式钻床	1	最大钻孔直径
		8			
		9	升降十字工作台立式钻床	1	最大钻孔直径

续表

组		系		主参数	
代号	名称	代号	名称	折算系数	名称
6	卧式钻床	0			
		1			
		2	卧式钻床	1	最大钻孔直径
		3			
		4			
		5			
		6			
		7			
		8			
		9			
7	铣钻床	0	台式铣钻床	1	最大钻孔直径
		1	立式铣钻床	1	最大钻孔直径
		2			
		3			
		4	龙门式铣钻床	1	最大钻孔直径
		5	十字工作台立式铣钻床	1	最大钻孔直径
		6	镗铣钻床	1	最大钻孔直径
		7	磨铣钻床	1	最大钻孔直径
		8			
		9			
8	中心孔钻床	0			
		1	中心孔钻床	1/10	最大工件直径
		2	平端面中心孔钻床	1/10	最大工件直径
		3			
		4			
		5			
		6			
		7			
		8			
		9			
9	其他钻床	0	双面卧式玻璃钻床	1	最大钻孔直径
		1	数控印制板钻床	1	最大钻孔直径
		2	数控印制板铣钻床	1	最大钻孔直径
		3			
		4			
		5			
		6			
		7			
		8			
		9			

① 台式钻床　图 6-69 所示的是一台最大钻孔直径为 12mm 的台式钻床，其变速是通过安装在电动机主轴和钻床上的一组 V 带轮来实现的，共可获得五种不同转速，变速时应停止运转。

钻孔时，只要拨动手柄使小齿轮通过主轴套筒上的齿条使主轴上下移动，就能实现进给和退刀。钻孔深度是通过调节标尺杆上的螺母来控制的。根据工件的大小调节主轴与工件间的距离，松开紧固手柄，摇动升降手柄，使螺母旋转。由于丝杠不转，则螺母作直线运动，从而带动头架沿立柱升降，使主轴与工件之间的距离得到调节，当头架升降到适当位置时，

扳紧紧固手柄。

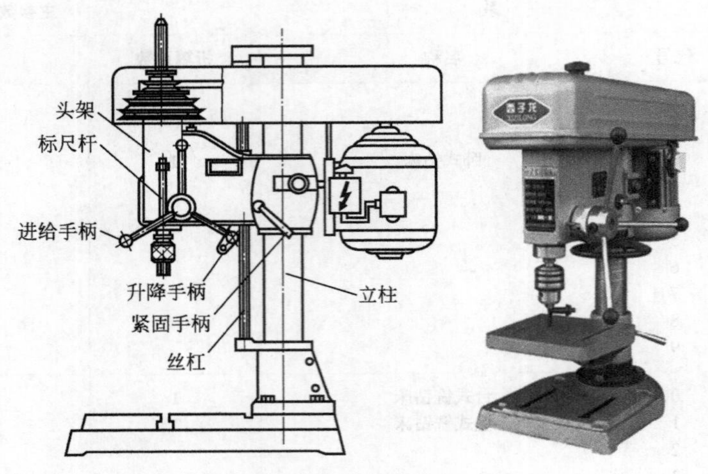

图 6-69　台式钻床

台式钻床转速高、效率高，使用方便灵活，适于小工件的钻孔。但是，由于台式钻床的最低转速较高，因此不适合锪孔和铰孔的加工。台式钻床的型号与技术参数见表 6-33。

表 6-33　台式钻床的型号与技术参数

技术参数	型号				
	Z4002A	Z4006V	Z4012	Z4015	Z4116-A
最大钻孔直径 /mm	2	6	12	15	16
主轴行程 /mm	25	63	100	100	125
主轴孔莫氏锥度号	—	—	1	2	2
主轴端面至底座的距离 /mm	20 ～ 120	90 ～ 215	30 ～ 430	300 ～ 430	560
主轴中心线至立柱表面的距离 /mm	80	152	190	190	240
主轴转速范围 /(r/min)	3000 ～ 8700	2300 ～ 11400	480 ～ 4100	480 ～ 2800	335 ～ 3150
主轴转速级数	3	4	4	4	5
主轴箱升降方式	手托	丝杠升降	蜗轮蜗杆	蜗轮蜗杆	—
主轴箱绕立柱回转角度 /(°)	±180	±180	0	0	±180
主轴进给方式	手动	手动	手动	手动	手动
电动机功率 /kW	0.09	0.37	—	—	—
工作台尺寸 /mm	110×100	200×200	295×295	295×295	300×300
机床外形尺寸 /mm×mm×mm	320×140×370	545×272×730	790×365×800	790×365×850	780×415×1300

② 立式钻床　立式钻床是钻床中较为普通的一种，如图 6-70 所示。它有多种型号，最大钻孔直径有 25mm、35mm、40mm、50mm 等几种。其结构主要由底座、工作台、主轴、进给变速箱、主轴变速箱、电动机和立柱等组成。

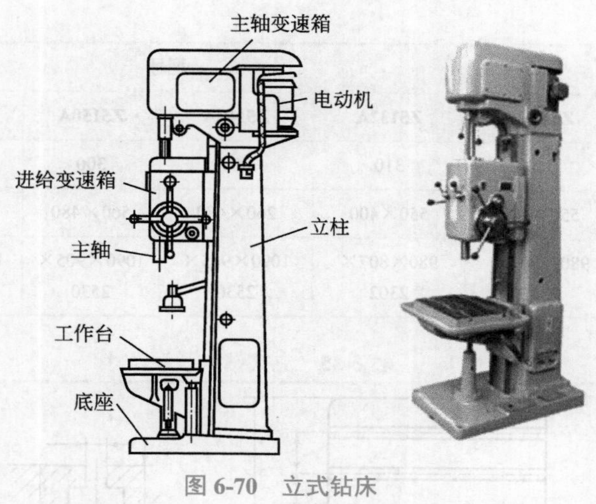

图 6-70　立式钻床

通过操纵手柄，可使进给变速箱沿立柱导轨上下移动，从而调节主轴至工作台的距离。摇动工作台手柄，也可使工作台沿立柱导轨上下移动，以适应不同尺寸工件的加工。在钻削大工件时，还可将工作台拆除，将工件直接固定在底座上加工。

立式钻床的型号、技术参数与联系尺寸见表 6-34 和表 6-35。

表 6-34　立式钻床的型号与技术参数

技术参数	型号					
	Z5125A	Z5132A	Z5140A	Z5150A	Z5163A	ZQ5180A
最大钻孔直径 /mm	25	32	40	50	63	80
主轴中心线至导轨面的距离 /mm	280	280	335	375	375	375
主轴端面至工作台的距离 /mm	710	710	750	750	800	800
主轴行程 /mm	200	200	250	250	315	315
主轴箱行程 /mm	200	200	200	200	200	200
主轴转速范围 /(r/min)	50 ～ 2000	50 ～ 2000	31.5 ～ 1400	31.5 ～ 1400	22.4 ～ 1000	22.4 ～ 1000
主轴转速级数	9	9	12	12	12	12
进给量范围 /(mm/r)	0.056 ～ 1.8	0.056 ～ 1.8	0.056 ～ 1.8	0.056 ～ 1.8	0.056 ～ 1.8	0.056 ～ 1.8
进给量级数	9	9	9	9	8	8
主轴孔莫氏锥度号	3	3	4	4	5	5
主轴最大进给抗力 /N	9000	9000	16000	16000	30000	30000
主轴最大转矩 /N·m	160	160	350	350	800	800
主轴电动机功率 /kW	2.2	2.2	3	3	5.5	5.5
总功率 /kW	2.3	2.3	3.1	3.1	5.75	5.75

续表

技术参数	型号					
	Z5125A	Z5132A	Z5140A	Z5150A	Z5163A	ZQ5180A
工作台行程 /mm	310	310	300	300	300	300
工作台尺寸 /mm	550×400	550×400	260×480	560×480	650×550	650×550
机床外形尺寸 /mm×mm×mm	980×807×2302	980×807×2302	1090×905×2530	1090×905×2530	1300×905×2790	1300×980×2790

表 6-35　立式钻床联系尺寸　　mm

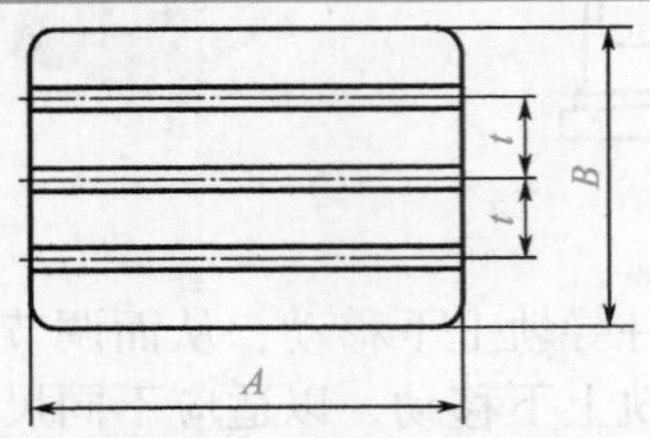

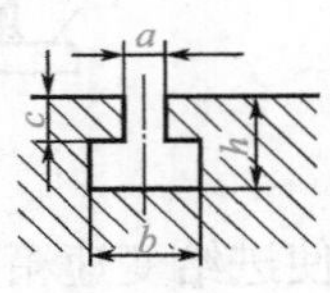

机床联系尺寸	型号					
	Z5125A	Z5132A	Z5140A	Z5150A	Z5163A	ZQ5180A
工作台尺寸（$A×B$）	550×400	550×400	560×480	560×480	650×550	650×550
T 形槽数	3	3	3	3	3	3
t	100	100	150	150	150	150
a	14	14	18	18	22	22
b	24	24	30	30	36	36
c	11	11	14	14	16	16
h	26	26	30	30	36	36

③ 摇臂钻床　若在大型工件上钻孔或在同一工件上钻多孔时，可选用摇臂钻床。摇臂钻床是依靠移动钻轴来对准钻孔中心进行钻孔的，所以操作省力灵活。图 6-71 所示为摇臂钻床，其主要由底座、工作台、立柱、主轴变速箱和摇臂等组成，最大钻孔直径可达 ϕ80mm。

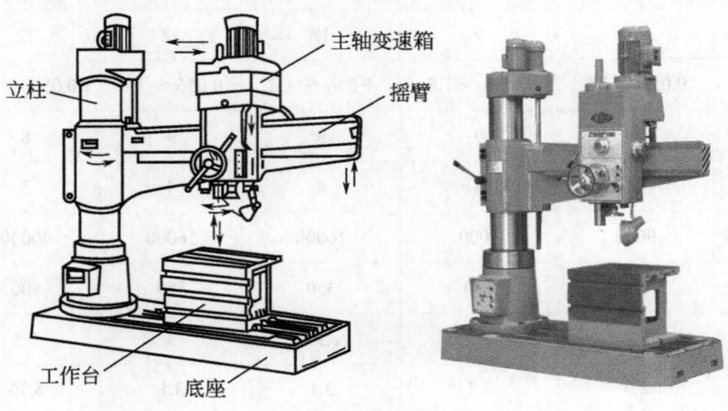

图 6-71　摇臂钻床

钻孔时，根据工件加工情况需要，摇臂可沿立柱上下升降和绕立柱回转360°。主轴变速箱可沿摇臂导轨作大范围移动，便于钻孔时找正钻头与钻孔之间的位置。由此可知，摇臂钻床能在很大范围内钻孔，比立式钻床更方便。钻孔时，中、小型工件可在工作台上固定；钻削大型工件，可将工作台拆除，使工件在底座上固定。摇臂和主轴变速箱位置调整结束后，都必须锁紧，防止钻孔时产生摇晃而发生事故。

由于摇臂钻床的主轴变速范围和进给量调整范围都很广，所以摇臂钻床加工范围很广泛，可用于钻孔、扩孔、锪孔和铰孔、攻螺纹等。

摇臂钻床的型号、技术参数与联系尺寸见表6-36和表6-37。

表6-36 摇臂钻床的型号与技术参数

技术参数	型号					
	Z3025B×10	Z3132	Z3035B	Z3050×16	Z3063×20	Z3080×25
最大钻孔直径 /mm	25	32	35	40	63	80
主轴中心线至立柱表面的距离 /mm	300 ～ 1000	360 ～ 700	350 ～ 1300	350 ～ 1600	450 ～ 2000	500 ～ 2500
主轴端面至底面的距离 /mm	250 ～ 1000	110 ～ 710	350 ～ 1250	350 ～ 1250	400 ～ 1600	550 ～ 2000
主轴行程 /mm	250	160	300	315	400	450
主轴孔莫氏锥度号	3	4	4	4	5	6
主轴转速范围 /(r/min)	50 ～ 2350	63 ～ 1000	50 ～ 2240	25 ～ 2000	20 ～ 1600	1 ～ 1250
主轴转速级数	12	8	12	16	16	16
进给量范围 /(mm/r)	0.13 ～ 0.56	0.08 ～ 2.00	0.06 ～ 1.10	0.04 ～ 3.2	0.04 ～ 3.2	0.04 ～ 3.2
进给量级数	4	3	6	16	16	16
主轴最大转矩 /N·m	200	120	375	400	1000	1600
主轴最大进给抗力 /N	8000	5000	12500	1600	25000	35000
摇臂升降距离 /mm	500	600	600	600	80	1000
摇臂升降速度 /(m/min)	1.3	—	1.27	1.2	1.0	1.0
主轴电动机功率 /kW	1.3	1.5	2.1	3	5.5	7.5
总装机容量 /kW	2.3	—	3.35	5.2	8.55	10.85
摇臂回转角度 /(°)	±180	±180	360	360	360	360
主轴箱水平移动距离 /mm	700	—	850	1250	1550	2000
主轴箱在水平面回转角度 /(°)	—	±180	—	—	—	—

注：Z3132为万向摇臂钻床。

表6-37 摇臂钻床联系尺寸 mm

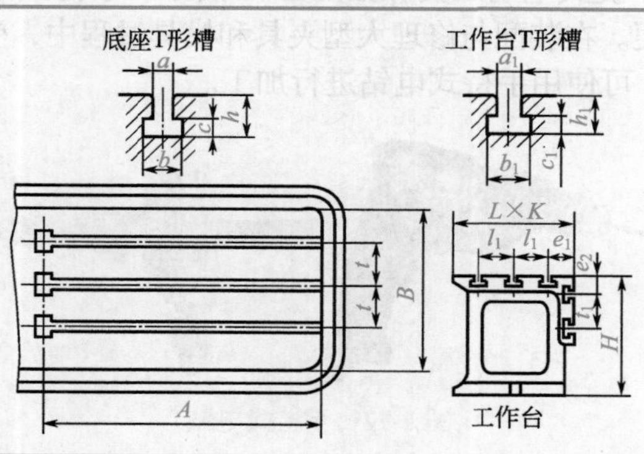

续表

机床联系尺寸	型号					
	Z3025B×10	Z3132	Z3035B	Z3050×16	Z3063×20	Z3080×25
底座T形槽数	3	2	3	3	4	5
工作台上面T形槽数	3	—	3	3	4	5
工作台侧面T形槽数	2	—	2	2	3	3
工作台尺寸（$A\times B$）	1052×654	650×450	1270×740	1590×1000	1985×1080	2450×1200
t	200	—	190	200	250	276
a	22	—	24	28	28	28
b	36	—	42	46	50	46
c	16	—	20	20	24	20
h	36	—	45	45	54	48
$L\times K\times H$	450×450×450	—	500×600×500	500×630×500	630×800×500	800×1000×560
t_1	150	—	150	150	150	150
e_1	75	—	100	100	90	175
e_2	75	—	75	100	105	115
a_1	18	—	24	22	22	22
b_1	30	—	42	36	36	36
c_1	14	—	20	16	16	16
h_1	32	—	41	36	36	36
机床外形尺寸（长×宽×高）	1730×800×2055	1610×710×2080	2160×900×2570	2490×1035×2645	3080×1250×3205	3730×1400×3825

（2）手持式电钻

手持式电钻是一种手提式电动工具，如图6-72所示。手持式电钻最大的特点是操作简单、使用灵活、携带方便。在装配与修理大型夹具和模具过程中，受到工件形状或加工部位限制不能用钻床钻孔时，可使用手持式电钻进行加工。

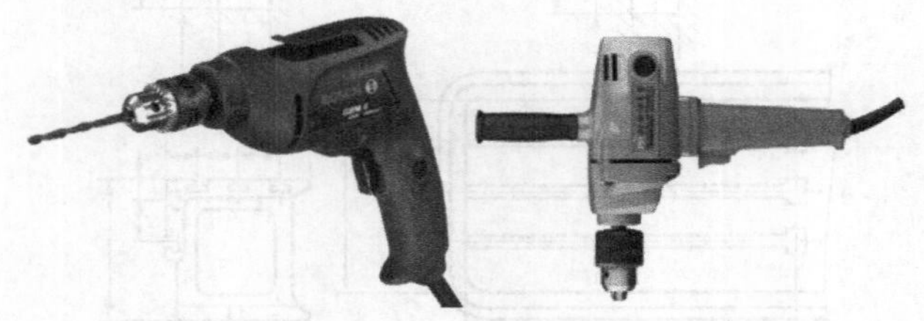

图6-72　手持式电钻

第7章

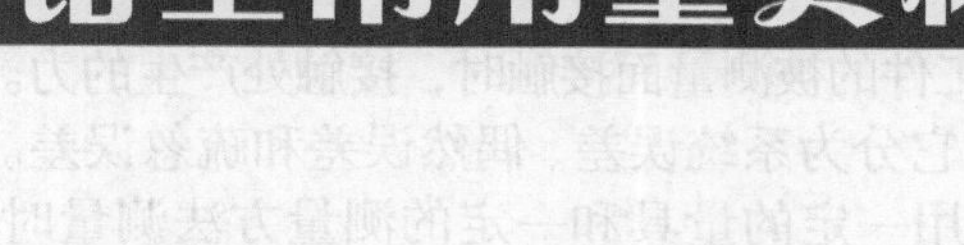

钳工常用量具和量仪

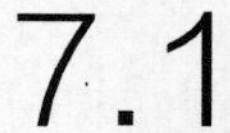

7.1 量具的分类与技术指标

7.1.1 量具的分类

量具是测量的基本要素，为保证产品质量，必须对加工过程中及加工完成的工件进行严格的测量。随着测量技术的迅速发展，量具的种类也越来越多，根据其用途和特点的不同，量具分为三大类，见表 7-1。

表 7-1 量具的分类

量具的分类	使用特点	举例
万能量具	这类量具一般都有刻度，能对多种零件、多种尺寸进行测量。在测量范围内能测量出零件形状、尺寸的具体数值	如：游标卡尺、千分尺、百分表、万能角度尺等
专用量具	这类量具是专门测量零件某一形状、尺寸用的。它不能测量出零件具体的实际尺寸，只能测量出零件的形状、尺寸是否合格	如：卡规、量规
标准量具	它是用来校对和调整其他量具的量具，因而只能制成某一固定的尺寸	如：千分尺校验棒、量规

7.1.2 计量量具的基本技术指标

① 刻度间距：量具刻度尺或刻度盘上相邻刻线之间的距离。为便于读数，刻度间距不宜太小，一般为 1 ～ 2.5mm。

② 分度值：刻度尺上每个刻度间距所代表的测量数值。对于数字式计算器具，因没有刻度标记，故不称分度值，而称为分辨力（指仪器的最末一位数字间隔所代表的被测量值）。如图 7-1 所示，

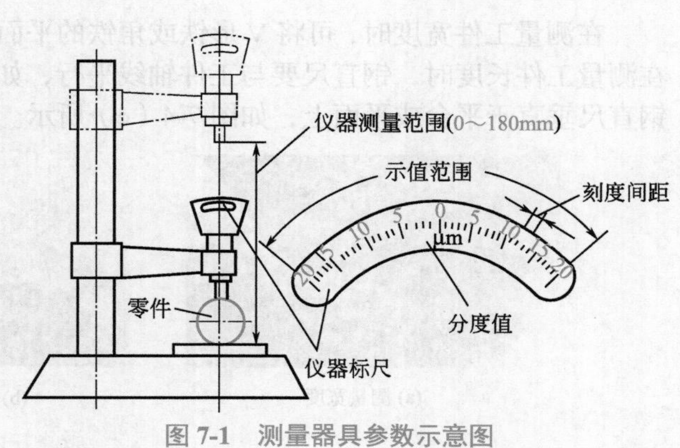

图 7-1 测量器具参数示意图

表盘上的分度值为 1μm。

③ 测量范围：量具所能测量出的最大和最小尺寸的范围。如图 7-1 所示，测量范围为 0 ～ 180mm。

④ 刻度尺示值范围：指量具能进行绝对测量的被测量值范围。图 7-1 所示的示值范围为 ±20μm。

⑤ 示值误差：量具指示的数值与所用基准件的尺寸数值之差。

⑥ 示值稳定性：在测量条件不做任何改变的情况下，对同一尺寸进行重复测量时，所测结果的最大值与最小值的代数差，一般允许为 0.1 ～ 0.3 倍的分度值。

⑦ 量程：测量范围上限值与下限值的代数差。

⑧ 测量力：测量过程中，量具或量仪的测量面与工件的被测量面接触时，接触处产生的力。

⑨ 测量误差：测量所得的值与工件的数值之差。它分为系统误差、偶然误差和疏忽误差。

⑩ 测量方法极限误差：在一定的测试条件下，用一定的量具和一定的测量方法测量时所产生的最大测量误差。

7.2 钳工用长度量具

7.2.1 钢直尺与卷尺

（1）钢直尺

钢直尺（图 7-2）是最简单的长度量具，又称为钢皮尺、钢尺，它能直接量出物体的尺寸，但测量精度较低（一般为 0.5mm）。常用的钢尺有 150mm、300mm、500mm、1000 mm 4 种规格。

钢直尺在测量使用前，应检查其刻度端面、刻度侧面有无缺陷与弯曲，如图 7-3 所示，并用棉纱擦净尺面。

图 7-2 钢直尺

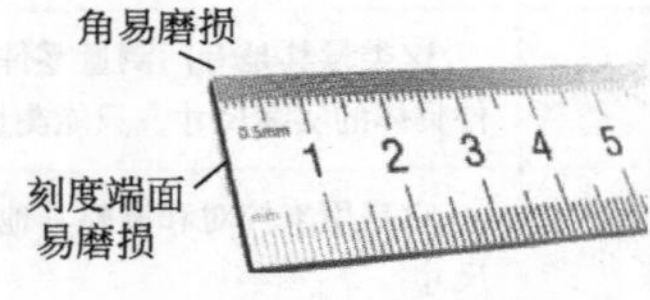

图 7-3 钢直尺的检查

在测量工件宽度时，可将 V 形铁或角铁的平面与工件端面靠紧测量，如图 7-4（a）所示；在测量工件长度时，钢直尺要与工件轴线平行，如图 7-4（b）所示；测量工件高度时，要将钢直尺垂直于平台或平面上，如图 7-4（c）所示。

(a) 测量宽度

(b) 测量长度

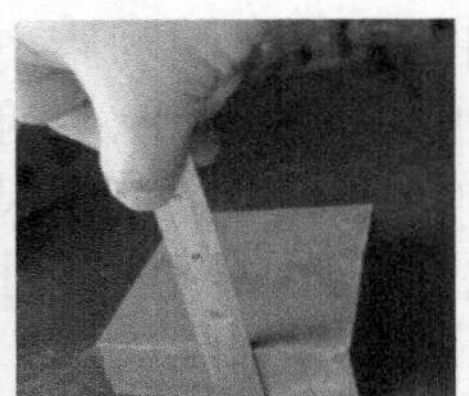

(c) 测量高度

图 7-4 钢直尺的使用

用钢直尺测量工件读数时，应从刻度的正面正视刻度读出数值，如图 7-5 所示。

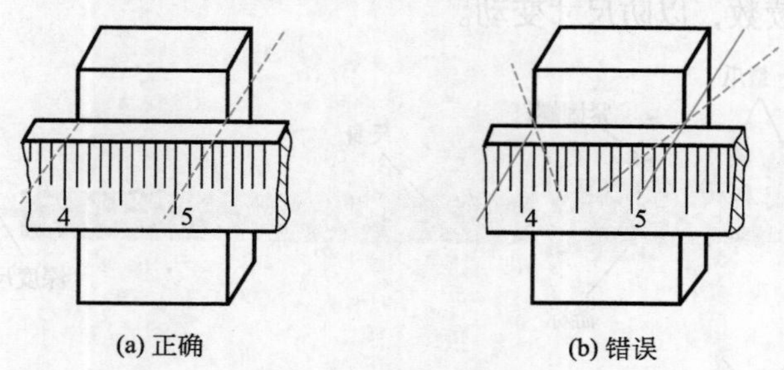

(a) 正确　(b) 错误

图 7-5　钢直尺的读数

（2）钢卷尺

钢卷尺主要用于测量较长尺寸的工件或丈量距离。它有自卷式（A 型）、自卷制动式（B 型）、摇卷盒式（C 型）、摇卷架式（D 型）等几种，如图 7-6 所示。

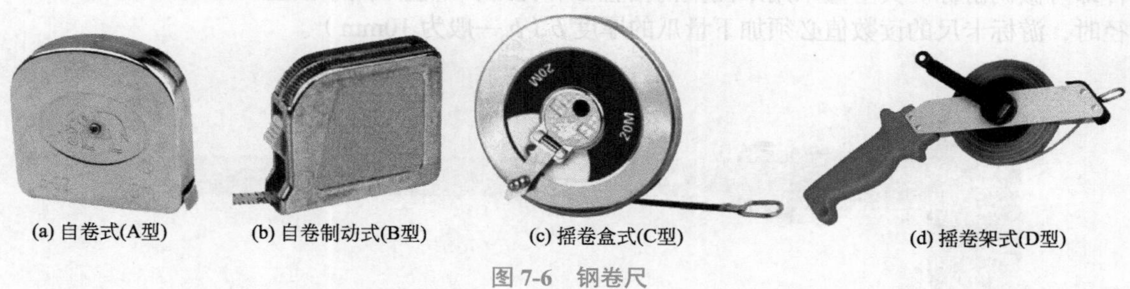

(a) 自卷式(A型)　(b) 自卷制动式(B型)　(c) 摇卷盒式(C型)　(d) 摇卷架式(D型)

图 7-6　钢卷尺

（3）纤维卷尺

纤维卷尺用于较长距离的测量，其测量精度低于钢卷尺，如图 7-7 所示。

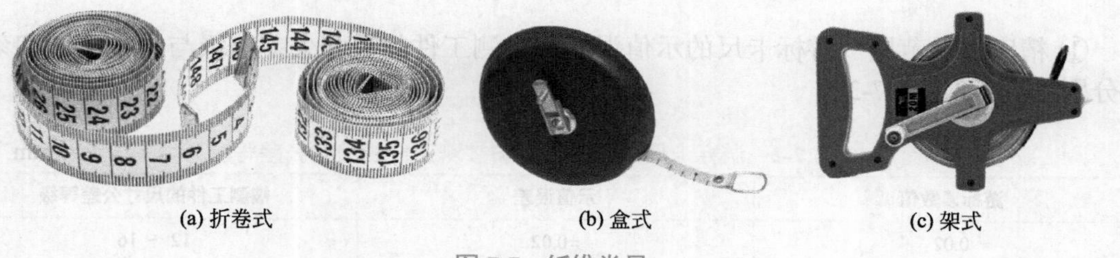

(a) 折卷式　(b) 盒式　(c) 架式

图 7-7　纤维卷尺

7.2.2　游标量具

游标量具是一种常用量具，具有结构简单、使用方便、测量范围大等特点。常用的长度游标量具有游标卡尺、千分尺、游标深度尺和游标高度尺等。

（1）游标卡尺

按式样不同，游标卡尺可分为三用游标卡尺和双面游标卡尺。

三用游标卡尺主要由尺身和游标等组成，如图 7-8 所示。使用时，旋松固定尺框用的紧固螺钉即可测量。下量爪用来测量工件的外径和长度，上量爪用来测量孔径和槽宽，深度尺

用来测量工件的深度和台阶长度。测量时，移动游标使量爪与工件接触，测得尺寸后，最好把紧固螺钉旋紧后再读数，以防尺寸变动。

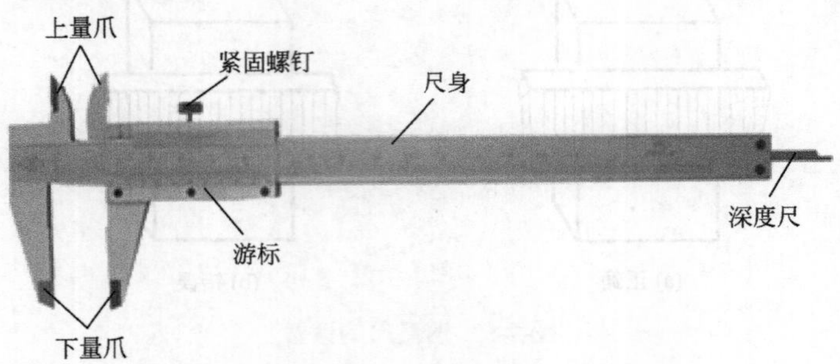

图 7-8　三用游标卡尺

双面游标卡尺的结构如图 7-9 所示，为了调整尺寸方便和测量准确，在游标上增加了微调装置。旋紧固定微调装置的紧固螺钉，再松开紧固螺钉，用手指转动滚花螺母，通过小螺杆即可微调游标。其上量爪用来测量沟槽直径和孔距，下量爪用来测量工件的外径。测量孔径时，游标卡尺的读数值必须加下量爪的厚度 b（b 一般为 10mm）。

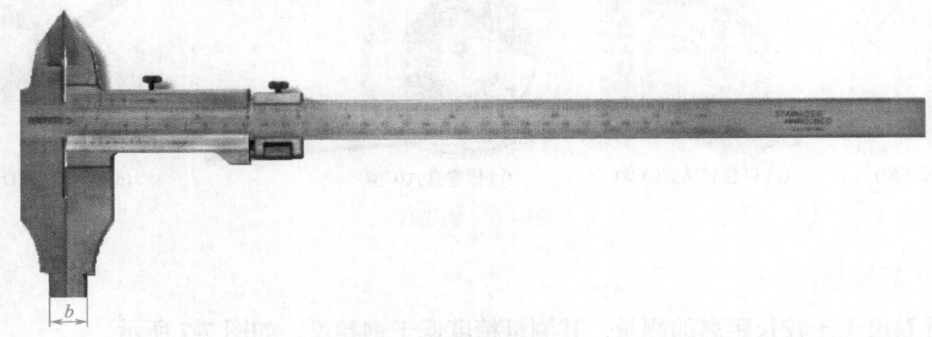

图 7-9　双面游标卡尺

① 精度测量范围　游标卡尺的示值误差和被测工件的尺寸公差等级与测量范围和刻线值分别见表 7-2、表 7-3。

表 7-2　游标卡尺的示值误差和被测工件的尺寸公差等级　mm

游标读数值	示值误差	被测工件的尺寸公差等级
0.02	±0.02	12 ～ 16
0.05	±0.05	13 ～ 16
0.1	±0.1	14 ～ 16

表 7-3　游标卡尺的测量范围和刻线值　mm

测量范围	刻线值	测量范围	刻线值
0 ～ 125	0.02、0.05、0.1	300 ～ 800	0.05、0.1
0 ～ 200	0.02、0.05、0.1	400 ～ 1000	0.05、0.1
0 ～ 300	0.02、0.05、0.1	600 ～ 1500	0.1
0 ～ 500	0.05、0.1	800 ～ 2000	0.1

②游标卡尺的读数原理 游标卡尺的测量精度有 0.02mm、0.05mm、0.1mm 三种。其读数原理见表 7-4。

表 7-4 游标卡尺的读数原理

示值误差	示意图	说明
0.1mm		这种游标卡尺尺身上每小格为 1mm，游标刻线总长为 9mm，并分为 10 格，因此每格为：10÷9=0.9(mm)。这样，尺身和游标相对一格之差就为 1−0.9=0.1(mm)
0.05mm		这种游标卡尺尺身上每小格为 1mm，游标刻线总长为 39mm，并分为 20 格，因此每格为：39÷20=1.95(mm)。这样，尺身 2 格和游标一格之差就为 2−1.95=0.05(mm)
0.02mm		这种游标卡尺尺身上每小格为 1mm，游标刻线总长为 49mm，并分为 50 格，因此每格为：49÷50=0.98(mm)。这样，尺身和游标相对一格之差就为 1−0.98=0.02(mm)

③游标卡尺的读数方法 游标卡尺是以游标的“0”线为基准进行读数的，其读数分为以下三个步骤。现以如图 7-10 所示的精度为 0.02mm 的游标卡尺为例进行说明。

图 7-10 游标卡尺的读数示例

第一步：读整数。夹住被测工件后，从刻度线的正面正视刻度读取数值。读出游标零位线左面的尺身上的整毫米值。从图 7-10 中可看出，游标“0”位线左面尺身上的整毫米值为 62。

第二步：读小数。用与尺身上某刻线对齐的游标上的刻线格数，乘以游标卡尺的测量精度值，得到小数毫米值。从图 7-10 中看出游标上是第 21 根刻线与尺身上的刻线对齐，因此小数部分为 21×0.02=0.42。

第三步：整数加小数。最后将两项读数相加，就为被测表面的尺寸。将 62+0.42=62.42，即所测工件的尺寸为 62.42mm。

④游标卡尺的使用 游标卡尺用于测量工件的厚度、直径、孔径、宽度等，如图 7-11 所示。

测量工件外形时，对于较小的工件，应左手拿工件，右手握卡尺，使下量爪张开尺寸略大于被测工件尺寸，然后用右手拇指缓慢移动尺框，使量爪与被测表面平行且轻微接触，读出数值，如图 7-12（a）所示；对于较大的工件，应把工件置于稳定的状态，用左手拿主尺左端，右手握主尺右端并移动尺框，使量爪与被测表面平行且轻微接触，读出数值，如图 7-12（b）所示。

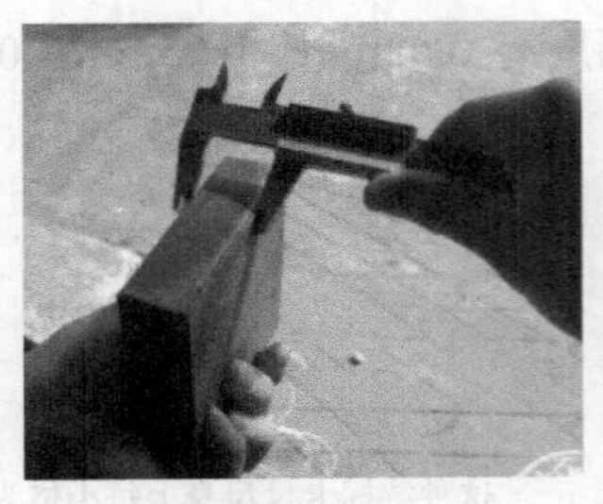
(a) 测量厚度

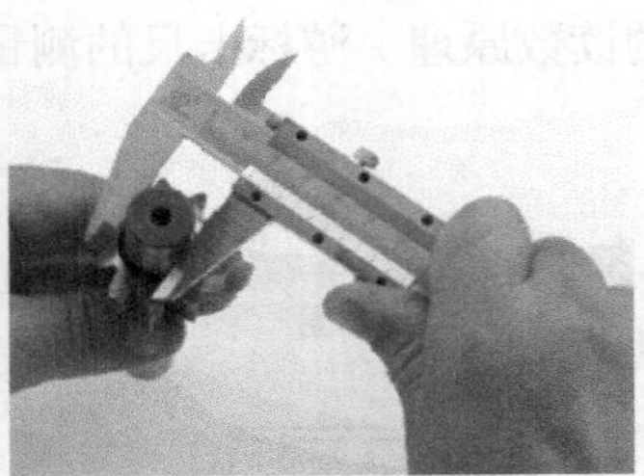
(b) 测量直径

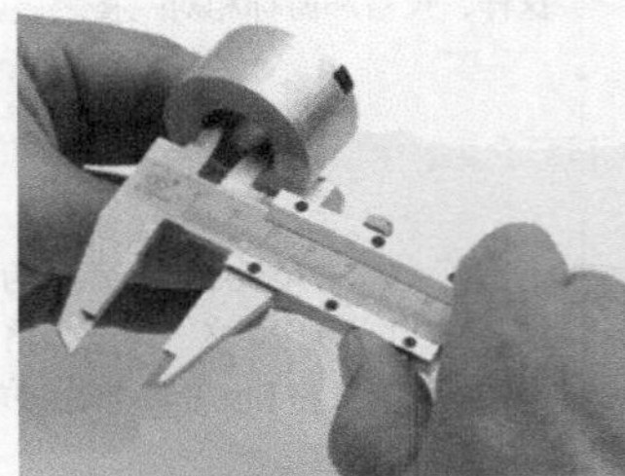
(c) 测量孔径

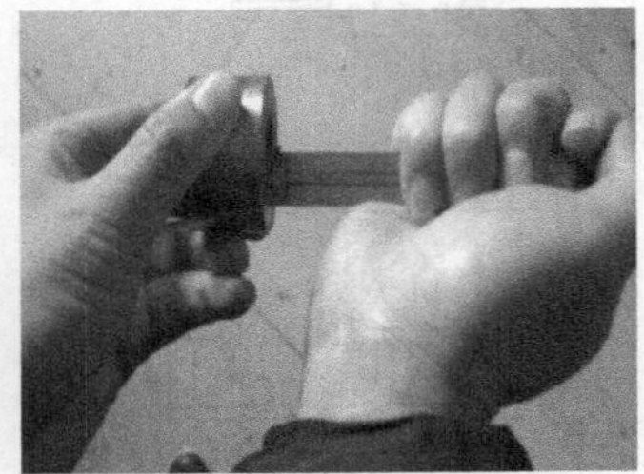
(d) 测量深度

图 7-11 游标卡尺的测量范围

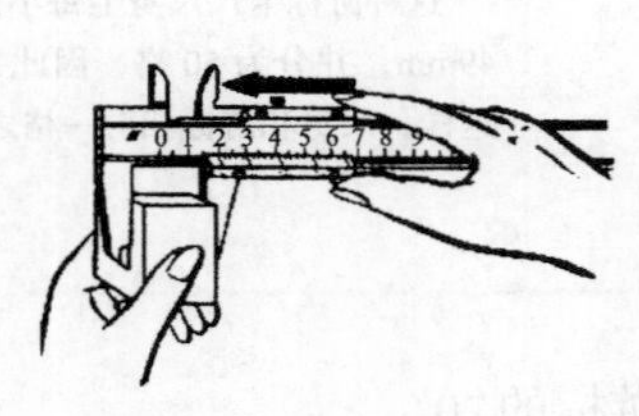
(a) 单手测量

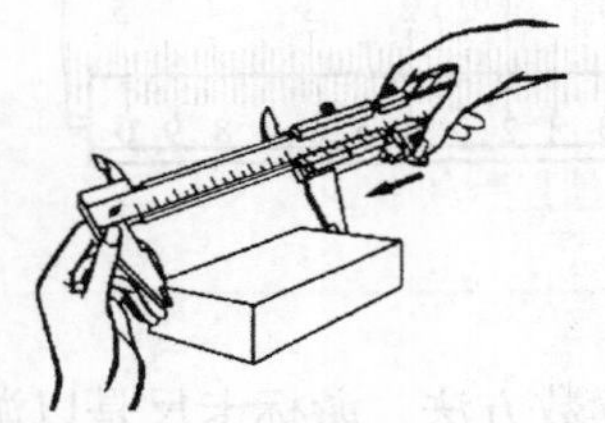
(b) 双手测量

图 7-12 外形测量方法

测量时应保持量爪与测量面贴平，如图 7-13（a）所示，不能出现歪斜，否则会出现测量误差。

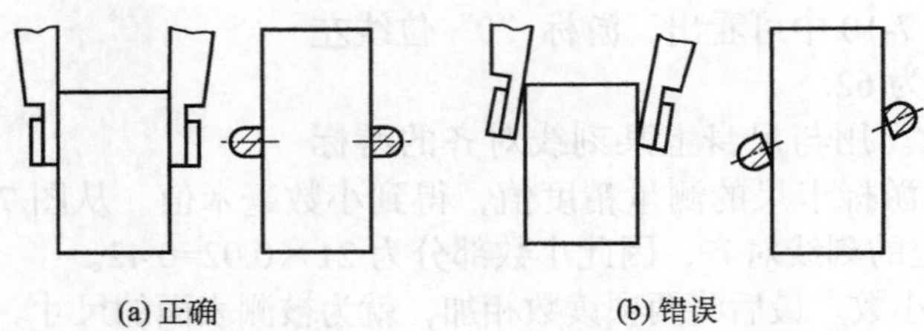
(a) 正确 (b) 错误

图 7-13 外形测量时量爪的位置

在测量工件槽宽时，对于较小的工件，应左手拿工件，右手握卡尺，使上量爪张开尺寸略小于被测槽宽尺寸，然后用右手拇指缓慢移动尺框，使量爪与被测槽侧面平行接触，一侧量爪紧贴被测表面，另一量爪轻微摆动，找出最小位置，读出数值，如图 7-14（a）所示；还可以在工件放置稳固后，右手握卡尺，使上量爪张开尺寸略小于被测槽宽，然后用右手拇指缓慢移动尺框，使量爪与被测槽侧面平行接触，左侧量爪紧贴被测表面，右侧量爪作轻微摆动，找出最小测量位置，读出数值，如图 7-14（b）所示。

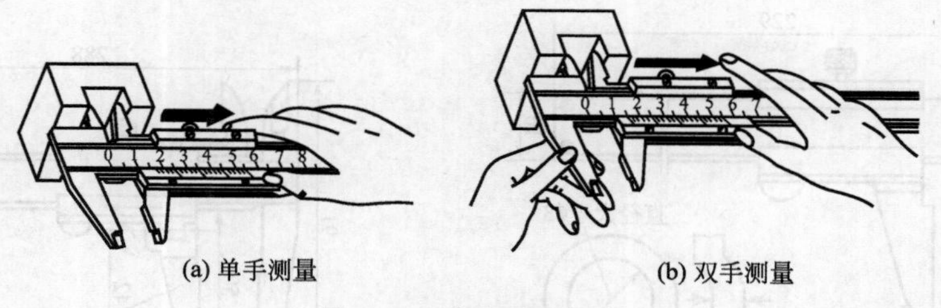

(a) 单手测量　(b) 双手测量

图 7-14　槽宽测量方法

和外形测量时一样，槽宽测量时也应注意量爪与被测量面的位置，如图 7-15 所示。

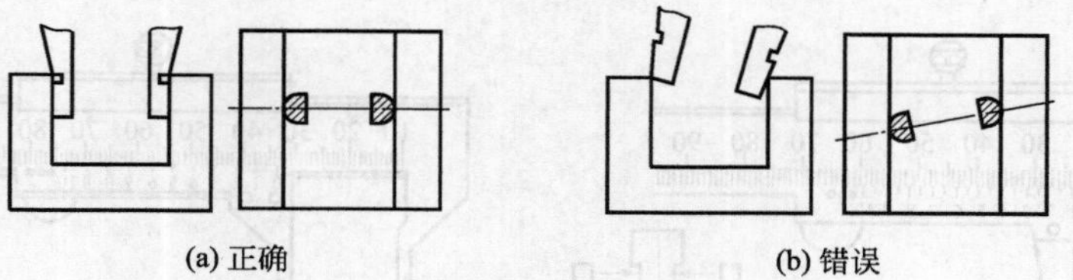

(a) 正确　(b) 错误

图 7-15　槽宽测量时量爪的位置

测量槽深时，右手握卡尺，主尺端部靠在被测工件基准面上，推动尺框，带动深度尺与槽底底面接触，左手拧紧紧固螺钉后读出测量数值，如图 7-16（a）所示。

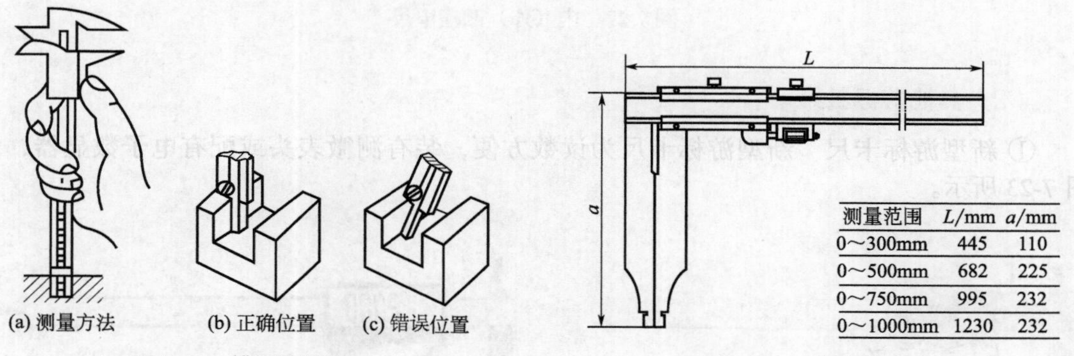

(a) 测量方法　(b) 正确位置　(c) 错误位置

图 7-16　槽深的测量

测量范围	L/mm	a/mm
0～300mm	445	110
0～500mm	682	225
0～750mm	995	232
0～1000mm	1230	232

图 7-17　长量爪卡尺

为了便于对复杂工件及特殊要求工件的测量，可供选择的卡尺还有：长量爪卡尺，如图 7-17 所示；偏置卡尺，如图 7-18 所示；背置量爪型中心线卡尺，如图 7-19 所示；管壁厚度卡尺，如图 7-20 所示；旋转型游标卡尺，如图 7-21 所示；内（外）凹槽卡尺，如图 7-22 所示。

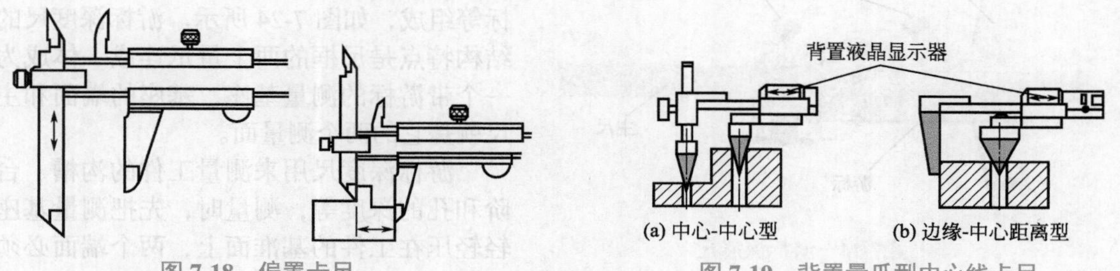

图 7-18　偏置卡尺

(a) 中心-中心型　(b) 边缘-中心距离型

图 7-19　背置量爪型中心线卡尺

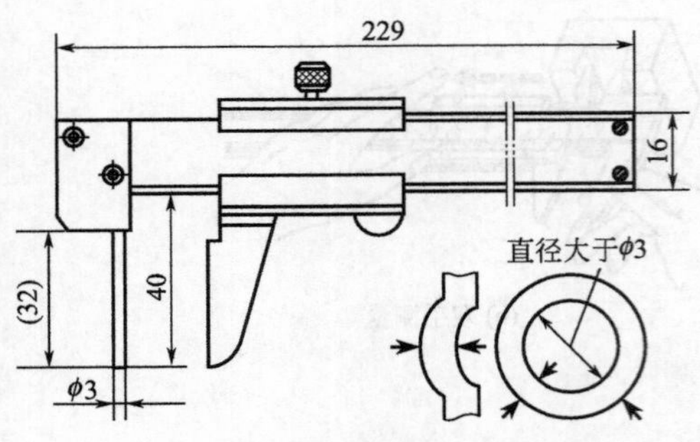

图 7-20　管壁厚度卡尺

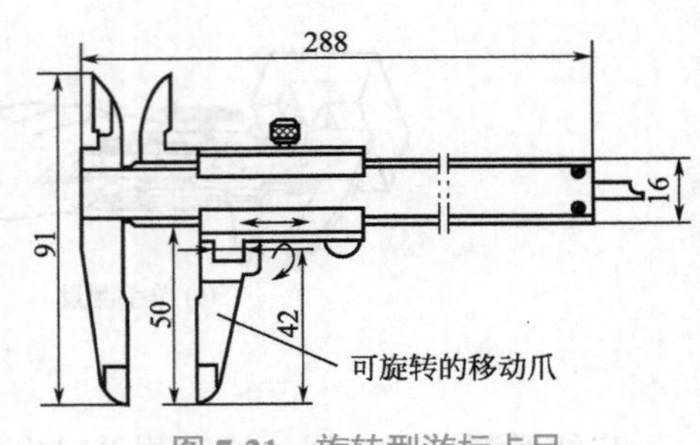

图 7-21　旋转型游标卡尺

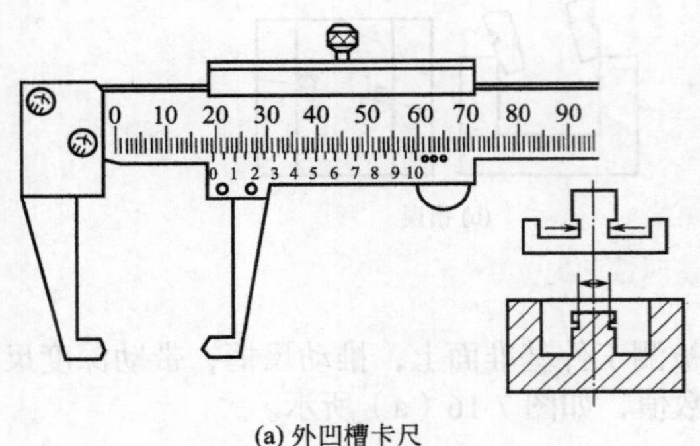

(a) 外凹槽卡尺

(b) 内凹槽卡尺

直径大于φ20

图 7-22　内（外）凹槽卡尺

（2）其他游标量具

① 新型游标卡尺　新型游标卡尺为读数方便，装有测微表头或配有电子数显器，如图 7-23 所示。

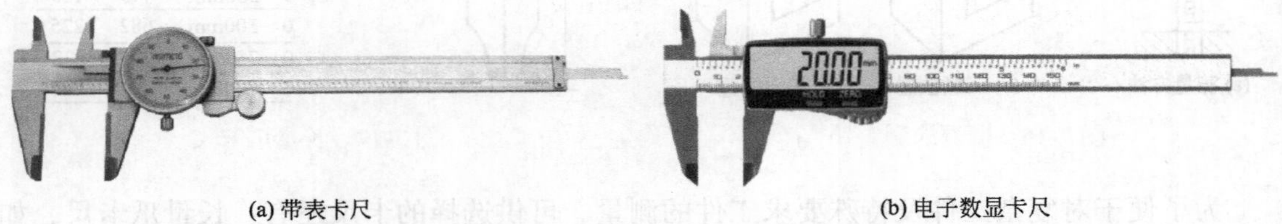

(a) 带表卡尺

(b) 电子数显卡尺

图 7-23　新型游标卡尺

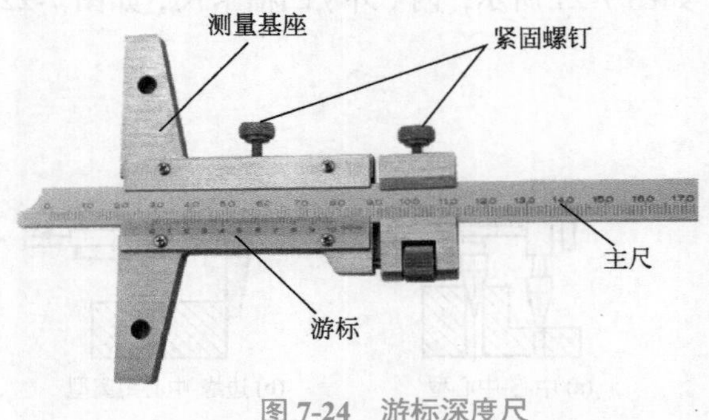

图 7-24　游标深度尺

② 游标深度尺　游标深度尺也是一种中等精度的量具，由紧固螺钉、尺身和游标等组成，如图 7-24 所示。游标深度尺的结构特点是尺框的两个量爪连成一体成为一个带游标的测量基座，基座的端面和主尺就是它的两个测量面。

游标深度尺用来测量工件的沟槽、台阶和孔的深度等，测量时，先把测量基座轻轻压在工件的基准面上，两个端面必须接触工件的基准面，如图 7-25 所示。

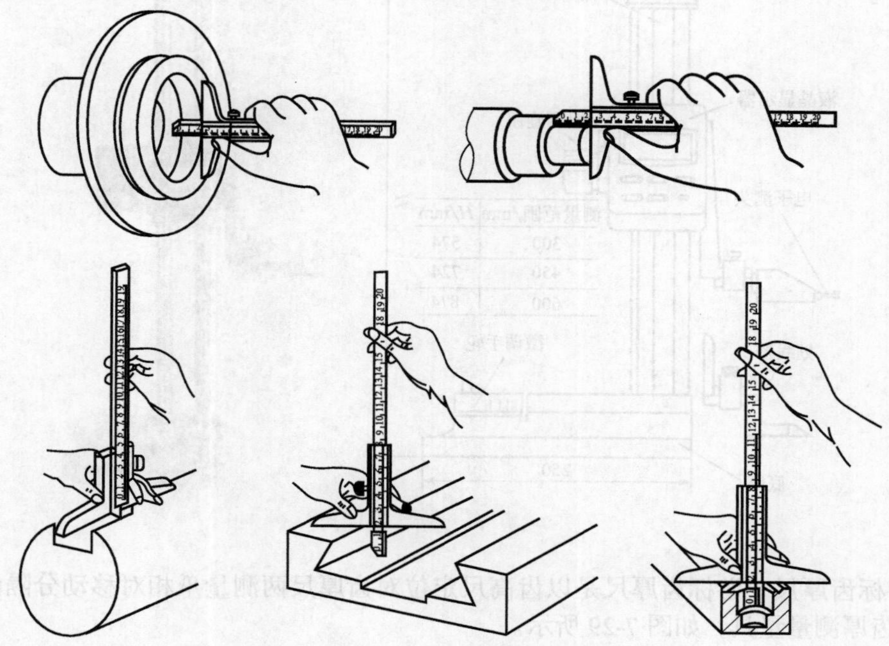
图 7-25　游标深度尺的使用

③ 游标高度尺　游标高度尺又称高度划线尺，由尺身、微调装置、量爪、游标和尺座等组成，如图 7-26 所示，用于测量工件的高度尺寸或进行划线。

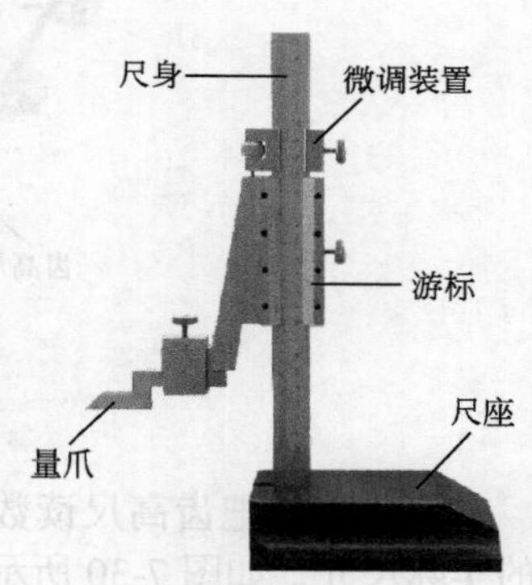

图 7-26　游标高度尺

游标高度尺的测量工作应在平台上进行。当量爪的测量面与尺座的底平面位于同一平面时，主尺与游标的零位线相互对准，所以在测量高度时量爪测量面的高度就是被测零件的高度尺寸。应用高度尺划线时也应在平台上先进行调整，调好划线高度，用锁紧螺钉把游标锁紧后再进行划线。游标高度尺的应用如图 7-27 所示。

新型游标高度尺配有合金划线器，具有测量及划线功能，带有数据保持与输出功能，如图 7-28 所示。

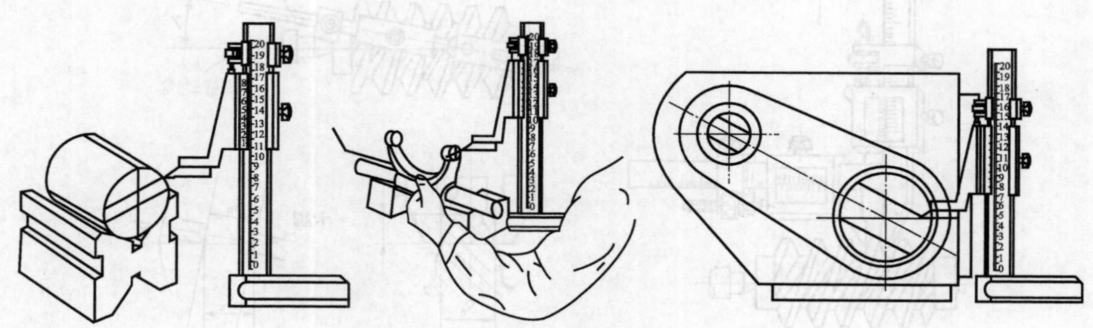
图 7-27　游标高度尺的应用

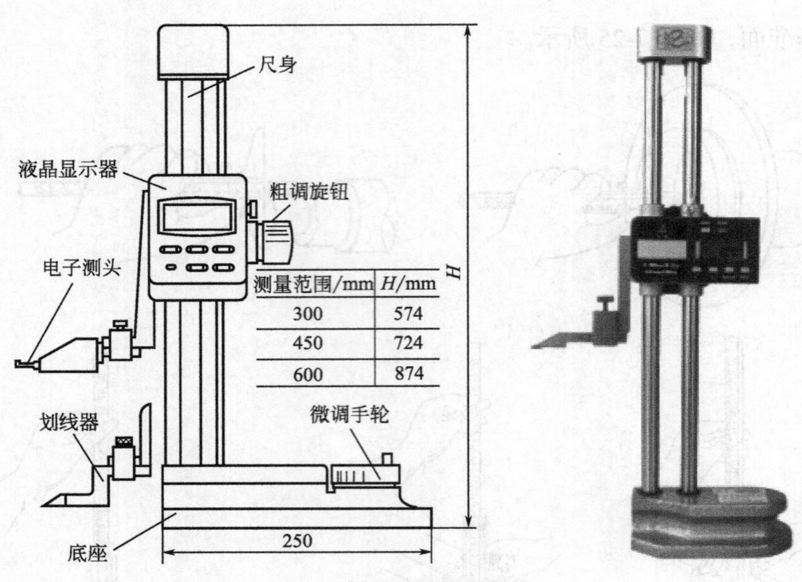

测量范围/mm	H/mm
300	574
450	724
600	874

图 7-28　新型游标高度尺

④ 游标齿厚尺　游标齿厚尺是以齿高尺定位对齿厚尺两测量爪相对移动分隔的距离进行读数的齿厚测量量具，如图 7-29 所示。

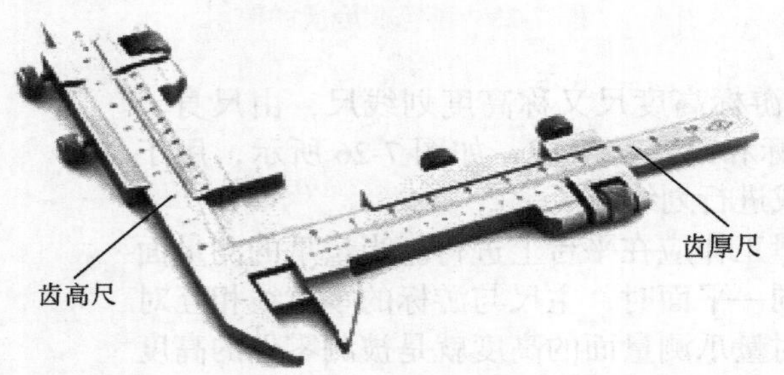

图 7-29　游标齿厚尺

测量时应把齿高尺读数调整到齿顶高 h_a 的尺寸，齿厚尺所测得的读数就是法向齿厚 S_n 的实际尺寸，如图 7-30 所示。

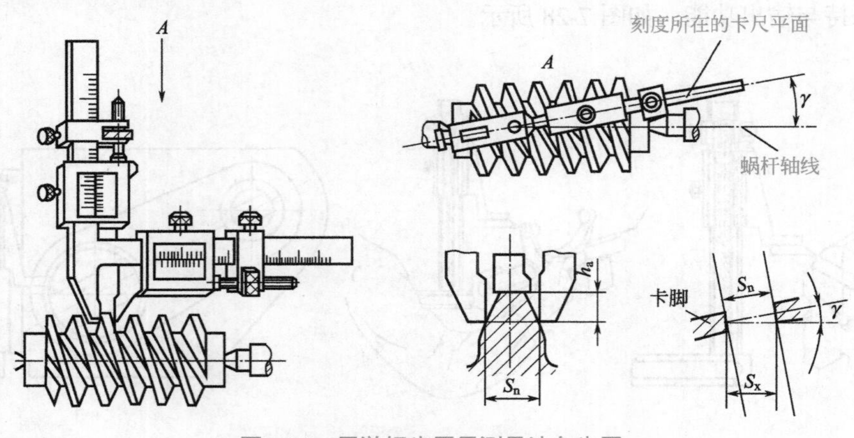

图 7-30　用游标齿厚尺测量法向齿厚

7.2.3 测微螺旋量具

（1）千分尺

千分尺由尺架、砧座、测微螺杆、固定套管、微分筒、锁紧装置和测力装置等组成，如图 7-31 所示，它是生产中最常用的一种精密量具。它的测量精度为 0.01mm。

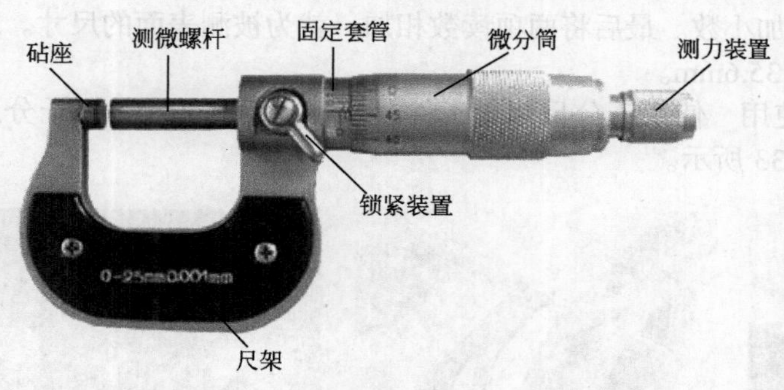

图 7-31　千分尺

由于测微螺杆的长度受到制造工艺的限制，其移动量通常为 25mm，所以千分尺的测量范围分别为 0 ～ 25mm、25 ～ 50mm、50 ～ 75mm、75 ～ 100mm 等，即每隔 25mm 为一挡。千分尺的制造精度主要由它的测量面的平行度误差和示值误差与尺架受力变形量的大小所决定。根据制造精度的不同，千分尺分为 0 级和 1 级两种，其中 0 级为最高，1 级次之。常见千分尺的精度等级要求见表 7-5。

表 7-5　千分尺的精度等级要求　mm

测量范围	示值误差		两测量面平行度	
	0 级	1 级	0 级	1 级
0 ～ 25	±0.002	±0.004	0.001	0.002
25 ～ 50	±0.002	±0.004	0.0012	0.0025
50 ～ 75、75 ～ 100	±0.002	±0.004	0.0015	0.003
100 ～ 125、125 ～ 150		±0.005		
150 ～ 175、175 ～ 200		±0.006		
200 ～ 225、225 ～ 250		±0.007		
250 ～ 275、275 ～ 300		±0.007		

① 千分尺的读数方法　千分尺测微螺杆上的螺距为 0.5mm，当微分筒转过一圈时，测微螺杆就沿轴向移动 0.5mm。固定套筒上刻有间隔为 0.5mm 的刻线，微分筒圆锥面的圆周上共刻有 50 格，因此微分筒每转一格，测微螺杆就移动 0.5mm，因此千分尺的精度值为 0.01mm。现以如图 7-32 所示的千分尺为例，介绍其读数方法。

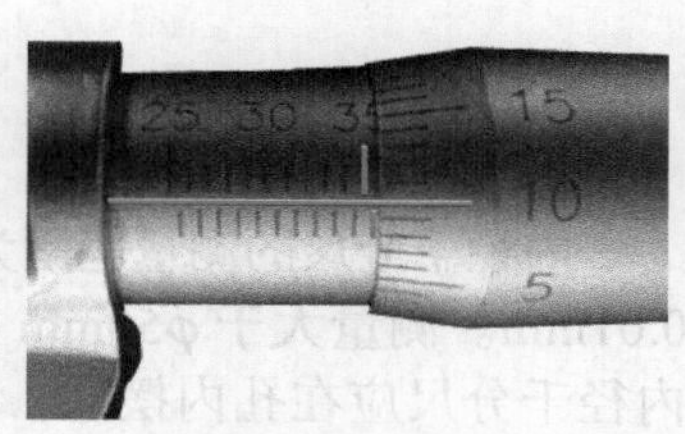

图 7-32　千分尺的读数示例

第一步：读最大刻线值。从刻度线的正面正视刻度读

出固定套筒上露出的最大刻线数值，即确定套筒主尺的整毫米数和半毫米数。如图 7-32 所示，确定套筒主尺的整毫米数为 35，半毫米数为 1。即最大刻线值为 35mm+0.5mm=35.5mm。

第二步：读小数。再在微分筒上找出与固定套筒管基准线在一条线上的哪一条刻线，读出小数部分。从图 7-32 中看出微分筒上是第 10 根刻线与固定套筒管基准线在一条线上，因此小数部分为 10×0.01=0.1(mm)。

第三步：整数加小数。最后将两项读数相加，就为被测表面的尺寸。35.5+0.1=35.6，即所测工件的尺寸为 35.6mm。

② 千分尺的使用　使用千分尺测量工件时，可单手握、双手握千分尺或将千分尺固定在尺架上，如图 7-33 所示。

(a) 测量直径

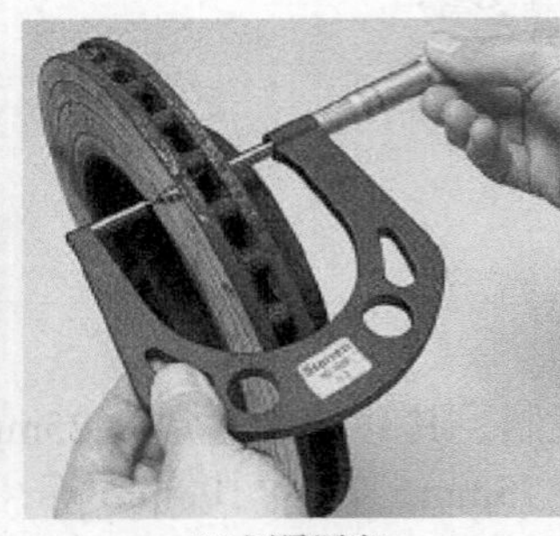

(b) 测量厚度

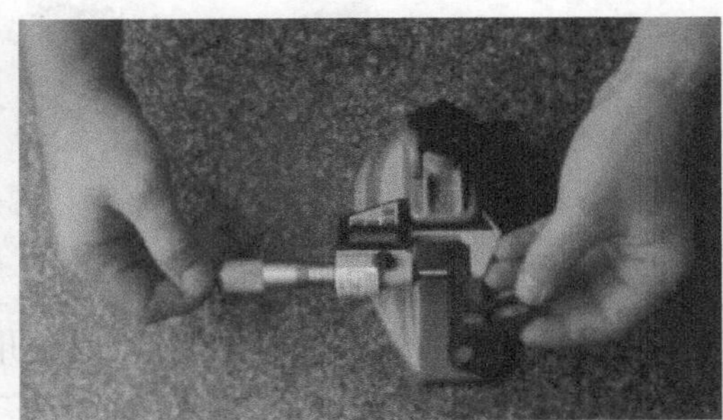

(c) 放在尺架上测量

图 7-33　千分尺的使用方法

（2）内测千分尺

内测千分尺的测量范围为 5 ～ 30mm 和 25 ～ 50mm 等，内测千分尺的分度值为 0.01mm。

测量精度较高、深度较小的孔径时，可采用内测千分尺，如图 7-34 所示。这种千分尺刻线方向与千分尺相反，当微分筒顺时针旋转时，活动量爪向右移动，测量值增大，固定量爪和活动量爪即可测量出工件的孔径尺寸。

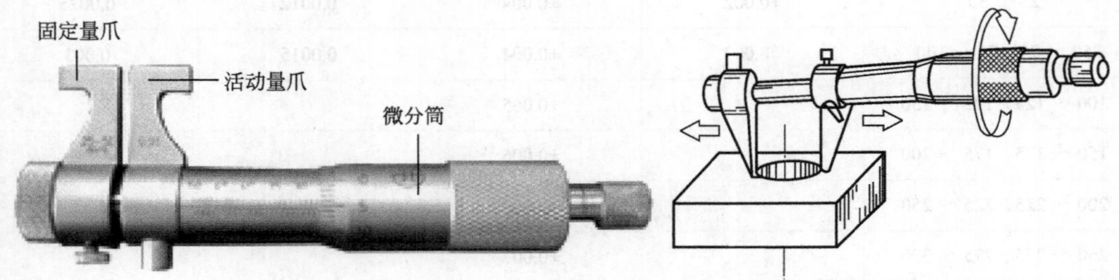

图 7-34　内测千分尺及其使用

（3）内径千分尺

内径千分尺的测量范围为 50 ～ 250mm、50 ～ 600mm、150 ～ 1400mm 等，其分度值为 0.01mm。测量大于 ϕ50mm 的精度较高、深度较大的孔径时，可采用内径千分尺。此时，内径千分尺应在孔内摆动，在直径方向上应找出最大读数，在轴向上应找出最小读数，如图 7-35 所示，两者结合起来得到的最终读数就是孔的实际尺寸。

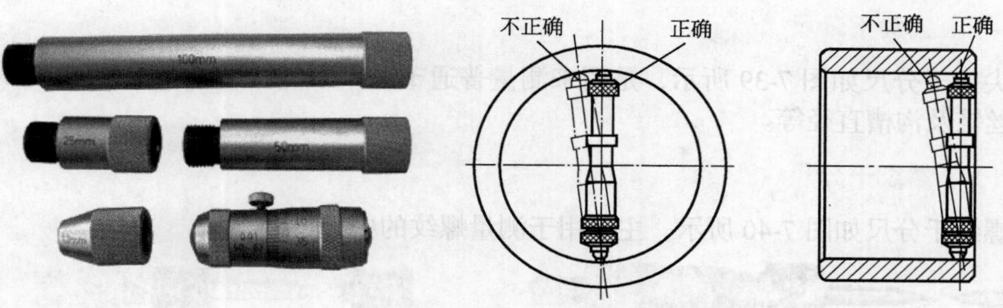

图 7-35　内径千分尺及其使用

（4）三爪内径千分尺

三爪内径千分尺的测量范围为 6 ～ 8mm、8 ～ 10mm、10 ～ 12mm、12 ～ 14mm、14 ～ 17mm、17 ～ 20mm、20 ～ 25mm、…、90 ～ 100mm；其分度值为 0.01mm 或 0.005mm。

测量 ϕ6 ～ 100mm 的精度较高、深度较大的孔径时，可采用三爪内径千分尺，如图 7-36 所示。它的三个测量爪在很小幅度的摆动下，能自动地位于孔的直径位置，此时的读数即为孔的实际尺寸。

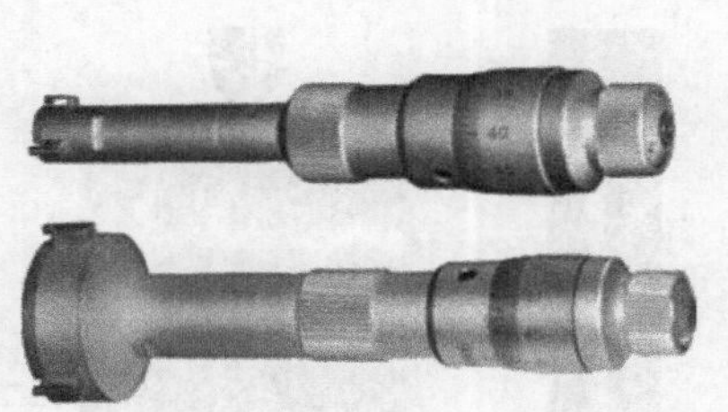

图 7-36　三爪内径千分尺

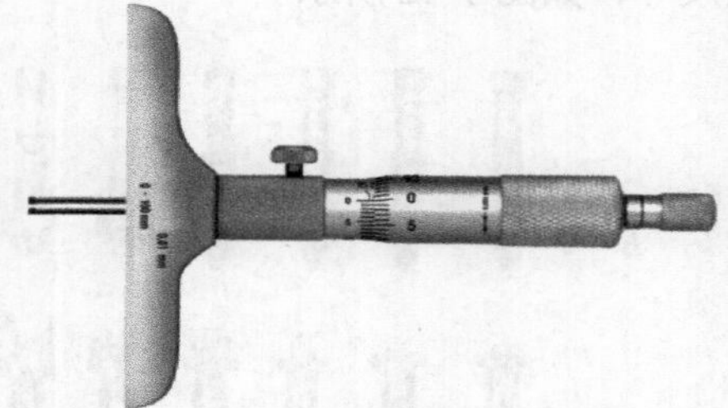

图 7-37　深度千分尺

（5）深度千分尺

深度千分尺如图 7-37 所示，用于测量工件的孔、槽深度和台阶高度。它是利用螺旋副原理，对底座基面与测量杆面分隔的距离进行刻度读数的量具。

（6）壁厚千分尺

壁厚千分尺如图 7-38 所示，主要用来测量带孔零件的壁厚，前端做成杆状球头测砧，以便伸入孔内并使测砧与孔的内壁贴合。

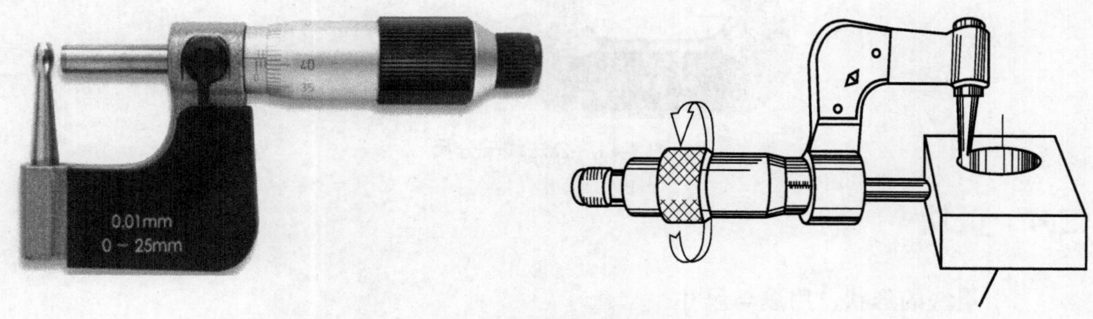

图 7-38　壁厚千分尺及其使用

(7)尖头千分尺

尖头千分尺如图7-39所示，是用来测量普通千分尺不能测量的小沟槽的，如钻头和偶数槽丝锥及沟槽直径等。

(8)螺纹千分尺

螺纹千分尺如图7-40所示，主要用于测量螺纹的中径尺寸。

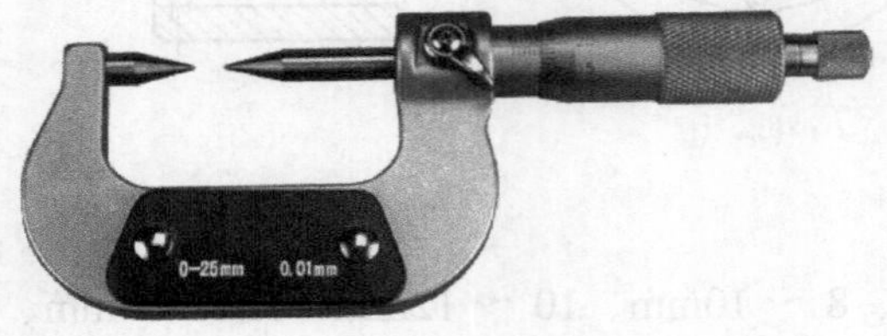

图7-39 尖头千分尺

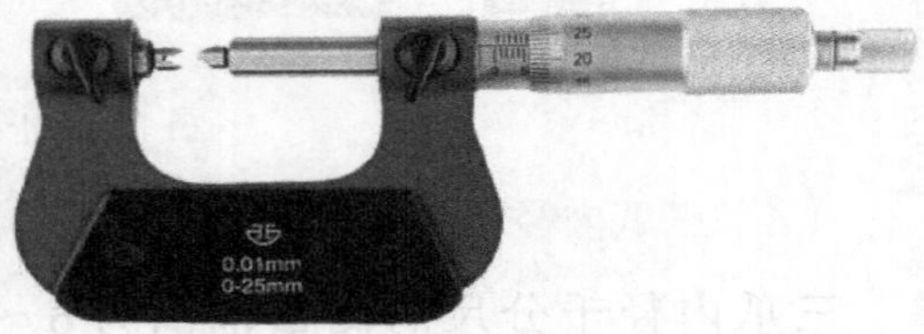

图7-40 螺纹千分尺

螺纹千分尺附有各种不同规格的测量头，如图7-41所示，每一对测量头用于一定螺距范围，测量时可根据螺距选用相应的测量头。测量时，V形测量头与螺纹牙型的凸起部分相吻合，锥形测量头与螺纹牙型的沟槽部分相吻合，从固定套筒和微分筒上可读出点螺纹的中径尺寸，如图7-42所示。

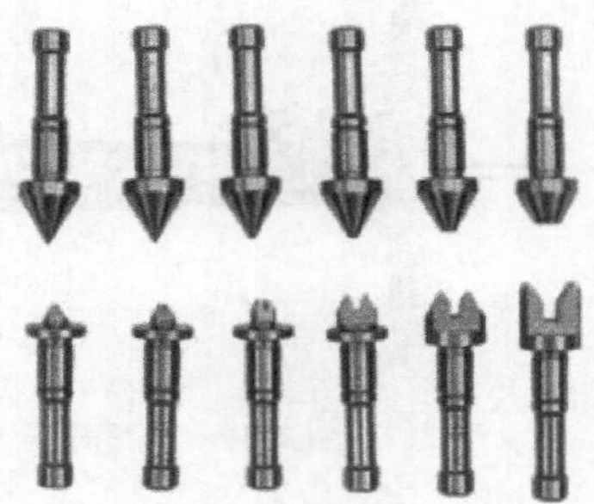

图7-41 螺纹千分尺测量头

图7-42 螺纹千分尺的使用

(9)公法线千分尺

公法线千分尺用于测量齿轮公法线长度，是一种通用的齿轮测量量具，如图7-43所示。

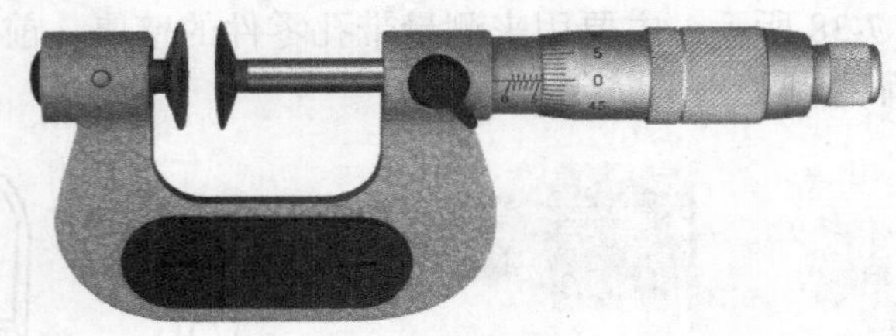

图7-43 公法线千分尺

7.2.4 量块

(1)量块的形状、用途与尺寸

量块是没有刻度的平行端面量具，是用特殊的合金钢制成的，如图7-44所示。量块上经过精密加工很平很光的两个平行平面叫测量面。两测量面之间的距离为工作尺寸 L，也称标称尺寸。量块的标称尺寸在大于或等于 10mm 时，其测量面的尺寸为 35mm×9mm；标称尺寸在 10mm 以下时，其测量面的尺寸为 30mm×9mm。

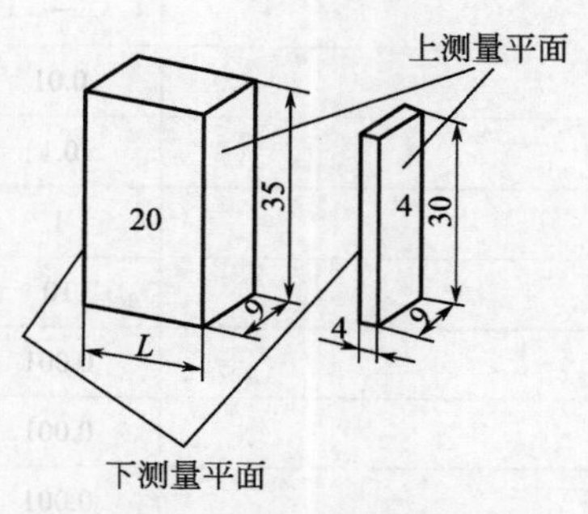

图 7-44　不同尺寸量块的外形

图 7-45　成套量块

实际生产应用中，量块是成套使用的，每块量块由一定数量的不同标称尺寸的量块组成，以便组合成各种尺寸，满足一定的尺寸范围内的测量需求。成套量块如图 7-45 所示，其级别、尺寸系列、间隔和块数见表 7-6。

表 7-6　成套量块的尺寸表

套别	总块数	级别	尺寸系列 /mm	间隔 /mm	块数
1	91	0，1	0.5	—	1
			1	—	1
			1.001，1.002，…，1.009	0.001	9
			1.01，1.02，…，1.49	0.01	49
			1.5，1.6，…，1.9	0.1	5
			2.0，2.5，…，9.5	0.5	16
			10，20，…，100	10	10
2	83	0，1，2	0.5	—	1
			1	—	1
			1.005	—	1
			1.01，1.02，…，1.49	0.01	49
			1.5，1.6，…，1.9	0.1	5
			2.0，2.5，…，9.5	0.5	16
			10，20，…，100	10	10
3	46	0，1，2	1	—	1
			1.001，1.002，…，1.009	0.001	9
			1.01，1.02，…，1.09	0.001	9
			1.1，1.2，…，1.9	0.1	9
			2，3，…，9	1	8
			10，20，…，100	10	10

续表

套别	总块数	级别	尺寸系列 /mm	间隔 /mm	块数
4	38	0，1，2	1	—	1
			1.005	—	1
			1.01，1.02，…，1.09	0.01	9
			1.1，1.2，…，1.9	0.1	9
			2，3，…，9	1	8
			10，20，…，100	10	10
5	10^{-}	0，1	0.991，0.992，…，1	0.001	10
6	10^{+}	0，1	1，1.001，…，1.009	0.001	10
7	10^{-}	0，1	1.991，1.992，…，2	0.001	10
8	10^{+}	0，1	2，2.001，2.002，…，2.009	0.001	10
9	8	0，1，2	125，150，175，200，250，300，400，500	—	8
10	5	0，1，2	600，700，800，900，1000	—	5
11	10	0，1，2	2.5，5.1，7.7，10.3，12.9，15，17.6，20.2，22.8，25	—	10
12	10	0，1，2	27.5，30.1，32.7，35.3，37.9，40，42.6，45.2，47.8，50	—	10
13	10	0，1，2	52.5，55.1，57.7，60.3，62.9，65，67.6，70.2，72.8，75	—	10
14	10	0，1，2	77.5，80.1，82.7，85.3，87.9，90，92.6，95.2，97.8，100	—	10
15	12	3	41.2，81.5，121，8，51.2，121.5，191.8，101.2，201.5，291.8，10，20（两块）	—	12
16	6	3	101.2，200，291.5，375，451.8，490	—	6
17	6	3	201.2，400，581.5，750，901.8，990	—	6

（2）量块的尺寸组合与使用方法

量块组合成一定尺寸的方法是先从给定尺寸的最后一位数字考虑，每选一块应使尺寸的位数减少 1 ～ 2 位，使量块数尽可能少，以减小累积误差。如要组成的尺寸为 55.765mm，在 83 块的成套量块中挑选的量块尺寸分别为：

55.765	55.765	
−1.005	第一块尺寸	第一块尺寸为 1.005mm
54.760		
−1.26	第二块尺寸	第二块尺寸为 1.26mm
53.50		
−3.50	第三块尺寸	第三块尺寸为 3.50mm
50	第四块尺寸	第四块尺寸为 50mm
		全部组合尺寸为 55.765mm

7.3 钳工常用量仪

7.3.1 机械式量仪

机械式量仪借助杠杆、齿轮、齿条或扭簧等的传动和放大，将测量杆的微小直线移动变为表盘上指针的角位移，从而指示出相应的数值，因而机械式量仪又称为指示式量仪。

（1）百分表

百分表又称丝表，也叫秒表，是一种指示式量具，其指示精度为 0.01mm（指示精度为 0.001mm 或 0.002mm 的称为千分表）。

① 百分表的种类结构与用途　百分表的种类较多，常用百分表的种类结构与用途见表 7-7。

表 7-7　常用百分表的种类结构与用途

种类	结构图	用途
钟表式百分表	表圈、小指针、罩壳、大指针、轴套、测量杆、测量头	用于测量长度尺寸、形位误差、机床的几何精度等
内径百分表	固定测量头、测杆、百分表、活动测量头	用于测量孔或槽宽的尺寸大小与形位误差
杠杆式百分表	夹持杆、表圈、指针、尺架、球面测杆	用于测量零件的尺寸、形位误差、几何精度等

续表

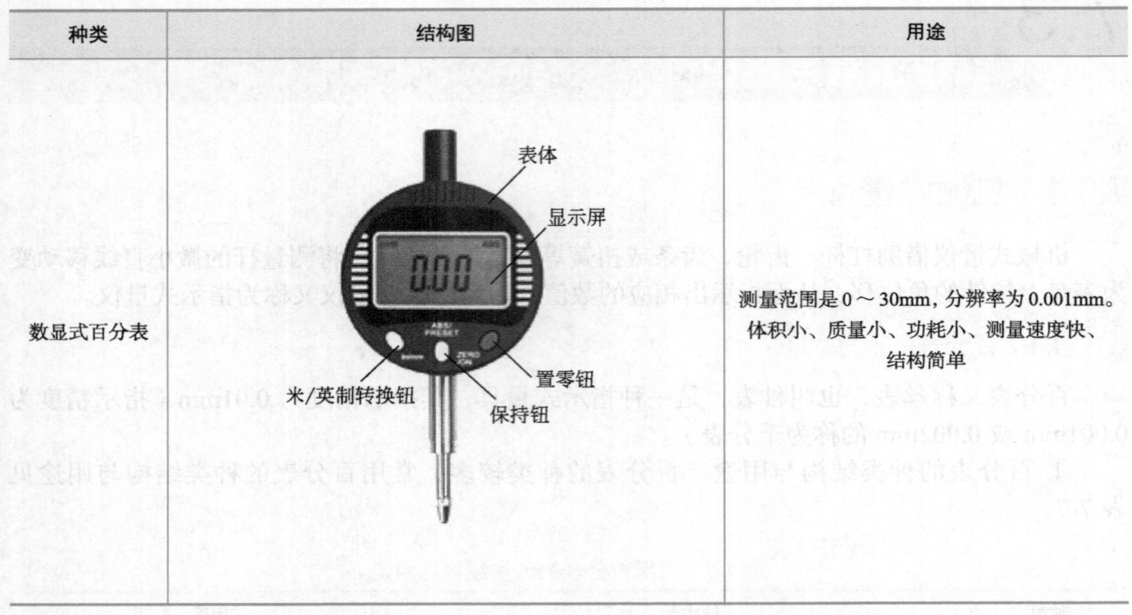

种类	结构图	用途
数显式百分表		测量范围是 0 ～ 30mm，分辨率为 0.001mm。体积小、质量小、功耗小、测量速度快、结构简单

② 百分表的读数原理　钟表式百分表的工作传动原理如图 7-46 所示，测量杆上铣有齿条，与小齿轮啮合，小齿轮与大齿轮 1 同轴，大齿轮 1 与中心齿轮啮合。中心齿轮上装有大指针。因此，当测量杆移动时，小齿轮与大齿轮 1 转动，这时中心齿轮与其轴上的大指针也随之转动。

测量杆的齿条齿距为 0.625mm，小齿轮的齿数为 16，大齿轮 1 的齿数为 100，中心齿轮的齿数为 10。当测量杆移动 1mm 时，小齿轮转动 1÷0.625=1.6（齿），即 1.6÷16=1/10（r），同轴的大齿轮 1 也转过了 1/10r，即转过 10 个齿。这时中心齿轮连同大指针正好转过一周。由于表面上刻度等分为 100 格，因此，当测量杆移动 0.01mm 时，大指针转过 1 格。百分表的工作原理用数学表达为：

当测量杆移动 1mm 时，大指针转过的转数 n 为：

$$n=\frac{\frac{1}{0.625}}{16}\times\frac{100}{10}=1(\mathrm{r})$$

由于表面刻度等分为 100 格，因此大指针转一格的读数值 a 为：

$$a=\frac{1}{100}=0.01(\mathrm{mm})$$

由上可知，百分表的工作传动原理是将测量杆的直线移动经过齿条齿轮的传动放大，转变为指针的转动。大齿轮 2 在游丝扭力的作用下跟中心齿轮啮合靠向单面，以消除齿轮啮合间隙所引起的误差。在大齿轮 2 的轴上装有小指针，用以记录大指针的回转圈数（即 mm 数）。

杠杆式百分表的工件原理如图 7-47 所示。球面测杆与扇形齿轮靠摩擦连接，当球面测杆向上（或下）舞动时，扇形齿轮带动小齿轮转动，再经齿轮 2 和齿轮 1 带动指针转动，这样便可在表上读出测量值。

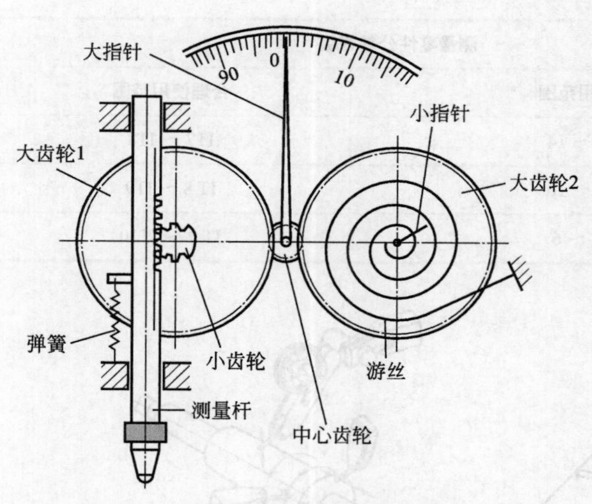

图 7-46 钟表式百分表的工作传动原理

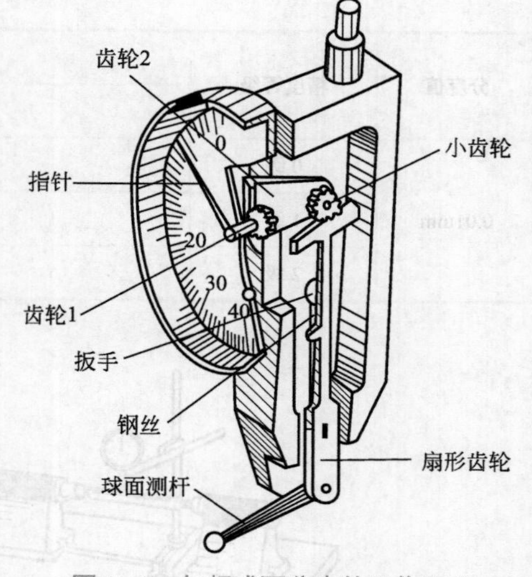

图 7-47 杠杆式百分表的工作原理

杠杆式百分表的球面测杆臂长 l=14.85mm，扇形齿轮圆周展开齿数为 408，小齿轮圆周展开齿数为 21，齿轮 2 圆周展开齿数为 72，齿轮 1 圆周展开齿数为 12，百分表表面分为 80 格。当测杆转动 0.8mm（弧长）时，指针的转数 n 为：

$$n=\frac{0.8}{2\pi\times 14.85}\times\frac{408}{21}\times\frac{72}{12}=1\ (\mathrm{r})$$

由于表面等分成 80 格，因此指针每一格表示的读数值 a 为：

$$a=\frac{0.8}{80}=0.01\ (\mathrm{mm})$$

由此可知，杠杆百分表是利用杠杆和齿轮放大原理制成的。杠杆百分表的球面测杆可以自下向上摆动，也可自上向下摆动。当需要改变方向时，只需扳动扳手，通过钢丝使扇形齿轮靠向左面或右面。测量力由钢丝产生，它还可以消除齿轮啮合间隙。

③ 百分表的测量范围与精度等级　百分表的测量范围分为 0 ～ 3mm、0 ～ 5mm、0 ～ 10mm 等；精度分为 0 级、1 级、2 级，其中 0 级最高，1 级次之，2 级最低。百分表的精度等级和示值、回程误差及百分表的使用范围分别见表 7-8 和表 7-9。

百分表不仅能用于相对测量，也能用于测量。百分表一般用磁性表座固定，测量时，测量杆应垂直于测量表面，使指针转动 1/4 周，然后调整百分表的零位，如图 7-48（a）所示；杠杆式百分表的使用较为方便，当需要改变方向测量时，只需扳动扳手，如图 7-48（b）所示。

表 7-8　百分表的精度等级和示值、回程误差

精度等级	示值误差			任意 1mm 内的示值误差	示值变化	回程误差
	0 ～ 3mm	0 ～ 5mm	0 ～ 10mm			
0 级	9	11	14	6	3	4
1 级	14	17	21	10	3	6
2 级	20	25	30	18	5	10

表 7-9　百分表的使用范围

分度值	精度等级	测量零件公差等级	
		使用范围	合理使用范围
0.01mm	0 级	7 ～ 14	IT7 ～ IT8
	1 级	7 ～ 16	IT 8 ～ IT9
	2 级	8 ～ 6	IT 9 ～ IT10

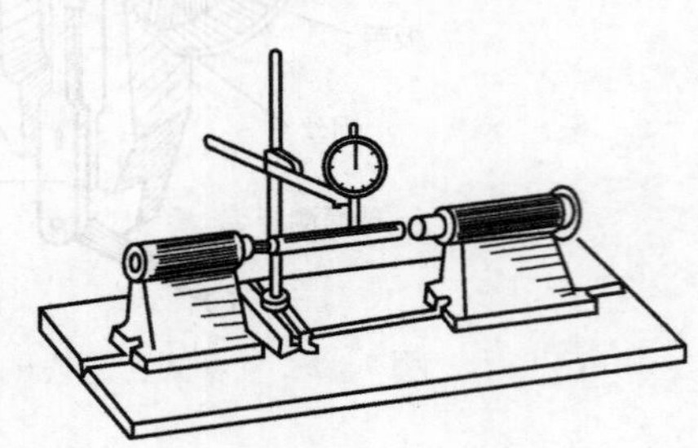

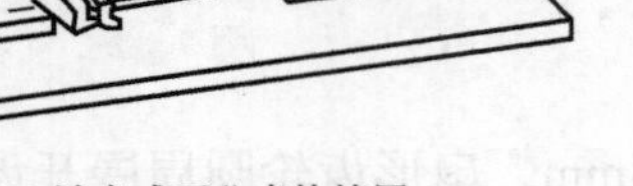

(a) 钟表式百分表的使用　(b) 杠杆式百分表的使用

图 7-48　百分表的使用方法

（2）杠杆千分尺

杠杆千分尺是测量外尺寸的一种精密计量器具，它的外形与千分尺相似，如图 7-49 所示。它由螺旋测微部分和杠杆齿轮机构部分组成，螺旋测微部分的分度值为 0.01mm，杠杆齿轮机构部分的分度值有 0.001mm 和 0.002mm 两种，指示表的标尺示值范围仅仅为 ±0.02mm。分度值为 0.001mm 的杠杆千分尺用于测量 IT6 级的尺寸，分度值为 0.002mm 的杠杆千分尺用于测量 IT7 级的尺寸。杠杆千分尺的测量范围有 0 ～ 25mm、25 ～ 50mm、50 ～ 75mm 和 75 ～ 100mm 四种。

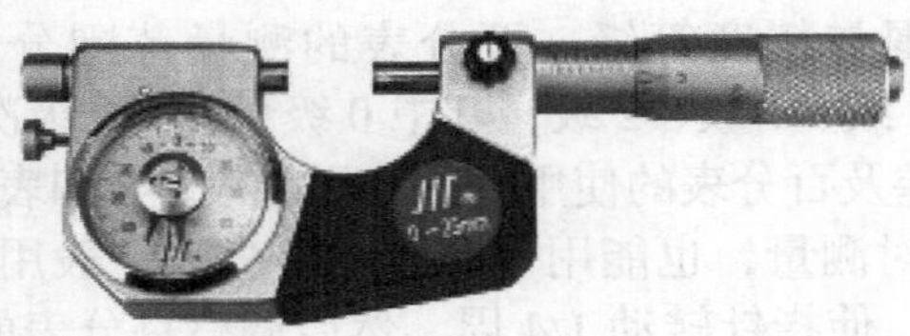

图 7-49　杠杆千分尺

杠杆千分尺在测量时既可作绝对测量，也可作相对测量。作绝对测量时，先校准零位，测量结果为千分尺读数 ± 仪表指示针读数；作相对测量时，先根据被测零件的基准尺寸组合好量块，放入两测量面之间，使指针对零后锁紧千分尺的测量杆，然后压下按钮使测砧松开，换上工件，松开按钮即可读取工件实际（组成）要素与量块的尺寸差值，通过计算便可得到工件的实际（组成）的尺寸。

（3）比较仪

① 杠杆齿轮式比较仪　杠杆齿轮式比较仪是借助杠杆和齿轮传动，将测杆的直线位移转换为角位移的量仪。杠杆齿轮式比较仪主要用于以比较测量法测量精密制件的尺寸和几何

误差。该比较仪也可做其他测量装置的指示表。杠杆齿轮式比较仪的外形如图 7-50 所示，其分度值为 0.5μm、1μm、52μm、5μm。

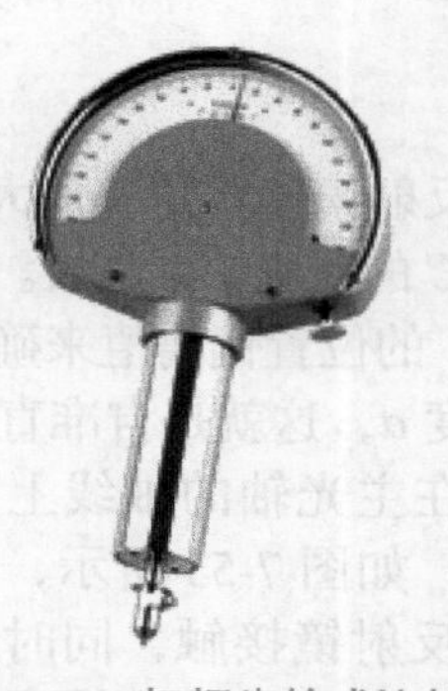

图 7-50　杠杆齿轮式比较仪

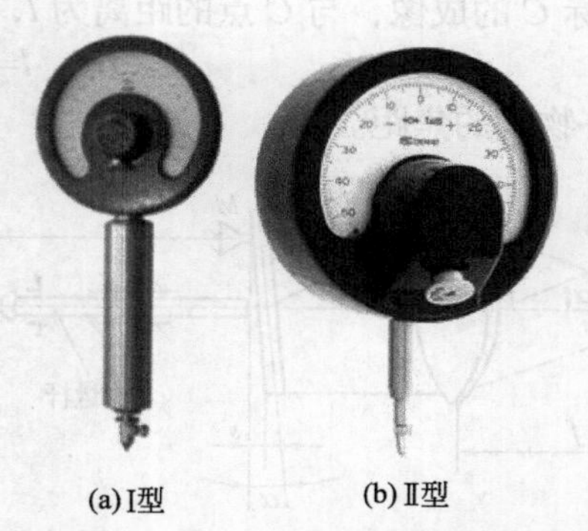

(a) Ⅰ型　(b) Ⅱ型

图 7-51　机械扭簧式比较仪

② 机械扭簧式比较仪　机械扭簧式比较仪结构简单，传动比大，在传动机构间没有摩擦和间隙，所以测力小，灵敏度高，广泛用于机械、轴承、仪表等行业。它常用于以比较法测量精密制件的尺寸和几何误差。该比较仪还可作其他测量装置的指示表。机械扭簧式比较仪的外形如图 7-51 所示。

机械扭簧式比较仪的传动原理是：利用扭簧元件作为尺寸的转换和放大机构。其分度值为 0.1μm、0.2μm、0.5μm、1μm、2μm、5μm、10μm。

7.3.2　光学量仪

光学量仪是利用光学原理制成的测量仪器。应用比较广泛的光学量仪有立式光学计、万能测长仪、工具显微镜等。

立式光学计是利用光学杠杆放大作用将测量杆的直线位移转换为反射镜的偏转，使反射光线也发生偏转，从而得到标尺影像的一种光学量仪。用相对测量法测量长度时，以量块（或标准件）与工件相比较来测量它的偏差尺寸，故又称为立式光学比较仪。

光学计管是立式光学计的主要部件，它的工作原理是光学的自准直原理和机械的杠杆正切原理。

自准直原理如图 7-52 所示。在图 7-52（a）中，位于物镜焦点上的物体（目标）C 发出的光线经物镜折射后成为一束平行于主光轴（一条没有经过折射的光线称为主光轴）的平行光束。光线前进若遇到一块与主光轴相垂直的平面反射镜，则仍沿原路反射回来，经物镜后光线仍会聚在焦点上，并形成目标的实像 C'，且与目标 C 完全重合。

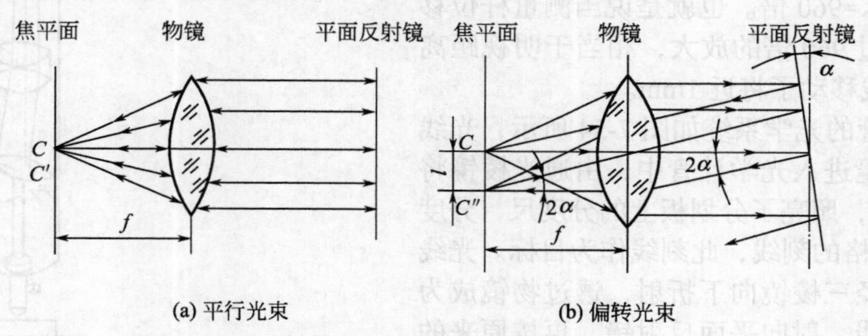

(a) 平行光束　(b) 偏转光束

图 7-52　自准直原理

如图 7-52（b）所示，若使平面反射镜对主光轴偏转一个小的 α 角，则平面反射镜的法线也转过 α 角，所以反射光线就转过 2α 角。反射光线经物镜后，会聚于焦平面上的 C'' 点，C'' 点是目标 C 的成像，与 C 点的距离为 l，从图 7-52（b）可知：

$$l=f\tan 2\alpha$$

式中　f——物镜的焦距。

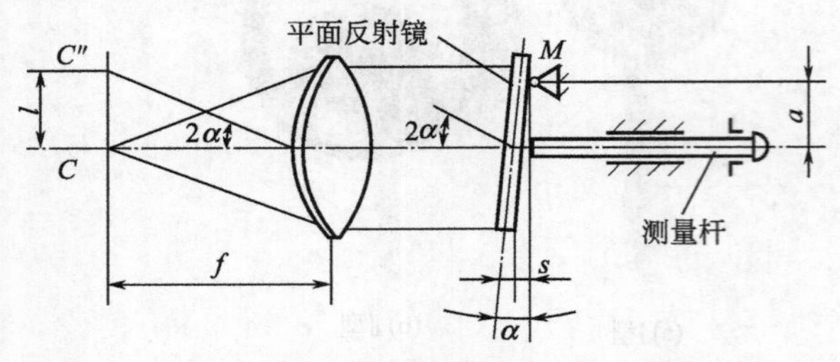

图 7-53　光学计管的工作原理

平面反射镜偏转角 α 愈大，则像 C' 偏离目标 C 的距离 l 也愈大。这样，可用目标像 C' 的位置偏离值来确定平面反射镜的偏转度 α，这就是自准直原理。

假定在主光轴的轴线上安装一个活动测量杆，如图 7-53 所示，测量杆的一端与平面反射镜接触，同时平面反射镜可绕支轴 M 摆动。如果测量杆发生转动，就推动了平面反射镜围绕支轴 M 摆动。测量杆的移动量 s 与平面反射镜的摆动偏转角 α 的关系是正切关系，由图 7-53 可知：

$$s=a\tan\alpha$$

式中　a——臂长，即测量杆至支轴 M 点的距离。

这就是杠杆正切原理。

通过一块平面反射镜把杠杆正切机构与自准直系统联系在一起，这样，测量杆作微量位移 s，推动了平面反射镜偏转 α 角，于是目标像 C' 移动了距离 l。只要把 l 测量出来，就可以得出测量杆的移动量 s，这就是光学计管的工作原理。

$$K=l/s\approx 2f/a$$

式中　K——光学杠杆放大比。

一般光学计管的物镜焦距 f=200mm，臂长 a=5mm。

因此，光学计管的光学杠杆放大比为 80 倍。当测量杆移动 1μm 时，目标像就移动了 80μm。为了测出目标像 C' 的移动量，将目标 C 制成分度尺形式。分度尺的分度值为 0.001mm，因此它的刻度距离为：

$$0.001K=0.001\times 80=0.08\text{（mm）}$$

分度尺共有 ±100 格刻度，其示值范围为 ±0.1mm。它的像通过一个目镜来观察，目镜的放大倍数为 12 倍。这样，光学计管的总的放大倍数为 $12K$=960 倍。也就是说当测量杆位移 1μm 时，经过 960 倍的放大，相当于明视距离下看到的刻线移动了将近 1mm。

光学计管的光学系统如图 7-54 所示，光线由进光反射镜进入光学计管中，由通光棱镜将光线转折 90°，照亮了分划板上的分度尺，分度尺上有 ±100 格的刻线，此刻线作为目标。光线继续前进，经三棱镜向下折射，透过物镜成为一束平行光线，射向平面反射镜，再按原来的路径反射回去。由于分划板位于物镜的焦平面

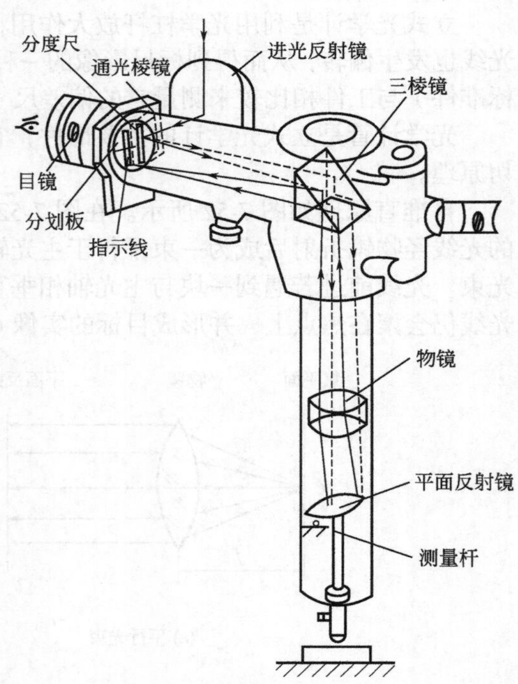

图 7-54　光学计管的光学系统

上，而且分度尺与主光轴相距为 b，按自准直原理，在分划板的另一半上将获得一个距主光轴仍为 b 的分度尺像，此处有一个指示线。当测量杆上下移动时，推动平面反射镜产生摆动，于是分度尺的像相对于指示线产生了移动，移动量通过目镜进行读数。

立式光学计的外形如图 7-55 所示，立柱与底座相固定，底座上有一圆形可调整的工作台，用四个调整螺钉调整工作台前后左右的位置。用升降螺母可使横臂沿立柱上下移动，当位置确定后，用固定螺钉锁紧。光学计管插入横臂的套筒中，它的一端为测帽，另一端为目镜、目镜座、连接座和进光反射镜，微动手轮可调节光学计管微量上下移动，以调节测帽和被测零件的接触程度，调节后用固定螺钉紧固光学计管的位置。零位调节手轮利用螺旋推动杠杆使棱镜转动一个微小角度以改变分度尺成像位置，使其能迅速对准零位。光学计管端有提升器，其只有一个螺钉可以调节提升的距离，以便适当地安放被测零件。立式光学计还配有投影装置，将投影灯插入插孔中，用固定螺钉紧固。它可将目镜中所观察到的分度尺像投影到磨砂玻璃上，可使双眼同时观察，也可使几个人同时进行观察。

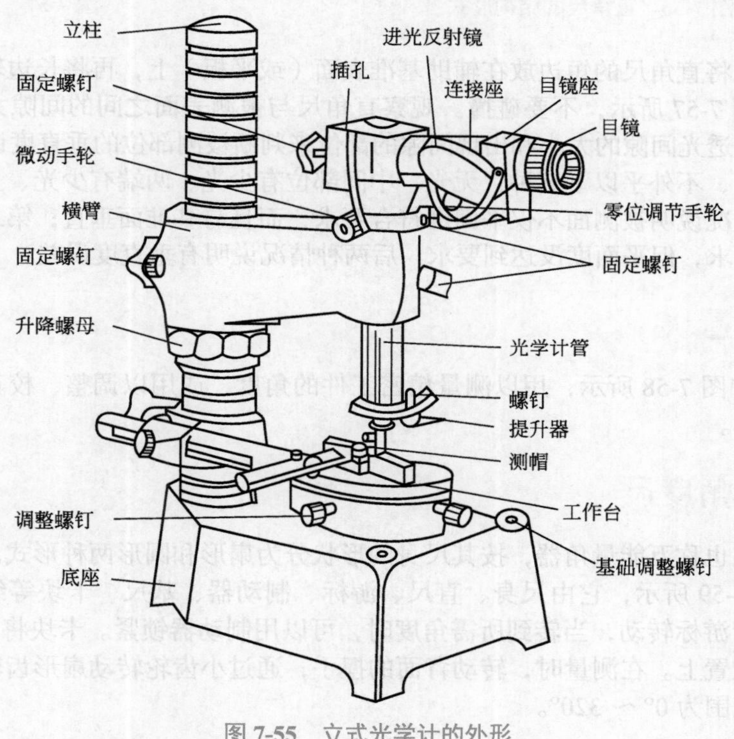

图 7-55　立式光学计的外形

7.4 常用角度量具

7.4.1 直角尺

常用直角尺的结构形式有圆柱角尺、刀口形角尺和宽座角尺等几种，如图 7-56 所示。直角尺主要用于检测 90° 外角或内角，测量垂直度误差，检查机床仪器的精度和划线等。

直角尺的制造精度分为00级、0级、1级和2级四个级别。00级精度最高，2级精度最低。00级、0级用于检测精密仪器的垂直度误差，也用于检定1级或2级直角尺；1级用于检测精密工件；2级用于检测一般工件。测量前，应根据被测件的尺寸和精度要求，选择直角尺的规格和精度等级，同时应检查直角尺的工作面和边缘是否有碰伤、毛刺等明显缺陷，将直角尺的工作面和被测零件表面擦净。

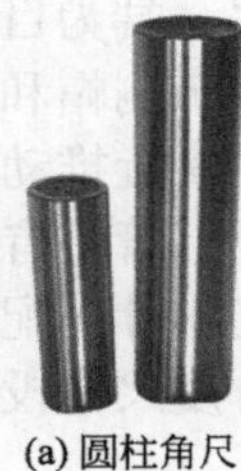

(a) 圆柱角尺

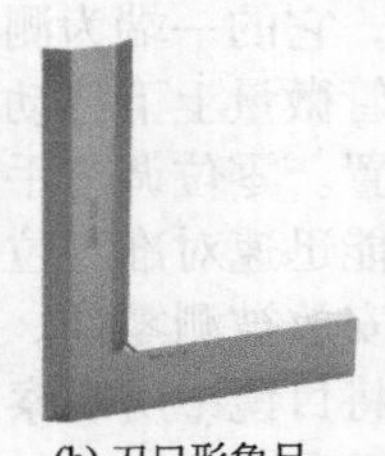

(b) 刀口形角尺

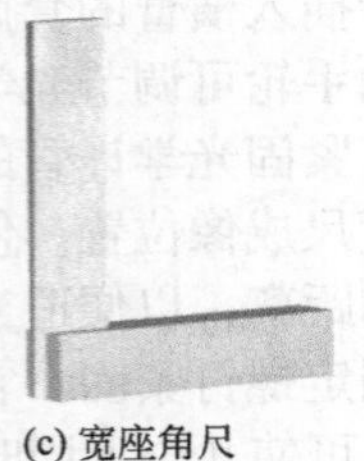

(c) 宽座角尺

图7-56 直角尺的结构形式

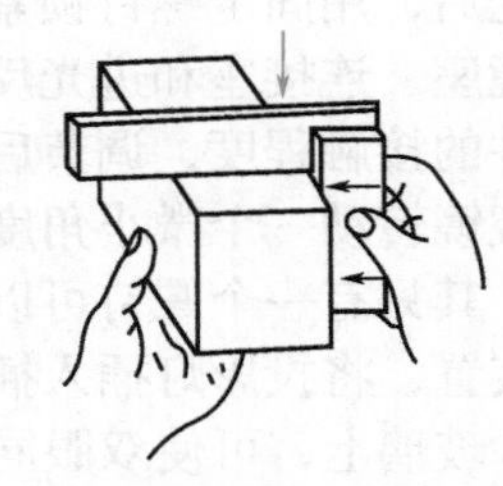

图7-57 直角尺的使用

测量时，先将直角尺的短边放在辅助基准表面（或平板）上，再将长边轻轻地靠拢被测工件表面，如图7-57所示，不要碰撞。观察直角尺与被测表面之间的间隙大小和间隙出现的部位，再根据透光间隙的大小和出现间隙的部位来判断被测部位的垂直度误差。

一般情况下，不外乎以下五种：无光、中间部位有少光、两端有少光、上端有光、下端有光。第一种情况说明被测面不仅平面度符合要求，而且与基准面垂直；第二、三种情况说明垂直度符合要求，但平面度没达到要求；后两种情况说明有垂直度误差。

7.4.2 角度量块

角度量块如图7-58所示，用以测量精密工件的角度，或用以调整、校正、检验工具、工件或计量器具。

7.4.3 万能角度尺

万能角度尺也称万能量角器，按其尺身的形状分为扇形和圆形两种形式。扇形万能角度尺的结构如图7-59所示，它由尺身、直尺、游标、制动器、基尺、卡块等组成。测量时基尺带着主尺沿着游标转动，当转到所需角度时，可以用制动器锁紧。卡块将90°角尺和直尺固定在所需的位置上。在测量时，转动背面的捏手，通过小齿轮转动扇形齿轮，使基尺改变角度。其测量范围为0°～320°。

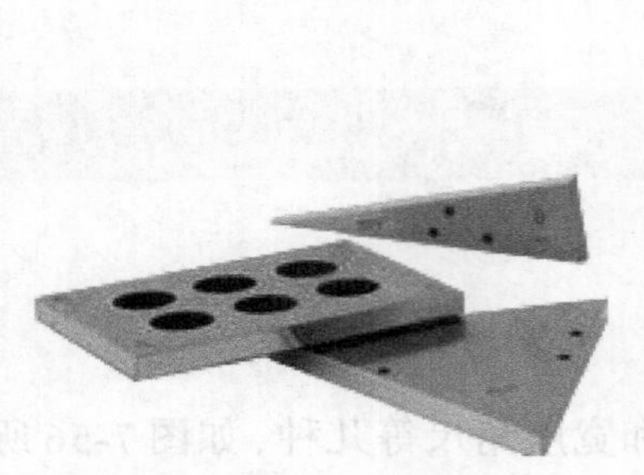

图7-58 角度量块

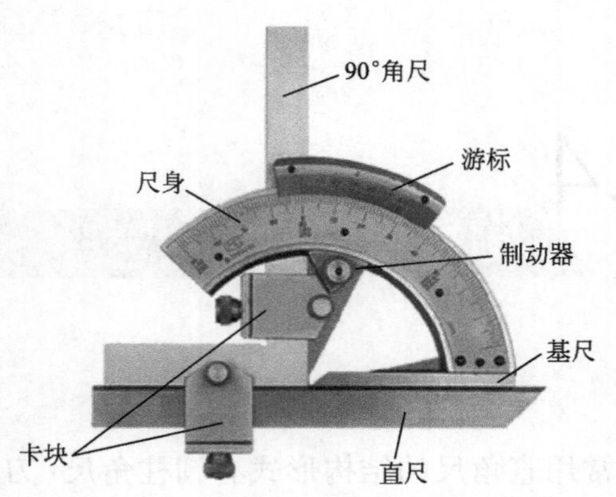

图7-59 扇形万能角度尺

圆形万能角度尺的结构如图 7-60 所示。小圆盘主尺上刻有游标分度，边缘带附加尺。利用中间的夹块将直尺固定在小圆盘上，并使直尺随游标一起转动。测量时可将直尺紧固在尺身上，以便从被测工件上取下角度尺进行读数。

（1）万能角度尺的刻线原理

万能角度尺的刻线原理与游标卡尺相似，不同的是游标卡尺的读数是长度单位值，而万能角度尺的读数是角度单位值。所以，万能角度尺也是利用游标原理进行读数的一种角度量具，其游标分度值有 2′ 和 5′ 两种。

① 分度值为 2′ 的万能角度尺　万能角度尺尺身刻度每格为 1°，刻线将对应于尺身 29 格的一段弧长等分 30 格，如图 7-61 所示，每格所对应的角度为：29°/30=60′ ×29/30=58′ 。因此，主尺一格与游标一格相差：1°-58′ =2′。所以该游标万能角度尺的分度值为 2′ 。

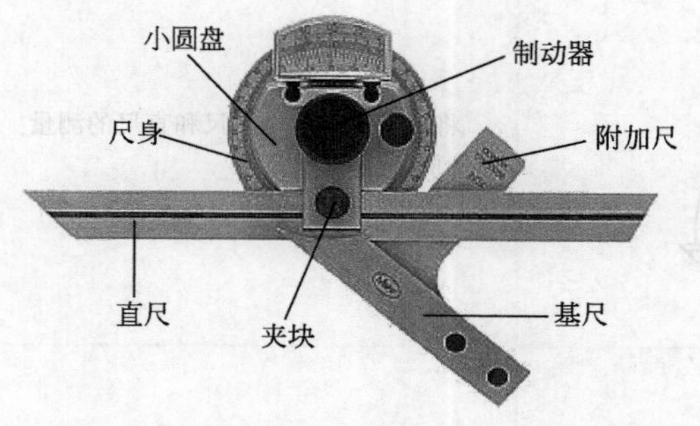

图 7-60　圆形万能角度尺

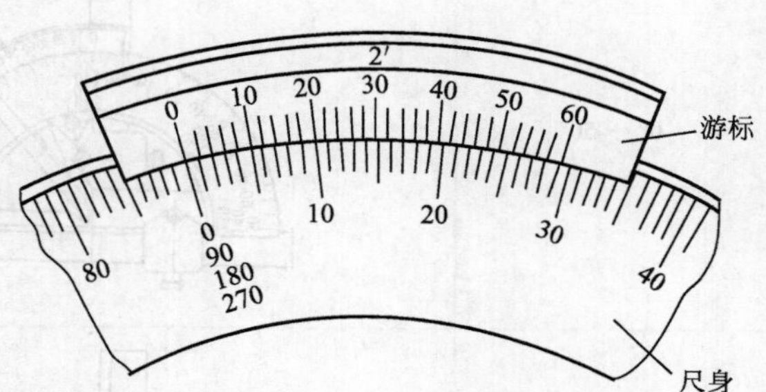

图 7-61　分度值为 2′ 的万能角度尺的刻线原理

② 分度值为 5′ 的万能角度尺　万能角度尺的尺身刻线每格为 1°，游标刻线将对应于尺身 23 格的一段弧长等分 12 格，如图 7-62 所示，则每格对应的角度为：23°/12=60′×23/12=115′。尺身 2 格与游标 1 格之差为：2°-115′ =5′。所以该游标万能角度尺的分度值为 5′。

（2）万能角度尺的读数方法

万能角度尺的读数方法与游标卡尺的读数方法相似，也分三步，以如图 7-63 所示的分度值为 2′ 的万能角度尺为例说明。

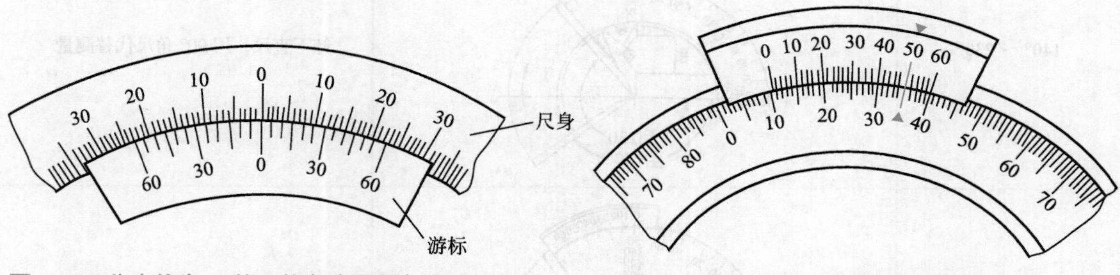

图 7-62　分度值为 5′ 的万能角度尺的刻线原理

图 7-63　万能角度尺的读数示例

① 读度数　即先从尺身上读出游标零线前面的整读数。图 7-63 中所示游标零线前面的尺身上的整读数为 10，即度数为 10°。

② 读分数　判断游标上的第几格的刻线与尺身上的刻线对齐，确定角度的分数。图 7-63 中所示是第 25 格与尺身上的刻线对齐，即分数为 2′×25=50′。

③ 求和　将度和分相加就是被测件的角度数值。图 7-63 中所示结果为 10°+50′ =10°50′。

（3）万能角度尺的使用方法

① 使用前，将万能角度尺的各测量面擦净。

② 检查万能角度尺的测量面是否生锈和碰伤，活动件是否灵活、平稳，能否固定在规定的位置上。

③ 检查万能角度尺的零位是否正确。

④ 根据被测角度选用万能角度尺的测量尺。表 7-10 所示为用扇形万能角度尺测量工件角度的方法。

表 7-10　用扇形万能角度尺测量工件角度的方法

测量角度	图示	方法
0° ～ 50°	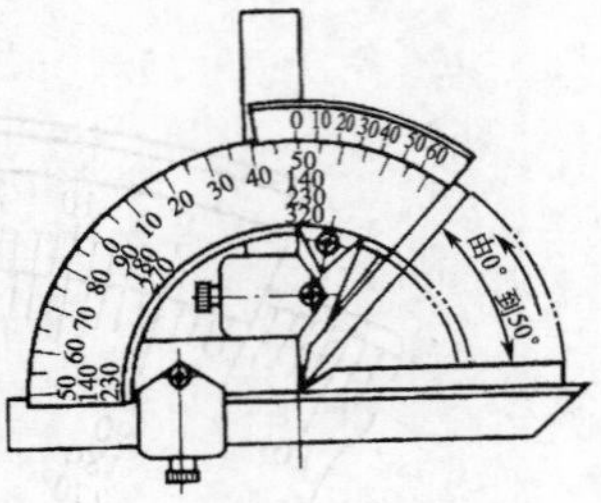	将被测工件放在基尺和直尺的测量面之间进行测量
50° ～ 140°	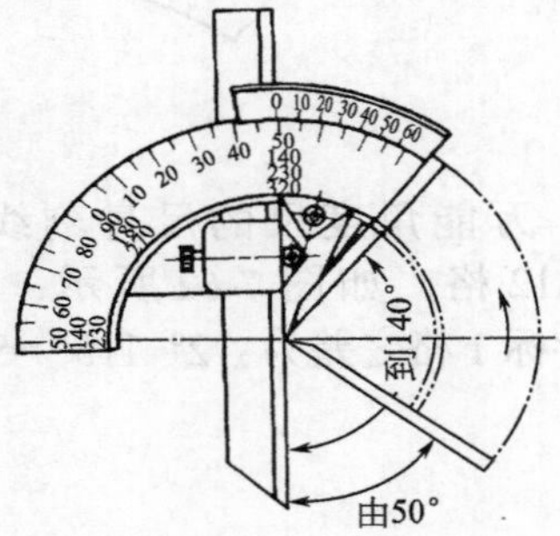	卸下 90° 角尺，用直尺代替测量
140° ～ 230°	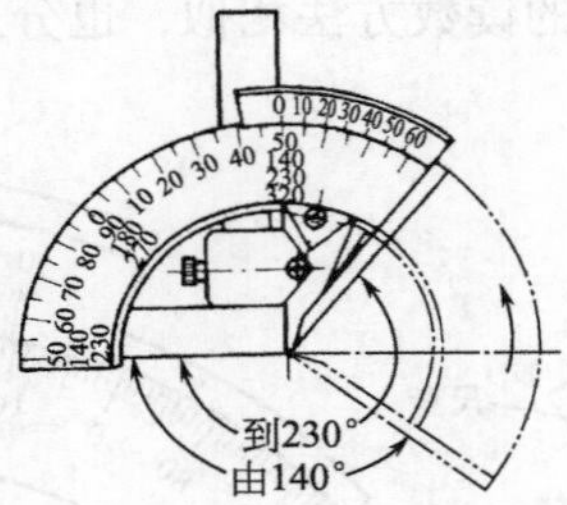	卸下直尺，用 90° 角尺代替测量
230° ～ 320°	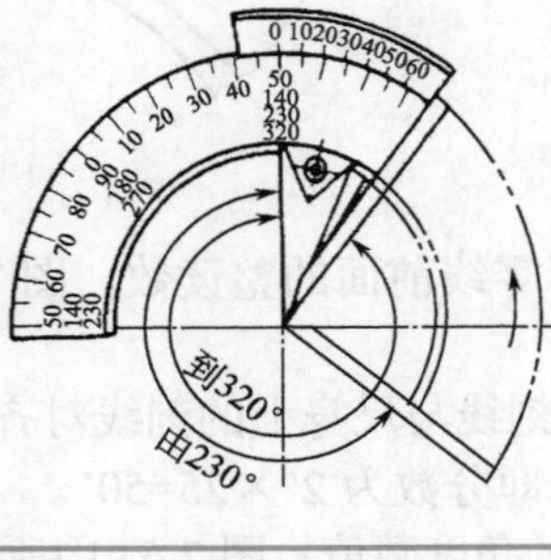	卸下直尺、90° 角尺、卡规，将被测工件放在基尺和尺身测量面之间进行测量

7.4.4 正弦规

正弦规是利用三角函数中正弦（sin）关系来进行间接测量角度的一种精密量具。它由一块准确的钢质长方体和两个相同的精密圆柱体组成，分为窄形和宽型两类，如图 7-64 所示。正弦规每一类型又按其主体工作平面长度尺寸分为两类，常用精度等级为 0 级和 1 级，其中 0 级精度更高。正弦规的基本尺寸见表 7-11。

(a) Ⅰ型(窄型)　(b) Ⅱ型(宽型)

图 7-64　正弦规

表 7-11　正弦规的基本尺寸　mm

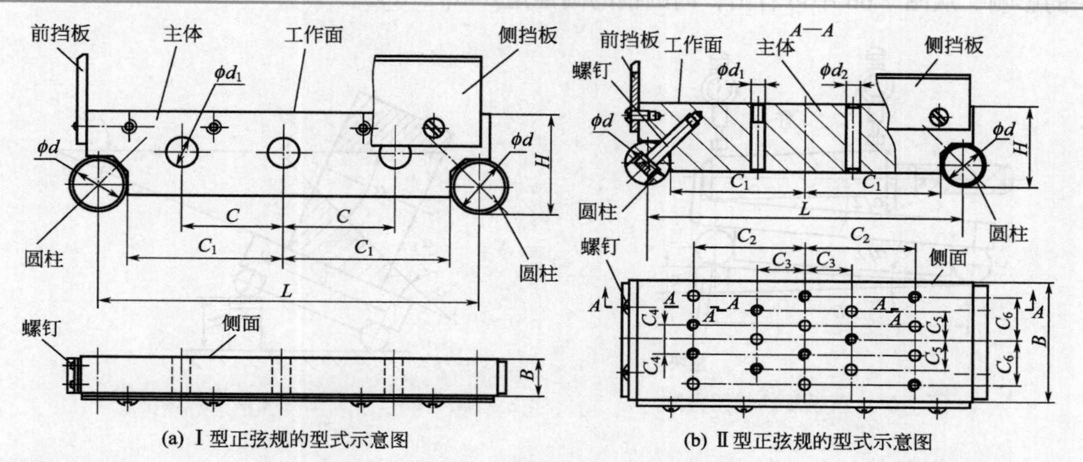

(a) Ⅰ型正弦规的型式示意图　(b) Ⅱ型正弦规的型式示意图

基本参数	Ⅰ型正弦规		Ⅱ型正弦规	
	两圆柱中心距 L			
	100	200	100	200
B	25	40	80	80
d	20	30	20	30
H	30	55	40	55
C	20	40	—	—
C_1	40	85	40	85
C_2	—	—	30	70
C_3	—	—	15	30
C_4	—	—	10	10
C_5	—	—	20	20
C_6	—	—	30	30
d_1	12	20	—	—
d_2	—	—	7B12	7B12
d_3			M6	M6

测量时，将正弦规安放在平板上，圆柱的一端用量块垫高，被测工件放在正弦规的平面上，如图 7-65 所示。量块组高度可以根据被测工件圆锥半角进行精确计算获得。然后用百分表检验工件圆锥的两端高度，若读数值相同，就说明圆锥半角正确。用正弦规测量 3° 以

下的角度，可以达到很高的测量精度。

已知圆锥半角 $\alpha/2$，需垫进量块组高度为：

$$H=L\sin\frac{\alpha}{2}$$

已知量块组高度 H，圆锥半角 $\alpha/2$ 为：

$$\frac{\alpha}{2}=\arcsin(H/L)$$

利用正弦规也可测量内圆角度，如图 7-66 所示。测量时，分别测量内圆锥素线角度 $\alpha_1/2$ 和 $\alpha_2/2$，图 7-66 所示系测量 $\alpha_1/2$ 的位置。测量 $\alpha_2/2$ 时，安置在正弦规上的内圆锥不动，只把量块组换一位置安放，使之与另一圆柱接触，这样就可避免辅助测量基准的误差对测量结果的影响。从图 7-66 中可看出，内圆锥的圆锥角 $\alpha=\alpha_1/2+\alpha_2/2$。

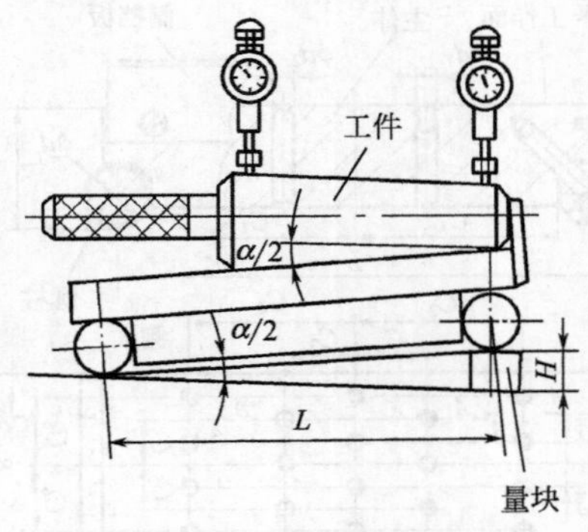

图 7-65　正弦规的使用方法

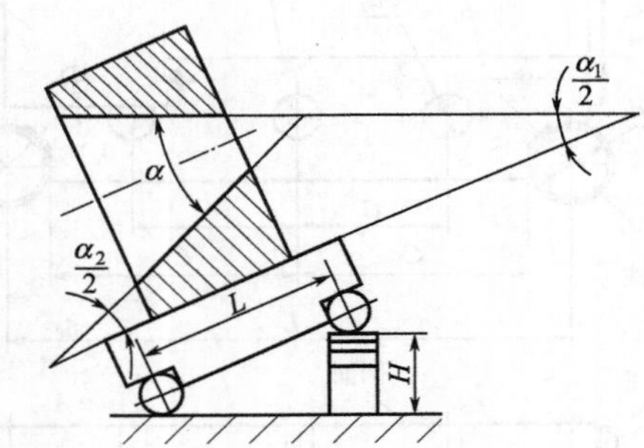

图 7-66　用正弦规测量内圆锥角

7.5 光滑极限量规

7.5.1 光滑极限量规的公差带

（1）量规的功用与分类

量规是一种没有刻度的定值检测工具。一种规格的量规只能检测同种尺寸的工件。凡是用量规检测合格的工件，其实际尺寸都控制在给定的公差范围内。虽然量规不能检测出工件的实际尺寸以及几何误差的具体数值，但其检测工件方便、迅速、可靠、效率高。

光滑极限量规是检测孔和轴所用的量规。其外形与被检测的对象相反。检测孔的量规称为塞规，如图 7-67（a）所示；检测轴的量规称为卡规，如图 7-67（b）所示。

(a) 塞规　　(b) 卡规

图 7-67　光滑极限量规

量规按作用分为工作量规、验收量规和校对量规三种。

① 工作量规：工件在制造过程中，操作者对工件进行检验所用的量规。工作量规分通规（用T表示）和止规（用Z表示）。

光滑极限量规都是通规和止规成对使用，通规用来检测孔或轴的作用尺寸是否超过最大实体尺寸；止规用来检测孔或轴的作用尺寸是否超过了最小实体尺寸。检测工件时，如果通规通过工件，而止规不通过工件，则该工件为合格；否则工件就不合格。

② 验收量规：检验部门或用户代表在验收产品时所用的量规。验收量规一般不专门设计制造，而是从工作量规中选择磨损较多的通规供用户代表使用。在现场巡回检验时，检验员也可使用工人使用的合格量规。

③ 校对量规：校对量规是用以检测工作量规的量规。由于孔用工作量规测量不方便，不需要校对量规（需要时可用较精密的计量器具进行校对测量），所以只有轴用工作量规（即卡规）才使用校对量规。

校对量规分为三种，见表7-12。

表7-12 校对量规的种类

种类	代号	说明
校通-通	TT	检验轴用工作量规通端的校对量规。检验时，通过轴用工作量规的通端，则该通端合格
校止-通	ZT	检验轴用工作量规止端的校对量规。检验时，通过轴用工作量规的止端，则该止端合格
校通-损	TS	检验轴用验收量规的通端是否已达到或超过磨损极限的量规

（2）量规公差与量规公差带

量规在制造过程中，其尺寸不可能制得绝对准确，使它恰好与工件的极限尺寸相等，也就是说量规也存在制造的误差。因此对量规除了提出尺寸公差和几何公差外，为保证通规具有一定的使用寿命，同时还对通规的最小磨损量做出了规定。所以通规公差由制造公差（T）和磨损公差两部分组成。止规由于不经常通过工件，所以只规定了制造公差。

① 工作量规的公差带　工作量规的公差带相对于工件公差带的分布有两种方案，见表7-13。T_1为保证公差，表示工件制造时允许的最大公差；T_2为制造公差，是考虑到制造量规后，工件可能的最小制造公差。

表7-13 量规公差带分布的两种方案

方案	图示	说明
方案一		量规公差带完全位于工件公差之内，保证公差等于工件公差，采用这种方案可保证配合性质，充分保证产品的质量，但也可能将有些合格品误判为废品，并提高了加工要求

续表

方案	图示	说明
方案二	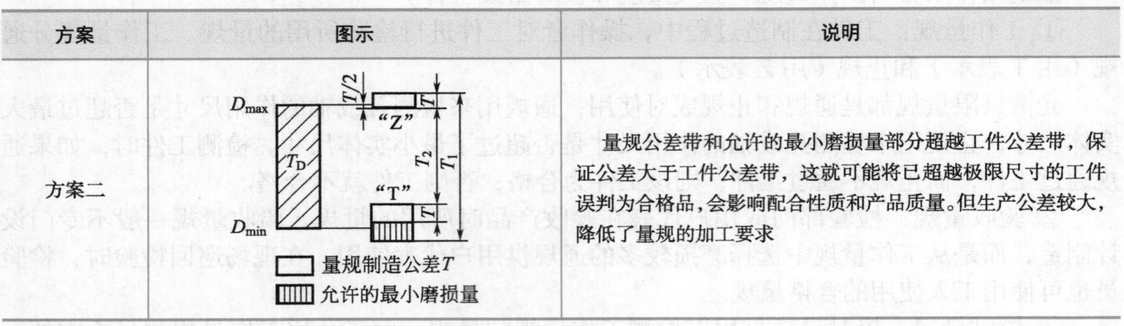	量规公差带和允许的最小磨损量部分超越工件公差带，保证公差大于工件公差带，这就可能将已超越极限尺寸的工件误判为合格品，会影响配合性质和产品质量。但生产公差较大，降低了量规的加工要求

国家标准《螺纹量规和光滑极限量规　型式与尺寸》（GB/T 10920—2008）规定了量规公差带采用方案一，孔和轴用工作量规的公差带如图 7-68 所示。

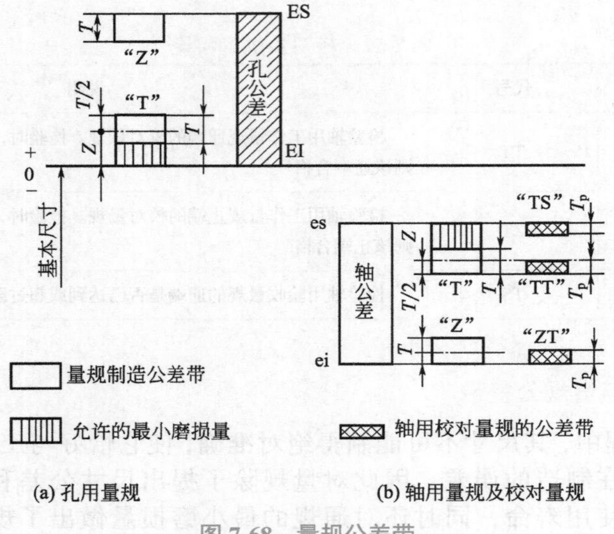

(a) 孔用量规　　(b) 轴用量规及校对量规

图 7-68　量规公差带

图 7-68 中，T 为制造量规尺寸公差，Z 为位置要素（通规尺寸公差带的中心到工件最大实体尺寸之间的距离）。当通规磨损到最大实体尺寸时，通规就不能再使用了。这时的极限就称为通规的磨损极限，磨损极限尺寸也等于工件的最大实体尺寸。止规不通过工件，所以国家标准只规定了制造量规的尺寸公差。

国家标准 GB/T 10920—2008 对基本尺寸小于或等于 500mm、公差等级为 IT6 ～ IT16 的孔、轴工作量规的 T 值和 Z 值做出了规定，具体数值见表 7-14。

② 校对量规的公差带　轴用量规的校对量规的公差带如图 7-68（b）所示。校对量规的尺寸公差 T_p 为被校对工作量规尺寸公差的 50%。"TT"为检验轴用通规的"校通 - 通"量规，检验时通过为合格。"ZT"为检验用止规的"校止 - 通"量规，检验时通过为合格。"TS"为检验轴的通规是否达到磨损极限的"校通 - 损"量规，检验时不通过为合格，通过即报废。

③ 工作量规的几何公差　国家标准规定，量规的几何误差应在其尺寸公差带之内。其公差为量规公差的 50%（圆度、圆柱度公差值为尺寸公差的 25%）。

但当量规尺寸公差不超过 0.002mm 时，其几何公差均为 0.001mm。

表 7-14 IT6～IT16 级工作量规制造公差和位置要素值

μm

工件公称尺寸 D/mm	IT6		IT7		IT8		IT9		IT10		IT11		IT12		IT13		IT14		IT15		IT16	
	T	*Z*	*T*	*Z*	*T*	*Z*	*T*	*Z*	*T*	*Z*	*T*	*Z*	*T*	*Z*	*T*	*Z*	*T*	*Z*	*T*	*Z*	*T*	*Z*
≤3	1	1	1.2	1.6	1.6	2	2	3	2.4	4	3	6	4	9	6	14	9	20	14	30	20	40
3～6	1.2	1.4	1.4	2	2	2.6	2.4	4	3	5	4	8	5	11	7	16	11	25	16	35	25	50
6～0	1.4	1.6	1.8	2.4	2.4	3.2	2.8	5	3.6	6	5	9	6	13	8	20	13	30	20	40	30	60
10～18	1.6	2	2	2.8	2.8	4	3.4	6	4	8	6	11	7	15	10	24	15	35	25	50	35	75
18～30	2	2.4	2.4	3.4	3.4	5	4	7	5	9	7	13	8	18	12	28	18	40	28	60	40	90
30～50	2.4	2.8	3	4	4	6	5	8	6	11	8	16	10	22	14	34	22	50	34	75	50	110
50～80	2.8	3.4	3.6	4.6	4.6	7	6	9	7	13	9	19	12	26	16	40	26	60	40	90	60	130
80～120	3.2	3.8	4.2	5.4	5.4	8	7	10	8	15	10	22	14	30	20	46	30	70	46	100	70	150
120～180	3.8	4.4	4.8	6	6	9	8	12	9	18	12	25	16	35	22	52	35	80	52	120	80	180
180～250	4.4	5	5.4	7	7	10	9	14	10	20	14	29	18	40	26	60	40	90	60	130	90	200
250～315	4.8	5.6	6	8	8	11	10	16	12	22	16	32	20	45	28	66	45	100	66	150	100	220
315～400	5.4	6.2	7	9	9	12	11	18	14	25	18	36	22	50	32	74	50	110	74	170	110	250
400～500	6	7	8	10	10	14	12	20	16	28	20	40	24	55	36	80	55	120	80	190	120	280

7.5.2 工作量规的设计

（1）量规的型式与尺寸

光滑极限量规的型式多样，应合理选择使用。量规的型式选择主要根据被测工件的大小、生产数量、结构特点和使用方法等因素来决定。

国家标准 GB/T 10920—2008 中，对光滑极限量规的型式和尺寸以及适用的基本尺寸范围做出了具体的规定。以下是常用的几种量规型式。

① 检测孔用量规

a. 针式塞规。针式塞规如图 7-69 所示，主要用于检测直径尺寸为 1 ～ 6mm 的小孔。两个测头可用黏结剂粘牢在手柄两端，一个测头为通端，另一个测头为止端。针式塞规的基本尺寸可按表 7-15 进行选择。

图 7-69 针式塞规

表 7-15 针式塞规的尺寸 mm

测量范围	全长	通端长	止端长
1 ～ 3	65	12	8
3 ～ 6	80	15	10

b. 锥柄圆柱塞规。锥柄圆柱塞规如图 7-70 所示，主要用于检测直径为 1 ～ 50mm 的孔。两测头带有圆锥形的柄部（锥度为 1:50），把它压入手柄的锥孔中，依靠圆锥的自锁性把它们紧固在一起。由于通端测头检测工件时要通过孔，所以易磨损，为便于拆换，在手柄上加工楔槽和楔孔，以便用工具将测头拆下来。锥柄圆柱塞规的尺寸见表 7-16。

图 7-70 锥柄圆柱塞规

表 7-16 锥柄圆柱塞规的尺寸 mm

测量范围	全长	测量范围	全长	测量范围	全长
1 ～ 3	62	10 ～ 14	97	24 ～ 30	136
3 ～ 6	74	14 ～ 18	110	30 ～ 40	145
6 ～ 10	85	18 ～ 24	132	40 ～ 50	171

c. 三牙锁紧式圆柱塞规。三牙锁紧式圆柱塞规如图 7-71 所示，用于检测直径尺寸为 40 ～ 120mm 的孔。由于测头直径较大，可制成环形的测头装在手柄端部，用螺钉将其固定在手柄上，为防止测头转动，在测头上加工出等分的三个槽，在手柄上加工出三个等分的牙，装配时将牙与槽装在一起，再用螺钉固定，测头就牢固地固定在手柄上了。

通端测头轴向尺寸较大，一般为 25 ～ 40mm，所以测头前段磨损了还可拆下，调头后装在手柄上继续使用。当测头直径较大时，为便于测量，可把它制成单头的，即将通端测头和止端测头分别装在两个手柄上。三牙锁紧式圆柱塞规尺寸见表 7-17。

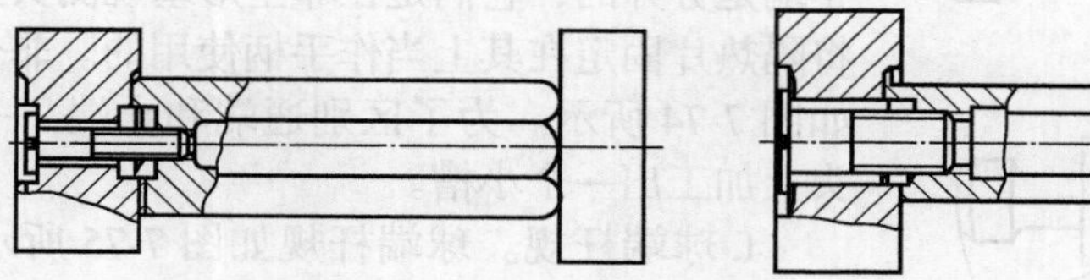

(a) 双头手柄　　(b) 单头手柄

图 7-71　三牙锁紧式圆柱塞规

表 7-17　三牙锁紧式圆柱塞规尺寸　mm

<table>
<tr><th rowspan="2">测量范围</th><th rowspan="2">双头手柄全长</th><th colspan="2">单头手柄全长</th></tr>
<tr><th>通端塞规</th><th>止端塞规</th></tr>
<tr><td>＞40～50</td><td>164</td><td>148</td><td rowspan="2">141</td></tr>
<tr><td>＞50～65</td><td>169</td><td>153</td></tr>
<tr><td>＞65～80</td><td rowspan="6">—</td><td rowspan="5">173</td><td rowspan="6">165</td></tr>
<tr><td>＞80～90</td></tr>
<tr><td>＞90～95</td></tr>
<tr><td>＞95～100</td></tr>
<tr><td>＞100～110</td></tr>
<tr><td>＞110～120</td><td>178</td></tr>
</table>

d. 三牙锁紧式非全形塞规。三牙锁紧式非全形塞规如图 7-72 所示，用于检测直径尺寸为 80～180mm 的孔。三牙锁紧式非全形塞规与三牙锁紧式圆柱塞规的主要区别是测头形状不同，三牙锁紧式非全形塞规的测头只取圆柱中间部分，这就减轻了量规的重量，便于使用。三牙锁紧式非全形塞规的尺寸见表 7-18。

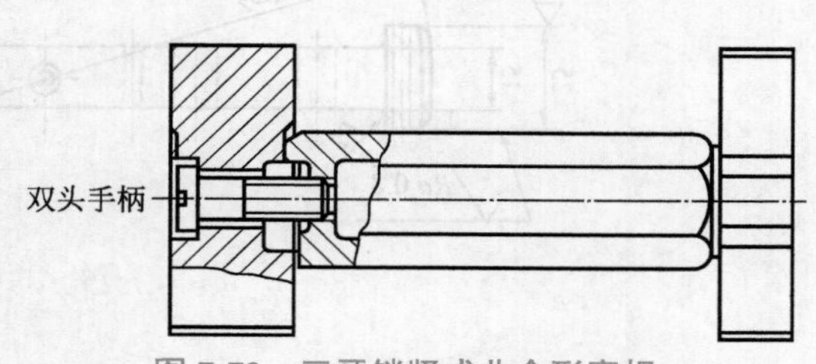

图 7-72　三牙锁紧式非全形塞规

表 7-18　三牙锁紧式非全形塞规的尺寸　mm

<table>
<tr><th rowspan="2">测量范围</th><th rowspan="2">双头手柄全长</th><th colspan="2">单头手柄全长</th></tr>
<tr><th>通端塞规</th><th>止端塞规</th></tr>
<tr><td>＞80～100</td><td>181</td><td>158</td><td rowspan="2">148</td></tr>
<tr><td>＞100～120</td><td>186</td><td>163</td></tr>
<tr><td>＞120～150</td><td rowspan="2">—</td><td>181</td><td rowspan="2">168</td></tr>
<tr><td>＞150～180</td><td>183</td></tr>
</table>

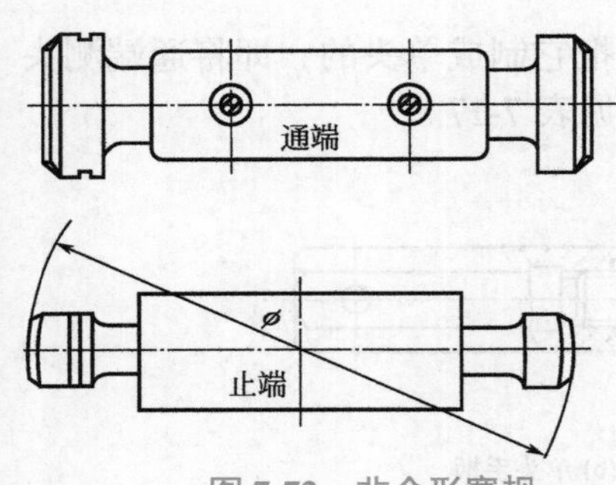

图 7-73　非全形塞规

e. 非全形塞规。非全形塞规如图 7-73 所示，用于检测直径尺寸为 180 ～ 260mm 的孔。非全形塞规的通端和止端是分开的，它们是在非全形塞规测头上用螺钉、螺母将隔热片固定在其上当作手柄使用的。非全形塞规的测头如图 7-74 所示。为了区别通端和止端，一般在止端的测头上加工出一个小槽。

f. 球端杆规。球端杆规如图 7-75 所示，用于检测直径尺寸为 120 ～ 500mm 的孔。这样大的直径孔，使用非全形塞规显得很笨重，因而把塞规制成杆状。它的长度等于孔径的极限尺寸，两端的工作面制成球面的一部分，球面半径为 16mm。在球端杆规的中部套着隔热管，作为手持处。尺寸为 120 ～ 250mm 的球端杆规只有一个隔热套；尺寸为 250 ～ 500mm 的球端杆规有两个隔热套。

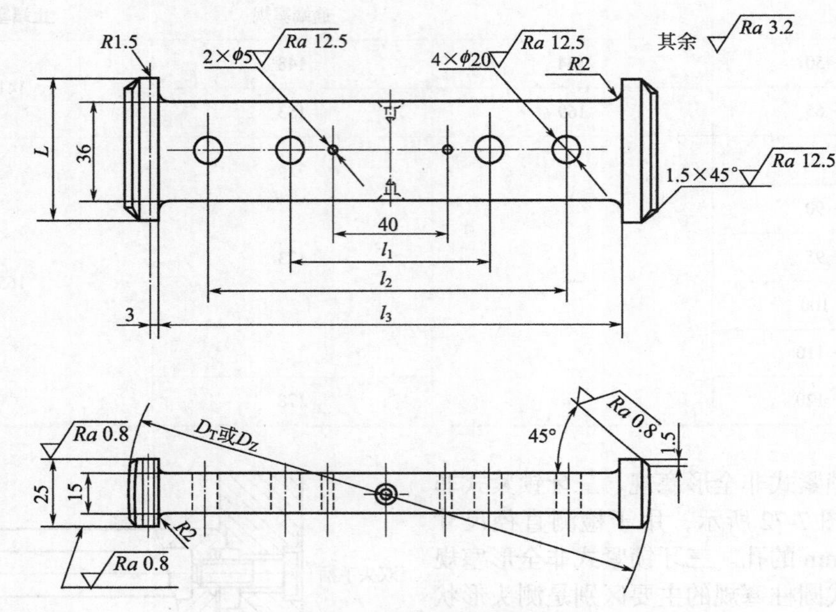

图 7-74　非全形塞规的测头

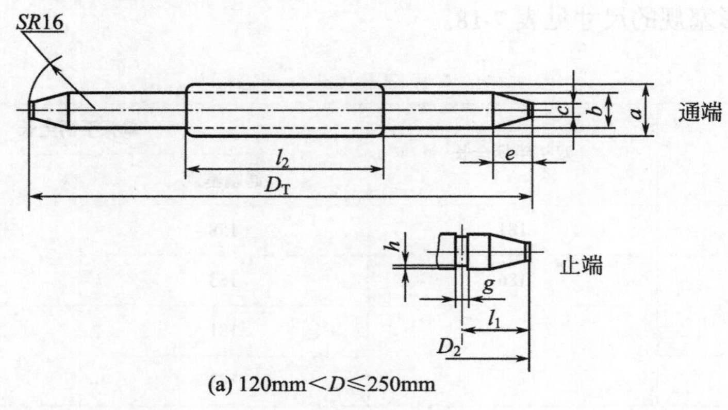

(a) 120mm<D≤250mm

图 7-75

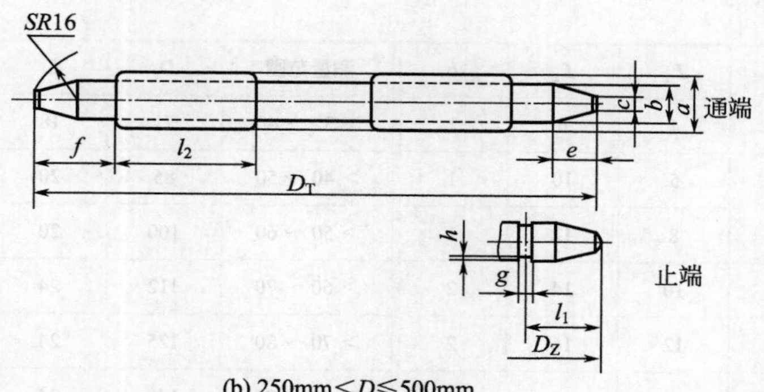

(b) 250mm<D≤500mm

图 7-75　球端杆规

球端杆规的最大优点就是轻便，但由于杆规是细长形状，稍用力就会变形，会影响检测的准确性，甚至把杆规卡死在工件孔内，使工件受到损伤。杆规的球端与孔壁间是点接触，因此磨损较快。球端杆规的尺寸见表 7-19。

表 7-19　球端杆规的尺寸　mm

<table>
<tr><th>测量范围</th><th>a</th><th>b</th><th>c</th><th>d</th><th>f</th><th>g</th><th>h</th><th>l_1</th><th>l_2</th></tr>
<tr><td>＞120～180</td><td rowspan="2">16</td><td rowspan="2">12</td><td rowspan="2">8</td><td rowspan="2">12</td><td rowspan="2">—</td><td rowspan="3">2</td><td rowspan="3">0.6</td><td rowspan="2">22</td><td>60</td></tr>
<tr><td>＞180～250</td><td>80</td></tr>
<tr><td>＞250～315</td><td>20</td><td>16</td><td>12</td><td>16</td><td>30</td><td>26</td><td>50</td></tr>
<tr><td>＞315～500</td><td>24</td><td>18</td><td>14</td><td>20</td><td>45</td><td>2.5</td><td>0.8</td><td>32</td><td>60</td></tr>
</table>

② 轴用量规

a. 圆柱环规。圆柱环规如图 7-76 所示，用于检测直径尺寸为 1～100mm 的轴。

圆柱环规的通端与止端分开，为从外观上区分通端与止端，一般在止端外圆柱面上加工一尺寸为 b 的槽。圆柱环规的尺寸见表 7-20。圆柱环规具有内圆柱面的测量面，为防止使用中变形，环规应有一定的厚度。

图 7-76　圆柱环规

表 7-20　圆柱环规的尺寸　mm

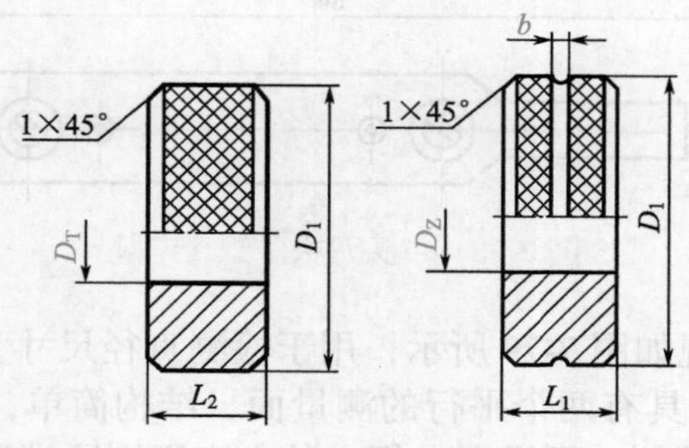

续表

测量范围	D_1	L_1	L_2	b	测量范围	D_1	L_1	L_2	b
＞1～2.5	16	4	6	1	＞32～40	71	18	24	2
＞2.5～5	22	5	10	1	＞40～50	85	20	32	3
＞5～10	32	8	12	1	＞50～60	100	20	32	3
＞10～15	38	10	14	2	＞60～70	112	24	32	3
＞15～20	45	12	16	2	＞70～80	125	24	32	3
＞20～25	53	14	18	2	＞80～90	140	24	32	3
＞25～32	63	16	20	2	＞90～100	160	24	32	3

b. 双头组合卡规。双头组合卡规如图 7-77 所示，用于检测直径小于或等于 3mm 的小轴。卡规的通端和止端分布在两侧，由上卡规体和下卡规体用螺钉连接，并用圆柱销定位。

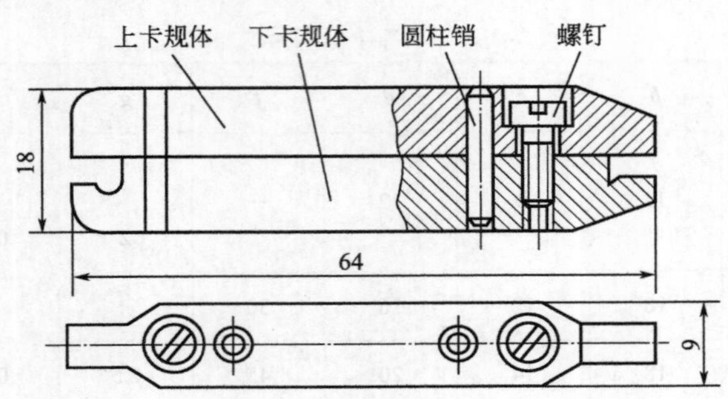

图 7-77　双头组合卡规

c. 单头双极限组合卡规。单头双极限组合卡规如图 7-78 所示，用于检测直径小于或等于 3mm 的小轴。卡规的通端和止端在同侧，由上卡规体和下卡规体用螺钉连接，并用圆柱销定位。

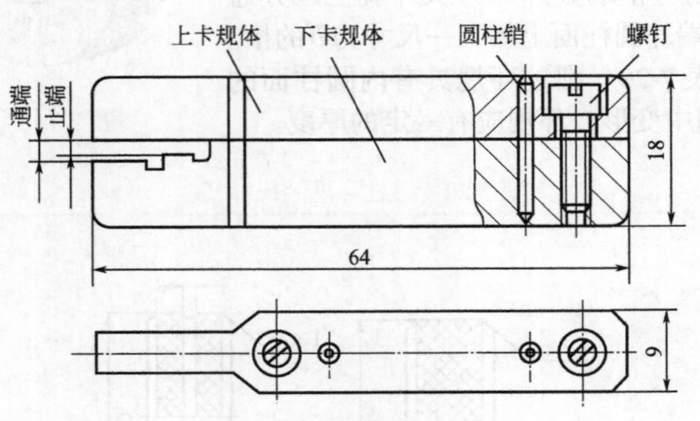

图 7-78　单头双极限组合卡规

d. 双头卡规。双头卡规如图 7-79 所示，用于检测直径尺寸为 3～10mm 的轴。双头卡规用 3mm 厚的钢板制成，具有两个平行的测量面，结构简单，一般企业都能自己制造。卡规的通端和止端分别在两侧。可根据卡规上的文字识别通端和止端。双头卡规的尺寸见

表 7-21。

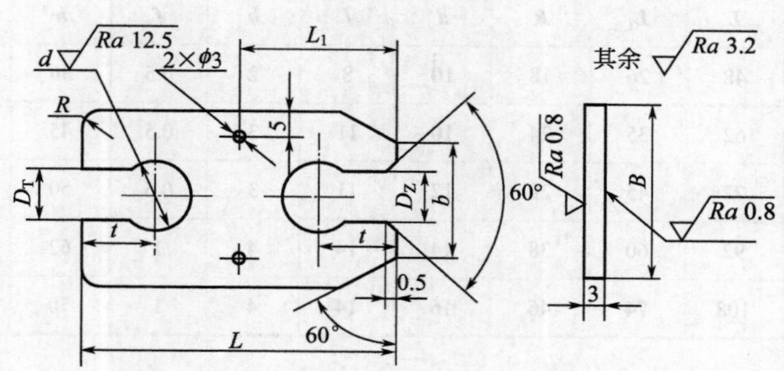

图 7-79 双头卡规

表 7-21 双头卡规的尺寸

mm

测量范围	L	L_1	B	b	d	R	t
＞3 ～ 6	45	22.5	26	14	10	3	10
＞6 ～ 10	52	26	30	20	12	5	12

e. 单头双极限卡规。单头双极限卡规如图 7-80 所示，用于检测直径尺寸为 1 ～ 80mm 的轴。它一般由 3 ～ 10mm 厚的钢板制成，结构简单，通端和止端在同一侧，使用方便，应用广泛。单头双极限卡规的尺寸见表 7-22。

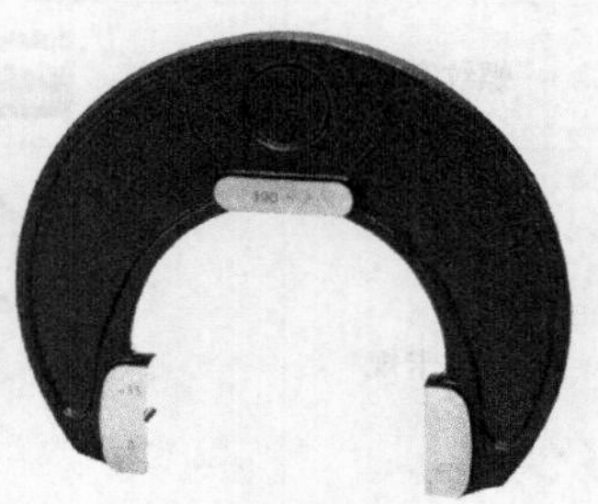

图 7-80 单头双极限卡规

③ 螺纹量规 螺纹量规有环规、塞规和卡规，其结构与作用见表 7-23。

表 7-22 单头双极限卡规的尺寸

mm

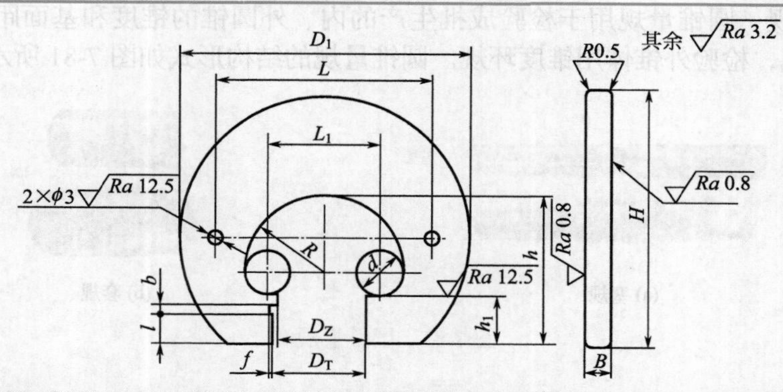

测量范围	D_1	L	L_1	R	d	l	b	f	h	h_1	B	H
1 ～ 3	32	20	6	6	6	5	2	0.5	19	10	3	31
3 ～ 6	32	20	6	6	6	5	2	0.5	19	10	4	31
6 ～ 10	40	26	9	8.5	8	5	2	0.5	22.5	10	4	38
10 ～ 18	50	36	16	12.5	8	8	2	0.5	29	15	5	46

续表

测量范围	D_1	L	L_1	R	d	l	b	f	h	h_1	B	H
18 ～ 30	65	48	26	18	10	8	2	0.5	36	15	6	58
30 ～ 40	82	62	35	24	10	11	3	0.5	45	20	8	72
40 ～ 50	94	72	45	29	12	11	3	0.5	50	20	8	82
50 ～ 65	116	92	60	38	14	14	4	1	62	24	10	100
65 ～ 80	136	108	74	46	16	14	4	1	70	24	10	114

表 7-23　螺纹量规的结构与作用

类型	外形结构	作用
螺纹环规		用于综合检验外螺纹尺寸
螺纹塞规		用于综合检验内螺纹尺寸
螺纹卡规		与可换测头配套使用，用于测量丝锥的各尺寸

④ 圆锥量规　圆锥量规用于检验成批生产的内、外圆锥的锥度和基面距偏差。检验内锥体用锥度塞规，检验外锥体用锥度环规。圆锥量规的结构形式如图 7-81 所示。

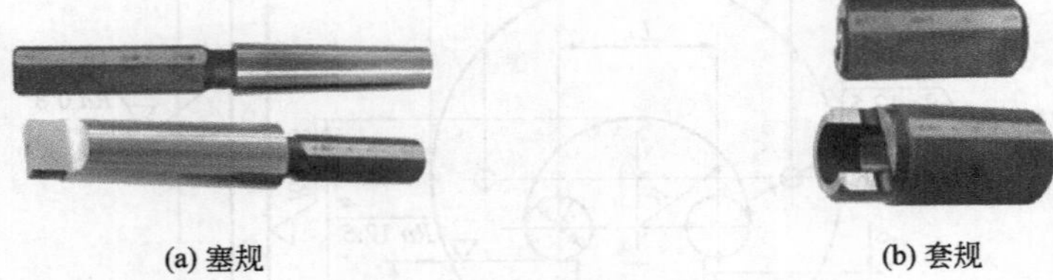

(a) 塞规　　(b) 套规

图 7-81　圆锥量规

圆锥连接时，一般对锥度要求比对直径要求严，所以用圆锥量规检验工件时，首先用涂色法检验工件的锥度。即在量规上沿母线方向薄薄地涂上 2 ～ 3 条显示剂（红丹粉或蓝油），如图 7-82 所示，然后手握套规轻轻地套在工件上，稍加轴向推力，并将套规转动半圈，如图 7-83 所示。最后取下套规，观察工件表面显示剂擦去的情况。若三条显示剂全长擦去痕迹均匀，表面圆锥接触良好，说明锥度正确，如图 7-84 所示；若小端擦去，大端未擦去，说明圆锥角小了；若大端擦去，小端未擦去，则说明圆锥角大了。

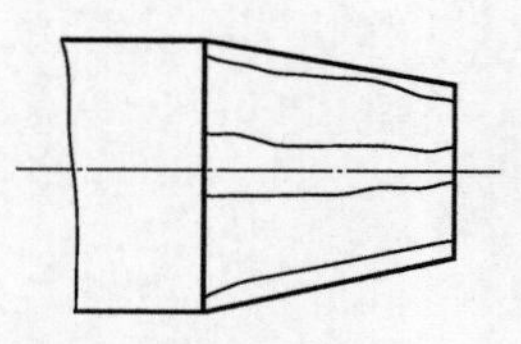
图 7-82 涂色方法

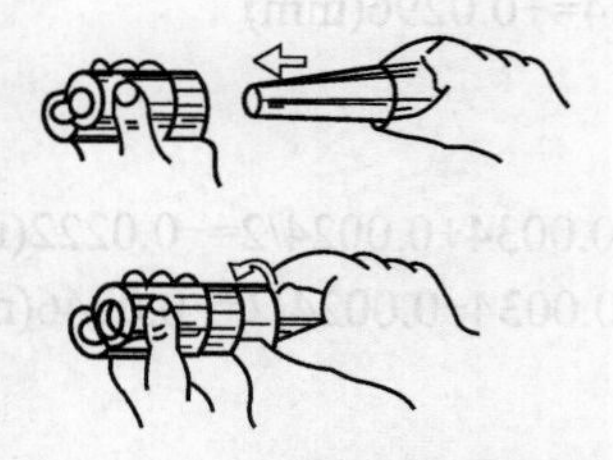
图 7-83 用套规检查圆锥

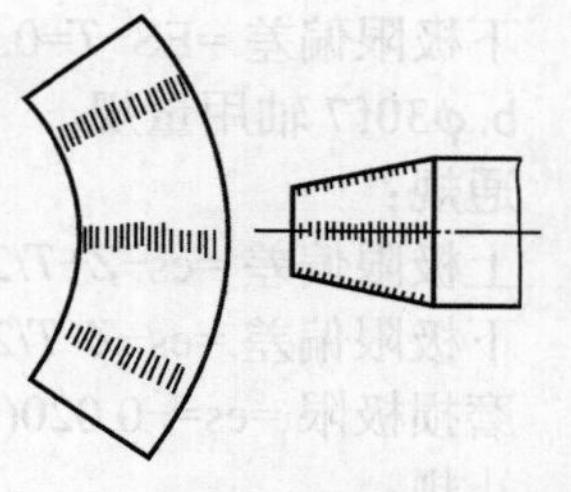
图 7-84 合格的圆锥面展开图

圆锥的最大或最小圆锥直径可以用圆锥界限量规来检验，如图 7-85 所示。塞规和套规除了有一个精确的圆锥表面外，端面上分别有一个台阶（或刻线）。台阶长度（或刻线之间的距离）Z 就是最大或最小圆锥直径的公差范围，Z 为允许的轴向位移量，单位为 mm。

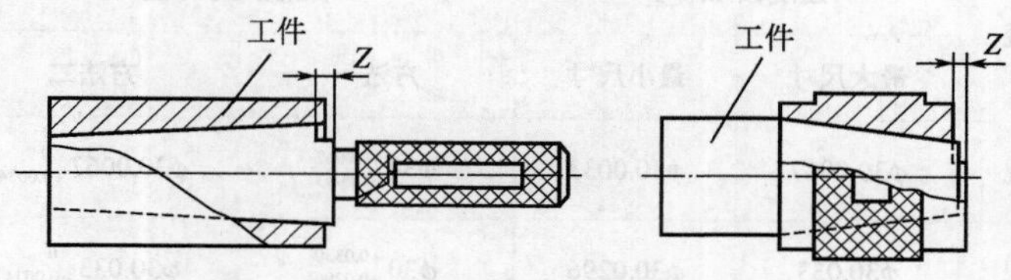

图 7-85 用圆锥界限量规检验

（2）量规工作尺寸的计算

量规工作尺寸的计算方法与步骤如下：

① 查找出孔或轴的上极限偏差与下极限偏差。

② 查找出量规的尺寸公差 T 和通规的位置要素 Z。

③ 画出量规的公差带图。

④ 计算出量规的工作尺寸。

⑤ 确定量规的工作尺寸。

如：计算 ϕ30H8/f7 孔用与轴用量规的工作尺寸。

① 先查表得孔和轴的上极限偏差分别为：

孔：ES=+0.033mm，EI=0

轴：es=−0.020mm，ei=−0.041mm

② 查表得 T 和 Z 值分别为：

塞规：T=0.0034mm，Z=0.005mm

卡规：T=0.0024mm，Z=0.0034mm

③ 画出如图 7-86 所示的公差带图。

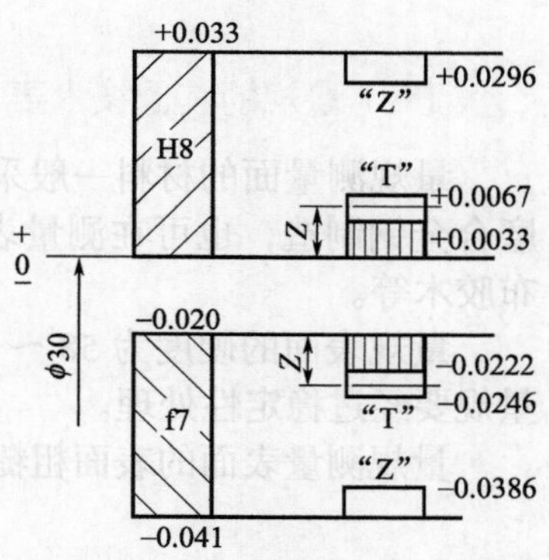

图 7-86 ϕ30H8/f7 孔用与轴用量规公差带图

④ 计算。

a. ϕ30H8 孔用量规。

通规：

上极限偏差 =EI+Z+T/2=0+0.005+0.0034/2=+0.0067(mm)

下极限偏差 =EI+Z−T/2=0+0.005−0.0034/2=+0.0033(mm)

磨损极限 =EI=0mm

止规：

上极限偏差 =ES=+0.033(mm)

下极限偏差 =ES−T=0.033−0.0034=+0.0296(mm)

b. ϕ30f7 轴用量规。

通规：

上极限偏差 =es−Z+T/2=−0.020−0.0034+0.0024/2=−0.0222(mm)

下极限偏差 =es−Z−T/2=−0.020−0.0034−0.0024/2=−0.0246(mm)

磨损极限 =es=−0.020(mm)

止规：

上极限偏差 =ei+T=−0.041+0.0024=−0.0386(mm)

下极限偏差 =ei =−0.041(mm)

根据计算确定量规工作尺寸并列于表 7-24 中。

表 7-24 ϕ30H8/f7 量规的工作尺寸 mm

被检测工件	量规	量规极限尺寸		量规尺寸标注		量规磨损极限尺寸
		最大尺寸	最小尺寸	方法一	方法二	
ϕ30H8	通规	ϕ30.0067	ϕ30.0033	$\phi30^{+0.0067}_{+0.0033}$	$\phi30.0067^{\ 0}_{-0.0034}$	ϕ30
	止规	ϕ30.033	ϕ30.0296	$\phi30^{+0.0330}_{+0.0296}$	$\phi30.033^{\ 0}_{-0.0034}$	—
ϕ30f7	通规	ϕ29.9778	ϕ29.9754	$\phi30^{-0.0222}_{-0.0246}$	$\phi29.9754^{+0.0024}_{\ 0}$	ϕ29.98
	止规	ϕ29.9614	ϕ29.959	$\phi30^{-0.0386}_{-0.0410}$	$\phi29.959^{+0.0024}_{\ 0}$	—

（3）量规的其他技术要求

量规测量面的材料一般采用碳素工具钢（T10A、T12A）、合金工具钢（CrWMn）等耐磨合金钢制造，也可在测量表面镀铬层或氮化处理。量规手柄可选用 Q235、硬木、铝以及布胶木等。

量规表面的硬度为 58 ～ 65HRC。为消除量规材料中的内应力，延长量规的使用寿命，量规要经过稳定性处理。

量规测量表面的表面粗糙度按表 7-25 选用。

表 7-25 量规测量表面的表面粗糙度 Ra 值 μm

工作量规	工作量规公称尺寸 /mm		
	≤120	＞120 ～ 315	＞315 ～ 500
IT6 级孔用量规	≤ 0.04	≤ 0.08	≤ 0.16
IT6 ～ IT9 级轴用量规	≤ 0.08	≤ 0.16	≤ 0.32
IT7 ～ IT9 级孔用量规			
IT10 ～ IT12 级孔、轴用量规	≤ 0.16	≤ 0.32	≤ 0.63
IT13 ～ IT16 级孔、轴用量规	≤ 0.32	≤ 0.63	≤ 0.63

7.6 其他计量器具

7.6.1 塞尺

塞尺如图 7-87 所示，也叫厚薄规，是由不同厚度的薄钢片组成的一套量工具，用以检测两个面间的间隙大小，每个钢片上都标注有其厚度尺寸。其规格见表 7-26。

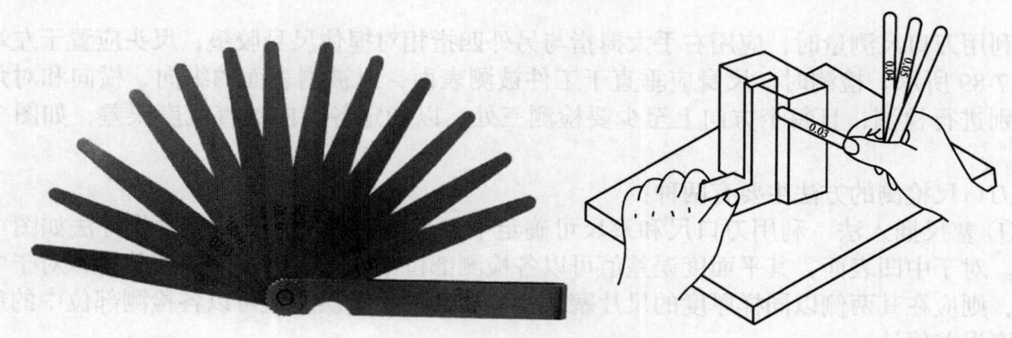

图 7-87 塞尺及其使用

表 7-26 常见塞尺的规格

型号	片数	塞尺厚度 /mm
75B13、100B13、150A13、200A13、300A13	13	0.10、0.02、0.03、0.04、0.05、0.06、0.07、0.08、0.09
75B14、100B14、150A14、200A14、300A14	14	0.05、0.06、0.07、0.08、0.09、0.10、0.15、0.20、0.25、0.30、0.40、0.50、0.75、1.00
75B17、100B17、1450A17、200A17、300A17	17	0.50、0.02、0.03、0.04、0.05、0.06、0.07、0.08、0.09、0.10、0.15、0.20、0.25、0.30、0.35、0.40、0.45
75B20、100B20、150A20、200A20、300A20	20	0.05、0.10、0.15、0.20、0.25、0.30、0.35、0.40、0.45、0.50、0.55、0.60、0.65、0.70、0.75、0.80、0.85、0.90、0.95、1.00
75B21、100B21、150A21、200A21、300A21	21	0.50、0.02、0.03、0.04、0.05、0.06、0.07、0.08、0.09、0.10、0.15、0.20、0.25、0.30、0.35、0.40、0.45

7.6.2 平尺

（1）刀口尺

刀口尺又称刀形样板平尺，其结构如图 7-88 所示，用来检验工件表面的直线度和平面度。刀口尺的测量范围以尺身测量面长度 L 来表示，有 75mm、125mm 和 200mm 等多种，精度等级分为 0 级和 1 级两种。

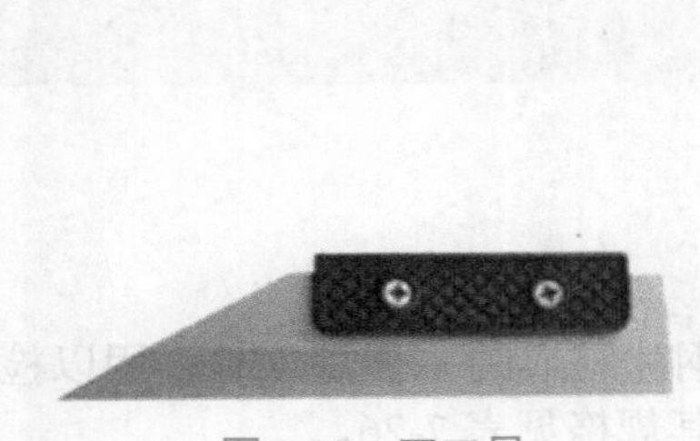
图 7-88 刀口尺

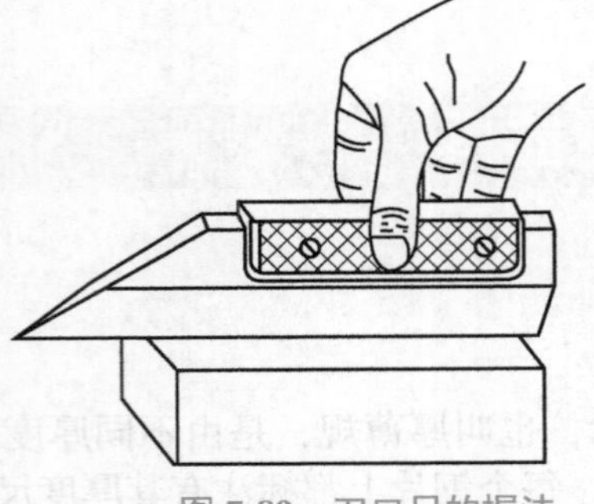
图 7-89 刀口尺的握法

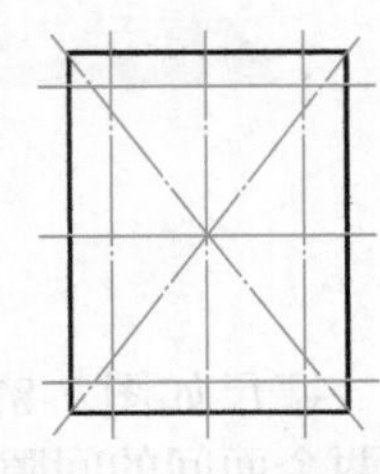
图 7-90 多向多处检测

利用刀口尺测量时，应用右手大拇指与另外四指相对捏住尺身胶垫，尺头应置于左端，如图 7-89 所示。检测时，尺身应垂直于工件被测表面，对被测表面的纵向、横向和对角方向分别进行检测，且每个方向上至少要检测三处，以确定各方向的直线度误差，如图 7-90 所示。

刀口尺检测的方法主要有两种：

① 塞尺插入法 利用刀口尺和塞尺可确定平面度的误差值，其具体操作方法如图 7-91 所示。对于中凹表面，其平面度误差值可以各检测部位中的最大直线度误差值计；对于中凸表面，则应在其两侧以同样厚度的尺片塞入检测，其平面度误差值可以各检测部位中的最大直线度误差值计。

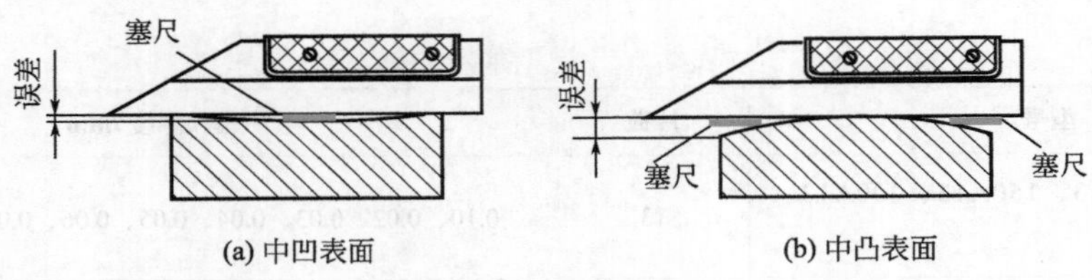

图 7-91 插入法

使用塞尺时，应根据被测间隙的大小来选择适当厚度的单片塞尺进行试测量，如图 7-92 所示。当单片厚度不合适时，应组合几片进行测量，但不应超过三片。开始测量时，应不断调整塞尺片厚度，用适当推力将塞尺塞入被测间隙中，一般以感到有阻力为宜，但塞尺片不能卷曲，如图 7-93 所示。

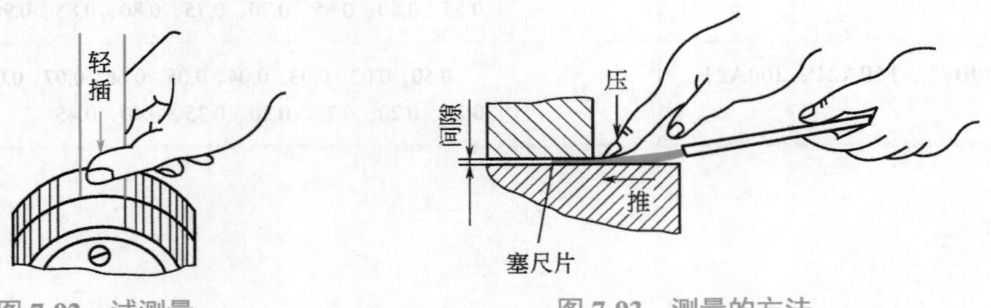

图 7-92 试测量

图 7-93 测量的方法

② 透光估测法 简称透光法，是在一定光源条件下，通过目测观察刀口尺的工作面与被测工件表面接触后其缝隙透光强弱程度来估计尺寸量值的。如图 7-94 所示，垂直观察刀形样板平尺工作面与被测工件表面间隙的透光情况。透光越弱，则说明间隙量越小，误差值也就越小。

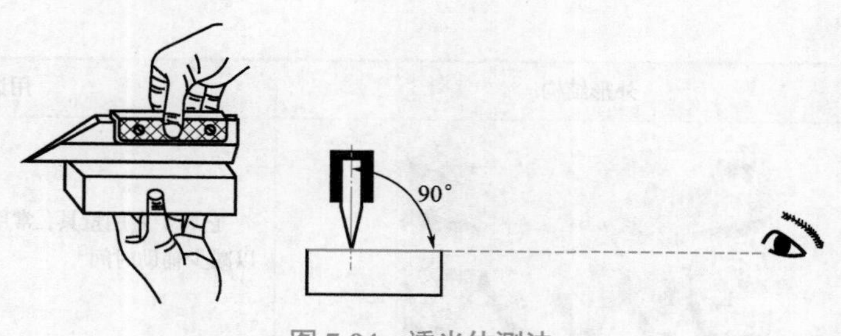

图 7-94　透光估测法

（2）检验平尺

检验平尺又称标准平尺，是用来检验狭长工件平面的平面基准器具。常用的检验平尺有桥形平尺和工形平尺，如图 7-95 所示。桥形平尺用来检验机床导轨的直线度误差；工形平尺有双面工形平尺和单面工形平尺两种，常用它来检验狭长平面的相对位置的正确性。

（3）角度平尺

角度平尺用来检验两个刮削面成角度的组合平面，如燕尾导轨面。其结构和形状如图 7-96 所示。

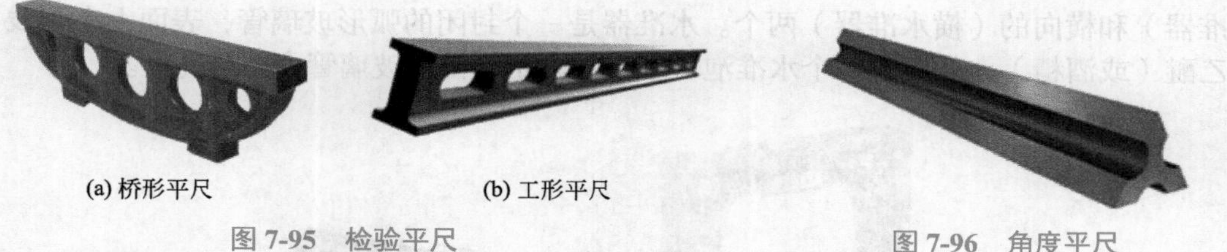

(a) 桥形平尺　(b) 工形平尺

图 7-95　检验平尺

图 7-96　角度平尺

7.6.3　样板

样板有很多种，用于对工件不同情况下的检测，其种类、结构与用途见表 7-27。

表 7-27　样板及其用途

种类	外形结构	用途
半径样板	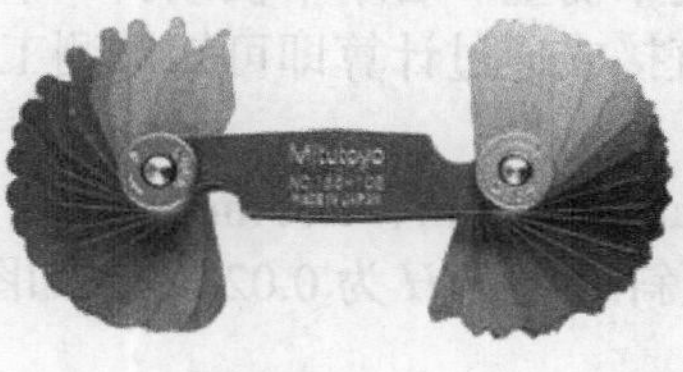	用于与被测圆弧作比较来确定被测圆弧的半径。凸形样板用于检测凹表面圆弧，凹形样板用于检测凸表面圆弧
螺纹样板		用与检测螺纹比较的方法来确定被测螺纹的螺距

续表

种类	外形结构	用途
角度样板		它属于专用量具，常用在成批和大量生产时，以减少辅助时间

7.6.4 水平仪

水平仪主要用来检验平面对水平或垂直位置的误差，也可用来检验机床导轨的直线度误差、机件的相互平行表面的平行度误差、机件的相互垂直表面的垂直度误差以及机件上的微小倾角等。

（1）普通水平仪

普通水平仪有条形水平仪、框式水平仪以及比较精密的合像水平仪等，如图 7-97 所示。框式水平仪框架的测量面有平面和 V 形槽，V 形槽便于在圆柱面上测量。水准器有纵向的（主水准器）和横向的（横水准器）两个。水准器是一个封闭的弧形玻璃管，表面上有刻线，内装乙醚（或酒精），并留有一个水准泡，水准泡总是停留在玻璃管内的最高处。

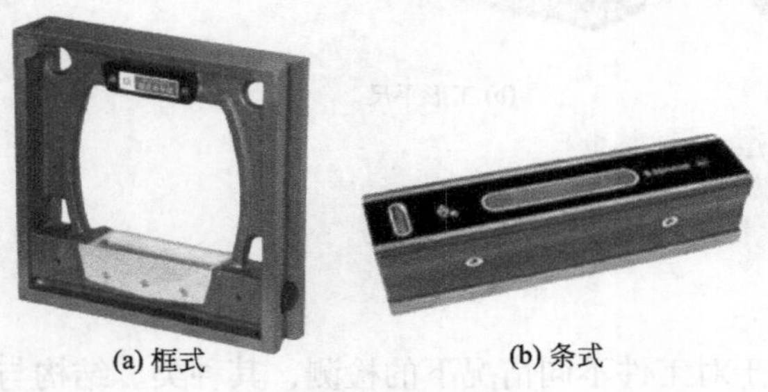

(a) 框式　　(b) 条式

图 7-97　普通水平仪

① 水平仪的工件原理　水平仪是以主水泡和横水泡的偏移情况来表示测量面的倾斜程度的。水准泡的位置以弧形玻璃管上的刻度来衡量。若水平仪倾斜一个角度，气泡就向左或右移动，根据移动的距离（刻度格数），直接或通过计算即可知被测工件的直线度、平面度或垂直度误差。

框式水平仪水准泡的分度值有 0.02mm、0.03mm、0.05mm 三种，如 0.02mm 表示它在 1000mm 长度上水准泡偏移一格被测表面倾斜的高度 H 为 0.02mm，如图 7-98 所示。

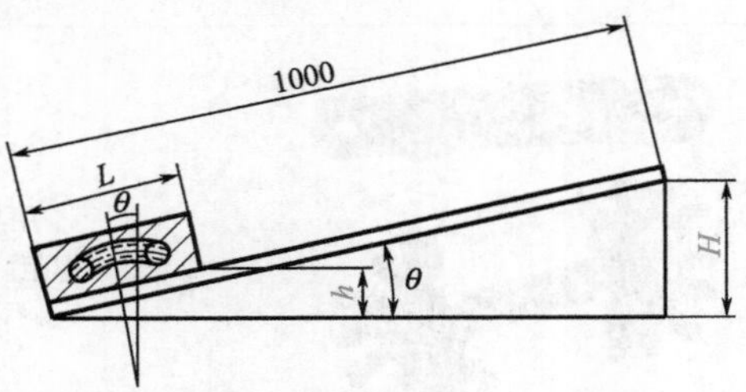

图 7-98　水平仪两端的高度差

框式水平仪的规格有 100mm×100mm、150mm×150mm、200mm×200mm、250mm×250mm、300mm×300mm 五种。

如果图 7-98 所示是 200mm×200mm、精度为 0.02mm 的水平仪进行的测量，那么主水泡偏移两格，则水平仪两端的高度差 h 为：

$$h=0.02/1000=0.00002(\mathrm{mm})$$

② 水平仪的读数方法　以气泡两端的长刻线作为零线，气泡相对零线移动格数为读数，这种读数方法最为常用，具体读数示例见表 7-28。

表 7-28　水平仪的读数方法

位置	图示	说明	读数
水平	0 0　0 0　0	水平仪处于水平位置，气泡两端位于长线上	读数为“0”
向左	+2 0　0 0　0	水平仪逆时针方向倾斜，气泡向右移动偏右刻线两格	读数为“+2”
向右	−3 0　0 0　0	水平仪顺时针方向倾斜，气泡向左移动偏左刻线三格	读数为“−3”

（2）电子水平仪

电子水平仪如图 7-99 所示，它是将微小的角位移转变成电信号，然后经放大再由指示仪来进行读数的一种角度计量仪器。它主要用于测量被测面对水平面的倾斜度及制件表面的直线度、平面度；通过对机床导轨直线度、扭曲度的测量、调整，也可用于检测、调整各种设备的安装水平位置。

（3）合像水平仪

合像水平仪如图 7-100 所示，其用途与电子水平仪基本相同，由于采用了光学系统，因而比普通水平仪读数精度高。合像水平仪的最小分度值为 0.01mm/1000mm（相当于 2″）。

图 7-99　电子水平仪

图 7-100　合像水平仪

7.7 技术测量基本知识

扫二维码阅读 7.7

进阶篇

技能与实例

第8章 划线
第9章 钳工常用的加工方法
第10章 孔与螺纹加工
第11章 机械装配及工艺

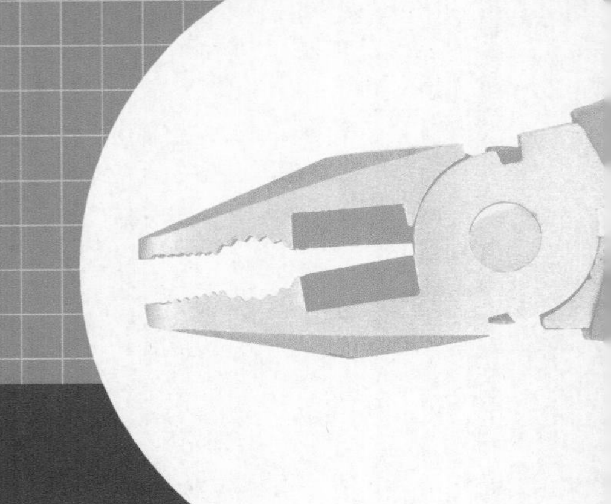

第8章 划线

划线是根据图样或实物的尺寸，用划线工具准确地在毛坯或工件表面上划出加工界限或划出作为基准的点、线的操作过程。划线是机械加工中的重要工序之一，广泛用于单件或小批量生产。

8.1 划线用工具及其使用

8.1.1 划线常用工具

（1）划线平板

划线平板又称划线平台，是划线的基本工具，一般由铸铁制成，工作表面经过精刨或刮削加工，如图 8-1 所示。其表面的平整性直接影响划线的质量，因此安装时必须使工作平面（即平板面）保持水平位置。在使用过程中要保持清洁，防止铁屑、灰砂等在划线工具或工件移动时划伤平板表面。划线时工件和工具在平板上要轻放，防止台面受撞击，更不允许在平板上进行任何敲击工作；划线平板的各处要平均使用，避免局部地方起凹，影响平板的平整性；平板使用后应擦净，涂油防锈。

（2）划针

划针是划线时用来在工件上划线条的，划线时一般要与金属直尺、90° 角尺或样板等导向工具配合使用。划针通常用工具钢或弹簧钢丝制成，其长度约为 200 ～ 300mm，直径为 ϕ3 ～ 6mm，尖端磨成 10° ～ 20° 角，并经淬火。为了使针尖更锐利耐磨，划出线条更清晰，可以焊上硬质合金后磨锐，如图 8-2 所示。

图 8-1　划线平板

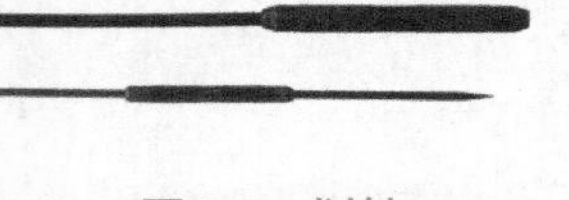

图 8-2　划针

（3）划规

划规在划线中主要用来划圆和圆弧、等分线段、角度及量取尺寸等。钳工用划规有普通划规、弹簧划规和长划规。划规的脚尖必须坚硬，才能使金属表面上划出的线条清晰。一般划规用工具钢制成，脚尖经淬火，有的划规还在脚尖上加焊硬质合金，使之更加锋利和耐磨。划圆时，作为旋转中心的一脚应加以较大的压力，以避免中心滑动。

① 普通划规　图 8-3（a）所示为一般普通划规，其结构简单、制造方便。铆合处紧松要适当，两脚长短要一致。如在普通划规上装上锁紧装置，如图 8-3（b）所示，拧紧锁紧螺钉，则可保持已调节好的尺寸不会松动。

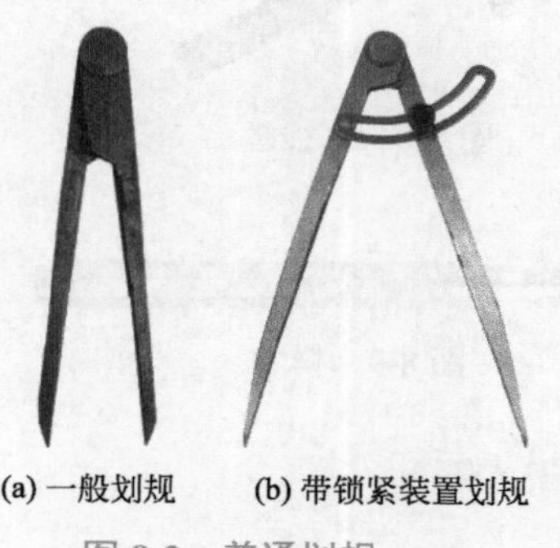

(a) 一般划规　(b) 带锁紧装置划规

图 8-3　普通划规

图 8-4　弹簧划规

② 弹簧划规　弹簧划规如图 8-4 所示，使用时可旋转调节螺母来调节尺寸。此划规适合在光滑面上划线。

③ 长划规　长划规也叫滑动划规，如图 8-5 所示。主要用来划大尺寸的圆。使用时在滑杆上滑动划规脚可以得到所需要的尺寸。

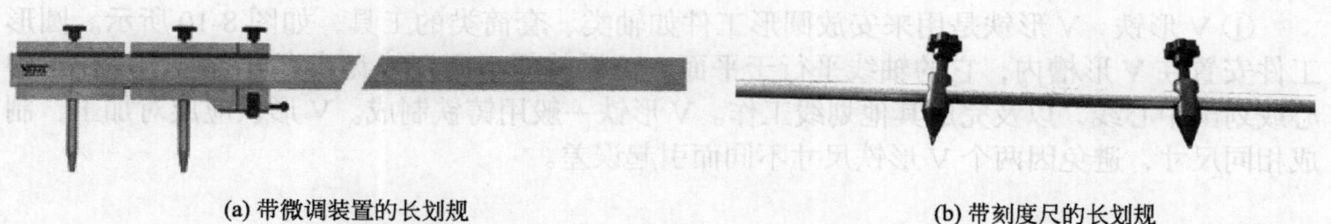

(a) 带微调装置的长划规　(b) 带刻度尺的长划规

图 8-5　长划规

（4）定心规

定心规是用来确定孔、轴工件中心线的划线工具。定心规的结构如图 8-6 所示，其与 90° 角尺或 V 形铁、方箱配合可划出工件的十字中心线。

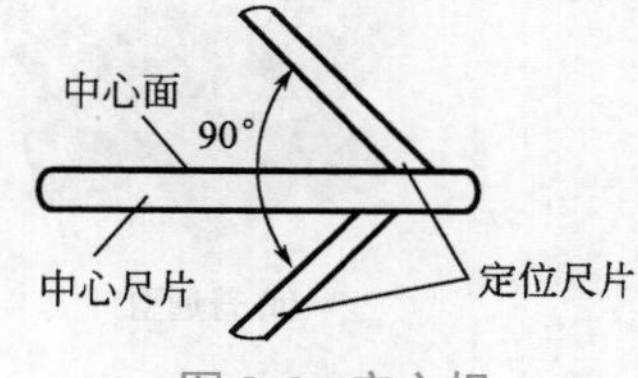

图 8-6　定心规

（5）划线盘

划线盘一般用于立体划线和校正工件位置，它有普通式和调节式两种，如图 8-7 所示，一般由底座、立柱、划针和夹紧螺母等组成。夹紧螺母可将划针固定在立柱的任何位置上。划针的尖头用来划线，弯头用来找正工件的位置。划线时，划针应尽量处于水平位置，不要倾斜太大；移动划线盘时，底座底面始终要与划线平台平面贴紧，无摇晃或跳动。使用完后，应将划针的尖头端向下置于垂直状态，以防伤人和减少所占的空间。

（6）划线锤

划线锤如图 8-8 所示，用来在线条上打样冲眼，并在划线时用来调整划线盘划针的升降。

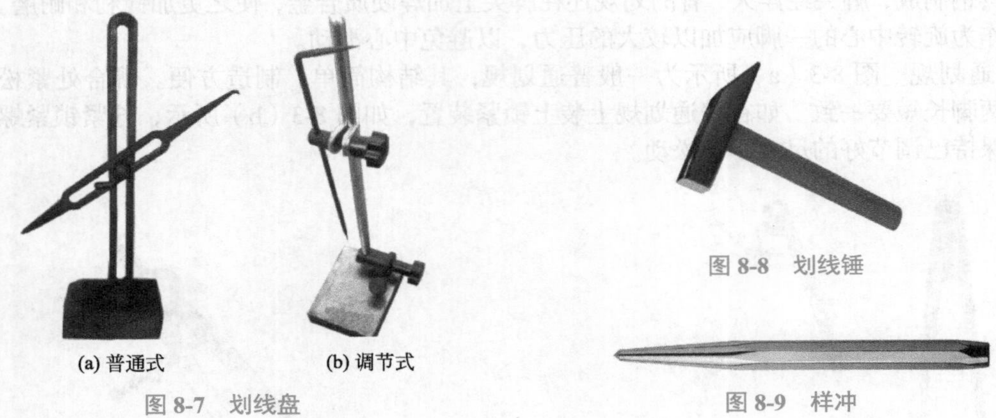

(a) 普通式　(b) 调节式

图 8-7　划线盘

图 8-8　划线锤

图 8-9　样冲

（7）样冲

样冲是在划线的线上冲眼用的工具，如图 8-9 所示，冲眼可使划出的线条具有永久性的标记，还可作为圆心的定心点。

（8）各种支承工具

支承工具用来支承和调整划线工件，以保证工件划线位置的正确性，主要有V形铁、方箱、千斤顶、直角铁等。

① V 形铁　V 形铁是用来安放圆形工件如轴类、套筒类的工具，如图 8-10 所示。圆形工件安置在 V 形槽内，它的轴线平行于平面，这样就便于用划线盘或高度游标卡尺找出中心或划出中心线，以及完成其他划线工作。V 形铁一般用铸铁制成。V 形铁应成对加工，制成相同尺寸，避免因两个 V 形铁尺寸不同而引起误差。

(a) 普通型　(b) 精密型　(c) 带夹持弓架型

图 8-10　V 形铁

② 支承千斤顶　支承千斤顶用来支承毛坯或不规则工件进行立体划线，并可以调整工件高度，如图 8-11 所示。使支承千斤顶支持工件时，以三个为一组作为主要支承，对于被支承面或体积较大的工件，为使其稳定可靠，在三个支承千斤顶间另设支承。为防止工件滑倒造成事故，可采用在工件下面加垫块等安全措施。

③ 方箱　方箱如图 8-12 所示，它是由灰铸铁制成的空心立方体或长方体，其相对平面互相平行、相邻平面互相垂直。划线时，可用 C 形夹头将工件夹于方箱上，再通过翻转方箱，便可在一次安装的情况下，将工件上互相垂直的线全部划出来。方箱上的 V 形槽平行于相应的平面，是装夹圆柱形工件用的。

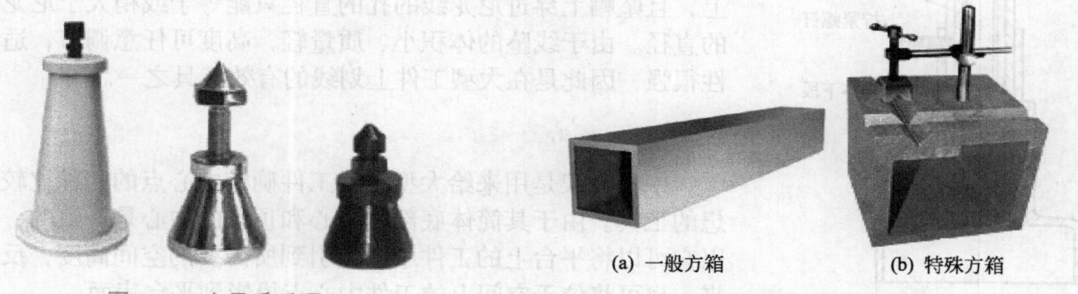

(a) 一般方箱　(b) 特殊方箱

图 8-11　支承千斤顶　图 8-12　方箱

④ 直角铁　直角铁一般都用铸铁制成，如图 8-13 所示。它有两个互相垂直的平面。直角铁上的孔或槽是搭压板时穿螺栓用的。

⑤ G 形夹头　G 形夹头是划线操作中用于夹持、固定工件的辅助工具，其结构如图 8-14 所示。

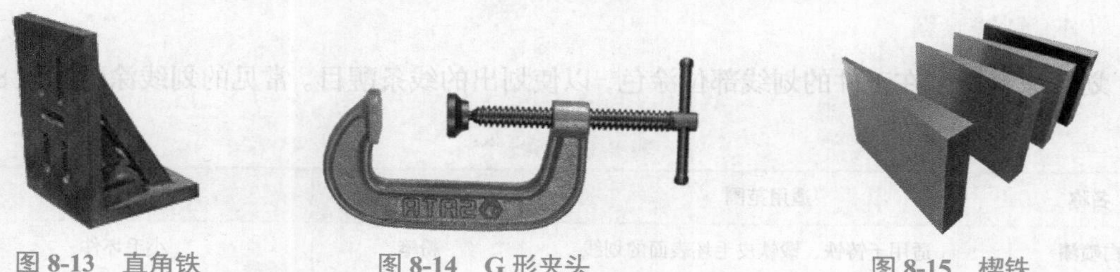

图 8-13　直角铁　图 8-14　G 形夹头　图 8-15　楔铁

⑥ 楔铁　楔铁又称斜铁，如图 8-15 所示。楔铁用中碳钢制成，主要用于微量调节毛坯工件的高度。

8.1.2　划线辅助工具

（1）可调中心顶

可调中心顶如图 8-16 所示，由四方螺母、角钢和调节螺钉组成，一般用于大型工件的内孔划线。其特点是重量轻、使用方便。

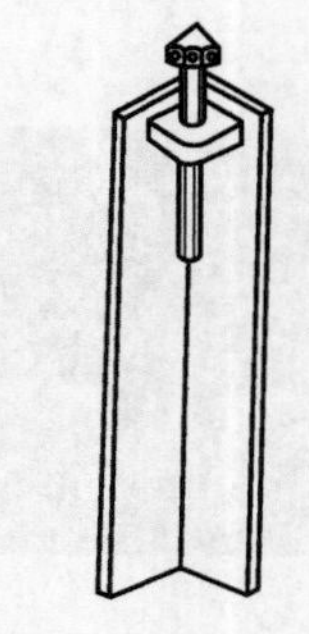

图 8-16　可调中心顶

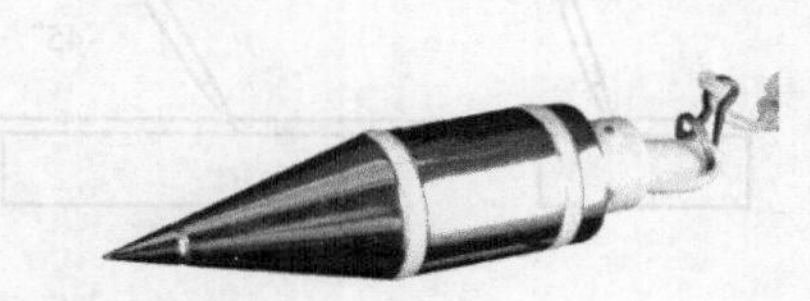

图 8-17　线坠

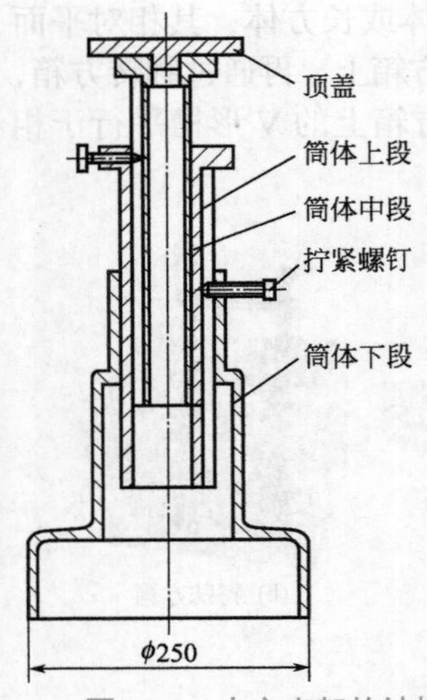

图 8-18　中心支架的结构

（2）线坠

线坠的用途与 90° 角尺相似，其结构如图 8-17 所示，由一个钢制的坠头、坠帽和尼龙线组成。

使用线坠时，应使坠头的顶尖和尼龙线重合于一条直线上，且坠帽上穿过尼龙线的孔的直径只能等于或稍大于尼龙线的直径。由于线坠的体积小、质量轻，高度可任意调节，适应性很强，因此是在大型工件上划线的有效工具之一。

（3）中心支架

中心支架是用来给大型空心工件确定中心点的一种比较理想的工具。由于其筒体底部的中心和顶盖的中心是一致的，所以它可以将平台上的工件中心点引到所需要的空间高度，反过来，也可将位于空间上的工件中心点投影到平台表面。

中心支架的结构如图 8-18 所示，支架下段最大外圆的直径为 250mm；筒体的上段和中段可通过在长槽内滑动来调节高度，高度的调节范围为 400 ～ 1000mm；还可通过拧紧螺钉来固定筒体各段高度，同时防止筒体转动。

（4）划线涂料

划线涂料用来在工件的划线部位涂色，以使划出的线条醒目。常见的划线涂料见表 8-1。

表 8-1　划线涂料

名称	适用范围	名称	适用范围
白喷漆	适用于铸铁、锻铁皮毛坯表面的划线	粉笔	小毛坯件
蓝油	适用于已加工表面的划线	硫酸铜液	半成品件

8.1.3　划线工具的使用

在划线工作中，为了保证既准确又迅速，必须熟悉并掌握各种划线工具以及显示涂料的使用。

（1）划针的使用

划线时，划针尖端要紧贴导向工具移动，上部向外侧倾斜 15° ～ 20° 角，向划线方向倾斜 45° ～ 75° 角，如图 8-19 所示。

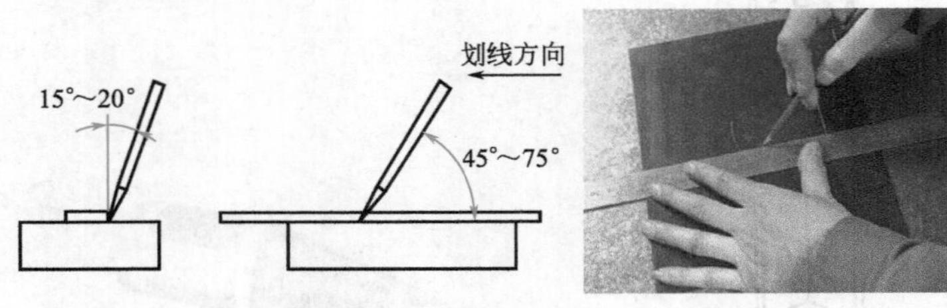

图 8-19　划针的使用

（2）划规的使用

划规在划线中主要用来划圆和圆弧、等分线段和角度及量取尺寸等，如图 8-20 所示。

（3）划线盘的使用

划线盘可以用来在平台上对工件进行划线，或进行相对位置的找正。划线盘的使用要求为：

① 用划线盘进行划线时，划针应尽量处于水平位置，不要倾斜太大。

② 划针伸出部分应尽量短些，并要牢固地夹紧。

③ 划线盘在移动时，底座表面应始终与划线平台贴紧，划针与工件划线表面沿划线方向的夹角为 40° ～ 60°，如图 8-21 所示。

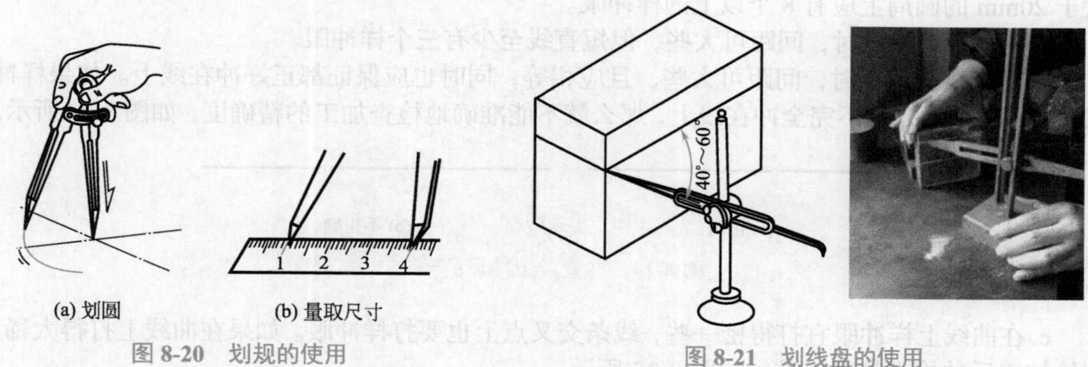

(a) 划圆　(b) 量取尺寸

图 8-20　划规的使用

图 8-21　划线盘的使用

（4）样冲的使用

样冲用于在工件所划加工线条上打样冲眼（冲点），作为强界限标志和作为圆弧或钻孔时的定心中心。

① 打样冲眼的方法

a. 先将样冲外倾，使尖端对准所划线的正中，如图 8-22（a）所示。

b. 立直样冲，开始冲点，如图 8-22（b）所示。

(a) 样冲外倾

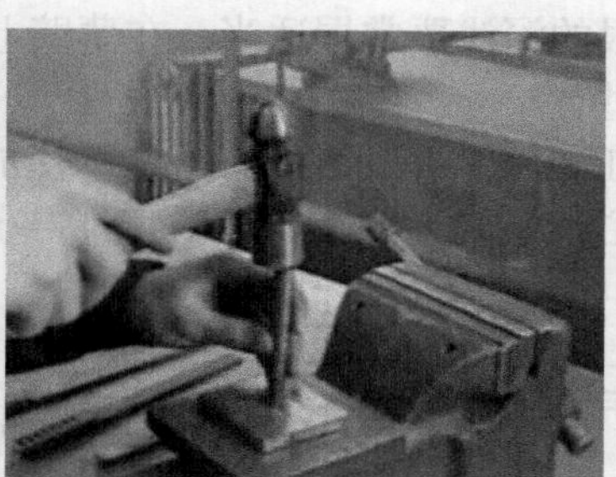

(b) 立直冲点

图 8-22　样冲的使用方法

② 冲点的要求

a. 冲点位置要正确，不可偏离线条，如图 8-23 所示。

(a) 正确 (b) 不垂直 (c) 偏心

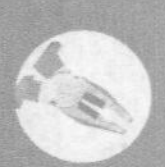

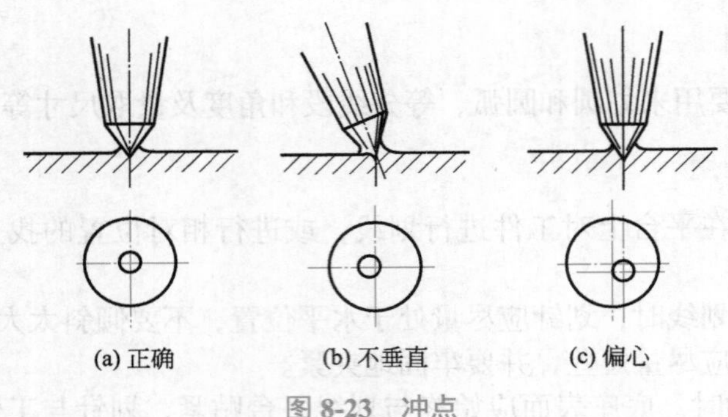

图 8-23 冲点

b. 曲线上的样冲眼的间距要小些，如直径小于 20mm 的圆周上应有 4 个样冲眼，而直径大于 20mm 的圆周上应有 8 个以上的样冲眼。

c. 在直线上冲点时，间距可大些，但短直线至少有三个样冲眼。

d. 在直线上冲点时，间距可大些，且应相等，同时也应保证都正好冲在线上。如果样冲眼分布不均匀，并且不完全冲在线上，那么就不能准确地检查加工的精确度，如图 8-24 所示。

(a) 正确 (b) 不正确

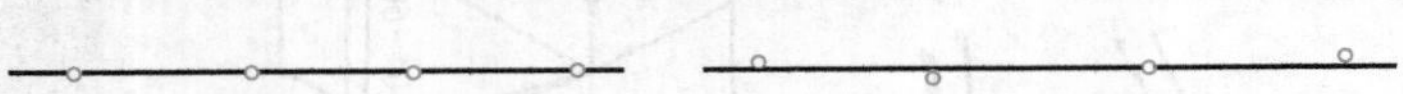

图 8-24 在直线上冲点的要求

e. 在曲线上样冲眼宜打得密一些，线条交叉点上也要打样冲眼。如果在曲线上打得太稀，则给加工后的检查带来困难，如图 8-25 所示。

(a) 正确 (b) 不正确

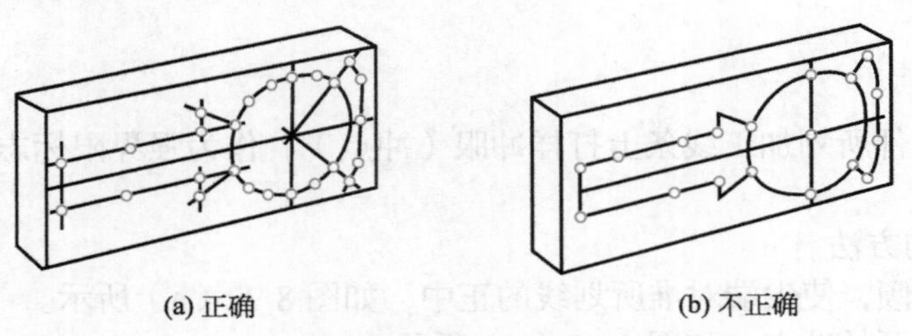

图 8-25 在曲线上冲点的要求

f. 样冲眼的深浅要掌握适当，在薄壁上或光滑表面上的样冲眼要浅些，在粗糙表面上的样冲眼要深些。

g. 在加工界线上样冲眼宜打大些，使加工后检查时能看清所剩样冲眼的痕迹，如图 8-26 所示。在中心线、辅助线上样冲眼宜打得小些，以区别于加工界线。

(a) 直线 (b) 曲线

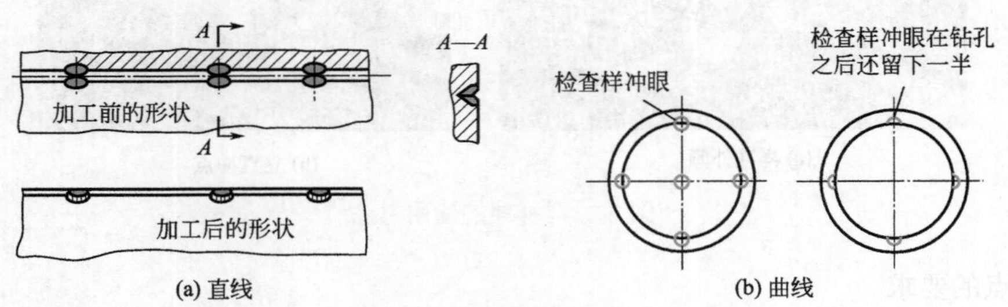

图 8-26 在加工界线上冲点的要求

（5）定心规的使用

用定心规划中心线时，关键是要将定心规相邻的两工作面靠住所划工件轴的外圆，如图 8-27 所示，用划针沿定心规直尺划一条线，再将中心规转过 90° 划一条线，这时工件两端面上的两个交点的连线即为轴心线。

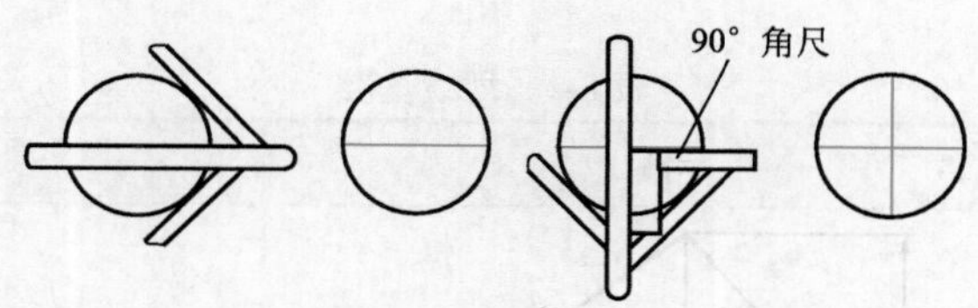

图 8-27 定心规的划线操作

8.2 划线方法

8.2.1 划线的分类

（1）平面划线

只需要在工件的一个表面上划线后即能明确表明加工界线的过程，称为平面划线。平面划线是能明确反映出该工件的加工尺寸界限的划线方式，通常用于薄板料与回转体零件端面的划线，如图 8-28 所示。

图 8-28 平面划线

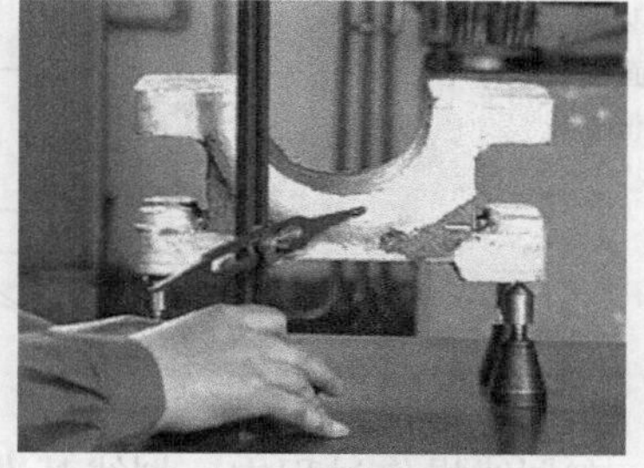

图 8-29 立体划线

（2）立体划线

需要在工件的几个不同角度的表面上（通常是工件的长、宽、高方向上）都划出明确表示加工界线的过程，称为立体划线，如图 8-29 所示。

（3）综合划线

综合划线就是既有平面划线又有立体划线的划线方式。

8.2.2 划线基准的选择

在划线时选择工件上的某个点、线、面作为依据，用它来确定工件的各部分尺寸、几何

形状及工件上各要素的相对位置，此依据称作划线基准。在零件图样上，用来确定其他点、线、面位置的基准，称为设计基准。

划线应从划线基准开始。选择划线基准的基本原则是应尽可能使划线基准和设计基准重合。这样能够直接量取划线尺寸，简化尺寸换算过程。常见的划线基准一般有以下三种类型，见表 8-2。

表 8-2　划线基准

基准类型	示例	说明
以两个互相垂直的平面（或直线）为基准		划线前先把工件加工成两个互相垂直的边或平面，划线时每一方向的尺寸可以它们的边或面作为基准，划其余各线
以两条互相垂直的中心线为基准		划线前先划出工件上两条互相垂直的中心线作为基准，然后根据基准划出其余各线
以相互垂直的一个平面和一条中心线为基准		划线前按工件已加工的边（或面）划出中心线作为基准，然后根据基准划出其余各线

在划线操作过程中，划线基准还应根据零件的加工状态来选择，即根据是毛坯划线还是半成品划线来决定。

8.2.3　划线时的找正和借料

立体划线时在很多情况下是对铸、锻件毛坯划线，各种铸、锻毛坏由于种种原因，会形成歪斜、偏心、各部分壁厚不均匀等缺陷。当形位误差不大时，可通过划线找正和借料的方法补救。

（1）找正

据所加工工件结构、形状的不同，找正的方法也有所不同，但主要应遵循以下原则：

① 为保证不加工面与加工面间各点的距离相同（一般称壁厚均匀），应将不加工面用

划针盘找平（当不加工面为水平面时），或把不加工面用直角尺找垂直（当不加工面为垂直面时）后，再进行后续加工面的划线。

图 8-30 所示为轴承座毛坯划线找正的实例。该轴承座毛坯底面 A 和上面 B 不平行，误差为 f_1；内孔和外圆不同心，误差为 f_2。由于底面 A 和上面 B 不平行，造成底部尺寸不正，故在划轴承座底面加工线时，应先用划针盘将上面（不加工的面）B 找正成水平位置，然后划出底面加工线 C，以使底部的厚度尺寸大小一致。在划内孔加工线之前，应先以外圆（不加工的面）ϕ_1 为找正依据，用单脚规找出其圆心，然后以此圆心为基准划出内孔的加工线 ϕ_2。

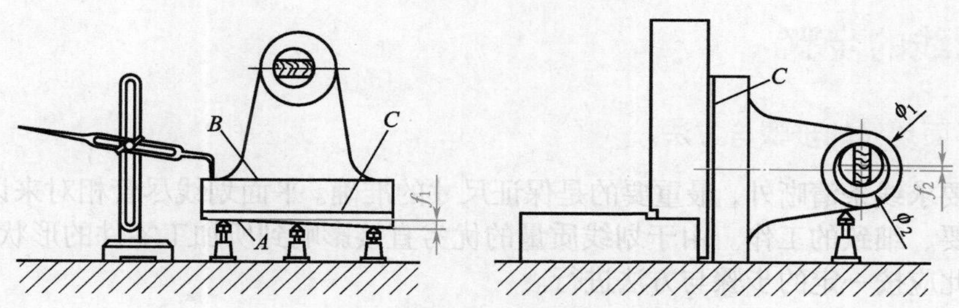

图 8-30 轴承座的找正划线

② 如果有几个不加工表面，应将面积最大的不加工表面找正，并兼顾其他不加工表面，使各处壁厚尽量薄厚均匀且孔与轮毂或凸台尽量同心。

③ 当没有不加工平面时，要以欲加工孔毛坯面和凸台外形来找正。对于有很多孔的箱体，要兼顾各孔毛坯和凸台，使各孔均有加工余量且尽量与凸台同心。

④ 对有装配关系的非加工部位，应优先将其作为找正基准，以保证工件的装配质量。

（2）借料

借料操作就是一种补救性的划线方法，即通过试划线把各加工面的余量重新合理分配以达到要求。要做好借料划线，首先要知道待划毛坯材料的误差程度，确定需要借料的方向和大小，这样才能提高划线效率。如果毛坯材料误差超出许可范围，就无法利用借料来补救了。

划线时，有时因为原材料的尺寸限制，需要利用借料通过合理调整划线位置来完成；或因原材料存在局部缺陷，需要利用借料通过合理调整划线位置来完成划线。

如图 8-31 所示为一支架借料划线实例，其中需要加工的部位是 ϕ40mm 孔和底面两处。

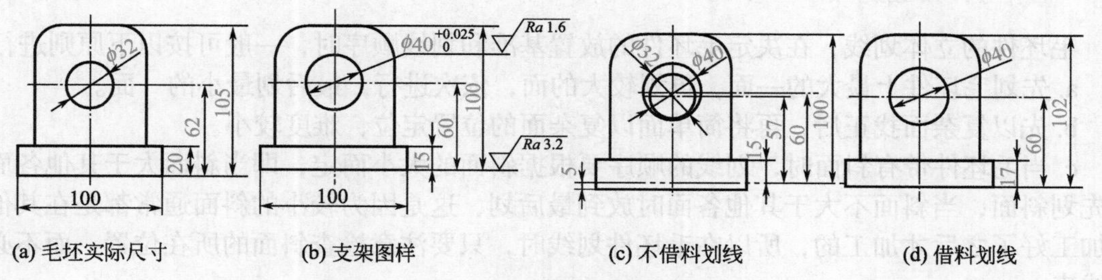

图 8-31 借料划线实例

由于铸造缺陷，ϕ32mm 孔的中心高向下偏移，如果按图样以此中心高直接进行划线，则当在底面上划出 5mm 加工线后，ϕ32mm 孔的中心高将相应降低 5mm，即从 62mm 降至 57mm，这样就比 ϕ40mm 孔的中心高 60mm 降低了 60mm−57mm=3mm。这时，ϕ40mm 孔的单边最小加工余量为 (40−32)mm/2−3mm=1mm。由于 ϕ40mm 孔的单边加工余量仅为

1mm，因此可能导致孔加工不出来，使毛坯报废，如图 8-31（c）所示。

为了不使毛坯报废，就要采取借料划线的方法进行补救，而要想保证 ϕ40mm 孔的中心高不变，并且又有比较充足的单边加工余量，就只能向支架底面借料。

由图 8-31 知底面的加工余量为 5mm，如果向支架底面借料 2mm，则 ϕ40mm 孔的单边加工余量可达到 3mm，这样就使孔有比较充足的加工余量，而且支架底面还有 3mm 的加工余量，因此能够满足加工要求。由于向支架底面借料 2mm，会导致支架总高增加 2mm（变为 102mm），但因为顶部表面不加工，且无装配关系，因此不会影响其使用性能，如图 8-31（d）所示。

8.2.4 划线的步骤

（1）平面划线的步骤与方法

划线除要求线条清晰外，最重要的是保证尺寸的准确。平面划线尽管相对来说比较简单，却是一项重要、细致的工作。由于划线质量的优劣直接影响到所加工零件的形状与尺寸的正确与否，因此应按一定的步骤与方法进行。

平面划线一般可按以下步骤和方法进行：

① 分析图样。确定要详细了解工件上需要划线的部位和有关要求，确定划线基准。

② 工件清理。对工件的毛刺等进行清理。

③ 工件涂色。在钢板上涂上涂料。

④ 准备工具。准备好划线操作所需要的划线工具。

⑤ 划线时首先划基准线（基准线中应先划水平线，后划垂直线，再划角度线）；其次划加工线（加工线中应先划水平线，后划垂直线，再划角度线，最后划圆周线和圆弧线等）；划线结束后，经全面检查无误后，打上样冲眼。

⑥ 工件划线时的装夹基准应尽量与设计基准一致，同时考虑到复杂零件的特点，划线时往往需要借助于某些夹具或辅助工具进行校正或支承。

⑦ 装夹时合理选择支承点，防止重心偏移。划线过程中要确保安全。

⑧ 若零件的划线基准是平面，可以将基准面放在划线平台上，用游标高度尺进行划线；如果划线基准是中心线（或对称面），应将工件装夹在弯板、方箱、分度头或其他划线夹具上，先划出对称平面或中心线，并以此为基准，再用高度尺划其他线。

（2）立体划线的顺序与步骤

毛坯件的立体划线，在决定毛坯件的放置基准和划线顺序时，一般可按以下原则进行：

a. 先划毛坯件上最大的一面，再划较大的面，依次进行，最后划最小的一面。

b. 先以复杂面找正后，再将简单面以复杂面的位置定位，难度较小。

c. 当毛坯件带有斜面时，划线的顺序要根据斜面的大小而定，即当斜面大于其他各面时应先划斜面，当斜面不大于其他各面时放到最后划，这是因为较小的斜面通常都是在其他各面加工好了之后才加工的，所以在毛坯件划线时，只要注意检查斜面的所在位置，而不必划出线来。

d. 有装配关系的非加工部位，应优先作为找正基准，以保证工件的装配质量。

立体划线步骤一般包括准备阶段、实体划线阶段和检查校对阶段。

① 准备阶段　立体划线准备阶段的工作主要有以下方面的内容：

a. 分析图样。详细了解工件上需要划线的部位和有关的加工工艺，明确工件及其划线的作用和要求。

b. 确定划线基准和装夹方法。

c. 清理工件。对铸件毛坯应事先将残余型砂清理干净，錾平浇口、冒口和飞边，适当锉平划线部位表面。对锻件应去掉飞边和氧化皮。对于半成品，划线前要把毛刺修掉，把锈渍和油污擦净。

d. 对工件划线部位进行涂色处理。

e. 在工件孔中安装中心顶或木塞，注意应在木塞的一面钉上薄铁皮，以便于划线和在圆心位置打样冲眼。

f. 准备好划线时要用的量具和划线工具。

g. 合理夹持工件，使划线基准平行或垂直于划线平台。

② 实体划线阶段　实体划线阶段是划线工作中最重要的环节。当毛坯在尺寸、形状和位置上由于铸造或锻造的原因存在误差和缺陷时，必须对总体的加工余量进行重新分配，即借料。

③ 检查校对阶段　检查校对阶段的工作主要有以下方面的内容：

a. 详细检查所划尺寸线条是否准确，是否漏划线条。

b. 在线条上打出样冲眼。

8.2.5 划线的基本操作

（1）直线划法

① 用钢直尺划直线　在平板上划线时，选好位置后，用左手紧紧压住钢直尺，右手划线，如图 8-32 所示。

图 8-32　用钢直尺划直线

图 8-33　用 90° 角尺划直线

② 用 90° 角尺划直线　选好位置，安放 90° 角尺，使其角尺边紧紧靠住其准面，左手紧压角尺，右手握划针从下向上划线，如图 8-33 所示。

若要划工件一个边的垂直线或划与侧面已划好的线相垂直的线，可将 90° 角尺厚的一面靠在工件边上，如图 8-34 所示，然后沿 90° 角尺另一边划线，就能得到与工件一边相垂直或与侧面已划好的线相垂直的线。

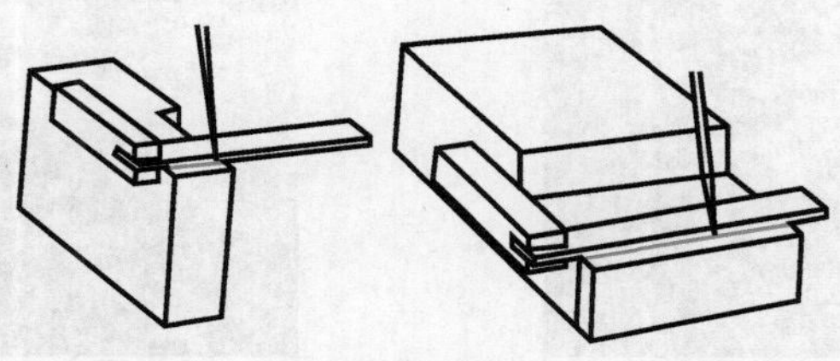

图 8-34　在互成直角的面上划相连接的线

③ 用划线盘划直线　如图 8-35 所示，先用钢直尺在工件划面上量取划线尺寸；然后再松开划线盘蝶形螺母，使划针针尖稍向下大致接触到钢直尺所量取的刻度，用左手紧按住划针底座，同时用手锤轻轻敲打划针针尖处，进行微调尺寸，使针尖刚好接触到钢直尺刻度，然后再紧固蝶形螺母，如图 8-36 所示；最后左手（或右手）握住划针盘底座，用右手（或左手）握住工件以防工件产生移动（当工件较薄或是刚性较差时，可用 V 形块安放工件，并保持划线面与工作台台面垂直），使划针向划线方向倾斜 15° 左右，并使针尖对准工件划线表面，按划线方向移动划针盘，划出所需位置线条，如图 8-37 所示。

图 8-35　确定划线位置尺寸

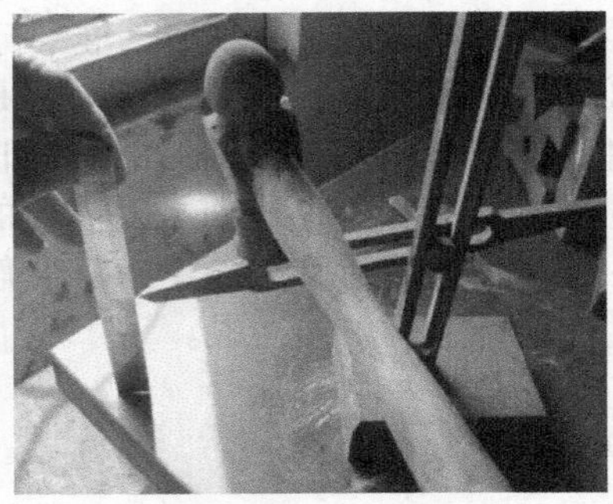

图 8-36　调整划线高度

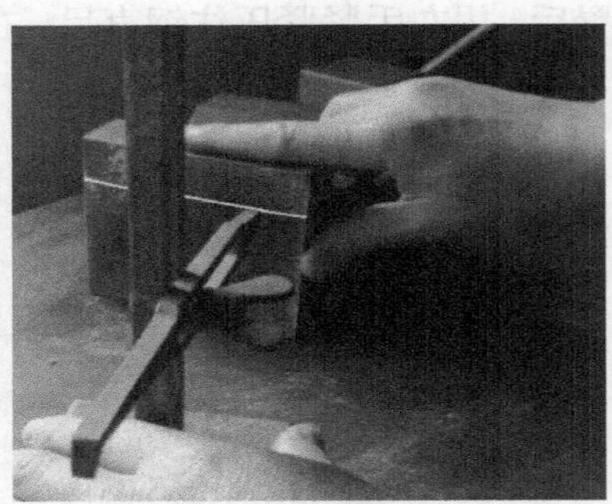

图 8-37　划线

图 8-38　调节高度尺刻线位置

④ 用高度尺划直线　首先根据划线位置要求，调节高度尺刻线位置，如图 8-38 所示；再将工件垂直放在划线平台上，然后将高度尺放在平台上，使划线爪接触工件，沿平台移动，划出直线，如图 8-39 所示。

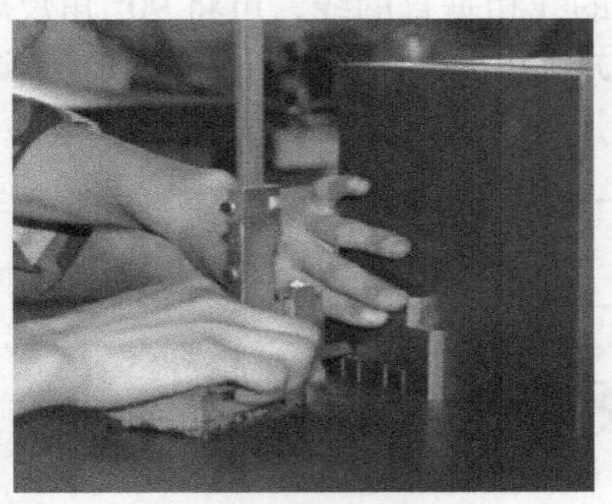

图 8-39　划直线

图 8-40　划交叉线

（2）圆（或圆弧）划法

① 用划针盘在工件上按图样位置要求划出两条交叉线条，其交点就是要划圆的圆心，如图 8-40 所示。

② 在找到的圆心处打样冲眼，如图 8-41 所示。

图 8-41 打样冲眼

图 8-42 调整划规尺寸

③ 用划规对准钢直尺，调整划规尺寸，如图 8-42 所示。

④ 用手握住划规头部，将划规一只脚对准样冲眼，从左至右，大拇指用力，同时向走线方向（顺时针）稍加倾斜划上半圆，如图 8-43（a）所示。

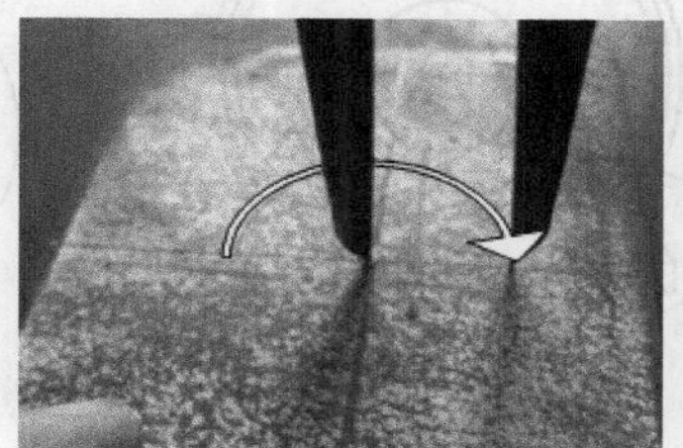

(a) 划上半圆

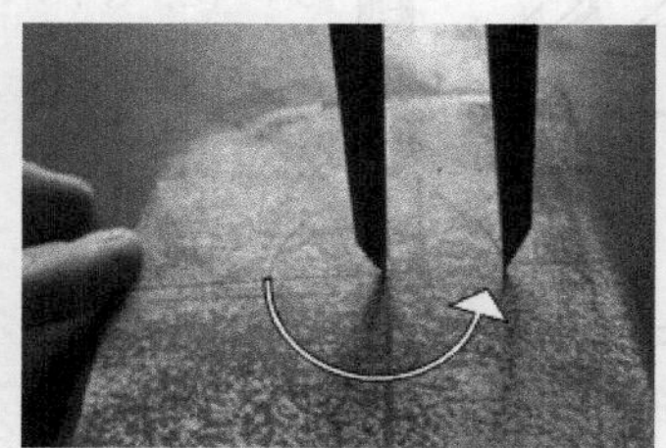

(b) 划下半圆

图 8-43 划圆

⑤ 变换大拇指接触划规的位置，使划规从另一个方向（逆时针）划下半圆，如图 8-43（b）所示。

若圆弧的中心点在工件边沿上，划圆弧时就须使用辅助支座，如图 8-44 所示。将已打好样冲眼的辅助支座和工件一起夹在台虎钳上，用划规在工件上划圆弧。

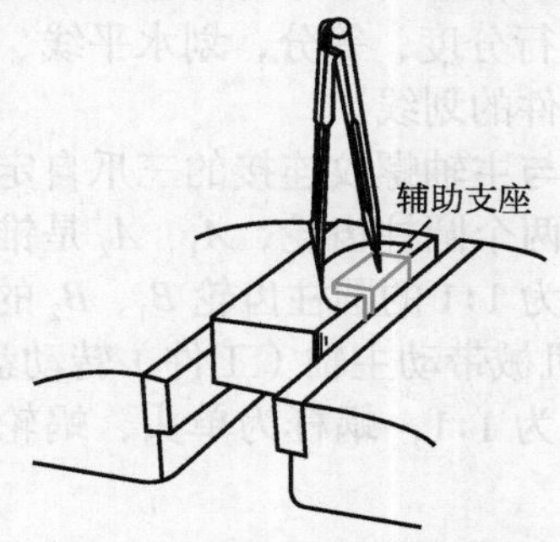

图 8-44 用辅助支座划圆弧

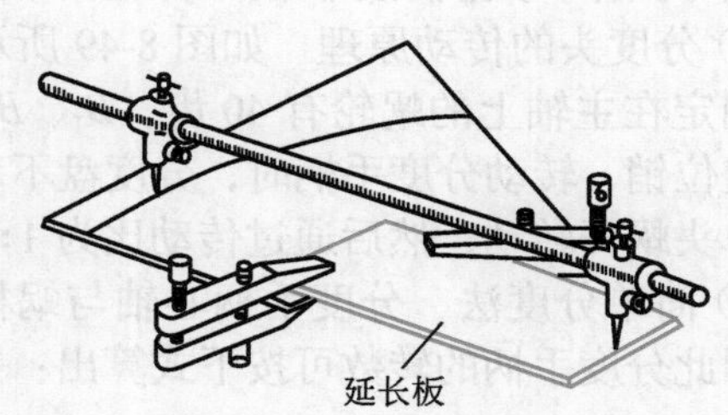

图 8-45 中心点在工件外圆弧的划法

当需划半径很大的圆弧，中心点在工件以外时，须用两只平行夹头将已打好样冲眼的延长板夹紧在工件上，再用长划规划出圆弧，如图 8-45 所示。

（3）其他划线法

① 仿划线　仿划线如图 8-46 所示，将已损坏的轴承座和轴承座毛坯件同时放置在划线平台上，找正时先找正损坏的原件，然后找正毛坯件，用划线盘的划针直接在原件上量取尺寸，再在毛坯件相应的位置上划出加工线。

② 配划线

a. 用工件直接配划线。将零件直接压在被连接的工件上，直接用划针在连接件的表面划出待加工的位置线。

b. 纸片拓印配划线。某些工件需要将不通的螺孔反拓到配划线的工件上，可采用纸片拓印的方法来划线。将一块纸片粘贴到工件上，用木锤沿着孔的边缘轻轻击穿，再将纸片用黄油粘到配划的工件上，按照纸片上的孔来确定配划工件上的位置。

c. 印迹配划线。如图 8-47 所示，要将电动机支座孔配划到电动机底板上，由于电动机支座孔底部与电动机底板相隔一段距离，如用划针围划，易产生较大误差，在这种情况下可采用印迹配划线。这种方法是将电动机位置确定后，利用一根端面与轴线垂直、外径比电动机支座孔略小的空心套，在其端部涂上显示剂，插入电动机支座孔内，接着转动空心套，在电动机底板上显示出钻孔位置的印迹，然后去掉电动机，冲上样冲眼即可开始钻孔。

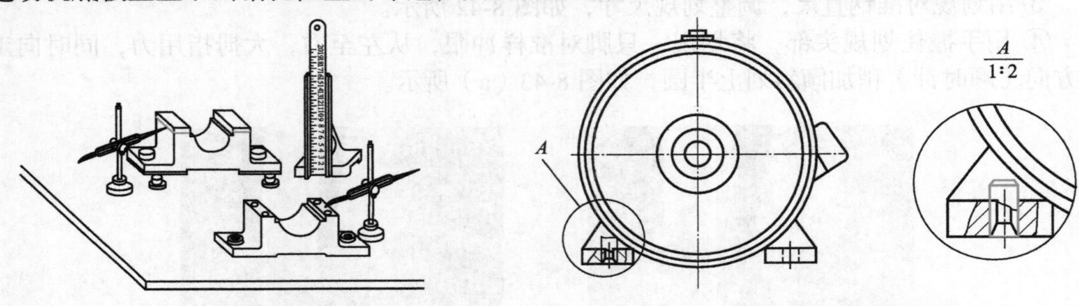

图 8-46　仿划线　　　图 8-47　印迹配划线

③ 样板划线　对于形状复杂、加工面较多的工件（如凸轮、大型齿轮等），宜采用样板来划线。采用样板划线可提高效率，减少划线误差。操作时，将样板平铺在工件上，用手或压板固定，沿样板边缘用划针划出图形线即可。

8.2.6　分度头划线

分度头是用来对工件进行等分、分度的重要工具，其外形如图 8-48 所示。划线时，把分度头放在划线平板上，将工件夹持牢固，即可对工件进行分度，等分，划水平线、垂线和倾斜线等操作，其使用方法简单，适用于大批量中、小零件的划线。

① 分度头的传动原理　如图 8-49 所示，将工件装在与主轴螺纹连接的三爪自定心卡盘上，固定在主轴上的蜗轮有 40 齿。B_1、B_2 是齿数相同的两个圆柱齿轮，A_1、A_2 是锥齿轮。拔出定位销，转动分度手柄时，分度盘不动，通过传动比为 1:1 的圆柱齿轮 B_1、B_2 的传动，带动单头蜗杆转动，然后通过传动比为 1:40 的蜗杆传动机械带动主轴（工件）转动盘。

② 简单分度法　分度手柄心轴与蜗杆之间的传动比为 1:1，蜗杆为单头，蜗轮齿数为 40，因此分度手柄的转数可按下式算出：

$$n=\frac{40}{Z}$$

式中　n——分度手柄转数；

　　　Z——工件等分数。

图 8-48 分度头

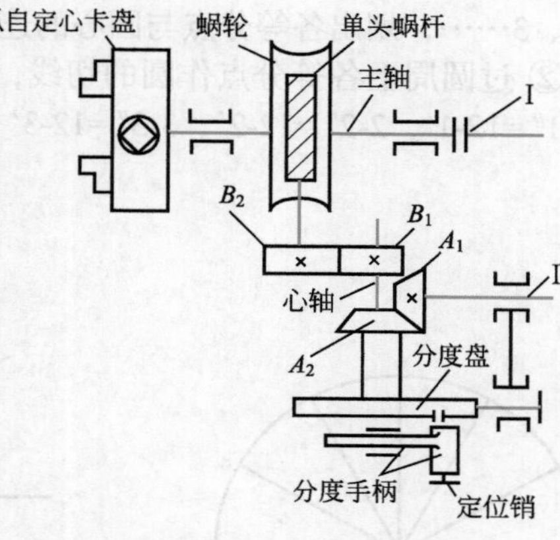

图 8-49 分度头传动原理

例如，要划出均匀分布在工件圆周上的 10 个孔，试求每划一个孔的位置后，分度手柄应转几周后再划第二个孔的位置？

解：根据公式 n= 40/2= 40/10=4

即每划完一个孔的位置后，手柄应转动 4 周，再划第二个孔的位置，依次类推。

有时，由工件等分计算出来的手柄数不是整数。如，要把某圆周 30 等分，$n=\frac{40}{30}=1\frac{1}{3}$。这时要利用分度盘，根据分度盘上现有的各种孔眼的数目（见表 8-3），把$\frac{1}{3}$的分子、分母同乘以相同的倍数，使分母为表 8-3 中的某个孔数，而扩大后的分子就是手柄应转过的孔数。把$\frac{1}{3}\times\frac{10}{10}=\frac{10}{30}$，则手柄的转数$n=1\frac{1}{3}=1\frac{10}{30}$，即手柄在分度盘中有 30 个孔的一圈上要转动 1 周加 10 个孔。

表 8-3 各分度盘孔数

第一块分度盘	正面：24，25，28，30，34，37，38，39，41，42，43 反面：46，47，49，51，53，54，57，58，59，62，66
第二块分度盘	第一块正面：24，25，28，30，34，37 第一块反面：38，39，41，42，43 第二块正面：46，47，49，51，53，54 第二块反面：57，58，59，62，66
第三块分度盘	第一块：15，16，17，18，19，20 第二块：21，23，27，29，31，33 第三块：37，39，41，43，47，49

在转动手柄前要调整分度盘。手柄不应摇过应摇的孔数，否则须把手柄多退回一些再正摇，以消除传动和配合间隙所引起的误差。

8.2.7 几种特殊曲线的划法

（1）渐开线的划法

① 如图 8-50 所示，在圆周上作出若干等分（图中所示为 12 等分），得各等分点分别为

1、2、3……，划出各等分点与圆心的连线。

② 过圆周上各等分点作圆的切线，并在圆周的各切点上分别截取线段，使其长度分别为 1-1″=12-1′、2-2″=12-2′、3-3″=12-3′、…、11-11″=12-11′，如图 8-51 所示。

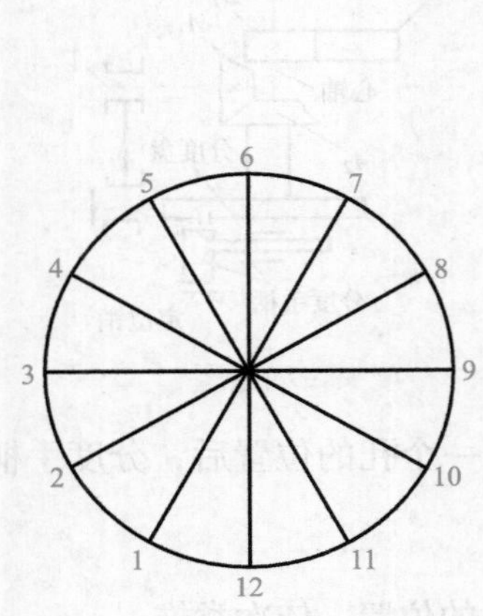

图 8-50　圆周等分

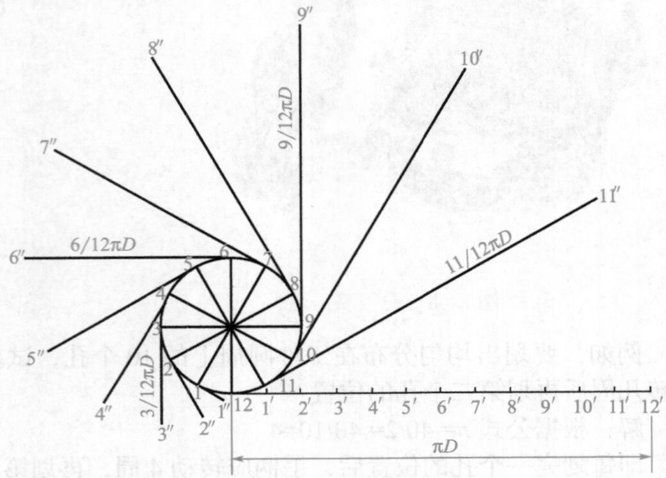

图 8-51　切点对应线段

③ 圆滑连接 12、1″ 、2″ 、3″ 、…、12′ ，所得曲线即为该圆的渐开线，如图 8-52 所示。

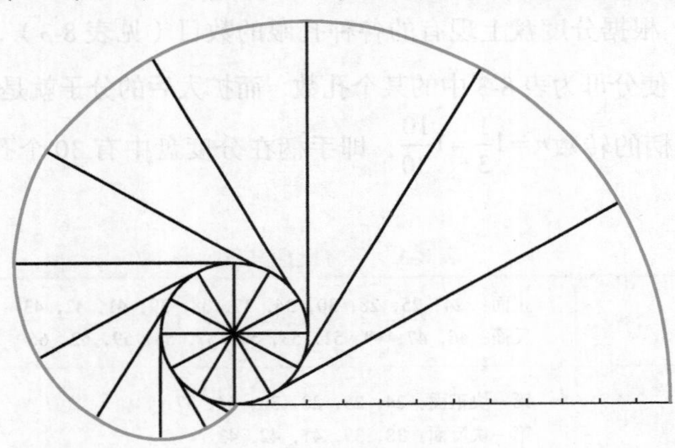

图 8-52　圆的渐开线

（2）渐伸涡线的划法

① 如图 8-53 所示，以正方形某一顶点 B 为圆心、以 BA 为半径划 1/4 圆交 CB 延长线于 S_1。

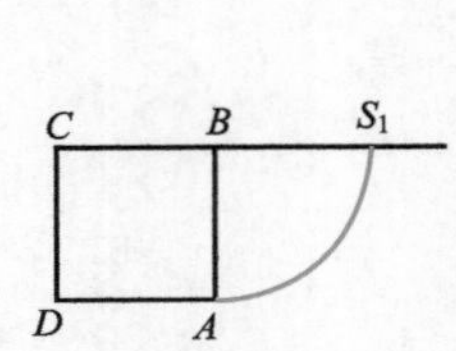

图 8-53　以 B 为圆心划 1/4 圆

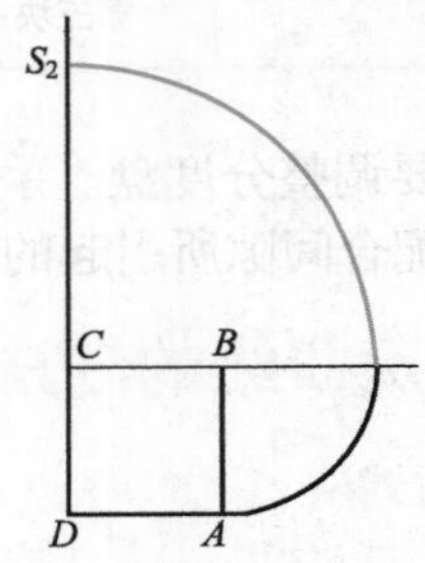

图 8-54　以 C 为圆心划 1/4 圆

② 以顶点 C 为圆心、以 CS_1 为半径划 1/4 圆交 DC 延长线于 S_2，如图 8-54 所示。

③ 以顶点 D 为圆心、以 DS_2 为半径划 1/4 圆交 BC 延长线于 S_3，如图 8-55 所示。

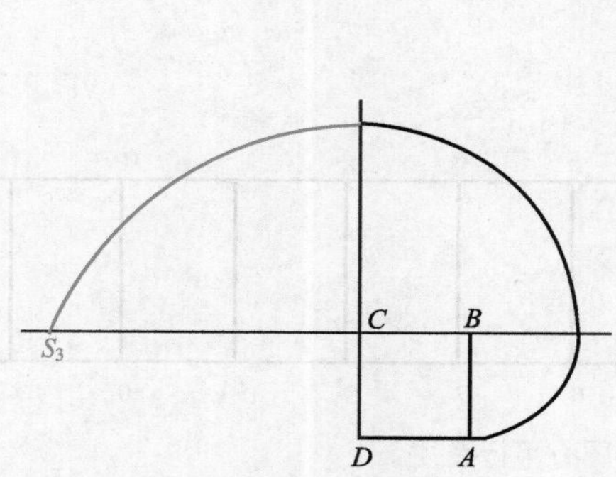

图 8-55 以 D 为圆心划 1/4 圆

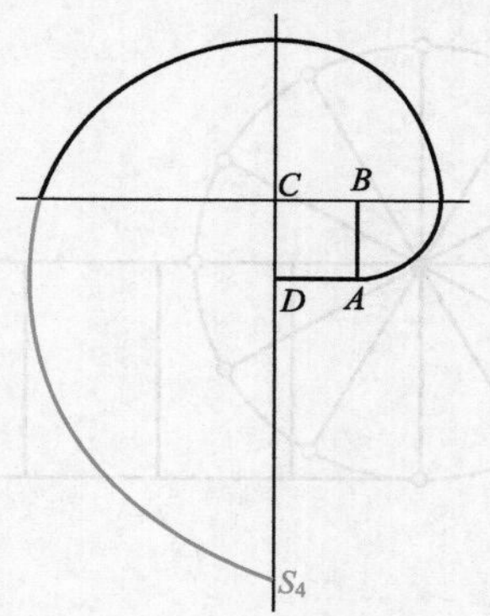

图 8-56 以 A 为圆心划 1/4 圆

④ 以顶点 A 为圆心、以 AS_3 为半径划 1/4 圆交 CD 延长线于 S_4，如图 8-56 所示。

⑤ 依次改变圆心和半径，便可划出渐伸涡线，如图 8-57 所示。

图 8-57 渐伸涡线

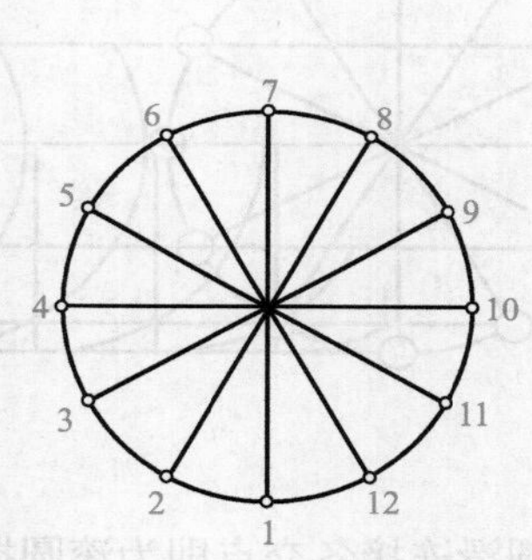

图 8-58 等分滚圆

（3）摆线的划法

① 如图 8-58 所示，将滚圆分成若干等份（图中所示分为 12 等份）。

② 过等分点 1 作圆的切线，长度等于滚圆周长 πD，并将其等分为与滚圆同样的份数，如图 8-59 所示。

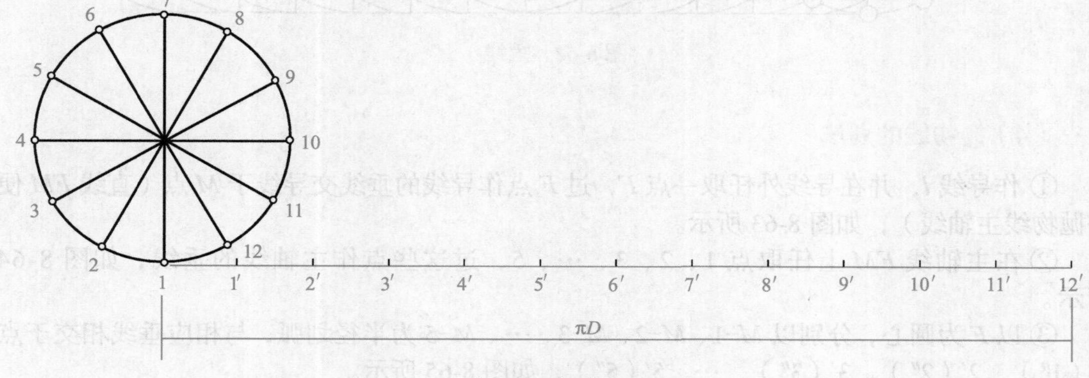

图 8-59 切线等分

③ 在切线各等分点上作垂线，与过圆心所作的平行线分别交于 1″、2″、3″、…、12″，如图 8-60 所示。

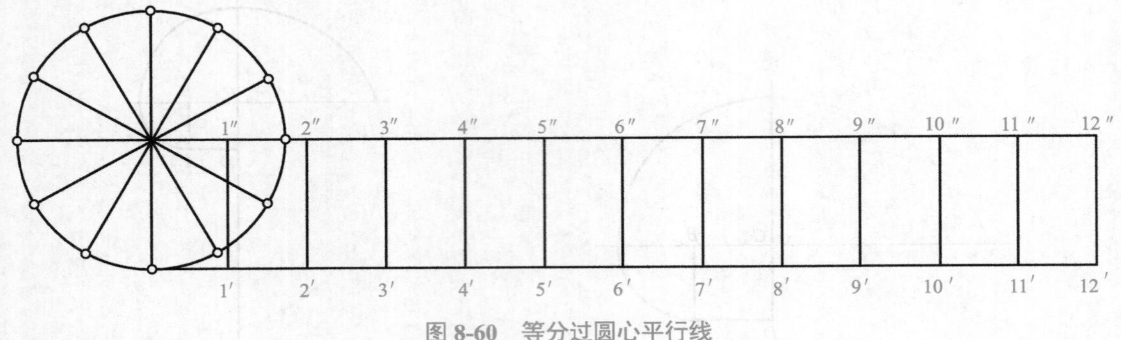

图 8-60　等分过圆心平行线

④ 分别以 1″、2″、3″、…、12″ 为圆心，以滚圆半径为半径划弧，与滚圆上所作的平行线交于Ⅰ、Ⅱ、Ⅲ……各点，如图 8-61 所示。

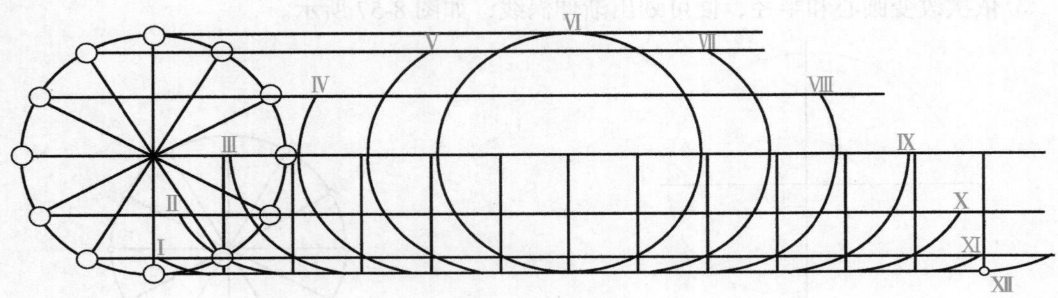

图 8-61　划弧找交点

⑤ 圆滑连接各交点即为滚圆摆线，如图 8-62 所示。

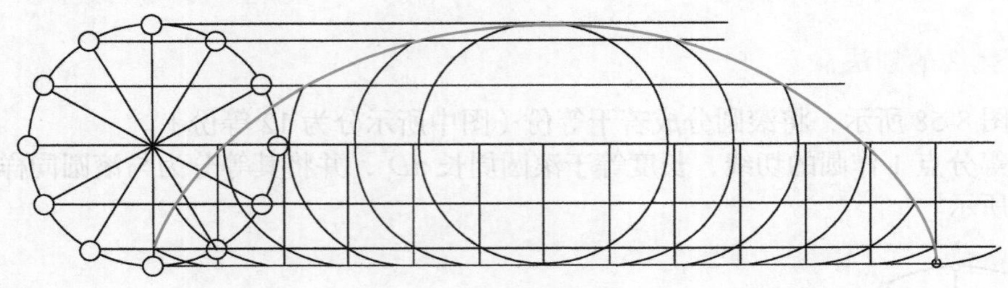

图 8-62　摆线

（4）抛物线的划法

① 作导线 l，并在导线外任取一点 F，过 F 点作导线的垂线交导线于 M 点（直线 FM 便是抛物线主轴线），如图 8-63 所示。

② 在主轴线 FM 上任取点 1、2、3、…、5，过这些点作主轴线的垂线，如图 8-64 所示。

③ 以 F 为圆心，分别以 M-1、M-2、M-3、…、M-5 为半径划弧，与相应垂线相交于点 1′（1″）、2′（2″）、3′（3″）、…、5′（5″），如图 8-65 所示。

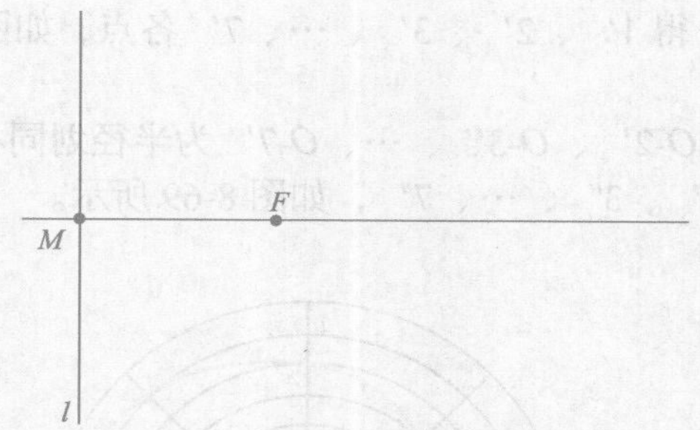

图 8-63　作导线与主轴线

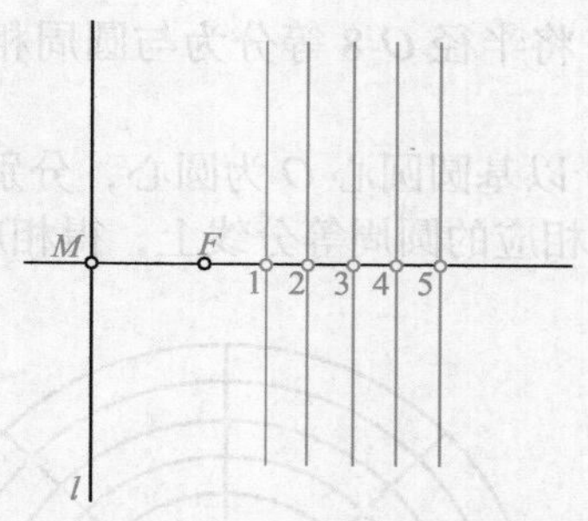

图 8-64　作主轴线的等分垂线

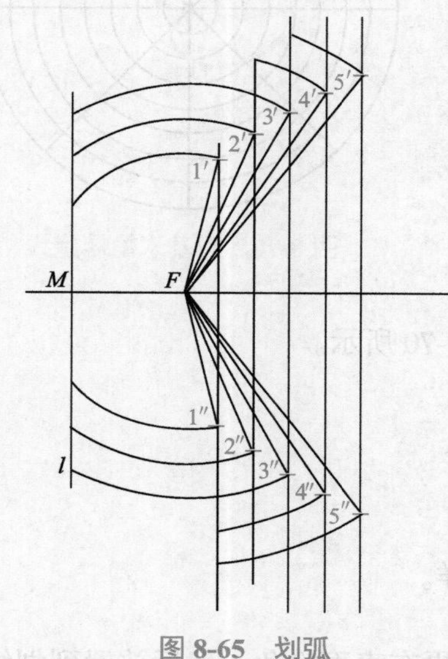

图 8-65　划弧

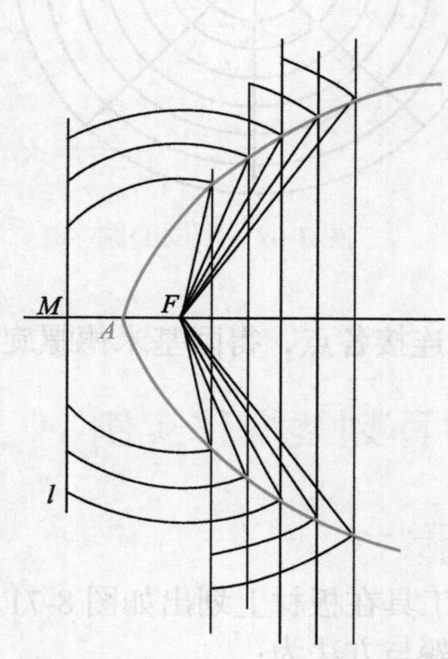

图 8-66　抛物线

④ 以线段 *MF* 的中点 *A* 为顶点，圆滑连接 1′（1″）、2′（2″）、3′（3″）、…、5′（5″）各点，即得抛物线，如图 8-66 所示。

（5）阿基米德螺旋线的划法

① 作基圆，并将圆周分为若干等份（图 8-67 中所示为 8 等分），并将各等分点与圆心 *O* 连接，如图 8-67 所示。

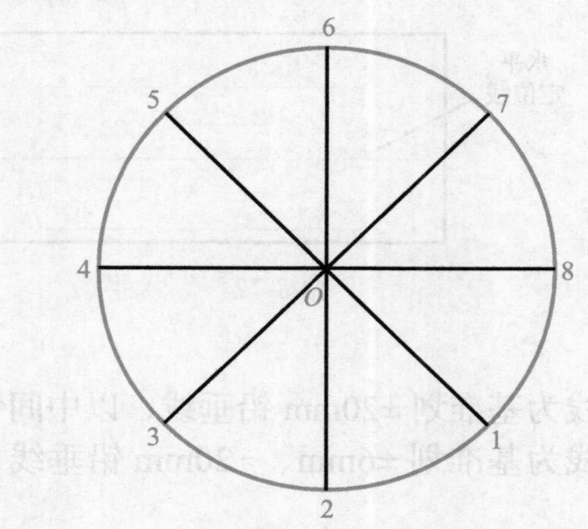

图 8-67　等分基圆

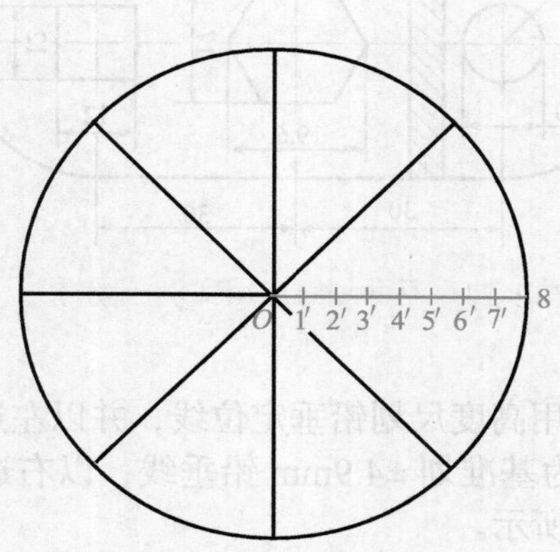

图 8-68　等分半径

② 将半径 O-8 等分为与圆周相同的份数，得 1′、2′、3′、…、7′ 各点，如图 8-68 所示。

③ 以基圆圆心 O 为圆心，分别以 O-1′、O-2′、O-3′、…、O-7′ 为半径划同心圆，相交于相应的圆周等分线上，得相应点 1″、2″、3″、…、7″，如图 8-69 所示。

图 8-69　划同心圆

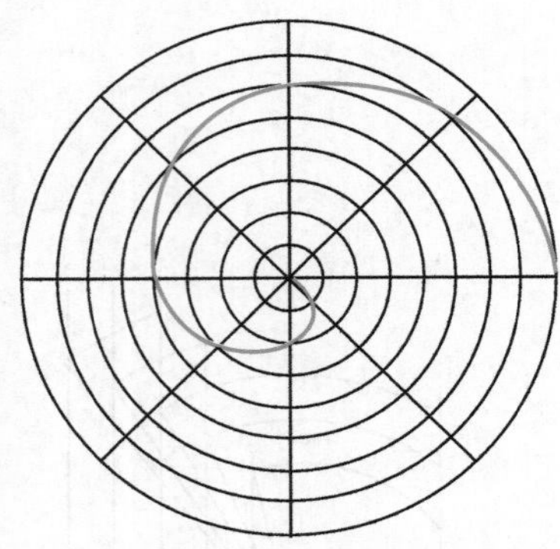

图 8-70　阿基米德螺旋线

④ 圆滑连接各点，得阿基米德螺旋线，如图 8-70 所示。

8.2.8　平面划线操作实例

（1）实例一

用常用工具在板材上划出如图 8-71 所示的图样。

操作步骤与方法为：

① 将板料去毛刺倒角，并用砂布打磨表面，再在表面涂色，然后放置到划线平板上，用 V 形铁做靠块，使板料在平板上保持平稳。

② 如图 8-72 所示，用高度尺划水平定位线，并以水平定位线为基准在相应位置划 ±6mm、±8.5mm、±20mm 水平线。

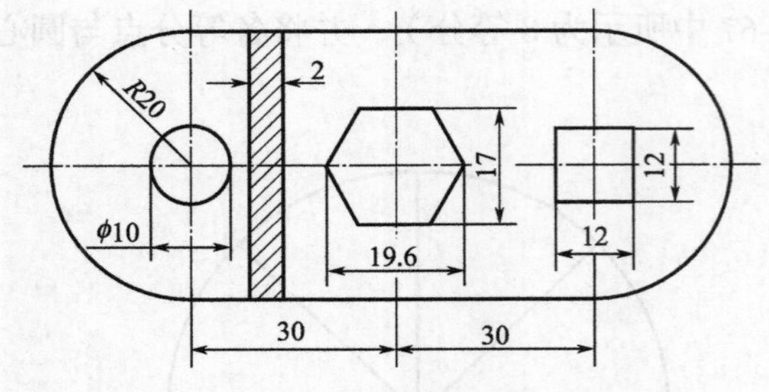

图 8-71　平面划线应用实例一图样

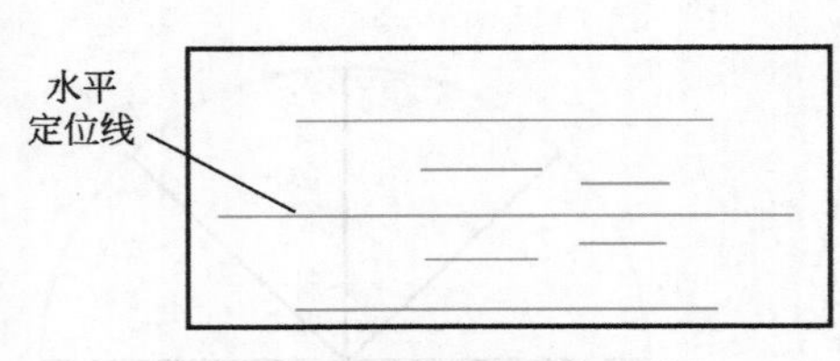

图 8-72　划水平线

③ 用高度尺划铅垂定位线，并以左边铅垂定位线为基准划 ±20mm 铅垂线，以中间铅垂定位线为基准划 ±4.9mm 铅垂线，以右边铅垂定位线为基准划 ±6mm、−20mm 铅垂线，如图 8-73 所示。

④ 用划规分别划出两个 $R20$ 圆弧、ϕ10mm、ϕ19.6mm 两个圆，如图 8-74 所示。

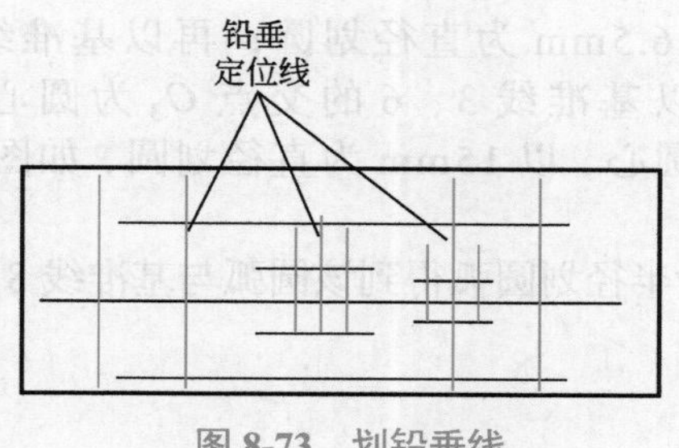

图 8-73 划铅垂线

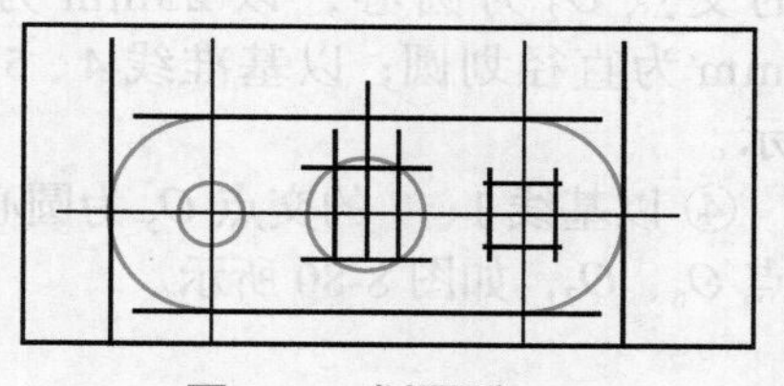

图 8-74 划圆弧

⑤ 用钢直尺分别连线后，再用划针划出中间正六边形，如图 8-75 所示。

（2）实例二

用常用工具在板材上划出如图 8-76 所示的图样。

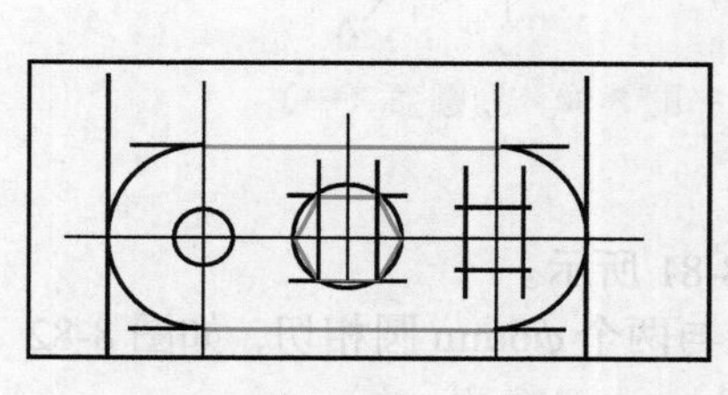

图 8-75 连线

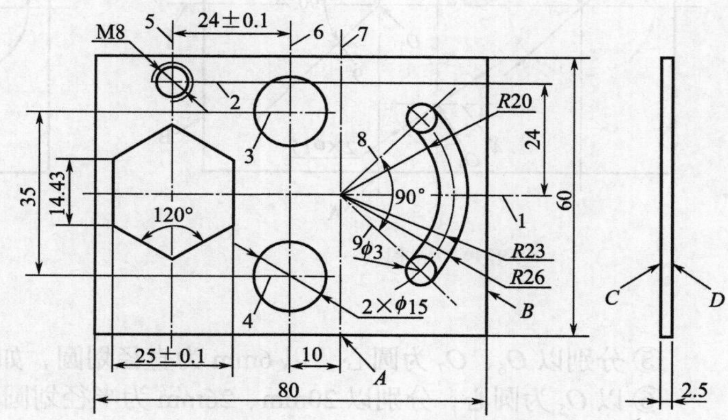

图 8-76 平面划线应用实例二图样

操作步骤与方法为：

① 将板料去毛刺倒角，并用砂布打磨表面，再在表面涂色，然后划出相互垂直的中心线 1、6，如图 8-77 所示。

② 以 1、6 为定位基准线，先划出基准线 2 ~ 4，再划出基准线 5、7，最后划出基准线 8、9，如图 8-78 所示。

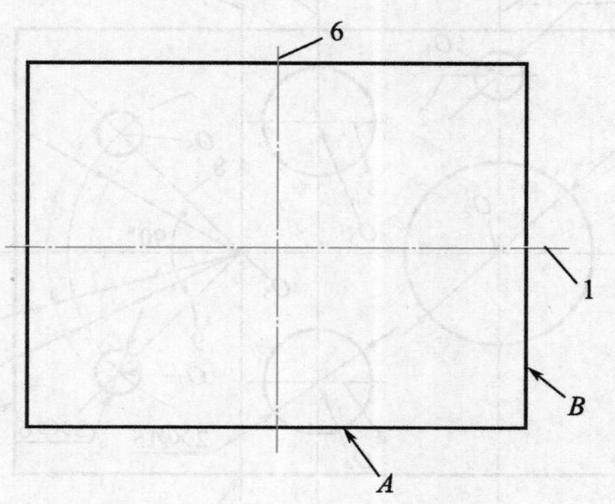

图 8-77 划垂直中心线

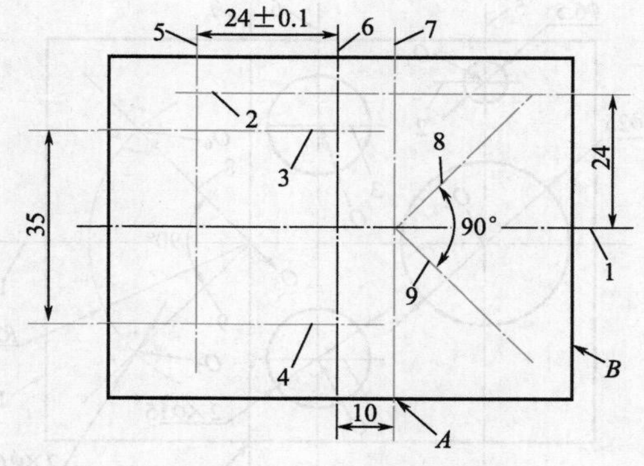

图 8-78 划其余基准线

③ 先以基准线 2、5 的交点 O_1 为圆心，以 6.5mm 为直径划圆；再以基准线 1、5 的交点 O_2 为圆心，以 25mm 为直径划圆；以基准线 3、6 的交点 O_3 为圆心，以 15mm 为直径划圆；以基准线 4、5 的交点 O_4 为圆心，以 15mm 为直径划圆，如图 8-79 所示。

④ 以基线 1、7 的交点 O_5 为圆心，以 23mm 为半径划圆弧得到该圆弧与基准线 8、9 的交点 O_6、O_7，如图 8-80 所示。

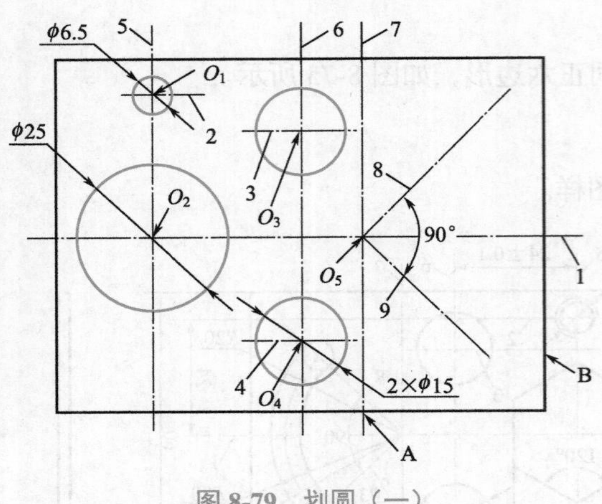

图 8-79　划圆（一）

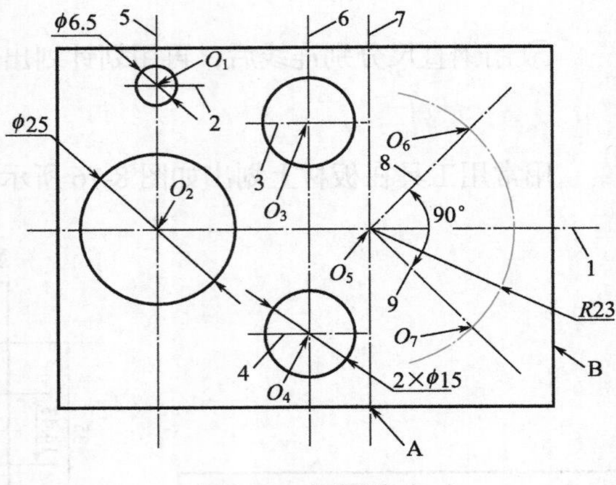

图 8-80　划圆弧（一）

⑤ 分别以 O_6、O_7 为圆心，以 6mm 为直径划圆，如图 8-81 所示。

⑥ 以 O_5 为圆心，分别以 20mm、26mm 为半径划圆弧，与两个 ϕ6mm 圆相切，如图 8-82 所示。

⑦ 划与 ϕ25mm 圆相切的正六边形。完成后检查线是否正确，并在 O_1 ～ O_4、O_6、O_7 处和 R20、R26 的圆弧上以及正六边形上打样冲眼，如图 8-83 所示。

（3）实例三

用常用工具在板材上划出如图 8-84 所示的图样。

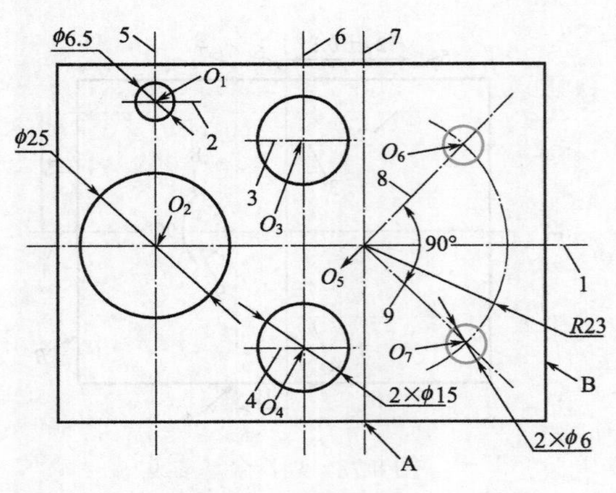

图 8-81　划圆（二）

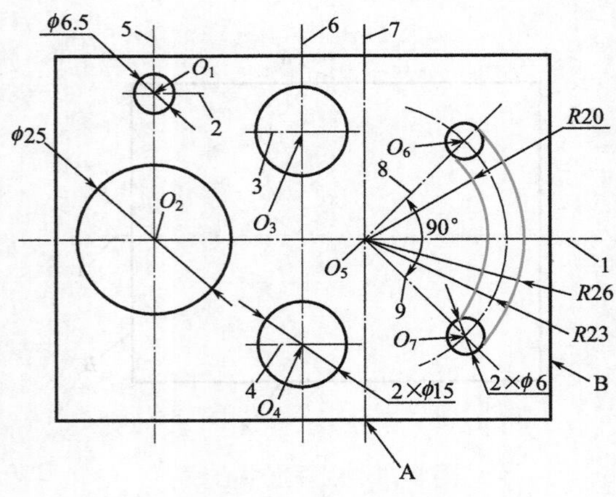

图 8-82　划圆弧（二）

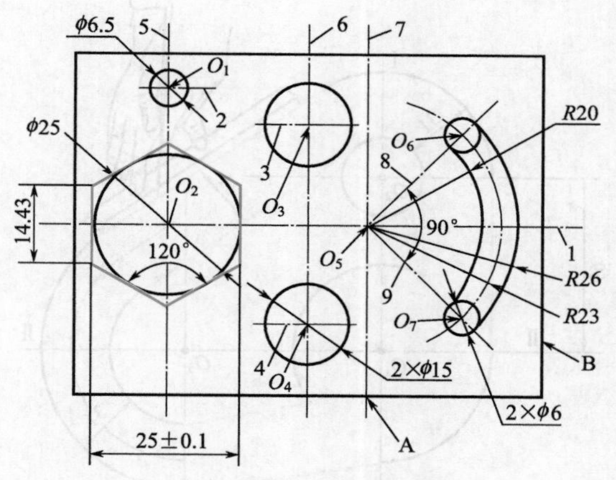

图 8-83 划六边形线

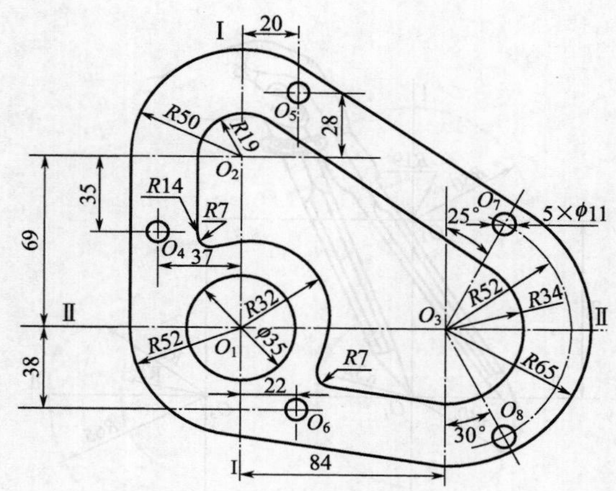

图 8-84 平面划线应用实例三图样

操作步骤与方法为：

① 先将板料去毛刺倒角，并用砂布打磨表面，再在表面涂色，然后再将板料放置到划线平板上的合适位置，并使板料在平板上保持平稳。

② 以板料底边为基准，距离 20mm 尺寸划平行于底边的基准线，在右侧划平行于右侧边且与之距离 20mm 的基准线，如图 8-85 所示。

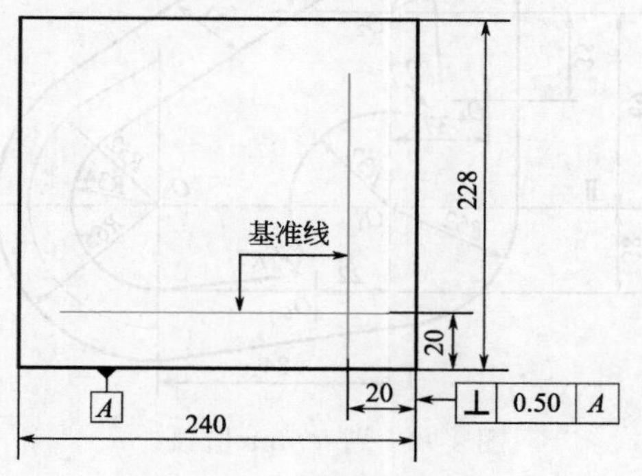

图 8-85 确定划线基准

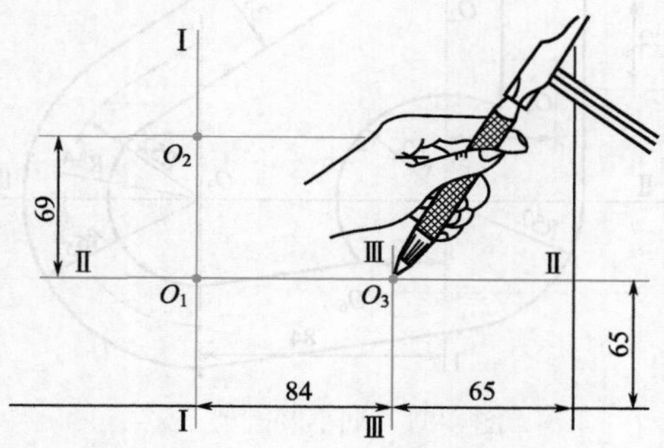

图 8-86 确定划线圆心

③ 如图 8-86 所示，以基准线起隔 65mm 划平行线得Ⅱ-Ⅱ、Ⅲ-Ⅲ线，交点为圆心 O_3；再隔 84mm 划铅垂线（Ⅰ-Ⅰ）得圆心 O_1；再隔 69mm 划水平线得圆心 O_2。找出圆心后打样冲眼。

④ 以 O_1 为圆心，以 32mm 和 52mm 为半径划弧；以 O_2 为圆心，以 19mm 和 50mm 为半径划弧；以 O_3 为圆心，以 34mm、52mm 和 65mm 为半径划弧，如图 8-87 所示。

⑤ 划出三条内弧切线和三条外弧切线，相距 31mm，如图 8-88 所示。

⑥ 以 O_1O_3 为基准向下隔 35mm 划出水平线，以过 O_2 点的水平线为基准向下隔 35mm、向上隔 28mm 划出水平线，得小圆圆心 $O_4 \sim O_6$，如图 8-89 所示。

⑦ 以 O_1 为圆心，以 (32+7)mm 长为半径，分别划出上下两条圆弧；再做 R19mm 和 R32mm 圆弧两条开口公切线的平行线，距离均为 7mm，分别与上下两条圆弧交于两点；以所得两点为圆心，以 7mm 为半径，划出两圆弧与 R32mm 圆弧和两切线相切，如图 8-90 所示。

⑧ 通过圆心 O_3 点，分别沿与过 O_3 点的铅垂线成 25° 和 30° 角的方向划线得圆心 O_7 和 O_8，再划出 ϕ35mm 孔和 5×ϕ11mm 孔的圆周线，如图 8-91 所示。

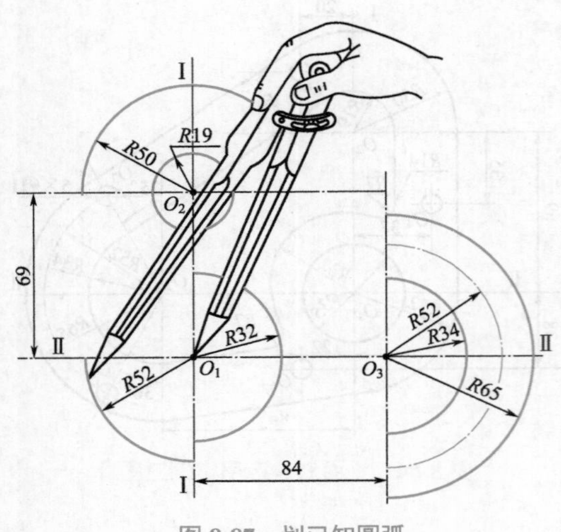

图 8-87 划已知圆弧

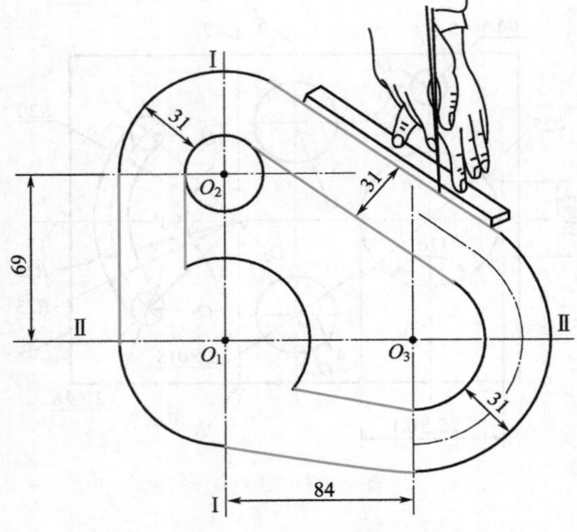

图 8-88 划内、外弧切线

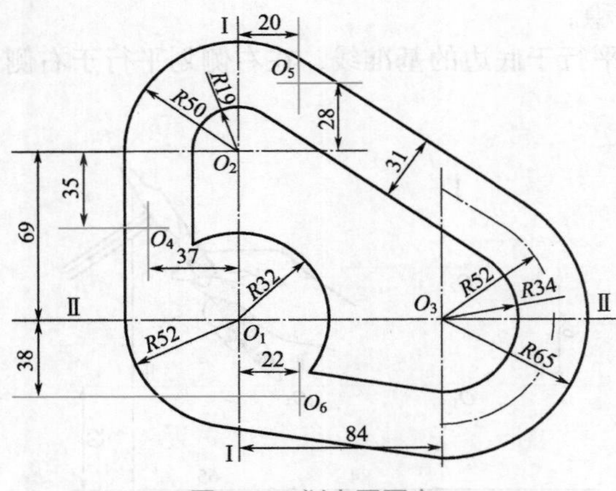

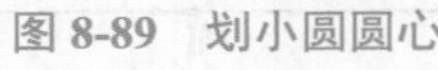

图 8-89 划小圆圆心

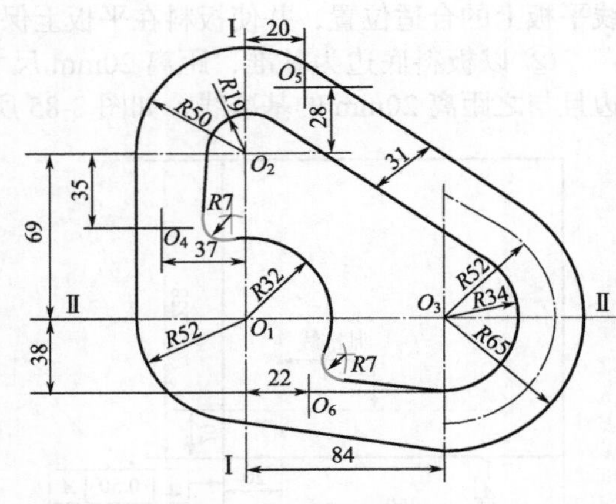

图 8-90 划 R7mm 圆弧

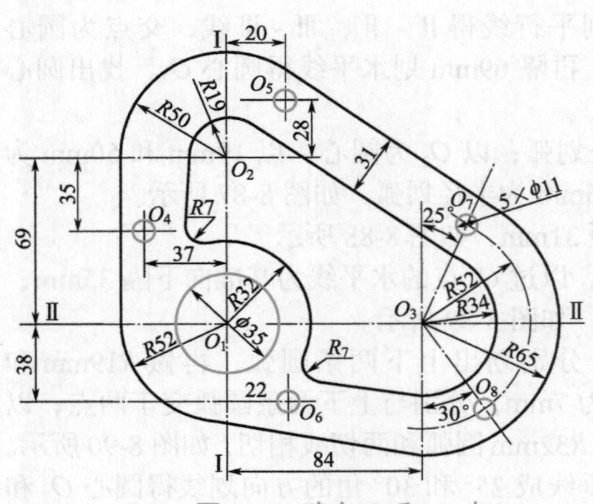

图 8-91 确定 O_7 和 O_8 点

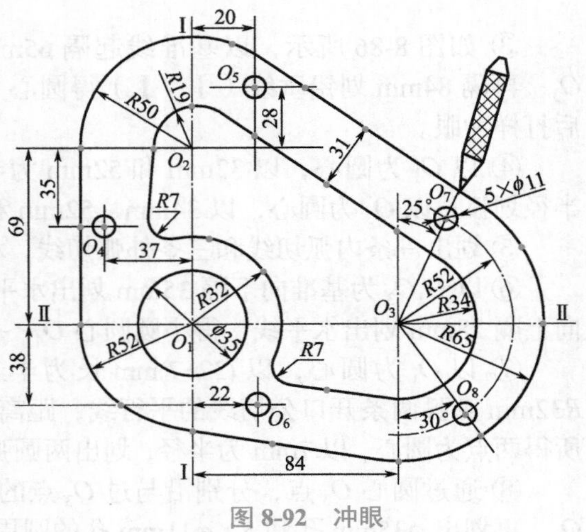

图 8-92 冲眼

⑨ 检查所划线无误后，在划线交点处和按一定间隔在所划线上打上样冲眼，如图 8-92 所示。

8.3 复杂、大型和畸形工件的划线

8.3.1 箱体划线

箱体工件需要加工的孔与平面很多，并且箱体上的加工平面和孔表面又是装配时的基准面。因此在划线时，不但要保证每个加工面和孔都有充分的加工余量，而且要兼顾到孔与内壁凸台的同轴度要求以及孔与加工平面的位置关系。

（1）箱体划线要点

箱体工件的划线，除按一般划线时选择划线基准、找正、借料外，还应注意以下几点：

① 划线前必须仔细检查毛坯质量，若是有严重缺陷和很大误差的毛坯，就不要勉强去划，避免出现废品和浪费较多工时。

② 认真掌握技术要求，如对箱体工件的外观要求、精度要求和形位公差要求；分析箱体的加工部位与装配工件的相互关系，避免因划线前考虑不周而影响工件的装配质量。

③ 了解零件机械加工工艺路线，知道各加工部位应划的线与加工工艺的关系，确定划线的次数和每次要划哪些线，避免因所划的线被加工掉而重划。

④ 第一划线位置，应该是选择待加工表面和非加工表面比较重要和比较集中的位置，这样有利于划线时能正确找正和及早发现毛坯的缺陷，既保证了划线质量，又可减少工件的翻转次数。

⑤ 箱体工件划线，一般都要准确地划出十字校正线，为划线后的刨、铣、镗、钻等加工工序提供可靠的校正依据。一般常以基准孔的轴线作为十字校正线，划在箱体的长而平直的部位，以便于提高校正的精度。

⑥ 第一次划出的箱体十字校正线，在经过加工以后再次划线时，必须以已加工的面作为基准面，划出新的十字校正线，以备下道工序校正。

⑦ 为避免和减少翻转次数，其垂直线可利用角尺或角铁一次划出。

⑧ 某些箱体，其内壁不需加工，而且装配齿轮或其他零件的空间较小，在划线时要特别注意找正箱体内壁，以保证加工后能顺利装配。

（2）箱体划线步骤及实例

这里以 CA6140 型车床主轴箱为例进行说明。主轴箱是车床的重要部件之一，如图 8-93 所示为车床主轴箱箱体。从图 8-93 中可以看出，箱体上加工的面和孔很多，而且对位置精度和加工精度的要求都比较高，虽然可以通过加工来保证，但在划线时对各孔间的位置精度仍应特别注意。

该主轴箱体在一般加工条件下，划线可分为三次进行。第一次确定箱体加工面的位置，划出各平面的加工线。第二次以加工后的平面为基准，划出各孔的加工线和十字校正线。第三次划出与加工后的孔和平面尺寸有关的螺孔、油孔等的加工线。

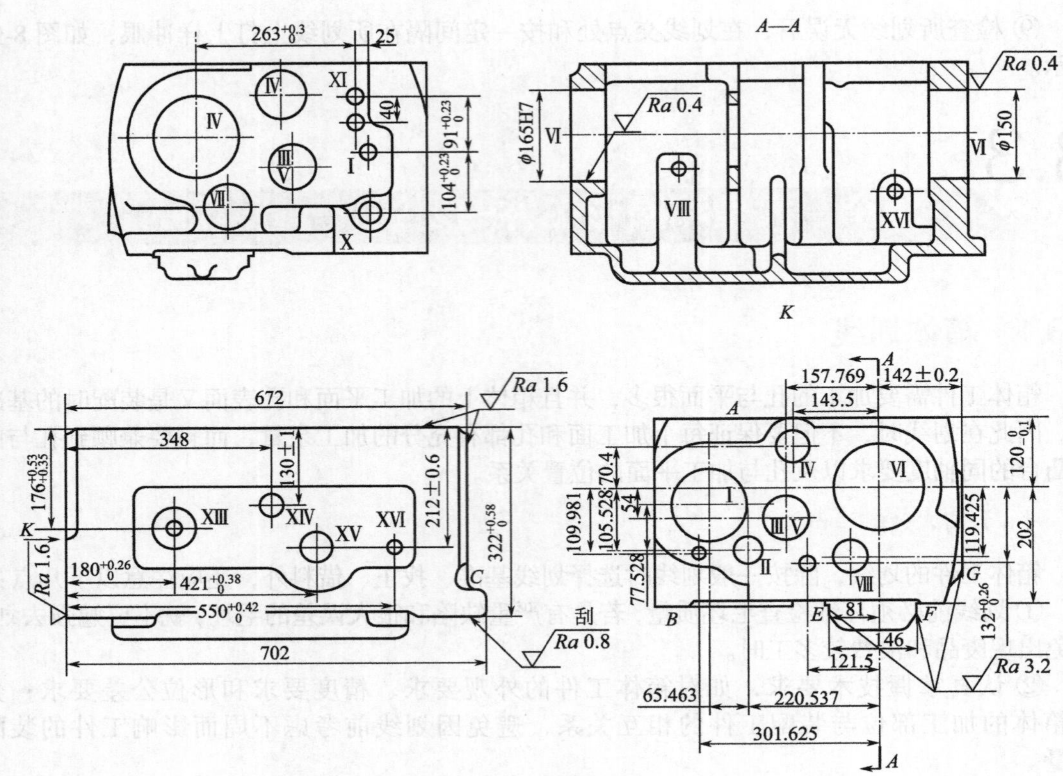

图 8-93　车床主轴箱箱体

第一次划线是在箱体毛坯件上划线，主要是合理分配箱体上每个孔和平面的加工余量，使加工后的孔壁均匀对称。

① 如图 8-94 所示将箱体用三个支承千斤顶支承在划线平板上，用划线盘找正 *X*、*Y* 孔的水平中心线及箱体的上下平面与划线平板基本平行，用 90° 角尺找正 *X*、*Y* 孔的两端面 *C*、*D* 和平面 *G* 与划线平板基本垂直。若差异较大，可能出现某处加工余量不足，应调整支承千斤顶与 *A*、*B* 的平行方向借料。

② 然后以 *Y* 孔内壁凸台的中心为依据，划出第一放置位置的基准线Ⅰ-Ⅰ，如图 8-94 所示。

③ 再依Ⅰ-Ⅰ线为依据，检查其他孔和平面在图样所要求的相应位置上是否都有充分的加工余量，以及在 *C*、*D* 垂直平面上各孔周围的螺孔是否有合理的位置。一定要避免螺孔有大的偏移，如发现孔或平面的加工余量不足，都要进行借料。对加工余量进行合理调整，并重新划出Ⅰ-Ⅰ基准线。

④ 最后以Ⅰ-Ⅰ线为基准，按图样尺寸上移 120mm 划出上表面加工线，再下移 322mm 划出底面加工线。

⑤ 将箱体翻转 90° 用支承千斤顶支承放置在划线平板上，再用 90° 角尺找正基准线Ⅰ-Ⅰ与划线平板垂直，并用划线盘找正 *Y* 孔两壁凸台的中心位置。

⑥ 再以此为依据，兼顾 *E*、*F*、*G* 平面都有加工余量的前提下，划出第二放置的基准线Ⅱ-Ⅱ，如图 8-95 所示。

⑦ 以Ⅱ-Ⅱ为基准，检查各孔是否有充分的加工余量，*E*、*F*、*G* 平面的加工余量是否合理分布。若某一部位的误差较大，则应在借料找正后，重新划出Ⅱ-Ⅱ基准线。

⑧ 最后以Ⅱ - Ⅱ线为依据，按图样尺寸上移 81mm 划出 E 面加工线，再下移 146mm 划出下面加工线 F，仍以Ⅱ - Ⅱ线为依据下移 142mm 划出 G 面加工线。

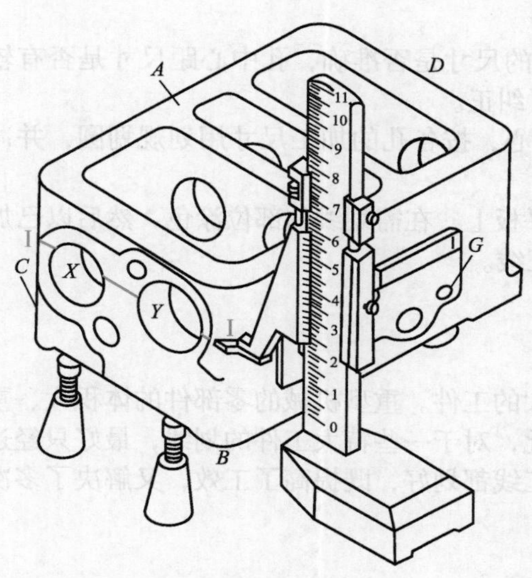

图 8-94　划基准线Ⅰ - Ⅰ

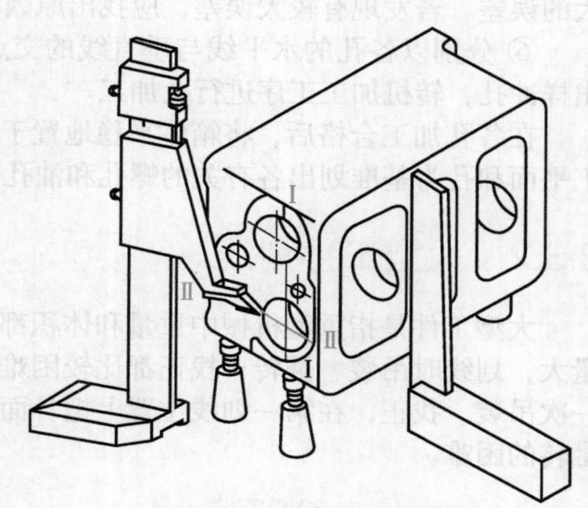

图 8-95　划基准线Ⅱ - Ⅱ

⑨ 将箱体再翻转 90° 用支承千斤顶支承在划线平板上，用 90° 角尺找正Ⅰ - Ⅰ、Ⅱ - Ⅱ两条基准线与划线平板垂直，如图 8-96 所示。

⑩ 以主轴孔 Y 内壁凸台的高度为依据，兼顾 D 面加工后到 T、S、R、Q 孔的距离（确保孔对内壁凸台、肋板的偏移量不大）。划出第三放置位置的基准线Ⅲ - Ⅲ，即 D 面的加工线。

⑪ 然后上移 672mm 划出平面 C 的加工线。

⑫ 检查箱体在三个放置位置上的划线是否准确，当确认无误后，冲出样冲孔，转加工工序进行平面加工。

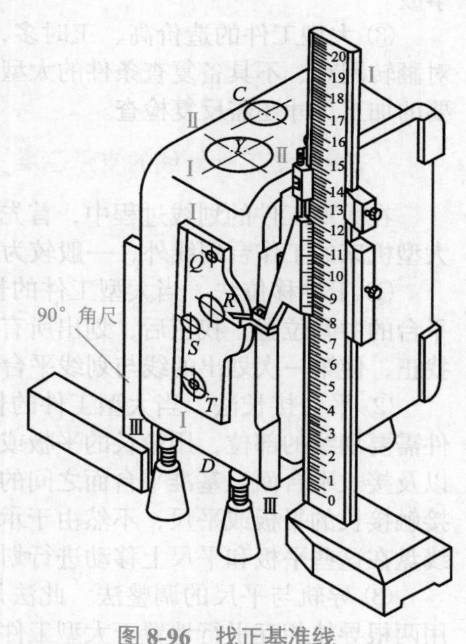

图 8-96　找正基准线

箱体的各平面加工结束后，在各毛孔内装紧中心塞块，并在需要划线的位置涂色（以便划出各孔中心线的位置），然后进行第二次划线。

① 箱体的放置位置仍如图 8-94 所示，但不用支承千斤顶而是用两块平行垫铁安放在箱体底面和划线平板之间。垫铁厚度要大于储油池凸出部分的高度。应注意箱体底面与垫铁和划线平板的接触面要擦干净，避免因夹有异物而使划线尺寸不准。

② 用高度游标卡尺从箱体的上平面 A 下移 120mm，划出主轴孔 Y 的水平位置线Ⅰ - Ⅰ。再分别以上平面 A 和Ⅰ - Ⅰ线为尺寸基准，按图样的尺寸要求划出其他孔的水平位置线。

③ 将箱体翻转 90°，仍如图 8-95 所示的位置。平面 G 直接放在划线平板上。以划线平板为基准上移 142mm，用高度游标卡尺划出孔 Y 的垂直位置线（以主轴箱工作时的安放位

置为基准）Ⅱ-Ⅱ，再按图样的尺寸要求分别划出各孔的垂直位置线。

④ 将箱体翻转90°，仍如图8-96所示的位置。平面D直接放在划线平板上。以划线平板为基准分别上移180mm、348mm、421mm、550mm，划出孔T、S、R、Q的垂直位置线（以主轴箱工作时的安放位置为基准）。

⑤ 检查各平面内各孔的水平位置与垂直位置的尺寸是否准确，孔中心距尺寸是否有较大的误差。若发现有较大误差，应找出原因，及时纠正。

⑥ 分别以各孔的水平线与垂直线的交点为圆心，按各孔的加工尺寸用划规划圆，并冲出样冲孔，转机加工工序进行孔加工。

在各孔加工合格后，将箱体平稳地置于划线平板上，在需划线的部位涂色，然后以已加工平面和孔为基准划出各有关的螺孔和油孔的加工线。

8.3.2 大型工件划线

大型工件是指重型机械中重量和体积都比较大的工件。重型机械的零部件的体积大、重量大，划线时吊装、翻转、找正都比较困难。因此，对于一些特大工件的划线，最好只经过一次吊装、找正，在第一划线位置上把各面的加工线都划好，既提高了工效，又解决了多次翻转的困难。

（1）大型工件划线要点

① 应选择待加工的孔和面最多的一面为第一划线位置，减少翻转工件造成的困难。

② 大型工件的划线应有足够的安全措施，即有可靠的支承和保护措施，防止发生工伤事故。

③ 大型工件的造价高、工时多，划线过程中，每划一条线都要认真检查校对。特别是对翻转困难、不具备复查条件的大型工件，每划完一个部位，便需及时复查一次，对一些重要的加工尺寸还需反复检查。

（2）大型工件划线的支承基准

在大型工件的划线过程中，首先需要解决的就是划线用的支承基准问题，除了可以利用大型机床的工作台划线外，一般较为常用的有以下几种方法。

① 工件移位法　当大型工件的长度超过划线平台的三分之一时，先将工件放置在划线平台的中间位置，找正后，划出所有能够划到部位的线，然后将工件分别向左右移位，经过找正，使第一次划出的线与划线平台平行，就可划出工件左右端所有的线。

② 平台接长法　当大型工件的长度比划线平台略长时，则以最大的平台为基准，在工件需要划线的部位，用较长的平板或平尺接出基准平台的外端，校正各平面之间的平行度，以及接长平台面至基准平台面之间的尺寸。然后将工件支承在基准平台面上，绝不能让工件接触接长的平板或平尺，不然由于承受压力，必将影响划线的高低尺寸和平行度，只能用划线盘在这些平板和平尺上移动进行划线。

③ 导轨与平尺的调整法　此法是将大型工件放置于坚实的水泥地面上的调整垫铁上，用两根导轨相互平行地置于大型工件两端（导轨可用平直的工字钢或经过加工的条形铸铁等，其长度与宽度根据大型工件的尺寸、形状选用），再在两根导轨的端部靠近大型工件的两边，分别放两根平尺，并将平尺面调整成同一水平位置。对大型工件的找正、划线，都以平尺面为基准，将划线盘在平尺面上移动，进行划线。

④ 水准法拼凑平台　这种方法是将大型工件置于水泥地面上的调整垫铁上，在大件需要划线的部位放置相应的平台，然后用水准法校平各平台之间的平行和等高，即可进行划线。

所谓水准法，如图 8-97 所示，将盛水的桶置于一定高度的支架上，使水通过接口、橡皮管流到标准座内带刻度的玻璃管里；再将标准座置于某一平台面上，调整平台支承的高低位置和用水平仪校正平台面的水平位置，此时玻璃管内的水平面则对准某一刻度；之后利用这一刻度和水平仪，采用同样的方法，依次校正其他平台面使与第一次校正的平台面平行和等高。

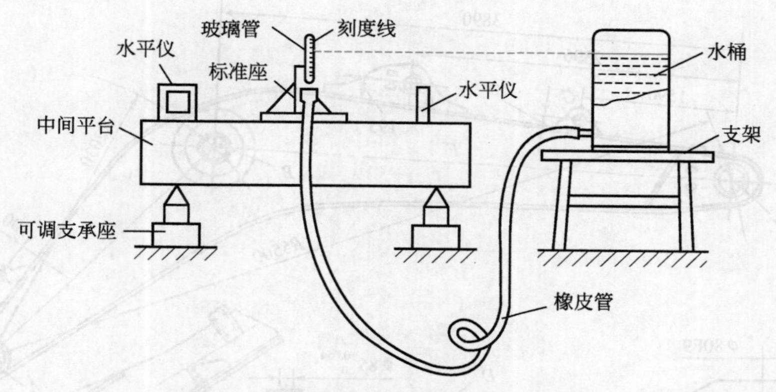

图 8-97　水准法拼凑大型平台的方法

（3）特大型工件划线的拉线与吊线法

拉线与吊线法适用于特大工件的划线，它只需经过一次吊装、找正，就能完成整个工件的划线，解决了多次翻转的困难。拉线与吊线法的原理如图 8-98 所示，这种方法是采用拉线、吊线、线坠、角尺和钢直尺互相配合通过投影来引线的方法。

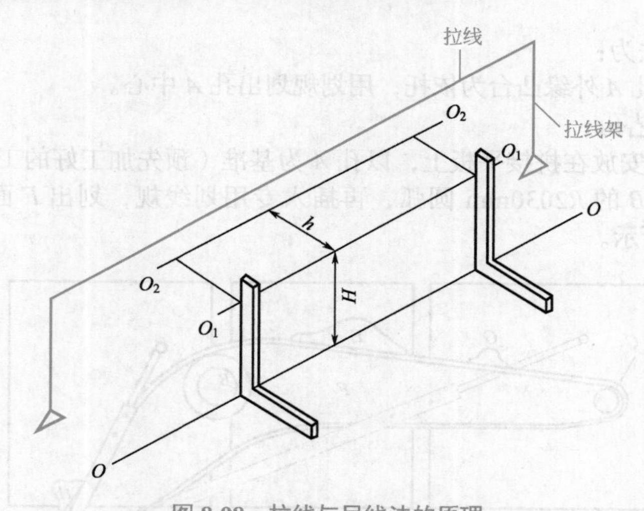

图 8-98　拉线与吊线法的原理

若在平台面上设一基准直线 O-O，将两个角尺上的测量面对准 O-O，用钢直尺在两个角尺上量取同一高度 H，再用拉线或直尺连接两点，即可得到平行线 O_1-O_1。如要得到距离 O_1-O_1 线尺寸为 h 的平行线 O_2-O_2，可在相应位置设一拉线，移动拉线，用钢直尺在两个角尺上的 O_1 点至拉线量准 h，并使拉线与平台面平行，即可获得平行线 O_2-O_2。倘若尺寸较高，则可用线坠代替角尺。

（4）划线实例

图 8-99 所示为挖掘机动臂，由 Q345（16Mn）钢板焊接制成，全长为 5.7m 左右，为弯形箱式结构件，重 1.4t。要求划 $R2030$mm、$R5500$mm 及 2396mm、3890mm 尺寸的孔 A、B、C 的加工线。

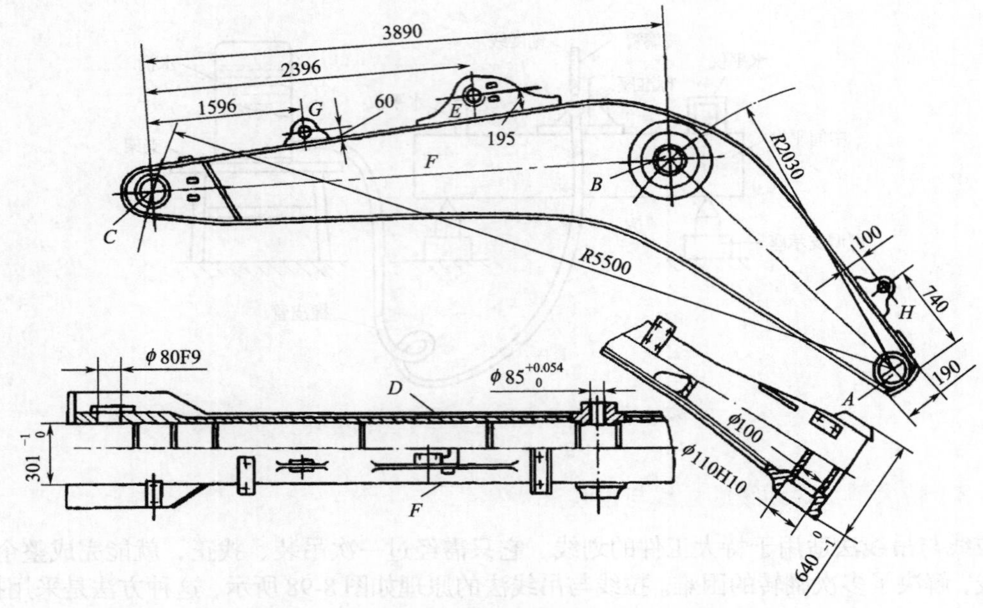

图 8-99　挖掘机动臂

操作步骤与方法为：

① 涂白漆，以孔 A 外缘凸台为依托，用划规划出孔 A 中心。

② 钻孔 A 的工艺孔。

③ 将动臂 D 面安放在拼接平板上，以孔 A 为基准（预先加工好的工艺孔），插入专用划线规，划 F 面孔 B 的 $R2030$mm 圆弧，再插入专用划线规，划出 F 面孔 C 的 $R5500$mm 圆弧，如图 8-100 所示。

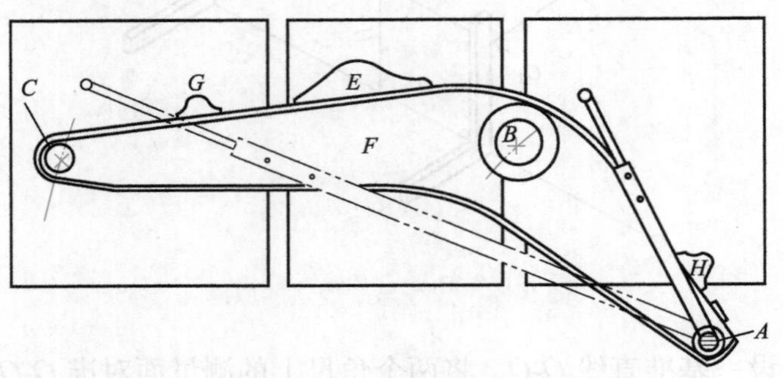

图 8-100　动臂 F 面的划线

④ 以孔 B、孔 C 外缘凸台为依托，划出孔 B、孔 C 的中心交点，使孔 B、孔 C 两中心满足尺寸 3890mm 的要求。

⑤ 将动臂孔 C 处用行车吊起，用 90º 角尺校正 F 面，调整动臂使 F 面孔 A、孔 B 中心

点与平板台面平行，将动臂用角铁支撑固定。划 F 面、D 面的孔 A、孔 B 与平板台面平行的中心连线。划孔 H 的尺寸 100mm 和 740mm 的十字线，如图 8-101 所示。

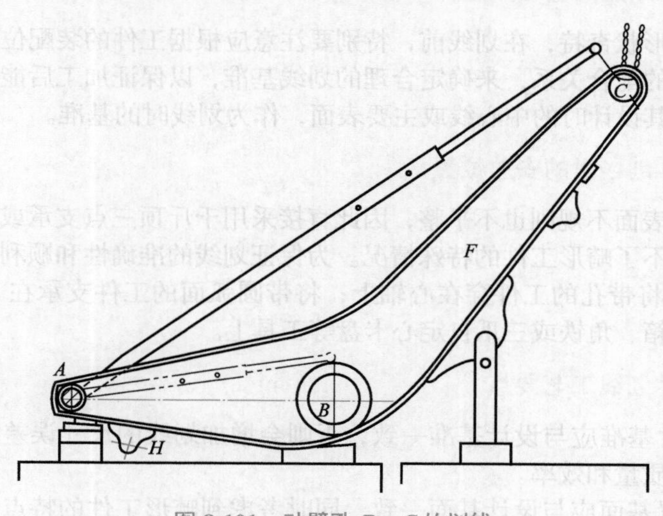

图 8-101 动臂孔 B、C 的划线

⑥ 以孔 A 为基准，插入专用划线规，划出 D 面孔 B 的 R2030mm 圆弧、孔 C 的 R5500mm 的圆弧。

⑦ 将动臂用平行车吊起，放置在平板调整垫铁上，调整动臂下面孔 B、孔 C 于平板台面平行，并用 90° 角尺校对 F 面。划出 F 面、D 面孔 C、孔 B 的中心与平台台面的平行线，孔 E、孔 G 与动臂顶面的尺寸 195mm 和 60mm 线，如图 8-102 所示。

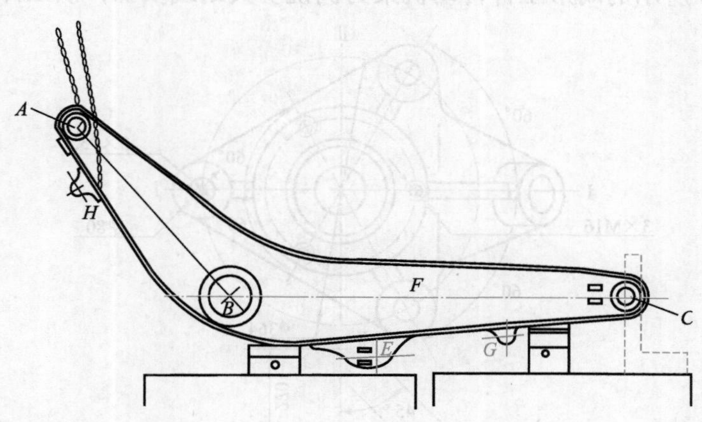

图 8-102 动臂孔 E、孔 G 的划线

⑧ 以孔 C 中心点为基准，借用 90° 角尺划出孔 E、孔 G 的 2396mm 及 1596mm 尺寸线。

⑨ 划各孔的圆加工线。完成后复检各尺寸，用样冲等距冲出各加工线及圆弧交接点。

8.3.3 畸形工件的划线

畸形工件就是指形状奇特的工件。生产中畸形工件很少，形状复杂奇特的毛坯一般都是经铸造或锻造方法生产出来的。畸形工件由不同的曲线组成，在工件上没有可供支承的平面，

使划线中的找正、借料和翻转都比其他类型的工件困难。

（1）畸形工件划线时基准的选择

畸形工件由于形状奇特，在划线前，特别要注意应根据工件的装配位置、工件的加工特点及其与其他工件的配合关系，来确定合理的划线基准，以保证加工后能满足装配的要求。一般情况下，是以其设计时的中心线或主要表面，作为划线时的基准。

（2）畸形工件划线时的安放位置

由于畸形工件表面不规则也不平整，因此直接采用千斤顶三点支承或安放在平台上一般都不太方便，适应不了畸形工件的特殊情况。为保证划线的准确性和顺利进行，可以利用一些辅助工具，例如将带孔的工件穿在心轴上；将带圆弧面的工件支承在V形块上；将某些畸形工件固定在方箱、角铁或三爪自定心卡盘等工具上。

（3）畸形工件划线工艺要点

① 划线的尺寸基准应与设计基准一致，否则会增加划线的尺寸误差和尺寸几何计算的复杂性，影响划线质量和效率。

② 工件的安置基面应与设计基面一致，同时考虑到畸形工件的特点，划线时往往要借助于某些夹具或辅助工具来进行校正。

③ 正确借料。由于其形状奇特且不规则，划线时更需要重视借料这一环节。

④ 合理选择支承点。划线时，畸形工件的重心位置一般很难确定。即使工件重心或工件与专用划线夹具的组合重心落在支承面内，往往也需加上相应的辅助支承，以确保安全。

（4）畸形工件划线实例

以如图 8-103 所示的畸形工件传动机架为例说明其划线步骤，该工件形状奇特，其中

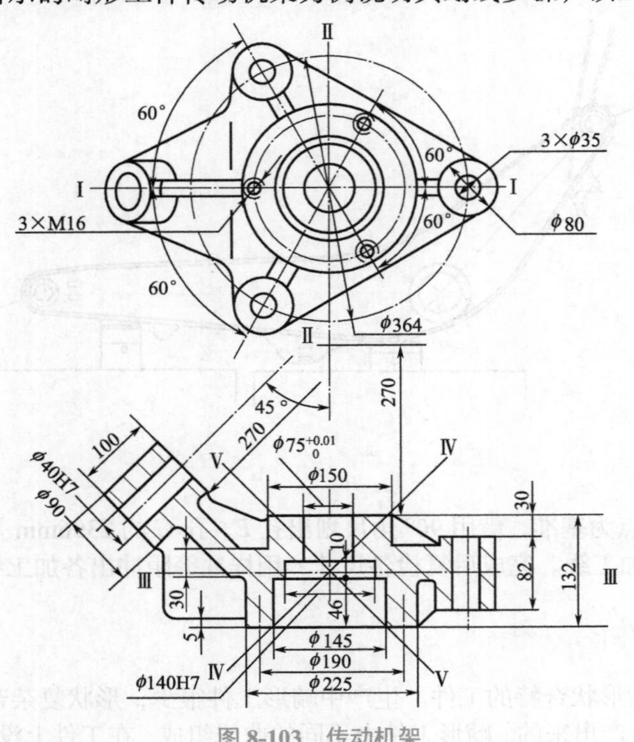

图 8-103　传动机架

ϕ40mm 孔的中心线与 ϕ75mm 孔的中心线成 45° 夹角，而且其交点在空间中，不在工件本体上，故划线时要采用辅助基准和辅助工具。

由于两孔的交点在空间中，给划线尺寸控制带来一定的难度。为此，划线时需要划出辅助基准线，而且要在辅助夹具的帮助下才能完成。为了尽可能减少安装次数，在一次安装中尽可能多地划出所有加工尺寸线，可利用三角函数解尺寸链的方法来减少安装次数。划线操作如下：

① 将工件先预紧在角铁上，用划线盘找出 A、B、C 三个中心点（应在一条直线上），并用角铁检查上、下两个凸台，使其与平台面垂直。然后把工件和角铁一起转 90°，使角铁的大平面与平台面平行。以 ϕ150mm 凸台下的不加工平面为依据，用划线盘找正，使其与平台面平行，如不平行，可用楔铁垫在 ϕ225mm 凸台与角铁大平面之间进行调整。经过以上找正后用角铁紧固工件。

② 经 A、B、C 三点划出中心线Ⅰ-Ⅰ（基准），然后按尺寸 $a+\dfrac{364}{2}\cos30°$ 和 $a-\dfrac{364}{2}\cos30°$ 分别划出上、下两 ϕ35mm 孔的中心线，如图 8-104 所示。

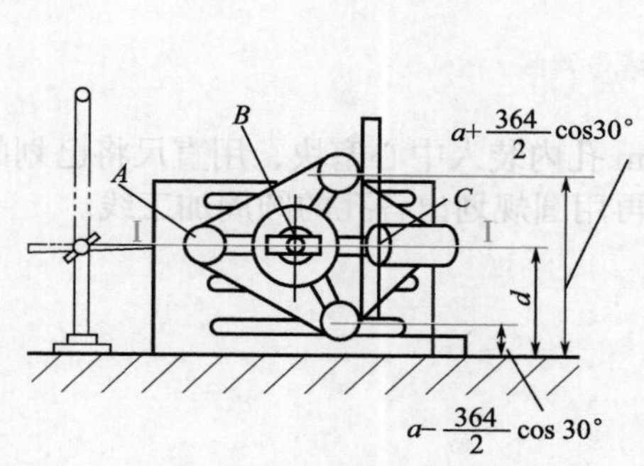

图 8-104 划第一划线位置线

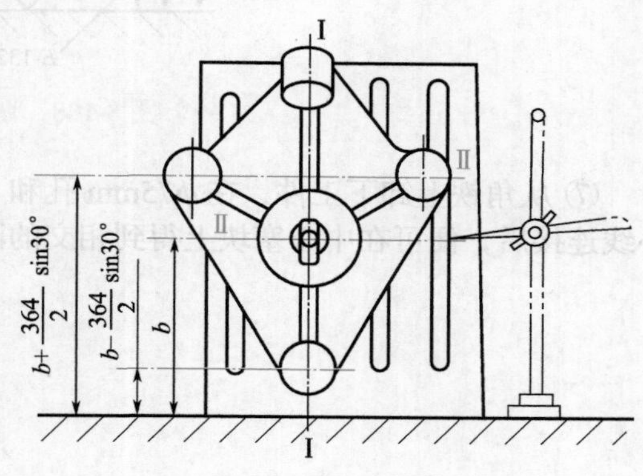

图 8-105 划第二划线位置线

③ 如图 8-105 所示，根据各凸台外圆找正后划出 ϕ75mm 孔的中心线Ⅱ-Ⅱ（基准），再按尺寸 $b+\dfrac{364}{2}\sin30°$ 和 $b-\dfrac{364}{2}\sin30°$ 分别划出上、下共三个 ϕ35mm 孔的中心线。

④ 根据工件中部厚度 30mm 和各凸台两端的加工余量找正后划出中心线Ⅲ-Ⅲ（基准），再按尺寸 $c+\dfrac{132}{2}$ 和 $c-\dfrac{132}{2}$，分别划出中部 ϕ150mm 凸台的两端面加工线；按尺寸 $c+\dfrac{132}{2}-30-82$ 分别划出三个 ϕ80mm 凸台的两端面加工线。基准Ⅱ-Ⅱ与Ⅲ-Ⅲ相交得交点 A，如图 8-106 所示。

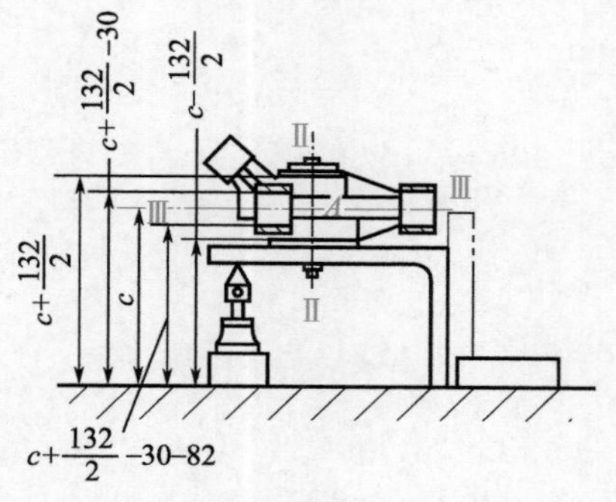

图 8-106 划第三划线位置线

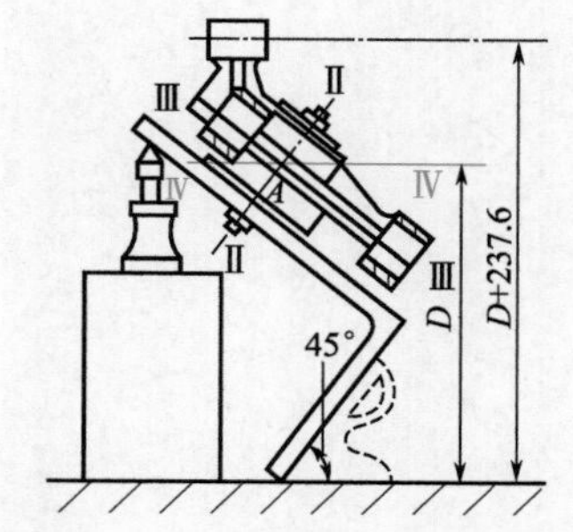

图 8-107 划第四划线位置线

⑤ 如图 8-107 所示，将角铁斜放，用角度规或万能角度尺测量，使角铁与平台面成 45º 倾角。通过交点 A，划出辅助基准Ⅳ - Ⅳ，再按尺寸 $(270+\frac{132}{2})\sin45°=237.6$ 划出 $\phi40$mm 孔的中心线，此中心线与已划的Ⅰ - Ⅰ中心线相交的点即为 $\phi40$mm 孔的圆心。

⑥ 如图 8-108 所示，将角铁向另一方向成 45° 角斜放，通过交点 A 划出第二辅助基准线Ⅴ - Ⅴ，再按尺寸 $E-[270-(270+\frac{132}{2})\sin45°]-100=E-132.4$ 划出 $\phi40$mm 孔下端面的加工线。

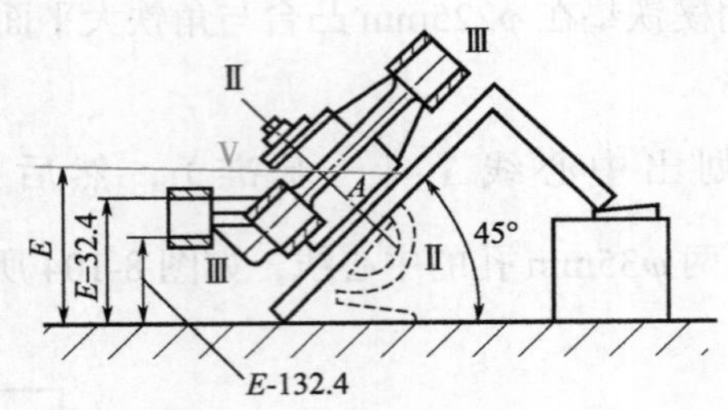

图 8-108　划第五划线位置线

⑦ 从角铁上卸下工件，在 $\phi75$mm 孔和 $\phi145$mm 孔内装入中心塞块，用直尺将已划的中心线连接后，便可在中心塞块上得到相交的圆心，再用圆规划出各孔的圆周加工线。

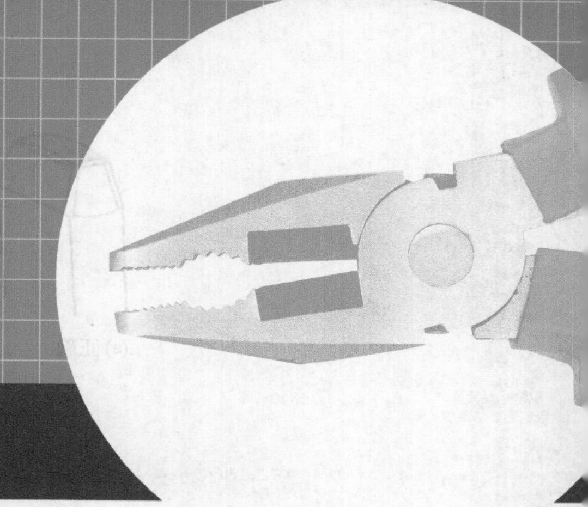

第9章 钳工常用的加工方法

9.1 錾削

錾削是用锤子打击錾子对金属工件进行切削加工的方法，是钳工较为重要的基本加工方法。目前主要用于不便于机械加工的场合，如去除毛坯上的凸缘、毛刺，分割材料，錾削平面及沟槽等。

9.1.1 錾削用工具的认知

（1）錾子的结构组成

錾子一般用优质碳素工具钢锻成，并经过刃磨和热处理，硬度可达 56 ～ 63HRC。它由头部、切削部分和柄部组成，如图 9-1 所示。头部是手锤的打击部分，柄部是手握部分。

錾刃主要由前、后刀面的交线形成；錾身的截面形状主要有八角形、六角形、圆形和椭圆形，如图 9-2 所示，使用最多的是八角形。

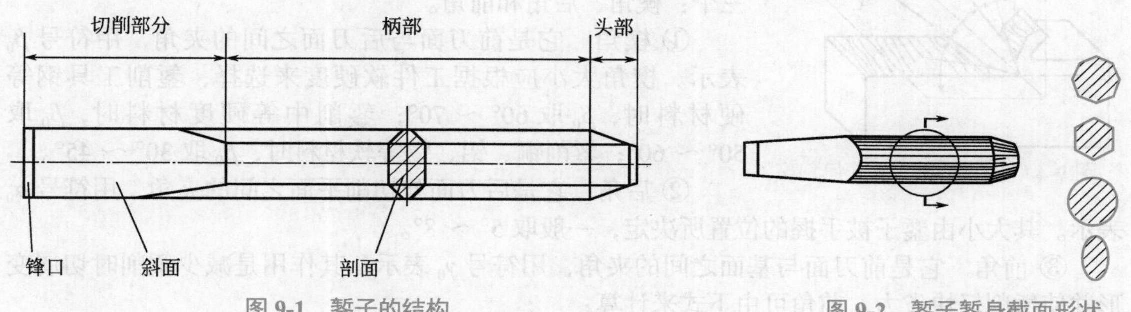

图 9-1 錾子的结构　　图 9-2 錾子錾身截面形状

錾头有一定的锥度，錾头端部略呈球面，便于稳定锤击。如果錾子头部是平的，如图 9-3（b）所示，则锤击时与手锤的接触不稳，难以控制錾切方向。当錾子头部经锤子不断敲击后，就易形成毛刺，如图 9-3（c）所示，必须立即磨去，以免碎裂时飞溅伤人。

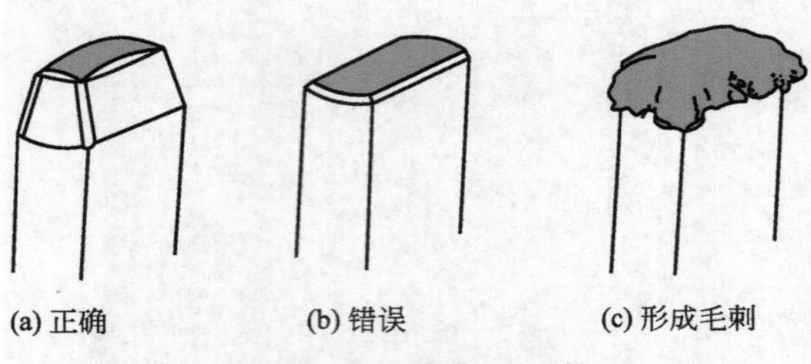

图 9-3　錾子头部的形状

（2）錾子的种类与用途

根据錾子锋口的不同，錾子可分为扁錾、尖錾、油槽錾三种。其结构特点和用途见表 9-1。

表 9-1　錾子的结构特点与用途

錾子的种类	图示	结构特点	用途说明
扁錾		切削部分扁平、切削刃略带圆弧	用于去除凸缘、毛边和分割材料
尖錾		切削刃较强，切削部分的两个侧面从切削刃起向柄部逐渐变窄	用于錾槽和分割曲线板料
油槽錾		切削刃强，并呈圆弧形或菱形，切削部分常做成弯曲形状	用于錾削润滑油槽

（3）錾子切削时的几何角度

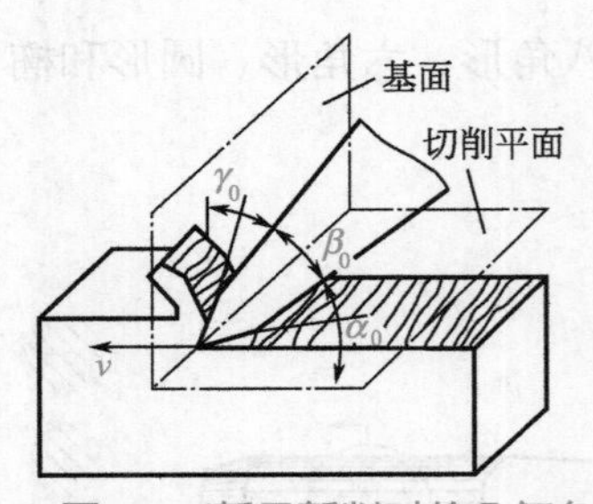

图 9-4　錾子錾削时的几何角度

錾子切削时的几何角度如图 9-4 所示。它的主要角度有三个：楔角、后角和前角。

① 楔角　它是前刀面与后刀面之间的夹角，用符号 β_0 表示。楔角大小应根据工件软硬度来选择，錾削工具钢等硬材料时，β_0 取 60° ～ 70°；錾削中等硬度材料时，β_0 取 50° ～ 60°；錾削铜、铝、锡等软材料时，β_0 取 30° ～ 45°。

② 后角　它是后刀面与切削平面之间的夹角，用符号 α_0 表示。其大小由錾子被手握的位置所决定，一般取 5° ～ 8°。

③ 前角　它是前刀面与基面之间的夹角，用符号 γ_0 表示。其作用是减少錾削时切屑变形并使錾削轻快省力。前角可由下式来计算：

$$\gamma_0=90°-(\beta_0+\alpha_0)$$

影响錾削质量和效率的主要因素是錾子的楔角和錾削时后角的大小。楔角小，錾子刃口锋利，但强度较差，易崩刃；楔角大，錾子强度好，但錾削时阻力大，不易切削，如图 9-5 所示。

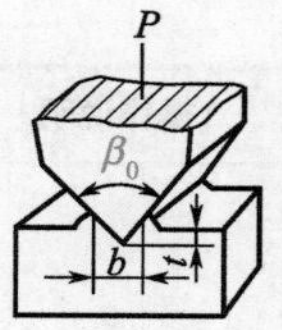

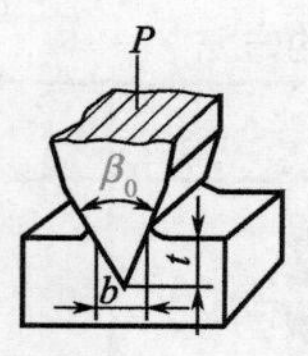

图 9-5　錾子的楔角

图 9-6　錾子后角对錾削的影响

后角太大会使切入太深；太小又会使錾子容易滑出而无法錾削，如图 9-6 所示。在錾削过程中，后角应尽量保持不变，否则加工表面将不平整。

錾削所用手锤是錾削工作中重要的工具，这里不再介绍。但錾削时要防止锤头脱落造成事故，因此装锤柄的孔要做成椭圆形的，且两端大中间小，木柄敲紧后，端部再打入楔子就不易松动了，如图 9-7 所示，可防止锤击时因锤子脱落而造成事故。

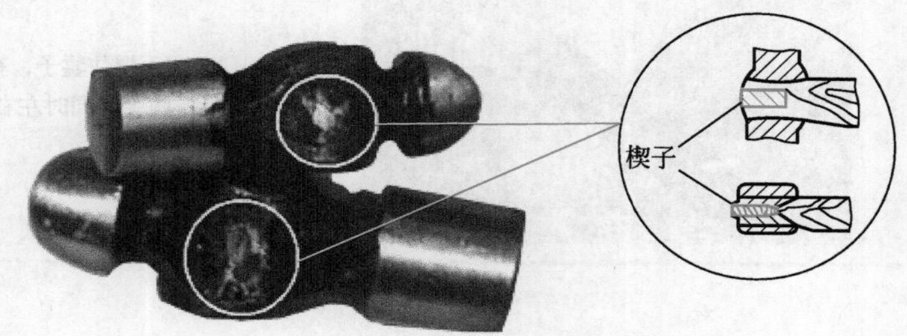

图 9-7　手锤柄端部打入楔子

9.1.2　錾子的刃磨与热处理

（1）錾子的刃磨

錾子用钝后，应用砂轮磨锐。

① 砂轮的选用　刃磨錾子的砂轮大多采用平形砂轮，一般为氧化铝砂轮，如图 9-8 所示。氧化铝砂轮又称刚玉砂轮，多呈白色，其磨粒韧性好，比较锋利，硬度较低，自锐性好。

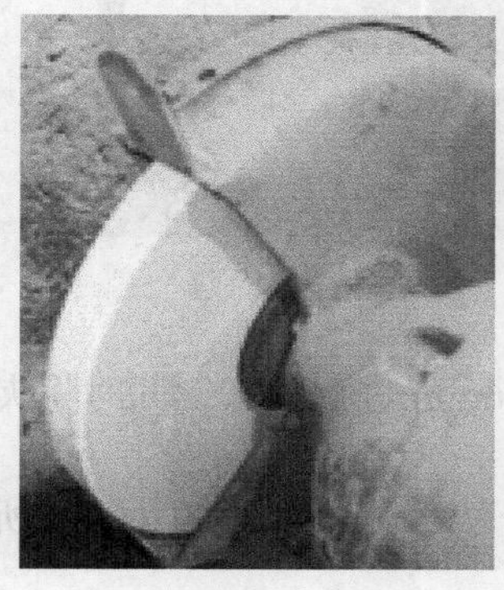
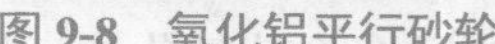

图 9-8　氧化铝平行砂轮

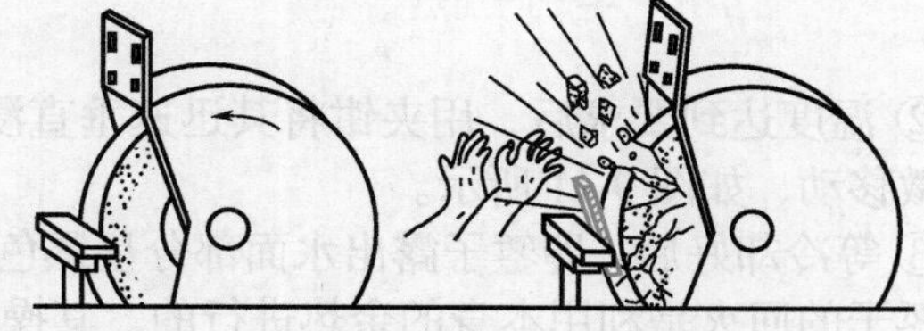

图 9-9　托板与砂轮间的距离

在磨削时，必须注意砂轮机上托板与砂轮间的距离不能过大，以防止錾子被砂轮带入，夹在砂轮与托板之中，引起砂轮爆裂，造成安全事故，如图 9-9 所示。

② 錾子刃磨的方法　錾子刃磨的方法见表 9-2。

表 9-2　錾子刃磨的方法

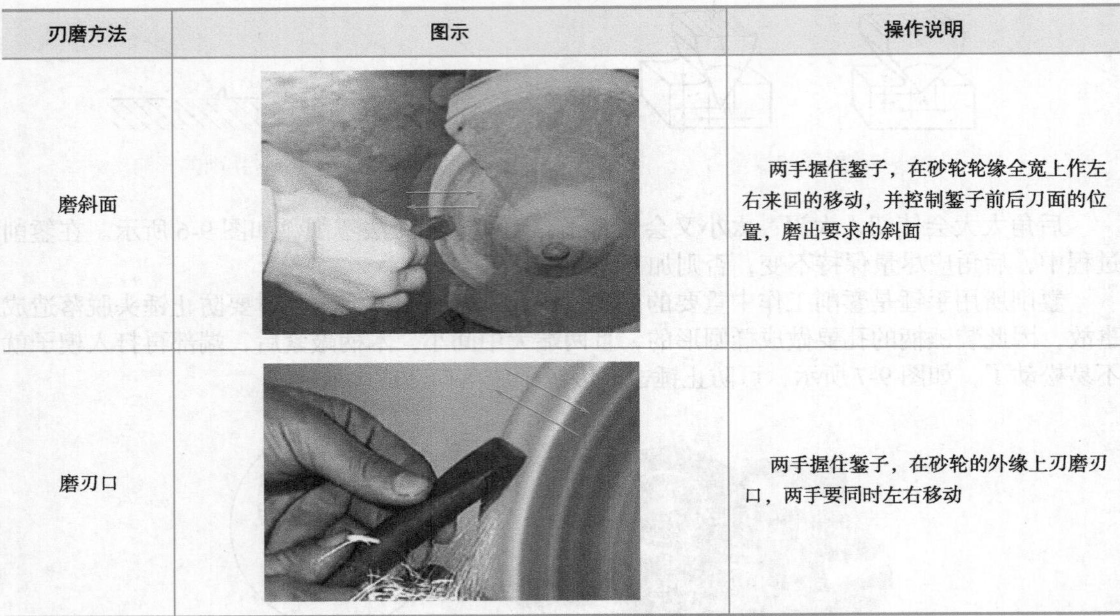

刃磨方法	图示	操作说明
磨斜面		两手握住錾子，在砂轮轮缘全宽上作左右来回的移动，并控制錾子前后刀面的位置，磨出要求的斜面
磨刃口		两手握住錾子，在砂轮的外缘上刃磨刃口，两手要同时左右移动

（2）錾子的热处理

錾子的热处理包括淬火和回火两个步骤。

淬火的操作步骤为：

① 将錾子切削部分长度约 20mm 加热至 760℃左右（即加热至錾子呈樱红色时），如图 9-10 所示。

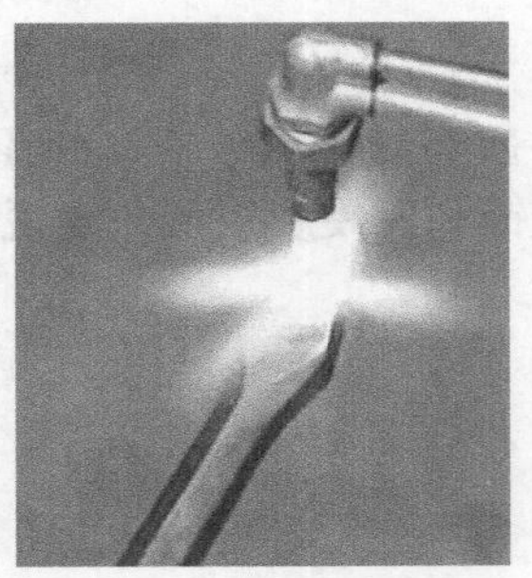

图 9-10　錾子的加热

图 9-11　錾子的淬火

② 温度达到要求后，用夹钳将其迅速垂直浸入水中 4 ～ 6mm 进行冷却，同时将夹钳左右微微移动，如图 9-11 所示。

③ 等冷却好后（即錾子露出水面部分呈黑色时），将錾子从水中取出，如图 9-12 所示。

錾子的回火是利用本身的余热进行的。其操作步骤为：

① 当淬火的錾子露出水面的部分呈黑色时即由水中取出，然后擦除其氧化皮，如图 9-13 所示。

② 观察錾子刃部颜色的变化，如图 9-14 所示。一般刚出水时錾子的刃口呈白色，随后变为蓝色。

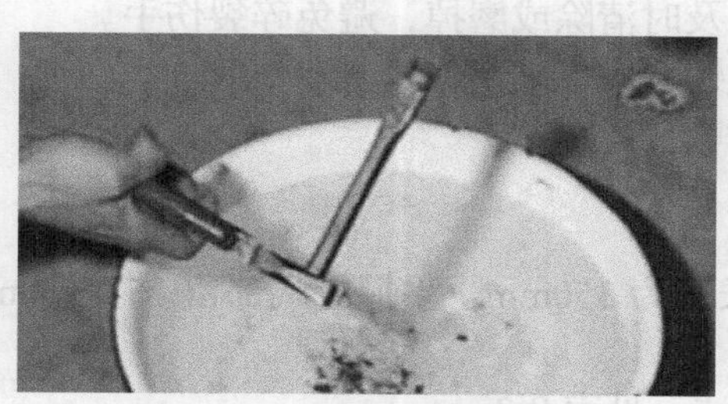
图 9-12 錾子从水中取出

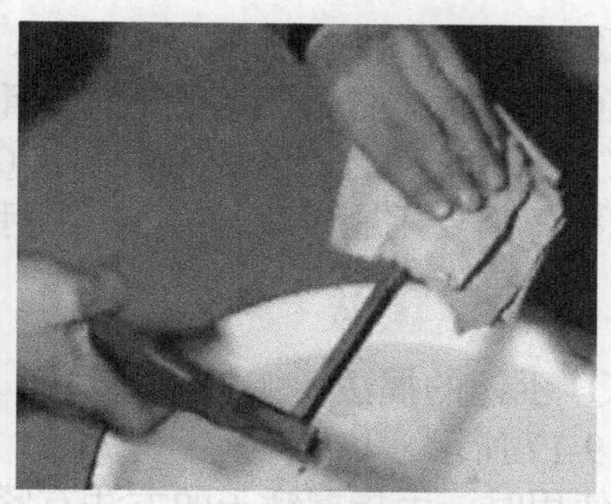
图 9-13 擦除氧化皮

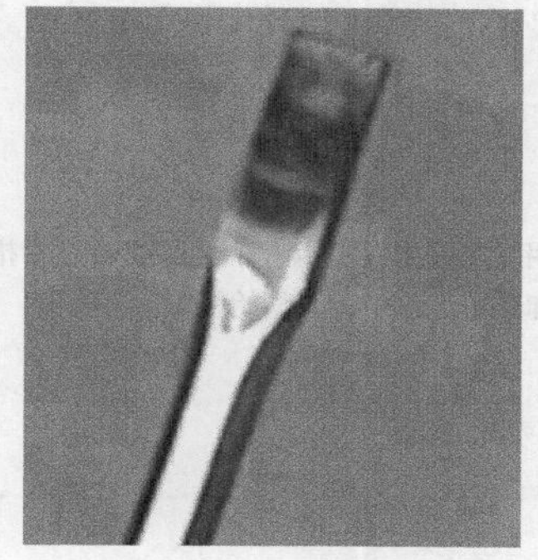
图 9-14 从水中取出观色变

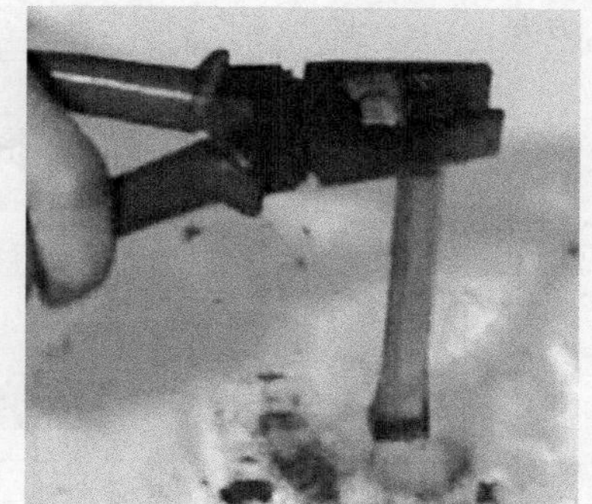
图 9-15 再次放入水中冷却

③ 当呈黄色时再把錾子全部浸入水中冷却，如图 9-15 所示。至此，即完成錾子的淬火与回火的全部过程。

9.1.3 錾削的基本操作

（1）錾削安全知识

① 根据錾削要求正确选用錾子的种类。

② 錾削的工件要用台虎钳夹持牢固、可靠，一般錾削表面高于钳口 10mm 左右，如图 9-16 所示，底面若与钳身脱开，则须加装木块垫衬，以保证錾削时的安全。

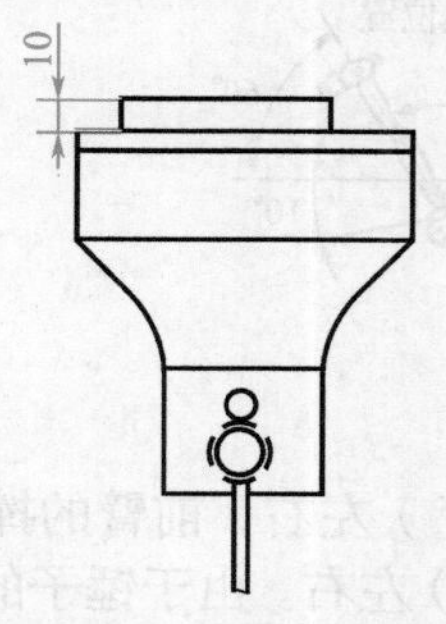

图 9-16 錾削时工件的装夹

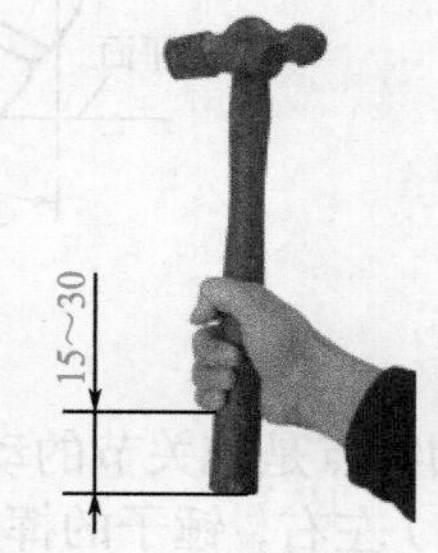

图 9-17 握锤的位置

③ 錾削时要带防护眼镜。

④ 錾削方向要偏离人体，或加防护网，加强安全措施。

⑤ 錾削时，要目视錾子切削刃，手锤要沿錾子的轴线方向锤击錾子中央。

⑥ 錾身锤击处，当有毛刺或严重开裂时，要及时清除或磨掉，避免碎裂伤手。

⑦ 手锤松动时，要及时更换或修整，以防止锤头脱落飞出伤人。

⑧ 錾屑要用刷子刷掉，不得用手去抹和用嘴吹。

（2）锤的握法与挥锤

① 手锤的握法　一般手锤木柄（手把）的长度为 350mm，手握时端部留 15 ～ 30mm，如图 9-17 所示。

使用时，手指握锤子的方法有紧握法和松握法，见表 9-3。

表 9-3　手锤的握法

方法	图示	操作说明
紧握法		用右手五指紧握锤柄，大拇指合在食指上，在挥锤和锤击过程中，五指始终紧握
松握法		只有大拇指和食指始终紧握锤柄。在挥锤时，小指、无名指、中指依次放松；在锤击时，又以相反的次序收拢握紧

② 挥锤的方法　挥锤方法分为腕挥法、肘挥法和臂挥法三种。

a. 腕挥法。腕挥法是以腕关节动作为主，肘关节、肩关节相互协调进行的一种挥锤方法，如图 9-18 所示。

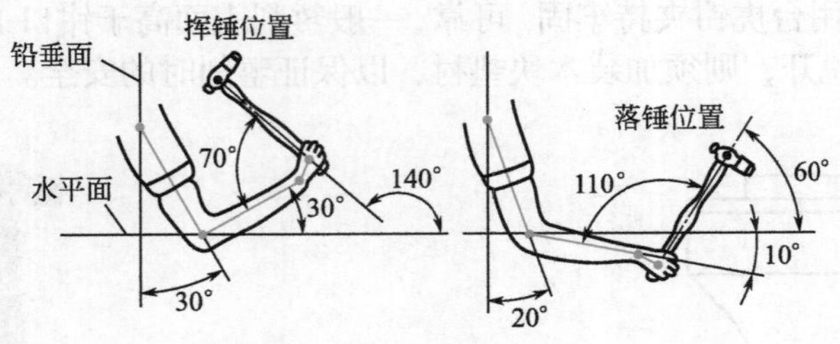

图 9-18　腕挥姿态

腕挥法的特点是腕关节的动作幅度为 40°（110°−70°=40°）左右，前臂的挥起幅度为 40°（10°+30°=40°）左右，锤子的挥起幅度为 80°（140°−60°=80°）左右。由于锤子的挥起幅度小，因而锤击力量也比较小，一般用于起錾、收錾和精錾。腕挥时采用紧握法握锤。

b. 肘挥法。肘挥法是以肘关节动作为主，肩关节、腕关节相互协调所进行的一种挥锤方法，如图 9-19 所示。

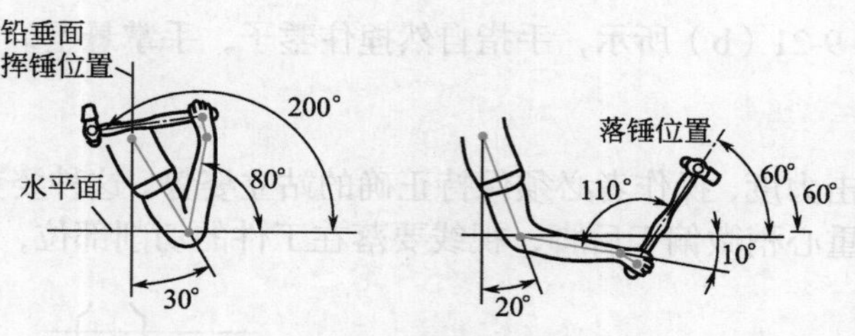

图 9-19　肘挥姿态

肘挥的动作特点是前臂与水平面大致成 80°，前臂的挥起幅度为 90°（80°+10°=90°）左右，手锤的挥起幅度为 140°（200°-60°=140°）左右。由于手锤的挥起幅度较大，因而锤击力量也比较大。肘挥时采用松握法握锤。

c. 臂挥法。臂挥法是以肩关节动作为主，前、后大幅度动作的一种挥锤方法，如图 9-20 所示。

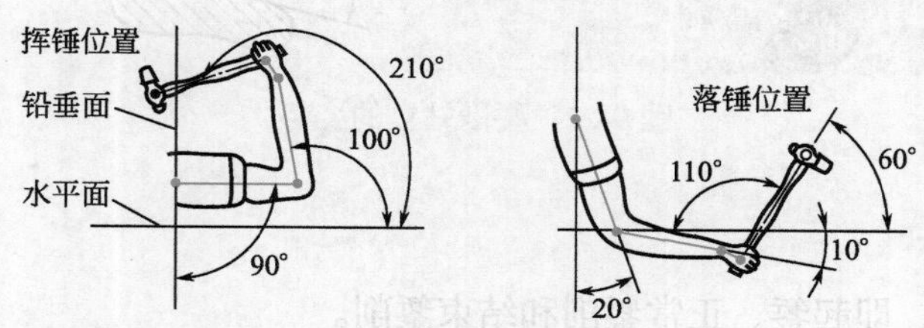

图 9-20　臂挥姿态

臂挥的动作特点是后臂提起与铅垂面大致成 90°，前臂的挥起幅度为 110°（100°+10°=110°）左右，锤子的挥起幅度为 150°（210°-60°=150°）左右。由于这种方法的挥锤位置最高，因而锤子的挥起幅度最大，所以锤击力量也最大，一般用于大力錾削。臂挥时采用松握法握锤。

錾削时的锤击应稳、准、狠，要有节奏。挥锤到高度位置时，要有一个短暂的停顿，然后再用力落锤进行锤击。一般情况下，腕挥时锤击速度约为 40 次 /min，肘挥时锤击速度约为 35 次 /min，臂挥时锤击速度约为 30 次 /min。

（3）錾子的握法

錾子主要用左手的中指、无名指握住，其握法有正握法和反握法。

① 正握法　如图 9-21（a）所示，其方法是：手心向下，腕部伸直，用中指、无名指握錾子，錾子头部伸出约 20 mm。

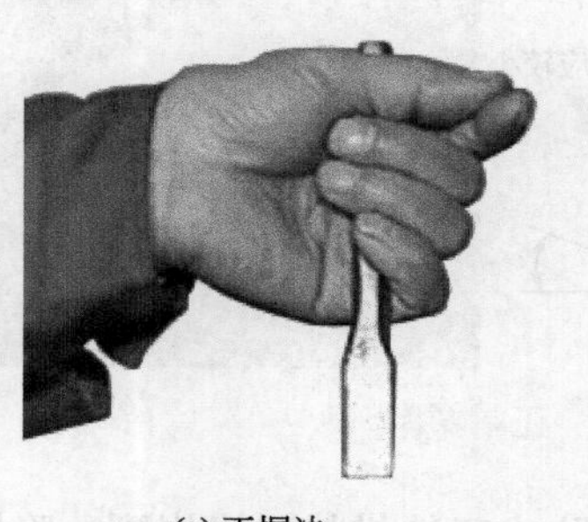
(a) 正握法

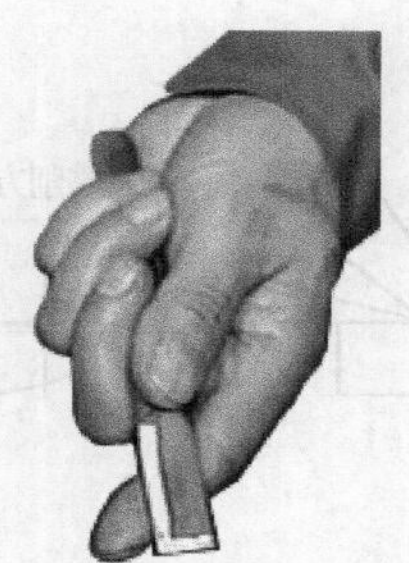
(b) 反握法

图 9-21　錾子的握法

② 反握法　如图 9-21（b）所示，手指自然捏住錾子，手掌悬空。

（4）錾削站立的姿势

为发挥较大的敲击力度，操作者必须保持正确的站立姿势。这种姿势要求左脚超前半步，两腿自然站立，人体重心稍微偏于后脚，视线要落在工件的切削部位，如图 9-22 所示。

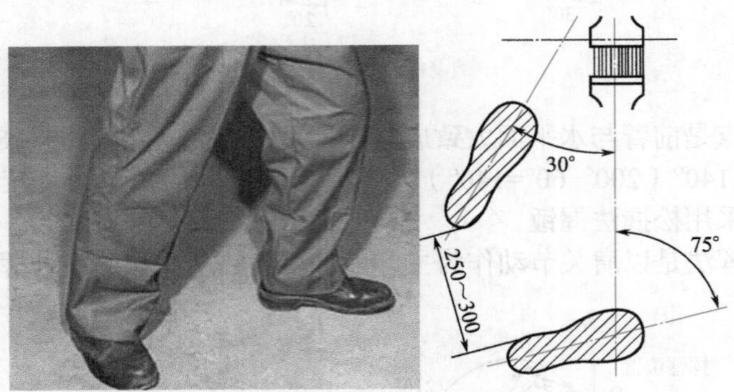

图 9-22　錾削站立的姿势

（5）錾削的方法

錾削分三个步骤，即起錾、正常錾削和结束錾削。

① 起錾　起錾时，錾子尽可能向右倾斜 45° 左右，从工件边缘尖角处开始，使錾子从尖角处向下倾斜约 30°，轻击錾子，切入工件，如图 9-23 所示。

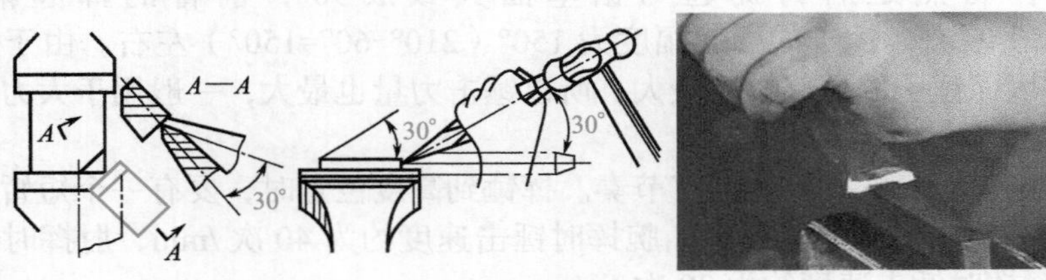

图 9-23　起錾

② 正常錾削　起錾完成后就可进行正常錾削了。当錾削层较厚时，要使后角 α_0 小一些；当錾削厚度较薄时，其后角 α_0 要大些，如图 9-24 所示。

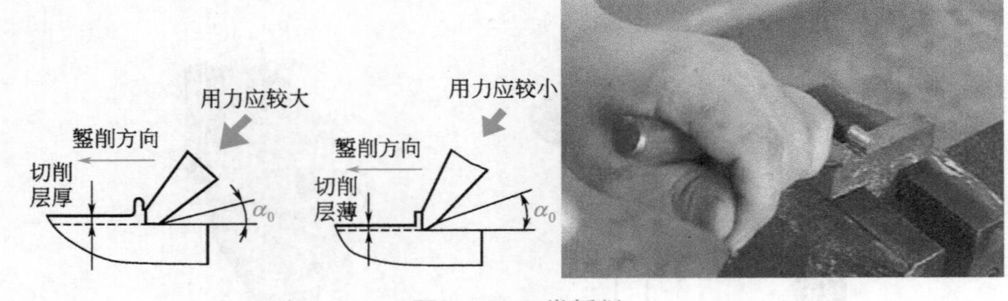

图 9-24　正常錾削

③ 结束錾削　当錾削到工件尽头时，要防止工件材料边缘崩裂，脆性材料尤其要注意。因此，錾到距尽头约 10mm 处时，必须调头錾去其余部分，如图 9-25 所示。

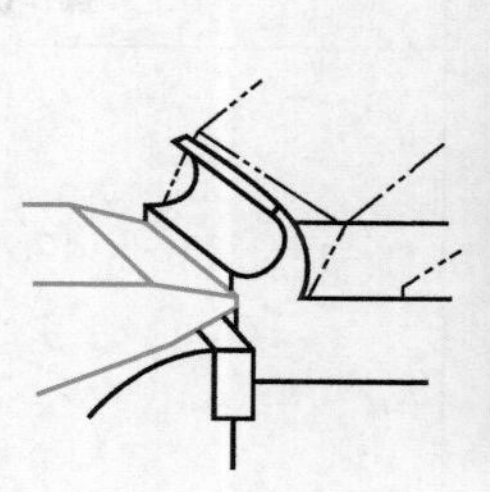

(a) 正确的调头錾削

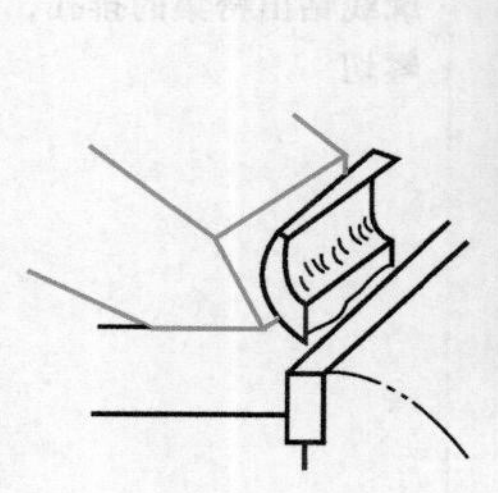

(b) 错误的錾削

图 9-25　结束錾削

（6）各种材料的錾削方法

① 板材的錾削　板材的錾削分为薄板、较大板材和复杂板材三种情况，见表 9-4。

表 9-4　板材的錾削

板材类型	图示	操作说明
薄板		工件的切断处与钳口保持平齐，用扁錾沿钳口（约 45°）并斜对板面自右往左进行錾削
较大板材		对于尺寸较大的板材或錾切线有曲线而不能在台虎钳上錾切的情况，可在铁砧或旧平板上进行，并在板材下面垫上废软材料，以免损伤刃口

续表

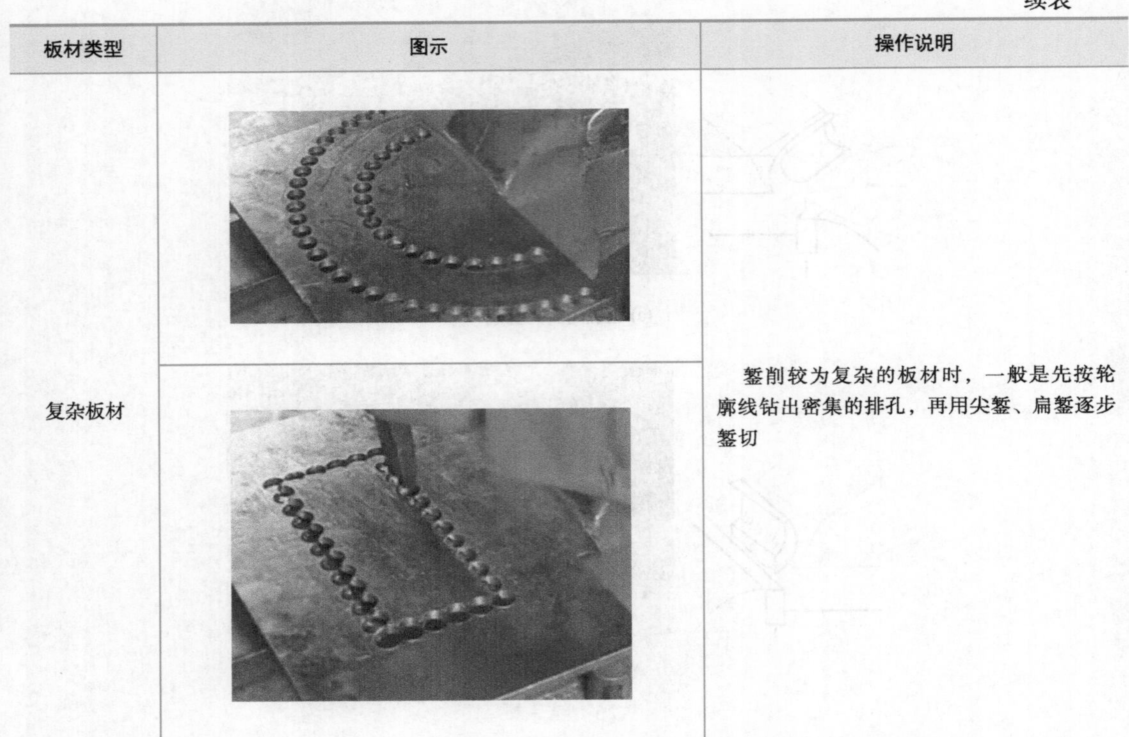

板材类型	图示	操作说明
复杂板材		錾削较为复杂的板材时，一般是先按轮廓线钻出密集的排孔，再用尖錾、扁錾逐步錾切

② 平面的錾削　对于较窄的平面，錾削时錾子的刃口要与錾削方向保持一定角度，使錾子容易被自己掌握，如图 9-26 所示。

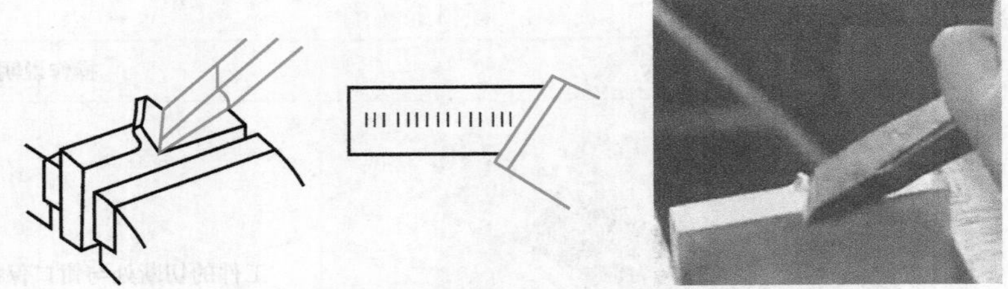

图 9-26　较窄平面的錾削

对于较大的平面，錾削时如图 9-27 所示，可先用尖錾间隔开槽，槽深一致，然后用扁錾錾去剩余部分。

(a) 用尖錾间隔开槽

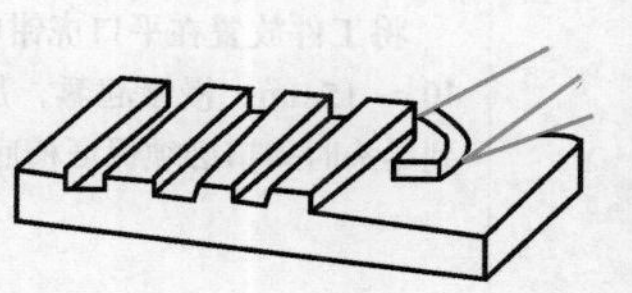

(b) 錾剩余部分

图 9-27 大平面的錾削

③ 键槽的錾削 对于带圆弧的键槽，应先在键槽两端钻出与槽宽相同的两上盲孔，再用尖錾錾削，如图 9-28 所示。

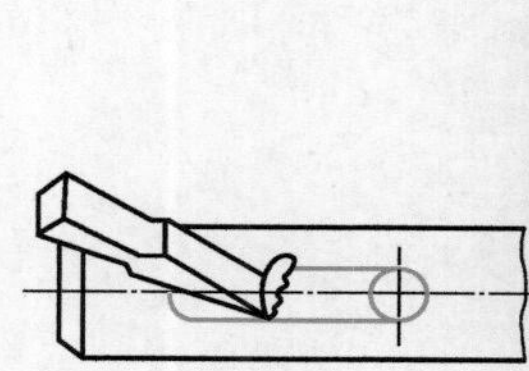
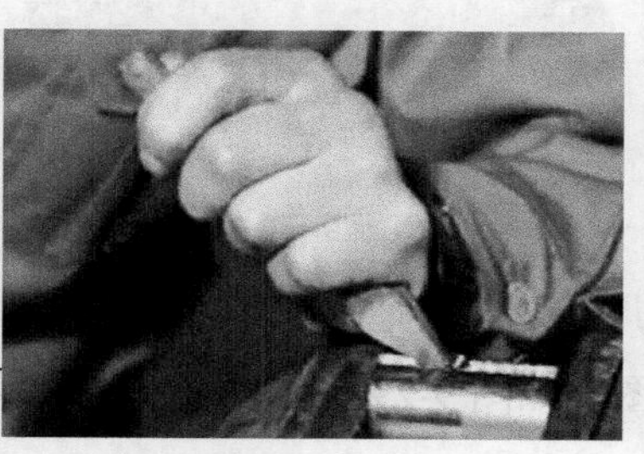

图 9-28 键槽的錾削

④ 油槽的錾削 油槽要求槽形粗细均匀、深浅一致，槽面光洁圆滑。其操作方法见表 9-5。

表 9-5 油槽錾削的方法

操作步骤	图示	说明
刃磨油槽錾	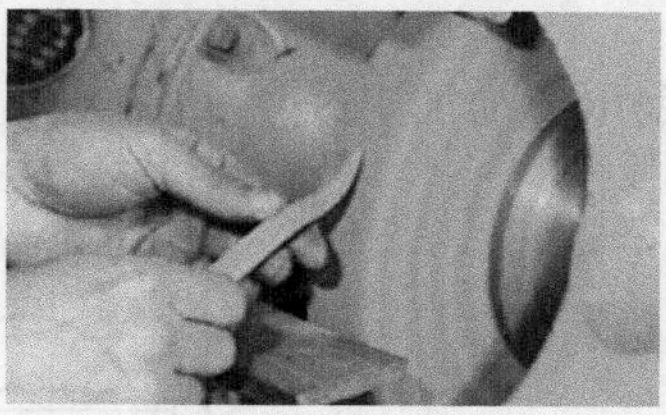	錾削前首先根据油槽的断面形状、尺寸刃磨好錾子的切削部分
划油槽加工线	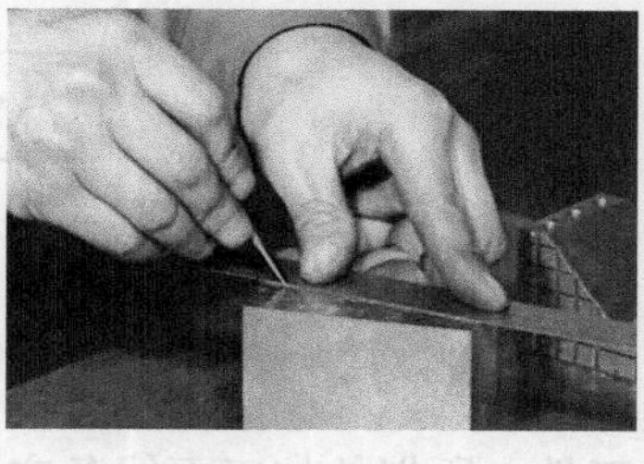	按要求在工件上划好油槽錾削加工线

续表

操作步骤	图示	说明
錾削油槽		将工件放置在平口虎钳中，使工件高于钳口10～15mm，慢慢起錾，加深至尺寸要求（錾到尽头时刃口必须保证槽底圆滑过渡）
去槽边毛刺		油槽錾好后，用锉刀修去槽边毛刺

9.1.4 錾削操作实例

（1）圆钢棒的錾削

圆钢棒的錾削图样如图 9-29 所示。

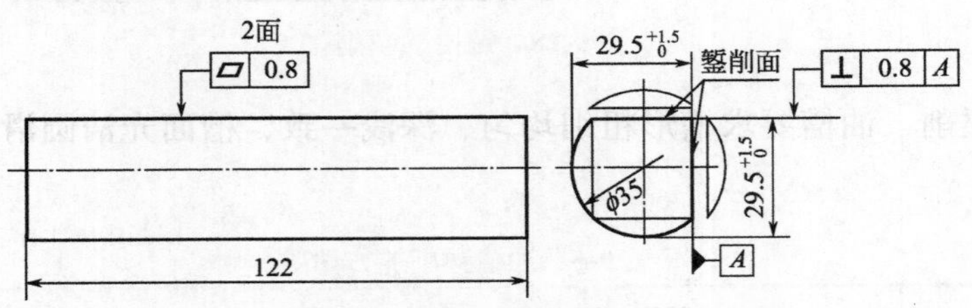

图 9-29 圆钢棒的錾削图样

操作步骤与方法为：

① 将坯料放在 V 形角上，按图样尺寸划出錾削加工线，如图 9-30 所示。

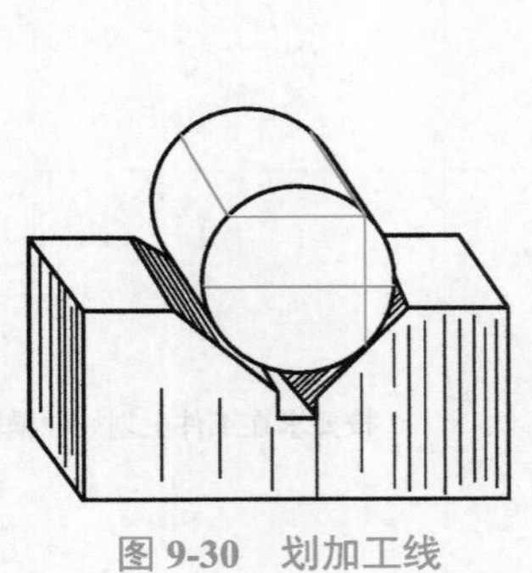

图 9-30 划加工线

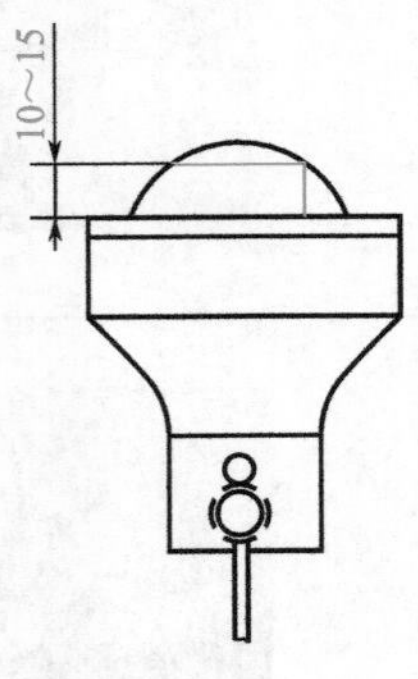

图 9-31 工件装夹

② 按划线位置找正并在台虎钳上夹紧工件。所划的加工面线条应平行于钳口，錾削面

高于钳口 10 ～ 15mm，下面加衬垫，如图 9-31 所示。

③ 用扁錾以 0.5 ～ 1.5mm 的錾削余量粗錾第一面，如图 9-32 所示。

④ 粗錾完成后，用锉刀修去毛刺；毛刺修整后，用游标卡尺检测尺寸应为 31 ～ 31.5mm；用刀口形直尺检测第一面平面度误差（平面度误差值的大小可用塞尺确定，应达到图样上要求的 0.8mm，即测量时 0.8mm 厚的塞尺不得通过），如图 9-33 所示。

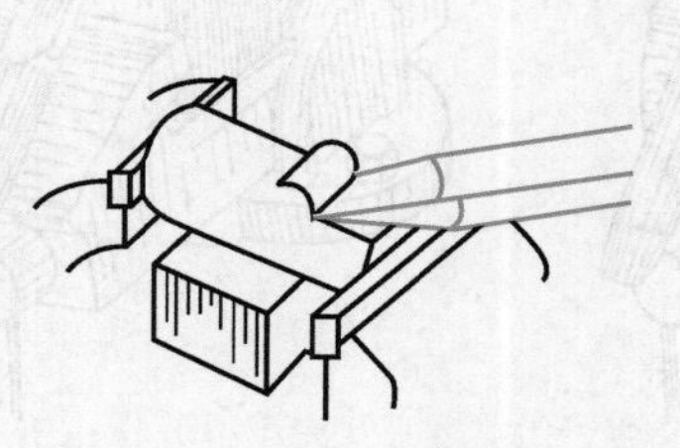

图 9-32　粗錾削第一面

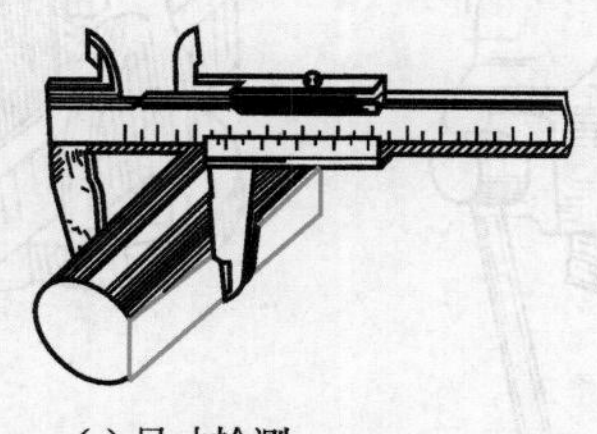

(a) 尺寸检测

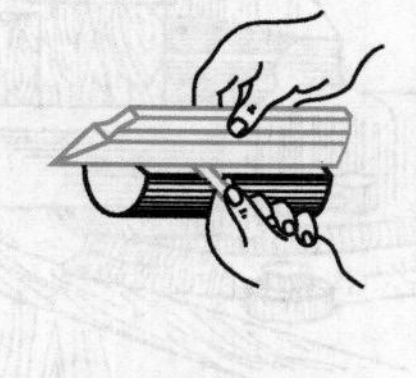

(b) 平面度误差检测

图 9-33　检测

⑤ 用扁錾以 0.5mm 的錾削余量，以肘挥的挥锤方式对第一平面进行修整加工，达到图样规定的尺寸和平面度要求（即 $29.5^{+0.15}_{0}$ mm 和 ▱ 0.8），且錾削痕迹应整齐一致，如图 9-34 所示。

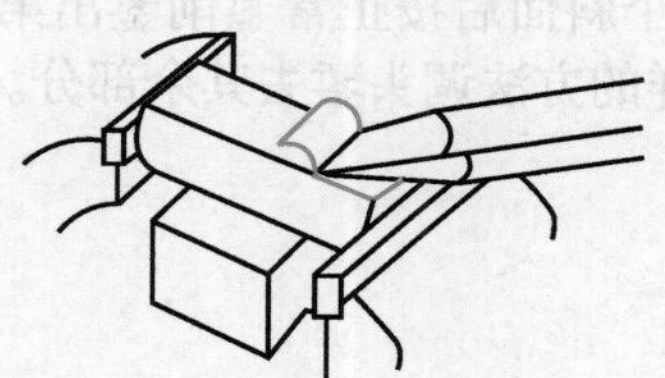

图 9-34　精錾削第一面

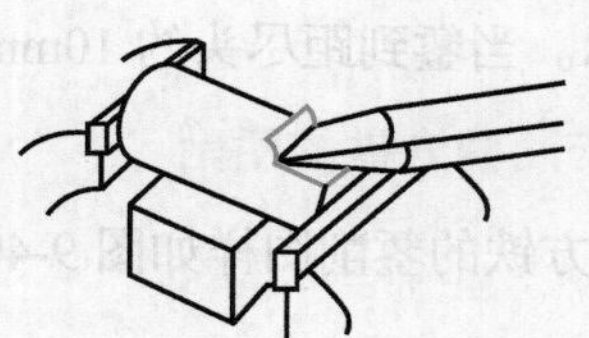

图 9-35　粗、精錾第二面

⑥ 按第一面的錾削方法，粗、精錾第二面至图样要求，并保证垂直度要求为 ⊥ 0.8 A，如图 9-35 所示。

（2）十字形槽的錾削

十字形槽的錾削图样如图 9-36 所示。

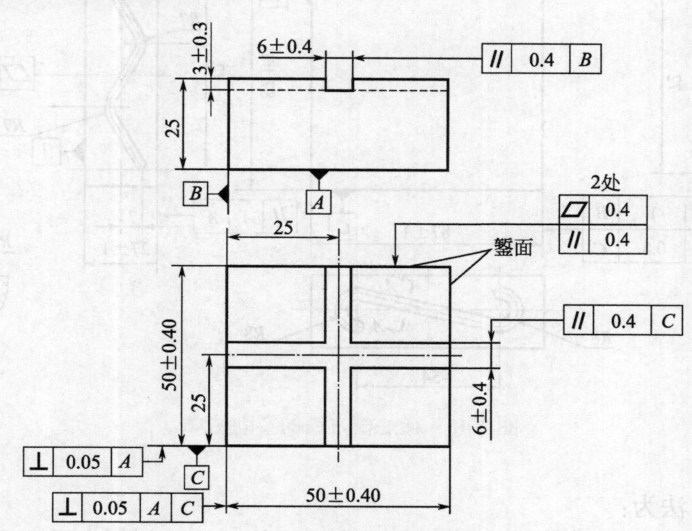

图 9-36　十字形槽的錾削图样

操作步骤与方法为：

① 按图样尺寸划出錾削加工线，然后将坯料按划线位置夹持在台虎钳上，并找正位置，使中间槽底划线高出钳口 10mm 左右，如图 9-37 所示。

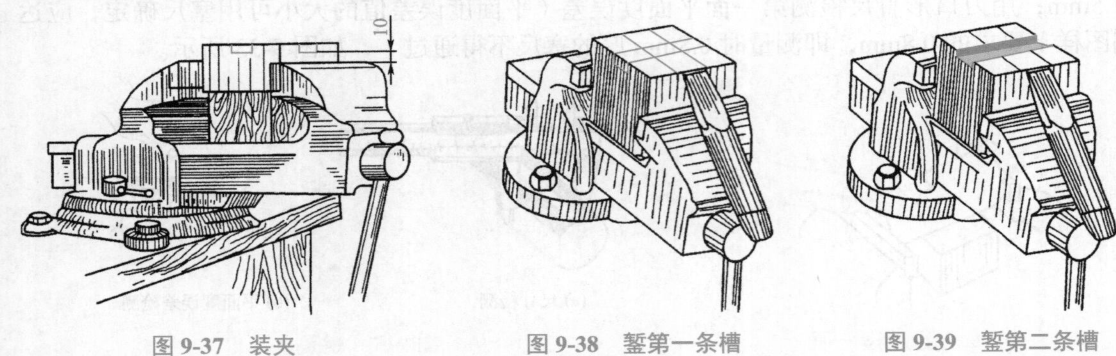

图 9-37　装夹　　图 9-38　錾第一条槽　　图 9-39　錾第二条槽

② 采用正面起錾方法錾出一个斜面，然后按正常錾削錾出第一条槽，如图 9-38 所示。当錾到距尽头约 10mm 处时，调头錾去其余部分。

③ 采用和錾第一条槽相同的方法起錾，錾出一个斜面后按正常錾削錾出第二条槽，如图 9-39 所示。当錾到距尽头约 10mm 处时，采用同样的方法调头錾去其余部分。

（3）带油槽方铁的錾削

带油槽方铁的錾削图样如图 9-40 所示。

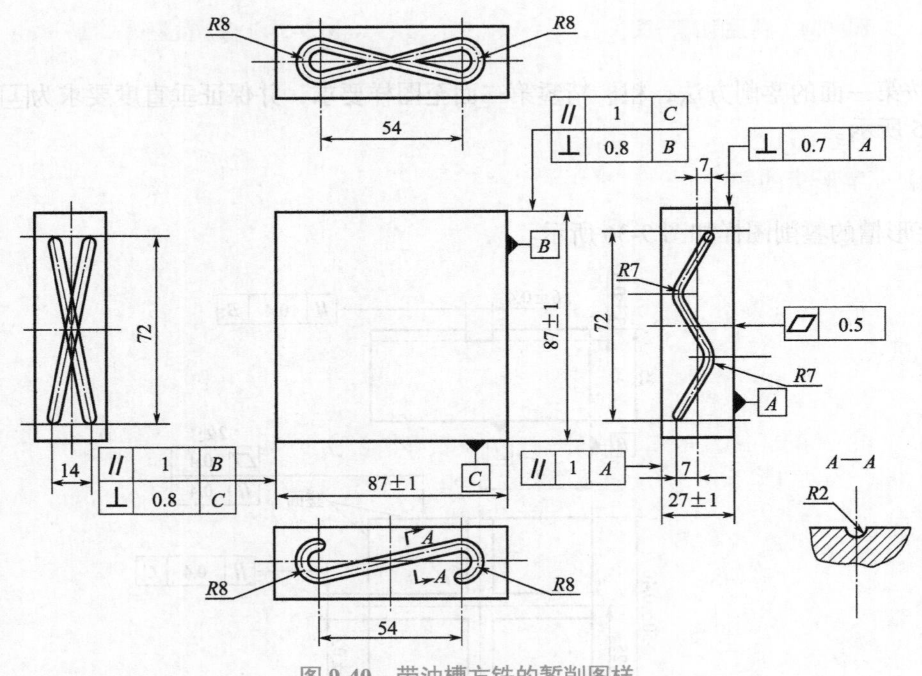

图 9-40　带油槽方铁的錾削图样

操作步骤与方法为：

① 如图 9-41 所示，根据加工要求，划出大平面加工线，錾削大平面 I，保证平面度公

差为 0.5mm。

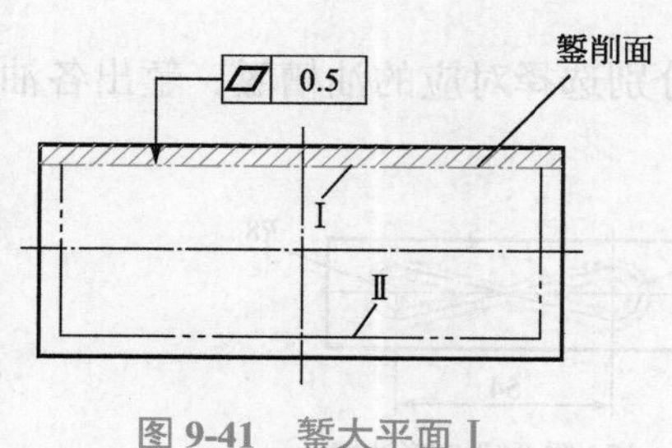

图 9-41 錾大平面Ⅰ

0.5
// 1 A
錾削面
Ⅱ
Ⅰ
27
A
錾削面

图 9-42 錾大平面Ⅱ

② 以大平面Ⅰ为粗基准，划尺寸 27mm 加工线，在划线位置錾削大平面Ⅱ，保证尺寸 27mm，平面度公差为 0.5mm，对基准面 1 的平行度公差为 1mm，如图 9-42 所示。

③ 錾削侧面 1，保证平面度公差为 0.5mm，对大平面Ⅰ的垂直度公差为 0.7mm，如图 9-43 所示。

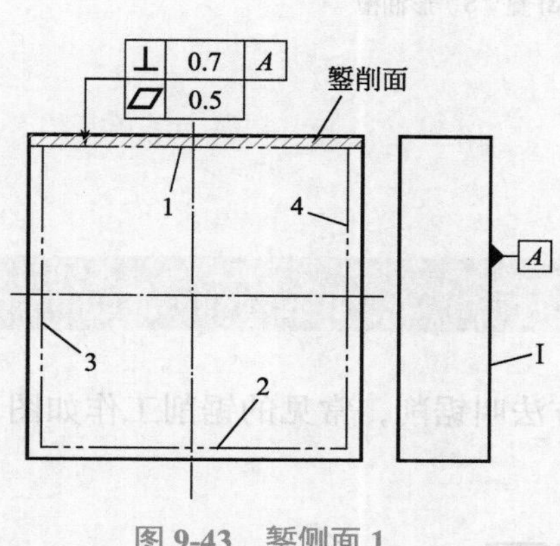

图 9-43 錾侧面 1

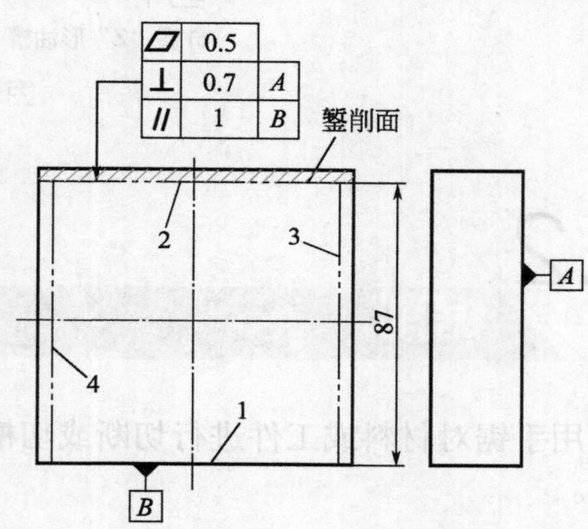

图 9-44 錾侧面 1 的对面 2

④ 以侧面 1 为粗基准，划尺寸 87mm 加工界线，錾削对面 2，保证尺寸 87mm，平面度公差为 0.5mm，对大平面Ⅰ的垂直度公差为 0.7mm，对侧面 1 的平行度公差为 1mm，如图 9-44 所示。

⑤ 按要求装夹工件錾削侧面 4，保证平面度公差为 0.5mm，对大平面Ⅰ的垂直度公差为 0.7mm，对侧面 1 的垂直度公差为 0.8mm，如图 9-45 所示。

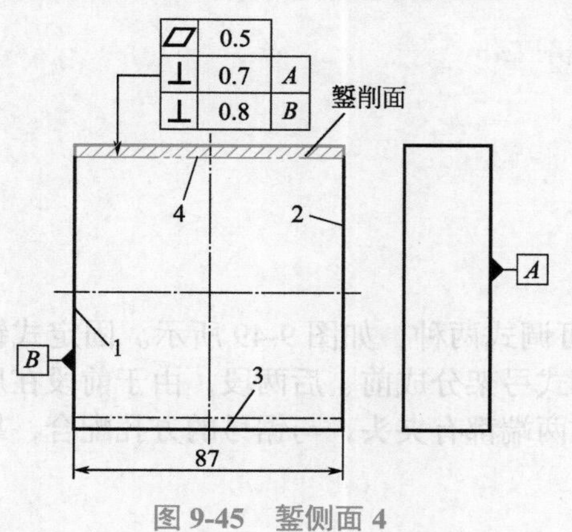

图 9-45 錾侧面 4

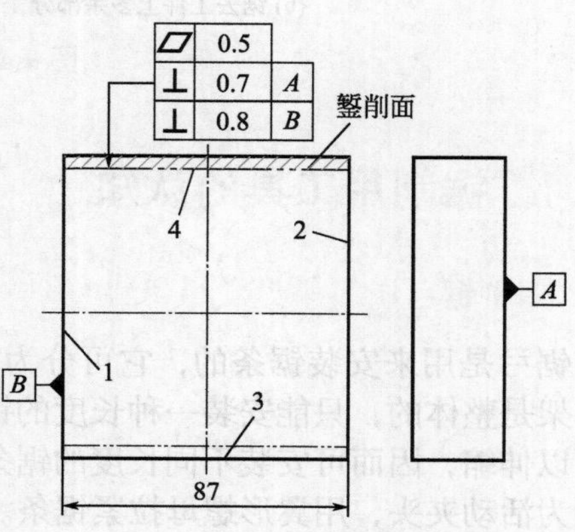

图 9-46 錾侧面 4 的对面 3

⑥ 以侧面 4 为粗基准，划尺寸 87mm 的加工界线，錾削对面 3，保证尺寸 87mm，平面度公差为 0.5mm，对大平面Ⅰ的垂直度公差为 0.7mm，对侧面 1 的垂直度公差为 0.8mm，对侧面 4 的平行度公差为 1mm，如图 9-46 所示。

⑦ 划出各油槽加工线，根据錾削油槽的类型分别选择对应的油槽錾，錾出各油槽，如图 9-47 所示。

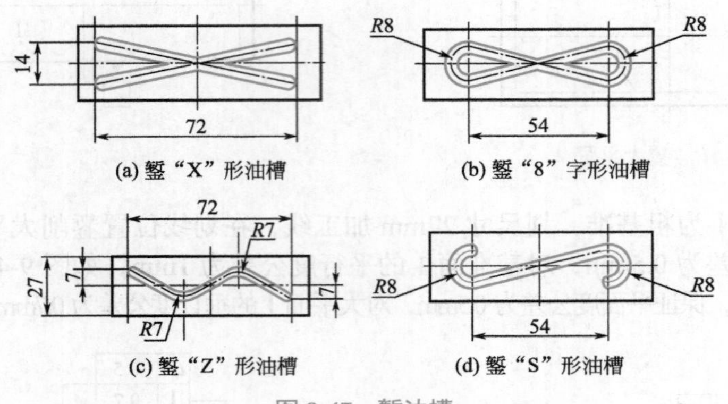

(a) 錾“X”形油槽　(b) 錾“8”字形油槽　(c) 錾“Z”形油槽　(d) 錾“S”形油槽

图 9-47　錾油槽

9.2 锯削

用手锯对材料或工件进行切断或切槽等的加工方法叫锯削，常见的锯削工作如图 9-48 所示。

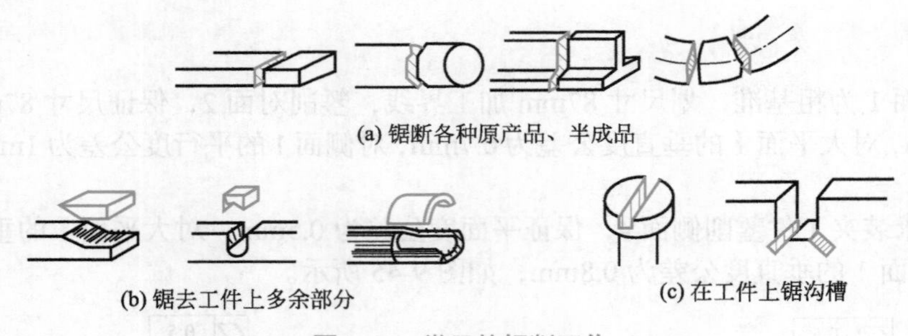

(a) 锯断各种原产品、半成品　(b) 锯去工件上多余部分　(c) 在工件上锯沟槽

图 9-48　常见的锯削工作

9.2.1　锯削用工具的认知

（1）锯弓

锯弓是用来安装锯条的，它可分为固定式和可调式两种，如图 9-49 所示。固定式锯弓的弓架是整体的，只能安装一种长度的锯条；可调式弓架分成前、后两段，由于前段在后段内可以伸缩，因而可安装不同长度的锯条。锯弓的两端都有夹头，与锯弓的方孔配合，靠手柄端为活动夹头，用翼形螺母拉紧锯条。

（2）锯条

手用锯条用碳素工具钢或合金钢制成，并经热处理淬硬，如图 9-50 所示，一般是 300mm 长的单面齿锯条，其宽度为 12 ～ 13mm，厚度为 0.6mm。

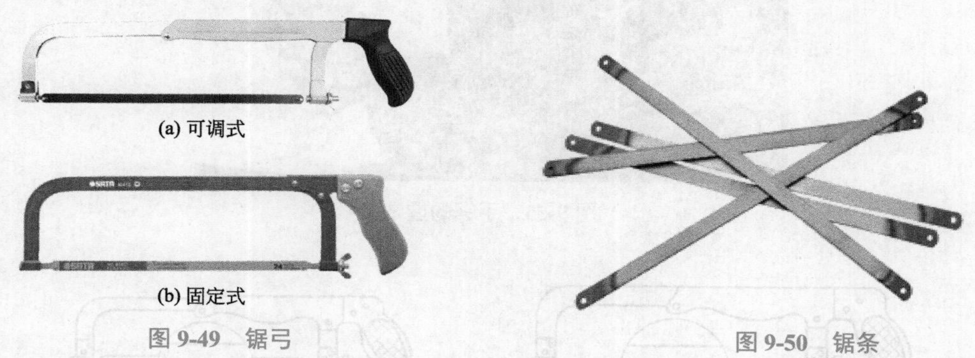
(a) 可调式

(b) 固定式

图 9-49 锯弓

图 9-50 锯条

锯割时，锯入工件的锯条会受到锯缝两边的摩擦阻力，锯入越深，阻力就越大，甚至会把锯条“咬住”，因此制造时会将锯条上的锯齿按一定规律左右错开排成一定的形状，即锯路，如图 9-51 所示。

锯齿粗细是用锯条上每 25mm 长度内的齿数多少来表示的，目前齿数为 14 ～ 18 即为粗齿，齿数为 24 即为中齿，齿数为 32 即为细齿，如图 9-52 所示。锯齿的粗细也可按以齿距（t）的大小分为粗齿（t=1.6mm）、中齿（t=1.2mm）、细齿（t=0.8mm）三种。

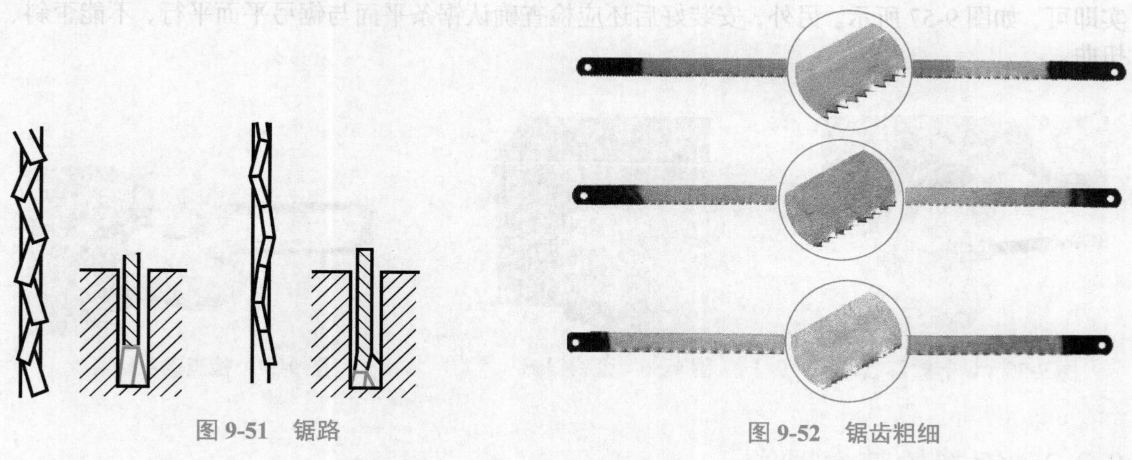
图 9-51 锯路

图 9-52 锯齿粗细

9.2.2 锯削用工具的使用

（1）锯弓的握法

锯削时锯弓的握法是：右手满握锯柄，左手轻扶锯弓伸缩弓前端，如图 9-53 所示。

（2）锯条的安装

手锯在前推时才能起到切削的作用，因而在安装手锯时应使其齿尖的方向向前，如图 9-54 所示。

图 9-53　手锯的握法

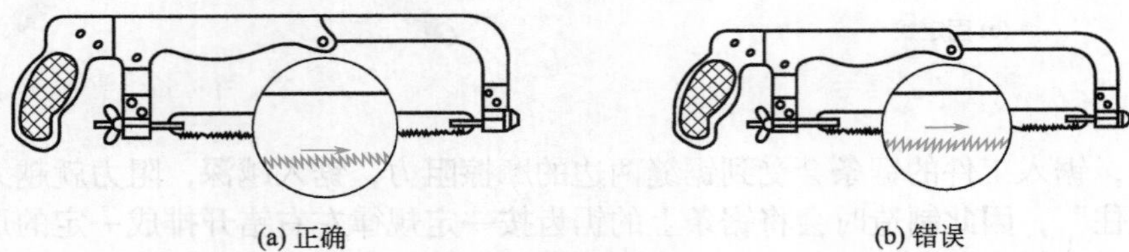

(a) 正确　　(b) 错误

图 9-54　锯条的安装

如图 9-55 所示，在调节锯条松紧时，翼形螺母不宜太紧，否则会折断锯条；如果太松，则锯条易扭曲，容易出现如图 9-56 所示的歪斜锯缝。其松紧程度以用手扳动锯条，感觉硬实即可，如图 9-57 所示。另外，安装好后还应检查确认锯条平面与锯弓平面平行，不能歪斜、扭曲。

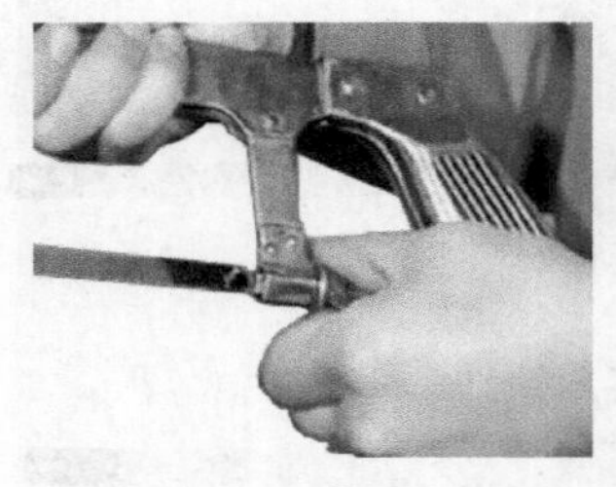

图 9-55　调节翼形螺母

图 9-56　歪斜锯缝

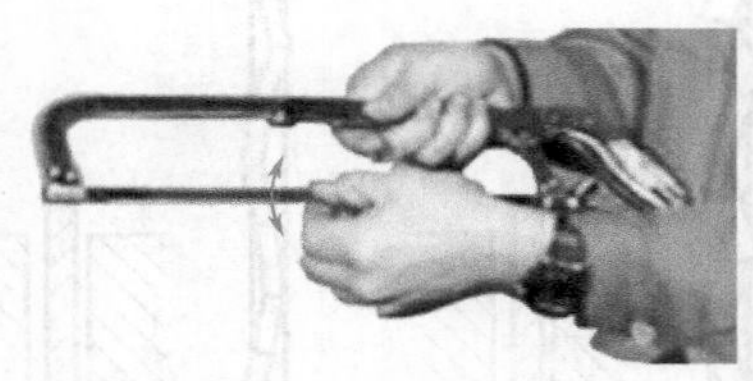

图 9-57　检查锯条松紧

9.2.3　锯削的基本操作

（1）工件的装夹

如图 9-58 所示，工件一般应夹持在台虎钳的左面，且应装夹牢固，同时应保证锯缝离钳口侧面大约有 20mm 的距离（即伸出钳口长度不宜过长），并使锯缝与钳口侧面保持平行。

（2）锯削的站立姿势

锯削时，操作者应站在台虎钳的左侧，左脚向前迈半步，与台虎钳中轴线成 30° 角，右脚在后，与台虎钳中轴线成 75° 角，两脚间的距离与肩同宽，身体与台虎钳中轴线的垂线成 45° 角，如图 9-59 所示。

图 9-58 工件在台虎钳上的装夹

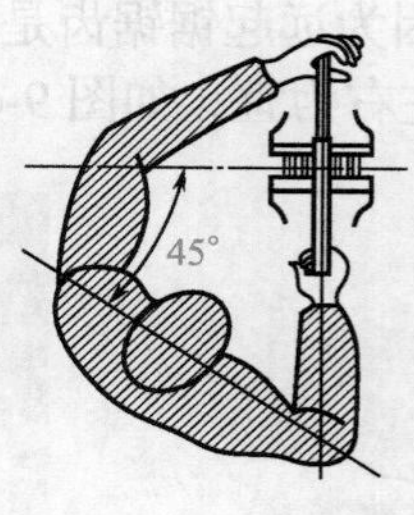

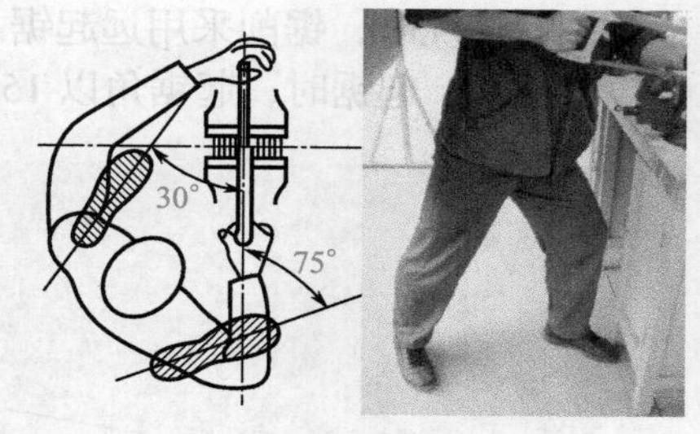

图 9-59 锯削的站立姿势

（3）锯削的压力

锯削时，右手控制推力与压力，左手配合右手扶正锯弓，应注意压力不宜过大，返回行程时应为不切割状态，故而不应加压。

（4）锯削的运动和速度

手锯推进时，身体略向前倾，左手上翘，右手下压；回程时，左手上抬，右手自然跟进，如图 9-60 所示。锯削运动的速度一般应保持为 40 次 /min 左右。锯削硬材料时应慢些，同时锯削行程也应保持均匀，返回行程应相对快一些。

(a) 推锯

(b) 回锯

图 9-60 锯削运动

（5）起锯的方法

起锯是锯削工作的开始，起锯的好坏直接影响锯削质量的好坏。起锯有远起锯和近起锯两种，如图 9-61 所示。

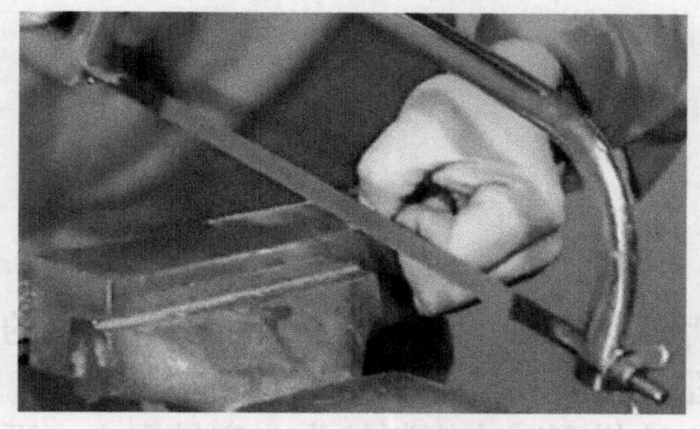

(a) 远起锯

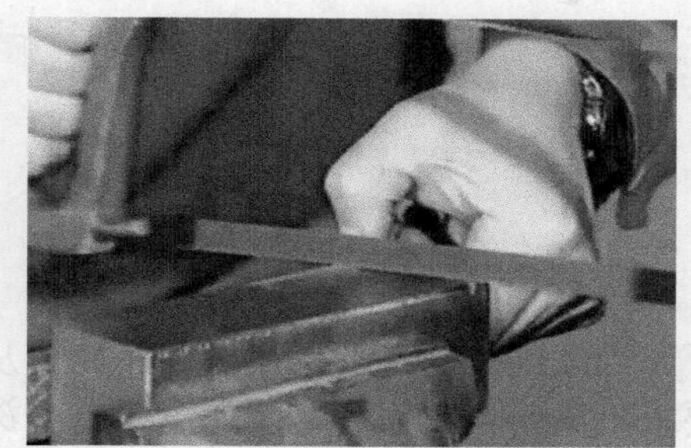

(b) 近起锯

图 9-61 起锯的方式

一般情况时，锯削采用远起锯。因为远起锯锯齿是逐渐切入工件的，锯齿不易卡住，起锯也较方便。起锯时，起锯角以 15° 左右为宜，如图 9-62 所示。

图 9-62　起锯角的大小

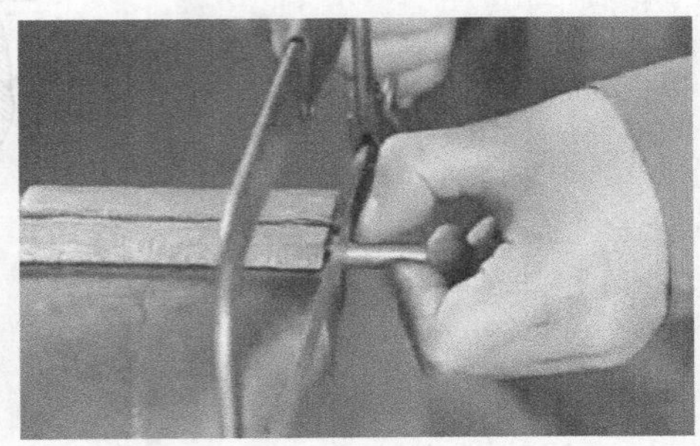

图 9-63　用拇指挡住锯条起锯

为了使起锯的位置正确和平稳，左手拇指要靠住锯条，以挡住锯条来定位，使锯条正确地锯在所需的位置上，如图 9-63 所示。当起锯锯至槽深 2 ～ 3mm 左右时，拇指即可离开锯条，然后扶正锯弓逐渐使锯痕向后成水平，再往下正常锯削。

（6）锯割的动作

锯割的动作如图 9-64 所示。锯割时，双手握锯放在工件上，左臂略弯曲，右臂要与锯割方向保持一致。向前锯割时，身体与手锯一起向前运动。此时，右腿伸直向前倾，身体也随之前倾，重心移至左腿上，左膝弯曲，身体前倾 15°。随着手锯行程的增大，身体倾斜角度也随之增大至 18°，当手锯推至锯条长度的 3/4 时身体停止运动，手锯准备回程，身体倾斜角度回到 15°。整个锯割过程中身体摆动要自然。

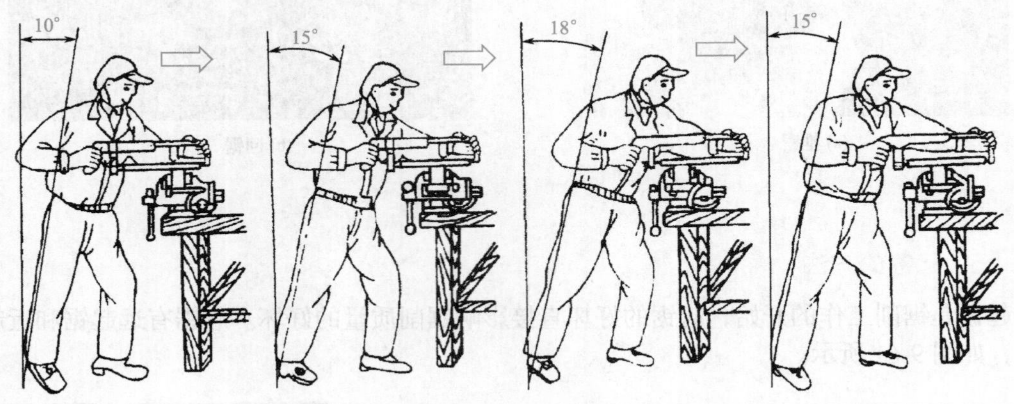

图 9-64　锯割的动作

9.2.4　各种材料的锯削方法

（1）棒料的锯削

当锯削的断面要求平整时，则应从开始连续锯至结束，如图 9-65 所示。若锯出的断面要求不高时，每锯到一个深度（这个深度以不超过中心为准）后，可将工件旋转 180° 后再进行对接锯削，最后一次锯断，如图 9-66 所示，这样可减小锯削拉力，容易锯入，而且可以提高工作效率。

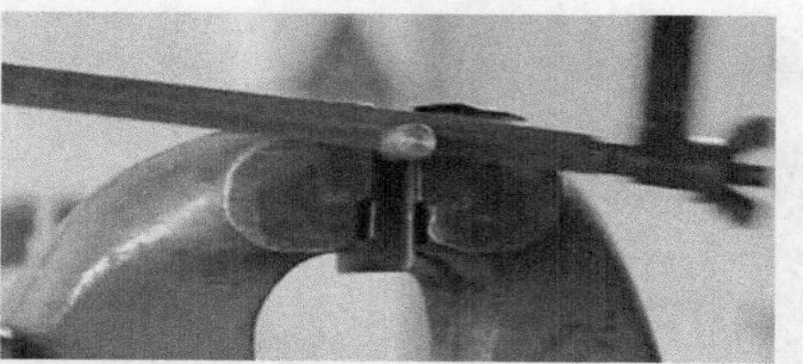

图 9-65 一次锯断

(a) 先锯至一定深度

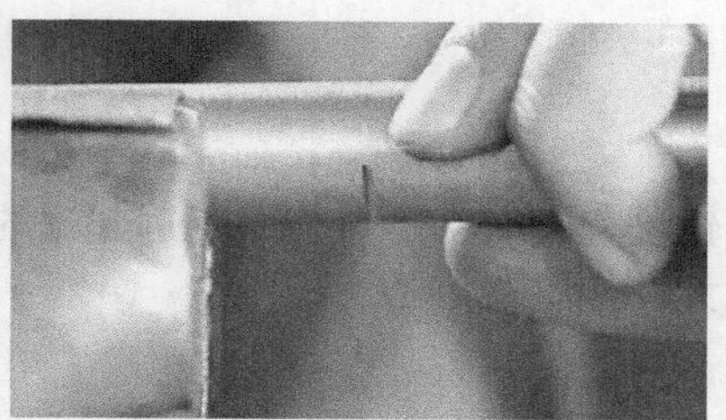

(b) 将工件旋转180°

(c) 对接锯削

图 9-66 上下锯削

在锯削直径较大的工件，当断面质量要求不高时，可分几个方向锯削，但锯削深度不得超过中心，最后将工件折断，如图 9-67 所示。

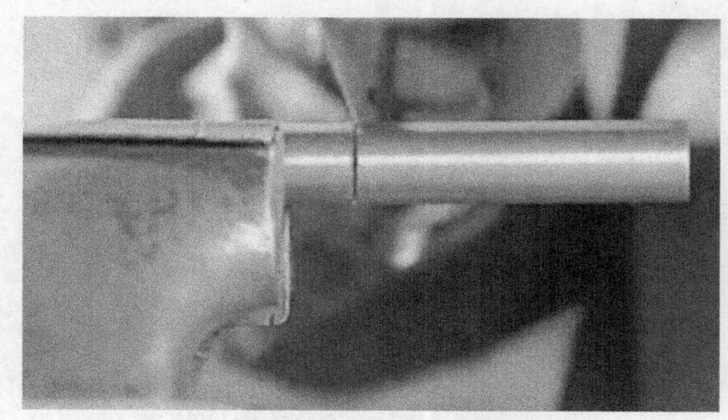

(a) 多个方向锯削

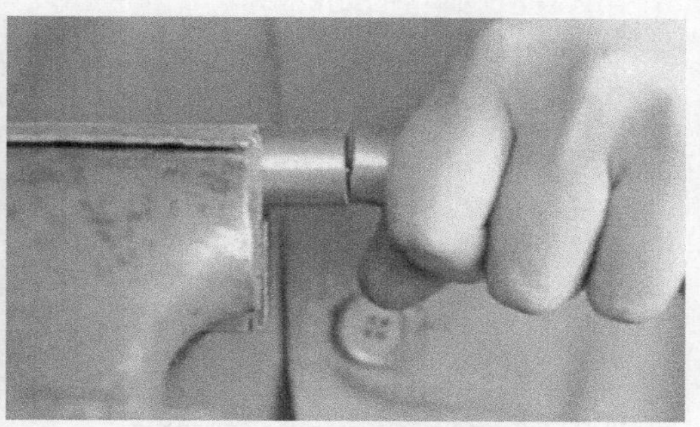

(b) 折断工件

图 9-67 锯削直径较大的工件

（2）角钢的锯削

角钢的锯削应从宽面起锯，以免锯条被卡住或折断，为保证角钢在锯削时的装夹和锯削质量，可在角钢下面垫入适当的木条后再进行锯削，如图 9-68 所示。

图 9-68　在角钢下面垫上木条进行锯削

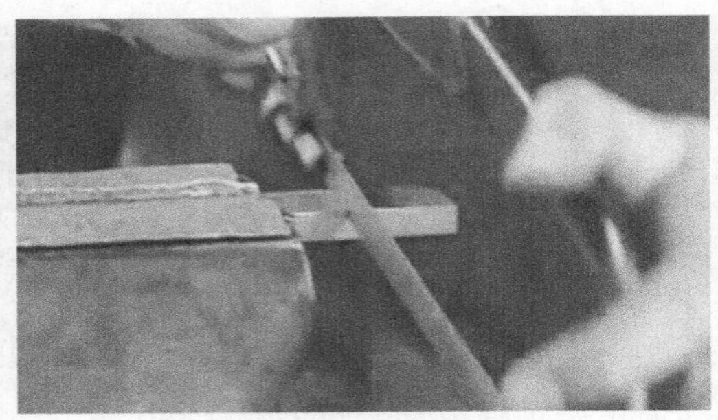

图 9-69　扁钢的锯削

（3）扁钢的锯削

锯削扁钢时，尽可能采用远起锯的方法，从扁钢的宽度方向锯下去，注意起锯的角度不易过大，如图 9-69 所示。

（4）薄板材的锯削

对于较薄的带钢和较薄的板材，如果一定要从窄的一面锯下去，为了防止锯削时板材变形或锯齿崩裂，可将薄板夹持在两木块之间，连同木块一起锯削，如图 9-70 所示。这样可增加锯条同时锯削的齿数，而且工件刚度也好，便于锯削。

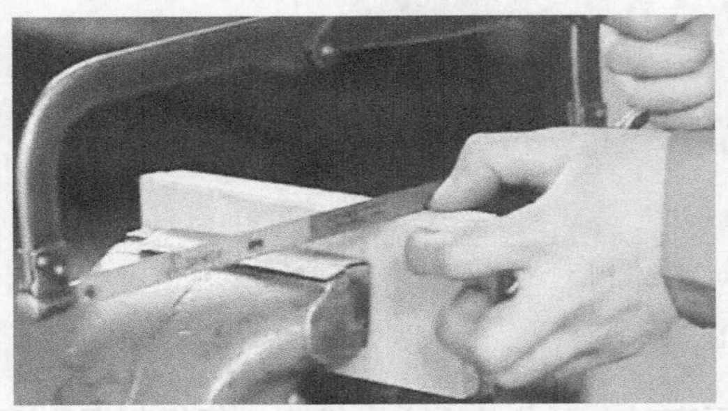

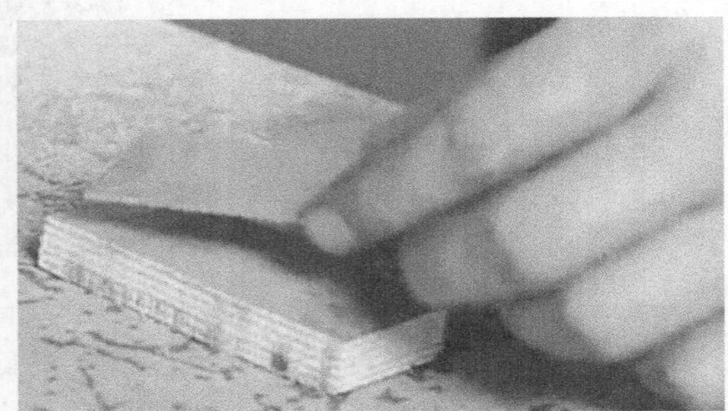

图 9-70　用木块夹持着一起锯削

薄板的锯削还可采用铁钳口的锯削方法，如图 9-71 所示。

图 9-71　铁钳口锯削薄板

图 9-72　用 V 形木垫夹住管子

（5）管子的锯削

锯削前把管子水平夹持在台虎钳上，不能夹持太紧，以免管子变形，对于薄壁管子或精加工过的管子，应采用 V 形木垫夹住，如图 9-72 所示。

管子锯削时不可从一个方向锯削至结束，否则锯齿容易被勾住而崩齿，而且这样锯出的锯缝会因为锯条的跳动而不平整。所以，当锯条锯到管子的内壁时，应将管子向推锯方向转过一个角度，如图 9-73 所示，然后锯条再沿原来的锯缝继续锯削，这样不断转动，不断锯削，直至锯削结束。

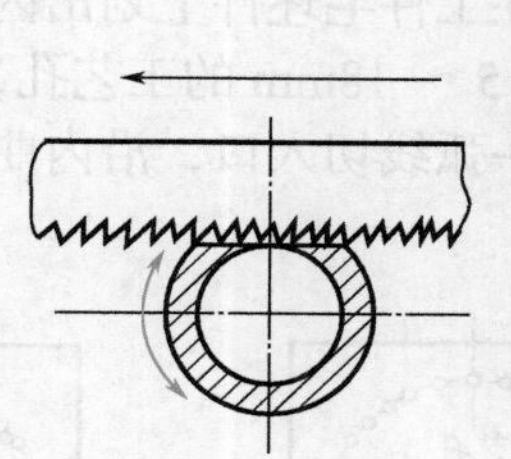

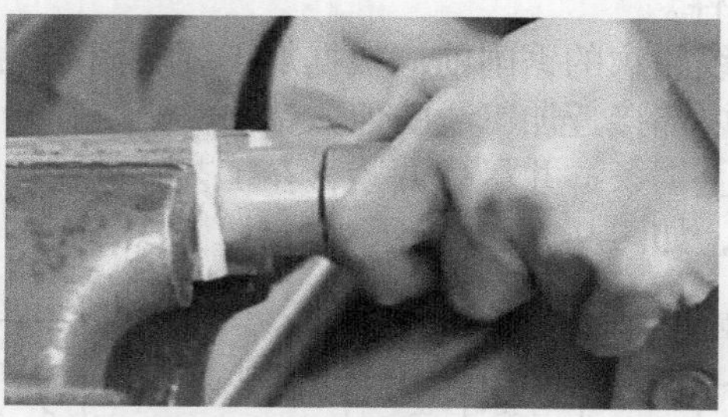

图 9-73 将管子转动一个角度继续锯削

（6）深缝的锯削

对于深缝的锯削，可以先将工件锯至一定的深度，如图 9-74（a）所示。当锯缝深度超过锯弓宽度时，可将锯条旋转 90°，安装后再进行锯削，如图 9-74（b）所示。

(a) 工件锯至一定深度

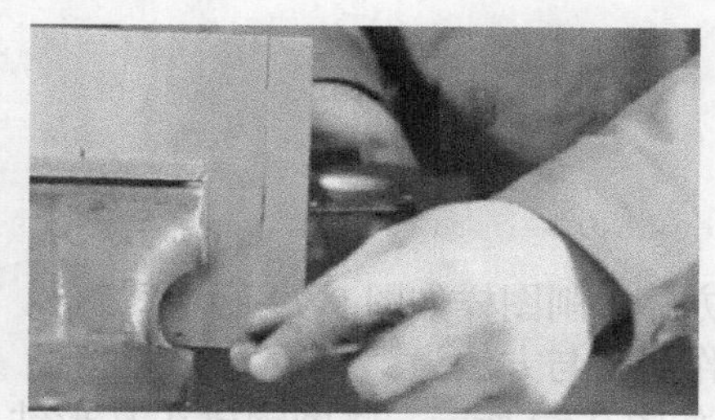

(b) 将锯条旋转90°后再进行锯削

图 9-74 深缝的锯削

当工件的宽度超过锯弓的宽度，旋转 90° 也不能向下锯时，可以将锯弓旋转 180°，安装锯条后再进行锯削，如图 9-75 所示。

（7）曲线轮廓的锯削

在板料加工中，有时需要进行曲线轮廓的锯削。为尽量锯削比较小的曲线半径轮廓，就需要将锯条条身磨制成如图 9-76 所示的形状与尺寸，即其工作部分的长度为 150mm 左右，宽度为 5mm 左右，两端采用圆弧过渡。在磨制曲线锯条时应及时放入水中进行冷却，以防退火而降低锯条硬度，同时要在细条身两端磨出圆弧过渡，以利于切削并防止条身折断。

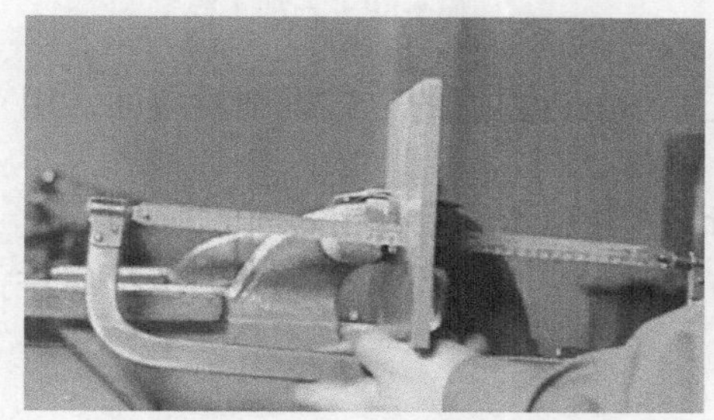

图 9-75 将锯弓旋转 180° 后再进行锯削

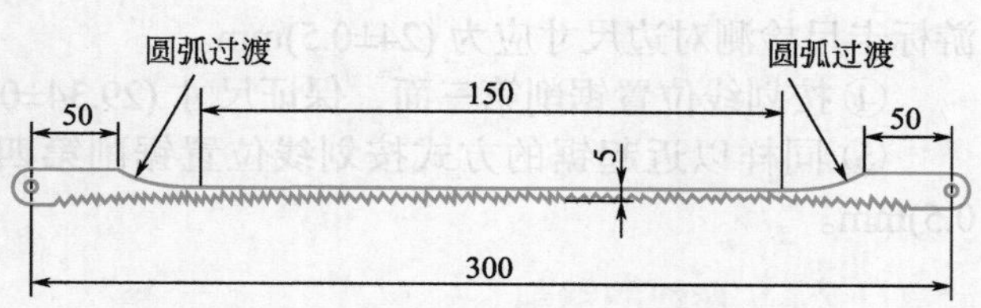

图 9-76 曲线锯条的形状与尺寸

进行外曲线轮廓的锯削时，要尽量调紧锯条，先从工件外部锯出一个切线入口，如图 9-77（a）所示，然后再沿着曲线轮廓加工线进行锯削，如图 9-77（b）所示，则得到一曲线轮廓工件。

进行内曲线轮廓的锯削前应根据加工要求用划规在工件毛坯件上划出内曲线加工线并冲眼，再从工件内部接近加工线的地方钻出一个直径为 15 ～ 18mm 的工艺孔，如图 9-78（a）所示；然后穿上锯条，并尽量调紧，在工艺孔处锯出一弧线切入口，沿内曲线轮廓加工线进行，完成锯削，如图 9-78（b）所示。

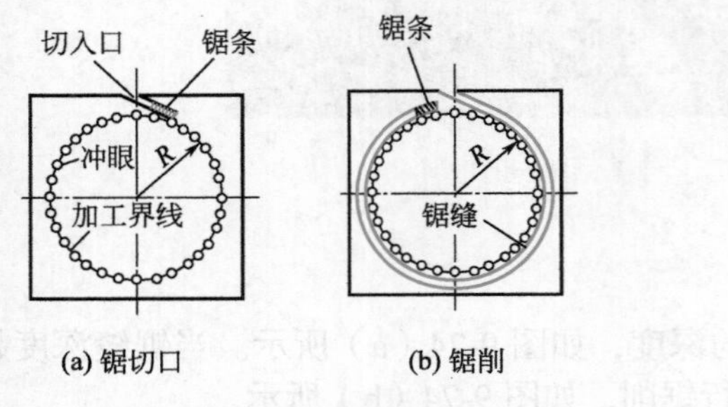

图 9-77　外曲线轮廓的锯削

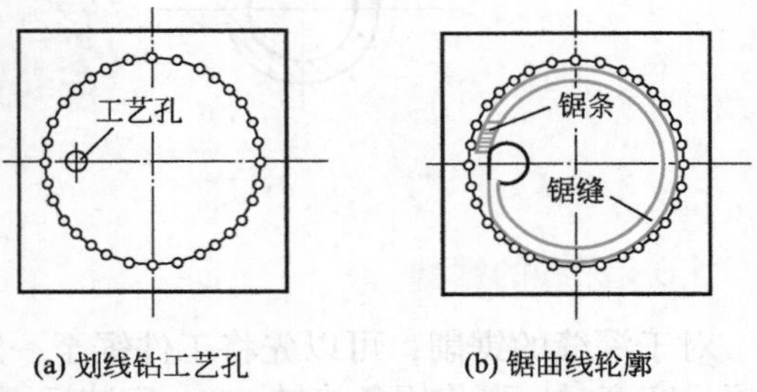

图 9-78　内曲线轮廓的锯削

9.2.5　锯削操作实例

（1）长方体的锯削

长方体锯削图样如图 9-79 所示。

操作步骤与方法为：

① 如图 9-80 所示，将圆钢放在 V 形铁上，根据加工要求，用高度尺划出锯削加工线。

② 划线完成后，将工件竖着装夹在台虎钳上，工件伸出钳口不要过长，并应使锯缝离开钳口侧面约 20mm，以防锯削时产生振动。按划线位置，以近起锯的方式锯削一面，用游标卡尺检查，保证尺寸 (29.34±0.5)mm，如图 9-81 所示。

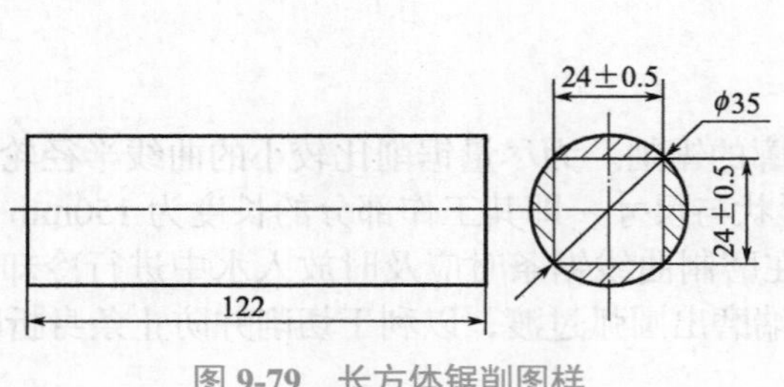

图 9-79　长方体锯削图样

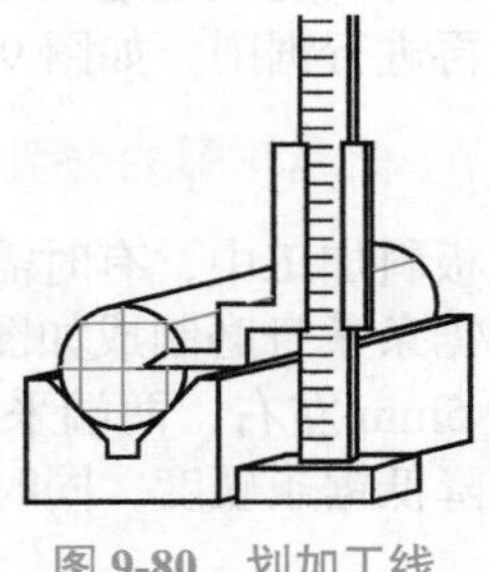

图 9-80　划加工线

③ 第一面锯完后，重新正确装夹工件，按划线位置，以近起锯的方式锯削对应面，用游标卡尺检测对边尺寸应为 (24±0.5)mm。

④ 按划线位置锯削第三面，保证尺寸 (29.34±0.5)mm，并用角尺检测相邻面的垂直度。

⑤ 同样以近起锯的方式按划线位置锯削第四面，用游标卡尺检测对边尺寸应为 (24±0.5)mm。

（2）V 形块的锯削

V 形块锯削图样如图 9-82 所示。

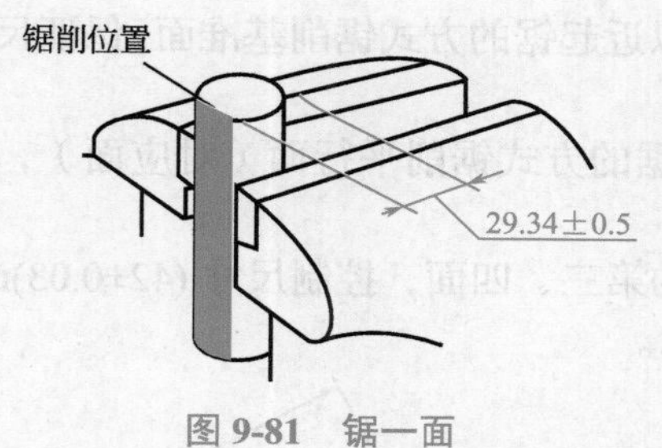

图 9-81 锯一面

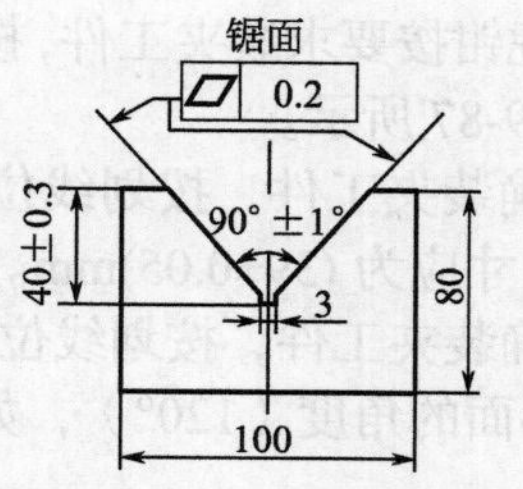

图 9-82 V 形块锯削图样

操作步骤与方法为：

① 准备一块方钢板料（100mm×80mm），并对坯料毛刺等进行清理，然后根据加工要求，按图样尺寸在板料上划出锯削加工线，如图 9-83 所示。

② 将工件夹于台虎钳左端，控制其露出钳口的高度，并将锯削线置于铅垂位置（锯削线与钳口边缘平行），采用细齿锯条锯削第一面，如图 9-84 所示。

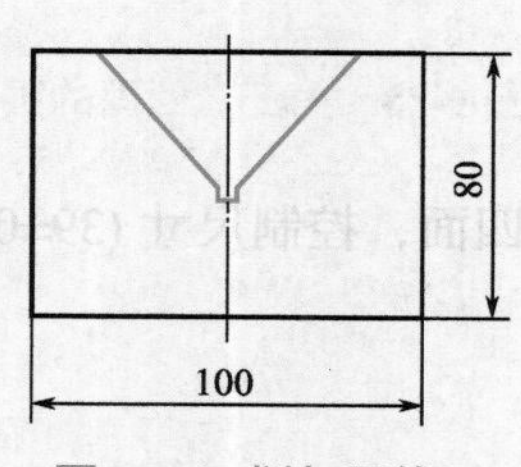

图 9-83 划加工线

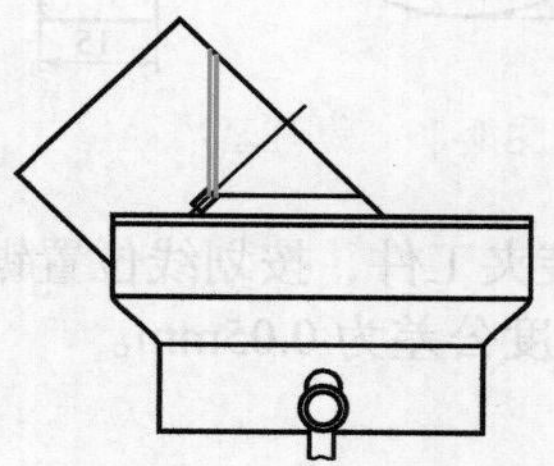

图 9-84 锯第一面

③ 将工件翻转 180° 采用同样的方法进行装夹，锯削第二面。后用锉刀倒棱，再用 90° 角尺检测两锯削表面的垂直度误差，并用游标卡尺锯削尺寸。

④ 将工件正常装夹于台虎钳上（保证两斜面中心线垂直于台虎钳），以近起锯的方式轻锯中间直槽至尺寸 (40±0.3)mm。

（3）正六边形的锯削

正六边形锯削图样如图 9-85 所示。

操作步骤与方法为：

① 准备一 ϕ45mm×15mm 圆钢，并对坯料毛刺等进行清理后，将坯料夹持在分度头三爪卡盘上，按图样尺寸在坯料上划出锯削加工线，如图 9-86 所示。

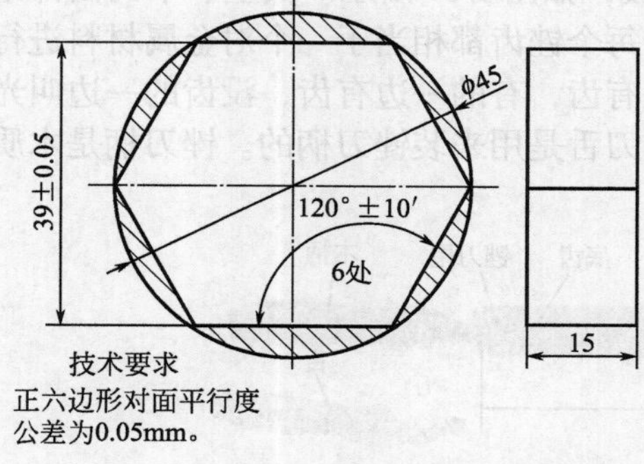

图 9-85 正六边形锯削图样

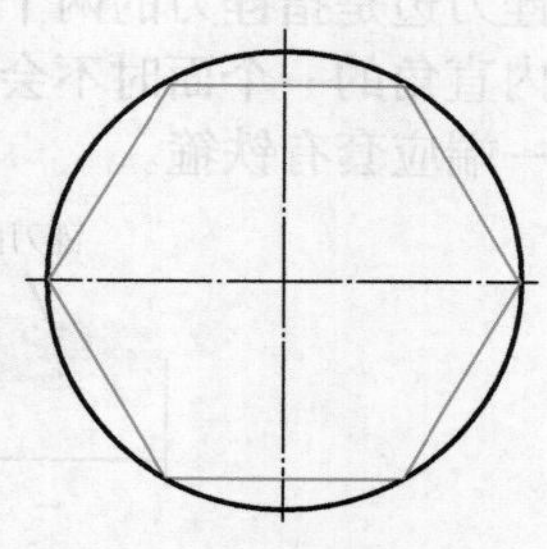

图 9-86 划加工线

② 台虎钳按要求装夹工件，按划线位置，以近起锯的方式锯削基准面，保证尺寸 (42±0.03) mm，如图 9-87 所示。

③ 正确装夹工件，按划线位置，以近起锯的方式锯削平行面（对应面），用游标卡尺检测对边尺寸应为 (39±0.05)mm。

④ 正确装夹工件，按划线位置锯削对称的第三、四面，控制尺寸 (42±0.03)mm，并用角尺检测相邻面的角度（120°），如图 9-88 所示。

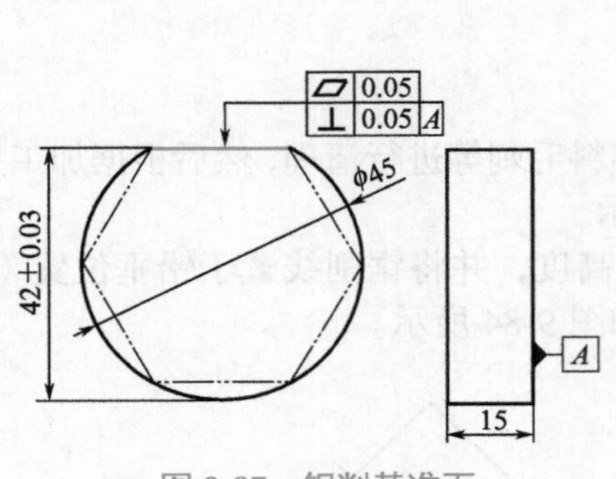

图 9-87　锯削基准面

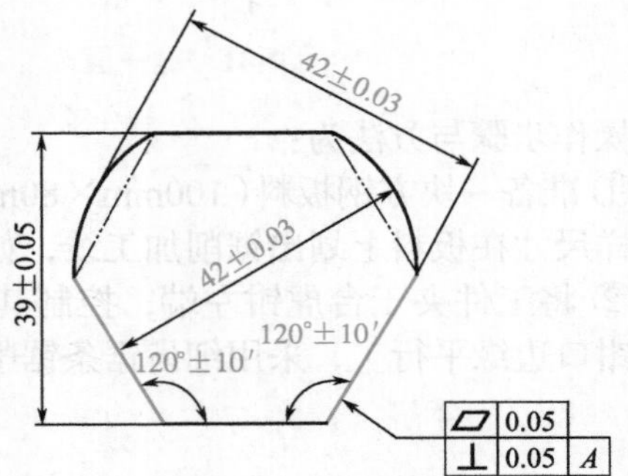

图 9-88　第三、四面的锯削

⑤ 正确装夹工件，按划线位置锯削对称的第三、四面，控制尺寸 (39±0.05)mm，并保证正六边形平行度公差为 0.05mm。

9.3 锉削

用锉刀对工件表面进行切削加工，使其尺寸、形状、位置和表面粗糙度等达到要求的加工方法就叫锉削。锉削后工件的尺寸精度可达 0.01mm，表面粗糙值 *Ra* 可达 0.8μm，因此锉削是锯、錾之后对工件进行较高精度的加工。

9.3.1 锉刀的结构与选用

（1）锉刀的结构组成

锉刀通常是用高碳钢（T13 或 T12）制成的，经热处理后其切削部分硬度可达 62 ～ 72HRC。锉刀由锉身和锉柄两部分组成，如图 9-89 所示。其上、下两面都是工作面，上面制有锋利的锉齿，起主要的锉削作用，每个锉齿都相当于一个对金属材料进行切削的切削刃。锉刀边是指锉刀的两个侧面，有的没有齿，有的一边有齿，没齿的一边叫光边，它可使锉削内直角的一个面时不会伤着邻面。锉刀舌是用来装锉刀柄的。锉刀柄是木质的，在安装孔的一端应套有铁箍。

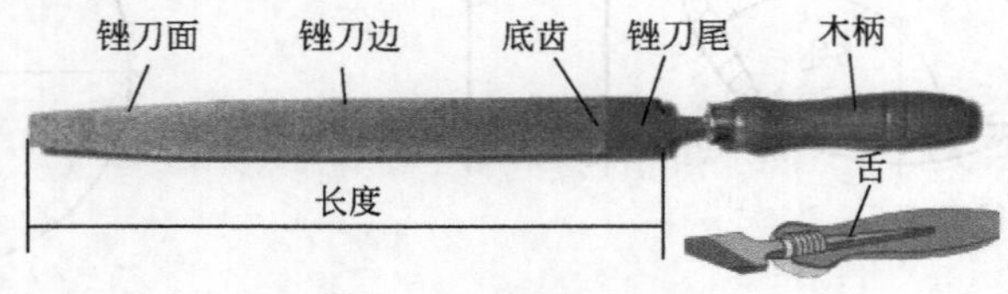

图 9-89　锉刀的结构

锉刀的锉齿纹路（也就是齿纹）有单齿纹和双齿纹两种，如图 9-90 所示。单齿纹是指锉刀上按一个方向排列的齿纹，它多为铣制的齿，其强度较弱，锉削时较为费力，适于锉削软材料；双齿纹是指锉刀上按两个方向排列的齿纹，它大多采用剁齿的方法制成，其强度高，锉削时较省力，适于锉削硬工件。

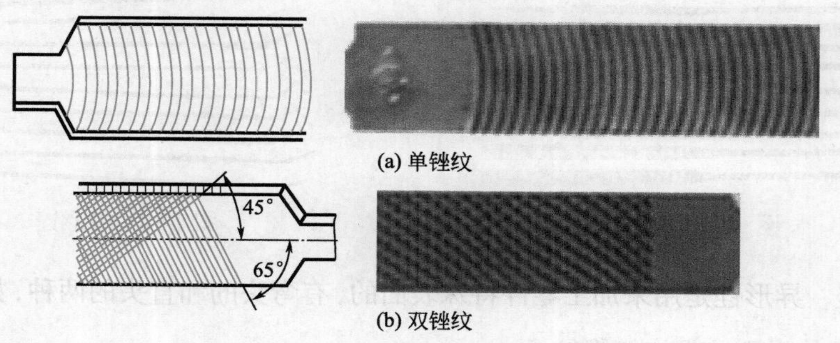

(a) 单锉纹

(b) 双锉纹

图 9-90 锉刀的锉纹

锉刀工作时形成的切削角度如图 9-91 所示。图 9-91（a）所示为铣齿加工的锉齿角度，前角为正值，切削刃锋利，容屑槽大，楔角较小，锉齿的强度低，工作时，全齿宽同时参加切削，需要很大的切削力，适用于锉削铝、铜等软材料。图 9-91（b）所示是剁齿加工的齿形，锉齿交错，前角为负值，切削刃较钝，工作时起刮削作用，楔角大，强度高，适用于锉削硬钢、铸铁等硬材料。

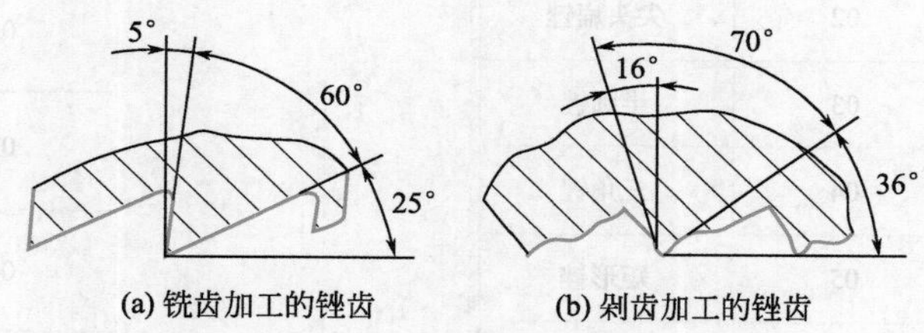

(a) 铣齿加工的锉齿　(b) 剁齿加工的锉齿

图 9-91 锉刀的切削角度

（2）锉刀的种类

锉刀可分为钳工锉、异形锉和整形锉（或称什锦锉）三类，钳工常用的是钳工锉。

① 钳工锉　钳工锉按其断面形状的不同分为齐头扁锉、尖头扁锉、方锉、半圆锉、圆锉和三角锉等 6 种，如图 9-92 所示。

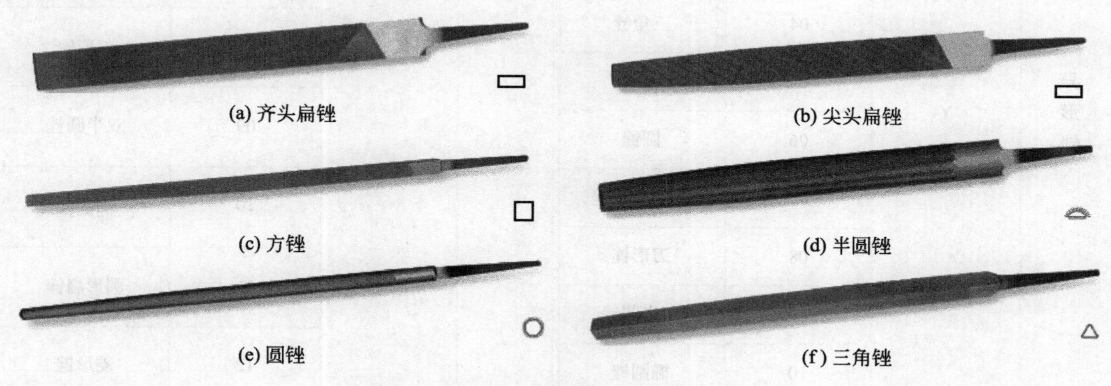
(a) 齐头扁锉　(b) 尖头扁锉

(c) 方锉　(d) 半圆锉

(e) 圆锉　(f) 三角锉

图 9-92 钳工锉的种类

② 整形锉　整形锉用于修整工件上细小的部分，它由 5 把、8 把、10 把或 12 把不同断面形状的锉刀组成一组，如图 9-93 所示。

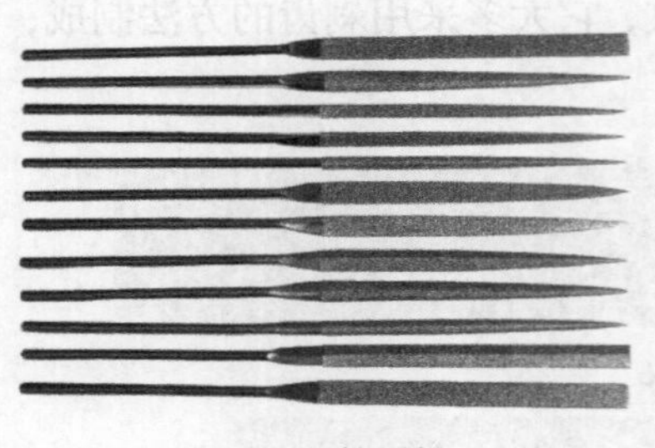

图 9-93　整形锉

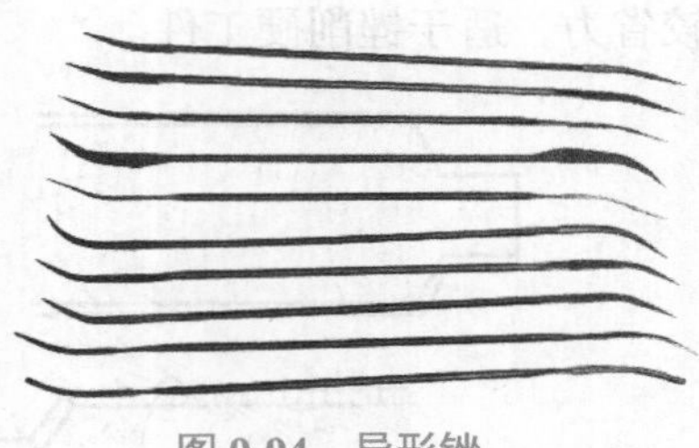

图 9-94　异形锉

③ 异形锉　异形锉是用来加工零件特殊表面的，有弯头的和直头的两种，如图 9-94 所示。

（3）锉刀的类别、规格与锉纹号

① 锉刀的类别与形式代号见表 9-6。

表 9-6　锉刀的类别与形式代号

类别	类别代号	形式代号	形式	类别	类别代号	形式代号	形式
钳工锉	Q	01	齐头扁锉	整形锉	Z	01	齐头扁锉
		02	尖头扁锉			02	尖头扁锉
		03	半圆锉			03	半圆锉
		04	三角锉			04	三角锉
		05	矩形锉			05	矩形锉
		06	圆锉			06	圆锉
异形锉	Y	01	齐头扁锉			07	单面三角锉
		02	尖头扁锉			08	刀形锉
		03	半圆锉			09	双半圆锉
		04	三角锉			10	椭圆锉
		05	矩形锉			11	圆形扁锉
		06	圆锉			12	菱形锉
		07	单面三角锉				
		08	刀形锉				
		09	双半圆锉				
		10	椭圆锉				

② 锉刀的规格。锉刀的规格主要是指其尺寸规格。钳工锉以锉身长度作为尺寸规格，异形锉和整形锉是以锉刀全长作为尺寸规格。钳工锉的公称尺寸见表 9-7。

表 9-7 钳工锉的公称尺寸

mm

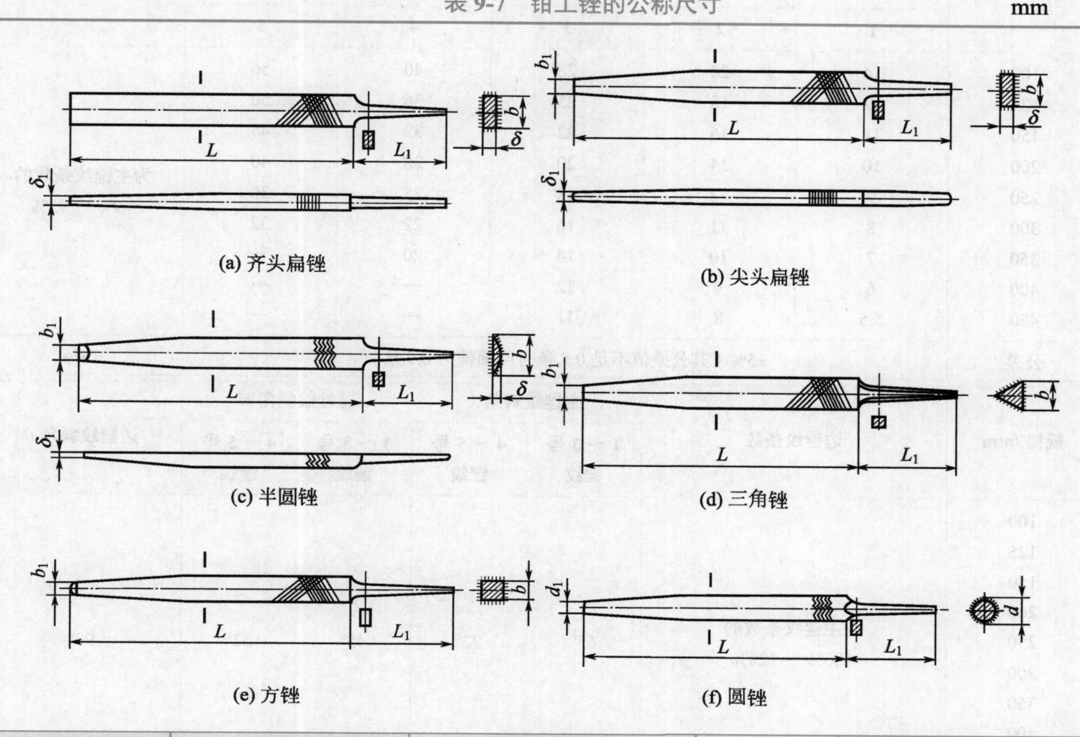

<table>
<tr><th colspan="2">规格尺寸</th><th colspan="2" rowspan="2">扁锉</th><th colspan="3">半圆锉</th><th rowspan="2">三角锉</th><th rowspan="2">方锉</th><th rowspan="2">圆锉</th></tr>
<tr><th colspan="2" rowspan="2">L</th><th rowspan="2">b</th><th>薄形</th><th>厚形</th></tr>
<tr><th>b</th><th>δ</th><th></th><th></th></tr>
<tr><th>in</th><th>mm</th><th></th><th></th><th></th><th>δ</th><th>δ</th><th>b</th><th>b</th><th>d</th></tr>
<tr><td>4</td><td>100</td><td>12</td><td>2.5（3.0）</td><td>12</td><td>3.5</td><td>4.0</td><td>8.0</td><td>3.5</td><td>3.5</td></tr>
<tr><td>5</td><td>125</td><td>14</td><td>3.0（3.5）</td><td>14</td><td>4.0</td><td>4.5</td><td>9.5</td><td>4.5</td><td>4.5</td></tr>
<tr><td>6</td><td>150</td><td>16</td><td>3.5（4.0）</td><td>16</td><td>4.5</td><td>5.0</td><td>11.0</td><td>5.5</td><td>5.5</td></tr>
<tr><td>8</td><td>200</td><td>20</td><td>4.5（5.0）</td><td>20</td><td>5.5</td><td>6.5</td><td>13.0</td><td>7.0</td><td>7.0</td></tr>
<tr><td>10</td><td>250</td><td>24</td><td>5.5</td><td>24</td><td>7.0</td><td>8.0</td><td>16.0</td><td>9.0</td><td>9.0</td></tr>
<tr><td>12</td><td>300</td><td>28</td><td>6.5</td><td>28</td><td>8.0</td><td>9.0</td><td>19.0</td><td>11.0</td><td>11.0</td></tr>
<tr><td>14</td><td>350</td><td>32</td><td>7.5</td><td>32</td><td>9.0</td><td>10.0</td><td>22.0</td><td>14.0</td><td>14.0</td></tr>
<tr><td>16</td><td>400</td><td>36</td><td>8.5</td><td>36</td><td>10.0</td><td>11.5</td><td>26.0</td><td>18.0</td><td>18.0</td></tr>
<tr><td>18</td><td>450</td><td>40</td><td>9.5</td><td></td><td></td><td></td><td></td><td>22.0</td><td></td></tr>
</table>

③ 锉纹参数。钳工锉的锉纹号按主锉纹条数分为 1 ～ 5 号，1 号为粗齿锉刀，2 号为中齿锉刀，3 号为细齿锉刀，4 号为双细齿锉刀，5 号为油光锉刀。锉齿的粗细规格是按锉纹的齿距大小来表示的。其粗细等级化具体数值见表 9-8。

表 9-8 钳工锉的锉纹参数

规格 /mm	主锉纹条数					辅锉纹条数
	锉纹号					
	1	2	3	4	5	
100	14	20	28	40	56	为主锉纹条数的75%～95%
125	12	18	25	36	50	
150	11	16	22	32	45	
200	10	14	20	28	40	
250	9	12	18	25	36	
300	8	11	16	22	32	
350	7	10	14	20	—	
400	6	9	12	—	—	
450	5.5	8	11	—	—	
公差	±5%（其公差值不足 0.5 条时可圆整为 0.5 条）					±8%

规格 /mm	边锉纹条数	主锉纹斜角 λ		辅锉纹斜角 ω		边锉纹斜角 θ
		1～3号锉纹	4～5号锉纹	1～3号锉纹	4～5号锉纹	
100 125 150 200 250 300 350 400 450	为主锉纹条数的100%～120%	65°	72°	45°	52°	90°
公差	+20%	±5°				±10°

异形锉和整形锉按主锉纹条数，锉纹号可分为 00、0、1、…、8 共 10 种，其锉纹斜角及每 10mm 轴向长度内的锉纹参数见表 9-9。

表 9-9 异形锉和整形锉的锉纹参数

规格尺寸 /mm	主锉纹条数										辅锉纹条数	边锉纹条数
	锉纹号											
	00	0	1	2	3	4	5	6	7	8		
75	—	—	—	—	50	56	63	80	100	112	为主锉纹条数的65% ~ 85%	为主锉纹条数的50% ~ 110%
100	—	—	—	40	50	56	63	80	100	112		
120	—	—	32	40	50	56	63	80	100	—		
140	—	25	32	40	50	56	63	80	—	—		
160	20	25	32	40	50	—	—	—	—	—		
170	20	25	32	40	50	—	—	—	—	—		
180	20	25	32	40	—	—	—	—	—	—		
偏差	±5%											

④ 锉刀的编号示例见表 9-10。

表 9-10 锉刀的编号示例

锉刀的编号	锉刀的类形、规格	锉刀的编号	锉刀的类形、规格
Q-02-200-3	钳工锉类的尖头扁锉，200mm，3 号锉纹	Z-04-140-00	整形锉类的三角锉，140mm，00 号锉纹
Y-01-170-2	异形锉类的齐头扁锉，170mm，2 号锉纹	Q-03-250-1	钳工锉类的半圆厚型锉，250mm，1 号锉纹

9.3.2 锉削基本操作

（1）锉刀的安全使用

① 不可使用无柄或木柄裂开的锉刀，用无柄的锉刀会刺伤手腕，用木柄裂开的锉刀会夹破手心，如图 9-95 所示。

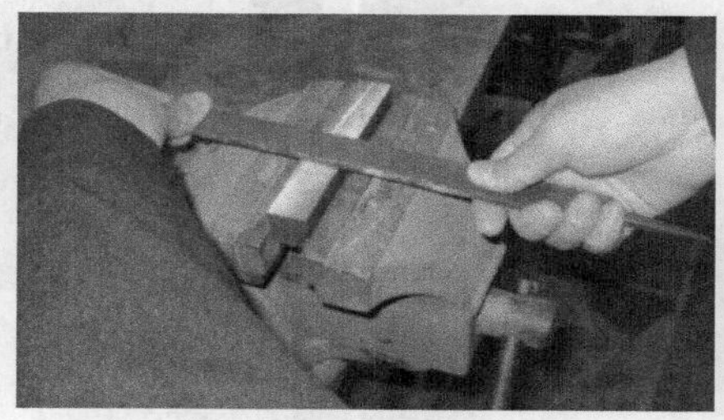
(a) 用无柄的锉刀

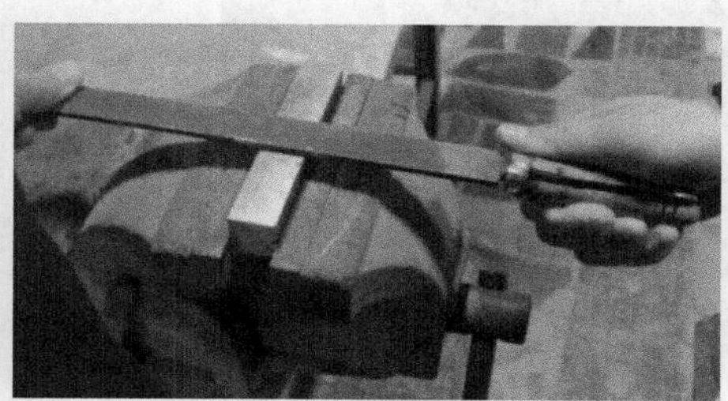
(b) 用木柄裂开的锉刀

图 9-95 使用无柄或木柄裂开的锉刀的情况

② 锉削时，不可将锉刀柄撞击到工件上，否则手柄会突然脱开，锉刀尾部会弹起而刺伤人体，如图 9-96 所示。

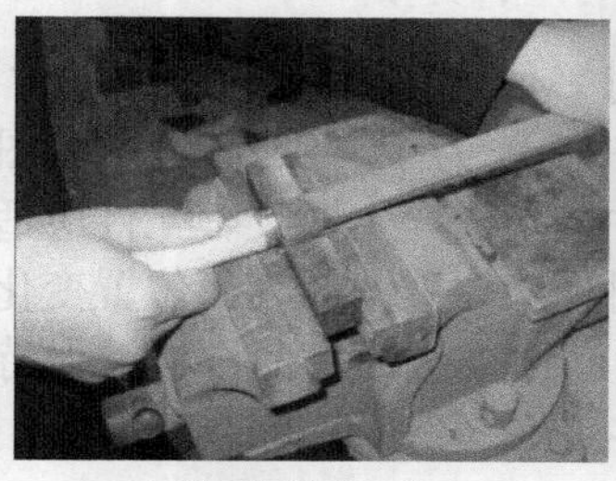
(a) 锉刀柄撞击工件

(b) 锉刀柄脱开、锉刀尾弹起

图 9-96 锉刀的不慎使用

③ 锉刀应先用一面，用钝后再用另一面。锉削过程中，只允许推进时对锉刀施加压力，返回时不得加压，以避免锉刀加速磨损、变钝。

④ 锉刀严禁接触油脂或水，锉削中不得用手摸锉削表面，以免锉削时锉刀在工件上打滑而无法锉削，或齿面生锈而损坏锉齿的切削性能。粘着油脂的锉刀一定要用煤油清洗干净。

⑤ 不可用锉刀锉削毛坯的硬皮及淬硬的表面，否则锉纹很快磨损而丧失锉削能力。

⑥ 锉刀不可当锤子或撬杠使用，因为锉刀经热处理淬硬后，其性能变脆，受冲击或弯

曲时容易断裂。

⑦ 锉刀用完后，要用钢丝或铜片顺着锉纹方向将切屑刷去，如图 9-97 所示，以免切屑堵塞，使锉刀的切削性能降低。

⑧ 锉刀放置时不要露在钳台外面，以防锉刀落下砸伤脚或摔断锉刀。

⑨ 锉刀存放时严禁与硬金属或其他工具互相重叠堆放，以免碰坏锉刀的锉齿或锉伤其他工具。

（2）锉刀柄的装拆

锉刀应安装好锉刀柄。安装锉刀柄的方法有两种，一是利用锉刀自重蹾入锉刀木柄，二是利用锤子敲击木柄安装，如图 9-98 所示。

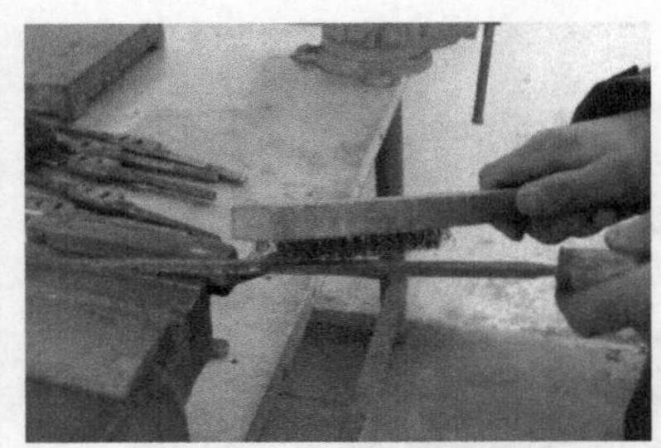

图 9-97　用钢丝刷清除锉刀铁屑

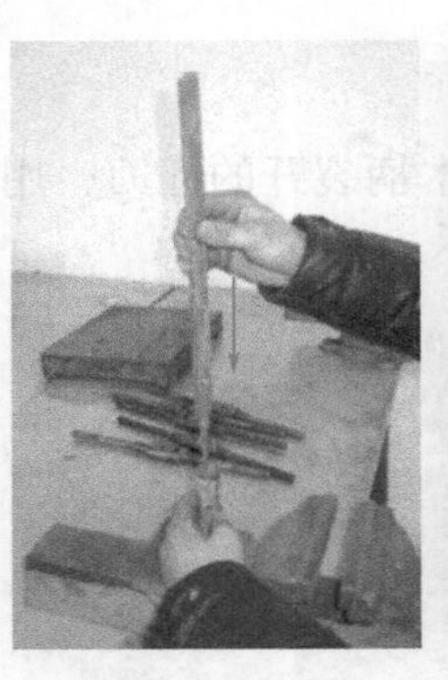

(a) 利用锉刀自重蹾入

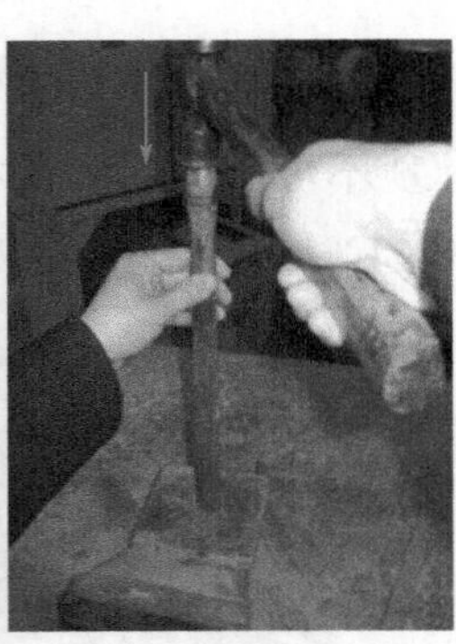

(b) 锤子敲击装入

图 9-98　锉刀柄的安装

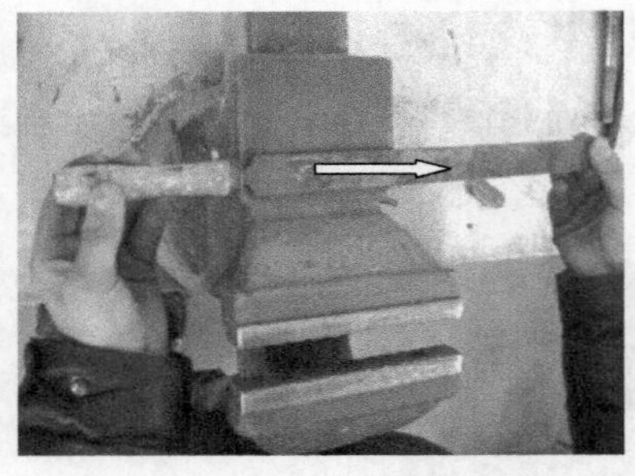

图 9-99　锉刀柄的拆卸

若要拆下锉刀柄，则用两手持锉刀，快速向右撞击台虎钳砧台边缘，利用锉刀冲击惯性脱出锉刀木柄，如图 9-99 所示。

（3）工件的夹持

锉削时一般将工件夹持在台虎钳中部，露出钳口不可过高，一般约为 15 ～ 20mm，如图 9-100 所示，以防锉削时工件弹动，产生振纹。工件应适度夹紧，若装夹过松，则锉削时工件被锉削表面位置变化，影响表面质量；若装夹过紧，则有些开口零件可能产生变形。已加工过的表面作为被夹持面时，应垫上钳口铁，如图 9-101 所示，以免夹伤已加工表面。在夹持不易夹持的工件时，要借助 V 形钳口铁等辅助工具，如图 9-102 所示。

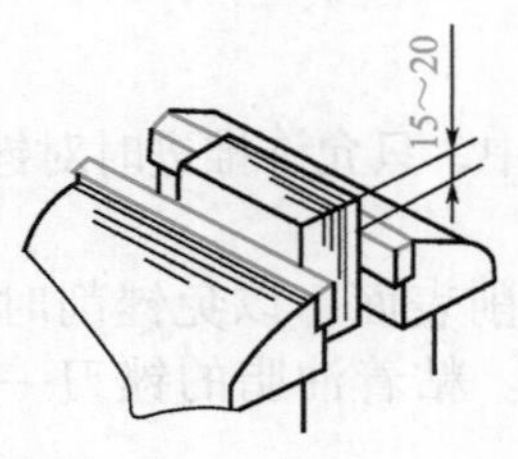

图 9-100　工件的装夹要求

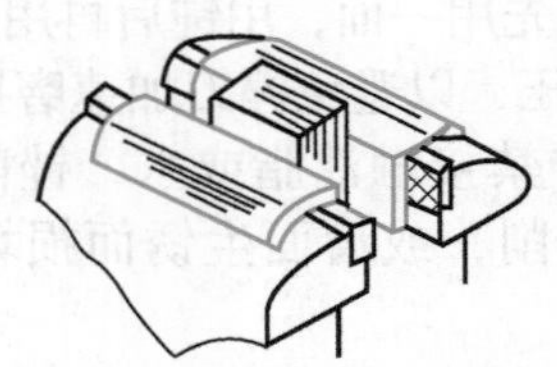

图 9-101　利用钳口垫铁装夹工件

（4）锉刀的握法

锉刀的一般握法如图 9-103 所示，右手紧握刀柄，柄端抵在大拇指根部的手掌上，大拇指放在刀柄上部，其余手指由下而上握着刀柄，左手的基本握法是将拇指根部的肌肉压在锉刀头上，拇指自然伸直，其余四指弯向手心，用中指、无名指捏住锉刀前端。

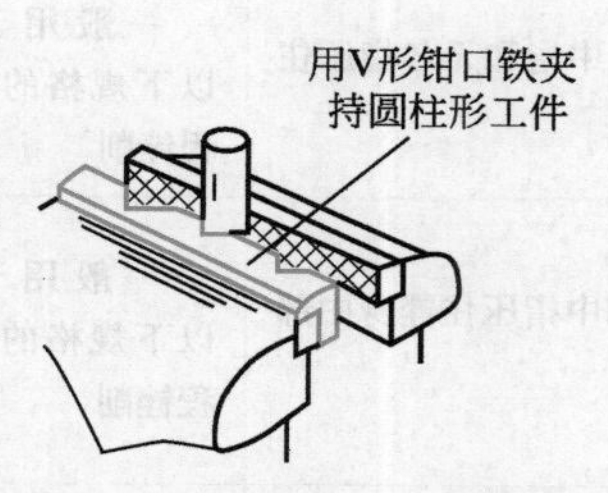

图 9-102 利用 V 形钳口铁装夹工件

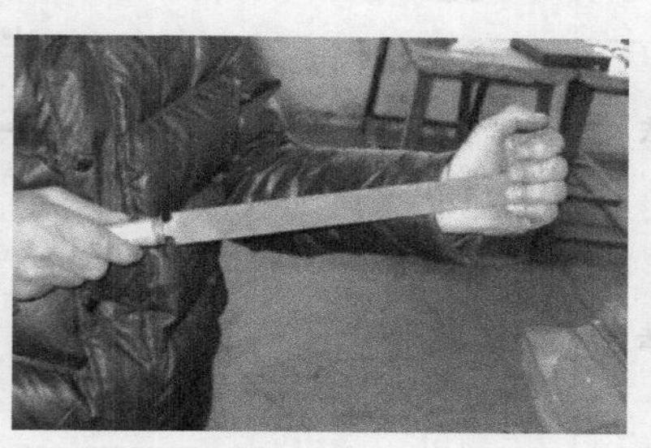
图 9-103 锉刀的一般握法

由于锉刀的种类很多，锉刀的握法也随锉刀的大小与使用场合的不同而改变，但概括起来主要有两种形式，即锉柄握法和锉身握法。

锉柄握法主要有拇指压柄法、食指压柄法和抱柄法三种，见表 9-11。

表 9-11 锉柄握法

方法	图示	说明	应用
拇指压柄法		右手拇指向下压住锉柄，其余四指环握锉柄	使用最多
食指压柄法		右手食指前端压住锉身上面，拇指伸直贴住锉柄（或锉身）侧面，其余三指环握锉柄	主要用于整形锉刀以及 200mm 及以下规格锉刀的单手锉削
抱柄法		双手拇指并拢向下压住锉柄，双手其余手指抱拳环握锉柄	主要用于整形锉刀以及 200mm 及以下规格的锉刀进行孔、槽的加工

锉身握法主要有八种（以扁锉为例），见表 9-12。

表 9-12 锉身握法

方法	图示	说明	应用
前掌压锉法		左手手掌自然伸展，掌面压住锉身前部刀面	一般用于 300mm 及以上规格的锉刀进行全程锉削
扣锉法		左手拇指压住刀面，食指和中指扣住锉梢端面	应用较多
捏锉法		左手食指、中指相对捏住锉梢前端	主要用于锉削曲面

续表

方法	图示	说明	应用
中掌压锉法		左手手掌自然伸展，掌面压住锉身中部刀面	一般用于 300mm 及以上规格的锉刀进行短程锉削
三指压锉法		左手食指、中指和无名指压住锉身中部刀面	一般用于 250mm 及以下规格的锉刀进行短程锉削
双指压锉法		左手食指和中指压住锉身中部刀面	一般用于 200mm 及以下规格的锉刀进行短程锉削
八字压锉法		左手拇指与食指、中指呈“八”字状压住锉身刀面	一般用于 250mm 及以下规格的锉刀进行短程锉削
双手横握法		双手拇指与其余手指相对夹住锉身侧刀面	一般用于横推锉削

(5）锉削动作准备

锉削时，对手臂姿态的要求是：要以锉刀纵向中心线（或轴线）为基准，右手持锉柄时，前臂、上臂基本与锉刀纵（轴）向中心在一个垂直平面内，并与身体正面大约成 45° 角，如图 9-104 所示。在锉削过程中，应始终保持这种姿态。

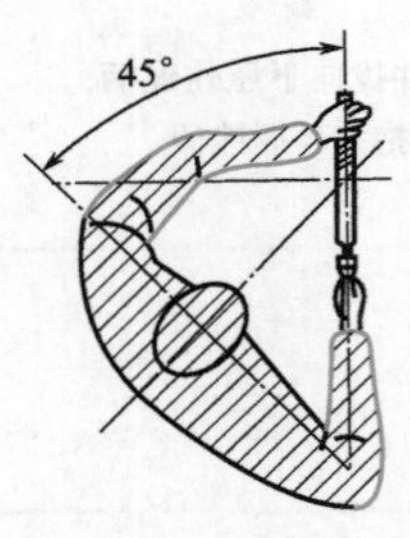

图 9-104　手臂姿态

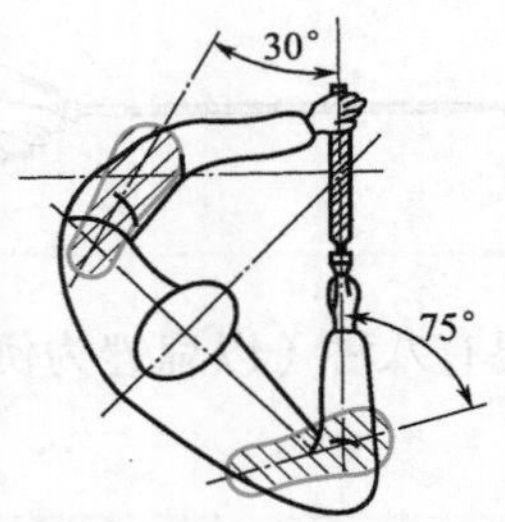

图 9-105　站立姿态

锉削时，对站立姿态的要求是：要以锉刀纵（轴）向中心线的垂直投影线为基准，两脚跟距离大约同肩宽，右脚与锉刀纵（轴）向中心线的垂直投影线大约成 75° 角，且右脚的前 1/3 处踩在投影线上；左脚与锉刀纵（轴）向中心线的垂直投影线大约成 30° 角，如图 9-105 所示。在锉削过程中，应始终保持这种姿态。

锉削操作时，可将一个锉削行程分为锉刀推进行程和锉刀回退行程两个阶段。锉削速度一般为 40 次 /min 左右，推进行程时稍慢，回退行程时稍快。

为充分理解削动作中的姿态特点，将锉刀面三等分，据此将锉刀推进行程又分为前 1/3 推进行程、中 1/3 推进行程和后 1/3 推进行程三个细分阶段。各阶段的操作要点如下。

① 准备动作　左右脚按照站立姿态要领站好，左腿膝关节稍微弯曲，右腿绷直（右腿在整个锉削过程中始终都处于绷直状态），身体前倾 10° 左右，身体重心分布于左右脚，右肘关节尽量后抬，锉梢前部锉刀面准备接触工件表面，如图 9-106 所示。

② 前 1/3 推进行程　身体前倾 15° 左右，同时带动右臂向前进行前 1/3 推进行程。此时左腿膝关节仍保持弯曲，身体重心开始移向左脚，左手开始对锉刀施加压力，如图 9-107（a）所示。

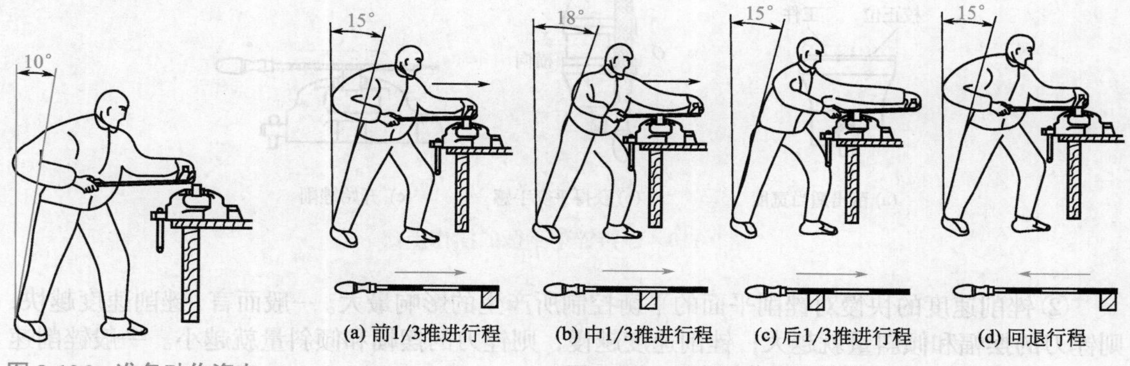

图 9-106　准备动作姿态

(a) 前1/3推进行程　(b) 中1/3推进行程　(c) 后1/3推进行程　(d) 回退行程

图 9-107　锉削动作姿态的分解

③ 中 1/3 推进行程　身体继续前倾至 18° 左右，并继续带动右臂向前进行中 1/3 推进行程。此时左腿膝关节弯曲到位，身体重心大部分移至左腿，左手施加的压力为最大，如图 9-107（b）所示。

④ 后 1/3 推进行程　当开始后 1/3 推进行程时，身体停止前倾并开始回退至 15° 左右，在回退的同时，右臂继续向前进行后 1/3 推进行程。此时左臂尽量伸展，左手施加的压力逐渐减小，身体重心后移，如图 9-107（c）所示。

⑤ 回退行程　后 1/3 推进行程完成后，左右臂可稍停顿一下，然后将锉刀稍抬起一点，回退至前 1/3 推进行程开始阶段，也可以贴着工件表面（左手对锉刀不施加压力）回退，如图 9-107（d）所示。至此，一个锉削行程全部完成了。

9.3.3　常见形状的锉削操作技法

（1）平面锉削

平面锉削时，锉削若不平衡，使锉刀纵向摆动和横向倾斜，就会产生锉削缺陷。纵向摆动的典型特征是锉削时锉刀容易出现先低后高的现象，把工件表面锉成纵向凸圆弧状，如图 9-108 所示。横向倾斜的典型特征是锉削时锉刀易出现左低右高或左高右低的现象，把工件表面锉成横向倾斜形状，如图 9-109 所示。

图 9-108　把工件表面锉成纵向凸圆弧状

(a) 左低右高　(b) 左高右低

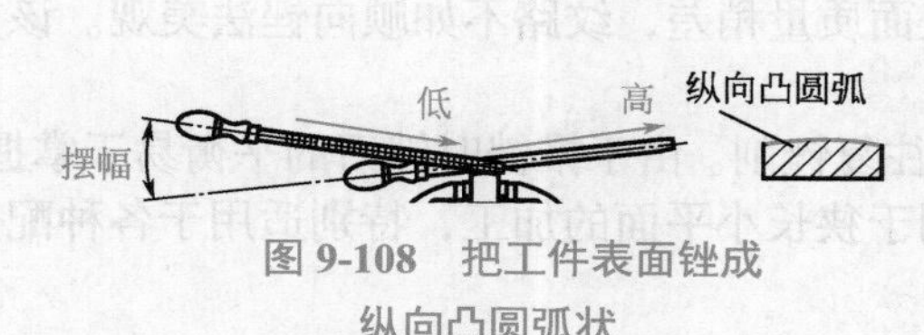

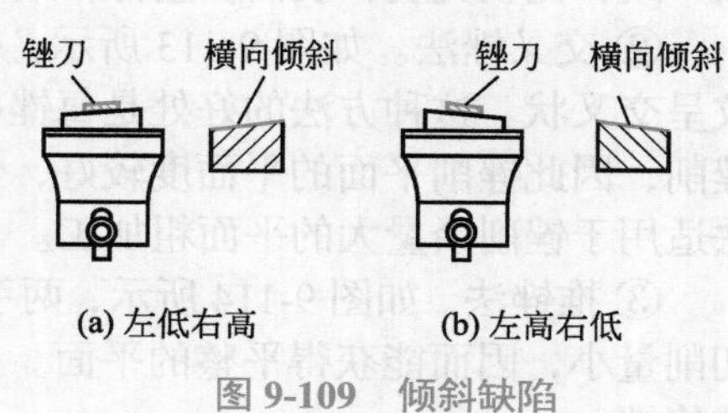

图 9-109　倾斜缺陷

为保持锉削的平衡，平面在锉削时应注意：

① 锉刀的推进行程应平行于钳口平面。在夹持工件时，应在钳口左（或右）侧留出适当宽度的“基准面”作为校正锉刀姿态的“校正位”，如图 9-110（a）所示；再将锉刀面的中间部位轻轻地置于“校正位”，以使双手获得纵、横两个方向的平衡手感，如图 9-110（b）所示；然后再将锉刀移动到工件的表面进行锉削，如图 9-110（c）所示。

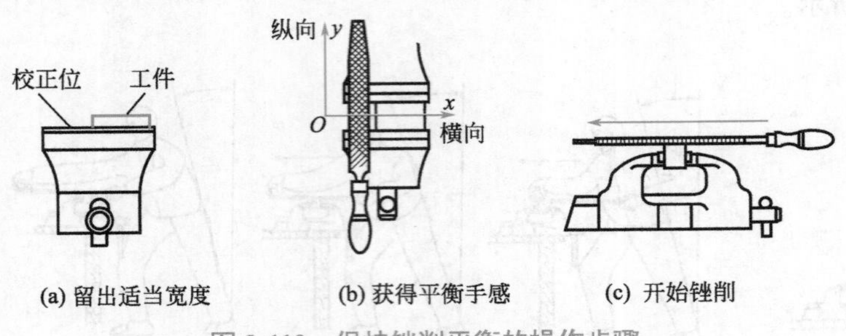

图 9-110　保持锉削平衡的操作步骤

② 锉削速度的快慢对锉削平面的平衡控制所产生的影响最大。一般而言，锉削速度越快，则锉刀的摆幅和倾斜量就越大；锉削速度越慢，则锉刀的摆幅和倾斜量就越小。一般锉削速度以 40 次 /min 左右为宜。

③ 一般来说，锉刀的刀面并不是很平整。以扁锉为例，一般在刀面的纵方向和横截方向都略呈不规则的凸凹状，且每把锉刀凸起面和凹陷面的分布情况都不尽相同，但从横截方向来看，其基本特征有两种，一是刀面横向中凸，如图 9-111（a）所示；二是刀面横向中凹，如图 9-111（b）所示。横向中凹的刀面一般用于粗锉加工，横向中凸的刀面一般用于半精锉或精锉加工。

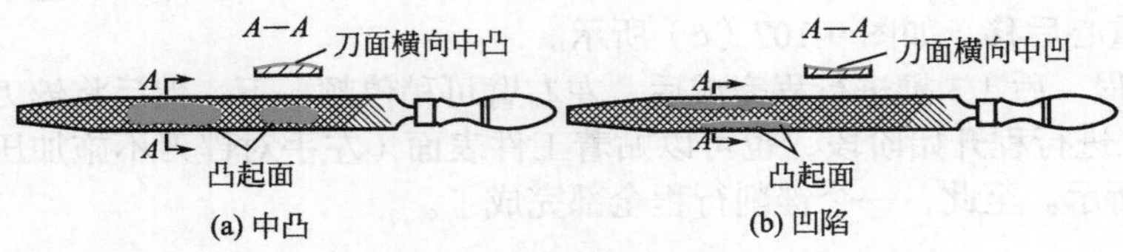

图 9-111　刀面凸起和凹陷的检查

观察刀面状况的方法很简单，先在刀面涂上粉笔灰，并用手指反向压一下，然后在工件表面全程锉削五六次，刀面颜色比较深、比较黑的区域就是凸起面，与工件表面没有接触到的面没有颜色变化，就是凹陷面。

平面锉削的基本方法主要有以下几种。

① 顺向锉法。如图 9-112 所示，锉刀的运动方向始终保持一致。顺向锉锉纹较整齐、清晰一致，比较美观，表面质量低，适用于小平面的精锉的场合。

② 交叉锉法。如图 9-113 所示，锉刀的运动方向为交叉、交替的两个不同方向，故使锉纹呈交叉状。这种方法的好处是每锉一遍都可以从锉纹上判断工件的平面度情况，便于纠正锉削，因此锉削平面的平面度较好，但工件的表面质量稍差，纹路不如顺向锉法美观。该方法适用于锉削余量大的平面粗加工。

③ 推锉法。如图 9-114 所示，两手横握锉刀往复锉削。由于推锉时锉刀的平衡易于掌握，切削量小，因而能获得平整的平面。该方法常用于狭长小平面的加工，特别适用于各种配合的修锉。

图 9-112　顺向锉法

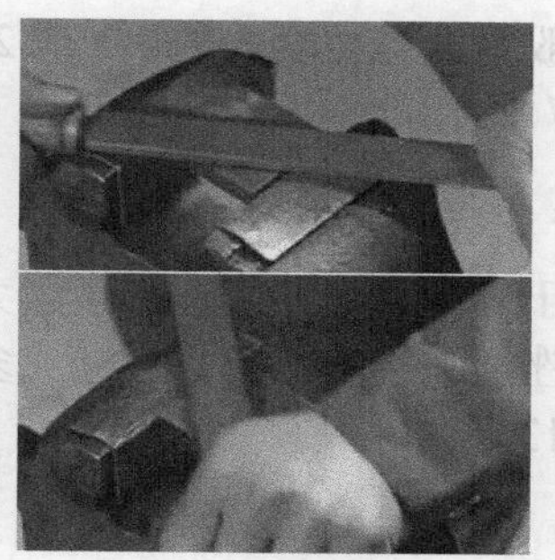
图 9-113　交叉锉法

图 9-114　推锉法

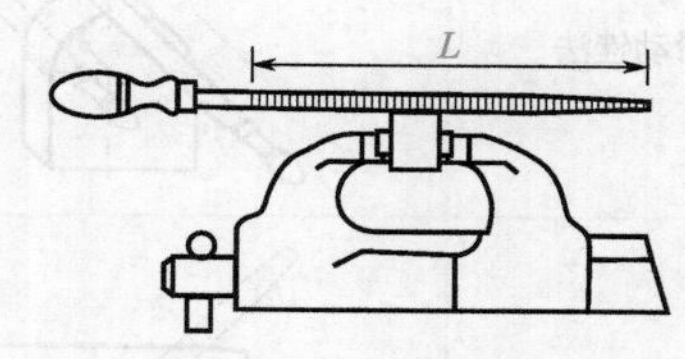

图 9-115　全程锉法

④ 全程锉法。全程锉法是锉刀在推进时，其行程的长度与刀面长度相当的一种锉法，如图 9-115 所示。该方法一般用于粗锉和半精锉加工。

⑤ 短程锉法。短程锉法是锉刀在推进时，其行程长度只是刀面长度 L 的 1/4 ～ 1/2 甚至更短的一种锉法，如图 9-116 所示。该方法一般用于半精锉和精锉加工。

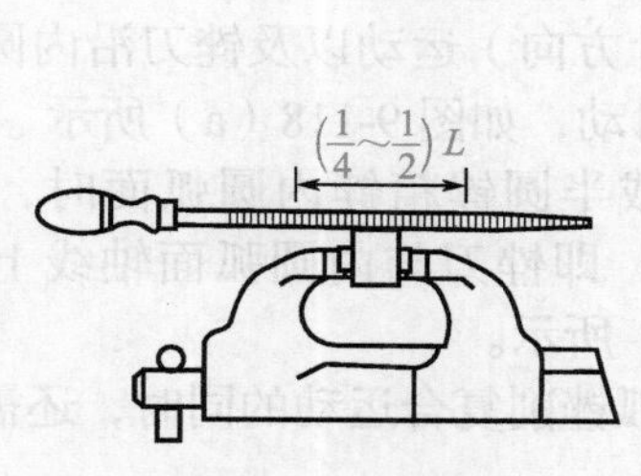

图 9-116　短程锉法

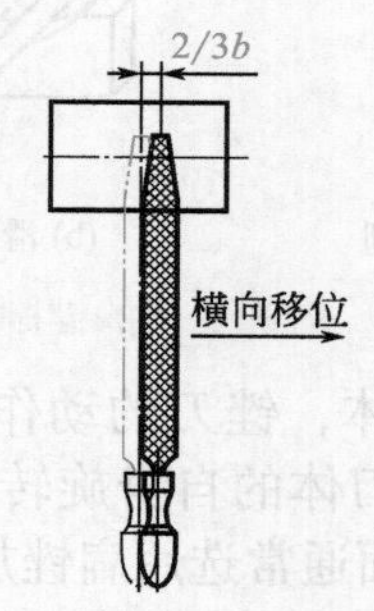

图 9-117　锉刀横向移位

粗锉平面时（当加工余量大于 0.5mm 时），一般选用 300 ～ 350mm 的粗齿、中齿锉刀进行大吃刀量加工，以快速去除工件上大部分余量，留下 0.5mm 左右的半精锉余量。半精锉时（当加工余量为 0.5 ～ 1mm 时），一般选用 200 ～ 300mm 的中齿、细齿锉刀对工件进行小吃刀量加工，留 0.1mm 左右的精锉余量。精锉时（当加工余量小于等于 0.1mm 时），一般选用 100 ～ 200mm 的细齿、双细齿锉刀对工件进行微小吃刀量加工，同时消除半精锉削加工产生的锉痕，达到尺寸和形位精度以及表面粗糙度要求。

对精锉后的工件表面进行理顺锉削纹理方向并进一步降低表面粗糙度的加工（即光整锉削），一般选用 100 ～ 200mm 的双细齿、油光锉刀以及整形锉进行处理，或用砂布、砂纸垫在锉刀下进行打磨。

锉刀在一个平面位置锉削五六次后，要横向移动到一个待加工位置再锉削，横向移动的

距离一般为锉身宽度 b 的 1/2 或 2/3，另外 1/2 或 1/3 的锉身宽度应覆盖在已加工位置上，如图 9-117 所示。

（2）曲面锉削的操作技法

对于外圆弧面，当锉削余量大时，应分步采用粗锉、精锉加工，即先用顺向锉法横对着圆弧面锉削，按圆弧的弧线锉成多边棱形，最后再精锉外圆弧面。精锉的方法主要有两种，见表 9-13。

表 9-13 外圆弧面精锉方法

方法	图示	说明
轴向滑动锉法		操作时，锉刀在作与外圆弧面轴线相平行的推进的同时，还要作沿外圆弧面向右或向左的滑动
周向摆动锉法		操作时，在锉刀作与外圆弧面轴线相平行推进的同时，右手还要作一个沿圆弧面垂直下压锉柄的摆动

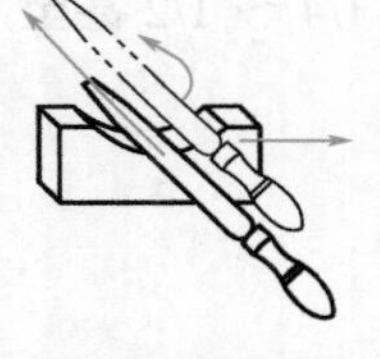

(a) 横向滑动锉削

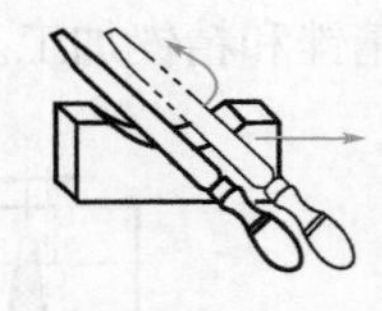

(b) 滑动锉削

图 9-118 内圆弧面的锉削方法

内圆弧面的锉削通常选用圆锉、半圆锉或方锉（弧半径较大时）来完成。用圆锉或半圆锉粗锉内圆弧面时，锉刀的动作要同时合成三个运动，即锉刀与内圆弧面轴线平行的推进运动和锉刀刀体的自身旋转（顺时针或逆时针方向）运动以及锉刀沿内圆弧面向右或向左的横向滑动，如图 9-118（a）所示 。

用圆锉或半圆锉精锉内圆弧面时，采用双手横握法握持刀体，锉刀的动作要同时合成两个运动，即锉刀与内圆弧面轴线上垂直的推进运动和锉刀刀体的自身旋转运动，如图 9-118（b）所示。

锉削球面通常选用扁锉加工。锉刀在完成外圆弧锉削复合运动的同时，还需要环绕中心作周向摆动，其操作方法见表 9-14。

表 9-14 球面锉削的方法

方法	图示	说明
纵倾横向滑动锉法		锉刀根据球面半径 SR 摆好纵向倾斜角度 α，并在运动中保持平稳，锉刀在作推进的同时，还要作自左向右的弧形滑动
侧倾垂直摆动锉法		操作时，锉刀根据球面半径 SR 摆好侧倾斜角度 α，并在运动中保持平稳，在锉刀作推进的同时，右手还要垂直下压摆动锉柄

无论是采用纵倾横滑动锉法，还是采用侧倾垂直摆动锉法，都应把球面分成四个区域进行对称锉削，依次循环地锉至球面顶部，如图 9-119 所示。

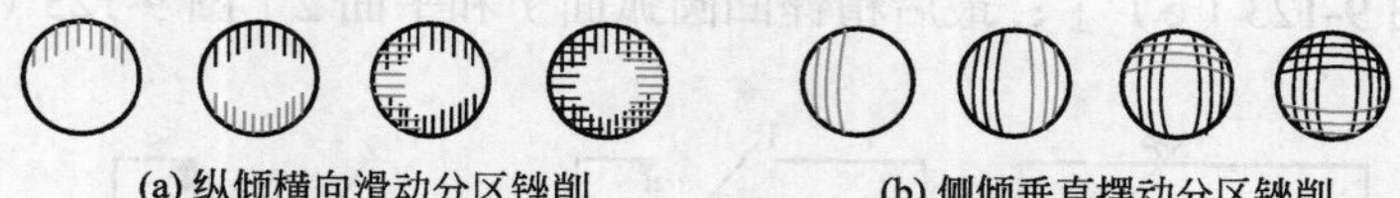
(a) 纵倾横向滑动分区锉削　　(b) 侧倾垂直摆动分区锉削

图 9-119　分区对称锉削示意图

（3）形面锉削的操作技法

① 清角的锉削操作　如图 9-120 所示，为防止加工干涉或便于装配和形面加工，需将工件内棱角处加工出一定直径的工艺孔或一定边长的工艺槽，这些工艺孔和槽称为清角。

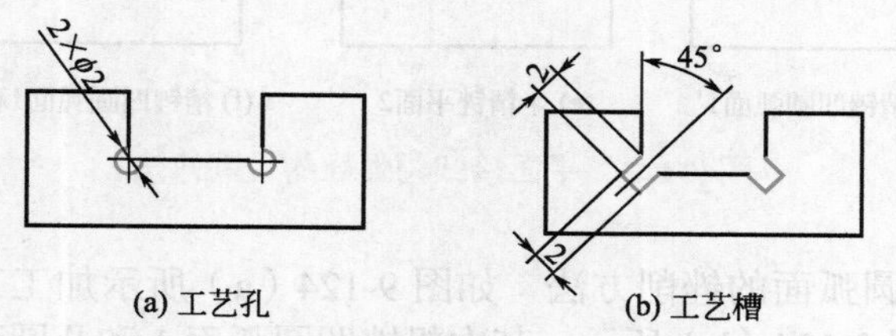

(a) 工艺孔　　(b) 工艺槽

图 9-120　清角

② 将四方体改锉成圆柱体的锉削方法　操作时，首先粗锉、精锉纵向四面至尺寸要求，如图 9-121（a）所示；然后将正四棱柱改锉成正八棱柱，锉削其纵向四面至尺寸要求，如图 9-121（b）所示；根据工件直径，还可将正八棱柱改锉成正十六棱柱，锉削其纵向八面至尺寸要求，如图 9-121（c）所示。一般分面越多就越接近圆柱体，精锉时可采用轴向滑动锉法或周向摆动锉削，如图 9-121（d）所示。

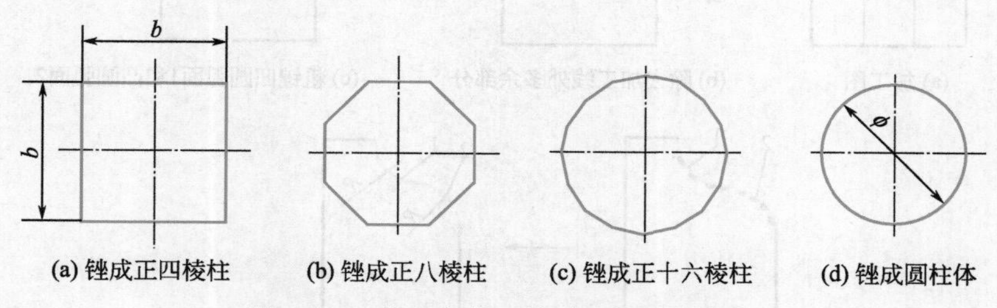

(a) 锉成正四棱柱　(b) 锉成正八棱柱　(c) 锉成正十六棱柱　(d) 锉成圆柱体

图 9-121　将四方体改锉成圆柱体的方法

③ 两平面接凸圆弧面的锉削方法　如图 9-122（a）所示，首先粗、精锉相邻两平面（1、2 面），达到图样要求；然后除去一角，如图 9-122（b）所示；最后粗、精锉圆弧面并达到要求，如图 9-122（c）所示。

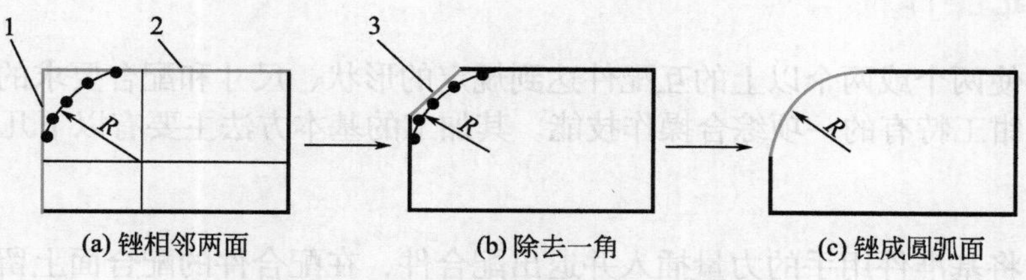

(a) 锉相邻两面　(b) 除去一角　(c) 锉成圆弧面

图 9-122　两平面接凸圆弧面的锉削方法

④平面接凹圆弧面的锉削方法　如图 9-123（a）所示的工件，首先粗锉凹圆弧面 1［图 9-123（b）］；其次粗锉平面 2［图 9-123（c）］；然后半精锉凹圆弧面 1［图 9-123（d）］，半精锉平面 2［图 9-123（e）］；最后精锉凹圆弧面 1 和平面 2［图 9-123（f）］。

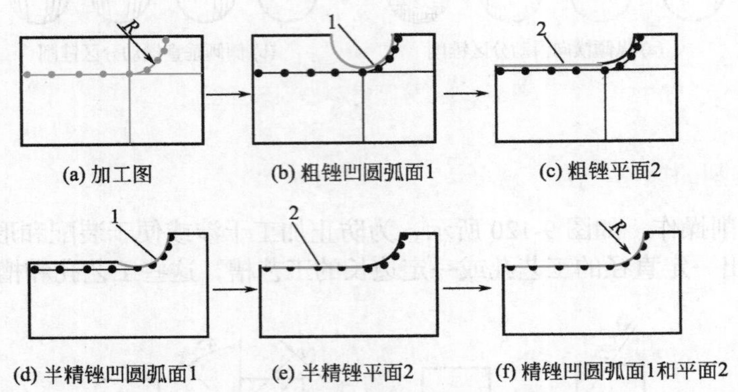

图 9-123　平面接凹圆弧面的锉削方法

⑤ 凸圆弧面接凹圆弧面的锉削方法　如图 9-124（a）所示加工工件，锉削前先除去加工线外多余部分，如图 9-124（b）所示；其次粗锉凹圆弧面 1 和凸圆弧面 2，如图 9-124（c）所示；然后半精锉凹圆弧面 1 和凸圆弧面 2，如图 9-124（d）所示；最后精锉凹圆弧面 1 和凸圆弧面 2，如图 9-124（e）所示。

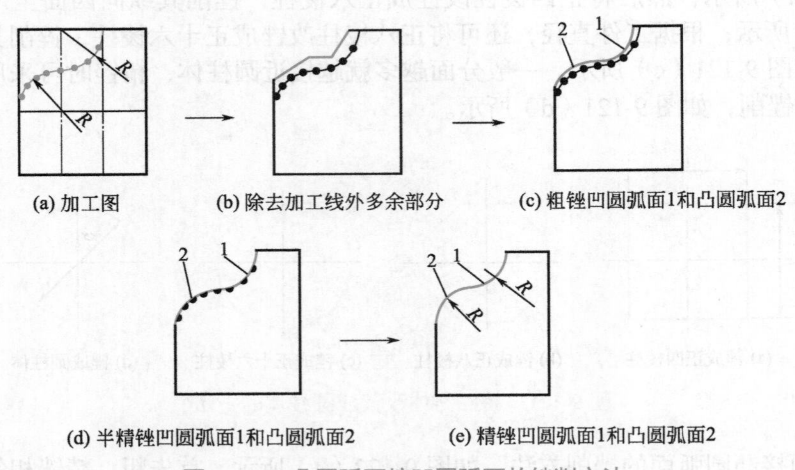

图 9-124　凸圆弧面接凹圆弧面的锉削方法

9.3.4　锉配操作

通过锉削使两个或两个以上的互配件达到规定的形状、尺寸和配合要求的加工操作称为锉配。锉配是钳工特有的一项综合操作技能。其加工的基本方法主要有以下几种：

（1）试配

锉配时，将基准件用手的力量插入并退出配合件，在配合件的配合面上留下接触痕迹以确定修锉部位的操作称为试配。

（2）同向锉配

锉配时，将基件的某个基准面与配合件的相同基准面置于同一个方向上进行试配、修锉和配入的操作称为同向锉配，如图 9-125 所示。

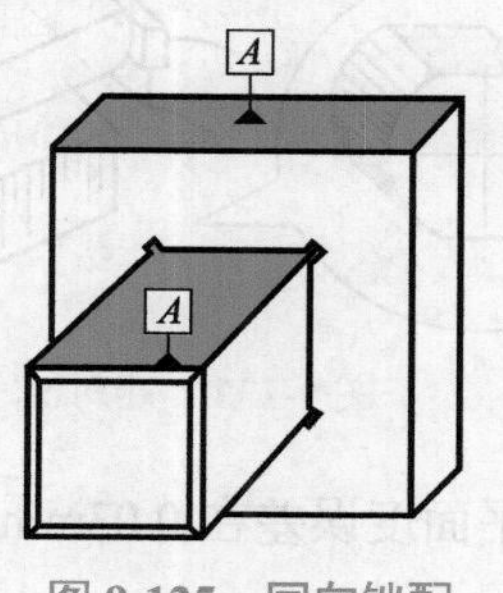

图 9-125 同向锉配

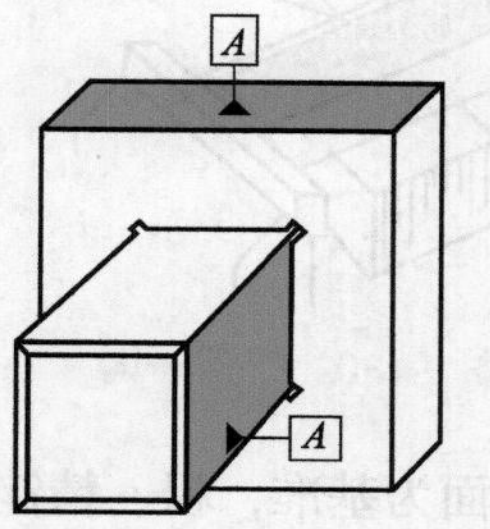

图 9-126 换向锉配

（3）换向锉配

锉配时，将基准件的某个基准面进行径向或轴向的位置转换，再进行试配、修锉和配入的操作称为换向锉配，如图 9-126 所示。

9.3.5 锉削操作实例

（1）六方体的锉削

六方体锉削图样如图 9-127 所示。

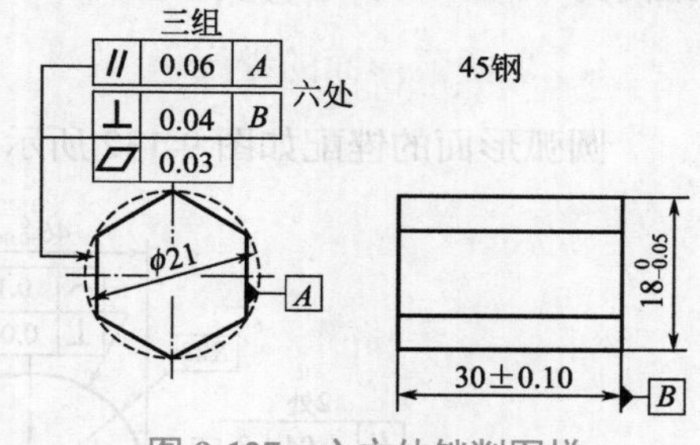

图 9-127 六方体锉削图样

操作步骤与方法为：

① 将坯料放在 V 形铁上，用高度尺划出锉削加工线，并打样冲眼，如图 9-128 所示。

② 工件用台虎钳装夹，下面垫垫角，并使其高出钳口约 10mm，如图 9-129 所示。

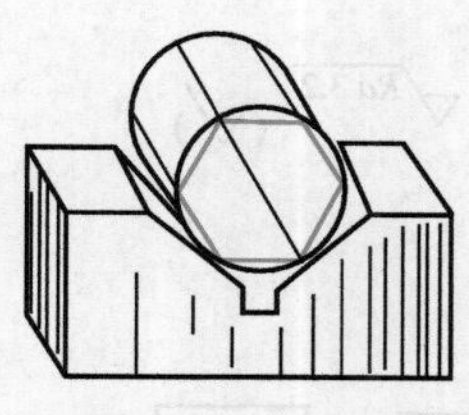

图 9-128 划加工线

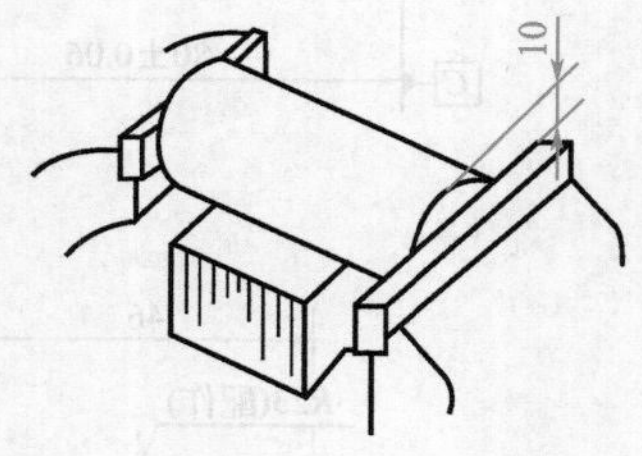

图 9-129 工件装夹

③ 按划线位置，粗、精锉第一面，要求平面度误差在 0.03mm 以内，与圆柱轴心的距离为 $9_{-0.025}^{0}$mm，*B* 面的垂直度误差在 0.04mm 以内，如图 9-130 所示。

④ 按划线位置正确装夹工件，以第一面为基准，粗、精锉其相对面，要求平面度误差在 0.03mm 以内，与第一面的距离为 $18_{-0.05}^{0}$ mm，平行度误差在 0.06mm 以内，如图 9-131 所示。

⑤ 将工件翻转 120° 装夹并按划线位置找正，粗、精锉第三面，要求平面度误差在 0.03mm 以内，与圆柱轴心的距离为 $9_{-0.025}^{0}$ mm，*B* 面的垂直度误差在 0.04mm 以内，与第一面的夹角为 120°。

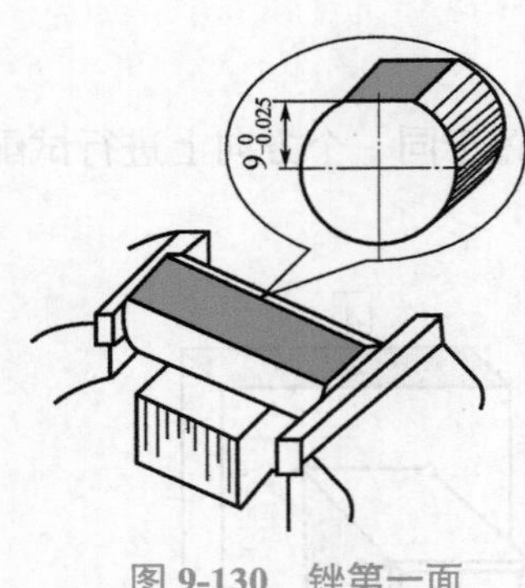

图 9-130　锉第一面

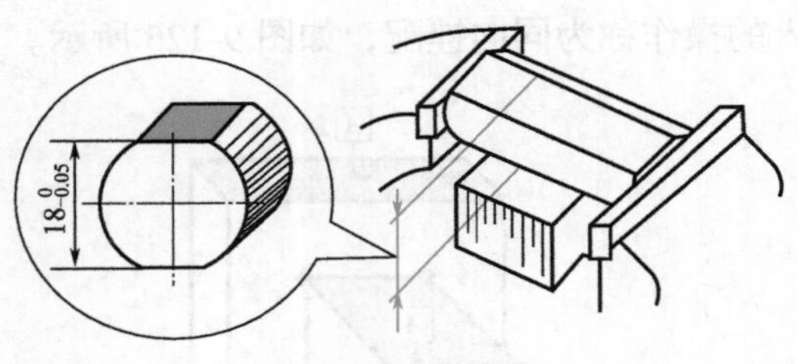

图 9-131　锉对面

⑥ 以第三面为基准，粗、精锉其相对面，要求平面度误差在 0.03mm 以内，与第一面的距离为 $18^{\ 0}_{-0.05}$ mm，平行度误差在 0.06mm 以内。

⑦ 粗、精锉第五面，要求平面度误差在 0.03mm 以内，与圆柱轴心的距离为 $9^{\ 0}_{-0.025}$ mm，*B* 面的垂直度误差在 0.04mm 以内，与第一、二面的夹角均为 120°。

⑧ 以第五面为基准，粗、精锉其相对面，要求平面度误差在 0.03mm 以内，与第五面的距离为 $18^{\ 0}_{-0.05}$ mm，平行度误差在 0.06mm 以内。

（2）圆弧形面的锉配

圆弧形面的锉配如图 9-132 所示。

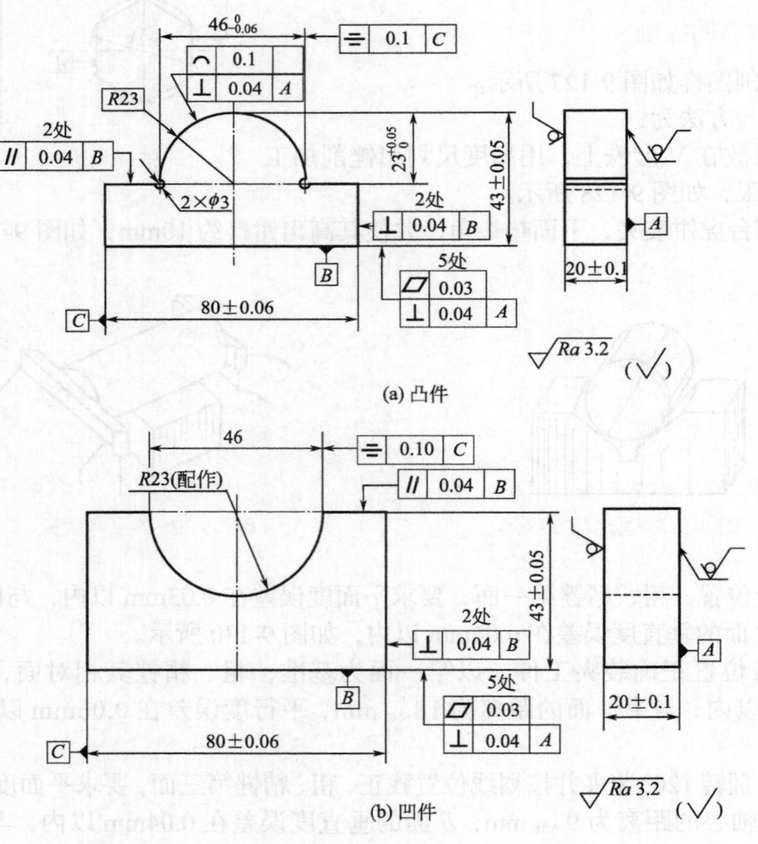

(a) 凸件

(b) 凹件

图 9-132　圆弧形面的锉配

① 凸件加工。操作步骤与方法为：

a. 准备 82mm×45mm×20mm 方块钢料，并清理坯料毛刺等。

b. 如图 9-133 所示，先粗、精锉 *B* 基准面，使其达到平面度和与 *A* 基准面的垂直度要求；然后粗、精锉 *B* 基准面的对面，使其达到尺寸、平面度、平行度和与 *A* 基准面的垂直度要求；再粗、精锉 *C* 基准面，使其达到平面度和与 *A*、*B* 基准面的垂直度要求；接着粗、精锉 *C* 基准面的对面，使其达到尺寸、平面度、平行度和与 *A*、*B* 基准面的垂直度要求；最后光整锉削，理顺锉纹，使四面锉纹纵向达到表面粗糙度要求，同时四周倒角 *C*0.4。

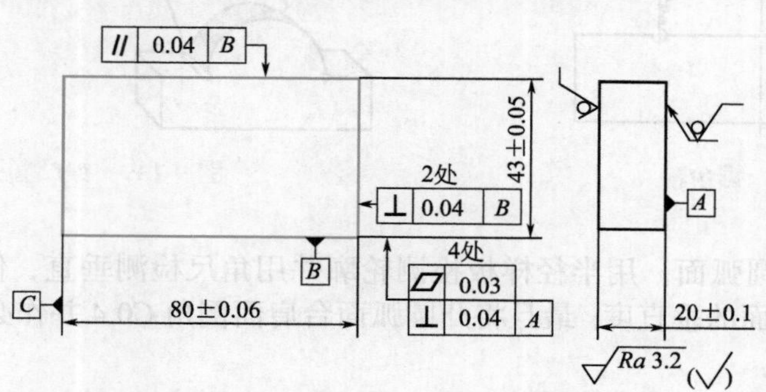

图 9-133　凸件外形轮廓加工

c. 根据图样尺寸，划出凸圆弧轮廓加工线，检查无误后在相关各面打上样冲眼，如图 9-134 所示。

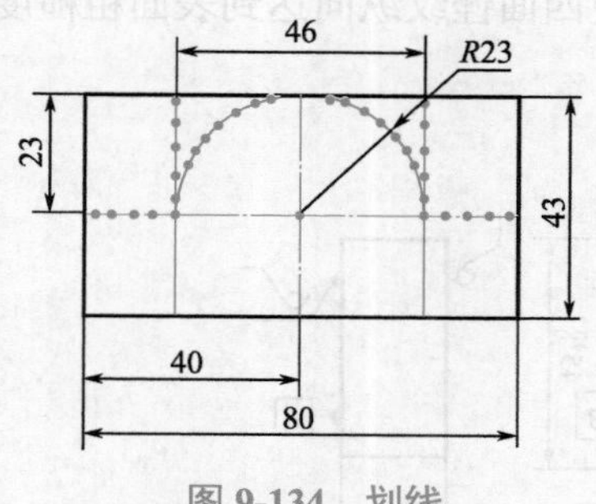

图 9-134　划线

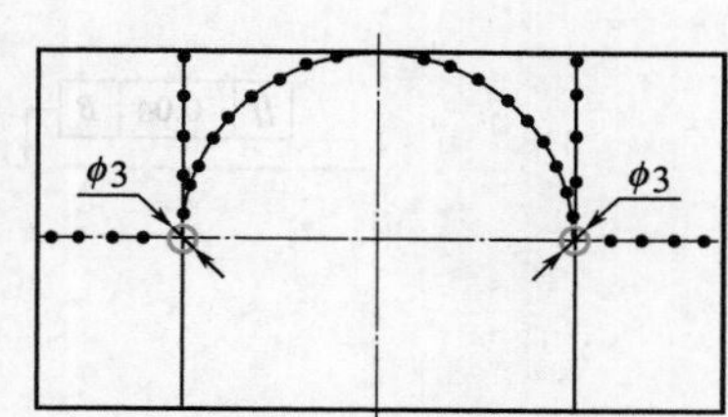

图 9-135　钻工艺孔

d. 选用 ϕ3mm 麻花钻在相应位置钻出 2×ϕ3mm 工艺孔，如图 9-135 所示。

e. 按划线锯除右侧一角，留 1mm 粗锉余量，粗、精锉右台肩面 1，用工艺尺寸 $20^{0}_{-0.05}$ mm 间接控制凸圆弧高度尺寸 $23^{+0.05}_{0}$ mm；注意控制右台肩 1 与基准面 *B* 的平行度、与 *A* 基准面的垂直度及自身的平面度，如图 9-136 所示。

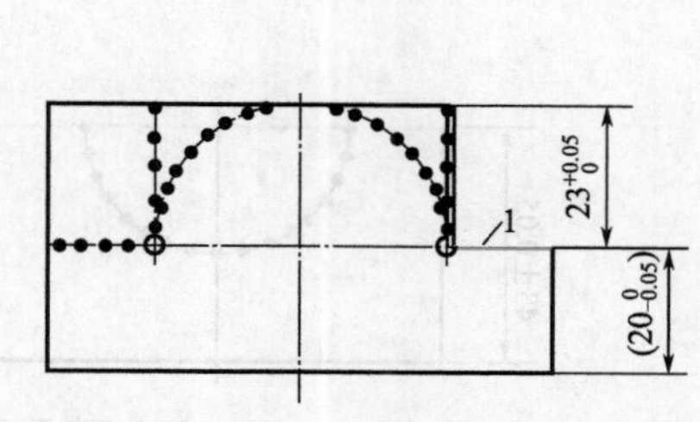

图 9-136　锉右台肩面 1

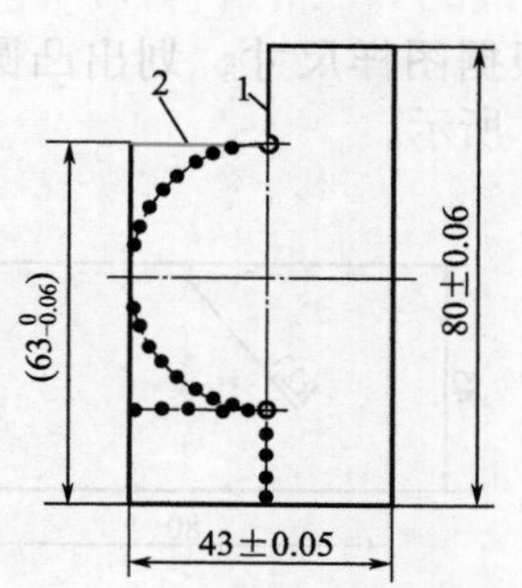

图 9-137　锉右垂直面 2

f. 粗、半精锉右垂直面 2，用工艺尺寸 $63_{-0.06}^{0}$ mm 间接控制与 *C* 基准面的对称度要求，注意控制与 *A* 基准面的垂直度以及自身平面度，如图 9-137 所示。

g. 采用与上述相同的方法粗、精锉左端台肩面、垂直面。

h. 根据划线要求，锯除凸圆弧加工线外多余部分，如图 9-138 所示。

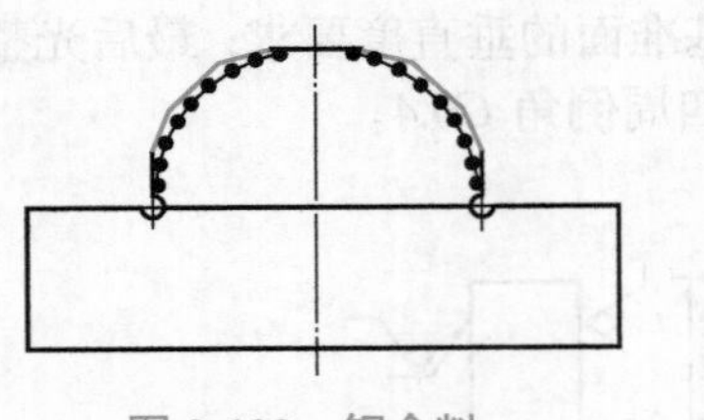

图 9-138　锯余料

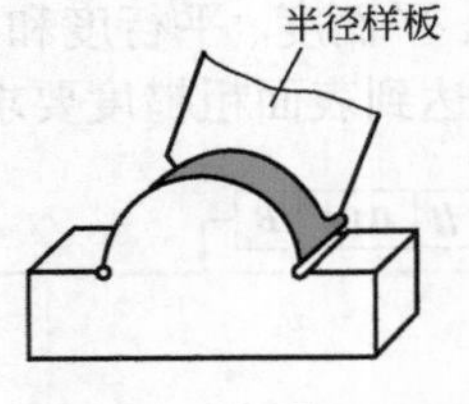

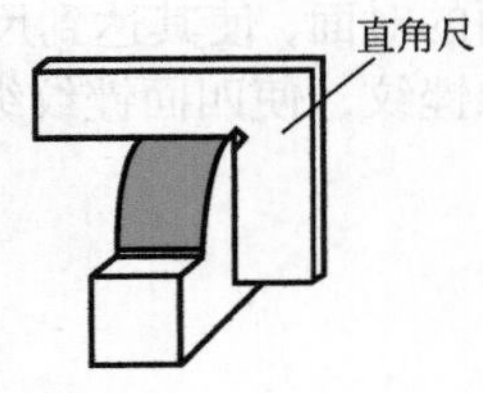

图 9-139　锉凸圆弧

i. 粗、精锉凸圆弧面，用半径样板检测轮廓并用角尺检测垂直，使其达到图样要求的轮廓度和与 *A* 基准面的垂直度；最且将凸圆弧面台肩面倒角 *C*0.4 并作必要修整，如图 9-139 所示。

② 凹件加工。操作步骤与方法为：

a. 清理坯料毛刺等，按图 9-140 所示要求，粗、精锉 *B* 基准面，使其达到高度尺寸 $45_{0}^{+0.2}$ mm、平面度和与 *A* 基准面的垂直度要求；然后粗、精锉 *C* 基准面，使其达到平面度和与 *A*、*B* 基准面的垂直度要求；再粗、精锉 *C* 基准面的对面，使其达到尺寸、平面度和与 *A*、*B* 基准面的垂直度要求；最后光整锉削，理顺锉纹，使四面锉纹纵向达到表面粗糙度要求，同时四周倒角 *C*0.4。

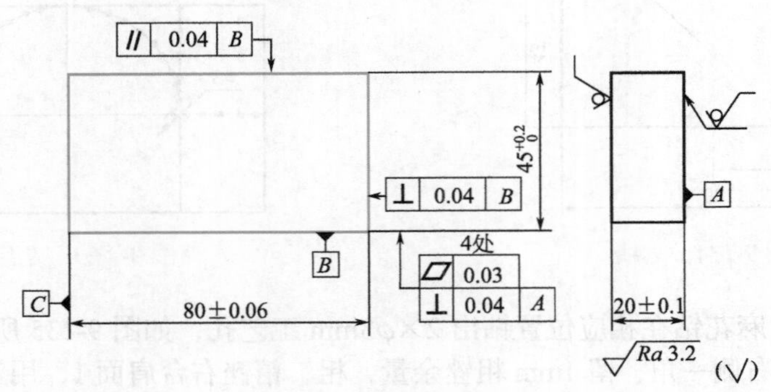

图 9-140　凹件外形轮廓加工

b. 根据图样尺寸，划出凸圆弧轮廓加工线，检查无误后在相关各面打上样冲眼，如图 9-141 所示。

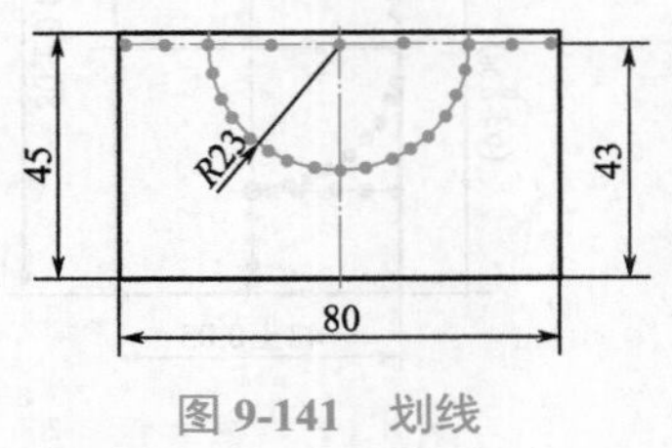

图 9-141　划线

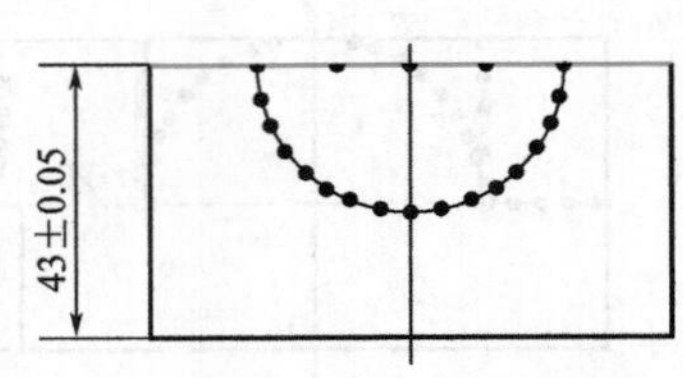

图 9-142　锉 *B* 基准面对面

c. 锉 B 基准面对面，使其达到尺寸 (43±0.05)mm、平面度和与 A、B 基准面的垂直度要求，倒角 $C0.4$，如图 9-142 所示。

d. 按划线位置要求先钻出工艺排孔，再采用手锯将多余部分交叉锯掉，留 1mm 的粗锉余量，如图 9-143 所示。

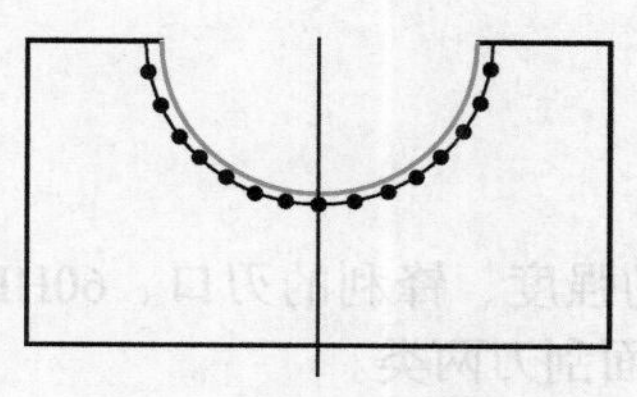

图 9-143 除余料

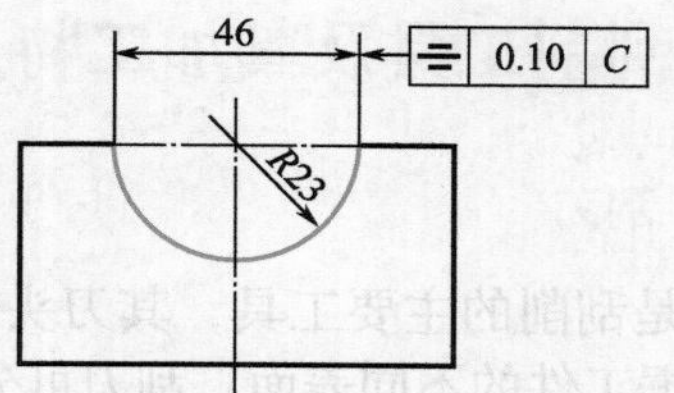

图 9-144 锉凹圆弧面

e. 粗、半精锉凹圆弧面，控制与 A 基准面的垂直度要求，倒角 $C0.4$，留 0.1mm 的锉配余量，如图 9-144 所示。

③ 锉配。完成凹圆弧面的半精锉后，就可进行圆弧面的锉配加工。操作步骤与方法为：

a. 在凹圆弧面上涂抹显示剂，然后把凸件与凹件进行同向试配，观察接触痕迹，确定修锉部位并进行修锉，如图 9-145 所示。

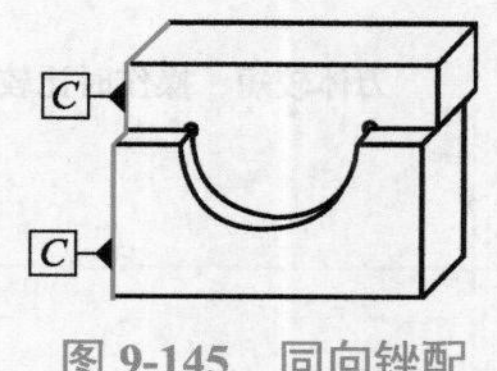

图 9-145 同向锉配

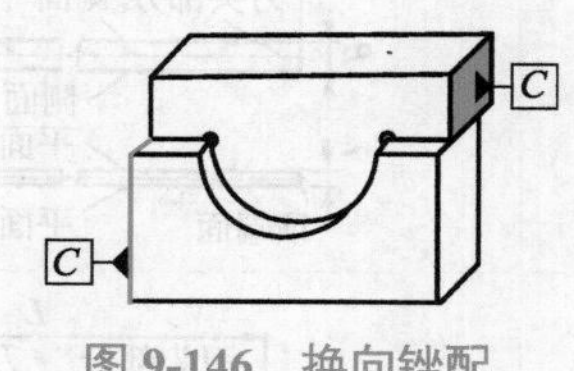

图 9-146 换向锉配

b. 同向锉配后，再在凹圆弧面上涂抹显示剂，把凸件径向旋转 180° 与凹件进行换向试配，观察接触痕迹，确定修锉部位并进行修锉，如图 9-146 所示。

凸、凹圆弧体锉配时易出现配入后圆弧面间局部间隙过大而坡差和侧面错位时超差等缺陷，如图 9-147 所示。只有当凸件全部配入，且换向配合间隙小于 0.1mm，侧面错位量小于等于 0.1mm 时，锉配才算完成。

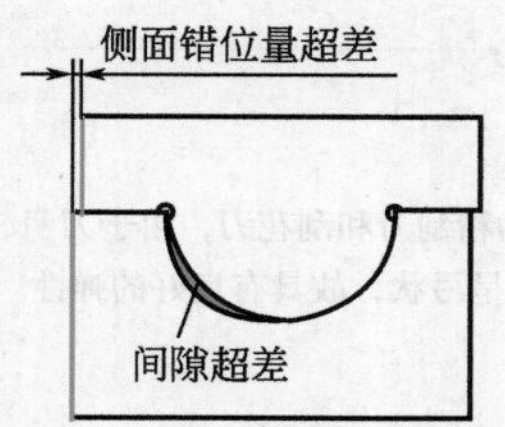

图 9-147 圆弧体锉配缺陷

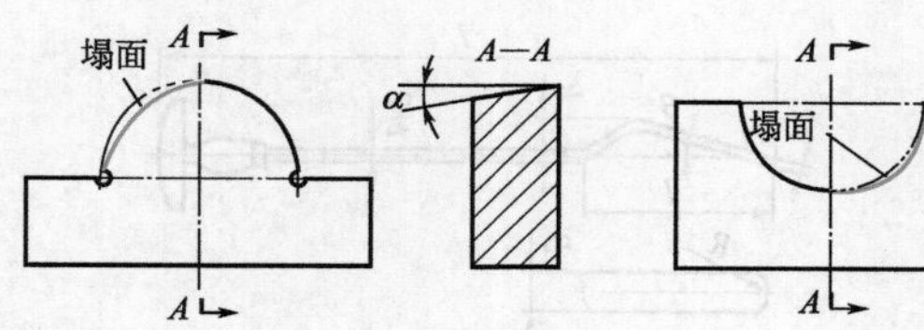

图 9-148 锉配塌面缺陷

另外，在进行锉配时，要根据试配痕迹谨慎修锉凸、凹圆弧面，以防局部修锉过多而造成塌面缺陷，如图 9-148 所示。

9.4 刮削与研磨

9.4.1 刮削工具及其加工特点

（1）刮刀

刮刀是刮削的主要工具，其刀头部分要求有足够的强度、锋利的刃口、60HRC左右的硬度。根据工件的不同表面，刮刀可分为平面刮刀和曲面刮刀两类。

① 平面刮刀　平面刮刀主要用来刮削平面，也可用来刮削外曲面。

a. 平面刮刀的种类。按结构形式的不同，常用的平面刮刀可分为手握刮刀、挺刮刀、活头刮刀、弯头刮刀和钩头刮刀五种，见表9-15。按刮削精度要求的不同，平面刮刀又可分为粗刮刀、细刮刀和精刮刀三种。表9-16列出了平面刮刀的规格。

表9-15　平面刮刀的种类与特点

种类	图示	特点
手握刮刀	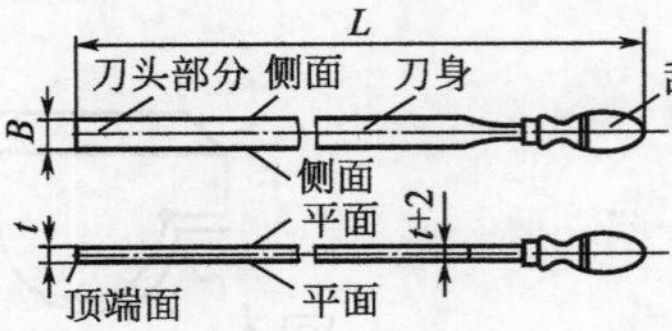 L；刀头部分　侧面　刀身　刮刀柄；B；侧面；平面；t；t/2；顶端面　平面	刀体较短，操作时比较灵活方便
挺刮刀	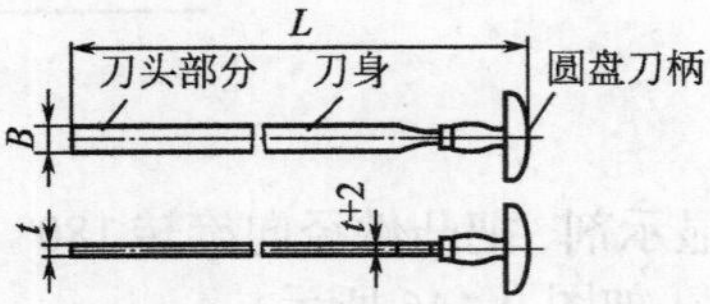 L；刀头部分　刀身　圆盘刀柄；B；t；t/2	刀体较长，刀柄为木质圆盘，刀体具有较好的弹性
活头刮刀	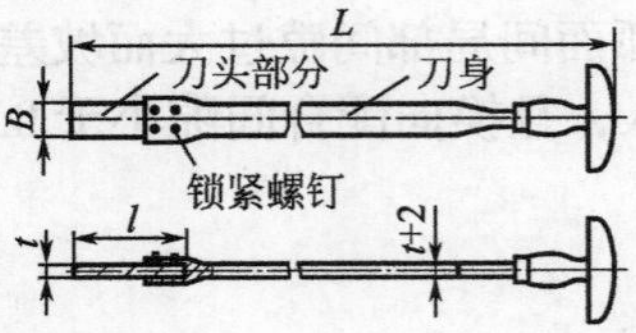 L；刀头部分　刀身；B；锁紧螺钉；t；l；t/2	刀头一般采用碳素工具钢和轴承钢制作，刀身则采用中碳钢制作
弯头刮刀	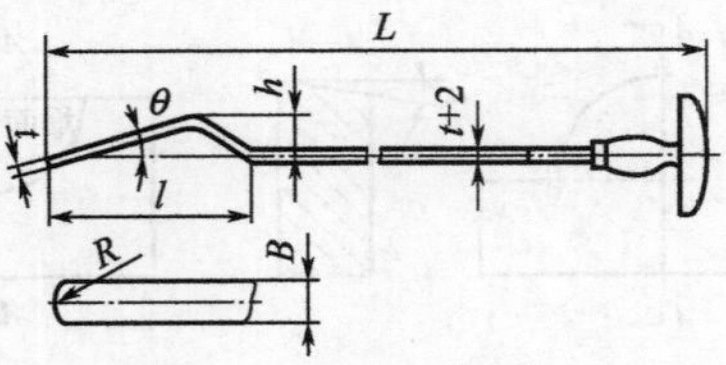 L；θ；h；t/2；t；l；R；B	又称为精刮刀和刮花刀，由于刀身较窄且刀头部分呈弓状，故具有良好的弹性
钩头刮刀	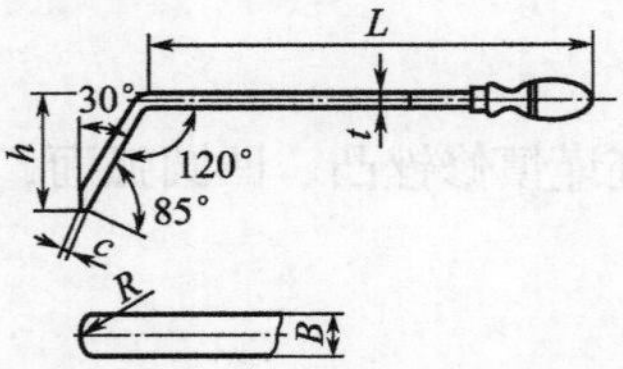 L；30°；h；t；120°；85°；c；R；B	刀身呈弯曲状

表 9-16 平面刮刀的规格 mm

种类	尺寸					
	全长 L	刀头长度 l	刀身宽度 B	刀口厚度 t	刀头倾角 θ	刀弓高度 h
粗刮刀	450 ～ 600	40 ～ 60	25 ～ 30	3 ～ 4	10° ～ 15°	10 ～ 15
细刮刀	400 ～ 500		15 ～ 20	2 ～ 3		
精刮刀	400 ～ 500		10 ～ 12	1.5 ～ 2		

b. 平面刮刀的几何角度。平面刮刀的几何角度见表 9-17。

表 9-17 平面刮刀的刀头形状和几何角度

种类	图示	说明
粗刮刀	2.5°；2.5°	切削刃平直，顶端角度为 90° ～ 92°30′
细刮刀	2.5°；2.5°；2.5°	刀刃稍带圆弧，顶端角度为 95°
精刮刀	5°；2.5°；2.5°	切削刃带圆弧，顶端角度为 97°30′ 左右

c. 平面刮刀的刃磨与热处理。

● 将刮刀两平面贴在砂轮侧面上，开始时应先接触砂轮边缘，再慢慢平放在侧面上，不断前后移动进行粗磨，使两面平整，如图 9-149（a）所示。

(a) 粗磨平面

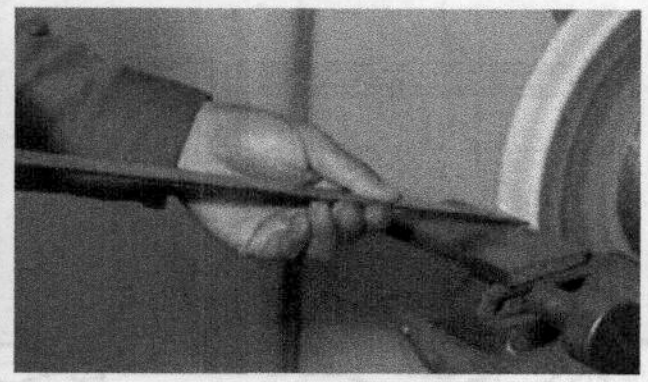
(b) 磨顶端

图 9-149 平面刮刀的粗磨

● 再将刮刀顶端放在砂轮轮缘上平稳地左右刃磨，如图 9-149（b）所示。

● 将刮刀放入炉火中（或用其他方法）加热至 780 ～ 800℃（呈樱红色），如图 9-150（a）所示，加热长度在 25mm 左右。加热至要求后，迅速将刮刀放入冷水（或质量分数为 10% 的盐水）中冷却，如图 9-150（b）所示。

● 热处理后的刮刀在细砂轮上细磨，如图 9-151 所示，使其基本达到刮刀形状和几何角度要求。

(a) 加热

(b) 冷却

图 9-150　平面刮刀的热处理

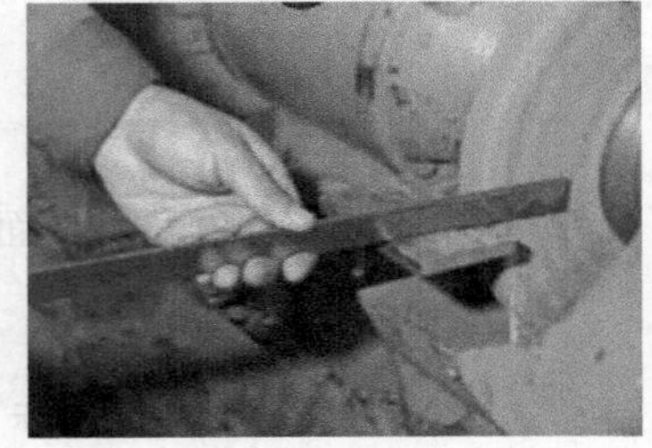

图 9-151　平面刮刀的细磨

● 在磨石上加适量全损耗系统用油，然后将刮刀平面放置在磨石上，左右移动进行精磨，如图 9-152（a）所示，直至平面平整，表面粗糙度 $Ra \leqslant 0.2\mu m$。

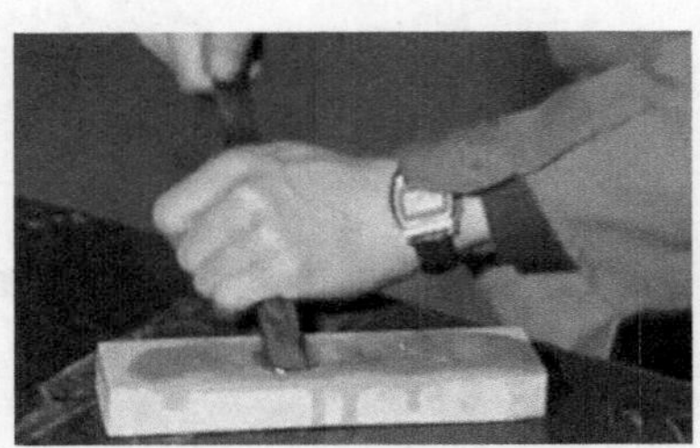

(a) 精磨平面

(b) 精磨顶端

图 9-152　平面刮刀的精磨

● 左手扶住手柄，右手紧握刀身，使刮刀直立在磨石上，略带前倾地向前推移，精磨顶端，如图 9-152（b）所示。注意拉回时刀身略微提起，以免磨损刃口。

② 曲面刮刀　曲面刮刀主要用来刮削内曲面。

a. 曲面刮刀的种类。常用曲面刮刀分为三角刮刀、三角锥头刮刀、柳叶刮刀和蛇头刮刀四种，如图 9-153 所示。表 9-18 列出了三角锥头刮刀、柳叶刮刀和蛇头刮刀的尺寸规格。

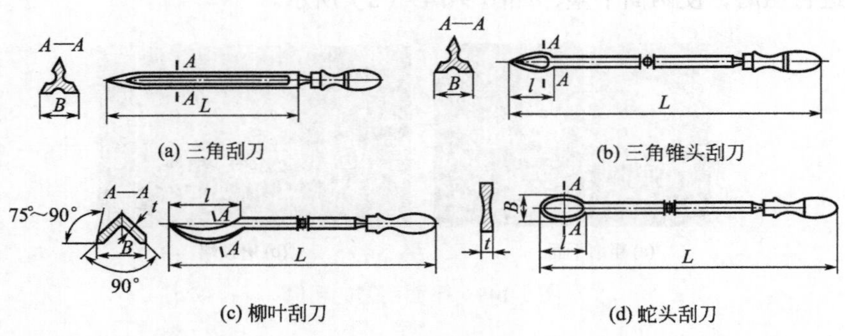

(a) 三角刮刀　(b) 三角锥头刮刀

(c) 柳叶刮刀　(d) 蛇头刮刀

图 9-153　曲面刮刀

表 9-18 三角锥头刮刀、柳叶刮刀和蛇头刮刀的尺寸规格 mm

种类	尺寸			
	全长 L	刀头长度 l	刀头宽度 B	刀身厚度 t
三角锥头刮刀	200 ～ 250	60	12 ～ 15	—
	250 ～ 350	80	15 ～ 20	
柳叶刮刀	200 ～ 250	40 ～ 45	12 ～ 15	3.5 ～ 3
	250 ～ 300	45 ～ 55	15 ～ 20	3 ～ 3.5
	300 ～ 350	55 ～ 75	20 ～ 25	3.5 ～ 4
蛇头刮刀	200 ～ 250	30 ～ 35	15 ～ 20	3 ～ 3.5
	250 ～ 300	35 ～ 40	20 ～ 25	3.5 ～ 4
	300 ～ 350	40 ～ 50	25 ～ 30	4 ～ 4.5

b. 曲面刮刀的刃磨。

三角刮刀的刃磨：

● 右手握刀柄，左手按在刀身中部，刀柄相对于水平面倾斜角度 α（75° 左右）接触砂轮轮缘面，上下移动磨出刀身平面，如图 9-154 所示。

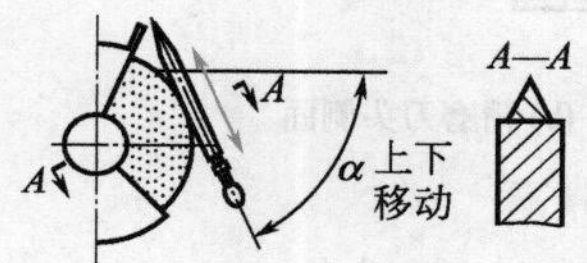

图 9-154 粗磨刀身三平面

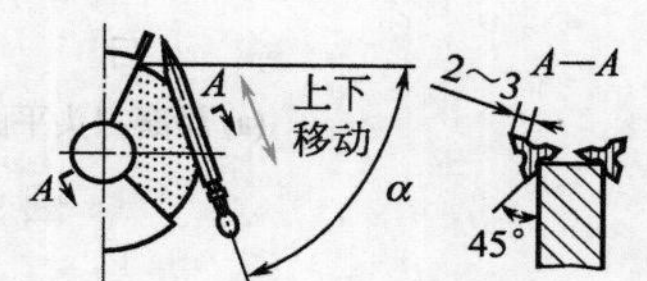

图 9-155 粗磨刀身凹槽面

● 右手握刀柄，左手按在刀身中部，将刀身平面对着砂轮（与砂轮侧面成约 45° 夹角），并相对于水平面倾斜角度 α（75° 左右）上下移动磨出凹槽，如图 9-155 所示，留出 2 ～ 3mm 刀刃边。

● 右手握刀柄，左手按在刀身头部，刀柄相对于水平面成一定角度 α（45° 左右）接触砂轮轮缘面，自上而下地弧形摆动刀柄（幅度在 25° 左右），粗磨刀头圆弧面，如图 9-156 所示。

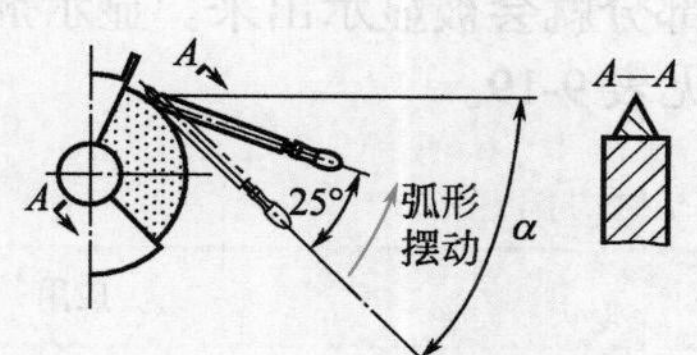

图 9-156 粗磨刀头圆弧面

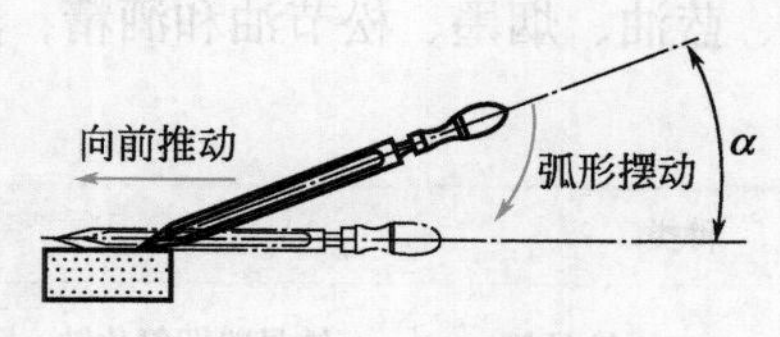

图 9-157 精磨

● 粗磨完成后，在磨石上加适量全损耗系统用油，然后右手握刀柄，左手轻轻按在刀身头部，使刀柄与油石表面成 α 为 30° 左右的夹角，然后一边使刀柄由上而下作弧形摆动，同时一边向前推动进行精磨，如图 9-157 所示。

蛇头刮刀的刃磨：

●右手握刀柄，左手按在刀身头部，刀柄相对于水平面倾斜角度 α（45° ～ 75° 左右）接触砂轮轮缘面，上下移动磨出刀头平面，如图 9-158（a）所示。

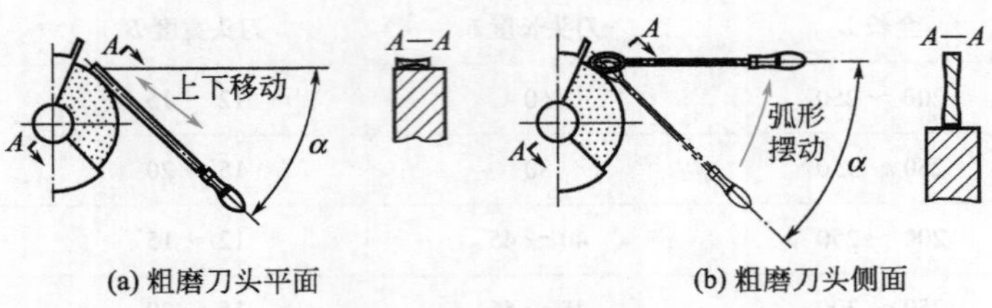

(a) 粗磨刀头平面　(b) 粗磨刀头侧面

图 9-158　蛇头刮刀的粗磨

●刀柄相对于水平面倾斜角度 α 为 45° 左右，刀头侧面接触砂轮轮缘面后刀柄自上而下地作圆弧摆动至水平位置，逐段磨出圆弧形刀刃，如图 9-158（b）所示。

●将刮刀刀头部分平面置于油石表面进行左、右推拉，每次推拉幅度为 3 ～ 4 个刀身宽度，并在推拉的同时，作由前向后的移动，如图 9-159（a）所示。

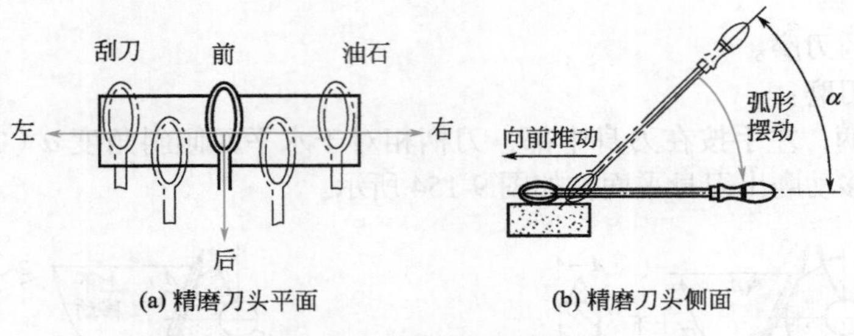

(a) 精磨刀头平面　(b) 精磨刀头侧面

图 9-159　蛇头刮刀的精磨

●右手握刀柄，左手轻轻按在刀身头部，使刀柄与油石表面成 α 为 45° 左右的夹角，然后一边作刀柄由上而下的弧形摆动，同时一边向前推动，逐段磨出圆弧形刀刃，如图 9-159（b）所示。

（2）校准工具与显示剂

校准工具是用来配研显点和检验刮削状况的标准工具，也称为研具，常用的有标准平板、标准平尺和角度平尺三种，见第 7 章。

显示剂是用来显示被刮削表面误差大小的辅助涂料。它放在标准工具表面与刮削表面之间，当校准工具与刮削表面贴合在一起对研时，凸起部分就会被显示出来。显示剂的种类有红丹粉、蓝油、烟墨、松节油和酒精，其特点与应用见表 9-19。

表 9-19　显示剂的种类特点与应用

种类		特点	应用
红丹粉	铁丹粉	铁丹粉即氧化铁，呈红褐色或紫红色；铅丹粉即氧化铅，呈橘黄色。铁丹粉和铅丹粉的粒度极细，使用时可用牛油或全损耗系统用油调和	常用于钢件和铸铁件
	铅丹粉		
蓝油		由普鲁士蓝粉和蓖麻油以及适量全损耗系统用油调和而成，呈深蓝色，显示的研点小而亮	常用于铜和巴氏合金等非金属
烟墨		由烟囱的烟黑与适量的全损耗系统用油调和而成	一般用于非铁金属的配研显点

续表

种类	特点	应用
松节油	配研的时间一般比用红丹粉长一些，研后的研点亮而白	一般用于精密表面的配研显点
酒精	配研的时间一般比用红丹粉长1倍左右，配研后的研点黑而亮	一般用于极精密表面的配研显点

9.4.2 研具与研磨剂

（1）研具

研具是附着研磨剂并在研磨过程中决定工件表面几何形状的标准工具。研具主要有研磨平板、研磨环、研磨棒等，其结构与应用见表9-20。

表9-20 研具的结构与应用

种类		图示	结构与应用
研磨平板	有槽平板		主要用来研磨平面，有槽平板用于粗研，光滑平板用于精研
	光滑平板		
研磨环			主要用来研磨圆柱工件的表面，其内径要比工件的外径大0.025～0.05mm
研磨棒	固定式		研磨棒主要用来研磨内孔。固定式用于单件研磨或机修时采用；可调节式适用于成批生产
	可调节式	螺母	

为保证工件的研磨质量，研具材料的组织应细密均匀，研磨剂中的微小磨粒应容易嵌入研具表面而不嵌入工件表面，因此研具材料的硬度应适当低于被研工件的硬度。常用研具材料的种类、特性与用途见表 9-21。

表 9-21　常用研具材料的种类、特性与用途

材料种类	特性	用途
灰铸铁	耐磨性较好，硬度适中。研磨剂易于涂布均匀	通用
球墨铸铁	耐磨性较灰铸铁更好，易嵌入磨料，精度保持性良好	通用
低碳钢	韧性好，不易折断	小型研具，适用于粗研
铜合金	质软，易嵌入磨料	适用于粗研和低碳钢件的研磨
皮革、毛毡	柔软，对研磨剂有较好的保持性能	抛光工件表面
玻璃	脆性大，厚度一般要求为 10mm 左右	精研或抛光

（2）研磨剂

研磨剂是由磨料（研磨粉）、研磨液及辅助材料混合而成的一种混合研磨用剂。

① 磨料　磨料在研磨是起切削作用，其种类很多，见表 9-22。

表 9-22　磨料的种类、特点与适用范围

种类名称		代号	特点	适用范围
刚玉类	棕刚玉	A	有足够的硬度，韧性较大，价格便宜	磨削碳素钢等，特别适于磨未淬硬钢、调质钢以及粗磨工序
	白刚玉	WA	比棕刚玉硬而脆，自锐性好，磨削力和磨削热量较小，价格比棕刚玉高	磨淬硬钢、高速钢、高碳钢、螺纹、齿轮、薄壁薄片零件以及刃磨刀具等
	铬刚玉	PA	硬度和白刚玉相近而韧性较好	可磨削合金钢、高速钢、锰钢等高强度材料以及粗糙度要求较低的工序，也适于成形磨削和刀具刃磨等
	单晶刚玉	SA	硬度和韧性都比白刚玉高	磨削不锈钢的高钒高速钢等韧性特别大、硬度高的材料
	微晶刚玉	MA	强度高，韧性和自锐性好	磨削不锈钢、轴承钢和特种球墨铸铁等
碳化硅类	黑碳化硅	C	硬度比白刚玉高，但脆性大	磨削铸铁、黄铜、软青铜以及橡皮、塑料等非金属材料
	绿碳化硅	GC	硬度与黑碳化硅相近，但脆性更大	磨削硬质合金、光学玻璃等
超硬类	金刚石	SD	硬度极高，磨削性能好，价格昂贵	磨削硬质合金、光学玻璃等高硬度材料
	立方氮化硼	CBN	性能与金刚石相近，磨难磨钢材的性能比金刚石好	磨钛合金、高速工具钢等高硬度材料

除了磨料之外，还有各种形状的油石可以用来研磨。常用的油石见表 9-23。

表 9-23 油石的种类

名称	代号	断面图	名称	代号	断面图
正方油石	SF		刀形油石	SD	
长方油石	SC		圆柱油石	SY	
三角油石	SJ		半圆油石	SB	

磨料的粗细程度用粒度表示，粒度按颗粒大小分为磨粉和微粉两种，磨粉粒度号在100～280范围内选取，数字越大，磨料越细；微粉粒度号在W40～W0.5范围内选取，数字越小，磨料越细。磨料粒度及应用见表9-24。

表 9-24 磨料粒度及应用

磨料粒度号	加工工序类别	可达表面粗糙度值 *Ra*/μm
100～250	用于最初的研磨加工	≤0.4
W40～W20	用于粗研磨加工	0.4～0.2
W14～W7	用于半精研磨加工	0.2～0.1
W5～W1.5	用于精研磨加工	0.1～0.05
W1～W0.5	用于抛光、镜面研磨加工	0.025～0.01

② 润滑剂 润滑剂分为液态和固态两种。其作用是调和磨料，使磨料在研具上很好地贴合并均匀分布；同时冷却润滑，减少工件发热。有些能与磨料发生化学反应，以加速研磨过程。常用润滑剂的类别与作用见表9-25。

表 9-25 常用润滑剂的类别与作用

类别	名称	作用
液态	煤油	润滑性能好，能吸附研磨剂
	汽油	稀疏性能好，能使研磨剂均匀地吸附在研具上
	全损耗系统用油	润滑、吸附性能好
固态	石蜡	能使工件表面与研具之间产生一层极薄的、比较硬的润滑油膜
	脂肪酸	

9.4.3 刮削的基本操作

(1) 刮削的工艺要求

① 准备要求

a. 工件必须放平稳，防止刮削时发生振动和滑动。

b. 刮削面的高低要适合操作者的身材，一般以在齐腰位置为最佳。

c. 刮削小工件时要用台虎钳或夹具夹持，但夹持不宜过紧，以防工件变形。

d. 刮削场地的光线要适当，若光线太强，则易出现反光，点子不宜看清；若光线太弱，则也看不清点子。

e. 刮削前应将工件彻底清擦，去掉铸件上的残砂、锐边和毛刺以及油污。

② 刮削余量　刮削是一项繁重的操作，每次的刮削量很少。因此机械加工所留下来的刮削余量不能太大，否则会浪费很多的时间和不必要地增加劳动强度。但刮削余量也不能留得太少，否则不能刮出正确的形状、尺寸和获得良好的表面质量，合理的刮削余量与工件的面积有关。一般刮削余量按表 9-26 选取。

表 9-26　刮削余量　mm

平面的刮削余量					
平面宽度	平面长度				
	100 ~ 500	500 ~ 1000	1000 ~ 2000	2000 ~ 4000	4000 ~ 6000
100 以下	0.10	0.15	0.20	0.25	0.30
100 ~ 500	0.15	0.20	0.25	0.30	0.40

孔的刮削余量			
孔　径	孔长		
	100 以下	100 ~ 200	200 ~ 300
80 以下	0.05	0.08	0.12
80 ~ 180	0.10	0.15	0.25
180 ~ 360	0.15	0.20	0.35

(2) 研点的方法与要求

① 平面研点的方法与要求

a. 一般对中、小型工件的研点可采用标准平板作为对研研具，根据需要在工件表面或平板上涂上显示剂，用双手对工件进行推拉对磨研点。一般情况下，工件在一个方向上的推拉距离为工件自身长度的 1/2 即可，在一个方向上推拉几次后，要将工件调转 90°，在前后左右等方向各作几次。若被刮面等于或稍大于平板面，在推拉时工件超出平板的部分不得大于工件长度 L 的 1/3，如图 9-160 所示。被刮面小于平板面的工件在推拉时最好不露出平板面，否则研点不能反映出真实的平面度。

b. 当工件的被刮面长度大于平板若干倍时，一般是将工件固定，平板在工件的被刮削面上推研，推研时，平板超出工件被刮削面的长度应小于平板长度的 1/5。

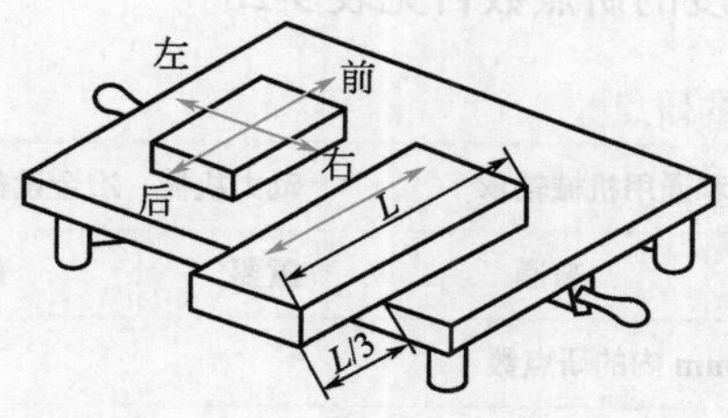

图 9-160　中小型工件的研点

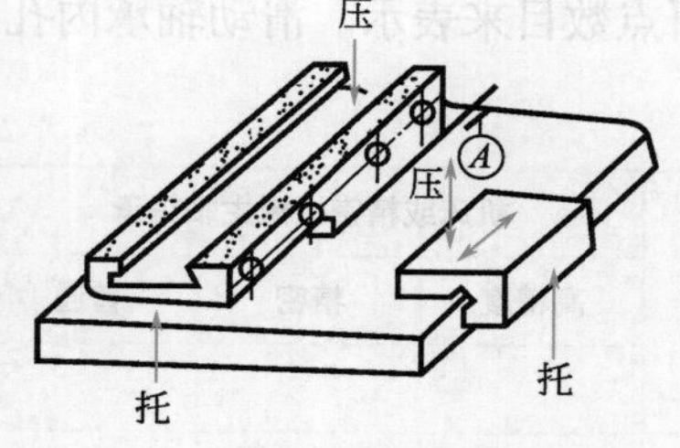

图 9-161　重量不对称工件的显点

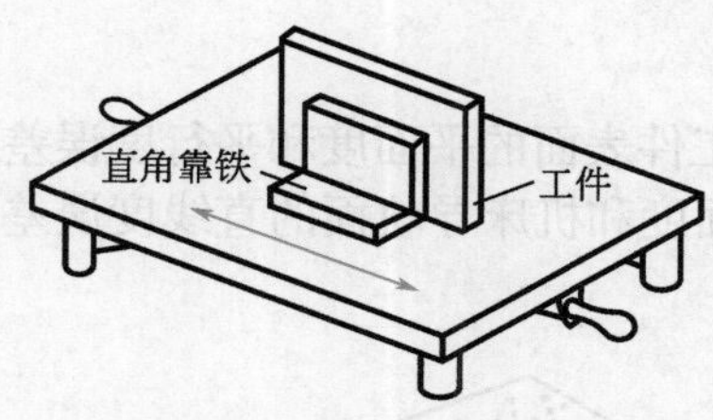

图 9-162　宽边窄面工件的研点

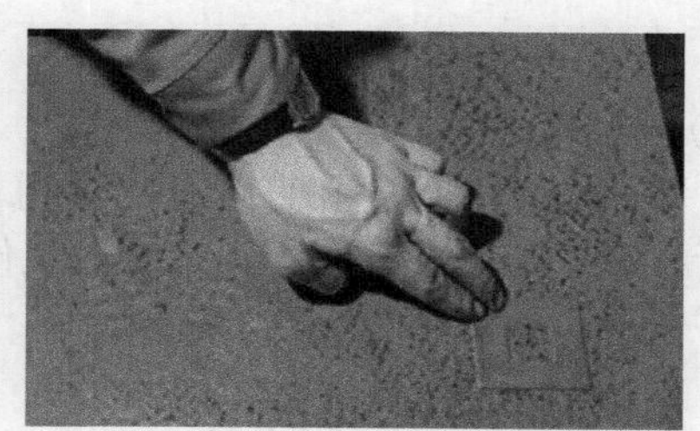
图 9-163　方框检测接触点

c. 重量不对称的工件的显点一般将工件某个部位托或压，如图 9-161 所示，用力大小要适当、均匀。若两次显点有矛盾，应分析原因并及时纠正。

d. 对于宽边窄面工件，研点时一般采用将工件的大面紧靠在直角靠铁的垂直部分，双手同时推拉两者进行配磨研点，如图 9-162 所示。

e. 平面研点的要求。平面刮削后的精度可用接触精度进行衡量。接触常用 25mm×25mm 正方形检测框罩在工件刮削的表面上，根据在检测方框内的研点数目来表示接触精度，如图 9-163 所示。各种平面的接触精度见表 9-27。

表 9-27　各种平面的接触精度

平面种类	每 25mm×25mm 内的研点数	应用
一般平面	2～5	较粗糙固定结合面
	5～8	一般结合面
	8～12	一般基准面
	12～16	机床导轨及导向面
精密平面	16～20	精密机床导轨
	20～25	1 级平板，精密量具
超精密平面	＞25	0 级平板，精密量具

② 曲面研点的方法与要求　曲面研点常用标准轴或与其相配合的轴作为显点的校准工具。校准时将蓝油均匀地涂在轴的圆柱表面上，或用红丹粉涂在轴承孔表面，再使轴在轴承孔中来回旋转来显示研点，如图 9-164 所示。

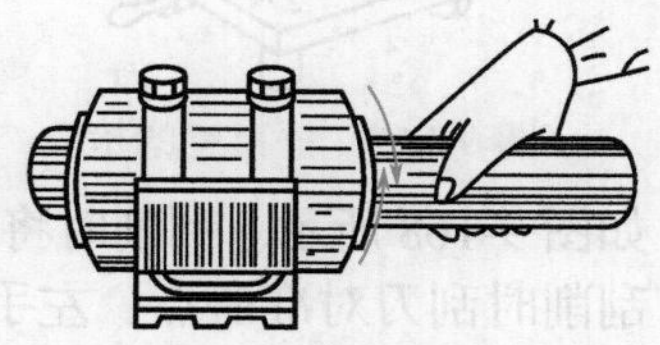
图 9-164　曲面研点的方法

曲面刮削后其刮削精度也采用 25mm×25mm 正方形检测方

框内的研点数目来表示。滑动轴承内孔刮削接触精度的研点数目见表 9-28。

表 9-28 滑动轴承的研点数

轴承直径/mm	机床或精密机械主轴轴承			锻压设备和通用机械轴承		动力机械、冶金设备轴承	
	高精度	精密	普通	重要	普通	重要	普通
	每 25mm×25mm 内的研点数						
≤ 120	25	20	16	12	8	8	5
＞ 120	20	16	10	8	6	6	2

③ 质量检测

a. 平面度、平行度和直线度的检测。中、小型工件表面的平面度和平行度误差可用百分表进行检测，如图 9-165 所示。较大工件表面的平面度和机床导轨面的直线度误差可采用框式水平仪进行检测，如图 9-166 所示。

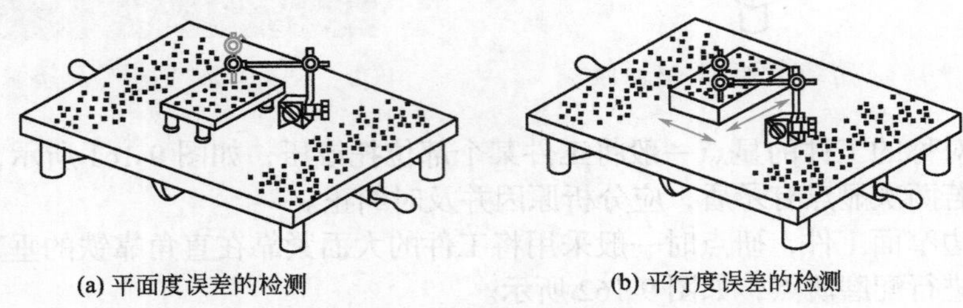

(a) 平面度误差的检测　(b) 平行度误差的检测

图 9-165 用百分表检测平面度和平行度误差

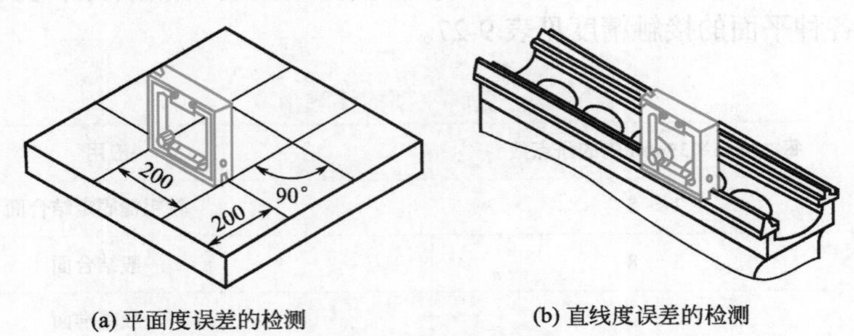

(a) 平面度误差的检测　(b) 直线度误差的检测

图 9-166 用水平仪检测平面度和直线度误差

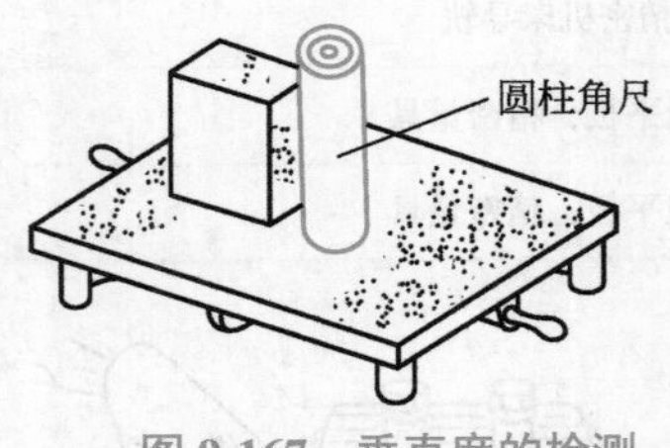

图 9-167 垂直度的检测

b. 垂直度误差的检测。工件相邻两面垂直度误差的检测一般采用圆柱角尺或直角尺进行，如图 9-167 所示。

（3）刮削的操作方法

① 平面的刮削　平面的刮削常采用的刮削方法有手刮法和挺刮法两种。

a. 挺刮法。挺刮时，刮刀刀身的握法有抱握法和前后握法，如图 9-168 所示。刮削时将刮刀放在小腹右下侧，双手并拢握在刮刀前部距刀刃约 80mm 处，刮削时刮刀对准研点，左手下压，利用腿部和臀部力量，使刮刀向前推挤，在推动到位的瞬间同时用双手将刮刀提起，完成第一次刮点，如图 9-169 所示。

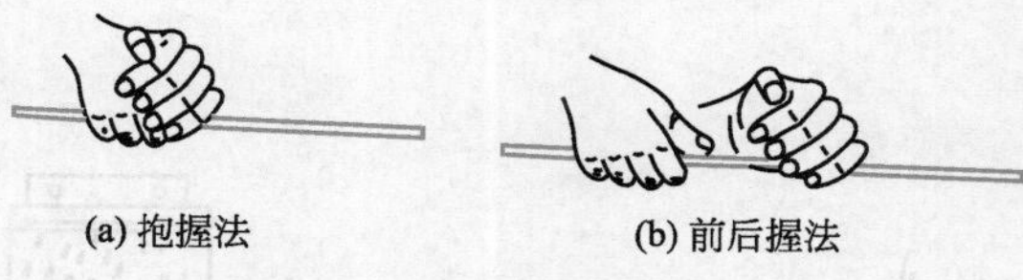

图 9-168 挺刮时刀身的握法

图 9-169 挺刮法的操作

b. 手刮法。手刮时，刮刀刀身的握法有握柄法和绕臂法，如图 9-170 所示。刮削时刮刀与工件约成 30° ～ 45° 角。刮削时，右手随着上身前倾，使刮刀向前推进，左手下压，落刀要轻，当推进至所需位置时，左手迅速提起，完成一个手刮动作，如图 9-171 所示。

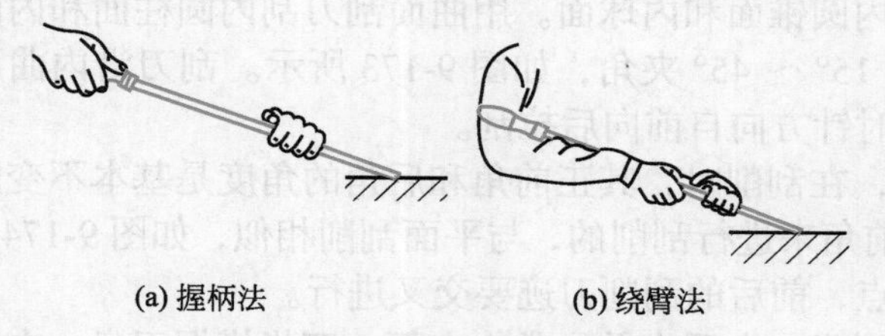

图 9-170 手刮时刀身的握法

图 9-171 手刮法的操作

平面的刮削一般分为粗刮、细刮、精刮和刮花四个步骤。粗刮时，选用粗刮刀，采用长刮法将工件表面刮去一层，使工件整个刮削面在 25mm×25mm 正方形内有 3 ～ 4 个点。细刮时，选用细刮刀，采用短刮削法将工件刮削面上稀疏的大块研点刮去，使工件整个刮削面在 25mm×25mm 正方形内有 12 ～ 15 个点。精刮时，选用精刮刀，采用点刮法将工件刮削面上稀疏的各研点刮去，使工件整个刮削面在 25mm×25mm 正方形内有 20 个点以上。在精刮时，刀迹长度为 5mm 左右，落刀要轻，提刀要快，每个点只能刮一次，不得重复，并始终交叉进行。刮花时，选用精刮刀。刮花是精刮的最后阶段，其目的是形成花纹，提高刮削面的美观程度，改善滑动件之间的润滑。刮花的常见花纹有斜月牙花、链条花、地毯花和斜纹花，见表 9-29。

表 9-29 常见花纹的刮削工艺

花纹	月牙花	链条花	地毯花	斜纹花
图示				
刮削方法	左手按住刮刀前部，起着压和撑握方向的作用。右手握住刮中部并作适当扭动、交叉 45° 方向进行。刃口右边先接触工件，逐渐向左压平，而后再逐渐扭向右边，接触工件后抬起刮刀	沿划好的格线连续刮一条半圆花纹，刮刀右角先落，左角稍抬，连推带扭向前移动。再转调 180° 方向，刮第二条半圆花纹	用铅笔在平面上划出格线，依花纹宽度选择一定刀宽的平刃刮刀，在线格的方块上平行往返进行推刮 2 ～ 3 次	

② 曲面刮削　曲面刮削的原理和平面刮削的原理一样，只是刮削的方法有所不同（刮削时曲面刮刀在曲面上作螺旋运动）。曲面刮削的姿势和平面刮削时刀身的握法基本相同，如图 9-172 所示。

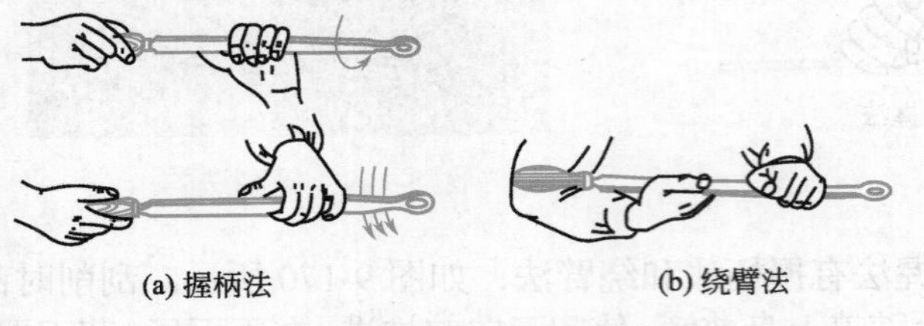

(a) 握柄法　(b) 绕臂法

图 9-172　曲面刮削时刀身的握法

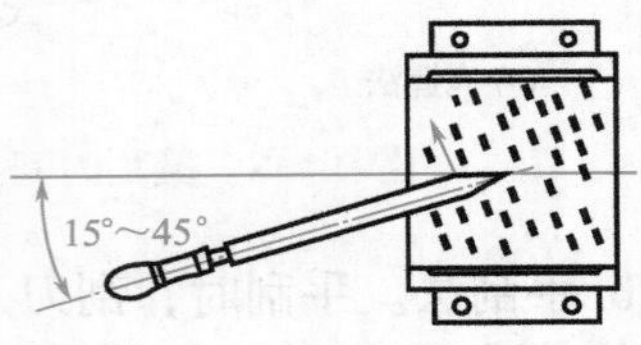

图 9-173　刮刀的切削角度

对于内曲面，主要是指内圆柱面、内圆锥面和内球面。用曲面刮刀刮内圆柱面和内圆锥面时，刀身中心线要与工件曲面轴线成 15° ～ 45° 夹角，如图 9-173 所示。刮刀沿内曲面作倾斜的径向旋转刮削运动，一般是沿顺时针方向自前向后拉刮。

三角刮刀是用正前角来进行刮削的，在刮削时，其正前角和后角的角度是基本不变的，如图 9-174（a）所示。蛇头刮刀是用负前角来进行刮削的，与平面刮削相似，如图 9-174（b）所示。为避免刮削时产生波纹和条状研点，前后的刮削刀迹要交叉进行。

外曲面刮削时，要两手握住刮刀的刀身，左手在前，掌心向下，四指横握刀身；右手在后，掌心向上，侧握刀身；刮刀柄部放在右手臂下或夹在腋下。双脚叉开与肩齐，身体稍前倾。刮削时右手掌握方向，左手下压提刀，完成刮削动作，如图 9-175 所示。

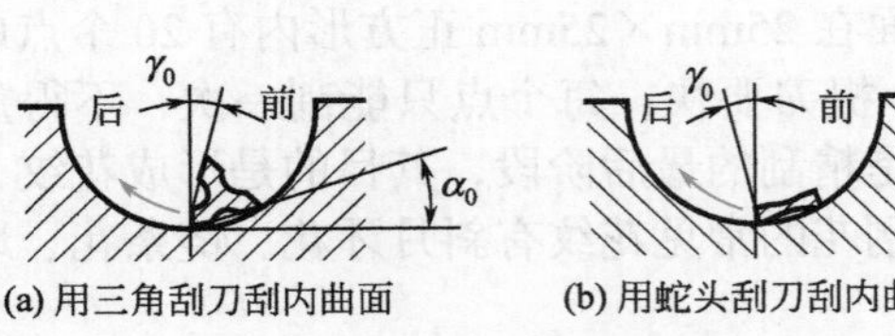

(a) 用三角刮刀刮内曲面　(b) 用蛇头刮刀刮内曲面

图 9-174　内曲面刮削的操作

图 9-175　外曲面的刮削操作姿势

曲面刮削分为粗刮、细刮和精刮三个阶段，见表 9-30。

表 9-30　曲面刮削的过程

刮削过程	图示	操作说明	特点
粗刮	γ_0	采用正前角刮削，两刃紧贴刮削面	刮削层较深，用以提高刮削效率
细刮	γ_0	采用小负前角刮削，切削刃紧贴刮削面	刮削层较浅，以获得分布均匀的研点

续表

刮削过程	图示	操作说明	特点
精刮	γ_0	采用大负前角刮削，一切削刃紧贴刮削面	刮削层很浅，可获较高的表面质量

9.4.4 研磨的基本操作

研磨是用研磨工具和研磨剂从工件上研去一层极薄的表面层的精加工方法。各种不同加工方法所能获得的表面粗糙度见表 9-31。

表 9-31 各种不同加工方法所能获得的表面粗糙度

加工方法	加工情况	表面放大的情况	表面粗糙度 Ra/μm
车			1.5 ～ 80
磨			0.9 ～ 5
压光			0.15 ～ 2.5
珩磨			0.15 ～ 1.5
研磨			0.1 ～ 1.6

（1）研磨的工艺准备

① 研磨加工余量的选择　研磨余量的大小应根据工件研磨面积的大小和精度要求而定。由于研磨加工的切削量极其微小，又是工件的最后一道超精加工工序，为保证加工精度和加工速度，须严格控制加工余量，通常研磨余量为 0.005 ～ 0.05mm，甚至有时将研磨余量控制在工件的尺寸公差范围内。表 9-32 列出了平面研磨的余量。

表 9-32 平面研磨的余量　mm

平面长度	平面宽度		
	≤ 25	＞ 25 ～ 75	＞ 75 ～ 150
≤ 25	0.005 ～ 0.007	0.007 ～ 0.010	0.010 ～ 0.014
26 ～ 75	0.007 ～ 0.010	0.010 ～ 0.014	0.014 ～ 0.020
76 ～ 150	0.010 ～ 0.014	0.014 ～ 0.020	0.020 ～ 0.024
151 ～ 260	0.014 ～ 0.018	0.020 ～ 0.024	0.024 ～ 0.030

圆柱表面和圆锥表面的研磨余量和内孔研磨余量参见表 9-33、表 9-34。

表 9-33　外圆研磨余量　mm

外径	余量	外径	余量
≤ 10	0.003 ～ 0.005	＞ 50 ～ 80	0.008 ～ 0.012
＞ 10 ～ 18	0.006 ～ 0.008	＞ 80 ～ 120	0.010 ～ 0.014
＞ 18 ～ 30	0.007 ～ 0.010	＞ 120 ～ 180	0.012 ～ 0.016
＞ 30 ～ 50	0.008 ～ 0.010	＞ 180 ～ 260	0015 ～ 0.020

表 9-34　内孔研磨余量　mm

内径	余量	
	铸铁	钢
25 ～ 125	0.020 ～ 0.100	0.010 ～ 0.040
＞ 125 ～ 275	0.080 ～ 0.100	0.020 ～ 0.050
＞ 275 ～ 500	0.120 ～ 0.200	0.040 ～ 0.060

② 研磨速度与压力的选择　采用不同的研磨方法，其研磨速度与研磨的压力也不同，表 9-35、表 9-36 分别列出了采用不同研磨方法时的研磨速度与研磨压力的选择。

表 9-35　研磨速度的选择　m/min

研磨方法	平面		外圆	内孔	其他
	单面	双面			
湿研法	20 ～ 120	20 ～ 60	50 ～ 75	50 ～ 100	10 ～ 70
干研法	10 ～ 30	10 ～ 15	10 ～ 25	10 ～ 20	2 ～ 8

表 9-36　研磨压力的选择　MPa

研磨方法	平面	外圆	内孔	其他
湿研法	0.1 ～ 0.25	0.15 ～ 0.25	0.12 ～ 0.28	0.08 ～ 0.12
干研法	0.01 ～ 0.10	0.05 ～ 0.15	0.04 ～ 0.16	0.03 ～ 0.10

③ 手工研磨平面运动轨迹的选择　手工研磨时，要使工件表面各处都受到均匀的切削，选择合理的运动轨迹对提高研磨效率、工件表面质量和研具的使用寿命都有直接的影响。手工研磨运动轨迹的形式见表 9-37。

④ 研磨圆盘的选择　当采用研磨机进行机械研磨时，应正确选择研磨圆盘。机械研磨圆盘表面多开螺旋槽，其螺旋方向应考虑圆盘旋转时研磨液能向内侧循环移动，以使其与离心作用力相抵消。常用研磨圆盘沟槽的形式见表 9-38。

表 9-37　手工研磨运动轨迹的形式

研磨轨迹	图示	说明	适用范围
直线		直线研磨的运动轨迹由于不能相互交叉，容易直线重叠，因此工件难以得到较小的表面粗糙度，但能获得较高的几何精度	适用于有台阶的狭长平面的研磨
直线摆动		在左右摆动的同时作直线往复移动	适用于一些量具的研磨
螺旋形		以螺旋的方式运动，可使表面获得较小的表面粗糙度和较小的平面度误差	适用于研磨圆片或圆柱形工件的端面
"8"字形和仿"8"字形		采用一种交叉的"8"字运动形式，使相互研磨的两个表面保持均匀的接触，减少研具的磨损，利于提高工件的研磨质量	适用于研磨小平面

表 9-38　常用研磨圆盘沟槽的形式

形式	图示	形式	图示	形式	图示
直角交叉型		偏心圆环型		径向射线型	
圆环射线型		螺旋射线型		阿基米德螺旋线型	

（2）研磨的操作方法

① 平直面的研磨　平直面的研磨一般分为粗研和精研两种。粗研用有槽的平板，精研用光滑的平板。研磨前，首先应用煤油或汽油把平板研具表面和工件表面清洗干净并擦干，再在平板研具表面涂上适当的研磨剂，然后把工件需要研磨的表面合在平板研具表面上。研磨时，在平板研具的整个表面内以"8"字形研磨运动轨迹、螺旋形研磨运动轨迹和直线研磨运动轨迹相结合的方式进行研磨，并不断变更工件的运动方向。

在研磨过程中，要边研磨边加注少量煤油，以增加润滑，同时要注意在平板的整个面积内均匀地进行研磨，以防止平板产生局部凹陷。当工件在作"8"字形研磨轨迹运动时，还需按同一个方向（始终按顺时针或逆时针）不断地转动。

② 狭窄平面的研磨　狭窄平面的研磨方法如图 9-176 所示。研磨狭窄工件平面时，要选用一个导靠块，并将工件的侧面贴紧导靠块的垂直面，采用直线研磨运动轨迹一同进行研磨。为获得较低的表面粗糙度，最后可用脱脂棉浸煤油把剩余的磨料擦干净，进行一次短时间的

半干研磨。

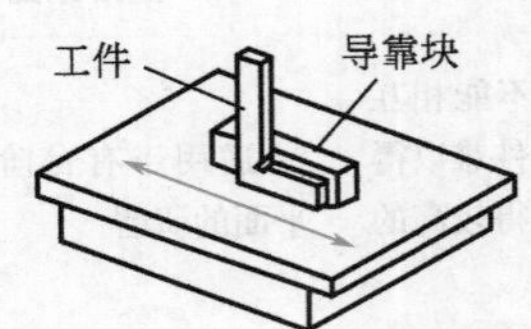

图 9-176 狭窄平面的研磨方法

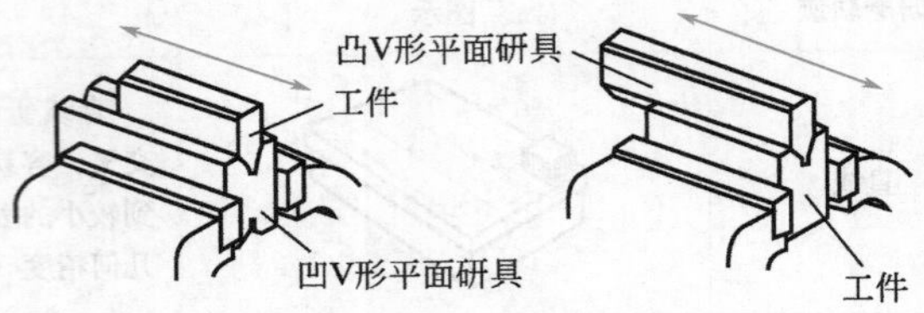

图 9-177 V 形面研磨方法

③ V 形面的研磨 V 形面的研磨方法如图 9-177 所示。研磨工件的凸 V 形面时，可先将凹 V 形平面研具进行固定，然后直线移动工件进行研磨；研磨工件的凹 V 形面时，可先将工件进行固定，然后直线移动凸 V 形平面研具进行研磨。

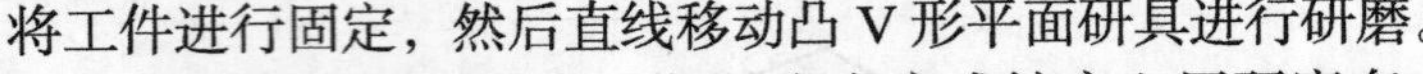

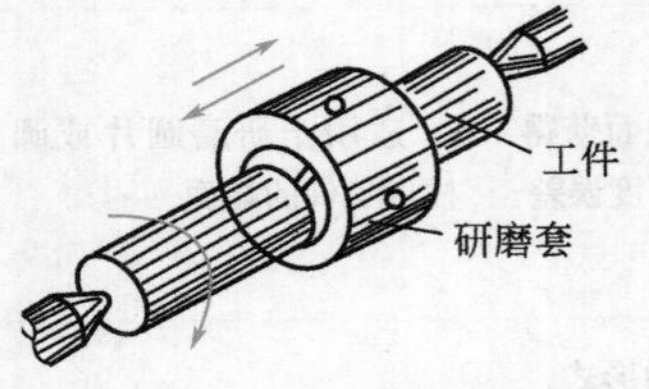

图 9-178 外圆柱面的研磨

④ 圆柱面的研磨 一般是在车床或钻床上用研磨套对工件的外圆柱面进行研磨操作的，如图 9-178 所示。研磨套的长度一般为孔径的 1 ～ 2 倍，研磨套的内径应比工件的外径大 0.005 ～ 0.025mm。

研磨前，先将研磨剂均匀地涂在工件的外圆柱表面上，通常采用工件转动的方式，双手将研磨套套在工件上，然后作轴向往复运动，并稍作径向摆动。研磨时，工件（或研具）的转动速度与直径大小有关，直径大则转速慢，反之则转速快，一般直径小于 80mm 时取 100r/min，直径大于 100mm 时取 50r/min。轴向往复运动速度应该与转速相互配合，可根据工件在研磨时出现的网纹来控制，即当工件表面出现 45° ～ 60° 的交叉网纹时，说明轴向往复运动速度适宜，如图 9-179 所示。

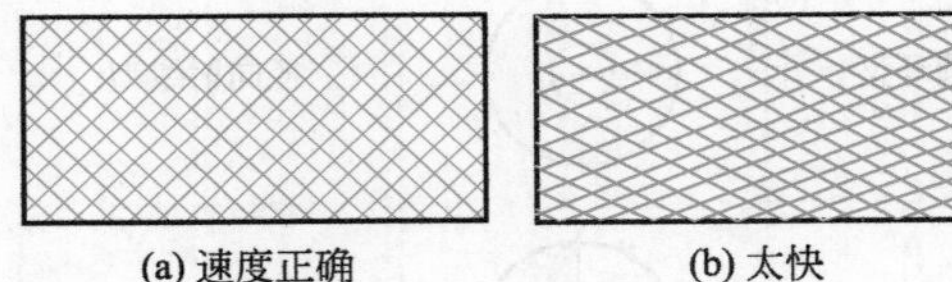

(a) 速度正确 (b) 太快 (c) 太慢

图 9-179 研磨外圆柱面的速度

内圆柱面的研磨一般是在车床或钻床上进行的，如图 9-180 所示。研磨内圆柱面是将工件套在研磨棒上进行的。研磨棒的外径应比工件的内径小 0.01 ～ 0.025mm，研磨棒工作部分的长度一般是工件长度的 1.5 ～ 2 倍。研磨前，先将研磨剂均匀地涂在研磨棒表面，工件固定不动，用手转动研磨棒，同时作轴向往复运动。

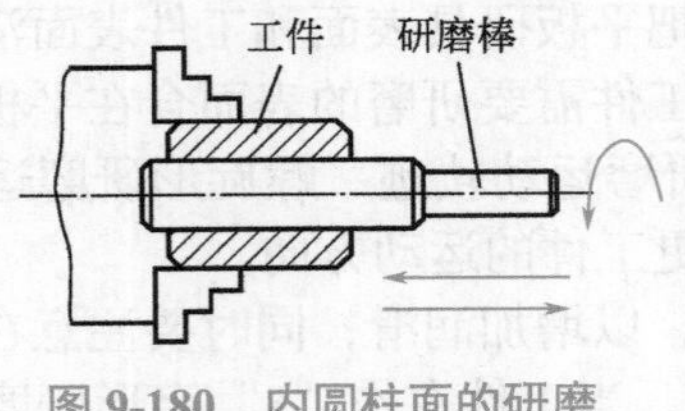

图 9-180 内圆柱面的研磨

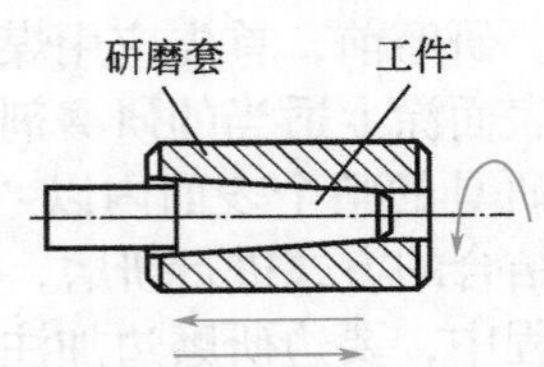

图 9-181 外圆锥面的研磨

⑤ 圆锥面的研磨方法 外圆锥面的研磨如图 9-181 所示。研磨前先将研磨剂均匀地涂在研磨套上，然后套入工件的外圆锥面，每旋转 4 ～ 5 圈，将研磨套稍微拔出一些，再推入研磨。当研磨到接近要求的精度时，取下研磨套，擦净研磨套和工件表面的研磨剂，重

新套入工件研磨（这样可起抛光作用），一直研磨到工件表面呈银灰色（或发光）并达到加工精度为止。

内圆锥面的研磨如图 9-182 所示。研磨前先将研磨剂均匀地涂在研磨棒上，然后插入工件的内圆锥面，工件的转动方向应和研磨棒的螺旋槽方向相适应，每旋转 4 ～ 5 圈，将研磨棒稍微拔出一些，再插入研磨。当研磨到接近要求的精度时 . 取下研磨棒，擦净研磨棒和工件表面的研磨剂，重新插入工件研磨。与外圆锥面的研磨一样，直至研磨到工件表面呈银灰色（或发光）并达到加工精度为止。

⑥ 阀门密封线的研磨　为了保证各种阀门的结合部位既具有良好的密封性，又便于研磨加工，一般在阀门的结合部位加工出很窄的接触面，其形式如图 9-183 所示。

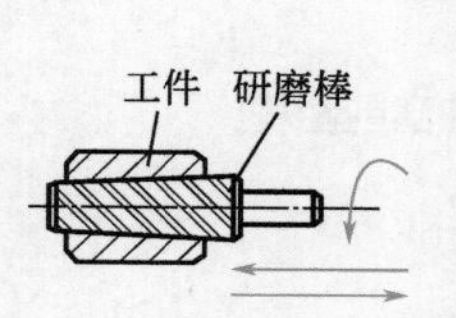

图 9-182　内圆锥面的研磨

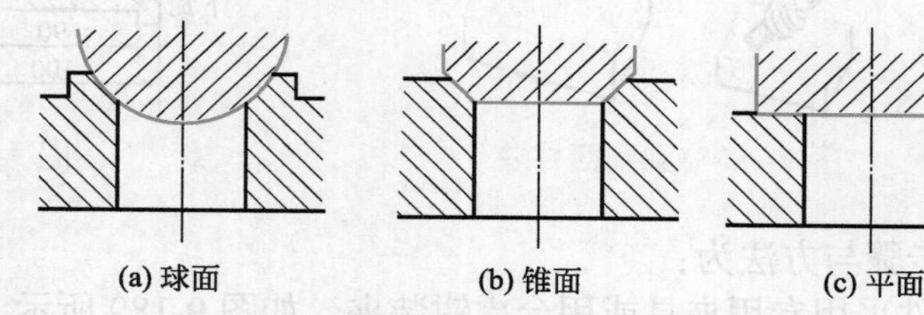

图 9-183　阀门密封线的形式

研磨阀门密封线时，多数是用阀盘与阀门直接互相研磨。

9.4.5　刮削与研磨操作实例

（1）四方块上平面的刮削

四方块上平面的刮削图样如图 9-184 所示。

操作步骤与方法为：

① 先用游标卡尺或千分尺检查四方块毛坯尺寸，控制加工余量，再用锉刀对四方块四周倒角去毛刺，然后装夹在台虎钳上。

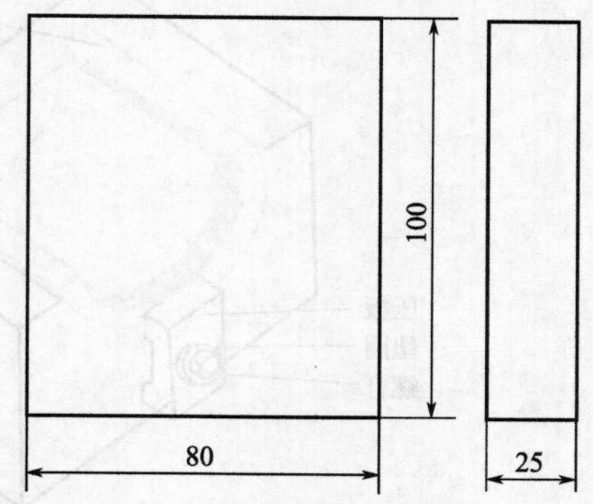

图 9-184　四方块上平面的刮削图样

② 将四方块上平面涂色后，以合适位置装夹在台虎钳上，采用连续推铲法对其进行粗刮，如图 9-185 所示。

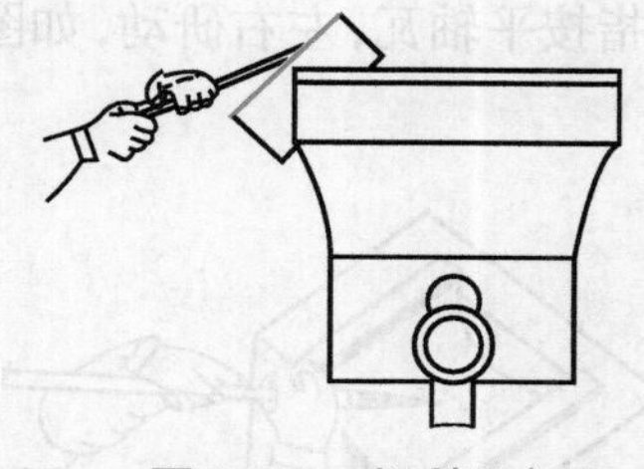
图 9-185　粗刮四方块

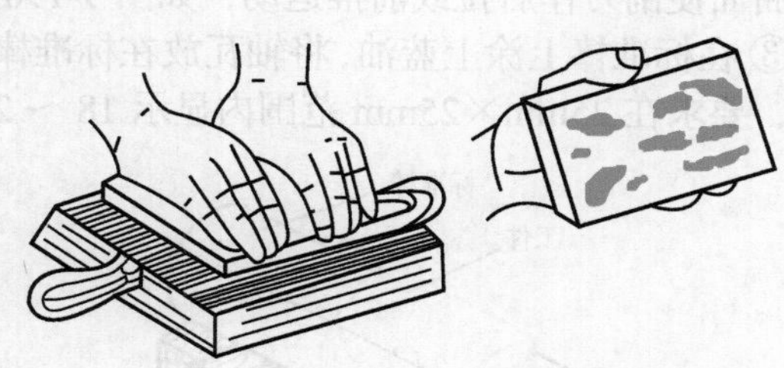
图 9-186　研点

③ 粗刮完成后，用涂有红丹粉的平板放在工件上推研，使工件表面的点子显示出来，如图 9-186 所示。

④ 根据显点情况采用短刮法进行细刮，将大块稀疏的研点刮去，使其研点达到 8 ～ 12 个 25mm×25mm，如图 9-187 所示。最后采用点刮法进行精刮，使其研点达到 16 ～ 20 个 25mm×25mm。

（2）轴瓦的刮削

轴瓦的刮削如图 9-188 所示。

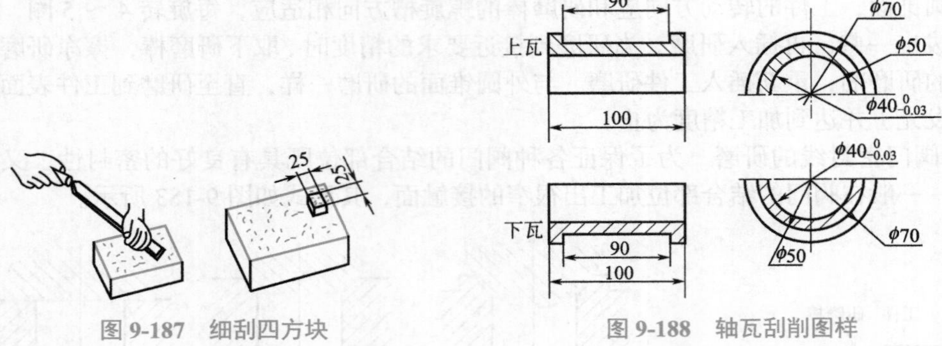

图 9-187　细刮四方块

图 9-188　轴瓦刮削图样

操作步骤与方法为：

① 工件采用专用夹具或用台虎钳装夹，如图 9-189 所示。

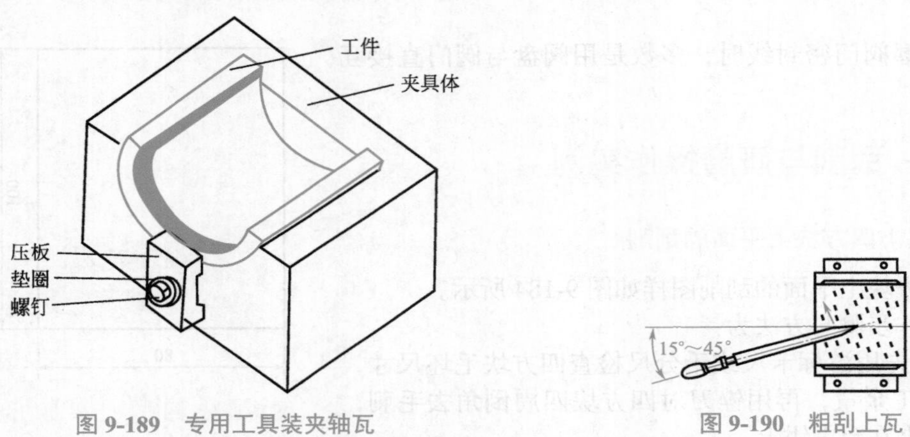

图 9-189　专用工具装夹轴瓦

图 9-190　粗刮上瓦

② 使刮刀中心线与上瓦曲面轴线成 15° ～ 45° 夹角，左、右手沿曲面同时作圆弧运动，且顺曲面使刮刀作后拉或前推运动，如图 9-190 所示。

③ 在标准棒上涂上蓝油，将轴瓦放在标准棒上，双手拇指按平轴瓦，左右研动，如图 9-191 所示，要求在 25mm×25mm 范围内显示 18 ～ 20 点。

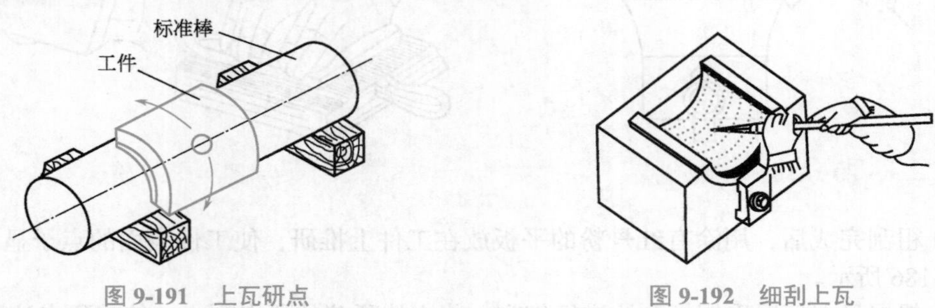

图 9-191　上瓦研点

图 9-192　细刮上瓦

④ 根据研点情况采用小负前角进行细刮，如图 9-192 所示，将大块稀疏的研点刮去，使其研点达到 8 ～ 12 个。

⑤ 卸下上瓦，装上下瓦并夹紧。左手压刀控制方向，往回勾刮，右手加力抬刀向上挑刮，如图 9-193 所示。切削刃下刀由轻至重，刀刃抬刀由重至轻，两手配合，使刀具在内曲面上作螺旋挑进。粗刮完成后采用和上瓦同样的方法进行研点，再根据显点情况进行细刮。

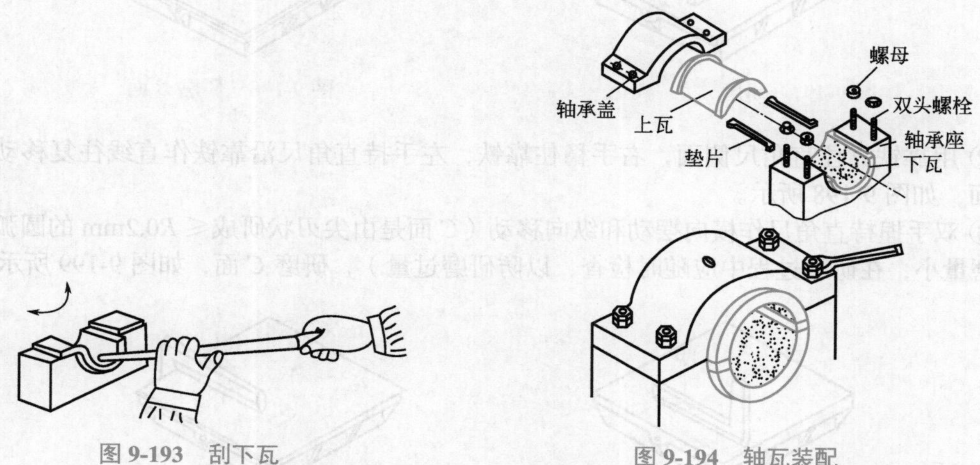

图 9-193　刮下瓦

图 9-194　轴瓦装配

⑥ 在上、下瓦上薄而均匀地涂上红丹粉，放入轴承座内，并按顺序依次拧紧螺母装好，如图 9-194 所示。

⑦ 将轴放入上、下轴瓦中，转动轴进行研点，如图 9-195 所示。根据两瓦上的研点，反复精刮至要求。

（3）直角尺的研磨

直角尺的研磨图样如图 9-196 所示。

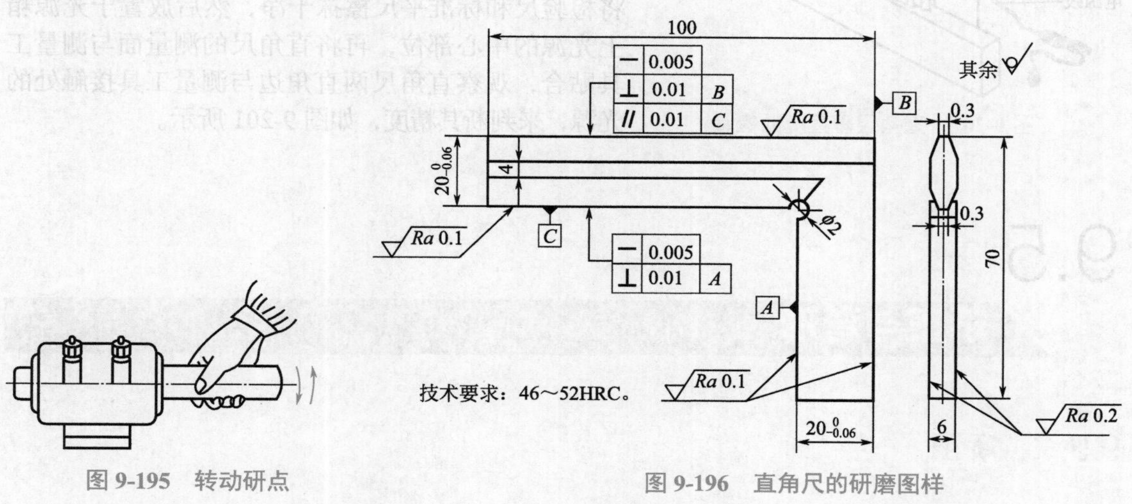

图 9-195　转动研点

图 9-196　直角尺的研磨图样

操作步骤与方法为：

① 双手捏持直角尺两侧面（捏持部位可垫皮革），平稳推动铁尺作纵向和横向移动，研磨 *A* 面，如图 9-197 所示。

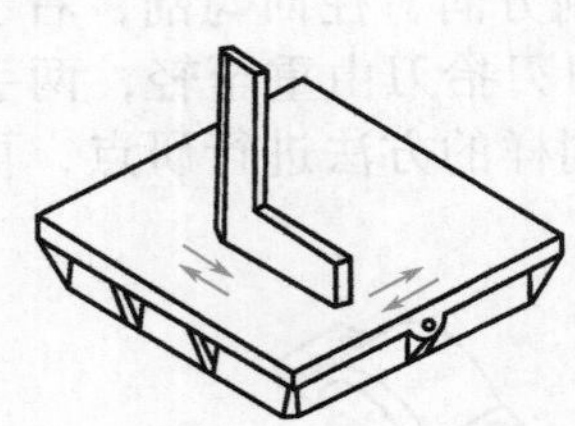

图 9-197　研磨 *A* 面

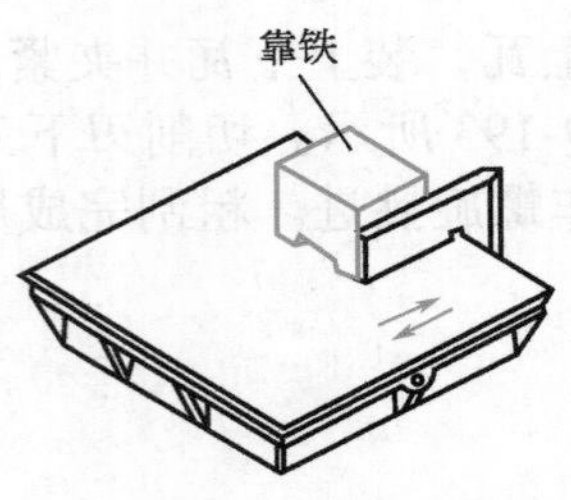

图 9-198　研磨 *B* 面

② 用靠铁靠住直角尺侧面，右手稳住靠铁，左手持直角尺沿靠铁作直线往复移动，研磨 *B* 面，如图 9-198 所示。

③ 双手捏持直角尺作横向摆动和纵向移动（*C* 面是由尖刃状研成≤ *R*0.2mm 的圆弧面，其研磨量小，在研磨过程中应随时检查，以防研磨过量），研磨 *C* 面，如图 9-199 所示。

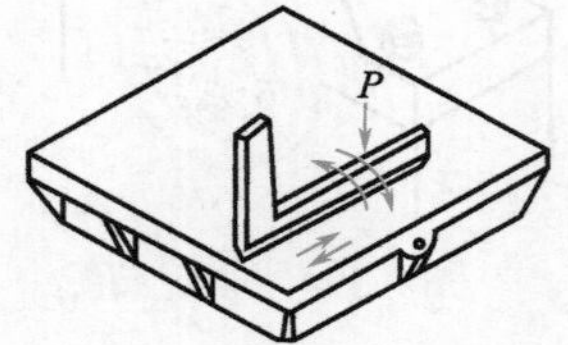

图 9-199　研磨 *C* 面

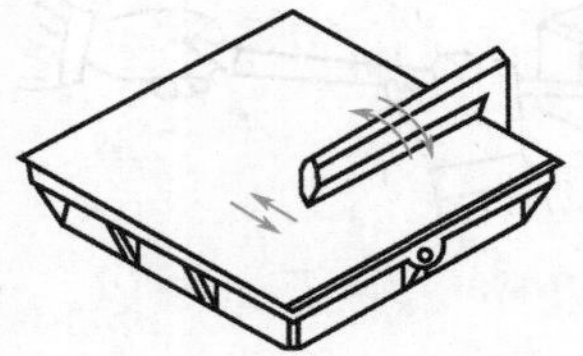

图 9-200　研磨 *D* 面

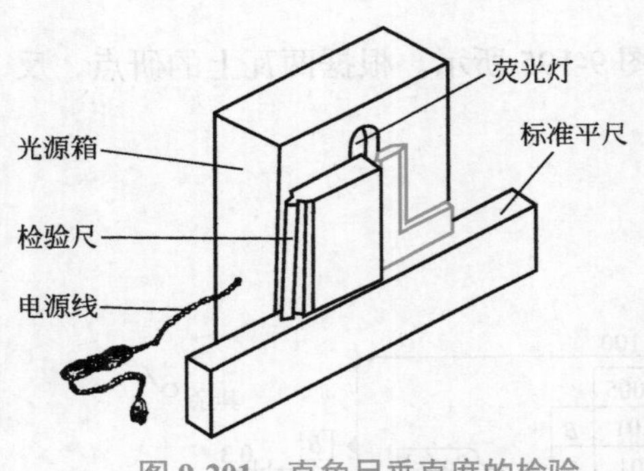

图 9-201　直角尺垂直度的检验

④ 双手捏持直角尺围绕刃部作左右摆动（由于 *D* 面和 *B* 面一样只能在平板边缘研磨，因而需用软而薄的金属皮做夹套护住 *B* 面，以防碰撞和擦伤），研磨 *D* 面，如图 9-200 所示。

⑤ 直角尺研磨完成后应进行检验。其方法是：将检验尺和标准平尺擦抹干净，然后放置于光源箱上光源的中心部位，再将直角尺的测量面与测量工具贴合，观察直角尺两直角边与测量工具接触处的光源，来判断其精度，如图 9-201 所示。

9.5 矫正与弯形

9.5.1 矫正

（1）矫正工作原理

材料产生变形的原因是由于一部分较长的纤维受到周围的压缩而产生压应力，而另一部分纤维较短，则受到周围的拉伸而产生拉应力。当材料内部拉、压应力形成后必定要平衡分布时就造成钢材或工件变形。因而矫正时必须通过施加外力、锤击或局部加热，使较长的纤维缩短、较短的纤维伸长，最后使各层纤维长度趋于一致，即拉、压应力趋于平衡，从而消除变形或使变形减小到规定的范围之内。

（2）矫正允许变形量

① 型钢形状允许偏差　各种厚度的钢板在矫正后，均需使用长度为 1m 的直尺进行检查，并要求其表面翘曲度不得超过表 9-39 中的规定。型钢的直线度、角钢两边的垂直度、槽钢及工字钢翼板的垂直度允许偏差，如图 9-202（a）、（b）所示，图中 f 为型钢的挠度，Δ 为槽钢及工字钢直边偏差。

表 9-39　钢板表面允许翘度与组件角度允许偏差　mm

<table>
<tr><td colspan="2" rowspan="2">钢板厚度 δ</td><td colspan="12">表面允许偏差</td></tr>
<tr><td colspan="3">3 ～ 5</td><td colspan="3">6 ～ 8</td><td colspan="3">9 ～ 11</td><td colspan="3">＞12</td></tr>
<tr><td colspan="2">翘曲度 f</td><td colspan="3">3.0</td><td colspan="3">2.5</td><td colspan="3">2.0</td><td colspan="3">1.5</td></tr>
<tr><td colspan="2" rowspan="2">组件短边长度 L</td><td colspan="6">角度偏差 Δα</td><td colspan="6">短边偏差 e</td></tr>
<tr><td colspan="2">≤ 315</td><td colspan="2">315 ～ 1000</td><td colspan="2">＞ 1000</td><td colspan="2">≤ 315</td><td colspan="2">315 ～ 1000</td><td colspan="2">＞ 1000</td></tr>
<tr><td rowspan="4">精度等级</td><td>A 级</td><td colspan="2">±20′</td><td colspan="2">±15′</td><td colspan="2">±10′</td><td colspan="2">±6</td><td colspan="2">±4.5</td><td colspan="2">±3</td></tr>
<tr><td>B 级</td><td colspan="2">±15′</td><td colspan="2">±30′</td><td colspan="2">±20′</td><td colspan="2">±13</td><td colspan="2">±9</td><td colspan="2">±6</td></tr>
<tr><td>C 级</td><td colspan="2">±1°</td><td colspan="2">±45′</td><td colspan="2">±30′</td><td colspan="2">±18</td><td colspan="2">±13</td><td colspan="2">±9</td></tr>
<tr><td>D 级</td><td colspan="2">±1°30′</td><td colspan="2">±1°15′</td><td colspan="2">±1°</td><td colspan="2">±26</td><td colspan="2">±22</td><td colspan="2">±18</td></tr>
</table>

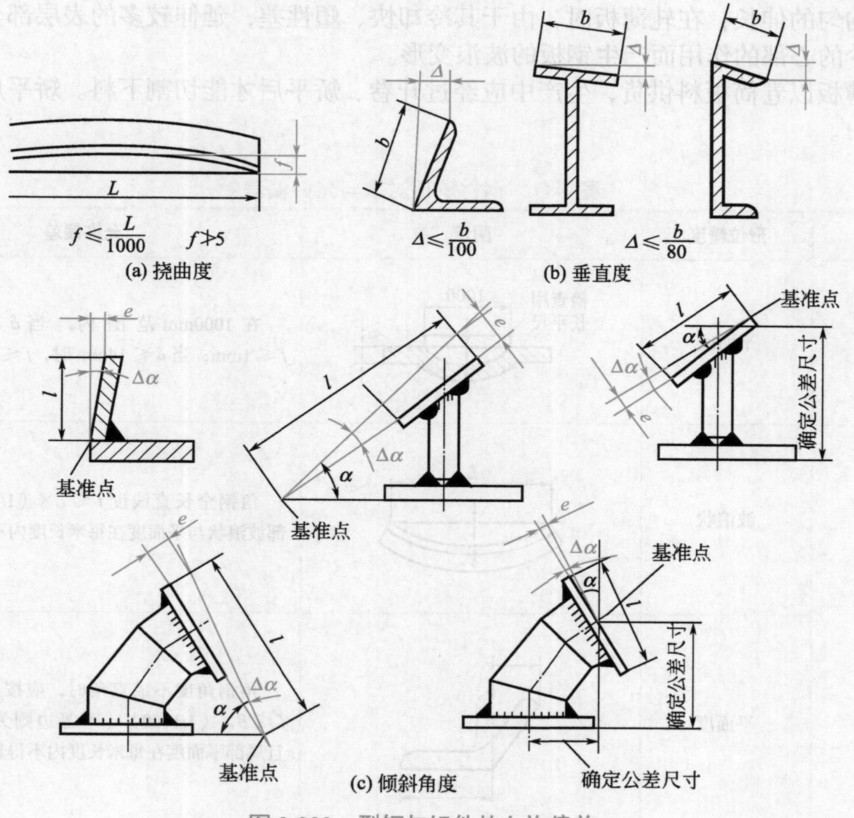

图 9-202　型钢与组件的允许偏差

② 组件角度允许偏差　组件角度偏差公称尺寸是以短边为基准边，其长度从图样标明的基准点算起，若在图样上未标明角度而只标注长度尺寸时，则允许偏差以 mm/m 计算，且未标注时一般选用 B 级，如图 9-202（c）所示，α 为组件角度，$\Delta\alpha$ 为角度偏差，e 为短边偏差，其倾斜角度允许偏差见表 9-39。

（3）矫正类型及状态

矫正工作状态实际上包括表 9-40 所列的三大部分。钢材及构件产生变形的原因均与应力有关，在不同阶段存在不同的残余应力，既有外力、内应力作用产生的塑性变形，又有热应力导致的塑性变形。

表 9-40　钢材矫正状态

分类	矫正阶段	矫正对象	变形原因
原钢材	备料阶段	板材、型材或管材变形	轧制过程中产生的残余应力
毛坯件	钢板冲裁或切割成零件或坯料后	加工或冲割变形	剪切挤压或局部受热产生的热应力
部件与产品	新产品在组装焊接过程中及组装使用后	焊接或装配变形	焊接残余应力和吊装外力产生的内应力

① 原钢材的矫正　钢材轧制过程中不可避免地会产生残余应力而引起变形。在轧制厚板时，由于金属塑性和横向刚性较大，延伸较多的中心部分克服了相邻延伸较少的边缘部分而产生不均匀的伸长；在轧薄板时，由于其冷却快、塑性差，延伸较多的表层部分克服了相邻延伸较少的心部的作用而产生钢板的波浪变形。

轧制薄板以卷筒板料供货，生产中应经过开卷、矫平后才能切割下料。矫平后的一般允差见表 9-41。

表 9-41　钢材矫正对象与允许偏差

矫正对象	形位精度	图示	允许偏差
钢板凹陷	平面度	检查用长平尺 1000 δ f	在 1000mm 范围内，当 $\delta \geqslant 14$mm 时，$f \leqslant 1$mm；当 $\delta \leqslant 14$mm 时，$f \leqslant 2$mm
角钢弯料	波浪状	L f	角钢全长直线度 $f \leqslant L\times$（1/1000），且局部波浪状与平面度在每米长度内不得超过 2mm
	平面度	f B	角钢角度不成直角时，应按尺寸 B 计算，$f \leqslant B\times$（1/1000）（不等边则为 1.5/1000），且局部平面度在每米长度内不得超过 2mm

续表

矫正对象	形位精度	图示	允许偏差
槽钢弯扭	直线度		槽钢全长直线度 $f \leqslant L\times(1.5/1000)$，且局部波浪状与平面度在每米长度内不得超过 2mm
	歪扭		槽钢直边倾斜 $f \leqslant B\times(1/1000)$，且局部波浪状与平面度在每米长度内不得超过 2mm
工字钢扭斜	直线度		$L \leqslant 1000\text{mm}$ 时，$f \leqslant 3\text{mm}$；$L \leqslant 1000\text{mm}$ 时，$f \leqslant 5\text{mm}$，且局部平面度在每米长度内不得超过 2mm
	歪扭		工字钢直边倾斜 $f \leqslant B\times(1/1000)$，且局部波浪状与平面度在每米长度内不得超过 2mm

② 毛坯件的矫正

a. 冲裁毛坯的矫正。将零件或毛坯从整张钢板上冲裁下料时，由于轧制工艺造成的内应力要得到部分释放，必定会引起冲裁件和坯料变形，因此必须将冲裁件和坯料矫平，并将其几何形状矫正。

b. 切割条料的矫正。平直的钢材在压力剪或龙门剪床上剪成条料或毛坯时，在剪刀挤压力作用下会产生弯曲或扭曲变形，需要在后续加工前进行矫平处理。

（4）手工矫正的工具和操作方法

① 手工矫正的工具

a. 支承矫正的工具：如铁砧（图 9-203）、矫正用平板和 V 形块等。

图 9-203 铁砧

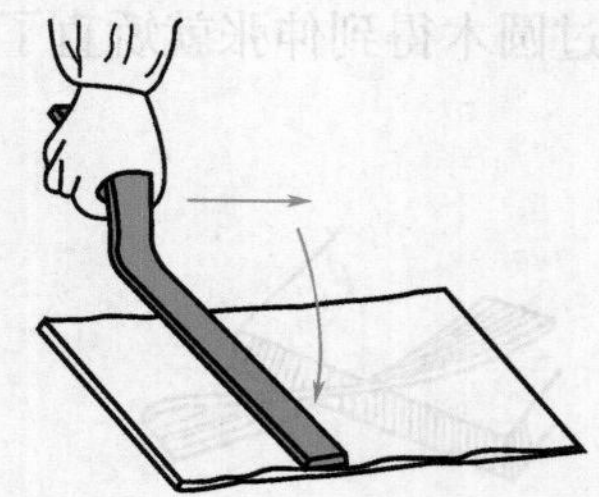

图 9-204 用抽条抽打板料

b. 加力用的工具：如锤子、铜锤、木锤和压力机等。

c. 抽条和拍板：抽条是采用条状薄板料弯成一种简易手工工具，主要用于抽打较大面积的板料，如图 9-204 所示。拍板是用质地较硬的檀木制成的专用工具，主要用于敲打板料，如图 9-205 所示。

图 9-205　用拍板敲打板料

图 9-206　螺旋压力工具

d. 螺旋压力工具：如图 9-206 所示，主要用于矫正较大的轴类工件或棒料。

e. 检验用的工具：如平板、90° 角尺、钢直尺和百分表等。

② 手工矫正的操作方法　金属手工矫正的方法有扭转法、伸张法、弯曲法和延展法四种。

a. 扭转法。扭转法用来矫正条料的扭曲变形，它一般是将条料夹持在台虎钳上，用活扳手（或叉形扳手）把条料向变形的相反方向扭转到原来的形状，如图 9-207 所示。

有时可将扭曲端夹持在平台上，下面加垫铁，上面放压铁，然后将另一端套在扳手上，用力反向扭转，直至消除扭曲，如图 9-208 所示。

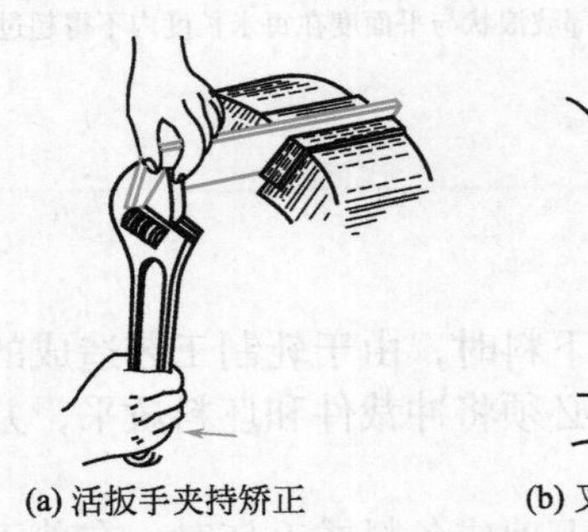

(a) 活扳手夹持矫正

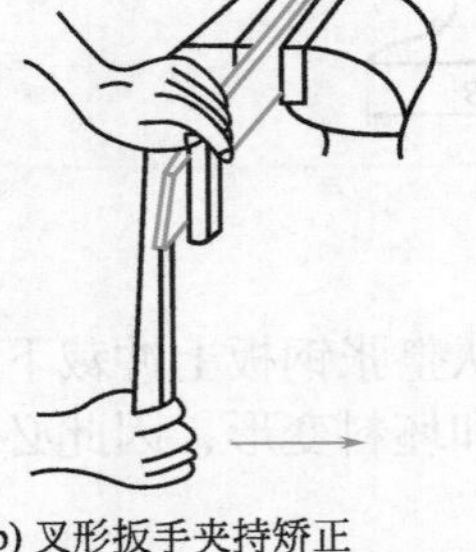

(b) 叉形扳手夹持矫正

图 9-207　扭转法

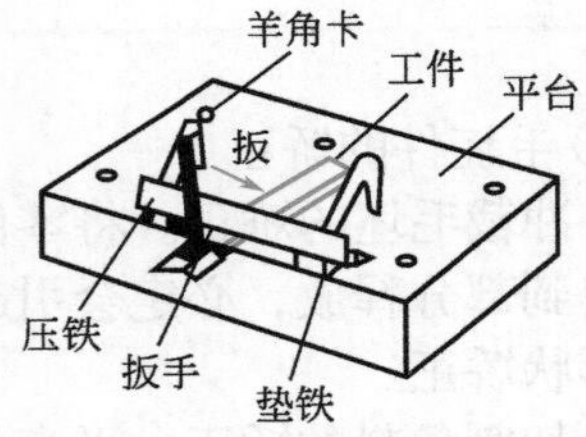

图 9-208　在平台上利用羊角卡夹持矫正

若扭曲严重时，可将扭曲处伸到平台边缘外，以接触点为支点，沿扭曲反向锤击至矫正，如图 9-209 所示。

b. 伸张法。伸张法用来矫正各种细而长的线材。如图 9-210 所示，将细长线材的一头固定起来，然后将线材绕在一圆木上，从固定端开始，再握紧圆木向后拉动，这样线材在拉力的作用下绕过圆木得到伸张就矫直了。

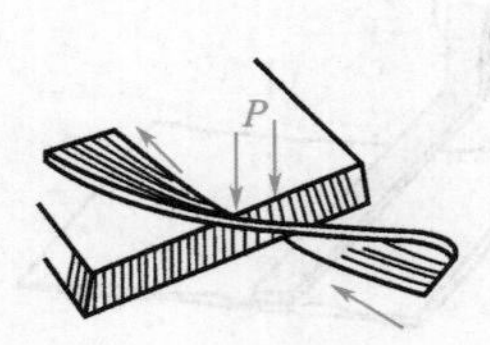

图 9-209　锤击配合矫正

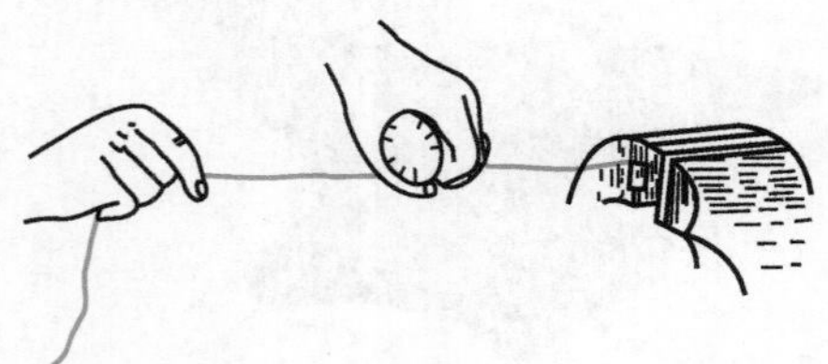

图 9-210　伸张法

c. 弯曲法。弯曲法用来矫正各种弯曲的棒料和在厚度方向上弯曲的条料。直径小的棒料和薄料可用台虎钳夹持靠近弯曲的地方，再用扳手矫正或直接用钳口夹紧校直，如图 9-211（a）所示。直径大的棒料和较厚的条料则要用压力机矫正，将工件放在压力机上，转动螺旋压力机的螺杆，使螺杆的端部准确压在工件棒料变形的最高点上，如图 9-211（b）所示。为了消除弹性变形所引起的回翘现象，可适当压过一点，然后检查，边矫正边检查直至符合需要为止。

d. 延展法。延展法用来矫正各种型材和板料的翘曲等变形。如图 9-212 所示，它就是用手锤敲击工件，使其延展伸长来达到矫正的目的。

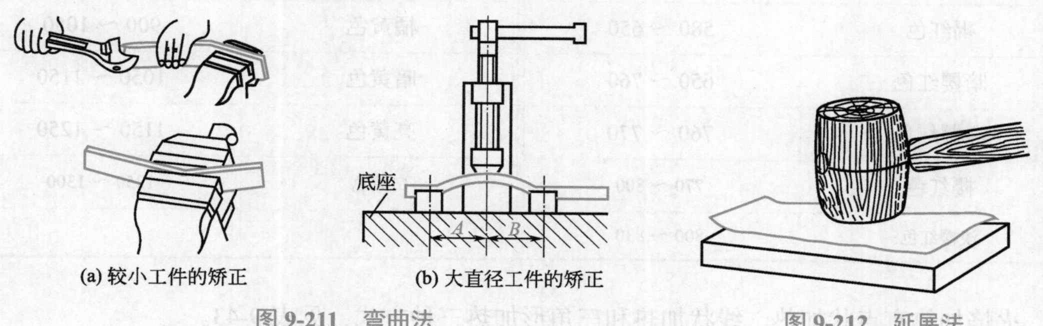

(a) 较小工件的矫正　(b) 大直径工件的矫正

图 9-211　弯曲法　　图 9-212　延展法

（5）火焰矫正的操作方法

火焰矫正是利用金属局部受热后所引起的新的变形去矫正原先的变形，火焰矫正加热的热源通常是氧乙炔焰，它不但用于材料的准备工作中，而且还可以用于矫正结构在制造过程中的变形。

如图 9-213 所示，由于受热处的金属纤维冷却后要缩短，所以型钢向加热一侧发生弯曲变形。火焰矫正时需使加热产生的变形与原变形的方向相反，才能抵消原来的变形而使其得到矫正。

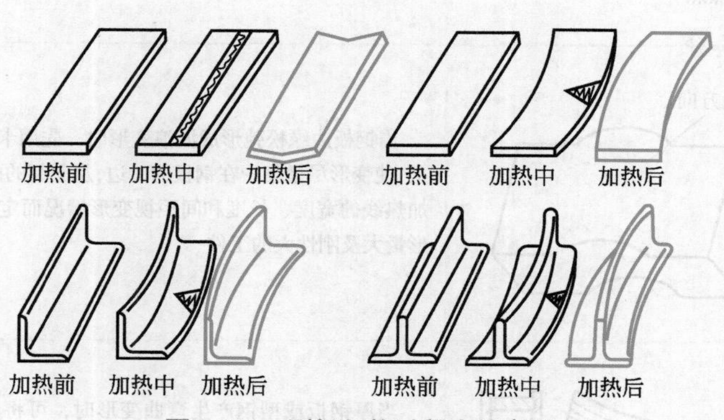

图 9-213　型钢加热过程中的变形

火焰矫正必须根据工件的变形情况，控制好火焰加热的部位、时间和温度等才能获得较好的矫正效果。不同的加热位置可以矫正不同方向的变形，加热位置应选择在金属纤维较长的部位，即材料产生弯曲变形的外侧。此外，被加热工件上加热区域的形状对工件矫正变形方向和变形量都起着较大的影响。被矫正工件上穿过加热区纤维长度相差最大的方向为该工件弯曲变形最大的方向，其变形量与穿过加热区的长度差成正比。

① 火焰加热方式　不同火焰热量加热，可获得不同的矫正变形的能力。若火焰的热量不足，会使加热时间延长，工件受热范围扩大，相平行纤维之间的变形差会减小，工件不易矫平，因而要保证快、强的矫正效果，其加热速度就要加快。不同的材料，其加热的温度是不相同的，一般根据经验，以钢材受热表面颜色来进行大致判断，见表 9-42。

表 9-42　钢材受热表面颜色与相应温度

钢材表面颜色	温度 /℃	钢材表面颜色	温度 /℃
深褐红色	550 ～ 580	亮樱红色	830 ～ 900
褐红色	580 ～ 650	橘黄色	900 ～ 1050
暗樱红色	650 ～ 760	暗黄色	1050 ～ 1150
深樱红色	760 ～ 770	亮黄色	1150 ～ 1250
樱红色	770 ～ 800	白黄色	1250 ～ 1300
淡樱红色	800 ～ 830		

火焰加热有点状加热、线状加热和三角形加热三种方式，见表 9-43。

表 9-43　火焰加热方式

加热方式	图示	说明
点状加热	加热点	当薄板中间凸起而四周较平整时，可将钢板凸面向上置于平台上，四周用卡子压紧，对称地从凸起边缘向中心围拢。若板件较厚，加热点的直径不小于 20 ～ 30mm。当板件变形量较大时，加热点间距要小，一般为 50 ～ 100mm，且每加热一点应立即锤打加热点。当板件呈波浪变形时，加热点周围还要浇水冷却并锤击
线状加热	加热方向	当钢板边缘松弛形成波浪变形时，先用卡子将钢板三边压紧在平台上，使变形尽量集中在钢板的一边，从凸起的两侧向中间对称线状加热，加热线的宽度、长度和间距视变形情况而定，一般线状加热多用于变形量大及刚性大的工件
三角形加热	加热区	当厚钢板或型钢产生弯曲变形时，可将火焰摆动、加热区呈三角形状，三角形底边在被矫正钢板或型钢边缘，而三角形角顶向内。一般三角形的顶角约为 30°，高度约为“工”字形结构腹板高度的 1/3 ～ 1/2。三角形法加热常用于矫正厚度和刚度较大的构件的变形

② 工件的火焰矫正

a. 框架薄板火焰矫正。对于框架薄板的失稳变形状态，可采用点状或线状加热进行矫正，如图 9-214 所示。加热时，可将加热点或加热线均匀分布于产生波浪变形或上拱的部位。但由于火焰加热的范围相对比较大，极易促使薄板受热部位进一步上拱，如图 9-214（a）所示，从而降低薄板自身对加热点金属的压缩作用。因此，需要利用外力限制薄板的上拱，采用多孔板压住工件，再通过小孔对工件凸起部位进行点状加热，如图 9-214（b）所示，或通过椭圆孔对工件凸起处进行线状加热，如图 9-214（c）所示，以提高矫形效果。

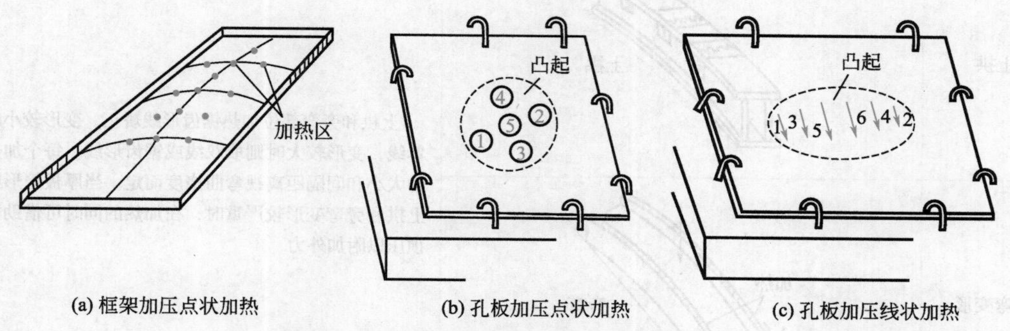

图 9-214　框架钢板结构点、线状火焰矫正

b. 对接薄板火焰矫正。将处于自由状态的薄钢板对接焊后，由于接头处局部受热和冷却，必然使焊缝处引起纵向波浪变形和横向角变形，如图 9-215 所示。通常是首先沿焊缝方向，在焊缝两侧用线状加热矫正其纵向变形，如图 9-215（a）所示；然后沿垂直焊缝方向，在焊缝两侧用横向短线状加热矫正其角变形，如图 9-215（b）所示。

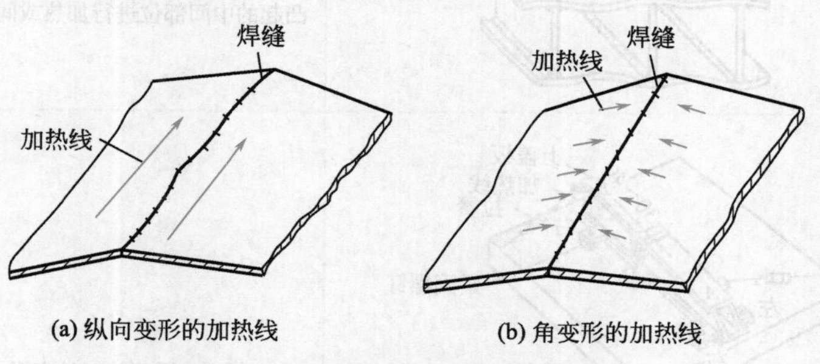

图 9-215　对接薄板的线状火焰矫正

c. 型钢焊接梁火焰矫正。如图 9-216（a）所示，是非对称的Ⅱ形钢的旁弯，通常可采用三角形加热法，在下盖板的外弯侧矫正。对于非对称工字钢的上挠变形，如图 9-216（b）所示，可在盖板上加热矩形面积和在腹板上部加热三角面积矫正。

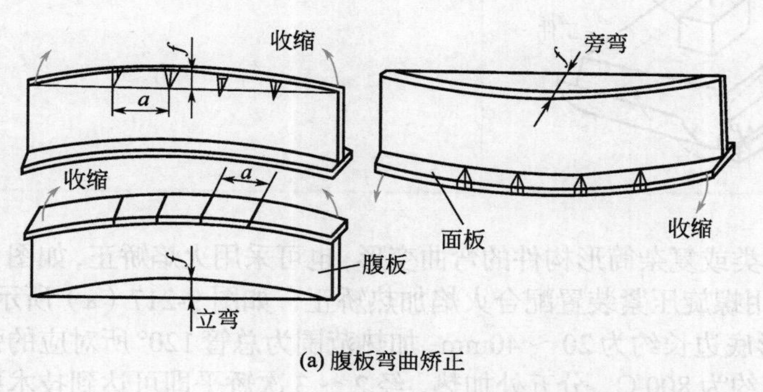

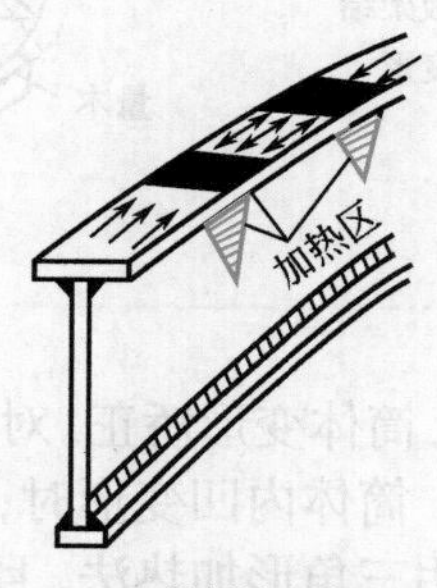

图 9-216　型钢焊接梁火焰矫正

d. 箱形板架梁火焰矫正（见表 9-44）。

表 9-44　箱形板架梁火焰矫正

变形类型	图示	矫正说明
上拱	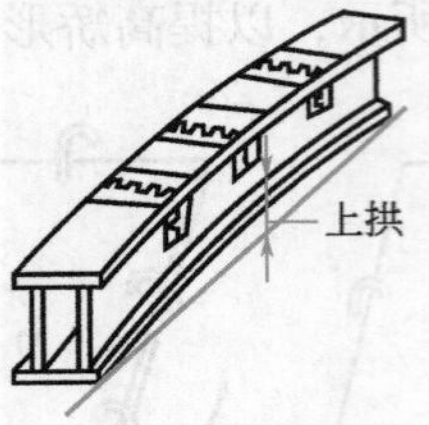	上拱和旁弯部位加热锯齿形线矫正，变形较小时取单线，变形较大时则取双线或锯齿形线。每个加热区的大小和间隔距离视弯曲挠度而定。当厚板箱形梁的上拱和旁弯变形较严重时，在加热的同时可借助机具顶压以附加外力
旁弯变形	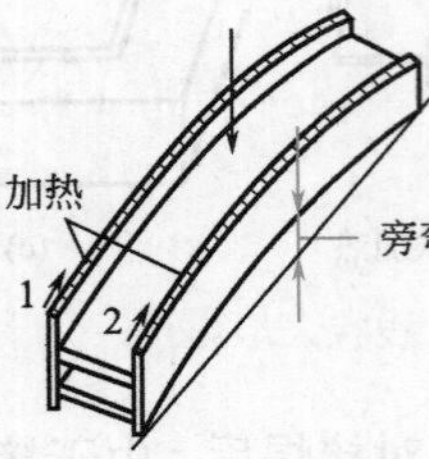	
角变形	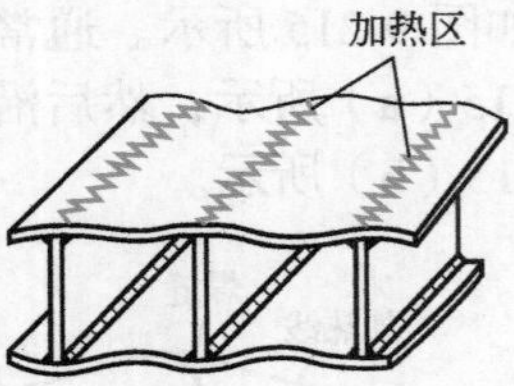	在角焊缝背面的凸凹交界拐点处用长线状、短线状或十字交叉状加热矫正。若变形仍未完全消除，再在凸起的中间部位进行加热或间隔跳幅矫正
扭曲变形	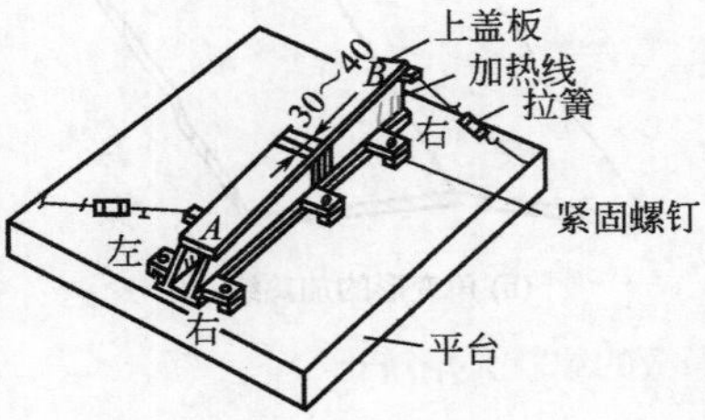	一般应先矫正构架的变形，后矫正钢板的变形，若构架相对较弱时，板和构架的矫正可以交叉进行。当板厚不同时，先矫正厚板，后矫正薄板，矫正每一部分的同时要考虑到对相邻部分和整体结构的影响，并注意下道工序的装配要求
大型板架结构变形	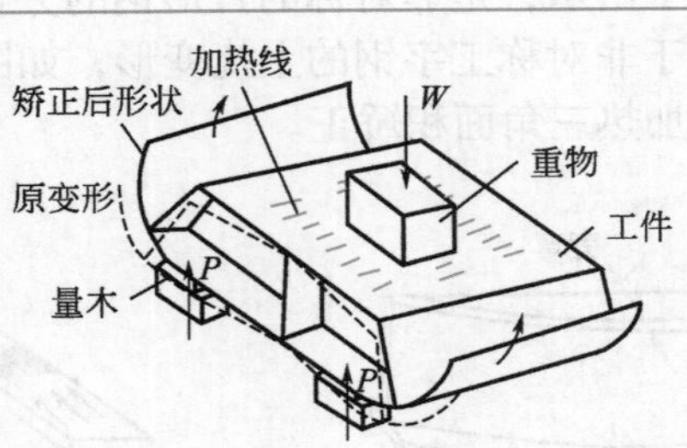	

e. 筒体变形矫正。对于筒体类或复杂筒形构件的弯曲变形，也可采用火焰矫正，如图 9-217 所示。筒体内凹变形时，还需用螺旋压紧装置配合火焰加热矫正，如图 9-217（a）所示，一般采用三角形加热法，且三角形底边长约为 20 ～ 40mm，加热范围为总管 120° 所对应的弧长，如图 9-217（b）所示，加热温度约为 800℃，分五处加热，经 2 ～ 3 次矫平即可达到技术要求。

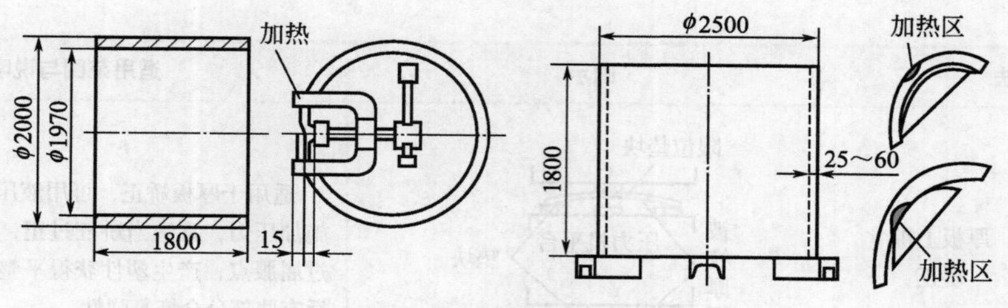

(a) 筒体内凹矫正

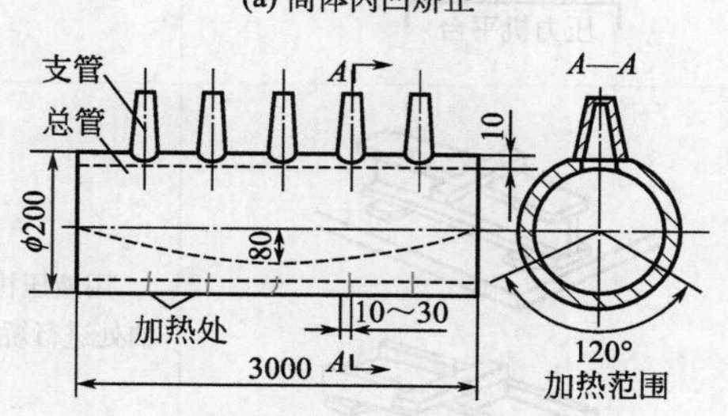

(b) 风管加热部位

图 9-217 筒体与转炉风管的火焰矫正

（6）机械矫正的操作方法

机械矫正是借助于机械设备对变形工件及变形钢材等进行矫正。常用的机械矫正方法有大幅薄钢板矫平、大型型钢矫直、拼接板缝压平、圆形件矫圆等。各种方法均需在各种不同的压力机下进行，见表 9-45。

表 9-45 常用机械矫正方法

方法		图示	适用范围与说明
矫平机矫正	大薄板与中厚板矫平		用矫平机矫正板料时，厚板辊少，薄板辊多，上辊双数，下辊单数
	小块板矫平	工件 平板	矫正板厚相同的小块板料时，可放在一块大面积的厚板上同时滚压多次，并翻转工件，直至矫平
辊板机矫正	第一次正滚		用三辊辊圆机矫正板料时，是通过板材反复弯曲变形而使应力均匀从而提高板料的平面度的
	第二次正滚		

续表

方法		图示	适用范围与说明
压力机矫正	厚板上拱矫正		适用于厚板矫正，可用液压机在工件凸起处施加压力，且适当矫枉过正，使材料内应力超过屈服点，产生塑性获得平整变形。但在卸载后有些部分会恢复弹性
	型钢侧弯和上拱矫正		用液压机将侧弯和上拱的工字钢或箱形梁弯曲处进行矫正
	钢板条和型钢撑直矫正		用撑直机横向施加压力将窄钢板、工字钢、槽钢等弯曲处进行矫正
	型钢矫正辊形状		角钢和槽钢翼边变形或弯曲矫正时所用的矫正辊侧面工作状态

9.5.2 弯曲

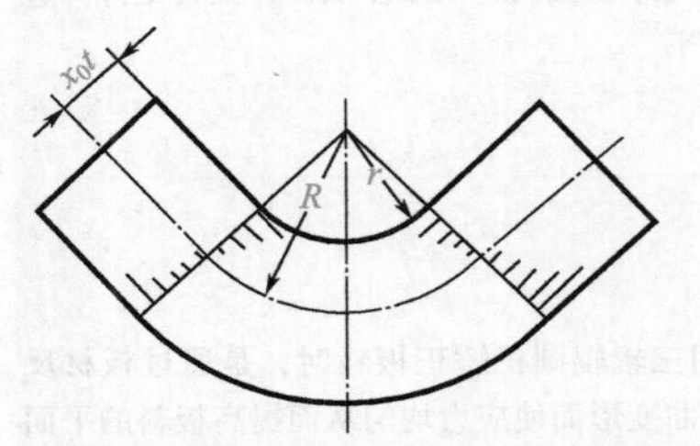

图 9-218 工件弯曲时中性层的位置

用板料、条料、棒料制成的零件，往往需要把直的钢材弯成曲线或是弯成一定角度，这种工作叫作弯曲。

（1）弯曲工件展开长度的计算

工件弯曲后，只有中性层长度不变，如图 9-218 所示。因此计算弯曲工件展开长度时可按中性层长度计算。材料变形时，中性层一般不在材料正中，而是偏向内层材料一边。

中性层的实际位置与材料的弯曲半径 r 和材料的厚度有关，可用下面的公式来计算：

$$R=r+x_0t$$

式中 R——中性层的曲率半径，mm；

r——材料弯曲半径，mm；

t——材料厚度，mm；

x_0——中性层位置的经验系数，其值可查表 9-46。

表 9-46 中性层位置的经验系数 x_0

r/t	0.1	0.25	0.5	1.0	1.5	2.0	3.0	4.0	＞4
x_0	0.28	0.32	0.37	0.42	0.44	0.455	0.47	0.475	0.5

一般情况下，为简化计算，当 $r/t \geqslant 4$ 时，即可按 x_0=0.5 计算。

各种型材最小弯曲半径的计算见表 9-47。

表 9-47 各种型材最小弯曲半径的计算

名称		图示	状态	计算公式
等边角钢	外弯	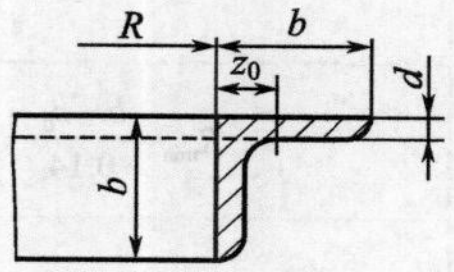	热	$R_{min}=\frac{b-z_0}{0.14}-z_0\approx 7b-8z_0$
			冷	$R_{min}=\frac{b-z_0}{0.04}-z_0=25b-26z_0$
	内弯	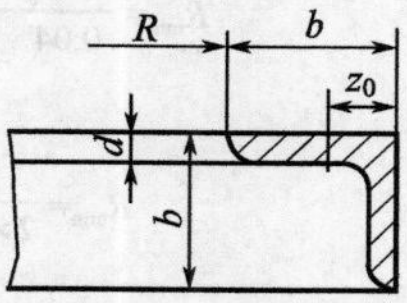	热	$R_{min}=\frac{b-z_0}{0.14}-b+z_0\approx 6(b-z_0)$
			冷	$R_{min}=\frac{b-z_0}{0.04}-b+z_0=24(b-z_0)$
不等边角钢	小边外弯	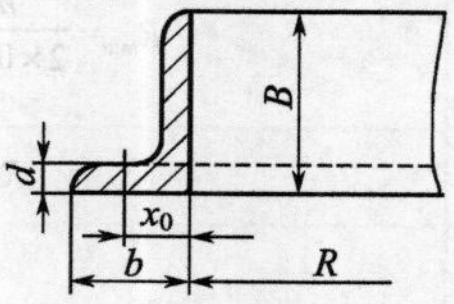	热	$R_{min}=\frac{b-x_0}{0.14}-x_0\approx 7b-8x_0$
			冷	$R_{min}=\frac{b-x_0}{0.04}-x_0=25b-26x_0$
	大边外弯	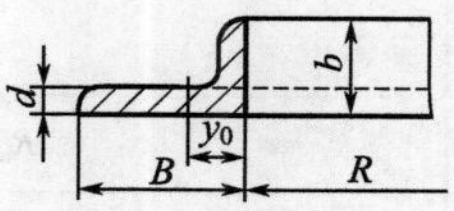	热	$R_{min}=\frac{B-y_0}{0.14}-y_0\approx 7B-8y_0$
			冷	$R_{min}=\frac{B-y_0}{0.04}-y_0=25B-26y_0$
	小边内弯	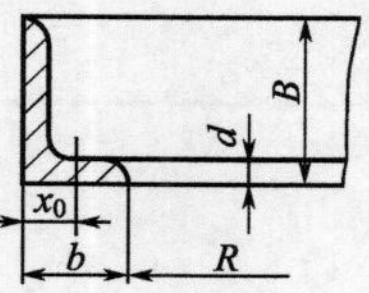	热	$R_{min}=\frac{b-x_0}{0.14}-b+x_0\approx 6(b-x_0)$
			冷	$R_{min}=\frac{b-x_0}{0.04}-b+x_0=24(b-x_0)$
	大边内弯	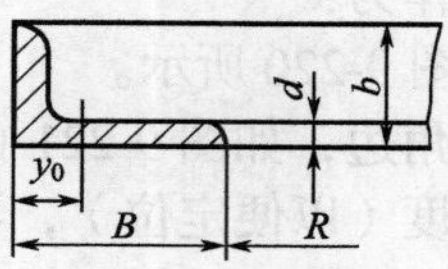	热	$R_{min}=\frac{B-y_0}{0.14}-B+y_0\approx 6(B-y_0)$
			冷	$R_{min}=\frac{B-y_0}{0.04}-B+y_0=24(B-y_0)$

续表

名称		图示	状态	计算公式
工字钢	以 y_0-y_0 轴弯曲	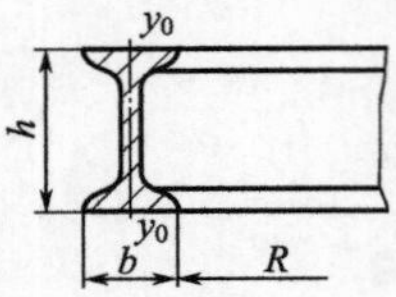	热	$R_{min}=\frac{b}{2\times0.14}-\frac{b}{2}\approx3b$
			冷	$R_{min}=\frac{b}{2\times0.04}-\frac{b}{2}=12b$
	以 x_0-x_0 轴弯曲	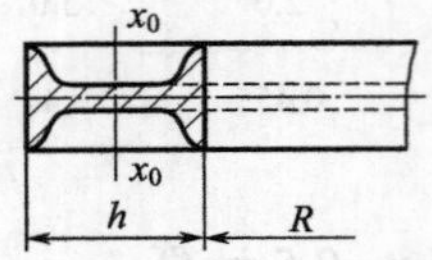	热	$R_{min}=\frac{h}{2\times0.14}-\frac{h}{2}\approx3h$
			冷	$R_{min}=\frac{h}{2\times0.04}-\frac{h}{2}=12h$
槽钢	以 y_0-y_0 轴外弯	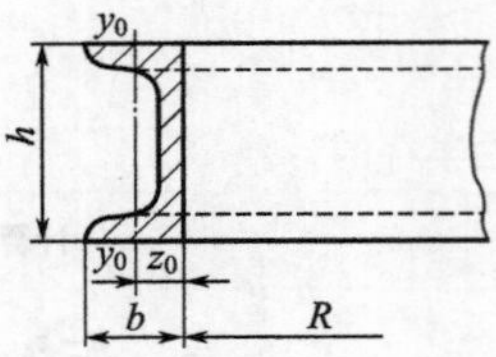	热	$R_{min}=\frac{b-z_0}{0.14}-z_0\approx7b-8z_0$
			冷	$R_{min}=\frac{b-z_0}{0.04}-z_0=25b-26z_0$
	以 y_0-y_0 轴内弯	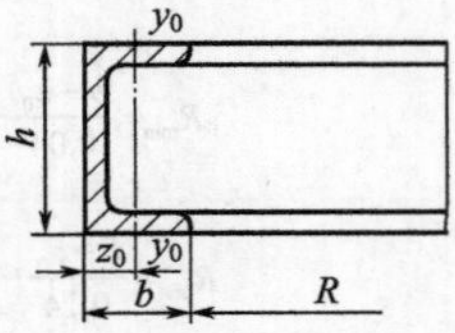	热	$R_{min}=\frac{b-z_0}{0.14}-b+z_0\approx6(b-z_0)$
			冷	$R_{min}=\frac{b-z_0}{0.04}-b+z_0=24(b-z_0)$
	以 x_0-x_0 轴弯曲	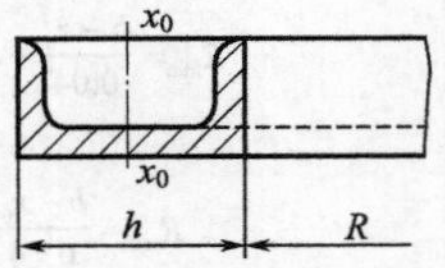	热	$R_{min}=\frac{h}{2\times0.14}-\frac{h}{2}\approx3h$
			冷	$R_{min}=\frac{h}{2\times0.04}-\frac{h}{2}=12h$
圆钢		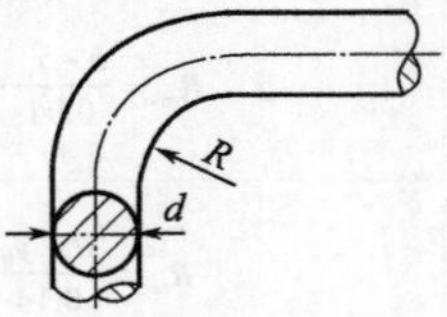	热	$R_{min}=d$
			冷	$R_{min}=2.5d$
扁钢		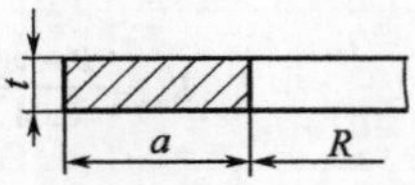 当 $\frac{a}{t}<10$ 时	热	$R_{min}=3a$
			冷	$R_{min}=12a$

（2）各种形件的手工弯曲操作

① 角形件的弯制　角形件如图 9-219 所示，其操作为：

a. 根据加工要求，在零件弯曲处划出弯曲线，如图 9-220 所示。

b. 将工件安放在规铁上，并使弯曲线对准规铁的角边，如图 9-221（a）所示。然后左手压住板料，右手用木锤先在两端将工件敲弯成一定角度（以便定位），再全部弯曲成形，如图 9-221（b）所示。

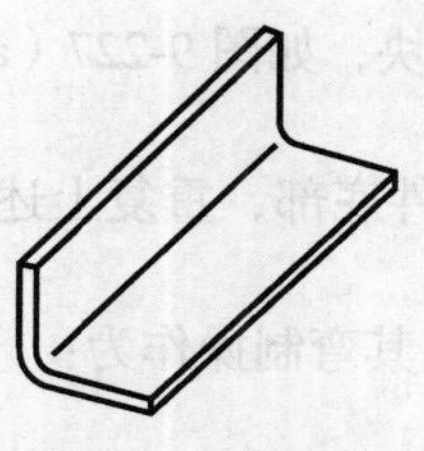
图 9-219 角形件

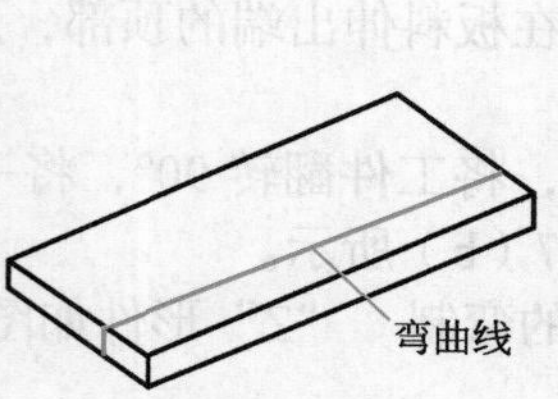

图 9-220 划弯曲线

角形件也可直接在台虎钳上弯制。其操作方法为：

a. 在弯曲部位划线。

b. 将工件夹持在台虎钳上，夹持时要使划线处刚好与钳口对齐，且两边要与钳口相垂直。如果钳口的宽度比工件短或是其深度不够时，则应用角铁做的夹持工具或直接用两根角铁来夹持工件，如图 9-222 所示。

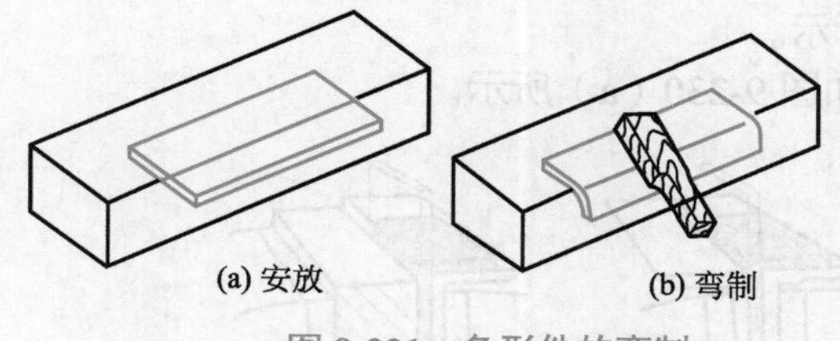

图 9-221 角形件的弯制

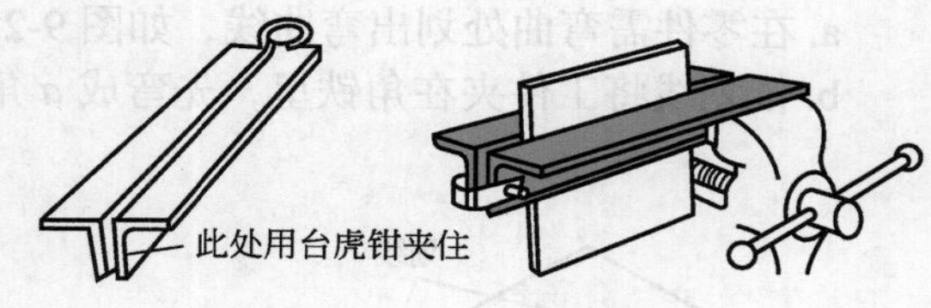

图 9-222 工件装夹

c. 若弯曲的工件在钳口以上较长时，则用左手压在工件上部，再用木锤在靠近弯曲部位的全长上轻轻敲击，这样就可以把工件逐渐弯成一个很整齐的角度，如图 9-223 所示。若弯曲的工件在钳口处以上较短时，则先用一木块垫在弯角处，再用力敲击，使工件弯曲成形，如图 9-224 所示。

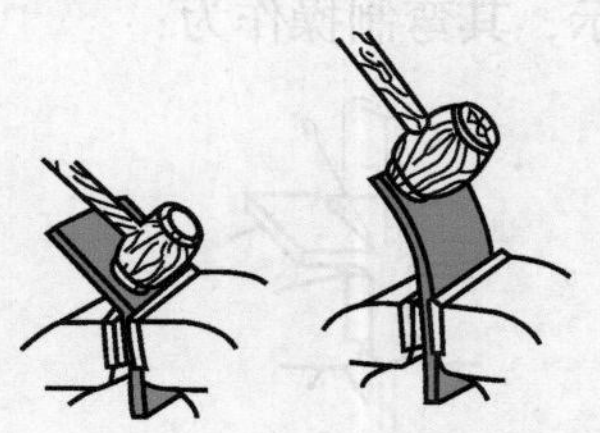
图 9-223 较长段的弯曲

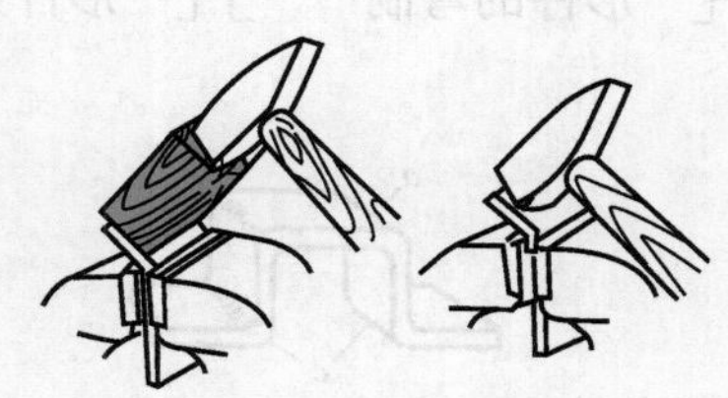
图 9-224 较短段的弯曲

② “⊓” 形件的弯制 “⊓”形件如图 9-225 所示，其弯制操作为：

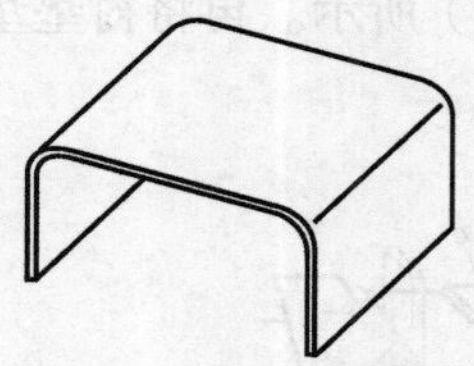
图 9-225 “⊓”形件

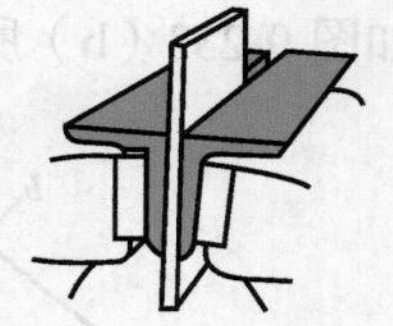
图 9-226 “⊓”形件的装夹

a. 首先根据情况，在零件弯曲处划出弯曲线，再将两块角铁垫入台虎钳的钳口上，使角铁与两边靠紧钳口，最后将板料装入两块角铁之间，如图 9-226 所示。

b. 将一木块放在板料伸出端的顶部，用锤子敲打木块，如图 9-227（a）所示，直至将板料一侧弯成直角。

c. 松开台虎钳，将工件翻转 90°，将一衬垫插入工件底部，重复上述操作，将工件另一端弯成，如图 9-227（b）所示。

③ “Z”形件的弯制　“Z”形件如图 9-228 所示，其弯制操作为：

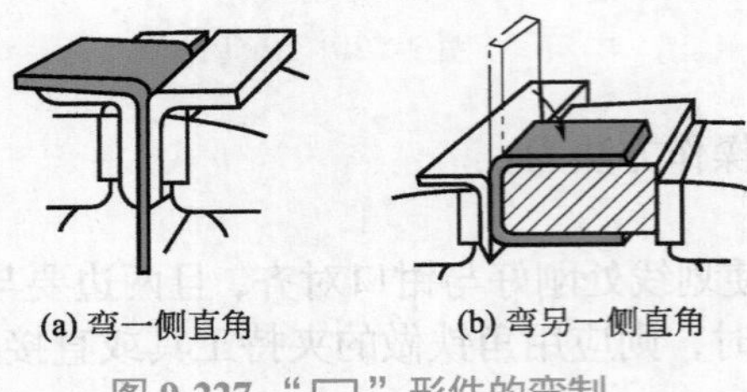

图 9-227 “⊓”形件的弯制

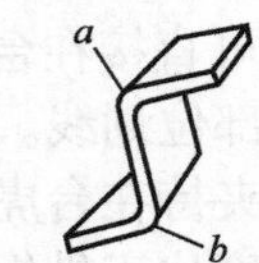

图 9-228 “Z”形件

a. 在零件需弯曲处划出弯曲线，如图 9-229 所示。

b. 依划线将工件夹在角铁里，先弯成 *a* 角，如图 9-230（a）所示。

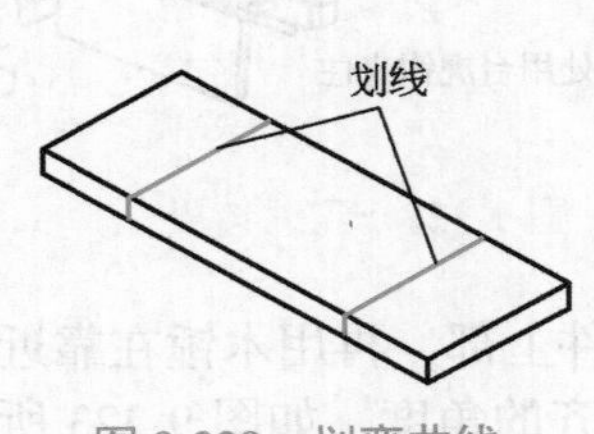

图 9-229 划弯曲线

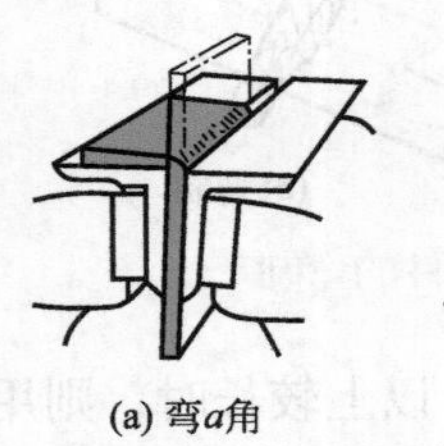

图 9-230 “Z”形件的弯制

c. 调头将方衬垫放入 *a* 角，再对准划线将工件夹在角铁里弯成 *b* 角，如图 9-230（b）所示。

④ “⊓”形件的弯制　“⊓”形件如图 9-231 所示，其弯制操作为：

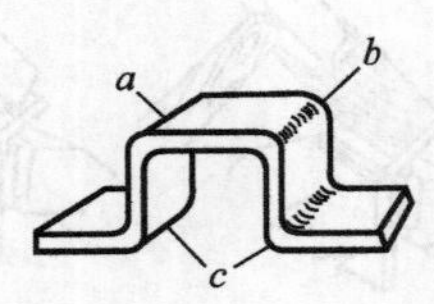

图 9-231 “⊓”形件

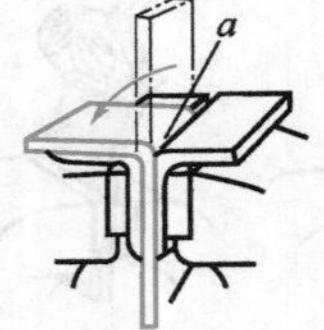

图 9-232 弯 *a* 角

a. 依划线将工件夹在角铁里，先弯成 *a* 角，如图 9-232 所示。

b. 将衬垫垫在①处，将工件弯成 *b* 角，如图 9-233（a）所示。再将衬垫垫在②处，将工件弯成 *c* 角，如图 9-233（b）所示。

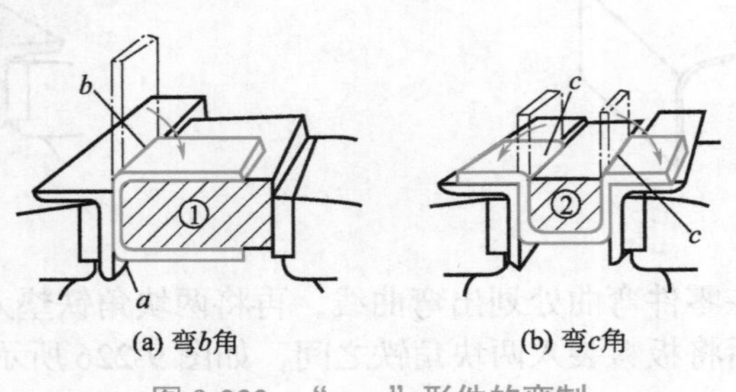

图 9-233 “⊓”形件的弯制

⑤ “□”形件的弯制 “□”形件如图 9-234 所示，其弯制操作为：

图 9-234 “□”形件

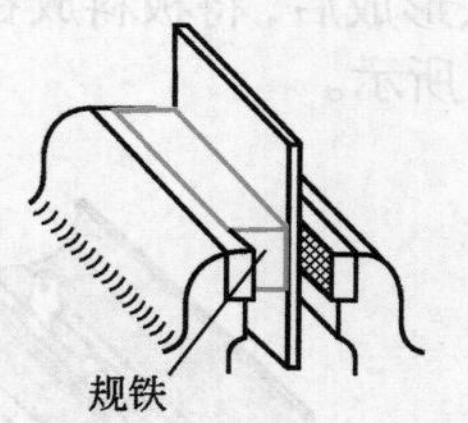

图 9-235 “□”形件的装夹

a. 划出零件弯曲线后将规铁插入台虎钳钳口一边，再将板料装夹在规铁与另一钳口之间，如图 9-235 所示。

b. 用锤子敲打板料，将板料一侧弯成直角，如图 9-236（a）所示；再将弯曲线对准规铁的角，依次弯制其他几个直角，将工件弯制成形，如图 9-236（b）所示。

⑥ 半圆形压板的弯制 半圆形压板如图 9-237 所示，其弯制操作为：

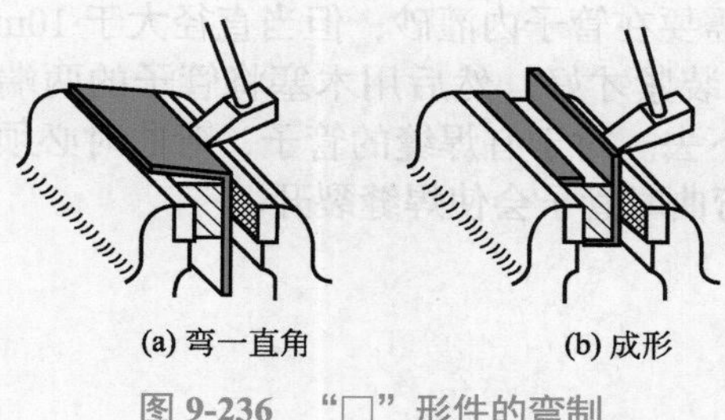

(a) 弯一直角 (b) 成形

图 9-236 “□”形件的弯制

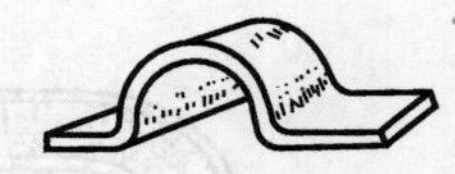

图 9-237 半圆形压板

a. 划出弯曲线，按划线将工件夹持在台虎钳的两块角铁垫里，然后用方头锤的窄头锤击所需弯曲的部位，如图 9-238 所示。

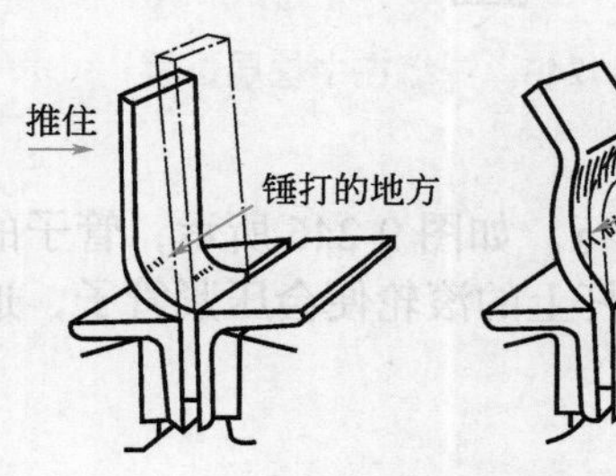

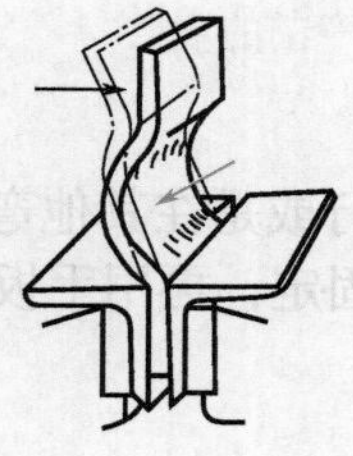

图 9-238 半圆形压板的弯制

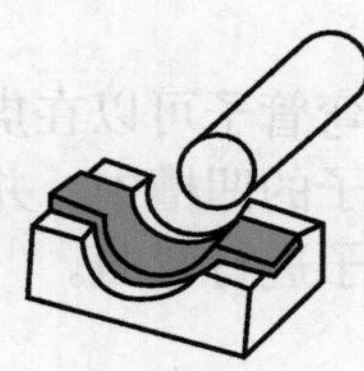

图 9-239 修整

b. 在半圆模上修整圆弧，使之符合要求，如图 9-239 所示。

⑦ 圆筒件的弯制 圆筒件如图 9-240 所示，其弯制操制为：

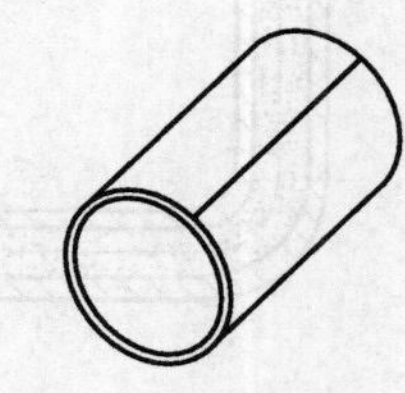

图 9-240 圆筒件

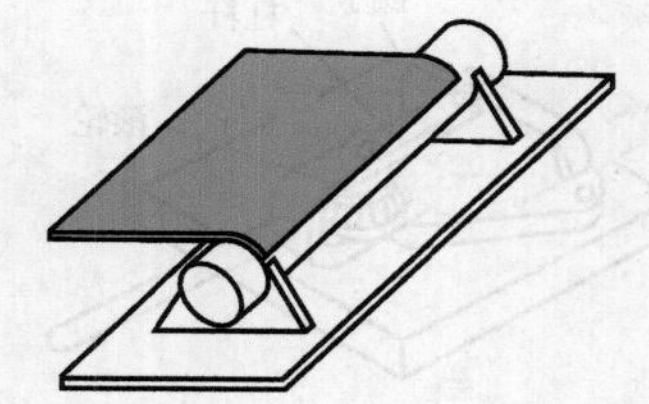

图 9-241 打直头

a. 将板料平放在圆钢上，用木锤由外向内均匀锤击进行弯曲，如图 9-241 所示。

b. 直头形成后，将板料放在胎具或槽钢上，用木锤敲圆（弯曲位置线应与板料两边平行），如图 9-242 所示。

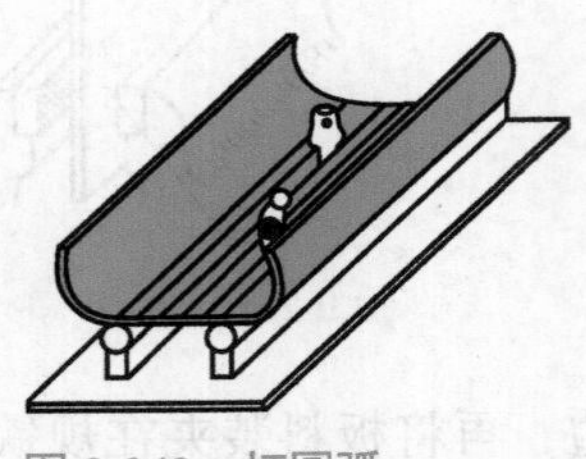

图 9-242　打圆弧

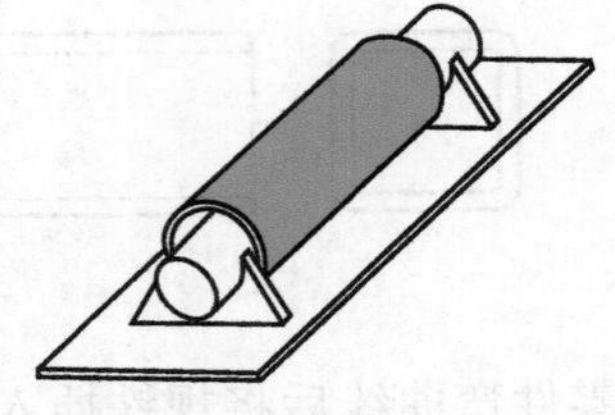

图 9-243　修圆

c. 将弯好的圆筒套在圆钢上校圆，如图 9-243 所示。

⑧ 管子的弯形　管子的直径在 13mm 以下时，一般采用冷弯；在 13mm 以上时则采用热弯。但管子的最小弯曲半径必须大于管子直径的 4 倍。

当弯曲管子的直径在 10mm 以下时，不需要在管子内灌砂；但当直径大于 10mm 时，弯曲时则一定要在管子内灌砂，且砂子一定要装紧才好，然后用木塞将管子的两端塞紧，如图 9-244 所示，这样在弯曲时管子才不会瘪下去。对于有焊缝的管子，弯曲时必须将焊缝放在中性层的位置上，如图 9-245 所示，否则弯曲时管子会使焊缝裂开。

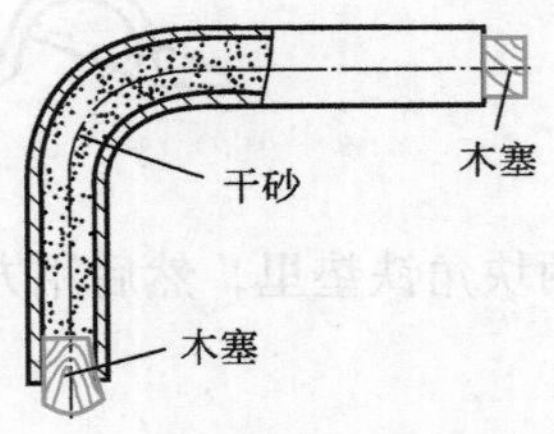

图 9-244　管子弯前的灌砂

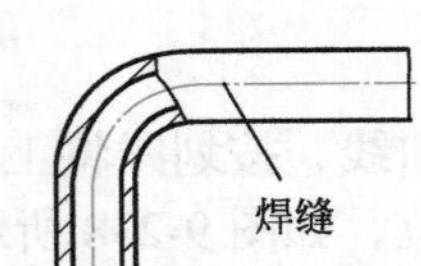

图 9-245　焊缝在中性层位置

冷弯管子可以在虎钳上进行或是在其他弯管工具上进行。如图 9-246 所示，管子的一端置于模子的凹槽中，并用压板固定，再用手扳动杠杆，杠杆上的滚轮便会压紧管子，迫使管子按模子进行弯曲。

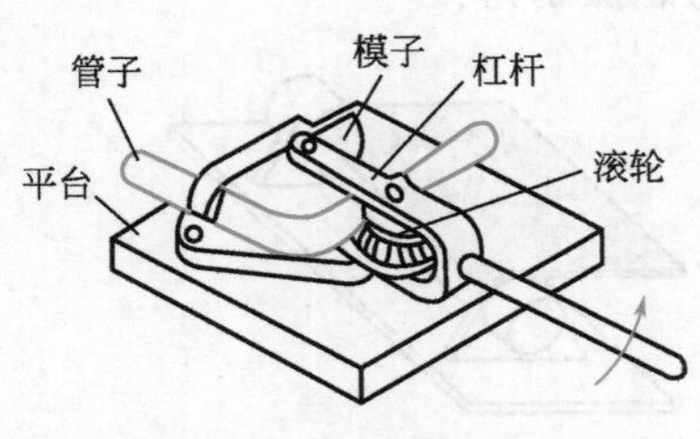

图 9-246　手工弯管子工具

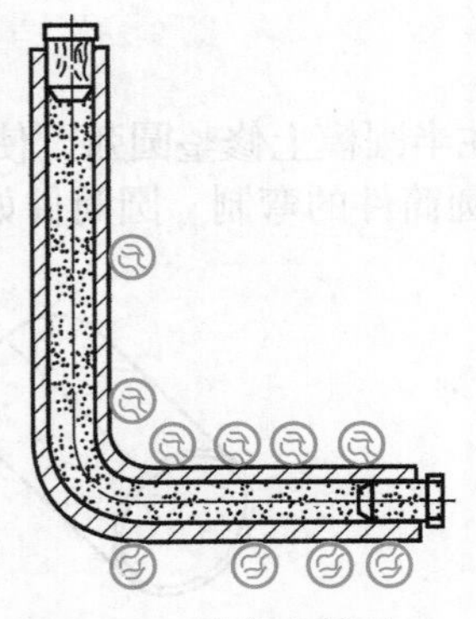

图 9-247　热弯大管子

热弯管子时，则可在需弯曲处加热，加热长度可按经验公式来计算。例如曲率半径为管子直径的 5 倍时，则：

$$加热长度=(弯曲角度/15°)\times 管子直径$$

将管子弯曲处加热后取出放在钉好的铁桩上，按规定的角度弯曲，如图 9-247 所示。若加热部位太长，可浇水，使弯曲部分缩短到需要的长度。

（3）常用机械弯管的方法

常用机械弯管的方法见表 9-48。

表 9-48 常用机械弯管的方法

方法		图示	说明
压（顶）弯	自由弯曲		冷压或热压；管内加支撑或不加支撑
	带矫正		
滚弯			需带槽滚轮，冷弯
回弯	碾压式		使用最广泛；冷压或热压；管内加支撑或不加支撑
	拉拔式		
推弯			外壁减薄；弯曲半径可调；热弯；不需模具

续表

方法		图示	说明
挤弯	芯棒式		热挤
	型模式		冷挤
			需加热预弯挤压后精整

（4）操作注意事项与禁忌

① 当角钢弯曲曲率较小时，如大直径的角钢圈，由于材料弹性变形的影响比较大，因此多对角钢采用全加热。如工件较长，可采用分段加热、分段弯曲的方法。当部分区域曲率较大（如角钢方框的转角处），材料拉伸严重，而其他部位不需弯曲时，可只对曲率较大的弯曲部位进行局部加热。

② 角钢内弯时，两翼边材料挤缩，容易产生翘起的缺陷。这时，可以用大锤随时修打，如图 9-248（a）所示。

③ 角钢内弯时，靠模的高度应等于或略高于角钢凹面高度，并应有与角钢内角吻合的圆角。

④ 角钢外弯时，两翼边材料拉伸严重，易产生拉裂的缺陷，可用大锤边弯边修打，以使拉伸处延展均匀，防止拉裂，如图 9-248（b）所示。

⑤ 由于材料加热后变软，直接锤击易在工件上留下明显的锤痕，因此在锤击时应垫以平锤，避免用大锤直接锤击工件。

图 9-249 所示为加热后手工弯曲扁钢的操作示例，其操作方法与弯曲角钢相同。

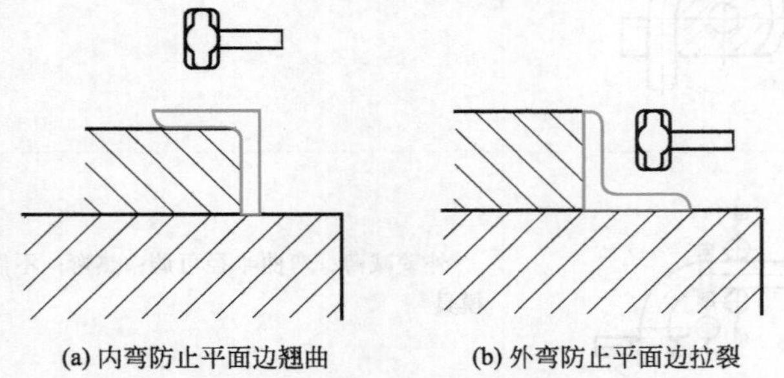

(a) 内弯防止平面边翘曲　(b) 外弯防止平面边拉裂

图 9-248　角钢弯曲时的辅助措施

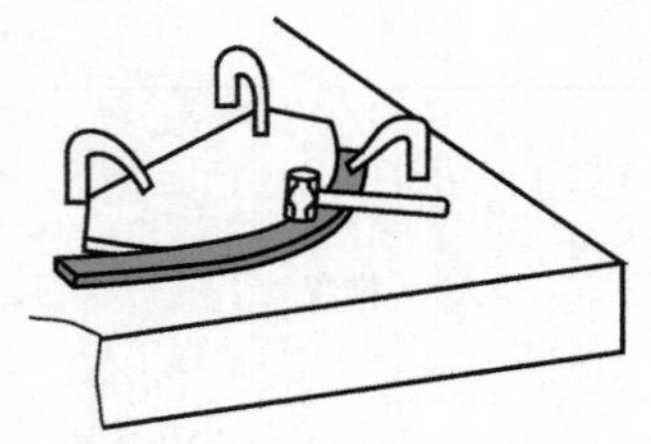

图 9-249　手工弯曲扁钢的操作示例

⑥ 工件弯曲时，除塑性变形外，同时伴有弹性变形，产生回弹。因而弯曲件的圆角半径不宜过大，如图 9-250 所示，否则难以保持精度；也不宜过小，否则外层纤维会产生拉裂破坏，如图 9-251 所示。

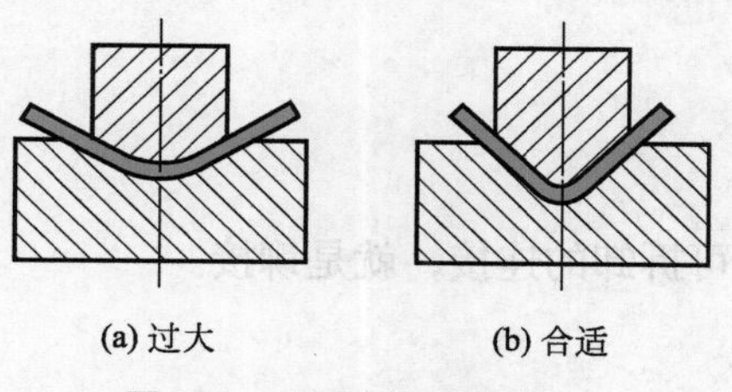

图 9-250 圆角弯曲半径

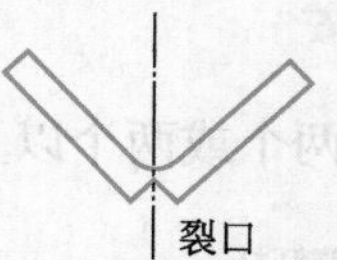

图 9-251 圆角半径过小造成的裂口

⑦ 弯曲件的直角边高度 h 不宜过小，必须大于或等于弯边高度 $h_{\min}$（$h > h_{\min}=r+2\delta$），如图 9-252 所示，才能保证工件弯曲质量。

⑧ 弯曲有孔的毛坯时，孔边距不宜过小。如孔位过于靠近弯曲区，则弯曲时孔的形状会发生变化。

⑨ 复杂形状零件不能一次弯成，应多次弯曲成形。工序安排的原则是先弯外角，后次弯曲不能影响前次弯曲部分的变形。弯曲次数可为两次、三次甚至更多，如图 9-253 所示。

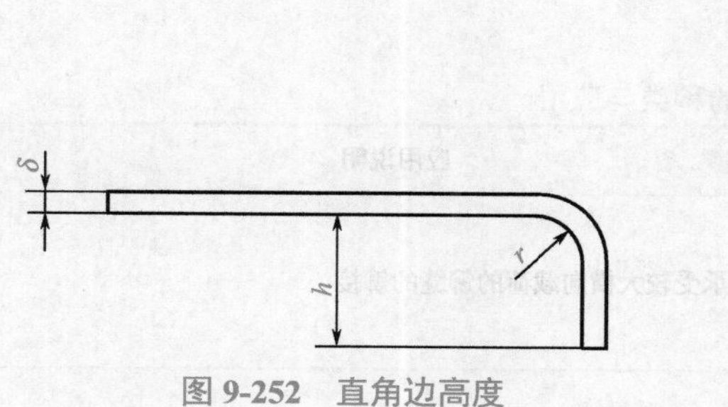

图 9-252 直角边高度

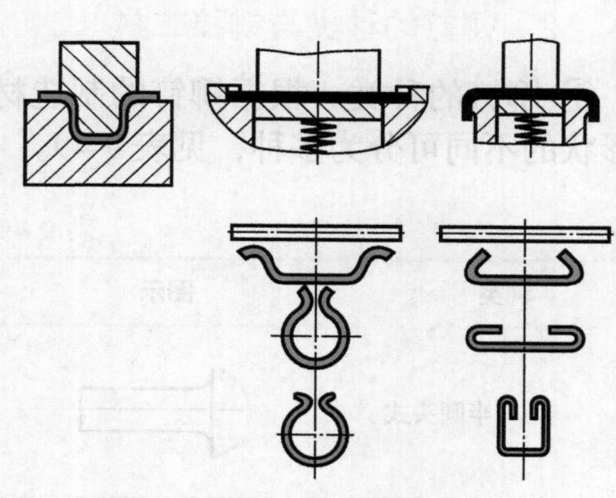

图 9-253 多次弯曲成形工件

⑩ 若弯曲件边缘有缺口，则弯曲时会出现岔口，严重时无法成形。须在缺口处留有连接带，待弯曲成形后再将连接带切除，如图 9-254 所示。

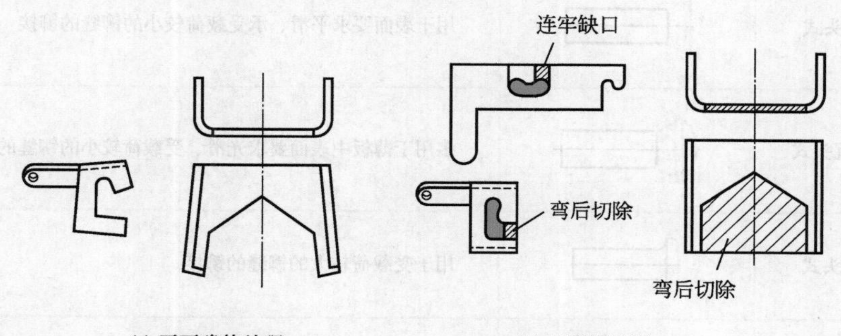

图 9-254 弯曲件缺口的处理

9.6 铆接、粘接与焊接

9.6.1 铆接

用铆钉将两个或两个以上的工件组成一个不可拆卸的连接，就是铆接。

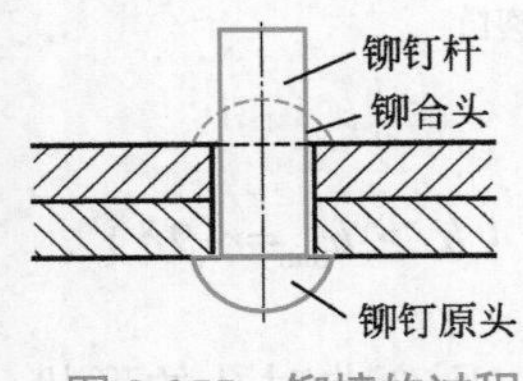

图 9-255 铆接的过程

（1）铆接概述

① 铆接的过程 如图 9-255 所示，将铆钉插入被铆接工件的孔中，并把铆接头紧贴工件表面，然后将铆钉杆的一端镦粗成为铆合头。铆接连接方便可靠，广泛应用于桥梁、机车、船舶等各个方面。

② 铆接的种类 按使用要求的不同，铆接可分为活动铆接和固定铆接；按铆接的方法来分，则可分为冷铆、热铆和混合铆。铆接时铆钉不加热叫冷铆，直径在 8mm 以下的钢铆钉和紫铜、黄铜、铝铆钉等，常用这种铆接法。把铆钉全部加热到一定温度后再进行铆接的方法叫热铆，直径大于 8mm 的钢铆钉常采用热铆。

（2）铆钉的种类与铆接工具

① 铆钉的种类 根据铆钉的制造材料的不同可分为钢铆钉、铜铆钉、铝铆钉等，根据其形状的不同可分为多种，见表 9-49。

表 9-49 铆钉的种类与应用

种类		图示	应用说明
实心铆钉	半圆头式		用于承受较大横向载荷的铆缝的铆接
	平锥头式		用于承受较大横向载荷并有腐蚀性介质的铆缝的铆接
	沉头式		用于表面要求平滑、承受载荷较小的铆缝的铆接
	半沉头式		多用于薄板中表面要求光滑、受载荷较小的铆缝的铆接
	平头式		用于受载荷较大的铆缝的铆接
	扁平头式		用于金属薄板、皮革、塑料、帆布等的铆缝的铆接

续表

种类		图示	应用说明
半空心铆钉	扁圆头式		用于承受载荷较小的铆缝的铆接
	扁平头式		用于金属薄板或非金属材料受载荷较小的铆接
空心铆钉			空心铆钉质量轻、钉头强度弱，仅用于承受载荷较小的薄板、脆性或弹性材料的铆接

② 铆钉直径的计算　铆钉的直径和被连接板的最小厚度有关，铆钉的直径一般是板厚的 1.8 倍。当几块板铆接在一起的时候，直径至少要等于所有板的总厚度的四分之一。标准铆钉及钻孔直径按表 9-50 来选取。

表 9-50　标准铆钉的直径计算

mm

铆钉直径	2	2.5	3	4	5	6	7	8	10	12	16
孔径	2.2	2.8	3.2	4.3	5.3	6.4	7.4	8.4	11	13	17

③ 铆钉杆长度的计算　铆钉杆的长度必须保证足够用以做出完整的铆合头，铆钉杆过长或过短都会造成铆接的废品。因此应注意要使铆钉杆的全长等于零件铆接部分的厚度与铆钉杆伸出的长度的和，如图 9-256 所示。铆钉杆伸出的长度是留做铆合头用的。做半圆头铆合头时，铆钉杆伸出长度等于铆钉直径的 1.4 ～ 1.5 倍；做沉头铆合头时，铆钉杆伸出长度等于铆钉直径的 0.8 ～ 1.2 倍。

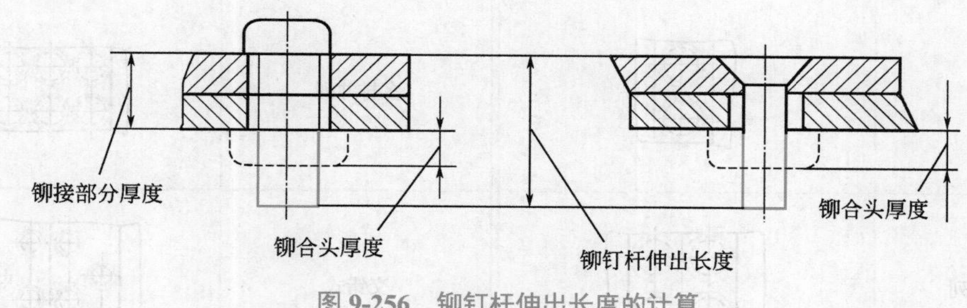

图 9-256　铆钉杆伸出长度的计算

④ 铆接的方式　常见的铆接方式有：搭接铆接、对接铆接、角接铆接等几种，见表 9-51。

⑤ 铆道与铆距　铆道就是铆钉的排列形式。根据铆接强度和密封的要求，铆道有单排、双排和多排等形式，见表 9-52。

表 9-51 铆接的方式

铆接方式		图示	说明
搭接铆接	两块板材搭接		把两块板材搭在另一块板材上进行的铆接
	一块板材折边搭接		
对接铆接	单盖板式		将两块板材置于同一平面，利用盖板铆接。盖板铆接有单盖板和双盖板两种形式
	双盖板式		
角接铆接	单角钢式		指两块板材互相垂直或组成一定角度的铆接。为保证足够的刚度，可采用角钢为盖板进行铆接
	双角钢式		

表 9-52 铆道的形式

形式	图示	形式	图示
单排		多排并列	
双排并列		交错式	

铆距则是指铆钉与铆钉之间或是铆钉与铆接板边缘的距离。按结构和工艺的要求，铆钉的排列距离有一定的规定，如并列排列时，铆距应等于（或大于）铆钉直径的三倍。

⑥ 铆接工具　手工铆接工具有手锤、压紧冲头、罩模、顶模等，如图 9-257 所示。

(a) 压紧冲头　　(b) 罩模　　(c) 顶模

图 9-257　铆接工具

压紧冲头用于把被铆接的板件相互压紧；罩模用于铆接时镦出完整的铆合头；顶模用于铆接时顶住铆钉原头。

（3）铆接的方法

① 半圆头铆钉的铆接　其操作为：

a. 在铆接件上划好铆钉孔的位置。

b. 按铆钉直径钻出相应的铆钉孔，如果是沉头铆钉，则还要锪孔。另外为了使铆钉头紧密地贴在工件表面上，最好在孔口处倒角。

c. 将顶模置于垂直而稳定的位置。

d. 如图 9-258 所示，把选好的铆钉插入铆钉孔中。

图 9-258　铆钉的插入

图 9-259　放置铆接件

e. 将铆钉半圆与顶模凹圆相接触，如图 9-259 所示。

f. 用压紧冲头压紧铆接件，如图 9-260 所示。

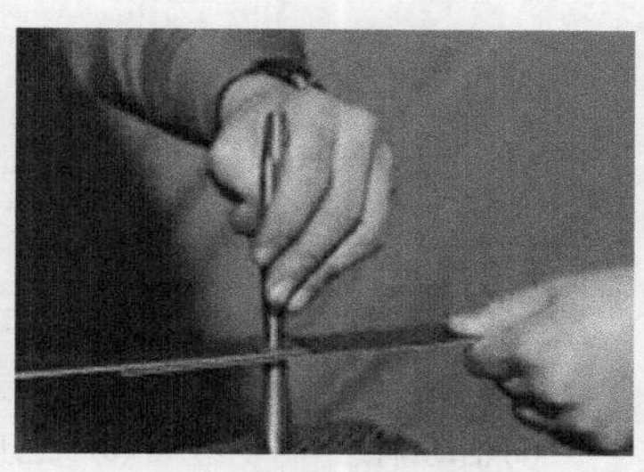

图 9-260　用压紧冲头压紧铆接件

图 9-261　镦铆钉

g. 用手锤锤打铆钉伸出部分，把其镦粗，如图 9-261 所示。

h. 用适当的罩模铆打铆钉成形，不时地转动罩模，垂直锤打。

② 空心铆钉的铆接　其操作为：

a. 在铆接件上划好铆钉孔的位置。

b. 按铆钉直径钻出相应的铆钉孔。

c. 将选好的铆钉插入铆钉孔中，有头的一端向下，垫好。

d. 将样冲对准铆钉，用手锤打击样冲，使铆钉上端撑开与铆件相接触，如图 9-262 所示。

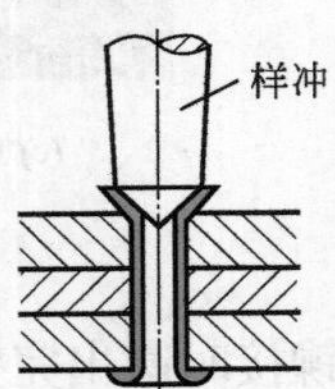

图 9-262　用样冲撑开空心铆钉上端

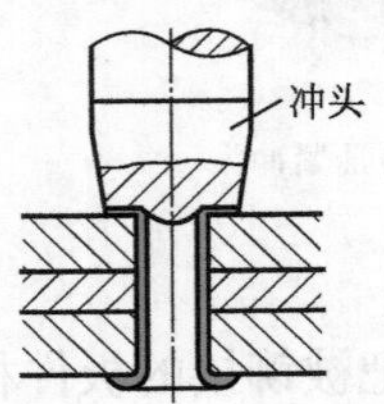

图 9-263　成形冲压

e. 用圆凸冲头将铆钉头部冲成形，如图 9-263 所示。

③ 沉头铆钉的铆接　其操作为：

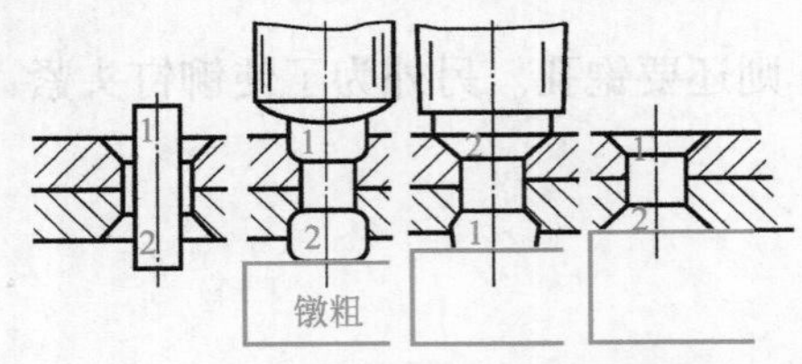

图 9-264　沉头铆钉的铆接

a. 在铆接件上划好铆钉孔的位置。

b. 按铆钉直径钻出相应的铆钉孔，并锪孔。

c. 将选好的铆钉插入铆钉孔中。

d. 如图 9-264 所示，在被铆接件下支承好淬火平铁后，在铆钉正中镦粗面 1、2。

e. 铆合 1 面。

f. 铆合 2 面。

g. 用平头冲子修整成形。

④ 活动铆接　活动铆接的形式如图 9-265 所示。

铆接时要轻轻锤击铆钉和不断扳动两块铆接件，要求铆好后仍能活动，又不松旷。在活动铆接时最好用二台形铆钉，如图 9-266 所示，大直径的一台可使一块铆接件活动，小直径的一台可铆紧另一块铆接件，这样能达到铆接后仍活动的要求。

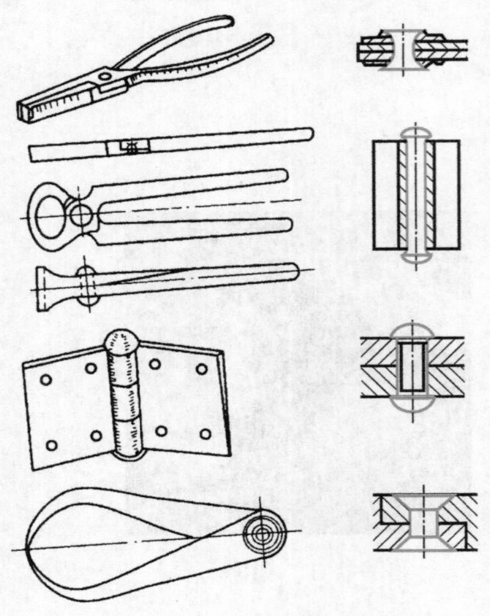

图 9-265　活动铆接的形式

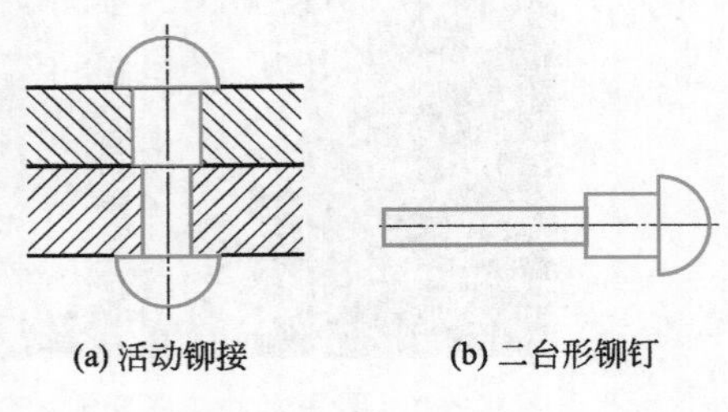

(a) 活动铆接　　(b) 二台形铆钉

图 9-266　活动铆接

（4）铆钉的拆卸

① 半圆头铆钉的拆卸　其操作为：

a. 将铆钉头的顶部略微敲平或是用锉刀锉平，然后用样冲冲出中心眼。

b. 用钻头钻孔，其深度等于铆合头高度，如图 9-267 所示。

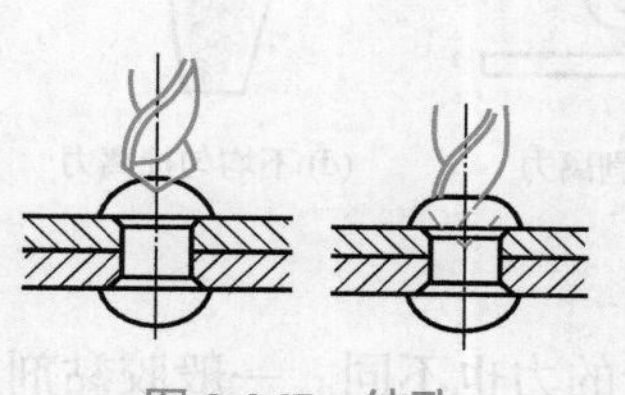

图 9-267　钻孔

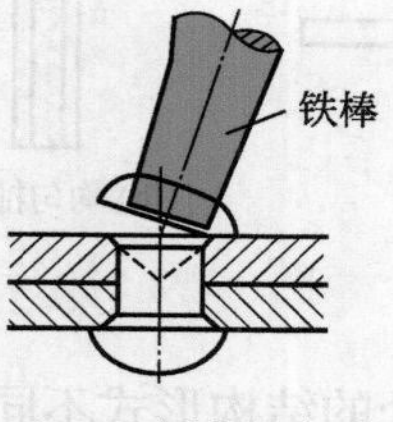

图 9-268　折断铆钉头

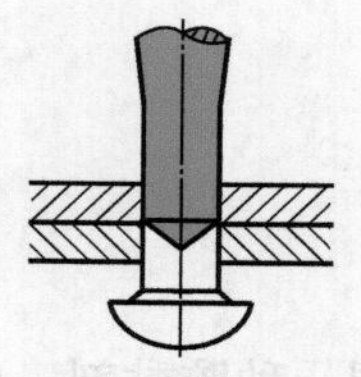

图 9-269　冲出铆钉

c. 将一铁棒放入孔中，将铆钉头折断，如图 9-268 所示。

d. 用样冲将铆钉冲出，如图 9-269 所示。

② 沉头铆钉的拆卸　其操作为：

a. 先用样冲冲出中心眼。

b. 再用比铆钉杆直径略小 1mm 左右的钻头钻孔，所钻深度应略超过铆钉头高度，如图 9-270 所示。

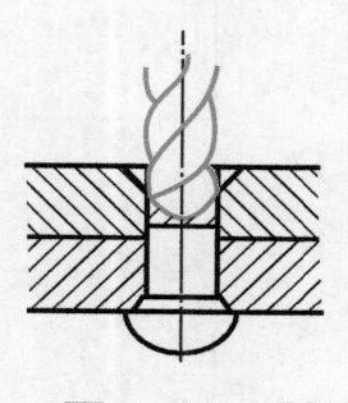

图 9-270　钻孔

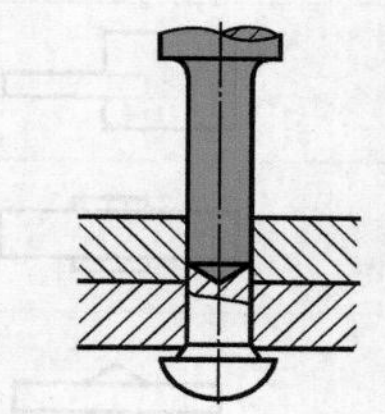

图 9-271　铆钉的冲出

c. 用小于孔的冲头将铆钉冲出，如图 9-271 所示。

9.6.2　粘接

粘接是利用胶黏剂将不同的材料牢固地连接在一起的方法，其工艺操作方便，连接可靠，广泛用于机械设备修理过程中。

（1）粘接的工艺特点

① 粘接时温度低，不产生热应力和变形，不改变基体金相组织，密封性好，接头的应力分布均匀，疲劳强度比焊、铆、螺纹连接高，且接头质量轻，有较好的加工性能。

② 工艺简便易行，使用方便，成本低、周期短，便于推广应用，适用范围广。

③ 胶黏剂具有耐腐蚀、耐酸、耐碱、耐油、耐水等特点，其接头处不需进行防腐、防锈处理。胶黏剂还可作为填充物填补砂眼和气孔等铸造缺陷，进行密封补漏，紧固防松，修复已松动的过盈配合表面。

④ 粘接不耐高温，一般只能在 300℃以下工作，粘接强度比基体强度低得多。胶黏剂性质较脆，也易老化变质、易燃。

（2）粘接的接头

两种零件粘接时应先考虑的是粘接的强度，一般粘接表面受到的作用力主要有剪切力、均匀扯离力、剥离力和不均匀扯离力等，如图 9-272 所示。

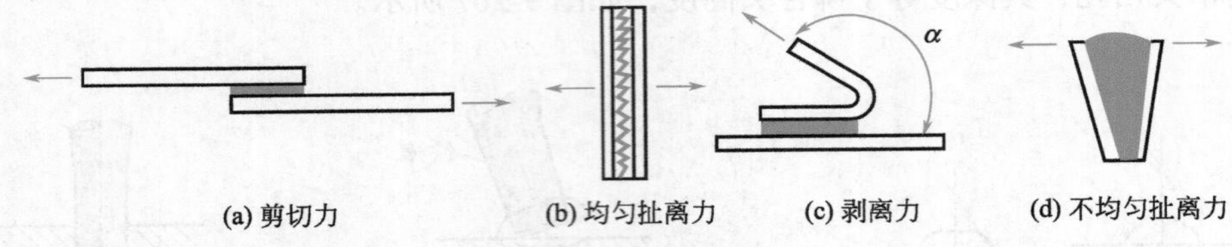

(a) 剪切力　(b) 均匀扯离力　(c) 剥离力　(d) 不均匀扯离力

图 9-272　接缝应力的类型

同一种胶黏剂，由于粘接处的结构形式不同，所能承受的力也不同。一般胶黏剂所能承受的拉力或剪切力远大于所能承受的剥离或不均匀扯离力，因此在考虑粘接结构形式时，应尽量避免受剥离力或不均匀扯离力。而粘接部位的受力主要与粘接接头的形式有关。常见的粘接接头形式见表 9-53。

表 9-53　常见的粘接接头形式

形式	图示	形式	图示
对接		角接	
	θ		
搭接	L=1～3 L<5 L	门接	
		套接	
T 形接			

① 接头设计原则　粘接接头一般应优先选取受剪切的接头，还要避免剥离与不均匀扯离，同时也要增大粘接的面积，采取复合连接，如焊 - 胶、铆 - 胶、螺纹 - 胶等形式。不同类型的接头形式的比较见表 9-54。

表 9-54　不同类型的接头形式的比较

类型	图示	说明	类型	图示	说明	类型	图示	说明
单对接		不好	直角接		不好	直对接		不好
斜接		较好	斜角接		较好	台阶对接		较好
V 形对接（钝角）		好	弯板角接		好	V 形对接（锐角）		较好
台阶对接		好	贴板角接		很好	内嵌对接		好
单搭接		较好	直接 T 形接		不好	外嵌对接		好
削斜面搭接		较好	弯板 T 形接		较好			
双搭接		好	嵌接 T 形接		较好	内套对接		较好
双盖板对接		很好	搭接 T 形接		好	外套对接		好

② 粘接强度的计算　粘接强度可按表 9-55 中所列公式计算。

表 9-55　粘接强度的计算

接头状况		图示	计算公式
拉伸或压缩	对接		$\tau=F\sin\theta\cos\theta/(bt)$；$\sigma=F\sin^2\theta/(bt)$ τ——平行于胶合面的切应力，MPa； σ——垂直于胶合面的拉应力，MPa； F——接头所受拉力，N； b——板宽，mm； t——板厚，mm
	斜搭接		
弯曲			$\tau=6M\sin\theta\cos\theta/(t^2b)$；$\sigma=6M\sin^2\theta/(t^2b)$ M——粘接件所受弯矩，N·mm

（3）粘接的操作方法

① 无机粘接的操作

a. 工艺准备。准备好所需胶黏剂、一块光滑铜板（或玻璃板）、调胶用竹签一根，清洗剂一瓶、干净棉纱一团等，并对工件被粘处除锈、脱脂、清洗。

b. 调胶。按每 4 ～ 4.5g 氧化铜粉加入 1mL 磷酸溶液的比例，先将所需氧化铜粉置于铜板（或玻璃板）上，中部留一凹坑，然后按需要的毫升数将磷酸溶液缓慢注入凹坑中，一边注入一边用竹签反复调和 1 ～ 2min，使胶体成稀糊状即可使用。一次调胶量不宜过多。当第一次调的胶用完以后，应将铜板（或玻璃板）用清水洗净，并用棉纱擦干后再调第二次。

c. 粘接。将调好的胶迅速、均匀地涂在被粘接面上，然后进行适当的挤压。套接件则应缓慢地反复旋入，排出多余的胶体。为保持被粘接件的美观，被粘接件表面黏附的残余胶体可用微湿的棉纱擦拭干净。

d. 烘烤。粘接后宜迅速将被粘接件放在干燥温暖的地方，最好能放入电烘箱内，先用 50℃烘 1 ～ 2h，再升温至 80 ～ 100℃烘 2h。烘烤时间长短应视被粘接件的大小而定。粘接后用日光晒亦可。有些较大的部件，如粘接修补机床设备，不便于搬动，也可用普通电炉、炭炉、红外线灯泡烘烤粘接部位，使胶层在较短的时间内完全凝固硬化。

② 有机粘接的操作

a. 工艺准备。先将被粘接工件的被粘接表面的油污、积灰、漆皮、铁锈等附着物除去。然后再根据工件的材料性质、损坏程度，分析所承受的工况（载荷、温度、介质）等情况确定最佳的粘接（或修复）方案。

b. 制粘接接头。根据已确定的粘接接头形式进行必要的机械加工，包括对粘接表面的加工，待粘接面本身的加工及加固件的制作，对于待修复的裂纹部位开坡口、钻孔止裂等。再对粘接表面进行除污处理（包括用溶剂清洗、机械处理或化学处理）。

c. 调胶或配胶。如有市售的胶种，便按产品说明书进行调胶。自行配制时，应按典型配方先将粘料与增塑剂、增韧剂搅拌均匀，再加填料搅拌均匀，然后加入固化剂搅拌均匀，最后可进行后续的粘接涂胶。

d. 涂胶与粘接。涂胶工艺视胶的状态以及被粘接面的大小，可以采用涂抹、刷涂或喷涂等方法，对于涂盖修复的胶层（如涂盖修复裂纹或表面堵漏），表面应平滑，胶与基体过渡处胶层宜薄些，过渡要平缓，以免受外力时引起剥离。

胶层厚薄要适中，一般情况下薄一些为好，胶层太厚往往导致强度下降。通常胶层厚度应为 0.05 ～ 0.15mm，涂胶的范围应小于表面处理的面积。涂胶后要看所用的胶黏剂内是否含有溶剂。无溶剂胶涂后可立即进行粘接，对于快固化胶种尤其应迅速操作，使之在初凝前粘接好；对于含有溶剂的胶种，则要依据情况将涂胶的表面晾置一定时间，使溶剂挥发后再进行粘接，否则会影响强度。

e. 装配与固化。这是粘接工艺中最重要的环节。有的粘接件只要求粘牢，对位置偏差没有特别要求，这类粘接只要将涂胶件粘接在一起，再加以适当压力和固化即可。对尺寸、位置要求精确的粘接件，则应采用相应的组装夹具，细致地进行定位和装配，以免在固化时发生位置偏移。对大型部件的粘接，有时还可借助定位焊，或加几滴“502”瞬干胶，使粘接件迅速定位，然后立即将装配后的粘接件进行固化。

对热固型胶黏剂，它的固化过程就是使其中的聚合物由线型分子交联成网状体型结构，得到相应的最大内聚强度的过程，并在此过程中使胶粘剂完成对被粘接物的充分润湿和黏附，形成具有粘接强度的物质，把被粘接物紧密地粘接在一起。

f. 检验。固化后要对粘接接头胶层的质量进行检查，以保证粘接的尺寸规格、强度及美观要求。另外，对于密封性的粘接部件，还要进行密封性检查或试验。

g. 修理加工。经检验合格的粘接接头，有时还要根据其形状、尺寸的要求进行修理加工，还可以对其进行修饰或涂防护层，以提高其抗介质和抗老化等性能或达到外形美观的要求。

9.6.3 焊接

焊接就是将两个或两个以上的焊件，在外界某种能量的作用下，借助于各焊件接触部位原子间的相互结合力，连接成一个不可拆的整体的一种加工方法。常见焊接接头、焊前与焊后的情形如图 9-273 所示。

根据形成焊接的工艺过程，焊接有以下几个特点：

① 可减轻结构重量，节约金属材料。

② 生产效率高，周期短，劳动强度不高。

③ 可以保证较高的气密性，提高产品质量。

④ 产品成本低。

⑤ 便于实现机械化、自动化。

根据焊接过程中金属所处的状态的不同，焊接可分为熔焊、压焊和钎焊三大类。

（1）熔焊

熔焊是将焊接部位的金属加热至熔化状态，但不加压力完成的焊接方法。焊接的过程中，熔化的金属形成熔池，并同时向熔池加入（或不加入）填充金属，待熔池冷却凝固后形成牢固的焊缝。熔焊包括手工电弧焊、埋弧自动焊、气焊、二氧化碳气体保护焊、氩弧焊等。

① 手工电弧焊　手工电弧焊简称电弧焊，是利用手工操作焊条进行焊接的电弧焊方法，如图 9-274 所示。操作时，焊条和焊件分别作为两个电极，利用焊条与焊件之间产生的电弧热量熔化金属，冷却后形成焊缝。

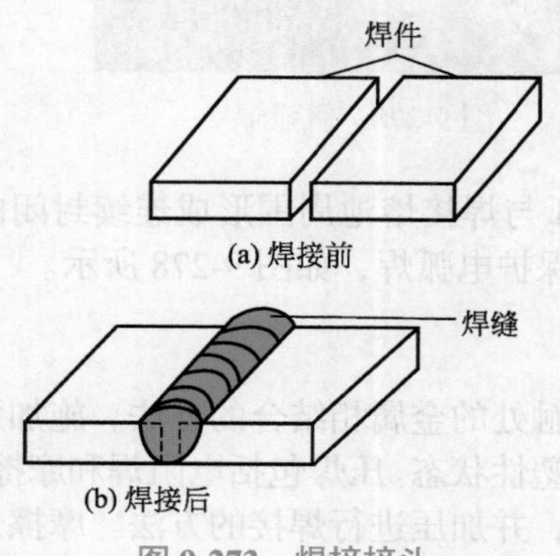

图 9-273　焊接接头

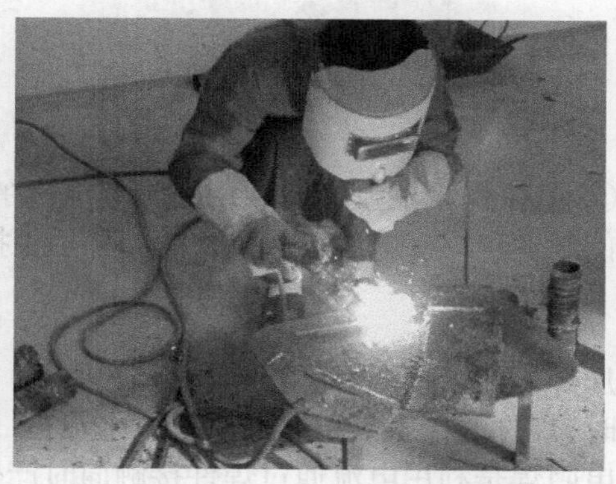

图 9-274　手工电弧焊的操作

② 埋弧自动焊　埋弧自动焊是在焊剂层下燃烧时进行焊接的一种机械化焊接方法，其焊接过程如图 9-275 所示。

③ 气焊与气割　气焊是利用可燃气体与氧气混合燃烧的火焰所产生的热量作为热源，进行金属焊接的一种手工操作方法，如图 9-276（a）所示。气割是利用气体的热量将金属待

切割处附近预热到一定的温度后，喷出高速氧气流使其燃烧，以实现金属切割的方法，如图 9-276（b）所示。

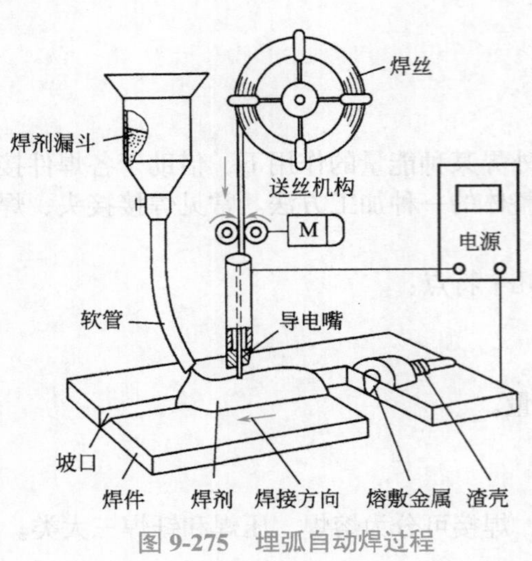

图 9-275 埋弧自动焊过程

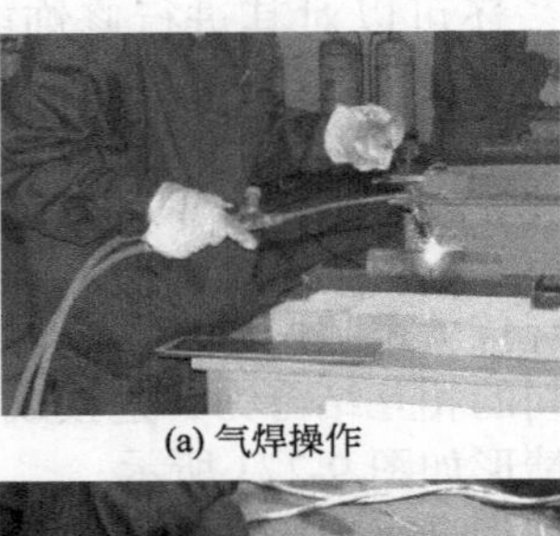

(a) 气焊操作

(b) 气割操作

图 9-276 气焊与气割

④ CO_2 气体保护焊 CO_2 气体保护焊是利用专门输送至熔池周围的 CO_2 气体为保护介质的一种电弧焊，其焊接过程如图 9-277 所示。

图 9-277 CO_2 气体保护焊操作

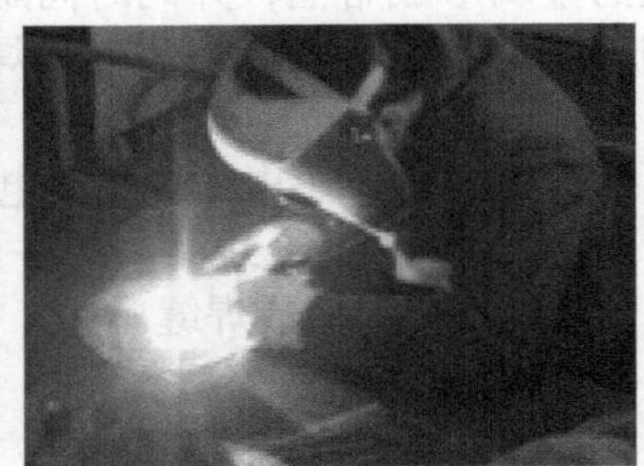

图 9-278 氩弧焊

⑤ 氩弧焊 氩弧焊是利用喷嘴里流出的氩气在电弧与焊接熔池周围形成连续封闭的气流，使焊丝和焊接熔池不被氧化的一种手工操作的气体保护电弧焊，如图 9-278 所示。

（2）压焊

压焊是在焊接时对焊接施加一定的压力，以促使接触处的金属相结合的方法。施加压力的同时，焊件的接触处可以加热至熔化状态，也可加热至塑性状态。压焊包括电阻焊和摩擦焊。

电阻焊是利用电流通过焊件接触面时产生的电阻热，并加压进行焊接的方法。摩擦焊是利用焊件之间相互摩擦产生的热量将母材加热至塑性状态，然后加压形成焊接接头的一种焊接方法。

（3）钎焊

钎焊是在被焊金属不熔化的状态下将熔点较低的钎料金属加热至熔化状态，使之填充到焊件的间隙中与被焊金属相互扩散，以达到互相结合的焊接方法。根据加热方法的不同，常见的钎焊有烙铁钎焊、火焰钎焊、炉中钎焊和高频感应钎焊等。

① 烙铁钎焊　烙铁钎焊就是利用烙铁头积聚的热量来熔化钎料，并加热钎焊处的母材而完成钎焊接头的。烙铁钎焊时，选用的烙铁大小（电功率）应与焊件的质量相适应，才能保证必要的加热速度和钎焊质量。烙铁焊只能适用于以软钎料钎焊薄件和小件，多应用于电子、仪表等工业部门。用烙铁进行钎焊时，应使烙铁头与焊件间保持最大的接触面积，并首先在接触处添加少量钎料，使烙铁与母材间形成紧密接触，以加速加热过程，使母材加热到钎焊温度。钎料需以丝材或棒材的形式手工进给到接头上，直至钎料完全填满间隙，并沿焊缝另一边形成圆滑的钎角为止，如图 9-279 所示。

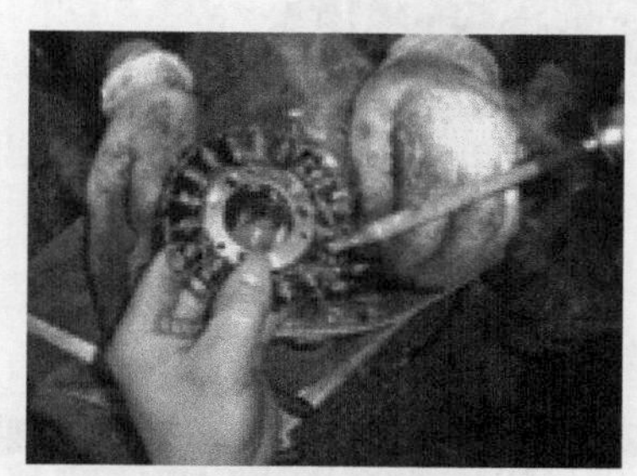
图 9-279　烙铁焊

图 9-280　火焰钎焊设备

② 火焰钎焊　火焰钎焊是一种常见的钎焊方法，完成钎料熔化和流动所需要的热量是靠燃气火焰来实现的。在火焰钎焊操作中，燃气（例如乙炔气、氢气、丙烷气、天然气和液化石油气等）与氧或空气燃烧形成火焰，直接用于加热组件。术语“氧燃气”常被用于描述火焰钎焊的操作。这种方法主要靠一个或多个火焰加热工件，依靠火焰、工件或两者同时的运动，实现对工件的适当加热，将要连接的工件表面均匀加热到钎焊温度，实现钎焊连接。图 9-280 所示为火焰钎焊设备。

③ 炉中钎焊　炉中钎焊所用的加热炉种类很多，有金属电阻丝（块、板）加热炉、石墨加热炉、火焰加热炉，目前应用得最广泛的是电阻炉，如图 9-281 所示。电阻炉炉中钎焊是利用电阻炉的热源来加热焊件和实现钎焊的一种方法。炉中钎焊是适用于大批量生产的劳动效率较高的自动化钎焊方法，钎焊质量与炉中钎焊的设备及工艺密切相关。

图 9-281　电阻炉

图 9-282　高频感应钎焊

④ 高频感应钎焊　如图 9-282 所示，高频感应钎焊是利用高频电流所产生的集肤效应和相邻效应，将钢板和其他金属材料对接起来的新型焊接工艺。高频焊接质量的好坏，直接影响到焊接产品的整体强度、质量等级和生产速度。

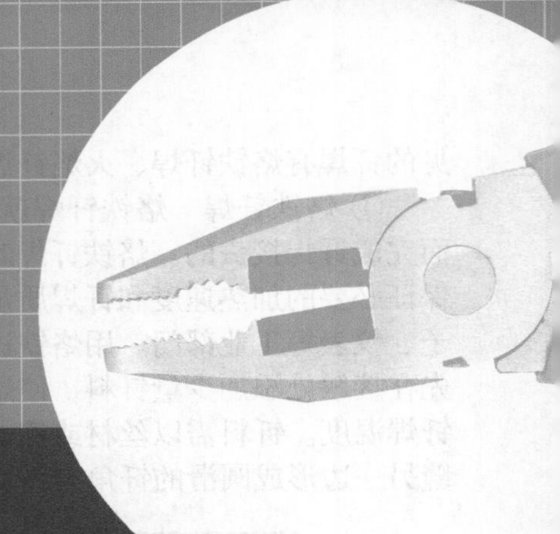

第10章 孔与螺纹加工

10.1 孔加工

孔加工在机械加工里是项重要的加工工艺，钳工工艺中孔的加工主要指钻孔、扩孔、铰孔、锪孔等。

10.1.1 钻孔

用麻花钻在工件实体部分加工出孔的工艺称为钻孔，如图 10-1 所示。钻削时工件固定不动，钻床主轴带动刀具（麻花钻）作旋转运动（主运动），同时使刀具向下作轴向移动（进给运动）。

（1）麻花钻的结构及刃磨

① 麻花钻的结构组成　麻花钻是钻孔最常用的刀具，它由柄部、空刀和工作部分组成，如图 10-2 所示。

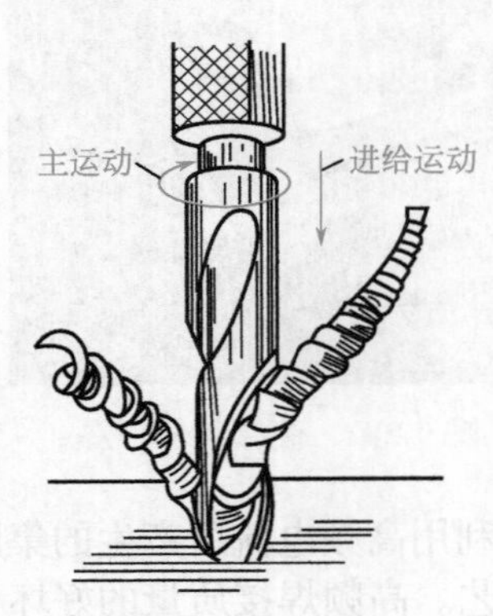

图 10-1　钻孔原理

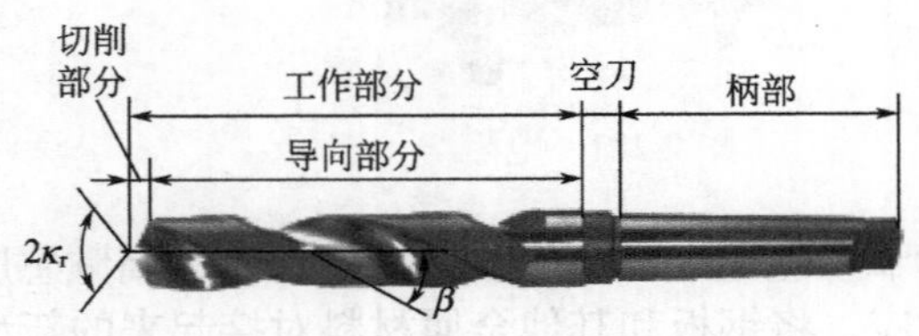

图 10-2　麻花钻的组成

a. 柄部。麻花钻的柄部在钻削时起夹持定心和传递转矩的作用。麻花钻的柄部有直柄和莫氏锥柄两种，如图 10-3 所示。直柄麻花钻的直径一般为 0.3 ～ 16mm。莫氏锥柄麻花钻的直径见表 10-1。

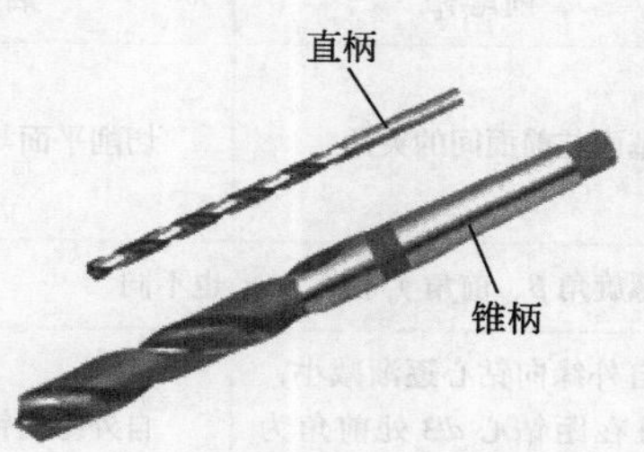

图 10-3 麻花钻柄部的形式

图 10-4 麻花钻空刀的标记

表 10-1 莫氏锥柄麻花钻的直径

莫氏锥柄号	1	2	3	4	5	6
钻头直径 d/mm	3 ～ 14	14 ～ 23.02	23.02 ～ 31.75	31.75 ～ 50.8	50.8 ～ 75	75 ～ 80

b. 空刀。直径较大的麻花钻在空刀处标有麻花钻的直径、材料牌号与商标，如图 10-4 所示。直径较小的直柄麻花钻没有明显的空刀。

c. 工作部分。工作部分是麻花钻的主要切削部分，由切削部分和导向部分组成。切削部分主要起切削作用；导向部分在钻削过程中能起到保持钻削方向、修光孔壁的作用，同时也是切削部分的后备部分。

② 麻花钻工作部分的几何形状　麻花钻的几何形状如图 10-5 所示，它的切削部分可看成是正反两把车刀。所以其几何角度的概念和车刀基本相同，但也有其特殊性。

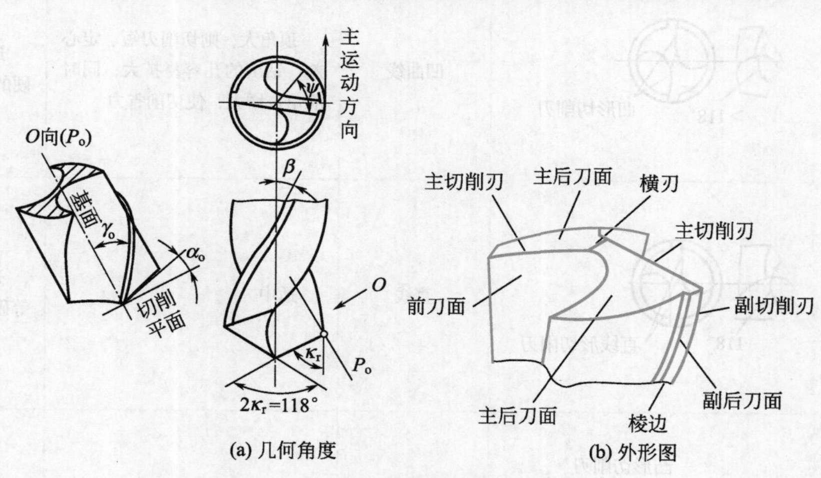

图 10-5 麻花钻的几何形状

a. 螺旋槽。麻花钻的工作部分有两条螺旋槽，其作用是构成主切削刃、排出切屑和通入切削液。螺旋槽上螺旋角的有关内容见表 10-2。

b. 前刀面。前刀面指切削部分的螺旋槽面，切屑由此面排出。

c. 主后刀面。主后刀面指麻花钻钻顶的螺旋圆锥面，即与工件过渡表面相对的表面。

d. 主切削刃。主切削刃指前面与主后面的交线，担负着主要的切削工作。钻头有两个主切削刃。

表 10-2　麻花钻切削刃上不同位置处的螺旋角、前角和后角的变化

角度	螺旋角 β	前角 γ_o	后角 α_o
定义	螺旋槽上最外缘的螺旋线展开成直线后与麻花钻轴线之间的夹角	基面与前面间的夹角	切削平面与后面间的夹角
变化规律	麻花钻切削刃上的位置不同，其螺旋角 β、前角 γ_o 和后角 α_o 也不同		
	自外缘向钻心逐渐减小	自外缘向钻心逐渐减小，并且在距钻心 $d/3$ 处前角为 0°，再向钻心靠近则为负前角	自外缘向钻心逐渐增大
靠近外缘处	最大（名义螺旋角）	最大	最小
靠近钻心处	较小	较小	较大
变化范围	18° ～ 30°	-30° ～ +30°	8° ～ 12°
关系	对麻花钻前角的变化影响最大的是螺旋角。螺旋角越大，前角就越大		

e. 顶角。在通过麻花钻轴线并与两条主切削刃平行的平面上，两条主切削刃投影间的夹角称为顶角，用符号 $2\kappa_r$ 表示。一般麻花钻的顶角 $2\kappa_r$ 为 100° ～ 140°，标准麻花钻的顶角 $2\kappa_r$ 为 118°。在刃磨麻花钻时可根据表 10-3 来判断顶角的大小。

表 10-3　麻花钻顶角的大小对切削刃和加工的影响

顶角	图示	切削刃形状	对加工的影响	适用材料
$2\kappa_r > 118°$	>118°　凹形切削刃	凹曲线	顶角大，则切削刃短、定心差，钻出的孔容易扩大；同时前角也增大，使切削省力	适用于钻削较硬的材料
$2\kappa_r = 118°$	118°　直线形切削刃	直线	适中	适用于钻削中等硬度的材料
$2\kappa_r < 118°$	凸形切削刃　<118°	凸曲线	顶角小，则切削刃长、定心准，钻出的孔不易扩大；同时前角也减小，使切削阻力大	适用于钻削较软的材料

f. 前角。主切削刃上任一点的前角是过该点的基面与前刀面之间的夹角，如图 10-6 所示。用符号 γ_o 表示。其有关内容见表 10-2。

g. 后角。主切削刃上任一点的后角是该点正交平面与主后刀面之间的夹角，用符号 α_o 表示。后角的有关内容见表 10-2。为了测量方便，后角在圆柱面内测量，如图 10-7 所示。

h. 横刃。麻花钻两主切削刃的连接线称为横刃，也就是两个主后面的交线。横刃担负着钻心处的钻削任务。横刃太短，会影响麻花钻的钻尖强度；横刃太长，会使轴向力增大，对钻削不利。

i. 横刃斜角。在垂直于钻头轴线的端面投影中，横刃与主切削刃之间的夹角称为横刃斜角，用符号 ψ 表示。横刃斜角的大小与后角有关，后角增大时，横刃斜角减小，横刃也就变长；后角减小时，情况相反。横刃斜角一般为 55°。

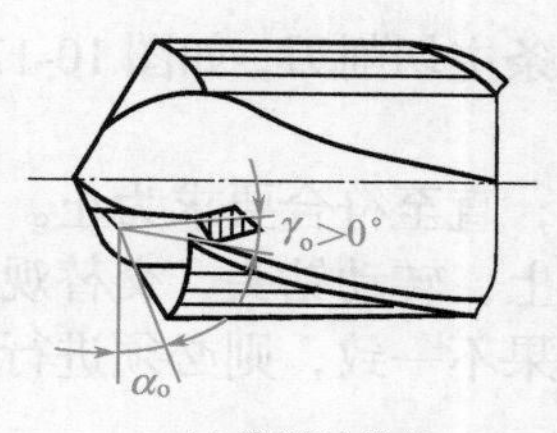

(a) 靠近外缘处　　(b) 靠近钻心处

图 10-6　麻花钻前角和后角的变化

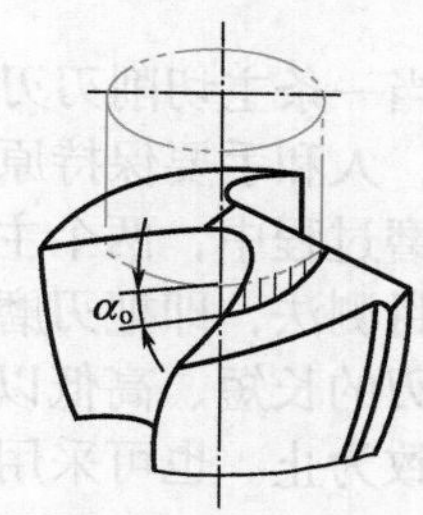

图 10-7　在圆柱面内测量后角

j. 棱边。棱边也称刃带，它既是副切削刃，也是麻花钻的导向部分。在切削中能保持确定的钻削方向、修光孔壁及作为切削部分的后备部分。

③ 麻花钻的刃磨　麻花钻一般只刃磨两个主后面并同时磨出顶角、后角以及横刃斜角。刃磨时要保证顶角（$2\kappa_r$）和后角 α_o 大小适当；两条主切削刃必须对称，即两主切削刃与轴线的夹角相等，且长度相等；横刃斜角 ψ 为 55°。

麻花钻的刃磨方法如下：

a. 刃磨前应检查砂轮表面是否平整，如果不平整或有跳动，则应先对砂轮进行修正，如图 10-8 所示。

图 10-8　修整砂轮

图 10-9　摆放位置

b. 用右手握住麻花钻前端作支点，左手紧握麻花钻柄部，摆正麻花钻与砂轮的相对位置，使麻花钻轴心线与砂轮外圆柱面母线在水平面内的夹角等于顶角的 1/2，同时钻尾向下倾斜，如图 10-9 所示。

c. 以麻花钻前端支点为圆心，左手缓慢使钻头作上下摆动并略带转动，同时磨出主切削刃和主后刀面，如图 10-10 所示。但要注意摆动与转动的幅度和范围不能过大，以免磨出负后角或将另一条主切削刃磨坏。

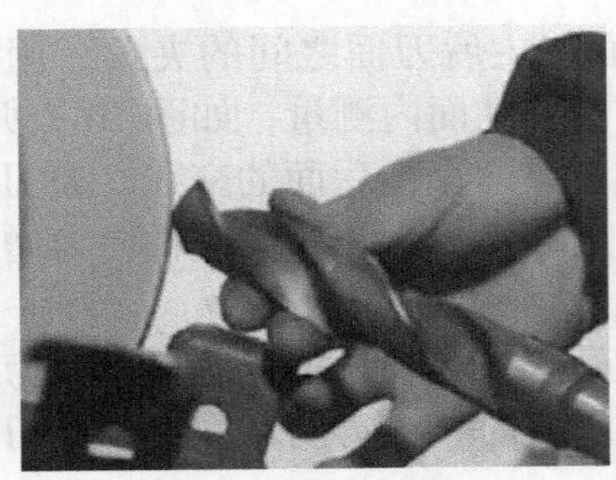

图 10-10　刃磨一条主切削刃

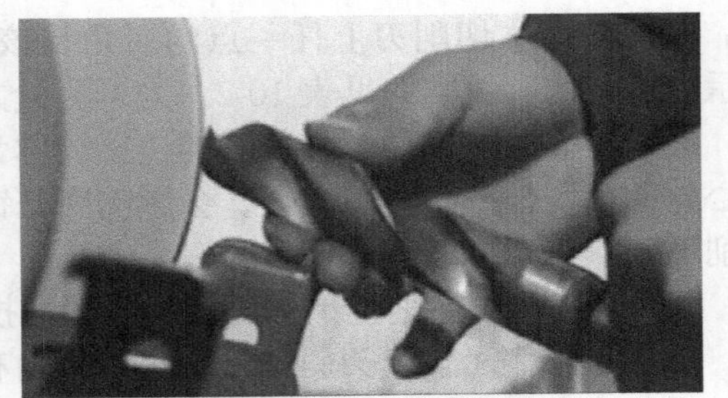

图 10-11　刃磨另一条主切削刃

d. 当一条主切削刃刃磨好后，将麻花钻转过 180° 刃磨另一条主切削刃，如图 10-11 所示。刃磨时，人和手要保持原来的位置和姿势。

刃磨过程中，两个主后刀面要经常交换刃磨，边磨边检查，直至符合要求为止。检测时可采用目测法，即把刃磨好的麻花钻垂直竖在与眼等高的位置上，转动钻头，交替观察两条主切削刃的长短、高低以及后角等，如图 10-12（a）所示。如果不一致，则必须进行修磨，直到一致为止。也可采用样板检测，如图 10-12（b）所示。

(a) 目测法检测

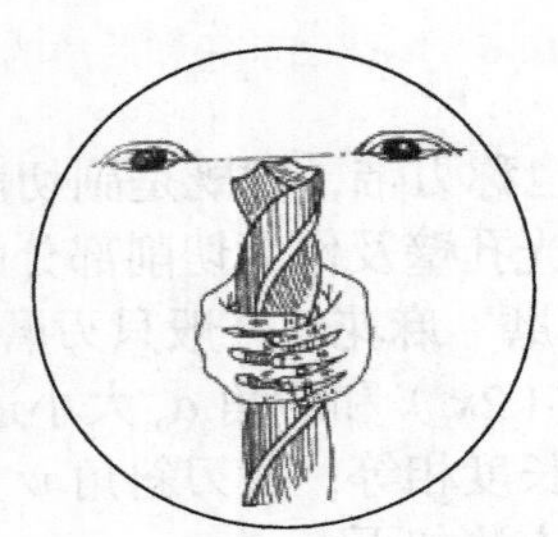

(b) 样板检测

图 10-12　刃磨麻花钻时的检测方法

麻花钻刃磨的好坏，直接影响钻孔的质量，具体情况见表 10-4。

表 10-4　麻花钻刃磨情况对钻孔质量的影响

刃磨情况	麻花钻刃磨正确	麻花钻刃磨不正确		
		顶角不对称	切削刃长度不等	顶角不对称、刃长不等
图示	$a_p=\frac{d}{2}$ d f	κ_r小 f F κ_r大	O O′ O f O′	O O′ O f O′
钻削情况	钻削时两条主切削刃同时切削，两边受力平衡，使钻头磨损均匀	钻削时只有一条切削刃切削，另一条不起作用，两边受力不平衡，使钻头很快磨损	钻削时，麻花钻的工作中心由 O-O 移到 O'-O'，切削不均匀，使钻头很快磨损	钻削时两条主切削刃受力不平衡，而且麻花钻的工作中心由 O-O 移到 O'-O'，使钻头很快磨损
影响	钻出的孔不会扩大、倾斜和产生台阶	钻出的孔扩大和倾斜	钻出的孔扩大	钻出的孔不仅扩大而且还会产生台阶

（2）钻孔操作方法

① 钻孔时工件的装夹　一般钻 8mm 以下的小孔时，能用手握牢工件钻孔，较为方便。除此之外，钻孔前需将工件夹紧固定。钻孔时工件的装夹方法见表 10-5。

表 10-5　钻孔时工件的装夹方法

装夹方法	图示	说明
用平口钳装夹		平整的工件可用平口钳装夹，装夹时，应使工件表面与钻头垂直，而当钻孔直径大于 8mm 时，需要将平口钳固定，以减少振动
用 V 形块配压板装夹		对于圆柱形的工件，可用 V 形块装夹并配以压板压紧，但必须使钻头轴心线与 V 形块两斜面的对称平面重合，并要牢牢夹紧
用压板压紧装夹		当工件较大且钻孔直径在 10mm 以上时，钻削时可用压板压紧
用角铁装夹		对于底面不平或加工基准在侧面的工件，可采用角铁装夹，并且角铁必须用压板固定在钻床工作台上
用卡盘装夹		在圆柱形端面上钻孔时，可采用卡盘直接装夹

续表

装夹方法	图示	说明
手虎钳夹持		在小型工件或薄板上钻小孔时，可将工件放在定位块上，用手虎钳夹持

② 麻花钻的装拆

a. 直柄麻花钻的装拆。如图 10-13 所示，直柄麻花钻用钻夹头夹持。先将麻花钻柄部塞入钻夹头的三个卡爪内，其夹持长度不能小于 15mm，然后用钻夹头钥匙旋转外套，使环形螺母带动卡爪移动，做夹紧或松开动作。

b. 锥柄麻花钻的装拆。锥柄钻头用柄部的莫氏锥体直接与钻床主轴连接。连接时必须将钻头锥柄及主轴锥孔揩擦干净，且使矩形扁尾与主轴上的腰形孔对准，利用加速冲力一次装接，如图 10-14（a）所示。当麻花钻锥柄小于主轴锥孔时，可采用如图 10-14（b）所示的过渡套来连接。

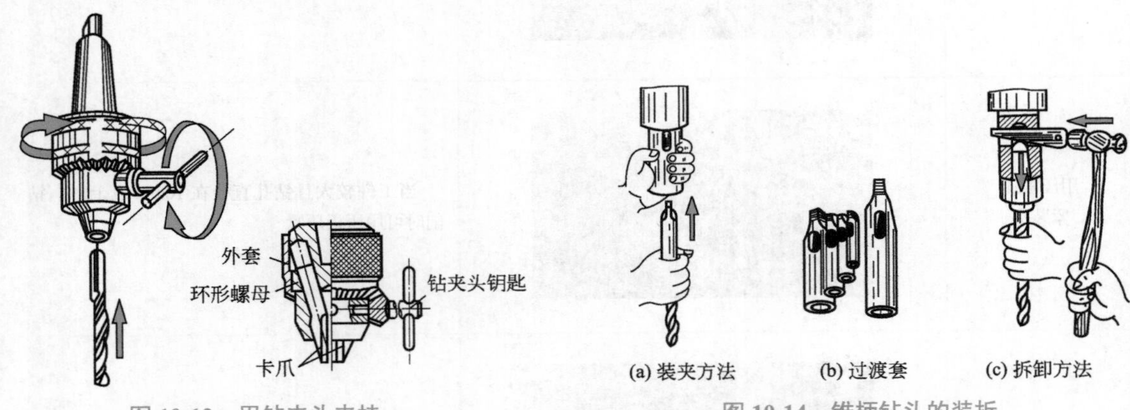

图 10-13　用钻夹头夹持

图 10-14　锥柄钻头的装拆

拆卸时用斜铁敲入钻床主轴上的腰形孔内，斜铁带圆弧的一边要向上与腰形孔接触，再用锤子敲击斜铁后端，利用斜铁斜面所产生的分力，使钻头与主轴分离，如图 10-14（c）所示。

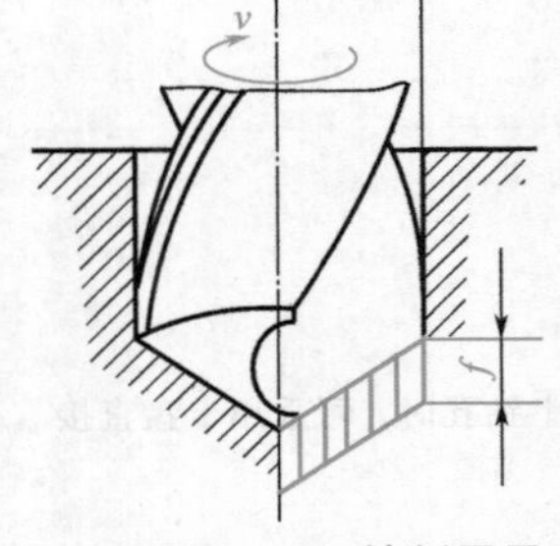

图 10-15　钻削用量

③ 钻速的选择与调整

a. 钻削用量的选择。钻削用量是指在钻削过程中的切削速度 v、进给量 f 和背吃刀量 a_p 的总称，如图 10-15 所示。

钻孔时由于背吃刀量已由麻花钻直径所定，所以只需选择切削速度和进给量。选用较高的切削速度 v 和进给量 f，都能提高生产效率。但切削速度太高会造成强烈摩擦，缩短钻头寿命。如果进给量太大，虽对钻头寿命影响较小，但将直接影响到已加工表面的残留面积，而残留面积越大，加工表面越粗糙。由此可知，对钻孔的生产率来说，v 和 f 的影响是相同的；对钻头寿命来说，v 比 f 的影响大；对钻孔的表面粗糙度来说，一般情况下，f 比 v 的影响大。因此钻孔时选择切削用量的基本原则是：

在允许范围内，尽量选择较大的 f，当 f 受到表面粗糙度和钻头刚度的限制时，再考虑选择较大的 v。

具体选择时，应根据钻头直径、钻头材料、工件材料、表面粗糙度等方面决定。对于一般情况可查表 10-6 和表 10-7。当加工条件特殊时，可做一定的修整或按试验确定。

表 10-6　钻钢材时的切削用量表（用切削液）

钢材的性能	进给量 f/(mm/r)													
由好到差	0.20	0.27	0.36	0.49	0.66	0.88								
	0.16	0.20	0.27	0.36	0.49	0.66	0.88							
	0.13	0.16	0.20	0.27	0.36	0.49	0.66	0.88						
	0.11	0.13	0.16	0.20	0.27	0.36	0.49	0.66	0.88					
	0.09	0.11	0.13	0.16	0.20	0.27	0.36	0.49	0.66	0.88				
		0.09	0.11	0.13	0.16	0.20	0.27	0.36	0.49	0.66	0.88			
			0.09	0.11	0.13	0.16	0.20	0.27	0.36	0.49	0.66	0.88		
				0.09	0.11	0.13	0.16	0.20	0.27	0.36	0.49	0.66	0.88	
					0.09	0.11	0.13	0.16	0.20	0.27	0.36	0.49	0.66	0.88
						0.09	0.11	0.13	0.16	0.20	0.27	0.36	0.49	0.66
							0.09	0.11	0.13	0.16	0.20	0.27	0.36	0.49
钻头直径 /mm	**切削速度 v /(m/min)**													
≤ 4.6	43	37	32	27.5	24	20.5	17.7	15	13	11	9.5	8.2	7	6
≤ 9.6	50	43	37	32	27.5	24	20.5	17.7	15	13	11	9.5	8.2	7
≤ 20	55	50	43	37	32	27.5	24	20.5	17.7	15	13	11	9.5	8.2
≤ 30	55	55	50	43	37	32	27.5	24	20.5	17.7	15	13	11	9.5
≤ 60	55	55	55	50	43	37	32	27.5	24	20.5	17.7	15	13	11

注：钻头为高速钢标准麻花钻。

表 10-7　钻铸铁时的切削用量

铸铁硬度 HBS	进给量 f/(mm/r)												
140 ～ 152	0.20	0.24	0.30	0.40	0.53	0.70	0.95	1.3	1.7				
153 ～ 166	0.16	0.20	0.24	0.30	0.40	0.53	0.70	0.95	1.3	1.7			
167 ～ 181	0.13	0.16	0.20	0.24	0.30	0.40	0.53	0.70	0.95	1.3	1.7		
182 ～ 199		0.13	0.16	0.20	0.24	0.30	0.40	0.53	0.70	0.95	1.3	1.7	
200 ～ 217			0.13	0.16	0.20	0.24	0.30	0.40	0.53	0.70	0.95	1.3	1.7
218 ～ 240				0.13	0.16	0.20	0.24	0.30	0.40	0.53	0.70	0.95	1.3
钻头直径 /mm	**切削速度 v/(m/min)**												
≤ 3.2	40	35	31	28	25	22	20	17.5	15.5	14	12.5	11	9.5
≤ 9.6	45	40	35	31	28	25	22	20	17.5	15.5	14	12.5	11
≤ 20	51	45	45	35	31	28	25	22	20	17.5	15.5	14	12.5
＞ 20	55	53	47	42	37	33	29.5	26	23	21	18	16	14.5

注：钻头为高速钢标准麻花钻。

b. 钻速的调整。在钻孔前必须对钻削速度进行调整，一般来说。麻花钻直径越大，所需钻削速度就应越低。下面以台钻为例，讲述其钻速的调整。

台钻的钻速由五级带轮所控制，其调整的方法见表 10-8。

表 10-8　台钻钻速的调整

步骤	图示	操作说明
打开防护罩		关停钻床，双手将台钻顶端防护罩打开
松螺钉	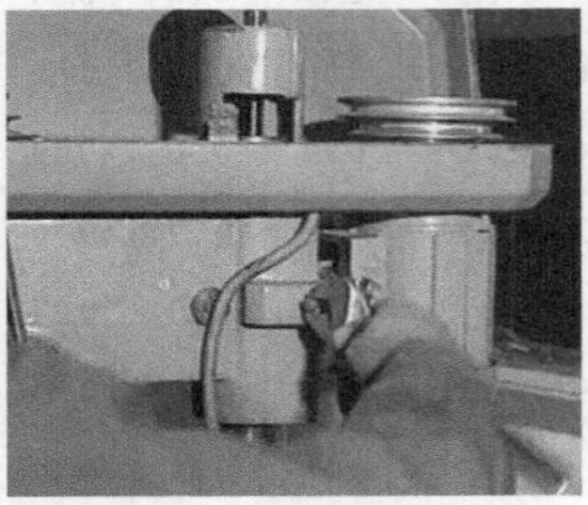	用扳手松开电动机固定螺钉
调松间距		逆时针转动手柄，移动电动机，缩短电动机与 V 带之间的间距
调整皮带		按钻削所需速度先调整电动机一侧带轮的相应位置，然后再调整主轴上的带轮的位置
调紧间距	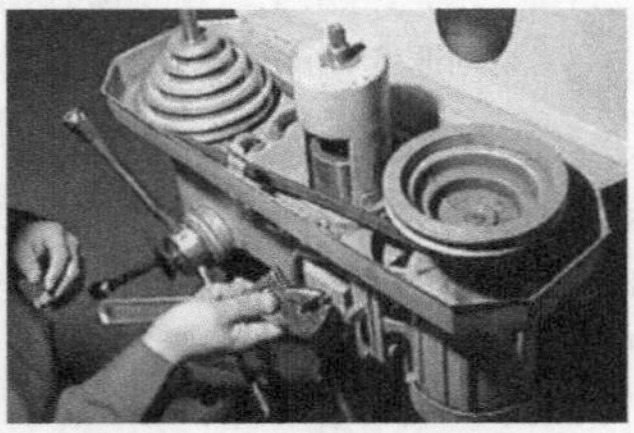	速度调整到位后，逆时针转动手柄，移动电动机，调紧电动机与 V 带之间的间距，然后用扳手锁紧电动机固定螺钉

续表

步骤	图示	操作说明
关防护罩		速度调整完成后，关上防护罩，即可进行钻削操作了

④ 钻孔时切削液的选用　钻孔时，由于切屑变形及麻花钻与工件摩擦所产生的切削热，严重影响到麻花钻的切削能力和钻孔精度，甚至引起麻花钻退火，使钻削无法进行。为了延长麻花钻的使用寿命，提高钻孔精度和生产效率，钻削时可根据工件的不同材料和不同的加工要求合理选用切削液，见表 10-9。

表 10-9　钻孔时切削液的选用

麻花钻的种类	被钻削的材料		
	低碳钢	中碳钢	淬硬钢
高速钢麻花钻	选用 1% ～ 2% 的低浓度乳化液、电解质水溶液或矿物油	选用 3% ～ 5% 的中等浓度乳化液或极压切削油	选用极压切削油
硬质合金麻花钻	一般不用，如需要可选用 3% ～ 5% 的中等浓度乳化液		选用 10% ～ 20% 的高浓度乳化液或极压切削油

⑤ 试钻　如图 10-16 所示，试钻时，先使钻头对准钻孔划线中心钻出浅坑，观察钻孔位置是否正确，并要不断借正，使钻出的浅坑与划线圆同轴。

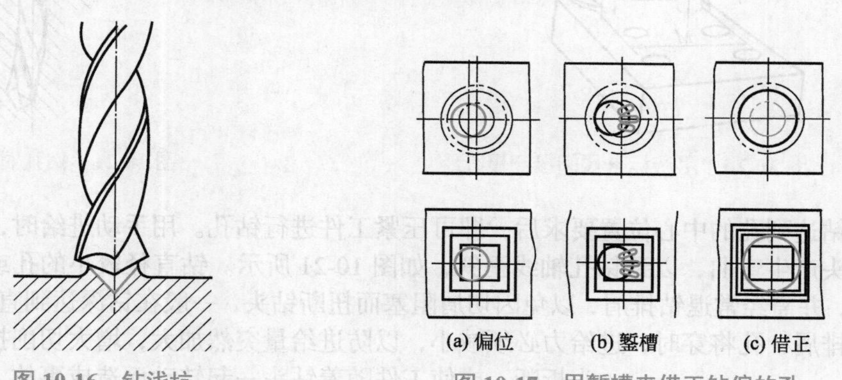

图 10-16　钻浅坑　　图 10-17　用錾槽来借正钻偏的孔

借正时如偏位较少，可在试钻的同时用力将工件向偏位的方向推移，以达到逐步借正的目的。如偏位较多，可在借正方向打上几个样冲眼或用油槽錾子錾出几条小槽，如图 10-17 所示，以减小此处的钻削阻力，达到借正的目的。若已经钻到孔径，而孔位仍偏，就难以借正。

钻削孔距要求较高的孔时，也要用试钻来借正孔距。应注意不可先钻好第一孔，再来借正第二孔的位置，而是两孔都需边试钻边测量边借正。对孔距要求较高的孔，划线时线条要

细，因为线条粗会影响中心位置；冲眼要准，当确定冲眼位置正确后再扩大冲眼，使麻花钻钻孔时能正确定心。测量方法如图 10-18 所示，用游标卡尺的内量爪对准试钻后的两锥坑圆心，根据测量结果进行借正。还可在钻床上用钻夹头装夹中心钻，先将工件上孔的中心点钻成中心孔形状，如图 10-19 所示，然后用麻花钻靠已钻好的中心孔来定中心进行钻孔。这是因为中心钻的横刃极狭，定心效果很好，中心钻伸出部分又很短，刚性极好，能精确地定出孔的中心位置或两孔之间的距离。

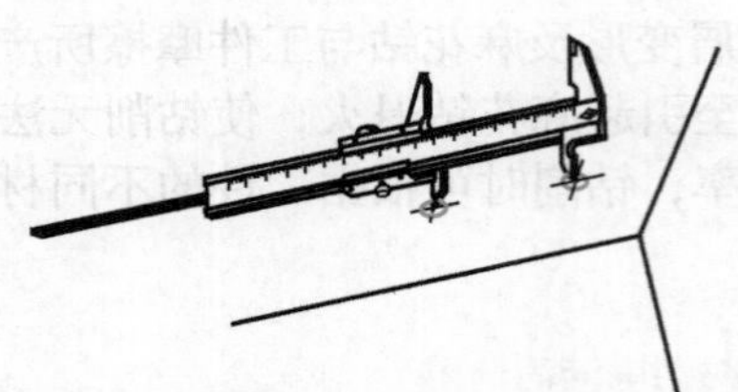

图 10-18　用游标卡尺测量借正孔距

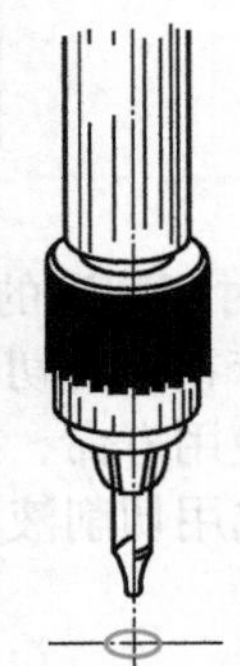

图 10-19　用中心钻试钻精确定位

钻好两孔间中心的距离后，可用游标卡尺的两只内量爪进行测量（图 10-18），将测量结果减去孔的直径；也可用如图 10-20 所示的方法测量，根据工件钻孔直径的大小，用两个配合较紧密的直销插入孔中，再用游标卡尺测量两销之间的距离，同样需要将测量结果减去直销直径。

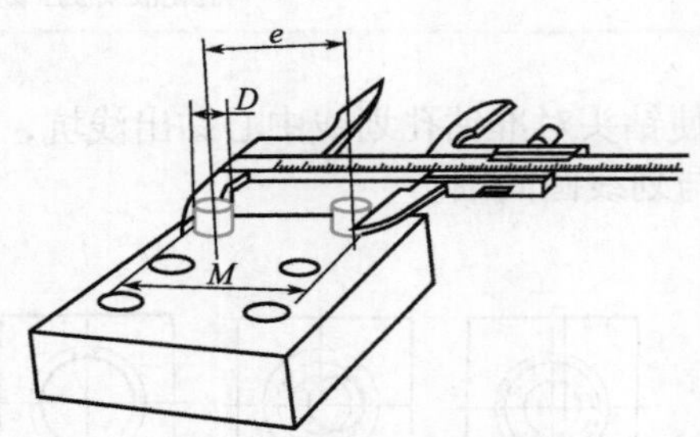

图 10-20　用游标卡尺间接测量孔距

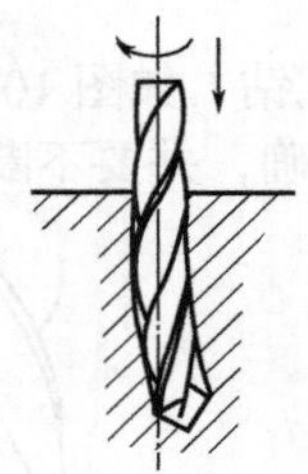

图 10-21　钻孔时轴线的歪斜

当试钻达到孔的中心位置要求后，即可压紧工件进行钻孔。用手动进给时，不可用力过大，使钻头产生弯曲，以致钻孔轴线歪斜，如图 10-21 所示。钻直径较小的孔或深孔时，进给力要小，并需经常退钻排屑，以免因切屑阻塞而扭断钻头，一般在钻深达到直径的三倍时，必须退钻排屑；孔将穿时，进给力必须减小，以防进给量突然加大，增大切削抗力，导致钻头折断，或使工件随着钻头一起转动而造成事故。采用机动进给时，需调整好钻头的转速和进给量，当钻头开始切入工件和即将钻穿时，应改为手动进给。

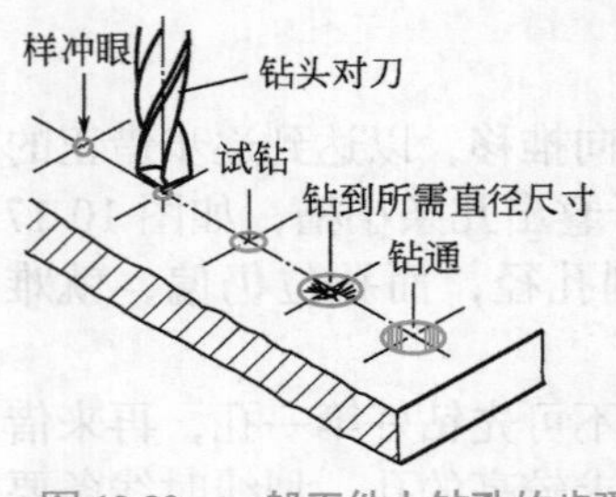

图 10-22　一般工件上钻孔的步骤

（3）各种孔的钻削方法

① 一般工件孔的钻削　对一般工件上的孔，常采用划线钻孔的方法，如图 10-22 所示。其操作步骤为：

a. 先将工件按图样要求划好线，检查无误后打上样冲眼（样冲眼要打大一些，以使麻花钻定心时不易偏离）。

b. 找正中心眼与麻花钻的相对位置。

c. 调整钻头或工件在钻床中的位置，使钻尖对准钻孔中心，并进行试钻。

d. 试钻达到同心要求后，调整好冷却润滑液与进给速度，正常钻削至所需深度。

② 圆柱形工件上孔的钻削　在轴类工件上钻孔时，关键是要使孔中心与工件中心的对称度精度达到要求。这时可采用定心工具来找正中心，其操作方法为：

a. 将定心工具夹在钻夹头上，用百分表找正，使其与钻床主轴同轴，径向全跳动误差为 0.01 ～ 0.02mm。

b. 使定心工具锥部与 V 形块贴合，如图 10-23 所示。

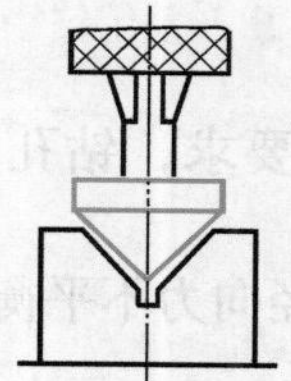

图 10-23　用定心工具找正中心

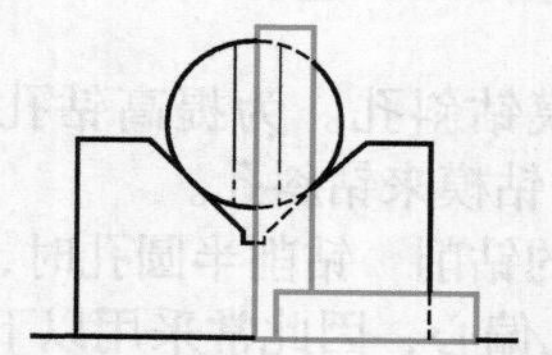

图 10-24　用角尺找正端面垂线

c. 用压板把对好的 V 形块压紧。

d. 把工件放在 V 形块上，用角尺找正端面垂线，用以解决钻孔时的定心，如图 10-24 所示。

e. 压紧工件，将定心工具更换成麻花钻。

f. 试钻并检查中心是否正确。

③ 斜孔的钻削　斜孔的钻削有三种情况：一是在斜面上钻孔，二是在平面上钻斜孔，三是在曲面上钻孔。用普通麻花钻在斜面上钻孔时，由于孔的轴心线与钻孔平面不垂直，麻花钻单面受力，致使麻花钻弯曲，无法钻入工件，甚至折断。因此需采用以下几种特殊方法，才能在斜面上顺利地进行钻孔。

a. 铣出一小平面后钻斜孔。用直径等于或稍大于孔径的立铣刀或直柄键槽铣刀，在工件需钻孔处铣出一个小平面，找出孔的中心位置，用样冲打出较大的样冲孔，再用麻花钻钻孔，或用錾子在斜面上先錾一个小平面后再钻孔，如图 10-25 所示。

b. 钻中心孔后钻斜孔。先在孔中心处用样冲打出样冲孔，然后用中心钻钻出一个较大的锥坑，再钻孔，如图 10-26 所示。

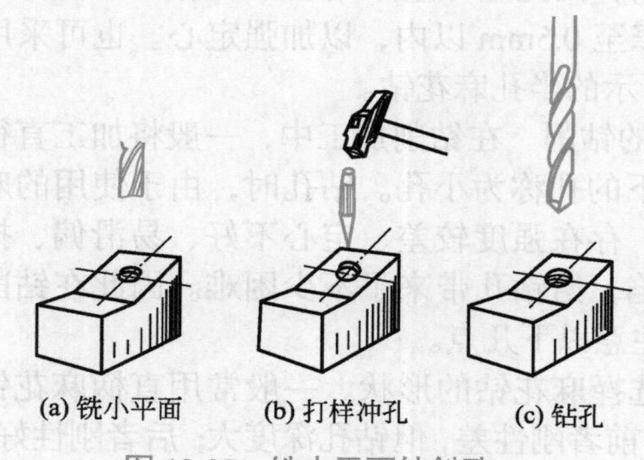

图 10-25　铣小平面钻斜孔

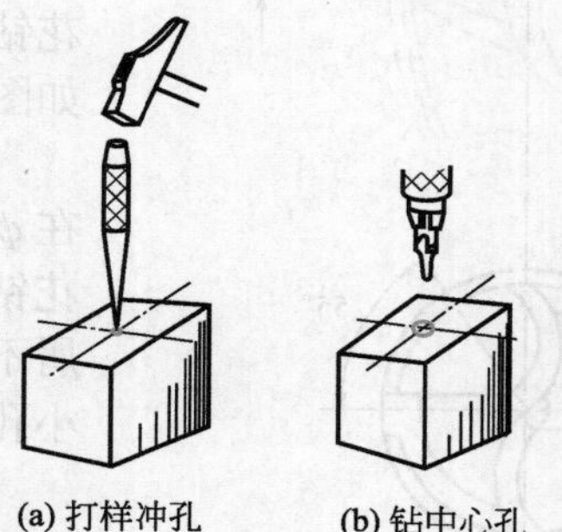

图 10-26　钻中心孔后钻斜孔

c. 用圆弧刃钻钻斜孔。将麻花钻修磨成如图 10-27 所示的圆弧刃钻，直接钻出斜孔。这种麻花钻相似于立铣刀，圆弧刃各点均成相同的后角（6° ～ 8°），经修磨后长度变短，增

强了其刚度。

钻孔时虽然是单向受力，但由于刃呈圆弧形，麻花钻所受径向力小些，改善了切削情况。钻孔时应选择低转速手动进给。

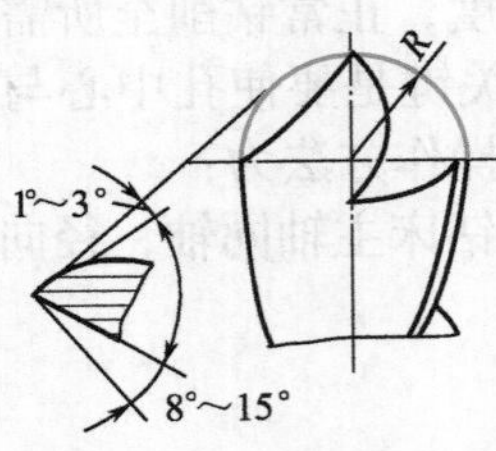

图 10-27　圆弧刃钻

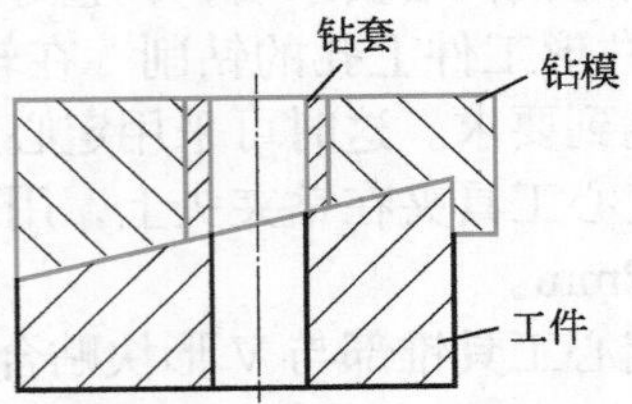

图 10-28　采用钻模钻斜孔

d. 采用钻模钻斜孔。为提高钻孔效率与达到孔的质量要求，钻孔加工时，可采用如图 10-28 所示的钻模来钻斜孔。

④ 半圆孔的钻削　钻削半圆孔时，由于麻花钻一般受的径向力不平衡，会使麻化钻偏斜、弯曲，钻出的孔偏心，因此常采用以下几种方法：

a. 工件组合钻半圆孔。就是把两个工件合并在一起钻孔，或选择一块与工件材料相同的垫铁与工件夹在一起钻孔，如图 10-29 所示。

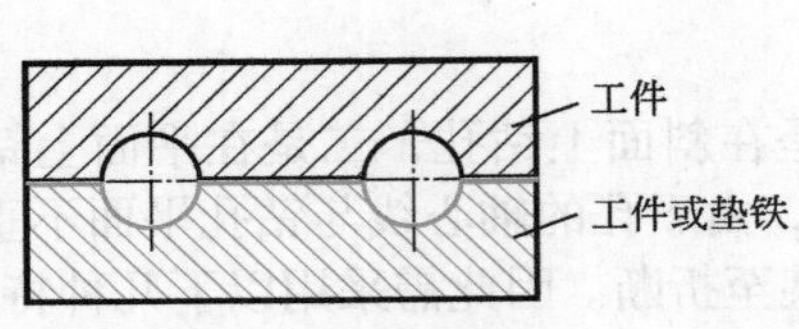

图 10-29　工件组合钻孔

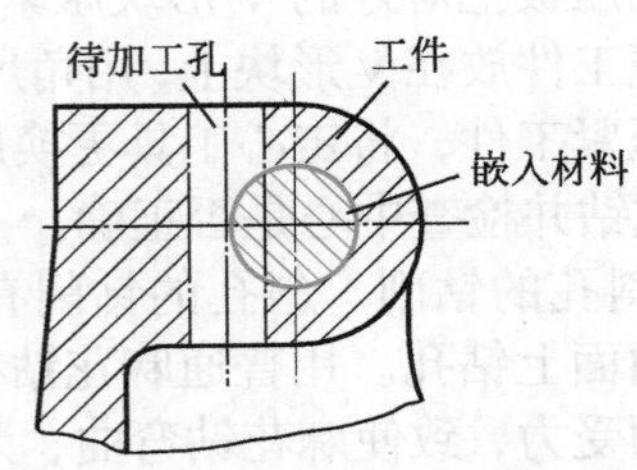

图 10-30　嵌入材料钻孔

b. 嵌入材料钻半圆孔。两孔相交时，可在已加工的孔中嵌入与工件相同的材料再钻孔，如图 10-30 所示。

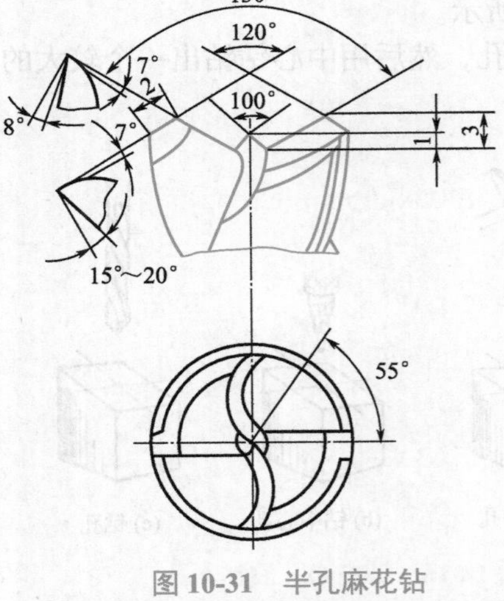

在组合件间钻孔时，由于两个工件的材质可能不一样（常有软硬的区别），钻孔时麻花钻易向较软材料的一边偏斜，因此应尽量采用较短的麻花钻或将麻花钻横刃磨窄至 0.5mm 以内，以加强定心。也可采用如图 10-31 所示的半孔麻花钻。

图 10-31　半孔麻花钻

⑤ 小孔的钻削　在钻削加工中，一般将加工直径在 ϕ3mm 以下的孔称为小孔。钻孔时，由于使用的麻花钻直径小，存在强度较差、定心不好、易滑偏、排屑不易等缺陷，给钻孔带来了不少困难。因此在钻削小孔时，须注意以下几点。

a. 正确选择麻花钻的形状。一般常用直柄麻花钻头或中心钻，前者刚性差，但钻孔深度大；后者刚性好，钻孔深度小。因此，当需要经常加工小孔时，应采用加长切削部分长度的中心钻等专用工具进行加工。

b. 改进钻形。钻小孔的钻形有几种形式，如图 10-32 所示。其特点为：

● 采用双重顶角或单边磨出第二锋角进行分屑，它用于 $\phi2$ ～ 5mm 钻头。

● 适当加大顶角（$2\kappa_r$=140° ～ 160°），减小了刃沟的摩擦阻力，使切屑向上窜出，便于排屑。

● 钻心稍微磨偏，偏心量约为 0.1 ～ 0.2mm，以适当增加孔的扩张量（在孔精度允许的情况下），减少摩擦和改善排屑。

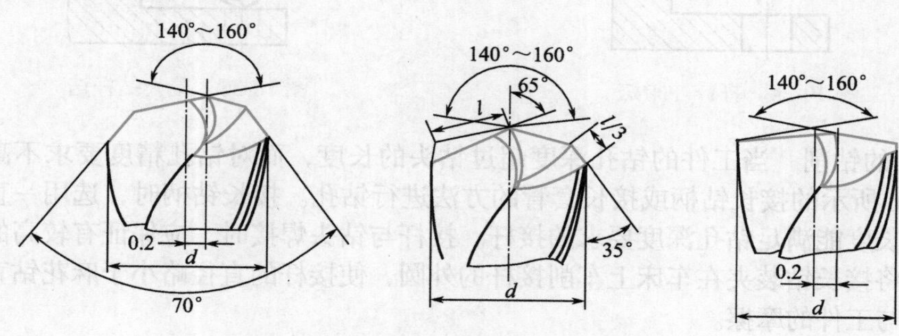

图 10-32 钻小孔的钻形

c. 正确选择钻头尺寸并精心刃磨。小孔麻花钻必须事先选择合适的直径（一般直径比孔的基本尺寸小），采用试验方法选定；且切削刃必须对称均匀，要精心刃磨。

d. 正确安排钻孔顺序。当孔径较大时，可先用小直径麻花钻钻孔，然后用要求尺寸的麻花钻进行钻扩加工；当加工直径小而深的孔时，可先用新的麻花钻钻到一定深度，然后以此为导向再用旧麻花钻钻孔。

e. 要及时排屑，充分冷却润滑。

⑥ 二联孔的钻削　图 10-33 所示为常见的三种二联孔情况。钻这些孔时，由于孔较深或两孔距离较远，使钻出孔的轴心线倾斜，两孔的同轴度达不到要求。为避免产生这些缺陷，可采用以下方法：

a. 钻第一种二联孔时，可采用钻小孔、钻大孔、锪大孔底平面的顺序进行加工。钻小孔时，可以先用较短的钻头钻至大孔深度，再用接长的小钻头将小孔钻穿，然后钻大孔，锪底平面。这样当钻头在钻下面小孔时，因有上面已钻好的小孔作引导，就容易保持孔的直线度要求；钻大孔时，因有小孔定心作导向，可保证两孔的同轴度要求。

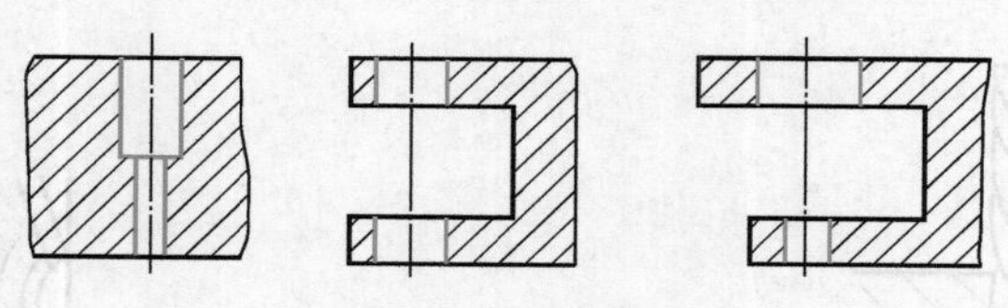

图 10-33 常见的二联孔

b. 钻第二种二联孔时，由于麻花钻伸出较长，下面的孔又无法划线和用样冲冲孔，所以很难观察上下孔的同轴程度。钻孔时，麻花钻的振摆大，不易对准中心。这时可采用如图 10-34 所示的方法，将一个外径与上面孔配合较紧密的长样冲插进上面的孔中。在下面冲一个样冲孔，然后引进麻花钻，对准样冲孔，先以低速钻进形成浅窝，再以高速钻孔。

c. 钻第三种二联孔时，如果批量较大时，可制一根接长钻杆，如图 10-35 所示，其外径与上面的孔径为间隙配合。钻完上面的孔后，换上装夹有小钻头的接长钻杆，以上面的孔作为引导，加工下面的孔，这样就能保证上下两孔的同轴度要求。

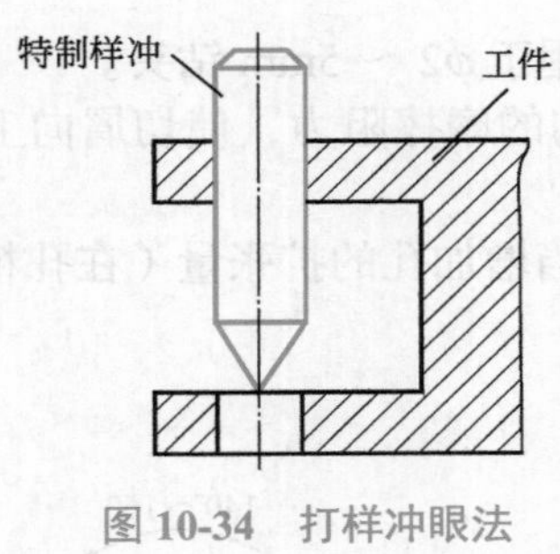

图 10-34　打样冲眼法

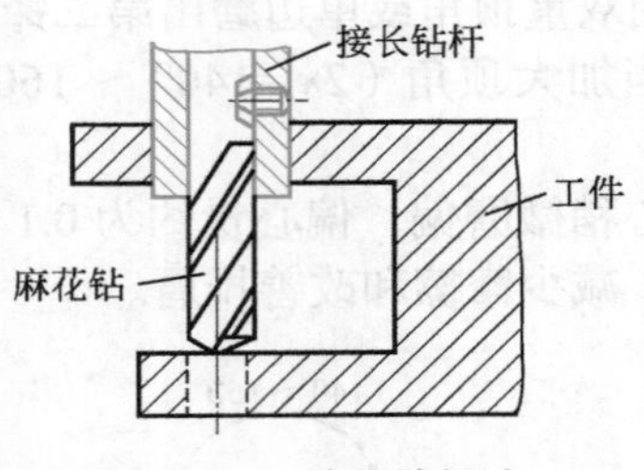

图 10-35　接长钻杆法

⑦ 深孔的钻削　当工件的钻孔深度超过钻头的长度，而对钻孔精度要求不高时，可采用如图 10-36 所示的接长钻柄或接长套管的方法进行钻孔。接长钻柄时，选用一直径稍大于钻头直径、长度能满足钻孔深度要求的接杆。接杆与钻头焊接时，应保证有较高的同轴度要求。焊接后将接长钻装夹在车床上车削接杆的外圆，使接杆的直径略小于麻花钻直径，这样可减少接杆与工件的摩擦。

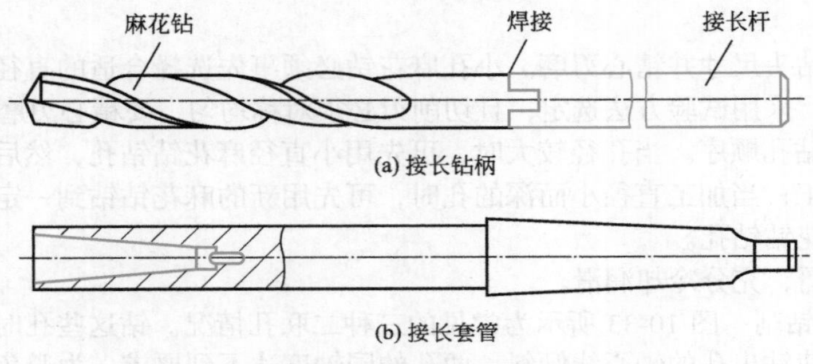

(a) 接长钻柄

(b) 接长套管

图 10-36　钻深孔的麻花钻

当钻通孔而又没有接长钻时，可采用如图 10-37 所示的两面钻孔的方法。先在工件的一面钻孔至孔深的一半，再将一块平行垫铁用压板压在钻床工作台上，并钻出一个一定直径的定位孔。另制成一阶台定位销，将定位销的一端压入孔内，另一端与工件已钻孔为间隙配合，然后以定位销定位，将工件放在垫铁上进行钻孔。

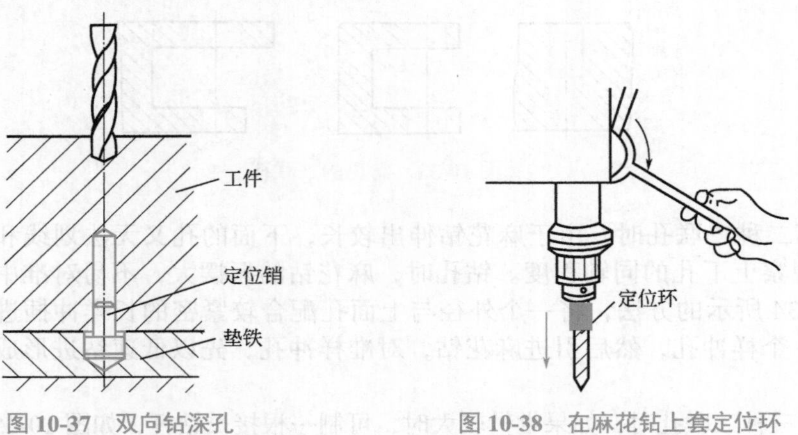

图 10-37　双向钻深孔　　图 10-38　在麻花钻上套定位环

⑧ 不通孔的钻削　在钻削加工中，钻不通孔会经常碰到，如气、液压传动中的集成油路块、大型设备上用的双头螺栓的螺孔等。钻削不通孔的方法与钻通孔相同，但需利用钻床

上的深度尺来控制钻孔的深度，或在麻花钻上套定位环（如图 10-38 所示）或用粉笔作标记。定位环或粉笔标记的高度等于钻孔深度加 $D/3$（D 为麻花钻直径）。

⑨ 骑缝孔的钻削　骑缝孔是在两个零件组合成组合件时，为了防止组合件相对位置的变动，常在接缝处装螺钉或销。此时，就需在接缝处钻孔，如图 10-39 所示。

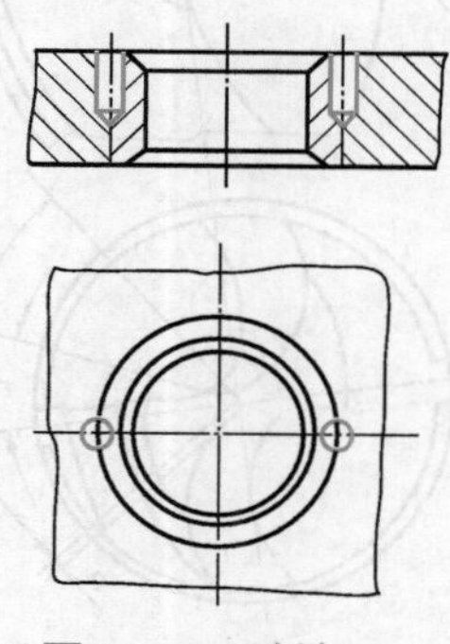

图 10-39　骑缝

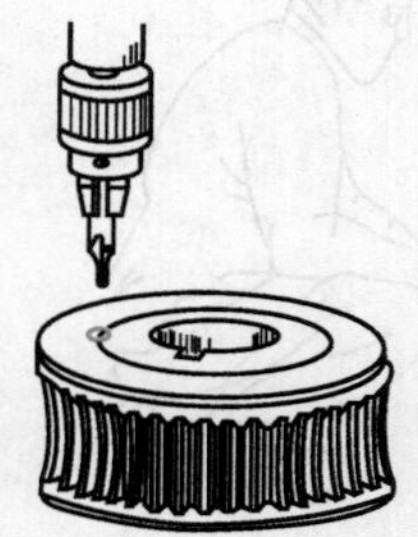

图 10-40　骑缝孔的钻削

钻削时先用中心钻在骑缝处钻出锥窝，如图 10-40 所示，再用麻花钻钻孔。由于中心钻短而粗，刚性很好，钻尖横刃极窄，钻孔时不产生偏移，待中心钻钻出的锥窝接近需钻孔的直径时，再用麻花钻钻孔。锥窝就起定心作用，引导麻花钻，防止偏斜。

⑩ 配钻孔的钻削　在单件生产零件的装配和修理工作中，常需要配钻孔。如图 10-41 所示的箱体，其顶盖、法兰盖以及箱体在机座上的位置，都用配钻孔的方法。

先将顶盖、法兰盖和箱体底面孔钻好，按照所需位置用划针在箱体和机座上已涂有蓝色或白色涂料处划出配钻孔的位置，如图 10-42 所示。然后用样冲冲出钻孔中心，再分别钻孔。

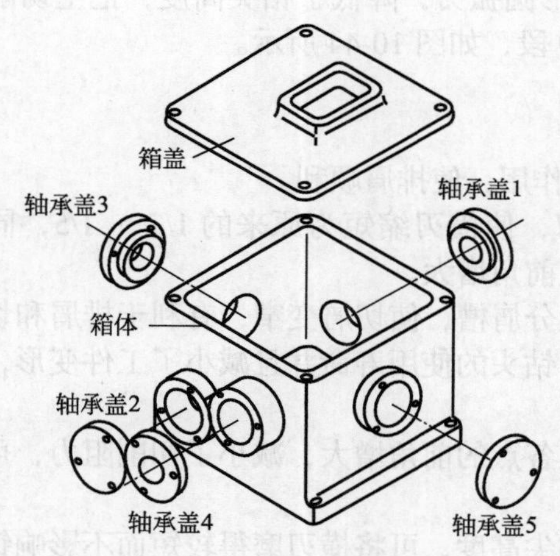

图 10-41　箱体的装配

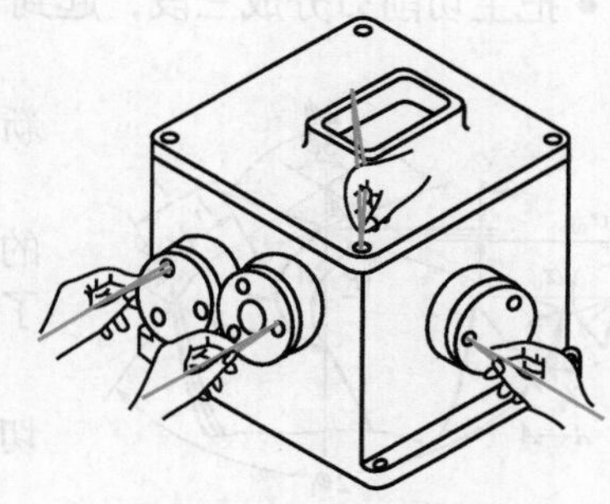

图 10-42　箱体配划线钻孔

⑪ 在大型箱体上钻孔　在大箱体上钻孔前，应先将麻花钻刃磨锋利，其顶角为 100°，后角略大，并将横刃修窄，然后在基体零件钻孔处冲出钻孔的中心，其操作步骤为：

a. 请电工正确接线，并戴好绝缘手套。

b. 根据孔位状况选择合适的钻孔姿势，如图 10-43 所示。身体稍下蹲，两腿微呈弓步，右手握电钻，左手扶电钻柄部，将麻花钻抵在冲眼凹坑内，并保持麻花钻与被加工平面垂直。

图 10-43　钻孔的站位和姿势

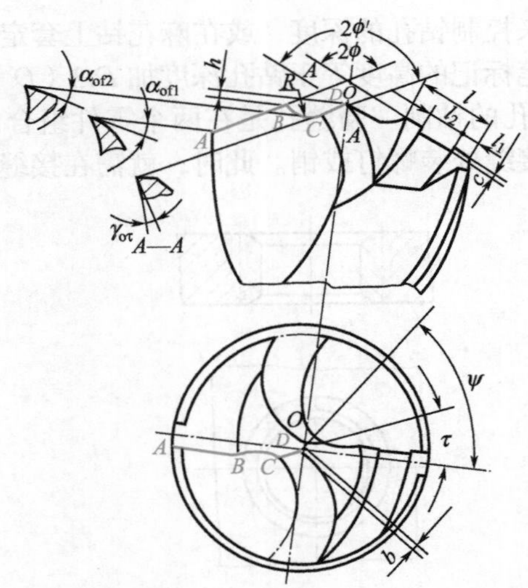

图 10-44　标准群钻（直径为 15 ～ 40mm 的中型标准群钻）

c. 启动电钻，用膝盖顶住左手，靠腿部力量朝钻孔方向均匀用力，使麻花钻进给。

10.1.2　群钻

群钻是在麻花钻基础上经刃磨改进得到的一种先进钻头。它在钻削过程中具有效率高、寿命长、钻孔质量好等多项优点。

（1）几种典型群钻的几何结构

① 标准群钻　群钻上磨出月牙槽，形成凹形圆弧刃，降低了钻尖高度，把主切削刃分成三段，即外刃 *AB* 段、圆弧刃 *BC* 段、内刃 *CD* 段，如图 10-44 所示。

a. 标准群钻切削部分的几何参数见表 10-10。

b. 标准群钻的结构特点如下：

- 把主切削刃分成三段，起到了分屑断屑的作用，使排屑顺利。
- 修磨横刃，使横刃缩短为原来的 1/7 ～ 1/5，同时使新形成的内刃上前角增大。
- 磨出单边分屑槽，使切屑变窄，有利于排屑和切削液的进入，延长了钻头的使用寿命并且减小了工件变形，提高了加工质量。
- 圆弧刃上各点的前角增大，减小了切削阻力，可提高切削效率。
- 降低了钻尖高度，可将横刃磨得较短而不影响钻尖强度。同时大大降低了切削时的轴向阻力，有利于切削速度的提高。
- 钻孔时，在孔底切出圆环肋，加强了定心作用和钻头钻削时的稳定性，有利于提高孔的加工质量。

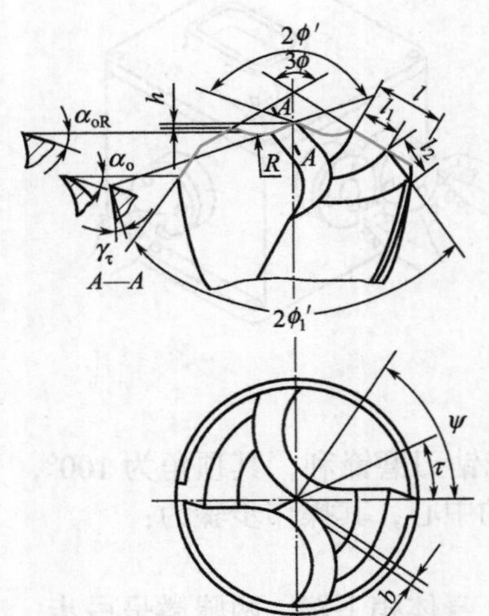

图 10-45　钻铸铁的群钻

② 钻削铸铁的群钻　铸铁群钻如图 10-45 所示，其刀尖高度比标准群钻更小，所以横刃可磨得更短，是标准麻花钻的 1/7 ～ 1/5。表 10-11 所示为铸铁群钻的几何参数。

表 10-10　标准群钻切削部分的几何参数

钻头直径 d	尖高 h	圆弧半径 R	外刃长 l	槽距 l_1	槽宽 l_2	槽刃长 b		槽深 c	槽数 z	外刃锋角 2ϕ		内刃顶角 $2\phi'$	横刃斜角 ψ		内刃前角 $\gamma_{o\tau}$	内刃斜角 τ	外刃后角 α_{of1}	圆弧后角 α_{of2}
						Ⅰ	Ⅱ			Ⅰ	Ⅱ		Ⅰ	Ⅱ				
mm									条	(°)								
5～7	0.2	0.75	1.3			0.2	0.15											
＞7～10	0.28	1	1.9	—	—	0.3	0.2	—	—							20	15	18
＞10～15	0.36	1.5	2.6			0.4	0.3											
＞15～20	0.55	1.5	5.5	1.4	2.7	0.5	0.4											
＞20～25	0.7	2	7.0	1.8	3.4	0.6	0.48											
＞25～30	0.85	2.5	8.5	2.2	4.2	0.75	0.55	1	1	125	140	135	65	60	−10	25	12	15
＞30～35	1	3	10	2.5	5	0.9	0.65											
＞35～40	1.15	3.5	11.5	2.9	5.8	1.05	0.75											
＞40～45	1.3	4	13	2.2	3.25	1.15	0.85											
＞45～50	1.45	4.5	14.5	2.4	3.6	1.3	0.95	1.5	2							30	10	12
＞50～60	1.65	5	17	2.9	4.25	1.45	1.05											

$h≈0.03d$；$R≈0.1d$；$l≈(0.2～0.3)d$（$d≤15$mm 时取 0.2，$d>15$mm 时取 0.3）；$b≈(0.02～0.03)d$（Ⅰ选用 0.03，Ⅱ选用 0.02）

注：1. Ⅰ——加工一般钢材；Ⅱ——加工铝合金。

2. 参数值按直径范围的中间值来定，允许偏差为正负值。

表 10-11　铸铁群钻几何参数

钻头直径 d	尖高 h	圆弧半径 R	横刃长 b	总外刃长 l	分外刃长 $l_1=l_2$	外刃顶角 2ϕ	第二顶角 $2\phi_1'$	横刃斜角 ψ	内刃顶角 $2\phi'$	内刃前角 γ_τ	内刃斜角 τ	外刃后角 α_{oR}	圆弧后角 α_o
mm						(°)							
5～7	0.11	0.75	0.15	1.9									
＞7～10	0.15	1.25	0.2	2.6							20	18	20
＞10～15	0.2	1.75	0.3	4									
＞15～20	0.3	2.25	0.4	5.5									
＞20～25	0.4	2.75	0.48	7									
＞25～30	0.5	3.5	0.55	8.5	$3l/5$	120	70	135	65	−10	25	15	18
＞30～35	0.6	4	0.65	10									
＞35～40	0.7	4.5	0.75	11.5									
＞40～45	0.8	5	0.85	13									
＞45～50	0.9	6	0.95	14.5							30	13	15
＞50～60	1	7	1.1	17									

$h\approx0.02d$；$R\approx0.12d$；$l\approx0.3d$；$b\approx0.02d$；$l_1=l_2\approx0.06l$

注：参数值按直径范围的中间值来定，允许偏差为正负值。

③ 钻削黄铜和青铜的群钻　在钻削黄铜或青铜的过程中，当主切削刃全部进行切削后，钻头突然快速切入工件材料内产生“扎刀”现象，这种现象会使工件报废或钻头折断以及危害安全。这是因为钻头在钻削过程中，都会产生一个向下的拉力，如图 10-46 所示。图 10-46 中 P 为工件材料作用于钻头前面上的压力，F 为切屑与前面的摩擦力，R 为 P 与 F 的合力，Q 为 R 的分力，即钻头钻削时所产生的拉力。由图 10-46 可知，若钻头的前角 γ_o 越大，则合力越向下倾斜，其分力 Q 就越大，也就是钻削时向下的拉力也越大。

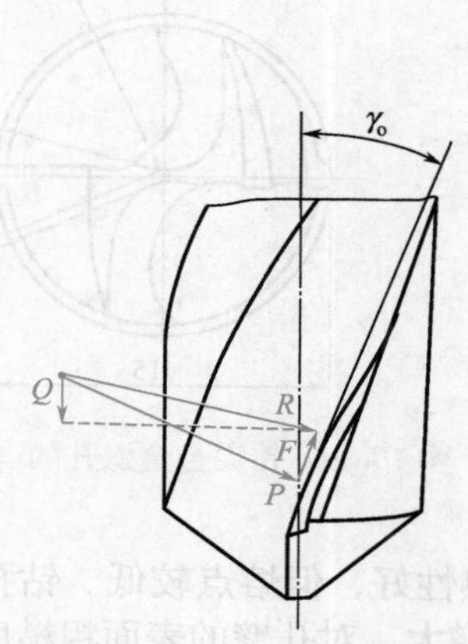

图 10-46　钻头受力示意图

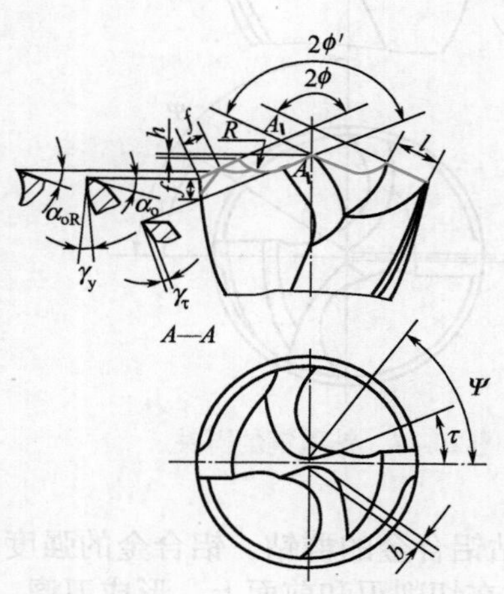

图 10-47　钻黄铜的群钻

由于黄铜和青铜的强度和硬度较低，结构较疏松，所以切削阻力较小。当拉力大于切削阻力时，不需要施加任何外力，钻头会自动切入工件材料而造成“扎刀”现象，这是由于钻头前角过大。钻头近心处 $d/3$ 范围内前角为负值，不会造成“扎刀”现象。而主切削刃最外缘处前角为最大，所以当主切削刃全部进行切削时，最容易产生“扎刀”现象。因此要避免“扎刀”现象的产生，只要将钻头外缘处的前面磨去，即减小该处的前角即可。如图 10-47 所示是钻黄铜的群钻。由于黄铜和青铜的强度和硬度较小，钻头的横刃可磨得更短，以利于提高生产效率。在主切削刃和副切削刃的交角处，磨出 $r = 0.5 \sim 1$mm 的过渡圆弧，可使孔壁的表面粗糙度得以改善。

④ 钻削纯铜的群钻　纯铜有较好的导电、导热和抗腐蚀性能，要求所钻的孔的精度要比一般的孔高，其表面粗糙度要求也高。在纯铜上钻孔，常遇到孔形不圆、孔壁表面粗糙度不理想以及钻头在孔中咬住等问题。因此，在钻削纯铜孔时，可采取下列措施：

a. 加强定心作用，保证切削平稳（如图 10-48 所示）。根据纯铜的性能，钻心部分尖一些，钻尖高度稍大些，刃稍钝些，后角小一些，这样就加强了钳制力，定心就好，振动轻不打抖，孔形就圆了。

b. 外刃顶角要适当，以利于排屑和改善孔的表面粗糙度，一般 $2\phi = 118° \sim 122°$ 较好。当钻孔较深而表面粗糙度要求不高时，应加大外刃顶角，改善排屑。

c. 钻软纯铜时，应选用较大的进给量，以改善出屑情况，也可在钻头前面上磨出负前角的断屑面。钻削硬纯铜时，应增大外刃顶角以改善排屑情况，或先将工件进行退火处理。

d. 将钻头外缘刀尖处磨出倒角或圆弧刃，钻孔时采用高转速和小进给量的方法，使孔壁的表面粗糙度得以改善。

e. 钻孔过程中应保证充足的切削液，以避免因孔的收缩而咬住钻头。

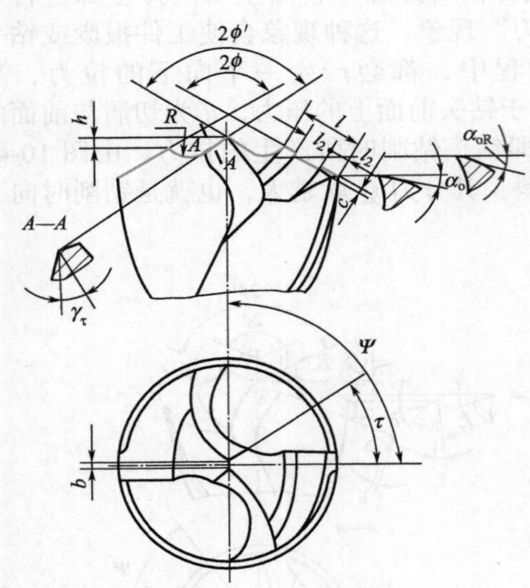

图 10-48 钻黄铜的群钻

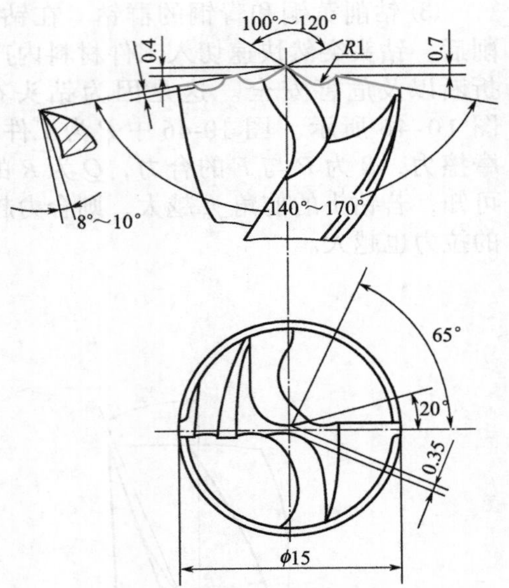

图 10-49 钻铝合金深孔的群钻

⑤ 钻铝合金的群钻 铝合金的强度和硬度较低，导热性好，但熔点较低。钻孔时切屑容易熔粘在切削刃和前面上，形成刀瘤，使排屑的摩擦力增大，对孔壁的表面粗糙度产生不利的影响，有时甚至因切屑挤塞于钻头螺旋槽内而使钻头折断。

除纯铝外，一般铝合金的塑性和延展性都较小，所以切屑较碎，不易排出，尤其是在钻深孔时更为突出。由此可见，铝合金钻孔主要要避免刀瘤的产生和顺利排出切屑。

钻削铝合金可采用标准群钻，将横刃磨得更短（b=0.02d）。顶角 2ϕ 磨得大一些，以利于排屑。可磨出第二重后角，以增加容屑空间。铝合金钻孔过程中，在粗加工时可选用较浓的乳化切削液，在精加工时可选用煤油或煤油与机油的混合液。这样可减小切屑与前面的摩擦，避免产生严重的刀瘤。如图 10-49 所示为钻铝合金深孔的群钻。

⑥ 钻薄板的群钻 用麻花钻在薄板上钻孔，当钻尖已钻穿工件时，钻削时的轴向阻力会突然减小。此时工件上留有两块应切除但还未切除的部分，起了一个导向作用，使钻头的螺旋槽沿其已形成的孔形迅速滑下。这就是薄板钻削过程中的"扎刀"现象。这种现象的产生，会有以下几种影响：

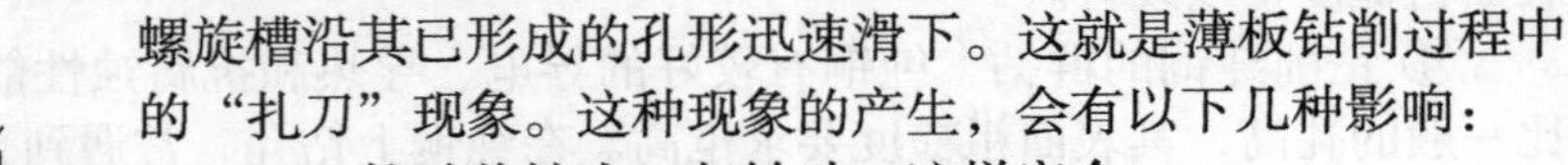

a. 工件随着钻头一起转动，这样安全。

b. 若工件夹持牢固，会造成钻头折断。

c. 孔形不圆或被拉坏。

由于上述原因，将薄板群钻的切削部分磨成如图 10-50 所示形状。该钻头又称为三尖钻，其主要特点是：

a. 主切削刃外缘磨成锋利的刀尖。

b. 外缘刀尖处与钻尖的高度差仅为 0.5 ～ 1mm。

这种结构的优点是：在钻削过程中，钻头尚未钻穿薄板，两切削刃外缘刀尖已在工件上切出一条圆环槽。这不仅起到了良好的定心作用，还对所加工孔的圆整和光滑均起到了良好的效果，并且不会引起"扎刀"现象。

薄板群钻切削部分形状和几何参数见表 10-12。

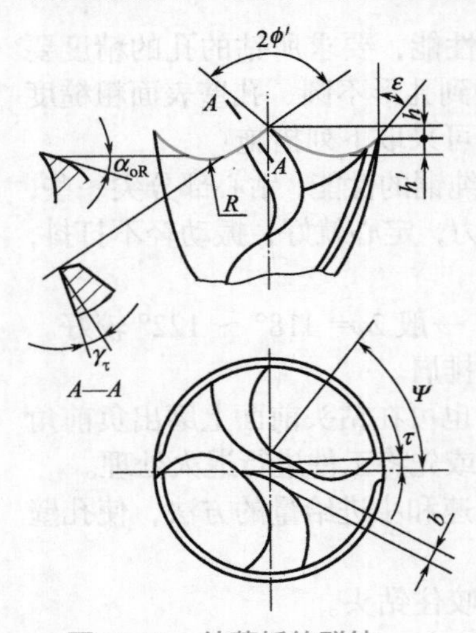

图 10-50 钻薄板的群钻

表 10-12 薄板群钻切削部分形状和几何参数

钻头直径 d/mm	横刃长 b/mm	尖高 h/mm	圆弧半径 R/mm	圆弧深度 h'/mm	内刃顶角 $2\phi'$/(°)	刀尖角 ε/(°)	内刃前角 γ_τ/(°)	圆弧后角 α_{oR}/(°)
5 ~ 7	0.15							
> 7 ~ 10	0.2	0.5	用单圆弧连接					15
> 10 ~ 15	0.3							
> 15 ~ 20	0.4							
> 20 ~ 25	0.48	1		> δ+1	110	40	−10	
> 25 ~ 30	0.55		用双圆弧连接					12
> 30 ~ 35	0.65							
> 35 ~ 40	0.75	1.5						

注：δ 指的是材料厚度；参数按直径范围的中间值来定，允许偏差为正负值。

⑦ 钻削胶木的群钻 胶木、层压板等材料，钻孔时存在入口毛、中间分层、出口脱皮等现象，并有扎刀现象存在。

试验表明，钻削胶木的群钻，其几何参数基本与钻削黄铜群钻相同。因材料强度不高，其横刃可以磨得更窄，以减小轴向力。在外刃上磨出三角小平面，适当减小前角，但离外缘应留有 1 ~ 1.5mm 的距离，如图 10-51 所示。这样可以减轻扎刀现象，又可保持外刃外缘部分的锋利，提高孔的加工质量。

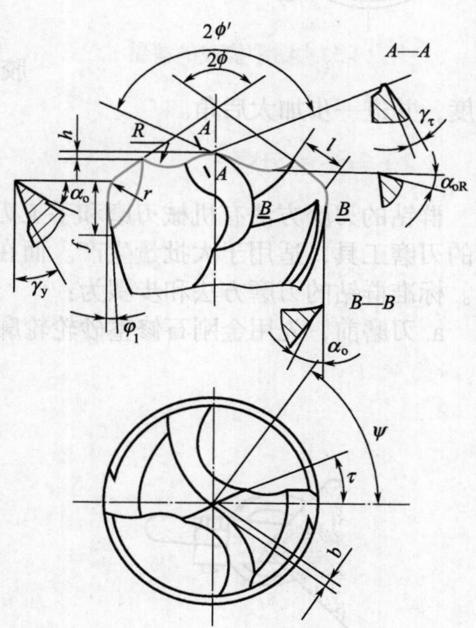

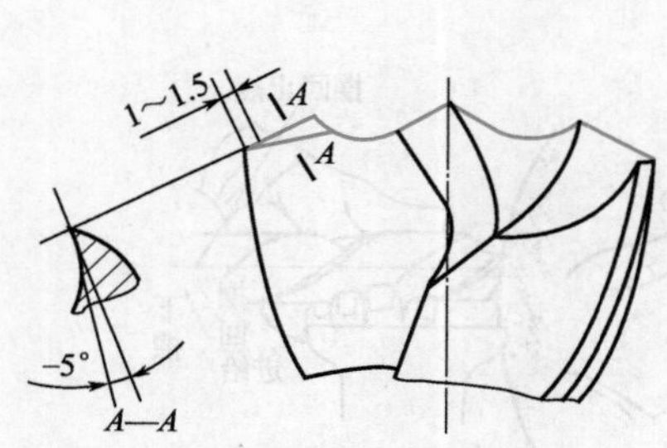

图 10-51 钻削胶木的群钻

图 10-52 钻削有机玻璃的群钻

⑧ 钻削有机玻璃的群钻　有机玻璃是一种热塑性材料。因它具有良好的耐蚀性、绝缘性、耐寒性和透明度以及容易粘接等特性，得到越来越广泛的应用。钻孔时存在的主要问题是：难以得到理想的透明度；孔壁有时会产生“银斑”状裂纹；孔两端有时会发生崩块。根据材料性能和钻孔存在的问题，采取以下措施：

a. 加大外刃的纵向前角（γ_y=35° ～ 40°）；将横刃磨得尽可能短，以减小切削力和切削热的产生。

b. 外刃顶角 2ϕ=60° ～ 110°；外缘处磨出过渡圆角。如图 10-52 所示。

c. 加大棱边倒锥，可在外圆磨床上磨出副偏角 ϕ_1≈15′ ～ 30′ 的锥度；磨窄棱边；加大外刃使外缘后角 α_o≈25° ～ 27°。

d. 把刃口和棱边用磨石修光；钻孔时加充足的切削液；选用适中的转速和较小的进给量。

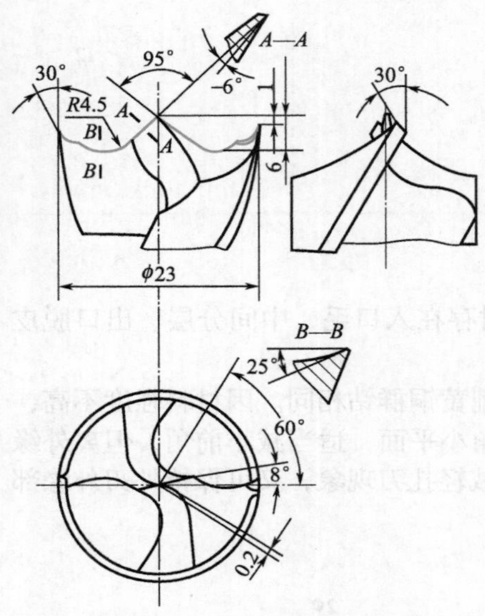

图 10-53　钻削橡胶的群钻

⑨ 钻削橡胶的群钻　橡胶强度很低，但有很高的弹性，受到很小的力就会产生很大的变形，尤其是软橡胶，所以在橡胶上钻孔存在着以下问题：

a. 孔的收缩量很大，易成锥形，上大下小，严重时孔壁有撕伤，甚至不成孔形。

b. 钻削温度高时，橡胶变质，产生臭味。

因而在橡胶上钻孔，要求切削刃锋利一些，在材料变形前就将其切割开，这样方能得到较为理想的孔。从实际情况出发，将钻薄板的群钻进行修磨，改成钻橡胶的群钻。具体方法如下：

a. 将两外缘处向心的圆弧刃改磨出一段很锋利的沿棱边圆周切线方向的切向刃，并使这一小段刃口稍向前倾斜，如图 10-53 所示。

b. 加大钻头后角（α_o≈30°）。

c. 横刃尽量磨得短些，内刃锋角 $2\phi'$ 较小。若橡胶较软、较厚，则应将内刃顶角再减小以增加圆弧刃浓度，并进一步加大后角。

（2）群钻的刃磨

群钻的刃磨方法有机械刃磨和手工刃磨两种。机械刃磨的质量好、效率高，但需要用专门的刃磨工具，适用于大批量生产。而在一般没有专门刃磨工具的工厂中，只能采用手工刃磨。标准群钻的刃磨方法和步骤为：

a. 刃磨前，先用金刚石修整砂轮轮廓，如图 10-54 所示。

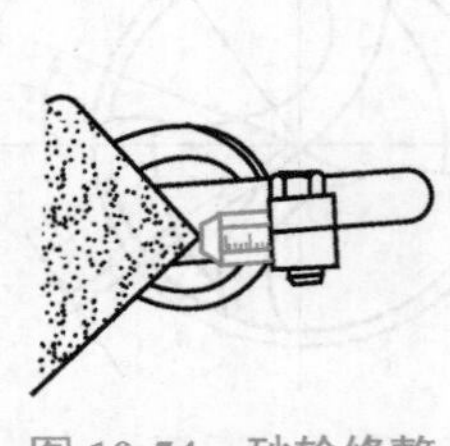

图 10-54　砂轮修整

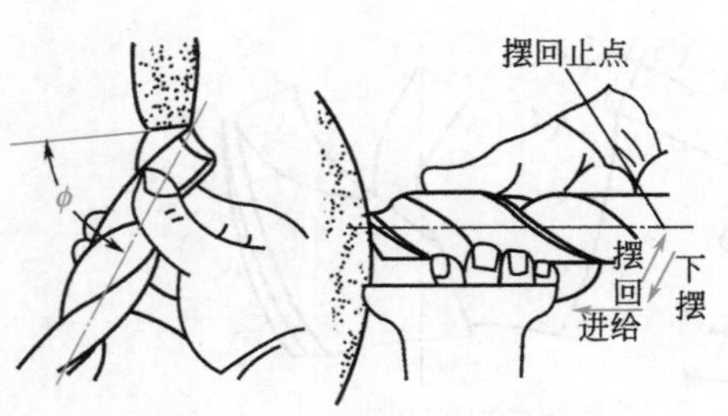

图 10-55　磨外直刃

b. 钻刃接触砂轮，一手握住钻头某个固定的部位作定位支点，一手将钻尾上下摆动，同时磨削，磨出外刃后面，保证外刃后角正确，如图 10-55 所示。

c. 使钻头主切削刃基本水平。开始刃磨时，钻头水平向前缓慢平稳送进，磨出后面，形成圆弧刃（刃磨时切不可在垂直面内上下摆动），如图 10-56 所示。

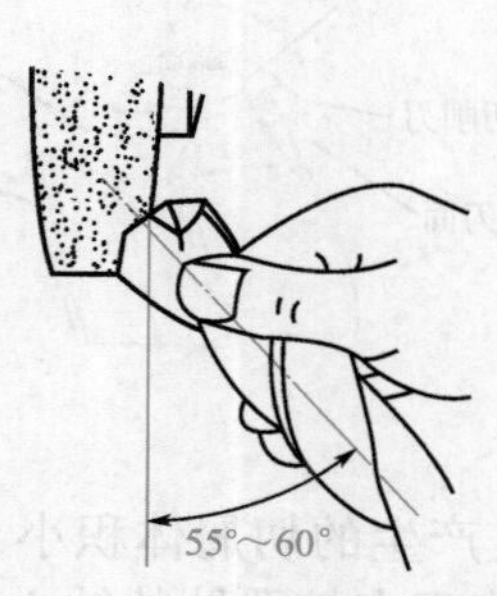

图 10-56 磨月牙槽

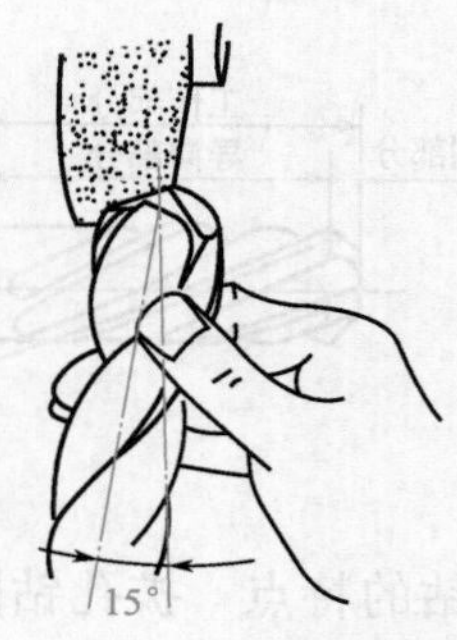

图 10-57 修磨横刃

d. 两手握住钻头，刃磨时，要使钻头上的磨削点逐渐由外刃背向钻心移动，磨出内刃后面，如图 10-57 所示。

e. 选用片砂轮（或小砂轮），使片砂轮侧面（或小砂轮的圆角平分面）与外直刃垂直，并对准外直刃的中间刃磨，如图 10-58 所示。刃磨时，在垂直面摆动钻尾，磨出分屑槽和分屑槽后角，保证槽距、槽宽和槽深。

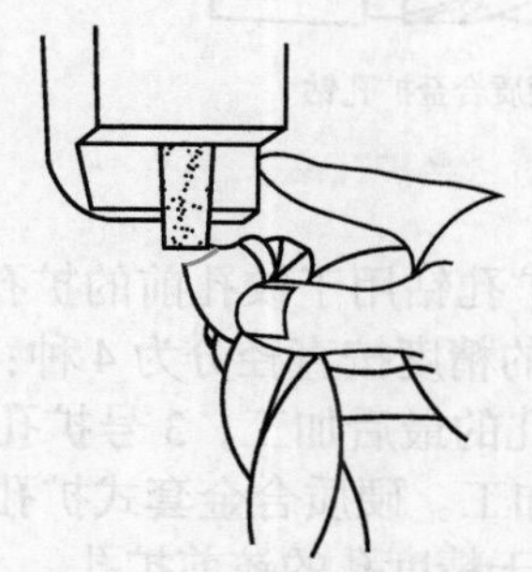

图 10-58 刃磨外直刃上的分屑槽

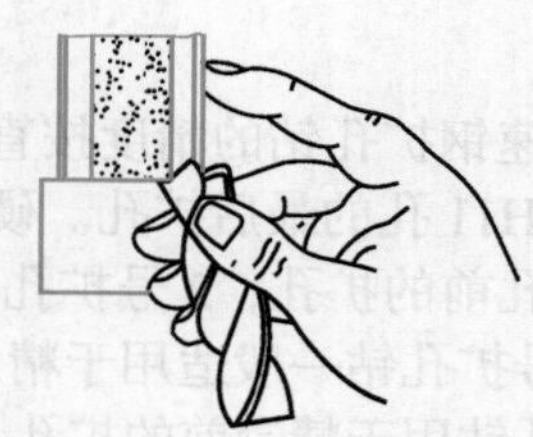

图 10-59 检测

f. 刃磨结构后，用样板检测检查两内直刃的对称性和斜角是否一致，如图 10-59 所示，并根据情况进行修磨。

10.1.3 扩孔与锪孔

（1）扩孔

用扩孔钻或麻花钻对工件上已有孔进行扩大的加工方法称为扩孔，如图 10-60 所示。

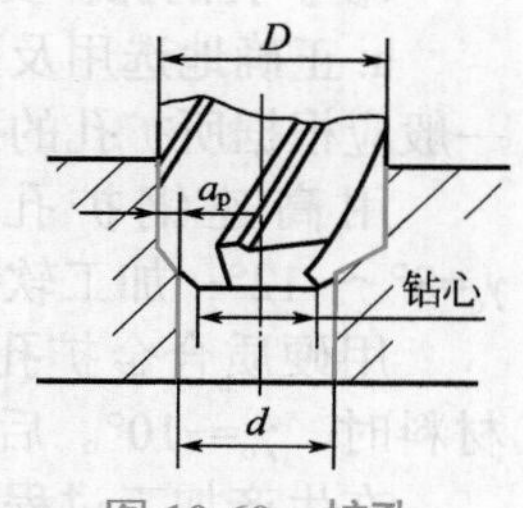

图 10-60 扩孔

① 扩孔刀具

a. 麻花钻扩孔。在实体材料上钻孔时，孔径较小的孔可一直钻出，如果孔径较大（$D > 30$mm），则所用麻花钻直径也较大，横刃长，进给力大，钻孔时很费力，这时可分两次钻削。第一次钻出直径为

(0.5 ～ 0.7)D 的孔，第二次扩削到所需的孔径 D。扩孔时的背吃刀量为扩孔余量的一半。

b. 扩孔钻扩孔。扩孔钻是扩孔的专用刀具，其结构形式较多，但均由工作部分、空刀和柄部组成。工作部分又分切削部分和导向部分。工作部分上有 3 ～ 4 条螺旋槽，将切削部分分成 3 ～ 4 个刀瓣，形成了切削刃和前刀面，如图 10-61 所示。

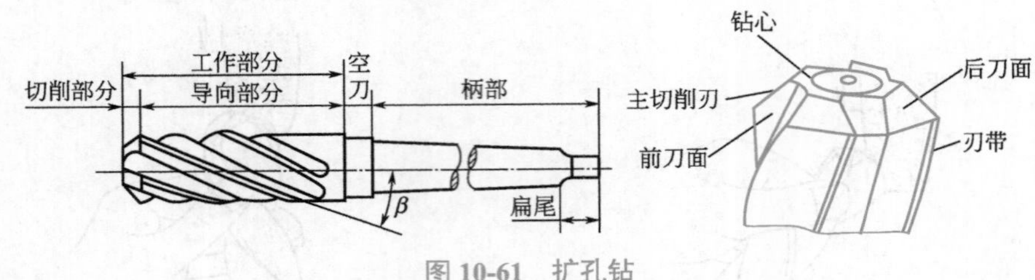

图 10-61　扩孔钻

② 扩孔钻的特点　扩孔钻因为中心不能切削，且产生的切屑体积小，所以不需要大容屑槽。它与麻花钻的结构相比有较大的区别，主要表现在扩孔钻的钻心粗、刚性好，切削刃多且不延伸到中心处而没有横刃，导向性好，切削平稳，可采用较大的切削用量（进给量一般为钻孔时的 1.5 ～ 2 倍，切削速度约为钻孔时的 1/2），因而提高了加工效率。此外采用扩孔钻扩孔质量较高，孔的尺寸精度一般可达 IT10 ～ IT9，表面粗糙度值 Ra 可达 12.5 ～ 3.2μm。

扩孔钻一般有高速钢扩孔钻和镶硬质合金扩孔钻两种，如图 10-62 所示。

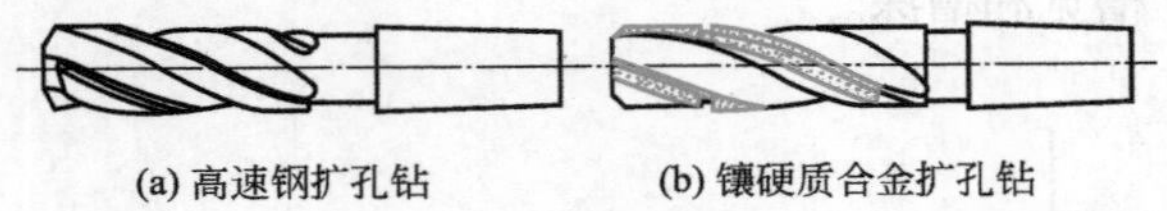

(a) 高速钢扩孔钻　(b) 镶硬质合金扩孔钻

图 10-62　高速钢扩孔钻与镶硬质合金扩孔钻

标准高速钢扩孔钻的精度按直径分为两种：1 号扩孔钻用于铰孔前的扩孔，2 号扩孔钻用于精度为 H11 孔的最后扩孔。硬质合金锥柄扩孔钻的精度按直径分为 4 种：1 号扩孔钻一般适用于铰孔前的扩孔，2 号扩孔钻用于精度为 H11 孔的最后加工，3 号扩孔钻用于精铰前的扩孔，4 号扩孔钻一般适用于精度为 D11 孔的最后加工。硬质合金套式扩孔钻分为两种精度：1 号扩孔钻用于精铰前的扩孔，2 号扩孔钻一般用于精度孔的铰前扩孔。

③ 扩孔的操作步骤

a. 熟悉加工图样，选择合适的夹具、量具和刀具。

b. 根据所选用的刀具类型选择主轴转速。

c. 装夹并校正工件。

d. 按扩孔要求进行扩孔操作，注意控制扩孔深度。

e. 卸下工件并清理钻床。

④ 扩孔的操作要点　扩孔的操作要点主要有以下几个方面：

a. 正确地选用及刃磨扩孔刀具。扩孔刀具的正确选用是保证扩孔质量的关键因素之一，一般应根据所扩孔的孔径大小、位置、材料、精度等级及生产批量进行。

用高速钢扩孔钻加工硬钢和硬铸铁时，其前角 γ_o=0° ～ 5°；加工中硬钢时，γ_o=8° ～ 12°；加工软钢时，γ_o=15° ～ 20°；加工铜、铝时，γ_o=25° ～ 30°。

用硬质合金扩孔钻加工铸铁时，其前角 γ_o=5°；加工钢时，γ_o=−5° ～ 5°；加工高硬度材料时，γ_o=−10°。后角 α_o 一般取 8° ～ 10°。

在生产加工过程中，考虑到扩孔钻在制造方面比麻花钻复杂，用钝后人工刃磨困难，故常将麻花钻改磨成扩孔钻使用，如图 10-63 所示。采用这种刃磨后的扩孔钻加工中硬钢，其表面粗糙度值 *Ra* 可稳定在 3.2 ～ 1.6μm。

b. 正确选择扩孔的切削用量。对于直径较大的孔，若用麻花钻加工，则应先用小钻头钻孔；若用扩孔钻扩孔，则扩孔前的钻孔直径应为孔径的 0.9 倍；不论选用何种刀具，进行最后加工的扩孔钻的直径都应等于孔的公称尺寸。对于铰孔前所用的扩孔钻，其直径应等于铰孔后的公称尺寸减去铰削余量。

c. 注意事项。对扩孔精度要求较高的孔或扩孔工艺系统刚性较差时，应取较小的进给量；工件材料的硬度、强度较大时，应选择较低的切削速度。

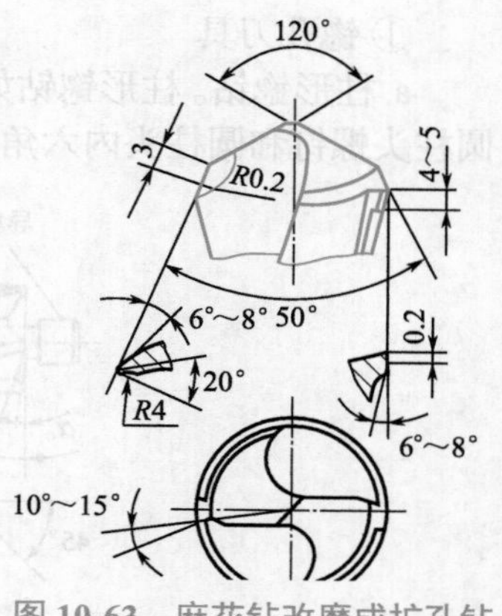

图 10-63　麻花钻改磨成扩孔钻

⑤ 扩孔钻扩孔中常见缺陷与解决方法　扩孔钻扩孔常见的缺陷主要有孔径增大、孔表面粗糙等，其产生的原因与解决方法见表 10-13。

表 10-13　扩孔钻扩孔中常见缺陷与解决方法

缺陷	产生原因	解决方法
孔径增大	①扩孔钻切削刃摆差大 ②扩孔钻刃口崩刃 ③扩孔钻刃带上有切屑瘤 ④安装扩孔钻时，锥柄表面油污未擦干净，或锥面有磕、碰伤	①刃磨时保证摆差在允许范围内 ②及时发现崩刃情况，更换刀具 ③将刃带上切屑瘤用油石修整到合格 ④安装前擦净扩孔钻锥柄和机床锥孔内部油污，用油石修光磕、碰伤处
孔表面粗糙	①切削用量过大 ②切削液供给不足 ③扩孔钻过度磨损	①适当降低切削用量 ②加大切削液流量，并使喷嘴对准加工孔口 ③磨去全部磨损区并定期更换扩孔钻
孔位置精度超差	①过渡套配合间隙大 ②主轴与过渡套同轴度误差大 ③主轴轴承松动	①将过渡套和扩孔钻锥柄擦干净 ②校正机床与过渡套位置 ③调整主轴轴承间隙

（2）锪孔

锪孔就是用锪钻或锪刀刮平孔的端面或加工出沉孔的一种方法。它主要分为锪圆柱形沉孔、锪锥形孔和锪凸台平面 3 类，如图 10-64 所示。

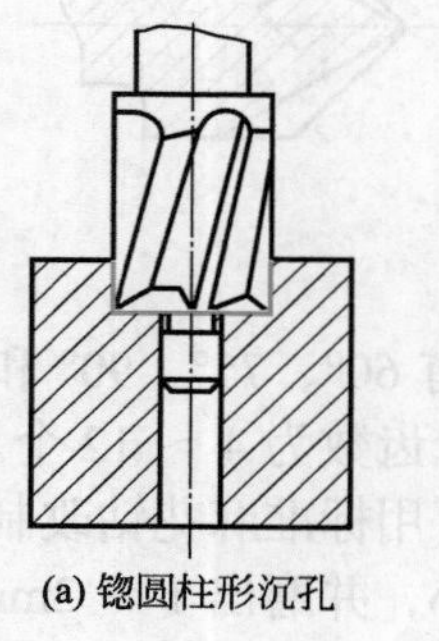

(a) 锪圆柱形沉孔

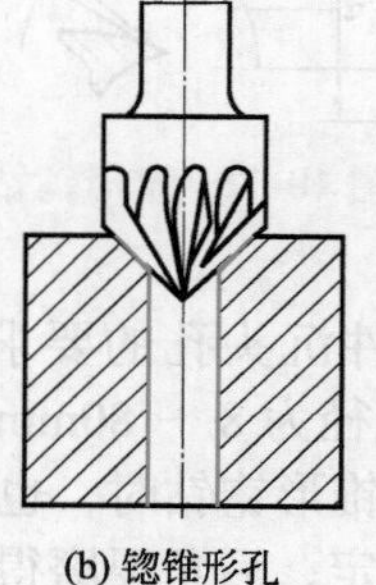

(b) 锪锥形孔

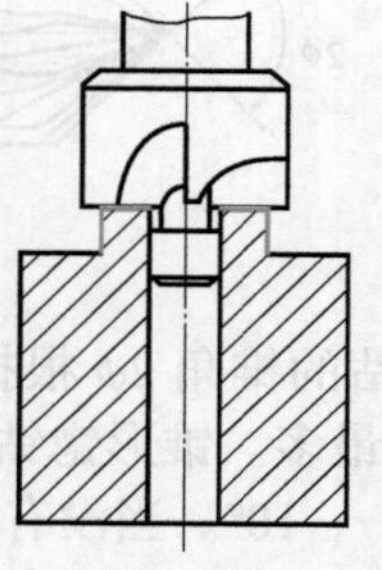

(c) 锪凸台平面

图 10-64　锪孔加工的形状

① 锪孔刀具

a. 柱形锪钻。柱形锪钻如图 10-65 所示，它适用于加工安装六角螺栓、带垫圈的六角螺母、圆柱头螺钉和圆柱头内六角螺钉的沉头孔。

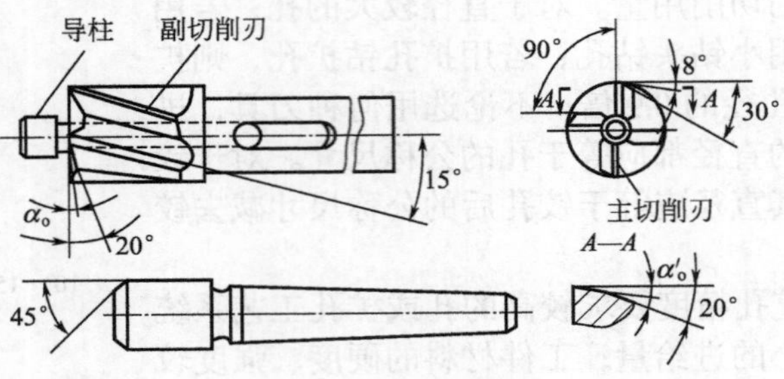

图 10-65　柱形锪钻

柱形锪钻的端面切削刃起主要切削作用，螺旋槽斜角就是它的前角 $\gamma_o=\beta=15°$，主后角 $\alpha_o=8°$。副切削刃起修光孔壁的作用，副后角 $\alpha'_o=8°$。柱形锪钻前端有导柱，以保证锪孔时良好的定心和导向。

标准柱形锪钻有整体式和套装式两种，但当没有标准柱形锪钻时，可用标准麻花钻改制代替，改制的柱形锪钻有带导柱的和不带导柱的两种，如图 10-66 所示。改制的锪钻一般选用较短的麻花钻，在磨床上把麻花钻的前端磨出圆柱形导柱，用薄片砂轮磨出端面切削刃，主后角 $\alpha_o=8°$，并磨出 1 ～ 2mm 的消振棱。

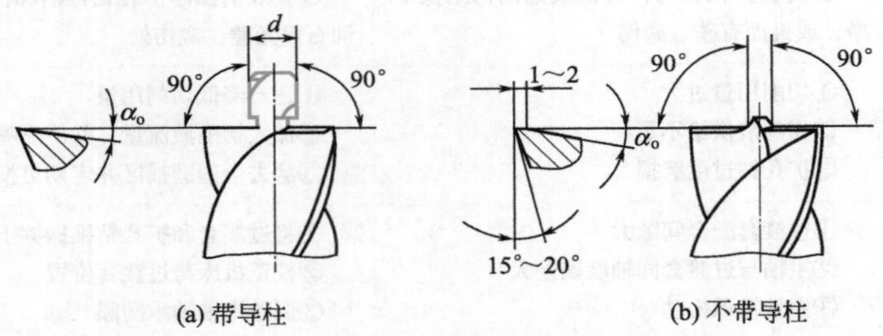

图 10-66　标准麻花钻改柱形锪钻

b. 锥形锪钻。锥形锪钻如图 10-67 所示，这种锪钻适用于加工安装沉头孔和孔口倒角。

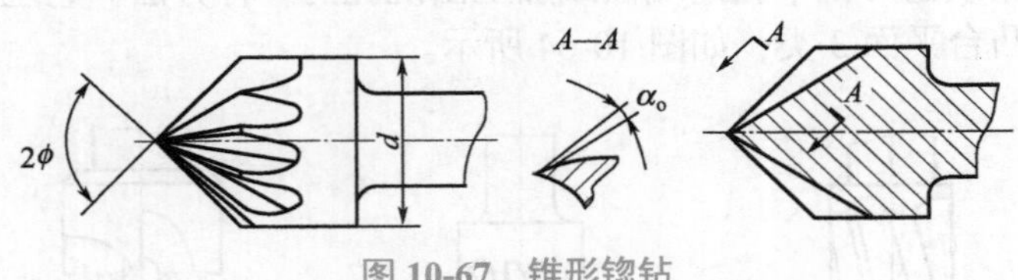

图 10-67　锥形锪钻

标准锥形锪钻的锥角 2ϕ 根据工件沉头孔的要求有 60°、75°、90° 和 120° 四种，其中 90° 锥形锪钻使用最多。锥形锪钻的直径为 8 ～ 80mm，齿数为 4 ～ 12 个。锥形锪钻的前角 $\gamma_o=0°$，后角 $\alpha_o=6° \sim 10°$。当没有标准锥形锪钻时，也可用标准麻花钻改制代替，如图 10-68 所示。其锥角 2ϕ 按沉头孔所需角度确定，后角要磨得小，并磨出 1 ～ 2mm 的消振棱。同时外缘处前角也可磨得小一些，两主切削刃要对称。

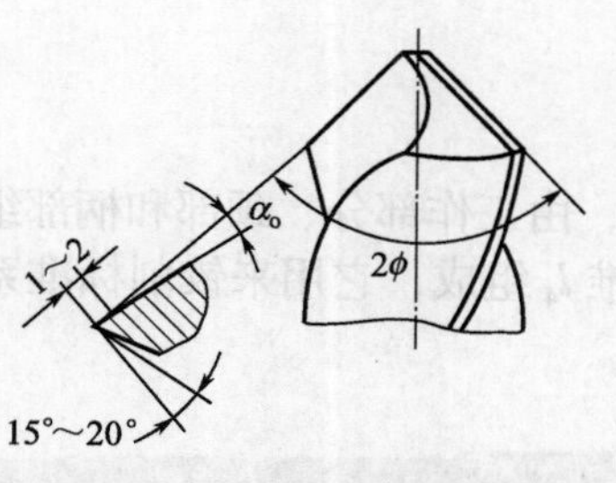

图 10-68　标准麻花钻改锥形锪钻

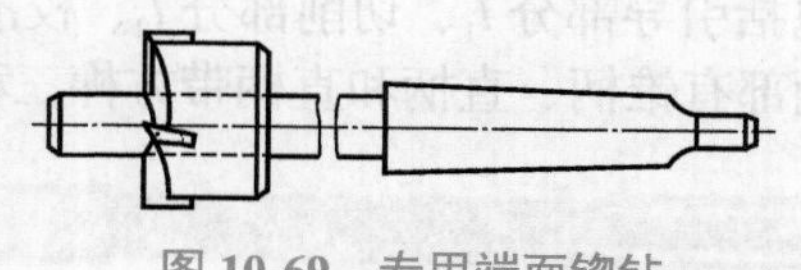
图 10-69　专用端面锪钻

c. 端面锪钻。端面锪钻主要用于锪削螺栓孔凸台和凸缘表面。专用端面锪钻主要为多齿端面锪钻，如图 10-69 所示。

有时也采用镗刀杆和高速钢刀片组成一种简单的端面锪钻，如图 10-70 所示。

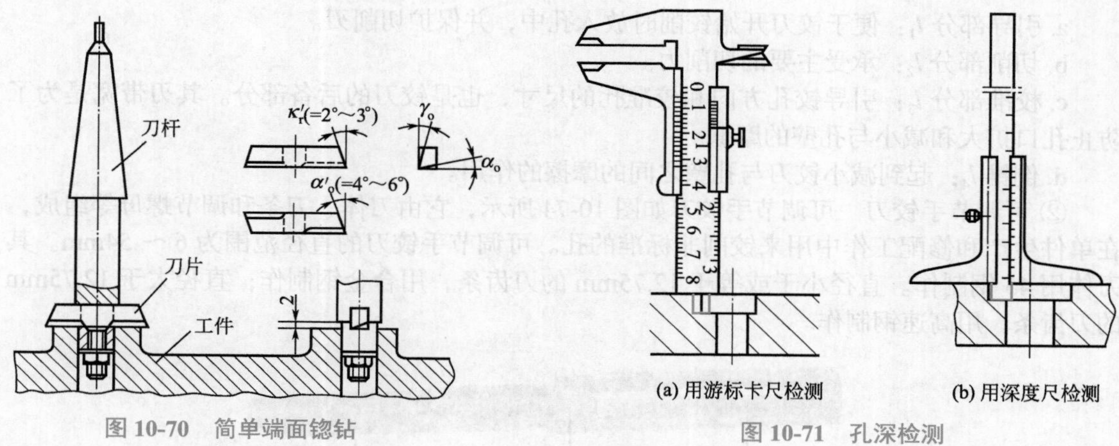

图 10-70　简单端面锪钻

(a) 用游标卡尺检测　(b) 用深度尺检测

图 10-71　孔深检测

② 锪孔的操作要点　锪孔时易产生刀具的振动，使锪削的端面或锥面上出现振纹。因此应注意：

a. 锪孔时的切削速度要比钻孔时的切削速度低，一般为钻孔时的 1/3 ～ 1/2。为提高锪孔表面质量，有时也利用钻床停机后主轴的惯性来锪削。

b. 由于锪孔的切削面积小，切削刃的数量多，切削平稳，因而进给量可取钻孔时的 2 ～ 3 倍。

c. 锪削钢件时，要在导柱和切削表面加些全损耗系统用油进行润滑，当锪至要求深度时，停止进给后应让锪钻继续旋转几圈后再提起。

d. 锪孔深度可用游标卡尺和深度尺检测，如图 10-71 所示。有时也用沉头螺钉进行锥面深度的检测，如图 10-72 所示。

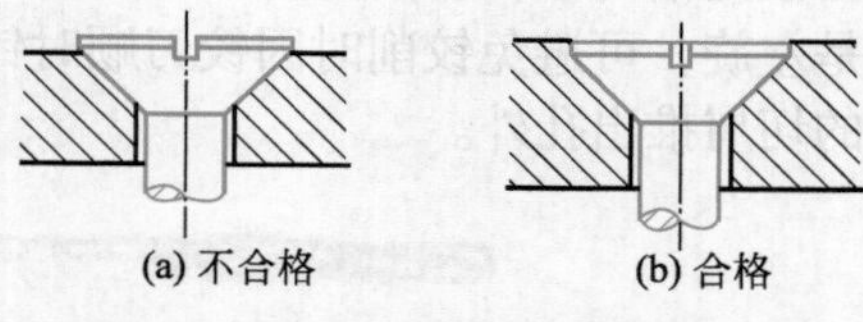
(a) 不合格　(b) 合格

图 10-72　用沉头螺钉检测锥面深度

10.1.4　铰孔

铰孔是用铰刀从工件孔壁上切除微量金属层，以提高其尺寸精度和降低表面粗糙度值的方法。其精度可达 IT9 ～ IT7，表面粗糙度 *Ra* 为 3.2 ～ 0.8μm，属于孔的精加工。

（1）铰刀的种类和特点

铰刀的种类有很多，常用的有以下几种：

① 整体圆柱铰刀　整体圆柱铰刀如图 10-73 所示，由工作部分、颈部和柄部组成，工作部分包括引导部分 l_1、切削部分 l_2、校准部分 l_3 和倒锥 l_4 组成，它用来铰削标准系列的孔。铰刀柄部有锥柄、直柄和直柄带方榫三种。

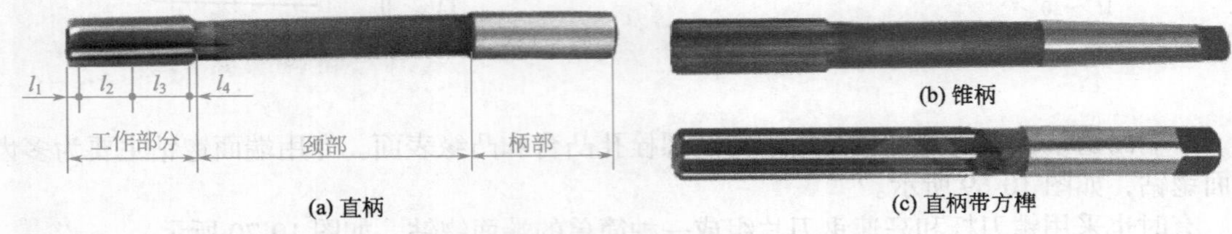

(a) 直柄　(b) 锥柄　(c) 直柄带方榫

图 10-73　整体圆柱铰刀的结构

a. 引导部分 l_1：便于铰刀开始铰削时放入孔中，并保护切削刃。

b. 切削部分 l_2：承受主要的切削力。

c. 校准部分 l_3：引导铰孔方向和校准孔的尺寸，也是铰刀的后备部分。其刃带宽是为了防止孔口扩大和减小与孔壁的摩擦。

d. 倒锥 l_4：起到减小铰刀与孔壁之间的摩擦的作用。

② 可调节手铰刀　可调节手铰刀如图 10-74 所示，它由刀体、刀条和调节螺母等组成，在单件生产和修配工作中用来铰削非标准的孔。可调节手铰刀的直径范围为 6 ～ 54mm。其刀体用 45 钢制作。直径小于或等于 12.75mm 的刀齿条，用合金钢制作；直径大于 12.75mm 的刀齿条，用高速钢制作。

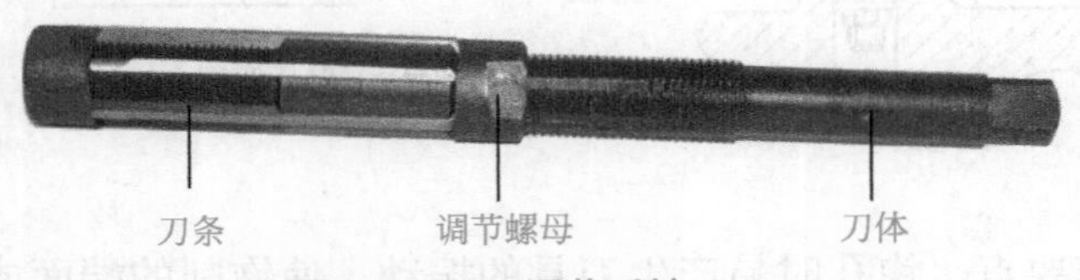

图 10-74　可调节手铰刀

③ 螺旋槽手铰刀　螺旋槽手铰刀用来铰削带有键槽的圆孔。用普通铰刀铰削带有键槽的孔时，切削刃易被键槽边钩住，造成铰孔质量的降低或无法铰削。螺旋槽铰刀的切削刃沿螺旋线分布，如图 10-75 所示。铰削时，多条切削刃同时与键槽边产生点的接触，切削刃不会被键槽钩住，铰削阻力沿圆周均匀分布，铰削平稳，铰出的孔光洁。铰刀螺旋槽方向一般是左旋，可避免铰削时因铰刀顺时针转动而产生自动旋进的现象；左旋的切削刃还能将铰下的切屑推出孔外。

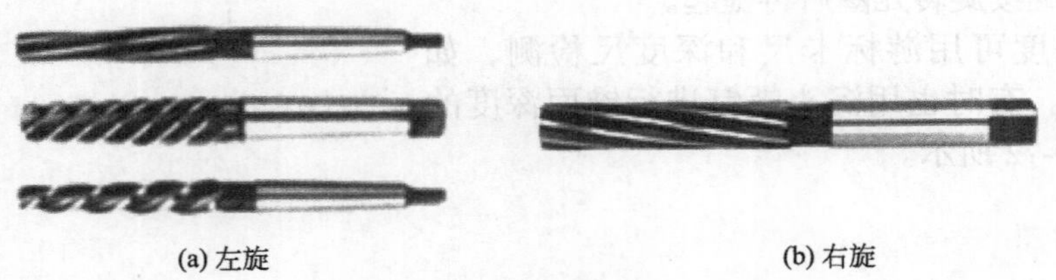

(a) 左旋　(b) 右旋

图 10-75　螺旋槽手铰刀

④ 锥铰刀　锥铰刀是用来铰削圆锥孔的铰刀，常用的锥铰刀有以下四种：

a. 1∶10 锥铰刀：如图 10-76（a）所示，用来铰削联轴器上与锥销配合的锥孔。

b. 1∶30 锥铰刀：如图 10-76（b）所示，用来铰削套式刀具上的锥孔。

c. 1∶50 锥铰刀：如图 10-76（c）所示，用来铰削定位销孔。

d. Morse 锥铰刀：如图 10-76（d）所示，用来铰削 0 ～ 6 号莫氏锥孔。

1∶10 锥孔和 Morse 锥孔的锥度较大，为了铰孔省力，这类铰刀一般制成 2 ～ 3 把一套，其中有一把精铰刀，其余是粗铰刀。粗铰刀的切削刃上开有螺旋形分布的分屑槽，以减轻切削负荷。

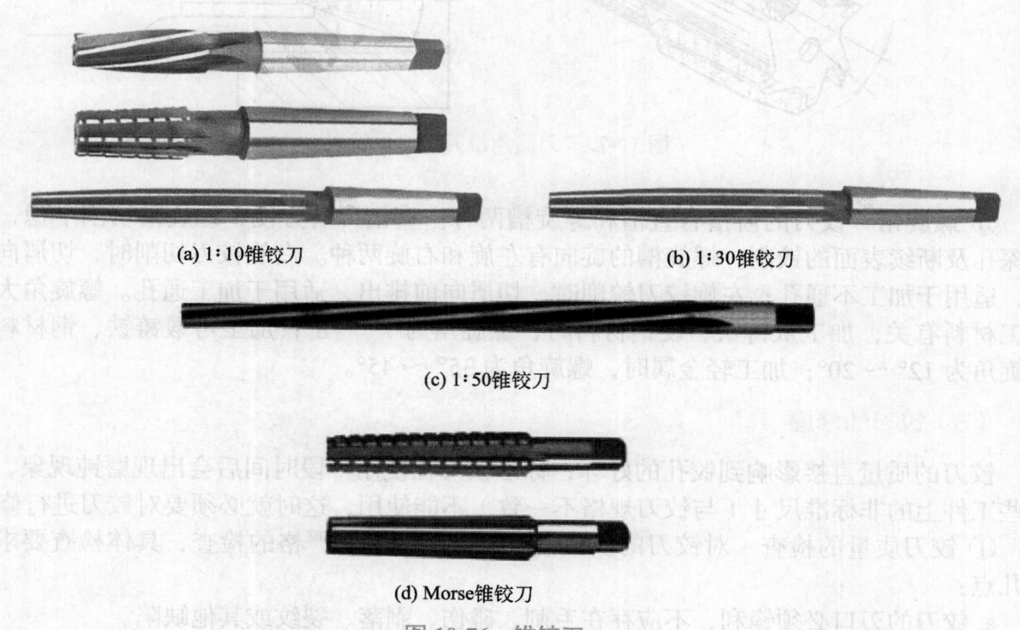

(a) 1∶10锥铰刀 (b) 1∶30锥铰刀

(c) 1∶50锥铰刀

(d) Morse锥铰刀

图 10-76 锥铰刀

（2）铰刀的几何角度

① 前角 由于铰削的余量较小，切屑很薄，切屑与前刀面在刃口附近接触，前角的大小对切削变形的影响不大。所以铰刀的前角 γ_0 一般磨成 0°。铰削表面粗糙度要求较高的铸件孔时，前角可取 -5° ～ 0°；铰削塑性材料时，前角可取 5° ～ 10°。

② 后角 为减小铰刀与孔壁的摩擦，后角一般取 6° ～ 10°。

③ 主偏角 主偏角的大小影响导向、切削厚度和轴向切削力的大小。主偏角越小，切削厚度越小，轴向力越小，导向性越好，切削部分越长。通常，手用铰刀取较小的主偏角，机用铰刀取较大的主偏角。铰刀切削刃主偏角的选择见表 10-14。

表 10-14 铰刀切削刃主偏角的选择

铰刀类型	加工材料或加工形式	主偏角值
手用铰刀	各种材料	0°30′ ～ 1°30′
机用铰刀	铸铁	3° ～ 5°
	钢	12° ～ 15°

④ 刃倾角　带刃倾角的铰刀，适用于铰削余量大的塑性材料通孔。高速钢铰刀的刃倾角一般取 15° ～ 20°；硬质合金铰刀的刃倾角一般取 0°，但为了使切屑流向待加工表面，也可取 3° ～ 5°，如图 10-77 所示。

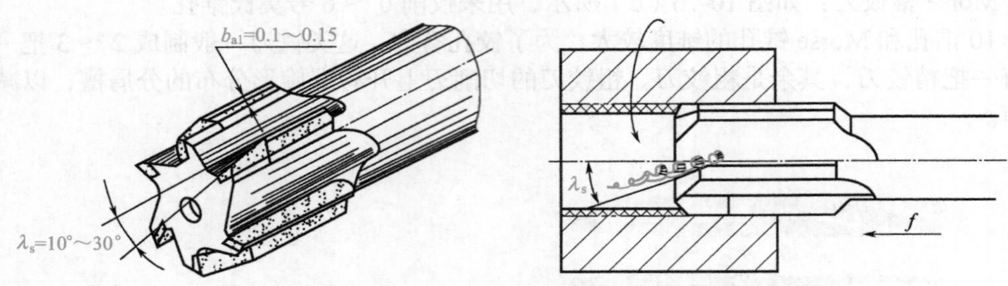

图 10-77　刃倾角铰刀与排屑情况

⑤ 螺旋角　铰刀的齿槽有直槽和螺旋槽两种。直槽刃磨方便，螺旋槽切削平稳，选用于深孔及断续表面的铰削。螺旋槽的旋向有左旋和右旋两种。右旋铰刀切削时，切屑向后排出，适用于加工不通孔；左旋铰刀铰削时，切屑向前排出，适用于加工通孔。螺旋角大小与加工材料有关，加工灰铸铁、硬钢材料时，螺旋角为 7° ～ 8°；加工可锻铸铁、钢材料时，螺旋角为 12° ～ 20°；加工轻金属时，螺旋角为 35° ～ 45°。

（3）铰刀的修磨

铰刀的质量直接影响到铰孔的好坏，标准铰刀在使用一段时间后会出现磨钝现象，或者有些工件上的非标准尺寸（与铰刀规格不一致）不能使用，这时就必须要对铰刀进行修磨。

① 铰刀质量的检查　对铰刀的质量情况，应随时进行严格的检查，具体检查要求有以下几点：

a. 铰刀的刃口必须锋利，不应存在毛刺、碰伤、剥落、裂纹或其他缺陷。

b. 铰刀校准和倒锥部分的表面粗糙度值要一样，刃带要均匀。当铰孔公差等级为 IT8，其表面粗糙度值 *Ra* 要求达到 1.6 ～ 3.2μm 时，铰刀刃带的表面粗糙度值 *Ra* 不能低于 0.8μm。

c. 校准部分的刀齿后端要圆滑，不允许有尖角和擦伤的现象。切削刃与校准部分的过渡处应当以圆弧相接，圆弧高度应一致。

d. 机用铰刀的柄部不得有毛刺和碰伤，其表面粗糙度值 *Ra* 应为 3.2 ～ 6.3μm。

e. 铰刀的切削刃外径对中心线的径向圆跳动误差不得大于 0.02mm。

f. 机用铰刀的锥柄用标准规检验，涂色接触面积需大于 80%。

② 铰刀的研磨　对于新的标准圆柱铰刀，其直径上一般均留有 0.005 ～ 0.02mm 的研磨量，刃带的表面粗糙度值也较大，只适用于铰削 IT9 以下公差等级的孔，当用来铰削 IT9 以上公差等级的孔时，则需先将铰刀直径研磨到与工件相符合的公差等级。

研磨时，应根据铰刀材料选择研磨剂。一般高速钢和合金工具钢铰刀可用氧化物磨料与机械油、煤油的混合液和纯净的柴油调成膏状作研磨剂；硬质合金铰刀可用金刚石或碳化硼粉按上述方法用油调成稀糊状作为研磨剂，或直接采用金刚石研磨膏。

研磨铰刀时，若使用可调研具，应先将研套孔径调整到大于铰刀的外径，接着在铰刀表面涂上研磨剂，塞入研套孔内，再调整铰刀按与研套的研磨间隙，使研套能在铰刀上自由滑动和转动，然后把铰刀装夹在机床上，开反车使铰刀按与铰削回转相反的方向旋转，同时用手捏住研具，沿铰刀轴向往复移动或缓慢作正向转动，如图 10-78 所示。

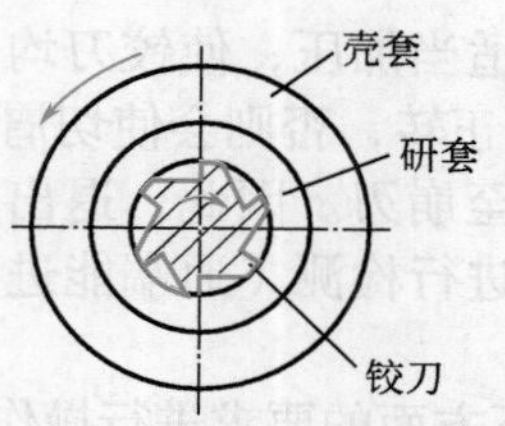

图 10-78 新标准圆柱铰刀的研磨

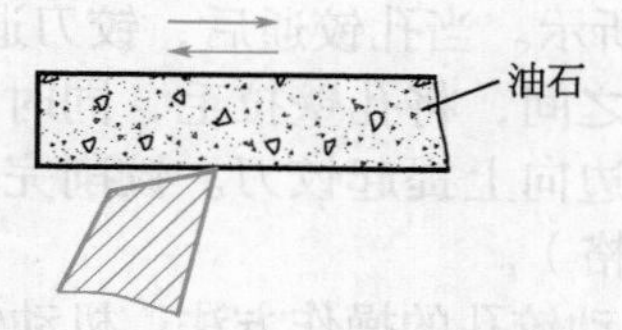

图 10-79 铰刀的一般研磨方法

当铰刀刃口有毛刺或黏结切屑时，也须进行研磨。研磨时用油石沿切削刃垂直方向轻轻推动加以修光，如图 10-79 所示。

若想将铰刀刃带宽度磨窄，可参照如图 10-80 所示的方法，将刃带研磨出 1° 左右的小斜面，并保持需要的刃带宽度。

③ 磨损铰刀的修磨　铰刀在使用中磨损最严重的地方是切削部分与校准部分的过渡处，如图 10-81 所示。

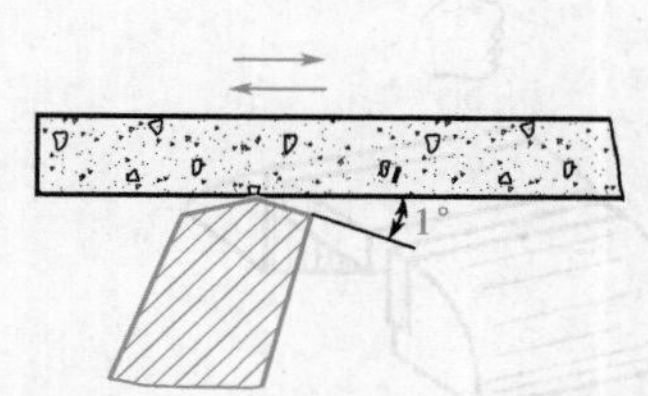

图 10-80 铰刀刃带过宽的研磨

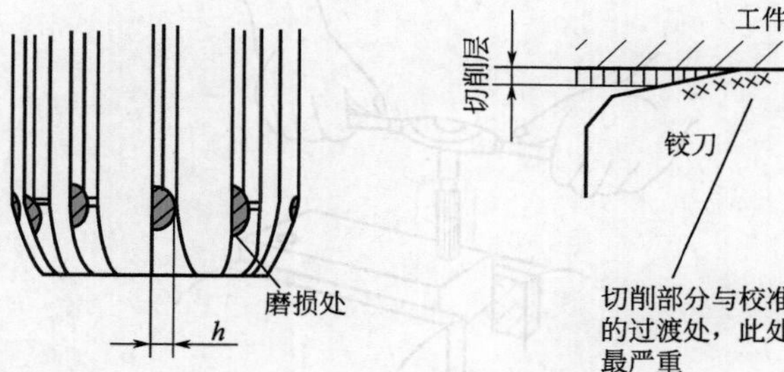

图 10-81 铰刀的磨损

一般规定后面的磨损高度 h 为 0.3 ～ 0.8mm。若超过这个规定，就须在工具磨床上进行修磨，再按前述的手工方法进行研磨。当铰刀直径小于允许的磨损极限尺寸时，铰刀就不能再用了，为延长其使用价值，可用一把硬质合金车刀，将其后刀面研磨至表面粗糙度值 Ra 为 0.4 ～ 0.8μm 后，再采用如图 10-82 所示的铰刀刀齿的挤压法来恢复铰刀直径尺寸。这种方法一般可使铰刀直径增大 0.005 ～ 0.01mm，一把铰刀可以挤压 2 ～ 3 次。

（4）铰削的操作

① 手工铰孔的操作方法　手工铰孔是利用手用铰刀配合手工铰孔工具，利用人力进行的铰孔方法。具体操作方法为：

首先根据加工尺寸位置要求，用划针划出加工线，并用样冲冲眼；然后根据加工要求选用合适的麻花钻钻出底孔；再将工件装夹在台虎钳上，并使工件加工表面高于钳口 5 ～ 10mm 左右，如图 10-83 所示；再根据铰孔要求，将手用铰刀装夹在铰杠上进行铰削。

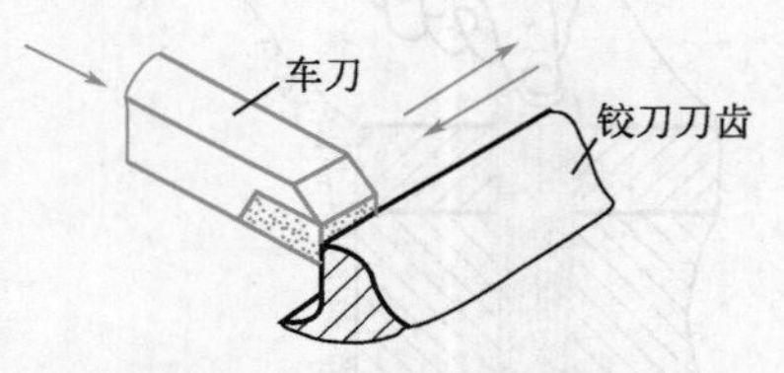

图 10-82 挤压法恢复铰刀直径尺寸

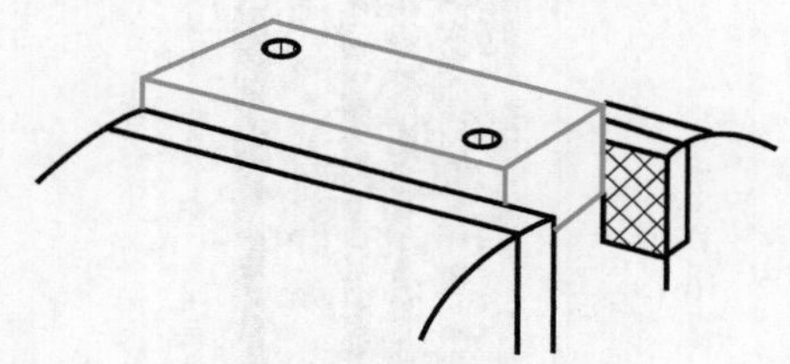
图 10-83 铰削工件装夹

铰削时两手要均匀、平稳，不得有侧向压力，同时适当加压，使铰刀均匀地进给，如图 10-84 所示。当孔铰通后，铰刀退出时不能反转，必须正转，否则会使切屑卡在孔壁的铰刀后刀面之间，将孔壁拉毛，同时也易使铰刀磨损，甚至崩刃。因此，退出时要按铰削方向边旋转边向上提起铰刀。铰削完成后，停机，用塞规进行检测（通端能进入而止端不能进入为合格）。

② 机动铰孔的操作方法　机动铰孔时，应注意按以下方面的要求进行操作：

a. 钻床主轴锥孔中心线的径向圆跳动及主轴中心线对工作台平面的垂直度均不得超差。

b. 装夹工件时，应保持待铰孔的中心线垂直于钻床工作台平面，其在 100mm 长度内误差不大于 0.002mm。铰刀中心与工件预钻孔中心需重合，误差不大于 0.02mm。

c. 开始铰削时，为引导铰刀，可先采用手动进给，在铰进孔内 2 ～ 3mm 后再使用机动进给。

d. 采用浮动夹头夹持铰刀时，在吃刀前，最好用手扶正铰刀并慢慢引导铰刀并接近孔边缘，如图 10-85 所示，以防止铰刀与工件发生碰撞。

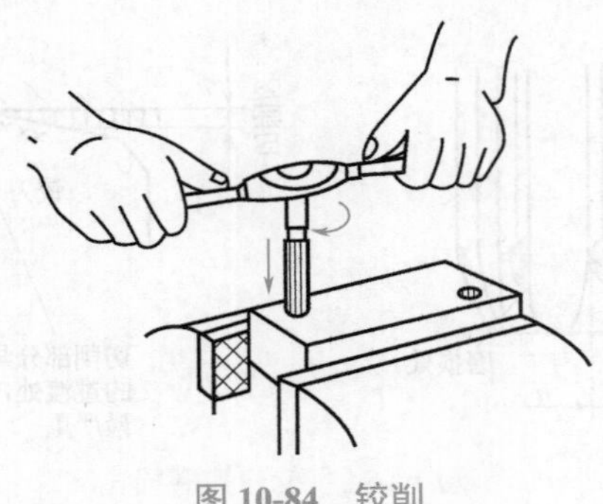

图 10-84　铰削

图 10-85　机动铰削的落刀

e. 在铰削过程中，特别是铰不通孔时，可分几次不停车退出铰刀，以清除铰刀上粘住的切屑和孔内切屑，防止切屑刮伤孔壁。

f. 铰孔时铰刀不能反转。

③ 圆锥孔铰削的操作方法　铰削圆锥孔时，可按以下方面的要求进行操作：

a. 当圆锥孔的尺寸较小时，先按圆锥孔小端直径留出一定的铰削余量，钻出圆柱孔，再对孔口按圆锥孔大端直径锪 45° 倒角，然后用圆锥铰刀进行铰削。

b. 当圆锥孔尺寸较大时，为减小铰削余量，铰孔前应先预钻出如图 10-86 所示的阶梯孔，再用锥铰刀铰削。

锥孔铰削过程中要经常用相配的锥削来检查铰孔尺寸，如图 10-87 所示。

图 10-86　预钻的阶梯孔

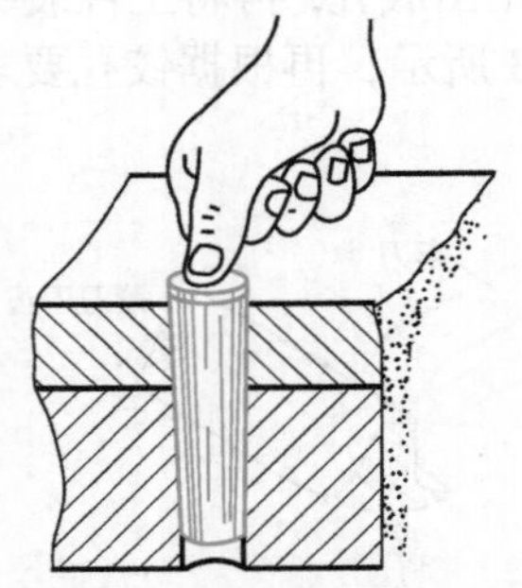

图 10-87　用锥削检查铰孔尺寸

对于 1:50 圆锥孔可钻两节阶梯孔；对于 1:10 和 1:30 的圆锥孔以及 Morse 锥孔，可钻出三节阶梯孔。三节阶梯孔预钻孔直径的计算见表 10-15。

表 10-15　三节阶梯孔预钻孔直径的计算

项目内容	计算公式	项目内容	计算公式
圆锥孔大端直径 D	$D=d+LC$	第二节孔径 d_2（距端面 $2L/3$ 的阶梯孔）	$d_2=d+1/3LC-\delta$
第一节孔径 d_1（距端面 $L/3$ 的阶梯孔）	$d_1=d+2/3LC-\delta$	第三节孔径 d_3（距端面 L 的阶梯孔）	$d_3=d-\delta$

注：d—圆锥孔直径；L—锥孔长度；C—圆锥孔锥度；δ—铰削余量。

10.1.5　孔加工操作实例

（1）钻孔操作实例

钻孔加工操作如图 10-88 所示。

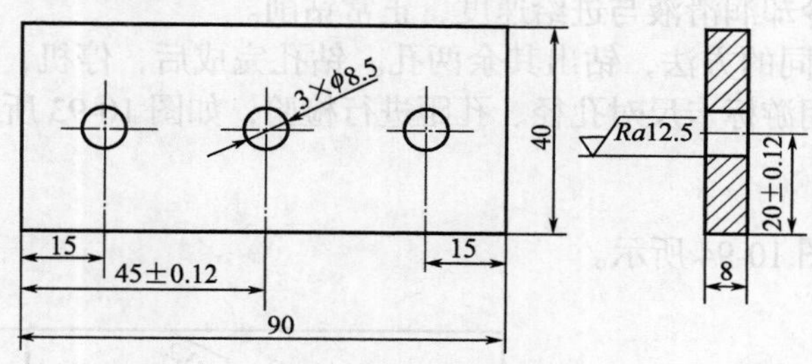

图 10-88　钻孔加工图样

操作步骤与方法为：

① 根据加工要求，在尺寸为 90mm×40mm×8mm 的 45 钢板上划出钻孔加工线，并打上样冲眼，如图 10-89 所示。

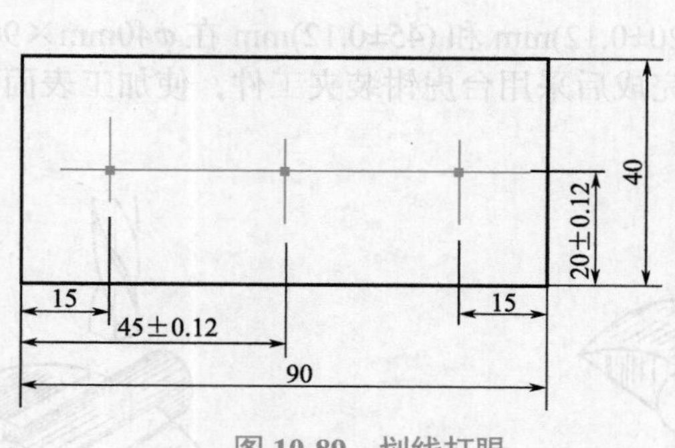

图 10-89　划线打眼

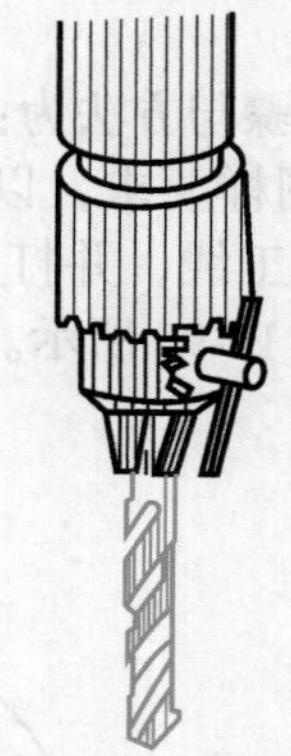

图 10-90　麻花钻的安装

② 根据加工图样要求，选用 ϕ8.5mm 麻花钻，并用钻夹头装夹，如图 10-90 所示。

③ 工件用台虎钳装夹（下面垫垫铁），转动钻床操作手柄，使磨花钻钻尖接触样冲眼，

调整工件在钻床中的位置，使钻尖对准钻孔中心，如图 10-91 所示。

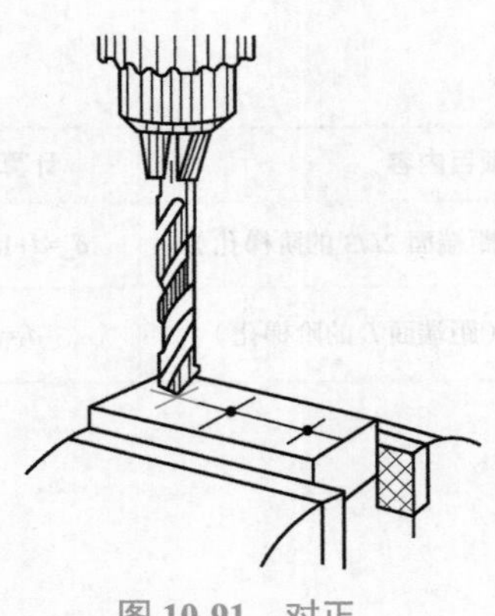

图 10-91　对正

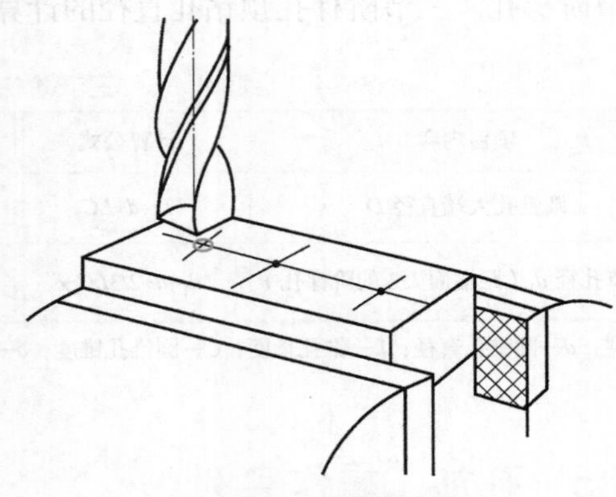

图 10-92　试钻第一孔

④ 找正后抬起操作手柄，使钻尖与工件表面距离 10mm 左右后启动钻床，然后左手扶平口钳，右手转动操作手柄进行试钻，如图 10-92 所示。试钻后停机试检，当试钻达到钻孔位置要求后，调整好冷却润滑液与进给速度，正常钻削。

⑤ 采用与上述相同的方法，钻出其余两孔。钻孔完成后，停机，移动平口钳使工件偏离麻花钻中心位置，用游标卡尺对孔径、孔距进行检验，如图 10-93 所示。

（2）铰孔操作实例

铰孔加工图样如图 10-94 所示。

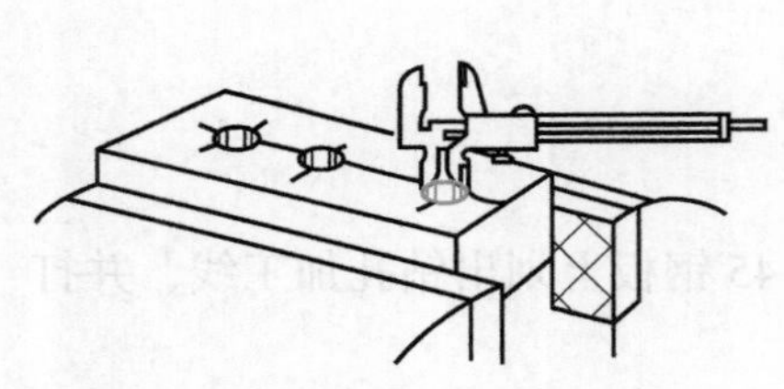

图 10-93　检测

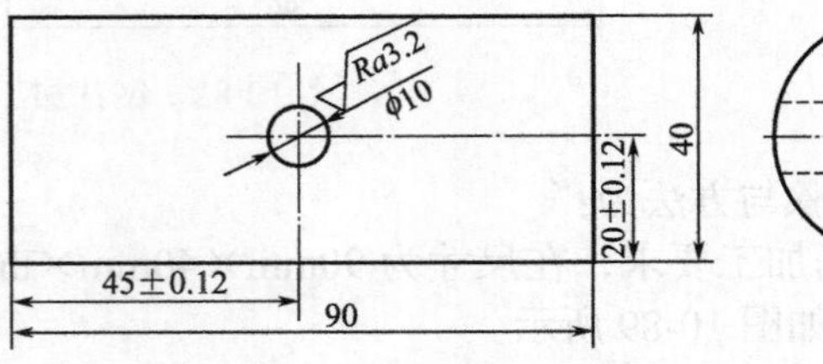

图 10-94　铰孔加工图样

操作步骤与方法为：

① 按图样要求，以中心尺寸 (20±0.12)mm 和 (45±0.12)mm 在 ϕ40mm×90mm 的圆钢上划出铰孔加工线，并打上样冲眼，完成后采用台虎钳装夹工件，使加工表面高于钳口 5mm 左右，如图 10-95 所示。

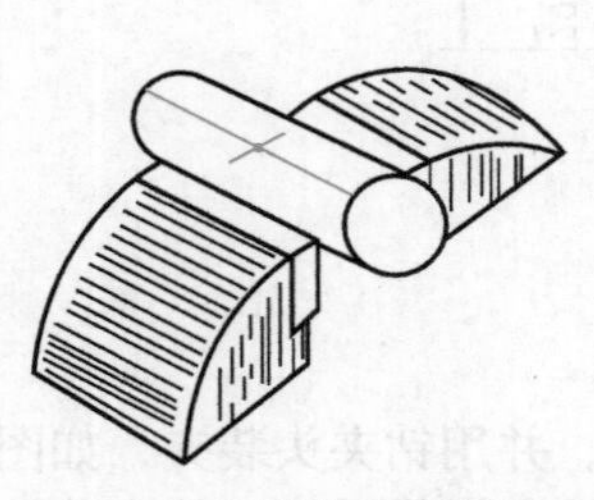

图 10-95　工件划线打眼后的装夹

图 10-96　钻底孔

② 根据加工图样要求，选用 ϕ9.8mm 麻花钻，用钻夹头装夹，钻出底孔，如图 10-96 所示。

③ 停机，拆下 ϕ9.8mm 麻花钻，换装 ϕ10H8mm 机用铰刀，转动钻床操作手柄，找正铰刀与工件的相对位置。找正后抬起操作手柄，选用合适的铰削用量，开始铰孔，如图 10-97 所示。

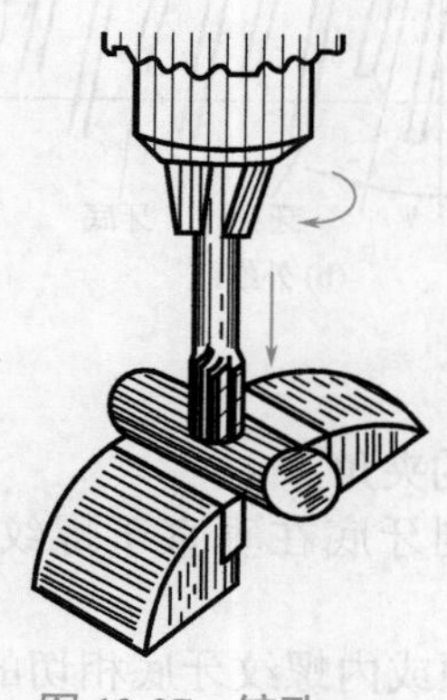

图 10-97 铰孔

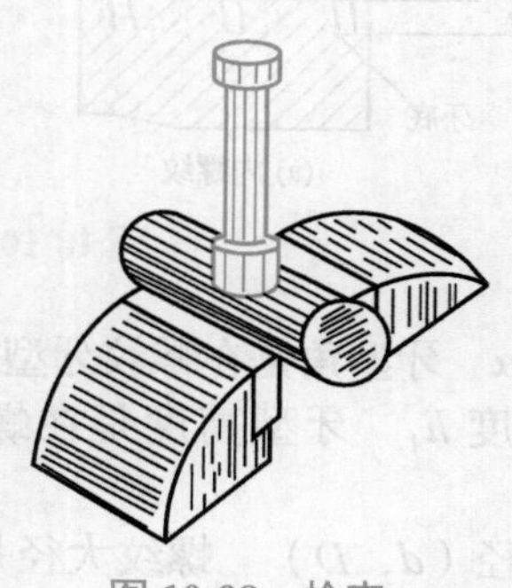

图 10-98 检查

④ 铰孔完成后，停机，移动平口钳使工件偏离铰刀中心位置，用塞规进行检测（通端能进入而止端不能进入为合格），如图 10-98 所示。

10.2 螺纹加工

螺纹在各种机器中应用非常广泛，如台虎钳中活动钳口与固定钳口的移动丝杠，在车床丝杠与开合螺母之间利用螺纹传递动力，如图 10-99 所示。螺纹加工的方法多种多样，一般较为精密的螺纹在车床上进行加工，而钳工只能加工三角形螺纹，其加工方法是攻螺纹和套螺纹。

(a) 台虎钳丝杠

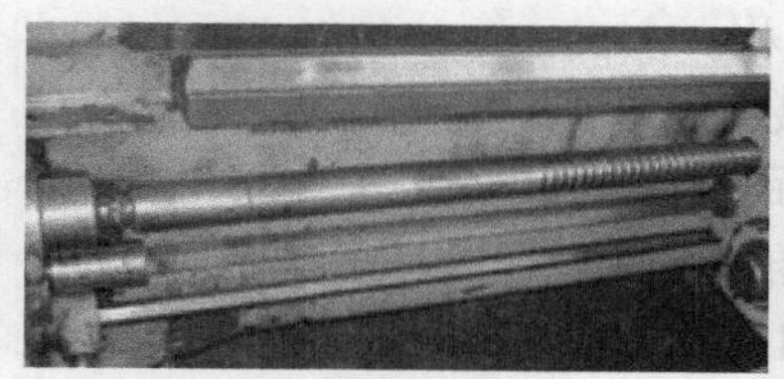

(b) 车床长丝杠

图 10-99 带螺纹的机械部件

10.2.1 认识螺纹

（1）螺纹的基本要素

螺纹牙型是在通过螺纹轴线剖面上的螺纹轮廓形状。下面以普通螺纹的牙型为例（图 10-100），介绍螺纹的基本要素。

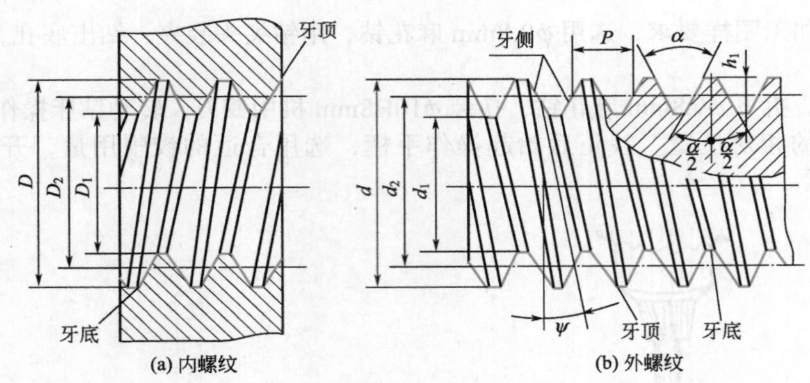

图 10-100　普通螺纹的基本要素

① 牙型角 α　牙型角是在螺纹牙型上相邻两牙侧间的夹角。

② 牙型高度 h_1　牙型高度是在螺纹牙型上牙顶到牙底在垂直于螺纹轴线方向上的距离。

③ 螺纹大径（d，D）　螺纹大径是指与外螺纹牙顶或内螺纹牙底相切的假想圆柱或圆锥的直径。外螺纹和内螺纹的大径分别用 d 和 D 表示。

④ 螺纹小径（d_1，D_1）　螺纹小径是指与外螺纹牙底或内螺纹牙顶相切的假想圆柱或圆锥的直径。外螺纹和内螺纹的小径分别用 d_1 和 D_1 表示。

⑤ 螺纹中径（d_2，D_2）　螺纹中径是指一个假想圆柱或圆锥的直径，该圆柱或圆锥的素线通过牙型上沟槽和凸起宽度相等的地方。同规格的外螺纹中径 d_2 和内螺纹中径 D_2 的公称尺寸相等。

⑥ 螺纹公称直径　螺纹公称直径是代表螺纹尺寸的直径，一般是指螺纹大径的基本尺寸。

⑦ 螺距 P　螺距是指相邻两牙在中径线上对应两点间的轴向距离，如图 10-100（b）所示。

⑧ 导程 P_h　导程是指同一条螺旋线上相邻两牙在中径线上对应两点间的轴向距离。

导程可按下式计算：

$$P_h=nP$$

式中　P_h——导程，mm；

n——线数；

P——螺距，mm。

⑨ 螺纹升角 ψ　在中径圆柱或中径圆锥上，螺旋线的切线与垂直于螺纹轴线的平面的夹角称为螺纹升角，如图 10-101 所示。

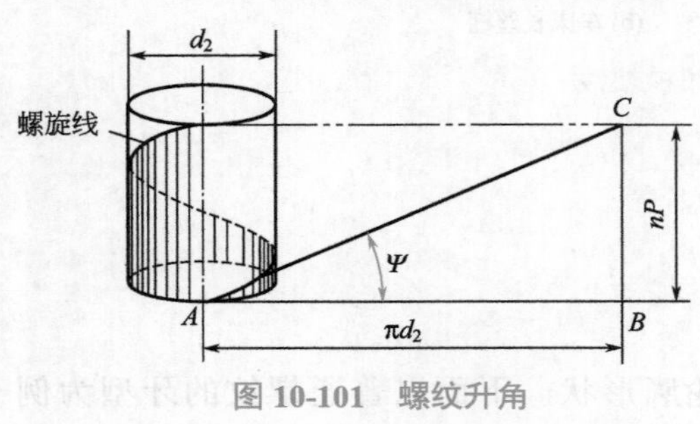

图 10-101　螺纹升角

螺纹升角可按下式计算：

$$\tan\psi=\frac{P_h}{\pi d_2}=\frac{nP}{\pi d_2}$$

式中　ψ——螺纹升角，(°)；

P——螺距，mm；

d_2——中径，mm；

n——线数；

P_h——导程，mm。

（2）螺纹的种类

螺纹的应用广泛且种类繁多，可从用途、牙型、螺旋线方向、线数等方面进行分类。

① 按牙型分类　螺纹按牙型分类的基本情况见表 10-16。

表 10-16　螺纹按牙型分类

分类	图示	牙型角度	特点说明	应用
三角形		60°	牙型为三角形，粗牙螺纹应用最广	用于各种紧固、连接、调节等
矩形		0°	牙型为矩形，其传动效率高，但牙根强度低，精加工困难	用于螺旋传动
锯齿形		33°	牙型为锯齿形，牙根强度高	用于单向螺旋传动（多用于起重机械或压力机械）
梯形		30°	牙型为梯形，牙根强度高，易加工	广泛用于机床设备的螺旋传动

② 按旋向分类　螺纹按旋向分类可分为左旋和右旋螺纹。顺时针旋入的螺纹为右旋螺纹；逆时针旋入的螺纹为左旋螺纹，如图 10-102 所示。

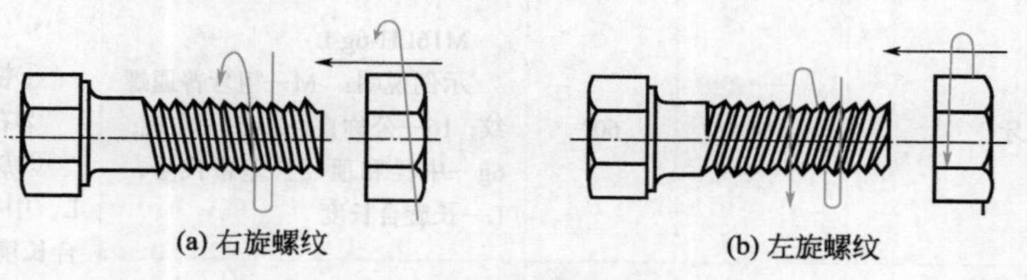
(a) 右旋螺纹　(b) 左旋螺纹

图 10-102　螺纹的旋向

右旋螺纹和左旋螺纹的螺旋线方向，可用如图 10-103 所示的方法来判断，即把螺纹铅垂放置，右侧高的为右旋螺纹，左侧高的为左旋螺纹。也可以用右手法则来判断，即伸出右手，掌心对着自己，四指并拢与螺纹轴线平行，并指向旋入方向，若螺纹的旋向与拇指的指向一致，则为右旋螺纹，反之则为左旋螺纹，如图 10-104 所示。一般常用右旋螺纹。

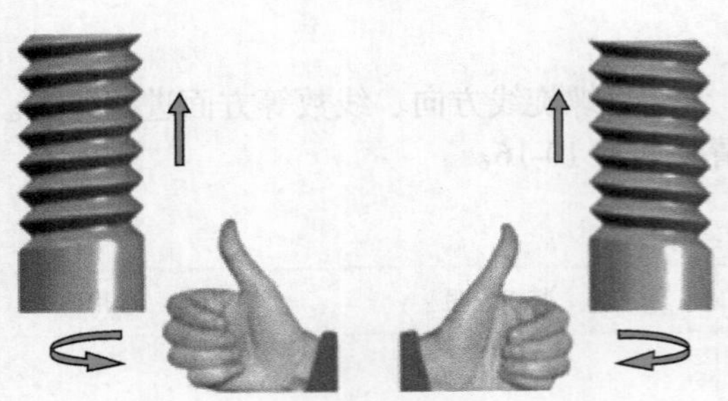

图 10-103　螺纹旋向的判断

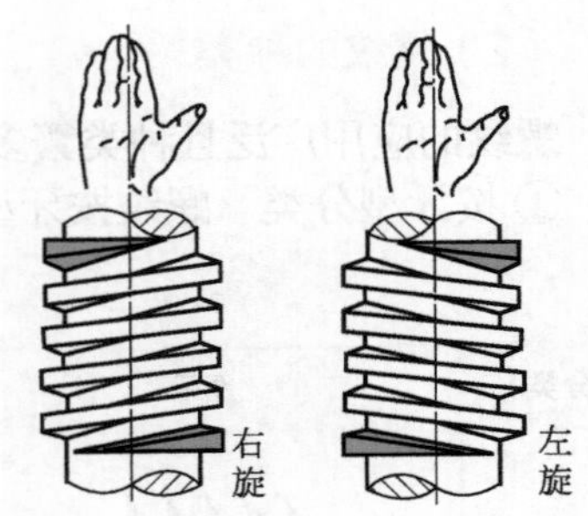

图 10-104　右手法则判断螺纹的旋向

③ 按螺旋线数分类　螺纹按螺旋线数分类可分为单线和多线，如图 10-105 所示。

单线螺纹是沿一条螺旋线所形成的螺纹，多用于螺纹连接；多线螺纹是沿两条（或两条以上）在轴向等距分布的螺旋线所形成的螺纹，多用于螺旋传动。

④ 按螺旋线形成表面分类　按螺旋线形成表面分类，螺纹可分为外螺纹和内螺纹，如图 10-106 所示。

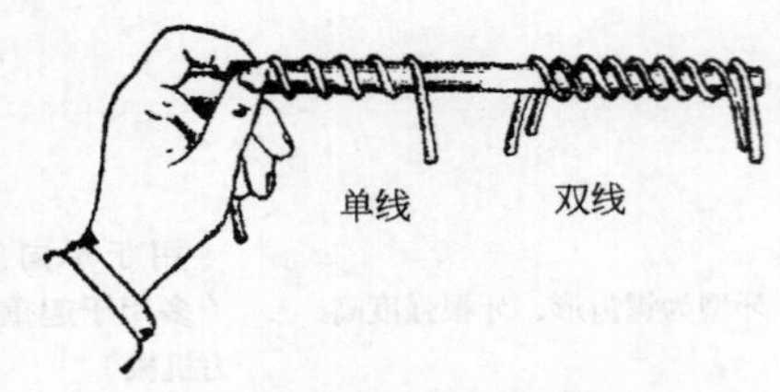

图 10-105　螺纹的线数

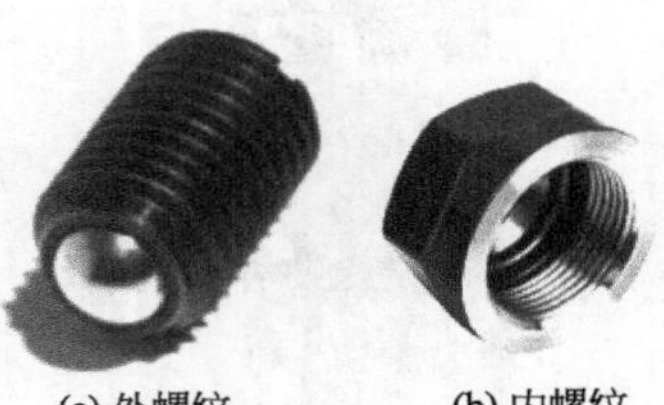

(a) 外螺纹　(b) 内螺纹

图 10-106　按螺旋线形成表面分类

⑤ 按螺纹母体形状分类　按螺纹母体形状分类，螺纹可分为圆柱螺纹和圆锥螺纹，如图 10-107 所示。

(a) 圆柱螺纹

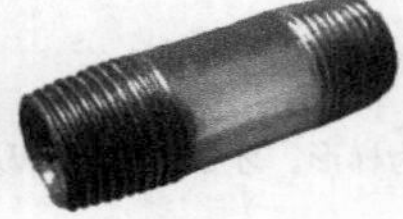

(b) 圆锥螺纹

图 10-107　按螺纹母体形状分类

（3）螺纹的标记

常用螺纹的标记见表 10-17。

表 10-17　螺纹的标记

螺纹种类		特征代号	牙型角	标记实例	标记方法
普通螺纹	粗牙	M	60°	M16LH-6g-L 示例说明：M—粗牙普通螺纹；16—公称直径；LH—左旋；6g—中径和顶径公差带代号；L—长旋合长度	①粗牙普通螺纹不标螺距 ②右旋不标旋向代号 ③旋合长度有长旋合长度 L、中等旋合长度 N 和短旋合长度 S，中等旋合长度不标注 ④螺纹公差带代号中，前者为中径公差带代号，后者为顶径公差带代号，两者相同时则只标一个
	细牙	M	60°	M16×1-6H7H 示例说明：M—细牙普通螺纹；16—公称直径；1—螺距；6H—中径公差带代号；7H—顶径公差带代号	

续表

螺纹种类			特征代号	牙型角	标记实例	标记方法
管螺纹	55° 非密封管螺纹		G	55°	G1A 示例说明：G—55° 非密封管螺纹；1—尺寸代号；A—外螺纹公差等级代号	尺寸代号：在向米制转化时，已为人熟悉的、原代表螺纹公称直径（单位为 in）的简单数字被保留下来，没有换算成 mm，不再称作公称直径，也不是螺纹本身的任何直径尺寸，只是无单位的代号 右旋不标旋向代号
	55°密封管螺纹	圆锥内螺纹	R_c	55°	$R_c1^1/_2$-LH 示例说明：R_c—圆锥内螺纹，属于 55° 密封管螺纹；1—尺寸代号；LH—左旋	
		圆柱内螺纹	R_p			
		与圆柱内螺纹配合的圆锥外螺纹	R_1			
		与圆锥内螺纹配合的圆锥外螺纹	R_2			
	60°密封管螺纹	圆锥管螺纹（内外）	NPT	60°	NPT3/4-LH 示例说明：NPT—圆锥管螺纹，属于 60° 密封管螺纹；3/4—尺寸代号；LH—左旋	
		与圆锥外螺纹配合的圆柱内螺纹	NPSC	60°	NPSC3/4 示例说明：NPSC—与圆锥外螺纹配合的圆柱内螺纹，属于 60° 密封管螺纹；3/4—尺寸代号	
米制锥螺纹（管螺纹）			ZM	60°	ZM14-S 示例说明：ZM—米制锥螺纹；14—基面上螺纹公称直径；S—短基距（标准基距可省略）	右旋不标旋向代号
梯形螺纹			Tr	30°	Tr36×12(P6)-7H 示例说明：Tr—梯形螺纹；36—公称直径；12—导程；P6—螺距为 6mm；7H—中径公差带代号；右旋，双线，中等旋合长度	①单线螺纹只标螺距，多线螺纹应同时标导程和螺距 ②右旋不标旋向代号 ③旋合长度只有长旋合长度和中等旋合长度两种，中等旋合长度不标 ④只标中径公差带代号
锯齿形螺纹			B	33°	B40×7-7A 示例说明：B—锯齿形螺纹；40—公称直径；7—螺距，7A—公差带代号	
矩形螺纹				0°	矩形 40×8 示例说明：40—公称直径；8—螺距	

10.2.2 攻螺纹

用丝锥在工件孔中切削出内螺纹的加工方法称为攻螺纹，也称攻丝。攻螺纹是应用最广泛的螺纹加工方法，对于小尺寸的内螺纹，攻螺纹几乎是唯一有效的加工方法。

（1）攻螺纹工具的认知与使用

① 丝锥　丝锥也叫丝攻，是一种成形多刃刀具，如图 10-108 所示。其本质即为一螺钉，开有纵向沟槽，以形成切削刃和容屑槽。其结构简单，使用方便，在小尺寸的内螺纹加工上应用极为广泛。

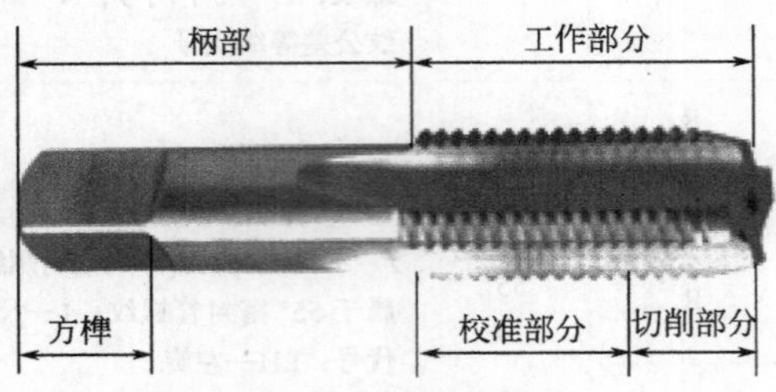

图 10-108　丝锥的结构

a. 丝锥的分类。丝锥可分为机用丝锥和手用丝锥两类，如图 10-109 所示。机用丝锥通常由高速钢制成，一般是单独一支；手用丝锥由碳素工具钢或合金工具钢制成，一般由两支或三支组成一组。

(a) 机用丝锥　　(b) 手用丝锥

图 10-109　丝锥的分类

对于成组丝锥，为了减小切削力和延长其使用寿命，一般将整个切削量分配给几支丝锥来承担。通常 M6 ～ M24 的丝锥一套为两支，称为头锥、二锥；M6 以下以及 M24 以上一套有 3 支，即头锥、二锥、三锥。

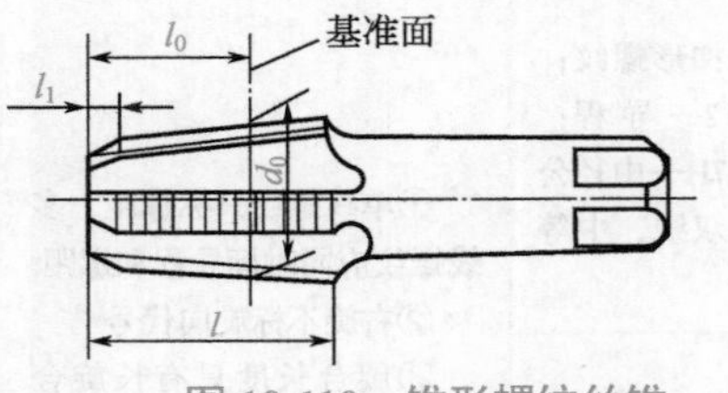

图 10-110　锥形螺纹丝锥

另外，还有应用于管接头加工的锥形丝锥，主要用于加工公称直径小于 G2 和 NPT2 的锥形螺纹，如图 10-110 所示。它的工作部分长度 $l=l_0+(4 \sim 6)P$（式中 l_0 为锥形丝锥的基面至端面的距离），丝锥切削部分的长度 $l_1=(2 \sim 3)P$。

由于锥形螺纹加工时切削力较大，而且转矩随着丝锥切入工件深度的增加而增大，因此，为防止因转矩大而使丝锥折断，切削时常用保险装置。此外，由于整个丝锥工作部分都参与切削，其自动导进作用很差，在切削时需强制进给。

b. 丝锥的标志。每一种丝锥都有相应的标志。对正确使用选择丝锥是很重要的。丝锥的标志有螺纹代号、丝锥公差带代号、材料代号、不等径成组丝锥的粗锥代号等，具体见表 10-18。

表 10-18　丝锥的标志

标志	说明
机用丝锥中锥 M10-H1	粗牙普通螺纹、直径为 10mm、螺距为 1.5mm、公差带为 H1、单支中锥机用丝锥
机用丝锥 2-M12-H2	粗牙普通螺纹、直径为 12mm、螺距为 1.75mm、公差带为 H2、两支一组等径机用丝锥

续表

标志	说明
机用丝锥（不等径）2-M27-H1	粗牙普通螺纹、直径为 27mm、螺距为 3mm、公差带为 H1、两支一组不等径机用丝锥
手用丝锥中锥 M10	粗牙普通螺纹、直径为 10mm、螺距为 1.5mm、公差带为 H4、单支中锥手用丝锥
长柄机用丝锥 M6-H2	粗牙普通螺纹、直径为 6mm、螺距为 1mm、公差带为 H2、长柄机用丝锥
短柄螺母丝锥 M6-H2	粗牙普通螺纹、直径为 6mm、螺距为 1mm、公差带为 H2、矩柄螺母丝锥
长柄螺母丝锥 I-M6-H2	粗牙普通螺纹、直径为 6mm、螺距为 1mm、公差带为 H2、I 型长柄螺母丝锥

c. 丝锥的刃磨操作。丝锥在使用一段时间后会出现磨钝现象，为保证螺纹质量，需要对丝锥进行修磨。

● 修磨丝锥前刃面。丝锥前刃面磨损不严重时，可先用圆柱形油石研磨齿槽前面，然后用三角油石轻轻研光前刃面，如图 10-111 所示。研磨时不允许将齿尖磨圆。丝锥磨损严重，就需要在工具磨床上修磨，修磨时应注意控制好前角 γ_p，如图 10-112 所示。

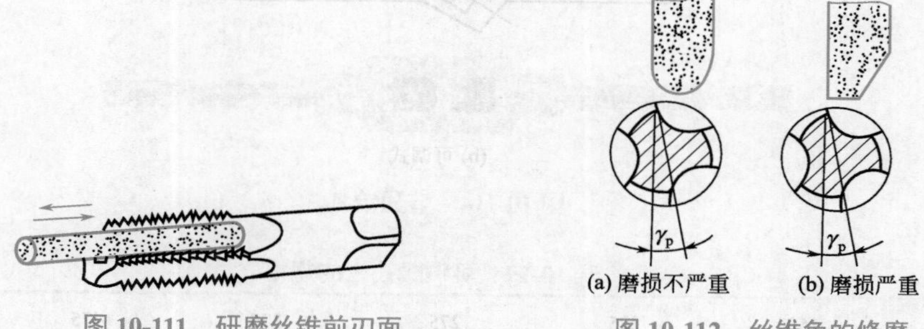

图 10-111 研磨丝锥前刃面

图 10-112 丝锥角的修磨

● 修磨丝锥切削部分后面。当丝锥的切削部分磨损时，可在工具磨上修磨后刃面，以保证丝锥各齿槽的切削锥角和后角的一致性。此外，也可在砂轮机上修磨后刃面。刃磨时，要注意保持切削锥角 κ_r 及切削部分长度的准确和一致性，同时要小心地控制丝锥转动角度和压力大小来保证不损伤另一边刃，且保证原来的合理后角 α_p，如图 10-113 所示。

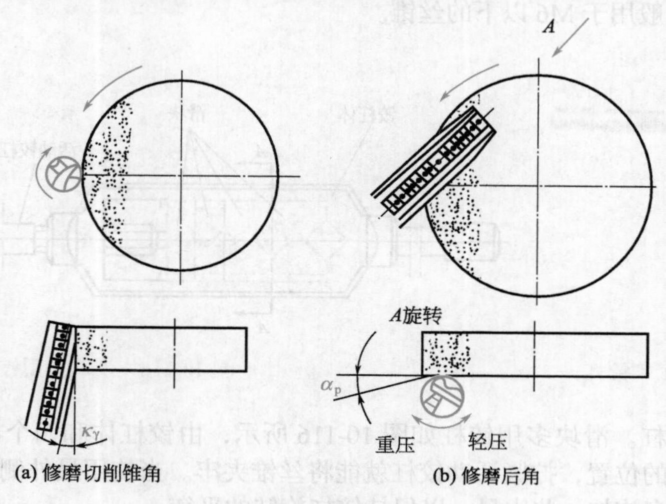

图 10-113 丝锥的刃磨

② 铰杠　铰杠是用来夹持丝锥柄部的方榫，并带动丝锥旋转切削的工具，它有普通铰杠与丁字铰杠之分。

a. 普通铰杠　普通铰杠如图 10-114 所示，它有固定式和可调式两种。固定式铰杠孔尺寸是固定的，使用时要根据丝锥尺寸的大小选用，它制造方便，成本低，多用于 M5 以下的丝锥；可调式铰杠的方孔尺寸是可调节的。常用可调式铰杠的柄长有 150 ～ 600mm 六种，以适应不同规格的丝锥，见表 10-19。

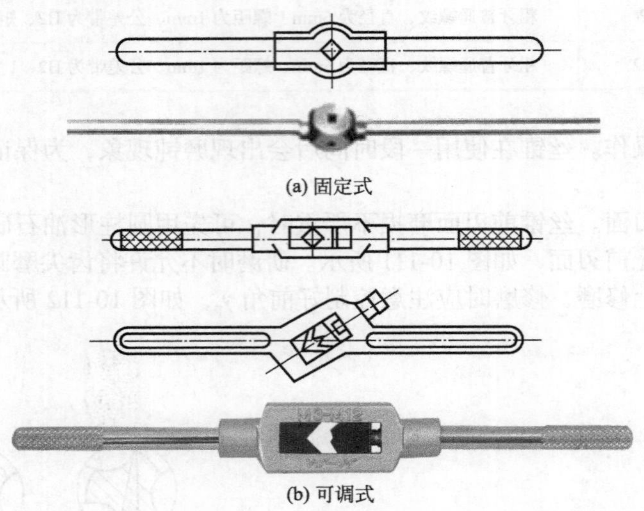

(a) 固定式

(b) 可调式

图 10-114　普通铰杠

表 10-19　可调式铰杠的规格

规格 /mm	150	225	275	375	475	600
适用范围	M5 ～ M8	M8 ～ M12	M12 ～ M14	M14 ～ M16	M16 ～ M22	M24 以上

b. 丁字铰杠。丁字铰杠适用于攻制工件台阶旁边或攻制机体内部的螺纹，丁字铰杠也分固定式和可调式。可调式丁字铰杠是通过一个四爪的弹簧夹头来夹持不同尺寸的丝锥，如图 10-115 所示，一般用于 M6 以下的丝锥。

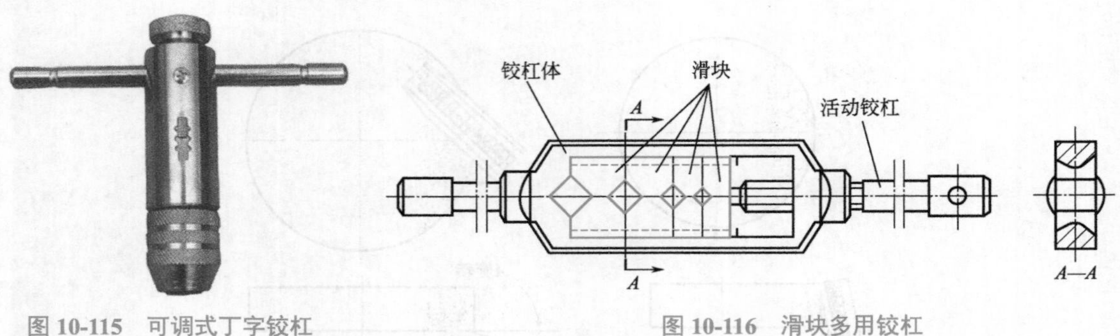

图 10-115　可调式丁字铰杠

图 10-116　滑块多用铰杠

c. 滑块多用铰杠。滑块多用铰杠如图 10-116 所示，由铰杠体和四个滑块组成了四种不同大小的夹持丝锥的位置，拧紧活动铰杠就能将丝锥夹牢。当使用最外侧的夹持位置时，可在铰杠较短的一头多施加一些力量，以保持铰杠旋转的平衡。

d. 柱形多用铰杠。柱形多用铰杠如图 10-117 所示，它在中心轴上用销钉固定一个固定套筒，活动套筒由键控制，只能作轴向移动而不能转动。在两个套筒的圆周上有四个大小不等的夹持丝锥的位置，拧紧螺母即可夹紧丝锥。

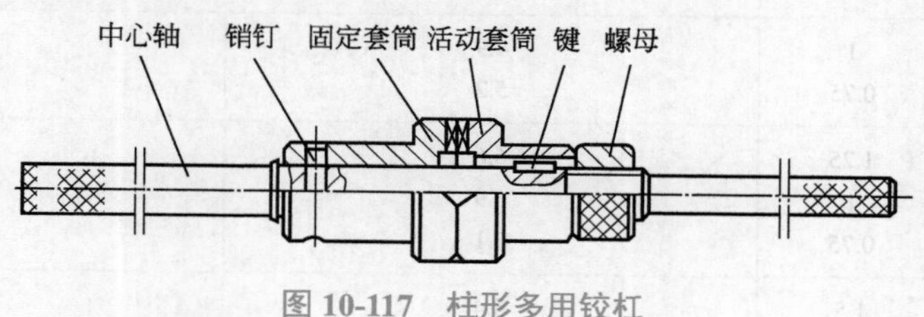

图 10-117 柱形多用铰杠

e. 活动组合铰杠。活动组合铰杠如图 10-118 所示，它是把两根铰杠用紧固螺钉和调整螺钉组装起来使用的。通过调节调整螺钉，使夹持方孔增大或缩小来增加夹持范围。如果铰杠回转范围受到工件形状的限制不能旋转整个圆周时，可用图 10-118（b）所示的组合方法，用最外侧的夹持位置进行对工件的夹持。

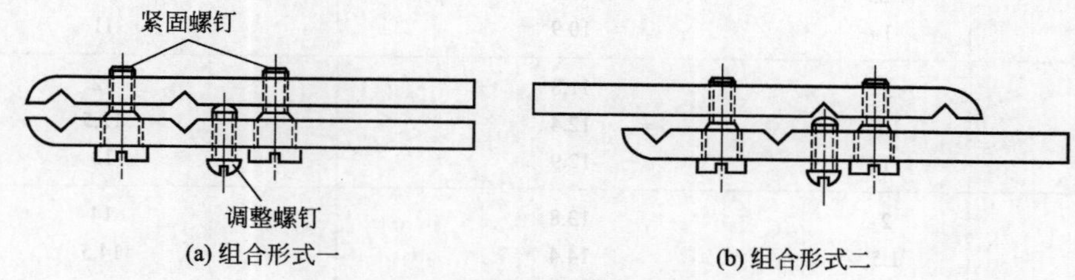

图 10-118 活动组合铰杠

③ 丝锥夹头　当螺纹数量很大时，为提高生产效率，可在钻床上攻螺纹，因此要用丝锥夹头来装夹丝锥和传递攻螺纹转矩。常用的丝锥夹头有快换夹头和丝锥夹头，如图 10-119 所示。

（2）攻螺纹的操作

① 底孔直径与深度的确定

a. 底孔直径的确定。攻螺纹时，每个切削刃一方面在切削金属，一方面也在挤压金属，因而会产生金属凸起并向牙尖流动的现象，被丝锥挤出的金属会卡住丝锥甚至将其折断，因此底孔直径应比螺纹小径略大，这样挤出的金属流向牙尖正好形成完整螺纹，又不卡住丝锥。

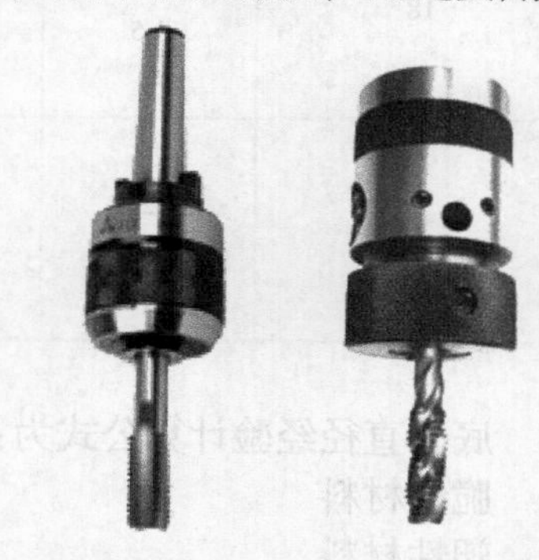

图 10-119 机用攻螺纹丝锥夹头

底孔直径大小的确定要根据工件的材料、螺纹直径大小来考虑，其方法可查表 10-20 或用下列经验公式得出。

表 10-20 攻普通螺纹钻底孔的钻头直径 mm

螺纹大径 D	螺距 P	钻头直径 D_0	
		铸铁、青铜、黄铜	钢、可锻铸铁、纯铜、层压板
5	0.8 0.5	4.1 4.5	4.2 4.5

续表

螺纹大径 D	螺距 P	钻头直径 D_0	
		铸铁、青铜、黄铜	钢、可锻铸铁、纯铜、层压板
6	1 0.75	4.9 5.2	5 5.2
8	1.25 1 0.75	6.6 6.9 7.1	6.7 7 7.2
10	1.5 1.25 1 0.75	8.4 8.6 8.9 9.1	8.6 8.7 9 9.2
12	1.75 1.5 1.25 1	10.1 10.4 10.6 10.9	10.2 10.5 10.7 11
14	2 1.5 1	11.8 12.4 12.9	12 12.5 13
16	2 1.5 1	13.8 14.4 14.9	14 14.5 15
18	2.5 2 1.5 1	15.3 15.8 16.4 16.9	15.5 16 16.5 17
20	2.5 2 1.5 1	17.3 17.8 18.4 18.9	17.5 18 18.5 19

底孔直径经验计算公式为：

脆性材料 $D_0=D-1.05P$

塑性材料 $D_0=D-P$

式中 D_0——底孔直径，mm；

D——螺纹大径，mm；

P——螺距，mm。

b. 钻孔深度的确定。当攻不通孔（盲孔）的螺纹时，由于丝锥不能攻到底，因此孔的深度往往要钻得比螺纹的长度长一些。盲孔的深度可按下面公式计算：

$$钻孔深度 = 所需螺纹的深度 + 0.7D$$

式中 D——螺纹大径，mm。

② 攻螺纹的操作步骤与方法

a. 手工攻螺纹的操作方法。较大或较小直径的螺纹，或韧性大、强度高的材料，一般都采用手工攻螺纹。手工攻螺纹的操作步骤与方法为：

● 按图样要求，在相应的位置划出加工线，并钻出底孔，如图 10-120 所示。

图 10-120　钻底孔

图 10-121　起攻

● 在通孔两端进行孔口倒角，以使丝锥定位，容易进入，并可防止在孔口挤压出凸台。

● 用右手掌按住铰杠中部，沿丝锥轴线用力加压，左手配合作顺时针旋转，开始攻螺纹，如图 10-121 所示。

● 当旋入 1 ～ 2 圈后，取下铰杠，用角尺检查丝锥与孔端面的垂直度，如图 10-122 所示。如不垂直应立即校正至垂直。

图 10-122　检查校正

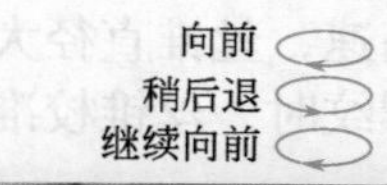

图 10-123　正常攻削

● 当切削部分已切入工件后，每转 1 ～ 2 圈后应反转 1/4 圈，以便于切屑碎断和排出；同时不能再施加压力，以防丝锥崩牙，如图 10-123 所示。

在攻通孔时，丝锥的校准部分不要全部攻出，以避免扩大或损坏孔口最后几道螺纹。在攻不通孔螺纹时，应根据孔深在丝锥上做好深度标记，如图 10-124 所示，并适当退出丝锥，清除留在孔内的切屑。

图 10-124　做深度标记

图 10-125　机油润滑

● 退出头锥，换二锥（或三锥）进行二攻（或三攻）。

在换用二锥（或三锥）进行攻螺纹时，应先用手将丝锥旋入已攻出的螺纹中，直至用手旋不动后再用铰杠攻削。

攻螺纹时应用机油和浓度大的乳化液进行冷却润滑，如图 10-125 所示。但在铸铁件上攻螺纹时，不用冷却液，也可用煤油进行冷却润滑。

b. 机动攻螺纹的操作方法。机动攻螺纹可参考手工攻螺纹的有关方法进行，但应注意以下事项：

● 钻床和攻螺纹机主轴径向跳动一般应在 0.05mm 范围内，如攻削 6H 级精度以上的螺纹孔时，跳动应不大于 0.03mm。装夹工件的夹具定位支撑面与钻床主轴中心和攻螺纹机主轴的垂直度偏差应不大于 0.05mm/100mm。工件螺纹底孔与丝锥的同心度偏差不大于 0.05mm。

● 当丝锥将进入螺纹底孔时，旋转切入要轻、慢，以防止丝锥与工件发生撞击。

● 在丝锥的切削部分长度攻削行程内，应在机床进刀手柄上施加均匀的压力，以协助丝锥进入工件，以避免由于靠开始几圈不完整的螺纹向下拉钻床主轴时将螺纹刮坏。当校准部分开始进入工件时，上述压力即应解除，靠螺纹自然旋进，以免将牙型切小。

● 攻螺纹的切削速度主要根据加工材料和丝锥直径、螺距、螺纹孔的深度而定。当螺纹孔的深度为 10 ～ 30mm，工件为下列材料时，其切削速度大致如下：钢，6 ～ 15m/min；调质后或较硬的钢，5 ～ 10m/min；不锈钢，2 ～ 7m/min；铸铁，8 ～ 10m/min。在同样条件下，丝锥直径小取高速，丝锥直径大取低速，螺距大取低速。

● 攻通孔螺纹时，丝锥校准部分不能全部攻出孔外，以避免在机床主轴反转退出丝锥时乱扣。

10.2.3 套螺纹

（1）套螺纹工具的认知与使用

① 板牙 板牙是加工外螺纹的标准刀具之一，其外形像螺母，所不同的是在其端面上钻有几个排屑孔而形成刀刃。

a. 圆板牙。圆板牙如图 10-126 所示，其切削部分为两端的锥角部分。它不是圆锥面，是经过铲磨后形成的阿基米德螺旋面。圆板牙前面就是排屑孔，前角大小沿着切削刃而变化，外径处前角最小。板牙的中间一段是校准部分，也是导向部分。

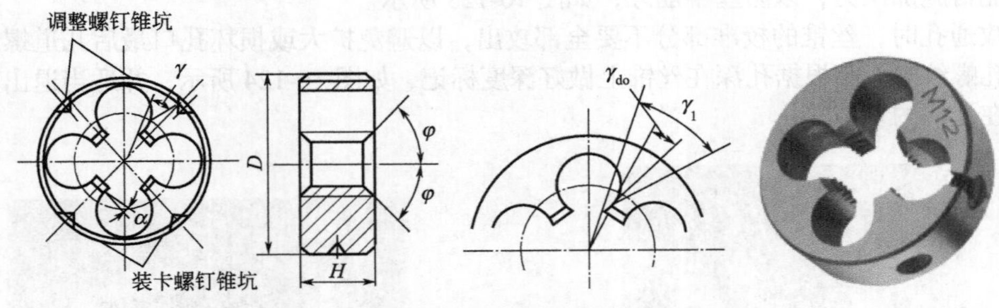

图 10-126 圆板牙的结构

b. 管螺纹板牙。管螺纹板牙如图 10-127 所示，它可分为圆柱管螺纹板牙和圆锥管螺纹板牙，其结构与圆板牙相似。但它只是在单面制成了切削锥，因而圆锥管螺纹板牙只能单面使用。

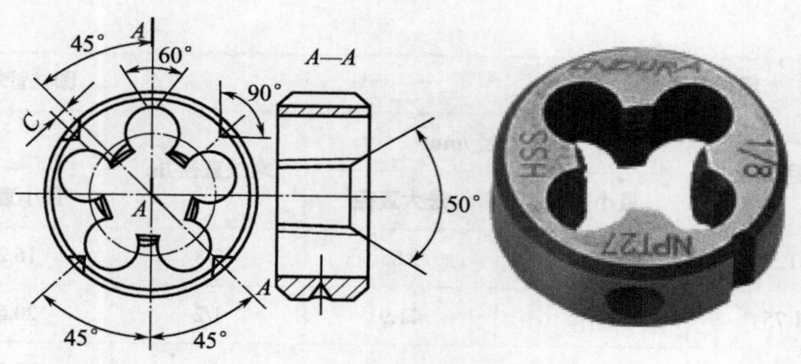

图 10-127　圆锥管螺纹板牙

c. 活络管子板牙。活络管子板牙 4 块为一组，镶嵌在可调的管子板牙架内，用来套管子外螺纹，如图 10-128 所示。

② 板牙架

a. 圆板牙架。圆板牙架用来夹持板牙，传递扭矩，如图 10-129 所示。不同外径的板牙应选用不同的板牙架。

图 10-128　活络管子板牙

图 10-129　圆板牙架

b. 管子板牙架。管子板牙架如图 10-130 所示，它用来夹持活络管子板牙，传递扭矩。

（2）套螺纹的方法

图 10-130　管子板牙架

① 圆杆直径的确定　与攻螺纹一样，套螺纹的切削过程中也有挤压作用，因而，工件圆杆直径就要小于螺纹大径，可用下式计算：

$$d_0=d-0.13P$$

式中　d_0——圆杆直径，mm；

d——外螺纹大径，mm；

P——螺距，mm。

实际工作中也可通过查表 10-21 选取不同螺纹的圆杆直径。

表 10-21　套螺纹时的圆杆直径

粗牙普通螺纹				圆柱管螺纹		
螺纹直径 /mm	螺距 /mm	圆杆直径 /mm		螺纹直径 /in	管子外径 /mm	
		最小直径	最大直径		最小直径	最大直径
M6	1	5.8	5.9	1/8	9.4	9.5
M8	1.25	7.8	7.9	1/4	12.7	13

续表

粗牙普通螺纹				圆柱管螺纹		
螺纹直径 /mm	螺距 /mm	圆杆直径 /mm		螺纹直径 /in	管子外径 /mm	
		最小直径	最大直径		最小直径	最大直径
M10	1.5	9.75	9.85	3/8	16.2	16.5
M12	1.75	11.75	11.9	1/2	20.5	20.8
M14	2	13.7	13.85	5/8	22.5	22.8
M16	2	15.7	15.85	3/4	26	26.3
M18	2.5	17.7	17.85	7/8	29.8	30.1
M20	2.5	19.7	19.85	1	32.8	33.1
M22	2.5	21.7	21.85	$1^1/_8$	37.4	37.7
M24	3	23.65	23.8	1/4	41.4	41.7
M27	3	26.65	26.8	$1^3/_8$	43.8	44.1
M30	3.5	29.6	29.8	$1^1/_2$	47.3	47.6
M36	4	35.6	35.8	—	—	—
M42	4.5	41.55	41.75	—	—	—
M48	5	47.5	47.7	—	—	—
M52	5	51.5	51.7	—	—	—
M60	5.5	59.45	59.7	—	—	—
M64	6	63.4	63.7	—	—	—
M68	6	67.4	67.7	—	—	—

为了使板牙起套时容易切入工件并作正确的引导，圆杆端部要倒一个 15° ～ 20° 的角，如图 10-131 所示。圆杆在倒角时，为避免螺纹端部出现峰口和卷边，其倒角的最小直径可略小于螺纹小径。

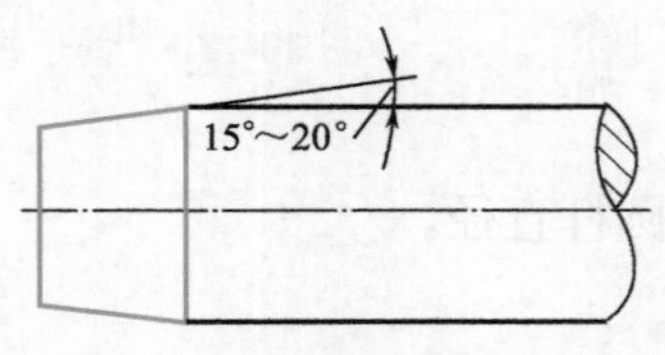

图 10-131 圆杆倒角

图 10-132 工件装夹

② 套螺纹的操作方法 套螺纹的操作步骤与方法为：

a. 按要求对圆杆端部进行倒角后放入台虎钳钳口内夹紧（夹紧时圆杆伸出钳口的长度要尽量短些），如图 10-132 所示。

b. 右手按住板牙架中部，沿圆杆轴向施加压力，左手配合向顺时针方向切进，如图 10-133 所示。

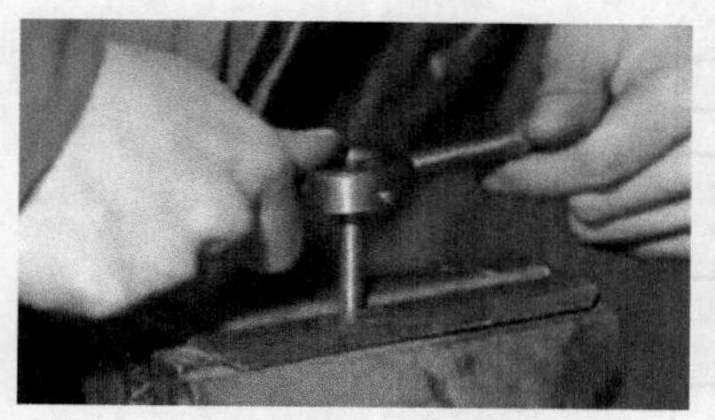

图 10-133 起套

图 10-134 垂直度检查

c. 在板牙套出 2 ～ 3 牙时，用角尺检查板牙与圆杆轴线的垂直度，如图 10-134 所示，如有误差，应及时校正。

d. 在套出 3 ～ 4 牙后，可只转动板牙架，而不加力，让板牙靠螺纹自然切入，如图 10-135 所示。

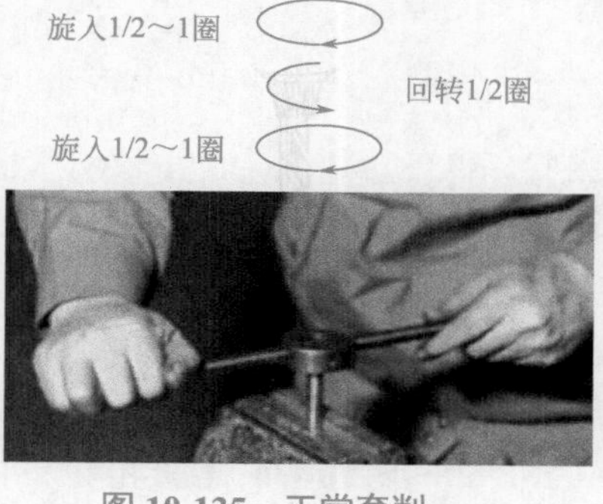

图 10-135 正常套削

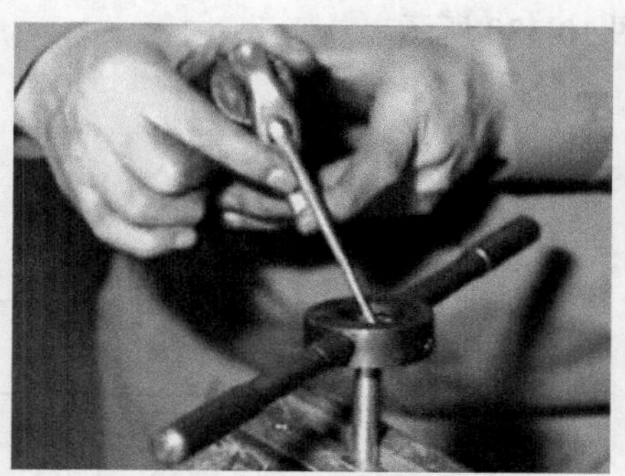

图 10-136 加注机油润滑

在套丝过程中应经常反转 1/4 ～ 1/2 圈，以便断屑。另外，在钢制圆杆上套螺纹时，要加注机油或浓的乳化液润滑，如图 10-136 所示。另外，因套螺纹时的切削力较大，为防止圆杆在装夹时夹出痕迹，一般用厚铜皮作衬垫或采用 V 形块将圆杆装夹在虎钳中，如图 10-137 所示。

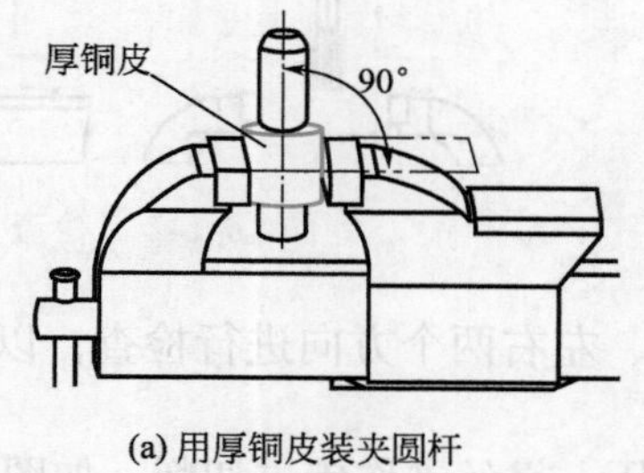

(a) 用厚铜皮装夹圆杆

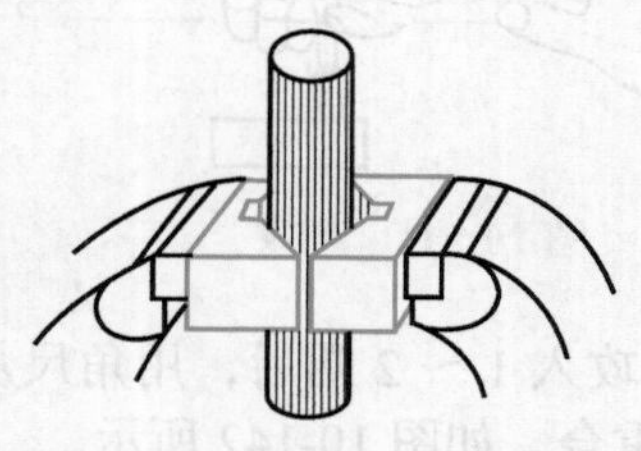

(b) 采用V形块装夹圆杆

图 10-137 圆杆的装夹

10.2.4 螺纹加工操作实例

（1）在长四方块上攻螺纹

长四方块上攻螺纹如图 10-138 所示。

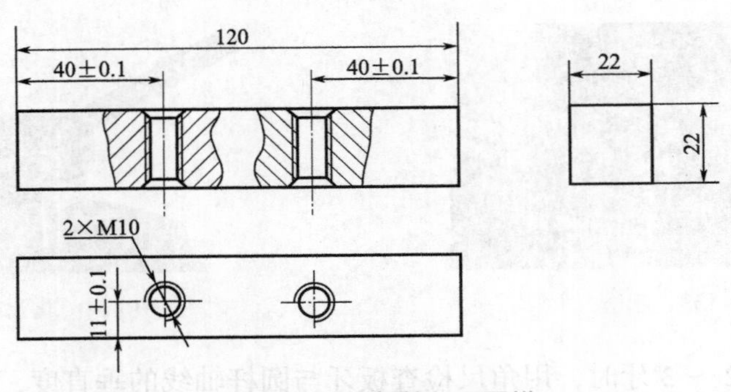

图 10-138　攻螺纹加工图样

操作步骤与方法为：

① 按螺纹位置尺寸 (40±0.1)mm、(11±0.1)mm 的要求，划出底孔加工线，并打样冲眼，如图 10-139 所示。

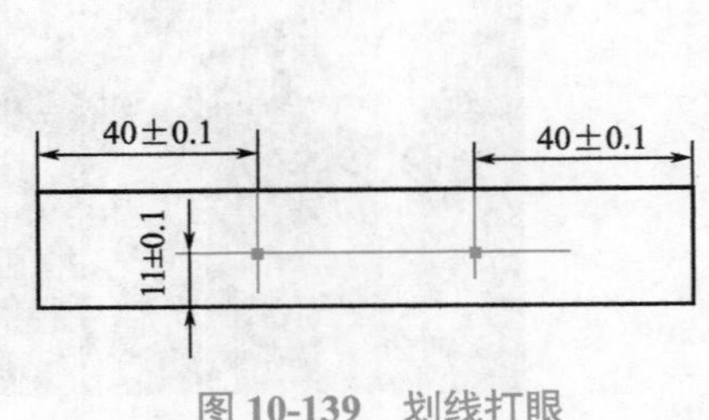

图 10-139　划线打眼

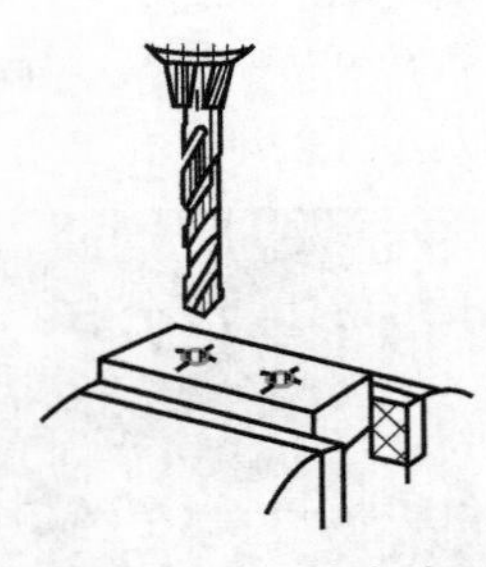

图 10-140　钻底孔

② 安装 ϕ8.5mm 麻花钻，找正位置后，钻出螺纹底孔，如图 10-140 所示。完成后换装 ϕ15mm 麻花钻，在孔两端倒角 C1.5。

③ 取下工件，将工件装夹在台虎钳上，并将 M10 丝锥头装夹在铰杠上，用右手掌按住铰杠中部，沿丝锥轴线用力加压，左手配合作顺向旋进，如图 10-141 所示。

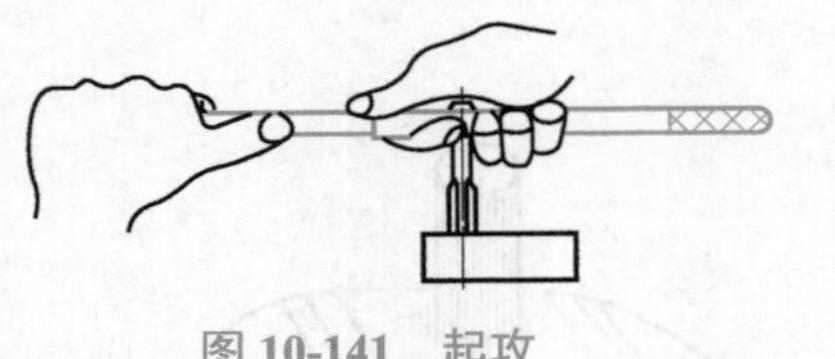

图 10-141　起攻

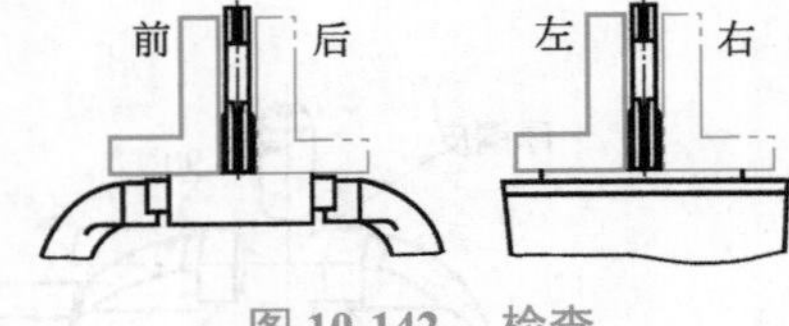

图 10-142　检查

④ 当丝锥攻入 1 ～ 2 圈后，用角尺从前后、左右两个方向进行检查，以保证丝锥中心线与孔中心线重合，如图 10-142 所示。

⑤ 当切削部分已切入工件后，铰杠不再加压，靠丝锥作旋进切削，如图 10-143 所示。头攻完成后，退出头攻丝锥，改用二攻丝锥进行切削（按同样的方法完成第二孔的攻削）。

（2）在圆杆上套螺纹

在圆杆上套螺纹如图 10-144 所示。

操作步骤与方法为：

① 按要求加工出合适的圆杆直径，且在端部倒角，采用 V 形块将圆杆装夹在台虎钳中，如图 10-145 所示。

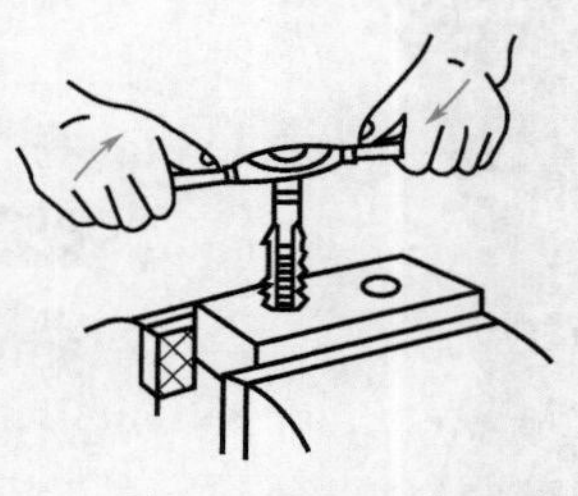
图 10-143 正常攻削

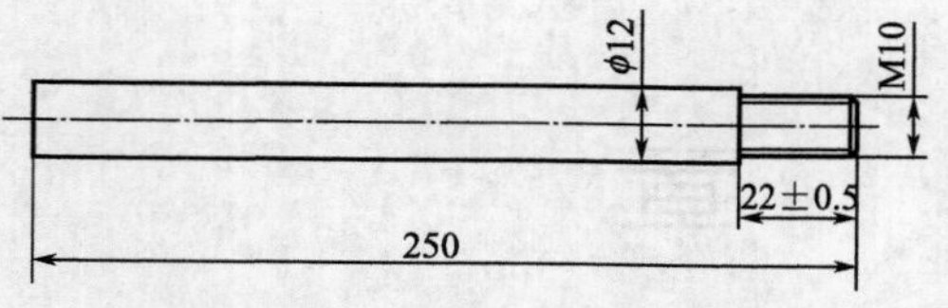

图 10-144 套螺纹加工图样

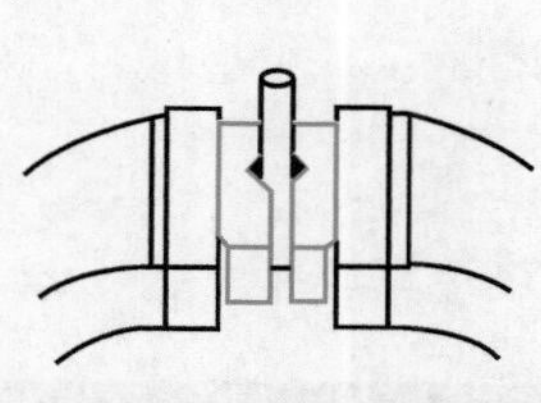
图 10-145 圆杆的装夹

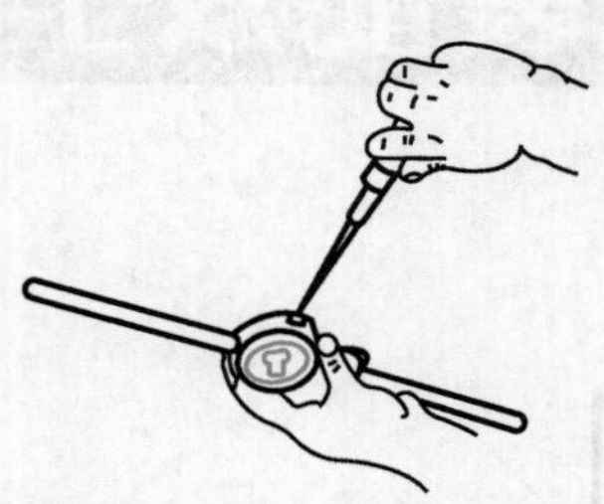
图 10-146 板牙的安装

② 将 M10 板牙安装在板牙架中，并紧固，如图 10-146 所示。

③ 用手按住板牙架中部，沿圆杆轴向施加压力，并按顺时针方向切进，如图 10-147 所示。操作时动作要慢，压力要大。

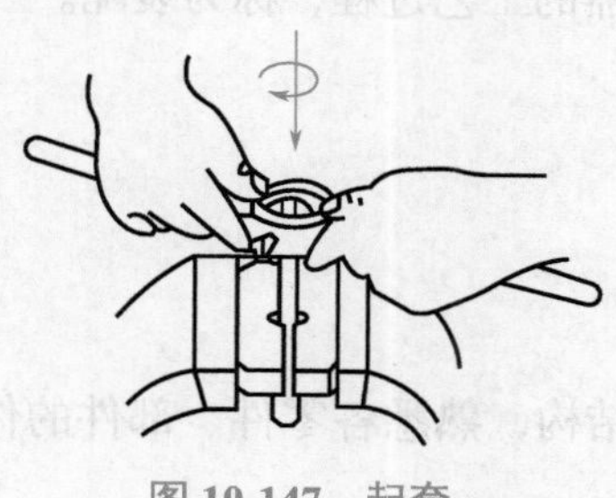
图 10-147 起套

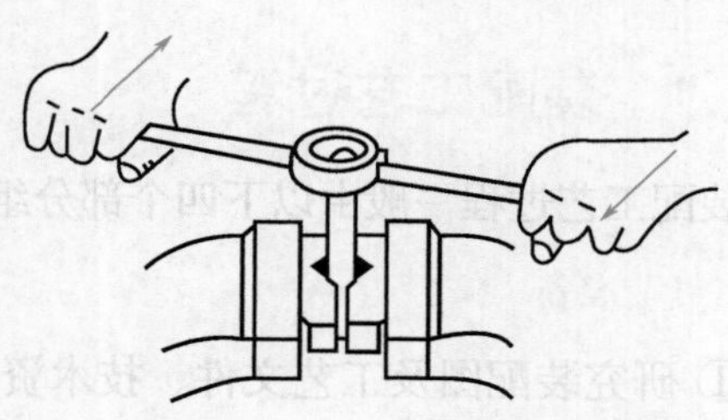
图 10-148 正常套削

④ 在套出 3 ～ 4 牙后，可只转动板牙架，而不加力，让板牙靠螺纹自然切入，套出螺纹，如图 10-148 所示。

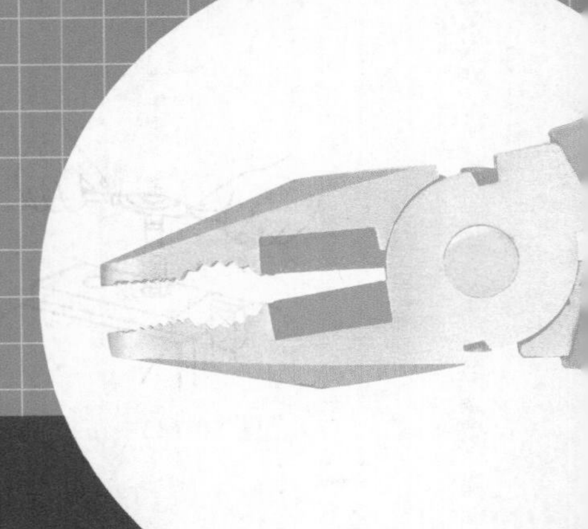

第11章 机械装配及工艺

11.1 装配工艺基础

机械产品一般由许多零件和部件组成。零件是构成机器（或产品）的最小单元。两个或两个以上的零件结合成机器的一部分称为部件。按照一定的精度标准和技术要求，将若干个零件组合成部件或将若干个零件、部件组合成机构或机器的工艺过程，称为装配。

11.1.1 装配工艺过程

装配工艺过程一般由以下四个部分组成。

（1）准备

① 研究装配图及工艺文件、技术资料，了解产品结构，熟悉各零件、部件的作用、相互关系及连接方法。

② 确定装配方法、顺序，准备所需要的工具。

③ 对装配的零件进行清理和清洗。

④ 检查零件加工质量，对有特殊要求的应进行修配、平衡工作或压力试验。

（2）工作分类

对比较复杂的产品，其装配工作分为部件装配和总装配。

凡是将两个以上零件组合在一起或将零件与几个组件结合在一起成为一个单元的装配工作，称为部件装配。将零件、部件结合成一件完整产品的装配工作，称为总装配。

（3）调整、精度检验和试车

调整是指调节零件或机构的相互位置、配合间隙、结合面松紧等，使机构或机器工作协调；精度检验是检验机构或机器的几何精度和工作精度；试车是试验机构或机器运转的灵活性、振动情况、工作温度、噪声、转速、功率等性能参数是否达到要求。

（4）收尾

装配工艺的收尾工序是指喷漆、涂油、装箱，其目的为了防止加工面锈蚀并使机器外表更加美观以及便于运输。

11.1.2 装配工艺规程

（1）装配工艺规程及作用

装配工艺规程是指规定装配部件和整个产品的工艺过程，以及该过程中所使用的设备和工、夹、量具等的技术文件。它是生产实践和科学实验的总结，是提高劳动生产率、保证产品质量的必要措施，是组织装配生产的重要依据。只有严格按工艺规程生产，才能保证装配工作的顺利进行，降低成本，增加经济效益。

（2）编制装配工艺规程的方法和步骤

① 对产品进行分析　研究产品装配图、装配技术要求和相关资料，了解产品的结构特点和工作性能，确定装配方法；根据企业的生产设备、规模等决定装配的组织形式。

② 确定装配顺序　通过工艺性分析，将产品分解成若干可独立装配的组件和分组件，即装配单元。图 11-1 为装配单元划分图。

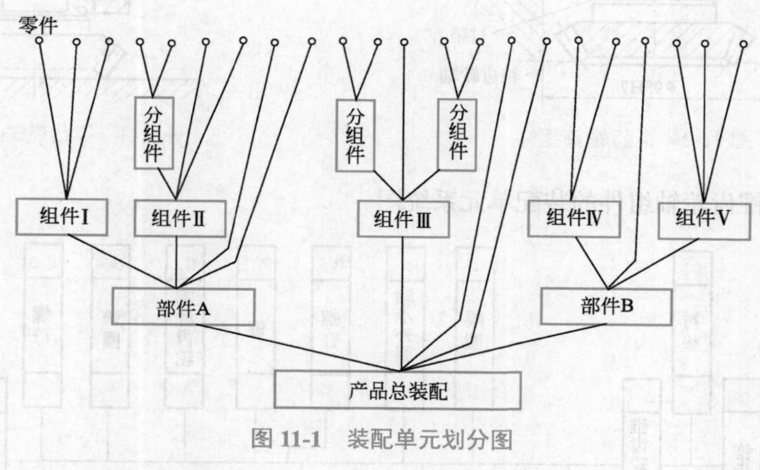

图 11-1　装配单元划分图

产品的装配总是从装配基准件（基准零件或基准部件）开始的。根据装配单元确定装配顺序时，应首先确定装配基准件，然后根据装配结构的具体情况，按预处理工序先行，先下后上，先内后外，先难后易，先精密后一般，先重大后轻小，安排必要的检验工序的原则确定其他零件或装配单元的装配顺序。

③ 绘制装配单元系统图　表示产品装配单元的划分及其装配顺序的示意图称为装配单元系统图。

装配单元系统图的绘制方法：

a. 先画一条横线，在横线左端画出代表基准件的长方格，在横线右端画出代表产品的长方格。

b. 按装配顺序从左向右将代表直接装到产品上的零件或组件的长方格从水平线引出，零件画在横线上面，组件画在横线下面，长方格内注明零件或组件的名称、编号和件数。

c. 用同样方法把每一组件及分组件的系统图展开画出。

图 11-2 为某圆锥齿轮轴组件的装配图，其装配顺序如图 11-3 所示。

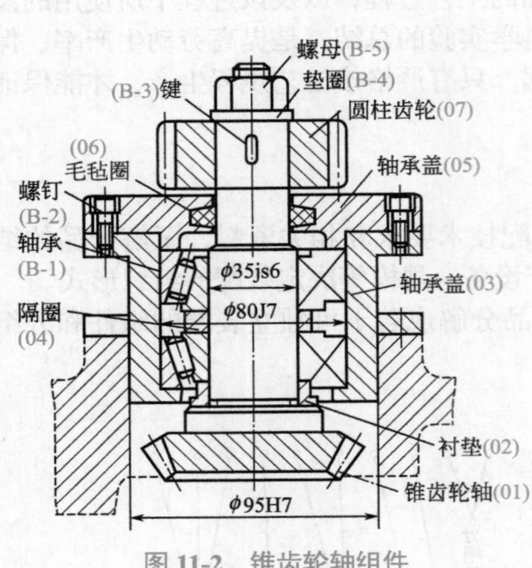

图 11-2　锥齿轮轴组件

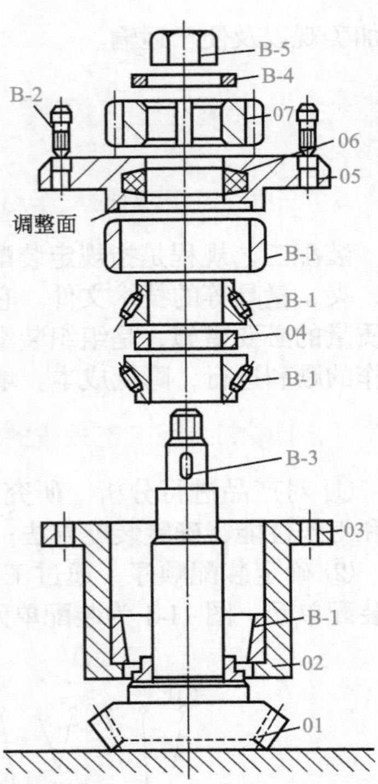

图 11-3　锥齿轮轴组件装配顺序

图 11-4 为锥齿轮轴组件的装配单元系统图。

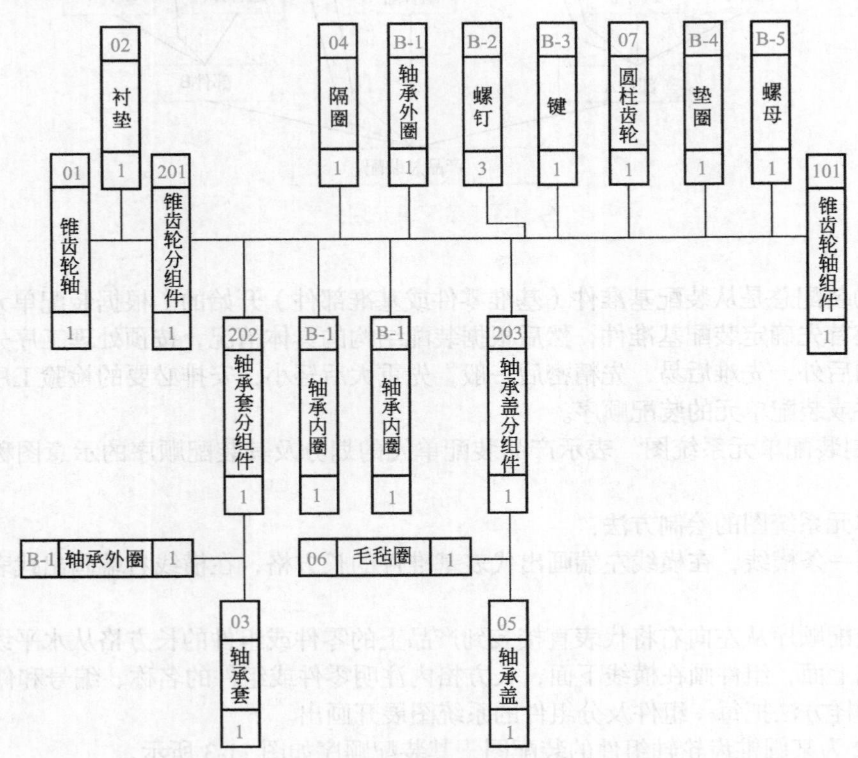

图 11-4　锥齿轮轴组件的装配单元系统图

由上可见，装配单元系统图反映了产品零部件间的相互装配关系及装配流程等，生产中可用以指导和组织装配工艺过程。

④ 划分装配工序及装配工步　根据装配单元系统图，将整机或部件的装配工作划分成装配工序和装配工步。

a. 装配工序。由一个工人或一组工人在同一地点、利用同一设备的情况下完成的装配工作。

b. 装配工步。由一个工人或一组工人在同一位置、利用同一工具、不改变工作方法的情况下完成的装配工作。

装配工作一般由若干个装配工序所组成，一个装配工序可以包括一个或几个装配工步。如锥齿轮轴组件装配可分成锥齿轮分组件、轴承套分组件、轴承盖分组件的装配和锥齿轮轴组件总装配4个工序进行。

⑤ 编写装配工艺文件　主要是编写装配工艺卡片，它包含着完成装配工艺过程所必需的一切资料。单件小批量生产不需制订工艺卡，工人按装配图和装配单元系统图进行装配。成批生产应根据装配单元系统图分别制订总装和部装的装配工艺卡片。

表11-1所示为锥齿轮轴组件装配工艺卡片，它简要说明了每一工序的工作内容、所需设备和工夹具、工人技术等级、时间定额等。大批量生产则需一序一卡。

表11-1　锥齿轮轴组件装配工艺卡片

（锥齿轮轴组件装配图）			装配技术要求 ①组装时，各装入零件应符合图样要求 ②组装后，圆锥齿轮应转动灵活，无轴向窜动				
XXX有限公司	装配工艺卡		产品型号	部件名称		装配图号	
车间名称	工段	班组	工序数量	部件数		净重	
装配车间			4	1			
工序号	工步号	装配内容	设备	工艺装备 名称	工艺装备 编号	工人 等级	工序 时间
Ⅰ	1	分组件装配：圆锥齿轮与衬垫的装配以锥齿轮轴为基准，将衬垫套装在轴上					
Ⅱ	1	分组件装配：轴承盖与毛毡的装配将已剪好的毛毡塞入轴承盖槽内					
Ⅲ	1 2 3	分组件装配：轴承套与轴承外圈的装配 用专用工具分别检查轴承套孔及轴承外圈尺寸 在配合面上涂上机油 以轴承套为基准，将轴承外圈压入孔内至底面	压力机	塞规 卡板			

续表

工序号	工步号	装配内容	设备	工艺装备		工人等级	工序时间
				名称	编号		
Ⅳ		锥齿轮轴组件装配：	压力机				
	1	以圆锥齿轮组件为基准，将轴承套分组件装在轴上					
	2	在配合面上涂油，将轴承内圈压装在轴上，并紧贴衬垫					
	3	套上隔圈，将另一轴承内圈压装在轴上，直至与隔圈接触					
	4	将另一轴承外圈涂油，轻压至轴承套内					
	5	装入轴承盖分组件，调整端面的高度，使轴承间隙符合要求后，拧紧3个螺钉					
	6	安装平键，套装齿轮、垫圈，拧紧螺母（注意配合面加油）					
	7	检查锥齿轮传动的灵活性及轴向窜动					
							共　张
编号	日期	签章	编制	移交		批准	第　张

11.2 装配前的准备工作

11.2.1 装配零件的清理和清洗

零件在装配前，须对再用零件和新换零件进行清理与清洗，特别是对于轴承、精密配合件、液压元件、密封件以及有特殊清洗要求的零件更应如此。清理和清洗工作做得不好，会使轴承发热和过早失去精度，还会因为污物和毛刺划伤配合表面，使相对滑动的工作面出现研伤，甚至发生咬合等严重事故，以及油路堵塞，造成相互运动的零件之间得不到良好的润滑，使零件磨损加快。

（1）零件的清理

① 清除零件上残存的型砂、铁锈、切屑、油污等，特别是要仔细清理孔、沟槽等易存污垢的部位。某些非加工表面还需在清理后进行涂装。

② 将所有待装的零件部件按零部件图号分别进行清点和放置。

（2）零件的清洗

① 清洗方法　单件或小批量秤，常将零件置于洗涤槽内用棉纱或泡沫塑料进行手工擦洗或冲洗；成批大量生产，则采用洗涤机进行清洗。清洗时，根据需要可以采用气体清洗、浸酯清洗、喷淋清洗、超声波清洗等。

对于旧油，可以用竹片或软质金属片从机件上刮下或使用脱脂剂。锈斑要彻底除净，并于除锈后用煤油或汽油清洗干净，再涂以适量的润滑油脂或防锈油脂。各种表面的除锈方法见表 11-2。

表 11-2　各种表面的除锈方法

项次	表面粗糙度 *Ra*/μm	除锈方法
1	不加工表面	用砂轮、钢丝刷、刮具、砂布、喷砂或酸洗除锈
2	5.0 ～ 6.3	用非金属刮具磨石或 F150 的砂布蘸全损耗系统用油擦除或进行酸洗除锈
3	3.2 ～ 1.6	用细磨石或 F150（或 F180）的砂布蘸全损耗系统用油擦除或进行酸洗除锈
4	0.8 ～ 0.2	先用 F180 或 F240 的砂布蘸全损耗系统用油进行擦拭，然后再用干净的棉布（或布轮）蘸全损耗系统用油和研磨膏的混合剂进行磨光
5	＜ 0.1	先用 F280 的砂布蘸全损耗系统用油进行擦拭，然后用干净的绒布蘸全损耗系统用油和细研磨膏的混合剂进行磨光

注：1. 有色金属加工面上的锈蚀应用粒度号不低于 F150 的砂布蘸全损耗系统用油擦拭。轴承的滑动面除锈时，不应用砂布。

2. 表面粗糙度 *Ra* ＞ 12.5μm，形状较简单（没有小孔、狭槽、铆接等）的零部件，可用质量分数为 6% 的硫酸或质量分数为 10% 的盐酸溶液进行酸洗。

3. 表面粗糙度 *Ra* 为 6.3 ～ 1.6μm 的零部件，应用铬酸酐 - 磷酸溶液酸洗或用棉布蘸工业醋酸进行擦拭。

4. 酸洗除锈后，必须立即用水进行冲洗，再用含氢氧化钠 1g/L 和亚硝酸钠 29g/L 的水溶液进行中和，防止腐蚀。

5. 酸洗除锈、冲洗、中和、再冲洗、干燥和涂油等操作应连续进行。

② 常用清洗液　常用清洗液有汽油、煤油、柴油和化学清洗液等。

a. 工业汽油：适用于清洗较精密的零部件。航空汽油用于清洗质量要求较高的零件。

b. 煤油和柴油：清洗能力不及汽油，清洗后干燥较慢，但相对安全。

c. 化学清洗液：又称乳化剂清洗液，对油脂、水溶性污垢具有良好的清洗能力。这种清洗液配制简单，稳定耐用，安全环保，同时以水代油，可节约能源。如 105 清洗剂、6501 清洗剂，可用于冲洗钢件上以机油为主的油垢和机械杂质。

③ 三种零部件的清洗方法

a. 油孔的清洗。油孔是机械设备润滑的孔道。清洗时，先用钢丝绑上沾有煤油的布条塞到油孔中往复捅几次，把里面的切屑、油污擦干净，再用清洁布条捅一下，然后用压缩空气吹一遍。清洗干净后，用油枪打进润滑脂，外面用沾有润滑脂的木塞堵住，以免灰尘侵入。

b. 滚动轴承的清洗。滚动轴承是精密机件，清洗时要特别仔细。在未清洗到一定程度之前，最好不要转动，以防杂质划伤滚道或滚动体。清洗时，要用汽油，严禁用棉纱擦洗。在轴上清洗时，用喷枪打入热油，冲去旧润滑脂。然后再喷一次汽油，将内部余油完全除净。清洗前要检查轴承是否有锈蚀、斑痕，如有，可用研磨粉擦掉。擦时要从多方向交叉进行，以免产生擦痕。滚动轴承清洗完毕后，如不立即装配，应涂油包装。

c. 齿轮箱（如主轴箱、变速箱等）的清洗。清洗前，应先将箱内的存油放出（若是润滑脂也应想法去掉），再注入煤油，借手动使齿轮回转，并用毛刷、棉布清洗，然后放出脏油。待清洗洁净后，再用棉布擦干，但应注意箱内不得有切屑和灰砂等杂物。

如箱内所涂的防锈润滑脂过厚，不易清洗时，可用全损耗系统用油加热至 70 ～ 80℃或用煤油加热至 30 ～ 40℃，倒入箱中清洗。

11.2.2　零件的密封性试验

对于某些要求密封的零件，如机床的液压元件、油缸、阀体、泵体等，要求在一定压力

下不允许发生漏油、漏水或漏气的现象，也就是要求这些零件在一定的压力下具有可靠的密封性。而零件在铸造过程中出现的砂眼、气孔及疏松等缺陷，常使液体或气体产生渗漏。因此在装配前应进行密封性试验，否则将给机器的质量带来很大的影响。

成批生产应对零件进行抽查，对加工表面有明显的疏松、砂眼、气孔、裂痕等缺陷的零件，不能轻易放过。密封试验有气压法和液压法两种，试验压力可按图样或工艺文件规定。

（1）气压法

如图 11-5 所示的气压试验适用于承受工作压力较小的零件。试验前将零件各孔全部封闭，然后浸入水中，并向工件内部通入压缩空气，此时密封的零件在水中应没有气泡。当有渗漏时，可根据气泡密度来判定零件是否符合技术要求。

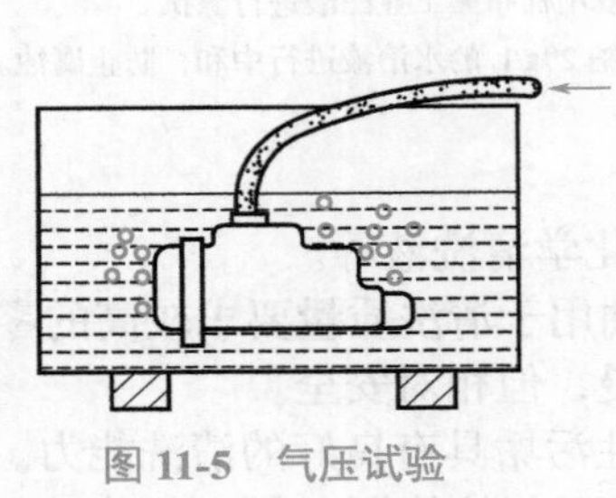

图 11-5 气压试验

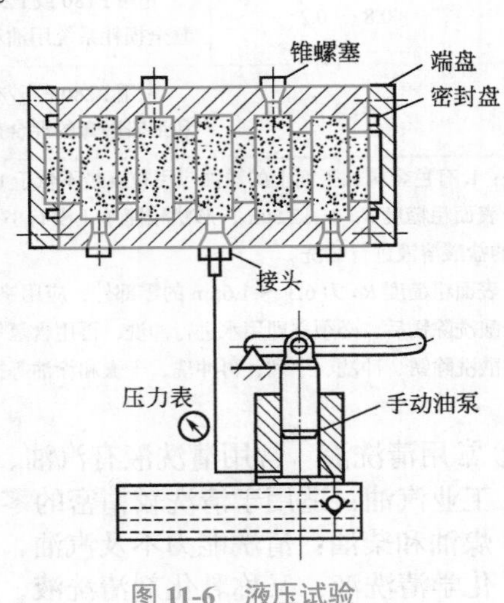

图 11-6 液压试验

（2）液压法

对于容积较小的密封零件，可采用手动油泵进行液压试验。图 11-6 所示为以五通滑阀阀体为例进行的液压试验。试验前，两端装好密封圈和端盖，并用螺钉均匀紧固，各螺钉孔用锥螺塞拧紧，然后装上接头，使之与油泵相连接，手动油泵将油注入阀体内部，并使液体达到一定压力后，仔细观察阀各部分是否有泄漏、渗透等现象，即可判定阀体的密封性。

对于容积较大的零件，可采用机动油泵试验。

11.2.3 旋转件的平衡

机器中的旋转件（如带轮、飞轮、叶轮及各种转子等）由于材料密度不匀、本身形状对旋转中心不对称、加工或装配产生误差等原因，会造成重心与旋转中心发生偏移，在其径向截面上产生重量不平衡（也称不平衡量）。当旋转件旋转时，因有不平衡量而产生惯性力，其大小与不平衡量大小、不平衡量偏心距离及转速平方成正比。其方向随旋转而周期性变化，使旋转中心无法固定，引起机械振动，从而使机器工作精度降低、零件寿命缩短、噪声增大，甚至发生破坏事故。

（1）旋转件不平衡的形式

① 静不平衡　如图 11-7 所示。旋转件在径向各截面上有不平衡量，由此所产生的离心

力的合力通过旋转件的重心，这种不平衡称为静不平衡。

图 11-7　零件的静不平衡　　图 11-8　零件的动不平衡

静不平衡的特点是：静止时，不平衡量自然地处于铅垂线下方。旋转时，不平衡惯性力只产生垂直于旋转轴线方向的振动。

② 动不平衡　如图 11-8 所示，旋转件在径向各截面上有不平衡量，且由此产生的离心力的合力不通过旋转件的重心，因而旋转件旋转时不仅会产生垂直于旋转轴的振动，而且还会产生使旋转轴倾斜的振动，这种不平衡称为动不平衡。

（2）旋转件的平衡方法

对旋转零件做消除不平衡量的工作，称为平衡。旋转件静不平衡的消除方法称为静平衡法，而动不平衡的消除方法称为动平衡法。

① 静平衡法　首先确定旋转件上不平衡量的大小和位置，然后去除或抵消不平衡量对旋转的不良影响。静平衡的步骤为：

a. 将待平衡的旋转件装上心轴后，放在平衡支架上。平衡支架应采用圆柱形或棱形支架，如图 11-9 所示。支承面应坚硬、光滑，并有较高的直线度、平行度和水平度，以使旋转件在其上滚动时有较高的灵敏度。

b. 用手轻推旋转体使其缓慢转动，待自动静止后在旋转件正下方作记号，重复转动若干次，使所作记号位置确实不变，则为不平衡量方向。

c. 在与记号相对部位粘贴一重量为 m 的橡皮泥，使 m 对旋转中心产生的力矩，恰好等于不平衡量 G 对旋转中心产生的力矩，即 $mr=Gl$，如图 11-10 所示。此时，旋转件获得静平衡。

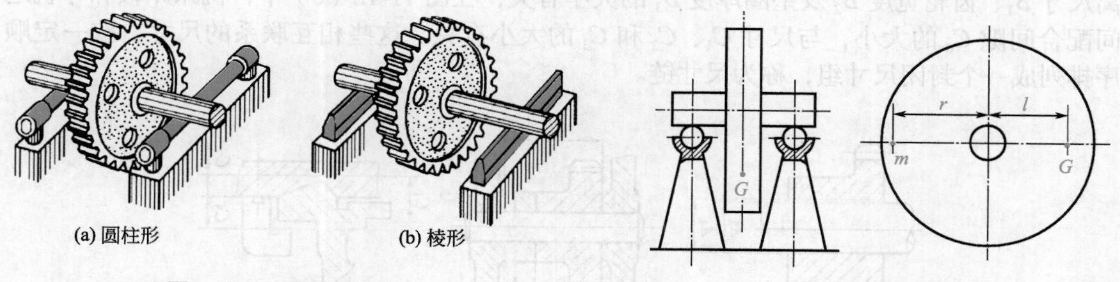

(a) 圆柱形　(b) 棱形

图 11-9　平衡支架　　图 11-10　静平衡法

d. 去掉橡皮泥，在其所在部位加上相当于 m 的重块，或在不平衡量处（与 m 相对直径上 l 处）去除一定重量 G。待旋转件可在任意角度均能在支承架上停留时，静平衡即告结束。

静平衡只能平衡旋转件重心的不平衡，无法消除垂直轴线的不平衡力矩。因此，静平衡只适用于“长径比”较小（一般长径比小于 0.2，如盘类旋转件）或长径比虽较大但转速不太高的旋转件。

② 动平衡法　对于长径比较大或转速较高的旋转件，通常都要进行动平衡。动平衡不仅要平衡离心力，而且还要平衡离心力所形成的力矩。动平衡在动平衡机上进行，如图 11-11 所示，把被平衡转子（磨床主轴）按其工作状态安装在动平衡机的轴承中，转子旋

转时由于不平衡量产生离心力造成动平衡机轴承振动，通过仪器测量轴承振动值，便可确定需要增减平衡量的大小和位置。经过反复的转动、测量和增减平衡重量后，转子逐步获得动平衡。

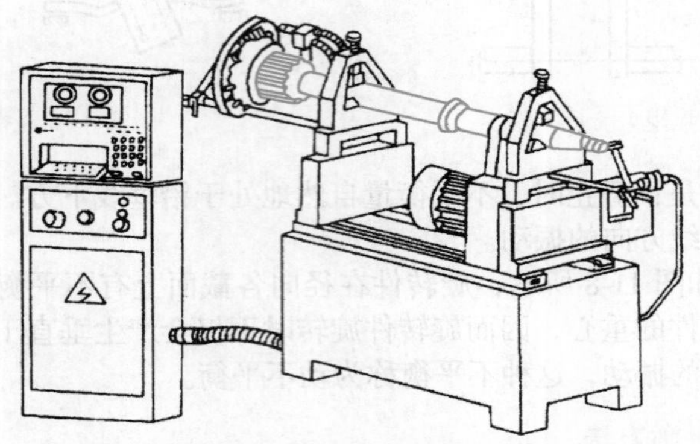

图 11-11 M7120 型磨床主轴的动平衡

11.3 装配尺寸链和装配方法

11.3.1 装配精度与装配尺寸链

在图 11-12（a）中，齿轮孔与轴配合间隙 A_0 的大小，与孔径 A_1 及轴径 A_2 的大小有关；在图 11-12（b）中，齿轮端面和箱内壁凸台端面配合间隙 B_0 的大小，与箱内壁凸台端面距离尺寸 B_1、齿轮宽度 B_2 及垫圈厚度 B_3 的大小有关；在图 11-12（c）中，机床床鞍和导轨之间配合间隙 C_0 的大小，与尺寸 C_1、C_2 和 C_3 的大小有关。这些相互联系的尺寸，按一定顺序排列成一个封闭尺寸组，称为尺寸链。

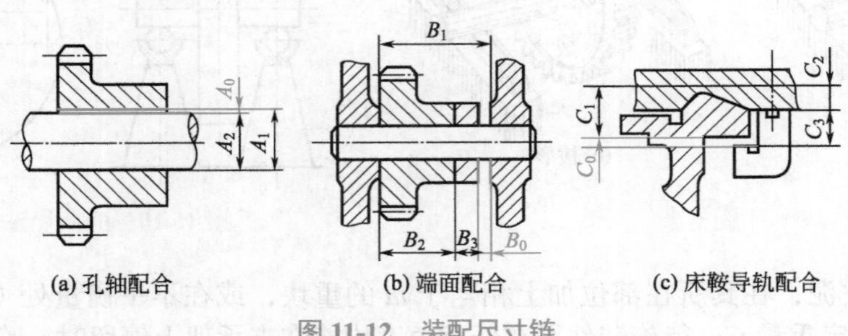

图 11-12 装配尺寸链

（1）装配尺寸链及其简图

① 装配尺寸链 影响某一装配精度的各有关装配尺寸所组成的尺寸链称为装配尺寸链，如图 11-12 所示。

② 装配尺寸链简图 装配尺寸链可以从装配图中找出。为简便起见，通常不绘出该装配部分的具体结构，也不必按严格的比例，只要依次绘出各有关尺寸，排列成封闭外形的尺

寸链简图即可。图 11-12 所示的 3 种情况，其装配尺寸链简图如图 11-13 所示。

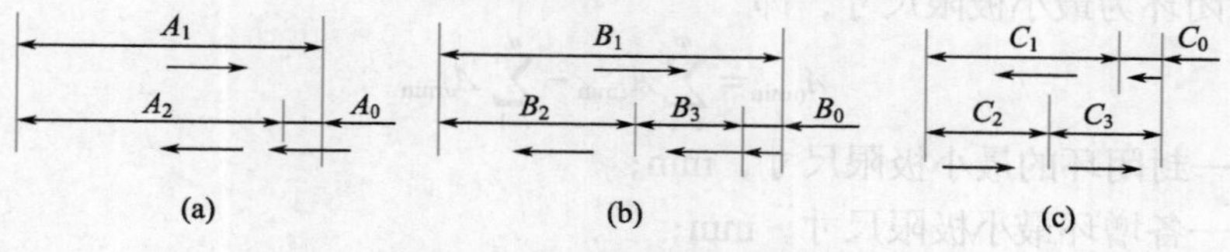

图 11-13　装配尺寸链简图

(2) 装配尺寸链的环

构成尺寸链的每一个尺寸称为“环”，每个尺寸链至少应有 3 个环。

① 封闭环　在零件加工或机器装配过程中，最后自然形成（间接获得）的尺寸，称为封闭环。一个尺寸链只有一个封闭环，如图 11-13 中的 A_0、B_0 和 C_0。装配尺寸链中封闭环即装配技术要求。

② 组成环　尺寸链中除封闭环以外的环称为组成环。同一尺寸链中的组成环，用同一字母表示，如图 11-13 中的 A_1、A_2、B_1、B_2、B_3、C_1、C_2 和 C_3。

③ 增环　在其他组成环不变的条件下，当某组成环增大时，封闭环随之增大，那么该组成环称为增环。在图 11-13 中，A_1、B_1、C_2 和 C_3 为增环，用符号$\overrightarrow{A_1}$、$\overrightarrow{B_1}$、$\overrightarrow{C_2}$和$\overrightarrow{C_3}$表示。

④ 减环　在其他组成环不变的条件下，当某组成环增大时，封闭环随之减小，那么该组成环称为减环。在图 11-13 中，A_2、B_2、B_3 和 C_1 为减环，用符号$\overleftarrow{A_2}$、$\overleftarrow{B_2}$、$\overleftarrow{B_3}$和$\overleftarrow{C_1}$表示。

增环和减环的判断方法：由尺寸链任一环的基面出发，绕其轮廓转一周，回到这一基面。按旋转方向给每个环标出箭头，凡是箭头方向与封闭环上所标箭头方向相反的为增环、相同的为减环，如图 11-13 所示。

(3) 封闭极限尺寸与公差

① 封闭环的基本尺寸　由尺寸链简图可看出，封闭环的基本尺寸等于所有增环基本尺寸之和减去所有减环基本尺寸之和，即

$$A_0=\sum_{i=1}^{m}\overrightarrow{A}_i-\sum_{i=1}^{n}\overleftarrow{A}_i$$

式中　A_0——封闭环的基本尺寸，mm；

$\overrightarrow{A}_i$——封闭环中第 i 个增环尺寸，mm；

$\overleftarrow{A}_i$——封闭环中第 i 个减环尺寸，mm；

$\sum$——求和符号；

m——增环数目；

n——减环数目。

由此可得出封闭环极限尺寸与各组成环极限尺寸的关系。

② 封闭环的最大极限尺寸　当所有增环都为最大极限尺寸，所有减环都为最小极限尺寸时，则封闭环为最大极限尺寸，即

$$A_{0\max}=\sum_{i=1}^{m}\overrightarrow{A}_{i\max}-\sum_{i=1}^{n}\overleftarrow{A}_{i\max}$$

式中　$A_{0\max}$——封闭环的最大极限尺寸，mm；

$\overrightarrow{A}_{i\max}$——各增环最大极限尺寸，mm；

$\overleftarrow{A}_{i\max}$——各减环最小极限尺寸，mm。

③ 封闭环的最小极限尺寸　当所有增环都为最小极限尺寸，而所有减环都为最大极限尺寸时，则封闭环为最小极限尺寸，即

$$A_{0\min}=\sum_{i=1}^{m}\overrightarrow{A}_{i\min}-\sum_{i=1}^{n}\overleftarrow{A}_{i\min}$$

式中　$A_{0\min}$——封闭环的最小极限尺寸，mm；

$\overrightarrow{A}_{i\min}$——各增环最小极限尺寸，mm；

$\overleftarrow{A}_{i\min}$——各减环最大极限尺寸，mm。

④ 封闭环公差　封闭环公差等于封闭环最大极限尺寸与封闭环最小极限尺寸之差，即

$$T_0=\sum_{i=1}^{m+n}T_i$$

式中　T_0——封闭环公差，mm；

T_i——各组成环公差，mm。

此式表明，封闭环公差等于各组成环公差之和。

例 1：图 11-12（b）所示齿轮轴装配中，要求装配后齿轮端面和箱体凸台端面之间具有 0.1 ～ 0.3mm 的轴向间隙。已知 $B_1=80^{+0.01}_{0}$ mm，$B_2=60^{0}_{-0.06}$ mm，求 B_3 尺寸能满足装配要求的范围。

解：① 根据题意绘出尺寸链简图，如图 10-13（b）所示。

② 确定封闭环、增环、减环分别为 B_0、$\overrightarrow{B}_1$、$\overleftarrow{B}_2$、$\overleftarrow{B}_3$。

③ 列尺寸链方程式，计算 B_3。

$$B_0=B_1-(B_2+B_3)$$

$$B_3=B_1-B_2-B_0=80-60-0=20(\text{mm})$$

④ 确定 B_3 的极限尺寸。

$$B_{0\max}=B_{1\max}-(B_{2\min}+B_{3\min})$$

$$B_{3\min}=B_{1\max}-B_{2\min}-B_{0\max}=80.01-59.94-0.3=19.77(\text{mm})$$

$$B_{0\min}=B_{1\min}-(B_{2\max}+B_{3\max})$$

$$B_{3\max}=B_{1\min}-B_{2\max}-B_{0\min}=80-60-0.1=19.9(\text{mm})$$

得 $B_3=20^{-0.10}_{-0.23}$ mm。

11.3.2　装配方法

根据产品的结构、生产条件和生产批量的不同。为保证机器的工作性能和精度，在装配中必须达到零、部件相互配合的规定要求，一般可采用以下四种装配方法。

（1）完全互换装配法

完全互换装配法是在装配时各配合零件不经修配、选择或调整即可达到装配精度的装配方法。互换装配法操作简便，生产效率高；便于组织流水线作业及自动化装配以及采用协作方式组织专业化生产；同时零件磨损后，便于更换。

完全互换装配法进行装配时，其装配精度由零件制造精度保证。因此它对零件的加工精度要求较高，制造费用将随之增大。故此这种装配方法适用于组成件数少、精度要求不高或大批量生产场合，例如自行车、汽车、电器设备等。

（2）选配法

选配法是将零件的制造公差适当放宽，然后选取其中尺寸相当的零件进行装配，以达到

配合要求。它分为直接选配法和分组选配法两种。

直接选配法是指由装配工人直接从一批零件中选择“合适”的零件进行装配。这种方法比较简单，零件不必事先分组。但装配中挑选零件的时间长，装配质量取决于装配工人的技术水平，不宜用于要求较严的大批量生产。

分组选配法是将一批零件逐一测量后、按实际尺寸的大小分成若干组，然后将尺寸大的包容件（如孔）与尺寸大的被包容件（如轴）相配，将尺寸小的包容件与尺寸小的被包容件相配。这种装配法的配合精度决定于分组数，增加分组数可以提高装配精度。

分组选配法常用于成批或大量生产，装配精度高、配合件的组成数少，又不便于采用调整装配的情况。如柴油机的活塞与缸套、活塞与活塞销，滚动轴承的内外圈及滚子等。

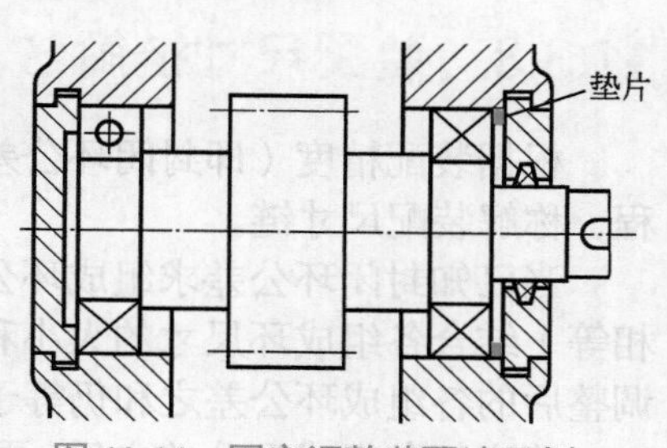

图 11-14　固定调整装配法示例

（3）调整装配法

在装配时改变产品中可调整零件的相对位置或选用合适的调整件以达到装配精度的方法，称为调整装配法。如图 11-14 所示，是用垫片来调整轴向配合间隙的固定调整装配方法。图 11-15（a）所示是通过调节套筒的轴向位置来保证它与齿轮轴向间隙的要求；图 11-15（b）所示是用调节螺钉调节镶条的位置来保证导轨副的配合间隙；图 11-15（c）所示是用调节螺钉使楔块上下移动来调节丝杠和螺母间的轴向间隙。

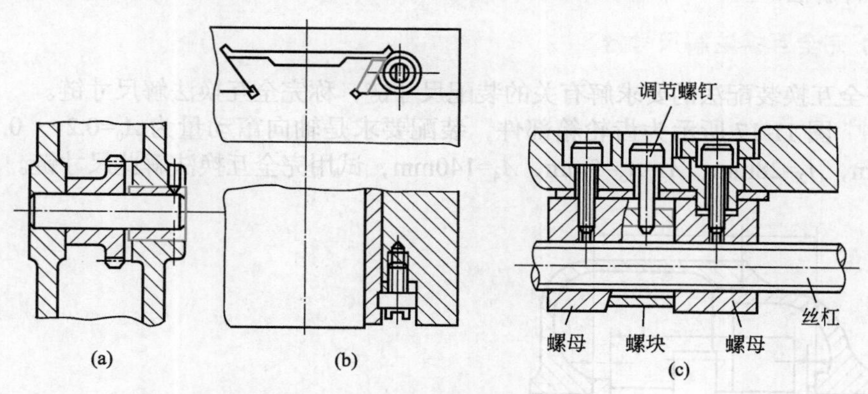

图 11-15　可动调整法装配示例

调整装配法在装配时零件不需要任何修配加工，只靠调整就能达到装配精度要求；可进行定期调整，易恢复配合精度（这对容易磨损或因温度变化而需改变尺寸及位置的结构是很有利的）；另外，调整件容易降低配合副的连接刚度和位置精度，因而要认真仔细地调整，调整后，固定要坚实牢靠。

（4）修配装配法

修配装配法是指在装配时修去指定零件上预留的修配量，以达到装配精度的方法。修配装配法示例如图 11-16 所示，通过修刮尾座底板尺寸 A_2 的预留量，使前后两顶尖中心线达到规定的等高度（即允差为 A_0）。

修配装配法装配周期长，生产效率低，对工人技术水平要求较高；通过修配得到装配精度，可降低零件制造精度。它适用于单件和小批量生产以及装配精度要求高的场合。

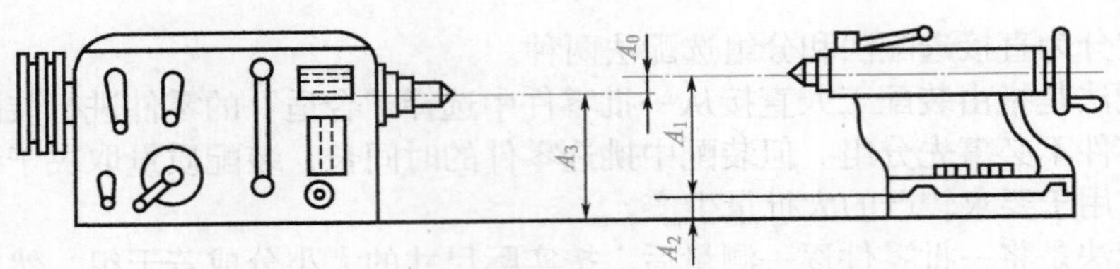

图 11-16 修配装配法示例

11.3.3 装配尺寸链解法

根据装配精度（即封闭环公差）对装配尺寸链进行分析，并合理分配各组成环公差的过程，称解装配尺寸链。

当已知封闭环公差求组成环公差时，应先按“等公差原则”（即每个组成环分得的公差相等）结合各组成环尺寸的大小和加工的难易程度，将封闭环公差值合理分配给各组成环，调整后的各组成环公差之和仍等于封闭环公差。

确定好各组成环公差之后，再按“入体原则”确定基本偏差。即当组成环为包容尺寸（孔）时，取下偏差为零；当组成环为被包容尺寸（轴）时，取上偏差为零；若组成环为中心距，则取对称偏差。

解装配尺寸链的方法有：完全互换法、分组选配法、修配法和调整法等。下面介绍其中常用的两种解法。

（1）完全互换法解尺寸链

按完全互换装配法的要求解有关的装配尺寸链，称完全互换法解尺寸链。

例 2：图 11-17 所示为齿轮箱部件，装配要求是轴向窜动量为 A_0=0.2 ～ 0.7mm。已知 A_1=122mm，A_2=28mm，A_3=A_5=5mm，A_4=140mm，试用完全互换法解此尺寸链。

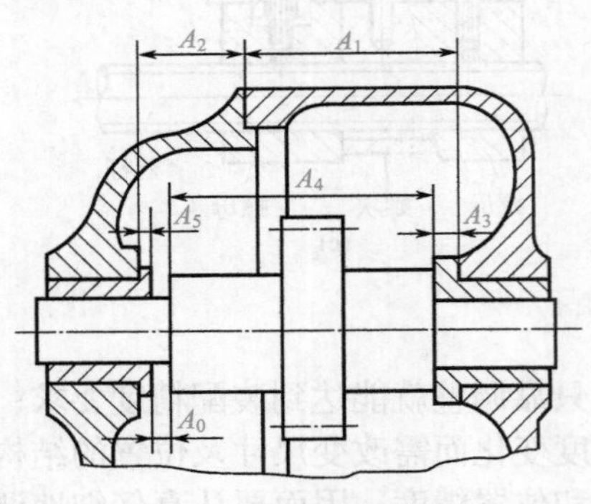

图 11-17 齿轮轴装配图

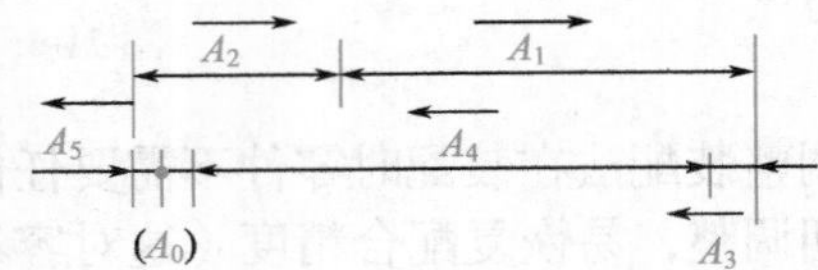

图 11-18 齿轮轴装配尺寸简图

解：① 根据题意绘出齿轮轴装配尺寸简图，如图 11-18 所示。其中 A_1、A_2 为增环，A_3、A_4、A_5 为减环，A_0 为封闭环。

$$A_0=(A_1+A_2)-(A_3+A_4+A_5)=(122+28)-(5+140+5)=0$$

得：各环基本尺寸无误。

② 确定各组成环尺寸公差及极限尺寸。

首先求出封闭环公差：

$$T_0=0.7-0.2=0.5(\text{mm})$$

根据$T_0=\sum_{i=1}^{m+n}T_i=T_1+T_2+T_3+T_4+T_5=0.5$(mm)，在“等公差原则”下，考虑各组成环尺寸及加工难易程度，合理分配各组成环公差为：

$$T_1=0.2\text{mm}，T_2=0.1\text{mm}，T_3=T_5=0.05\text{mm}，T_4=0.1\text{mm}$$

再按“入体原则”分配偏差为：

$$A_1=122^{+0.20}_{0}\text{mm}；A_2=28^{+0.20}_{0}\text{mm}；A_3=A_5=5^{0}_{-0.05}\text{mm}$$

③ 确定协调环。为满足装配精度要求，应在各组成环中选择一个环，其极限尺寸由封闭环极限尺寸方程式来确定，此环称为协调环。一般选便于制造及可用通用量具测量的尺寸作为协调环，本例题中选 A_4 为协调环。

$$A_{0\max}=A_{1\max}+A_{2\max}-A_{3\min}-A_{4\min}-A_{5\min}$$
$$A_{4\min}=A_{1\max}+A_{2\max}-A_{3\min}-A_{5\min}-A_{0\max}$$
$$=122.20+28.10-4.95-4.95-0.7$$
$$=139.70(\text{mm})$$
$$A_{0\min}=A_{1\min}+A_{2\min}-A_{3\max}-A_{4\max}-A_{5\max}$$
$$A_{4\max}=A_{1\min}+A_{2\min}-A_{3\max}-A_{5\max}-A_{0\min}$$
$$=122+28-5-5-0.2$$
$$=139.80(\text{mm})$$

得 $A_4=14^{-0.20}_{-0.30}$ mm。

（2）分组选配法解装配尺寸链

分组选配法是将尺寸链中组成环的制造公差放大到经济加工精度的程度，然后分组进行装配，以保证装配精度。

例 3：图 11-19 为某发动机内直径为 ϕ28mm 的活塞销与活塞孔装配示意图，要求销子与销孔装配时有 0.01 ～ 0.02mm 的过盈量。试用分组选配法解该尺寸链并确定各组成环的偏差值（设轴、孔的经济公差为 0.02mm）。

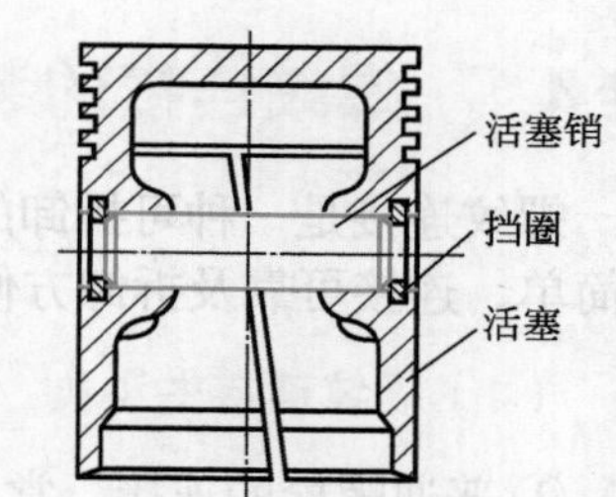

图 11-19　活塞销与活塞孔装配示意图

解：①先按完全互换法确定各组成环的公差和偏差值：

$$T_0=-0.01-(-0.02)=0.01(\text{mm})$$

根据“等公差原则”，取 $T_1=T_2=T_0/2=0.01/2=0.005$(mm)。再按“入体原则”，销子的公差带位置应为单向负偏差，即销子尺寸为：

$$A_1=28^{0}_{-0.005}\text{mm}$$

根据配合要求可知销孔尺寸为：

$$A_2=28^{-0.015}_{-0.020}\text{mm}$$

绘画出销子与销孔配合的尺寸公差带图，如图 11-20（a）所示。

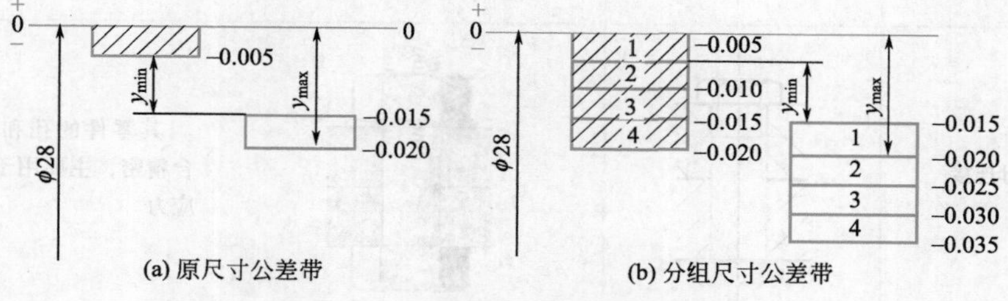

图 11-20　销子与销孔配合尺寸公差带

② 根据经济公差 0.02mm，将得出的组成环公差均扩大 4 倍，得到 4×0.005=0.02(mm) 的经济制造公差。

③ 按相同方向扩大制造公差，得销子尺寸为 $\phi28^{\ 0}_{-0.020}$ mm，销孔尺寸为 $\phi28^{-0.015}_{-0.035}$ mm。

④ 制造后，按实际加工尺寸分 4 组，分组尺寸公差如图 11-20（b）所示。然后按组进行装配，见表 11-3。因为分组配合公差与允许配合公差相同，所以符合图示。

表 11-3　活塞销与活塞销孔的分组尺寸　　mm

组别		1	2	3	4
活塞销直径		$\phi28^{\ 0}_{-0.005}$	$\phi28^{-0.005}_{-0.010}$	$\phi28^{-0.010}_{-0.015}$	$\phi28^{-0.015}_{-0.020}$
活塞销孔直径		$\phi28^{-0.015}_{-0.020}$	$\phi28^{-0.020}_{-0.025}$	$\phi28^{-0.025}_{-0.030}$	$\phi28^{-0.030}_{-0.035}$
配合情况	最小过盈量	0.010			
	最大过盈量	0.020			

11.4 固定连接的装配

11.4.1 螺纹连接的装配

螺纹连接是一种可拆卸的固定连接，它可以把机械中的零件紧固地连接在一起，具有结构简单、连接可靠及拆卸方便等优点。

（1）螺纹连接的种类

① 普通螺栓的连接　常见的连接形式见表 11-4。

表 11-4　普通螺栓的连接形式

连接形式	图示		应用特点
螺栓、螺母连接	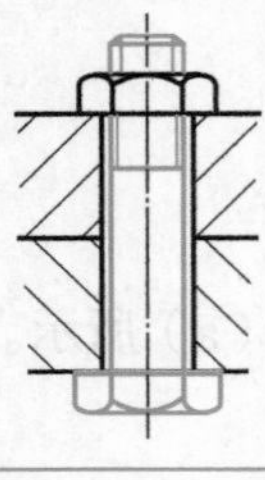	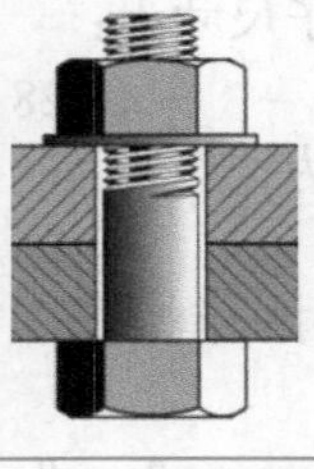	多用于通孔连接，损坏后更换很容易
螺栓、螺母连接	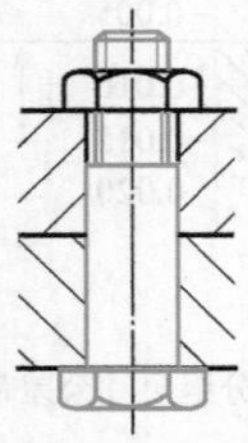	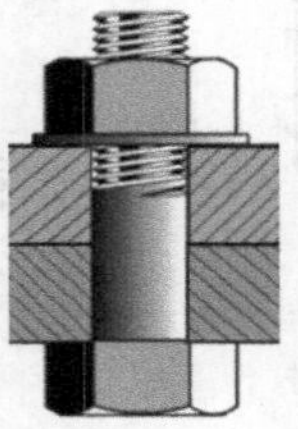	其零件的孔和螺栓的直径配合精密，主要用于承受零件的切应力

续表

连接形式	图示		应用特点
螺钉连接	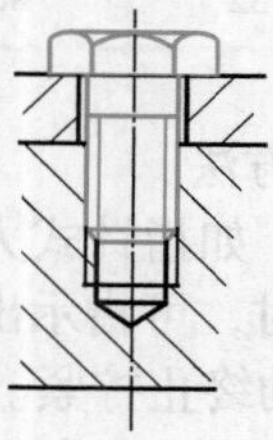	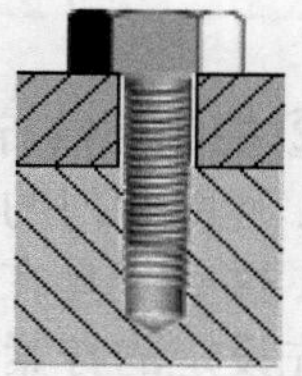	螺钉直接拧入，连接件很少拆卸
内六角螺钉连接	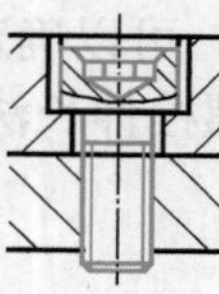	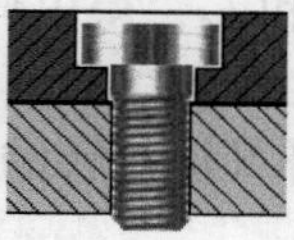	六角螺钉拧入零件，用于零件表面不允许有凸出物的场合

② 双头螺柱连接　双头螺柱连接常见的连接形式如图 11-21 所示，即用双头螺柱和螺母将零件连接起来。这种连接形式要求双头螺柱拧入零件后，要具有一定的紧固性，多用于盲孔、被连接零件需经常拆卸的环境。

③ 机用螺栓连接　机用螺栓连接常见的连接形式如图 11-22 所示。它是采用半圆头、圆柱头及沉头螺钉等将零件连接起来。用于受力不大、重量较轻的零件的连接。

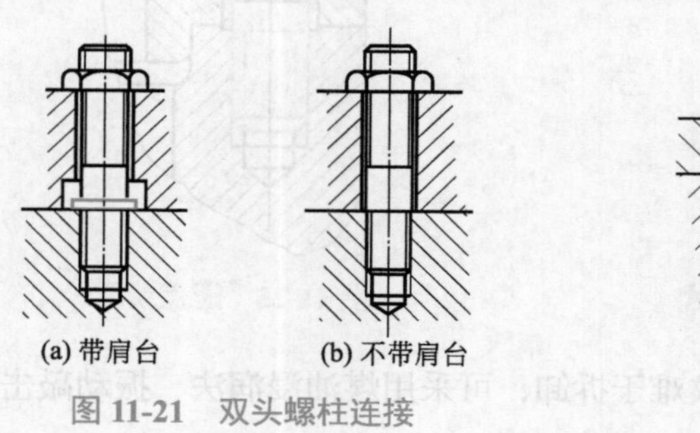

(a) 带肩台　(b) 不带肩台

图 11-21　双头螺柱连接

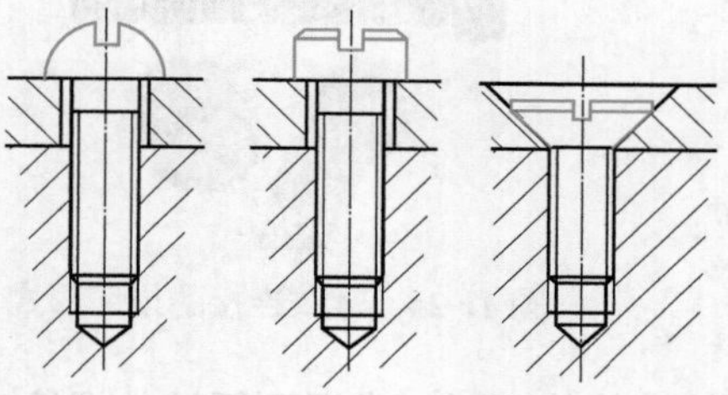

图 11-22　机用螺栓连接

（2）螺纹连接时的预紧

① 螺纹连接预紧的定义　为达到螺纹连接的紧固和可靠，对螺纹副施加一定的拧紧力矩，使螺纹间产生相应的摩擦力矩，这种措施称为对螺纹连接的预紧。

拧紧力矩可按下式求得：

$$M_1=KP_0d\times 10^3$$

式中　M_1——拧紧力矩，N·m；

K——拧紧力矩系数（有润滑时 K=0.13 ～ 0.15，无润滑时 K=0.18 ～ 0.21）；

P_0——预紧力，N；

d——螺纹公称直径，mm。

拧紧力矩可根据表 11-5 查出后再乘以一个修正系数（对于 30 钢为 0.75；对于 35 钢为 1；对于 45 钢为 1.1）求得。

表 11-5 螺纹连接拧紧力矩

基本直径 /mm	6	8	10	12	16	20	24
拧紧力矩 *M*/N·m	4	10	18	32	80	160	280

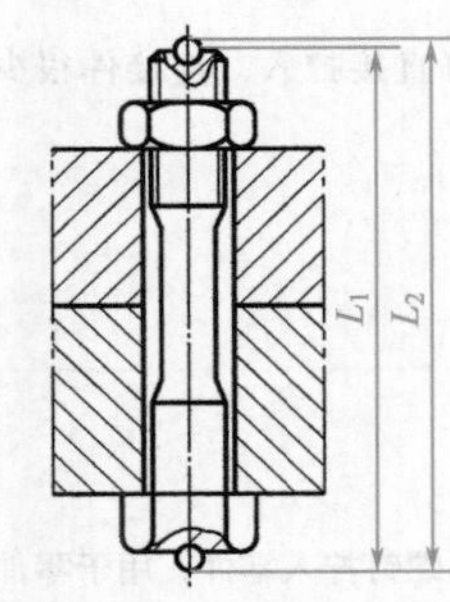

图 11-23 测量螺栓伸长量

② 控制螺纹拧紧力矩的方法

a. 利用专门的装配工具。如指针式力矩扳手、电动或风动扳手等。这些工具在拧紧螺纹时，可指示出拧紧力矩的数值，或到达预先设定的拧紧力矩时自动终止拧紧。

b. 测量螺栓伸长量。如图 11-23 所示，螺母拧紧前，螺栓的原始长度为 L_1；按规定的拧紧力矩拧紧后，螺栓的长度为 L_2。根据 L_1 和 L_2，得出伸长量的变化，可以确定拧紧力矩是否正确。

c. 扭角法。其原理与测量螺栓伸长法相同，只是将伸长量折算成螺母被拧转的角度。

（3）连接的损坏形式和修理工艺

螺纹连接的损坏形式一般有：螺纹有部分或全部损坏、螺钉头损坏及螺杆断裂等，如图 11-24 所示。任何形式的损坏，一般都以更换新件来解决；螺孔滑牙后，有时需要修理，大多是扩大螺纹直径或加深螺纹深度。

图 11-24 螺纹连接的损坏形式

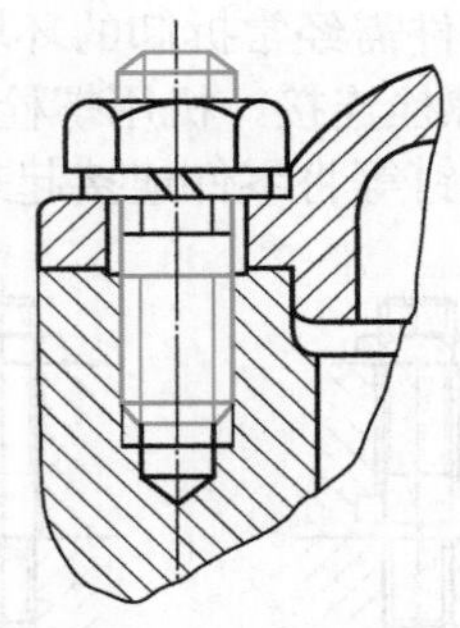
图 11-25 压盖装配

螺纹连接修理时，常遇到锈蚀的螺纹难于拆卸，可采用煤油浸润法、振动敲击法及加热膨胀法松动螺纹后再拆卸。

（4）螺纹连接的装配

① 双头螺柱的装配 以图 11-25 所示压盖装配为例。

a. 通过读装配图，了解图 11-25 中双头螺柱与机体螺孔的螺纹配合性质属过渡配合，双头螺柱拧入机体螺孔后应紧固，压端与机体间有密封要求，螺母防松措施采用弹簧垫圈。

b. 根据装配要求情况，选用规格合适的呆扳手、活扳手、90° 角尺各一把，L-AN32 全损耗系统用油适量。

c. 检查装配零件配合表面尺寸是否正确，有无毛刺、磕、碰、伤及脏物等，是否具备装配条件。

d. 先在机体螺孔内加注 L-AN32 全损耗系统用油润滑；再用手将双头螺柱旋入机体螺孔，并将两个螺母旋在双头螺柱上，相互稍微锁紧。然后用 90° 角尺检验或目测双头螺柱的中心线与机体表面垂直（若稍有偏差，可用锤子锤击光杆部位校正，或拆下双头螺柱用丝锥回攻校正螺孔。若偏差较大，不要强行以锤击校正，否则影响连接的可靠性）。

e. 按装配关系，装入垫片、压盖及弹簧垫圈，并用手将螺母旋入螺柱压住法兰盖。用扳手卡住螺母，对角、均匀、渐次地压紧压盖。

f. 按装配图检查零件装配是否满足装配要求。

双头螺栓的装拆如图 11-26 所示，用一个扳手卡住上螺母，用右手顺时针旋转，用另一个扳手卡住下螺母，用左手逆时针方向旋转，锁紧双螺母。用扳手按顺时针方向扳动上螺母，将双头螺柱锁紧在机体上，用右手握住扳手，按逆时针方向扳动上螺母，再用左手握住另一个扳手，卡住下螺母不动，使两螺母松开，卸下两个螺母。

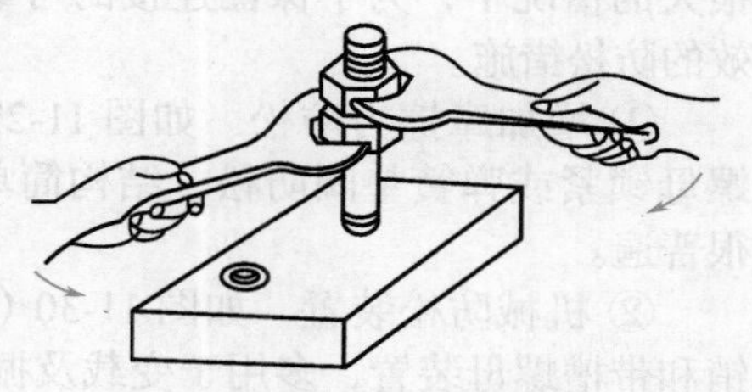

图 11-26　双头螺母的锁紧

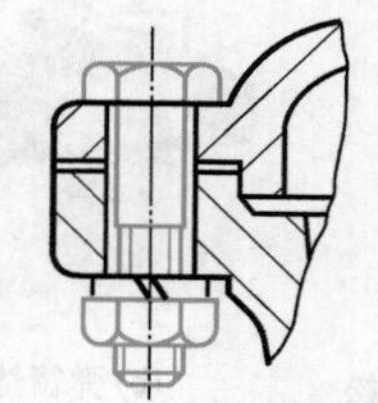

图 11-27　螺母和螺栓的装配

② 螺母和螺栓的装配　以图 11-27 所示的普通螺母和螺栓的装配为例。

a. 读图。在图 11-27 中，防松装置为弹簧垫圈，部件有密封要求。

b. 选取规格合适的活扳手、呆扳手。

c. 检查零件尺寸是否正确，有无毛刺、磕、碰、伤，若螺栓或螺母与零件相接触表面不平整、不光洁，应用锉刀修至要求，并清洗零件。

d. 先将垫片、端盖按图中位置，对正光孔中心，压入止口。

e. 将六角螺钉穿入光孔中，并用手将垫圈套入螺栓，再将螺母拧入螺栓。拧时，左手挟螺栓头，右手拧螺母、轻压在弹簧垫圈上。再用活扳手卡住螺栓头，用呆扳手卡住螺母，逆时针、对角、顺次拧紧，

f. 按图自检部件装配符合技术要求。

③ 成组螺栓或螺母的装配　以图 11-28 中所示长方形零件上成组螺母装配为例（成组螺母 10 件，按长方形规律排列）。

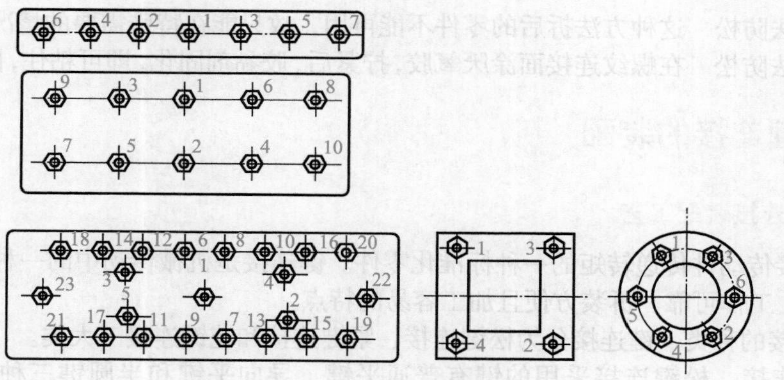

图 11-28　成组螺母的拧紧顺序

a. 选取规格合适的套筒扳手一套。

b. 检查尺寸正确，清洗干净，无影响装配的缺陷。

c. 按装配图装配关系，左手拿螺栓从连接件孔中穿出，右手拿垫圈套入螺栓后，再将螺母拧入螺栓，并逐个轻轻压紧连接零件。

d. 将套筒扳手组件装好，套入成组螺母，按图中序号，由 1 至 10 拧紧螺母。拧紧时，不要一次拧到位，而是分几次逐步拧紧。以避免被连接零件产生松紧不均匀或不规则变形。

e. 按装配图技术条件自检成组螺母装配满足要求。

（5）螺纹连接的防松装置

螺纹本身有自锁作用，正常情况下不会脱开，但在冲击、振动、变负荷或工作温度变化很大的情况下，为了保证连接的可靠，必须采取有效的防松措施。

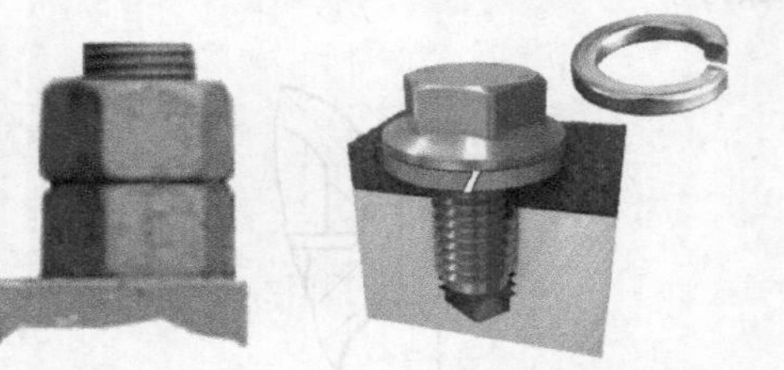

(a) 双螺母锁紧防松　　(b) 弹簧垫圈防松

图 11-29　增加摩擦力防松

① 增加摩擦力防松　如图 11-29 所示，采用双螺母锁紧或弹簧垫圈防松，结构简单、可靠，应用很普遍。

② 机械防松装置　如图 11-30（a）所示为开口销和带槽螺母装置，多用于变载及振动处。图 11-30（b）所示为止动垫圈装置，止动垫圈的内圈凸出部嵌入螺杆外圆的方缺口中，待圆螺母拧紧后，再把垫圈外圆凸出部弯曲成 90° 紧贴在圆螺母的一个缺口内，使圆螺母固定。图 11-30（c）所示为带耳止动垫圈装置，用于受力不大的螺母防松处。图 11-30（d）所示为串联钢丝装置，使用时，应使钢丝的穿绕方向拧紧螺纹。

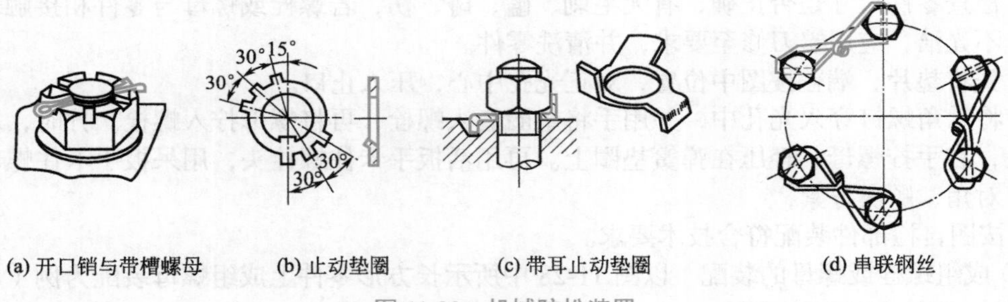

(a) 开口销与带槽螺母　　(b) 止动垫圈　　(c) 带耳止动垫圈　　(d) 串联钢丝

图 11-30　机械防松装置

③ 点铆法防松　这种方法拆后的零件不能再用，故只能在特殊需要的情况下应用。

④ 胶接法防松　在螺纹连接面涂厌氧胶，拧紧后，胶黏剂固化，即可粘住，防松效果良好。

11.4.2　键连接的装配

（1）键连接装配工艺

键是连接传动件传递转矩的一种标准化零件。键连接是机械传动中的一种结构形式，具有结构简单、工作可靠、拆装方便且加工容易的特点。

① 键连接的种类　键连接分为松键连接、紧键连接和花键连接三大类。

a. 松键连接。松键连接采用的键有普通平键、导向平键和半圆键三种。连接形式如图 11-31 所示。其连接特点是靠键的侧面来传递转矩，只对轴上的零件作轴向固定，如需轴向固定，还需附加紧定螺钉或定位环等零件。

b. 紧键连接。紧键连接采用的键有普通楔键、钩头楔键和切向键。其连接特点是键与键槽的侧面之间有一定的间隙，键的上下两面是工作面钩头楔键连接形式，如图 11-32 所示。楔键的上表面和轮毂槽的底面各有 1∶100 的斜度，装配时需打入，靠楔紧作用传递转矩，能轴向固定零件和传递单向轴向力，但易使轴上零件与轴的配合产生偏心与偏斜。

切向键是由两个斜度为 1∶100 的楔键组成。其上下两窄面为工作面，其中一面在通过轴心线的平面内。工作面上的压力沿轴的切线方向作用，能传递很大的转矩。一组切向键只传递一个方向的转矩，传递双向转矩时，须用两组，互成 120° ～ 135°。

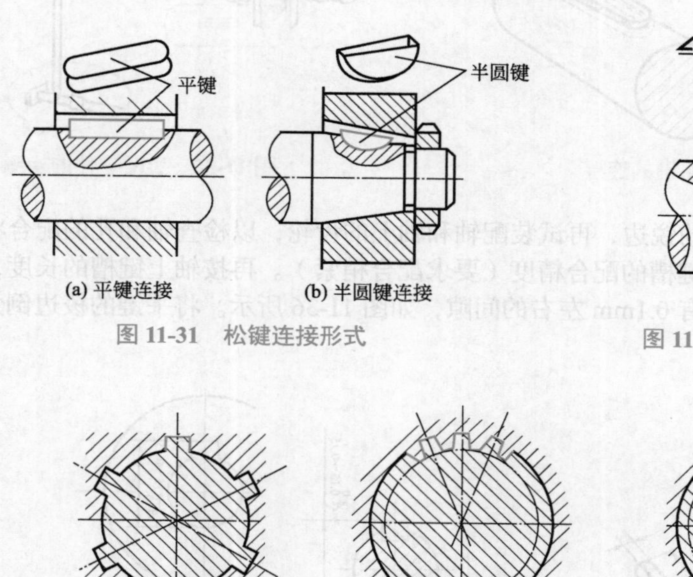

图 11-31　松键连接形式

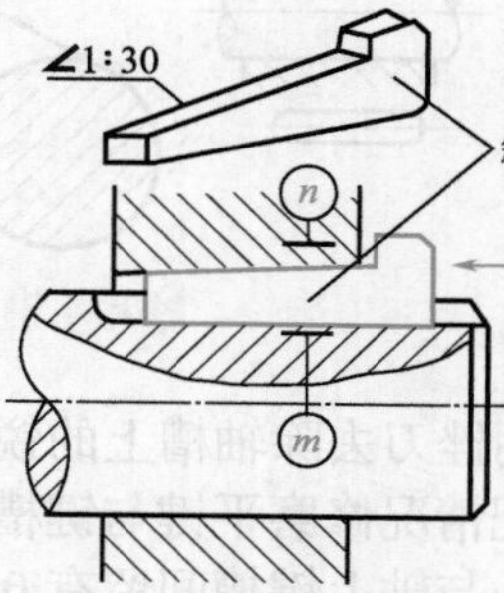

图 11-32　钩头楔键连接形式

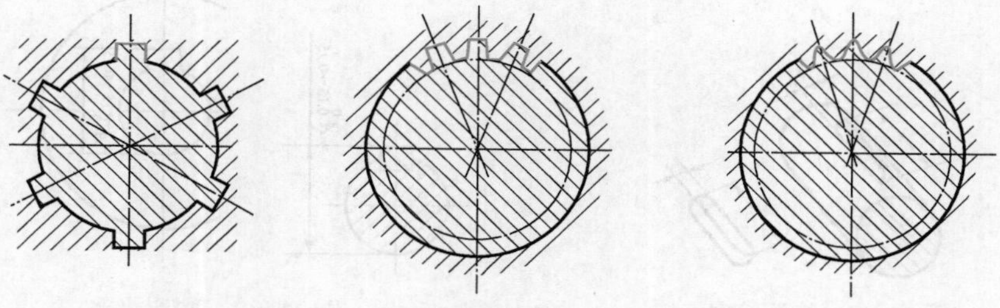

(a) 矩形　(b) 渐开线形　(c) 三角形

图 11-33　花键连接形式

c. 花键连接。按工作方式不同，花键连接可分为静连接和动连接两种。按齿廓形状的不同，花键连接可分为矩形、渐开线形和三角形三种。其连接形式如图 11-33 所示。

花键连接的定心方式有外径定心、内径定心和键侧定心三种。一般都采用外径定心，花键轴的外径采用磨削加工，花键孔的外径采用拉削获得。

② 键连接的损坏形式和修理工艺　键连接的损坏形式一般有键侧和键槽侧面磨损，键发生变形或被剪断。

键侧或键槽侧面磨损，使原来的配合变松，以致传递转矩时产生冲击并加剧磨损。对于键的磨损，一般都应更换，不作修复；而对键槽的磨损，则常常采用修整键槽，更换增大尺寸的键来解决。

动连接的花键轴磨损后，可采用表面镀铬的方法进行修复。

（2）键连接的装配

① 平键连接的装配　以图 11-34 所示的齿轮、轴和平键的连接为例（键的两侧面与轴槽两面的配合性质为 H9/h9，平键的两端为半圆头）。

a. 根据装配要求选取 300mm 锉刀、平刮刀各一把，铜棒一根，锤子一把，游标卡尺一把，内径百分表一块。

b. 用游标卡尺、内径百分表检查轴和齿轮孔的实际配合尺寸是否合格（若配合尺寸不合格，采用磨削加工修复合格），如图 11-35 所示。

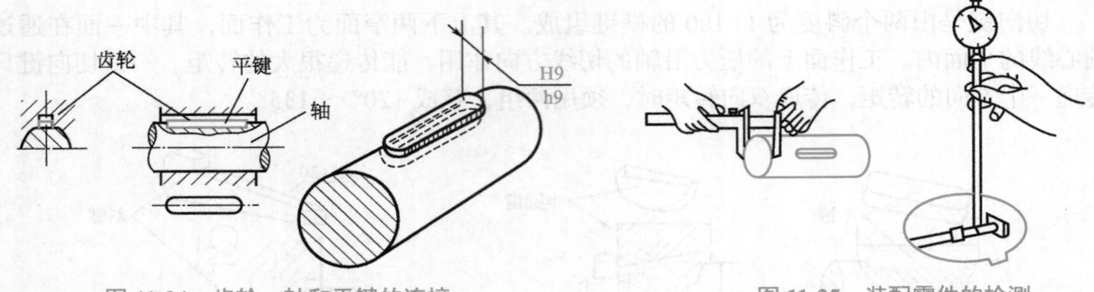

图 11-34　齿轮、轴和平键的连接　　图 11-35　装配零件的检测

c. 先用锉刀去除轴槽上的锐边，再试装配轴和轴上的齿轮，以检查轴和孔的配合状况，并根据装配情况修磨平键与键槽的配合精度（要求配合稍紧）。再按轴上键槽的长度，配锉平键半圆头与轴上键槽间留有 0.1mm 左右的间隙，如图 11-36 所示。将平键的棱边倒角，去除锐边。

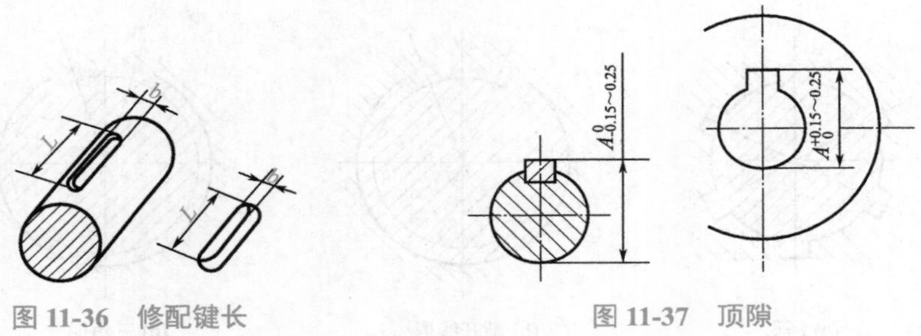

图 11-36　修配键长　　图 11-37　顶隙

d. 修配完成后，将平键安装于轴的键槽中，在配合面上加注全损耗系统用油，用铜棒敲击，将平键压入轴上键槽内，并与槽底接触。用卡尺测量平键装入后的高度应小于孔内槽深度尺寸，允差为 0.3 ～ 0.5mm，如图 11-37 所示。

e. 试配并安装齿轮，保证键顶与轮槽底面留有 0.3 ～ 0.5mm 间隙，若侧面配合过紧，应拆下配件，根据接触印痕，修整键槽两侧面，但不允许有松动，以免传递动力时产生冲击及振动。装配时，齿轮的键槽与轴上的平键应对齐，用铜棒和锤子敲击至装配位置。完成后按装配图装配关系、技术要求检查平键装配是否满足要求。

② 楔键连接的装配　以图 11-32 所示的钩头楔键连接的装配为例。

a. 读装配图知轴槽底面 *m*、轮槽底面 *n* 分别和楔键的上下平面压紧，形成紧固配合。

b. 选择 300mm 的锉刀、刮刀各一把，铜棒一根，锤子一把，游标卡尺一把，内径百分表一块，红丹粉适量。

c. 用游标卡尺、内径百分表检查各配合尺寸是否正确。

d. 先用锉刀修去键槽及键周边的毛刺与锐边，并根据轴上键槽宽度配锉键宽，使键侧与键槽保持一定的配合间隙。再将轮与轴试装，检查轴与孔的配合状况。然后将轮的键槽与轴上键槽对正，在楔键的斜面上涂红丹粉后敲入键槽内，如图 11-38 所示。

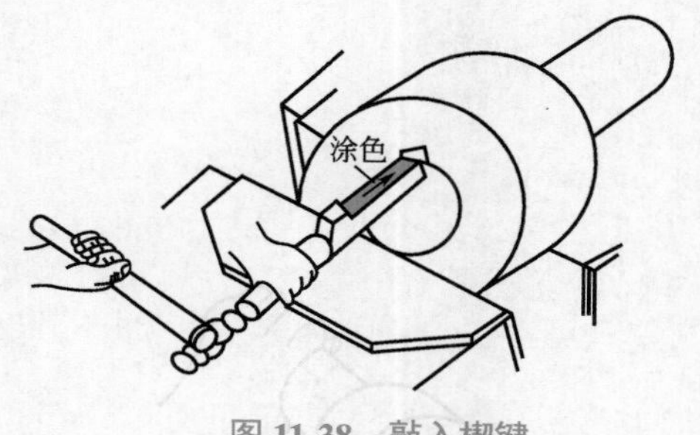

图 11-38　敲入楔键

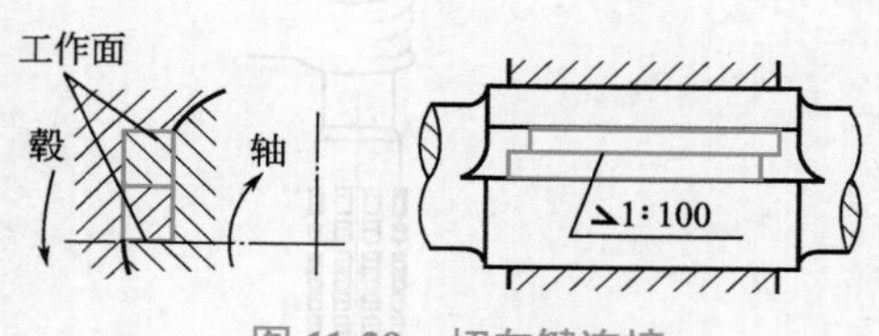

图 11-39　切向键连接

e. 拆卸楔键，根据接触斑点判别斜度配合是否良好。并用锉削或刮削方法进行修整，使键与键槽的上、下结合面紧密贴合，并保持键的钩头离轮件端面有一定的距离，以便拆卸。用煤油清洗楔键和键槽。将轮槽与轴槽对齐，将楔键加注 L-AN32 全损耗系统用油后，用铜棒和锤子将其敲入键槽并楔紧，最后按装配图技术要求检查楔键装配是否满足要求。

③ 切向键连接的装配　以图 11-39 所示的切向键连接为例。

a. 选取 300mm 的锉刀、平面刮刀各一把，铜棒一根，锤子一把，游标卡尺一把，红丹粉适量。

b. 用游标卡尺检查各配合尺寸、切向键零件尺寸是否正确。

c. 用锉刀去除切向键表面毛刺及各棱边锐角，去除轴槽、轮槽锐边，清理装配零件。

d. 试装轮、轴，检查轴与孔的配合状况。在切向键的一个斜面涂红丹粉，将两个斜面按装配位置研磨，检查接触是否良好，若配合不良，用锉削或刮削的方法进行修整，修整后，用游标卡尺检查两工作面间的平行度，若平行度不好，可在平面磨床上修磨 1:100 斜度至要求；再对正轮槽和轴槽，在切向键的配合表面加注全损耗系统用油，按图 11-39 中所示位置先装入一个楔键后，再用铜棒和锤子敲入一个楔键并楔紧；结束后按装配图位置、尺寸及技术要求检查切向键装配是否合格。

④ 花键连接的装配　以图 11-40 中所示矩形花键的装配为例（花键轴与花键孔为间隙配合，花键轴为外径定心）。

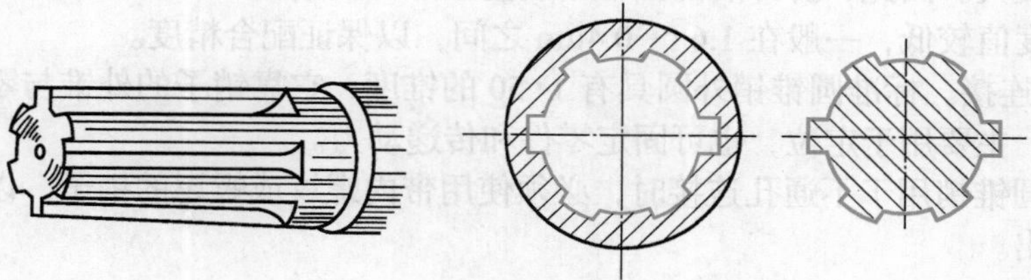
图 11-40　花键连接

a. 选择纯铜棒一根，锤子一把，游标卡尺一把，规格合适的花键推刀一把，刮刀一把。

b. 用卡尺检查花键各配合尺寸是否正确。

c. 将花键推刀前端的锥体部分塞入花键孔中，用铜棒敲击花键推刀的柄部，使花键推刀的轴线与花键的轴线保持一致，垂直度目测合格，如图 11-41 所示。

d. 把装有花键推刀的花键放在手动压床工作台中间，将花键孔与工作台孔对齐。调整手动压床，扳动手把，将花键推刀从花键孔的上端面压入，从下端面压出。将花键推刀转换一个角度再次从花键孔的上端面压入，从下端面压出，重复 2 ～ 4 次，使花键孔达到要求。

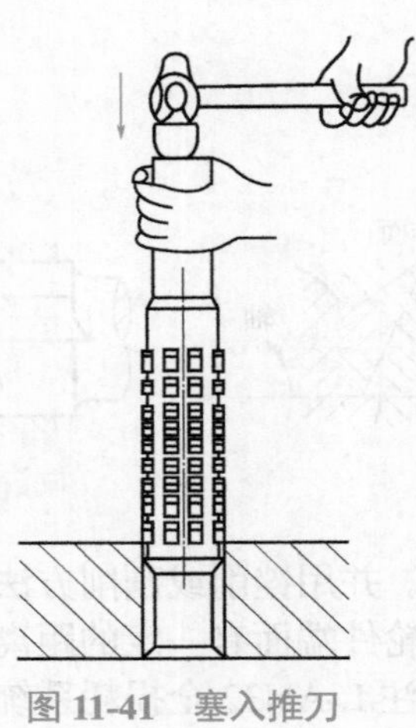

图 11-41　塞入推刀

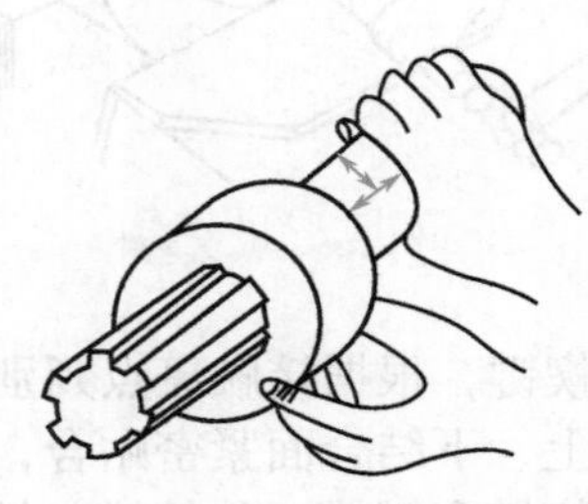

图 11-42　检查装配

e. 将花键轴的花键部位与花键孔装配，并来回抽动花键轴，要求运动自如，又不能有晃动现象，如图 11-42 所示。如有阻滞现象，应在花键轴上涂红丹粉，用铜棒敲入、检查接触点后，用刮削方法将接触点刮掉，刮削 1 ～ 2 次，使花键轴达到要求为止。

f. 最后将花键轴清洗，加油，装入花键内，再按装配技术要求自检花键装配是否合格。

11.4.3　销连接的装配

销连接在机械中，除起连接作用外，还可起定位作用和保险作用。销连接的结构简单，连接可靠，定位准确，拆装方便。

（1）销连接的种类

① 圆柱销连接　这种连接的销子外圆呈圆柱形，依靠配合时的过盈量固定在销孔中，它可以用来固定零件、传递动力或作为定位件。圆柱销连接不宜多次装拆，一经拆卸，销子的过盈量就会丧失。因此，拆卸后的圆柱销装配必须调换新销子，圆柱销连接要求销子和销孔的表面粗糙度值较低，一般在 1.6 ～ 0.4μm 之间，以保证配合精度。

② 圆锥销连接　标准圆锥销外圆具有 1∶50 的锥度，它靠销子的外锥与零件锥孔的紧密配合连接零件，主要用于定位，也可固定零件和传递动力。

圆柱销或圆锥销用于不通孔连接时，必须使用带内螺纹或螺尾的销子，以便拆卸时能用工具将销子拆出。

（2）销连接的损坏形式和修理工艺

销连接的损坏形式是销子、销孔变形或销子切断。销子磨损或损坏，通常采用更换的办法。销孔在允许改大直径的情况下，采取加大孔径，重新钻、铰的方法进行修理。

（3）销连接的装配

① 圆柱销连接的装配　以图 11-43 中所示圆柱销连接为例（圆柱销与销孔配合为过盈配合，销孔表面粗糙度为 0.8μm）。

a. 选取锉刀、锤子各一把，铜棒一根，ϕ10mm 圆柱铰刀一把，ϕ9.9mm 钻头一支，游标卡尺、千分尺各一把。

b. 用千分尺测量圆柱销直径为 ϕ10.013mm。

c. 用锉刀去除测量合格圆柱的倒角处的毛刺；按图样要求将两个连接件经过精确调整，使位置度达到允差之内并叠合在一起装夹，在钻床上钻 ϕ9.9mm 孔。

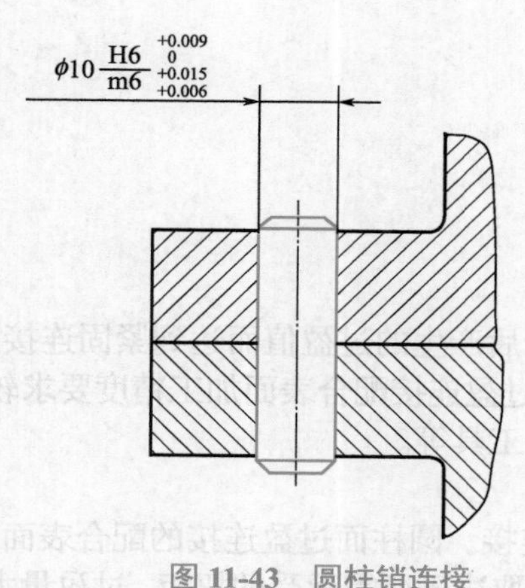

图 11-43　圆柱销连接

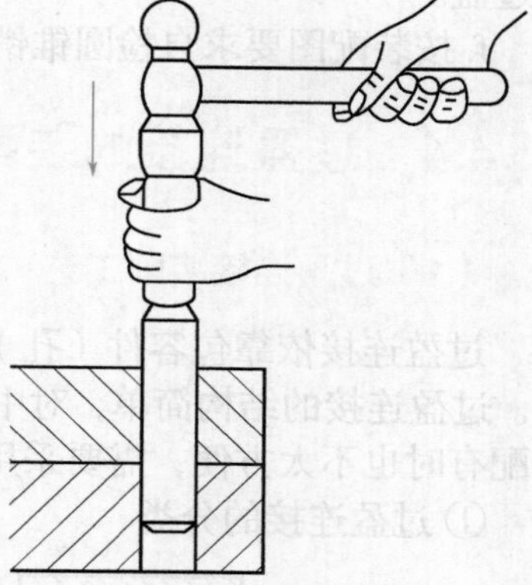

图 11-44　敲入销子

d. 对已钻好的孔用手铰刀铰孔，铰孔表面粗糙度值达 0.8μm。

e. 用煤油清洗销子孔，并在销子表面涂上 L-AN32 全损耗系统用油，将铜棒垫在销子端面上，用锤子将销子敲入孔中，如图 11-44 所示。

f. 完成后按装配图装配关系、配合要求自检圆柱销连接是否合格。

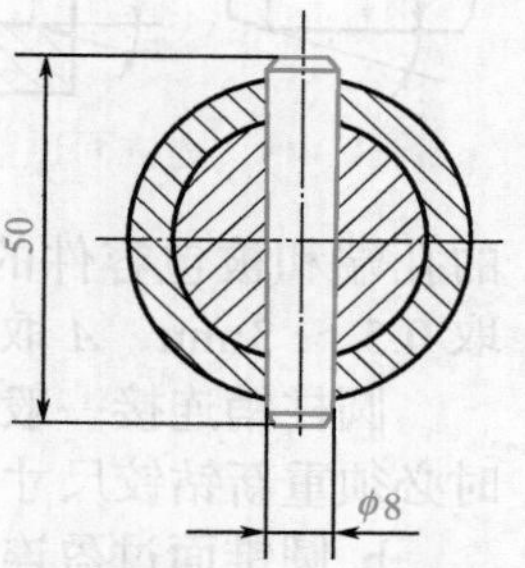

图 11-45　圆锥销连接

② 圆锥销连接的装配　以图 11-45 中所示圆锥销连接为例（锥销小头直径为 ϕ8mm，锥销长度为 50mm）。

a. 根据装配要求，选取锉刀、锤子各一把，ϕ8mm 锥铰刀一支，铰杠一件，铜棒一根，ϕ7.9mm 钻头一支，游标卡尺、千分尺各一把。

b. 用千分尺测量圆锥销小端直径是否正确。

c. 用锉刀修去锥销表面毛刺。将被连接件经过精确位置度调整后叠合在一起装夹，然后在钻床上钻孔（为减小铰削余量，可将销孔钻成阶梯孔，小端首选钻头直径为 ϕ7.9mm，依次选用 ϕ8.3mm、ϕ8.6mm 直径钻头并计算好钻孔深度。然后对钻好的孔用手铰刀铰孔，并用相配的圆锥销来检查孔的深度或在铰刀上作出标记，如图 11-46 所示。

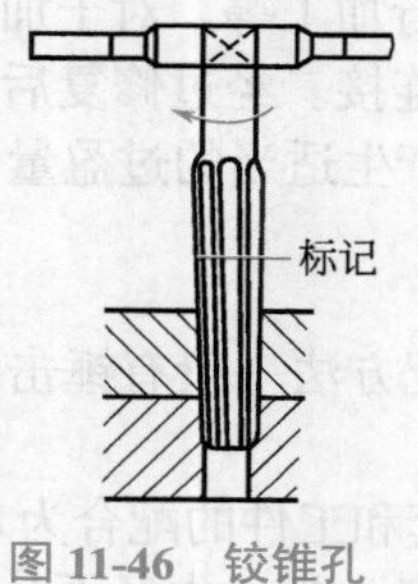

图 11-46　铰锥孔

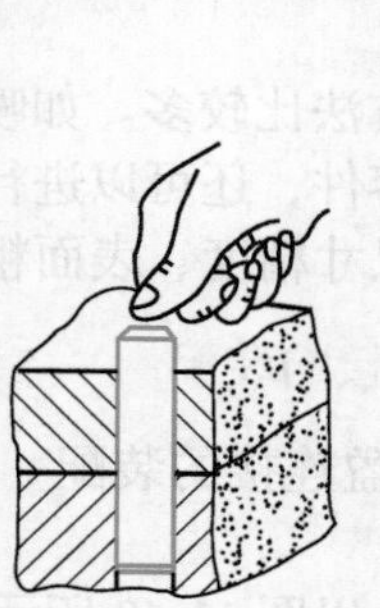

图 11-47　检查深度

d. 再用煤油将圆锥孔和圆锥销清洗干净。用手将圆锥销推入圆锥孔中进行试装，检查圆

锥孔深度。深度占圆锥销长度的80%～85%即可，如图11-47所示。

e. 把圆锥销取出，擦净，表面涂L-AN32全损耗系统用油，用手将圆锥销推入圆锥孔中，再用铜棒敲击圆锥销端面，直至压实（圆锥销的倒角部分应伸出所连接的零件平面外），产生过盈。

f. 按装配图要求自检圆锥销装配是否合格。

11.4.4 过盈连接的装配

（1）过盈连接装配工艺

过盈连接依靠包容件（孔）和被包容件（轴）配合后产生的过盈值而达到紧固连接的目的。过盈连接的结构简单，对中性好，承载能力强。但过盈连接配合表面加工精度要求较高，装配有时也不太方便，需要采用加热、降温或专用设备工具等。

① 过盈连接的分类

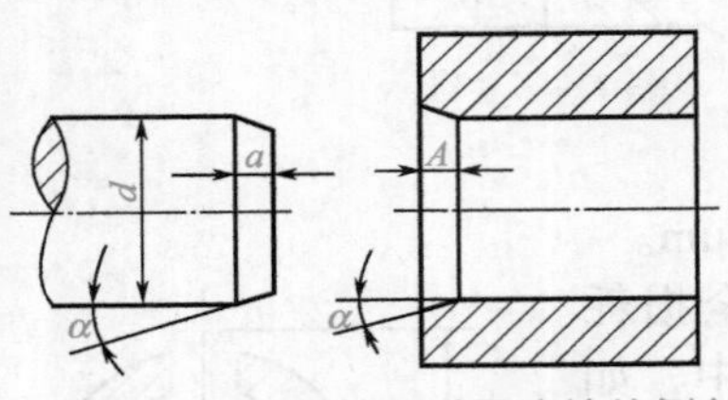

图11-48　圆柱面过盈连接的倒角

a. 圆柱面过盈连接。圆柱面过盈连接的配合表面为圆柱形。其过盈量大小取决于所需承受的扭矩，过盈量太大，使装配难度增加，且使连接件承受过大的内应力，过盈量太小则不能满足工作需要。

过盈连接的配合精度等级一般都较高，加工后实际过盈的变动范围小，从而使装配后连接件的松紧程度不会有大的变化。为使装配容易对中和避免拉毛，包容件的孔端和被包容件的进入端都有倒角，如图11-48所示。倒角常取5°～10°，倒角宽度a取0.5～3mm，A取1～3.5mm。

圆柱销连接一般用于中分面的定位和在加工工序中的定位。圆柱销经拆卸后，失去过盈时必须重新钻铰尺寸大一级的销孔并重配圆柱销。

b. 圆锥面过盈连接。圆锥面过盈连接是利用包容件和被包容件相对轴向位移后，相互压紧而获得配合过盈的。使配合件相对轴向位移的方法有利用螺纹拉紧、利用液压使包容件内孔涨大或将包容件内孔加热涨大等。靠螺纹拉紧，其配合面的锥度常为1∶30～1∶8。靠液压涨大内孔，其配合面的锥度常为1∶50～1∶30。圆锥面过盈连接的最大特点是压合距离短、装拆方便、配合面不易被擦伤拉毛，用于需多次装拆的场合。

② 过盈连接的损坏形式和修理工艺　过盈连接的损坏形式是过盈量的丧失。对于丧失过盈量的配合表面，一般以修复后的孔为基准、改变修复后的轴的尺寸，使轴、孔间重新产生需要的过盈量。

轴径的修理方法比较多。如喷涂、刷镀、补焊后进行加工等。对于加工容易、制造简易的包容件或被包容件，还可以进行更换来重新实现过盈连接。经过修复后的轴、孔配合表面必须具有合格的尺寸精度、表面粗糙度及同轴度，才能产生适当的过盈量。

（2）过盈连接的装配

① 圆柱面过盈连接的装配　圆柱面过盈连接的装配方法一般有锤击装配、压合装配和温差装配等。

a. 锤击装配。以图11-49所示轴套的装配为例（铜套和工件的配合为ϕ30H6/n6）。

● 根据装配要求，选取锤子、垫板、锉刀和千分尺各一把，内径百分表一件。然后用千分尺和内径百分表测量铜套外径与工件孔径，以及检查配合表面粗糙度。

● 用锉刀在铜套压入端外圆修出α=5°～7°、宽3mm的倒角。去除铜套、工件表面毛刺，擦干净，并在铜套外圆上涂润滑油。

● 将铜套压入端插入工件孔，放正，将垫板放在铜套端面上摆平，用锤子轻轻锤击垫板，锤击时，锤击力不要偏斜，保持四周 A 尺寸的一致，锤击四周。

● 按装配要求，检查是否合格。

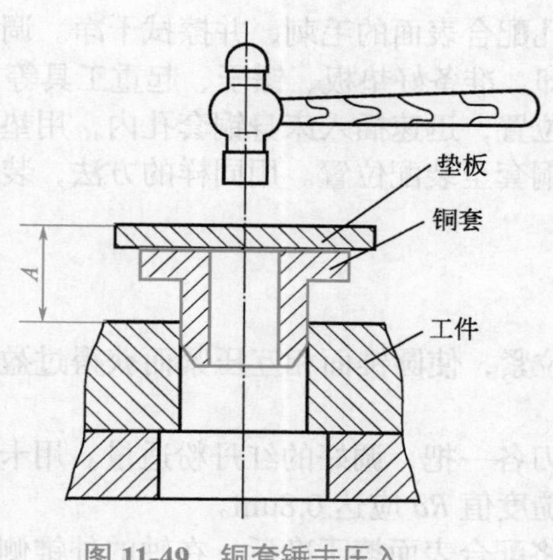

图 11-49 铜套锤击压入

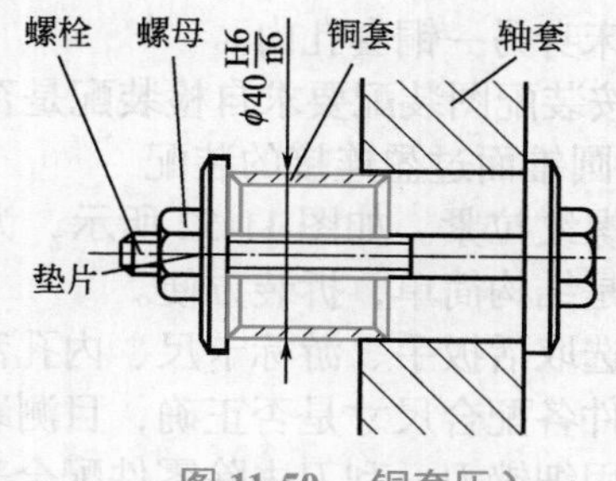

图 11-50 铜套压入

值得注意的是：当圆柱表面壁厚较薄且配合长度较长时，为防止压入时套的变形，可采用专用辅具装配；当圆柱表面的过盈量过大时，应在压力机上进行装配或选用温差法进行装配。压入产生歪斜时，一定要校正后继续装配，不可在歪斜状态下强行装配。

b. 压合装配。以图 11-50 所示的铜套的压入为例（套和轴套的配合为 ϕ40H6/n6）。

● 根据装配要求，选取压入铜套附具一套，锉刀、扳手和千分尺各一把，内径百分表一件，铜棒一根。然后用千分尺测量铜套外径，用内径百分表测量轴套内径，检测配合面表面粗糙度值。

● 在铜套压入端外圆上，用锉刀修出角度为 5° ～ 7°、宽 3mm 的倒角，除去铜套及轴套表面毛刺，擦拭干净后，在铜套外圆涂润滑油。

● 将铜套压入端插入轴套孔，用纯铜棒轻轻地在铜套端面四周均匀地锤击，使铜套进入轴套一小部分。检查铜套垂直于轴套端面后，装上螺栓、螺母、垫片。

● 用扳手拧紧螺母，强迫铜套被慢慢地压入至装配位置。

● 拆掉压套附具，按装配图装配位置要求，自检装配是否合格。

c. 温差法装配。以图 11-51 所示的铜套装配为例（铜套在床身孔中的配合为 ϕ420H8/s7）。

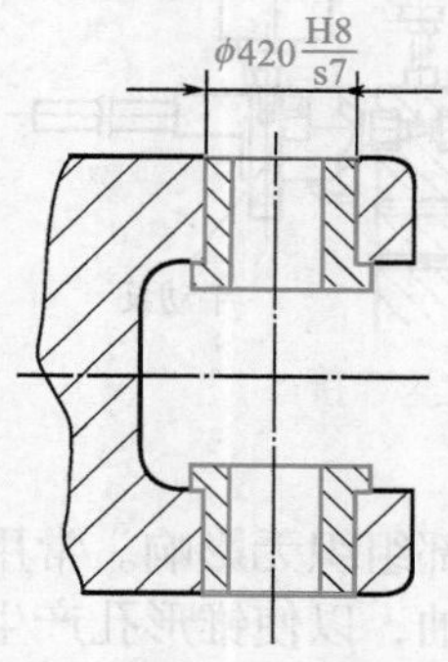

图 11-51 铜套装配

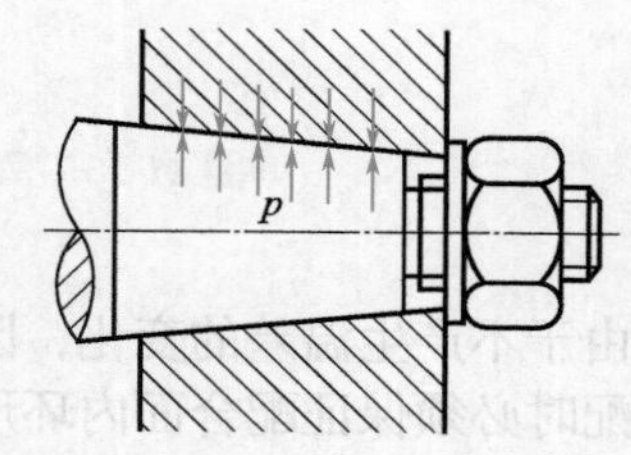

图 11-52 靠螺纹拉紧的过盈连接

● 根据装配情况要求，选取内径百分表、外径千分尺各一件，锤子一把，垫板一件，锉刀、刮刀各一把，干冰 5 瓶，冷却用密封箱附具一套。

● 用千分尺检查铜套外径尺寸，用内径百分表测量床身孔内径尺寸，同时也检测其他配合尺寸和配合表面粗糙度值；检查床身孔与铜套的几何形状误差是否在允差之内，铜套进入端外径是否有适当的导入锥。

● 用锉刀和刮刀彻底清除铜套外径和床身内孔配合表面的毛刺，并擦拭干净。调整冷却用密封箱，把铜套放入箱内，通入干冰，充分冷却。准备好垫板、锤子、起重工具等。

● 起重工配合，取出铜套，对正方向，摆正位置，迅速插入床身铜套孔内，用垫板垫住铜套端面，再用锤子四周均匀用力锤击垫板，压铜套至装配位置。用同样的方法，装配另一铜套入床身另一铜套孔内。

● 按装配图装配要求自检装配是否合格。

② 圆锥面过盈连接的装配

a. 螺纹拉紧。如图 11-52 所示，为依靠螺纹拉紧，使圆锥面相互压紧而获得过盈配合。其特点是结构简单，拆装方便。

● 选取活扳手、游标卡尺、内孔刮刀、细锉刀各一把，调好的红丹粉适量。用卡尺检查装配零件各配合尺寸是否正确，目测装配表面粗糙度值 *Ra* 应达 0.8μm。

● 用细锉刀、刮刀去除零件配合表面毛刺，将配合表面擦干净后，在轴的外锥侧母线上涂一条薄而匀的红丹粉。将涂过红丹粉的外锥面插入内锥孔中，压紧后，轻转 30° ～ 40°，反复一两次，取出轴外锥，检查锥体接触状况，应在 75% 以上的母线上有研痕，若锥体接触不良，应在磨床上配磨外锥至接触要求。

● 擦净外锥配合表面、涂润滑油后装于锥孔，装上垫片，拧上螺母后再用活扳手拧紧螺母，使轴、孔获得足够的过盈量。

● 按装配要求自检装配是否合格。

b. 液压涨内孔。如图 11-53 所示，将手动泵产生的高压油经管路送进轴颈或孔颈上专门开出的环形槽中，由于锥孔与锥轴贴合在一起，使环形槽形成一个密封的空间，高压油进入后，将孔涨大，此时，施以少量的轴向力，使轴和孔相对轴向位移，撤掉高压油，锥孔和锥轴间相互压紧而获得配合过盈。要求配合表面的几何形状误差、表面粗糙度必须在允差范围内，使贴合后的轴与孔间环形槽形成密封空间。

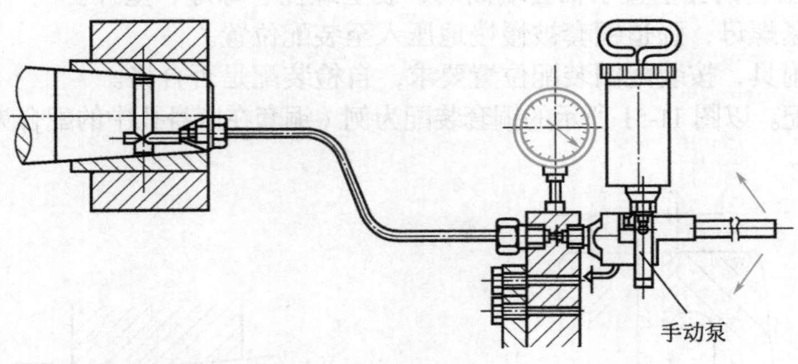

图 11-53　靠液压涨大内孔的过盈连接

这种方法由于不产生温差的变化，因而对材料的内部组织无影响。常用于配合精度较高的配合。但装配时必须保证配合面内环形槽中产生高压油，以使锥形孔产生足够的扩大量，同时轴、孔间要有足够的相对轴向位移。

c. 将包容件加热使内孔涨大装配。热涨法即对包容件加热后使内孔涨大，套入被包容件待冷却收缩后，使两配合面获得要求的过盈量。

这种方法的过盈量可比压合法大一倍，而且过盈连接的表面粗糙度不影响它的接合强度。所以在重载零件的接合中，或当接合中的零件材料具有不同的线胀系数而其部件将受到高温作用时，往往采用此方法。加热的方法需根据包容件的尺寸而定，中小型零件可用电炉加热，也可浸在油中加热，大型零件可利用感应加热或乙炔火焰加热。

11.4.5 管道连接装配

管道是由管子、管子接头、法兰盘和衬垫等零件组成的，它与机械上的其他流体元件通道相连，用来完成水、气体或液体等流体的流动或能量传递。对管道连接的基本要求是连接简单、工作可靠、密封性良好、无泄漏、对流体的阻力小、结构简单且制造方便。

（1）管道连接的分类

管道连接按接头的结构形式可分为螺纹管接头连接、法兰式管接头连接、卡套式管接头连接、球形管接头连接和扩口薄壁管接头连接等几种。

① 螺纹管接头连接　如图 11-54 所示是靠管螺纹将管子直接与接头连接起来的，结构简单、制造方便，工作可靠、拆装方便，应用较广，多用于管路上控制元件和管线本身的连接。

② 法兰式管接头连接　如图 11-55 所示是将法兰盘与管子通过各种方式连接在一起，然后将两个需要连接的管子通过法兰盘上的孔用螺栓紧固在一起。这种连接主要用于管线及控制元件的连接。

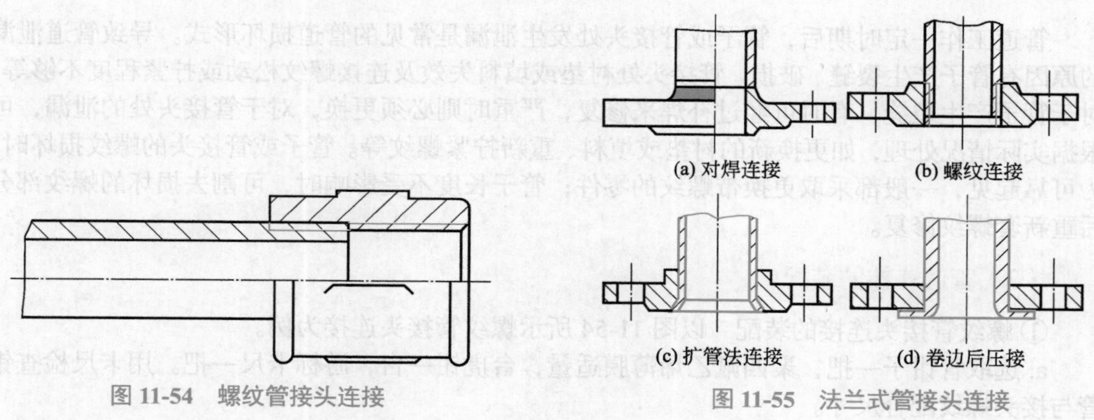

图 11-54　螺纹管接头连接

图 11-55　法兰式管接头连接

使用法兰盘连接，要求相连接的两个法兰盘必须同心，且端面要平行。必须在两个法兰盘中间夹具有弹性材料的衬垫，以保证连接的紧密性。水、气管道常用橡皮作衬垫，高温管道常用石棉作衬垫，有较大压力和高温的蒸气管道常用压合纸板作衬垫，大直径管道常用铅垫或铜垫作为密封衬垫。

③ 卡套式管接头连接　如图 11-56 所示，拧紧螺母时，卡套使油管的端面与接头体的端面相互压紧，而达到油管与接头体连接起来的目的。这种管接头一般用来连接冷拔无缝钢管，最大工作压力可达 32MPa，适用于既受高压又受振动、不易损坏的场合。但是这种管接头精度要求较高，而且对管子外圆尺寸的要求也较严格。

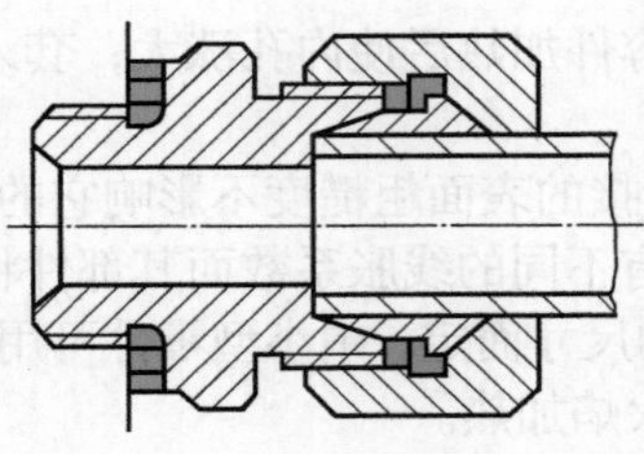

图 11-56　卡套式管接头连接

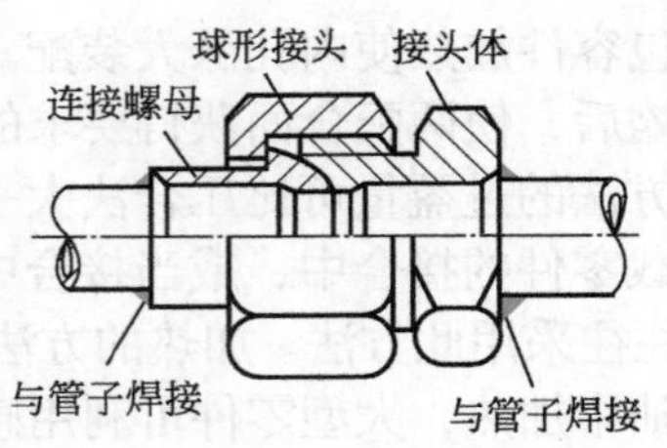

图 11-57　球形管接头连接

④ 球形管接头连接　如图 11-57 所示，当拧紧连接螺母时，球形接头体的球形表面与接头体的配合表面紧密压合使两根管子连接起来。这种连接的特点是要求球形表面和配合表面的接触必须良好，以保证足够的密封性，常用于中、高压的管路连接。

⑤ 扩口薄壁管接头连接　如图 11-58 所示，这种连接是将薄管口端扩大，拧紧连接螺母，通过扩口管套将薄管扩口压紧在接头配合表面上，实现管路连接。扩口薄壁管接头连接常用于工作压力不大于 5MPa 的场合，机床液压系统中采用较多。

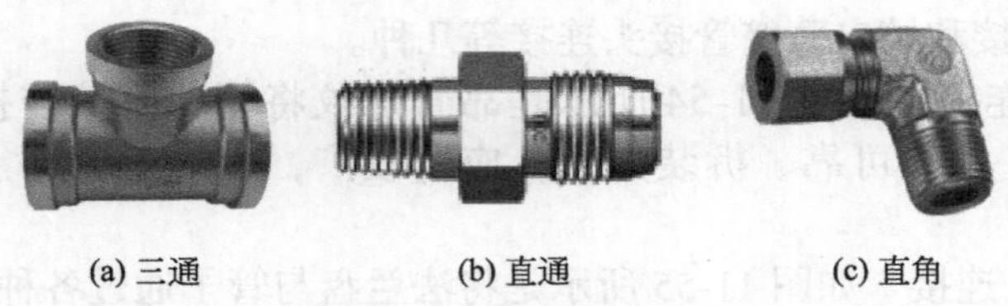

(a) 三通　(b) 直通　(c) 直角

图 11-58　扩口薄壁管接头连接

（2）管道连接的损坏形式和修理工艺

管道工作一定时期后，管子或管接头处发生泄漏是常见的管道损坏形式。导致管道泄漏的原因有管子产生裂缝、破损，管接头处衬垫或填料失效及连接螺纹松动或拧紧程度不够等。对于管子产生裂缝，有时可经过补焊来修复，严重时则必须更换，对于管接头处的泄漏，可根据实际情况处理，如更换新的衬垫或填料、重新拧紧螺纹等。管子或管接头的螺纹损坏时，为可靠起见，一般都采取更换带螺纹的零件；管子长度不受影响时，可割去损坏的螺纹部分后重新套螺纹修复。

（3）管道连接的装配

① 螺纹管接头连接的装配　以图 11-54 所示螺纹管接头连接为例。

a. 选取管钳子一把，聚四氟乙烯薄膜适量，台虎钳一台，游标卡尺一把。用卡尺检查钢管与接头螺纹配合尺寸。

b. 去除钢管和接头螺纹表面毛刺，洗净螺纹表面杂物，擦拭干净后在钢管螺纹表面缠绕聚四氟乙烯薄膜。

c. 将钢管夹持在台虎钳口中，用手将管接头套入钢管螺纹，并拧入 1 ～ 2 扣，再用管钳夹住接头外径，顺时针拧紧接头至装配要求。

d. 按装配要求检查螺纹管接头连接装配精度。

② 法兰式管接头连接装配　以图 11-55（a）所示法兰式管接头连接为例。

a. 选取活扳手两把，剪刀一把，划规一件，石棉纸衬板适量。

b. 检查法兰盘与管子对焊端口的倒角尺寸。

c. 按装配要求，分别将两个法兰盘焊接在两根管子管口处。

d. 在石棉垫板上用划规划出法兰盘端面的内外圆，并在外圆周的一处留出余量，供剪垫板把手。

e. 用剪刀剪划在石棉垫板上的内孔、外圆以及垫板把手。

f. 将两个法兰盘端面靠近，摆正衬垫位置，将螺栓穿入法兰盘光孔，拧上螺母，轻轻将两个法兰盘带紧，手扶衬垫把手、调整衬垫位置及两个法兰盘相互位置，用活扳手对角、依次、逐渐地拧紧连接螺母。

g. 按装配要求检查装配是否满足条件。

③ 球型管接头连接的装配　以图 11-57 所示为例。

a. 选取活扳手两把，调好的研磨剂适量，车床一台，显示剂适量。

b. 检查装配零件各配合尺寸是否正确，内孔是否光滑。

c. 在球形接头体的球形表面涂薄而均匀的显示剂，将接头体的配合表面扣压在球形表面上对研，判定配合表面接触情况。要求接触宽度在 1mm 以上。

d. 配合焊工，摆正位置，将球形接头体和接头体分别与管子焊接。

e. 清洗装配零件，擦净配合表面，按图 11-57 所示装配关系，连接球形接头和接头体，并拧紧连接螺母，保证足够的密封性。

f. 按装配图装配关系自检装配是否满足要求。

④ 卡套式管接头连接的装配　以图 11-56 所示卡套式管接头连接为例。

a. 选取活扳手两把，游标卡尺一把，锉刀一把。

b. 用卡尺准确测量卡套式管接头零件各配合尺寸是否正确，管子外径尺寸是否在允差范围内。

c. 用锉刀去除装配零件表面毛刺，清洗干净并擦干零件配合表面。

d. 将卡套套入管子口端外径，再套上连接螺母，按装配图要求，拧紧连接螺母。

e. 按装配图装配关系自检装配是否满足要求。

⑤ 扩口薄壁管接头连接的装配　以图 11-58 所示扩口薄壁管接头连接为例（为接头和纯铜管的连接）。

a. 选取锥孔扩口工具一套，活扳手一把，卡尺一把。

b. 用卡尺检查管接头。纯铜管规格、尺寸正确。

c. 将纯铜管在热处理炉中（或气焊火焰中）退火。

d. 将退火冷却后的纯铜管管端夹入锥孔扩口器中扩口，保证扩口表面平整、规则。

e. 按装配图中的装配关系，套上扩口管套，连接螺母，并将纯铜管锥口压在管接头配合表面上，用于拧紧连接螺母后，再用活扳手拧紧连接螺母。

f. 按图检查装配是否满足要求。

11.5 传动机构的装配

11.5.1 带传动机构的装配

带传动是依靠张紧在带轮上的带与带轮之间的摩擦力或啮合力来传递动力的一种机械传动。

（1）带传动的种类

按带的剖面形状，带传动可分为平带、V 带、圆带、多楔带和同步带五种传动，如

图 11-59 所示。

（2）带传动的工作要求

① 带轮的正确安装　要求其径向圆跳动量为 $(0.0025\sim0.005)D$，端面圆跳动量为 $(0.0005\sim0.001)D$，D 为带轮直径。

② 两轮中间平面应重合　其倾斜角和轴向偏移量不得超过规定要求。一般倾斜角要求不超过 1°，否则会使带易脱落或加快带侧面磨损。

③ 带轮工作表面的粗糙度要适当　带的工作表面粗糙度过小，则其加工经济性差，还易产生打滑；过大，则会加快带的磨损；一般为 $Ra3.2\ \mu m$。

④ 包角的大小　对 V 带传动，如果包角小于 120°，会产生打滑现象。

⑤ 适当的张紧力　张紧力过小，则传递功率会降低；过大，则磨损增加，并降低传动平稳性。因此，适当的张紧力是保证带传动能正常工作的重要因素。

（3）传动带张紧力的调整

带传动工作一段时间后，传动带会产生永久变形，即被拉长而减小了原来的拉力，这时必须要调整传动两轴的中心距，恢复传动带的拉力。

① 张紧力的检查　如图 11-60 所示，在带与两轮的切点 B、C 连线的中点，且垂直于传动带加一载荷 W，通过测量产生的挠度 y 来检查张紧力的大小。

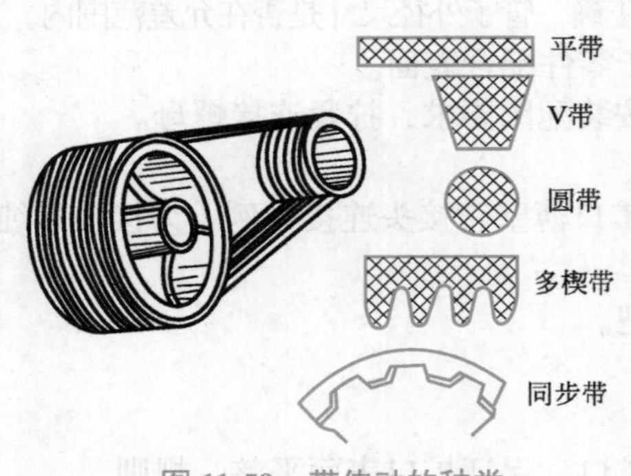

图 11-59　带传动的种类

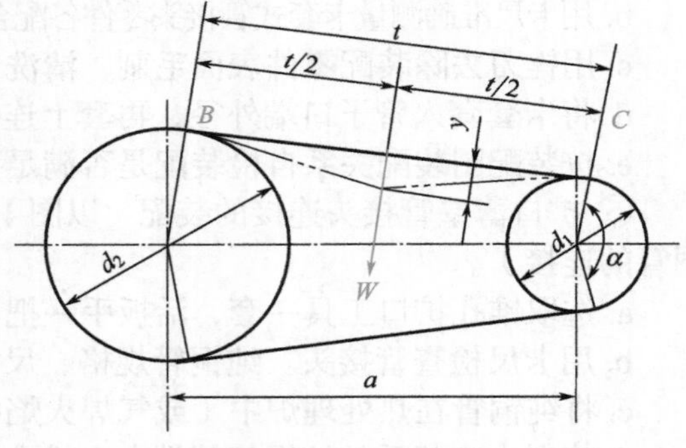

图 11-60　张紧力的检查

在 V 带传动中，规定在测量载荷 W 作用下，带与两轮切点跨距中每 100mm 长度，其中点产生一个 1.6mm 挠度的张紧力（恰当值），即规定在 W 测量载荷作用下，产生的挠度为 $y=\dfrac{1.6}{100}t$ (mm)，t 是 V 带在两切点间距离。

测量载荷 W 的大小与 V 带型号、小带轮直径及带速有关，选用时，可按表 11-6 推荐的数值选取。

表 11-6　测定张紧力所需的测量载荷 W　　N/ 根

带型		Z		A	
小带轮直径 d/mm		50 ~ 100	＞100	75 ~ 140	＞140
带速 v/(m/s)	0 ～ 10	5 ～ 7	7 ～ 10	9.5 ～ 14	14 ～ 21
	10 ～ 20	4.2 ～ 6	6 ～ 8.5	8 ～ 12	12 ～ 18
	20 ～ 30	3.5 ～ 5.5	5.5 ～ 7	6.5 ～ 10	10 ～ 15

续表

带型		B		C	
小带轮直径 *d*/mm		125 ~ 200	＞200	200 ~ 400	＞400
带速 *v*/（m/s）	0 ～ 10	18.5 ～ 28	28 ～ 42	36 ～ 54	54 ～ 85
	10 ～ 20	15 ～ 22	22 ～ 33	30 ～ 45	45 ～ 70
	20 ～ 30	12.5 ～ 18	18 ～ 27	25 ～ 38	38 ～ 56
带型		D		E	
小带轮直径 *d*/mm		355 ~ 600	＞600	500 ~ 800	＞800
带速 *v*/（m/s）	0 ～ 10	74 ～ 108	108 ～ 162	145 ～ 217	217 ～ 325
	10 ～ 20	62 ～ 94	94 ～ 140	124 ～ 186	186 ～ 280
	20 ～ 30	50 ～ 75	75 ～ 108	100 ～ 150	150 ～ 225

注：小带轮的直径小时取低限，直径大时取高限。

② 张紧力的调整　调整传动带张紧力的方法有改变两带轮中心距和利用张紧轮两种，如图 11-61 所示。

(a) 改变中心距法　(b) 用张紧轮法

图 11-61　传动带张紧力调整方法

（4）V 带传动机构的装配

V 带传动机构的装配包括轮与轴的装配、两带轮相对位置的调整、传动带的安装及传动带张紧轮装置的调整。

① 带轮与轴的装配　带轮与轴的连接一般为过渡配合（H7/k6），具有少量过盈，对同轴度要求较高。为传递较大的转矩，需用键和紧固件等进行周向固定和轴向固定，如图 11-62 所示。

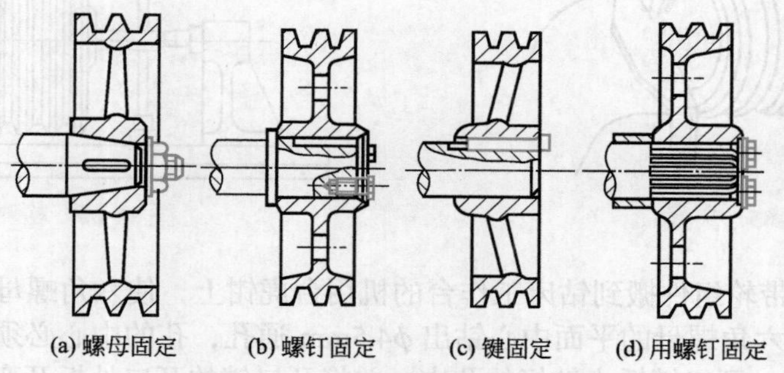
(a) 螺母固定　(b) 螺钉固定　(c) 键固定　(d) 用螺钉固定

图 11-62　带轮与轴连接的固定方式

带轮与轴的装配方法以图 11-63 所示的带轮与轴的装配为例说明。

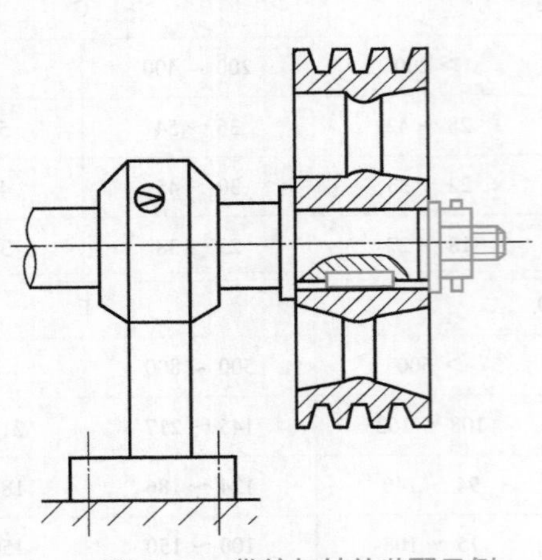

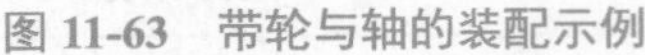

图 11-63 带轮与轴的装配示例

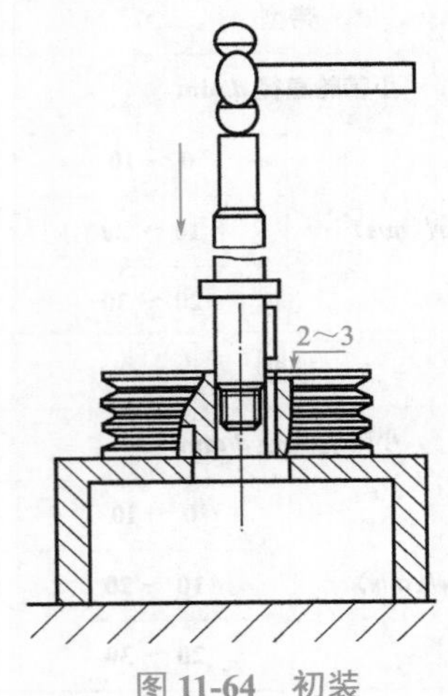

图 11-64 初装

a. 从装配图中可看出 V 带轮与轴为平键连接，带轮在轴上的轴向位置由轴端的垫圈、螺母及开口销确定。

b. 根据装配情况，选取 300mm、250mm 活扳手、平锉刀、锤子各一把，铜棒一根。选取内径百分表、游标卡尺、千分尺各一把，偏摆检测仪一件。

c. 按装配图清点装配零件数量。用游标卡尺检查零件配合尺寸、键长余量尺寸是否正确。

d. 用煤油清洗零件，用锉刀去除毛刺。用内径百分表测量 V 带轮的孔径，用千分尺测量轴的配合轴径，测得带轮孔与轴间过盈量为 0.004 mm。

e. 按轴上键槽的尺寸，用锉刀配锉平键两端圆弧部至要求，并将平键用铜棒敲入轴上的键槽中，底面靠严。

f. 用擦布擦净装好平键的 V 带轮轴和带轮孔，并在配合表面涂上润滑油。

g. 将带轮平放在带孔的平台上，再把带轮轴上的平键对准带轮孔内键槽，进行初步装配，并用铜棒敲击带轮轴的端部，使轴与孔紧密配合，接触深度为 2 ～ 3mm，如图 11-64 所示。目测检查平键与键槽装配的准确性合格（若不合格，应拆下重装，直至合格为止）。

h. 对初装合格的轴和带轮，可用铜棒、锤子将轴敲击到位，并将其搬到钳台上夹紧，装入垫圈，再将螺母再装入轴上，并拧紧，如图 11-65 所示。

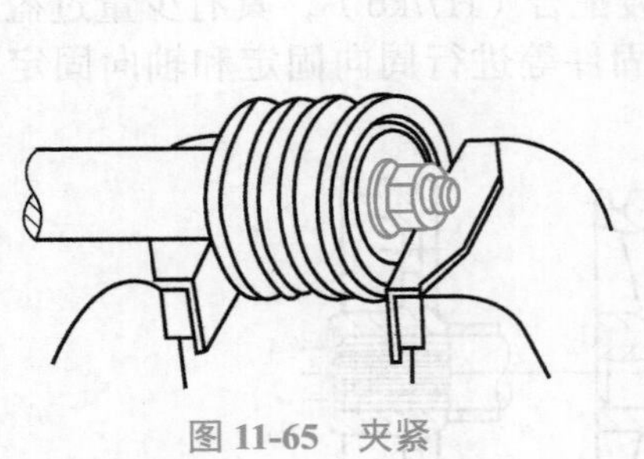

图 11-65 夹紧

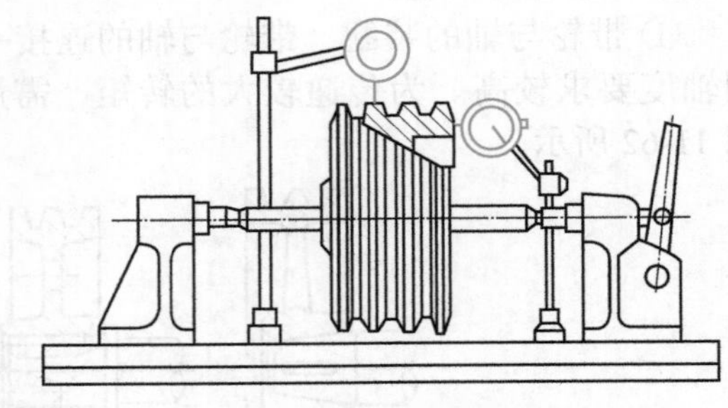

图 11-66 检测圆跳动

i. 将装配完的带轮组件搬到钻床工作台的机用台虎钳上，使六角螺母的一个侧平面与钻轴垂直后夹紧。在六角螺母的平面中心钻出 ϕ4.5mm 通孔，孔的中心必须垂直并通过带轮轴的轴心线。将 ϕ4mm 开口销插入钻好的孔内，并将开口销的开口处扳开弯曲。

j. 把装配完的带轮组件装夹在偏摆检测仪上。分别用百分表抵住带轮端面和带轮外圆。用手转动带轮组件。观察带轮的径向圆跳动和端面圆跳动，如图 11-66 所示。

k. 将已装配的大带轮组固定在轴承座上，如图 11-67 所示。

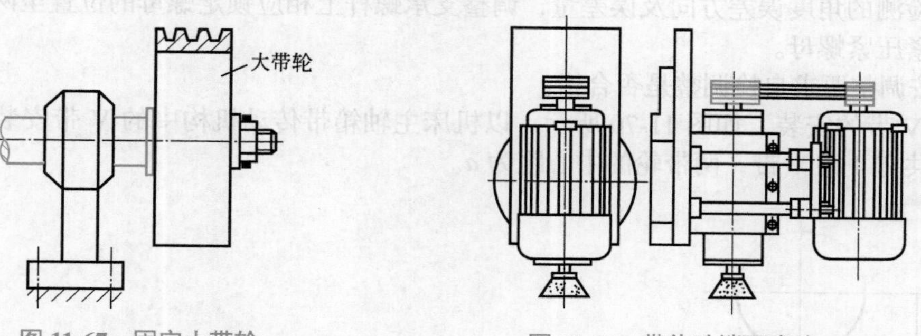

图 11-67 固定大带轮　　图 11-68 带传动端面磨头

l. 按装配工艺及技术要求自检带轮与轴的装配是否满足要求。

② 两带轮相对位置的调整　两带轮的相对位置，需要靠调整来确定。两带轮轴向位置偏移或倾斜角超差，将引起带的张紧程度不均而磨损加快。下面以图 11-68 所示磨头两带轮相对位置的调整为例进行说明。

a. 看装配图可知大带轮是从动磨头带轮，安装在磨头主轴上。小带轮是主动轮，安装在电动机轴头上。电动机由四个长螺杆支承固定。

b. 选取活扳手两把，1.5m 长线绳一根。

c. 按装配图给定的位置，先用活扳手固定好磨头带轮。

d. 按装配图给定的位置，装上电动机带轮组件，轻轻压住，不必拧紧压紧螺母。

e. 两人配合，一个人拿线绳的一端紧靠在磨头带轮的 C 点，另一个人拿线绳的另一端，延长至电动机带轮的外缘，用力将线绳拉直，如图 11-69 所示。如果磨头带轮 D 点离开直线 [图 11-69（a）]，且电动机带轮与线接触，则电动机带轮应向右移动才能达到装配要求。

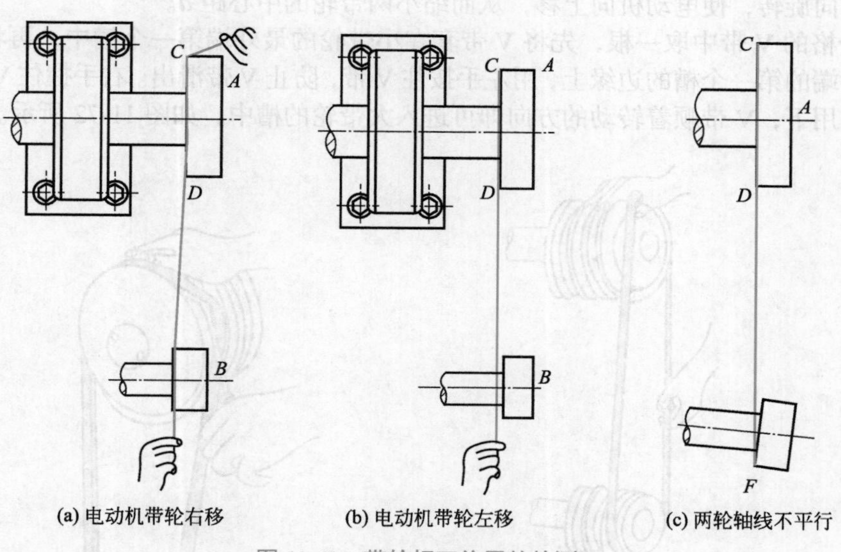

(a) 电动机带轮右移　(b) 电动机带轮左移　(c) 两轮轴线不平行

图 11-69 带轮相互位置的检测

如果磨头带轮上 C 点和 D 点与线绳接触且电动机带轮远离直线［图 11-69（b）］，则电动机带轮应向左调整，才能达到装配要求。如果磨头带轮上 C 点和 D 点与线绳接触，且电动机带轮上有一点 F 与线绳接触，另一点远离直线［图 11-69（c）］，这时两带轮的轴线不平行，需根据检测的角度误差方向及误差量，调整支承螺杆上相应锁定螺母的位置至两轴平行，再重新拧紧压紧螺母。

f. 按调整要求自检调整是否合格。

③ V 带的安装　如图 11-70 所示，以机床主轴箱带传动机构中的 V 带安装为例，传动机构中共有 4 根 V 带，两带轮的中心距为 a。

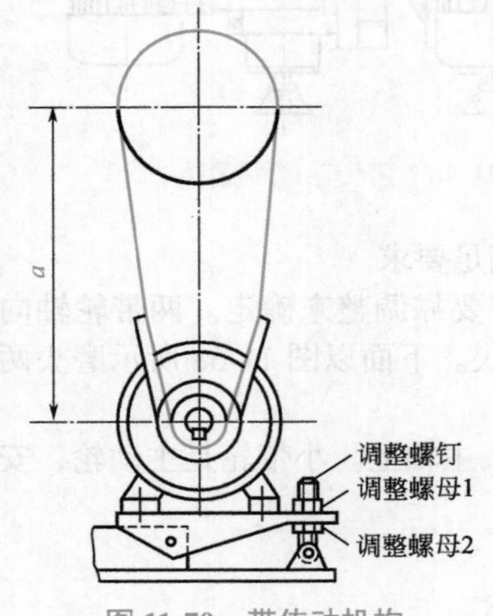

图 11-70　带传动机构

图 11-71　V 带在带轮中位置

a. 选取 250mm、300mm 活扳手、一字螺钉旋具、锤子各一把。

b. 从 4 根 V 带中任取 1 根，并将其自由地挂入大、小带轮的某一带轮槽中，用手握住挂在带轮上的 V 带的另一端用力向外拉，目测 V 带在带轮槽中位置，如图 11-71 所示。

c. 先用活扳手松开调整螺母 1，并往松开方向拧出一段长度，再用扳手卡住调整螺母 2，按逆时针方向旋转，使电动机向上移，从而缩小两带轮的中心距 a。

d. 在合格的 V 带中取一根，先将 V 带套在小带轮的最外端第一个槽中，再将 V 带套入大带轮最外端的第一个槽的边缘上，用左手按住 V 带，防止 V 带滑出。右手握住 V 带往上拉，在拉力的作用下，V 带顺着转动的方向即可进入大带轮的槽中，如图 11-72 所示。

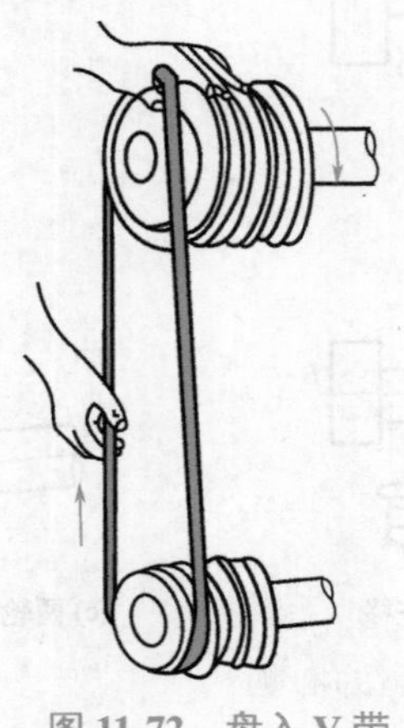

图 11-72　盘入 V 带

图 11-73　撬入第二槽

e.V 带装入带轮后，用一字螺钉旋具撬起大带轮（或小带轮）上的 V 带，转动带轮，使 V 带进入大带轮（或小带轮）的第二槽中，如图 11-73 所示。

f. 重复 c 步骤，将第 1 根 V 带拨到两个带轮的最后一个槽中。

g. 重复 b ～ d 步骤，将其他 3 根 V 带装入带轮上。

h. 拧紧调整螺母 1、2，固定调整位置，张紧 V 带组，达到所需要求（用大拇指按压张紧后 V 带切边飞的中间处，能按下 15mm 左右即可，如图 11-74 所示）。

图 11-74 V 带的张紧程度

图 11-75 在轮孔内压入衬套

i. 完成后，按技术条件检查安装是否合格。

（5）带传动机构的修理

① 轴颈弯曲的修理 可用划线盘或百分表在轴的外圆柱面上检查摆动情况，根据弯曲程度采用矫直或更换的方法修复。

② 带轮孔与轴配合松动的修理 这主要是孔、轴之间相对运动而产生磨损造成的。磨损不大时，可将轮孔修整，有时键槽也需修整，轴颈可用镀铬法增大直径。当磨损较严重时，轮孔可镗大后压入衬套，并用骑缝螺钉固定，如图 11-75 所示。

③ 带轮槽磨损的修理 随着带与带轮的磨损，带底面与带轮槽底部逐渐接近，最后甚至接触而将槽底磨亮。如已发亮则必须换掉传动带并修复轮槽。可适当车深轮槽，然后再修整外缘。

④ V 带拉长的修理 V 带在正常范围内拉长，可通过调节装置来调整中心距。若超过正常的拉伸量，则必须更换传动带（一组 V 带全部更换，以免松紧不一致）。

⑤ 带轮崩裂的修理 带轮崩裂如图 11-76 所示，必须进行更换。

图 11-76 带轮崩裂

图 11-77 链传动机构

11.5.2 链传动机构的装配

链传动机构是由两个链轮和连接它们的链条组成的，通过链和链轮的啮合来传递运动和

动力，如图 11-77 所示。

(1)链的种类

常用的传动链有套筒滚子链和齿形链，如图 11-78 所示。与齿形链相比，套筒滚子链的噪声大，运动平稳性差，速度不宜过大，但成本低，因此使用更为广泛。

(a) 套筒滚子链

(b) 齿形链

图 11-78　常用传动链的种类

(2)链传动机构的装配

链传动机构的装配内容包括：链轮与轴的装配、两链轮相对位置的调整、链条的安装和链条张紧力的调整。

① 链轮与轴的装配　链轮与轴的装配内容包括链轮孔与轴的配合、链轮的定位、键与键槽的配合。下面以图 11-79 所示中大链轮与轴的装配为例（链轮与轴为锥销连接）进行说明。

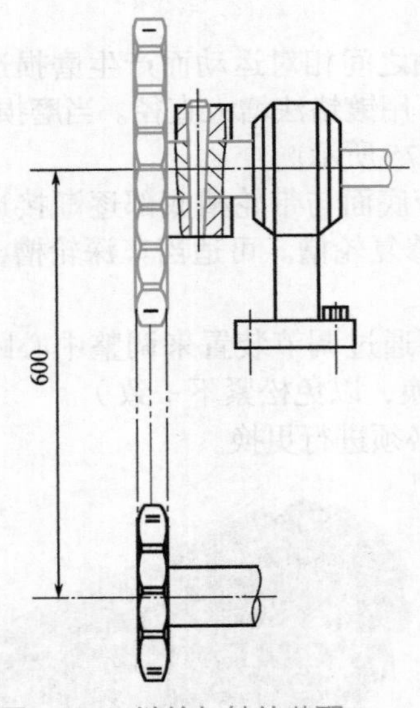

图 11-79　链轮与轴的装配

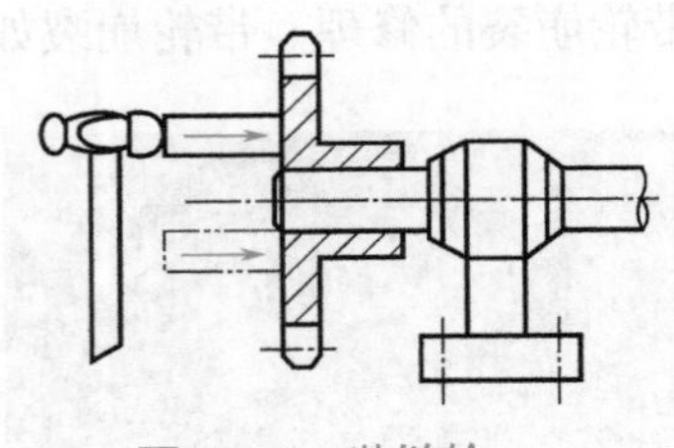

图 11-80　装链轮

a. 选取锤子、锉刀各一把，铜棒一根，锥铰刀、铰杠各一件，千分尺、内径百分表、游标卡尺各一件，全损耗系统用油、擦布适量。

b. 用游标卡尺检查零件各配合尺寸是否正确。

c. 用锉刀去除零件表面毛刺。用内径百分表测量大链轮的孔径，用千分尺测量装配轴配合表面轴径（链轮孔与轴间的实际过盈量应不大于 0.004μm）。

d. 用擦布擦净链轮内孔表面与轴径配合表面，并在轴径配合表面涂全损耗系统用油。

e. 如图 11-80 所示，按装配图装配关系，用铜棒和锤子在链轮四周敲击，直至将链轮装到位。

f. 链轮装入后，在钻床上配钻定位通孔，如图 11-81 所示。

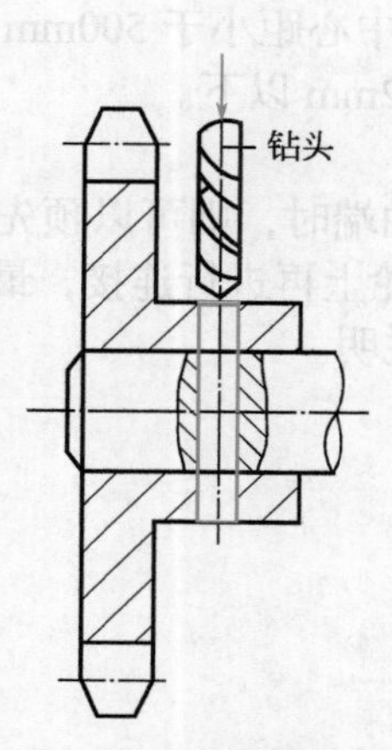

图 11-81　配钻定位孔

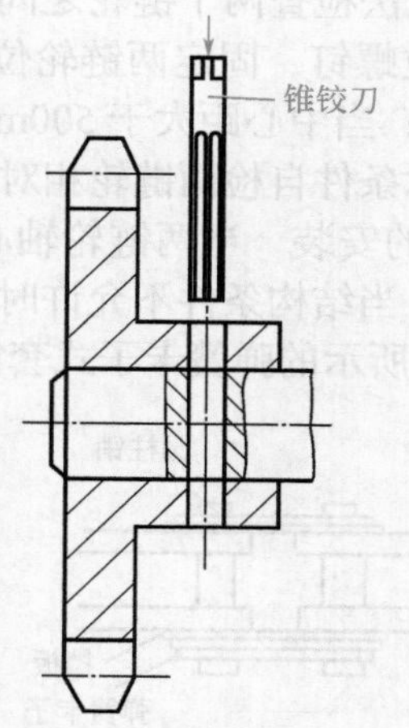

图 11-82　铰锥孔

g. 定位孔钻通后用铰刀铰锥孔，如图 11-82 所示。铰孔完成后，用圆锥销检查圆锥孔（圆锥销用手按下后其大头露出 3mm 左右时为合格）。

h. 检查合格后，用煤油清洗孔内和圆锥销表面，擦干后在锥销表面和锥孔内加注全损耗系统用油，然后再将圆锥销装入，用锤子适当敲击，使锥销与锥孔配合达到要求。然后用百分表（或划线盘）分别靠近链轮的端面和外缘，用手转动链轮，观察链轮端面圆跳动和径向圆跳动误差是否在技术条件允差之内，如图 11-83 所示。链轮的跳动量应适合表 11-7 所列数值的要求。

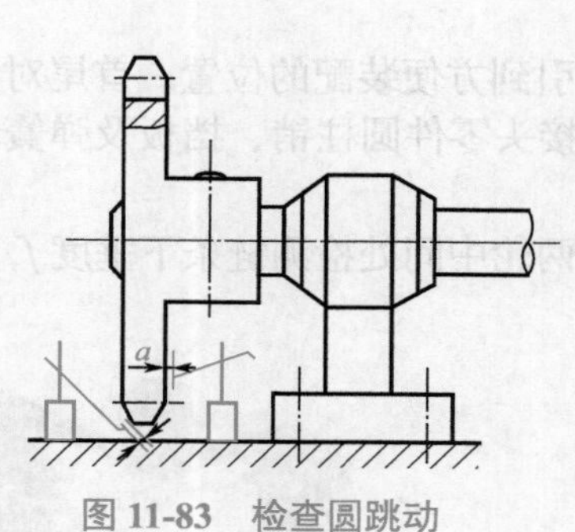

图 11-83　检查圆跳动

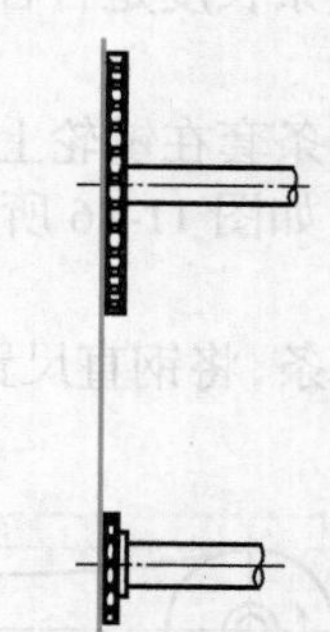

图 11-84　拉线法检测两链轮偏移量

表 11-7　链轮允许跳动量

链轮直径 /mm		100 以下	100 ～ 200	200 ～ 300	300 ～ 400	400 以上
允许跳动量 /mm	径向	0.25	0.5	0.75	1.0	1.2
	端面	0.3	0.5	0.8	1.0	1.5

i. 自检。按装配工艺及技术条件自检链轮装配是否满足要求。

② 两链轮相对位置的调整　两链轮的相对位置度同带轮一样，需通过调整来保证。如

图 11-79 所示，大链轮安装在轴承座上，轴承座由螺钉固定在机体上。

a. 选取活扳手一把，2m 长线绳一根。

b. 按图 11-79 中给定的位置，先固定下方的小链轮，然后再固定大链轮。

c. 用拉线法检查两个链轮之间的轴向偏移量，如图 11-84 所示。确认在允差范围之内后拧紧链轮定位螺钉，固定两链轮位置。一般情况下，当中心距小于 500mm 时，允许偏移量为 1mm 以下；当中心距大于 500mm 时，允许偏移量为 2mm 以下。

d. 按技术条件自检两链轮相对位置是否满足要求。

③ 链条的安装　当两链轮轴心距可调节，且都在轴端时，则可以预先将链条接好，再套在链轮上。当结构条件不允许时，须先将链条套在链轮上再进行连接，最后拉紧链条。本例以图 11-85 所示的弹簧卡子式套筒滚子链的装配为例说明。

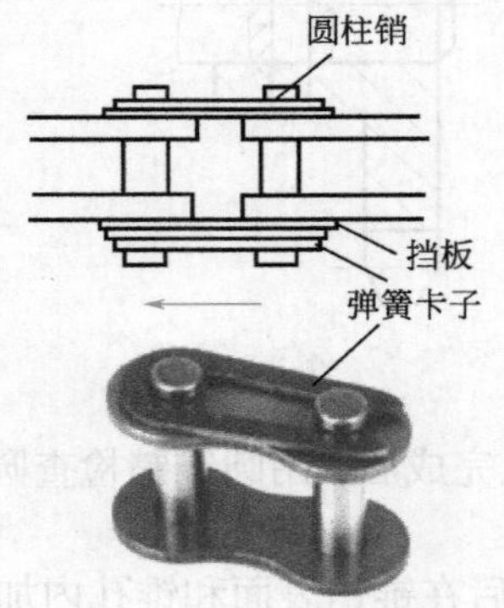

图 11-85　弹簧卡子式套筒滚子链

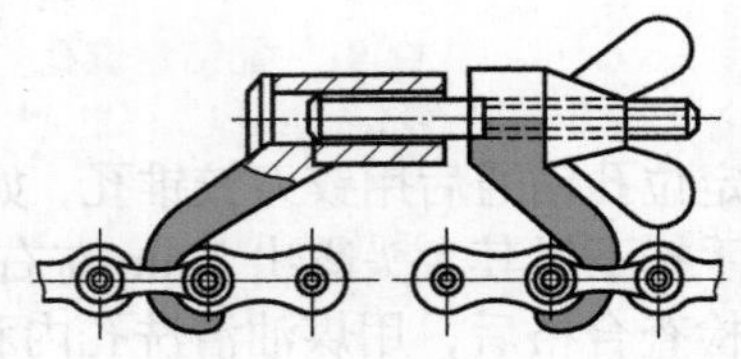

图 11-86　拉紧链条

a. 选取尖嘴钳、一字螺钉旋具各一把，钢直尺一把，链条拉紧夹具一件，油盘一件，煤油、黄油适量。

b. 检查链条长度是否合适，清点接头零件是否齐全。用煤油清洗链条及接头零件，并用擦布擦干。

c. 先将链条套在链轮上，再将链条的接头引到方便装配的位置，首尾对齐后，用拉紧工具拉紧到位，如图 11-86 所示。再用尖嘴钳将接头零件圆柱销、挡板及弹簧卡子按装配要求装配到位。

d. 拉紧链条，将钢直尺置于链轮两端间，在两轮中间处检测链条下垂度 f，如图 11-87 所示。

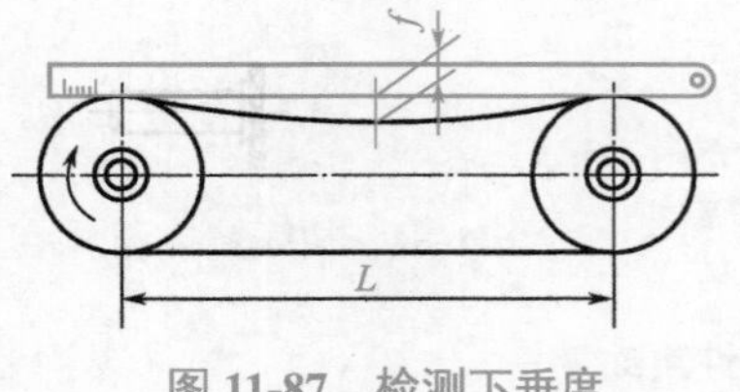

图 11-87　检测下垂度

图 11-88　游轮调张紧力

e. 按安装技术条件自检链条安装是否满足要求。

④ 链条张紧力的调整　链条的张紧力要适当，调整好后其下垂度 f 应不大于两轴中心距 L 的 2%。

链条的张紧力是通过拉紧装置增大两个链轮的中心距并利用游轮张紧来调整的，如图 11-88 所示。

（3）链传动机构的拆卸与修理

① 链传动机构的拆卸

a. 链轮拆卸时要求将紧定件（紧定螺钉、圆锥销等）取下，即可拆卸掉链轮。

b. 拆卸链条时套筒滚子链按其接头方式不同进行拆卸。用开口销连接的可先取下开口销、外连板和销轴后即可将链条拆卸；用弹簧卡子连接的，应先拆卸弹簧卡子，然后取下外连板和两销轴即可；对于销轴采用铆合形式的，用小于销轴的冲头冲出即可。

② 链传动机构的修理　常见的损坏现象有链被拉长、链和链轮磨损、链节断裂等。常用的修理方法为：

a. 链条经过一段时间的使用，会被拉长而下垂，产生抖动和脱链现象。如若链轮中心距可调节，则可通过调节中心距使链条拉紧；若中心距不可调，则可采取装张紧轮使链条拉紧；另外也可以采用卸掉一个或几个链节来达到拉紧的目的。

b. 链传动中，链轮的轮齿逐渐磨损，节距增加，使链条磨损加快，当磨损严重时应更换链轮、链条。

c. 在链传动中，发现个别链节断裂，则可采用更换个别链节的方法予以修复。

11.5.3 齿轮传动机构的装配

齿轮传动是依靠轮齿间的啮合来传递运动和扭矩的，是机械传动中最常见的传动方式之一。其种类很多，如图 11-89 所示。

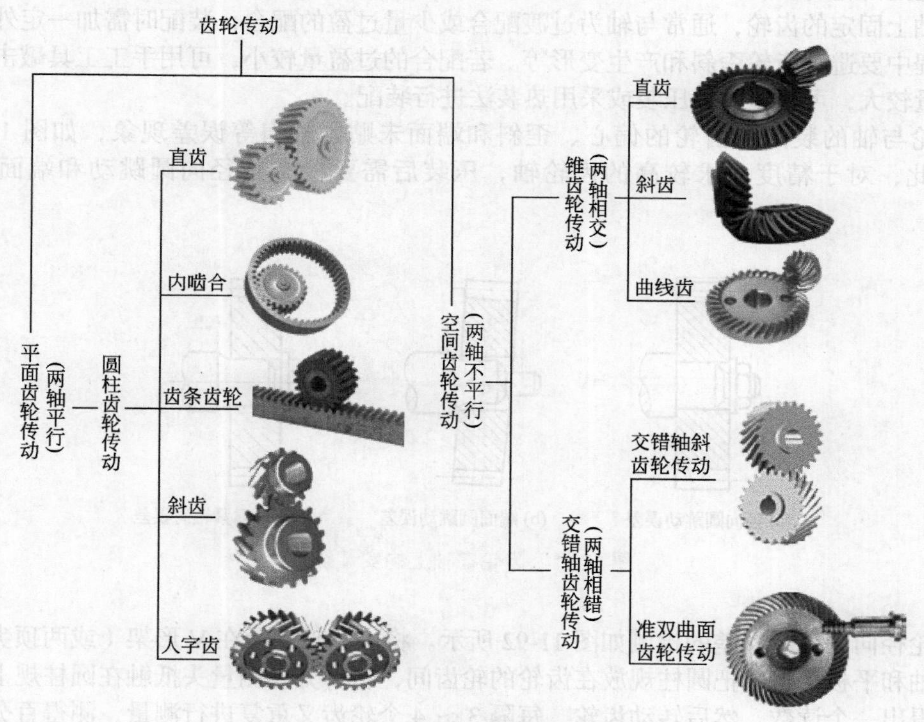

图 11-89　齿轮传动的种类

（1）齿轮传动机构的特点

① 齿轮传动能保证一定的瞬时传动比，传动准确可靠。

② 齿轮传动传递的功率和速度范围大；传动效率高、使用寿命长以及结构紧凑、体积小等。

③ 噪声大，无过载保护作用。

④ 不如带传动平稳，不宜用于远距离传动，制造装配精度要求高。

（2）齿轮传动的装配

① 圆柱齿轮传动机构的装配　装配圆柱齿轮传动机构时，一般是先把齿轮装在轴上，再把齿轮轴部件装入箱体中。

a. 齿轮与轴的装配。轴上安装齿轮部位应光洁并符合装配要求。齿轮在轴上可以空转、滑移或固定连接，常见的几种结合方法如图 11-90 所示。

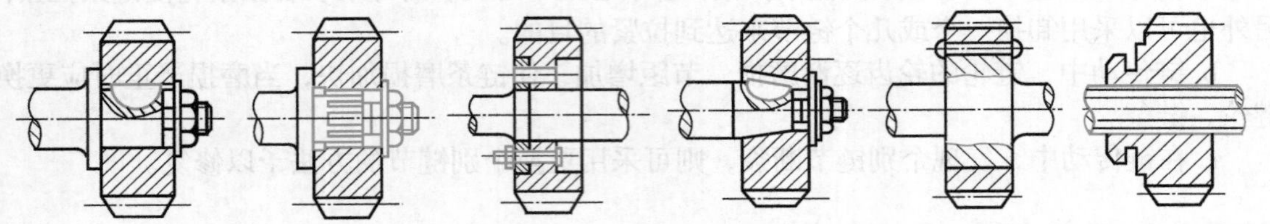

图 11-90　齿轮在轴上的结合方式

在轴上空转或滑移的齿轮，与轴为间隙配合，装配后的精度主要取决于零件本身的加工精度。这类齿轮的装配比较方便，装配后，齿轮在轴上不得有晃动现象。

在轴上固定的齿轮，通常与轴为过渡配合或少量过盈的配合，装配时需加一定外力。在装配过程中要避免齿轮歪斜和产生变形等。若配合的过盈量较小，可用手工工具敲击压装；若过盈量较大，可用压力机压装或采用热装法进行装配。

齿轮与轴的装配有齿轮的偏心、歪斜和端面未贴紧轴肩等误差现象，如图 11-91 所示。因此，对于精度要求较高的齿轮轴，压装后需要检查其径向圆跳动和端面圆跳动误差。

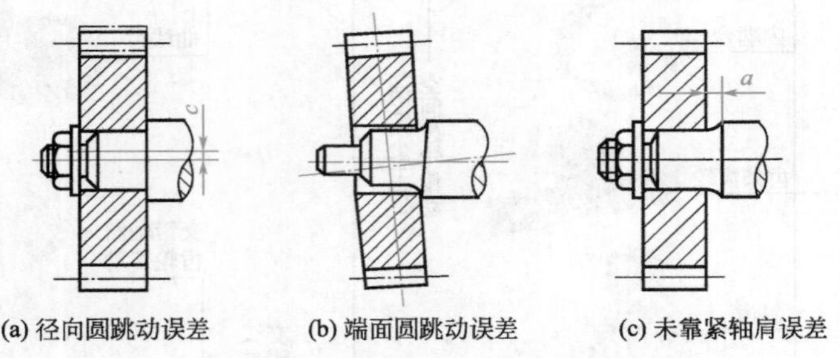

(a) 径向圆跳动误差　　(b) 端面圆跳动误差　　(c) 未靠紧轴肩误差

图 11-91　齿轮在轴上的安装误差

齿轮径向圆跳动误差的检测如图 11-92 所示。将齿轮轴支承在 V 形架（或两顶尖上），使齿轮轴和平板平行，把圆柱规放在齿轮的轮齿间，将百分表测量头抵触在圆柱规上，从百分表上得出一个读数。然后转动齿轮，每隔 3 ～ 4 个轮齿又重复进行测量，测得百分表最大读数与最小读数之差，就是齿轮分度圆上的径向圆跳动误差。

齿轮端面圆跳动误差的检查方法如图 11-93 所示。用顶尖支顶齿轮轴，使百分表测量头抵触在齿轮端面上，在齿轮轴旋转一周范围内，百分表的最大读数与最小读数之差即为齿轮端面圆跳动误差。

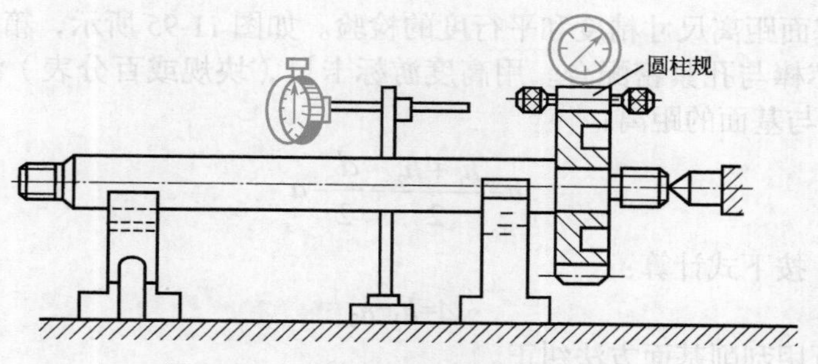

图 11-92 齿轮径向圆跳动误差的检查

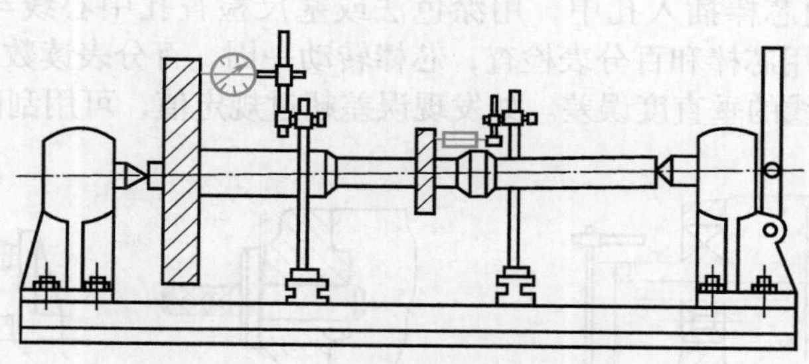

图 11-93 齿轮端面圆跳动误差的检查

b. 齿轮轴装入箱体。齿轮的啮合质量要求包括适当的侧隙、一定的接触面积以及正确的接触位置。齿轮啮合质量的好坏，除了影响齿轮本身的制造精度，齿形偏差，箱体孔的尺寸精度、形状精度及位置精度外，还直接影响齿轮的啮合质量，因此齿轮轴部件装配前一定要认真对箱体和啮合质量进行检验。

箱体的检验包括啮合齿轮的孔距的检验、孔系（轴系）平行度的检验、孔轴线与基面距离尺寸精度和平行度的检验、孔中心线与端面垂直度的检验、孔中心线同轴度的检验。

● 孔距的检验。相互啮合的一对齿轮的安装中心距是影响侧隙的主要因素，因此应使孔距在规定的公差范围内。

● 孔系（轴系）平行度的检验。如图 11-94 所示，分别测量芯棒两端的尺寸 M_1 和 M_2，其差值就是两轴孔轴线在所测长度内的平行度误差。

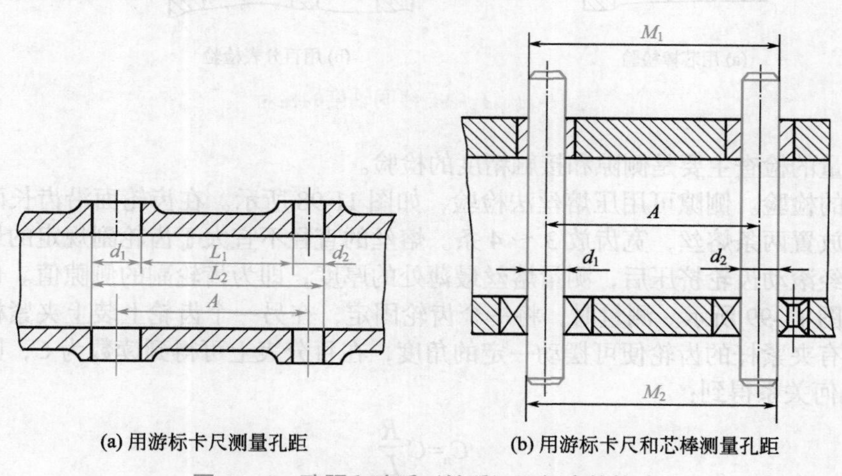

(a) 用游标卡尺测量孔距　(b) 用游标卡尺和芯棒测量孔距

图 11-94 孔距和孔系（轴系）平行度的检验

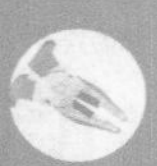

● 孔轴线与基面距离尺寸精度和平行度的检验。如图 11-95 所示，箱体基面用等高垫块支承在平板上，芯棒与孔紧密配合。用高度游标卡尺（块规或百分表）测量芯棒两端尺寸 h_1，和 h_2，则轴线与基面的距离：

$$h=\frac{h_1+h_2}{2}-\frac{d}{2}-a$$

平行度误差 $\varDelta$ 按下式计算：

$$\varDelta=h_1-h_2$$

误差太大时可用刮削基面方法纠正。

● 孔中心线与端面垂直度的检验。如图 11-96 所示为常用的两种方法。图 11-96（a）所示是将带圆盘的专用芯棒插入孔中，用涂色法或塞尺检查孔中心线与孔端面的垂直度。图 11-96（b）所示是用芯棒和百分表检查，芯棒转动一周，百分表读数的最大值与最小值之差即为端面对孔中心线的垂直度误差。如发现误差超过规定值，可用刮削端面方法纠正。

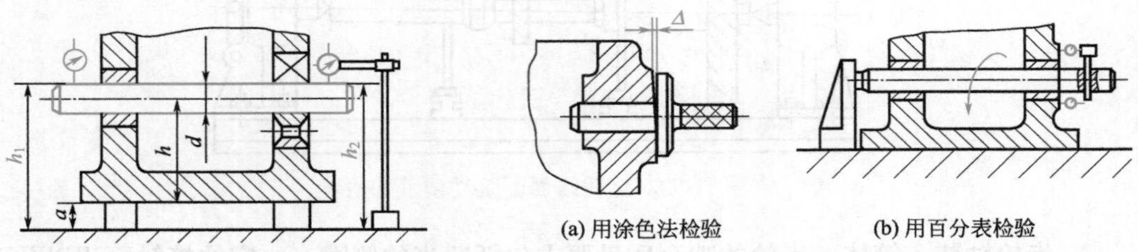

图 11-95　孔轴线与基面距离尺寸精度和平行度的检验

(a) 用涂色法检验　　(b) 用百分表检验

图 11-96　孔中心线与端面垂直度的检验

● 孔中心线同轴度的检验。图 11-97（a）所示为成批生产时，用专用检验芯棒进行检验，若芯棒能自由地推入几个孔中，即表明孔同轴度合格。有不同直径孔时，用不同外径的检验套配合检验，以减少检验芯棒数。图 11-97（b）所示为用百分表及芯棒检验，将百分表固定在芯棒上，转动芯棒一周内，百分表最大读数与最小读数之差的一半为同轴度误差值。

(a) 用芯棒检验　　(b) 用百分表检验

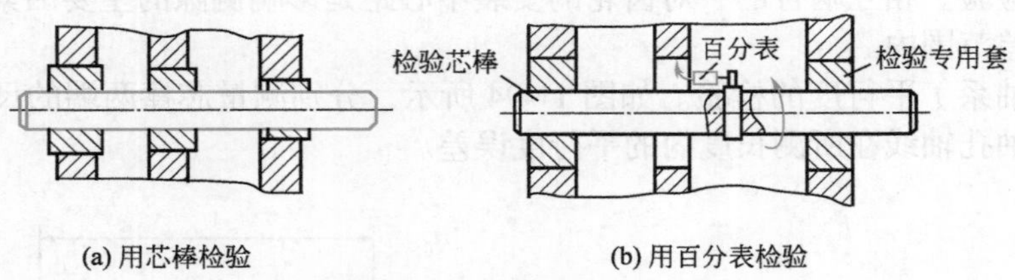

图 11-97　孔中心线同轴度的检验

啮合质量的检查主要是侧隙和接触精度的检验。

● 侧隙的检验。侧隙可用压熔丝法检验，如图 11-98 所示。在齿轮面沿齿长两端并垂直于齿长方向放置两条熔丝，宽齿放 3～4 条。熔丝的直径不宜大于齿轮副规定的最小极限侧隙的 4 倍。经滚动齿轮挤压后，测量熔丝最薄处的厚度，即为齿轮副的侧隙值。也可用百分表检验，如图 11-99 所示。测量时，将一个齿轮固定，在另一个齿轮上装上夹紧杆。由于侧隙存在，装有夹紧杆的齿轮便可摆动一定的角度，在百分表上可得到读数为 C，则此时侧隙 C_n 可通过几何关系得到：

$$C_n=C\frac{R}{L}$$

式中　C——百分表的读数，mm；

R——装夹紧杆齿轮的分度圆半径，mm；

L——夹紧杆长度，mm。

另外也可将百分表触头直接抵在未固定的齿轮的齿面上，将可动齿轮从一侧啮合迅速转到另一侧啮合，百分表上的读数差值即为齿轮副的侧隙值。

侧隙大小与中心距偏差有关，圆柱齿轮传动的中心距一般由加工保证。由滑动轴承支承时，可刮削轴瓦调整侧隙大小。

● 接触精度的检验。接触精度的主要指标是接触斑点，其检验一般用涂色法。将红丹粉涂于大齿轮齿面上，转动齿轮并使被动轮轻微制动。对双向工作的齿轮，正反两个方向都应检验。齿轮上接触印痕的面积大小，应该随齿轮精度而定。一般传动齿轮在轮齿的高度上的接触斑点不少于 30% ～ 50%，在轮齿的宽度上的接触斑点不少于 40% ～ 70%，其分布的位置应是节圆处上下对称分布，如图 11-100 所示。

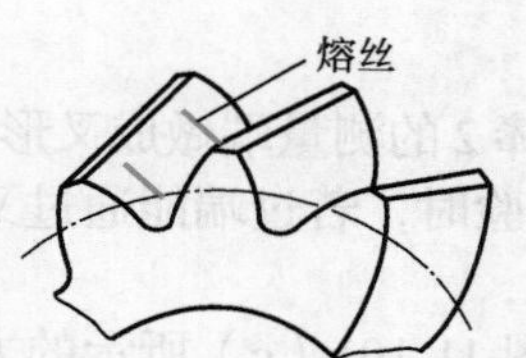

图 11-98　用压熔丝法检验侧隙

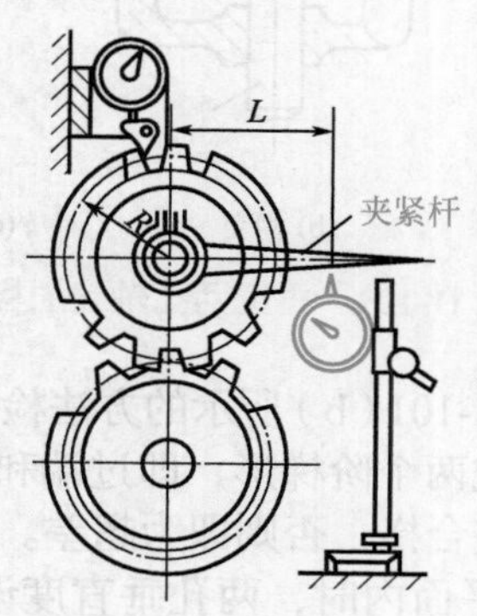

图 11-99　用百分表检验侧隙

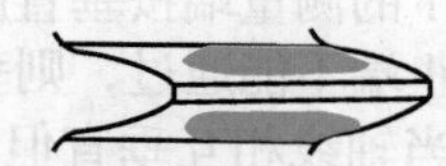

图 11-100　齿轮正常接触时的斑点

影响齿轮接触精度的主要因素是齿形精度及安装是否正确。当接触斑点位置正确而面积太小时，说明齿形误差太大，应在齿面上加研磨剂并使两轮转动进行研磨，以增加接触面积。齿形正确而安装有误差造成接触不良的原因及调整方法见表 11-8。

表 11-8　齿轮接触不良的原因及调整方法

斑点形式	图示	原因	调整方法
偏齿顶接触	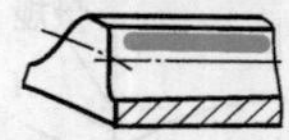	中心距太大	减小中心距
偏齿底接触	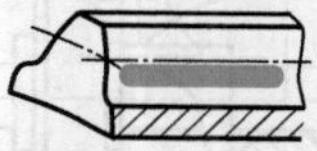	中心距太小	增大中心距
同向偏接触	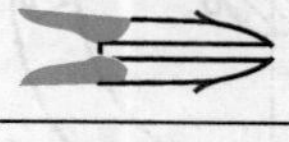	两齿轮轴线不平行	
异向偏接触	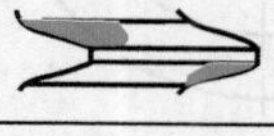	两齿轮轴线歪斜	可在中心距允许的范围内，刮削轴瓦或调整轴承座
单面偏接触	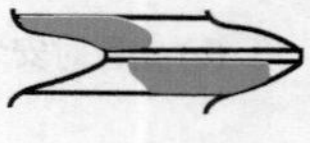	同齿轮轴线不平行同时歪斜	
游离接触	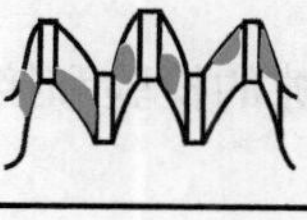	齿轮端面与回转中心线不垂直	检查并校正齿轮端面与回转中心线的垂直度

② 锥齿轮传动机构的装配　锥齿轮传动机构的装配顺序与圆柱齿轮传动机构的装配顺序基本相似。但由于锥齿轮一般是传递相互垂直的两轴之间的运动，因此在两齿轮轴的轴向定位和侧隙的调整以及箱体检验等方面会有所不同。

a. 箱体的检验。主要是检验两孔轴线的垂直度误差。

当轴线在同一平面内垂直相交时，两孔垂直度误差可按图 11-101（a）所示的方法检验。将百分表装在芯棒 2 上，为防止芯棒轴向窜动，芯棒上应加定位套。旋转芯棒 2，在 0° 和 180° 的两个位置上百分表的读数差即为两孔在 L 长度内的垂直度误差。

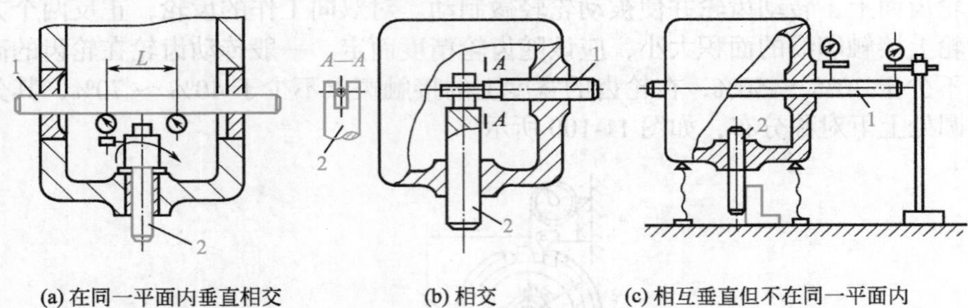

(a) 在同一平面内垂直相交　　(b) 相交　　(c) 相互垂直但不在同一平面内

图 11-101　垂直两孔轴线的检验

当两孔轴线相交时，可按图 11-101（b）所示的方法检验。将芯棒 2 的测量端做成叉形槽，芯棒 1 的测量端按垂直度公差做成两个阶梯形，即过端和止端。检验时，若过端能通过叉形槽而止端不能通过，则垂直度误差合格，否则即为超差。

当轴线相互垂直但不在同一平面内时，两孔垂直度误差可按图 11-101（c）所示的方法检验。箱体用千斤顶支承在平板上，用 90° 角尺找正。将检验芯棒 2 调整成垂直位置，此时，测量芯棒 1 对平板的平行度误差，即为两孔轴线的垂直度误差。

b. 轴向位置的确定。锥齿轮啮合传动时两齿轮分度圆锥必须相切，两锥顶重合，才能保证装配时能以此来确定小齿轮的轴向位置；或者说这个位置是以安装距离 x_0 来确定的，如图 11-102（a）所示。当小齿轮轴与大齿轮轴不相交时，小齿轮的轴向定位同样也以安装距离为依据，用专用量规测量，如图 11-102（b）所示。若大齿轮尚未装好，那么可用工艺轴代替，然后按侧隙要求决定大齿轮的轴向位置。

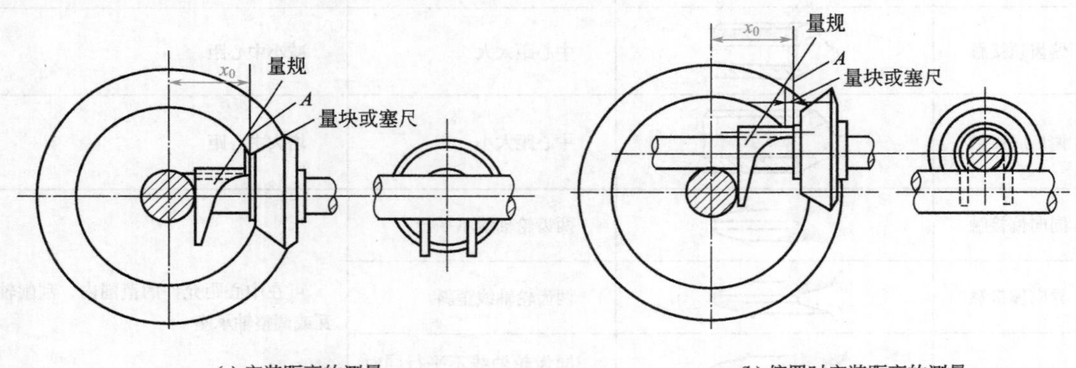

(a) 安装距离的测量　　(b) 偏置时安装距离的测量

图 11-102　小齿轮的轴向定位

③ 圆锥齿轮啮合质量的检验　啮合质量的检验包括侧隙的检验和接触斑点的检验。

a. 侧隙的检验。其检验方法与圆柱齿轮基本相同。

b. 接触斑点的检验。接触斑点的检验一般用涂色法。在无载荷时，接触斑点应靠近轮齿小端，以保证工作时轮齿在全宽上能均匀地接触。满载时，接触斑点在齿高和齿宽方向应不少于 40%～60%（随齿轮精度而定）。

直齿圆锥齿轮涂色检验时的各种误差情况见表 11-9。

表 11-9 直齿圆锥齿轮接触斑点状况的分析及调整方法

接触斑点	图示	接触状况	原因	调整
正常接触	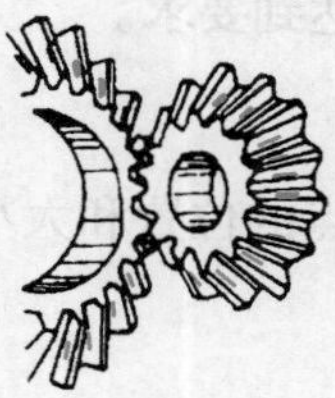	轻微负载下，接触区在齿宽中部		不需调整
高低接触		小齿轮接触区太高，大齿轮太低	小齿轮轴向定位有误差	小齿轮沿轴向移出，大齿轮沿轴向移进
同向偏接触		齿两侧同在小端接触	轴线夹角太大	修刮轴瓦
异向偏接触		在齿的一侧接触大端，另一侧接触小端	两轴心线偏移	检查零件加工误差，必要时修刮轴瓦

11.5.4 蜗杆传动机构的装配

蜗杆传动机构如图 11-103 所示，它用来传递互相垂直的两轴之间的运动。该种传动机构有传动比大、工作平稳、噪声小和自锁性强等特点。但它传动的效率低，工作时发热量大，故必须有良好的润滑条件。

图 11-103 蜗杆蜗轮传动机构

（1）蜗杆传动机构装配的技术要求

① 保证蜗杆轴线与蜗轮轴线垂直。

② 蜗杆轴线应在蜗轮轮齿的对称中心平面内。

③ 蜗杆、蜗轮间的中心距一定要准确。

④ 有合理的侧隙。

⑤ 保证传动的接触精度。

（2）蜗杆传动机构的装配顺序

① 若蜗轮不是整体时，应先将蜗轮齿圈压入轮毂上，然后用螺钉固定。

② 将蜗轮装到轴上，其装配方法和装圆柱齿轮相似。

③ 把蜗轮组件装入箱体后再装蜗杆，蜗杆的位置由箱体精度保证。要使蜗杆轴线位于蜗轮轮齿的对称中心平面内，应通过调整蜗轮的轴向位置来达到要求。

（3）蜗杆蜗轮传动机构啮合质量的检验

蜗杆蜗轮的接触精度用涂色法检验，可通过观察啮合斑点的位置和大小来判断装配质量存在的问题，见表 11-10。

表 11-10　蜗杆蜗轮的啮合斑点接触状况与调整

接触状况	图示	接触斑点与原因	调整
正确		偏中位置	无需调整
偏右		接触斑点在蜗轮齿侧面中部稍偏于蜗杆旋出方向一点，其原因是蜗轮的位置不对	配磨蜗轮垫圈的厚度来调整其轴向位置
偏左			

蜗杆蜗轮的齿侧间隙一般要用百分表来测量。在蜗杆轴上固定一个带有量角器的刻度盘，把百分表测头支顶在蜗轮的侧面上，用手转动蜗杆，在百分表不动的条件下，根据刻度盘转角的大小计算出齿侧间隙，如图 11-104 所示。其计算式为：

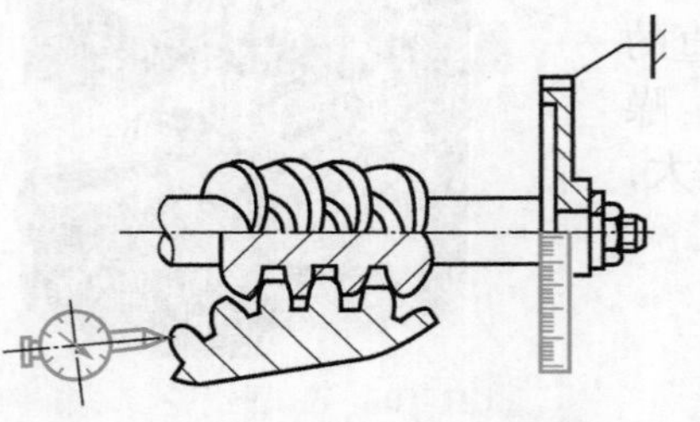

图 11-104　蜗杆蜗轮传动侧隙的检验方法

$$c_h = z\pi m \frac{a}{360^\circ}$$

式中　c_h——侧隙，mm；

z——蜗杆线数；

a——空程转角，（°）；

m——齿轮模数，mm。

对于一些不重要的蜗杆传动机构，可用手转动蜗杆，根据空程量，凭经验判断侧隙大小。对于装配后的蜗杆传动机构，还要检查其转动的灵活性。若装配质量合格，在保证啮合质量的条件下转动是非常灵活的。

11.5.5 螺旋传动机构的装配

螺旋传动机构的作用是把旋转运动变为直线运动，如图 11-105 所示。其特点是传动平稳、传动精度高、传递转矩大、无噪声和易于自锁等。该机构在机床进给运动中应用广泛。

图 11-105 螺旋传动机构

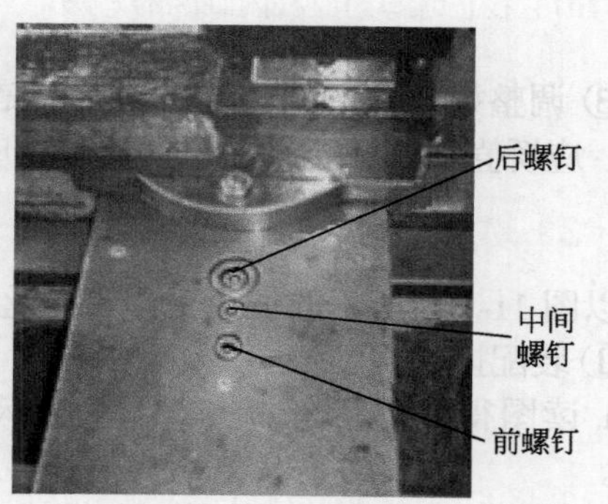

图 11-106 CA6140 型车床中滑板丝杠间隙的调整

（1）螺旋传动机构装配的技术要求

① 丝杠螺母副应有较高的配合精度和准确的配合间隙。
② 丝杠与螺母轴线的同轴度及丝杠轴线与基准面的平行度应符合要求。
③ 装配后丝杠的径向圆跳动和轴向窜动应符合要求。
④ 丝杠与螺母相对转动应灵活。

（2）螺旋传动机构的装配要点

① 合理调整丝杠和螺母之间的配合间隙 丝杠和螺母之间的径向间隙由制造精度保证，无法调整。而轴向间隙直接影响传动精度和加工精度，所以当进给系统采用丝杠螺母传动时，必须有轴向间隙调整机构（简称消隙机构）来消除轴向间隙。

如图 11-106 所示为 CA6140 型车床中滑板丝杠横向进给的消隙机构。在经过长时间使用后，由于磨损从而造成丝杠与螺母的间隙，使得手柄刻度盘正、反转时空行程量加大，同时也会使得中滑板在螺纹车削时前后往复窜动，因而在零件车削加工前应进行适当的调整。

调整时，先松开前螺母上的内六角螺钉，然后一边正、反转摇动中滑板手柄，一边缓慢拧紧中间内六角螺钉，使滑板下部的楔块上升向前挤压螺母，消除轴向间隙后（手柄正、反转空行程量约处于 20° 范围内时），将前后内六角螺钉拧紧，中间内六角螺钉手感拧紧即可。

② 找正丝杠与螺母的同轴度及丝杠与基准面的平行度 先找正支撑丝杠的两轴承座上轴承孔的轴线在同一轴线上，并与导轨基准面平行。若不合格应修刮轴承座底面，再调整水平位置，使其达到要求，最后找正螺母对丝杠的同轴度。

找正方法如图 11-107 所示。找正时将检验棒插入螺母座的孔中，移动工作台，若检验棒能顺利插入两轴承座孔内，说明同轴度符合要求，否则应修配垫片，使之合格。

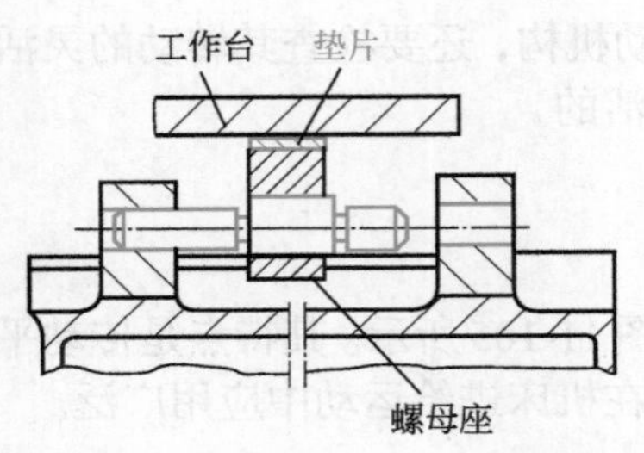

图 11-107　找正螺母对丝杠同轴度的方法

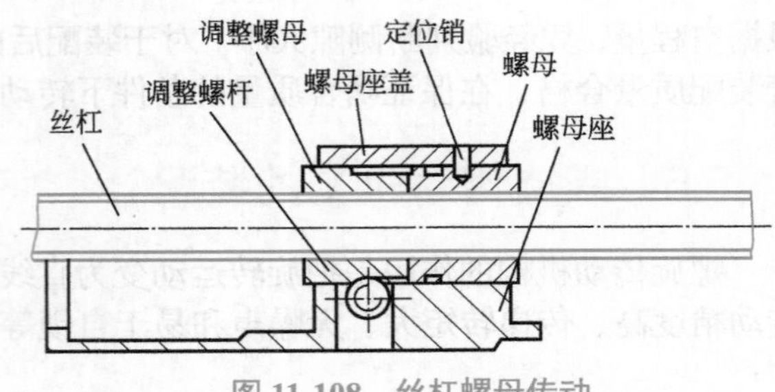

图 11-108　丝杠螺母传动

③ 调整好丝杠的回转精度　主要是检验丝杠的径向圆跳动和轴向窜动，若径向圆跳动超差，应矫直丝杠；若轴向窜动超差，应调整相应机构予以保证。

（3）螺旋传动的装配示例

以图 11-108 所示的铣床工作台的丝杠螺母传动的装配为例。

① 装配操作

a. 读图得知梯形丝杠与螺母为滑动丝杠螺母传动，丝杠的轴向间隙采用双螺母机构调整。

b. 根据装配情况，选取锉刀、铜棒、锤子、一字螺钉旋具各一件，锥铰刀、铰杠、钻头、手电钻各一件，内六角扳手一套，游标卡尺一件，带座百分表一件，擦布、煤油适量。

c. 按装配图清点零件数量；用游标卡尺测量零件各配合尺寸是否正确，将螺母旋入丝杠的梯形螺纹上（旋入长度为 1/3 ～ 1/2 丝杠螺纹长度），检查丝杠螺母配合是否适合。

d. 用锉刀去除零件表面毛刺，用煤油清洗全部装配零件，去除配合表面杂质、污物。

e. 用擦布擦净螺母外圆及其安装座孔，将螺母按装配图位置装入座孔，扣好座盖，用连接螺钉压紧座盖，按座盖上的螺母定位销孔配划螺母外圆上的定位销孔。

f. 在铣床上按线粗铣螺母外圆上的定位销孔，留足销孔的铰孔余量。

g. 清理螺母外圆上的加工毛刺，再次将螺母装入座孔。同时将螺母的外齿对正调整螺杆的牙槽装入座孔。扣好座盖，装上连接螺钉并拧紧。

h. 配铰螺母、座盖上的两个定位销孔，铰至要求并装入定位销。

i. 装入丝杠，可适当用铜棒敲击，当梯形螺纹接触螺母时，改推进丝杠为旋进，当梯形螺纹接触调整螺母时，应对正调整螺母的螺纹相位角，再继续旋转丝杠到位。

② 调整传动间隙　如图 11-109 所示，把盖拆下，将法兰 4 的螺钉拧松，再转动调整蜗杆 2，利用蜗杆传动拧紧螺母 1，使丝杠的传动间隙充分减小。

螺母的松紧程度以摇动手轮时丝杠的间隙不超过 1/40 转为宜，同时在全长上不得有卡住现象。调整后再拧紧螺钉，使法兰 4 压紧垫圈 3，锁住调整蜗杆 2 的位置。

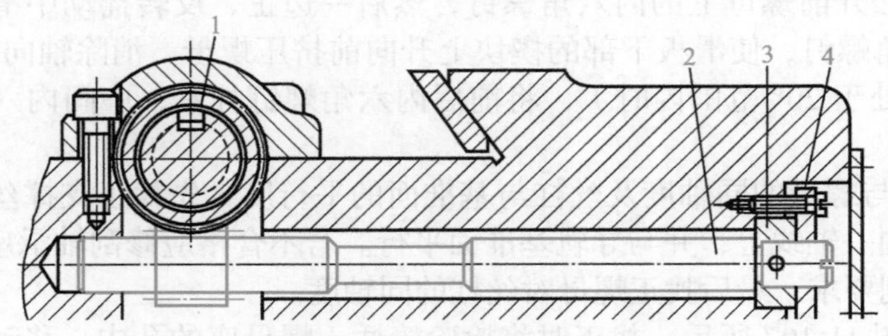

图 11-109　调整丝杠螺母传动间隙

1—螺母；2—调整蜗杆；3—垫圈；4—法兰

③ 检查丝杠全跳动　将带磁座百分表的测头抵在丝杠两端光滑外圆表面上，用手转动丝杠，百分表读数差即为丝杠径向圆跳动（允许差值为 0.02mm）。再将丝杠轴端的中心孔擦净，涂黄油后放入一直径适当的钢球，将百分表的测头抵在钢球上，用手转动丝杠，百分表读数差即为丝杠的轴向跳动。

11.5.6　联轴器和离合器的装配

（1）联轴器的装配

联轴器主要用于两轴的相互连接，其工作状态如图 11-110 所示。它具有补偿两轴相对位移、缓冲和减振以及安全防护等功能。

图 11-110　联轴器的工作状态

① 装配技术要求　无论哪种形式的联轴器，装配的主要技术要求是应保证两轴的同轴度要求，否则被连接的两轴在转动时将产生附加阻力和增加机械的振动，严重时还会使联轴器和轴变形或损坏。因此，装配时应用百分表检查联轴器跳动和两轴的同轴度误差。具体要求见表 11-11。

表 11-11　联轴器跳动和两轴同轴度要求

项目		弹性柱销联轴器（按联轴器外径 d/mm）			十字块联轴器	套筒联轴器
		105 ～ 170	190 ～ 260	290 ～ 350		
半联轴器跳动/mm	径向	0.07	0.08	0.09		
	端面	0.16	0.18	0.20		
两轴同轴度误差	Δy/mm	0.14	0.16	0.18	0.04d	0.02 ～ 0.05
	$\Delta\alpha$/（′）		40		30	

表 11-11 中两轴同轴度误差 Δy 和 $\Delta\alpha$ 如图 11-111 所示。

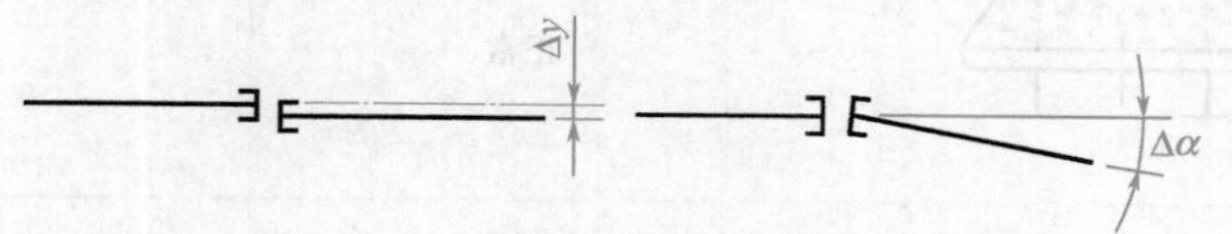

图 11-111　两轴同轴度误差

② 装配方法　如图 11-112 所示为较常见的凸缘式联轴器，装配时先在轴 3、轴 4 上装好平键及凸缘盘 1 和 2，并固定齿轮箱。然后将百分表固定在凸缘盘 2 上，使百分表测头顶在凸缘盘 1 的外圆上，同步转动两轴，根据百分表的读数来保证两凸缘盘的同轴度要求。

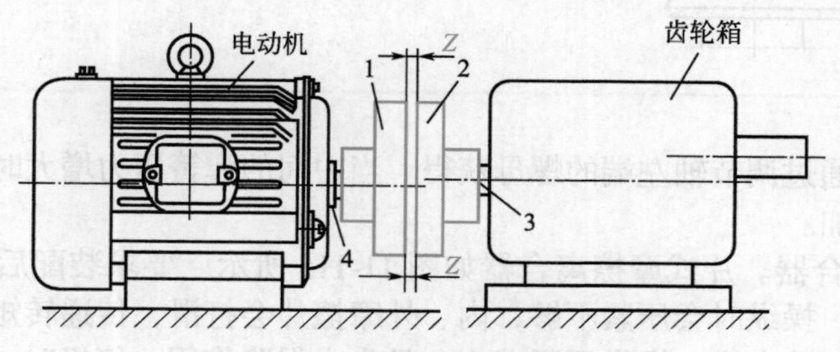

图 11-112　凸缘式联轴器的装配

1，2—凸缘盘；3，4—轴

找正后，固定电动机和联轴器，但在固定时固定螺栓必须适当地拧紧，以免影响找正的准确性。

（2）离合器的装配

离合器如图 11-113 所示，和联轴器一样，离合器也用于两轴的相互连接、传递运动和转矩，但却具有接合和分离的功能，可以作为启动或过载时控制传递转矩的安全保护装置。

① 装配技术要求　离合器装配的主要技术要求是在接合或分开时离合器的动作要灵敏，能传递足够的转矩，工作平稳而可靠。

② 装配方法

a. 圆锥式摩擦离合器。圆锥式摩擦离合器如图 11-114 所示。装配时必须用涂色法检查两圆锥面的接触情况。检查情况见表 11-12。

图 11-113　C615 车床离合器

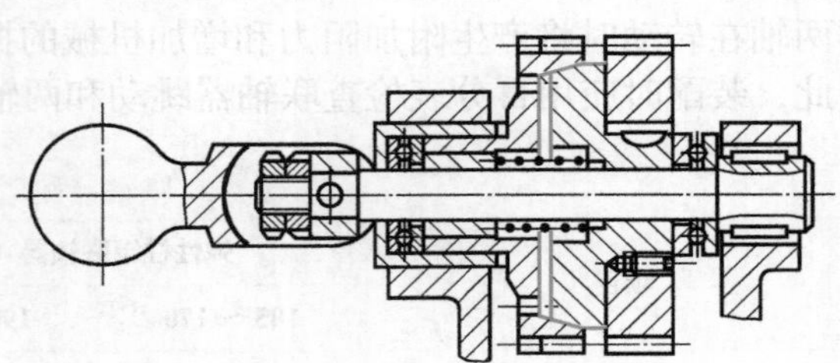

图 11-114　圆锥式摩擦离合器

表 11-12　锥面上色斑分布情况

接触情况	图示	情况说明	修整方法
均匀分布		正常	无需修调
靠近锥底		锥体角度不准确	刮削或磨削
靠近锥顶			

摩擦力大小可通过调节轴左端的螺母获得。当中间的弹簧压力增大时，两个锥之间产生的摩擦力也相应增加。

b. 片式摩擦离合器。片式摩擦离合器如图 11-115 所示。要求装配后松开的时候间隙要适当。如间隙太大，操纵时会压紧不够，内、外摩擦片会打滑，传递转矩不够，摩擦片也容易发热、磨损。如间隙太小，操纵压紧费力，且失去保险作用，停机时，摩擦片不易脱开，严重时可导致摩擦片烧坏。

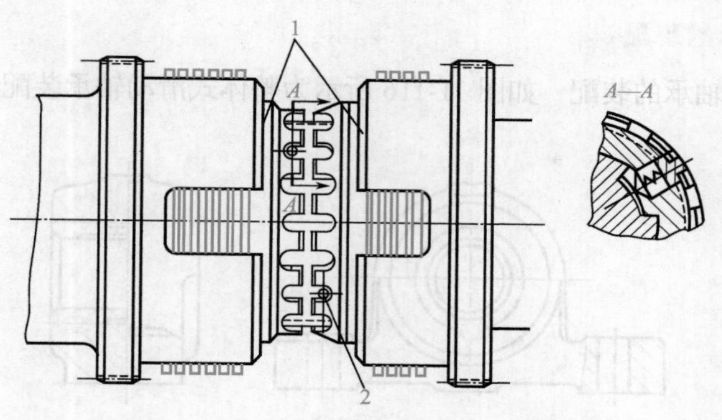

图 11-115　片式摩擦离合器的调整

1—螺母；2—定位销

调整方法是：先将定位销 2 压入螺母 1 的缺口下，然后转动螺母 1 调整间隙。调整后，要使定位销弹出，以防止螺母在工作中松脱。

11.6 轴承和轴组的装配

11.6.1 滑动轴承的装配

（1）滑动轴承的结构形式

滑动轴承的结构形式有整体式和剖分式两种，其结构特点见表 11-13。

表 11-13　滑动轴承的结构形式

结构形式	图示	说明
整体式		将一个青铜套压入轴承座内，并用紧定螺钉固定而制成。结构简单，易制造，但磨损后无法调整轴与轴承之间的间隙。所以通常用于低速、轻载、间歇工作的机械上
剖分式		由轴承座、轴承盖、剖分轴瓦及螺栓组成

（2）滑动轴承的装配

① 整体式滑动轴承的装配　如图 11-116 所示为整体式滑动轴承装配示例。

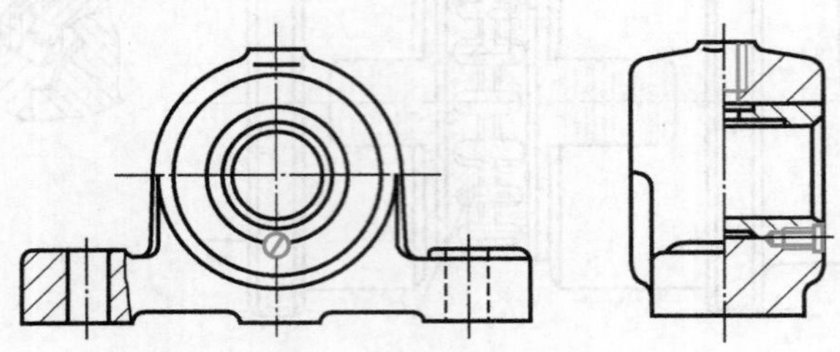

图 11-116　整体式滑动轴承装配示例

a. 准备活扳手、一字螺钉旋具、锉刀、刮刀、锤子各一把，油石一块。选取千分尺、内径百分表各一件。配制心轴一根，如图 11-117 所示。准备煤油、全损耗系统用油、擦布适量。

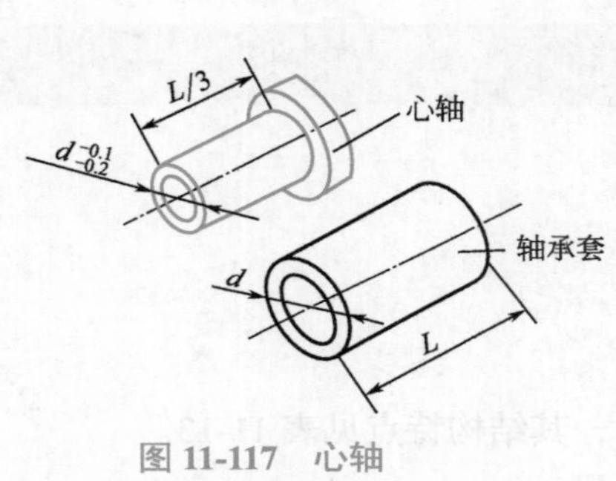

图 11-117　心轴

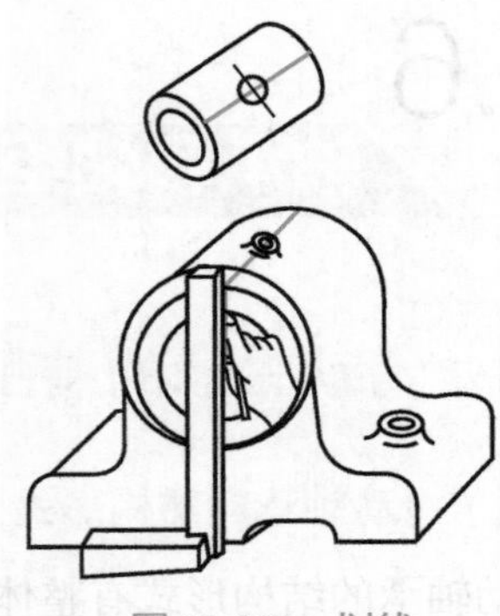

图 11-118　划线

b. 用千分尺检查轴套外径，用内径百分表检查座孔内径及配合尺寸是否合格。

c. 用油石及锉刀去除轴套、轴承座孔上的毛刺并倒棱。

d. 在轴套外圆通过油孔划一条母线，并在轴承座上划线，如图 11-118 所示。

e. 用擦布擦净零件配合表面，涂适量全损耗系统用油，将袖套外圆母线对正座孔端线，放入轴承座孔内，如图 11-119 所示。

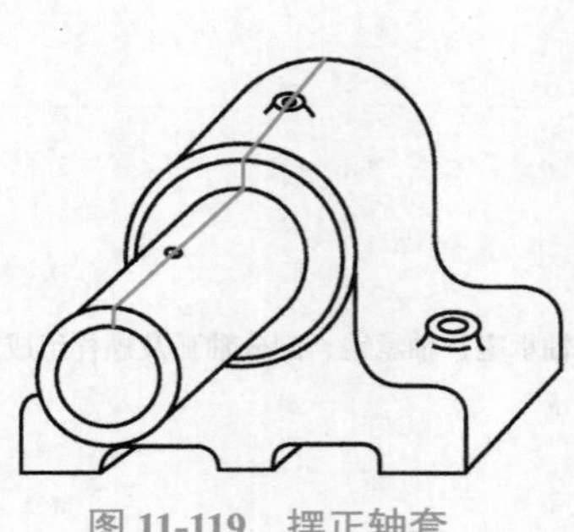

图 11-119　摆正轴套

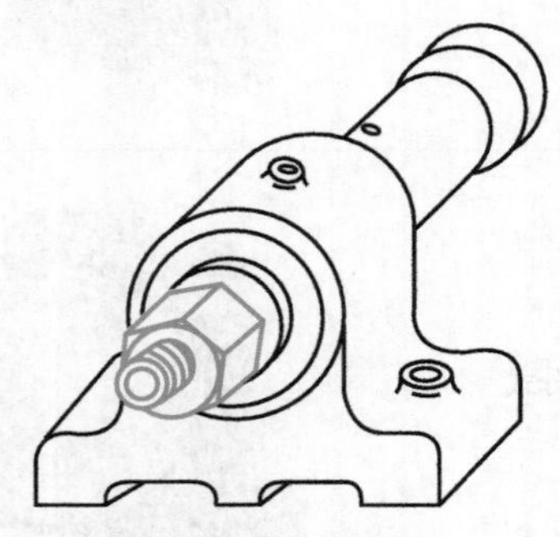

图 11-120　装入螺杆

f. 将螺杆插入心轴孔内，再将心轴插入轴套孔内，在轴承座另一端的螺杆上，先套入直径大于轴套外径的垫圈，再拧入螺母后拧紧，如图 11-120 所示。

g. 用扳手旋转螺母，将轴套拉入轴承孔内。装配时，可用锤子、铜棒直接敲击心轴，将轴套装配到位。

h. 目测油孔位置正确。

i. 在钻床上钻轴套定位螺孔。攻螺纹后，用一字螺钉旋具将紧定螺钉旋入螺孔内，并拧紧。

j. 用内径百分表测量轴套孔，根据测得的变形量，用刮削方法进行修整。修刮时，利用要装配的轴作研具研点。接触斑点均匀，点数在 12 点 /（25mm×25mm）以上，轴颈转动灵活时，轴套为合格。

k. 将轴承用煤油清洗干净，加注全损耗系统用油，准备与轴进行装配。

l. 按图检查装配是否满足要求。

② 剖分式滑动轴承的装配　以图 11-121 所示半瓦的装配为例。

通过装配图了解下轴瓦由圆柱销定位，两半瓦间垫有调整垫片。轴承由双头螺柱螺母压紧。其装配方法为：

a. 选取活扳手、锉刀、铰刀、铰杠、木锤各一件，油槽錾两把，内孔刮刀两把，丝锥一副，游标卡尺一把，显示剂、煤油适量。

b. 按装配图清点零件，用游标卡尺检测各配合尺寸是否正确。

c. 用锉刀去除零件毛刺、倒角，并将装配零件清洗干净。

d. 将上、下半瓦作出标记。

e. 在轴瓦背面着色，分别以轴承盖和轴承座为基准，配研接触。观察瓦背面的接触点数量在 6 点 /（25mm×25mm）以上，再进行下一步工作。

f. 在上轴瓦上与轴承盖配钻油孔。

g. 在上轴瓦内壁上錾削油槽，并去除毛刺，如图 11-122 所示。

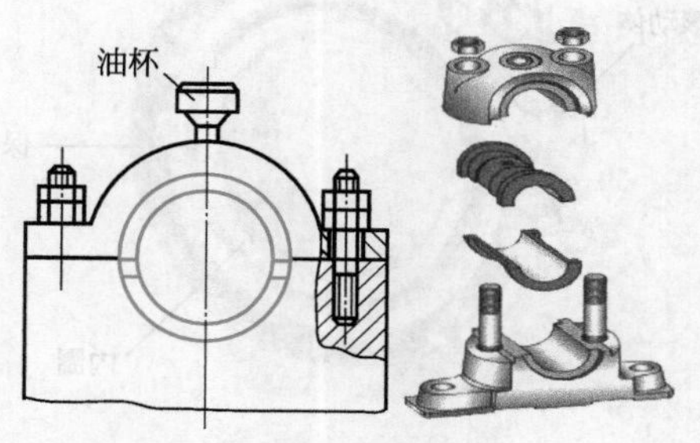

图 11-121　剖分式滑动轴承

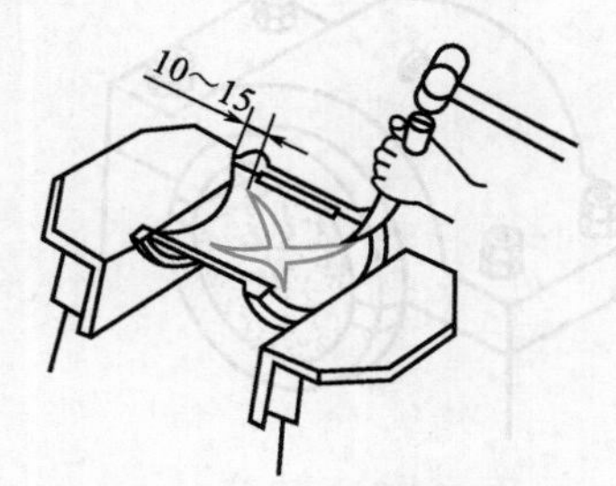

图 11-122　錾削油槽

h. 在轴承座上钻下瓦定位孔，并装入定位销，定位销露出长度应比下轴瓦厚度小 3mm 。

i. 在定位销上端面涂红丹粉，将下轴瓦装入轴承座，使定位销的红丹粉拓印在下轴瓦瓦背上。根据拓印，在下轴瓦背面钻定位孔。

j. 将下轴瓦装入轴承内，再将四个双头螺栓装在轴承座上，垫好调整垫片，并装好上轴瓦与轴承盖，如图 11-123 所示。

k. 装上工艺轴进行研点，并进行刮修。反复进行刮研，使接触斑点数量达到 6 点 /（25mm×25mm），工艺轴在轴承中旋转没有阻卡现象。

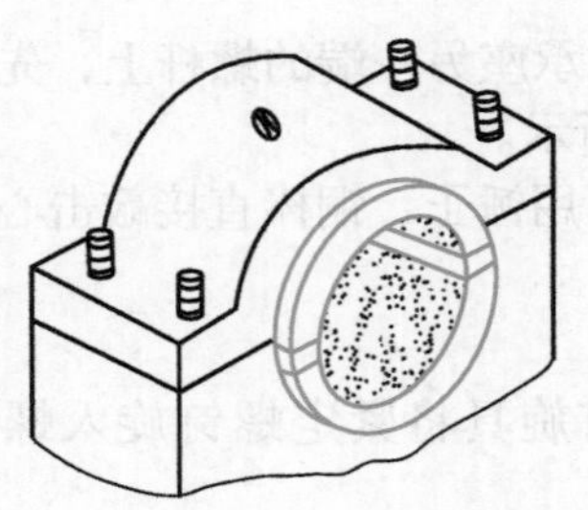
图 11-123 装好上轴瓦与轴承盖

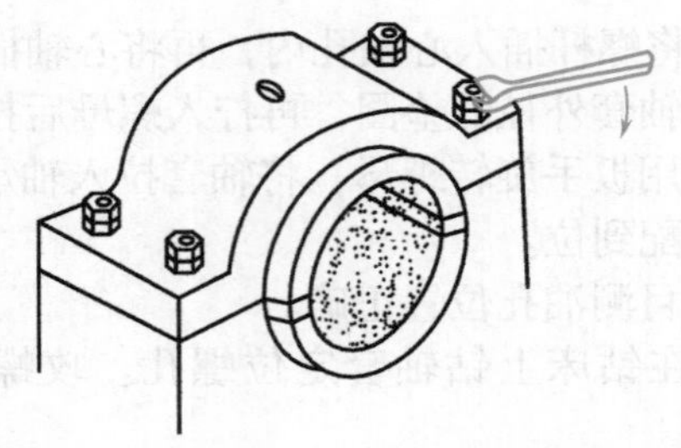
图 11-124 拧紧螺母

l. 装上要装配的轴，调整好调整垫片，进行精研精刮。

m. 装配轴承盖后，稍稍拧紧螺母（如图 11-124 所示）；再用木锤在轴承盖顶部均匀地敲打几下，使轴承盖更好地定位，如图 11-125 所示；最后拧紧所有螺母，拧紧力矩要大小一致。

n. 再经过反复刮研，使轴在轴瓦中应能轻轻自如地转动，无明显间隙，接触斑点数量在 12 点 /（25mm×25mm）时为合格。

o. 调整合格后，将轴瓦拆下，清洗干净，重新装配，并装上油杯。

p. 按装配图的要求，自检装配是否满足要求。

11.6.2 滚动轴承的装配

滚动轴承一般由外圈、内圈、滚动体和保持架组成，如图 11-126 所示。内圈和轴颈为基孔制配合，外圈和轴承座孔为基轴制配合。工作时，滚动体在内、外圈的滚道上滚动，形成滚动摩擦。滚动轴承具有摩擦力小、轴向尺寸小、更换方便和维护容易等优点。

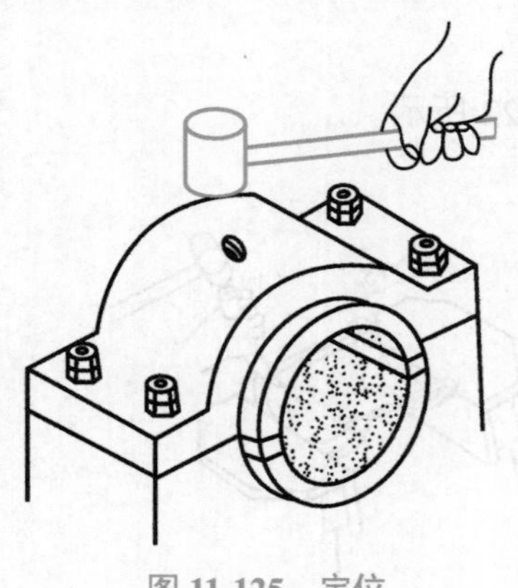
图 11-125 定位

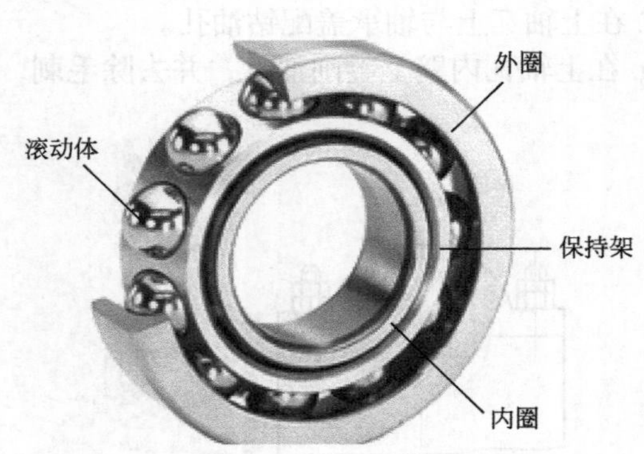

图 11-126 滚动轴承

（1）滚动轴承的装配技术要求

① 滚动轴承上带有标记代号的端面应装在可见方向，以便更换时查对。

② 轴承装在轴上或装入轴承座孔后，不允许有歪斜现象。

③ 同轴的两个轴承中，必须有一个轴承在轴受热膨胀时有轴向移动的余地。

④ 装配轴承时，压力（或冲击力）应直接加在待配合的套圈端面上，不允许通过滚动体传递压力。

⑤ 装配过程中应保持清洁，防止异物进入轴承内。

⑥ 装配后的轴承应运转灵活，噪声小，工作温度不超过 50℃。

（2）滚动轴承的装配工艺

滚动轴承的装配方法应视轴承尺寸大小和过盈量来选择。一般滚动轴承的装配方法有锤击法、用螺旋或杠杆压力机压入法及热装法等。

① 向心球轴承的装配　常用的装配方法有锤击法和压入法。图 11-127（a）所示是用铜棒垫上特制套，用锤子将轴承内圈装到轴颈上。图 11-127（b）所示是用锤击法将轴承外圈装入壳体内孔中。

图 11-128 所示是用压入法将轴承内、外圈分别压入轴颈和轴承座孔中的方法。如果轴颈尺寸较大，过盈量也较大时，为装配方便可用热装法，即将轴承放在温度为 80 ～ 100℃的油中加热，然后和常温状态的轴配合。

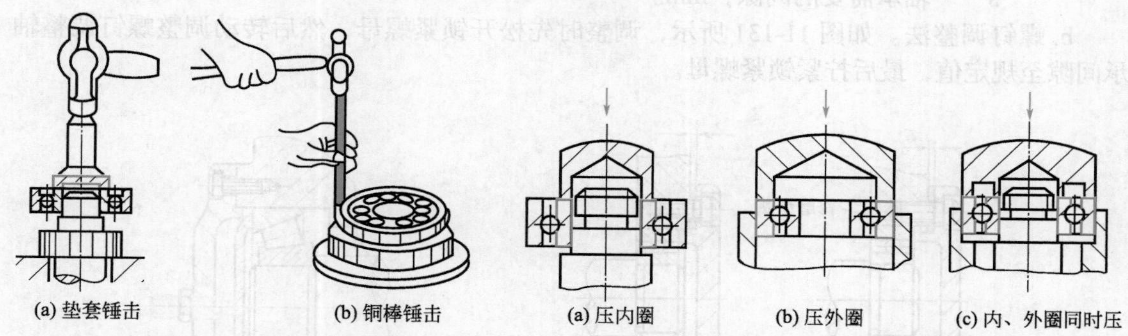

(a) 垫套锤击　(b) 铜棒锤击

图 11-127　锤击法装配滚动轴承

(a) 压内圈　(b) 压外圈　(c) 内、外圈同时压

图 11-128　压入法装配滚动轴承

② 角接触球轴承的装配　因角接触球轴承的内、外圈可以分离，所以可以用锤击法、压入法或热装法等方法将内圈装到轴颈上，用锤击法或压入法将外圈装到轴承孔内，然后调整游隙。

③ 推力球轴承的装配　推力球轴承有松圈和紧圈之分，装配时一定要注意，千万不能装反，否则将造成轴发热甚至卡死现象。装配时应使紧圈靠在转动零件的端面上，松圈靠在静止零件（或箱体）的端面上，如图 11-129 所示。

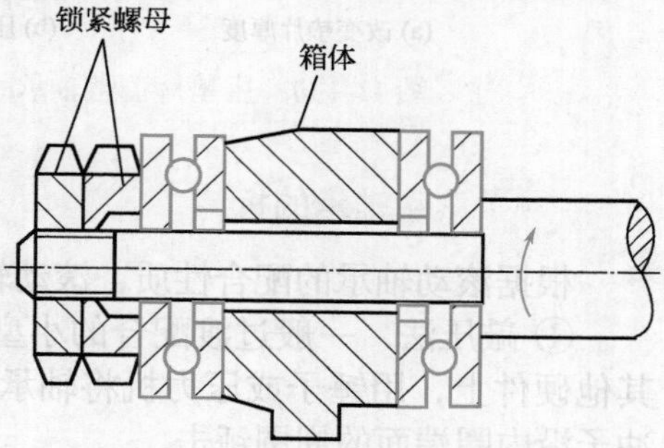

图 11-129　推力球轴承的装配

（3）滚动轴承游隙的调整方法

① 滚动轴承的游隙　滚动轴承的游隙是指将轴承的一个套圈固定时，另一个套圈沿径向或轴向的最大活动量，即分径向游隙和轴向游隙两类。

根据轴承所处状态不同，径向游隙分为原始游隙、配合游隙和工作游隙。

a. 原始游隙。轴承在未安装前自由状态下的游隙叫原始游隙。

b. 配合游隙。轴承装在轴上和箱体孔内的游隙叫配合游隙。其大小由过盈量决定，配合游隙小于原始游隙。

c. 工作游隙。轴承在承受载荷运转时的游隙叫工作游隙。轴承内、外圈的温差使游隙减小以及工作负荷使滚动体和套圈产生弹性变形，导致游隙增大。一般情况下，工作游隙大于配合游隙。

② 滚动轴承游隙的调整　滚动轴承游隙过大，会使同时承受负荷的滚动体减少，单个滚动体负荷增大，缩短轴承寿命和降低旋转精度，并引起振动和噪声，受冲击；游隙过小，

会加剧磨损和发热，缩短轴承的寿命。滚动轴承装配时控制和调整合适游隙的方法是：使轴承内、外圈作适当的轴向相对位移。

a. 调整垫片法。通过改变轴承盖与壳体端面间垫片厚度 δ，来调整轴承的轴向游隙 s，如图 11-130（a）所示。

也可如图 11-130（b）所示，用压铅丝法求得垫片厚度。将粗 1 ～ 2mm 的铅丝 3 ～ 4 段，用油脂粘放在轴承和壳体端面上，装配轴承盖并拧紧螺钉。然后拆下轴承盖，测量铅丝厚度 a、b，则调整垫片的厚度 δ 为：

$$\delta=a+b-s$$

式中　a，b——铅丝被压扁后的厚度，mm；

s——轴承需要的间隙，mm。

b. 螺钉调整法。如图 11-131 所示，调整时先松开锁紧螺母，然后转动调整螺钉调整轴承间隙至规定值，最后拧紧锁紧螺母。

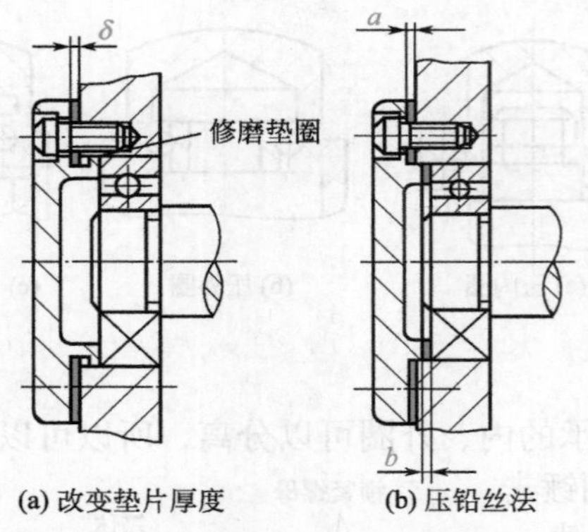

图 11-130　用垫片调整轴承间隙

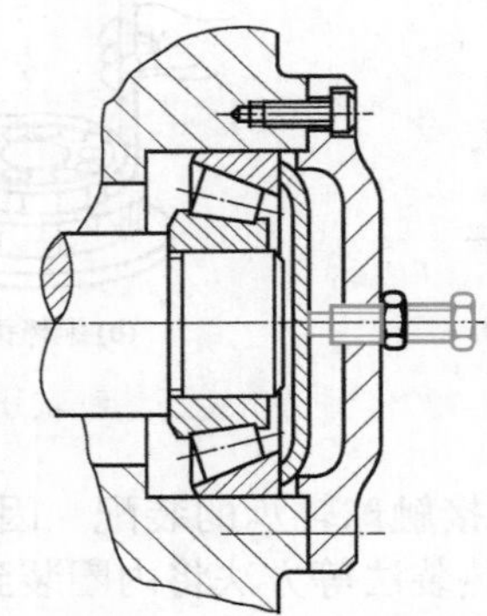

图 11-131　用调整螺钉调整轴承间隙

（4）滚动轴承的拆卸

根据滚动轴承的配合性质，滚动轴承的拆卸方法有以下两种。

① 敲压法　一般过渡配合的小型轴承部件可用敲压法拆卸。把轴承支承在台虎钳上或其他硬件上，用锤子或压力机将轴承从内圈中顶出，如图 11-132 所示，或用软金属的圆头冲子沿内圈端面的周围锤击。

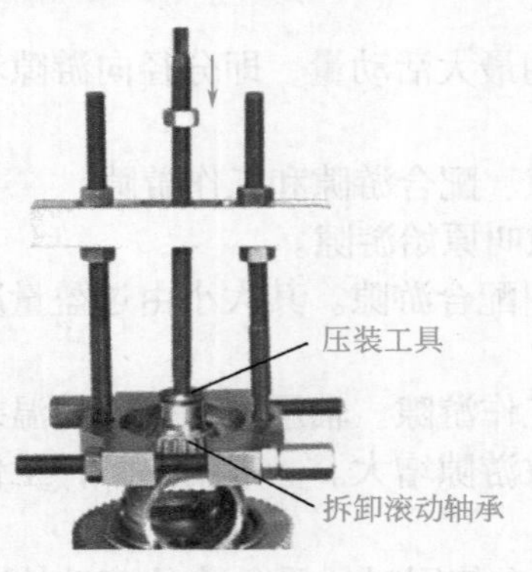

图 11-132　敲压法

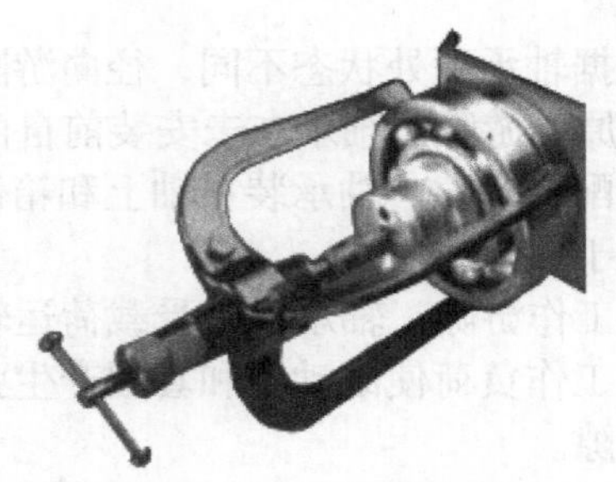

图 11-133　拉出法

② 拉出法　用敲压法不易直接拆卸的轴承，一般用轴承顶拔器进行拆卸。拆卸时，应

按轴承尺寸调整顶拔器拉杆距离，让卡爪牢固卡住轴承圈端面，轻旋螺杆使着力点均匀，然后旋紧螺杆逐步加大力量，将轴承圈拉出，如图 11-133 所示。

11.6.3 轴组的装配

轴、轴上零件与两端轴承支座的组合，称为轴组。轴组装配是指将装配好的轴组组件正确地安装到机器中，达到装配技术要求，保证其能正常工作。轴组装配主要是指将轴组装入箱体（或机架）中，进行轴承固定、游隙调整、轴承预紧、轴承密封和轴承润滑装置的装配。

（1）轴承的轴向固定

为防止轴承在工作时受轴向力而产生轴向移动，轴承在轴上或壳体上都应加以轴向固定。轴承内圈在轴上的固定方法如图 11-134 所示。轴承外圈在壳体孔中的固定方法如图 11-135 所示。

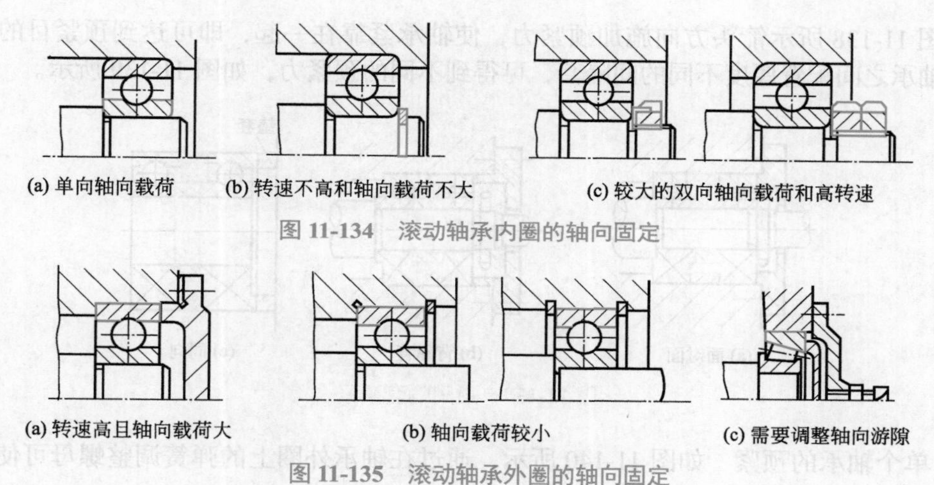

(a) 单向轴向载荷　(b) 转速不高和轴向载荷不大　(c) 较大的双向轴向载荷和高转速

图 11-134　滚动轴承内圈的轴向固定

(a) 转速高且轴向载荷大　(b) 轴向载荷较小　(c) 需要调整轴向游隙

图 11-135　滚动轴承外圈的轴向固定

为避免轴热胀伸长后，使轴和轴承产生很大的附加轴向力，在保证有一个轴承轴向能定位的前提下，其余各轴承留有轴向移动余地，如图 11-136 所示。图中所留轴向间隙 c 应大于轴的热胀伸长量。

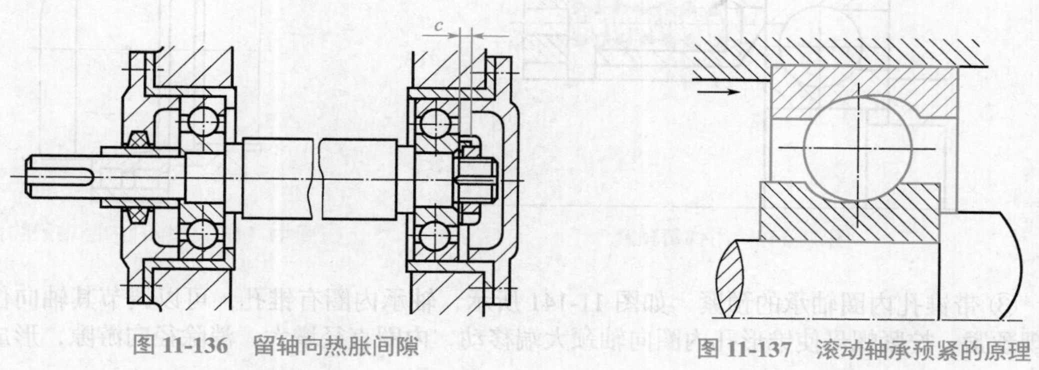

图 11-136　留轴向热胀间隙

图 11-137　滚动轴承预紧的原理

（2）滚动轴承的预紧

对于承受负荷较大、旋转精度要求较高的轴承，大多要求在无隙或少量过盈状态下工作，安装轴承时用某种方法产生并保持一轴向力，以消除轴承中的游隙，并在滚动体和内、外圈

接触处产生初变形。这就是预紧。

预紧后的轴承受到工作载荷时，其内、外圈的径向及轴向相对移动量要比未预紧的轴承大大减小，提高了轴承在工作状态下的刚度和旋转精度。图 11-137 所示为滚动轴承预紧的原理。

① 成对使用角接触球轴承时的预紧　成对使用的角接触球轴承有三种布置方式，如图 11-138 所示。

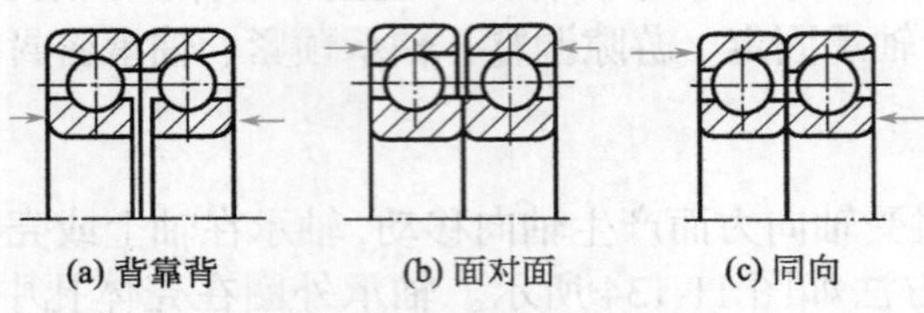

图 11-138　角接触球轴承布置方式

按图 11-138 所示箭头方向施加预紧力，使轴承紧靠在一起，即可达到预紧目的。在成对安装轴承之间配置厚度不同的间隔套，可得到不同的预紧力，如图 11-139 所示。

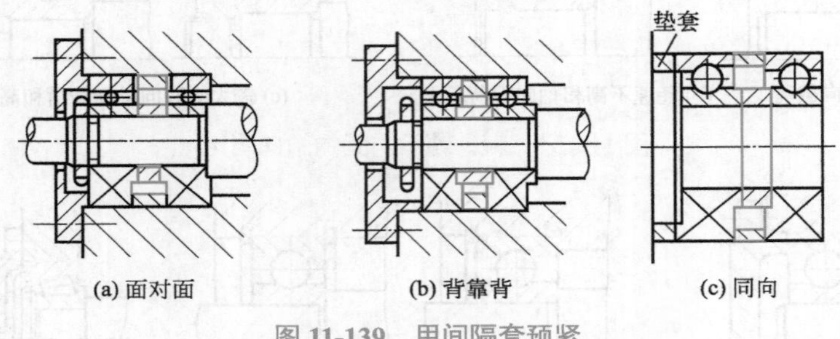

图 11-139　用间隔套预紧

② 单个轴承的预紧　如图 11-140 所示，通过在轴承外圈上的弹簧调整螺母可使弹簧产生不同的预紧力。

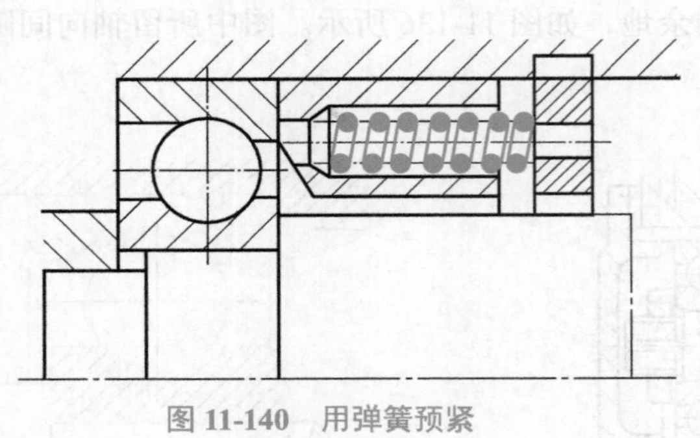

图 11-140　用弹簧预紧

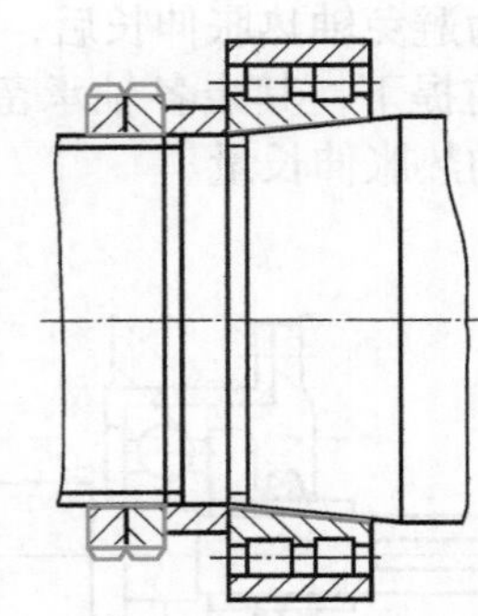

图 11-141　带锥孔内圈轴承的预紧

③ 带锥孔内圈轴承的预紧　如图 11-141 所示，轴承内圈有锥孔，可以调节其轴向位置实现预紧。拧紧螺母使锥形孔内圈向轴颈大端移动，内圈直径增大，消除径向游隙，形成预紧力。

（3）滚动轴承的密封

为防止润滑油流失和灰尘、杂物、水分等侵入滚动轴承，必须采用适当的密封装置。

① 密封装置的种类　密封装置的种类见表 11-14。

表 11-14　密封装置的种类

种类	形式	图示	说明
接触式密封装置	毡圈式		装置结构简单，摩擦较大，主要用在工作环境比较清洁的场合下密封润滑脂。密封处的圆周速度不超过 4 ～ 5m/s，工作温度不超过 90℃
	皮碗式		密封圈用耐油橡胶制成，可以密封润滑油和润滑脂。密封处的圆周速度不超过 7m/s，工作温度为 -40 ～ 100℃
非接触式密封装置	阻油槽式		装置靠轴与轴承盖之间充满润滑脂的微小间隙（0.1 ～ 0.3mm）以及在轴承盖的孔中开槽起到密封作用
	迷宫式		装置由转动件与固定件之间的曲折窄缝所形成，窄缝中的径向间隙为 0.2 ～ 0.5mm，轴向间隙为 1 ～ 2.5mm，并注满润滑脂，工作时轴的圆周速度越高，密封效果越好

② 滚动轴承的密封类型及适用场合　滚动轴承的密封类型见表 11-15。

表 11-15　滚动轴承的密封类型

类型		图示	说明
毡圈密封			结构简单。压紧力不能调整，用于脂润滑
迷宫密封	轴向式		油润滑、脂润滑都有效，缝隙中填脂
	径向式		

续表

类型	图示	说明
立体综合密封	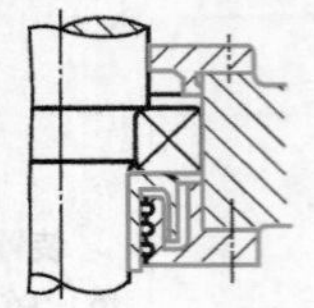	为防立轴漏油，需采用两种以上的综合密封形式
密封圈密封	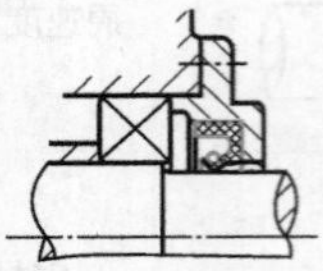	使用方便，密封可靠，耐油
油沟密封	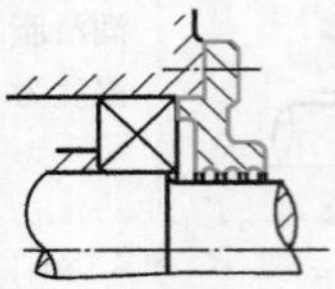	结构简单，沟内填脂，用于脂润滑或低速油润滑。盖与轴的间隙约为 0.1 ～ 0.3mm
挡圈密封	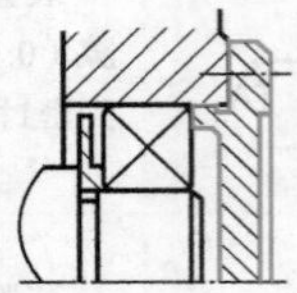	挡圈随轴旋转，利用离心力甩去油和杂物。与其他密封联合使用效果最佳
甩油密封	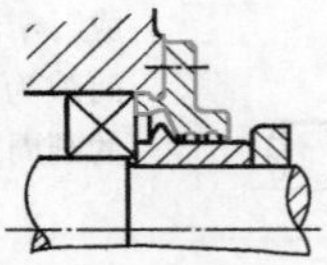	甩油环靠离心力将油甩掉，再通过导油槽将油导回油槽

11.7 液压传动系统的安装与调试

11.7.1 液压传动的基本原理与特点

（1）液压传动的工作原理

图 11-142 为磨床工作台的液压传动原理图。液压泵 3 由电动机带动旋转，从油箱 1 中吸油，并将具有压力能的油液输送到管路，油液再通过节流阀 4 和管路流至换向阀 6。换向阀 6 的阀芯有不同的工作位置，因此改变阀芯的工作位置，就能不断变换压力油的油路，使液压缸不断换向，以实现工作台所需要的往复运动。根据加工要求的不同，利用改变节流阀 4 开口的大小，调节通过节流阀的流量，从而控制工作台的运动速度。工作台运动时，需要克服不同的工作阻力，系统的压力可通过溢流阀 5 调节。当系统中的油压升高至溢流阀的调定压力时，溢流阀打开，油压不再升高，维持定值。为保持油液的清洁，安装的滤油器 2 可将油液中的污物、杂质去掉，使系统工作正常。

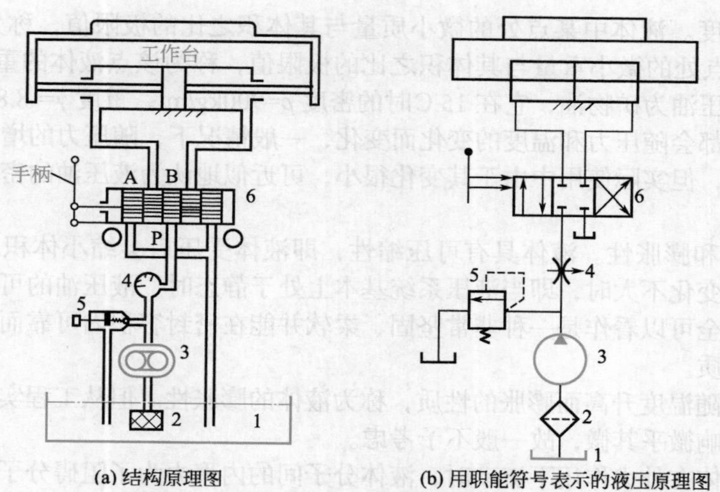

图 11-142 磨床工作台的液压传动原理图

1—油箱；2—滤油器；3—液压泵；4—节流阀；5—溢流阀；6—换向阀

（2）液压传动的特点

① 传动平稳。液压传动装置中，一般认为油液是不可压缩的，依靠油液的连续流动进行传动。油液有吸振能力，油路中还可以设置液压缓冲装置，所以传动非常均匀、平稳，便于实现频繁换向。因此磨床、仿形机床中广泛使用了液压传动。

② 重量轻、体积小。液压传动与机械、电力等传动方式相比，在输出同样功率的情况下，体积和重量均减少很多，因此惯性小，动作灵敏。

③ 承载能力大。液压传动易获得很大的力和转矩。

④ 易实现无级调速。调速范围可达 2000，还可以在运动中调速，很容易得到极低的速度。

⑤ 易实现过载保护。液压系统的执行元件可长期在失速状态下工作而不发热，且液压元件可自行润滑，使用寿命长。

⑥ 易实现自动化。因为液压传动大大简化了机械结构，对液压的压力、方向和流量易于调节或控制，可实现复杂的顺序动作，接受远程控制。

⑦ 便于实现“三化”。液压元件易实现系列化、标准化和通用化，适合大批量专业化生产，因此液压系统的设计、制造和使用都比较方便。

⑧ 不能保证严格的传动比。由于油液具有一定的可压缩性和泄漏，因此不宜应用于传动比要求严格的场合，如螺纹和齿轮加工机床。

⑨ 油液对温度较敏感。由于油的黏度随温度的改变而变化，影响速度和稳定性，因此在高温和低温环境下不宜采用液压传动。

⑩ 装置较复杂。发生故障时不易检查和排除。

⑪ 油液易受污染。油液中易混入空气、杂质，影响系统工作的可靠性。

液压传动的优点是显著的，其缺点现已大为改善或正在改进，所以今后液压传动会得到更加广泛的应用。

（3）液压油

① 液压油的性质　液压系统中传递动力和运动所用的工作介质基本上都是液压油，其物理、化学性质对液压系统能否正常工作影响很大。

a. 密度和重度。液体中某点处的微小质量与其体积之比的极限值，称为该点液体的密度ρ。液体中某点处的微小重量与其体积之比的极限值，称为该点液体的重度γ。机床液压系统中常用的液压油为矿物油，它在15℃时的密度ρ=900kg/m^3，重度γ= 8.83×10^{3}N/m^3。液体的密度和重度都会随压力和温度的变化而变化，一般情况下，随压力的增加而加大，随温度的升高而减小，但实际使用中由于其变化很小，可近似地认为液压油的密度和重度都是不变的。

b. 可压缩性和膨胀性。液体具有可压缩性，即液体受压后会缩小体积。但当液压系统中的温度和压力变化不大时，即当液压系统基本上处于静态时，液压油的可压缩性可以不予考虑，液压油完全可以看作是一种非常坚固、柔软并能在密封容积内可靠而灵活地传递运动和动力的工作介质。

液体的体积随温度升高而膨胀的性质，称为液体的膨胀性。但从工程实用的观点看，膨胀性对工作的影响微乎其微，故一般不予考虑。

c. 黏性。液体在外力作用下流动时，液体分子间的内聚力为了阻碍分子间的相对运动而产生一种内摩擦力，这种现象叫作液体的黏性。液体只有在流动时才会出现黏性，静止的液体是不呈现黏性的。黏性只能阻碍、延缓液体内部的相对滑动，但却不能消除这种滑动。液体的黏性大小用黏度来衡量。

液体流动时，液体与固体壁间的附着力及液体本身的黏性，使液体内各处的速度大小不相等。

d. 其他特性。

● 介电性。油液的电气绝缘性能称为介电性。介电性高的液压油可容许电气元件浸在其中，而不会引起电解腐蚀或短路。

● 流动点、凝固点。油液保持其良好流动性的最低温度叫作油液的流动点。油液完全失去其流动性的最高温度叫作油液的凝固点。这两点称呼不同，实际上是指同一点，这一点就是油液能否流动的临界点。如临界点的温度低，油液工作时的适应性就强。

● 闪点、燃点。油液加热到液面上能在火焰靠近时出现一闪一闪断续性燃烧的温度，叫作油液的闪点；闪点高的油液挥发性小。油液加热到能自行连续燃烧的温度，叫作油液的燃点，燃点高的油液难于着火燃烧。

② 对液压油的基本要求

a. 黏温特性要好。在使用中，油液的黏度随温度的变化应越小越好。

b. 应具有良好的润滑性。工作油液不仅是传递能量的介质，还是相对运动零件之间的润滑剂，油液应能在零件的滑动表面上形成强度较高的油膜，以便形成液体润滑，避免干摩擦。

c. 有最佳的黏度。黏度过小会使润滑性能恶化，密封困难，泄漏增加，缩短机件寿命；黏度过大，会使摩擦损失增加，效率降低。

d. 质地纯净，不含杂质。如果油液中含有酸、碱，会使机件和密封装置受腐蚀；含有机械杂质，会使油路堵塞；含有挥发性物质，长期使用后会使油液变稠，并产生气泡。

e. 性能稳定，不易氧化。使用中油液不应稠化，黏度要适中，不产生沉淀。由于温度升高可能使油液氧化而产生胶质和沥青质，使油液变质。这些物质还容易使油路堵塞及黏附在相对运动机件的表面上，影响工作。

f. 油的总体性质要好。需要防火的场所，油液的闪点要高。气候寒冷的条件下，其凝固点要低。

g. 腐蚀性小。即对密封件、软管等材料，无溶解等有害影响。

③ 液压油的种类和性能

a. 普通液压油。国产普通液压油按 40℃时的运动黏度不同分为 YA-N32、YA-N46、YA-N68 和 YA-N32G、YA-N68G 五个牌号，适用于 0℃以上各种精度的机床的液压导轨系统的润滑。YA-N32、YA-N46 和 YA-N68 油除应用于机床液压系统外，还适用于其他液压油泵的中、低压系统。YA-N32G 和 YA-N68G 油除具有液压油的各种性能外，还具有良好的“防爬”特性，专用于各种精密机床和导轨合用的循环系统。

b. 合成锭子油。高度精制的锭子油，具有很低的凝点、良好的润滑性和防腐性，主要用于机械润滑和液压传动。

c.10 号航空液压油。本产品适用于液压机构的工作液，其代号为 YH-10。

d.13 号机油（专用锭子油）。本产品为高度精制的机械油，油中加入了抗氧化、抗磨损、抗泡沫、防锈蚀及改进黏度指数的添加剂，适用于精密机床的液压系统及变速箱的润滑，但不能用于低温。

11.7.2 液压元件与液压系统

液压系统是根据机械设备的工作要求，利用各种液压元件，选用一些适当的基本回路组合而成的，通常用液压系统图来表示。在液压系统图中，各个液压元件及它们之间的联系与控制方式，均按标准图形符号画出。

（1）液压泵的参数与分类

液压泵俗称油泵，是液压系统中的动力元件。它是将电动机的机械能转换为油液压力能的一种能量转换装置。

① 液压泵的分类　液压泵的符号见表 11-16，液压泵的类型见表 11-17。

表 11-16　液压泵的图形符号

名称	符号	名称	符号
单向定量液压泵		单向变量液压泵	
双向定量液压泵		双向变量液压泵	

表 11-17　液压泵的类型

类型		作用
齿轮泵	外啮合	用于低压场合，只能作定量泵用
	内啮合	
叶片泵	单作用式	既能作定量泵，也能作变量泵
	双作用式	只能作定量泵
柱塞泵	轴向式	用于高压场合，既可作定量泵，又可作变量泵
	径向式	

② 液压泵的选择　选择液压泵时，首先要满足液压系统的工况要求（压力、流量），

其次对泵的性能、成本等方面进行综合考虑，以确定液压泵的输出流量、工作压力、结构类型和电动机功率。一般在负载小、功率小的机械设备中，可用齿轮泵或双作用叶片泵；精度较高的机械设备（如磨床）可用双作用叶片泵或限压式单作用变量叶片泵；在负载较大且有快速和慢速工作行程要求的机械设备（如组合机床）中，可使用限压式变量叶片泵；负载大、功率大的机械设备（如压力机、龙门刨等），一般选用柱塞泵；而机械设备的辅助装置，如送料、夹紧装置等，可选用廉价的齿轮泵。

（2）液压缸的类型及特点

液压缸有多种类型，它们属于液压传动系统中的工作元件，是把油液的压力能转换为机械能的能量转换装置。

① 液压缸的类型　液压缸的分类及特点见表11-18。

表 11-18　液压缸的分类及特点

分类	名称	符号	特点说明
单作用液压缸	柱塞式		柱塞仅单向运动，返回行程是利用自重或负荷将柱塞推回
	单活塞杆式		活塞仅单向运动，返回行程是利用自重或负荷将活塞推回
	双活塞杆式		活塞的两侧装有活塞杆，只能向活塞一侧供给压力油，返回行程利用弹簧力、重力或外力
	伸缩式		以短缸获得长行程，用液压油由大到小逐节推出，靠外力由小到大逐节缩回
双作用液压缸	单活塞杆式		单边有杆，双向液压驱动，双向推力和速度不等
	双活塞杆式		双边有杆，双向液压驱动，可实现等速往复运动
	伸缩式		双向液压驱动，伸出由大到小逐节推出，由小到大逐节缩回
组合液压缸	弹簧复位式		单向液压驱动，由弹簧力复位
	串联式		用于缸的直径受限制而长度不受限制处，能获得大的推力
	增压缸（增压器）	A　B	由低压室A缸驱动，使B室获得高压油
	齿条传动式		活塞的往复运动经装在一起的齿条驱动齿轮获得往复回转运动

② 液压缸的组成　液压缸一般由端盖、缸筒、活塞、活塞杆等主要部件组成。为了防止油液向外泄漏（外泄），同时为了防止油液从高压腔向低压腔泄漏（内泄），在缸筒与端盖、活塞与缸筒、活塞杆与活塞、活塞杆与前端盖的配合面处，均要设置密封圈等密封装置。在工作环境灰尘较多的场合，为防止脏物进入液压缸内部，在前端盖外侧还装有防尘圈，用来刮除活塞杆上的脏物。在要求换向平稳的场合，为防止活塞运动到行程终点时撞击端盖

和产生液压冲击，液压缸两端设置了缓冲装置。有些液压缸，考虑到工作中可能会混入空气或油液中溶解的气体会分离出来，使系统的工作不稳定，还设有排气装置。图 11-143 所示为活塞式液压缸的典型结构。

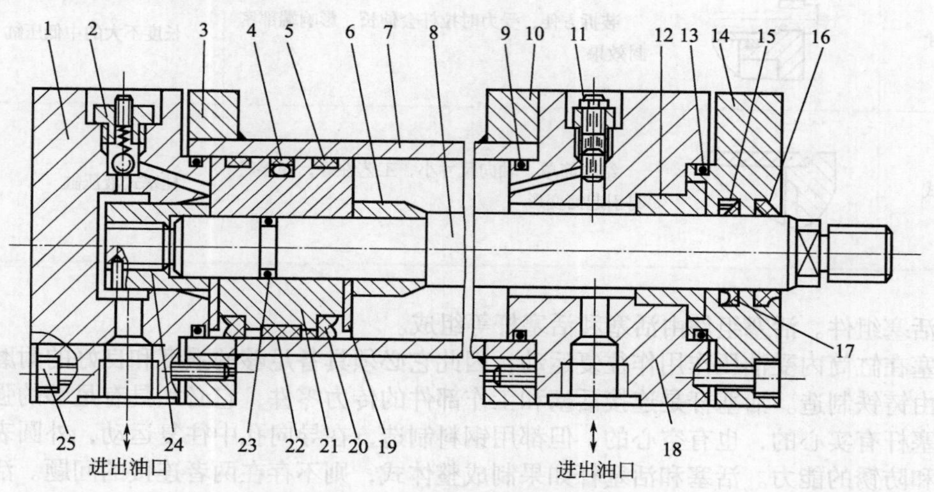

图 11-143　单杆液压缸结构

1—缸底；2—单向阀；3，10—法兰；4—格来圈密封；5，22—导向环；6—缓冲套；7—缸筒；8—活塞杆；9，13，23—O 形密封圈；11—缓冲节流阀；12—导向套；14—缸盖；15—斯特圈密封；16—防尘圈；17—Y 形密封圈；18—缸头；19—护环；20—Y_X 密封圈；21—活塞；24—无杆端缓冲端；25—连接螺钉

a. 缸体组件。缸体组件包含缸筒、端盖和导向套等零件。

缸筒是液压缸的主体，它与端盖、活塞等零件构成密闭的容腔，承受油压，要求其有足够的强度和刚度。

缸筒与缸盖（缸底）的常见连接形式见表 11-19。

表 11-19　缸筒与缸盖（缸底）的常见连接形式

连接形式	图示	特点	应用
法兰式		结构简单，加工和拆装方便，连接可靠，外形尺寸和质量较大	大、中型液压缸
半环式		工艺性好，连接可靠，结构紧凑，装拆方便，但对缸筒有所削弱，需要加厚筒壁	无缝钢管缸筒与端盖的连接
外螺纹式		质量和外径小，结构紧凑，缸筒端部结构复杂，需用专用工具拆装	
内螺纹式			

续表

连接形式	图示	特点	应用
拉杆式		装拆方便，受力时拉杆会伸长，影响端部密封效果	长度不大的中低压缸
焊接式		结构简单，轴向尺寸小，工艺性好，焊接时易引起筒变形	柱塞式液压缸

b. 活塞组件。活塞组件由活塞和活塞杆等组成。

活塞在缸筒内受油压作用作往复运动，因此它必须具备足够的强度和良好的耐磨性，活塞一般由铸铁制造。活塞杆是连接活塞和工作部件的传力零件，它必须具有足够的强度和刚度。活塞杆有实心的，也有空心的，但都用钢料制造，在导向孔中往复运动，外圆表面应具有耐磨和防锈的能力。活塞和活塞杆如果制成整体式，则不存在两者连接的问题。活塞与活塞杆之间的连接方法很多，但无论采用何种方法连接，均须保证连接可靠。它们之间有螺纹连接、半环连接、锥销式连接等连接方法。

③ 液压缸的密封装置与密封形式　密封装置用来防止液压缸中液压油的内、外泄漏，密封的性能将直接影响液压缸的工作性能。根据两个需要密封的表面间有无相对运动，密封分为动密封和静密封两大类。如活塞和活塞杆间、端盖与缸筒间的密封属于静密封，活塞与缸筒内表面、活塞杆与端盖导向孔的密封属于动密封。对密封装置的要求大致是：密封性能好，随系统工作压力的提高能自动提高其密封性能，摩擦阻力小等。常用密封件的种类和用途见表 11-20。

表 11-20　常用密封件的种类和用途

种类	名称	图示	用途	特性
静密封	O 形密封圈		工作介质:油、气、水，用于泵缸法兰接触处	介质压力小于 32MPa 时，可不加挡圈；大于 32MPa 时，须加挡圈
	密封胶	瓶装液体	用于管接头和接合面等处的密封	锥管螺纹密封
动密封	O 形密封圈		工作介质：油、气、水，用于往复及旋转件的密封	加挡圈压力可达 70MPa，只限低速处使用
	Y 形密封圈		最适用于油压密封	单件即能有效密封，摩擦阻力小
	U 形密封圈		工作介质：油、气、水，用于往复运动件的密封	需用压环撑住，使流体裁压力能作用在唇口内壁，自封性好

续表

种类	名称	图示	用途	特性
动密封	V形密封圈		用于往复运动件的密封	密封性好，耐高压，能适应偏心，且摩擦阻力较大
	J形密封圈		用于往复及旋转件的密封	用于低速、轴径小的场合，使用较少
	L形密封圈		专用于活塞上的往复密封	比V形密封圈摩擦阻力小，使用时间长
	V形夹织物密封圈		用于活塞杆的密封	压力小于10MPa时，用三个组成一组密封；40MPa时，四个组成一组密封；50MPa时，五个组成一组密封
	骨架油封		用于旋转轴的密封	允许线速度为10m/s，高速油封允许线速度为20～30m/s，防尘、耐振动，只用于0.1～0.5MPa以下
	O形橡胶密封圈 不加挡圈		适用于各种机械设备上，在工作压力为0～70MPa、温度为40～120℃的液体和气体介质中，在固定或运动状态下起密封作用	工作压力低于10MPa
	O形橡胶密封圈 加挡圈			工作压力超过10MPa，承受单向压力
	O形橡胶密封圈 两个挡圈			双向受力

（3）液压控制阀的作用与分类

① 液压控制阀的作用　液压控制阀对系统中油液的流动方向、压力和流量大小进行预期控制，以满足工作元件在运动方向上克服负载和运动速度上的要求，使系统能按要求启动和停止，它决定液压系统的工作过程和工作特性。一个液压系统中要配备有一定数量的液压控制阀。

各种液压控制阀的基本组成是相同的，都由阀体、阀芯和驱动阀芯运动的元件三部分组成。在工作原理上，所有液压阀的阀口大小、进出油口间的压差以及通过阀口的流量之间的关系都符合孔口流量公式（$q=KA\Delta P_{\mathrm{m}}$），仅各种阀控制的参数不相同而已。液压控制阀在液压系统中不做功，只对执行元件起控制作用。

② 液压控制阀的要求和分类　液压系统对各类液压控制阀的要求是：

a. 动作灵敏，使用可靠，工作平稳，冲击和振动要小。

b. 油液通过液压阀时压力损失小。

c. 阀的密封性能好，泄漏少。

d. 结构简单、紧凑，通用性好；安装、调整和使用方便。

液压控制阀根据其内在联系、外部特征、结构和用途等方面的不同进行分类，见表 11-21。

表 11-21　液压缸控制阀的分类

分类方法	种类	品种
按用途	压力控制阀	溢流阀、减压阀、顺序阀、比例压力控制阀、压力断电器等
	流量控制阀	节流阀、调速阀、分流阀、比例流量控制阀等
	方向控制阀	单向阀、液控单向阀、换向阀、比例方向控制阀
按操纵方法	人力操纵阀	手柄及手轮、踏板、杠杆
	机械操纵阀	挡块、弹簧、液压、气动
	电动操纵阀	电磁铁控制、电 - 液联合控制
按连接方式	管式连接	螺纹式连接、法兰式连接
	板式及叠加式连接	单层连接板式、双层连接板式、集成块连接、叠加阀
	插装式连接	螺纹式插装、法兰式插装

11.7.3　液压系统的安装与调试

（1）安装前的准备工作

① 物资准备　按照液压系统图上的明细表，逐一核对液压元件的数量、型号、规格；仔细检查液压元件的质量状况；准备好适用的工具和装备。

② 质量检查

a. 检查液压元件上的调节螺钉、手轮及其他配件是否完好无损。

b. 检查电磁阀的电磁铁、电接触式压力表内的开关、压力继电器的内置微动开关是否工作正常，元件及安装底板或油路块的安装面是否平整，沟槽是否有锈蚀。

c. 检查油管的材质牌号、通径、壁厚和管接头的型号、规格要求，软管的生产日期等。

d. 检查存放过久元件内部的密封件，根据情况进行拆洗和更换密封件。

③ 技术资料的准备　准备液压系统原理图、液压控制装置的回路图、电器原理图、管道布置图、液压元件和辅件的清单以及产品样本等相关的技术文件和资料，供装配人员在装配的过程中碰到问题时查阅。

（2）液压元件的清洗

为使液压系统维持正常的工作性能，在元件和系统安装前和调试运转前，必须对液压元件、辅助元件和液压系统进行仔细的清洗。清洗时，用 20% 的硫酸或盐酸清洗 30 min 左右，然后用 10% 的苏打水进行中和约 15min，再用温水冲洗，最后用清水冲洗。

拆洗后装复的液压元件应尽可能进行试验，并应达到规定的技术指标。表 11-22 所示是一些主要液压元件拆洗后的测试项目。

表 11-22　液压元件拆洗后的测试项目

元件名称	液压泵和液压马达	液压缸	液压阀			冷却器
			压力阀	换向阀	流量阀	
测试项目	额定压力、流量下的容积效率	最低启动压力，缓冲效果，内、外泄漏	调压状况、启闭压力、外泄漏	换向状况、压力损失、内外泄漏	调节状况，外泄漏	通油或水进行检查

（3）液压元件的安装

① 液压系统安装时的注意事项

a. 保证油箱的内外表面、主机的各配合表面及其他可见元件是清洁的。

b. 与工作油液接触的元件外露部分（活塞杆等）应有防污保护。

c. 油箱盖、管口和空气滤清器要密封，保证未过滤的空气不进入液压系统。

d. 应在油箱上显眼处贴上说明油的类型和容量的铭牌。

e. 装配前，对一些自制的重要元件，如液压缸、管接头等进行耐压实验，试验压力取工作压力的 2 倍或系统最高压力的 1.5 倍。

f. 保证安装场地的清洁。

g. 液压泵与原动机要用弹性联轴器，保证它们的同轴度不超过 0.08mm，用手转动泵 轴应轻松，在 360° 范围内没有卡滞现象。

h. 液压油要过滤到要求的清洁度后，再灌入油箱。管道的连接（特别是接头处）应牢靠密封，不得漏油。

② 液压元件的安装

a. 液压缸的安装。

● 将缸体上的进、出油口和放气口用专用材料填平，保证活塞装入时密封件不会被切坏。

● 检查活塞杆的直线度，特别是行程长的油缸；检查液压缸轴线与机床的导轨平行度；检查活塞杆轴心线对两端支座的安装基面的平行度误差。

● 采用浮动连接（球面副）连接行程长和油温高的液压缸的活塞杆与工作台，以补偿安装误差和热膨胀的影响。

● 对于轴销式和耳环式液压缸，要使活塞杆顶端的连接头方向与耳轴方向一致，以保证活塞杆的稳定性。

b. 液压缸的性能试验。

● 在超过工作压力的 125% ～ 150% 的情况下，需在 5 ～ 10min 时间内观察各结合处是否渗漏。

● 检查油封装置是否过紧，而使活塞杆移动时往复速度不均，并伴有爬行现象。

● 检查活塞运动到端点时是否有冲撞声。

c. 液压泵和液压马达的安装。液压泵、液压马达与其拖动的主机工作机构的连接的同轴度要求很高，其误差必须在 0.08 mm 之内，两轴间的倾角不得大于 1°。一般采用弹性联轴器连接，应避免用 V 带或齿轮直接带动泵转动（单边受力），否则会产生噪声和振动。安装过程中，避免锤击泵轴和液压马达轴，以免损伤转子。同时注意液压泵和液压马达的转向，进、出油口不得接反，以免造成故障，甚至发生事故。

液压马达和液压泵的支架或底板应有足够的强度和刚度，以防产生振动，同时液压泵的

吸油高度应尽可能小些（一般为 500mm）。

d. 阀类元件的安装。板式阀类元件安装时，要检查各油口的密封圈是否凸出安装平面一定的高度（一定的压缩余量）。同一安装平面上的各种规格的密封件凸出量要一致。板式方向阀一般应保持轴线水平安装。固定螺钉应均匀、逐次拧紧。使阀的安装平面与底板或油路块的安装平面全部接触，防止外泄。

进、出油口对称的阀，不要装反，应用标记区分进油口和出油口。外形相似的阀，应挂上牌，以免装错。

为安装和使用方便，管式阀往往制有两个进油口和回油口，安装时将不用的进、回油口用螺塞堵死，以免工作时产生喷油而造成外漏。电磁换向阀宜水平安装，必须垂直安装时，电磁铁一般朝上（二位阀）。先导式溢流阀有一遥控口，当不采用远程控制时，应将遥控口堵死或安装板不钻通。

e. 管道的安装。管道和管接头在液压系统中的作用是连接各液压元件，使之成为一个整体，同时传输载能的工作介质——液压油，安装管道时应特别注意防振和防漏。液压系统中使用的油管见表 11-23。

表 11-23　油管的种类和适用场合

种类		特点与应用场合
硬管	钢管	耐油、耐高压、强度高、工作可靠，但装配时不便弯曲，常在装拆方便处用作压力管道
	纯铜管	承压能力低，抗冲击和振动能力差，易使油液氧化，但易弯形，常用在仪表和液压系统不便装配处
软管	塑料管	耐油、价廉、装配方便，长期使用易老化，只适用于压力低于 0.5MPa 的回油管或泄油管
	尼龙管	价廉，加热后可随意弯形、扩口，冷却后定形，安装方便，承压能力因材料不同而有变化
	橡胶管	用于相对运动间的连接，有高压橡胶管和低压橡胶管两种。高压管由耐油橡胶夹几层钢丝编织网制成，用于压力管路；低压管由耐油橡胶夹帆布制成，用于回油管路

管接头是油管与油管、油管与液压元件间的可拆卸的连接件。液压系统中油液的泄漏多发生在管路的接头处，在强度足够的条件下，管接头必须能在振动、压力冲击下保持管路的密封性，在高压处不能向外泄漏，在有负压的吸油管路上不允许空气向内渗入。液压系统常用的管接头见表 11-24。

表 11-24　液压系统中常用的管接头

形式	图示	说明
焊接式		连接牢固，利用球面密封，简单可靠，但装拆不便
卡套式	卡套 油套	用卡套卡住油管密封，轴向尺寸要求不严，装拆简便，但对油管径向尺寸要求较高

续表

形式	图示	说明
扩口式	管套 油套	用油管管端的扩口在套管的压紧下密封，结构简单，适用于钢管、尼龙管和塑料管等低压管道的连接
扣压式	胶管 外套 15°	用来连接橡胶软管，需用专门模具在压力机上对外套进行挤压收缩，适用于工作压力为 6 ～ 40MPa 的系统

管道敷设应考虑拆卸和维护的方便。较长管道的敷设应安装支架或管夹。支架间距按表 11-25 选取，对于要求振动较小的液压系统，还要计算管路的固有频率，使其避开共振管长。

表 11-25　管道支架间距

mm

管道外径	≤ 10	10 ～ 25	25 ～ 50	50 ～ 80	≥ 80
支架间距	500 ～ 1000	1000 ～ 1500	1500 ～ 2000	2000 ～ 3000	3000 ～ 5000

（4）液压系统的调试

新的液压系统安装完毕或系统经过修理后，均应对液压系统按有关标准进行调试后，才能投入使用。

① 调试前的准备　对液压设备进行调试前，应仔细阅读设备的使用说明书，了解被调试设备的用途、技术性能、结构特点、使用要求、操作方法和试车注意事项。熟读液压系统图，掌握液压系统的工作原理和性能要求。明确液压设备中机械、液压和电气三者的相互联系，熟悉液压系统中各元件在设备中的位置和作用。对调试中可能出现的问题应有应对预案，在此基础上确定调试内容和调试方法。表 11-26 所示为在主机上进行调试的内容。

表 11-26　在主机上进行调试的内容

项目	说明
噪声	在额定工况下运行时，在离设备外壳 1m、高度为 1.5m 上何点处不得超过 84dB（A），可针对背景噪声修正实测值
泄漏	调试期间，除未成滴的轻微沾湿外，不能有可测出的泄漏
温度	调试期间，在油箱最靠近液压泵吸油口处测量，不能超过规定温度
功率消耗	在一个完整的机器循环中，测量平均功率消耗率，记录尖峰功率需求量
污染分析	调试后，取出油液样品进行颗粒污染分析，确定清洁度等级

调试前还应做一些必要的检查，如检查管道的连接是否牢固，电气线路是否正确，泵和电动机转向是否正确，油箱中液压油的牌号和液面高度是否正确，各控制手柄是否在关闭或卸荷的位置等。这样方可进行试车调试。

② 调试

a. 空载试车。其目的是为耐压试验做准备，全面检查液压系统各回路、各液压元件及辅助装置的工作是否正常。

- 启动电动机，检查电动机的转向是否正确及系统有无噪声。
- 检查液压系统在卸荷状态下，其压力是否在卸荷压力范围内。
- 调整压力控制阀，直至压力达到工作压力为止，并关闭压力表。
- 将开停阀由小到大进行调试，运转过程中排气后关闭气阀。
- 检查系统循环是否正确，是否泄漏。
- 空载运行 2h 以后，检查油温。

b. 控制阀的调试。各压力阀应从溢流阀依次调整。将溢流阀逐渐调到规定的压力值，让泵在工作状态下运转。检查在调整过程中溢流阀有无异常声响，并结合检查管路各接头处、元件各接合面处有无外漏。同时，按设计中要求的动作操作相应的控制阀，检查它们的动作正确性。

检查启动、换向、速度换接是否平稳，低速运行有无爬行，换向时是否有液压冲击等。在各项调试内容完成后，在空载下运转 2h 左右，观察液压系统工作是否正常。待一切正常后，可以转入负载试验。

c. 负载试车。其目的是检查系统能否达到设计的承载能力，其内容有：

- 系统能否达到预定的承载要求。
- 噪声及振动是否在允许的范围内。
- 各液压管路，元件的泄漏情况。
- 执行元件有无爬行、冲击现象。
- 温升（油液）是否正常。

负载试车时，一般先在小于最大负载的工况下运行，以进一步检查系统的运行质量和发现存在的问题。待一切正常后，再进行满负荷运转。

操作中，常分 2 次或 3 次才能达到满负荷，在满负荷运行时，检查系统的最大工作压力和最大（小）工作速度是否在规定的范围内，发热、噪声、振动、高速冲击、低速爬行等项目是否符合要求，检查各接合处的漏油情况。如有问题，应分析原因，解决后再试，若一切正常，便可交付使用。

11.7.4 液压设备的维护保养

（1）液压系统使用注意事项

① 油温在 20℃以下时，不允许执行元件进行顺序动作；油温达到 60℃或以上时应注意系统的工作情况，采取降温措施；若异常升温，应停车检查。

② 凡停机在 4h 以上的液压设备，应先使液压泵空载运转 5min 以上，再启动执行机构工作。

③ 凡是液压系统设有补油泵，或系统的控制油路单独用泵供油时，先启动补油泵或控制油路的油泵，再启动主泵。

④ 使用前，熟悉液压设备的操作要领，各手柄的位置、旋向，以免在使用过程中出现

误操作。

⑤ 开车前，检查油箱的油面高度，以保证系统有足够的油液。同时排出系统中的气体。

⑥ 使用中，不允许调整电气控制装置的互锁机构，不允许随意移动各限位开关、挡块、行程撞块的位置。

⑦ 对于系统中的元件，不准私自拆换，出现故障时应及时报告主管部门，请求专门人员修理，不要擅自乱动。

（2）液压设备的日常检查

为使液压设备的寿命延长，使系统无故障工作，除使用中注意前述事项与禁忌外，日常的检查也不容忽视。它可及时发现问题的征兆，预防事故的发生。通常采用点检和定检的方法。表 11-27 和表 11-28 列出了一般液压设备的点检和定检项目。具体的液压设备，也可根据情况自行制订点检和定检的项目和内容。

表 11-27 液压设备的点检项目和内容

点检时间	项目	内容
启动前	液位	是否达到规定的液面高度
	行程开关，限位块	位置是否正确，是否紧固
	手动、自动循环	是否能按要求正常工作
	电磁阀	是否处于初始工位（中位）
设备运行中	压力	是否在规定的范围内波动
	振动、噪声	是否异常
	油温	是否在 30 ～ 50℃范围内，不得＞ 70℃
	漏油	系统有无成滴的泄漏
	电压	是否在规定电压的 5% ～ 10% 范围内波动

表 11-28 液压设备的定检项目和内容

项目	内容
螺钉、管接头	定期紧固，10MPa 以上系统，每月一次；10MPa 以下系统，3 个月一次
过滤器；通气过滤器	一般系统，每月一次；要求较高系统，半月一次
密封件	按工作温度、材质、工作压力情况，具体规定
弹簧	一般工作 800h 后检查
油的污染程度	经 1000h 后（对大、精设备为 600h 后），取样化验，取样要取正在工作时的热油
高压软管	根据使用情况、软管质量，规定更换时间
电器部分	按电器说明书，规定检查维护时间
液压元件	定期对泵、马达、缸、阀进行性能测定，若达不到主参数规定的指标，即时修理

（3）液压设备的保养

液压设备的保养一般分为日常保养（每班保养）和定期保养。

① 日常保养　每班开机前，先检查油箱液位，并目测和手摸油液的污染情况。加油时，要加设计所要求的牌号的液压油，并要经过过滤后方能加入油箱。检查主要元件及电磁铁是否处在原始状态。开机后，按设计规定和工作要求，调整系统的工作压力、速度在规定的范围内。特别是不能在无压力表的情况下调压。经常注意系统的工作情况，按时记录下压力、速度、电压、电流等参数值；经常查看管接头处，拧紧螺栓，以防松动而漏油，维持液压设备的工作环境清洁，以防外来污染物进入油箱及液压系统。当液压系统出现故障时，要停机检修，不要勉强带病运行，以免造成大事故。

② 定期保养　即计划保养，如液压系统工作三个月后，对管接头处的螺钉和各连接螺钉进行紧固，对密封件定期更换，对滤清器的滤芯定期清洗和更换，定期更换液压油，定期清洗油箱。

（4）液压油质量的维护

使用中的统计数据表明，液压油的污染是导致液压系统产生故障的主要原因。使液压油保持清洁不受污染，就能提高液压系统工作的可靠性，延长液压元件和系统的寿命。污染物的形态一般有：

① 固体颗粒。它包括元件在加工和组装过程中未清洗干净的金属切屑、焊渣和型砂等，以及外界侵入系统的尘埃，系统在工作中产生的磨屑和铁锈，油液被氧化后产生的沉淀物等。它们使相互运动零件的表面产生磨料磨损，使元件性能下降，堵塞阀口的小孔，导致阀的故障。

② 水和空气。水进入油液中，加速油氧化变质，并与油中的部分添加剂作用，生成黏性胶质，引起阀芯移动不畅和堵塞过滤器；还能腐蚀金属表面，产生铁锈。空气混入液压油后，降低了油液的体积弹性模量和刚度，使系统动态性能变坏，促使油液氧化变质。

③ 化学污染物。这主要是溶剂、表面活性化合物、油液氧化分解物，这些物质与水反应可生成酸类，腐蚀金属表面，加剧污染。

④ 微生物。水基工作液和含水的石油型液压油中，微生物易于生长和繁殖。大量微生物的存在，会引起油液变质，降低润滑性能。

精通篇

技巧与禁忌

第12章 钳工基本操作的技巧与禁忌
第13章 孔和螺纹加工中的技巧与禁忌
第14章 铆接、粘接和矫正、弯曲加工的技巧与禁忌
第15章 装配工作中的技巧与禁忌
第16章 维修钳工工作中的技巧与禁忌

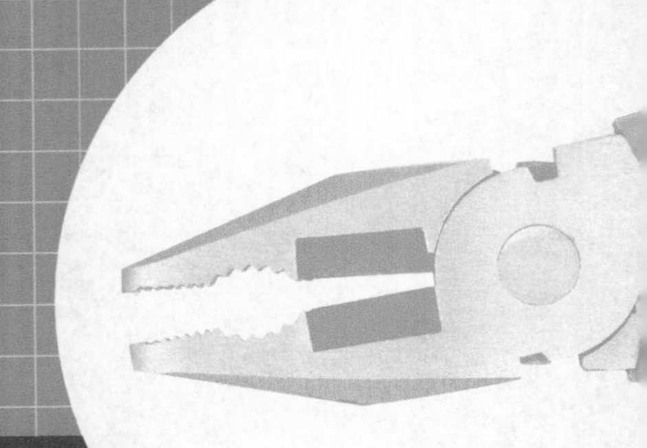

第12章 钳工基本操作的技巧与禁忌

12.1 划线工作中的技巧与禁忌

12.1.1 划线前准备工件的技巧与禁忌

（1）划线前工件涂色的技巧与禁忌

划线前应先在工件划线表面涂上一层涂料。涂料的种类很多，常用的有白灰水和蓝油（俗称“龙胆素”）。白灰水可用于毛坯表面，蓝油可用于已加工表面。

划线前如果在工件上不先涂上这些涂料，那么工件上划出的线条就不够清晰易见，并且会出现漏划、重划等不利情况。另外，涂料的涂覆要求薄而均匀，也防止脱皮。涂料时一般是采用毛刷沾上涂料，再轻涂在工件表面上，如图12-1所示。

图12-1 划线前在工件上涂涂料

有时受工作条件的限制，没有涂料时，可采用蓝色的记号笔在工件上涂色，如图12-2所示，也能起到很好的功效，划线情况如图12-3所示。

图12-2 用记号笔给工件涂色

图12-3 记号笔涂色后的划线情况

（2）划线时基准的选择技巧与禁忌

划线基准是工件的工艺设计要素和划线依据，只有先确定了基准，才能根据它再确定其余的线和面，因此在划线时，工件各个面上都需要选择一个划线基准。其中平面划线一般选择 2 个划线基准，立体划线一般选择 3 个划线基准。

选择基准的前提是：必须与图样的设计基准保持一致，还必须考虑毛坯的加工余量。

① 毛坯划线基准的选择技巧与禁忌　毛坯件划线有时要选择不加工表面作为划线基准，并且该基准面还会有利于后续的找正、定位和借料等。这是因为毛坯件上要进行加工的面所留余量并不一定均匀，而且铸件的浇、冒口也在加工面上，经过加工的面还有飞边、毛刺等，所以加工面并不平整规则，因此选择不加工面作为划线基准不仅能划出加工线，而且还能较好地保证在后续的划线中测定加工面的余量。因此，在决定坯件的划线基准时，有几个原则必须遵守：

a. 尽量选择零件图上标注尺寸的基准（设计基准）作为划线基准。

b. 在保证划线工作能进行的前提下，尽量减少划线基准的数量。

c. 尽量选择较平整的大面作为划线基准，以大面来确定其他小面的位置。因为毛坯件按大面找正后，其他较小的各平行面、垂直面或斜面就必然处在各自相应的位置上。反之，若以小面定大面，则后续划线确定的大面很可能超出允许的误差范围。

d. 选择的划线基准应能保证工件的安装基准或装配基准的要求。

e. 划线基准的选择应尽量考虑到工件装夹的方便，并能保证工件放置稳定，保证划线操作安全。

② 半成品划线基准选择的技巧与禁忌　凡经过机床加工一次以上，而又不是成品的零件称为半成品。半成品的基准面选择主要有以下几个原则：

a. 如果在零件的某一坐标方向有加工好了的面，就应以加工面为基准划其他各线。如图 12-4 所示，划轴承座 d 孔时，就要由加工好了的底面 A 往上量取尺寸 l，划出孔的水平中心线。

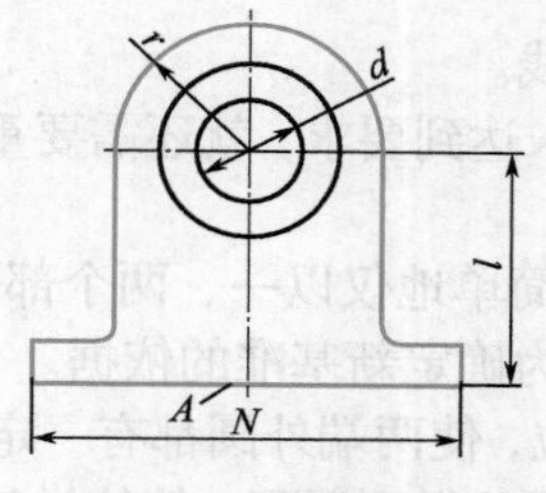

图 12-4　划轴承座线

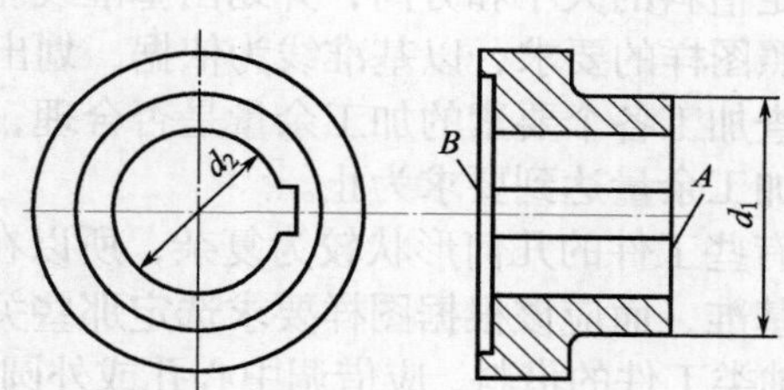

图 12-5　半离合器

b. 如果在零件的某一坐标方向没有加工过的面，仍应以不加工面为基准划其他各线。如图 12-4 所示，水平中心线划出以后，孔的左右方向仍要按半径 r 的不加工两侧面确定位置，保证孔有足够的加工余量。与此同时，还要照顾到两上侧面的对称性。

c. 同是加工过的面，要选设计基准面为基准，以减小定位误差，或选择尺寸要求最严的面为基准面。如图 12-5 所示，半离合器划键槽线就要以孔的中心为基准，而不要以 d_1 外圆为基准划线，这是因为 d_2 和基面 B 是一次装夹加工的，外圆 d_1 是调头装夹加工的，两个圆不完全同心。

d. 如果工件的工艺或设计有特殊要求，如指定要以某个面为基准或保证某一尺寸等，这时就必须要服从这些要求。

（3）工件找正与借料的技巧与禁忌

① 工件找正的技巧与禁忌

a. 毛坯上有不加工的表面时，应按不加工表面找正后再划线，这样可以使加工表面和不

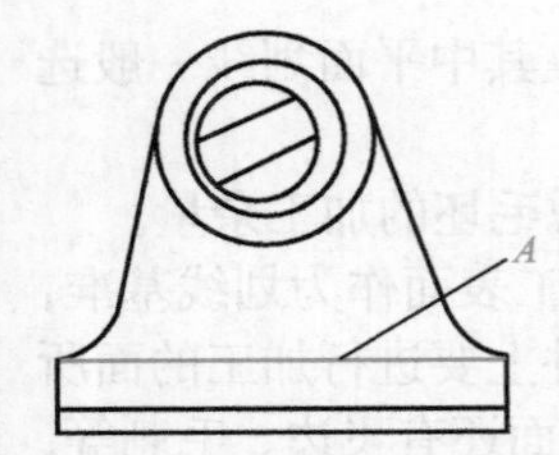

图 12-6 毛坯件的找正

加工表面之间保持尺寸均匀。

如图 12-6 所示的轴承毛坯，其内孔和外圆不同心，底面和上平面 *A* 不平行，划线前应以外圆为依据，用划规划出其中心，然后按求出的中心划出内孔的加工线，这样内孔与外圆就可达到同心要求。在轴承座底面划线前，同样应以上平面（*A* 面）为依据，用划线盘找正水平位置，然后划出底面加工线，这样，底座各处的厚度就较为均匀了。

b. 工件上有两个以上不加工表面时，应选重要的或较大的不加工表面为找正依据，并兼顾其他不加工表面，这样可使划线后的加工表面与不加工表面的尺寸较为均匀，而使误差集中到次要或不明显的位置。

c. 工件上没有不加工表面时，可通过对各自需要加工的表面自身位置找正后再划线。这样可以使各个加工表面的加工余量均匀，避免加工余量相差悬殊。

d. 对体积小的工件，不宜采用千斤顶支承，应固定在方箱或待定的夹具上进行划线。

e. 对找正中容易出现倾倒、位移等不安全现象的工件，应准备相应的辅助夹具，采取可靠的措施，如吊链、垫木等以增加保护作用。

f. 选择第一划线位置时，应以工件加工部位的主要中心线和重要加工线都平等或垂直于划线平台的基准为依据，以便找正。

② 借料的技巧与禁忌 借料就是对工件的各部分加工余量进行综合的、合理的再分配。借料操作是一项十分复杂的工作，尤其是当工件复杂时，一次划线很难完成借料操作。必须要经过多次的试划才能最后有效地完成借料操作。借料操作一般可按以下的过程进行：

a. 测量和确定毛坯工件中各部位的偏移量。

b. 确定借料的大小和方向，并划出基准线。

c. 按照图样的要求，以基准线为依据，划出所有的加工线。

d. 检查加工各个要素的加工余量是否合理，若加工余量未达到要求，就还需要重新借料，直至能使加工余量达到要求为止。

由于有些工件的几何形状较为复杂，所以在借料时不宜简单地仅以一、两个部位来确定新的公共基准，而应该根据图样要求选定那些关键的部位作为确定新基准的依据。

如：轴类工件的借料，应借调中心孔或外圆夹紧定位部位，使两端外圆都有一定的余量；套类工件借料时，应借调内孔和外圆的加工余量，使缺陷或误差得到调配；箱体类工件借料，应以内孔的中心线调配中心距（两孔中心距或孔对平面中心距），保证加工余量和装配要求。

划线时的找正和借料这两项工作是密切结合的，只有互相兼顾，才能做好划线工作。

12.1.2 划线操作中的技巧与禁忌

（1）对划线的要求

① 由于划线的线条有一定的宽度，一般要求划线精度达到 0.25 ～ 0.5mm。

② 任何工件在划线后都必须做一次仔细的复查、校对工作，以避免差错。另外，还应当注意的是：工件的加工精度（尺寸、形状精度）不能完全由划线确定，而应该在加工过程中通过测量来保证。

（2）划线方法的确定技巧与禁忌

不管是平面划线还是立体划线，都须依据工件的加工方法来确定划线的方法。

如图 12-7 所示，均为加工型腔，因为加工方法的不同，划线方法也不相同。图 12-7（a）

所示为铣削型腔所需划的线，图 12-7（b）所示是电火花加工型腔所需划的线。因为加工时电极是以 A、B 面为基准，工作台移动 L 及 L_1 尺寸即可加工型腔，所以不需划出型腔的尺寸线。

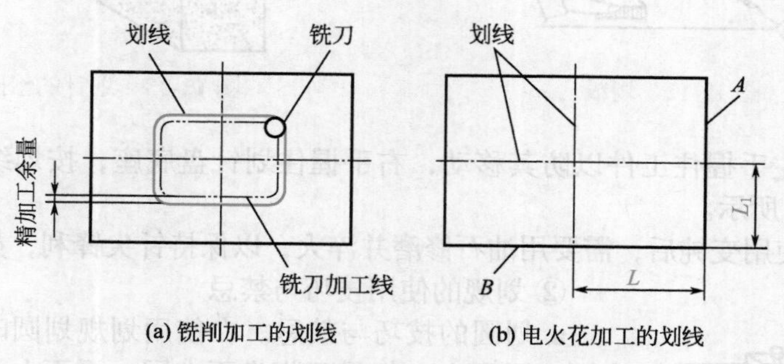

图 12-7　两种加工方法的划线

（3）划线盘与划规的使用技巧与禁忌

① 划线盘的使用技巧与禁忌　用划线盘划线时，应使划针向划线方向倾斜约 15° 角，如图 12-8 所示。

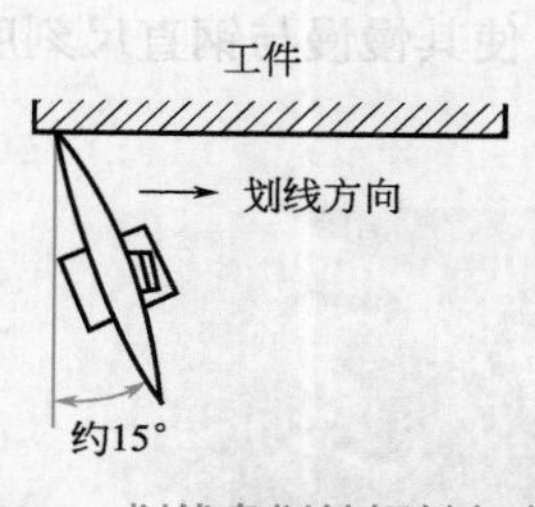

图 12-8　划线盘划针倾斜角度

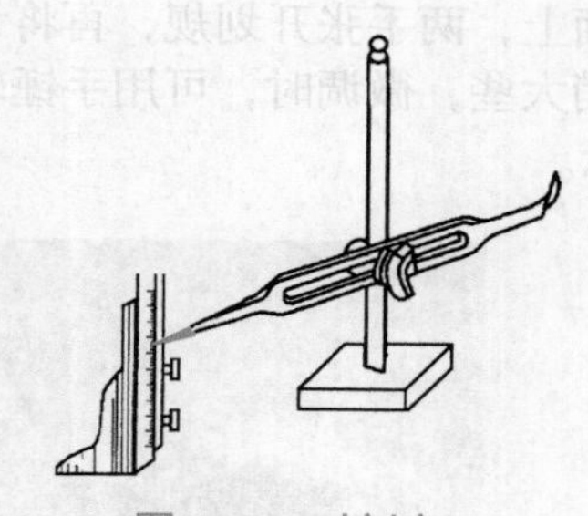

图 12-9　对刻度

当用划线盘取尺寸时，其调节技巧为：

a. 对刻线。如图 12-9 所示，松开划线盘上的夹紧螺母，使针尖向下对准并刚好触到钢直尺要求的刻线。

b. 紧固。用手旋紧夹紧螺母，然后用小锤轻轻敲击固紧，如图 12-10 所示。

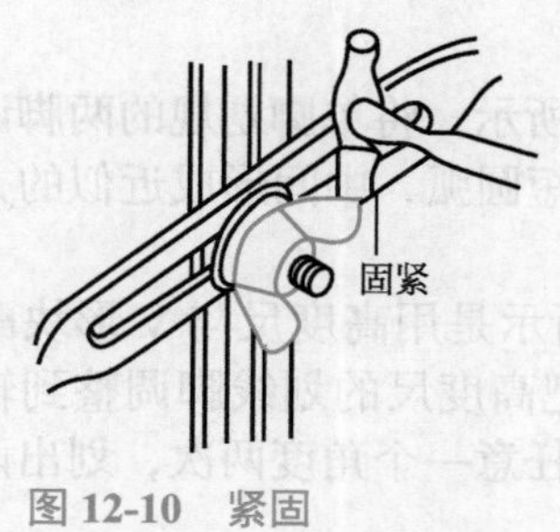

图 12-10　紧固

图 12-11　微调尺寸

c. 微调尺寸。根据情况，使划针紧靠钢直尺刻度，用左手紧紧按住划针盘底座，同时用小锤轻轻敲击，使划针的针尖正确地接触到刻线，再固紧夹紧螺母，如图 12-11 所示。

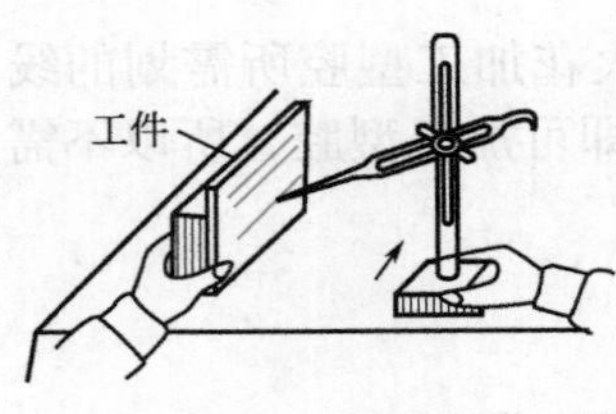

图 12-12 划线

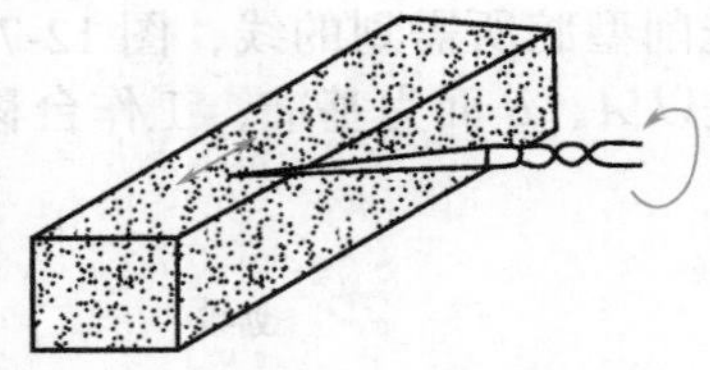
图 12-13 划针的修磨

d. 划线。用左手握住工件以防其移动，右手握住划针盘底座，按划线方向移动划针盘划线，如图 12-12 所示。

当划针针尖使用变钝后，需要用油石修磨并淬火，以保持针尖锋利，如图 12-13 所示。

② 划规的使用技巧与禁忌

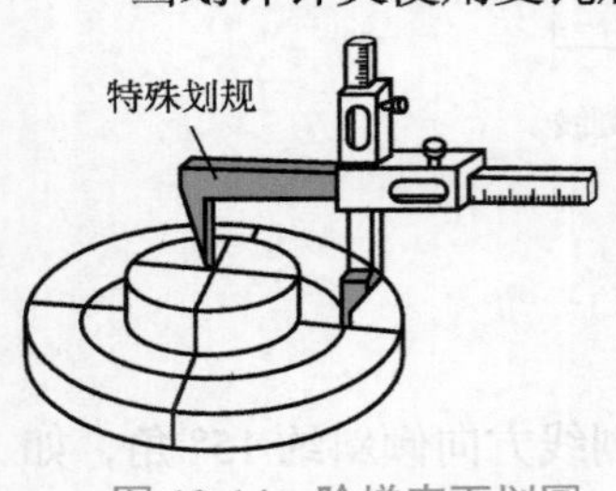

图 12-14 阶梯表面划圆

a. 划圆的技巧与禁忌。在使用划规划圆时，划规两脚尖应在同一平面上，如果两脚尖不在同一平面上，则脚尖间的距离就不是所划圆的半径。因此在阶梯表面上进行划圆时，就需采用如图 12-14 所示的特殊划规划圆。这种划规的一只脚可调节长短，两脚间距可平行移动。

b. 调整对尺寸的技巧与禁忌。用划规划圆时，划规所量取的尺寸值应为所要划圆的半径值。划较大的圆时，将钢直尺放在工作台台面上，两手张开划规，再将划规脚对准钢直尺，调整尺寸（一般先将划规张开至比所需尺寸稍大些，微调时，可用手锤轻轻敲打划规脚，使其慢慢与钢直尺刻度对齐），如图 12-15 所示。

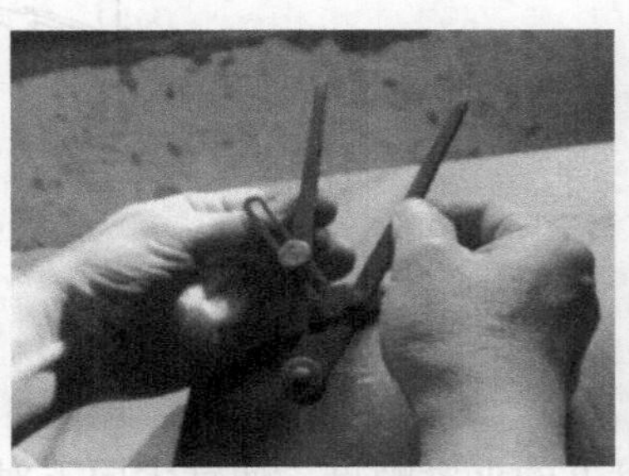
(a) 打开

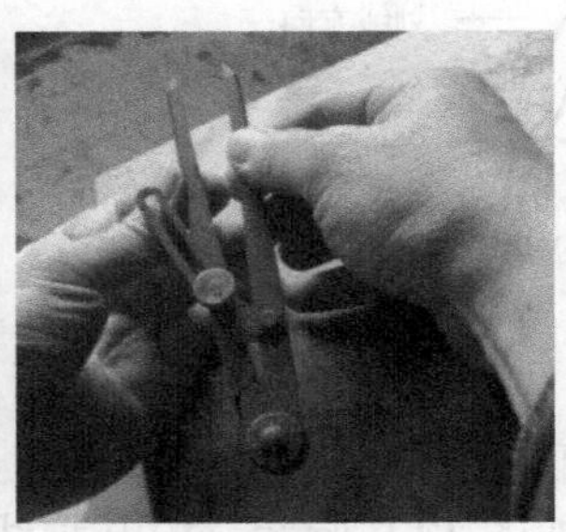
(b) 合拢

图 12-15 划规打开合拢调整

（4）划圆弧找圆中心的技巧与禁忌

① 用单脚划规找圆中心的技巧与禁忌　如图 12-16 所示，将单脚划规的两脚调节至约等于工件的半径，以边缘上四点为圆心，在端面划出四条短圆弧，中间形成近似的方框，在方框的中间打样冲眼，就是所求的圆心。

② 用高度尺找圆中心的技巧与禁忌　如图 12-17 所示是用高度尺与 V 形块配合找圆中心的方法。将轴类零件放在两块等高 V 形块的槽内，把高度尺的划线脚调整到轴顶面上的高度，然后减去轴的半径，划出一条直线，再将轴翻转任意一个角度两次，划出两条直线，两条直线的交点或中间位置就是所找的圆中心。

（5）圆柱表面划线的技巧与禁忌

① 划直线　在圆柱工件上划与轴线平行的直线时，可使用角钢来划，如图 12-18 所示。

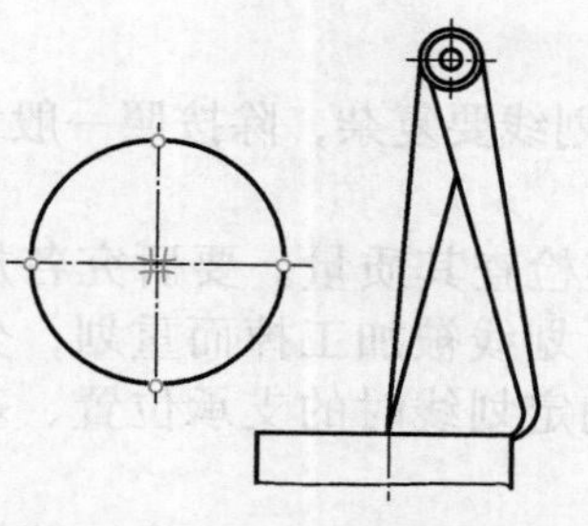

图 12-16 用单脚划规找圆中心

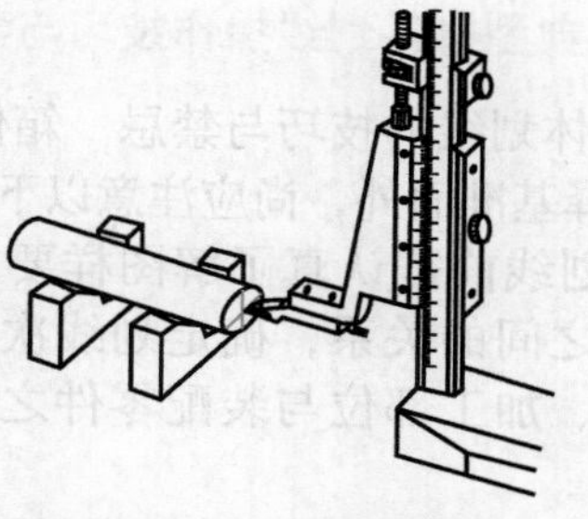

图 12-17 用高度尺找圆中心

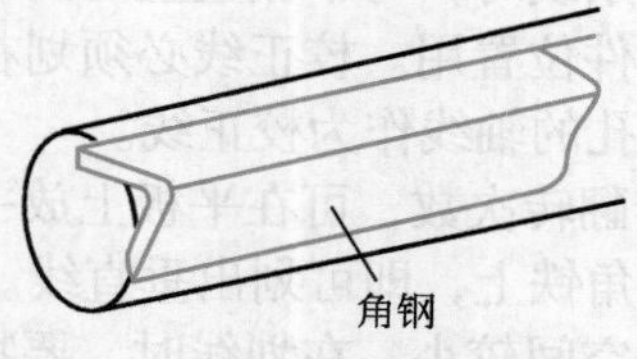

图 12-18 用角钢划直线

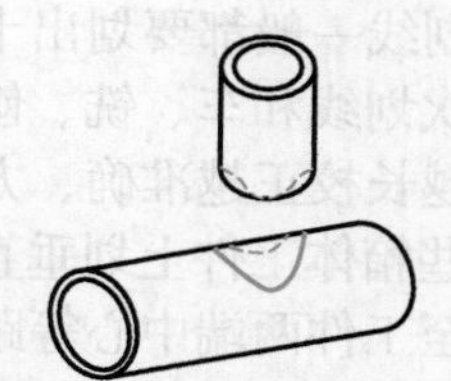

图 12-19 柱面上的相贯线

② 划相贯线　在一些主管与支管直径相差不大的圆柱表面上划线（相贯线），如图 12-19 所示，会因倾斜角太大不易划准，因此须采用划线器进行划线。

相贯线划线器的结构如图 12-20 所示，它由定心器、旋转尺、滑动杆等组成。旋转尺由有刻度的直尺和旋转圆片组成，定心器上带有螺杆，将底座和旋转尺固定在一起并起到旋转尺的转动圆心的作用，滑动划针可通过在直尺上移动位置调整划线圆的半径，调整好位置后，用螺钉锁紧。划线时相贯线划线器由底座和定心器定位，旋转尺绕轴套旋转，滑动划针随着被划弧面垂直滑动，所以能规则地划出圆的轨迹。

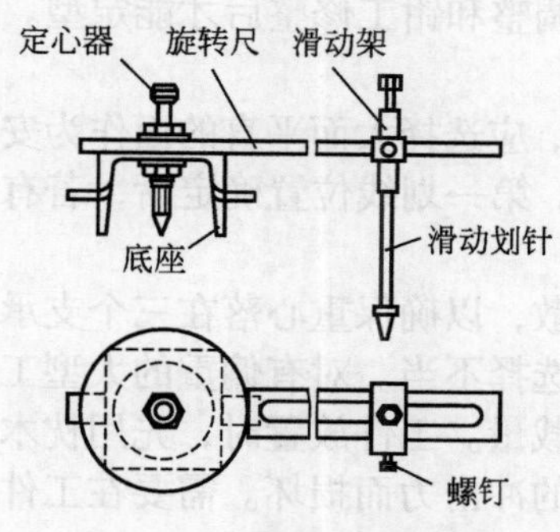

图 12-20 相贯线划线器

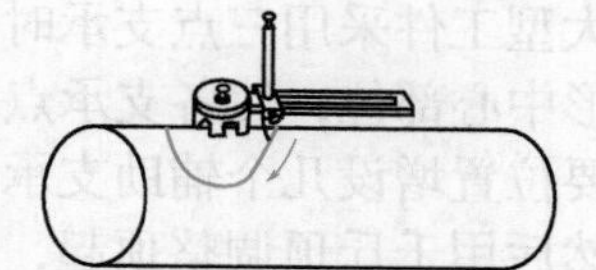

图 12-21 在圆柱表面划相贯线

采用相贯线划线器划圆的方法为：

a. 先按所划圆的半径，根据旋转的刻度调整定心器尖与滑动划针尖的距离，完后将滑动架紧固。

b. 将划线器底座置于工件圆弧面上，调整定心器的伸出长度，使定心器尖刚好与工件上的样冲眼孔接触。

c. 用左手按牢定心器底座上端以防止其滑动，右手控制旋转尺与滑动划针按箭头方向旋转，即划出一圆，如图 12-21 所示，然后在线上打样冲眼。

（6）典型零件划线操作技巧与禁忌

① 箱体划线的技巧与禁忌　箱体划线比其他工件划线要复杂，除按照一般划线的方法找正和选择基准面外，尚应注意以下几点：

a. 在划线前需认真了解图样要求，对照工件毛坯检查其质量。要研究各加工部位与加工工艺之间的关系，确定划线次数，尽量避免因所划线被加工掉而重划；分析各加工部位之间、加工部位与装配零件之间的相互关系，确定划线时的支承位置、基准面及找正部位。

b. 为减少翻转次数，保证划线质量，箱体置于平板上的第一面划线，称为第一划线位置。它应该是待加工的面和孔最多的一面。翻转后的另一面，则称为第二划线位置。

c. 箱体划线一般都要划出十字校正线。即在划每条线时，与平板垂直的四个面上都要划出，以供下次划线和车、铣、刨等切削加工时校正工件位置用。校正线必须划在长而平直的部位，线条越长校正越准确、方便。一般常以基准轴孔的轴线作为校正线。

d. 在某些箱体工件上划垂直线时，为避免和减少翻转次数，可在平板上放一块角铁，使角铁垂直面至工件两端中心等距，把划线盘底座靠在角铁上，即可划出垂直线。

e. 某些箱体内壁不需要加工，装配齿轮等零件的空间较小。在划线时，要特别注意箱体内壁找正，以保证经过划线和加工后的箱体能够顺利地装配。

② 凸轮划线的技巧与禁忌　凸轮划线大都是在凸轮工件上的轴孔、外圆、端面等已经加工制成半成品后，借这些轴孔、外圆或端面作为基准来划线的。划凸轮曲线时必须注意：

a. 凸轮划线必须保持清晰、准确，曲线连接要求平滑，不需要的辅助线要去掉，着重突出加工线。

b. 样冲孔必须端正，落在线的正中，便于加工检查。

c. 凸轮曲线过渡圆弧的切点，应打上明确的标记，便于加工时掌握。凸轮曲线的起始点、装配“0”线等，必须明确标出。

d. 某些精度要求较高的凸轮曲线，需经过装配、调整和钳工修整后才能定型。划线时，应根据工艺要求，留有一定的修整余量。

③ 大型工件划线的技巧与禁忌　大型工件划线时，应选择大而平直的面作为安置基面，以保证工件平稳、安全可靠，禁忌安置基面选择不当。第一划线位置确定后，若有两个面可作为安置面，应优先选择重心较低的一面作为安置面。

大型工件采用三点支承时，应使三点位置尽量分散，以确保重心落在三个支承点构成的三角形中心部位，使各支承点受力均匀，禁忌支承点选择不当。对有偏重的大型工件，则应在必要位置增设几个辅助支承，以分散各支承点的承载量。工件放置时，先用枕木或垫铁支承，然后用千斤顶调整顶起，避免千斤顶因承受过大的冲击力而损坏。需要在工件内部划线时，应采用方箱支承工件，在确保安置平稳后，方可进行划线。

大型工件毛坯多为铸铁锻件和焊接件，在几何尺寸、几何形状和各加工表面之间的相对位置等方面常有较大的偏差，划线时更应注意正确借料。借料时，首先要保证加工精度高或面积大的表面有足够的加工余量，其次要保证各加工表面都有最低限度的加工余量，并兼顾加工后的零件外观的均匀美观。另外还要考虑到加工面与非加工面之间的相对位置。对一些运动件，要保证其运动轨迹的最大尺寸与非加工面之间所允许的最小间隙。

④ 大型工件划线后的检查与校对的技巧与禁忌　大型工件加工工艺复杂，划线是加工中找正的依据，其正确与否直接关系到产品的质量，所以在划线过程中，必须反复检查和校对。

a. 要检查所划的基准线以及它与各有关的面、线之间的关系（包括平行、垂直或角度要求）是否准确；要检查各加工孔、槽、面的方向、角度及位置与各加工部位之间的尺寸是否符合图样要求。

b. 复查时，不能单凭划线时留下的印象，必须重新看图，查工艺；经过计算的尺寸仍要复算一次，并按先后顺序，认真复查。

c. 有些大型工件划线后不具备复查条件，应当随划随查。即每划完一个部位，便需及时复查一次。对一些重要的加工部位更需反复查检。

⑤ 畸形工件划线的操作技巧与禁忌　畸形工件划线时，应特别注意划线方法和工具的正确运用。

由于畸形工件形状奇特，如果基准选择不当，后面划线很难进行。一般情况下，选择划线基准应与设计基准相一致。必须选择过渡基准时，要慎重考虑该选择是否会增加划线的尺寸误差和几何计算的复杂性，是否会降低划线的质量。

另外，畸形工件一般无法直接安放在平板上，可利用一些辅助工具（如 V 形架、方箱、三爪自定心卡盘、心轴等）来解决。对批量大的畸形工件也可用专用划线支架、固定架支持或固定进行划线。

畸形工件的重心位置一般很难确定，划线时，估计的工件重心或工件和夹具的组合重心位置，常会落在支承面边缘部位，此时必须增加辅助支承，以确保划线时的稳定性，禁忌支承点分布不正确。

（7）薄件与歪斜眼的冲眼技巧与禁忌

① 在对较薄的工件冲眼时，应将薄工件放在金属平板上，如图 12-22（a）所示；而不可放在不平的工作台上，否则冲眼时工件会弹跳而弯曲变形，如图 12-22（b）所示。

② 当对工件的扁平面冲眼时，需将工件夹持在台虎钳上再冲眼，如图 12-23 所示。若将工件安放在两平行垫块上，则因安放不稳而容易冲歪。

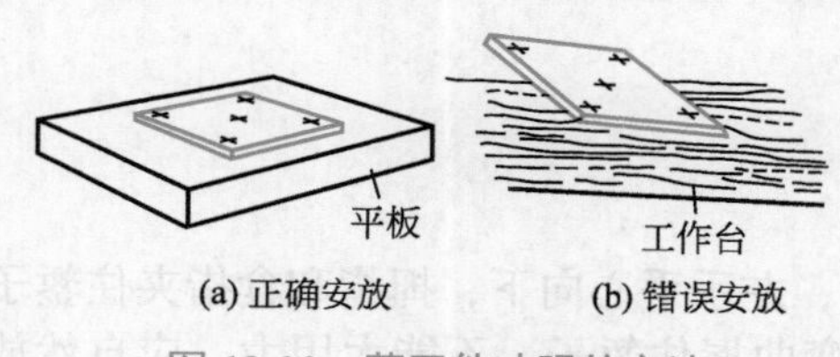

图 12-22　薄工件冲眼的方法

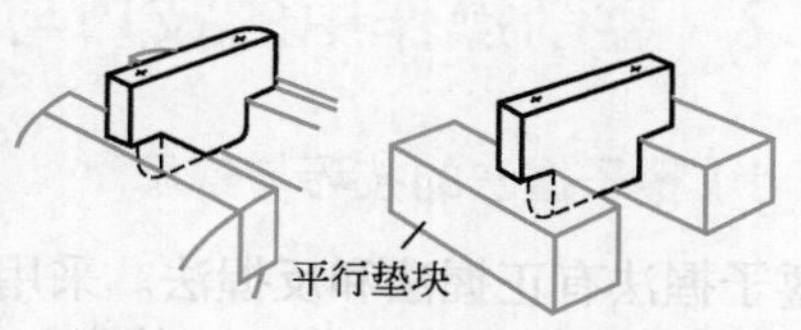

图 12-23　扁平工件冲眼的方法

③ 对打歪的样冲眼，应先将样冲斜放向划线的交点方向轻轻敲打，当样冲的位置校正到已对准划好的线后，再把样冲竖直后重敲一下，如图 12-24 所示。

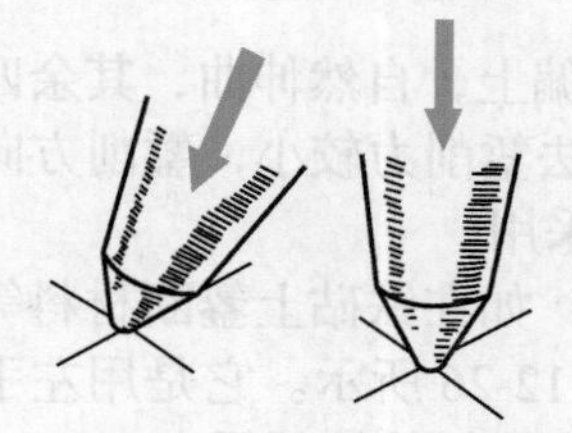

图 12-24　纠正打歪的样冲眼

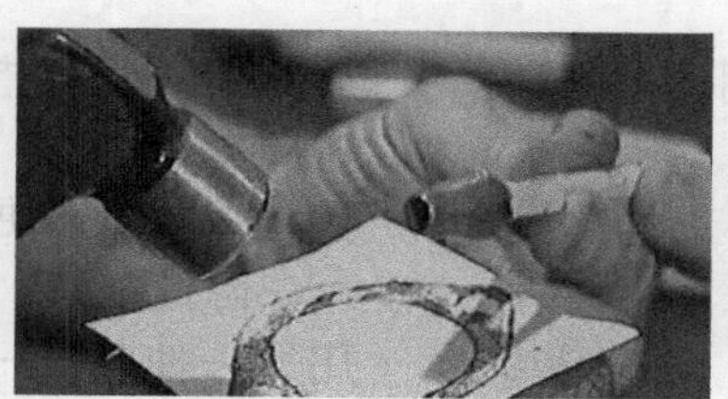

图 12-25　空心冲

④ 对于塑料板、皮革以及垫圈上冲孔时，常采用空心冲，如图 12-25 所示。它只能冲软材料，冲头应保持锋利，用钝的冲头可能会把材料冲坏。在维修工作中经常用空心冲制作密封垫。

12.2 錾削加工中的技巧与禁忌

12.2.1 錾子的刃磨技巧与禁忌

（1）錾子的刃磨要求

① 錾子的几何形状和合理角度应根据加工材料的性质来定。

② 錾子楔角的大小应根据工件材料的软硬来决定。

③ 尖錾的切削刃长度应与所加工的槽宽相对应，两个侧面间的宽度从切削刃起向顶部逐渐变窄，使得在錾槽中形成 1° ～ 3° 的副偏角。

④ 錾子切削刃要与錾子的几何中心线垂直，并应在錾子的对应平面上。

⑤ 刃磨錾子时不能站立在砂轮的旋转方向，应站在砂轮的斜侧面位置。

⑥ 刃磨时加在錾子上的压力不能过大。

⑦ 左右移动时要平稳均匀。

⑧ 刃磨时应及时沾水冷却，以防退火。

（2）錾子热处理中的技巧与禁忌

① 錾子淬火放入水中时，应沿着水面缓慢移动。其目的是加速冷却，提高淬火硬度。同时使錾子淬硬部分与不淬硬部分不致有明显的界线，避免錾子在此线上断裂。

② 錾子的回火是利用本身的余热进行的。

12.2.2 錾削操作中的技巧与禁忌

（1）錾子握法的技巧与禁忌

錾子握法有正握法和反握法。采用正握法时，左手手心向下，拇指和食指夹住錾子，錾子头部伸出 10 ～ 15mm 左右，其余三指向手心弯曲握住錾子，不能太用力，应自然放松，该握法应用广泛。但正握法由于手对錾子的握力不大，当锤击不准而误击到手上时，手很容易顺錾子滑下，不致被严重击伤，若将食指和大拇指也一起捏紧，则误击时轻则击破皮肉，重则击伤筋骨，并且握得太紧，錾削时工件产生的反弹力由錾子传到手腕，容易受震并引起疲劳。

采用反握法时左手手心向上，大拇指放在錾子侧面略偏上，自然伸曲，其余四指向手心弯曲握住錾子。这种握錾子的方法錾削力较小，錾削方向不容易掌握，一般在不便于正握錾子时才采用。

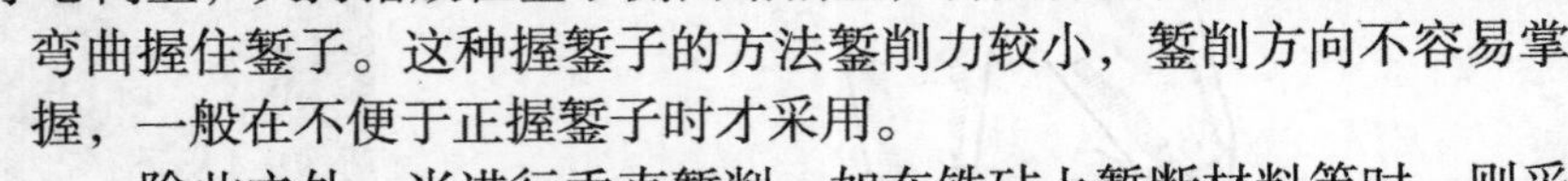

除此之外，当进行垂直錾削，如在铁砧上錾断材料等时，则采用另一种握法——立握法，如图 12-26 所示。它是用左手拇指与食指捏住錾子，中指、无名指和小指轻轻扶持錾子。

图 12-26　立握法

（2）錾削时手锤使用的技巧与禁忌

① 手锤的握法技巧与禁忌　锤子用右手握住，采用五个手指满握的方法，大拇指轻轻压在食指上，虎口对准锤子方向，木柄尾端

露出 15 ～ 30mm。在用锤子进行敲击时，锤子的握法有两种。

a. 紧握法。即用五个手指握住锤子，无论是抬起锤子或是进行锤击时都保持不变，其特点是在挥锤和落锤过程中，五指始终紧握锤柄，如图 12-27 所示。

b. 松握法。即在抬起锤子时，小指、无名指和中指依次放松，在落锤时又以相反的顺序依次收拢紧握锤柄，其特点是手不易疲劳，锤击力大，如图 12-28 所示。

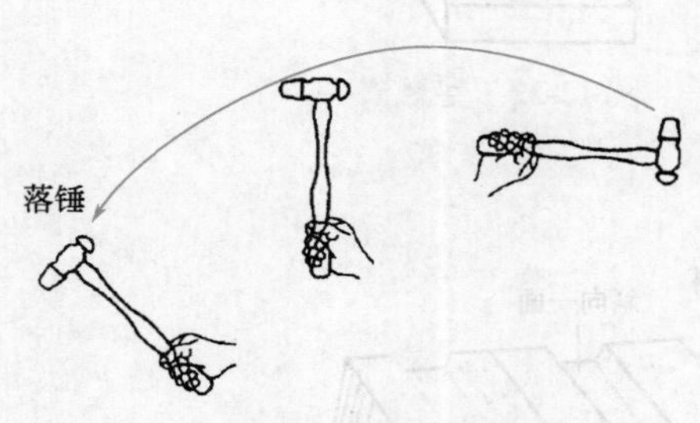

图 12-27 手锤紧握法

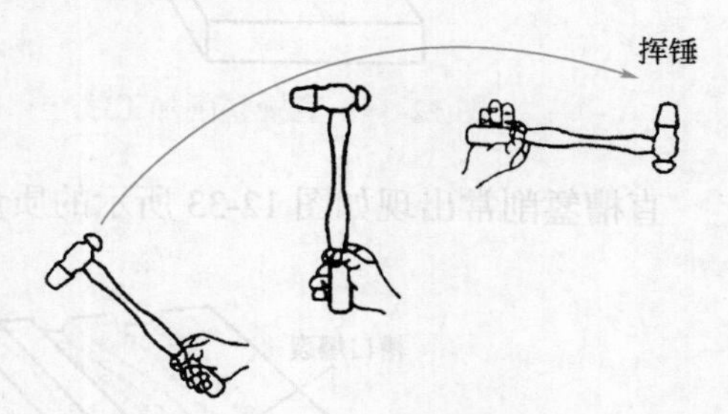

图 12-28 手锤松握法

c. 错误的握法。

- 手过远地握在柄端，大拇指放在锤柄上面，如图 12-29（a）所示。这样既握不稳又打不准。
- 手过近地靠近锤头，如图 12-29（b）所示，这样不能利用手腕的运动，并且手距离工件太近，锤击时软弱无力。

② 挥锤的技巧与禁忌 錾削时挥锤方法分为腕挥法、肘挥法和臂挥法三种。其操作技巧为：

挥锤：肘收臂提，举锤过肩；手腕后弓，三指微松；锤面朝天，稍停瞬间。

锤击：目视錾刃，臂肘齐下；收紧三指，手腕加劲；锤錾一线，锤走弧形；左脚着力，右腿伸直。

（3）槽錾削的技巧与禁忌

① 直槽錾削的技巧与禁忌 直槽錾削通常按以下步骤进行：

a. 根据錾削直槽的几何尺寸，将尖錾磨成如图 12-30 所示的结构尺寸。

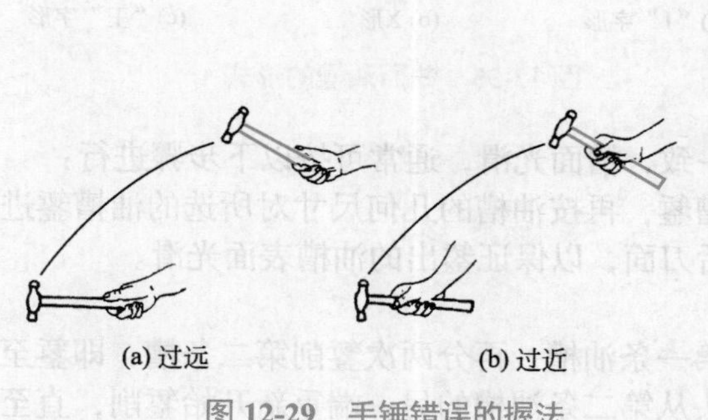

图 12-29 手锤错误的握法

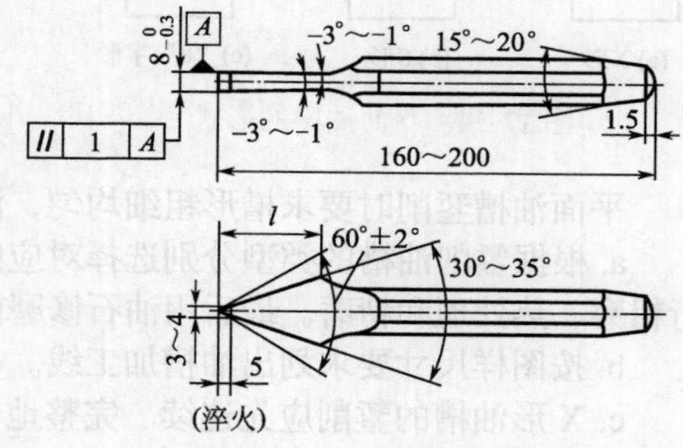

图 12-30 尖錾的刃磨尺寸

b. 按图样尺寸划出直槽加工线，如图 12-31 所示。

c. 粗、精錾直槽达到其技术要求，如图 12-32 所示。

d. 修整槽边刺并进行检测。

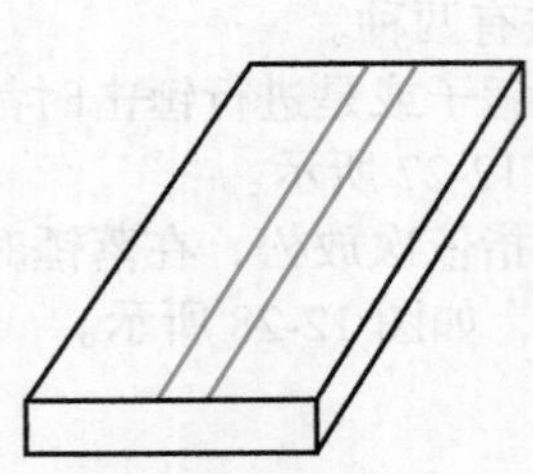

图 12-31　直槽錾削加工线

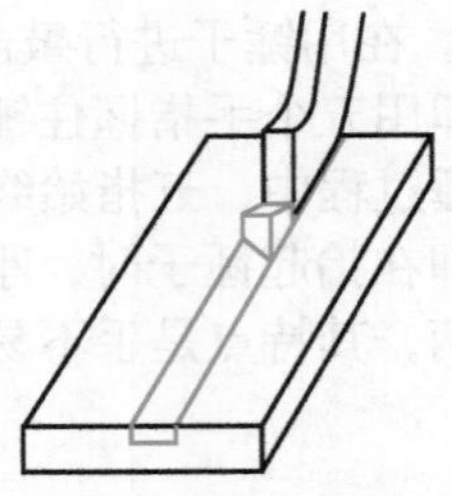

图 12-32　錾直槽

直槽錾削常出现如图 12-33 所示的质量问题。

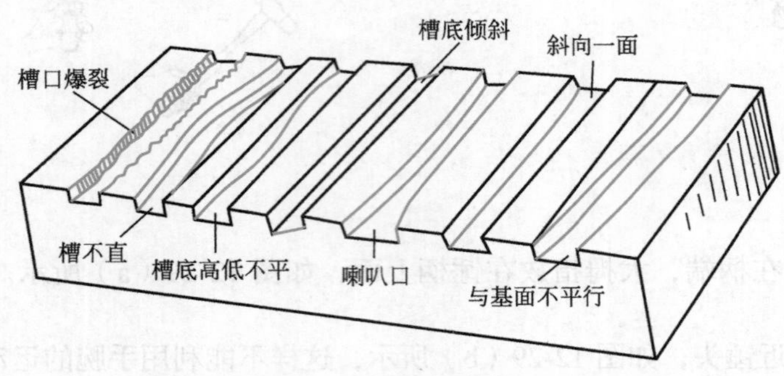

图 12-33　直槽錾削常见质量问题

这主要是因为錾削前划线不认真、錾削时錾削力过大、錾子钝口、錾削余量大、起錾时尺寸不准确等原因造成的。

② 油槽錾削的技巧与禁忌　平面油槽的形式一般有 X 形、S 形和“8”字形等，如图 12-34 所示；曲面油槽的形式一般有“1”字形、X 形和“王”字形等，如图 12-35 所示。

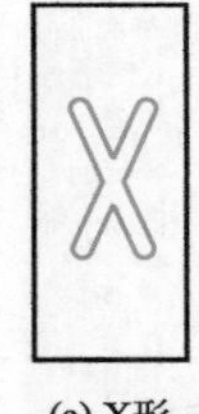

(a) X形

(b) S形

(c)“8”字形

图 12-34　平面油槽的形式

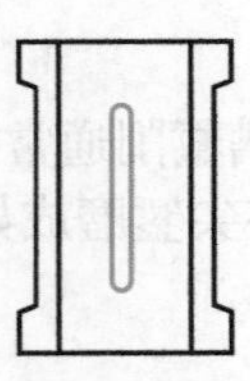

(a)“1”字形

(b) X形

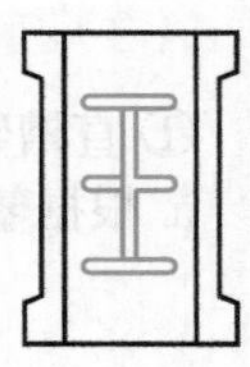

(c)“王”字形

图 12-35　曲面油槽的形式

平面油槽錾削时要求槽形粗细均匀，深浅一致，槽面光滑，通常可按以下步骤进行：

a. 根据錾削油槽的类型分别选择对应的油槽錾，再按油槽的几何尺寸对所选的油槽錾进行粗磨、热处理和精磨。最后用油石修磨前、后刀面，以保证錾出的油槽表面光滑。

b. 按图样尺寸要求划出油槽加工线。

c. X 形油槽的錾削应先连续、完整地錾出第一条油槽，再分两次錾削第二条槽，即錾至与第一条油槽交会后不再连续錾下去，而是调头从第二条油槽的另一端重新开始錾削，直至与第一条油槽交会。

对于“8”字形油槽，得把“8”字形油槽分成两大部分进行錾削，即中间两条相交的直线槽为第一部分（第一部分的錾削与X形油槽方法基本相同），两边的两个半圆槽为第二部分，两条相交的直线槽錾好后，再来錾两个半圆槽。对“王”字形油槽，首先应依次錾出三条周向油槽，然后錾出中间轴向油槽。

在錾“8”字形油槽的半圆槽和“王”字形油槽的中间轴向油槽时要注意收錾接头处的圆滑过渡。

③ 錾削的动作技巧与禁忌　錾削时，一般每錾两三次后，可将錾子退回一些，做一次短暂的停顿，然后再将刃口顶住錾削处继续錾削。这样既能随时观察錾削表面情况，又可使手部肌肉得到放松。

另外，当錾子头部经锤子不断敲击形成毛刺后，必须立即磨去，如图 12-36 所示，以免碎裂时飞溅伤人。

（4）板錾削时的技巧与禁忌

① 薄板的錾削　厚度不超过 2mm 的薄钢板可采用夹在台虎钳上錾断的方法，如图 12-37 所示。先将薄板料牢固地夹持在台虎钳上，錾切线与钳口平齐，然后用左手正握法握扁錾沿着钳口錾削，錾子刃口紧靠工件錾切线，錾子中心与水平面成 30° 角，以保证錾子錾削时有 5° ～ 8° 的工作后角。

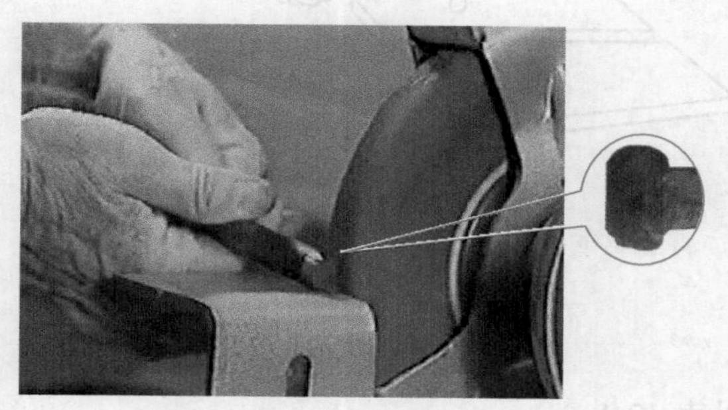

图 12-36　磨去錾子飞边毛刺

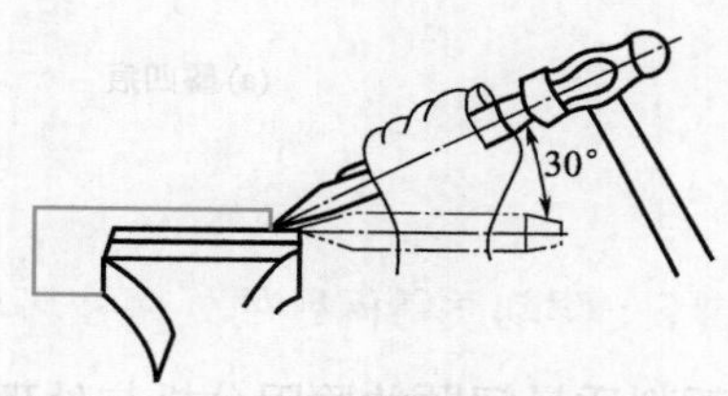

图 12-37　薄板料的姿态

錾切时錾身与板料在水平面内成 45° 角。刃口与钳口上平面平齐，用扁錾、锤子沿钳口自右向左錾切，如图 12-38 所示。

錾切时，錾子的刃口不能平对着板料，否则錾切时不仅费力，而且由于板料的弹动和变形，切断处产生不平整或撕裂，形成废品。如图 12-39 所示的就是错误的錾削方法。

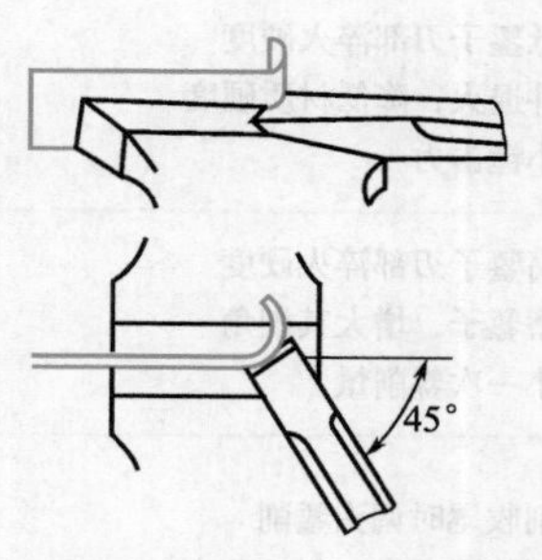

图 12-38　薄板料的錾切法

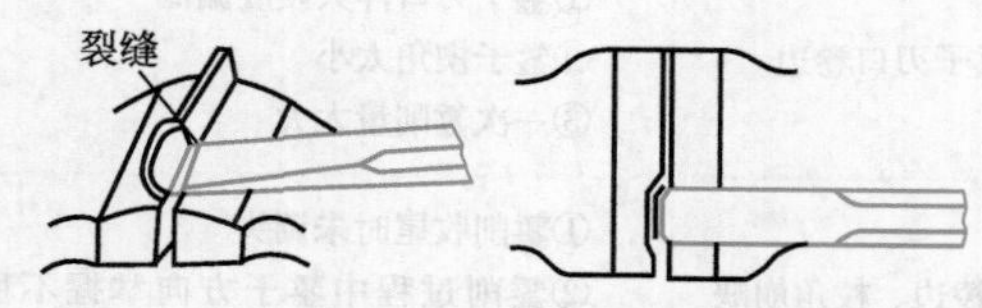

图 12-39　错误的錾切薄板料方法

② 较大板材料的錾切　錾切较大板材用錾子的切削刃应磨成弧形，使前后錾痕便于连接齐正，如果用平刃錾切易错位，如图 12-40 所示。开始时錾子稍为倾斜，然后逐步扶正，依次进行錾切，如图 12-41 所示。

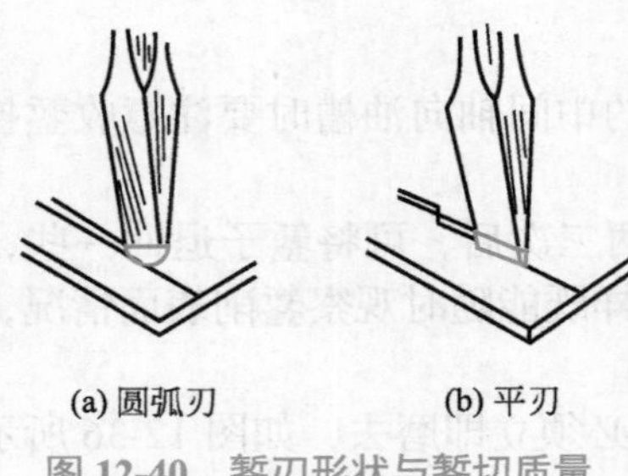

图 12-40　錾刃形状与錾切质量

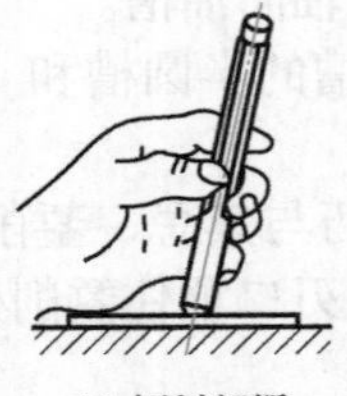
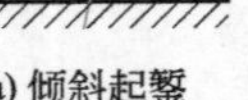
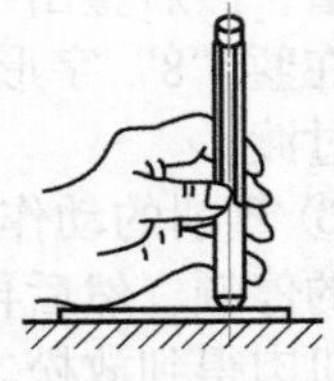

图 12-41　錾切方法

③ 厚板材的錾切　錾切厚板材（厚度为 2 ～ 4mm）时，如果形体简单，可以在板材的正反两面先錾出凹痕，然后再敲断，如图 12-42 所示。

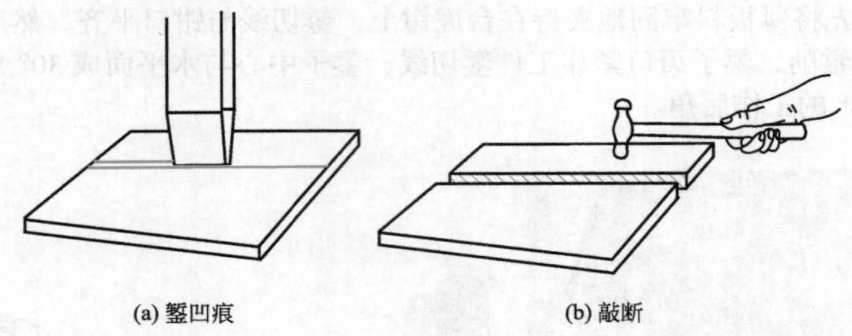

图 12-42　厚板材的錾切

（5）錾削质量问题的处理技巧与禁忌

錾削质量问题的原因分析与处理措施见表 12-1。

表 12-1　錾削质量问题的原因分析与处理措施

常见质量问题	原因分析	处理措施
錾削表面粗糙、凸凹不平	①錾子刃口不锋利 ②錾子掌握不正确，左右、上下摆动 ③錾削时后角变化（时小时大） ④锤击力不均匀	①刃磨錾子刃口 ②提高錾削操作技能
錾子刃口崩裂	①錾子刃部淬火硬度过高 ②零件材质硬度过高或硬度不均匀 ③锤击力太猛	①降低錾子刃部淬火硬度 ②零件退火，降低材质硬度 ③减小锤击力
錾子刃口卷边	①錾子刃口淬火硬度偏低 ②錾子楔角太小 ③一次錾削量太大	①提高錾子刃部淬火硬度 ②刃磨錾子，增大其楔角 ③减小一次錾削量
零件棱边、棱角崩缺	①錾削收尾时未调头 ②錾削过程中錾子方向掌握不稳，左右摆动	①錾削收尾时调头錾削 ②控制錾子方向，保持稳定
錾削尺寸超差	①工件装夹不牢 ②钳口不平，有缺陷 ③錾子方向掌握不正、偏斜超线	①将工件装夹牢固 ②磨平钳口 ③控制錾子方向

12.3 锯削加工中的技巧与禁忌

12.3.1 锯削运动的技巧与禁忌

（1）锯条选择的技巧与禁忌

锯齿的粗细应与工件材料的软硬以及厚薄相适应。一般情况下，锯软材料或断面较大的材料时选用粗齿锯条；锯硬材料或薄材料时选用细齿锯条。选择锯条的技巧可参考表 12-2 。

表 12-2　锯条的选用技巧

材料的种类	每分钟来回次数	锯齿粗细程度	每 25mm 长的齿数
轻金属、紫铜和其他软性材料	80 ～ 90	粗	14 ～ 18
强度在 5.88×10^3Pa 以下的钢	60	中	24
工具钢	40	细	32
壁厚中等的管子和型钢	50	中	24
薄壁管子	40	细	32
压制材料	40	粗	14 ～ 18
强度超过 5.88×10^3Pa 的钢	30	细	32

（2）起锯的技巧与禁忌

一般情况时，锯削采用远起锯。因为远起锯时锯齿是逐渐切入工件的，锯齿不易卡住，起锯也较方便。起锯时，起锯角以 15° 左右为宜，如图 12-43 所示。起锯角太大，则锯齿易被工件棱边卡住而崩齿；起锯角太小，则不易切入材料，锯条还可能打滑，把工件表面锯坏。

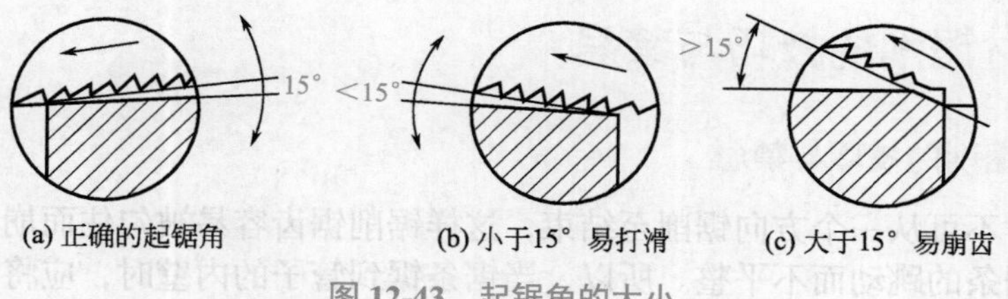

图 12-43　起锯角的大小

（3）运锯的技巧与禁忌

运锯的方法有直线往复式和摆动式两种，如图 12-44 所示。直线往复式适用于手锯缝底面要求平直的沟槽和薄型工件加工；摆动式也称弧线式，前进时右手下压而左手上提，操作自然。

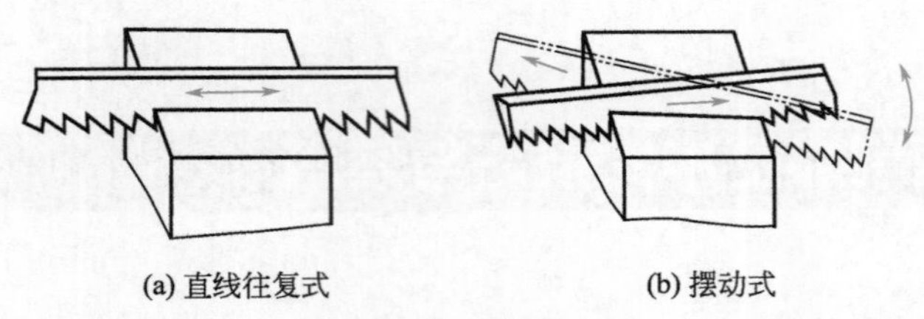

(a) 直线往复式　　(b) 摆动式

图 12-44　运锯的方法

（4）锯削方向的控制技巧与禁忌

按锯削线锯削，获得平直锯缝是锯削质量的基本要求。为此，锯削时必须较好地控制锯削方向。

① 锯削时应经常观察锯缝是否偏离锯削线，若有偏离趋势，应尽快纠正。

② 锯削时应尽量保持锯削的行进方向和钳口边缘线始终平行。

③ 锯削过程中应尽量保持锯弓不要左右晃动。

但是，在锯削过程中，由于下列原因常发生锯缝歪斜：

① 工件安装时，锯缝线方向未能与铅垂线方向一致。

② 锯条安装太松或与锯弓平面扭曲。

③ 使用锯齿两面磨损不均的锯条。

④ 锯削压力过大，使锯条左右偏摆。

⑤ 锯弓未扶正或用力歪斜，使锯条背偏离锯缝。

在锯削过程中，如发现歪斜应及时纠正：如图 12-45 所示，将锯弓上部向歪斜同方向偏斜，轻加压力向下锯削，利用锯齿大于锯背厚度的锯路现象将锯缝纠正过来，待锯缝回到正确的位置上以后，及时将锯弓扶正，按正常的方法进行锯削。

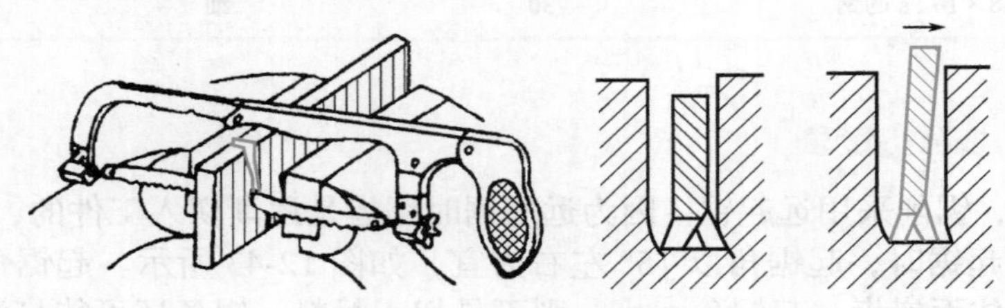

图 12-45　歪斜锯缝的纠正

12.3.2　型材锯削的技巧与禁忌

（1）管子锯削的技巧与禁忌

管子锯削时不可从一个方向锯削至结束，这样锯削锯齿容易被勾住而崩齿，而且这样锯出的锯缝因为锯条的跳动而不平整。所以，当锯条锯到管子的内壁时，应将管子向推锯方向转过一个角度进行修正，然后锯条再沿原来的锯缝继续锯削，这样不断转动，不断锯削，直至锯削结束。

另外，当出现锯条被折断而更换新锯条时，不宜直接使用新锯条继续锯削，而应将原锯缝扩大后才能使用新锯条继续锯削操作。

为保证管子锯削位置的正确性，锯削前可划出垂直于轴线的锯削线，由于锯削时对线的精度要求不高，最简单的方法是用矩形纸条（划线边必须直）按锯削尺寸绕住工件外圆，如

图 12-46 所示，然后用滑石划出。

（2）槽钢锯削的技巧与禁忌

① 槽钢锯削前的夹持。锯削前应正确夹持槽钢，以免使槽钢在锯削加工过程中发生变形而影响使用。如图 12-47 所示为槽钢在台虎钳上锯削前的夹持方法。

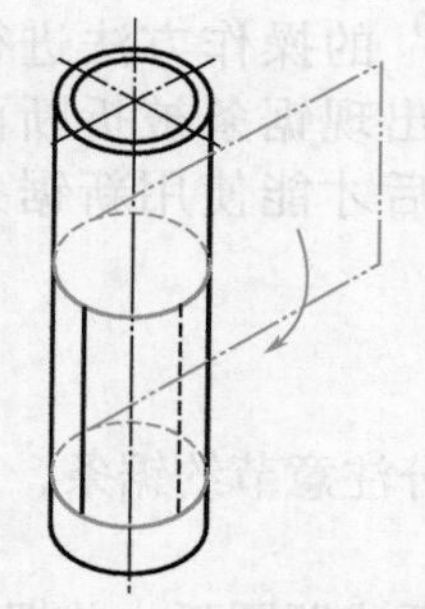

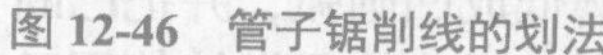

图 12-46　管子锯削线的划法

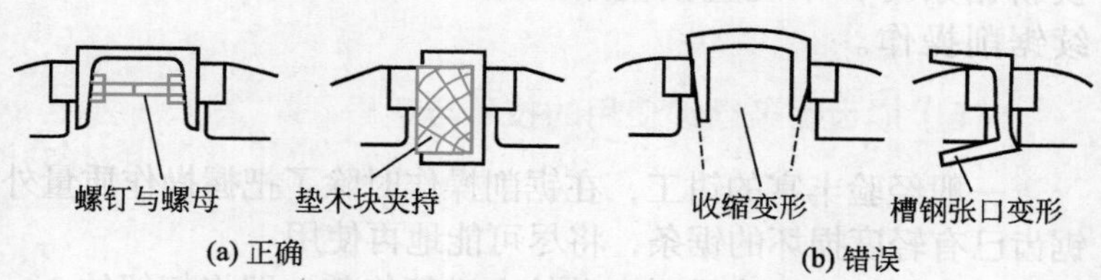

图 12-47　槽钢锯削前的夹持方法

② 槽钢锯削的方法。锯削槽钢时，也应尽量在宽的一面进行锯削，因此必须将槽钢从三个面方向锯削，如图 12-48 所示，这样才能得到较平整的断面，并能延长锯条的使用寿命。

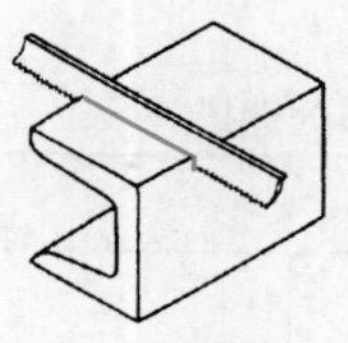

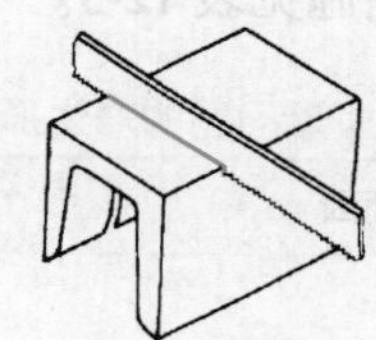

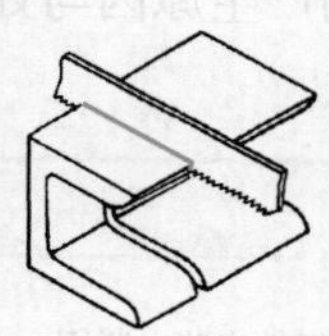

图 12-48　槽钢的锯削

③ 若将槽钢装夹一次，从上面一直锯到底，如图 12-49 所示，这样锯削的效率低，锯缝深而不平整，锯齿也容易折断。

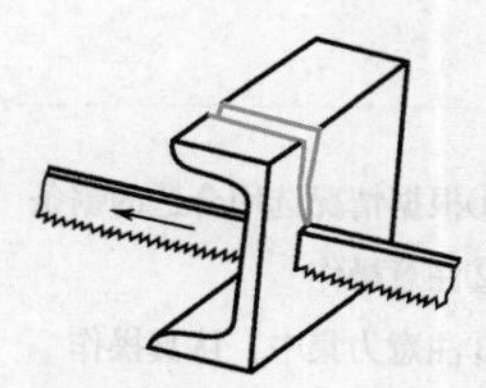

图 12-49　槽钢的一次锯削

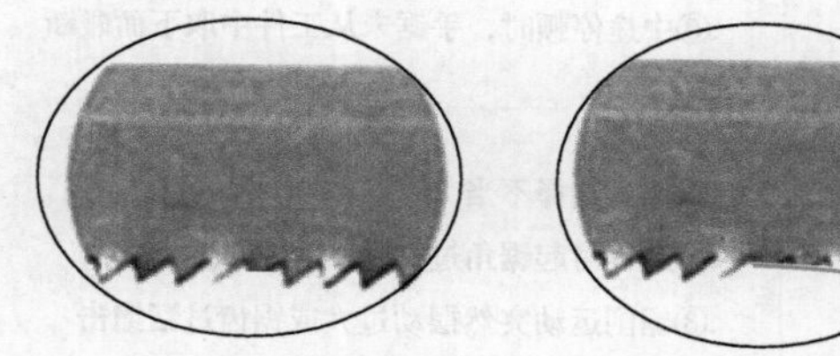

图 12-50　锯齿崩裂后的修整

④ 不能对工件的多部分进行锯削，同时还必须适时地把握锯削的速度与施力状态。一旦出现锯条被折断而更换新锯条时，不宜直接使用新锯条继续锯削，而应将原锯缝扩大后才能使用新锯条继续锯削操作。

（3）薄板锯削的技巧与禁忌

锯削薄板时，为避免锯条被钩住，除了使用两块木板夹持锯削和横向斜推锯外，禁忌使

用粗齿锯条。但使用细齿锯条时，必须及时注意清理镶嵌在锯条齿缝中的金属屑，不宜一味地提高锯削速度，而忽略锯削的质量和安全。

（4）深缝锯削的技巧与禁忌

深缝锯削是对钳工技能要求较高的一项操作。操作时禁忌使用较大的压力，以防锯弓架产生较大的变形而使锯条发生折断。操作过程中，必须时刻观察锯削方向是否发生偏移，当发现锯削方向有偏移趋势时，禁忌采用“边锯边调整”的操作方法进行强行纠偏，而应该退出锯削，重新对准方向后再起锯。同样，一旦出现锯条被折断而更换新锯条时，不宜直接使用新锯条继续锯削，而应将原锯缝扩大后才能使用新锯条继续锯削操作。

（5）崩齿锯条继续使用的技巧与禁忌

一般经验丰富的钳工，在锯削操作时除了把握操作质量外，还十分注意节约锯条，对于锯齿已有轻度损坏的锯条，将尽可能地再使用。

锯齿损坏后，应及时在砂轮上进行修整，即将相邻的 2 ～ 3 齿磨低成凹圆弧，并把已断的齿根磨光，如图 12-50 所示，否则会使崩裂齿的后面各齿相继崩裂。因此禁忌继续使用已崩齿而又不加以处理的锯条，也不宜将已断落的齿存于锯缝中继续锯削，这样也会造成锯条的其他锯齿断落。

（6）锯削质量问题的处理技巧与禁忌

锯削质量问题的产生原因与处理措施见表 12-3。

表 12-3　锯削质量问题的产生原因与处理措施

质量问题	产生原因	处理措施
锯条折断	①工件未装夹紧固 ②锯条安装过松或过紧 ③锯削压力过大或锯削方向突然改变 ④强行纠正歪斜的锯缝或调换新锯条后仍在原锯缝处用力锯入 ⑤锯削时锯条中间局部磨损，拉长锯时锯条卡住 ⑥中途停顿时，手锯未从工件中取下而碰断	①检查并装夹好工件 ②检查锯条安装情况 ③认真操作，时时纠正 ④及时更换锯条，注意锯削速度与力度 ⑤同上 ⑥认真操作，注意安全
锯齿崩裂	①锯条选择不当 ②起锯时起锯角过大 ③锯削运动突然摆动过大或锯齿过猛撞击	①根据情况选用合适的锯条 ②注意操作 ③注意力集中，认真操作
锯缝歪斜	①工件安装时锯缝未能与铅垂线方向一致 ②锯条安装过松或歪斜、扭曲 ③锯削压力过大，使锯条左右偏摆 ④锯削时未扶正锯弓或用力过猛使锯条背离锯缝中心平面	①认真装夹工件，并随时注意锯削状态 ②检查锯条安装情况 ③注意锯削速度与力度 ④注意锯削速度与力度，注意操作姿势

12.4 锉削加工中的技巧与禁忌

12.4.1 锉刀使用的技巧与禁忌

（1）锉柄装拆的技巧与禁忌

装锉刀柄前，先在锉柄中间钻出相应的孔，阶梯孔的形状及尺寸应与锉刀舌相吻合，如图 12-51 所示。检查好后再将锉刀尾插入孔内，如图 12-52 所示。

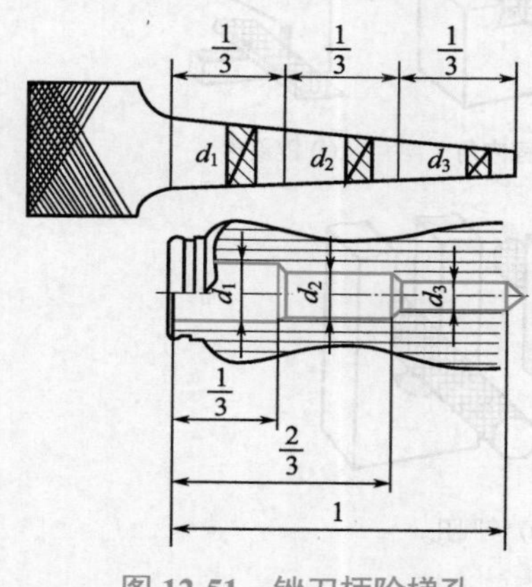

图 12-51　锉刀柄阶梯孔

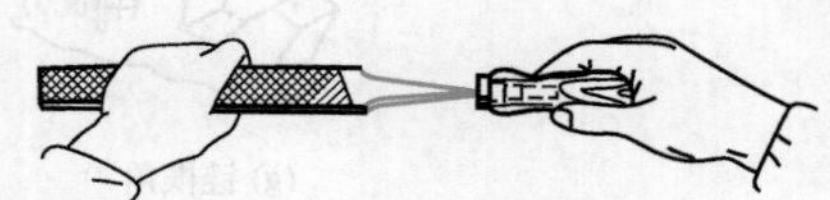

图 12-52　锉刀配锉柄的方法

在拆下锉刀柄时，除了用两手持锉刀，快速向右撞击台虎钳砧台边缘脱出锉刀木柄外，也可将台虎钳钳口收拢至稍大于锉刀厚度，然后以图 12-53 所示的方法脱出锉刀木柄。

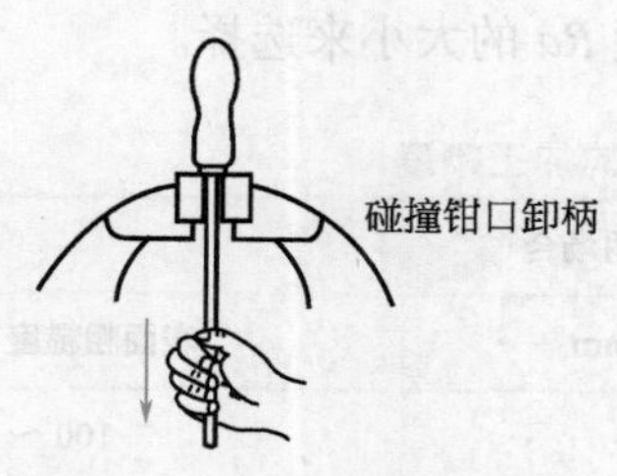

图 12-53　锉刀木柄的另一种脱柄方法

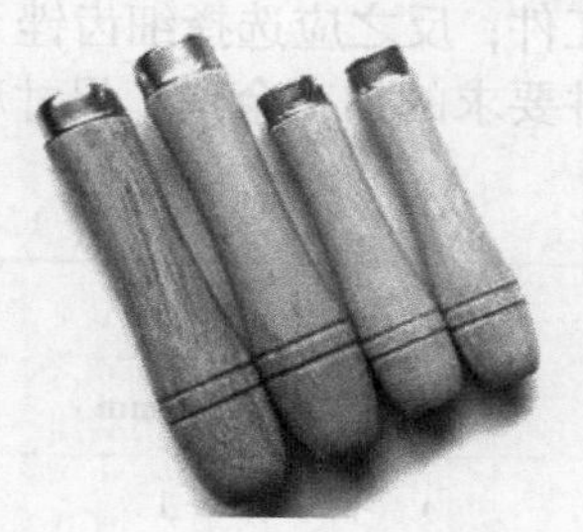

图 12-54　带铁箍的锉柄

另外，在装锉刀木柄时，用力要适当，且木柄上一定要有铁箍，如图 12-54 所示，以防止木柄被锉刀胀裂而报废。

（2）锉刀的选用技巧与禁忌

每种锉刀都有它适当的用途和不同的使用场合，只有合理的选择才能充分发挥它的效能和不至于过早地丧失锉削能力。锉刀的选择决定于工件锉削余量的大小、精度要求的高低、表面粗糙度的大小和工件材料的性质。

① 锉刀断面形状的选择　锉刀的断面形状要和工件的形状相适应，锉削不同表面时锉刀的选择如图 12-55 所示。锉削内圆弧面时，要选择半圆锉或圆锉（小直径的工件）；锉

削内角表要选择三角锉；锉削内直角表面时，可以选用扁锉等。选用扁锉锉削内直角表面时，要注意没有齿的窄面（光边）靠近内直角的一个面，以免碰伤该直角表面。

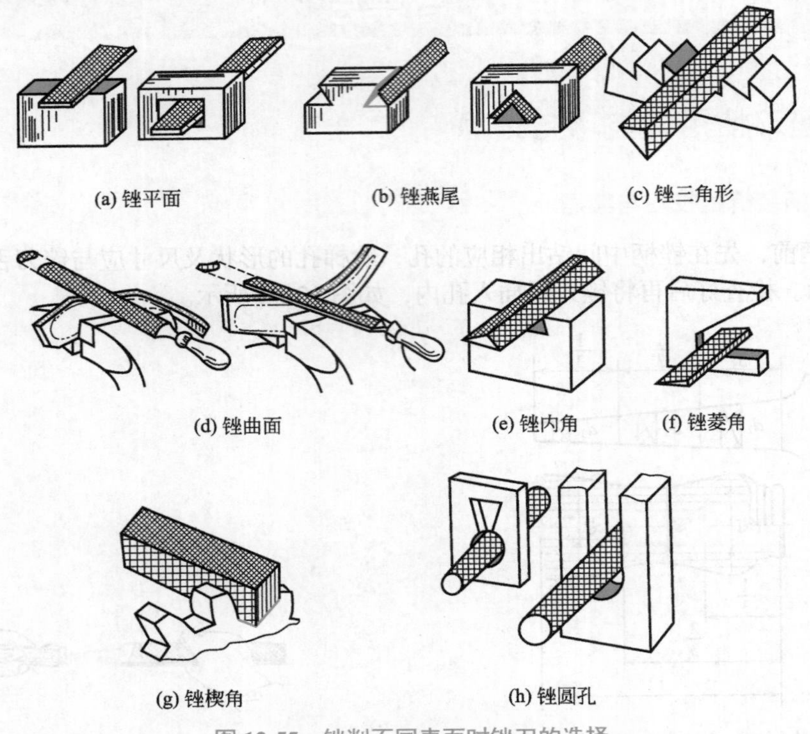

图 12-55　锉削不同表面时锉刀的选择

② 锉刀齿粗细的选择　锉刀齿的粗细要根据被加工工件的余量大小、加工精度、材料性质来选择。粗齿锉刀适用于加工大余量、尺寸精度低、形位公差大、表面粗糙度数值大、材料软的工件；反之应选择细齿锉刀。各种粗、细齿锉刀的加工范围请参见表 12-4，使用时，要根据工件要求的加工余量、尺寸精度和表面粗糙度 *Ra* 的大小来选择。

表 12-4　各类锉刀能达到的加工精度

锉刀	适用场合		
	加工余量 /mm	尺寸精度 /mm	表面粗糙度 *Ra* /μm
粗锉	0.5 ～ 1	0.2 ～ 0.5	100 ～ 25
中锉	0.2 ～ 0.5	0.05 ～ 0.2	12.5 ～ 6.3
细锉	0.05 ～ 0.2	0.01 ～ 0.05	12.5 ～ 3.2

③ 锉刀尺寸规格的选用　锉刀的尺寸规格应根据被加工工件的尺寸和加工余量来选用。加工尺寸大、余量大时，要选用大尺寸规格的锉刀，反之要选用小尺寸规格的锉刀。

④ 锉刀齿纹的选用　锉刀齿纹要根据被锉削工件材料的性质来选用。锉削铝、铜、软钢等软材料工件时，最好选用单齿纹（铣齿）锉刀（或者选用粗齿锉刀）。单齿纹锉刀前角大，楔角小，容屑槽大，切屑不易堵塞，切削刃锋利，容易锉削。锉削硬材料或精加工工件时，要选用双齿纹（剁齿）锉刀（或细齿锉刀）。双齿纹锉刀的每个齿交错不重叠，锉刀平

整，锉痕均匀、细密，锉削的表面精度高。

（3）锉刀的使用技巧与禁忌

① 右手握锉的技巧与禁忌　除了整形锉外，其他锉刀的右手握锉方法基本相同，具体如图 12-56 所示。握锉时不可将锉柄露于手掌外，也不能将拇指弯向锉刀柄一侧，如图 12-57 所示。

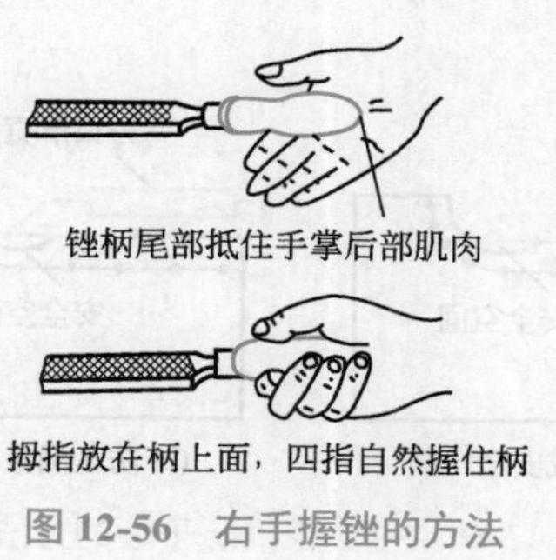

图 12-56　右手握锉的方法

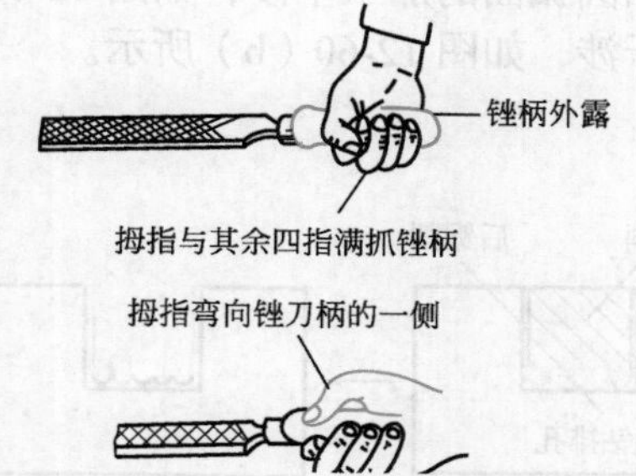

图 12-57　错误的右手握锉方法

② 使用技巧与禁忌

a. 锉削是在滑行中接触工件表面并开始前 1/3 推进行程的，而不是先把刀面放在工件表面上再推送锉刀进行锉削。

b. 禁忌用锉刀锉削毛坯的硬皮及淬硬的表面，否则锉纹很快磨损而丧失锉削能力。

c. 锉刀应先用一面，用钝后再用另一面。锉削过程中，只允许推进时对锉刀施加压力，禁忌返回时加压，以避免锉刀加速磨损、变钝。

d. 禁忌锉刀接触油脂或水，且锉削中不得用手摸锉削表面，以免锉削时锉刀在工件上打滑，无法锉削，或齿面生锈，损坏锉齿的切削性能。粘着油脂的锉刀一定要用煤油清洗干净。

e. 锉刀用完后，要用锉刷或铜片顺着齿纹方向将切屑刷去。以免切屑堵塞，使锉刀的切削性能降低。

f. 禁忌将锉刀当锤子或撬杠使用，因为锉刀经热处理淬硬后，其性能变脆，受冲击或弯曲时容易断裂。

g. 锉刀存放时严禁与硬金属或其他工具互相重叠堆放，以免碰坏锉刀的锉齿或锉伤其他工具。

h. 在精锉时，可在锉刀的齿面上均匀涂上粉笔灰，如图 12-58 所示，以使每锉的切削量减少，又可使锉屑不易嵌入锉刀齿纹内而拉伤表面。

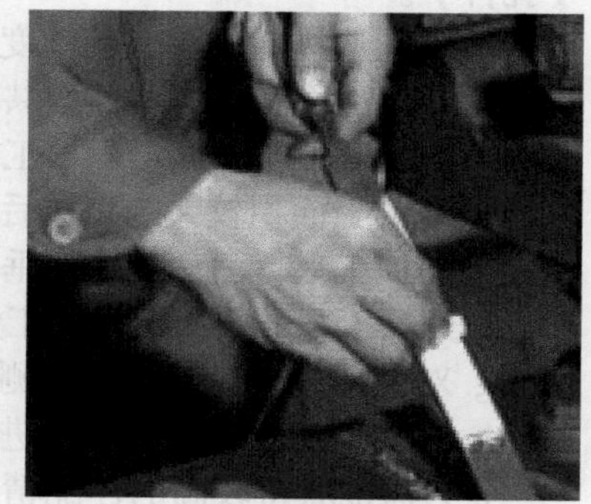

图 12-58　在锉刀上涂粉笔灰

i. 锉削时的往返速度一般为 30 ～ 60 次 /min，速度太快易产生疲劳和加快锉齿磨损。

12.4.2　锉削操作中的技巧与禁忌

（1）工件工艺槽的处理技巧与禁忌

在凸凹件锉配中，对工件工艺内槽，通常采用钻排孔后錾断或锯削的方法将内部实体材料抽掉，如图 12-59 所示。

对于四方孔锉配中的工艺槽孔，则只能采用四周钻排孔或钻排孔后錾断的方法，禁忌直

接用錾削的方法将其錾断。

（2）平面锉削防干涉的技巧与禁忌

平面接凹圆弧面的锉削工艺是将凹圆弧面和平面作为两个独立的部分进行锉削加工，即先锉凹圆弧面，后锉平面，通过粗锉、半精锉和精锉三个基本工序进行先后加工并达到加工要求。先锉凹圆弧面，这样可形成安全空间，保障平面锉削的加工质量，防止在锉削平面时出现对凹圆弧面的加工干涉，如图 12-60（a）所示，同时也可防止在测量平面的直线度时出现测量干涉，如图 12-60（b）所示。

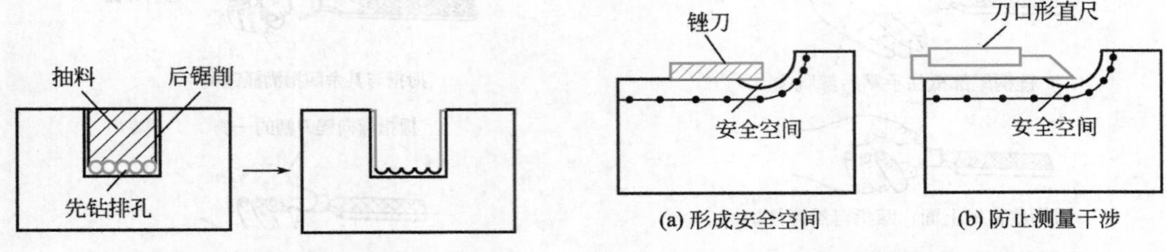

图 12-59　内槽锉削加工前的抽料

图 12-60　平面锉削防干涉的方法

（3）锉配加工的技巧与禁忌

锉配的基本方法是先把需相互配合的其中一零件锉好，作为基准件，然后再用基准件来锉配另一零件。由于外表面容易加工便于测圆量，能达到较高精度，所以锉配加工的顺序一般是先加工外表面，然后锉配内表面；先钻孔后修形（几何公差）。

① 锉配加工的原则

a. 锉配应采用基轴制，即先加工凸件（轴件），再以凸件（轴件）为基准件，配锉凹件（孔件）。

b. 尽量选择面积较大且精度较高的面作为第一基准面，以第一基准面控制第二基准面，再以第一基准面和第二基准面共同控制第三基准面。

c. 先加工外轮廓面，后加工内轮廓面，以外轮廓面控制内轮廓面。

d. 先加工面积较大的面，后加工面积较小的面，以大面控制小面。

e. 先加工平行面，后加工垂直面。

f. 先加工基准平面，后加工角度面，再加工圆弧面。

g. 对称性零件应先加工一侧，以利于间接测量。

h. 按加工工件的中间公差进行加工。

i. 为保证获得较高的锉配精度，应选择有关的外表面作划线和测量的基准面。因此，基难面应达到最小几何误差要求。

j. 在不便使用标准量具的情况下，应制作辅助量具进行检测；在不便直接测量的情况下，应采用间接测量方法。

② 锉配加工的基本方法

a. 试配。锉配时在配合件的配合面上涂上红丹粉，将基准件用手的力量插入并退出配合件，在配合件的配合面上留下接触痕迹，以确定修锉部位。

b. 同向性配。锉配时，将基准件的某个基准面与配合件的相同基准面置于同一个方向上进行试配、修锉和配入。

c. 换向性配。锉配时，将基准件的某个基准面进行一个径向或轴向的位置转换，再进行试配、修锉和配入。

③ 四方孔锉削时的技巧与禁忌　锉削四方孔时，要严格按粗加工—半精加工—精加工的原则进行，且应围绕基准面进行，否则会出现端口凹圆弧、端口凸圆弧、轴向中凸和轴向喇叭口等缺陷，如图12-61所示。因此在粗、半精锉削加工过程中，应尽量避免这缺陷，及时检查并修正，切不可随意锉削，至精锉削时再来修正。

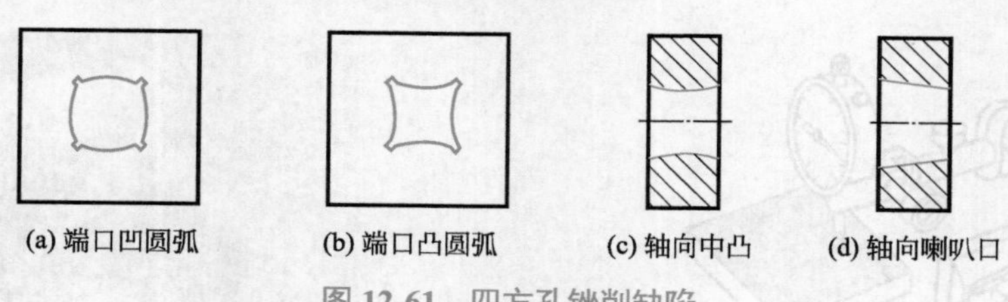

图12-61　四方孔锉削缺陷

（4）锉削圆弧形面的技巧与禁忌

圆弧形面的锉削方法见表9-13、表9-14以及图9-118、图9-119。

外圆弧面需采用横（粗锉）—滚（半精锉）—顺摆（精锉）的方法进行锉削；凹形圆弧面则采用前进运动—向左移动—绕锉刀中心转动的方法进行锉削。

对于凸形圆弧面，在精锉时是不宜采用横锉法的，而对于凹形圆弧面，锉削时为防止口部尺寸扩大，应反复调换方向进行锉削。

无论是凸形圆弧面还是凹形圆弧面，锉削时都应及时用样板检查圆弧形面，以免出现质量问题。

（5）平面检查的技巧与禁忌

① 平面度的检查　平面度常用刀口尺或钢直尺以透光法来检验。若直尺与工件表面间透过的光线微弱均匀，说明该平面平直。若透过的光线强弱不一，则该平面高低不平，光线最强的部位是最凹的地方。检查平面度应按纵向、横向、对角方向进行，如图12-62所示。

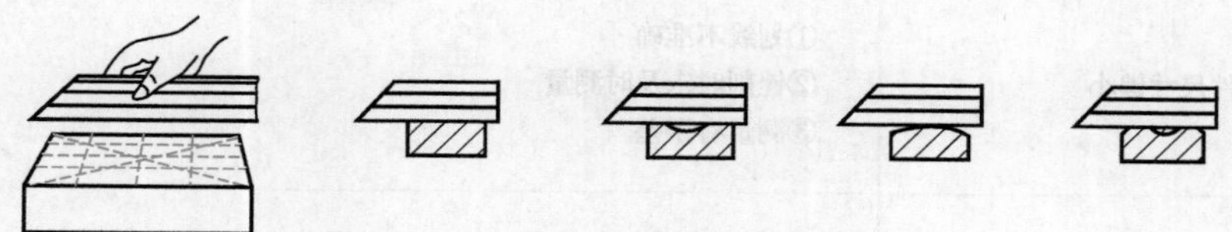

图12-62　平面度的检查

② 垂直度的检查　如图12-63所示，用角尺检验加工面与基准面的垂直度时，应将角尺的短边轻轻地贴紧工件的基准面上，长边靠在被检验的表面上，用透光法检查，要求与检查平面度相同。

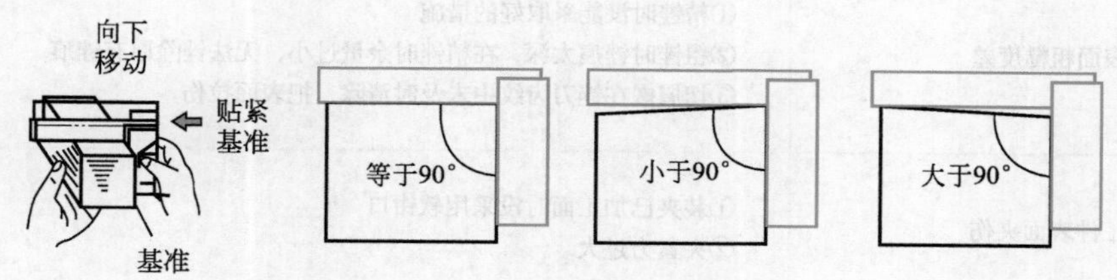

图12-63　垂直度的检查

③ 平行度的检查　锉削检查平行度的方法较多，通常使用的方法有两种。如图 12-64 所示是用百分表检查被加工表面的平行度。检查时，将工件基准面放置在标准平台上，移动工件，从百分表的刻度盘上读出最大值与最小值，二者之差即为被测表面的平行度误差。

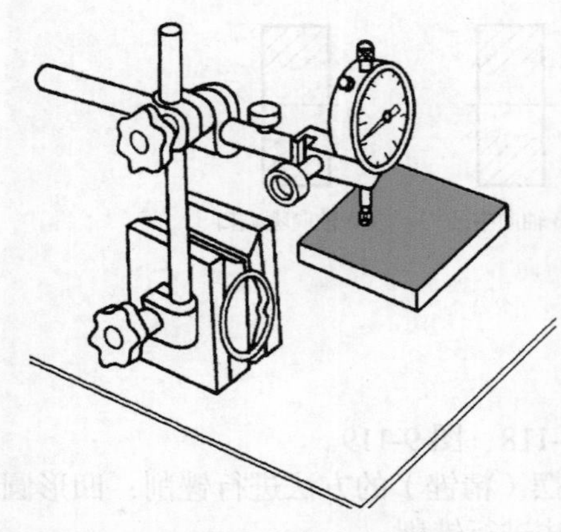

图 12-64　用百分表检查平行度

图 12-65　多点测量

图 12-65 所示是用千分尺检查平行度的方法。测量时，要多点测量两平面间的尺寸，一般应在工件的四角和中间共测五次，找出最高点（最大值）与最低点（最小值），测量所得到的最大尺寸与最小尺寸的差值，即为两平面的平行度误差。

（6）锉削质量问题的处理技巧与禁忌

锉削时常常会出现一些质量问题，具体情况与原因分析见表 12-5。

表 12-5　锉削质量分析

质量情况	原因分析
工件尺寸锉小	①划线不准确 ②锉削时未及时测量 ③测量有误差
平面中凸、塌边、塌角	①操作不熟练，用力不均匀，不能使锉刀平衡 ②锉刀选用不当或锉刀中间凹 ③左手或右手施加压力时重心偏于一侧 ④工件未夹正或使用的锉刀扭曲变形 ⑤锉刀在锉削时左右移动不均匀
表面粗糙度差	①精锉时没能采取好的措施 ②粗锉时锉痕太深，在精锉时余量过小，无法锉除原有锉痕 ③切屑嵌在锉刀齿纹中未及时清除，把表面拉伤
工件表面夹伤	①装夹已加工面时没采用软钳口 ②夹紧力过大

12.5 刮削加工中的技巧与禁忌

12.5.1 刮刀的使用技巧与禁忌

（1）平面刮刀的选用技巧与禁忌

按结构形式的不同，常用的平面刮刀可分为手握刮刀、挺刮刀、活头刮刀、弯头刮刀和钩头刮刀五种，见表 9-15。不同的场合应选用不同的刮刀。

手握刮刀适用于刮削面积较小的工件表面；挺刮刀适用于刮削余量较大或刮削面积较大的工件表面；活头刮刀适合大余量平面的刮削；弯头刮刀适用于精刮和刮花操作；钩头刮刀主要用于平面上刮削扇形花纹。

（2）钩头刮刀的使用技巧与禁忌

刮削操作时，钩头刮刀的操作与其他刮刀相反，是左手紧握钩头部分用力往下压，右手抓住刀柄用力往后拉。这种刮刀具有以下特点：

① 拉刮时不会产生下刀处的深痕。

② 易于刃磨，角度正确与否对拉刮出来的粗糙度影响不大。

③ 比推刮的阻力要小，刮出的花纹长短也易于控制。

④ 可拉刮带有小台阶的平面，如图 12-66 所示。

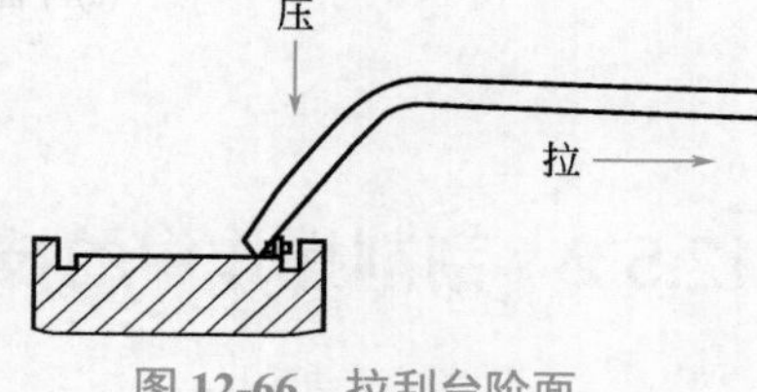

图 12-66　拉刮台阶面

（3）曲面刮刀的选用技巧与禁忌

曲面刮刀的种类如图 9-153 所示，分为四种。其中三角刮刀的断面呈三角形，有三条弧形刀刃，在三个面上有三条凹槽，可以减小刃磨面积。三角刮刀的规格按照刀体长度 L 分为 125 mm、150mm、175mm、200mm、250mm、300mm、350mm 等多种。规格较短的三角刮刀可采用锉刀柄，规格较长的三角刮刀可使用长木柄。三角刮刀及三角锥头主要用于一般的曲面刮削。

三角锥头刮刀采用碳素工具钢锻制而成，其刀头部分呈三角锥形，刀头切削部分与三角刮刀相同，刀身断面为圆形。

柳叶刮刀因其刀头部分像柳树叶，故称为柳叶刮刀。其切削部分有两条弧形刀刃，刀身断面为矩形。柳叶刮刀主要用于轴承及滑动轴承的刮削。

蛇头刮刀采用碳素工具钢锻制而成，刀头部分有上、下、左、右共四条弧形刀刃，刀身断面为矩形。蛇头刮刀主要用于较长且直径较大的滑动轴承等的刮削，可与三角刮刀交替使用，减少刮削振痕。

（4）细、精刮刀的刃磨技巧与禁忌

刮削加工除了要求工件表面获得较高的几何精度和尺寸精度外，更主要的是经过刮削加工后的工件表面，要能形成比较均匀的微浅凹坑，创造良好的存油条件，以满足如机床导轨和滑行件表面之间的接触面、转轴与轴承表面之间的接触面、工具的接触面以及密封表面等的要求。为此，除刮削操作要精细外，刮刀的刀刃应修磨成有一定的弧度。刮削中刀刃与工件表面接触相对减少，可以使刮削表面贴合点增加，获得精确的几何形状精度和尺寸精度。

同时，由于刀刃呈弧形，容易使刮削表面形成微浅凹坑，使其表面获得存油条件。

但如果工件已进行到精刮的刮削步骤，还采用直线形刀刃的刮刀，刀刃与工件表面接触为刀刃长度，会刮削成片状刀痕，贴合点不易再增加，也不容易形成微浅凹坑；刮削中不慎还会使刃端划伤工件表面，使表面出现较深划痕，需花费很多的时间修复，因此，精刮刀的刀刃不能修磨成直线形。

（5）刮刀刮研时的几何角度

平面刮研的方法有手刮法和挺刮法两种。采用手刮法时，刮刀和工件形成的角度以25°～30°为宜，采用负前角刮研时，如图12-67（a）所示。用三角刮刀刮研曲面时，采用正前角刮研，如图12-67（b）所示。切不可将两种情况弄反，否则在刮削时会发生干涉，将已加工表面刮坏。

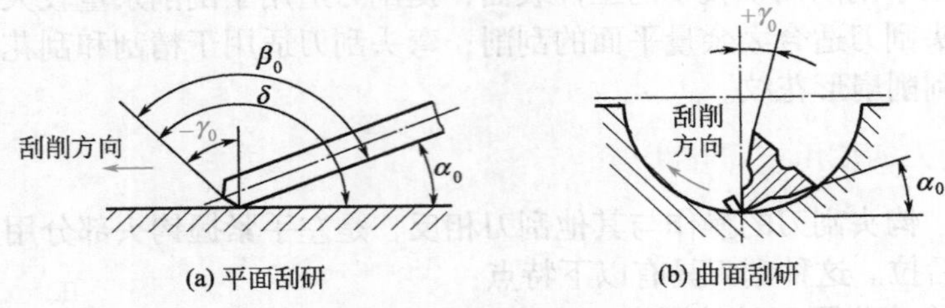

图12-67　刮研时的几何角度

12.5.2　刮削操作中的技巧与禁忌

（1）刮削工作对场地的要求及选择技巧与禁忌

刮削工作场地的选择、光线、室温以及地基都要适宜。光线太强或太弱，都会影响视力。在刮削大型精密工件时，还要选择温度变化小而缓慢的刮削场地，以免因温度变化大而影响其精度的稳定性。

在刮削质量大的狭长刮削面（如车床床身导轨）时，如场地地基疏松，常会因此而使刮削面变形。所以在刮削这类机件时，应选择地基坚实的场地。

（2）刮削工作对工件支承的要求及选择技巧与禁忌

刮削工作进行时，工件安放必须平稳，保证刮削时无晃动现象。安放时应选择合理的支承点。工件应保持自由状态，不应由于支承而受到附加应力。

例如刮削刚度好、质量大、面积大的机器底座接触面［如图12-68（a）所示］或大面积的平板等，应该用三点支承。为防止刮削时工件翻倒，可在其中一个支点的两边适当加木块垫实。

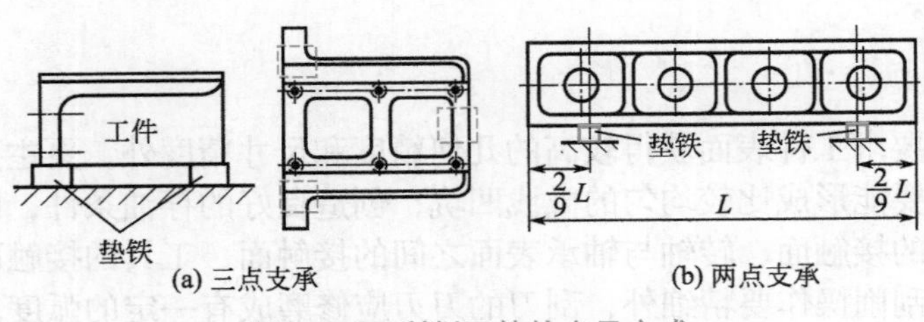

图12-68　刮削工件的支承方式

对细长易变形的工件，如图 12-68（b）所示，应在距两端 2/9*L* 处用两点支承。大型工件如机床床身导轨刮削时的支承应尽可能与装配时的支承一致。在安放工件的同时，应考虑到工件刮削面位置的高低必须适合操作者的身高，刮削面位置一般是腰部上下，这样便于操作者发挥力量。

（3）粗刮的技巧与禁忌

粗刮时一般应刮去较多的金属，刮削要有力，每刀刮削量要大，因而可采用连续刮削的方法，刀迹应连成片，且每刮一遍交换一下铲削方向，使铲削刀迹呈交叉状，如图 12-69 所示。精刮时挑点必须准确，刀迹应细小光整。

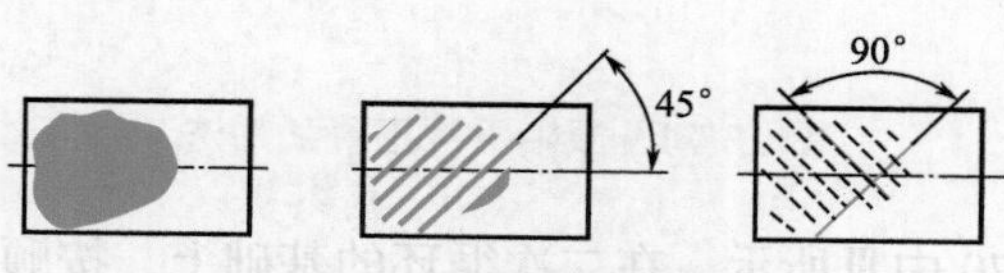

图 12-69　连续刮削的方法

在没有达到粗刮要求的情况下，禁忌过早地进入细刮工序。同时，细刮时每个研点尽量只刮一刀，逐步提高刮点的准确性。

（4）曲面刮刀刮削时的动作与禁忌

三角刮刀刮削时的刮削层较深，因此在刮削时两切削刃要紧贴工件表面，刮削速度也要慢，禁忌飘浮，快速刮削，否则易产生较深的振痕。

蛇头刮刀刮削时的刮削层深度较浅，因而压力不能过大，刮削时要注意看清点位，其刮削的表面粗糙度要低一些。

曲面刮削时操作姿势要正确，禁忌粗刮时用力过大，发生抖动，产生振痕。

无论是平面刮削还是曲面刮削，刮刀不宜总朝一个方向刮削。因为多次同向刮削，刀迹没有交叉，刮削面上会出现有规律的波纹或条纹，即振痕。工件表面出现振痕，将使表面失去存、封油条件。而相对运动表面采用刮削工艺，目的就是使刮削表面形成均匀微浅凹坑，能够有良好的存油和封油条件，使运动表面间润滑良好。特别是液体动压润滑摩擦轴承更需要轴承工作表面具有良好的存油和封油条件，有利于形成液体动压润滑。如果工作表面形成条纹状微浅凹槽，油液会流失，不能建立起压力油膜，亦不能形成动压润滑。因此禁忌对刮削表面总朝一个方向刮削。

（5）原始平板的刮削技巧与禁忌

平板是基本的检验工具，要求非常精密。如缺少标准平板，则可以用三块平板互研互刮的方法，刮成精密的平板，这种平板称为原始平板。其刮削可按正研刮削和对角刮削两个步骤进行。

先将三块平板单独进行粗刮，然后将三块平板分别编号为 1、2、3，按编号次序进行刮削。其刮削方法如图 12-70 所示。

① 一次循环如图 12-70 中Ⅰ所示，先设 1 号平板为基准，与 2 号平板互研互刮，使 1、2 号平板贴合；再将 3 号平板与 1 号平板互研，单刮 3 号平板，使之相互贴合；然后将 2 号与 3 号平板互研互刮，使它们的不平程度略有改善。

② 二次循环如图 12-70 中Ⅱ所示，在 2 号与 3 号平板互研互刮的情况下，按顺序以 2 号平板为基准，将 1 号与 2 号平板互研，单刮 1 号平板，然后将 3 号与 1 号平板互研互刮。这时 3 号与 1 号平板的不平程度进一步得到改善。

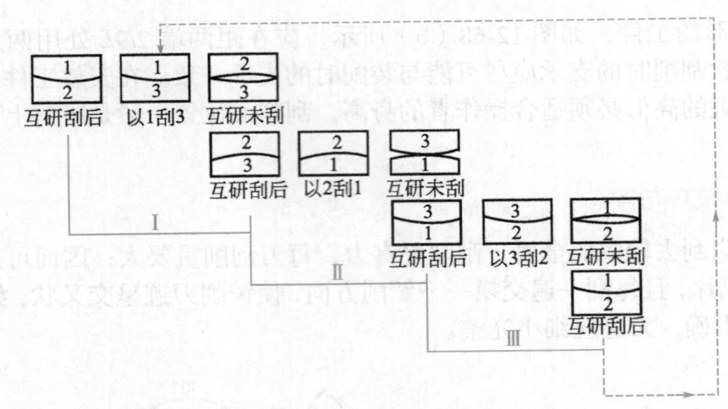

图 12-70　原始平板正研刮削法

③ 三次循环如图 12-70 中Ⅲ所示，在二次循环的基础上，按顺序以 3 号平板为基准，将 2 号与 3 号平板互研，单刮 2 号平板，然后将 1 号与 2 号平板互研互刮，这时 1 号与 2 号平板的不平程度又进一步得到改善。

按上述三个顺序循环进行刮削，循环次数越多，平板越精密。到最后在三块平板上任取两块合研，都无凹凸，每块平板上的接触点都在 25mm×25mm 面积内有 12 点左右时，正研刮削即告一段落。

正研过程中往往在平板对角部位产生平面扭曲现象，如图 12-71 所示。要了解和消除扭曲现象，可采用如图 12-72 所示的对角研方法显点，并通过接触点修刮消除扭曲现象。

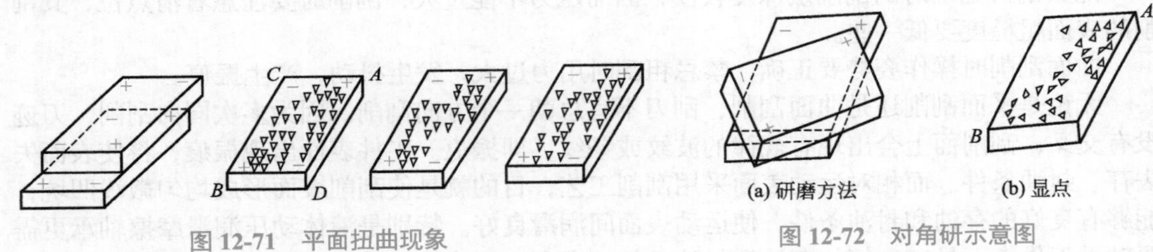

图 12-71　平面扭曲现象　　图 12-72　对角研示意图

涂色显点时，平板必须放置平衡，施力要均匀。同时表面要保持清洁，以防平板表面划伤拉毛。

（6）各种工件刮削操作的技巧与禁忌

① 承压密封表面的刮削　承受压力的气缸、阀体等密封表面的刮削，其被刮削的表面不但要求研点要较多而均匀，而且还要求刮削不能有深凹痕，即刀痕不能太深。这是因为承压密封表面不但要承受一定压力，而且封闭性能要好。贴合点，即研点的数目越多，两密封表面接触面积越大，单位面积上承受的压强就越小，所承受的压力就越大，同时密封性能也越好。如果刀痕太深，即显示研点高低相差太大，被密封在容器中的气体或液体就会从两密封表面间的刮削刀痕深处窜出。

② 动压滑动轴承工作表面的刮削研点　要求滑动轴承工作表面的刮削研点多是提高其承载能力和封油的前提。但是，研点太多即研点较密，在轴颈与轴承孔工作表面间给出的存油空间就太小了，从这个意义上讲并非研点越多越好。油量少形成压力油膜、纯液体摩擦的可能性相对减小，使轴颈在工作时直接与轴承工作表面接触，这是绝大多数相对运动工作表面用刮削加工不用磨削加工的原因。如果刀痕太浅，即凹坑太浅，存油量相对减少，形成纯

液体润滑的可能性也会相对减小。实践证明，动压滑动轴承工作表面刮削的研点较密，刀痕较浅，转子转动起来不能形成液体动压润滑，会出现抱轴或“啃死”的现象。

③ 滑动轴承的刮削　高速重载旋转机械上的轴承，除了要求能承受转子的载荷外，还要求摩擦阻力小、寿命长和具有高速运转的稳定性。

满足上述条件的主要指标是能使轴承形成液体动压润滑或能使轴承工作表面与轴颈表面间形成能承受其载荷的压力油膜。使滑动轴承形成液体动压润滑必备的条件是：

a. 轴承间隙必须适当。

b. 轴颈应有足够高的转速。

c. 轴颈与轴承孔应有精确的几何形状和较小的表面粗糙度。

d. 多支承的轴承应保持一定的同轴度。

e. 润滑油的黏度适当。

首先，刮削时不能只注意研点的增减，而不注意轴承孔与轴颈之间的间隙变化，否则容易将间隙刮大，造成废品。因此在刮削轴承孔时，要注意在研点满足要求的同时注意其间隙是否符合要求。其次，刮削时不能用力太大，否则容易发生抖动，使轴承孔表面产生振痕。刀痕要交叉，避免刀迹重复，否则容易产生波纹，轴承孔表面研点出现条状，不能存油和封油。再次，刮削时禁忌只注意研点数，而不注意研点轻重与研点密疏。为达到存油和封油的目的，轴承孔表面刮削所形成的研点，要两端研点密而重，中间研点轻而疏。

④ 高速轻载滑动轴承的刮削　高速旋转机械上大多采用滑动轴承，且都必须具有液体摩擦的性能。目前常用的滑动轴承的形式有圆柱孔形、椭圆孔形和可倾瓦形等几种。

可倾瓦形滑动轴承结构复杂、制造困难，不便应用；圆柱孔形滑动轴承是结构最为简单的滑动轴承。但它只有在相对低速和重载下，即转子在轴承孔中运转时偏心距较大的情况下，工作才比较平稳；高速轻载的情况下，由于轴上浮，偏心距较小，常会发生油膜振荡的不稳定的现象。因此，高速轻载滑动轴承不宜刮削成圆柱孔，轴承内孔应刮削或制造加工成横向长轴的椭圆孔形。

如图 12-73 所示，a 为椭圆轴承的半径顶间隙，b 为半径侧间隙，椭圆轴承的椭圆度为 $m=1-a/b$，常用的椭圆度有 1/2、2/3 和 3/4 等几种。

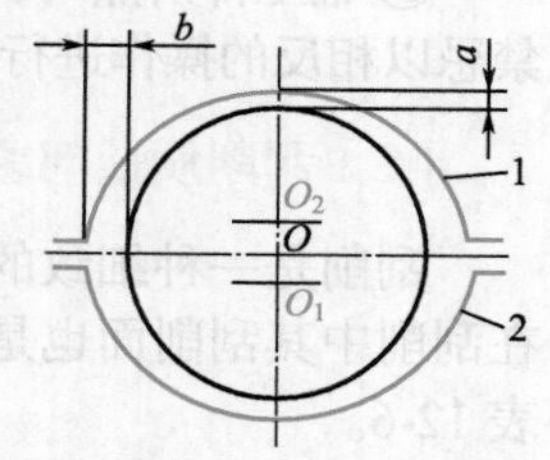

图 12-73　滑动轴承

对于整体轴承，按其椭圆轴承的短轴为半径车削成圆柱孔轴承后，刮削使其横向长轴满足椭圆轴承的椭圆度即可。如果是对开轴承，通过在上下两半瓦的中分面之间加入一定厚度的垫片，然后把孔加工到规定的直径，抽去垫片后，便可得到一定椭圆度的椭圆轴承。

由于椭圆轴承利于形成上下油楔并且工作比较稳定，所以即使是圆柱孔轴承在刮削时也要刮得侧间隙大于顶间隙。

⑤ 压力容器密封表面的刮削　对要求承受压力和密封性的密封表面，相对的研点数越密越好。但是两密封表面贴合得再好，也不可能没有泄漏。对密封表面最里圈位置的刮削，应研点密且刀痕轻而均匀，目的是有效地阻止气体或液体外泄；面对密封表面的相对内圈的第二圈位置的刮削，应研点疏且刀痕重，目的是使最里圈泄漏到该位置的气体或液体的能量卸荷，因为刮削凹坑多而深可使气体或液体的体积增加，压力减小，降低其外泄的能力；第三圈位置的研点则应密而均匀且刀痕轻，可有效地阻止气体或液体外泄；第四圈与第二圈相同，作用都是使气体或液体卸荷，没有能力外泄；以此类推，才能有效地密封住气体或液体。实际中，也有将密封表面的第二圈、第四圈位置加工出较浅的沟槽的，目的是使有能量的气体或液体卸荷，降低或失去外泄的能力，所以说压力容器密封表面的刮削研点轻重密疏不宜

均匀。

⑥ 组合导轨的刮削　对组合导轨各个表面刮削的顺序，应是在保证质量的前提下，以减少刮削工作量和测量方便为原则。先刮大面，后刮小面，可使刮削余量减小，容易达到精度要求。先刮比较难刮的面，后刮容易刮的面，可方便刮削时的测量，并可减轻劳动强度。还有应先刮刚度较好的表面，以保证刮削精度的稳定性，如先刮刚度差的表面，其刮削精度最终将可能遭到破坏。

如果已有基准导轨面，其他导轨面都必须以基准导轨面为基准作为刮削的依据，否则不能保证导轨面与面之间的相互位置精度。因此，对组合导轨各个面的先后刮削顺序要按一定的原则和规律做出刮削的工艺程序。

⑦ 机床导轨的刮削　机床导轨应在允许的直线度公差范围内刮削成直线度中凸形。机床导轨在前期、中期使用阶段，由于上导轨经常在下导轨中部运动，使其原来的中凸形直线度加工误差在该使用期间越来越小，其直线度精度也越来越高；在设备的中、后期使用阶段，当直线度误差磨损到零时，直线度误差开始向反方向增大；在设备后期、末期使用阶段，直线度误差磨损到或将要超出机床导轨加工时允许的直线度公差，设备精度开始降低，技术性能开始急剧下降。因此，如果将机床导轨在允许的直线度公差范围内刮削成中凹形，导轨磨损期就会缩短，没有中前期，甚至没有中期使用阶段，很快达到和超出允许的直线度公差，精度下降，使用寿命较短。所以，机床导轨禁忌刮削成直线度中凹形。

（7）研点的技巧与禁忌

① 内曲面研点时，标准轴需配合轴颈作来回旋转，禁忌不转或少转，精刮时转动弧长应小于25mm。

② 工件每刮一遍后，为避免刮面产生波纹，应采用交叉刮削，禁忌采用其他方式，使研点不能成条状。

③ 轴工件研点时，前后端约1/3轴承长度的研点应“硬”而“密”些，中间研点可软些，禁忌以相反的操作进行，以防止前后端磨损太快，这样也有利于切削液进入，使轴工件稳定。

（8）刮削质量问题的处理技巧与禁忌

刮削是一种细致的工作，每刮一刀去除的余量都很少，一般情况是不会产生废品的，但在刮削中其刮削面也是容易产生一些缺陷的。刮削的常见质量问题的产生原因与处理方法见表12-6。

表12-6　刮削的常见质量问题的产生原因与处理方法

常见问题	产生原因	处理方法
深凹痕	①粗刮时用力不均匀 ②局部落刀太重 ③多次刀痕重叠 ④刮刀刃磨得过于弧形	①用力应均匀 ②落刀要保持一致 ③刀痕不得重叠 ④按要求刃磨刮刀
划道	①研点时夹有砂粒、铁屑等杂物 ②显示剂不干净	①清理干净被刮削表面 ②选用干净的显示剂
振痕	①多次同向刮削 ②刀迹没有交叉	①避开同向刮削 ②刀迹应交叉
刮削面精密度不够	①研具不准确 ②推研时用力不均匀 ③研具伸出工件太多而按出现的假点刮削	①更换准确的研具 ②推研时用力均匀 ③研具不能伸出工件太多

12.6 研磨加工中的技巧与禁忌

12.6.1 研磨加工准备的技巧与禁忌

（1）研磨场地选用的技巧与禁忌

① 研磨场地的温度要求　研磨长度（或直径）误差为 5 ～ 10μm 的工件时，研磨场地的温度约为 20℃ ±5℃，如条件有限制，也可在常温下进行研磨；研磨长度（或直径）误差为 5 ～ 20μm 的工件时，研磨场地的温度约为 20℃ ±3℃；研磨精确度要求更高的工件时，研磨场地的温度应控制在 20℃ ±1℃或更小的范围。

② 空气湿度要求　若研磨场地空气中的湿度大，容易使加工工件表面锈蚀，而精密工件的加工表面及非加工表面都是不允许发生锈蚀的。因此，精密研磨的工作场地要求干燥，一般相对湿度为 40% ～ 60%。

③ 室内尘埃对研磨工作的影响禁忌　工作场地禁忌有很多、很大的尘埃，这对精密研磨的工件表面影响很大。研磨过程中若有较粗的尘埃落在工件与研具之间，则两者的工作面都会因此而划伤和受到损害。此外，尘埃黏附在工件表面上，增加了水分吸收量，容易使工件产生锈蚀。

④ 振动对研磨场地的影响禁忌　精密研磨的场地，应选择在坚实的基础上，防止由于振动影响加工和对工件的精度测量。场地禁忌选择振动较大的场所，对有轻微振动的场所也要距离 100m 以上，并要设置防振沟。

（2）研磨压力和研磨速度选择技巧与禁忌

研磨应在低压、低速的条件下进行。粗研压力为 10 ～ 20N/cm^2，精研压力为 1 ～ 5N/cm^2。禁忌使用过大的压力，否则可能将研磨剂颗粒压碎，使工件表面划痕加深，从而影响表面粗糙度。

研磨速度一般在 0.15 ～ 2.5m/s 之间，往复运动取 40 ～ 60 次 /min。精研速度不宜超过 0.5m/s，往复运动取 20 ～ 40 次 /min。禁忌使用过高速度，否则会产生高热量，引起工件表面退火，以及热膨胀太大而影响尺寸精度的控制，也容易使表面有严重的磨粒划痕。

12.6.2 研磨操作中的技巧与禁忌

（1）研磨剂选择的技巧与禁忌

研磨剂在研磨中起三个作用：一是使磨料配制而成；二是能起到润滑的作用；三是能在工件表面形成一层薄薄的氧化膜。研磨剂中常用的研磨液（或膏）有机油、煤油、猪油和水。如果掺入适当的石蜡、蜂蜡、油酸、脂肪酸和工业甘油等，其研磨效果更佳。如果配成研磨膏，可适当再添加些黏合剂。在生产中对研磨剂的配制和应用可参考表 12-7 中的内容进行选用。

在使用研磨剂（或膏）时，一定要分清楚应用的场合，禁忌粗研磨的研磨剂（或膏）与精研磨的研磨剂（或膏）混用。

另外，研磨时禁忌单独使用磨料进行研磨，以防止磨料磨伤加工表面。

表 12-7　研磨剂（膏）的用法

研磨剂（膏）	用法	研磨剂（膏）	用法
机油	机油、煤油配比为 1:3，用于精密研磨	猪油	熟猪油与磨料调成糊状，再与煤油以 30:1 的比例均匀调和，用于高精密研磨
煤油	用于快速和粗研磨	水	用于玻璃、水晶的研磨

（2）纯手工研磨圆柱体工件的技巧与禁忌

纯手工研磨圆柱体工件如图 12-74 所示。先在工件外圆上涂一层薄而均匀的研磨剂，然后将工件装入夹持在台虎钳上的研具孔内，调整好研磨间隙，双手握住夹箍柄，使工件既作正、反转，又作轴向往复移动，保证工件的整个研磨面得到均匀的研磨。禁忌只作转动不作移动，也不能只作移动不作转动。

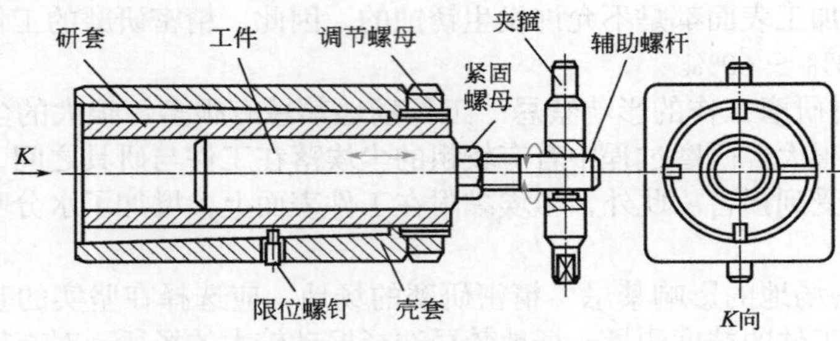

图 12-74　纯手工研磨圆柱体工件

（3）机床配合手工研磨圆柱体工件的技巧与禁忌

① 先把工件装夹在机床上，工件外圆上涂上一层薄而均匀的研磨剂，装上研套，调整好研磨间隙。

② 开动机床，手捏研套在工件全长上作往复移动，禁忌在某一段上停留，并且须使研套作断续旋转，用以消除由于工件或研套自重而造成的椭圆等缺陷，如图 12-75 所示。

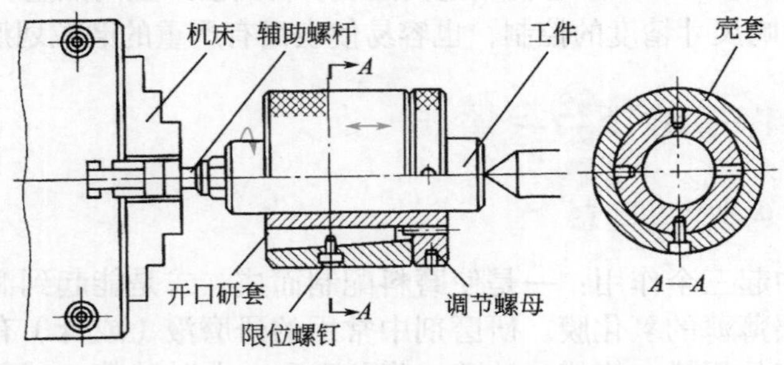

图 12-75　机床配合手工研磨圆柱体工件

以上两种研磨方法，都应随时调整研具上的调节螺母，以保持适当的研磨间隙；同时不断地检查研磨质量，如发现工件有锥度，应将工件或研具调头转入，再调整间隙作校正性研磨。研磨套的往复速度可根据工件在研磨时出现的网纹来控制，当出现 45° 交叉网纹时，说明研磨套的往复速度适宜。

（4）研磨钢球的技巧与禁忌

在平板上车削数圈等深的V形槽或弧形沟槽。研磨钢球时，将有沟槽的平板平稳地放置在工作台上，将分选后直径较大和较小的钢球间隔对称地放入平板的沟槽内，敷以研磨剂后上面覆一块无沟槽的平板，推动无沟槽的平板作往复及旋转运动来进行研磨，如图12-76所示。禁忌对钢球直径不分先后，随意放入沟槽内。

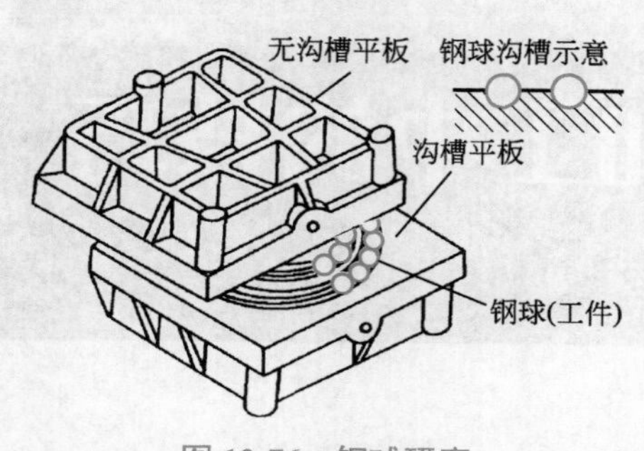

图12-76　钢球研磨

研磨时，当工件的两端有过多的研磨剂被挤出时，应及时擦去，否则会使孔口扩大形成喇叭口状。

（5）研磨质量问题的处理技巧与禁忌

研磨后工件表面质量的好坏除与选用的研磨剂与研磨的方法有关外，还与表面的清洁等因素有关，研磨中产生的质量问题的产生原因与处理方法见表12-8。

表12-8　研磨质量问题的产生原因与处理方法

质量问题	产生原因	处理方法
表面不光洁	①磨料过多 ②研磨液选用不当 ③研磨剂涂得太薄	①正确选用磨料 ②正确选用研磨液 ③研磨剂要涂敷均匀
表面拉毛	研磨剂中混入杂质	重视并做好清洁工作
平面成凸形或孔口扩大	①研磨剂涂得太厚 ②孔口和工件边缘被挤出的研磨剂未擦去就继续研磨 ③研棒伸出孔口太长	①研磨剂应涂得适当 ②应擦去被挤出的研磨剂后再研磨 ③研棒伸出的长度应适当
孔成椭圆形或有锥度	①研磨时没有变换方向 ②研磨时没有调头研磨	①研磨时应变换方向 ②研磨时应调头研磨
薄形工件拱出变形	①工件发热仍继续研磨 ②装夹不正确引起变形	①工件温度应低于50℃，发热后应停止研磨 ②装夹要稳定，不能夹得太紧

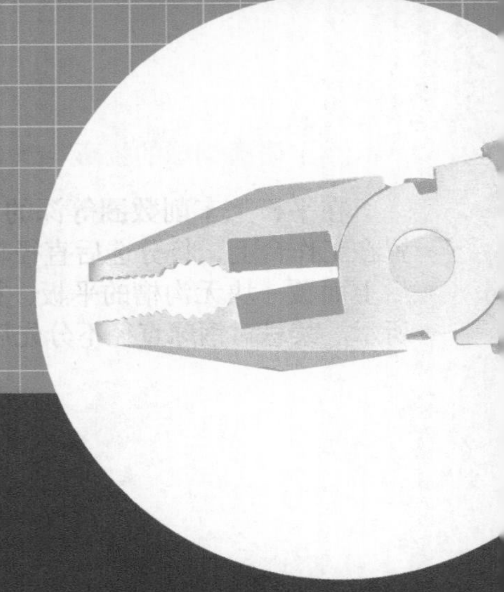

第13章 孔和螺纹加工中的技巧与禁忌

13.1 孔加工的技巧与禁忌

13.1.1 钻孔的技巧与禁忌

（1）麻花钻的刃磨技巧与禁忌

① 麻花钻在刃磨时，两个主后刀面要经常交换刃磨，边磨边检查，直至符合要求为止。

② 刃磨时用力要均匀，不能过大，应经常目测磨削情况，随时修正。

③ 刃磨时，钻头切削刃的位置应略高于砂轮中心平面，以免磨出负后角，致使钻头无法使用。

④ 刃磨时禁忌用刃背磨向刀口，以免造成刃口退火。

⑤ 刃磨时应注意磨削温度不宜过高，禁忌只追求角度形状而一味刃磨。磨削中要经常用水冷却，以防钻头退火降低硬度，使切削性能降低。

（2）麻花钻的修磨技巧与禁忌

由于麻花钻在结构上存在很多缺点，因而麻花钻在使用时应进行修磨。修磨的部位主要有：

① 修磨横刃　横刃修磨的几何参数如图 13-1 所示，修磨后横刃的长度为原来的 1/5 ～ 1/3，并形成内刃，使内刃斜角 τ=20° ～ 30°，内刃处前角度 γ_τ=0° ～ 15°，切削性能得以改善。

修磨时，麻花钻与砂轮的相对位置保持钻头轴线在水平面内与砂轮侧面向左倾斜 15° 角，在垂直平面内与刃磨点的砂轮半径方向约成 55° 下摆角，如图 13-2 所示。

② 修磨主切削刃　如图 13-3 所示，修磨出钻头第二顶角 $2\kappa_r$ 和过渡刃 f_0，一般 $2\kappa_r$=70° ～ 75°，f_0=0.2D。修磨后增加主切削刃的总长度和刀尖角 ε_r 以增加刀齿强度，改善散热条件，延长钻头寿命。

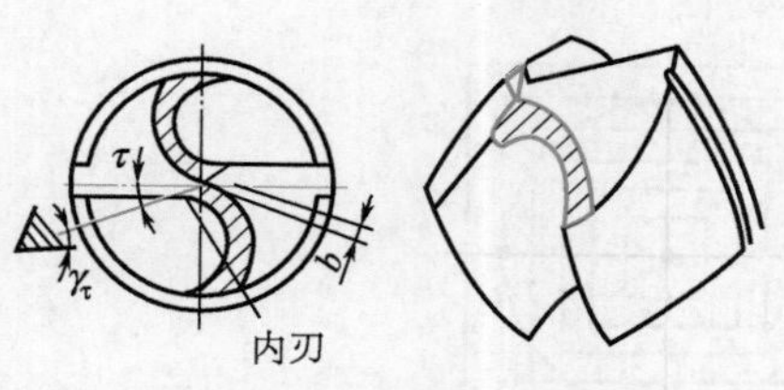

图 13-1　横刃修磨的几何参数

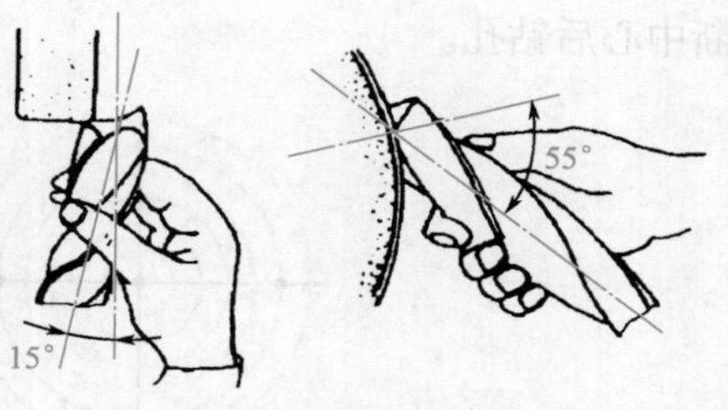

图 13-2　横刃修磨方法

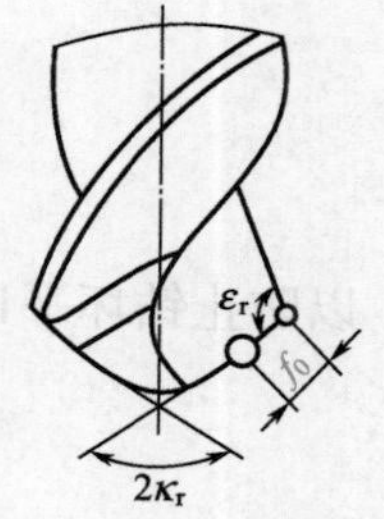

图 13-3　修磨主切削刃

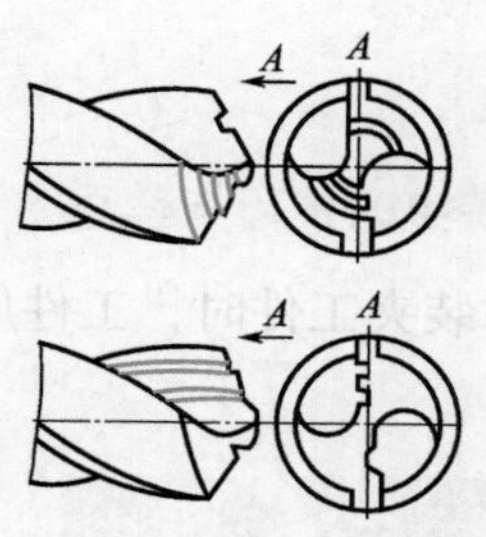

图 13-4　修磨分屑槽

③ 修磨分屑槽　如图 13-4 所示，在两个后刀面上磨出几条相互错开的分屑槽，使切屑变窄，以利排屑。

④ 修磨棱边　如图 13-5 所示，修磨时在靠近主切削刃的一段棱边上，磨出副后角 $\alpha'=6° \sim 8°$，并保留棱边宽度为原来的 1/3 ～ 1/2。以减小对孔壁的摩擦，延长钻头寿命。

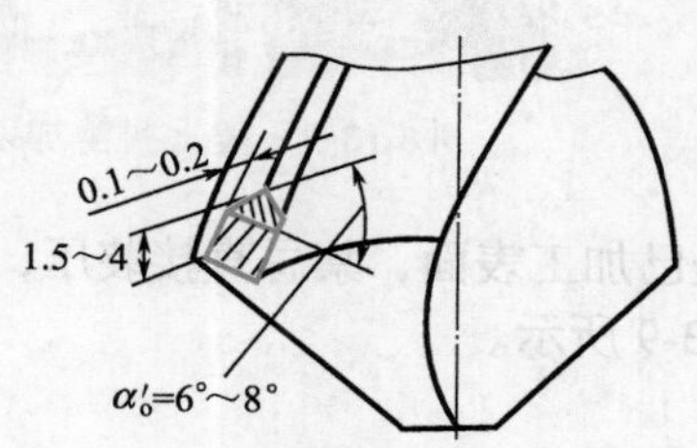

图 13-5　修磨棱边

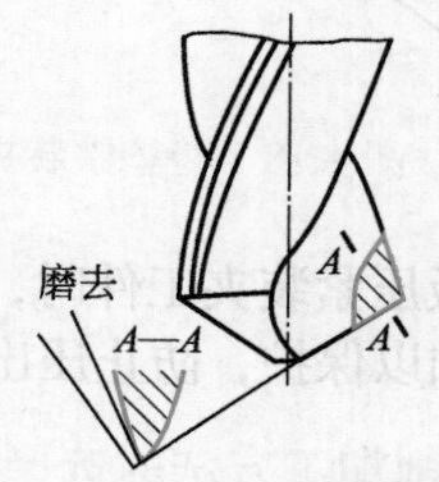

图 13-6　修磨前刀面

⑤ 修磨前刀面　如图 13-6 所示，修磨时将主切削刃和副切削刃交角处的前刀面磨去一块，以减小前角，达到提高刀齿强度的目的。

麻花钻的修磨应根据工件材料、加工要求，采用相应的修磨方法进行修磨，禁忌盲目、不根据加工情况而随意采取修磨。

（3）钻孔前划线的技巧与禁忌

钻孔前，必须按孔的位置和尺寸要求划出孔位的十字中心线，并打上样冲眼（位置要准，样冲眼要尽量小），然后按照孔的直径要求划出孔的圆周线加工线。

对钻削直径较大的孔，应划出几个大小不等的检查圆，如图 13-7（a）所示，以便钻孔时检查和借正钻孔位置。当钻孔的位置精度要求较高时，为避免样冲眼所产生的偏差，也可直接划出以孔中心线为对称中心的几个大小不等的方格，如图 13-7（b）所示，作为钻孔时的检查线。然后将中心样冲眼敲大，以便准确落钻定心。禁忌只凭眼力和所谓的经验来随意

判断中心后钻孔。

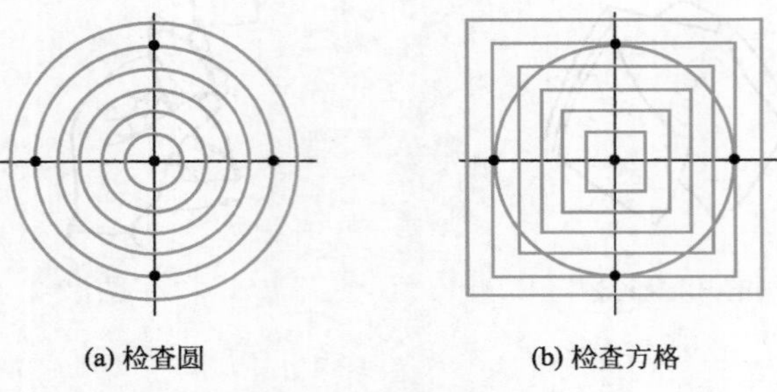

(a) 检查圆　　(b) 检查方格

图 13-7　孔位检查线形式

（4）工件装夹的技巧与禁忌

在用平口钳装夹工件时，工件应放置在等高的垫铁上，以防止钻坏平口钳，如图 13-8 所示。

图 13-8　垫垫铁装夹

图 13-9　垫上衬垫加以保护

采用压板压紧装夹工件时，若压紧表面是已加工表面，禁忌直接装压，应在压板与工件间垫上衬垫加以保护，防止压出印痕，如图 13-9 所示。

（5）钻削加工方法的选择技巧与禁忌

为保证钻削不同孔距时孔的精度，应有针对性地选择加工方法，表 13-1 列出了钻削不同孔距精度所用的加工方法。

表 13-1　钻削不同孔距精度所用的加工方法

孔距精度 /mm	加工方法	适用范围
±0.25 ～ ±0.5	划线找正，配合测量与简易钻模	单件、小批量生产
±0.1 ～ ±0.25	用普通夹具或组合夹具，配合快换钻夹头 套、盘类工件可用通用分度夹具	小、中批量生产
±0.03 ～ ±0.1	利用坐标工作台、百分表、量块、专用对刀装置或采用坐标、数控钻床	单件、小批量生产
	采用专用夹具	大批量生产

（6）台钻V带松紧度的检查技巧与禁忌

V带的松紧程度可用大拇指稍用力按压V带中部进行检查，其松紧程度以大拇指感觉富有弹性为宜，如图13-10所示。

检查时应停车并关闭电源，且大拇指用力不能过大。

（7）钻削的操作技巧与禁忌

钻削时，一般钻进深度达到直径的3倍时钻头要退出排屑，以后每钻进一定深度都应退出排屑。如果是通孔，则在将要钻穿孔时，应将自动进给变换为手动进给，并减小手动进给量的大小，钻穿通孔。

如果生产批量较大或孔的位置精度要求较高时，则需要采用钻模来保证孔的正确位置，如图13-11所示。

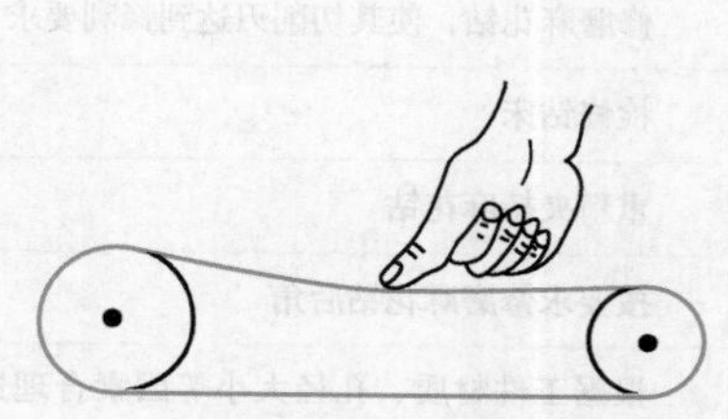

图13-10　V带松紧度的检查

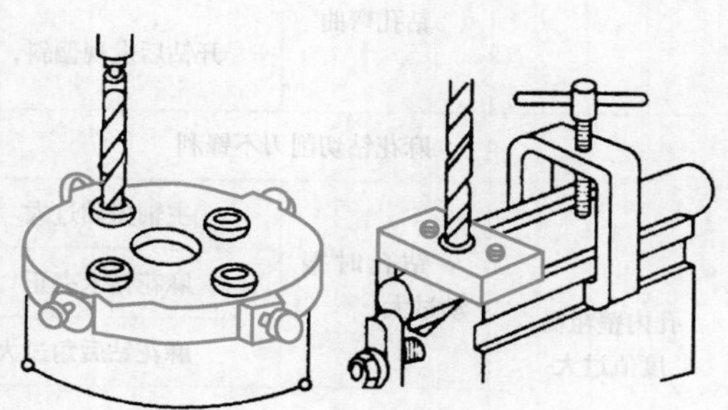

图13-11　用钻模定位钻孔

深孔钻削时，必须注意冷却和排屑。当麻花钻螺旋槽已全部进入工件孔内后，再钻削时要及时退出麻花钻，排除积在孔内和麻花钻螺旋槽内的切屑，并加注切削液，以减少切屑和麻花钻的黏结，降低切削温度。要防止连续钻进而排屑不畅，使麻花钻与接杆断裂，甚至扭断钻头。

（8）钻孔质量问题的处理技巧与禁忌

钻孔时常常会出现一些质量问题，具体原因分析与防止措施见表13-2。

表13-2　钻削质量问题的原因分析与防止措施

质量问题	原因分析		防止措施
钻孔时孔径及圆度超差	麻花钻两切削刃不等长、不对称		修磨麻花钻，使其符合要求
	麻花钻摆动过大	钻床主轴摆动过大	检修钻床
		麻花钻在钻床夹头中装歪	正确安装麻花钻
		麻花钻柄部磨损后圆度或圆柱度超差	更换麻花钻
	钻孔时平口钳移动	样冲眼过小，麻花钻横刃未落入定心样冲眼中，使手动落钻下压时平口钳移动	样冲眼打正后将其扩大
		平口钳底面与钻床工作台表面接触不良	检修平口钳及钻床工作台
		抓握平口钳手柄的力量不够	正确握持平口钳（必要时用T形螺栓固定平口钳）

续表

质量问题	原因分析		防止措施
钻孔时孔位精度超差	划线错误		划线后应检查校核
	打样冲眼不准（未打在两中心线交叉处）		按正确方法打正样冲眼
	钻孔时工件移动	钻孔时平口钳移动	正确固定平口钳
		工件未夹持牢固	正确夹固工件
钻孔时轴线偏斜	麻花钻与工件表面不垂直		用角尺检查麻花钻与工作表面垂直度或用钢直尺或划针盘检查工件表面与钳口上面的平行度
	钻孔弯曲	手动进给量太大	按钻削工艺要求选择手动进给量大小
		开钻后发现偏斜，强行纠正	试钻时按孔位借正要领借正已偏斜的孔位
孔内壁粗糙度值过大	麻花钻切削刃不锋利		修磨麻花钻，使其切削刃达到锋利要求
	钻孔时振动过大	主轴振动过大	检修钻床
		麻花钻未夹正	重新夹持麻花钻
		麻花钻后角过大	按要求修磨麻花钻后角
	进给量太大		根据工件材质、孔径大小等因素合理选择钻孔进给量
	钻孔时切削润滑不充分		适时加注切削液
麻花钻切削刃磨损	钻速过高		按钻削工艺要求选择合适的钻速
	冷却润滑不充分		充分冷却润滑
	麻花钻的工作角度不合理		按材质、硬度合理选择麻花钻的工作角度
麻花钻折断	麻花钻切削刃不锋利		修磨麻花钻
	工件松动或平口钳移动将麻花钻扭断		按工艺要求夹固工件，并在钻孔时防止平口钳移动
	进给力过大		根据材质及孔径大小选择进给力
	钻削用量选择不合理		按钻削工艺要求选择合适的钻削用量
	孔将钻穿时未能减小进给量		快钻穿时减小进给量
	切屑堵塞		及时提钻排屑

13.1.2 铰孔的技巧与禁忌

（1）铰刀选择的技巧与禁忌

① 铰刀尺寸的选择　铰孔的精度主要取决于铰刀的尺寸。铰刀的基本尺寸与孔基本尺寸相同。铰刀的公差是根据孔的精度等级、加工时可能出现的扩大或收缩及允许铰刀的磨损

量来确定的。一般可按下面的计算方法来确定铰刀的上、下偏差：

上偏差（es）=2/3 被加工孔的公差

下偏差（ei）=1/3 被加工孔的公差

即铰刀选择被加工孔公差带中间 1/3 左右的尺寸。

② 铰刀齿数的选择　铰刀齿数与铰刀直径和工件材料有关。加工韧性材料时取小值，加工脆性材料时取大值，常用铰刀齿数的选择见表 13-3。

表 13-3　铰刀齿数的选择　mm

铰刀类型	高速钢机用铰刀							高速钢带刃倾角机用铰刀			硬质合金机用铰刀					
铰刀直径	1～2.8	＞2.8～20	＞20～30	＞30～40	＞40～50	＞50.8～80	＞80～100	＞5.3～18	＞18～30	＞30～40	＞5.3～15	＞15～31.5	＞31.5～40	＞42～62	＞65～80	＞82～100
齿数选择	4	6	8	10	12	14	16	4	6	8	4	6	8	10	12	14

（2）铰削工艺准备的技巧与禁忌

① 铰削余量的确定　铰孔前孔径必须加工到适当的尺寸，使铰刀只能切下很薄的金属层。铰削余量的选择见表 13-4。

表 13-4　铰削余量的确定　mm

孔径	加工余量		
	粗、精铰前总加工余量	粗铰	精铰
12～18	0.15	0.10～0.11	0.04～0.05
18～30	0.20	0.14	0.06
30～50	0.25	0.18	0.07
50～75	0.30	0.20～0.22	0.08～0.09

② 机铰的切削速度和进给量　为了获得较小的加工粗糙度，必须避免产生积屑瘤，减少切削热及变形，应取较小的切削速度，铰钢件时为 4 ～ 8m/min；铰铸件时为 6 ～ 8m/min。铰钢件及铸铁件时进给量可取 0.5 ～ 1mm/r，铰铜件、铝件时可取 1 ～ 1.2mm/r。

③ 铰削时切削液的选用　铰削的切屑一般都很细碎，容易黏附在切削刃上，甚至夹在孔壁与校准部分棱边之间，将已加工表面拉毛。铰削过程中，热量积累过多也将引起工件和铰刀的变形或孔径扩大，因此铰削时必须采用适当的切削液，以减少摩擦和散发热量，同时将切屑及时冲掉。铰削时切削液的选用见表 13-5。

（3）降低手工铰孔表面粗糙度值的技巧与禁忌

① 将铰刀切削部分的刃口用细油石研磨成 0.1mm 左右的小圆角，如图 13-12 所示。工作时，先用粗铰刀将孔粗铰一道，留余量 0.04 ～ 0.08mm，然后用小圆角铰刀进行精铰。

表 13-5 铰孔时的切削液

工件材料	切削液	工件材料	切削液
钢	①体积分数为 10% ～ 20% 乳化液 ②铰孔要求较高时，可采用体积分数为 30% 的菜油加体积分数为 70% 的乳化液 ③高精度铰削时，可用菜油、柴油、猪油	铝	煤油
铸铁	①不用 ②煤油，但会引起孔径缩小（最大缩小量：0.02 ～ 0.04mm） ③低浓度乳化液	铜	乳化液

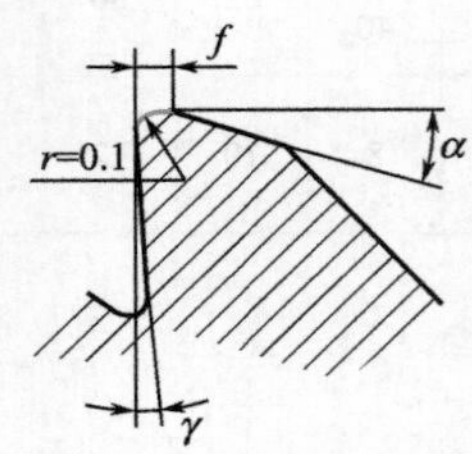

图 13-12 小圆口铰刀

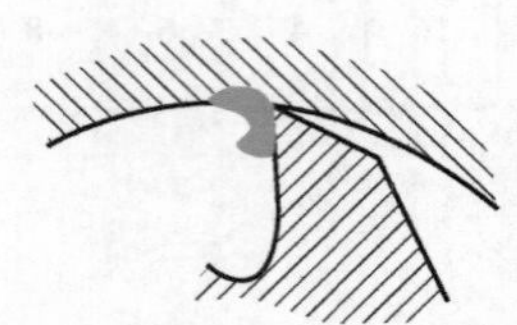

图 13-13 刀齿"扎刀"

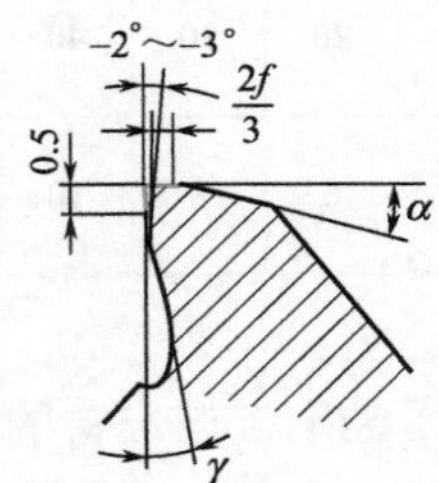

图 13-14 刀口前刀面研磨出棱带

② 在塑性较大的金属上铰孔时，为了避免铰刀在"扎刀"以后将金属一层层撕裂下来，破坏加工表面粗糙度，如图 13-13 所示，可在铰刀切削部分的刃口前面用细油石研磨出 0.5mm 宽的棱带，并形成 2° ～ 3° 的前角，保留刃带宽度为原有的 2/3，如图 13-14 所示，从而减弱刃口的锋利程度，使刀刃形成刮削状态，降低孔壁粗糙程度。

③ 铰刀退出时，禁忌反转。因为铰刀有后角，反转会使切屑塞在铰刀刀齿后刀面和孔壁之间，将孔壁划伤，同时铰刀也容易磨损。

④ 铰刀使用完毕，禁忌随意安放，要清理干净，涂上机油，套上塑料保护套单独存放，以免混放时碰伤刃口。

（4）铰孔质量问题的处理技巧与禁忌

铰孔质量问题的原因分析见表 13-6。

表 13-6 铰孔质量问题的原因分析

质量问题	原因分析
孔壁表面粗糙度值超差	①铰削余量太大或太小 ②铰刀切削刃不锋利，或粘有积屑瘤，切削刃崩裂 ③切削速度太高 ④铰削过程中或退刀时反转 ⑤没有合理选用切削液
孔呈多棱形	①铰削余量太大 ②工件前道工序加工孔的圆度超差 ③铰孔时，工件夹持太紧，造成变形

续表

质量问题	原因分析
孔径扩大	①机铰时铰刀与孔轴线不重合，铰刀偏摆过大 ②铰孔时两手用力不均，使铰刀晃动 ③切削速度太高，冷却不充分，铰刀温度上升，直径增大 ④铰锥孔时，未用锥销试配、检查，铰孔过深
孔径缩小	①铰刀磨钝或磨损 ②铰削铸铁时加煤油，造成孔径收缩

13.2 螺纹加工中的技巧与禁忌

13.2.1 攻螺纹的技巧与禁忌

（1）攻螺纹时丝锥切削用量的分配技巧与禁忌

用成组丝锥攻螺纹时，不同的丝锥承担了不同切削用量的分配。成组丝锥切削用量的分配方式有锥形分配和柱形分配两种。

① 锥形分配。锥形分配如图 13-15 所示，是指在一组丝锥中，每支丝锥的大径、中径、小径都相等，只是切削部分的切削锥角与长度不等，这种锥形分配切削用量的丝锥也叫等径丝锥。当攻螺纹时，用头锥可一次切削完成，其他丝锥用得较少。由于头锥可一次攻削完成，切削厚度大，切削变形严重，加工表面粗糙度差。同时，头锥丝锥的磨损也较为严重，一般 M12 以下的丝锥采用锥形分配。

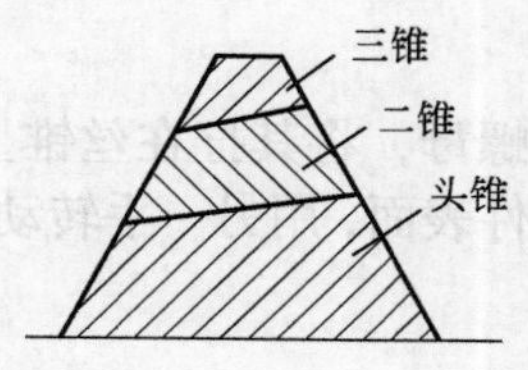

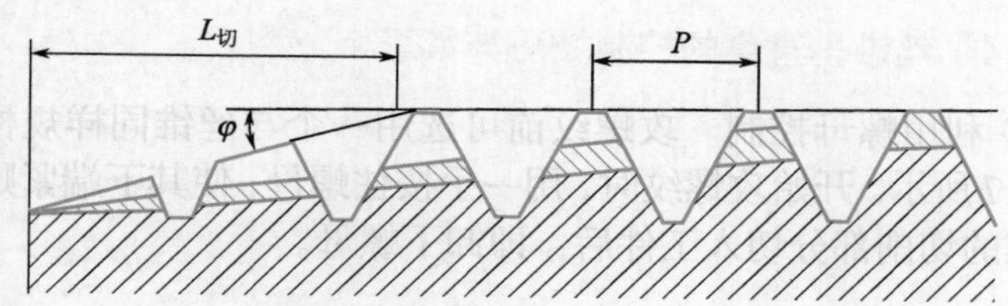

图 13-15 锥形分配

② 柱形分配。柱形分配如图 13-16 所示，柱形分配切削量的丝锥也叫不等径丝锥，即头锥、二锥的大径、中径、小径都比三锥小。头锥的大径小，二锥的大径大，切削量分配较合理，各丝锥的磨损量差别也小，使用寿命长。三锥参与少量的切削，所以加工表面粗糙度较好。一般 M12 以上的丝锥采用柱形分配。

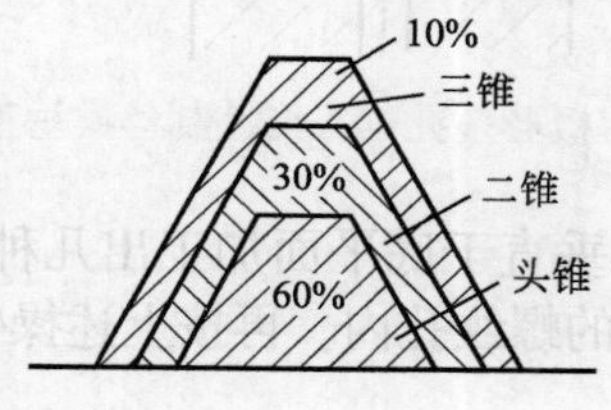

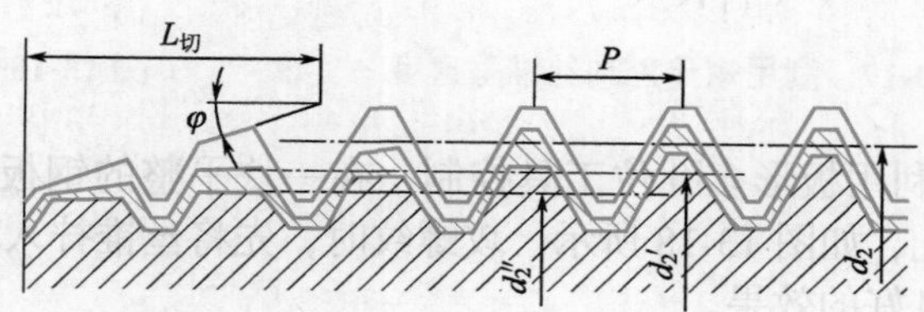

图 13-16 柱形分配

（2）丝锥的选用技巧与禁忌

机用丝锥的螺纹公差带为 H1、H2 和 H3 三种，暂行用丝锥的螺纹公差带为 H4。丝锥公差带的适用范围见表 13-7。

表 13-7　丝锥公差带的适用范围

丝锥公差带号	适用加工内螺纹公差带等级	丝锥公差带号	适用加工内螺纹公差带等级
H1	5H、4H	H3	7G、6H、6G
H2	6H、5G	H4	7H、6H

（3）切削液的选用技巧与禁忌

攻塑性材料时要加切削液，以增加润滑、减小阻力和提高螺纹的表面质量。切削液的选用可参见表 13-8。

表 13-8　攻螺纹用的切削液

工件材料及螺纹精度		切削液	工件材料及螺纹精度	切削液
钢	精度要求一般	L-AN32 全损耗系统用油、乳化液	可锻铸铁	乳化油
	精度要求较高	菜油、二硫化钼、豆油	黄铜、青铜	全损耗系统用油
不锈钢		L-AN46 全损耗系统用油、豆油、黑色硫化油	纯铜	浓度较高的乳化油
灰铸铁	精度要求一般	不用	铝及铝合金	机油加适当煤油或浓度较高的乳化油

（4）丝锥垂直度的控制技巧与禁忌

① 利用螺母控制　攻螺纹前可选用一个与丝锥同样规格的螺母，将其拧在丝锥上，如图 13-17 所示。开始攻螺纹时，用一手按住螺母，使其下端紧贴工件表面，用另一手转动铰杠，待丝锥的切削部分切入工件后，即卸下螺母。

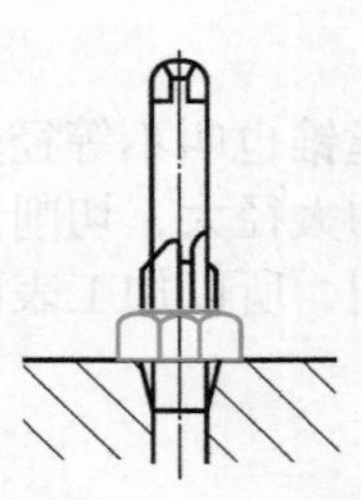

图 13-17　利用螺母控制丝锥垂直度

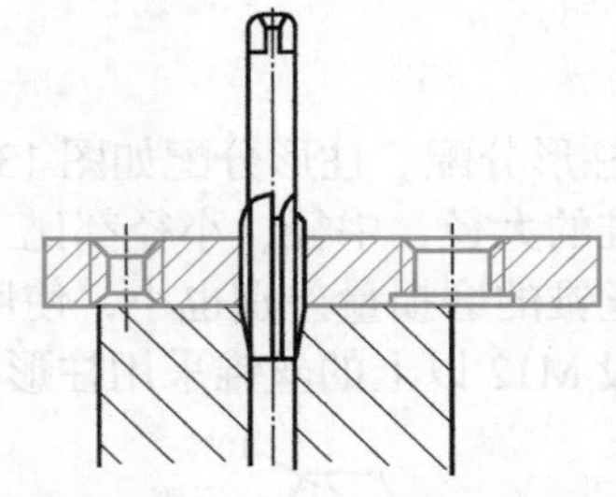

图 13-18　利用板形多孔位工具控制丝锥垂直度

② 利用板形多孔位工具控制　在一块平整的钢板上，垂直于底平面加工出几种常用到的螺纹孔，如图 13-18 所示。攻螺纹时，先将丝锥拧入相应的螺纹孔内，再按上述操作方法，可收到良好的效果。

③ 利用可换导向套控制　如图 13-19 所示是一种多用丝锥垂直工具。工具体的底平面与内孔垂直，内孔装有按不同规格的丝锥进行更换的导向套，导向套的内孔与丝锥为 G7/h6 配合。攻螺纹时，先将丝锥插入导向套，然后将工具体压在工件上，即可控制丝锥的垂直度误差，保证丝锥与底孔的轴线重合。

（5）丝锥的纠偏校正的技巧与禁忌

在起攻时，若丝锥发生较明显的偏斜，需要进行纠偏操作。其操作方法是：将丝锥回退至开始状态，再将丝锥旋转切入，当接近偏斜位置的反方向位置时，可在该位置适当用力下压丝锥并旋转切入进行纠偏，如此反复几次，直至将丝锥的位置纠正为止，然后继续攻削，如图 13-20 所示。

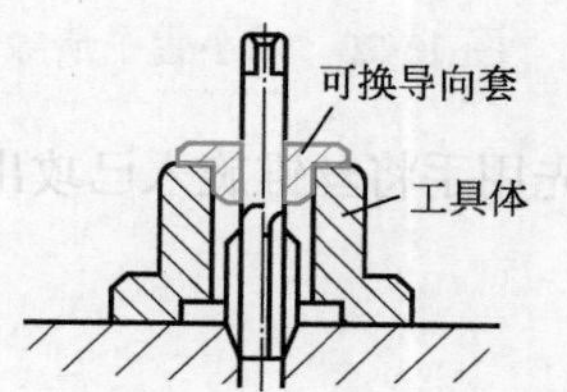

图 13-19　利用可换导向套控制丝锥垂直度

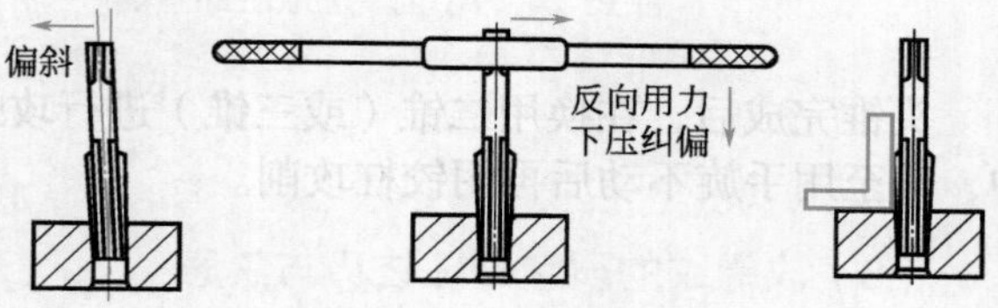

偏斜
反向用力
下压纠偏

图 13-20　丝锥纠偏的方法

（6）断丝锥的取出的技巧与禁忌

当丝锥折断在螺孔中后，应根据具体情况进行分析，然后采用合适的方法取出断丝锥。

① 用冲子取出　当断丝锥截面高于螺孔孔口时，可用钳子夹出，也可用冲子对准丝锥容屑槽前面，在与攻螺纹相反方向轻轻敲击，使断丝锥松动，如图 13-21 所示，然后取出。

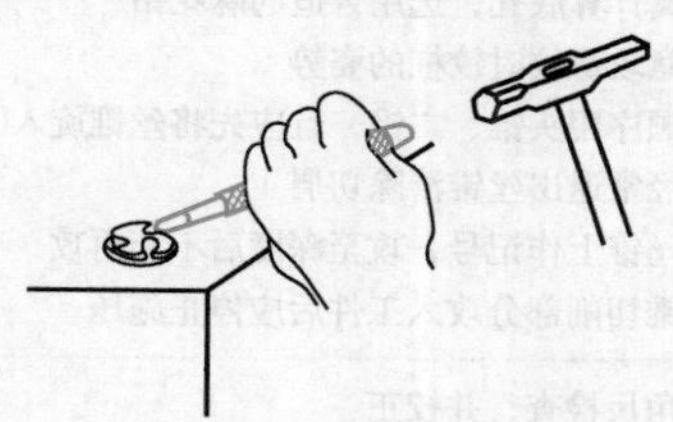

图 13-21　用冲子取出断丝锥

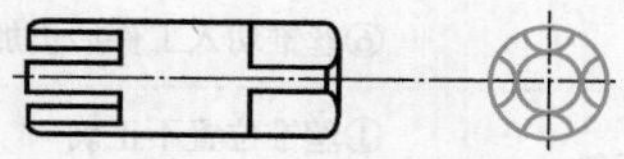

图 13-22　取断丝锥专用工具

② 用专用工具取出　如图 13-22 所示的专用工具，其上短柱的数量与丝锥的槽数相等。使用时把专用工具插入断丝锥的槽中，再顺着丝锥旋出方向转动，即可取出断丝锥。

③ 用弹簧钢丝取出　把三根弹簧钢丝插入两截断丝锥的槽中，再把螺母旋到带柄的那一段上，然后转动丝锥的方榫，即可把断在工件中的另一段取出，如图 13-23 所示。

④ 利用堆焊法取出　对于断在螺孔内且难以取出的丝锥，可用气焊或电焊的方法在折断的丝锥上堆焊一弯杆或螺母，以便将丝锥拧出，如图 13-24 所示。

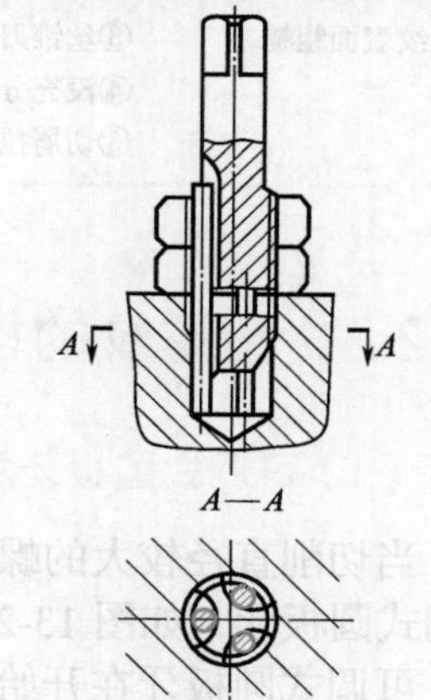

图 13-23　用弹簧钢丝取出断丝锥

（7）攻螺纹操作时的技巧与禁忌

在攻通孔时，禁忌将丝锥的校准部分全部攻出，以避免扩大或损坏孔口最后几道螺纹。在攻不通孔螺纹时，应

根据孔深在丝锥上做好深度标记。同时适当退出丝锥，采用小管子清除留在孔内的切屑，如图 13-25 所示。

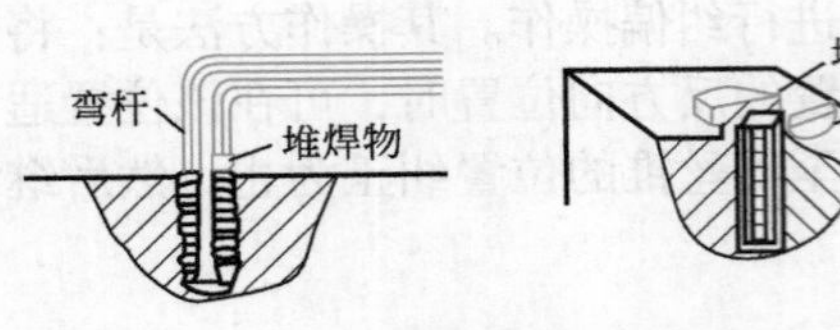

图 13-24 用堆焊法取出断丝锥

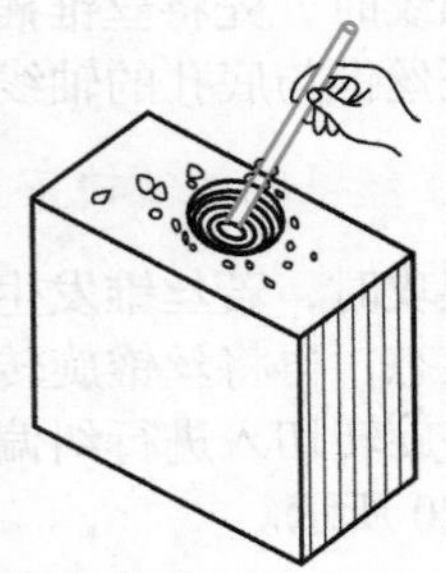

图 13-25 用小管子清除切屑

头锥完成后，在换用二锥（或三锥）进行攻螺纹时，应先用手将丝锥旋入已攻出的螺纹中，直至用手旋不动后再用铰杠攻削。

（8）攻螺纹的质量处理技巧与禁忌

攻螺纹时常常会出现质量问题，具体原因分析与处理方法见表 13-9。

表 13-9 攻螺纹时的质量问题的原因分析与处理方法

质量问题	原因分析	处理方法
螺纹牙深不够	①攻螺纹前底孔直径过大 ②丝锥磨损	①选用合适的麻花钻 ②修磨丝锥
螺纹乱牙	①底孔直径过小 ②攻螺纹时铰杠左右摆动 ③攻螺纹时头锥与二锥不重合 ④未清除切屑，造成切屑堵塞 ⑤攻不通孔时，深度没控制好 ⑥丝锥切入工件后仍加压攻螺纹	①认真计算底孔，选用合适的麻花钻 ②注意攻螺纹时铰杠的姿势 ③按顺序用头锥、二锥，且应先将丝锥旋入 ④应经常退出丝锥清除切屑 ⑤在丝锥上作记号，攻至深度后不能再攻 ⑥丝锥切削部分攻入工件后应停止施压
螺纹歪斜	①丝锥位置不正确 ②丝锥与螺纹底孔不同轴	①用角尺检查，并校正 ②钻孔后不改变工件的位置，直接攻螺纹
螺纹表面粗糙	①丝锥前后角太小 ②丝锥磨损 ③丝锥刀齿上有积屑瘤 ④没充分浇注润滑液 ⑤切屑拉伤螺纹表面	①修磨丝锥 ②修磨或更换丝锥 ③用油石修磨 ④要经常浇注润滑液 ⑤及时清除切屑

13.2.2 套螺纹的技巧与禁忌

（1）可调式圆板牙的调节使用技巧与禁忌

当切削直径较大的螺纹或杆坯过硬时，为避免板牙扭裂和保证螺纹的牙型质量，可使用可调式圆板牙，如图 13-26 所示。

可调式圆板牙在开始切削时，先把两个调紧螺钉（这两个螺钉也起到固紧板牙的作用）

松开，再拧紧调松螺钉，使板牙的开口略微张大一些，以减少进给量。第一次切完后，松开调松螺钉，拧紧调紧螺钉（两个螺钉同时拧紧），用一根标准丝杠旋入板牙内，再调整调松和调紧螺钉，使标准丝杠能不太费力地旋转为止，然后作最后一次切削。螺钉的调整禁忌忽大忽小，要求用力大小一致。

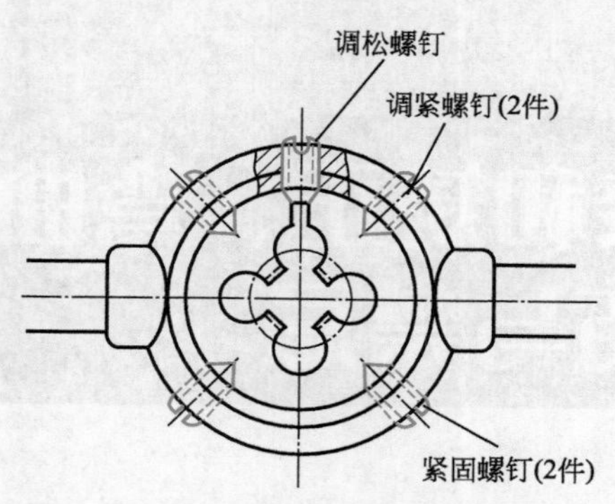

图 13-26　可调式圆板牙的调节

（2）套螺纹的质量问题处理技巧与禁忌

套螺纹时常常会出现一些质量问题，具体原因分析与处理方法见表 13-10。

表 13-10　套螺纹的质量问题的原因分析与处理方法

质量问题	原因分析	处理方法
螺纹歪斜	①圆杆端部倒角不合要求 ②套螺纹时两手用力不均匀	①使倒角长度大于一个螺距 ②两手用力要均匀、一致
螺纹乱牙	①圆杆直径不合要求 ②没及时清除切屑 ③未加润滑冷却液	①选用（或加工）直径合格的圆杆 ②经常倒转板牙，以利清除切屑 ③要及时充分加注润滑冷却液
螺纹形状不完整	①圆杆直径过小 ②调节圆板牙时直径太大	①更换合适的圆杆 ②调节好圆板牙，使其直径合适
螺纹表面粗糙	①未加注切削液 ②板牙刃口有积屑瘤	①及时充分加注切削液 ②去除积屑瘤，保持刃口锋利

第14章

铆接、粘接和矫正、弯曲加工的技巧与禁忌

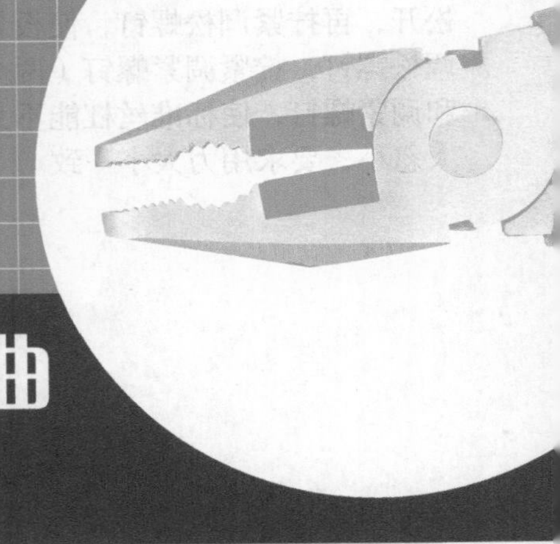

14.1 铆接和粘接加工的技巧与禁忌

14.1.1 铆接的技巧与禁忌

（1）铆接时通孔直径确定技巧与禁忌

铆接时，通孔直径的大小应随着连接要求的不同而有所变化。如孔径过小，会使铆钉插入困难；如孔径过大，则铆合后的工件容易松动。合适的通孔直径应按表14-1所示进行选取，禁忌随意选用。

表14-1　通孔直径　mm

铆钉直径 d	钉孔直径 d_0		铆钉直径 d	钉孔直径 d_0	
	精装配	粗装配		精装配	粗装配
2	2.1	2.2	14	14.5	15
2.5	2.6	2.7	16	16.5	17
3	3.1	3.4	18	—	19
3.5	3.6	3.9	20	—	21.5
4	4.1	4.5	22	—	23.5
5	5.2	5.5	24	—	25.5
6	6.2	6.5	27	—	28.5
8	8.2	8.5	30	—	32
10	10.3	11	36	—	38
12	12.4	13	40	—	42

（2）铆钉间的间距与边距选用技巧与禁忌

铆接的方式有很多，通常情况下，当角钢、槽钢、工字钢的边宽≤ 120mm 时，采用单排铆钉；当边宽为 120 ～ 150mm 时，可用双排铆钉；当边宽≥ 150mm 时，可用并列双排或双排以上的铆钉，单排不小于 3 个铆钉的直径。铆钉的间距按国标要求，一般应符合表 14-2 的规定。

表 14-2　铆钉间距和边距

项目	位置与方向		允许距离	
			最大（取两者之小值）	最小
间距 P	外排		$8d_0$ 或 $12t$	钉并列 $3d_0$
	中间排	构件受压	$12d_0$ 或 $18t$	钉错列 $3.5d_0$
		构件受拉	$16d_0$ 或 $24t$	
边距	平等载荷 e_1		$4d_0$ 或 $8t$	$2d_0$
	垂直于载荷方向 e_2	切割边		$1.5d_0$
		轧制边		$1.2d_0$

（3）铆接的质量问题处理技巧与禁忌

铆接时若铆钉直径、长度及通孔直径等选择不适或操作不当都会影响铆接质量。常见的铆接质量问题的图解与原因分析见表 14-3。

表 14-3　铆接质量问题的图解与原因分析

质量问题	图解	原因分析
铆合头偏歪		①铆钉太长 ②铆钉歪斜，铆钉孔未对准 ③镦粗铆钉头时不垂直
半圆形铆合头不完整		铆钉太短
沉头孔未填满		①铆钉太短 ②镦粗铆钉头时，锤击方向与板料不垂直
铆钉头未贴紧工件		①钻铆钉孔时，铆钉孔直径钻得太小 ②铆钉孔口未倒角
工件上有凹痕		①罩模歪斜 ②所选罩模与铆钉不相匹配（如罩模直径过大） ③铆钉太短

续表

质量问题	图解	原因分析
铆钉杆在孔内弯曲		①钻铆钉孔时将孔钻大 ②所选铆钉直径太小
工件之间有间隙		①工件板材连接面不平整 ②压紧冲头未将板材压紧

14.1.2 粘接的技巧与禁忌

（1）胶黏剂的种类及选用技巧与禁忌

胶黏剂简称胶，它由黏料、增塑剂、稀释剂、固化剂、填料和溶剂等配制而成。其种类很多，见表 14-4。

表 14-4 胶黏剂的种类

分类方法	种类			分类方法	种类
按黏料的化学成分分类	无机胶黏剂		硅酸盐（水玻璃）、硫酸盐（石膏）、磷酸盐（磷酸-氧化铜基）	按基本用途分类	结构胶、通用胶、特种胶、密封胶等
	有机胶黏剂	天然胶	动物胶（骨胶）、植物胶（松香）、矿物胶（沥青）、天然橡胶（橡胶水）等		
		合成胶	树脂型（环氧树脂）、橡胶型（丁腈橡胶）、复合型（酚醛-氯丁橡胶）等		
按工艺特点分类	溶剂型、反应型、热熔型、厌氧型、压敏型等			按形态分类	乳胶型、糊状型、粉末型、胶膜型等

（2）常用胶黏剂的用途及选择技巧与禁忌

① 无机胶黏剂　在维修中应用的无机胶黏剂主要是磷酸-氧化铜胶黏剂。在胶黏剂中，也可加入某些辅助材料，从而得到所需的性能。各种辅助填料的作用见表 14-5。

表 14-5 各种辅助填料的作用

所加辅助填料	作用	所加辅助填料	作用
还原铁粉	改善胶黏剂的导电性能	硬质合金粉	增加胶黏剂的强度
碳化硼	增加胶黏剂的硬度	氧化铝、氧化锆	提高胶黏剂的耐热性

无机胶黏剂能承受较高的温度（600 ～ 850℃），黏附性能好，抗压强度达 90MPa，套接抗拉强度达 50 ～ 80MPa，平面抗拉强度为 8 ～ 30MPa，制造工艺简单，成本低，但性脆、耐酸和碱的性能差，可用于粘接内燃机缸盖进、排气门座过梁上的裂纹、硬质合金刀头，套接折断钻头、量具等。

使用无机胶黏剂时，工件接头的结构形式应尽量使用套接和槽榫接，避免平面对接和搭接。粘接前应对粘接表面进行除锈、脱脂和清洗处理，之后方可涂胶黏剂和组装粘接，粘接后的零件需烘干固化后方能使用。

无机胶黏剂操作方便、成本低，与有机胶黏剂相比，其强度低、脆性大、适用范围小。

② 有机胶黏剂　以高分子有机化合物为基础，由几种原料组成的胶黏剂称为有机胶黏剂，常用的有环氧树脂和热固性酚醛树脂两种。它常以合成树脂或弹性材料作为胶黏剂的基本材料，再添加一定量的增塑剂、固化剂、稀释剂、填料和促进剂等配制而成。

a. 环氧树脂。它是因分子中含有环氧基而得名。环氧基是一个极性基团，在粘接中能与某些其他物质产生化学反应而生成很强的分子作用力。它具有较高的强度，黏附力强，固化后收缩小，耐磨、耐蚀、耐油，绝缘性好，但耐热性差、脆性大，适用于工作温度在 150℃以下的环境。

b. 热固性酚醛树脂。它也是一种常用的胶料，其黏附性很好，但脆性大、机械强度差，一般用其他高分子化合物改性后使用，例如与环氧树脂或橡胶混合使用。

c. 厌氧密封胶。它是由甲基丙烯酸酯或丙烯酸双酯以及它们的衍生物为黏料，加入由氧化剂或还原剂组成的催化剂和增稠剂等组成。由于丙烯酸酯在空气或氧气中有大量的氧的抑制作用而不易聚合，只有当与空气隔绝时，在缺氧的情况下才能聚合固化，因此称厌氧胶。厌氧胶黏度低，不含溶剂，常温固化，固化后收缩小，能耐酸、碱、盐及水、油、醇类溶液等介质，在机械设备维修中可用于螺栓紧固、轴承定位、堵塞裂缝、防漏，但因固化速度太快，不宜作大面积粘接，仅适于小面积粘接，也不适于粘接多孔性材料和间隙超过 0.3mm 的缝隙。

常用胶黏剂的主要性能和用途见表 14-6。

表 14-6　常用胶黏剂的主要性能和用途

类别	牌号	主要成分	性能	用途
通用胶	HY-914	环氧树脂、液体聚硫橡胶、703 固化剂	室温固化快，强度高，密封性好，耐水、耐油	60℃以下金属、陶瓷、玻璃等
	农机 2 号	E-44 环氧树脂、改性胺、固化剂	粘接性能好，韧性高，强度适中	120℃以下各种材料
	KH-520	E-44 环氧树脂、液体聚硫橡胶、聚酰胺、703 固化剂	强度、韧性高，耐水、耐油，室温固化快	60℃以下金属、陶瓷、硬质塑料、玻璃等
	502	α- 氰基丙烯酸乙酯	室温固化快，强度适中，耐油、耐有机溶液	常温、受力不大的各种金属、陶瓷和一般橡胶等

续表

类别	牌号	主要成分	性能	用途
结构胶	J-19C	环氧树脂双氰胺	强度适中，耐热性好，耐水、耐油	用于金属构件及磨、钻、车等刀具的粘接
	J-04	钡酚醛树脂、丁腈橡胶	高压高温固化，强度、韧性高，耐水、耐油	200℃以下受力较大的机件粘接和尺寸恢复
	204（JF-1 胶）	酚醛、有机硅酸	性能较脆，固化受一定条件限制	200℃以下金属与非金属零部件的粘接
密封胶	Y-150 厌氧胶	甲基丙烯酸环氧树脂	单厌氧型，绝缘空气后固化，有毒性，强度低	100℃以下螺纹接头和平面配合处紧固、密封、堵漏
	7302 液态密封胶	聚酸树脂	半干性，密封耐压	200℃以下各种机械设备平面、法兰、螺纹连接部位的密封
	W-1 液态密封胶	聚醚环氧树脂	固化时间长，可拆卸，无腐蚀性	连接部位的防漏、密封

14.2 矫正和弯曲的加工技巧与禁忌

14.2.1 矫正的技巧与禁忌

（1）矫正金属材料的技巧与禁忌

矫正是消除金属材料工件不应有的变形。金属材料的变形有两种情况，一种是弹性变形，即在外力作用下材料发生变形，当外力去除后恢复原来的形状；另一种是塑性变形或称永久变形，即在外力作用下材料发生变形，当外力去除后不能恢复原来的形状。

矫正是对塑性变形而言的，因而只有塑性好的材料才能进行矫正。而脆性材料具有“宁折不弯”的性质，所以禁忌对它进行矫正。

（2）较薄板料的矫正技巧与禁忌

矫正较薄板料时，如直接锤击其凸起部位，并不能使其矫平，反而会使板料凸起得更加严重。这是因为材料受到外力作用后比原来变薄而凸起变形，如果再锤击该位置，如图 14-1 所示，材料会更薄，凸起现象更严重。而在板料的边缘适当地加以延展，如图 14-2 所示，边缘板料的厚度和凸起部位的厚度越趋近则越平整。因此在矫正时，应锤击板料边缘，从外到里锤击力应逐渐由重到轻，锤击点由密到稀。这样才能使凸起部位逐渐消除，最后达到平整要求。因此，在矫正板料时禁忌直接锤击凸起部位。

（3）火焰矫正法的技巧与禁忌

火焰矫正法是利用金属材料的热胀冷缩性质对条料、型材等进行矫正。利用火焰矫正法操作时，禁忌用火焰加热弯曲条料或型材的待延展部位。这是因为加热后，金属材料的力学性能降低，没有能力向周围未被加热的材料方向膨胀，当冷却后，只能在材料原处收缩，且冷却收缩量要比加热膨胀量大，如果加热弯曲条料或型材的待延展部位，不但不能对该件进行矫正，反而会使该件更弯曲。

如图 14-3（a）所示的条料，在 *A* 处沿三角形 *abc* 进行加热，*b* 点对准凹处，三角形部位材料因受热而膨胀。由于加热后没有能力向外扩展且膨胀量小于冷却后的收缩量，当冷却后三角形 *abc* 缩小，如图 14-3（b）所示，因此 *A* 处收缩，使弯曲的条料得到矫正。

图 14-1　错误的中凸板料矫平方法

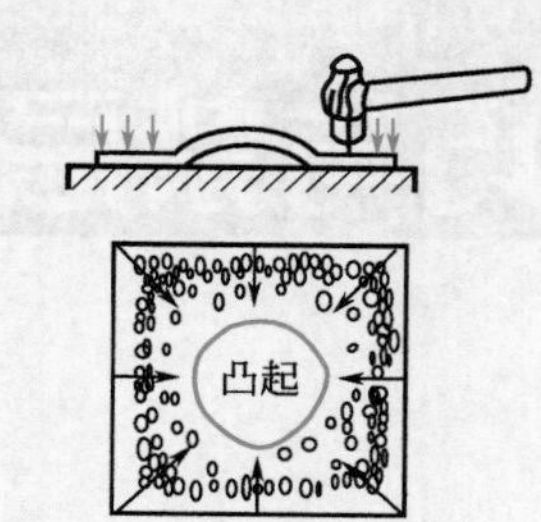

图 14-2　正确的中凸板料矫平方法

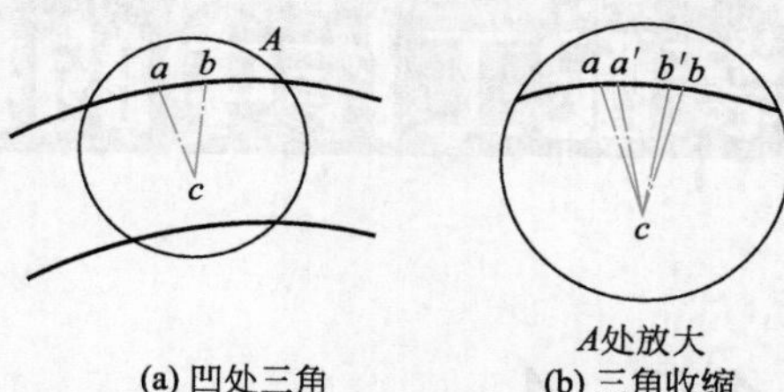

图 14-3　火焰矫正法

14.2.2　弯曲的技巧与禁忌

（1）有焊缝的管子弯曲技巧与禁忌

弯曲工作是使材料产生塑性变形。弯曲的外层受拉应力而伸长；弯曲的内层受压应力而缩短；中间一层材料弯曲前后长度不变，这一层叫中性层。

在弯曲有焊缝的管子时，禁忌将其焊缝放在弯曲的外层，否则会由于受拉应力而被拉裂；也不能放在内层，否则会由于受压应力而被压裂。焊缝必须放在弯曲的中性层位置上，不受拉、压应力，只受弯曲应力，才不会因弯曲开裂。

（2）工件弯曲时的技巧与禁忌

任何工作都应遵循工艺过程或先后顺序，否则，将降低工作效率，甚至无法进行下去。弯曲工作也是这样，一般情况下应先从工件的两端边缘弯起，然后逐渐往中间延伸弯曲，否则，大型工件弯曲较困难，会降低工作效率；而小型工件弯曲工作则无法进行。必须对弯曲过的部位矫正后，重新按先弯曲工件两端，再逐渐向中间延伸弯曲的工艺过程进行弯曲工作。因此，要按照工艺程序进行，不宜从工件的中间开始弯曲工作。

（3）管子弯曲时的技巧与禁忌

管子弯曲时，材料外层受拉应力伸长，材料内层受压应力缩短。弯曲半径越小，材料的内外层越易被破坏。管子弯曲的最小半径必须大于管子直径的 4 倍。因为对管子的外层与内层来讲，材料相对实心材料的工件要少，当外层材料受拉应力时，由于材料少、弯曲半径小，外层很容易被拉裂，或管子被弯瘪；当内层材料受压应力时，由于材料少、弯曲半径小，内层材料容易出现波纹，或管子被弯瘪。因此管子弯曲时的半径不宜过小，更禁忌弯曲成直角。

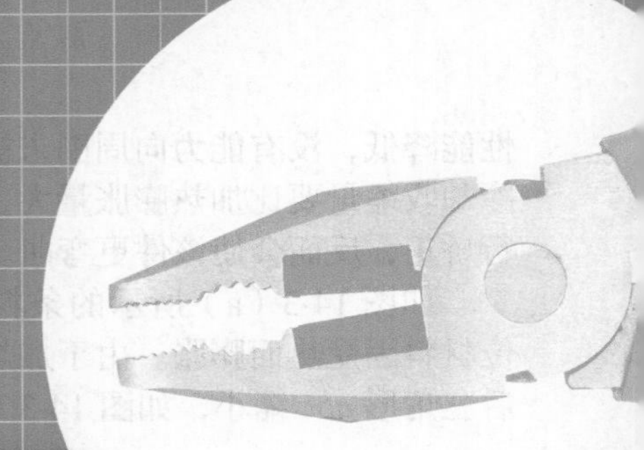

第15章 装配工作中的技巧与禁忌

15.1 通用零（部）件检修、装配操作的技巧与禁忌

15.1.1 拆卸零（部）件的技巧与禁忌

拆卸操作就是将连接的零件（部件）进行有效的分离，在实际的生产中行之有效的方法有击卸法、拉拔法、顶压法、破坏法和温差法。

（1）击卸法的技巧与禁忌

利用不同重量的锤子（或其他的专用的重物工具），经敲或撞击零（部）件产生的冲击和撞击的能量，将零（部）件进行拆离。由于该种操作是力的作用，因而也极易使被拆卸的零（部）件受到损坏，故在拆卸时应该注意以下事项：

① 选用锤子的重量要适合。

② 必须对直接的敲击部位或其相关部位实施有效的保护措施，如使用软金属等进行隔离。

③ 在进行正式击卸之前，应该实施试击，其目的是考察配合件之间的牢固程度和零件之间的拆卸方向。若在试击时产生的锤击的感觉和发出的声音比较坚实，就要立即停止拆卸操作，同时检查某些紧固件、止退件是否被漏拆；或拆卸的方向不正确，待纠正后再进行进一步的拆卸操作。

④ 选择击卸操作的锤击点是十分重要的，它除了可以防止被拆卸零件受力产生变形，还可以防止相关零件在击卸时出现损坏和降低精度。

⑤ 当有些被卸的零（部）件之间有锈蚀造成拆卸困难时，可采用煤油浸泡或喷涂除锈液，等一段时间后再轻轻地击卸被卸零件的四周，当锈蚀部位出现松动后，再进行拆卸操作。

⑥ 击卸操作时要注意防止锤子和被击物飞出造成事故。

（2）拉拔法

拉拔法的操作是利用静力和较小冲击的拉力进行装配操作的，主要是用于那些精度较高的零（部）件的拆卸或无法实施击卸的场合。

拉拔法在操作时，要注意拉拔工具的安放位置，顶力支点与拉拔点的距离不宜过大，避免被拉拔的零件产生变形和损坏。

（3）顶压法

顶压法主要是用于形状比较简单的静配合的零（部）件。使用这种方法时，需要一定的辅助工具和设备加以配合。

在有些机械设备上，已经设计和加工出拆卸的工艺孔（螺孔）。所以，在拆卸时可以利用该工艺孔，用销钉或用螺钉以对角或交叉的方法，顺序地将相关的零件逐步顶出拆卸；若是较大而薄的零件，在使用顶压法拆卸零件时，要十分注意施加预卸力的大小和着力点，并对顶压的着力点和力的大小进行反复的试操作，禁忌一次性完成拆卸操作，以防止零件产生变形；若是铸铁类的脆性材料零件，在使用顶压法拆卸零件，一定要进行试顶拆卸，以防由于施加的顶力不均匀而造成工件碎裂损坏。

（4）温差法

在拆卸配合过盈较大而且零件的几何尺寸也较大的零件时，为保障相配件的精度，一般是采用温差法进行拆卸。

为使彼此配合的零件能产生一定的温度差别，或是加热包容零件，或是冷却被包容零件，通过材料温度差而形成的尺寸差来消除零件的配合过盈量，从而就能很容易地进行拆卸操作。

温差法进行拆卸的关键是有效地形成配合零件间的温度差别，无论是采取降温或升温的方法，都必须采用有效的温度隔离措施，以防止相配零件同时产生温度变化，而不能形成明显的温度差别。

（5）破坏法

这是一种不得已而采用的拆卸方法，是只有在结合零件时用焊接、铆接等方法进行连接，并且为保存重要零件而去破坏较次要的零件时才使用的拆卸方法。在实施破坏性拆卸操作时可以使用车、锯、钻、錾、割等操作手段。

15.1.2 检查零（部）件的技巧与禁忌

（1）常用的检查方法

为保证零（部）件的检查质量，根据零（部）件的特点可以采用不同的方法，常用的有效的检查方法有两类：

① 直观检查法　该方法不需要借助任何的量具和仪器，而是依靠检查人员的感觉器官来判断零（部）件的质量。如用眼睛目测检查或借助放大镜检查裂纹、断裂、磨损、剥落、烧损、退火等检查内容；用耳朵来鉴定小锤轻轻敲击零（部）件时发出的声音，从而判断零（部）件的内部是否存在着各类的缺陷；还可以用手来检查部件的各配合部分是否存在过松或过紧的状态。

直观的检查方法要求检查人员具有丰富的生产实践经验，是一种简单的检查方式，因而不宜用于对零件和部件的重要部位和重要的零（部）件的检查。

② 仪器、仪表检查法　该方法就是借助于量仪和仪表来检查零件和部件的尺寸、形状、位置等的状况，有效地检查出零（部）件内在的缺陷。

在利用仪器、仪表检查时要防止受到磁和放射性的影响，因此要做好消磁和消除放射性

物质对于被测工件的残余影响的工作。

（2）检查的内容

在实施装配之前的检查操作中，要注意检查以下内容：

① 首先要根据图样的要求，认真地对零（部）件的几何尺寸进行检测，如长度、宽度、高度、直径等项内容。

② 要根据图样的要求，认真地对零（部）件的几何形状进行检测，如零件的椭圆度、锥度、垂直度、弯曲度、扭曲度、圆角、圆弧等项内容的检测。

③ 要按照图样的要求，对零件的表面质量进行检查，如表面粗糙度、腐蚀、裂纹、剥落、刮痕、烧蚀等项内容的检查。

④ 认真检查零件表面层的材料和零件基体的结合强度，如电镀层、堆焊层、喷涂层和滑动轴承合金等项的结合情况。

⑤ 按照图样的技术要求检查零件的各项内在缺陷，如夹渣、气孔、焊缝、裂纹等内容。

⑥ 对于旋转类的零件和部件，根据技术参数的要求，还必须进行静平衡和动平衡试验。

⑦ 对有配合情况的零（部）件，要做同心度、平行度、摆动、啮合以及接触的密封状况检查。

在确认零件和部件的检查内容时，禁忌将内在质量项目检查放在首位，因为这些内容的检查比较费时、费力，会消耗较大的加工成本。所以一般应该按先易后难的顺序进行检查，只要发现有不合格的检查项目，其余检查项目内容就没有检查的必要了。如尺寸项目，一旦尺寸检查不合格，那么该零件或部件就不合格，其内在项目就可以不再检查了。

15.1.3 通用零（部）件的装配技巧与禁忌

通用零（部）件的装配操作有完全互换装配法、调整装配法和修配装配法三种方法。

（1）完全互换装配法

完全互换装配法主要适用于按照标准化制造的零（部）件的装配，如机械设备的传递机构的传递零（部）件、各类的标准化零件（如滚动轴承）等。其工艺特点为：装配操作简单、方便，易于操作人员掌握，能有效地保证装配质量，且生产效率较高。但在用该种方法进行装配时，被装配的各个零（部）件都应具有较高的加工精度。禁忌采用的配合零件公差与规定的配合公差有较大的差异，以避免装配后达不到装配精度的技术要求。

（2）调整装配法

调整装配法适用于各类的零（部）件，并且装配操作不限场地，如各类零件、标准件彼此间的间隙调整或齿轮之间啮合的间隙调整。

调整装配法可以使通过经济精度加工的零（部）件，在装配时能获得尽可能高的装配精度。但在调整装配的过程中，由于要增加适度数量的调整件，会使机械设备的刚度受到一些影响。同时，这种装配方法要求操作者个人的技术水平较高。调整装配工艺过程主要是通过可调整的零件的斜面、锥面、螺纹来改变与其他零件间的间隙，并获得规定的配合精度。还可用改变零件之间的相对位置的装配方法，有效地起到消除各零件在进行加工时形成的误差，以得到最小的装配积累误差。

（3）修配装配法

修配装配法适用于对装配精度要求很高的场合，如各类机械设备的滑动轴承、密封零件等的装配。此种装配方法大多是用于单件组合装配时，而装配的质量主要是取决于操作人员的个人技术水平。

15.1.4 过盈装配的技巧与禁忌

过盈连接的装配就是将较大尺寸的被包容件（如轴类）装入较小尺寸的包容件（如套类）中。过盈连接的装配包括静配合和过渡配合的装配两种形式，其优点是结构简单、定心性好、承载能力高、承受变载荷和冲击载荷的性能好等。过盈连接装配的方法很多，在生产实际的应用中大致分为四类：压入法、热胀配合法、冷缩法和液压套合法。

（1）压入法

当配合面要求较低，配合的长度较短，配合精度是第二、三、四类过渡配合的连接件时，可采用冲击压入法。该操作虽然简便，但压入时不易导入，易损伤机件。

在不宜使用压力机压入的小尺寸的连接件时，可采用工具压入法。它适用于第一种过渡配合和轻度的静配合，操作时使用的工具多为螺旋式、杠杆式和气动压入式工具。其操作生产效率较高，压入时的导向性也较好。

当压合件数量较多时，可使用压力机压入，它适合尺寸较大的轻型或中型的静配合连接件。此种方法的压力较大，可以达到 1 ～ 100t，在配有专用夹具的情况下，可提高压入时的导向性。

在使用压入法时必须要注意以下一些问题：

① 在进行过盈压入装配操作之前，要注意装配零件的检查和验收。

② 计算压入力时，禁忌使用估算的方法。

③ 连接件在装配时，须保持配合面的清洁，禁忌进行干性装配，应在配合表面上涂抹必要的润滑油来减小装入时的阻力，保护装配面不受到损伤。

④ 实施过盈操作的过程中，施加压力的过程必须均匀，要随时注意导正，压入的速度不宜过快，最好控制在 2 ～ 4mm/s，禁忌超过 10mm/s。

⑤ 只有当零件被压到规定的尺寸位置后，方可结束装配操作。如果出现了装配力急剧增大或超过了装配位置尺寸的情况，应立即停止装配操作，同时要找出原因并正确处理，之后方可继续装配。

⑥ 在使用冲击法进行装配时，禁忌直接锤击被装配的工件，而必须采用软性的垫块来防止被锤击的零件受到损坏。

（2）热胀配合法

根据不同的技术要求，可以用不同的加热方法将工件加热，并进行连接。

① 使用固体燃料加热　它适用于结构简单、技术要求较低的零件。操作时常采用普通的固体燃料，如煤、焦炭等。其设备是炭炉或临时筑构炉。

此方法所用的设备简单，且不受地点、场地条件的限制，生产的成本很低。但操作的劳动条件较差，被连接的零件受热部位不均匀，配合的表面容易受到损坏。

② 使用燃气加热　它适用于需要进行局部加热的零件，以及技术要求比较高的中型和大型的连接件。通常适用的加热工具是喷灯、氧气和乙炔加热器、丙烷加热器。

此方法加热的温度一般在 350℃以下，但热量集中，易于控制，操作易掌握。

③ 使用介质加热　它适用于过盈量较小的连接件，通常使用的工具是热油槽、沸水槽、蒸汽加热槽。热油加热槽的加热温度为 90 ～ 320℃，沸水加热槽的加热温度为 80 ～ 100℃，蒸汽加热槽的加热温度在 120℃以上。此法能使被加热工件受热后膨胀均匀。

④ 使用电阻和辐射加热　它适用于小型和中型的连接件的加热。生产中常用的加热设备是电阻炉、红外线辐射加热器。使用这些设备加热的温度可以控制在 400℃以上，控温也很方便，并且使被加热工件热膨胀均匀，工件的表面可以保持。

⑤ 使用感应加热　它适用于特重型和重型静配合的中型、大型连接件，而且这些连接件的结构也比较复杂，通常适用的加热设备是感应加热器。

使用这种加热器加热连接件，其加热的温度可以在很短的时间内达到 400℃以上，加热的温度便于控制，而且加热均匀，加热效率高。

在使用热胀配合法时应注意以下一些问题：

① 在进行过盈热装配操作之前，务必要注意装配零件的检查和验收。必须特别注意被装配零件的尺寸偏差、几何形状的偏差、表面粗糙度的等级、倒角和圆角等是否达到了图样的技术要求，而且被装配的连接件禁忌有锐边和毛刺。如果存在以上的缺陷，必定会造成连接件过松或过紧的现象。在对零件的尺寸和形状精度进行检查时，一定要沿配合的长度方向选定两个或三个截面进行多个位置检测，而获得的数据是计算热装温度和选择热装配方法的主要依据。

② 根据实际情况，精确地计算出加热温度，并确定合理的加热方法。

③ 进行热装配之前，一定要做好充分的准备工作，不然会延误热装配的时间，造成热装配的质量事故。

④ 在对连接件加热时，要控制好加热的温度，禁忌加热时间过长。因为加热的温度太高或加热时间太长，会造成工件金相组织发生变化，影响其机械强度。

⑤ 连接件在进行热装配之前，必须要将轴、孔上的污垢、杂质、毛刺等彻底清除，同时还要在轴的表面涂抹适当的机油，以便装入时减小摩擦。

⑥ 热装配的整个过程禁忌使用水冷的方式进行降温，以防由激冷而引起工件材料塑性降低。

⑦ 进行热装操作时，有时会遇到被装配的工件装配不到位或还未到位时工件温度就明显冷却下来的情况，此时要立即停止装配，迅速将工件退出，待检查出原因后再重新进行热装。在发生这种情况时，禁忌等到完全冷却后再将工件退出，以防工件无法退出而造成连接件报废。

（3）冷缩法

① 干冰冷缩　这种方法适用于形状复杂不便于用加热方法进行加热或配合的过盈量较小的包容性工件。其设备操作比较简单，能使工件冷却到 -78℃。

② 液氮冷缩　这种方法适用于过盈量较大的连接件。在生产中常用的设备是移动式或固定式液氮槽。其设备冷却效率高，可以使被冷却的工件在很短的时间内温度降至 -195℃。

（4）液压套合法

液压套合法适用于套合定位要求严格，且过盈量较大的大、中型连接件。在生产中通常使用高压泵、扩压器或高压油枪（还要有高压密封件和接头连同使用）。其设备操作方便，能使油压达到 1500 ～ 2000kgf/cm^2。操作时一定要严格执行操作的工艺。

15.2 常用传动机构的装配技巧与禁忌

15.2.1 带传动机构的装配技巧与禁忌

（1）V 带的安装检修要求

① 必须要保持带轮与转轴的同轴度。

② 两带轮的轴线应平行，平行度误差应小于 1/100*a*（*a* 是两带轮的中心距）。

③ 两带轮的中间平面的轴向偏移量应小于 1/200*a*。

④ 带轮表面粗糙度 *Ra* 一般应在 1.6μm 以上。

⑤ V 带在小带轮上的包角应大于 120°。

⑥ V 带的张紧力要适当。

（2）V 带选用的技巧与禁忌

① V 带安装时不能搞错型号，因为同一长度而不同型号的 V 带的横截面积是不同的。如果型号搞错，安装后会使带高出轮槽或陷入轮槽太深，带的侧面与轮槽侧面不能很好接触，导致传动能力降低。

② 禁忌新旧皮带混用。如发现有一根带松弛或损坏，应全部换新带，以保证各传动带受力均匀。若旧带仍可使用，可挑选长度相同的组合使用。

③ 新带不宜直接安装。新带在安装前应预先拉伸，以免在使用过程中过早拉长。

④ 传动比要求准确的场合，忌用摩擦型带传动。这是因为摩擦型带传动的弹性滑动和可能出现的打滑，会使传动比不准确。

（3）带轮装配的技巧与禁忌

① 大多数带轮是由铸铁制成的，安装时应禁忌用铁锤直接锤击。安装带轮前，必须按轴和轮毂的键槽来修配键，然后清除污物并涂上润滑油，用木锤敲入或用螺旋压入工具将带轮压到轴上。

② 带轮安装后径向和端面跳动量不允许超差，带轮在轴上应没有歪斜和跳动。

③ 两带轮的中间平面应重合，其倾斜角和轴向偏移量不得超过规定要求。

④ 带轮工作面的表现粗糙度值不宜过大或过小，过大则带工作时因发热大而加剧磨损，过小则带容易打滑。

⑤ 带轮安装前，要检查轮槽夹角，轮槽夹角不能大于或等于 40°。因为 V 带绕在带轮上是弯曲的，横截面夹角就会比原来的减小一些。为保证变形后 V 带两侧面与轮槽能紧密地贴合，轮槽的夹角就必须制造得比 40° 略微小一点。

（4）带传动张紧装置安放位置的技巧与禁忌

由于 V 带都是不完全的弹性体，经过一定时间的运转后，就会因塑性变形而松弛，必须使其张紧才能保证传动机构的正常工作。另外 V 带没有接头，为便于安装，必须使带的长度比实际工作长度长一些，因此采用 V 带传动时张紧装置不可缺少。

常见的张紧基本是靠改变两轴中心距或加张紧轮来实现张紧目的。V 带传动的张紧轮，其位置应安装在松边的内侧，这样可使 V 带只受单方向的弯曲，同时应安排在靠近大带轮

的位置，使小带轮的包角不至于过多减小。平带传动的张紧轮则应放在松边的外侧，并靠近小带轮处。

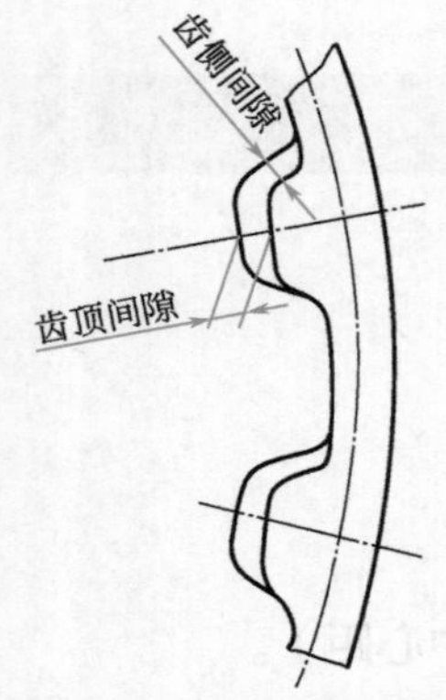

图 15-1 同步带的间隙

（5）同步带传动检修的技巧与禁忌

同步带的安装、使用和维护与 V 带的相似，但因为其是相互啮合进行的传动，所以有不同要求。

① 同步带传动件有顶隙和侧隙，如图 15-1 所示，其大小要求见表 15-1。

② 同步带传动对中心距和带轮轴平行度的要求比 V 带和平带机构高，其允许偏差见表 15-2。

③ 同步带预紧力的测定方法同 V 带，在同步带传动中，一般规定在带切边中点垂直加载 P=0.98N 时，其挠度在表 15-3 推荐的范围内，即认为预紧力合适。

表 15-1 同步带的顶隙和侧隙 mm

模数	顶隙	侧隙	模数	顶隙	侧隙
1.5	0.55	0.4	4	1.10	0.8
2	0.69	0.5	5	1.37	1.0
2.5	0.75	0.55	7	1.37	1.0
3	0.82	0.6	10	1.37	1.0

表 15-2 同步带中心距偏差和带轮轴线平行度 mm

同步带长度	≤ 250	＞ 250 ～ 500	＞ 500 ～ 750	＞ 750 ～ 1000	＞ 1000 ～ 1500	＞ 1500 ～ 2000	＞ 2000 ～ 2500	＞ 2500 ～ 3000	＞ 3000 ～ 4000	＞ 4000
中心距偏差 Δa	±0.2	±0.25	±0.3	±0.35	±0.4	±0.45	±0.5	±0.55	±0.6	±0.7
带轮轴线平行度误差	0.10 ～ 0.15（100mm 测量长度）									

表 15-3 控制同步带预紧力挠度 f 的推荐值 mm

同步带模数 m	1.5、2	2.5、3	4、5	7	10
挠度 f	（0.05 ～ 0.08）a	（0.04 ～ 0.06）a	（0.02 ～ 0.03）a	（0.01 ～ 0.015）a	（0.007 ～ 0.01）a

在使用同步带装置时，为保障同步带正常工作，并延长其使用寿命，应禁忌同步带接触酸、碱、柴油、机油、汽油等物质和受阳光直接暴晒。另外，由于同步带是一个封闭式结构，因此也要注意同步带在安装时的张紧力调整，张紧力过大或过小都会使其工作效果不好。

15.2.2 链传动机构的装配技巧与禁忌

（1）链传动选用技巧与禁忌

① 链轮的齿数不宜过少或过多。链轮的齿数越少，链轮就越小，链条所受的有效拉力

就会越大，从动轮的转数就越不均，因此会破坏正常传动。链轮的最少齿数，套筒滚子链应为 9 个齿，齿形链轮应为 13 个齿。

链轮齿数过多时，链节磨损后，套筒和滚子都被磨薄，而且中心会发生偏移，链节也会沿着轮齿齿廓向外移，缩短链的使用寿命，同时也会增大链从链轮上脱落下来的概率，链轮的最多齿数应为：套筒滚子链 120 个齿，齿形链 140 个齿。

② 链轮的齿数和链条的节数不宜奇偶相同。一般链轮的齿数采用奇数，链条节数采用偶数。当链轮的齿数是偶数时，为在传动中能使轮齿与链节循环接触，使轮齿磨损均匀，链条节数必须为奇数。

③ 链传动的链轮中心距不宜过大或过小。中心距过大时，链条容易引起颤动，使传动运行不平稳，降低传动功率；中心距过小时，在单位时间内同一链节的屈伸次数增多，加速了链的磨损。因此，中心距过大或过小，都会影响链传动的使用寿命。在正常工作条件下，中心距一般取 30 ～ 50 倍链节距为宜。

④ 采用多排链时，排数不宜过多。若要承受较大载荷，传递较大功率时，可采用多排链，其承载能力与排数成正比。但排数越多，各排受力就会越不均匀，因此，排数不宜过多。常用双排链或三排链，四排以上的少用。

⑤ 一般情况下不宜采用奇数链节。链节数为偶数时，可采用开口销或弹簧卡片连接。链节数为奇数时，必须加用一个过渡链节，由于过渡链节的链板要受到附加弯曲作用，所以应尽量避免使用奇数链节。但在重载、冲击等条件下工作时，由于过渡链节柔性较好，能减轻冲击和振动。

⑥ 排成一排的多根轴联动，不能只用一根链条传动。如果只用一根链条传动，由于松边下垂度的影响，实际上不能传动中间的轴。所以只能使用单独传动的方法。

（2）链传动的合理布置技巧与禁忌

① 链传动必须布置在垂直平面内，不能布置在水平或倾斜平面内。否则，在传动过程中，链在重力和冲击、振动等作用下，会引起链轮沿轴线向下移动，加剧链的磨损甚至发生链轮卡死现象。

② 链轮中心线最好是水平的，或与水平面呈 45° 以下的倾斜角，不宜垂直布置。垂直布置时，下垂量集中在下端，会减少下面链轮的有效啮合齿数，降低传动能力。当工作条件确需这样布置时，可采取一些措施（如设张紧装置）；上下两轮错开，使其轴线不在同一垂直面内，将小链轮布置在上方等，如图 15-2 所示。

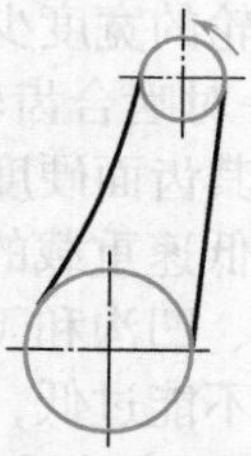

图 15-2　链传动垂直布置时的措施

③ 链轮中心连线水平或接近水平布置的链传动，主动轮不宜在下面。否则，链条可能有少数链节垂落到小链轮上，当从动轮下垂量增大后，链条易与链轮卡死。因此，主动轮最好布置在传动的上面。

（3）链传动机构装配操作的技巧与禁忌

① 装配后，链轮轴线不得歪斜。否则将加剧链条和链轮的磨损，降低传动平稳性等。

② 装配后，链轮之间的轴向偏移量不得超出规定要求。一般当中心距小于 500mm 时允许偏移量不大于 1mm，当中心距大于 500mm 时允许偏移量不大于 2mm。如果偏移量超差会造成链轮轮齿或链板严重侧磨、振动剧烈及噪声过大等缺陷。

③ 小节距套筒滚子链为偶数链节时，接头要采用弹簧卡片式。安装时必须使其开口端的方向与链的速度方向相反，禁忌装反，以免运转中受到碰撞而脱落。

15.2.3 齿轮机构的装配技巧与禁忌

（1）齿轮装配操作技巧与禁忌

① 齿轮啮合质量的好坏，除了齿轮本身的精度外，箱体孔的尺寸精度、形位精度都直接影响齿轮的啮合质量。因此，齿轮轴部件装配前一定要对箱体进行认真检查，误差较大时要及时纠正。

② 压装齿轮时，不能使齿轮产生变形和出现偏心、歪斜及端面未紧贴轴肩等安装缺陷。

③ 安装后要保证有准确的中心距，侧隙不能过小或过大。轮齿受力时会变形，发热时会膨胀。为防止卡齿，储存润滑剂改善齿面的摩擦条件，相互啮合的一对齿轮，在非工作齿面沿齿廓法线方向应留有合适的侧隙。如果侧隙过小，齿轮转动不灵活，会加剧齿面的磨损，甚至卡死。侧隙过大，换向空程大，会产生冲击。

④ 传动齿轮啮合的两齿禁忌处于不正确的接触部位，并要达到一定的接触面积。

⑤ 滑移齿轮不能有啃住或阻滞现象；变换机构要保证准确的定位；齿轮的错位量不得超过规定值。

⑥ 对高速大齿轮，装配在轴上后还应做平衡检查，以免运转时产生过大的振动。

（2）齿轮传动的选择技巧与禁忌

直齿圆柱齿轮在传动中整个齿是同时接触的，噪声很大，且轮齿逐个啮合，传递扭矩小。为改善齿轮传动的平稳性，减小噪声，增大传递扭矩，可以采用圆柱斜齿轮。斜齿轮不是全齿整个啮合，而是渐渐啮合，渐渐脱离，并且几个齿可同时啮合。但斜齿轮在传动时会产生轴向力，为消除斜齿的轴向力，可采用人字齿轮。

（3）防止轮齿失效的技巧与禁忌

① 相同齿宽的齿轮在啮合时，如果在轴向有安装误差，在齿宽的端部会出现没有啮合的部分。由于两齿轮齿面研度不一样，容易发生阶梯磨损，应力求避免。可采取将齿面硬度高的小齿轮的宽度少许加宽的方法来防止产生阶梯磨损。

② 一对啮合齿轮，小齿轮的啮合次数比大齿轮多，齿面磨损加快，为延长小齿轮的使用寿命，其齿面硬度应高于大齿轮。

③ 低速重载的齿轮传动，如果齿面硬度过低，容易产生塑性变形，在齿面的一些部位产生凸台、凹沟和飞边等，严重时会丧失齿轮的传动工作能力。因此，低速重载的齿轮传动齿面硬度不能过低，并可采用黏度较高的润滑油，以防止轮齿产生塑性变形。

④ 对于高速重载的齿轮传动，如果润滑不良，啮合齿容易发生齿面胶合。因此应有保持足够油膜厚度的润滑条件，采用硫化油等抗胶合能力强的润滑油。另外，采取降低齿高、减小模数等措施，也能起到减轻齿面胶合的作用。

15.2.4 蜗杆传动机构的装配技巧与禁忌

（1）蜗杆传动机构装配前的检查技巧与禁忌

蜗杆箱体上蜗杆孔轴心线与蜗轮孔轴心线间的中心距偏差不允许超出规定值。箱体孔中心距可按图 15-3 所示的方法进行检验。将检验心轴 1 和 2 分别插入箱体孔中，箱体用三只千斤顶支承在平板上，调整千斤顶，使任一心轴与平板平行，再分别测量两心轴至平板的距离，即可计算出中心距 A。

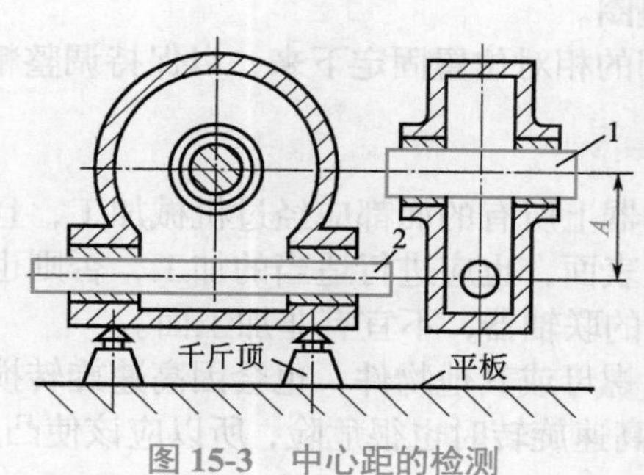

图 15-3 中心距的检测

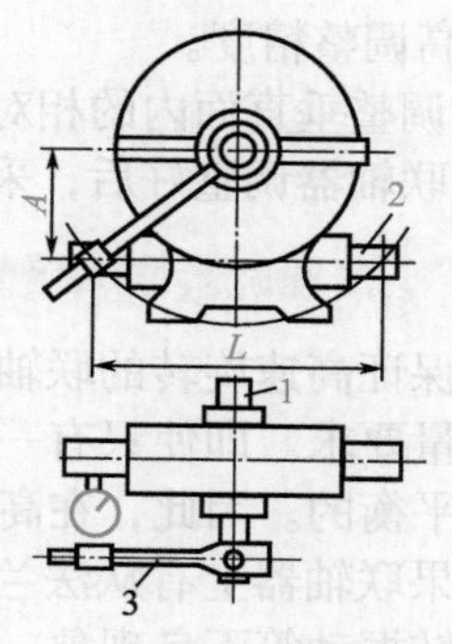

图 15-4 垂直度的检测

1，2—心轴；3—支架

蜗杆箱体上蜗杆孔轴心线与蜗轮孔轴心线间的垂直度误差不能超出规定值。箱体孔轴心线垂直度可按图 15-4 所示的方法来检验。先将心轴 1 和 2 分别插入箱体孔中，在心轴 1 上的一端装上安有百分表的支架 3，并用螺钉紧固，百分表触头抵住心轴 2。旋转心轴 1，百分表在心轴 2 上 L 范围内的读数差，即为两轴线在 L 范围内的垂直度误差值。

蜗杆箱体孔轴心线间的中心距和垂直度如有较大偏差，将会使蜗杆、蜗轮安装后处于不正确的啮合位置，容易导致磨损加剧，降低传动效率，甚至会使传动丧失工作能力。因此，在装配前不可忽视对箱体的检验。

若检验出另一心轴对平板的平行度和两轴线的垂直度超差，可在保证中心距误差的范围内，用刮削轴瓦或底座的方法调整。

（2）蜗杆传动的注意事项

① 同齿轮传动相似，蜗杆传动也要有合适的侧隙，不宜过大或过小。由于蜗杆传动机构的结构特点，侧隙用铅丝或塞尺的方法测量很困难，一般采用百分表来测量。对于传动不重要的蜗杆机构，可由经验丰富的钳工用手转动蜗杆，根据空程量判断侧隙的大小。

② 对于装配后的蜗杆机构，还要检查它的转动灵活性。蜗轮在任何位置上，用手旋转蜗杆所用的扭矩均应相同，不允许有卡住的现象。

③ 蜗杆和蜗轮之间的相对滑动较大，当润滑条件不良时，会产生较严重的摩擦与磨损，从而引起发热，如果散热情况不佳，甚至会发生胶合。

④ 在开式传动和润滑油不清洁的闭式传动中，磨损尤其严重。因此，蜗杆齿面必须具有较低的表面粗糙度值，在闭式传动中要注意润滑油的清洁，以减轻磨损和发热。

15.2.5 联轴器和离合器的装配技巧与禁忌

（1）联轴器装配时两轴同轴度控制的技巧与禁忌

联轴器装配的主要技术要求是保证两轴的同轴度，尤其是固定式刚性联轴器（如凸缘式联轴器），为保证其运转平稳，减少振动，对两轴同轴度要求格外严格。

过大的同轴度偏差将使联轴器、传动轴及轴承产生附加负荷，引起发热、加剧磨损，使两轴不能正常传动，严重时会使联轴器或轴变形，甚至发生疲劳断裂。因此，装配联轴器时必须严格按照技术要求进行装配：

① 对两轴同轴度应进行认真检验和调整，不能超出规定值。

② 清理干净调整面，采用补偿垫圈，调整两轴在垂直面内的径向位移，以增加接触面

积和提高调整精度。

③ 调整垂直面内的相对角位移应采用斜垫圈。

④ 联轴器调整好后，采用定位销将部件间的相对位置固定下来，以保持调整精度。

（2）高速旋转联轴器的联动控制技巧与禁忌

为保证高速旋转的联轴器的动平衡，联轴器上所有的面都应经过机械加工，且需保证其加工质量要求。即使只有一部分为锻造、铸造表面，也应进行适当的加工，否则也是不能保证其动平衡的。因此，在高速旋转的轴上使用的联轴器，不宜有非加工面。

如果联轴器上有从法兰上凸出的螺栓头、螺母或其他物件，也会因高速旋转搅动空气，造成运转振动等不良现象。另外，凸起物件在高速旋转时也很危险，所以应该使凸起物埋入。

（3）经常装拆的联轴器的轴孔的选用技巧与禁忌

圆柱形轴孔和轴的连接一般采用过渡配合或过盈配合，如果经过多次装拆，会因过盈量减小而影响连接质量。因此，需要经常装拆的场合不宜使用圆柱形轴孔的联轴器，而应采用圆锥形轴孔的联轴器。

（4）摩擦离合器装配调整间隙和压力控制的技巧与禁忌

摩擦离合器在装配时应注意调整摩擦面之间的间隙和压力。间隙过大，会延长结合时间；间隙过小，不能保证完全脱离，也不能保证安全。

改变摩擦面的压力，能调节从动轴的加速时间，但压力太大，会产生冲击；压力太小会产生滑动，使摩擦面发热，对离合器工作不利。因此，应根据工作环境条件及工件需要来调整好间隙和压力的大小。

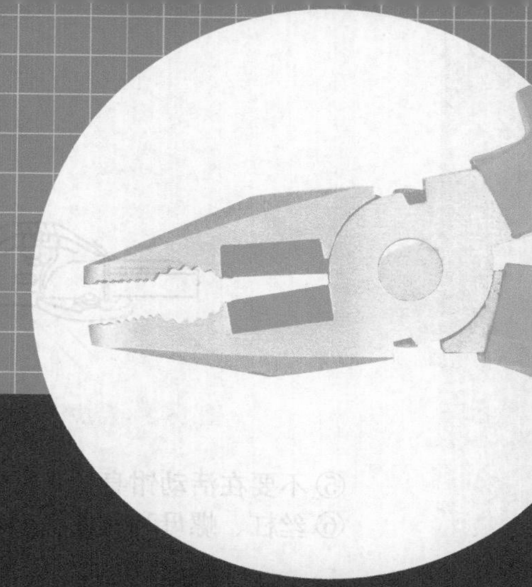

第16章 维修钳工工作中的技巧与禁忌

16.1 钳工设备及工量具使用中的技巧与禁忌

16.1.1 钳工常用设备的使用技巧与禁忌

（1）台虎钳使用技巧与禁忌

台虎钳是用来夹持工件的通用夹具，也是钳工进行工作的中心设备。

① 由于台虎钳的丝杠、螺母及钳身的强度有限，所以，夹持工件时只允许依靠手的力量来扳动手柄，如图16-1所示，决不能用锤子敲击手柄或随意套上长管子来扳手柄，以免丝杠、螺母或钳身损坏。

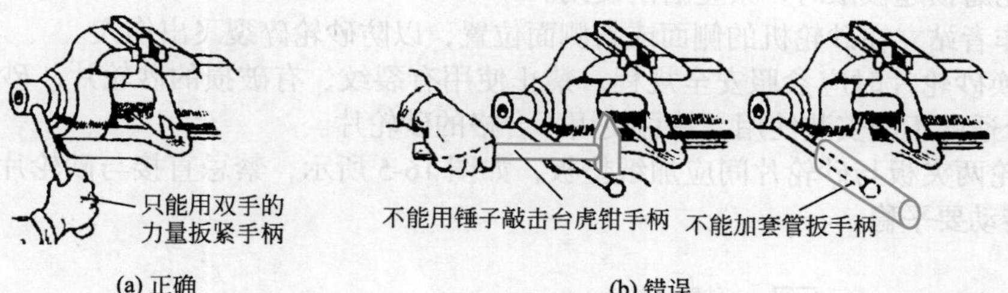

(a) 正确　　(b) 错误

图16-1　台虎钳手柄的使用要求

② 进行强力作业时，应尽量使作用力方向朝向固定钳身，否则将额外增加丝杠和螺母的受力，造成螺纹损坏。

③ 台虎钳必须牢固地固定在钳台上，且必须使固定钳身的钳口工作面处于钳台边缘之外，如图16-2所示，以保证夹持长条形工件时，工件的下端不受钳台边缘的阻碍。

④ 台虎钳钳口材料非常坚硬、耐磨。如果被夹工件表面是精加工表面，而且不允许被夹伤，就要使用软钳口衬片附加在钳口上（一般用铜、铝等金属板材制作），如图16-3所示。

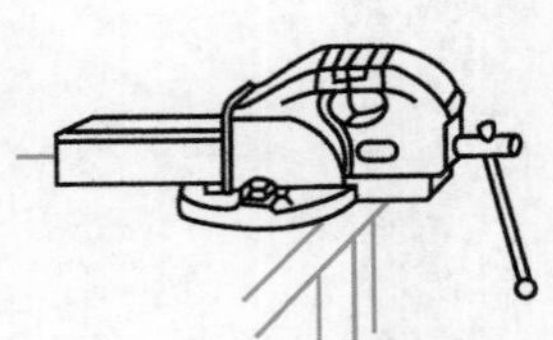
图 16-2　台虎钳的安装位置

图 16-3　安装软钳口的台虎钳

⑤ 不要在活动钳身的光滑平面上进行敲击工作，以免降低它与固定钳身的配合性能。

⑥ 丝杠、螺母和其他活动表面上要经常加油并保持清洁，以润滑和防止生锈。

图 16-4　台虎钳安放高度的确定

⑦ 台虎钳的砧座上可放置工具，也可用于小型薄板材的矫正。

⑧ 在允许的情况下，尽可能将工件夹在台虎钳的中部，以免钳口受力不均。

⑨ 台虎钳安放在工作台上面的高度要恰好齐操作者的手肘，如图 16-4 所示。

（2）砂轮机操作使用技巧与禁忌

砂轮机是钳工工作场地的常用设备，主要用来刃磨錾子、钻头和刮刀等刃具或其他工具，也可用来磨去工件或材料的毛刺、锐边等。砂轮机也是较易发生安全事故的设备，因此，使用砂轮机要严格按照操作规程进行工作，以防出现安全事故。

① 使用砂轮机时，开动前应首先认真查验砂轮片与防护罩之间有无杂物。砂轮片是否有撞击痕迹或破损。确认无任何问题时再启动砂轮机，待砂轮正常转动后，再进行磨削。禁忌使用砂轮片及运转有问题的砂轮机。

② 砂轮机托刀架间隙不能过大，过大时应进行调整。磨工件刃具时，不能用力过猛。

③ 在砂轮机上禁忌磨铝、铜等软金属和木料。

④ 砂轮磨损超极限时，禁止磨削使用。

⑤ 操作者站立在砂轮机的侧面或斜侧面位置，以防砂轮碎裂飞出伤人。

⑥ 更换砂轮片时应参照安全规程，禁止使用有裂纹、有破损的砂轮片，砂轮片与砂轮轴内孔不合适的不准安装使用，禁忌使用不合格的砂轮片。

⑦ 砂轮两夹板与砂轮片间应加纸垫板，如图 16-5 所示，禁忌直接与砂轮片接触，且不应失圆，转动要平稳。

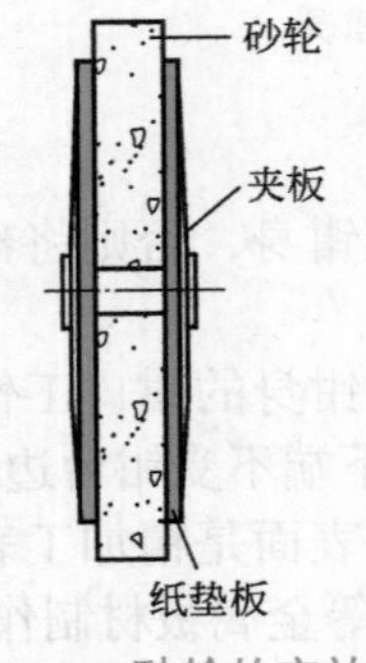

图 16-5　砂轮的安放

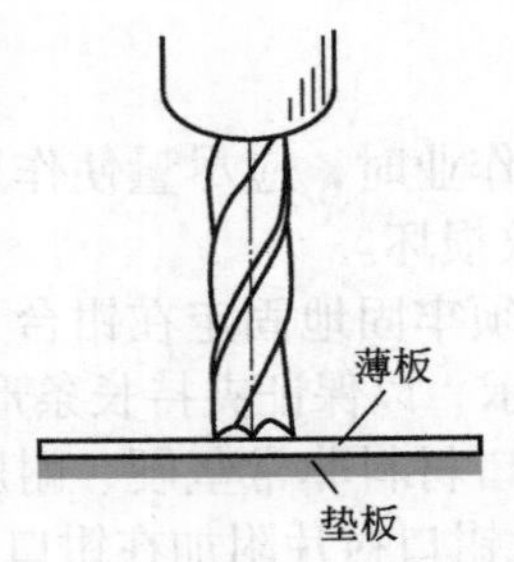

图 16-6　薄板钻削时的方法

（3）钻床操作使用技巧与禁忌

① 使用台钻、立钻时禁忌戴手套操作，禁止用破布、棉丝等清除铁屑，也不允许用嘴吹或用手直接擦拭。当麻花钻上绕有长铁屑时，要停车清除，禁忌用手直接拉除，而应采用铁钩清除。看线时应用刷子清除铁屑。

② 钻孔时工件装夹必须紧固。不准手持工件钻孔，钻薄板材时下面应垫垫板，如图 16-6 所示。在斜面上钻孔时，应预先铲好平面，禁忌直接钻出，以防钻孔偏斜和麻花钻折断伤人。

③ 操作时应熟悉设备性能，应根据钻床的最大钻削能力选用钻头、刀具，禁忌超规格能力使用钻床。

④ 调整钻床转速时必须停车进行。自动进给应根据麻花钻直径、工件材料调整好进给速度，定好行程限位块。手动进刀时应遵循逐渐轻轻增加压力、逐渐减小压力的原则进行。工件即将钻透时，注意力应集中，更需减缓进给速度，以防止用力过猛，造成工件转动和麻花钻折断。

⑤ 禁忌在旋转的麻花钻下翻转、卡压或测量工件，更不允许直接用手去触摸旋转的刃具。

⑥ 钻通孔时，工作台面与工件必须加垫，防止钻伤工作台面。用机动进给在接近钻透时，应停止机动进给并改为手动进给。

⑦ 钻床工作时，操作者严禁离开，特别是在机动进给时更为不可，以防止超过行程而造成设备事故。

⑧ 拆卸钻夹具时，应使用标准楔铁，严禁用锤子、铁棒乱砸乱撬，防止砸伤损坏主轴。

⑨ 使用摇臂钻床时，摇臂下降时必须使钻杆离开工件和工作台面，防止设备动作失灵、下滑，导致操作失误而撞坏设备，切忌钻孔时升降主轴箱。

⑩ 摇臂钻的钻孔直径接近设备最大能力时，工件应靠近立柱装夹，且应在夹紧状态下工作。

（4）手电钻操作使用技巧与禁忌

① 根据不同的孔径合理选用手电钻，并要注意保护接地或保护接零。

② 手电钻使用前应先空转，检查传动部分运转声音及旋向是否正常。

③ 使用手电钻时，用力要均匀，压力要合适，握持要垂直，应精力集中控制压力。当将要钻透时应减小压力，防止用力过大，麻花钻突然受阻在反作用力作用下扭伤手腕。当麻花钻在孔中停转后，重新启动时也应注意类似问题。

④ 当麻花钻接近和等于手电钻最大工作能力时，对手电钻施力应适当减小，防止过载损坏手电钻，禁忌超载使用手电钻。

⑤ 禁忌用手电钻代替电动扳手紧固螺栓。这是由于螺栓紧固后，手电钻转速高，突然受阻时，反作用力也容易扭伤手腕。

⑥ 手电钻应经常清除灰尘和油污并保证通风。

⑦ 手电钻不得在易燃、易爆的条件下工作，不能在潮湿和有腐蚀性气体的环境中存放。手电钻不要乱拖乱丢，以防损坏。

⑧ 新手电钻或长期存放的手电钻在使用前应测定绝缘电阻，电阻值必须超过 0.5 MΩ，否则应进行干燥处理。

⑨ 手电钻轴承温度不得超过规定值。

16.1.2 钳工常用工量具的使用技巧与禁忌

（1）量具选择的技巧与禁忌

① 应按被测零件的尺寸大小选择。

② 根据被测零件的精度选择。

③ 量具的精度、灵敏度等指标应与被测零件的精度要求相适应。

④ 根据被测零件的表面质量选择。

⑤ 根据被测零件的生产性质选择。如批量较大时，可选用专用量具测量。

（2）钢直尺的使用技巧与禁忌

用钢直尺代替刀口直尺检测锉削后工件表面的直线度或平面度，其测量方法是将钢直尺的窄面作为理想直线贴于工件被测实际表面上进行比较，如图 16-7 所示。

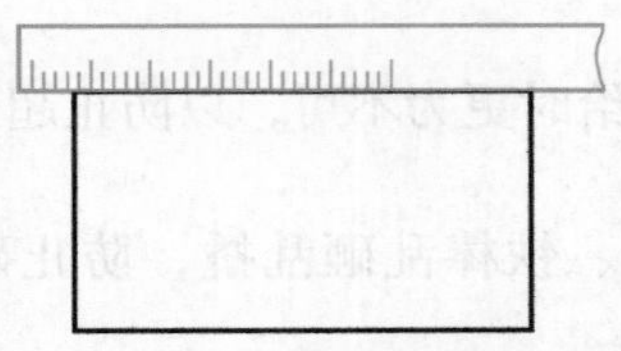

图 16-7 钢直尺比较测量

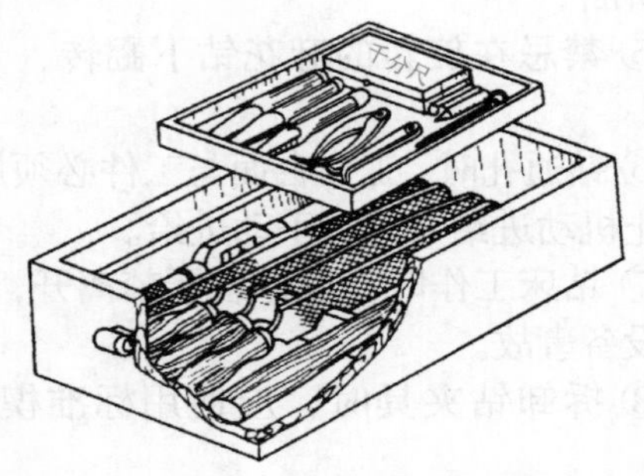

图 16-8 工量具在工具箱内的安放

检测直线度时将钢直尺的窄面放置在工件某截面的被测实际表面上，观察其透光量并判断直线度误差的大小与位置；检测平面度时将钢直尺的窄面放置在工件的被测实际表面上，并在该面上进行“米”字布线的直线度测量，根据各条线上的直线度误差大小及位置综合判断工件被测实际表面的平面度误差的大小及位置。检测过程中，将钢直尺的大面垂直于工件被测实际表面放置，钢直尺的窄面作为量具的理想直线在垂直平面内是不发生变化的；但是，由于钢直尺较薄，在使用过程中其大面可能会发生变形弯曲，其窄面的理想直线由于钢直尺大面的变形弯曲将发生变化。如果将钢直尺的大面倾斜于工件被测实际表面放置，窄面由于大面的变形弯曲在垂直平面内已不是直线，因此窄面的直线对被测某截面所测直线度误差就会增大。所以，用钢直尺的窄面作为理想直线检测工件表面的直线度或平面度时，钢直尺的大面相对工件被测实际表面放置必须垂直。

（3）量具的使用技巧与禁忌

量具使用过程中有磨损，读数基准可能有变化，所以测量工件前，要校准其精度。且量具不能与工具混放在一起，应放在量具盒内或专用格架上，如图 16-8 所示。不同的量具，其使用方式与注意事项是不尽相同的。

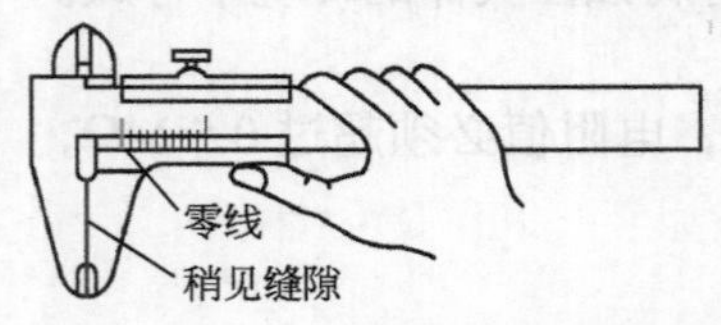

图 16-9 游标卡尺零位检校

① 游标卡尺的使用技巧与禁忌

a. 测量前，先用棉纱把卡尺和工件上被测量部位都擦干净，并进行零位复位检测（当两个量爪合拢在一起时，主尺和游标尺上的两个零线应对齐，两量爪应密合无缝隙），如图 16-9 所示。

b. 测量时，轻轻接触工件表面，手推力不要过大，量爪和工件的接触力要适当，不能过松或过紧，并应适当摆动卡尺，使卡尺和工件接触完好。

c. 测量时，要注意卡尺与被测表面的相对位置，要把卡尺的位置放正确，然后再读尺寸，或者测量后量爪不动，将游标卡尺上的螺钉拧紧，卡尺从工件上拿下来后再读测量尺寸。

d. 为了得出准确的测量结果，在同一个工件上，应进行多次测量。

e. 看卡尺上的读数时，眼睛位置要正，偏视往往出现读数误差。

② 游标深度尺的使用技巧与禁忌

a. 测量前应将被测量表面擦干净，以免灰尘、杂质磨损量具。

b. 深度尺的测量基座和主尺端面应垂直于被测表面并贴合紧密，不得歪斜，否则会造成测量结果不准。

c. 用深度尺在机床上测量零件时，要等零件完全停稳后进行，否则不但会使量具的测量面过早磨损而失去精度，且易造成事故。

d. 用深度尺测量沟槽深度或其基准面是曲线时，测量基座的端面必须放在曲线的最高点上，测量出的深度尺寸才是工件的实际尺寸，否则会出现测量误差。

e. 用深度尺测量零件时不允许过分地施加压力，所用压力应使测量基座刚好接触零件基准表面，尺身刚好接触测量平面。如果测量压力过大，不但会使尺身弯曲或基座磨损，还会使测得的尺寸不准确。

f. 使用深度尺时，为减小测量误差可适当增加测量次数，并取其平均值。

g. 使用深度尺时，测量温度要适宜，刚加工完的工件由于温度较高不能马上测量，须等工件冷却至室温后进行，否则测量误差太大。

③ 游标高度尺的使用技巧与禁忌

a. 测量前用干净的布反复擦拭尺身表面，清洁底座和测量爪的工作面，检查测量爪是否磨损。

b. 清洁平台工作面，将高度尺置于其上，松开紧固螺钉，移动尺框，检查是否正常。移动时尺框活动要自如，不应过松或过紧，更不能有晃动现象。

c. 测量时用力要均匀，测力为 3 ～ 10N，以保证测量结果的准确性。

d. 测量零件时，零件上不能有异物，且要在常温下测量。

e. 使用时轻拿轻放，避免测量爪被碰撞到，不可掉到地上。

④ 千分尺的使用技巧与禁忌

a. 千分尺是一种精密量具，不宜测量粗糙毛坯面。

b. 在用千分尺测量工件之前，应检查千分尺的零位，即检查千分尺微分筒上的零线和固定套筒上的零线基准是否对齐（如图 16-10 所示），如不对齐，应加以校正。

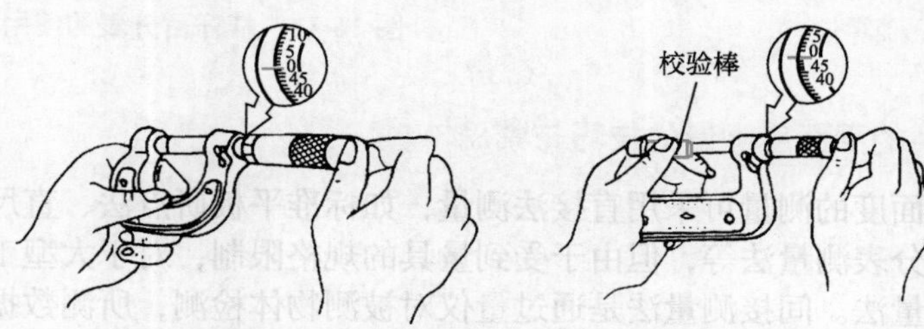

(a) 0～25mm千分尺零位的检查　(b) 大尺寸千分尺零位的检查

图 16-10　千分尺零位的检查

c. 测量时，转动测力装置和微分套筒，当测微螺杆和被测量面轻轻接触而内部发出棘轮

“吱吱”响声为止，这时就可读出测量尺寸。

d. 测量时要把千分尺位置放正，量具上的测量面（测砧端面）要在被测量面上放平放正。

e. 加工铜件和铝件一类材料时，它们的线胀系数较大，切削中遇热膨胀而使工件尺寸增加。所以，要用切削液浇后再测量，否则，测出的尺寸易出现误差。

f. 不能用手随意转动千分尺，如图 16-11 所示，防止损坏千分尺。

⑤ 百分表的使用技巧与禁忌

a. 钟表式百分表在使用时应使测量杆垂直于零件的被测表面，如图 16-12（a）所示。测量圆柱面的直径时，测量杆的中心线通过被测圆柱面的轴线，如图 16-12（b）所示。

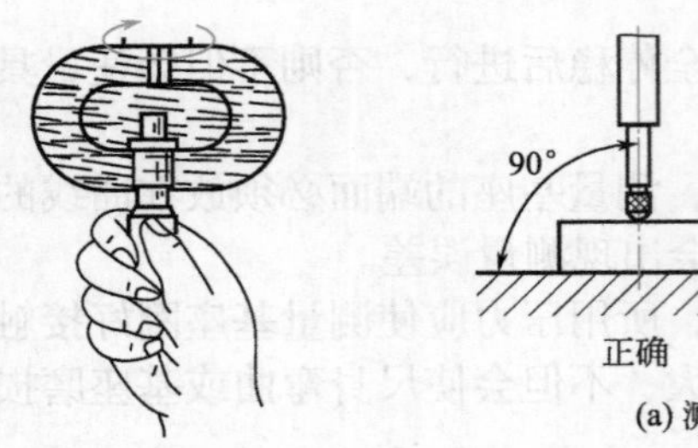

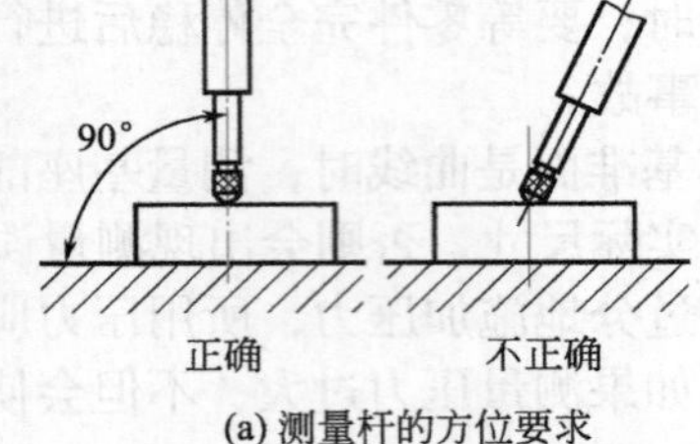

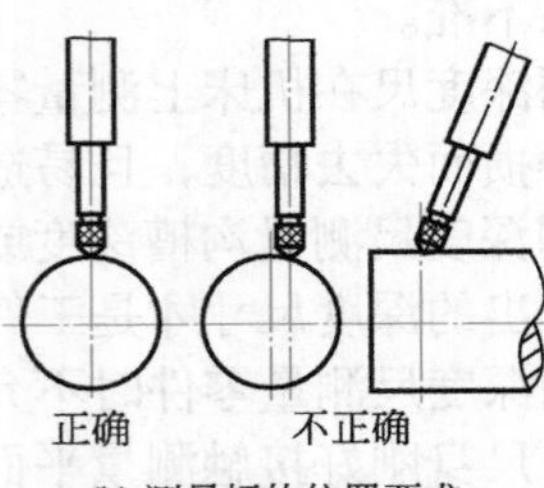

图 16-11 用手旋转千分尺

图 16-12 钟表式百分表的使用要求

b. 百分表在测量时，需将其测量头与被测量表面接触并使测量头向表内压缩 1 ～ 2mm，然后转动表盘，使指针对正零线，如图 16-13 所示。再将表杆上下提几次，待表针稳定后再进行测量。

c. 杠杆百分表在测量时，应使杠杆百分表的球面测杆轴线与测量线尽量垂直，如图 16-14 所示。

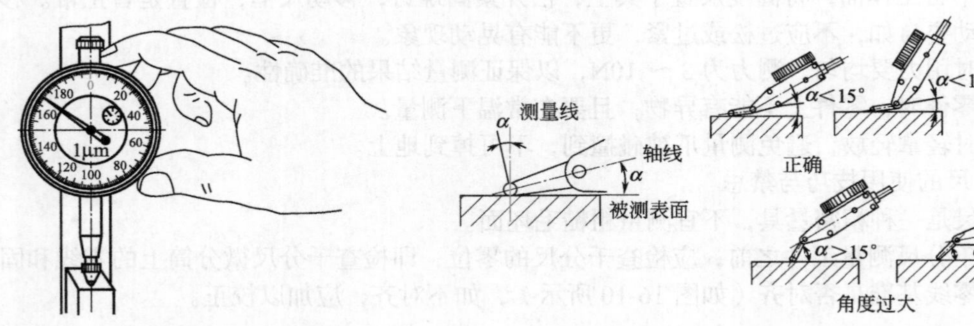

图 16-13 调整百分表零位

图 16-14 杠杆百分表的使用要求

（4）大型工件的平面度测量的技巧与禁忌

对小型工件平面度的测量可采用直接法测量，如标准平板研点法、直尺“米”字布线测量法和标准平板千分表测量法等，但由于受到量具的规格限制，对于大型工件表面平面度的检测则采用间接测量法。间接测量法是通过量仪对被测物体检测，所测数据不是该项检验的直接数据，而是通过对所测数据进行折算而获得的检验结果。

直接测量法的优点是通过测量可直接获得检验数据及其结果，但受量仪规格限制不能测量超出其规格的工件。因此直接测量法不能测量大型工件。间接测量法的缺点是实测的数据不是该项检验数据，检验结果需要通过对间接数据进行折算成直接数据而获得检验结果，优点是不受量仪的规格限制。如用水平仪“米”字布线平面度的测量法，水平仪可沿测量线方向无限制地移动测量或分段测量，无论被测工件的规格多大。所以，间接测量法适用于大型工件的测量。

16.2 旧损零件修复的技巧与禁忌

16.2.1 判定零件旧损的技巧与禁忌

（1）零件的损坏原因

① 磨损　由于机械零件互相摩擦，在正常情况下总会导致形状、尺寸和表面质量变化而损坏。但如果零件制造不良，保养、润滑不善，便会加快零件的磨损，加速损坏。

② 疲劳　在长期交变载荷下，轮、轴承、轴等零件都会产生疲劳裂纹而造成表面剥落或折断。此外，使用中振动造成的附加载荷；润滑不当或零件表面缺陷，使零件某些部位局部峰值应力过高；或者由于修理质量或加工质量不高也会使某些局部峰值应力过高，甚至超过材料的屈服极限，都能加速疲劳破坏的产生。

③ 变形　机构在工作时，当外载荷所引起的应力超过零件材料的屈服极限时，零件产生永久变形。零件在制造过程中的残余应力，也能在零件产生变形或脆性断裂过程中起重要作用。

④ 腐蚀　化工设备常常要和强烈的腐蚀性介质如酸、碱、盐等接触，化工生产过程常在高温、高压、高流速等条件下进行，这些条件又强化了腐蚀的作用，金属表面因受介质腐蚀产生溃疡、深洼、斑点等局部缺陷而损坏。

（2）零件的暂时失效

零件损坏的原因无论是磨损、疲劳、变形还是腐蚀，往往都会造成零件或配合件在某种程度上的损坏，但不一定是完全损坏，此时可以称为零件暂时失效。如果把零件的部分或局部损坏作为整个零件报废的依据，就会造成浪费。针对零件损坏的特点，采取不同的修复工艺，使其恢复原来的精度、尺寸、形状等是十分必要的一种方法。

（3）零件修复的基本出发点

① 零件修复的成本一般应远低于更换新零件的成本，并能满足设备修理的时间要求。

② 零件修复后应达到原有的技术要求和性能、保持原有的强度和刚度，以避免造成设备事故或达不到检修间隔期。

③ 在保证质量的前提下，要尽可能就地取材、施工方便且工艺简单。

④ 修复可以是原样恢复，也可以是有所属主造，其目的是延长零件使用寿命或改善机器、设备的工艺性能。

（4）旧零件修复的通用工艺

在设备修理过程中，根据零件的损坏原因和规律，旧零件的通用修复工艺有多种工艺方法。选择对已经损坏的零件进行修复时，必须考虑零件所用材料、零件表面损坏的深度和修补后形成的修补层力学性能等因素，切不可随意选择。

① 常用修复工艺与材质的适应性　修复工艺对常用材料的适应性见表 16-1。

表 16-1　各种修复工艺对常用材料的适应性

修复工艺	镀铬	镀铜	气焊	堆焊	铅焊	喷焊	热喷涂	粘接	金属扣合
低碳钢	+	+	+	+		+	+	+	+
中碳钢	+	+	+	+	+	+	+	+	+
高碳钢	+	+		—	+	—	+	+	+
合金结构钢	+	+	+	+	+	+	+	+	+
不锈钢	+	+		+	+	—	+	+	+
灰铸铁	—	—	—	—	—	—	+	+	+
铜合金					+		+	+	+
铝					—		+	+	+

注：表中“+”表示修理效果良好；“—”表示能修理。

② 修补层厚度　各种零件由于磨损深度不同，要求的修补层深度也不一样。几种主要修复工艺能达到的修补层厚度见表 16-2。

表 16-2　几种主要修复工艺能达到的修补厚度　　mm

修复工艺	镀铬	低温镀铜	金属喷涂	电振堆焊	埋弧堆焊	手工堆焊	氧、乙炔喷焊	等离子堆焊	涂镀
修补层厚度	0.1 ～ .3	0.1 ～ 5	0.05 ～ 10	0.3 ～ 3	不限	不限	0.1 ～ 1.5	0.25 ～ 6	大于 0.5

③ 修补层的力学性能　在选择工艺时，必须考虑零件修补层的力学性能，如硬度、加工性、耐磨性及密实性等。

16.2.2 热喷漆塑料法修复旧损零件的技巧与禁忌

为达到金属与腐蚀性介质相隔离的目的，并使制品具有金属与塑料两者的优点，可在金属表面上覆盖一层塑料，这就是热喷漆塑料法，它是零件的一种重要修复工艺。

（1）喷涂品种与方法

工程塑料中常用于喷涂的品种有尼龙、低压聚乙烯、聚氯醚、聚苯硫醚、氯化聚醚等。塑料喷涂方法有热熔法、静电喷涂法、沸腾床法等。其中，热熔法和静电喷涂法最好，无需溶剂，涂层质量也高，粘接力强，操作时无污染，喷涂的次数少，速度快，容易控制，粉末可回收使用。

结构形状较复杂的工件，可选用静电喷涂法；工件内部受到静电屏蔽作用而使粉末难以黏附的，可采用热熔法；结构简单、圆弧表面的工件，可采用沸腾床法。

（2）喷涂件的结构与表面处理。

① 喷涂工件的结构要求　喷涂件的结构表面必须平整光滑，没有气泡、蜂窝、砂眼，棱角部分应以圆角过渡，其半径 R 不小于 3mm。焊接时必须两面对焊，焊缝必须是连续无

孔的，焊完后磨光除去波痕。不允许有缝隙、气孔、裂纹和微孔存在。设备的管件焊接需在喷涂以前完成，喷涂后严禁切割、焊接。管口一律使用法兰连接，管子要采用无缝管。

② 工件的表面处理　表面处理的方法很多，以机械喷砂处理和酸洗磷化处理为好。两种方法都可以增加涂层与金属的附着力，可根据不同材料和不同工件进行选择。经过表面处理的工件应达到无油、无锈，使金属露出本色。

（3）热熔法的工艺过程

热熔法就是借助已受热工件的热量，使喷涂到工件上的树脂粉末熔化而黏附在工件上。

① 工件表面处理　热熔法的工件表面处理是保证提高涂层与工件结合强度的重要环节。其工作过程是：先去油，可用丙酮或四氯化碳擦洗，也可使用烘箱加热至300℃左右，并保温一定的时间即可去油，或者用氧-乙炔的火焰烘热去油，然后进行喷砂处理，去除氧化物、金属等杂物，并使表面粗糙。

② 工件预热处理　工件预热温度过低，树脂流动性就差，得不到均匀涂层；过高，会导致金属表面氧化，涂层的黏附性降低，甚至使树脂分解、变焦。不同喷料品种，其预热温度也不同。一般情况，喷涂尼龙1010时，预热温度在270℃左右；喷涂聚氯醚时，预热温度在230℃左右；喷涂低压聚乙烯时，预热温度在300℃左右；喷涂聚氯乙烯时，预热温度在270℃左右。

③ 喷涂与热处理　将预热后的工件取出，立即进行喷涂。粉末粒度为0.125～0.18mm，喷枪与工件的距离在150mm左右。手持喷枪来回喷涂，也可使用静电喷涂仪进行喷涂，每次喷涂后的工件都要进行热处理（即进行塑化）。待涂层完全熔化后，再喷涂下一层，在涂层达到要求的厚度后，取出浸入水中淬火，其目的是使喷层急冷，减小结晶度，提高涂层的韧性和附着力。

④ 检验　检查涂层是否存在针孔。对于检查出来的缺陷要进行补喷。

喷涂塑料进行修复工件操作时，被修复工件的表面必须进行修整，禁忌出现各类材料缺陷，在待喷涂的工件表面尤其不能存在砂眼、裂纹和锐边等现象。进行喷涂之前，必须根据工件的材质选用塑料的配方和预热的温度，否则会造成已经喷涂的表面出现拱起和脱壳的现象。对已经喷涂的工件表面还要用仪器实施严格的检查。

16.2.3　喷焊工艺修复旧损零件的技巧与禁忌

喷焊就是将喷涂层用氧-乙炔或其他热源加热，使其熔融，并与母材形成冶金接合的方法。

（1）喷焊工艺

① 喷前准备　喷前准备工作包括工件清洗和预加工等工序。工件在喷前要仔细清洗，去除一切油污、水锈、氧化皮等，使工件表面呈金属光泽。对需要喷焊的部位，预留涂层厚度，并对工件表面进行粗糙处理，以提高结合强度。

喷焊时的预热温度较高，以减小喷焊层与母材间的应力，并可改善合金粉熔融后对母材的润湿性。一般钢铁材料制作的工件预热到200～300℃即可，小件、薄件则低一些。某些含有氧化元素的母材，预热温度还要降低，甚至不能预热。

② 喷焊操作　喷焊时，喷粉与重熔工艺紧密衔接，常用的工艺有两种。

a. 一步法。喷粉和重熔同时进行。工件经预热并喷薄层合金粉预保护后，开始局部加热，当预保护粉开始湿润时，间歇按动送粉开关喷粉，同时将喷上去的合金粉熔融。根据合金粉熔融情况及对喷焊层的厚薄要求决定火焰的移动速度，火焰向前移动时，再间歇喷粉并熔融。

即喷粉—熔融—移动三个动作周期地进行，直至整个工作表面喷焊完毕。

除控制好火焰移动速度外，要保持适当的喷嘴距离。一般焰心尖端与工件表面间的距离在喷粉时以 20mm 左右为宜，熔融时以 6 ～ 7mm 较好。

一步法对工件的热输入较低，引起的工件变形较小，对母材金相组织的影响也较小。同时，粉末的利用率较高，易获得所需喷焊层的厚度，适用于小型工件或工件虽大但需喷面积较小的场合。

b. 二步法。喷粉和重熔分两步进行。先对工件进行大面积或整体预热；喷预保护层后，继续加热至 500℃左右再喷粉，喷嘴距离约为 150mm；进行多次薄层喷粉，每次喷粉厚度不超过 0.2mm；达到预计厚度时，停止喷粉，立即进行重熔。

重熔是把喷在工件表面的合金粉加热熔融，使原来疏松多孔的、呈机械结合的喷涂层变成致密的、与母材冶金结合的喷涂层。重熔要使用大功率的柔软火焰，气体压力不可过高，以防火焰速度过快，吹力过大，把熔融表面吹开，引起喷焊层的厚薄不均。重熔时要始终用中性焰或轻微的碳化焰。

重熔后喷焊层将收缩，一般约为 20% ～ 25%。喷粉时以这个收缩量来控制喷粉厚度。二步法主要用于轴类零件和大面积的表面喷焊。

③ 喷后处理　经喷焊重熔处理的工件，表面温度高，需进行冷却处理。冷却处理应视其材料性质和形状的不同而不同，处理的原则是防止制纹和变形。另外，喷后的尺寸精度和表面粗糙度往往不能满足工件要求，必要时需进行精加工。

（2）喷焊用合金粉的特点

根据氧 - 乙炔火焰喷焊工艺的要求，喷焊用粉末材料必须是自熔剂合金粉。自熔剂合金粉是一种喷焊时不需外加焊剂，在重熔时合金成分就具有脱氧、造渣、改善润湿性能并与母材形成良好冶金结合的低熔点合金。它应满足下列要求：

① 合金粉的熔点，应比被喷焊的金属熔点低，以保证重熔时只有喷焊层熔融，而母材不熔。用于一般钢材的镍合金粉的熔点为 980 ～ 1100℃，钴基合金粉的熔点为 1050 ～ 1150℃，铁基合金粉的熔点为 1100 ～ 1200℃。

② 具有适度的液态流动性。要求合金在固相线与液相线之间有较宽的温度区间，此温度区间一般以 50 ～ 150℃为好。

③ 熔融状态的合金对母材有良好的“润湿性”，以保证喷涂层与母材有良好的结合。向合金粉中加入适量的硼和硅可降低合金在液态时的表面张力，改善其润湿性，并使合金粉熔融后有脱氧和造渣的能力，以保证喷焊层成分和质量。

④ 合金粉应有较低的含氧量。如含氧量偏离，其自熔剂性能不足，对喷焊层性能影响不好，一般含氧量不大于 0.2%。

⑤ 重熔后的合金应具有一定的延伸性和与母材相近的线胀系数，以减小变形和防止裂纹产生。常用自熔剂合金的线胀系数为 $(14 \sim 16)\times10^{-6}℃^{-1}$。

⑥ 合金粉应具有良好的固态流动性和适当的颗粒度，以球形粉末的流动性最好，颗粒直径一般以 77 ～ 100μm 为好。

⑦ 合金粉应有耐磨、耐腐蚀、抗氧化、抗热冲击等性能。

在使用喷焊工艺修复工件时，必须要根据被修复工件的几何形状、特点选择修复工艺和方法，对于大型工件或形状较复杂的工件，一般不宜采用一步法进行修复。喷焊所用的焊粉材料进行重熔时，必须要慎重掌握所使用的火焰及操作方法，通常的情况是必须使用大功率的柔软火焰，而且气体压力也不宜过高，可有效防止火焰速度过快，吹力过大，把熔融表面吹开，引起喷焊层的厚薄不均。对于已经喷焊重熔处理合格的工件，由于其表面仍然保留着较高的温度，所以冷却时禁忌将工件随意摆放，而应视其材料性质和形状作不同的处理，选择防止裂纹和变形的合理摆放方法。

16.2.4 粘接法修复旧损零件的技巧与禁忌

黏结剂（或胶黏剂、黏合剂）是以具有黏性的物质为原料，并加入了各种添加剂后组成的黏性物质，它能将物件牢固地粘接在一起，给粘接面以足够的粘接强度。粘接的工艺可以将金属与橡胶、塑料、陶瓷等非金属材料粘接在一起。经粘接的零件，容易做到表面光滑、平整、美观，粘接处应分布均匀，整体强度高，重量轻，胶缝也易于做到绝缘、密封、耐蚀。在使用黏结剂时，由于其品种众多，性能复杂，且各品种使用条件要求严格，因此要特别注意对其进行认真选择。

粘接方法修复工件的工艺，一般不适用于受力变化较大和温度变化剧烈的工件修复。同时，在涂抹黏结剂之前，为防止清洗溶剂可能对工件表面产生腐蚀作用和影响黏结剂的附着能力，不宜随意选择清洗溶剂对粘接工件表面进行清洗处理。

16.2.5 镶套法修复旧损零件的技巧与禁忌

在生产中对有些局部损伤的零件，根据不同的要求，可以分别采用镶套、镶齿、镶边和镶盘的办法，使零件恢复配合性质，以达到旧损零件修复再使用的目的。这种修旧的方法通常称为“补充零件法”。它是一种简易、有效的常用修旧方法之一。

现以镶套修复工艺为例说明。镶套是将一个套形零件（内衬套或外衬套）以一定的过盈装在磨损零件的轴孔或轴颈上，然后加工到最初的基本尺寸或中间的修理尺寸，恢复组合件原来的配合间隙。

图 16-15（a）和图 16-15（b）表示内衬套和外衬套承受摩擦力矩 $M_{摩}$，图 16-15（c）表示内衬套（如气缸衬套）承受摩擦力 T。内、外衬套用过盈的配合装到被修复的零件上，其配合过盈量的大小应根据所受力矩和摩擦力来计算。有时还可以用螺钉、点焊或其他方法来固定。如果需要提高内、外衬套的硬度则应在压入前进行热处理。但是，此种方法只允许在轴颈减小或孔扩大的情况下使用。

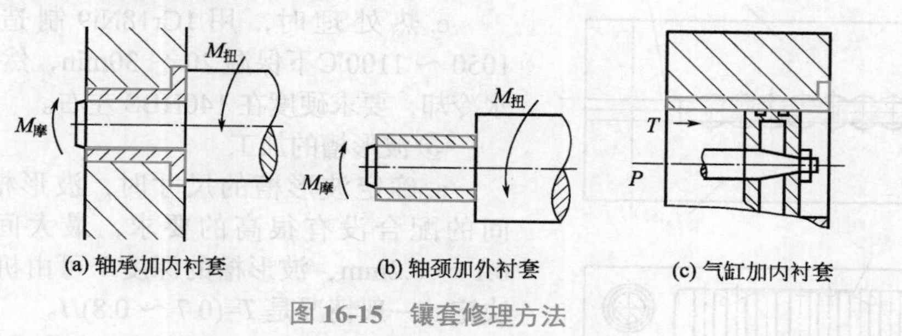

图 16-15 镶套修理方法

镶套修复工艺只适用于轴颈减小或孔径扩大的零件，而且这些零件的修复部位不允许受到较大的摩擦作用或转矩。用于镶套的材料必须与被修复的零件材料相同，这样就能保证所镶套与零件间过盈配合部位的热胀冷缩变化一致，以防该部位出现松动。

16.2.6 金属扣合技术修复旧损零件的技巧与禁忌

金属扣合技术的分类为：强固扣合法、强密扣合法、优级扣合法和热扣合法四种。在修理中可针对铸件损坏的不同情况、技术要求和具体条件，选用其中一种或多种方法联合使用，

以达到最佳效果。

（1）强固扣合法

强固扣合法适用于修复壁厚为 8 ～ 40mm 的一般强度要求的薄壁机件。先在垂直于损坏机件的裂纹或折断面上，铣或钻出有一定形状和尺寸的波形槽，然后把形状与波形槽相吻合的波形镶入并在常温下铆接，使波形键产生塑性变形而充满波形槽腔，甚至使其嵌入铸铁基体内。这样，由于波形键的凸缘和波形槽相互扣合，将损坏的两面重新牢固连接为一整体，如图 16-16 所示。

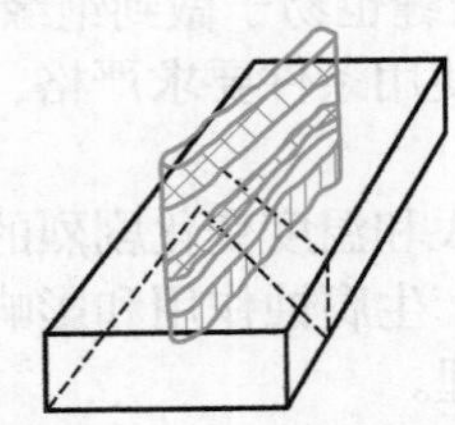
图 16-16　强固扣合法

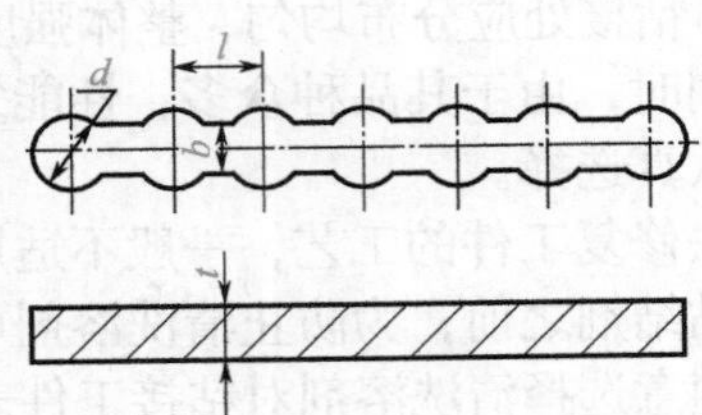

图 16-17　波形键的尺寸

波形键槽尺寸的确定如图 16-17 所示，是由凸缘部分 d、宽度 b、间距 l、厚度 t 等组成的。通常将 d、b、l 归纳成标准尺寸，设计时根据机件受力大小和铸件壁厚分别决定波形键槽的凸缘个数、每个断裂部位安装波形键数和波形槽之间距离等项。

① 波形键的材料的要求

a. 韧性好，经热处理后很软，便于铆紧。

b. 冷硬化倾向大，而且不发脆，使铆紧后的波形键具有很高的强度。

c. 受热机件扣合波形键材料的膨胀系数要和机体一致。

② 波形键的制造工艺

a. 根据波形键外形下料。

b. 在油压机上用图 16-18 所示模具，将两侧的波形冷挤压成形。

c. 刨平两平面。

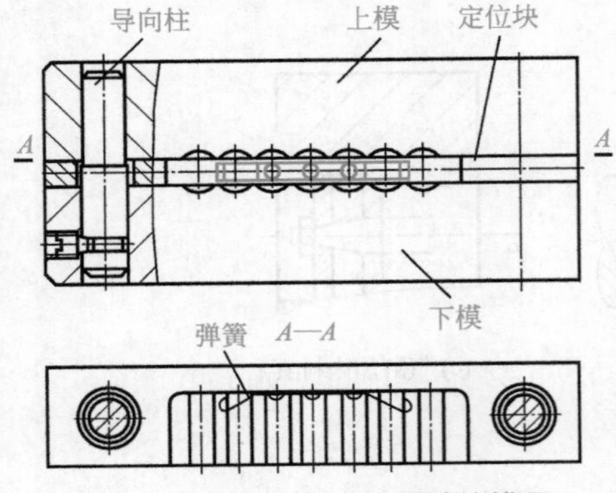

图 16-18　压波形键的模具

d. 修入两端凸缘的圆弧。

e. 热处理时，用 1Cr18Ni9 制造波形键，在 1050 ～ 1100℃下保温 20 ～ 30min，然后空气冷却或水冷却，要求硬度在 140HBS 左右。

③ 波形槽的加工

a. 确定波形槽的尺寸时，波形槽和波形键之间的配合没有很高的要求，最大间隙允许达到 0.1 ～ 0.2mm，波形槽的深度 T 可由机件壁厚（H）决定，一般情况是 $T=(0.7 \sim 0.8)H$。

b. 布置机体上波形槽时，为使最大应力分布在较大范围内，在布置波形槽时，可采用长短布置（一长一短）或前后布置（一前一后）的方式，如图 16-19 所示。

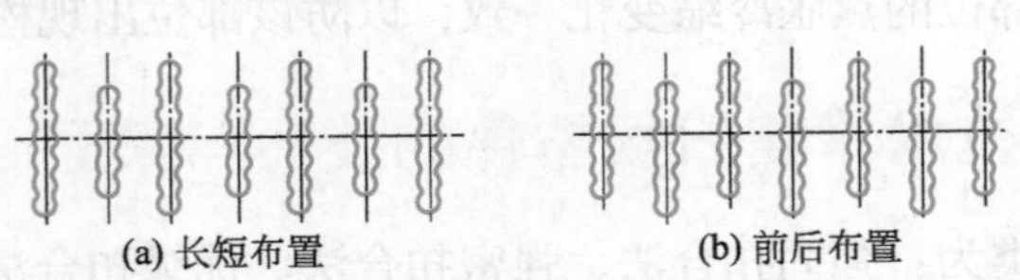

图 16-19　波形槽的布置方式

c. 加工波形槽时，波形槽可以在镗床、铣床等设备上直接加工成形。但采用钻模、手电钻等工具就地加工的工艺，有更大的实用价值。

波形槽的就地加工工艺过程见表 16-3。

表 16-3　波形槽的就地加工工艺过程

加工步骤	操作说明	图示
划线、钻中间孔	根据修复设计的安排要求，划出波形槽的位置线，并在波形槽位置的裂纹上钻波形槽中间的凹洼孔 d，深度比壁厚浅 2 ～ 3mm	
钻其余孔	用定位销将钻模中间孔固定在裂纹上的孔 d 内，对准位置钻任一端的凹洼孔，插入第二只定位销，然后钻完所有的凹洼孔	
扩孔	使用钻模，用直径等于宽度为 b 的麻花钻钻各凹洼之间的金属	
锪孔	用平底钻锪平各孔至深度 T	
修平面	用宽度为 b 的凿修正波形槽宽度上的面	

（2）强密扣合法

对于有密封要求的机件，如承受高压的气缸和高压容器等防渗漏的零件，还应采用强密扣合法，如图 16-20 所示。

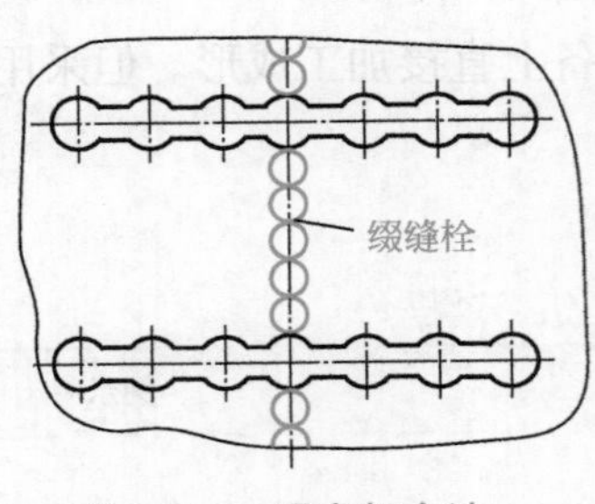

图 16-20　强密扣合法

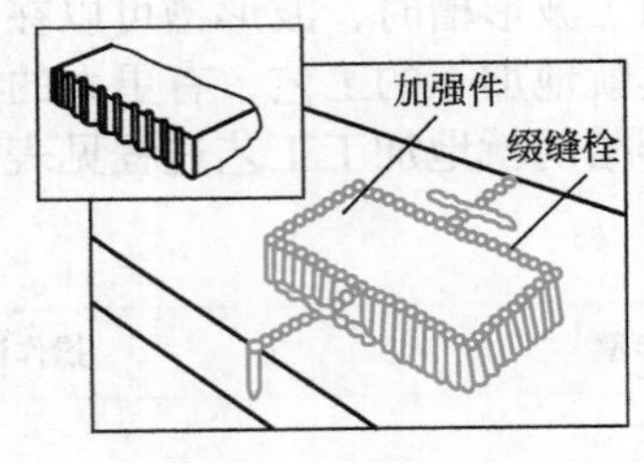

图 16-21　优级扣合法

强密扣合法的修复工艺是：先把损坏的机件用波形键将它连接成一牢固的整体，然后在两波形键之间、裂纹或折断面的结合线上，每间隔一定距离加工缀缝栓孔，并使第二次钻的缀缝栓孔稍微切入已装好的波形键和缀缝栓，使形成一条密封的“金属纽带”，达到阻止流体受压渗漏的目的。

（3）优级扣合法

优级扣合法主要用于修复在工作过程中要求承受高载荷的厚壁机件，如水压机横梁、轧钢机主架、辊等。因为单采用波形键扣合，虽能得到可靠的修复质量，但须在垂直于裂纹的面或折断面上镶入钢制的砖形加强件，使载荷能分布到更多的面积和更远离裂纹或折断处，如图 16-22 所示。

加强件和机件的连接大多采用缀缝栓，缀缝栓的中心安排在结合线上，使一半嵌在加强件上，另一半则留在机件基体之内。如有必要，连接时可以再加入波形键。加强件的形式除了可制成如图 16-22（a）所示的砖形外，在修复铸钢机件时，也可以设计成如图 16-22（b）所示的十字形。

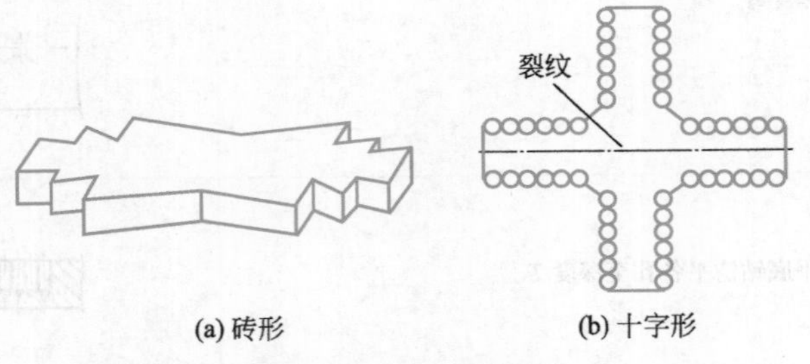

(a) 砖形　(b) 十字形

图 16-22　加强件的形式

十字形加强件可承受多方面载荷的机件，在四个垂直边的两面缀缝栓连接。采用双 X 形的加强件，在铆接过程中还能使裂纹开裂处不断拉紧和使加强件长度缩短，如图 16-23 所示。修复机件如要受冲击负荷，在加强件靠近裂纹附近则不用缀缝栓固定，以使修复区域能保持一定的弹性作用。

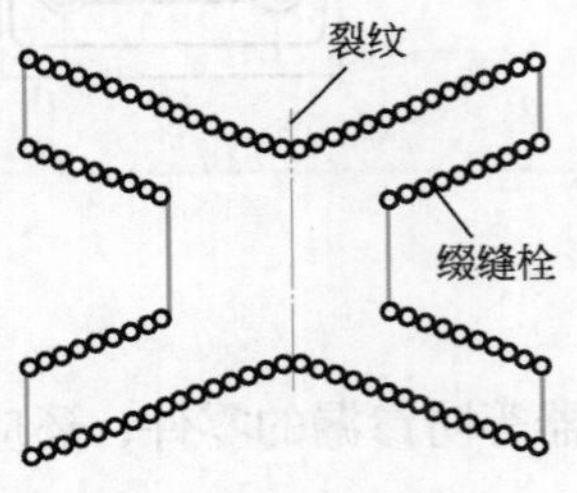

图 16-23　X 形加强件

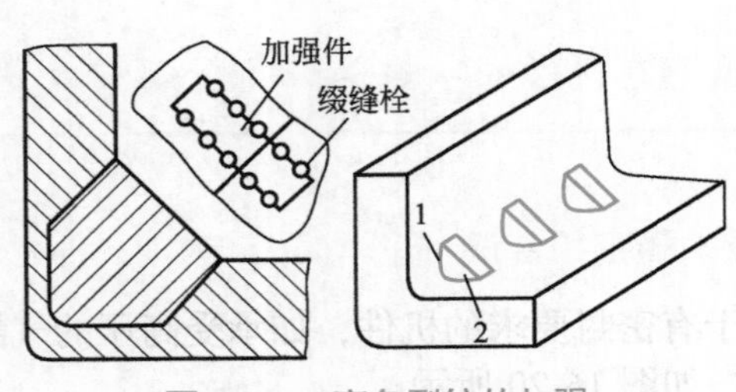

图 16-24　弯角裂纹的加强

弯角附近的裂纹，往往是弯曲载荷引起的，修复时必须考虑使修复部件具有抵抗弯曲载荷的能力。修复时，在机件裂纹上加工一排凹槽，凹槽的底面 1、2 与机件两垂直面平行，并留有适当的基体。凹槽内装入正确配合的加强件，并用缀缝栓将其扣合，如图 16-24 所示。

加强件的加工是先在坯料上按设计形状划线，然后将坯料安放在机件需修复的部位，并用压板压紧。在四角上钻孔，并插入定位销，再按划线钻出所有的缀缝栓孔，取下坯料，并按缀缝栓中心线铣去多余金属。同样把机件上加强件孔中多余金属钻削掉并修正。

（4）热扣合法

热扣合法是利用金属热胀冷缩原理来修复铸件破裂的一种方法，它是将选定的一定形状的扣合件经加热后放入机件损坏处与加工好的扣合件相同的凹槽中，扣合件冷却过程中产生收缩，从而将破裂的机件重新密合。

这种方法对于某些不同情况的机件，比其他扣合法更为简便实用。它多用来修复大型飞轮、齿轮和重型设备的机身等。

16.3 机床安装调试的技巧与禁忌

16.3.1 机床设备基础施工技术的技巧与禁忌

（1）对地基的要求

机床的自重、工件的重量、切削力等，都将通过机床的支承部件而最后传给地基。地基的质量直接关系到机床的加工精度、运动平稳性、机床的变形、磨损以及机床的使用寿命。因此，机床在安装之前，首要的工作是打好基础。

① 对地基基础的要求　地基基础直接影响机床设备的床身、立柱等基础件的几何精度的保持性以及机床的技术寿命等。因此对地基基础的要求为：

a. 具有足够的强度和刚度，避免自身的振动和其他振动的影响（即与周围的振动绝缘）。

b. 具有稳定性和耐久性，防止油、水浸蚀，保证机床基础局部不下陷。

c. 机床的基础，安装前要进行预压。预压重量为自重和最大载重总和的 1.25 倍。且预压物应均匀地压在地基基础上，压至地基不再下沉为止。

② 对地基质量的要求　地基的质量是指它的强度、弹性和刚度的符合性，其中强度是较主要的因素。它与地基的结构及基础埋藏深度有关。若强度较差，引起地基发生局部下沉则将对机床的工作精度有较大影响。所以一般地质强度要求以 $5t/m^2$ 以上为标准，如有不足，则需用打桩等方法来加强。

③ 对基础材料的要求　对于 10t 以上的大型设备基础的建造材料，从节约费用的角度出发，在混凝土中允许加入质量分数为 20% 的 200 号块石。在高精度机床安装过程中，由于地基振动成了影响其精度的主要因素之一，所以必须安装在单独的块型混凝土基础上，并尽可能在四周设防振层，防振层一般均填粗砂或掺杂以一定数量的炉渣。

④ 对基础的结构要求　基础越厚越好，但考虑到经济效果，基础厚度以能满足防振荡和基础体变形的要求为原则。大型机床基础厚度一般在 1000 ～ 2500mm 之间。

12t 以上大型机床，在基础表面 30 ～ 40mm 处配置直径为 $\phi6$ ～ 8mm 的钢筋网。特长的基础其底部也需配置钢筋网，方格间距为 100 ～ 150mm。基础布置钢筋网如图 16-25 所示。

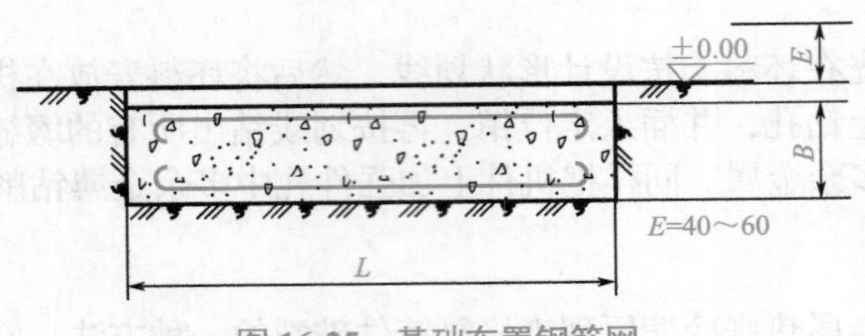

图 16-25　基础布置钢筋网

长导轨机床的地基结构，一般应沿着长度方向做成中间厚两头薄的形状，以适应机床重量的分布情况，对于像高精度龙门导轨磨床类的大型、精密机床，基础下层还应填以 0.5m 厚的细砂和卵石掺少量水泥，作为弹性缓冲层。

⑤ 对基础荷重及周围重物的要求　大型机床的基础周围经常放置或运送大型工件及毛坯之类的重物，必然使基础受到局部影响而变形，引起机床精度的变化。为解决这一问题，在进行基础结构设计时应考虑基础或多或少受到这些因素的影响。另外新浇铸的基础结构的混凝土强度变化大，性能不稳定，所以施工后一个月最好不要安装机床。在安装后一年内，至少要每月调整一次精度。

⑥ 对基础抗振性的要求　机床的固有频率通常在 20 ～ 25Hz 之间，振幅在 0.2 ～ 1μm 范围内。由于天车通过时会通过梁柱这个振源影响到机床，所以精密机床应远离梁柱或采取隔振措施。对于高精度的机床，更需采用防振地基，以防止外界振源对机床加工精度的影响。

（2）机床在基础上的安装

① 对机床基础的基本要求　机床地基一般分为混凝土地坪式（即水泥地面）和单独块状式两大类。

X6132 型万能卧式铣床的单独块状式地基如图 16-26 所示。切削过程中因产生振动，机床的单独块状式地基需要采取适当的防振措施；对于高精度的机床，更需采用防振地基，以防止外界振源对机床加工精度的影响。

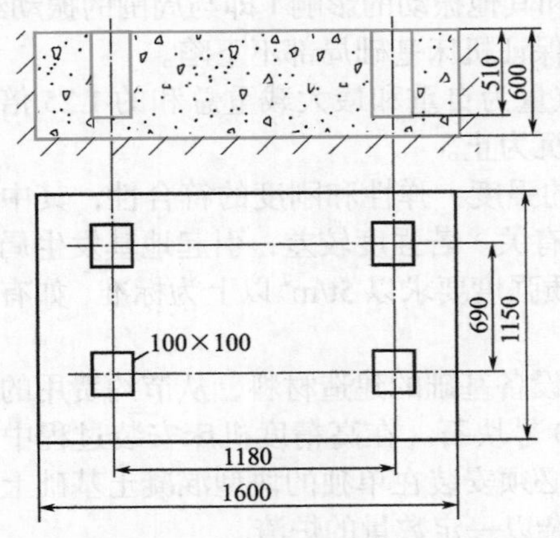

图 16-26　X6132 型万能卧式铣床的单独块状式地基

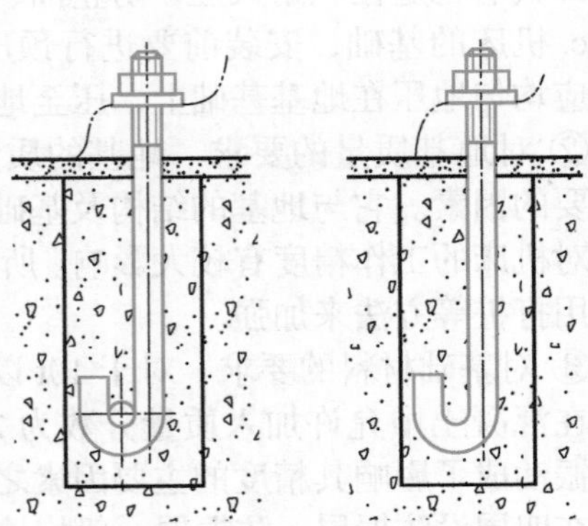

图 16-27　常用的地脚螺栓

单独块状式地基的平面尺寸应比机床底座的轮廓尺寸大一些。地基的厚度则决定于车间土壤的性质，但最小厚度应保证能把地脚螺栓固结。

用混凝土浇灌机床地基时，常留出地脚螺栓的安装孔，待机床装到地基上并初步找正水平后再浇灌地脚螺栓。常用的地脚螺栓如图16-27所示。

② 机床在基础上的安装方法　机床在基础上的安装方法有两种，一是在混凝土地坪上直接安装，并用如图16-28所示的调整垫铁调整水平后，在床脚周围浇灌混凝土固定机床。它适用于小型和有轻微振动的机床。另一种是用地脚螺栓将机床固定在块状地基上，这是一种常用的方法。安装机床时，先将机床吊放在已凝固的地基上，然后在地基的螺栓孔内装上地脚螺栓并用螺母将其连接在床脚上。待机床用调整垫铁调整水平后，用混凝土浇灌进地基方孔。混凝土凝固后，再次对机床调整水平并均匀地拧紧地脚螺栓。

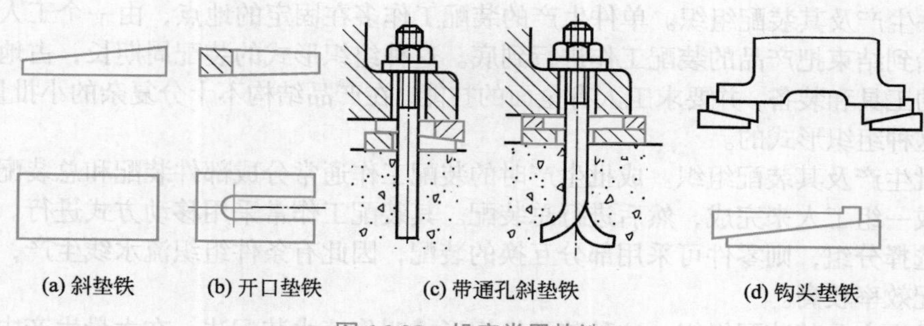

图16-28　机床常用垫铁

a. 对于整体安装的调试技巧：

● 机床用多组楔铁支承在预先做好的混凝土地基上。

● 将水平仪放在机床的工作台面上，调整楔铁，要求每个支承点的压力一致，使纵向水平和横向水平都达到粗调要求（0.03～0.04）/1000。

● 粗调完毕后，浇灌混凝土在地脚螺栓孔处固定地脚螺栓。

● 待充分干涸后，再进行精调水平，并均匀紧固地脚螺栓的螺母。

b. 对于分体安装的调试技巧，还应注意以下几点：

● 零部件之间、机构之间的相互位置要正确。

● 在安装过程中，要重视清洁工作，禁忌不按工艺要求安装。

● 调试工作是调节零件或机构的相互位置、配合间隙、结合松紧度等，目的是使机构或机器工作协调，如轴承间隙、镶条位置的调整等。

16.3.2　机床安装准备与组织配合的技巧与禁忌

（1）机床安装调试的准备工作

机床的安装与调试是使机床恢复和达到出厂时的各项性能指标的重要环节。

① 安装调试的准备工作　安装调试的准备工作主要有以下几个方面：

a. 厂房设施，必要的环境条件。

b. 按照地基图打好地基，并预埋好电、油、水管线。

c. 准备起吊设备，安装调试中所用工具、机床检验工具和仪器。

d. 准备煤油、机油、清洗剂、棉纱、棉布等辅助材料。

e. 将机床运输到安装现场，待供方服务人员到场后拆箱。

② 机床安装调试前的基本要求

a. 研究和熟悉机床装配图及其技术条件，了解机床的结构、零部件的作用以及相互的连接关系。

b. 确定安装的方法、顺序和准备所需要的工具、量具（水平仪、垫板和百分表等）。

c. 对安装零件进行清理和清洗，去掉零部件上的防锈油及其他污物。

d. 对有些零部件还需要进行刮削等修配、平衡（消除零件因偏重而引起的振动）以及密封零件的水（油）压试验等。

（2）机床安装调试的配合与组织工作

① 机床安装的组织形式

a. 单件生产及其装配组织。单件生产的装配工作多在固定的地点，由一个工人或一组工人，从开始到结束把产品的装配工作进行到底。这种组织形式的装配周期长，占地面积大，需要大量的工具和装备，并要求工人有全面的技能，在产品结构不十分复杂的小批量生产中，也有采用这种组织形式的。

b. 成批生产及其装配组织。成批生产时的装配工作通常分成部件装配和总装配，每个部件由一个或一组工人来完成，然后进行总装配。其装配工作常采用移动方式进行。如果零件预先经过选择分组，则零件可采用部分互换的装配，因此有条件组织流水线生产，这种组织形式的装配效率较高。

c. 大量生产及其装配组织。这种装配组织形式叫作流水装配法。在大量生产中，把产品的装配过程首先划分为主要部件、主要组件，并在此基础上再进一步划分为部件、组件的装配，使每一工序只由一个工人来完成。

为保证装配工作的连续性，在装配线所有工作位置上，完成工序的时间都应相等或互成倍数，在流动装配时，可以利用传送带、滚道或在轨道上行走的小车来运送装配对象。在大量生产中，由于广泛采用互换性原则并使装配工作工序化，因而装配质量好、装配效率高、占地面积小、生产周期短，是一种较先进的装配组织形式。

② 机床安装调试的配合工作　在机床安装调试期间，要做的配合工作有以下几个方面：

a. 机床的开箱与就位，包括开箱检查、机床就位、清洗防锈等工作。

b. 机床调水平，附加装置组装到位。

c. 接通机床运行所需的电、气、水、油源；电源电压与相序、气水油源的压力和质量要符合要求。

16.3.3　卧式车床的安装调试的技巧与禁忌

（1）卧式车床总装配顺序的确定

卧式车床的总装工艺包括部件与部件的连接，零件与部件的连接，以及在连接过程中部件与总装配基准之间相对位置的调整或校正，各部件之间相互位置的调整等。各部件的相对位置确定后，还要钻孔、车螺纹及铰削定位销孔等。总装结束后，必须进行试车和验收。

卧式车床总装配顺序一般可按下列原则进行：

① 选装配基准。这种基准大部分是床身的导轨面，因为床身是机床的基本支承件，其上安装着机床的各主要部件，而且床身导轨面是检验机床各项精度的检验基准。因此，机床的装配，应从所选基面的直线度、平行度及垂直度等项精度着手。

② 在解决没有相互影响的装配精度时，其装配先后以简单方便程度来定。一般可按先下后上、先内后外的原则进行。例如在装配机床时，如果先解决机床的主轴箱和尾座两顶尖

的等高度精度或者先解决丝杠与床身导轨的平行度精度，在装配顺序的先后上是没有多大关系的，只要能简单方便地顺利进行装配就行。

③ 在解决有相互影响的装配精度时，应该先装配好公共的装配基准，然后再按次序达到各有关精度。

（2）卧式车床总装配单元系统

以 CA6140 型卧式车床总装顺序为例，图 16-29 为其装配单元系统图。

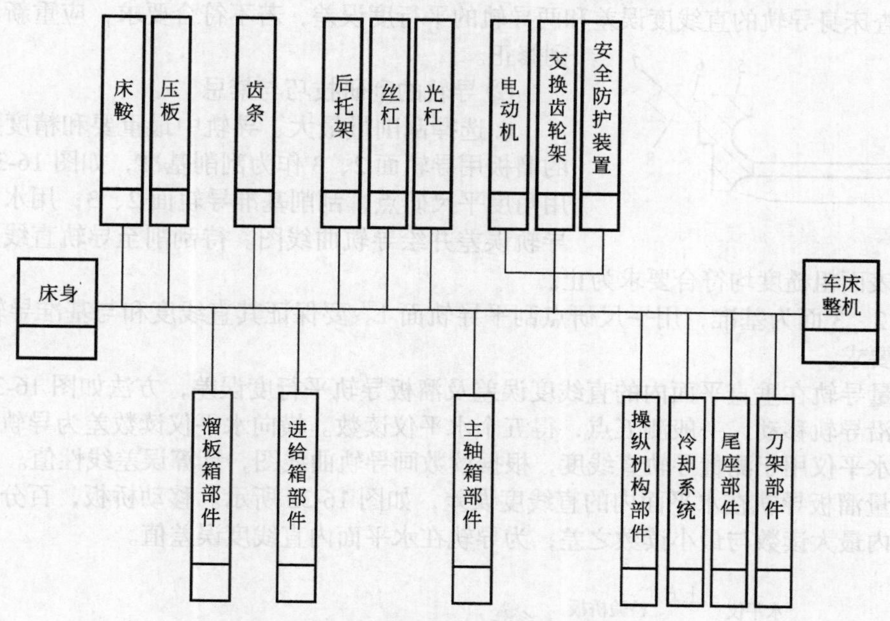

图 16-29　CA6140 型卧式车床总装配单元系统图

（3）CA6140 型卧式车床的安装调试技巧与禁忌

① 床身与床脚的安装技巧与禁忌

a. 床身导轨的精度要求。

● 溜板导轨的直线度误差，在垂直平面内全长上为 0.03mm，在任意 500mm 测量长度上为 0.015mm，只许凸；在水平面内全长上为 0.025mm。

● 溜板导轨的平行度误差（床身导轨的扭曲度）在全长上为 0.04/1000mm。

● 溜板导轨与尾座导轨平行度误差，在垂直平面与水平面均为全长上 0.04mm，在任意 500mm 测量长度上为 0.03mm。

● 溜板导轨对床身齿条安装面的平行度，在全长上为 0.03mm，在任意 500mm 测量长度上为 0.02mm。

● 刮削导轨每 25mm×25mm 范围内接触点不少于 10 点。磨削导轨则以接触面积大小来评定接触精度的高低。

● 磨削导轨表面粗糙度值 *Ra* 一般在 0.8μm 以下。

● 一般导轨表面硬度应在 170HBS 以上，并且全长范围硬度一致。与之相配合件的硬度应比导轨硬度稍低。

● 导轨应有一定的稳定性，在使用中不变形。除采用刚度大的结构外，还应进行良好的时效处理，以消除内应力，减少变形。

b. 床身的安装与水平调整。

● 将床身装在床脚上时，必须先做好结合面的清理工作，以保证两零件的平整结合，避免在紧固时产生床身变形的可能，同时在整个结合面上垫以 1 ～ 2mm 厚纸垫防漏。

● 随着现代工业技术的发展，床身导轨的精度可由导轨磨加工来保证。

● 将床身置于可调的机床垫铁上（垫铁应安放在机床地脚螺孔附近），用水平仪指示读数来调整各垫铁，使床身处于自然水平位置，并使溜板用导轨的扭曲误差至最小值。各垫铁应均匀受力，使整个床身搁置稳定。

● 检查床身导轨的直线度误差和两导轨的平行度误差，若不符合要求，应重新调整及研刮修正。

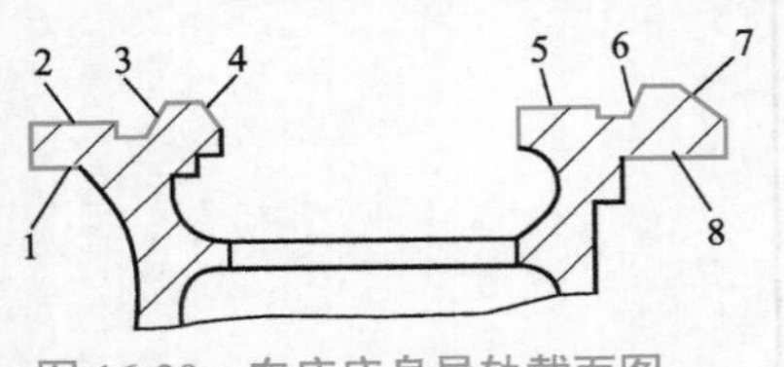

图 16-30　车床床身导轨截面图

② 导轨的刮研技巧与禁忌

a. 选择刮削量最大、导轨中最重要和精度要求最高的溜板用导轨面 2、3 作为刮削基准，如图 16-30 所示。用角度平尺研点，刮削基准导轨面 2、3；用水平仪测量导轨误差并绘导轨曲线图。待刮削至导轨直线度误差、接触点和表面粗糙度均符合要求为止。

b. 以 2、3 面为基准，用平尺研点刮平导轨面 1。要保证其直线度和与基准导轨面 2、3 的平行度要求。

c. 测量导轨在垂直平面内的直线度误差及溜板导轨平行度误差，方法如图 16-31 所示。检验桥板沿导轨移动，一般测五点，得五个水平仪读数。横向水平仪读数差为导轨平行度误差。纵向水平仪用于测量导轨直线度，根据读数画导轨曲线图，计算误差线性值。

d. 测量溜板导轨在水平面内的直线度误差，如图 16-32 所示。移动桥板，百分表在导轨全长范围内最大读数与最小读数之差，为导轨在水平面内直线度误差值。

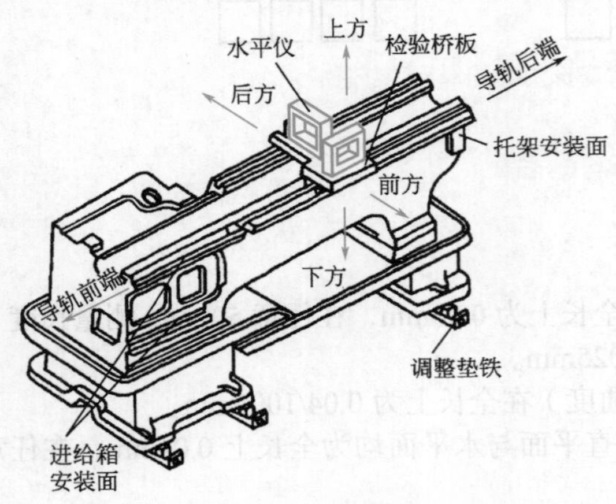

图 16-31　床身安装后的测量

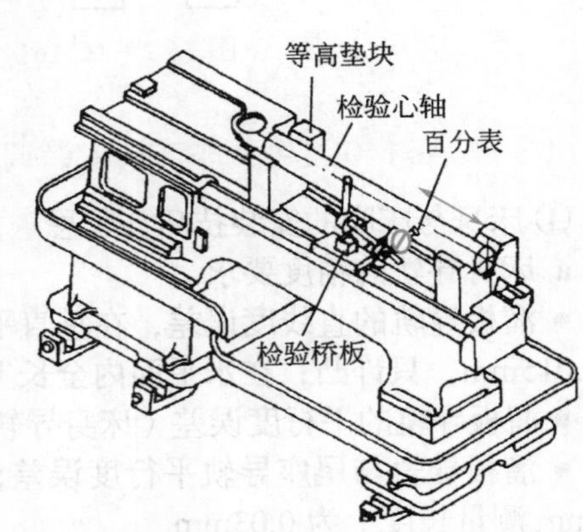

图 16-32　用检验桥板测量导轨在水平面内的直线度

e. 以溜板导轨为基准刮削尾座导轨面 4、5、6，使其达到自身精度和对溜板导轨的平行度要求。检验方法如图 16-33 所示，将桥板横跨在溜板导轨上，触头触及燕尾导轨面 4、5 或 6 上。沿导轨移动桥板，在全长上进行测量，百分表读数差为平行度误差值。

f. 刮削压板导轨 7、8，要求达到与溜板导轨的平行度，并达到自身精度。测量方法如图 16-34 所示。

③ 溜板配刮与床身装配的技巧与禁忌

a. 配刮横向燕尾导轨。

● 刮研溜板上导轨面，将溜板放在床身导轨上，可减小刮削时溜板变形。以刀架下滑座的表面 2、3 为基准，配刮溜板横向燕尾导轨表面 5、6，如图 16-35 所示。推研时，手握工艺芯棒，以保证安全。

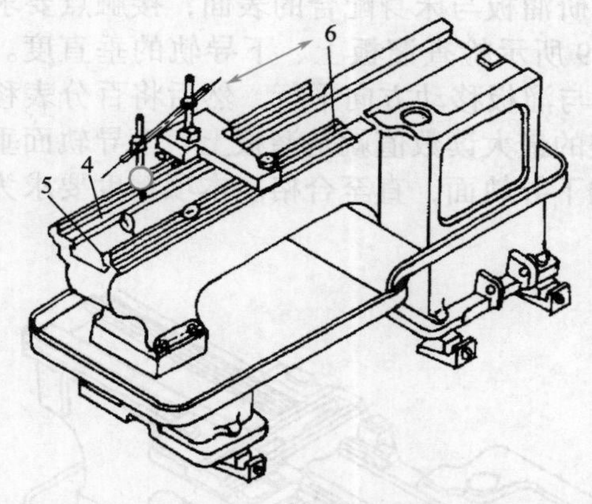

图 16-33 燕尾导轨对溜板导轨的平行度测量

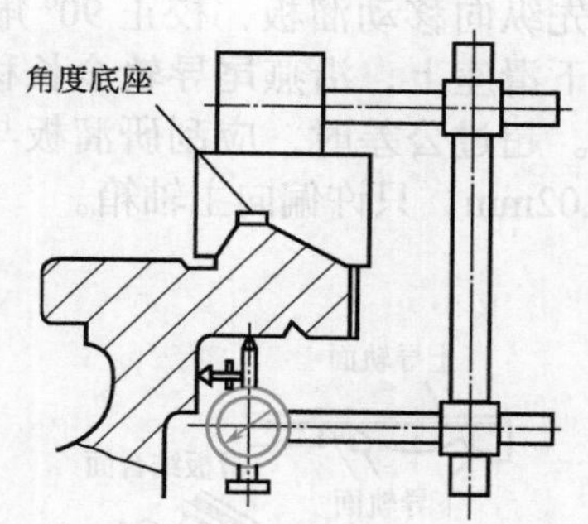

图 16-34 测量溜板导轨与压板导轨的平行度误差

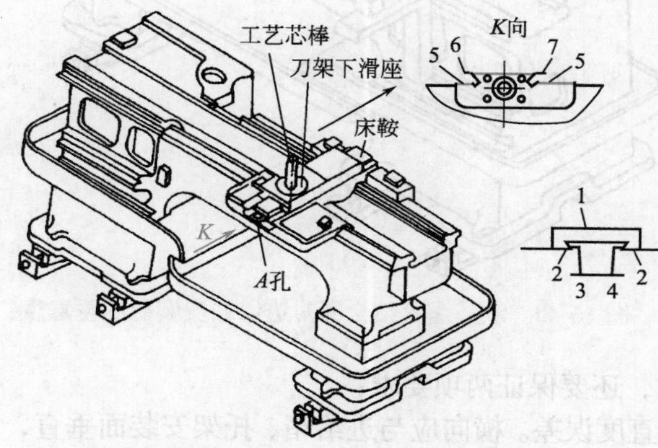

图 16-35 刮研溜板上导轨面

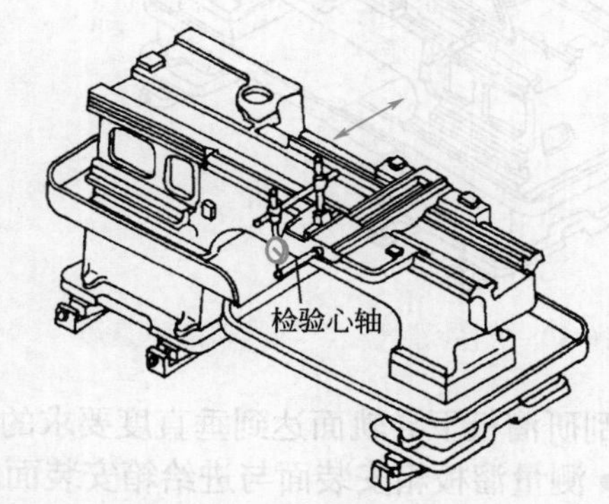

图 16-36 测量溜板上导轨面对丝杠孔的平行度

表面 5、6 刮后应满足对横丝杠 *A* 孔轴线的平行度要求，其误差在全长上不大于 0.02mm。测量方法如图 16-36 所示，在 *A* 孔中插入检验心轴测量上母线及侧母线上的平行度误差。

● 修刮燕尾导轨面 7 保证其与平面 6 的平行度，以保证刀架横向移动的顺利。可用角度平尺或下滑座为研具刮研。用图 16-37 所示方法检查：将测量圆柱放在燕尾导轨两端，用千分尺分别在两端测量，两次测得的读数差就是平行度误差，在全长上不大于 0.02mm。

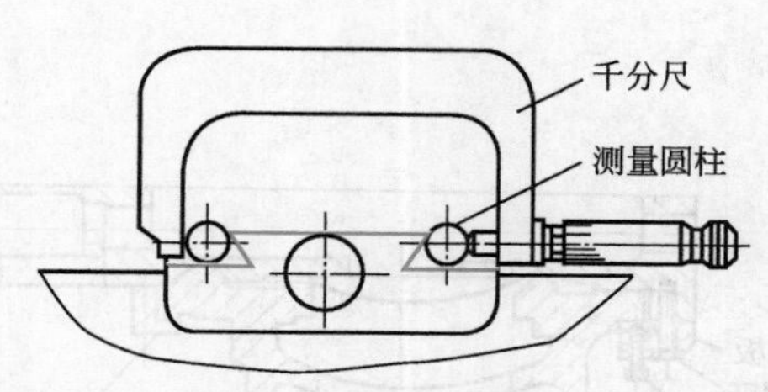

图 16-37 测量溜板燕尾导轨的平行度误差

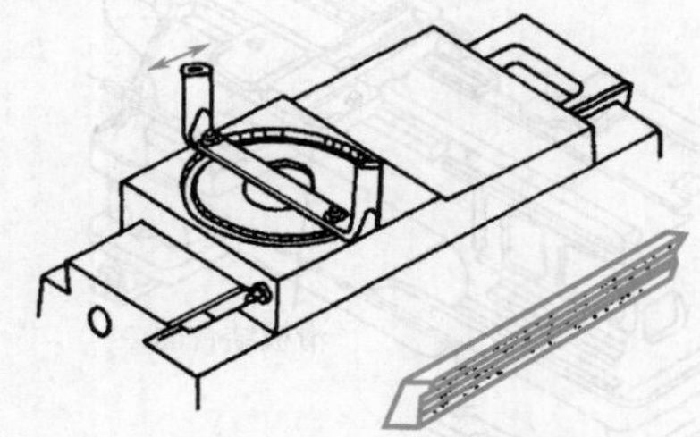
图 16-38 配燕尾导轨镶条

b. 配镶条。如图 16-38 所示，配镶条的目的是使刀架横向进给时有准确间隙，并能在使

用过程中不断调整间隙，保证足够寿命。镶条按导轨和下滑座配刮，使刀架下滑座在溜板燕尾导轨全长上移动时，无轻重或松紧不均匀现象，并保证大端有 10 ～ 15mm 调整余量。燕尾导轨与刀架上滑座配合表面之间用 0.03mm 塞尺检查，插入深度不大于 20mm。

c. 配刮溜板下导轨面。以床身导轨为基准，刮研溜板与床身配合的表面，接触点要求为（10 ～ 12）点 /（25mm×25mm），并按图 16-39 所示检查溜板上、下导轨的垂直度。测量时，先纵向移动溜板，校正 90º 角尺的一个边与溜板移动方向平行，然后将百分表移放在刀架下滑座上，沿燕尾导轨全长移动，百分表的最大读数值就是溜板上、下导轨面垂直度误差。超过公差时，应刮研溜板与床身结合的下导轨面，直至合格。本项精度要求为 300mm±0.02mm，只许偏向主轴箱。

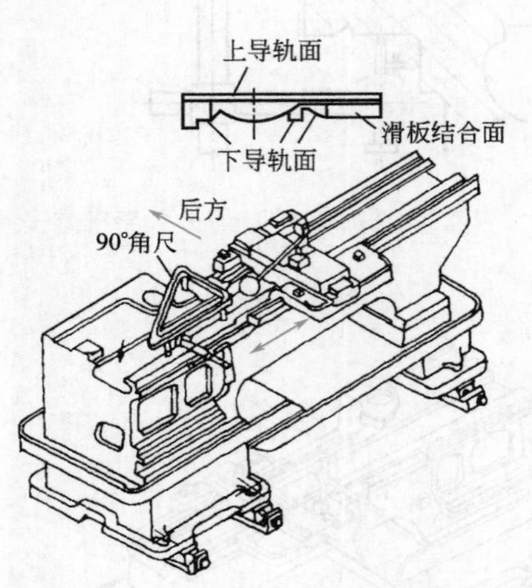

图 16-39　测量溜板上、下导轨的垂直度

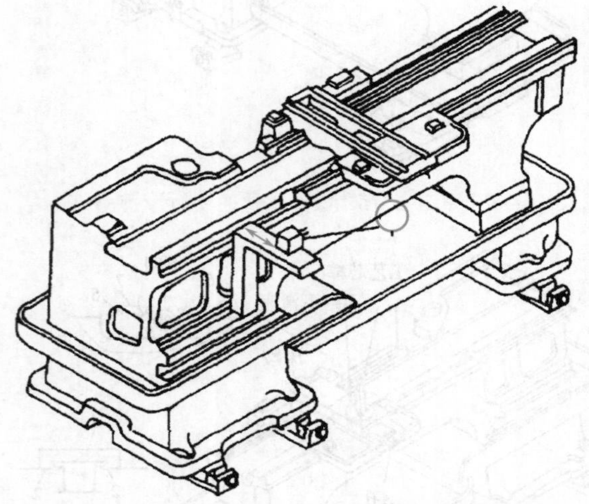

图 16-40　测量溜板结合面对进给箱安装面的垂直度

刮研溜板下导轨面达到垂直度要求的同时，还要保证两项要求：

● 测量溜板箱安装面与进给箱安装面的垂直度误差。横向应与进给箱、托架安装面垂直，其测量方法如图 16-40 所示。在床身进给箱安装面上夹持一 90º 角尺，在 90º 角尺处于水平的表面上移动百分表检查溜板箱安装面的位置精度，要求公差为每 100mm 长度上 0.03mm。

● 测量溜板箱安装面与床身导轨平行度误差。测量方法如图 16-41 所示。将百分表吸附在床身齿条安装面上，纵向移动溜板，在溜板箱安装面全长上百分表最大读数差不得超过 0.06mm。

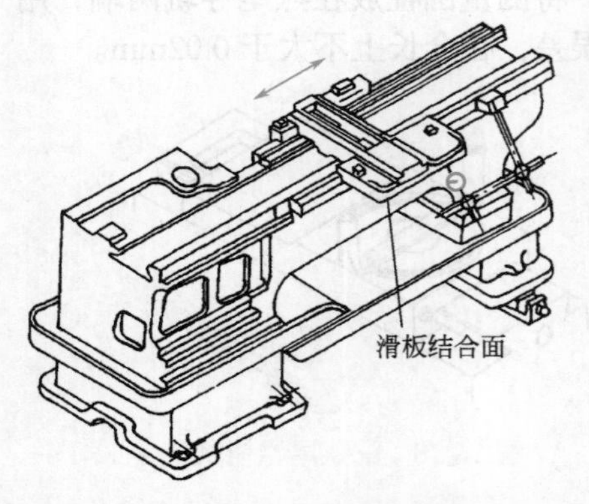

图 16-41　测量溜板结合面对床身导轨的平行度

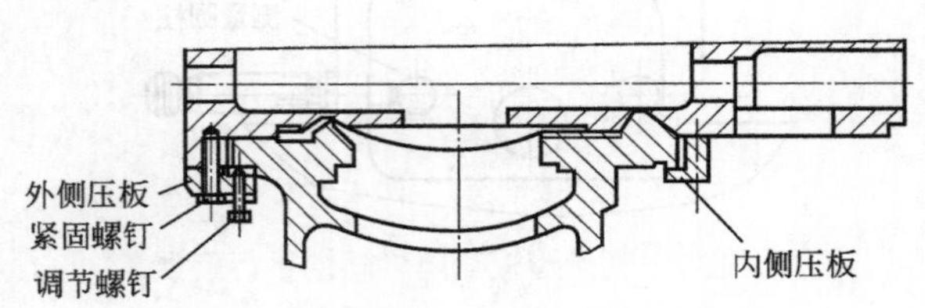

图 16-42　床身与溜板的装配

d. 溜板与床身的装配。主要是刮研床身的下导轨面及配刮溜板两侧压板，保证床身上、下导轨面的平行度误差，以达到溜板与床身导轨在全长上能均匀结合，平稳地移动。

按图 16-42 所示，装上两侧压板，要求在每 25mm×25mm 的面积上接触点数为 6 ～ 8 点。全部螺钉调整紧固后，用 200 ～ 300N 的力推动溜板在导轨全长上移动应无阻滞现象；用 0.03mm 塞尺片检查密合程度，插入深度不大于 20mm。

④ 溜板箱、进给箱及主轴箱的安装技巧与禁忌

a. 溜板箱的安装。溜板箱的安装在总装配过程中起重要作用。其安装位置直接影响丝杠、螺母能否正确啮合，进给能否顺利进行，是确定进给箱和丝杠后支架安装位置的基准。确定溜板箱位置应按下列步骤进行：

- 校正开合螺母中心线与床身导轨平行度误差的技巧。如图 16-43 所示，在溜板箱的开合螺母体内卡紧一检验心轴，在床身检验桥板上紧固丝杠中心测量工具如图 16-43（b）所示。分别在左、右两端校正检验心轴上母线与床身导轨的平行度误差。其误差值应在 0.15mm 以下。

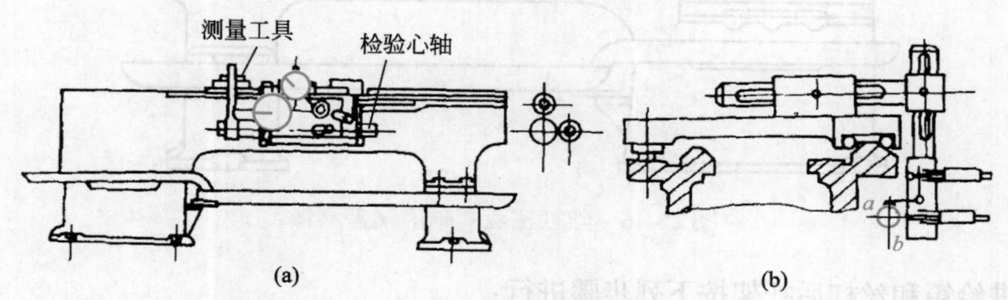

图 16-43　安装溜板箱

- 溜板箱左右位置的确定技巧。左右移动溜板箱，使溜板箱横向进给传动齿轮副有合适的侧隙，如图 16-44 所示。将一张厚 0.08mm 的纸放在齿轮啮合处，转动齿轮使印痕呈现将断与不断的状态即为正常侧隙。此外，侧隙也可通过控制横向进给手轮空转量不超过 1/30 转来检查。

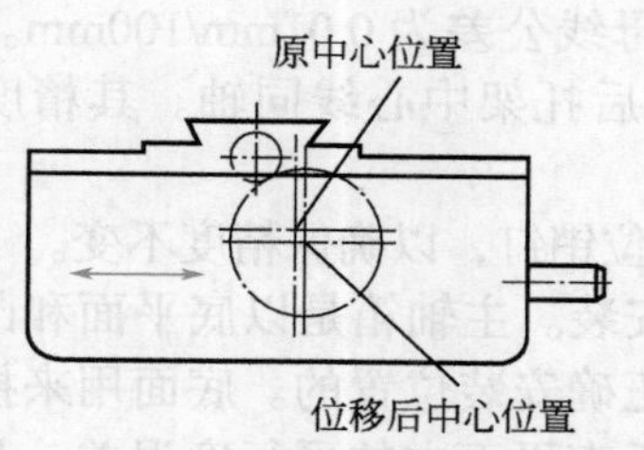

图 16-44　溜板箱横向进给齿轮副侧隙调整

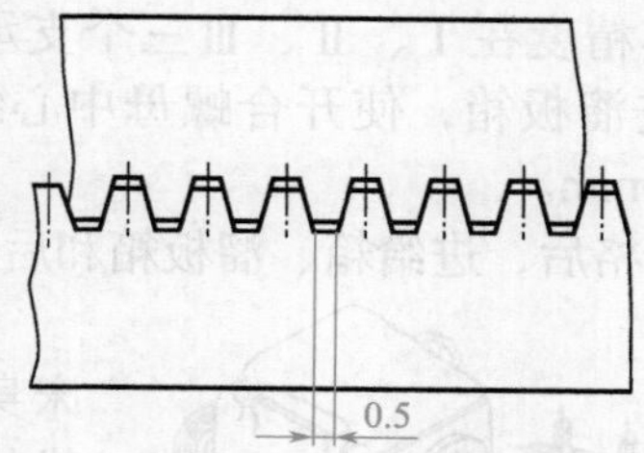

图 16-45　齿条跨接校正

- 溜板箱最后定位技巧。溜板箱预装精度校正后，应等到进给箱和丝杠后支架的位置校正后才能钻、铰溜板箱定位销孔，配作锥销实现最后定位。

b. 齿条安装。溜板箱位置校定后，则可安装齿条，主要是保证纵进给小齿轮与齿条的啮合间隙。正常啮合侧隙为 0.08mm，检验方法和横向进给齿轮副侧隙检验方法相同，并以此确定齿条安装位置和厚度尺寸。

由于齿条加工工艺限制，车床齿条由几根拼接装配而成，为保证相邻齿条接合处的齿侧精度，安装时，应用标准齿条进行跨接校正，如图 16-45 所示。校正后，须留有 0.5mm 左右的间隙。

齿条安装后，必须在溜板行程的全长上检查纵进给小齿轮与齿条的啮合间隙，间隙要一致。齿条位置调好后，每个齿条都配两个定位销钉，以确定其安装位置。

c. 安装进给箱和丝杠后托架。安装进给箱和丝杠后托架主要是保证进给箱、溜板箱、后支架上安装丝杠三孔的同轴度要求，并保证丝杠与床身导轨的平行度要求。安装时，按图 16-46 所示进行测量调整。即在进给箱、溜板箱、后支架的丝杠支承孔中，各装入一根配合间隙不大于 0.05mm 的检验心轴，三根检验心轴外伸测量端的外径相等。溜板箱用心轴有两种：

一种的外径尺寸与开合螺母外径相等，它在开合螺母未装入时使用；另一种具有与丝杠中径尺寸一样的螺纹，测量时卡在开合螺母中。前者测量可靠，后者测量误差较大。

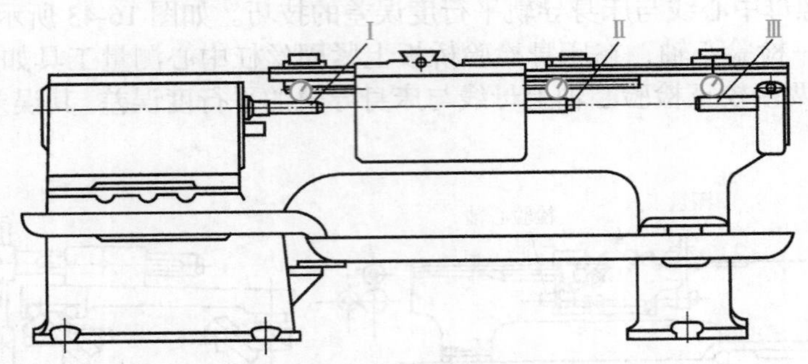

图 16-46　丝杠三点同轴度误差测量

安装进给箱和丝杠后托架按下列步骤进行：

● 调整进给箱和后托架丝杠安装孔中心线与床身导轨平行度误差　用前面所述图 16-37 中用的专用测量工具，检查进给箱和后支架用来安装丝杠孔的中心线。其对床身导轨平行度公差：上母线为 0.02mm/100mm，只许前端向上偏；侧母线为 0.01mm/100mm，只许向床身方向偏。若超差，则通过刮削进给箱和后托架与床身结合面来调整。

● 调整进给箱、溜板箱和后托架三者的丝杠安装孔的同轴度误差，以溜板箱上的开合螺母孔中心线为基准，通过抬高或降低进给箱和后托架丝杠孔的中心线，使丝杠三处支承孔同轴。其精度在Ⅰ、Ⅱ、Ⅲ三个支承点测量，上母线公差为 0.01mm/100mm。横向方向移出或推进溜板箱，使开合螺母中心线与进给箱、后托架中心线同轴。其精度为侧母线 0.01mm/100mm。

调整合格后，进给箱、溜板箱和后托架即配作定位销钉，以确保精度不变。

d. 主轴箱的安装。主轴箱是以底平面和凸块侧面与床身接触来保证正确安装位置的。底面用来控制主轴轴线与床身导轨在垂直平面内的平行度误差；凸块侧面用来控制主轴轴线在水平面内与床身导轨的平行度误差。主轴箱的安装，主要是保证这两个方向的平行度要求。安装时，按图 16-47 所示进行测量和调整。主轴孔插入检验心轴，百分表座吸在刀架下滑座上，分别在上母线和侧母线上测量，百分表在全长范围内的读数差就是平行度误差值。

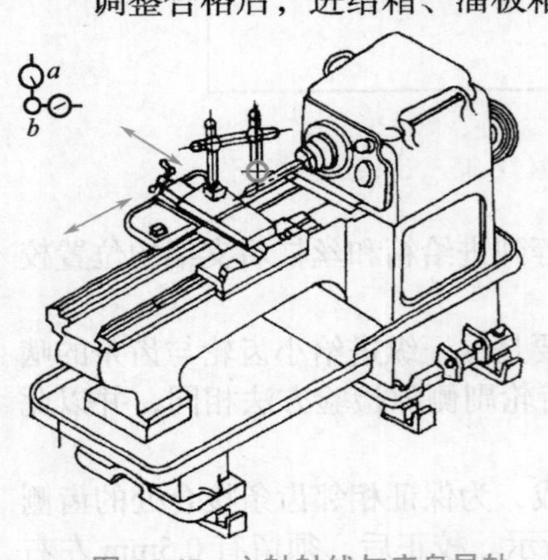

图 16-47　主轴轴线与床身导轨的平行度误差测量

安装要求是：上母线的平行度误差为 0.03mm/300mm，只许检验心轴外端向上抬起（俗称"抬头"），若超差则刮削结合面；侧母线的平行度误差为

0.015mm/300mm，只许检验心轴偏向操作者方向（俗称“里勾”），超差时通过刮削凸块侧面来满足要求。

为消除检验心轴本身误差对测量的影响，测量时旋转主轴180º做两次测量，两次测量结果的代数差之半就是平行度误差。

⑤ 尾座的安装技巧与禁忌　尾座的安装分两步进行：

a. 调正尾座的安装位置。以床身上尾座导轨为基准，配刮尾座底板，使其达到精度要求。将尾座部件装在床身上，按图16-48所示测量尾座的两项精度：

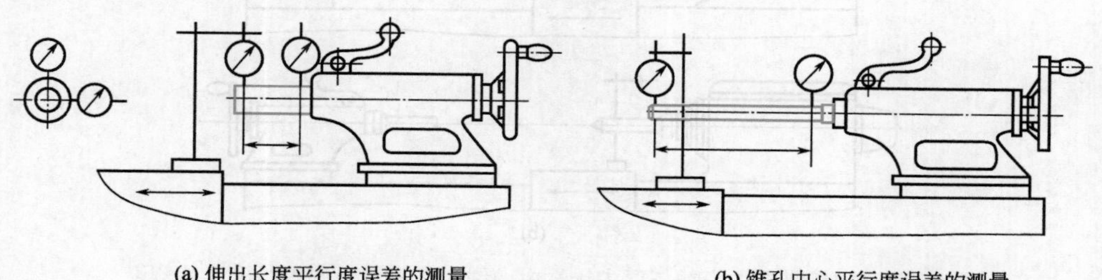

(a) 伸出长度平行度误差的测量　　(b) 锥孔中心平行度误差的测量

图16-48　顶尖套轴线对床身导轨的平行度误差测量

- 溜板移动对尾座套筒伸出长度的平行度误差的测量方法是：使顶尖套伸出尾座体100mm，并与尾座体锁紧。移动床鞍，使床鞍上的百分表接触于顶尖套的上母线和侧母线上，表在100mm内读数差即为顶尖伸出方向的平行度误差，如图16-48（a）所示。该项目的要求是：上母线公差为0.01mm/100mm，只许“里勾”。
- 溜板移动对尾座套筒锥孔中心线的平行度误差的测量方法是：在尾座套筒内插入一个检验心轴（300mm），尾座套筒退回尾座体内并锁紧。然后移动床鞍，使拖板上百分表触于检验心轴的上母线和侧母线上。百分表在300mm长度范围内的读数差即为顶尖套内锥孔中心线与床身导轨的平行度误差，如图16-48（b）所示。其要求为：上母线允差为0.03mm/300mm；侧母线允差为0.03/300mm。

为了消除检验心轴本身误差对测量的影响，一次检验后，将检验心轴退出，转180º再插入检验一次，两次测量结果的代数和之半即为该项误差值。

b. 调整主轴锥孔中心线和尾座套筒锥孔中心线对床身导轨的等距度。测量方法如图16-49（a）所示，在主轴箱主轴锥孔内插入一个顶尖并校正其与主轴轴线的同轴度误差。在尾座套筒内，两样装一个顶尖，两顶尖之间顶一标准检验心轴。将百分表置于床鞍上，先将百分表测头顶在心轴侧母线，校正心轴在水平平面与床身导轨平行；再将测头触于检验心轴上母线，百分表在心轴两端读数差即为主轴锥孔中心线与尾座套筒锥孔中心线对床身导轨的等距度误差。为了消除顶尖套中顶尖本身误差对测量的影响，一次检验后，将顶尖退出，转过180º重新检验一次，两次测量的代数和之半即为其误差值。

图16-49（b）所示为另一种测量方法，即分别测量主轴和尾座锥孔中心线的上母线，再对照两检验心轴的直径尺寸和百分表读数，经计算求得。在测量之前，也要校正两检验心轴在水平面内与床身导轨的平行度误差。

测量结果应满足上母线允差0.06mm（只允许尾座高）的要求，若超差则通过刮削尾座底板来调整。

⑥ 丝杠、光杠的安装　溜板箱、进给箱、后支架的三支承孔同轴度校正后，就能装入丝杠、光杠。丝杠装入后应检验如下精度：

a. 测量丝杠两轴承中心线和开合螺母中心线对床身导轨的等距度。测量方法如图16-50

所示，用专用测量工具在丝杠两端和中央三处测量。三个位置中对导轨相对距离的最大差值，就是等距离误差。测量时，开合螺母应是闭合状态，这样可以排除丝杠重量、弯曲等因素对测量数值的影响。溜板箱应在床身中间，防止丝杠挠度对测量的影响。此项精度允差为：在丝杠上母线上测量为 0.15mm；在丝杠侧母线上测量为 0.15mm。

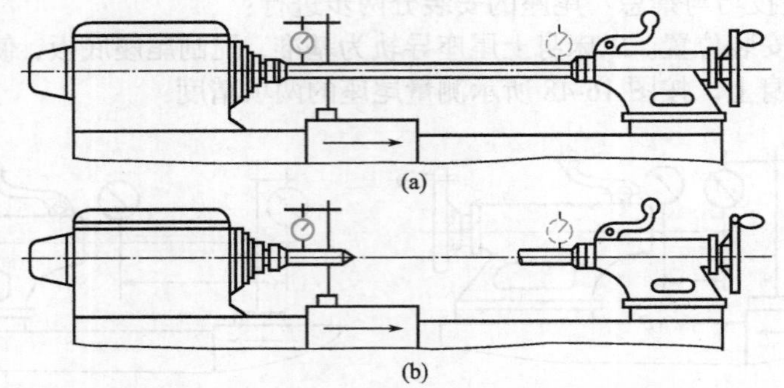

图 16-49　主轴锥孔中心线与顶尖锥孔中心线对床身导轨的等距度误差测量

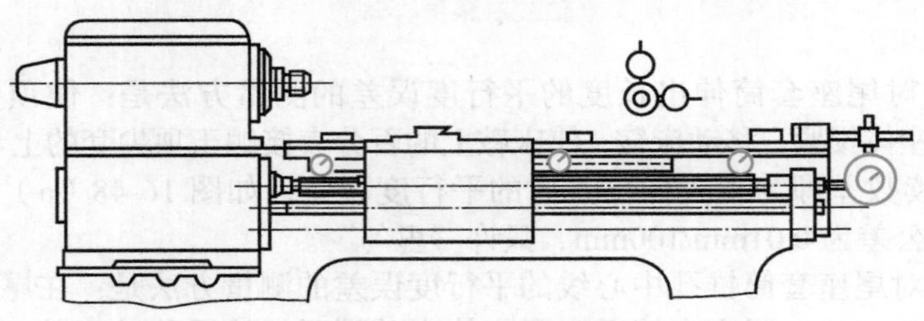

图 16-50　丝杠与导轨等距度及轴向窜动的测量

b. 丝杠的轴向窜动。在丝杠的后端的中心孔内，用黄油粘住一个钢球，平头百分表顶在钢球上。合上开合螺母，使丝杠转动，百分表的读数就是丝杠轴向窜动误差，最大不应超过 0.015mm。此外，还有安装电动机、交换齿轮架及安全防护装置和操纵机构等工作。

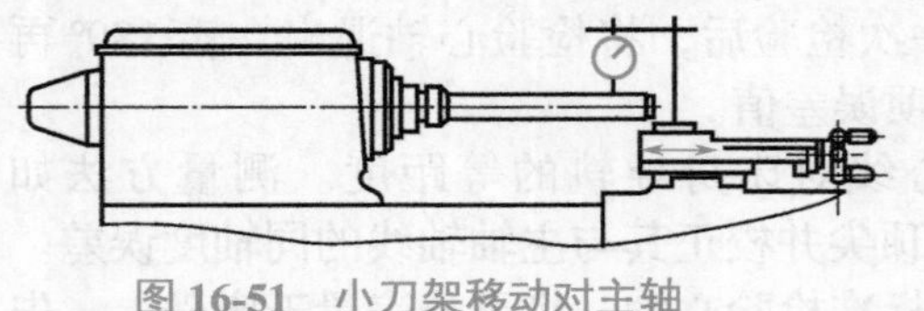

图 16-51　小刀架移动对主轴中心线的平行度误差的测量

⑦ 刀架的安装　小刀架部件装配在刀架下滑座上，按图 16-51 所示方法测量小刀架移动对主轴中心线的平行度误差。

测量时，先横向移动刀架，使百分表触及主轴锥孔中插入的检验心轴上母线最高点；再纵向移动小刀架测量，误差不超过 0.03mm/100mm。若超差，则通过刮削小刀架滑板与刀架下滑座的结合来调整。

16.3.4 车床精度检验的技巧与禁忌

（1）车床几何精度检验的技巧与禁忌

车床几何精度是指某些基础零件本身的几何形状精度、相互位置精度及其相对运动的精度。车床的几何精度是保证加工精度的最基本条件。

① 床身导轨在纵向垂直平面内直线度的检验　将方框水平仪纵向放置在溜板上靠近前导轨处（图 16-52 中所示位置 A），从刀架处于主轴箱一端的极限位置开始，从左向右移动溜板，每次移动距离应近似等于水平仪的边框尺寸（200mm）。依次记录溜板在每一测量长度位置

时的水平仪读数，将这些读数依次排列，用适当的比例画出导轨在垂直平面内的直线度误差曲线。水平仪读数为纵坐标，溜板在起始位置时的水平仪读数为起点，由坐标原点起作一折线段，其后每次读数都以前折线段的终点为起点，画出相应折线段，各折线段组成的曲线，即为导轨在垂直平面内的直线度曲线。曲线相对其两端连线的最大坐标值，就是导轨全长的直线度误差，曲线上任一局部测量长度内的两端点相对曲线两端点的连线坐标差值，也就是导轨的局部误差。

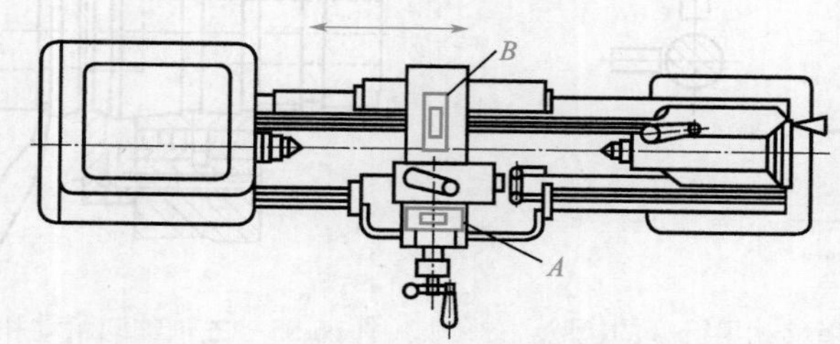

图 16-52　纵向导轨在垂直平面内的直线度和横向导轨平行度检验

② 床身导轨在横向上平行度的检验　上一项检验结束后，将水平仪转位 90°，与导轨垂直（图 16-52 中所示位置 *B*），移动溜板，逐段检查，水平仪在全行程上读数的最大代数差值就是导轨的平行度误差。

由于车床在使用过程中，其导轨中间部分使用机会较多，比较容易磨损，因此规定导轨只允许中部凸起。

③ 溜板移动在水平面内直线度的检验　将千分表固定在刀架上，使其测头顶在主轴和尾座顶尖间的检验棒侧母线上（图 16-53 中所示位置 *A*），调整尾座，使千分表在检验棒两端的读数相等。然后移动溜板，在全行程上检验。千分表在全行程上读数的最大代数差值，就是水平面内的直线度误差。

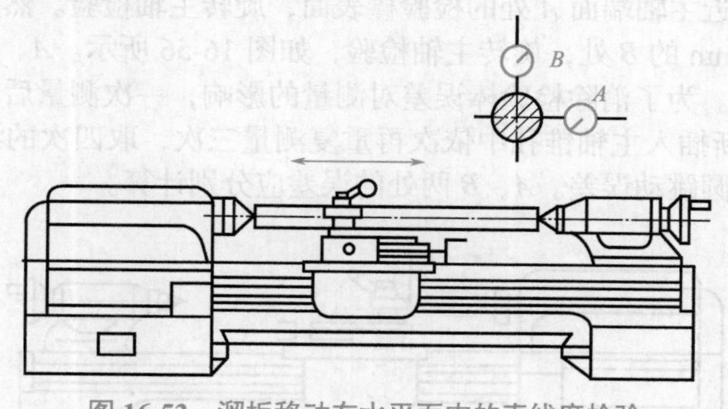

图 16-53　溜板移动在水平面内的直线度检验

④ 尾座移动时在垂直平面和水平面内对溜板移动平行度的检验　将千分表固定在刀架上，使其测头分别顶在近尾座体端面顶尖套筒的上母线和侧母线上，如图 16-54 所示。*A* 位置检验在垂直平面内的平行度；*B* 位置检验在水平面内的平行度。锁紧顶尖套，使尾座与溜板一起移动（允许溜板与尾座之间加一个垫），在溜板的全部行程上检验。*A*、*B* 两位置的误差分别计算，千分表在任一测量段上和全部行程上读数的最大差值，就是车床局部长度内和全部长度上的平行度误差。

检验主轴与尾座两顶尖等高的方法则采用图 16-53 中所示位置 *B*，两顶尖间顶一根长度约为最大顶尖距一半的检验棒，紧固尾座，锁紧顶尖套，将千分表固定在溜板上，移动溜板，

在检验棒的两端检验上母线的等高度。千分表的最大读数差值就是主轴和尾座两顶尖等高的误差。通常只允许尾座端高。

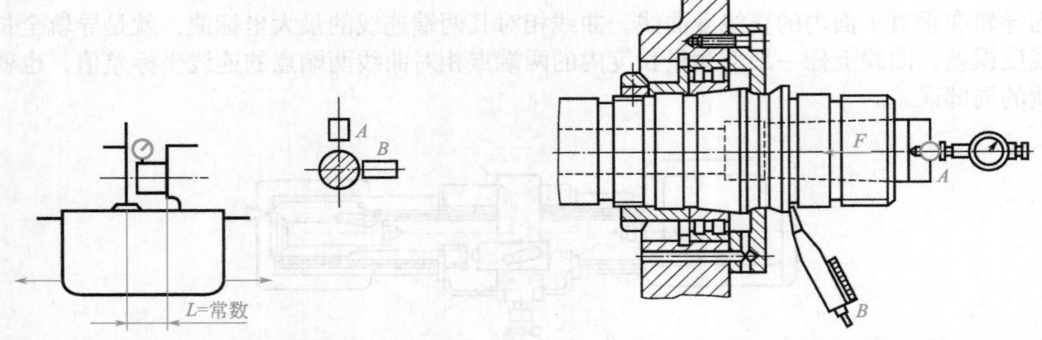

图 16-54　尾座移动对溜板移动平行度的检验　　图 16-55　主轴轴向窜动和轴肩支承面跳动的检验

⑤ 主轴轴向窜动量的检验　在主轴锥孔内插入一根短锥检验棒，在检验棒中心孔放一颗钢珠，将千分表固定在车床上，使千分表平测头顶在钢珠上（图 16-55 中所示位置 *A*），沿主轴轴线加一力 *F*，旋转主轴进行检验，千分表读数的最大差值，就是主轴轴向窜动的误差。

⑥ 主轴轴肩支承面跳动的检验　将千分表固定在车底上，使其测头顶在主轴轴肩支承面靠近边缘处（图 16-55 中所示位置 *B*），沿主轴轴线加一力 *F*，旋转主轴检验。千分表的最大读数差值，就是主轴轴肩支承面的跳动误差。

检验主轴的轴向窜动和轴肩支承面跳动时外加一轴向力 *F*，是为了消除主轴轴承轴向间隙对测量结果的影响。其大小一般等于 0.5 ～ 1 倍的主轴重量。

⑦ 主轴锥孔轴线径向圆跳动的检验　将检验棒插入主轴锥孔，千分表固定在溜板上，使千分表测头顶在靠近主轴端面 *A* 处的检验棒表面，旋转主轴检验。然后移动溜板使千分表移至距主轴端面 300mm 的 *B* 处，旋转主轴检验，如图 16-56 所示。*A*、*B* 的测量结果就是千分表读数的最大差值。为了消除检验棒误差对测量的影响，一次测量后，需拔出检验棒，相对主轴旋转 90º，重新插入主轴锥孔中依次再重复测量三次，取四次的测量结果平均值就是主轴锥孔轴线的径向圆跳动误差。*A*、*B* 两处的误差应分别计算。

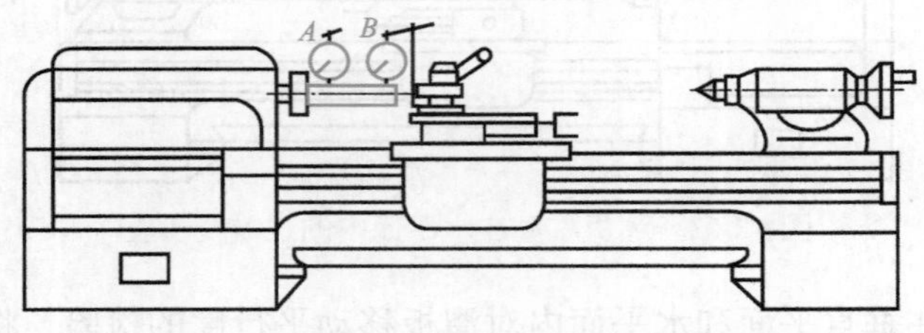

图 16-56　主轴锥孔轴线的径向圆跳动检验

⑧ 主轴轴线对溜板移动平行度的检验　在主轴锥孔中插入一检验棒，把千分表固定在刀架上，使千分表测头触及检验棒表面，如图 16-57 所示。移动溜板，分别对侧母线 *A* 和上母线 *B* 进行检验记录千分表读数的最大差值。为消除检验棒轴线与旋转轴线不重合对测量的影响，必须旋转主轴 180°，再同样检验一次。*A*、*B* 的误差分别计算，两次测量结果的代数和之半就是主轴轴线对溜板移动的平行度误差。要求水平面内的平行度允差只许向前偏，即检验棒前端偏向操作者；垂直平面内的平行度允差只许向上偏。

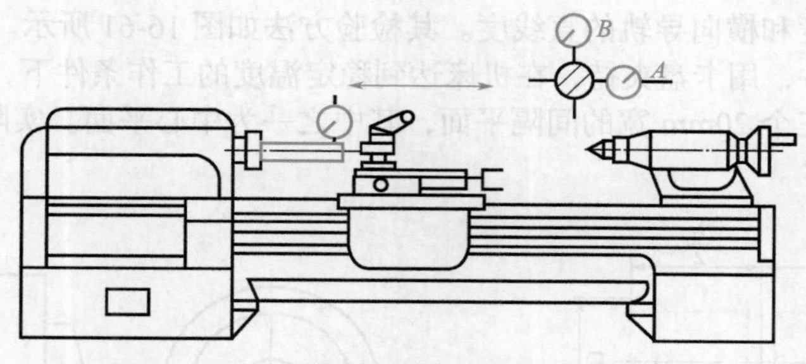

图 16-57 主轴轴线对溜板移动平行度的检验

⑨ 中滑板横向移动对主轴轴线的垂直度检验　将检验平盘固定于主轴锥孔中，千分表固定在中滑板上，使千分表测头顶在平盘端面，移动中滑板进行检验，如图 16-58 所示。将主轴旋转 -180°，再同样检验一次，两次结果的代数和之半就是垂直度误差。检验规定偏差方向 $\alpha \geqslant 90°$。

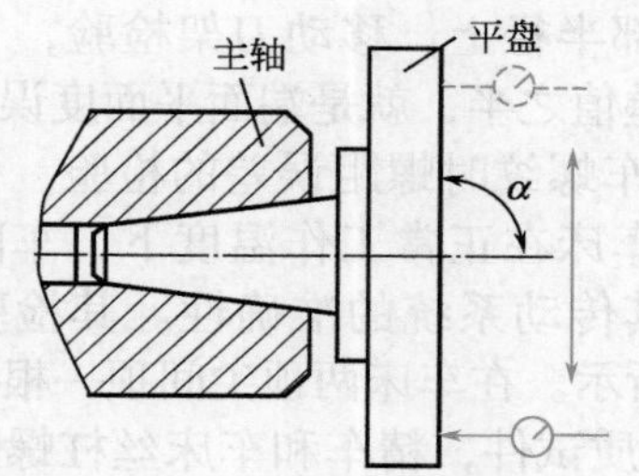

图 16-58 中滑板横向移动对主轴轴线的垂直度检验

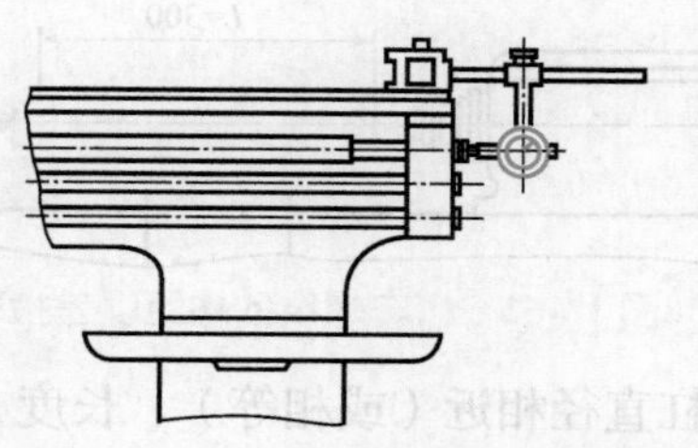
图 16-59 丝杠的轴向窜动检验

⑩ 丝杠的轴向窜动检验　在丝杠顶端中心孔内放置一钢球，将千分表固定在床身上，测头触及钢球，如图 16-59 所示。在丝杠中段闭合开合螺母，旋转丝杠检验。千分表读数的最大差值，就是丝杠的轴向窜动误差。

（2）车床的工作精度检验的技巧与禁忌

车床的几何精度只能在一定程度上反映机床的加工精度，因为车床在实际工作状态下，还有一系列因素会影响加工精度。例如在切削力、夹紧力的作用下，机床的零、部件会产生弹性变形；在内、外热源的影响下，机床的零、部件会产生热变形；在切削力和运动速度的影响下，机床会产生振动等。车床的工作精度是指车床在运动状态和切削力作用下的精度，即车床在工作状态下的精度。车床的工作精度是通过加工出来的试件精度来评定的，也是各种因素对加工精度影响的综合反映。

① 精车外圆的圆度、圆柱度的检验　该项检验是为检验车床在正常工作温度下，主轴轴线与溜板移动方向是否平行，主轴的旋转精度是否合格。其检验方法如图 16-60 所示。取直径大于或等于 D_c（D_c 为最大工件回转直径）的钢质圆柱试件，用卡盘夹持（试件也可直接插入主轴锥孔中），在机床达到稳定温度的工作条件下用车刀在圆柱面上精车三段直径。当实际车削长度小于 50mm 时，可车削两段直径。实际尺寸 $D \geqslant D_c/8$，长度 $l_1=D_c/2$，最长不超 过 l_{1max}=500mm。三段直径长度不超过 l_{2max}=200mm。

精车后，在三段直径上测量检验圆度和圆柱度。圆度误差以试件同一横截面内的最大与最小直径之差计算；圆柱度误差以试件在任意轴向截面内最大与最小直径之差计算。

② 精车端面平面度的检验　该项检验是为检查车床在正常工作温度下，刀架横向移动

对主轴轴线的垂直度和横向导轨的直线度。其检验方法如图 16-61 所示。取直径大于或等于 $D_c/2$ 的盘形铸铁试件，用卡盘夹持，在机床达到稳定温度的工作条件下，精车垂直于主轴的端面，可车两个或三个 20mm 宽的间隔平面，其中之一为中心平面。实际尺寸 $D \geqslant D_c/2$；L 最大不超过 $l_{max}=D_c/8$ 。

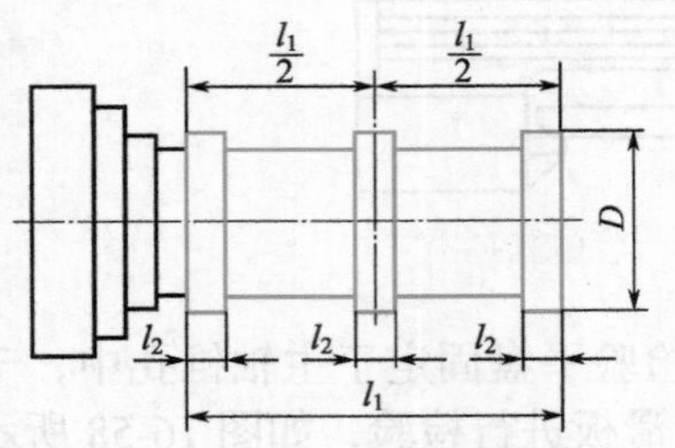

图 16-60　精车外圆的圆度、圆柱度检验

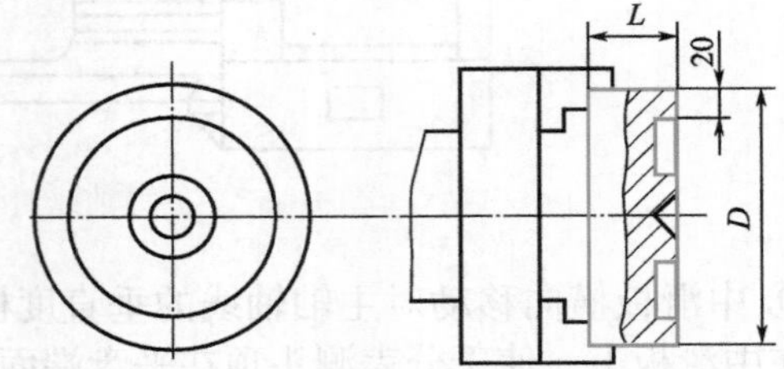

图 16-61　精车端面平面度的检验

精车后，用平尺和量块检验，也可用千分表检验。千分表固定在刀架上，使其测头触及端面的后部半径上，移动刀架检验，千分表读数的最大差值之半，就是端面平面度误差。

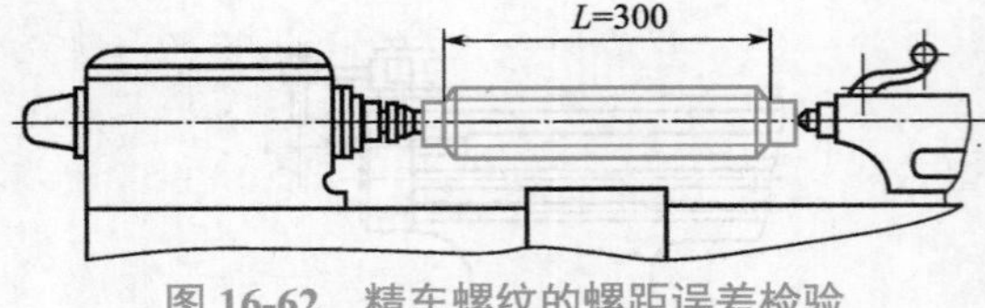

图 16-62　精车螺纹的螺距误差检验

③ 精车螺纹时螺距误差的检验　该项检验是为检查车床在正常工作温度下，车削加工螺纹时 v，其传动系统的准确性。其检验方法如图 16-62 所示。在车床两顶尖间顶一根直径与车床丝杠直径相近（或相等）、长度 $L_{min} \geqslant 300$mm 的钢质试件，精车和车床丝杠螺距相等的 60° 普通螺纹。

精车后，在 300mm 和任意 50mm 的长度内，用专用精密检验工具在试件螺纹的左、右侧面，检验其螺距误差。螺纹表面无凹陷与波纹，表面粗糙度达到要求。

④ 车槽（切断）试验　该项试验是为考核车床主轴系统及刀架系统的抗振性能，检查主轴部件的装配质量、主轴旋转精度、溜板刀架系统刮研配合的接触质量及配合间隙是否合适。

16.3.5　车床试车和检查验收的技巧与禁忌

（1）车床静态检查技巧与禁忌

静态检查是车床进行性能试验之前的检查，主要是普查车床各部是否安全、可靠，以保证试车时不出事故。静态检查主要内容有：

① 用于转动各传动件，应运转灵活。

② 变速手柄和换向手柄应操纵灵活，定位准确、安全可靠。手轮或手柄转动时，其转动力用拉力器测量，不应超过 80N。

③ 移动机构的反向空行程量应尽量小，直接传动的丝杠，不得超过回转圆周的 1/30；间接传动的丝杠，空行程不得超过 1/20。

④ 溜板、刀架等滑动导轨在行程范围内移动时，应轻重均匀和平稳。

⑤ 顶尖套在尾座孔中作全长伸缩时，应滑动灵活而无阻滞，手轮转动轻快，锁紧机构灵敏无卡死现象。

⑥ 开合螺母机构开合准确可靠，无阻滞或过松的感觉。

⑦ 安全离合器应灵活可靠，在超负荷时，能及时切断运动。

⑧ 交换齿轮架交换齿轮间的侧隙适当，固定装置可靠。

⑨ 各部分的润滑加油孔有明显的标记，清洁畅通。油线清洁，插入深度与松紧合适。

⑩ 电气设备启动、停止应安全可靠。

（2）车床空运转试验技巧与禁忌

空运转试验是在无负荷状态下启动车床，检查主轴转速。从最低转速依次提高到最高转速，各级转速的运转时间不少于 5min，最高转速的运转时间不少于 30min。同时对机床的进给机构也要进行低、中、高进给量的空运转，并检查润滑液压泵输油情况。车床空运转时应满足以下要求：

① 在所有的转速下，车床的各工作机构应运转正常，不应有明显的振动。各操纵机构应平稳、可靠。

② 润滑系统正常、畅通、可靠、无泄漏现象。

③ 安全防护装置和保险装置安全可靠。

④ 主轴轴承温度稳定。

⑤ 各紧固件、操纵件、润滑系统等均符合安全要求。

（3）车床负荷试验技巧与禁忌

车床经空运转试验合格后，将转速调至中速（最高转速的 1/2 或高于 1/2 的相邻一级转速）下继续运转，待其达到热平衡状态时，即可进行负荷试验。

① 全负荷强度试验　该试验的目的是考核车床主传动系统能否输出设计所允许的最大转矩和功率。试验方法是将尺寸为 ϕ100mm×250mm 的中碳钢试件一端用卡盘夹紧，一端用顶尖顶住。用硬质合金 YT15 的 45° 标准右偏刀进行车削，切削用量为 n=58r/min（v_c=18.5m/min）、a_p=12mm、f=0.6mm/r，强力切削外圆。

试验要求在全负荷试验时，车床所有机构均应工作正常，动作平稳，不准有振动和噪声。主轴转速不得比空转时降低 5% 以上。各手柄不得有颤抖和自动换位现象。试验时，允许将摩擦离合器调紧 2 ～ 3 孔，待切削完毕再松开至正常位置。

② 精车外圆试验　该试验的目的是检验车床在正常工作温度下，主轴轴线与溜板移动方向是否平行，主轴的旋转精度是否合格。

试验方法是在车床卡盘上夹持尺寸为 ϕ80mm×250mm 的中碳钢试件，不用尾座顶尖。采用高速钢车刀，切削用量取 n=397r/min、a_p=12mm、f=0.1mm/r，精车外圆表面。精车后试件允差为：圆度误差为 0.01mm/100mm，表面粗糙度值 Ra 不大于 3.2μm。

③ 精车端面试验　精车端面试验应在精车外圆合格后进行。其目的是检查车床在正常温度下，刀架横向移动对主轴轴线的垂直度误差和横向导轨的直线度误差。试件为 ϕ250mm 的铸铁圆盘，用卡盘夹持。用硬质合金 45° 右偏刀精车端面，切削用量取 n=230r/min、a_p=0.2mm、f=0.15mm/r。精车端面后，试件平面度误差为 0.02mm（只许凹）。

④ 切槽试验　该试验的目的是考核车床主轴系统的抗振性能，检查主轴部件的装配精度、主轴旋转精度、溜板刀架系统刮研配合面的接触质量及配合间隙的调整是否合格。

切槽试验的试件为 ϕ80mm×150mm 的中碳钢棒料，用前角 γ_0=8° ～ 10°、后角 α_0=5° ～ 6° 的 YT15 硬质合金切刀，切削用量为 v_c=40 ～ 70m/mm、f=0.1 ～ 0.2mm/r，切削宽度为 5mm，在距卡盘端 (1.5 ～ 2)d（d 为工件直径）处切槽。不应有明显的振动和振痕。

⑤ 精车螺纹试验　该试验的目的是检查车床上加工螺纹传动系统的准确性。试验采用 ϕ40mm×500mm 的中碳钢工件，60° 高速钢螺纹车刀，螺距 P=6mm，转速 n=19r/min，两端用顶尖顶车。精车螺纹试验精度要求螺距累计误差应小于 0.025mm/100mm、表面粗糙度值 Ra 不大于 0.2μm，无振动波纹。

参考文献

[1] 王兵 . 好钳工是怎样练成的 . 北京：化学工业出版社，2016.

[2] 王兵 . 钳工技能图解 . 北京：电子工业出版社，2012.

[3] 王兵 . 金属切削手册 . 北京：化学工业出版社，2015.

[4] 邱言龙，王兵 . 钳工实用技术手册 . 第 2 版 . 北京：中国电力出版社，2018.

[5] 邱言龙，尹述军 . 巧学装配钳工技能 . 北京：中国电力出版社，2012.

[6] 郭宗义 . 钳工操作技巧与禁忌 . 北京：机械工业出版社，2007.

[7] 钟翔山，钟礼耀 . 实用钳工操作技法 . 北京：机械工业出版社，2014.